北京理工大学"双一流"建设精品出版工程

Intelligent Explosive Disposal Robot

智能排爆机器人

罗霄 罗庆生◎著

北京理工大学出版社
BEIJING INSTITUTE OF TECHNOLOGY PRESS

内容简介

21世纪以来，爆恐袭击成为人民头上盘踞不去的阴云。缺乏远距离智能排爆装备，导致排爆人员时有伤亡。反恐现实迫切需要高智能、多功能的排爆装备。

作者及其团队历经3年研发的智能排爆机器人，是一款能够自动、自主遂行反恐排爆作业的特种装备，其核心技术已达到世界先进水平、国内顶尖水平，获2020中国产学研合作创新成果奖。基于该机器人研发所积累的先进技术、成功经验和突出成果，为本书的撰写提供了正确的理论、合理的方法；丰富的资料、翔实的案例，也为本书获得重大理论和技术突破奠定了基础。本书共27章，详细介绍了智能排爆机器人结构设计、动力驱动、换刀控制、视觉导航、传感探测、精确控制、器件集成及操控装备的研发过程，汇集了智能排爆机器人最新的研究成果，反映了智能排爆机器人最新的发展动态。本书既可以作为普通院校相关专业本科生和研究生的教材，也可以作为从事机器人技术研究和应用的科研人员的技术借鉴书和学习参考书。

图书在版编目（CIP）数据

智能排爆机器人／罗霄，罗庆生著．--北京：北京理工大学出版社，2023.1

ISBN 978-7-5763-2004-6

Ⅰ.①智…　Ⅱ.①罗…②罗…　Ⅲ.①防爆机器人

Ⅳ.①TP242.2

中国版本图书馆CIP数据核字（2023）第001947号

出版发行／北京理工大学出版社有限责任公司
社　　址／北京市海淀区中关村南大街5号
邮　　编／100081
电　　话／（010）68914775（总编室）
（010）82562903（教材售后服务热线）
（010）68944723（其他图书服务热线）
网　　址／http://www.bitpress.com.cn
经　　销／全国各地新华书店
印　　刷／三河市华骏印务包装有限公司
开　　本／787毫米×1092毫米　1/16
印　　张／32.75
彩　　插／13
字　　数／769千字
版　　次／2023年1月第1版　2023年1月第1次印刷
定　　价／128.00元

责任编辑／刘　派
文案编辑／李丁一
责任校对／周瑞红
责任印制／李志强

PREFACE

序　言

21 世纪以来，随着恐怖主义思潮在全球泛滥，以爆炸、投毒、暗杀、枪击等手段为主的恐怖袭击事件在世界各地此起彼伏，导致人类社会动荡不安。根据全球恐怖袭击数据库统计，从 1970 年到 2015 年，全球共发生 19 138 起恐怖袭击事件，其中又以 2000 年以后发生居多。我国自改革开放以来，总体上处于和平、稳定的发展环境中，但以“三股势力”为主的恐怖分子在某些敌对国家或组织的支持与挑唆下，不断在国内制造恐怖袭击事件，特别是爆炸恐怖袭击，妄图通过爆炸恐怖袭击活动来达到他们制造恐怖形势、分裂国家、阻止社会发展的罪恶目的。在阻止爆炸恐怖袭击事件发生、处置爆炸装置过程中，因缺乏能远距离排爆的智能化装备，导致大量排爆人员伤亡。反恐现实迫切需要我们开发高智能、多功能的排爆装备。2018 年 3 月起，依托校企合作项目，本项目组开展了智能排爆机器人关键技术和实体装备的研发工作，力求用一种新概念排爆机器人，在复杂、多变、困难、恶劣环境下来代替排爆人员搜索、处置、搬运、转移可疑爆炸物或其他有害危险品，将我国排爆机器人技术提升到世界先进水平、国内顶尖水平。

经过近三年的刻苦攻关，北京理工大学特种机器人技术创新中心与三门峡市天康成套设备有限责任公司、新疆公安厅特警总队排爆实验中心联手在智能排爆机器人关键技术与实体装备的研发方面取得突破性进展。开发出的智能排爆机器人是一款能够自动、自主遂行反恐排爆作业的特种高新科技装备。这款机器人采用大攻角双履带前驱式行进原理、双机械臂主从式协同化作业方式，以及机器人基础平台与防爆罐一体化复合式布局形式。这款机器人整体尺寸≤1 180 mm×660 mm×580 mm，整体重量≤250 kg，且体型精悍、重量适宜，结构紧凑、运动灵活，功能丰富、性能稳定，操控简捷、维护方便。其技术特点是应用了多传感器信息融合指导下的智能驾驶技术，保证机器人车体能够快速准确地自主规划运动路径，避开障碍物，到达作业位置。这款机器人还能够依托其特殊装备的感知探测系统，通过多种信息的快速融合，完成机器人快速到达、机械臂快速换刀、爆炸物快速拆卸等特种需求。

这款机器人拥有一套快速、平稳、灵活移动的机动平台，在强劲动力的支撑下，爬坡能力、越障能力十分优异。该机器人还装备了三个

RGB－D相机和一个多自由度云台，能够全方位观察排爆现场环境，并将视频或图像实时回传，使身处远方的排爆人员能够通过终端控制系统产生身临其境的感觉，精确执行排爆作业，使拥有高动态性、高灵活性、高可达域、高灵敏度和高刚性的双六自由度串联式机械臂系统如虎添翼，操控精度跃上新台阶，排爆能力实现新突破。

北京理工大学特种机器人技术创新中心成立于2005年。该创新中心在罗庆生教授和韩宝玲教授带领下，长期不懈地走在特种机器人科技创新探索、科研任务攻关道路上，组建了一支充满创新能量、奋斗不息的标兵创新团队。该创新团队的主要研究领域为光机电一体化特种机器人、工业机器人技术、机电伺服控制技术、机电装置测试技术、传感探测技术和机电产品创新设计等。目前已研制出仿生六足爬行机器人、新型特种搜救机器人、多用途反恐防暴机器人、新型工业码垛机器人、新型轮腿机器人、新型节肢机器人、“神行太保”多用途机器人、履带式壁面清洁机器人、小型仿人机器人、“仿豹”跑跳机器人、仿生乌贼水下机器人、履带式变结构机器人、制导反狙击机器人、新型球笼飞行机器人以及新型工业焊接机械臂、陆空两栖作战任务组、外骨骼智能健身与康复机等多种特种机器人和设施。该团队在开发新型高智能、多功能排爆装备过程中，系统、全面、详尽、科学地开展了智能排爆机器人结构设计技术研究、智能排爆机器人动力驱动技术研究、智能排爆机器人换刀控制技术研究、智能排爆机器人视觉导航技术研究、智能排爆机器人传感探测技术研究、智能排爆机器人精确控制技术研究、智能排爆机器人器件集成技术研究、智能排爆机器人操控装备技术研究，融数学基础理论、机械设计方法、柔性制造模式、器件集成理念、视觉引导手段、智能控制机制、信息交互方式、排爆规划策略为一体，具有先进性和实用性，从而为本项目的研究和本书的撰写提供了丰富的资料、打下了坚实的基础。

本项目的主创人员在开发高性能、多用途特种机器人方面具有丰富的研制经验和深厚的技术积累，罗庆生、韩宝玲、罗霄撰写的专著《智能作战机器人》曾获第五届“中华优秀出版物图书奖”称号，这是我国出版物领域中的最高奖，表明其在科技领域，尤其是在机器人领域中的实力与地位。

本书共27章。

第1章　绪论；

第2章　智能排爆机器人总体架构与系统组成；

第3章　智能排爆机器人运动性能分析；

第4章　智能排爆机器人视觉SLAM技术研究；

第5章　智能排爆机器人视觉子系统信息预处理；

第6章　智能排爆机器人IMU信息预处理；

第7章　融合IMU信息的视觉定位与导航系统；

第8章　IMU与视觉定位融合的导航试验研究；

第9章　智能排爆机器人自主导航系统研究；

第10章　智能排爆机器人定位和障碍物检测；

第11章　智能排爆机器人的全局路径规划；

第12章　智能排爆机器人的局部路径规划；

第13章　智能排爆机器人导航试验研究；

第14章　排爆工具子系统功能设计与运动规划；

第 15 章　机器人串联式双机械臂运动学分析；
第 16 章　机器人串联式双机械臂运动学标定；
第 17 章　机器人串联式双机械臂碰撞检测方法研究；
第 18 章　机器人机械臂子系统避障路径规划；
第 19 章　机器人机械臂运动学标定和碰撞检测及避障路径规划试验；
第 20 章　智能排爆机器人有效运动空间和空间性能指标研究；
第 21 章　智能排爆机器人稳定性判定理论和稳定性控制技术研究；
第 22 章　智能排爆机器人控制子系统总体架构与功能设计；
第 23 章　串联式六自由度机械臂正运动学建模与通用逆运动学算法研究；
第 24 章　时间最优多轴同步理论的研究与应用；
第 25 章　动力学参数辨识理论在智能排爆机器人上的应用；
第 26 章　算法与理论的仿真试验；
第 27 章　基于智能排爆机器人物理样机的验证试验。

本书章节架构严谨、相互呼应，条分缕晰、层层递进，所涉及的均是智能排爆机器人领域的前沿与核心技术，所解决的均是智能排爆机器人行业的热点与难点问题。全书汇集了智能排爆机器人最新的研究成果，反映了智能排爆机器人最新的发展动态，在理论学习、技术思考、成果借鉴方面可为广大学习者提供帮助，能促进学习者更好地掌握智能排爆机器人技术的精髓与内涵。

本书立足于智能排爆机器人基础理论知识与工程实用技术的无缝连接与有机结合，既注重基础理论和基本方法的系统学习，又强调专业知识和行业技能的综合应用，尤其重视反映当前排爆机器人技术发展的新动向和新成果，力求体现智能排爆机器人技术的先进性与实用性，以使本书成为一部系统、全面、科学、翔实、准确、充分表现智能排爆机器人领域新理念、新技术、新方法、新成就的著作和教材，使其既可以作为普通院校相关专业本科生和研究生的教材，又可以作为从事机器人技术研究和应用的科研人员的学习参考书。

本书由罗霄、罗庆生担任主要撰稿人，王善达、刘星栋、钟心亮、王新达、郑凯林、乔立军等参与了本书一些章节的撰写。

本书与撰写过程中，得到了北京理工大学、三门峡市天康成套设备有限责任公司、新疆公安厅特警总队等部门相关领导的极大关怀，得到了北京理工大学出版社的热情帮助，还得到了许多同人的无私支持。值本书即将付梓出版之际，谨向所有关心、帮助、支持过我们的领导、专家、同事、朋友表示衷心感谢！

作　者

2022 年 10 月

目　录
CONTENTS

第 1 章　绪论 …… 001

1.1　排爆机器人的研发背景与应用意义 …… 001
1.2　排爆机器人的国内外发展沿革与研究现状 …… 002
1.2.1　排爆机器人的国外发展沿革与研究现状 …… 002
1.2.2　排爆机器人的国内发展沿革与研究现状 …… 005
1.3　排爆机器人的制约瓶颈与革新出路 …… 007
1.3.1　排爆机器人的制约瓶颈 …… 008
1.3.2　排爆机器人的革新出路 …… 010
1.4　智能排爆机器人的核心理念与关键技术 …… 010
1.4.1　智能排爆机器人的核心理念 …… 011
1.4.2　智能排爆机器人的关键技术 …… 011
1.5　本书主要内容与章节安排 …… 012

第 2 章　智能排爆机器人总体架构与系统组成 …… 018

2.1　智能排爆机器人的总体架构 …… 018
2.1.1　智能排爆机器人的总体架构 …… 020
2.1.2　智能排爆机器人的子系统组成与相互联系 …… 020
2.2　智能排爆机器人履带式车体设计 …… 022
2.2.1　智能排爆机器人履带驱动装置设计 …… 022
2.2.2　智能排爆机器人履带自动张紧装置设计 …… 024
2.2.3　智能排爆机器人车体减振缓冲机构设计 …… 026
2.2.4　智能排爆机器人履带驱动电动机选型分析 …… 028
2.3　智能排爆机器人防爆罐子系统设计 …… 030
2.4　智能排爆机器人车载电控柜系统设计 …… 030
2.5　智能排爆机器人机械臂子系统设计 …… 031

2.6 基于 Ansys 的关键零部件有限元分析与优化设计 …… 033
2.7 本章小结 …… 034

第 3 章 智能排爆机器人运动性能分析 …… 036

3.1 智能排爆机器人车体行驶原理与运动特性 …… 036
3.1.1 智能排爆机器人车体动力传动原理 …… 036
3.1.2 智能排爆机器人车体传动效率分析 …… 037
3.2 智能排爆机器人车体动力学建模 …… 037
3.3 智能排爆机器人车体运动学建模 …… 038
3.4 智能排爆机器人转向特性分析 …… 040
3.4.1 智能排爆机器人转向动力学研究 …… 040
3.4.2 车体转向过程中牵引力与力矩平衡分析 …… 041
3.4.3 车体转向过程中履带正常传动特性分析 …… 041
3.5 智能排爆机器人车体通过性能分析 …… 046
3.5.1 智能排爆机器人水平越壕性能分析 …… 046
3.5.2 智能排爆机器人垂直越障性能分析 …… 047
3.6 本章小结 …… 049

第 4 章 智能排爆机器人视觉 SLAM 技术研究 …… 050

4.1 视觉 SLAM 研究现状简介 …… 051
4.1.1 视觉 SLAM 国内外研究现状 …… 051
4.1.2 纯视觉 SLAM 国内外研究现状 …… 052
4.1.3 融合 IMU 信息的视觉 SLAM 国内外研究现状 …… 054
4.1.4 关于视觉 SLAM 的主要研究内容 …… 055
4.2 视觉 SLAM 的基本问题 …… 056
4.2.1 SLAM 的经典框架 …… 056
4.2.2 SLAM 问题的数学形式 …… 057
4.3 最小二乘法问题的引出 …… 059
4.4 最小二乘法问题的求解 …… 060
4.5 本章小结 …… 061

第 5 章 智能排爆机器人视觉子系统信息预处理 …… 062

5.1 相机理论基础 …… 062
5.1.1 针孔投影模型 …… 062
5.1.2 统一投影模型 …… 064
5.1.3 相机畸变模型 …… 066
5.2 特征提取与跟踪 …… 069
5.2.1 Shi – Tomasi 角点检测法 …… 069
5.2.2 KLT 光流跟踪 …… 072

5.2.3 时域与空域约束下的双目特征点环形检测 …… 073
5.2.4 基于限制对比度自适应直方图的图像均衡化 …… 074
5.3 多视图几何 …… 076
5.3.1 两视图对极约束 …… 076
5.3.2 本质矩阵 …… 077
5.3.3 透视 N 点法（*PnP*）恢复相机位姿 …… 078
5.3.4 三角化求取特征点 3D 位置 …… 079
5.4 词袋模型与视觉字典 …… 081
5.4.1 BRIEF 特征点描述子 …… 081
5.4.2 视觉词袋生成方式 …… 082
5.5 本章小结 …… 085
第 6 章 智能排爆机器人 IMU 信息预处理 …… 086
6.1 IMU 模型 …… 086
6.1.1 IMU 测量模型 …… 086
6.1.2 IMU 的运动学模型 …… 087
6.2 IMU 预积分 …… 088
6.3 连续时间下图像帧间的 IMU 误差状态传播方程 …… 089
6.4 离散时间下图像帧间的位姿估计 …… 090
6.5 本章小结 …… 091
第 7 章 融合 IMU 信息的视觉定位与导航系统 …… 092
7.1 系统整体框架 …… 092
7.2 系统初始化 …… 093
7.2.1 滑动窗口内的数据管理 …… 093
7.2.2 相机与 IMU 相对旋转的在线标定 …… 096
7.2.3 双目相机初始化 …… 097
7.2.4 基于滑窗的视觉惯性联合初始化 …… 099
7.3 紧耦合非线性后端优化 …… 100
7.3.1 后端优化系统状态向量 …… 101
7.3.2 优化目标函数 …… 101
7.3.3 视觉测量约束 …… 102
7.3.4 IMU 测量约束 …… 106
7.4 固定滑动窗口大小的边缘化技术 …… 107
7.4.1 边缘化和 Schur 补公式 …… 107
7.4.2 基于视觉关键帧的边缘化策略 …… 110
7.5 基于视觉词袋模型的回环检测与优化 …… 110
7.5.1 回环检测策略 …… 111
7.5.2 回环优化方式 …… 111

7.6 基于深度相机的导航地图生成 …… 112
7.6.1 数学模型 …… 112
7.6.2 地面估计及2D导航地图生成 …… 114
7.7 本章小结 …… 116

第8章 IMU与视觉定位融合的导航试验研究 …… 117

8.1 算法定位精度评价指标 …… 117
8.2 Eu Roc数据集定位精度测试 …… 118
8.3 实际数据集定位精度测试 …… 123
8.3.1 飞行器数据测试 …… 123
8.3.2 移动小车数据测试 …… 126
8.3.3 机械臂重复定位精度试验 …… 130
8.3.4 手持相机采集数据测试 …… 132
8.3.5 导航地图生成试验 …… 136
8.4 本章小结 …… 138

第9章 智能排爆机器人自主导航系统研究 …… 139

9.1 智能排爆机器人自主导航需求分析 …… 139
9.1.1 移动机器人运动规划关键技术研究现状 …… 140
9.1.2 智能排爆机器人履带式车体运动学建模分析 …… 142
9.1.3 智能排爆机器人履带式车体硬件选型分析 …… 144
9.2 机器人车体驱动电动机的PID控制 …… 145
9.3 机器人车体基本运动仿真 …… 150
9.4 智能排爆机器人导航子系统软件架构和软件系统设计 …… 151
9.4.1 智能排爆机器人导航子系统软件架构设计 …… 152
9.4.2 智能排爆机器人导航子系统软件系统设计 …… 155
9.5 本章小结 …… 156

第10章 智能排爆机器人定位和障碍物检测 …… 158

10.1 智能排爆机器人定位的功能需求分析与技术方案 …… 158
10.2 导航地图未知时的定位技术研究 …… 159
10.2.1 卡尔曼滤波器研究 …… 159
10.2.2 拓展卡尔曼滤波器研究 …… 160
10.3 导航地图已知时的定位技术研究 …… 161
10.3.1 蒙特卡罗定位技术 …… 162
10.3.2 自适应蒙特卡罗定位技术研究 …… 164
10.3.3 自适应蒙特卡罗定位算法仿真 …… 166
10.4 智能排爆机器人定位方案的确定 …… 167
10.5 障碍物碰撞检测技术研究 …… 168

10.5.1　包围盒模型的障碍物碰撞检测研究…… 168
10.5.2　基于分离轴算法的障碍物碰撞检测研究…… 170
10.5.3　基于凹多边形分割的障碍物碰撞检测研究…… 173
10.5　本章小结…… 174

第11章　智能排爆机器人的全局路径规划 …… 175

11.1　智能排爆机器人路径规划的需求和难点…… 175
11.2　全局最优的Astar算法及改进算法研究 …… 177
11.2.1　Dijkstra算法研究 …… 177
11.2.2　Astar算法研究 …… 179
11.2.3　基于Astar改进的LPAstar算法研究 …… 180
11.3　适用于多障碍物场景的JPS算法研究…… 183
11.4　动态寻路的Dstar算法及改进算法研究 …… 188
11.4.1　Dstar算法研究 …… 188
11.4.2　Dstar-lite算法研究 …… 192
11.5　本章小结…… 196

第12章　智能排爆机器人的局部路径规划 …… 198

12.1　机器人局部路径规划的需求及难点…… 198
12.2　DWA算法及改进算法研究 …… 198
12.2.1　DWA算法研究 …… 199
12.2.2　改进DWA算法研究 …… 200
12.3　TEB算法及改进算法研究…… 208
12.3.1　TEB算法研究…… 208
12.3.2　改进TEB算法研究 …… 212
12.4　本章小结…… 214

第13章　智能排爆机器人导航试验研究 …… 216

13.1　智能排爆机器人导航试验平台的搭建…… 216
13.2　智能排爆机器人基本运动功能试验…… 217
13.2.1　智能排爆机器人的直线行走试验…… 217
13.2.2　智能排爆机器人的转向试验…… 218
13.2.3　智能排爆机器人的爬坡试验…… 218
13.3　智能排爆机器人路径规划试验…… 219
13.3.1　未知导航地图时的机器人路径规划试验…… 219
13.3.2　已知导航地图时的机器人路径规划试验…… 221
13.4　本章小结…… 222

第 14 章 排爆工具子系统功能设计与运动规划 …… 223
14.1 工具子系统功能描述与结构设计 …… 223
14.1.1 工具子系统功能设计与技术实现 …… 223
14.1.2 工具子系统工具库的结构设计 …… 224
14.1.3 工具子系统工具换装接头的结构设计 …… 224
14.1.4 排爆工具子系统配备工具的结构设计与性能分析 …… 224
14.1.5 工具子系统工具换装接头轨迹规划 …… 224
14.2 工具子系统换装工具运动精度分析 …… 226
14.2.1 换装接头直线运动轨迹规划及精度分析 …… 226
14.2.2 换装接头圆弧运动轨迹规划及精度分析 …… 227
14.2.3 换装接头速度规划及精度分析 …… 229
14.2.4 “一键入罐”运动规划与动作实现 …… 236
14.3 换装工具性能仿真试验 …… 237
14.4 本章小结 …… 238
第 15 章 机器人串联式双机械臂运动学分析 …… 240
15.1 机械臂运动学分析的目的与意义 …… 240
15.1.1 机械臂 D－H 建模方法 …… 240
15.1.2 六自由度串联式机械臂运动学模型 …… 242
15.2 机械臂正逆运动学分析 …… 243
15.2.1 机械臂运动学正解 …… 243
15.2.2 机械臂运动学逆解 …… 244
15.3 机械臂运动学仿真 …… 249
15.3.1 正运动学仿真 …… 249
15.3.2 逆运动学仿真 …… 250
15.4 本章小结 …… 251
第 16 章 机器人串联式双机械臂运动学标定 …… 253
16.1 智能排爆机器人运动学标定系统整体框架 …… 253
16.2 双串联式机械臂几何误差建模 …… 254
16.2.1 误差来源分析 …… 254
16.2.2 修正的运动学模型——MD－H 模型 …… 255
16.2.3 坐标系间的微分变换推导 …… 256
16.2.4 机械臂位置误差模型的建立 …… 258
16.3 参数辨识及误差补偿 …… 259
16.3.1 参数辨识基本原理 …… 260
16.3.2 基于阻尼最小二乘法的参数辨识 …… 260
16.4 智能排爆机器人双串联式机械臂运动学标定仿真 …… 262

16.5 本章小结……………………………………………………………………………… 264

第 17 章 机器人串联式双机械臂碰撞检测方法研究 ………………………… 265

17.1 双串联式机械臂碰撞检测方法概述……………………………………………… 265
17.2 改进的双串联式机械臂碰撞检测算法…………………………………………… 267
17.2.1 碰撞检测简化模型 ………………………………………………………… 268
17.2.2 空间两检测基元间的碰撞检测 ……………………………………………… 268
17.2.3 多关节机械臂碰撞检测算法………………………………………………… 274
17.3 双串联式机械臂碰撞检测算法的仿真验证……………………………………… 275
17.4 本章小结……………………………………………………………………………… 277

第 18 章 机器人机械臂子系统避障路径规划 ………………………………… 278

18.1 双串联式机械臂避障规划问题描述……………………………………………… 278
18.2 RRT 算法基本构成及原理 ………………………………………………………… 279
18.2.1 RRT 基本构成与函数预定义……………………………………………… 279
18.2.2 RRT 算法原理……………………………………………………………… 280
18.3 RRT 算法的改进形式分析 ………………………………………………………… 281
18.4 基于改进 RRT 算法的避障路径规划 …………………………………………… 283
18.4.1 区域渐变的采样方法……………………………………………………… 283
18.4.2 节点控制机制的提出 ……………………………………………………… 285
18.4.3 改进的 RRT 算法——NC - RRT 算法 ………………………………… 286
18.4.4 路径修剪及平滑 …………………………………………………………… 287
18.5 避障路径规划算法的仿真验证…………………………………………………… 289
18.5.1 二维环境中的机械臂避障仿真…………………………………………… 290
18.5.2 双串联式机械臂避障仿真………………………………………………… 293
18.6 本章小结……………………………………………………………………………… 296

第 19 章 机器人机械臂运动学标定和碰撞检测及避障路径规划试验 ………… 298

19.1 串联式六自由度机械臂试验平台的搭建………………………………………… 298
19.1.1 试验平台机械臂本体结构 ………………………………………………… 298
19.1.2 试验平台控制系统硬件组成……………………………………………… 299
19.1.3 试验平台控制系统软件架构与参数配置 ………………………………… 301
19.2 串联式六自由度机械臂运动学标定试验………………………………………… 303
19.3 串联式六自由度机械臂碰撞检测与避障路径规划试验………………………… 307
19.4 本章小结……………………………………………………………………………… 308

第 20 章 智能排爆机器人有效运动空间和空间性能指标研究 ………………… 310

20.1 智能排爆机器人串联式机械臂的有效运动空间………………………………… 310
20.1.1 有效运动空间的描述与分析……………………………………………… 310

20.1.2 有效运动空间的条件与保障 …… 315
20.1.3 有效运动空间的具体求解步骤 …… 316
20.2 有效运动空间求解方法的改进 …… 318
20.2.1 蒙特卡罗法存在缺陷分析 …… 318
20.2.2 运动空间求解技术的改进优化 …… 319
20.3 智能排爆机器人空间性能指标的提出与实现 …… 323
20.3.1 空间性能指标的依据 …… 323
20.3.2 空间性能指标的实现 …… 324
20.4 空间性能指标的缺陷与优化 …… 325
20.4.1 基于雅可比矩阵的指标存在的缺陷 …… 325
20.4.2 空间性能指标的优化 …… 326
20.5 本章小结 …… 326

第21章 智能排爆机器人稳定性判定理论和稳定性控制技术研究 …… 327

21.1 智能排爆机器人稳定性判定理论研究 …… 327
21.1.1 稳定性判定理论的描述与分析 …… 327
21.1.2 稳定性判定理论的应用与改善 …… 331
21.2 智能排爆机器人稳定性影响因数 …… 333
21.2.1 机械臂末端运动轨迹对稳定性控制的影响 …… 333
21.2.2 机械臂末端运动速度对稳定性控制的影响 …… 333
21.2.3 机械臂末端抓取重物对稳定性控制的影响 …… 334
21.3 智能排爆机器人稳定性控制技术研究 …… 335
21.3.1 系统整体结构优化设计 …… 335
21.3.2 末端运动轨迹优化实现稳定性控制 …… 335
21.3.3 多机械臂协同作业实现稳定性控制 …… 336
21.4 本章小结 …… 336

第22章 智能排爆机器人控制子系统总体架构与功能设计 …… 337

22.1 基于MVC和FSM理论的控制体系结构研究 …… 337
22.2 开放式机械臂控制体系结构的研究 …… 338
22.2.1 现有机械臂控制体系架构的局限与不足 …… 339
22.2.2 机械臂控制体系相关算法通用性与开放性研究 …… 339
22.3 基于MVC思想的控制框架设计 …… 342
22.4 基于多轴同步理论的运动机制 …… 344
22.5 基于FSM的系统管理机制设计 …… 346
22.5.1 基于FSM的机械臂状态建模 …… 347
22.5.2 系统运行和状态跳转机制 …… 348
22.6 本章小结 …… 351

第 23 章 串联式六自由度机械臂正运动学建模与通用逆运动学算法研究 …… 353

23.1 正运动学建模与通用逆运动学算法研究概述 …… 353
23.2 D-H 模型与改进的基础运算 …… 355
23.3 智能排爆机器人机械臂的运动学建模 …… 357
23.4 串联式六自由度机械臂的通用封闭逆解算法研究 …… 362
23.4.1 引理推导 …… 362
23.4.2 串联式机械臂封闭逆解存在性的研究 …… 364
23.4.3 串联机械臂封闭逆解的存在条件与通用算法 …… 369
23.5 本章小结 …… 371

第 24 章 时间最优多轴同步理论的研究与应用 …… 372

24.1 多轴同步理论概述 …… 372
24.1.1 多轴同步理论研究内容简介 …… 374
24.1.2 多轴同步理论的提出与应用 …… 374
24.2 S 曲线模型的建立 …… 376
24.2.1 广义 S 曲线的参数化和递推公式 …… 376
24.2.2 S 曲线的时间最优性与模型约束 …… 379
24.3 单轴点到点运动问题的时间最优算法 …… 381
24.3.1 问题分析 …… 381
24.3.2 最大带宽下的最短时间问题求解 …… 381
24.3.3 非最大带宽下的最短时间问题求解 …… 383
24.3.4 单轴点到点时间最优算法的设计 …… 384
24.4 多轴点到点同步问题的时间最优算法 …… 385
24.4.1 问题分析 …… 385
24.4.2 基于时间约束逆映射的推导 …… 387
24.4.3 时间约束下的多轴点到点同步算法设计 …… 395
24.4.4 能耗最低性质的证明 …… 396
24.5 单轴多点运动问题的时间最优算法 …… 396
24.5.1 问题分析 …… 397
24.5.2 基础映射 ψ 的推导 …… 398
24.5.3 基础映射 ψ 的算法逻辑 …… 404
24.5.4 单轴多点运动的时间最优算法设计 …… 404
24.6 多轴多点同步问题的时间最优算法 …… 406
24.6.1 问题分析 …… 406
24.6.2 基于五次多项式的多轴多点同步算法设计 …… 407
24.7 多轴同步理论在关节空间上的应用 …… 408
24.8 基于多轴同步理论的空间位姿同步框架 …… 409
24.8.1 问题分析 …… 409

24.8.2 空间运动的规划框架 …… 410
24.8.3 空间直线的位姿同步方程 …… 410
24.8.4 空间圆弧的位姿同步方程 …… 411
24.9 本章小结 …… 413

第 25 章 动力学参数辨识理论在智能排爆机器人上的应用 …… 414

25.1 概述 …… 414
25.2 串联机械臂的动力学模型 …… 414
25.2.1 基于拉格朗日方程的连杆动力学建模 …… 415
25.2.2 基于牛顿－欧拉方程的连杆动力学建模 …… 416
25.2.3 关节动力学建模 …… 417
25.3 智能排爆机器人上的动力学参数辨识 …… 417
25.3.1 动力学参数的线性化 …… 417
25.3.2 智能排爆机器人上的惯性参数重组 …… 420
25.3.3 基于坐标轮换法的激励轨迹优化 …… 422
25.4 智能排爆机器人上的动力学前馈 …… 424
25.4.1 分散控制和集中控制策略 …… 424
25.4.2 动力学前馈 …… 424
25.4 本章小结 …… 426

第 26 章 算法与理论的仿真试验 …… 427

26.1 算法与理论仿真试验概述 …… 427
26.2 通用封闭逆运动学求解算法的仿真试验 …… 427
26.2.1 算法的完备性测试 …… 428
26.2.2 算法的通用性测试 …… 429
26.2.3 算法的连续性测试 …… 432
26.3 多轴点到点理论与算法的仿真试验 …… 434
26.3.1 单轴点到点时间最优算法的验证试验 …… 435
26.3.2 基于时间约束逆映射的对比试验 …… 439
26.3.3 串联式机械臂上的仿真试验 …… 449
26.4 单轴多点时间最优算法的仿真试验 …… 456
26.5 本章小结 …… 459

第 27 章 基于智能排爆机器人物理样机的验证试验 …… 460

27.1 验证试验概述 …… 460
27.2 通用封闭逆运动学求解算法的试验 …… 460
27.3 多轴同步理论的样机试验 …… 466
27.3.1 关节空间多轴点到点同步的换装工具试验 …… 467
27.3.2 关节空间多轴多点同步的避障运动试验 …… 473

27.3.3　笛卡儿空间中位姿同步的排爆工艺试验 ··· 478
27.4　动力学参数辨识与验证 ··· 482
27.5　精度测试试验 ··· 488
27.6　本章小结 ·· 491
结语 ·· 493
参考文献 ·· 495

第1章 绪 论

近年来，国际社会风云变幻，强权政治、霸凌主义、恐怖袭击愈演愈烈，国际局势日益动荡不安，许多国家和地区都面临着各种敌对势力主导的爆炸恐怖袭击，对人民的生命安全构成极大威胁。为了应对形式不一、方式有别的各类爆炸恐怖袭击，各种排爆手段、装备、技术得到各国的重视，争相登上了排爆处置的前沿阵地。但在实际的搜爆、排爆过程中，由于排爆任务极其危险、处爆操作极其复杂，现有各种排爆装备表现欠佳，迫切需要一款能够高度适应各种复杂地形、敏锐判断各种复杂场景、灵巧高效代替排爆人员远距离进行各种爆炸物检测、监控、识别、拆卸、处置、排爆等任务的高新技术装备。

针对以上反恐排爆的任务需求，北京理工大学特种机器人技术创新中心与三门峡市天康成套设备有限责任公司、新疆公安厅特警总队联合，在充分调研国内外各种排爆机器人设备资料和技术成果的基础上，通过和一线专业排爆技术人员一起深入分析、反复推敲、多次模拟、充分讨论，经过精心设计、仔细核算、详尽仿真，历尽数载寒暑，终于成功研发出了一款能够满足反恐排爆特种作业需求的智能排爆机器人。该机器人由可灵活自主移动的地面特种平台、基于深度摄像机的视觉系统以及高动态性、高稳定性、高刚性的双六自由度串联式机械臂系统组成，具有自主到达、一键换刀、一键取放、基于精确双目视觉信息引导下的双机械臂精准化作业的特点。综合试验结果证实：该机器人高度自主化、智能化的特点已能完全满足排爆人员在安全距离外进行排爆处置的实战需求。

本书各章节将系统、全面、科学、翔实、准确、充分地介绍项目组在智能排爆机器人结构设计技术、智能排爆机器人动力驱动技术、智能排爆机器人换刀控制技术、智能排爆机器人视觉导航技术、智能排爆机器人传感探测技术、智能排爆机器人精确控制技术、智能排爆机器人器件集成技术、智能排爆机器人操控装备技术等方面进行研究的成果，力求将智能排爆机器人相关的数学基础理论、机械设计方法、柔性制造模式、器件集成理念、视觉引导手段、智能控制机制、信息交互方式、排爆规划策略介绍给读者。

1.1 排爆机器人的研发背景与应用意义

自20世纪90年代以来，随着世界各国社会经济、科技和互联网技术的飞速发展，国际政治波谲云诡，大国争雄风云变幻，各种暴恐势力也趁机做大，使得国际局势越来越动荡不安。当前，世界范围内的恐怖主义活动愈演愈烈，逐渐呈现出了全球化的发展趋势。极端势力通过频频制造恐怖袭击事件，宣扬邪恶主张，严重影响了世界各国的和平稳定和各地人民的生命财产安全。例如，2001年9月11日，美国发生了恐怖分子劫持民用飞机撞击世贸中心和五角大楼的“911”事件，造成3 000多人死亡和无数财产损失；[1]2004年3月11日，西班牙马德里发生地铁连环爆炸恐怖袭击事件，最终造成190人死亡、近1 500人受伤；2011年1月24日，莫斯科多莫杰多沃机场发生爆炸恐怖袭击事件，造成35人死亡、近200人受伤；[2] 2013年4月15日，美国波士顿马拉松赛事期间发生爆炸恐怖袭击事件，最终造成3人死亡、183人受伤。

近些年，我国面临的反恐形势也非常严峻。为达到分裂中国的目的，“台独”“疆独”“藏独”“港独”势力勾结国际恐怖组织，长期从事反华分裂活动，他们大肆破坏民族团结和“一国两制”方针，制造了多起爆炸恐怖袭击事件，严重威胁了我国的国家安全和地区的和平稳定。根据恐怖爆炸事故发生地相关资料统计发现，恐怖袭击大多发生在人员密集的场所。恐怖分子通常是制作爆炸装置实施破坏。这些爆炸装置具有制作简单、体积小巧、成本低廉且伪装性好、杀伤力强的特点，可以造成严重的人员伤亡和财产损失。[3] 而传统的排爆方式，往往需要排爆人员冒着极大的风险，手持简陋的排爆工具，亲临现场处置，从而导致排爆人员在搜爆、排爆过程中因公殉职、因公受伤的事件时有发生。为了有效降低排爆人员在阻止恐怖袭击而进行排爆处置时的伤亡概率，迫切需要研发一款高智能、多功能的排爆机器人。这种智能排爆机器人可以适应各种复杂地形，能够代替排爆人员执行多种搜爆、排爆任务，如爆炸物的检测、排除、移动、销毁等作业。因此，积极开展排爆机器人相关技术的研究和物理样机的研发，实现无人排爆、自主检测、智能识别、高效处置、自动销毁等，能够提高排爆处置的工作效率，极大地减少人员伤亡和财产损失，对打击恐怖主义活动、维护社会稳定具有非常重要的意义。

1.2 排爆机器人的国内外发展沿革与研究现状

排爆机器人作为专业排爆人员的专用器材，主要作用和功能是协助国家相关安全部门发现、检测、处置、移动和销毁各种爆炸物，主要目的是降低排爆人员面临的风险，避免不必要的人员伤亡。排爆机器人应当能够适应复杂的地形条件和多变的作业环境，在一定程度上代替排爆人员进行疑似爆炸物的实地检测，实时传输现场视频图像；可代替排爆人员进行爆炸物的拆卸、搬运、转移，还可代替排爆人员进行爆炸物销毁；也可配备枪械对犯罪分子进行攻击，真正成为国家安全部门在处置爆恐袭击时的好帮手和好伙伴。由于反恐斗争的实际需求，过去的二三十年里，世界一些科技发达、军事强盛的国家都曾投入过巨额资金来研发各种排爆机器人。这些机器人也曾在多次排爆过程中发挥过很大作用，为开发新型排爆机器人奠定了坚实的技术基础，并提供了宝贵的借鉴经验。

1.2.1 排爆机器人的国外发展沿革与研究现状

几十年来，恐怖袭击活动就像人身上的肌体毒瘤，始终在不断作祟，扰乱人类社会的正常运行。当今世界，恐怖分子发起的恐袭活动令各国政府头疼不已，许多发达国家为了维护政治安定与社会稳定，投入大量的人力、物力和财力研发各种反恐防爆的装备和技术。尤其是“911”事件之后，各国政府亡羊补牢，加强了对排爆机器人的研制工作。例如，美国军方制订了基于自主地面车辆（ALV）的无人地面作战平台战略计划，英国军方制订了关于移动式反恐排爆机器人的实施计划（MARDI），德国国防部制订了有关反恐排爆机器人的实验计划（PRIMUS），法国、西班牙和意大利则联合制订了Ital机器人实验计划，日本制订了极限环境下的反恐排爆机器人研究计划等。[4]这些计划在引领和促进相关国家研发各种排爆机器人方面起到了巨大作用。

从世界目前已经装备的各种排爆机器人来看，排爆机器人的载体形式主要有履带式、轮式、腿式、组合式几种。在世界主要科技强国中，英国是较早研制排爆机器人的国家。早在20世纪60年代，英国AB电子产品公司就已成功研制出排爆机器人，其首先推出的是一款名为“手推车”的排爆机器人，如图1.1所示。[5]该机器人具有较好的实用性与可靠性，是最早采用履带式行走机构的排爆机器人。后来经过改良和完善，又推出了“超级手推车”排爆机器人。“超级手推车”比“手推车”具有更好的越野性能，应用范围也有一定程度的扩展。在这两款产品的基础上持续优化、不断进取，该公司又相继开发出“土拨鼠”和“野牛”两款排爆机器人，如图1.2所示。[6]“野牛”排爆机器人重达210 kg，底盘采取轮式驱动，具有极强的越野性能和负载能力。“土拨鼠”排爆机器人则体型较小，重量仅为35 kg。这两款机器人均采用模块化设计思路进行开发，机械臂的末端执行器具有可替换性，如搭载二指机械手爪，从而可执行多种抓取任务。“土拨鼠”和“野牛”排爆机器人均采用无线电控制方式进行遥控操作，具有较好的实用性能，遥控距离最远可达1 km。

图1.1 英国“手推车”排爆机器人

图1.2 “野牛”（左）及“土拨鼠”（右）排爆机器人

2000年，美国研制出了ANDROS F6A机器人，如图1.3所示。该机器人采用活节式履带驱动，可跨越各种障碍，能在复杂的地形上自如行走，可用于完成侦察、搬用爆炸物、清理未爆炸炸弹、安全巡逻等任务。[7]该机器人配有3个低照度的CCD摄像机，车体可以迅速进行轮式和履带式驱动方式的切换。机器人自重160 kg，速度为0～5.6 km/h，且无级可调；旋转云台上安装有机械爪，最大抓取重量11 kg；同时，该机器人还可配置放射/化学物品探测器、X光机组件、催泪弹发射器、霰弹枪、烟幕弹发射器、激光瞄准器等，极大扩展了其用途。该机器人的控制方式包含无线控

图1.3 美国ANDROS F6A机器人

制、有线电缆控制和光缆控制 3 种。[8] 目前，在世界各地已有 600 多台该型机器人在服役，主要用于机场保安、特警行动、危险爆炸物检测和排爆任务。

图 1.4　西班牙 aunav. NEXT 排爆机器人

西班牙研制的 aunav. NEXT 排爆机器人是唯一拥有同步双臂的 EOD 机器人，如图 1.4 所示。该机器人自重 495 kg，最大臂展范围 2 m，起重力达到 250 kg，具有力量大、精度高、自主运动、灵活机动等特点。其机械臂可绕轴旋转 360°，能够完成极细微的排爆操作和运送动作；多配置的特点使其成为一款全能型机器人，能够适应各种操作环境。通过使用自动换刀动作，该机器人的工具管理系统可以自主更换三种工具。

加拿大研制的 MK3 型排爆机器人也是一台双机械臂、多功能的机器人，如图 1.5 所示。该机器人自重 88 kg，采用 6 cm × 6 cm 全轮驱动加双履带驱动系统，适用于各种地形环境，可攀爬斜坡和上下楼梯；拖拽能力可达 113 kg，最大臂展为 167 cm，可抓取 30 kg 物体；最快行进速度可达 8 km/h，还装备着一个重型机械手和一个双路水炮枪。

英国研制的 MK6 型综合排爆机器人可进行有线和无线通信，如图 1.6 所示。该机器人自重 90 kg，采用 6 × 6 全轮驱动加双履带驱动系统，可为机器人在多数地形上行动提供充足动力；拖拽能力为 150 kg，抓取能力为 30 kg，行进速度为 5 kg/h。相比 MK3 型机器人，其创新性地采用了腰盘加手臂设计方式：机械手安装在一个能左右旋转的腰盘上，具有上下旋转的小臂和 360° 自由旋转的手腕，整个机器人具有行进快速、运动灵活、爬阶能力强、拖曳抓取力大的特点。该机器人在机械手另一侧安装了口径为 20 mm 的水炮枪，并装有独立的开火电路。

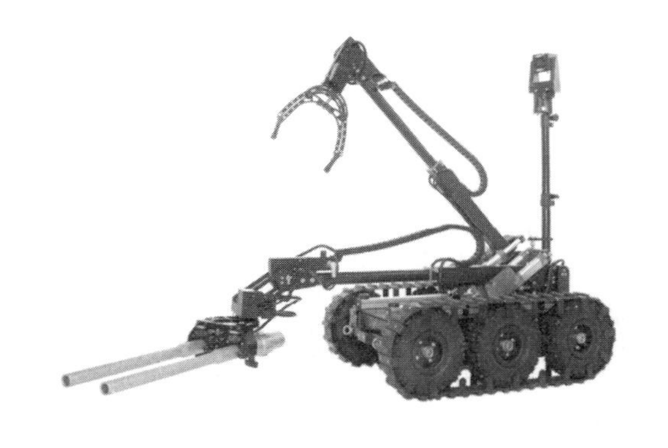

图 1.5　加拿大 MK3 型排爆机器人

图 1.6　英国 MK6 型综合排爆机器人

波兰研制的 PIAP GRYF 排爆机器人体积小巧，重量轻盈，自重为 38 kg，如图 1.7 所示。该机器人采用无线通信，传输距离为 800 m，行进速度为 3.6 km/h，最大抓取重量为 15 kg；其轮子便于拆卸，可减小机器人的外形尺寸，使其便于在狭窄空间里作业。其机动性强，可以顺利攀爬最大坡度为45°的崎岖地形。该机器人配备了4台多功能摄像机，能够用来处理排爆作业相关的工作，也可用于战地侦察。该机器人可与多种配件一起使用，包括爆炸物销毁器、霰弹枪、X射线机、炸药追踪探测器、光纤卷绕机等。

法国DM公司研发的RM35型排爆机器人采用多线程控制，如图1.8所示。其履带式车体可适应多种地形，且车体与机械臂的控制相互独立互不影响；在车体全速运动过程中，机械臂能够同时执行其他各种操作指令，如改变机械臂姿态来实时调整机器人的重心分布，使机器人具有更好的运动稳定性和操作可靠性。该机器人搭载着旋转式扫雷探头，可以检测和排查多种爆炸物；还具有多种辅助工具，可根据实际情况使用不同的工具来实现灵活作业。目前，RM35型排爆机器人已经在法国巴黎机场等场所获得实际使用。

图1.7 波兰PIAP GRYF排爆机器人

图1.8 法国RM35型排爆机器人

多年以来，世界一些科技强国已在排爆机器人的研发方面积累起丰富的经验，并在排爆处置方面取得了长足的进步，这些技术积累为其获得了先发和领跑优势，是值得我国认真学习和努力赶超的。

1.2.2 排爆机器人的国内发展沿革与研究现状

改革开放以来，随着我国经济实力的不断增强和国际地位的日益提高，国内经常会举办各种大型的政治、经济、科技、文化、体育活动，但各种敌对势力借机捣乱、破坏的可能性始终存在，因而对排爆机器人的需求日益增多。但是，与国外排爆机器人技术相对先进和成熟的研究现状相比，我国在排爆机器人研发方面起步晚，积累少，基础弱，整体研究还比较落后，而且主要集中在高等院校、科研院所以及部分新兴机器人公司，尤其是一些关键技术还很不成熟，无法普及应用到实际的排爆作业过程当中。

面对排爆机器人技术落后于世界先进水平的现实情况与不利局势，我国的科技人员不怕苦、不信邪，迎难而上，刻苦攻关。中国科学院沈阳自动化研究所急国家所急，举全所之力，先后研制出了“灵蜥-A”“灵蜥-B”“灵蜥-H”排爆机器人（图1.9）。其中，“灵蜥-H”是一款堪称经典的排爆机器人。“灵蜥-H”排爆机器人自重为200 kg，行走底盘采用三段履带布局，通过履带的适时变形，机器人可以灵活自如地上下楼梯。该机器人平地最大行进速度为2.4 km/h，翻越垂直障碍物的最大高度为400 mm，兼具无线控制和有线控制两种控制方式，可以根据现场作业需要进行迅速的切换。“灵蜥－H”排爆机器人可以配备霰弹枪、爆炸物销毁器、催泪弹发射器等，同时搭载了一款六自由度的机械臂，能够抓取5 kg重的爆炸物，还可以进行爆炸物清理、要地巡逻、战场击杀等。

(a)

(b)

(c)

图 1.9 “灵蜥”系列排爆机器人

(a)“灵蜥－A”排爆机器人；(b)“灵蜥－B”排爆机器人；(c)“灵蜥－H”排爆机器人

我国航天科工集团经数年攻关，在前期积累的基础上，研发出了第二代排爆机器人——“雪豹－10”排爆机器人（图1.10）。相比国内其他同类产品，该机器人抓取重量较大，抓取范围较广，行动轻便灵活，操控性能好，适用范围广，既能通过城市平整路面或室内复杂地形，也能通过户外草地、沙漠戈壁、碎石路面，地形适应能力强，具备一定的自主性，得到业界的好评。

北京航空航天大学和北京瑞琦伟业科技有限公司强强联合、优势互补，合作研发出了“猛禽”排爆机器人（图1.11）。[9]该机器人采用模块化思路进行开发，搭载了3台CCD摄像机，可为排爆人员提供排爆现场及周边环境的实时图像，其中一台摄像机具有10倍光学变焦功能，可以准确地分辨出物体的位置和颜色，为排爆处置作业提供了方便。“猛禽”排爆机器人环境适应性强，即便在夜间执行任务，同样具有较好的表现。“猛禽”排爆机器人还搭载了双向语音通信系统，可以使现场操作人员和远端指挥人员进行实时通信交流。

图 1.10 “雪豹－10”排爆机器人

图 1.11 “猛禽”排爆机器人

北京中泰恒通科技有限公司研发的MK9型内骨骼搜排爆、拆弹机器人是一种颇具新意的排爆机器人（图1.12），其自重为200 kg，负载为50 kg，能轻松爬上35°的坡面或者楼梯。[10]通过内骨骼远程操控系统，MK9型机器人可以远程实时操控高自由度的仿生机械臂，不仅可以执行危险物品抓取、转移、销毁等作业，而且能够搜爆（远程听音、炸药探测）、拆弹，具备一定的灵活性和实用性。排爆作业时，操控人员可以通过自己的双手来分别控制两条机械臂的末端位置和姿态，完成一系列复杂的排爆作业动作；同时还可实时监控远程画面，操作人员能身临其境般地进行复杂多样的操作步骤。

Dragon－Ⅳ排爆机器人是北京瑞琦伟业科技有限公司最新研发的排爆机器人（图1.13），可用于排爆、搬运、处置等任务。该机器人采用模块化思路进行设计，可快速进行搭载装置和元器件的更换；底盘则采用了轮式—履带式复合行走机构。Dragon－Ⅳ排爆机器人具有较高的机动性和灵活性，尤其是其搭载的双机械臂结构简单、性能稳定、动作可靠、操作灵活，还能够双臂协同作业，准确抓起隐藏在狭窄空间内的爆炸物。Dragon－Ⅳ排爆机器人配备了云台，可以保证所搭载高清摄像机稳定工作。该机器人信号传输准确迅速，具有较强的抗干扰性，可以在恶劣环境中进行作业。[11]

图1.12　MK9型内骨骼搜排爆、拆弹机器人

图1.13　Dragon－Ⅳ排爆机器人

经过研究国内外排爆机器人研究文献，国内排爆机器人需具备以下特点。

（1）底盘通过性要强，地形适应能力要好，能够上下楼梯和翻越垂直障碍物。

（2）机身尺寸合理，运动灵活，操控性好，能够在狭窄空间进行排爆作业。

（3）搭载抓取机器臂，抓取负载能力较强，运动灵活，能够满足对爆炸物的抓取、处置、销毁等作业需求。

（4）通信方式采用无线控制和有线控制两种控制方式，增强机器人抗干扰性，可以根据需要进行迅速的切换。

基于上述情况，我们应该借鉴国外的成功经验，积极开展具有自主知识产权的排爆机器人及其相关技术的研究。

1.3　排爆机器人的制约瓶颈与革新出路

无论是在国外还是在国内，排爆机器人目前主要应用在边防和安防领域，每年有数千台的购置指标。另外，各国轨道交通领域和航天运输领域也对排爆机器人有着强烈需求，且市场前景看好。美国将排爆机器人视为未来战场上不可或缺的重要装备。近年来，中东地区战事频繁，一些域内国家对排爆机器人充满渴望。由此可以看出，在世界各地，排爆机器人都有着巨大的市场发展空间。

从分类角度来看，排爆机器人属于特种机器人，是机器人学、控制理论、运动控制和人工智能等多学科的融合产物。从行业特点来看，排爆处置过程充斥着各种不确定性，影响了排爆机器人的实用效果。如果能将人工智能技术和新型控制技术合理地运用到排爆机器人上，则一定可以大幅提高排爆机器人的智能化和自主化程度。

但令人遗憾的是，从近几年国内外现役排爆机器人的实际使用情况来看，普遍存在功能不强、性能不稳、识别不准、定位不精、操作不便、处置不灵、排爆过程复杂、实用价值不高等问题。多数的排爆机器人只能进行简单的爆炸物抓取和转移，基本上不具备爆炸物检测、监控、识别、拆卸、处置、排爆等实用功能。现实迫使人们必须在制约排爆机器人实用性能提升或改善的关键技术方面寻求突破。因此，本项目组一方面深挖排爆机器人研制的制约瓶颈，弄清问题所在，确定改进方向；另一方面，则大力寻找排爆机器人的革新出路，并组织精兵强将，开展排爆机器人关键技术的协同攻关。我们相信，只要我们能在排爆机器人关键技术上取得突破，就必然能够带领我国在排爆机器人行业上实现弯道超车，从而在国际排爆机器人技术领域实现从开始的跟跑、现在的伴跑到未来的领跑。

1.3.1 排爆机器人的制约瓶颈

如前所述，排爆机器人是人工智能与传统技术的重要融合体，也是学术界理想的研究对象。排爆机器人主要由移动平台、机械臂和视觉系统组成（图 1.14）。其中用于爆炸物处置的串联式机械臂是排爆机器人的核心部件，而串联式机械臂的精确运动与精准控制则需要依靠串联机械臂技术。排爆机器人技术发展的趋势表明，为了实现排爆处置过程的智能化、自主化，越来越离不开串联机械臂，这是因为串联机械臂从本质上看是一种开式运动链机器人部件，它是由一系列连杆通过转动关节或移动关节串联形成的，采用驱动器驱动各个关节的运动从而带动连杆的相对运动，使末端执行器达到合适的位姿，执行预期的动作，而这正是人们对排爆机器人精准完成排爆处置作业的基本要求。[12]

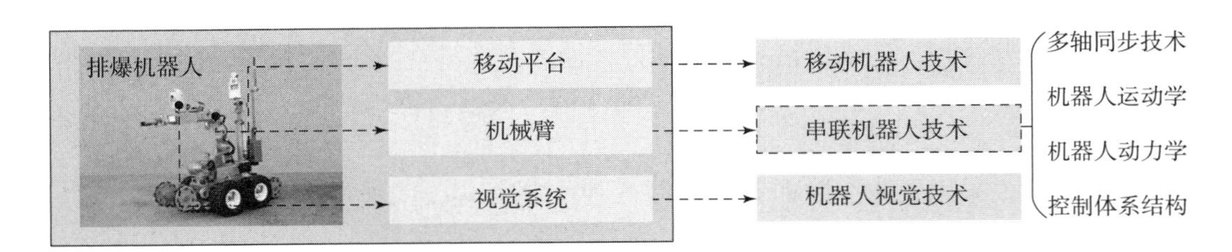

图 1.14 排爆机器人的基本组成

通过仔细梳理排爆机器人的实际作业效果，不难看到，现役各种排爆机器人还存在以下的明显不足。

（1）机器人拆爆能力较差，抓取能力较弱，处置效率较低，且不具备空间规划和多轴同步的能力。

（2）缺乏爆炸物精确的景深信息，无法对排爆作业过程进行精准指导。

（3）传统的单臂机器人无法应对复杂的拆爆处置和排爆作业。

（4）当排爆机器人抓取了爆炸物后，无法对其进行妥善的处置。

此外，从学术研究的角度，现役排爆机械人还存在着实时性和运动性能上的不足。

（1）排爆机器人在排爆处置实时性上的不足。所谓实时性是指控制系统与硬件通信的闭环周期。周期越短，就越能更好地纠正误差、提升精度；而过长的闭环周期则会使跟踪误差迅速增大。文献［13］指出排爆机械人在 100 ms 的闭环周期下就能展示出较好的排爆作业表现；文献［14］指出医疗机械臂可以在 20ms 的闭环周期下正常运行；而在传统的工业机械臂行业中，闭环周期是完全可以达到 10 ms 以内的。从数据上看，排爆机械人的闭环周期相比传统工业机械臂还有较大差距，这说明当前排爆机器人的抓取精度并不高、排爆处置并不好；同时，目前针对排爆机械人提出的设计方案大都没有充分考虑实时性这一重要的性能指标。

（2）排爆机器人在运动性能上的不足。根据前述介绍可以看出，现役排爆机器人缺乏较为完善的机械臂控制系统，没有多轴同步、空间规划和示教功能。这些缺陷容易增加排爆时长和排爆风险，进而增加二次伤害的可能。

本项目组通过研究发现，串联机械臂的性能主要受到多轴同步技术、机械臂运动学、机械臂控制体系结构和动力学辨别与前馈四个方面的影响。但是串联机械臂控制系统较为复杂，其中实时性、精度、运动能力等因素之间相互作用、相互制约，其影响因素及内在联系如图 1. 15 所示。

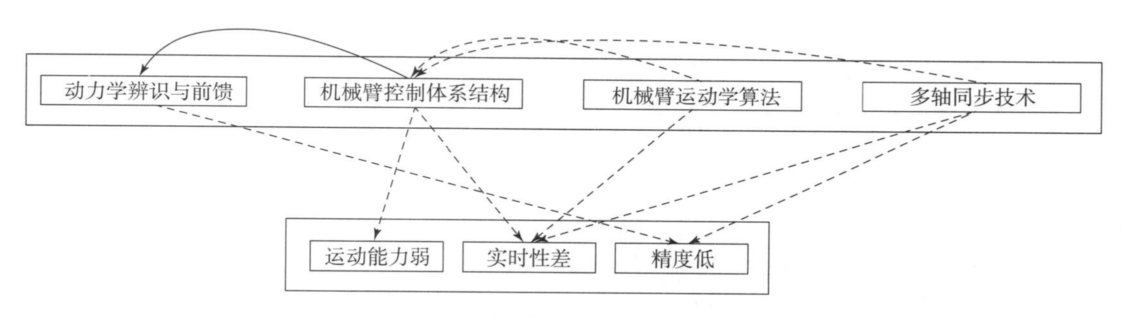

图 1. 15 串联机械臂性能的影响因素及内在联系

（1）多轴同步技术是多自由度串联机械臂运动的核心。学术界主流的迭代寻优和智能寻优策略在运算效率和精度方面的表现较差，几乎无法应用于多自由度串联机械臂的在线规划中；而基于控制策略的同步方法虽然可以克服上述缺点，但由于这种方法不对运动进行建模，导致诸多系统变量无法观测，进而造成系统封闭。

（2）机械臂运动学研究的是机械臂与电动机之间的运动关系。但是关于运动学算法的研究已经停滞多年，这使得正运动学算法和逆运动学算法都没能兼具通用性与高效性。尤其是通用的封闭逆运动学问题，不仅在排爆机器人领域需要将其妥善解决，使排爆机器人获得真正的实用价值，学术界也一直希望能够将其攻克，以取得学术研究的巨大进步。

（3）机械臂控制体系结构指的是系统功能和运动算法所遵循的运行框架。合理的体系结构能有效提高系统的实时性、安全性和扩展性。但由于技术条件的限制和研究成果的相对匮乏，现存的控制体系大多为结构不开放、设计不合理、机制不健全，使得机械臂系统的性能无法进一步得到提升。

(4) 动力学辨识与前馈是一种基于运动控制的力矩补偿方法，这种方法可以进一步地改善机械臂的定位精度和动态响应过程。但动力学参数的获取不仅需要较为复杂的理论支撑，还需要开放的机械臂控制系统作为基础。

为了能够彻底改善排爆机器人定位精度低、排爆处置差、实时性弱的不足，本项目组认为应该从机械臂控制体系结构、机械臂运动学、多轴同步技术和动力学辨识与前馈 4 个方面进行排爆机器人技术的研究。

1.3.2 排爆机器人的革新出路

为了让排爆机器人真正具备实用价值，成为排爆战线的利器，新一代排爆机器人正朝着智能化、自主化、模块化、多功能化、多传感器融合化的方向发展。

1. 智能化

智能排爆机器人的智能化是指通过智能化管理、智能化决策、智能化控制，使排爆机器人的智能运作水平得到大幅提高，智能排爆处置的能力高于普通排爆机器人，真正成为替代排爆人员进行爆炸物检测、识别、拆除、移送、销毁等作业的帮手。

2. 自主化

智能排爆机器人的自主化是指通过在智能排爆机器人控制系统中进行提质与升级，强化机器人自主化工作的能力，让智能排爆机器人在最大限度上自主实现车体平衡、自主到达排爆现场、自主决策处置方案、自主完成拆除动作、自主进行爆炸物的“一键入罐”。

3. 模块化

智能排爆机器人的模块化是指通过在机器人研发目标和设计思路上采用模块化思想，将主要子系统按模块化方式进行设计或搭建，加强子系统的独立性、标准性、互换性、替代性、拓展性、升级性，提高智能排爆机器人的普及应用水平。

4. 多功能化

智能排爆机器人的多功能化是指在机器人的功能设置上科学思考、巧妙安排、合理设置，使机器人做到“一机多能”，既能实现对爆炸物的拆卸、处置，还能在反恐战线发挥其他作用，甚至可利用搭载的多种武器装备成为城市作战、楼宇作战中特警部队的最佳搭档。

5. 多传感器的融合化

智能排爆机器人的多传感器融合化是指通过在机器人上加装多种传感器，并对这些传感器进行信息融合，提高信息融合的程度，有效改善机器人的智能控制能力。需要指出，智能排爆机器人的检测子系统要依托多传感器的信息融合提高其智能控制的水平，就需要有高效、稳定、可行的多传感器融合算法，特别是针对那些非线性、非平稳、非正态分布的现实信息也能做到快速、正确融合，殊非易事[15]，需要花大力气、做大文章，深入开展相关研究和探索，才有可能奏效。

1.4 智能排爆机器人的核心理念与关键技术

厘清排爆机器人的核心理念、确立排爆机器人的关键技术对项目组研发智能排爆机器人尤为重要。它涉及智能排爆机器人研发思路的确定、研发目标的树立、研发方法的选择、研发队伍的组建、研发力量的投入、研发措施的保障等一系列工作，需要项目组高度重视、认真对待。本项目组的依托单位——北京理工大学特种机器人技术创新中心，长期在光机电一体化特种机器人、工业机器人技术、机电伺服控制技术、机电装置测试技术、传感探测技术和机电产品创新设计领域摸爬滚打、辛勤耕耘，积累了无数的宝贵经验，为完成上述任务提供了可靠的支持。

1.4.1 智能排爆机器人的核心理念

通过仔细分析国内外各种现役排爆机器人的技术特点，并认真听取国家安全部门对排爆机器人的实际需求，滤除掉各种非实用、非必要功能，项目组总结归纳出研发智能排爆机器人的核心理念，描述如下：为了真正提升排爆作业的智能化、自主化、简易化、安全化水平，将利用智能化、自主化、模块化、多功能化、多传感器融合化的思维、方法和技术，使排爆机器人在作业过程中实现“一键平衡”“一键到达”“一键排爆”“一键入罐”“一键回原”，将排爆人员从危险、烦琐、费力、笨拙的排爆操作中解放出来，实现我国在排爆机器人技术的跨越式发展。

1.4.2 智能排爆机器人的关键技术

要想在排爆作业过程中实现“一键平衡”“一键到达”“一键排爆”“一键入罐”“一键复原”，就必须在对应的关键技术方面取得突破。现予以具体说明。

1.“一键平衡”

“一键平衡”意味着智能排爆机器人要能够在不同运动姿态情况下，通过传感器感知自身的姿态情况，然后根据具体姿态情况去自主调整双机械臂的姿态与位置，进而调整机器人整体的质量分布，使机器人在各种运动场合都能维持本身的平衡，并能够圆满完成排爆处置工作。全过程不需人工干预。这其间的技术就是项目组要努力掌握的关键技术。

2.“一键到达”

“一键到达”意味着当排爆机器人接到排爆作业指令后，立即奔赴现场，通过车载视觉子系统收集现场视频图像信息，并传送给远端操控人员，使身处远方的操控人员能够通过终端控制产生身临其境的感觉。当操控人员在终端系统显示屏上标出目标点位置和机器人经由的目标点位置后，机器人控制子系统即可根据视觉导航技术和机器人车体驱动电动机控制技术，自主操控机器人车体驶近目标点，对其进行抵近检测或处置。全过程不需人工干预。这其间的技术就是项目组要努力掌握的关键技术。

3.“一键排爆”

“一键排爆”意味着当排爆机器人驶近目标物并判明其为爆炸物后，机械臂子系统在双目视觉传感器（一个安装在主机械臂前端，另一个安装在车体前端）的帮助下，根据爆炸物的形体特征、摆放位置、固定方式、伪装情况确定排爆作业的方式与步骤；然后借助双目视觉传感器可以看清场景并明确景深的优势，进行串联式六自由度主辅机械臂的协同排爆操作。在这期间，辅机械臂还可根据具体处置需要，换用不同的排爆工具，以取得最佳的拆爆效果。全过程不需人工干预。这其间的技术就是项目组要努力掌握的关键技术。

4.“一键入罐”

“一键入罐”意味着当智能排爆机器人主机械臂将爆炸物成功拆除之后，会沿安全路径

（由传感器子系统和控制子系统自主确定）将其直接放入防爆罐中，且控制系统即刻关闭防爆罐罐盖，防止爆炸物发生爆炸引起伤害事故。全过程不需人工干预。这其间的技术就是项目组要努力掌握的关键技术。

5. “一键复原”

“一键复原”意味着当智能排爆机器人完成排爆作业之后，一旦操控人员按下“复原”按键，机器人的机械臂子系统就会在控制子系统的控制下，恢复最佳原始状态，以有利于机器人长途运输。全过程不需人工干预。这其间的技术就是项目组要努力掌握的关键技术。

1.5 本书主要内容与章节安排

本书的主要内容与章节安排如下。

第 1 章　绪论

主要介绍智能排爆机器人的研发背景与应用意义，智能排爆机器人的国内外发展沿革与研究现状，智能排爆机器人的制约瓶颈与革新出路，智能排爆机器人的核心理念与关键技术，以及本书主要内容与章节安排。

第 2 章　智能排爆机器人总体架构与系统组成

本章结合智能排爆机器人排爆处置作业的客观需求与真实条件，提出智能排爆机器人的总体设计目标，并依据该目标进行智能排爆机器人的总体布局与系统构造，给出机器人的子系统组成方案，说明在由各个子系统组成的智能排爆机器人总体架构中，结构子系统、驱动子系统、传动子系统、照明子系统隶属于机器人履带式车体；机械臂子系统、工具子系统、防爆罐子系统隶属于机器人排爆作业的具体执行部分；而视觉子系统、控制子系统、检测子系统、导航子系统、通信子系统隶属于机器人排爆作业的协同控制部分。这三大部分是智能排爆机器人的核心。在明确智能排爆机器人各个子系统相互关系的基础上，本章详细介绍智能排爆机器人履带式车体的主要硬件组成部分，深入阐述履带驱动装置、履带自动张紧装置、车体减振缓冲装置的结构设计过程和功能实现方法；仔细说明履带驱动电动机的计算依据和选型结果；论述智能排爆机器人的防爆罐子系统、车载电控柜、机械臂子系统的结构布局与硬件安排，为后续研究作好铺垫。本章利用 Ansys Workbench，根据零件的受力情况与工作条件，对车体底座、车体前盖、主机械臂底座 3 个关键零件进行静力学校核，检验其结构的强度和刚度，以验证其设计的合理性和有效性。

第 3 章　智能排爆机器人运动性能分析

本章通过理论研究和计算分析，探究机器人车体的行驶原理和运动特性，并在深入开展车体动力学研究、运动学建模的基础上，阐述车体的动力传递原理，分析车体的传动效率，论证车体的转向特性，讨论车体的通过性能；着重对车体的水平越壕、垂直越障性能进行详尽分析与细致计算，从不同侧面验证智能排爆机器人履带式车体相关尺寸设计的合理性与可行性，进而帮助人们了解智能排爆机器人履带式车体的设计思路和运动性能。

第 4 章　智能排爆机器人视觉 SLAM 技术研究

本章简要介绍有关视觉 SLAM 的国内外研究现状及成果、纯视觉 SLAM 的国内外研究现状及成果以及融合 IMU 信息的视觉 SLAM 的国内外研究现状及成果；详细叙述视觉 SLAM 的主要研究内容，着重阐述 SLAM 的框架；将定位与建图问题描述为多维高斯概率分布问题，并说明该高斯概率分布包含先验信息、运动信息和观测信息；最终将 SLAM 问题转换为一个求解最小二乘最优解的问题。本章还系统讲述求解增量方程为核心的高斯 - 牛顿求解方法，为后续章节讲述传感器信息融合的相关内容奠定理论基础。

第 5 章 智能排爆机器人视觉子系统信息预处理

本章作为智能排爆机器人视觉子系统信息预处理部分，详细论述如何对双目视觉图像进行预处理的相关基础理论以及具体技术方法，其中包含相机统一模型和畸变模型；深入介绍 Shi - Tomasi 特征提取方法与 KLT 光流追踪法；同时还介绍如何通过图像均衡化以及采用双目环形检测方法以提高特征的跟踪鲁棒性。本章在系统讲述如何得到所追踪特征点的基础上，还将分别介绍基于对极几何、透视 N 点法的位置估计方式，以及运用三角化求取特征点的方法；深刻阐明词袋模型、视觉字典的概念与方法，为项目组后续开展相机与 IMU 的外参估计和传感器信息融合研究提供理论依据和研究手段。

第 6 章 智能排爆机器人 IMU 信息预处理

本章主要阐述 IMU 预积分技术，系统介绍 IMU 的误差模型与相关运动学方程，详细推导 IMU 预积分公式，以得出基于 IMU 信息与视觉关键帧对齐的位姿估计结果；通过推导误差状态下 IMU 的状态方程，证明当加速度计和陀螺仪偏置发生微小变化时，可根据状态方程对预积分进行修正，进而避免重复积分，这样既可节省工作量，也可为后续 IMU 与相机之间的外参标定以及与视觉信息的紧耦合融合奠定理论与技术基础。

第 7 章 融合 IMU 信息的视觉定位与导航系统

本章将第 5 章智能排爆机器人视觉子系统信息预处理和第 6 章智能排爆机器人 IMU 信息预处理的内容进行融合，构建一个融合了 IMU 信息的双目视觉定位与导航系统，以便为实现智能排爆机器人的自主导航功能奠定理论和技术基础。本章的研究工作涉及视觉定位与导航系统初始化，其主要研究内容包含相机与 IMU 外参数的标定、陀螺仪偏置误差的标定和滑动窗口的双目视觉初始化；着重阐述当上述初始化工作完成之后，如何处理固定滑动窗口大小对滑动窗口内构建视觉与 IMU 的非线性优化问题。与前述基础工作 VINS - Mono 不同的是，本章引入双目约束并将双目约束加入后端的非线性优化中，同时阐明如何通过边缘化保证滑动窗口大小一致，进而保证处理速度的实时性；本章还将引入回环检测与校正部分，使轨迹更具全局一致性。最后本章将系统讲述针对移动机器人的基于深度相机的地平面估计与障碍物分割的算法，为移动机器人的导航提供 2D 导航地图。

第 8 章 IMU 与视觉定位融合的导航试验研究

本章对项目组提出的融合 IMU 信息的双目视觉 SLAM 系统进行相关的定位与导航试验，主要内容包含 EuRoc 数据集部分以及实际采集的数据集验证两部分。在相关试验中，将测试飞行器数据、移动小车数据、机械臂重复定位数据以及手持相机采集数据。其中需包含大量在场景纹理缺失、伪重复场景、光照变化剧烈、运动剧烈以及动态物体较多的场景中采集的数据。本章还将深入讨论如果纯视觉算法如 ORB - SLAM2 等均无法成功进行定位时，单目 VIO 算法如 VINS - Mono 出现较大的偏差时，如何运用这些数据进行相关处置；还将阐明项目组提出的改进版 S - VINS_loop 算法在上述情况下仍然表现出很好的适用性与准确性。由此证明，项目组关于融合 IMU 信息的双目视觉 SLAM 系统的研究成果具有实用化前景，可为实现智能排爆机器人的自主导航和“一键到达”功能提供技术支持。

第 9 章　智能排爆机器人自主导航系统研究

本章首先对智能排爆机器人进行自主导航需求分析，然后进行履带驱动电动机控制策略探索，接着进行车体基本运动功能仿真以及导航系统软件架构设计。为了深入了解机器人车体的运动控制特性，本章将详尽构建机器人车体的运动学模型，还将通过认真选型，确定机器人车体的主要硬件。机器人的自主导航控制包含两方面内容：①在上位机层面进行自主路径规划和定位；②在下位机层面控制履带式车体驱动电动机的运动。因此，本章在这两个方面将浓墨重彩地进行深入研究与系统探索，以便为项目组后续研究工作奠定技术基础。

第 10 章　智能排爆机器人定位和障碍物检测

本章对智能排爆机器人的定位和防碰撞检测问题进行深入研究，并对卡尔曼滤波、扩展卡尔曼滤波算法和粒子滤波算法进行系统探索，且在仿真平台上进行实现和验证。根据已有信息的不同情况，本章将确立智能排爆机器人的定位方案，拟分为两种：①在事先没有利用 SLAM 建立好导航地图时，可利用扩展卡尔曼滤波算法，融合 IMU、里程计和激光雷达的点云数据，再利用开源的 Cartographer 定位和建图的算法包，进行机器人定位和建立机器人导航地图。②在已经有 SLAM 建好全局地图时，使用自适应蒙特卡罗算法进行机器人定位。上述两种方案均能较好地提高智能排爆机器人定位的准确度与实时性。本章还将基于对智能排爆机器人作业要求的理解和对作业环境局限的考虑，在对智能排爆机器人防碰撞检测的关键技术研究中，确立先粗检测（采用 AABB 包围盒检测方法）和后细检测（采用分离轴检测方法）的方案，这样的安排既可提高防碰撞检测的效率，也可提高防碰撞检测的精度。这对项目组开展后续研究十分有利。

第 11 章　智能排爆机器人的全局路径规划

本章对机器人导航领域里的几种全局路径规划算法进行详细研究与系统探索，主要侧重基于图搜索的路径规划算法。本章将从算法演变的角度分析路径规划的产生原因，重点研究它们的实现原理，并对典型算法重现其推理过程，并进行试验仿真和性能对比，分析出其内在的机理和适用的场合。

第 12 章　智能排爆机器人的局部路径规划

本章以智能排爆机器人的局部路径规划问题为背景，对 DWA 算法进行系统研究，并基于智能排爆机器人的实际需求，提出一种改进的 DWA 算法，并在仿真平台进行测试。本章也将对 TEB 算法进行详细介绍，因为该算法规划的机器人路径更接近于实际的最优解。本章还拟将上述两种算法分别在 CPUi5 双核、1.6 GHz 主频的计算机系统和 CPUi7 六核、主频 2.6 Hz 的计算机系统上运行，以检验其效果并据此进行分析和讨论。

第 13 章　智能排爆机器人导航试验研究

本章拟将对智能排爆机器人导航子系统的各个功能模块进行测试。通过对机器人基本运动功能的试验和分析，了解和掌握智能排爆机器人的运动稳定性、控制精确性、动力配置性情况。本章还将花费一定篇幅，展示智能排爆机器人针对未知导航地图和已知导航地图两种情况下进行路径规划试验的相关情况，并通过数据和实际效果，详尽证明智能排爆机器人在不同使用条件、不同限制要求、不同环境影响下的导航性能，使其达到项目组预期的设计目标。

第 14 章　排爆工具子系统功能设计与运动规划

本章主要阐述智能排爆机器人排爆工具子系统的功能设计与运动规划，对其进行详细的结构设计和功能设置，着重对工具子系统中的关键部件——换装接头的性能状况进行系统研究，深入探讨换装接头直线运动轨迹规划及精度分析、换装接头圆弧运动轨迹规划及精度分析；系统研究换装接头直线运动速度规划及精度分析、换装接头圆弧运动速度规划及精度分析，为实现工具子系统预期功能奠定坚实基础。本章还将讨论“一键入罐”的功能规划和动作实现问题，并进行换装工具仿真性能试验。这些研究工作及其成果将为智能排爆机器人“一键换刀”“一键排爆”“一键入罐”功能的圆满实现提供理论、方法和技术方面的有力支持。

第15章 机器人串联式双机械臂运动学分析

本章将根据智能排爆机器人串联式六自由度主辅机械臂的结构特点对其进行运动学分析，利用D-H法完成机械臂运动学模型的建立。在此模型的基础上，详细推导机械臂的运动学正解和逆解，完成运动学逆解解算过程中奇异点问题的分析。本章还将结合MATLAB及机器人工具箱分别设计正运动学和逆运动学的仿真方法，并拟通过详细的数值仿真和结果分析，最终验证本文所推导的运动学方程的正确性。

第16章 机器人串联式双机械臂运动学标定

本章主要进行串联式六自由度机械臂运动学标定的理论研究，仔细分析影响机械臂绝对定位精度的误差来源，并探讨为克服传统D-H模型在平行轴处容易导致参数突变的缺陷问题，专门基于修正的运动学模型完成坐标系间微分变换关系的推导，并据此建立机械臂的位置误差模型。为解决参数误差求解过程中奇异值导致辨识结果不稳定的问题，本章还将仔细介绍项目组采用阻尼最小二乘法对机械臂的几何误差进行的参数辨识，并如何将最终求得的误差值补偿到机械臂的名义运动学参数中，从而提高机械臂的绝对定位精度。

第17章 机器人串联式双机械臂碰撞检测方法研究

本章针对六自由度串联式机械臂在运动过程中自身结构之间以及与外部环境之间发生碰撞的问题进行研究与仿真，在分析传统碰撞检测技术的基础上，详细介绍项目组提出的一种改进的碰撞检测算法。此外，本章还将针对空间两线段间最小距离计算问题，仔细阐述项目组提出的一种参数化描述和精确求解的方法，并介绍如何将该算法应用于六自由度串联式机械臂，同时利用Matlab和ADAMS进行联合仿真，验证该算法的有效性。

第18章 机器人机械臂子系统避障路径规划

本章介绍为了解决现有基于采样的规划器探索效率低、环境适应性差、无法满足高维空间下机械臂路径规划需求等问题，项目组基于RRT算法架构，提出一种适用于复杂环境下的串联式六自由度机械臂路径规划算法，说明该算法中包括一种区域渐变的采样方法和一种节点控制机制，可分别用于指导随机树探索和减少无效节点的扩展；通过详细论证，证实节点控制机制能够提取出边界节点以提高算法的环境适应性。本章还将介绍为了提高串联式六自由度机械臂的路径质量，项目组如何利用两步平滑方法对相关路径进行后处理，并在二维空间的三种场景中对所提出的算法进行仿真测试，且随后又将其应用于串联式六自由度机械臂的应用验证，最终的验证结果表明该算法的有效性和通用性。

第19章 机械臂运动学标定和碰撞检测及避障路径规划试验

为了检验项目组提出的碰撞检测与避障路径规划两种算法的有效性与适用性，本章将详细介绍项目组是如何搭建一个串联式六自由度串联式机械臂试验平台，并在此基础上完成对上述两种算法的试验验证。本章还将仔细说明试验平台中机械臂本体结构与控制系统硬件组成和软件架构搭建，随后将详尽介绍项目组如何基于此平台验证机械臂运动学标定过程中模型推导和参数辨识算法的正确性与适用性，此后又是如何通过试验验证的方式，检测并证实项目组提出的机械臂碰撞检测算法和避障路径规划算法的有效性与实用性。

第 20 章　智能排爆机器人有效运动空间和空间性能指标研究

由于各类机械臂在外观、尺寸、结构和应用方面存在极大差异，研究人员对排爆机器人的工作空间求解和性能参数指标常常缺乏共识。为提升排爆机器人在设计和优化时的效果，本章将根据智能排爆机器人的实际作业特点，详尽讨论有效工作空间和性能参数指标，并对有效运动空间的求解方法、改进技术、影响因素进行具体分析和描述；同时还将对排爆机器人的空间性能参数指标进行统一定义，分析具体表达式，帮助研究人员和使用人员对排爆机器人进行更好的优化设计和更佳的运动控制。

第 21 章　智能排爆机器人稳定性判定理论和稳定性控制技术研究

业界对移动机器人的倾覆稳定性问题已经进行了广泛而细致的研究，其中 ZMP 判据、FA 判据与 FRI 判据的应用则较为常见。本章对各类稳定性判据的基本原理进行分析和阐述。经过综合考量，对于移动式机械臂系统稳定性判断来说，较为适合的方式是将 ZMP 稳定性判据和 TOM 稳定性判据结合起来使用，这样可以实现对系统各种不同状态的稳定性分析。本章还对系统的运动轨迹、末端速度、不同载重等各种影响因素进行具体的描述和分析，帮助研发人员掌握更为充分的相关信息。

第 22 章　智能排爆机器人控制子系统总体架构与功能设计

针对传统机械臂控制系统设计不合理、体系不开放等问题，本章将详细介绍项目组如何提出一套高效且开放的机械臂控制体系结构，如何基于 MVC 思想设计出该体系的整体架构，如何基于 FSM 理论设计出该体系的管理机制，如何基于多轴同步理论设计出该体系的运动机制；探讨在这套体系结构的支持下，智能排爆机器人的闭环周期可望得到多大程度的压缩。

第 23 章　串联式六自由度机械臂正运动学建模与通用逆运动学算法研究

本章主要介绍以下三项内容的研究。

（1）对智能排爆机器人搭载的串联式六自由度主辅机械臂建立运动学模型，并解决因车体尺寸限制而导致主辅机械臂倾斜放置所带来的限位耦合问题，以及由排爆作业需求而引起的超限位运动问题。

（2）详细阐述 D－H 参数模型，并基于智能排爆机器人的具体情况与实际需求，提出一种改进的矩阵计算方法，有效提高矩阵乘和矩阵逆的求解效率。

（3）针对串联式机械臂封闭逆解存在性问题和通用封闭逆解算法实现问题，进行深入的研究与细致的探索，提出一种更加精准的封闭逆解存在判断条件和一种具有通用性的封闭逆解算法。

第 24 章　时间最优多轴同步理论的研究与应用

本章详尽介绍项目组提出的多轴同步理论，探讨该理论是否具备高效性、最优性和开放性，并围绕以下 4 点进行深入分析。

（1）基于极小值原理建立时间最优的运动模型 S 曲线，并分析该 S 曲线是否同时兼具全局性、解析性，能否成为机械臂领域里的很好分析工具。

（2）基于 S 曲线和相关数学定理，推导多轴点到点的同步算法，并探讨该算法是否拥有高效的封闭解，能否保证时间最短、能耗最低。

（3）基于罗尔中值定理、回溯机制和多项式方法，推导多轴多点同步的近似最优解。探讨该算法是否具备封闭解，能否实现运算效率高、最优程度好的目标，且具有较强的学术价值和实用意义。

（4）将这套同步理论应用在串联式机械臂的笛卡儿空间和关节空间的运动规划上，尤其是应用在笛卡儿空间的规划问题中，探讨这套理论能否解决当前串联式机械臂位姿同步的业界难题。

第25章　动力学参数辨识理论在排爆机器人上的应用

本章主要介绍项目组进行的动力学参数辨识和动力学前馈两部分研究工作。在动力学参数辨识部分的研究中，首先，建立智能排爆机器人串联式六自由度辅机械臂的动力学模型。该动力学模型包括连杆动力学模型和关节动力学模型。其次，对机械臂动力学模型进行线性化处理，同时针对辅机械臂的具体情况，完成动力学参数的重组。最后，详细介绍如何基于坐标轮换法设计出一种能够快速收敛的激励轨迹优化方法，进而探讨并完成整个动力学参数辨识的理论研究工作。在动力学前馈部分的研究中，本章将详细介绍机械臂控制的两种策略，并基于智能排爆机器人串联式六自由度辅机械臂的硬件架构和参数辨识的结果，讨论如何为机械臂提供加速度前馈，以便有效改善机械臂的控制精度。

第26章　算法与理论的仿真试验

本章主要介绍项目组根据第23章、第24章提出的理论和算法进行的仿真试验，以检测这些理论与算法的完备性、有效性和适用性。首先对项目组提出的通用封闭逆解算法进行严格、细致的仿真试验，重点验证该算法的通用性、完备性和连续性；接着，对项目组提出的多轴同步理论进行多轮次、多状态的仿真试验，重点考察该理论中的各种最优性和映射性质。相关的试验应当步骤连贯严密，取值科学稳妥，分析严谨周全。

第27章　基于智能排爆机器人物理样机的验证试验

本章介绍在智能排爆机器人物理样机上，基于实用目的来综合考察项目组提出的相关理论和算法。

（1）针对项目组提出的通用封闭逆解算法的实时性要求，进行试验验证，仔细分析实验数据，并力求从中得出归纳性结论。

（2）基于考察智能排爆机器人换装工具性能表现的目的，认真考核和检验多轴点到点同步算法的实时性和连续性，以证实智能排爆机器人工具子系统具有良好的换装工具性能，能可靠保障机械臂遂行排爆处置作业。

（3）基于考察智能排爆机器人串联式六自由度主辅机械臂避障运动性能的目的，力图通过试验检验多轴多点同步算法的最优性和连续性，给出详细的对比试验结果和分析结论，说明主辅机械臂的避障功能是否可靠和稳妥。

（4）基于考察智能排爆机器人“一键入罐”功能的目的，通过试验检验机械臂在笛卡儿空间位姿同步框架中的连续性和最优性，给出明确的结论。

（5）安排检验智能排爆机器人动力学参数辨识水平的试验，以检测动力学参数辨识理论与方法是否具有良好的实用效果。

（6）介绍项目组聘请专业检测团队，采用专业级的激光追踪仪检验串联式六自由度主辅机械臂的定位精度，考察智能排爆机器人主辅机械臂的重复定位精度是否能够达到工业应用级别水平，能否为智能排爆机器人在多项性能指标上赶超国际先进水平创造条件。

第 2 章 智能排爆机器人总体架构与系统组成

众所周知，恐怖分子为了扩大政治影响、产生震慑效果，往往会选择人员密集、商业繁盛的场所发动爆炸恐怖袭击。据统计，车站、机场、旅游景点、商务酒店、大型商场、集贸中心等公共场所是恐怖分子最为集中的恐怖袭击之地。恐怖分子经常会将爆炸物藏匿在垃圾箱、卫生间、杂货摊、沙发、床垫、柜子、桌子等不易引起注意的地方，还特别对这些爆炸物进行伪装或加固处理，以防被人们发现或处置。智能排爆机器人的主要任务是协助国家安全部门完成对恐怖分子投放的各种爆炸物进行检测、监控、拆卸、处置、移运、排爆等任务，其总体构造和功能设置都必须基于能够成功遂行上述任务来考虑。

2.1 智能排爆机器人的总体架构

按照项目组对智能排爆机器人的构想，其功能设置应当能够保证当机器人接到排爆作业指令后，立刻登载排爆处置工程车奔赴现场。到达现场附近，即通过排爆处置工程车起落架驶下，并凭借自身的运动能力在导航子系统的引导下，自主驶进危险区域逐渐接近疑似爆炸物。在高分辨率全局摄像头等多路视觉传感器的实时监控和精确景深指导下，机器人识别并确定爆炸物的相关情况后，依托车载机械臂子系统进行爆炸物排爆处置作业。由于机械臂末端搭载着双目视觉传感器，可用于检测、识别、定位、指示爆炸物，采集视频图像信息并传递给远端操作人员，操作人员可根据远程终端控制装置的视频界面观看传回的排爆处置场景，在精确景深的指导下，机器人准确地进行爆炸物抓取和拆卸。项目组还设计在机器人上搭载防爆罐子系统，可将爆炸物的处置工作就近完成，减少了爆炸物移送过程中的风险，很大程度上提高了机器人排爆处置的安全水平。当机械臂手爪拆除并抓取到爆炸物后，机械臂可根据设定好的规划路径，自主将爆炸物放入防爆罐中，实现“一键入罐”，并可在防爆罐内销毁爆炸物，随后智能排爆机器人安全撤出现场凯旋。

结合机器人排爆作业的客观情况和上述要求，对拟研发的智能排爆机器人的功能需求进行如下分析。

（1）爆炸恐怖袭击大多发生在人员密集、商业繁盛的公共场所，要求排爆机器人机动灵活，操控简便，地形适应能力强，能够在狭窄空间灵活转向，能够自如上下楼梯和翻越一定高度的垂直障碍物。由于排爆机器人有时可能会进入室内进行搜爆或排爆，而有些地区民房的门宽较窄（如新疆南疆地区许多民房的门宽为 700 mm），因此排爆机器人的整体宽度需要限制在 680 mm 以内。

（2）恐怖分子通常是利用易于获得的物资来制作简易爆炸装置。这些简易的爆炸装置制作简单、成本低廉、体积小巧、携带方便，且伪装性好、杀伤力大，极易造成严重的人员伤亡和财产损失。据统计，在我国反恐行动中收缴的各种简易爆炸装置，重量一般不超过 5 kg，因而可据此对排爆机器人机械臂末端执行器的抓取能力提出具体要求，机械臂的末端机械爪的夹持力也要足够大，能够确保所夹持的爆炸物不会意外滑落而触发爆炸；同时，还应要求机械臂在末端受到 5 kg 负载的情况下，能够维持良好的运动状态。

（3）恐怖分子在制造爆炸恐怖袭击之前，都会精心伪装和巧妙藏匿爆炸物。他们通常会将爆炸物藏在人们难以发现、难以到达的地方，比如沙发后部、桌椅下方、杂物堆里、垃圾箱中。这样就要求排爆机器人不但能够排除干扰、识破伪装，将爆炸物寻找出来，还要求排爆机器人的主、辅机械臂运动灵便、定位准确、处置精密、配合无间，且机械臂末端执行器的可达空间广、协同性能好，能够凭借加装在辅机械臂前端的双目视觉相机，协助主机械臂在狭窄空间中完成复杂的排爆作业。依据机械臂运动性能的关键指标，可确定智能排爆机器人机械臂子系统中主、辅机械臂均采用六自由度设计方案，以增强其相关性能。

（4）排爆过程充满不确定性，恐怖分子甚至会隐藏在近处来窥探排爆现场，试图发起第二次爆炸恐怖袭击，因此排爆作业的危险程度很高。为了最大限度地保护排爆人员的生命安全，防范恐怖分子利用遥控炸弹侵扰排爆人员，在排爆的同时，应利用特种装备对现场进行电磁压制和无线信号屏蔽；与此同时，为了顺利进行排爆作业，还要保持排爆现场与远程控制终端之间相互通信的实时性和可靠性，所以智能排爆机器人应采用有线通信和无线通信相结合的方式，可根据相应情况迅速进行切换。

（5）我国地域辽阔，不同地区的地形地貌、气候条件差异极大，导致排爆作业现场的情况复杂多样。由于排爆机器人需要全天候、全时段、全地域地遂行排爆作业，这就对排爆机器人的性能提出严苛要求：既要能够抗高温，也要能够抗低温；既要能够防水、防尘，也要能够防静电、防干扰；既要能够抗颠簸、抗疲劳，也要能够抗锈蚀、抗失效。所以在研发智能排爆机器人时要进行充分、细致的全盘考虑和技术安排。

依据上述应用环境和条件，提炼出对应的智能排爆机器人原理样机研发参数，如表 2.1 所示，并依次进行样机研制。

表 2.1　智能排爆机器人原理样机研发参数

参数名称	参数
高度/mm	<600
长度/mm	<1 200
宽度/mm	<680
电池	160 V/15 A
重量/kg	<250
续航时间/h	>2
最大行驶速度/($m \cdot s^{-1}$)	>1
抓取能力/kg	5
负载能力/kg	100
爬坡/(°)	35

续表

参数名称	参数
楼梯	30°，台阶级高 150 mm
越障能力/mm	150
防护等级	IP65
运行路况	雪地、草地、砂石路面、泥泞道路、平整路面等全地形

2.1.1 智能排爆机器人的总体架构

针对智能排爆机器人总体设计目标，项目组提出一个装备着主、辅两条六自由度机械臂，并可快速更换机械臂末端执行器的智能排爆机器人设计方案。凭借双目视觉相机精确景深判断能力和智能规划机械臂协同作业策略的加持，该机器人能够在复杂环境中自主完成对爆炸物的检测、监控、拆卸、处置、排爆等任务。

为了使研发智能排爆机器人的工作更加科学、合理、可靠、高效，项目组采用自上而下（Top－Down）的设计方法，对智能排爆机器人的总体结构和系统组成进行了统筹思考和整体安排。项目组首先对机器人的应用环境和性能需求进行了详尽分析，初步确定了机器人的总体设计思路；然后依据功能对应情况，对机器人进行了子系统规划和模块化划分，提出了每个子系统和功能模块的构建方案和设计思路；继而开展了外购关键部件和主要器件的选型分析；此后，对每个功能模块的具体零部件进行了详细的工程设计，并将所设计的零部件按配合关系进行了装配，且进行了有限元分析，找出可供优化改进的地方；最后，根据仿真分析结果对各个子系统和功能模块进行了修正，直至智能排爆机器人原理样机满足预期功能。由于研发智能排爆机器人采用的思维模式和设计思路符合工程师的正确思维过程，故而智能排爆机器人从整体到部分的设计流程都有效减少了各子系统或功能模块互不协调、互不兼容的问题，有力支持了智能排爆机器人各子系统的并行工作，加速了智能排爆机器人的研制过程。

根据智能排爆机器人的研发目标和作业需求，仔细思考机器人的功能组合情况，并按照“需求决定产品功能配置，功能决定产品系统组成”的规律，构建出智能排爆机器人系统整体架构，如图 2.1 所示。

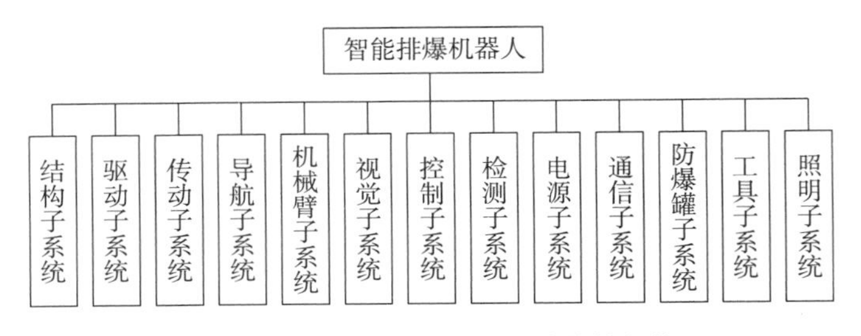

图 2.1 智能排爆机器人系统整体架构

2.1.2 智能排爆机器人的子系统组成与相互联系

在图 2.1 所示智能排爆机器人系统整体架构中，结构子系统、驱动子系统、传动子系统、照明子系统在作用上隶属于机器人履带式车体；机械臂子系统、工具子系统、防爆罐子系统在作用上隶属于机器人排爆作业的具体执行部分；视觉子系统、控制子系统、检测子系统、导航子系统、通信子系统在作用上隶属于机器人排爆作业的协同控制部分；电源子系统相对独立，为智能排爆机器人各个用电器件提供合适的驱动能源和工作电流。

履带式车体主要用来实现智能排爆机器人的机动功能，要求能够在复杂地形条件下和狭窄空间范围内行驶稳定、转向灵活、速度可调，垂直越障和水平越壕的性能好，攀爬台阶和翻越斜坡的能力强；同时还需要其负载能力大、续航时间长，操控运用省事，维修调试简便。诸多要求之下，项目组决定智能排爆机器人的履带式车体采用双履带驱动。履带为双面齿+防脱齿设计形制，通过主动链轮（以下简称主动轮）和从动链轮（以下简称从动轮）、履带张紧装置、减振缓冲装置以及承重轮组、托带轮组，使履带式车体能够在非结构化的复杂环境下可靠运动。

智能排爆机器人排爆作业的具体执行部分包含机械臂子系统、工具子系统、防爆罐子系统，其中又以机械臂子系统最为重要。在该子系统中，主、辅六自由度机械臂（图2.2，其中装有机械式手爪的是主机械臂，装有小型割刀的是辅机械臂）相互协同，共同完成爆炸物的拆除、处置、移送等作业。排爆作业时，主机械臂负责作业现场的清理、破障、开道和爆炸物的固持、抓取、移送，能够有效抓取 5 kg 的物品，并沿经过优化规划且不发生碰撞的路径大范围移动至防爆罐罐口处。主机械臂前端外筒体上装置着小型双目深度相机及照明灯，可为辅机械臂提供局部照明、场景观察、景深指示等功能。辅机械臂手部装有自动换刀接头，能够从工具子系统中自动选择合适的拆卸工具，辅助、协同主机械臂进行爆炸物的拆卸作业。经过项目组特殊设计的自动换刀接头，能够从工具子系统刀具库中进行多种工具（拆卸、剪切、割断、钻孔等专用工具）的快速选择和自动更换。这些工具均经过国内排爆界专家的认定与推荐，能可靠完成拆卸螺钉、剪切导线、割断绳索、钻孔破拆等作业。

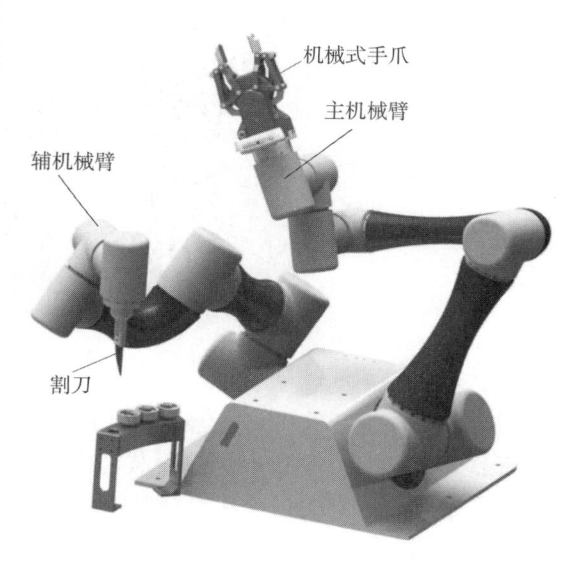

图 2.2 机械臂子系统的双臂模组

由于主、辅双机械臂均属于关节型，各自的自由度数都达到6个，所以在整个笛卡儿坐标系中，这两款机械臂均能够准确定位和精确调姿，故能够在狭窄空间里进行精细的排爆处置作业；而且在工作时，主辅双臂互不干扰，各自独立，还能够高度协作完成动作连贯、运行流畅、动作精准、稳定高效的排爆作业。

从作用上，视觉子系统、控制子系统、检测子系统、导航子系统、通信子系统趋同于智能排爆机器人的协同控制部分，均在协作完成排爆处置任务中发挥着重要作用。就其具体情况，在视觉子系统的支持下，导航子系统联合控制子系统一起发挥作用，保障智能排爆机器人自主完成“一键到达”功能；同样，在视觉子系统的支持下，机械臂子系统联合控制子系统、工具子系统、防爆罐子系统一起发挥作用，保障智能排爆机器人自主完成“一键排爆”和“一键入罐”功能。此外，在履带式车体的支持下，控制子系统联合机械臂子系统一起发挥作用，保障智能排爆机器人自主完成“一键平衡”和“一键复原”功能。

2.2 智能排爆机器人履带式车体设计

智能排爆机器人履带式车体在未加涂装情况下的基础形体如图 2.3 所示。

图 2.3 智能排爆机器人

履带式车体是智能排爆机器人整机系统的支撑平台和运动平台，为了保证智能排爆机器人具有良好的动态特性和出色的负载能力，必须充分考虑机器人的结构设计理念及技术方法，特别是对机器人的运动性能有着较大影响的履带式驱动装置设计。

本节详细介绍智能排爆机器人履带式车体的设计框架、设计思路和设计方法。首先根据前文提出的总体设计方案，采用 Solid works 软件进行结构设计和形体建模，将履带式车体分为履带驱动装置、减振缓冲装置、自动张紧装置、承重轮组、托带轮组等几个部分，然后依次进行详细建模设计。

2.2.1 智能排爆机器人履带驱动装置设计

如前所述，履带式车体是智能排爆机器人的结构基体和运动载体，既是机器人的运动单元，又是机器人的承载单元，还是机器人的支撑单元。智能排爆机器人的结构子系统、驱动子系统、传动子系统、导航子系统、电源子系统、机械臂子系统、检测子系统、防爆罐子系统、通信子系统、照明子系统、控制子系统、工具子系统、视觉子系统，要么依附在履带式车体上，要么装载在履带式车体中。有的子系统与履带式车体密不可分，有的与履带式车体关系重大。而在履带式车体中，履带驱动装置则是重中之重，理应在设计时予以高度重视和认真处理。

相对于轮式机器人和足式机器人，履带式车体的履带与地面的接触面积大，单位压强小，牵引性和通过性比较好，能够给智能排爆机器人在复杂地形条件下的运动提供强力支持。履带驱动装置主要由车体下部机身、驱动电动机、减速器、履带、主动轮及其轴系、从动轮及其轴系、承重轮模组、减振缓冲机构、自动张紧机构、托带轮模组组成（图 2.4），布局的俯视效果如图 2.5 所示。

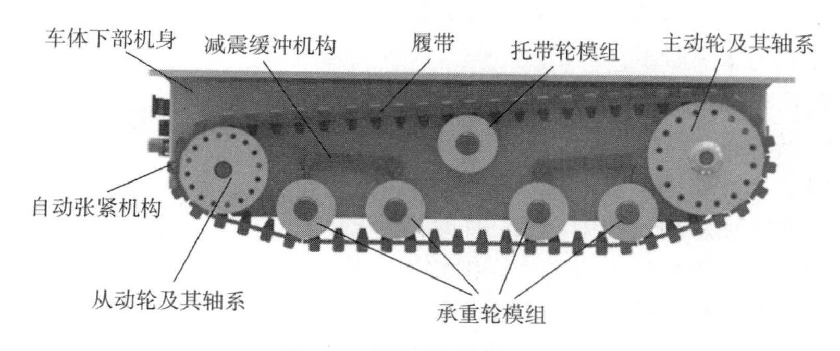

图 2.4　履带驱动装置示意

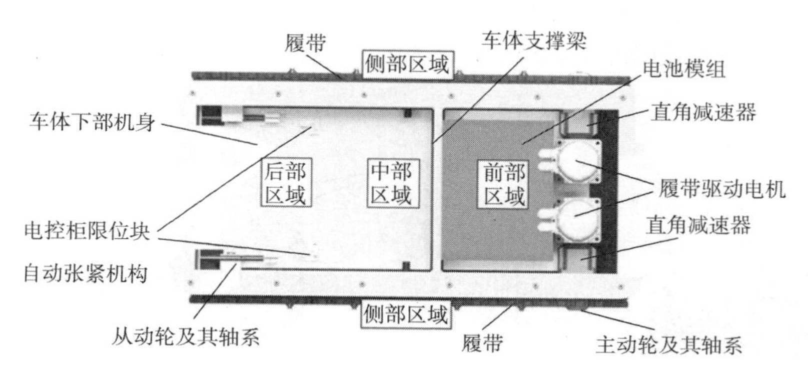

图 2.5　履带驱动装置布局俯视效果

由图 2.5 可知，车体下部机身分为前部、中部、后部、侧部 4 个区域，前部区域和中后部区域之间有支撑梁隔开，以保证下部机身具有抵抗变形的足够强度。

需要说明的是，在此采用了履带驱动电动机 + 直角减速器（图 2.6）直接将输出转速传递给主动轮轴的方式，这样安排的好处是改变了电动机输出扭矩的方向，使其可以将电动机竖直安置，减小履带式车体的横向尺寸，使其整体尺寸满足总体设计方案的需要。

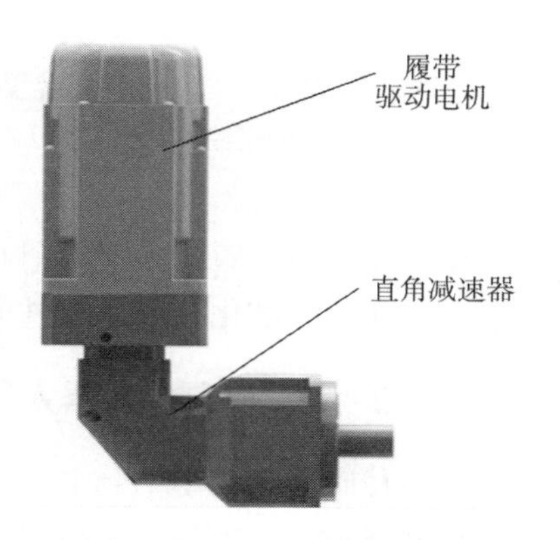

图 2.6　驱动电动机 + 直角减速器

结合图 2.5 和图 2.6 来看，可知履带驱动装置位于车体两侧的下部区域，两侧的履带驱动装置相同，均含 1 条双面齿 + 防脱齿型履带、1 个主动链轮及其轴系、1 个从动链轮及其轴系、4 个承重轮（本身构成承重轮模组，连带组合的其他零部件，一起又属于减振缓冲模组）和 1 个张紧轮（连带组合的其他零部件，一起属于托带轮模组）。由于两侧的履带驱动装置组成形式和性能参数完全一样，所以能够保证履带式车体在平整地形情况下直线行驶而不发生偏离现象。

在履带驱动装置中，主动轮通过联轴器连接到直角减速器的输出轴上，使得主动轮可以承接由履带驱动电动机传递过来的转矩，从而通过从动轮带动整条履带转动，实现履带式车体的正常行驶。主动轮与联轴器的连接情况如图 2.7 所示。

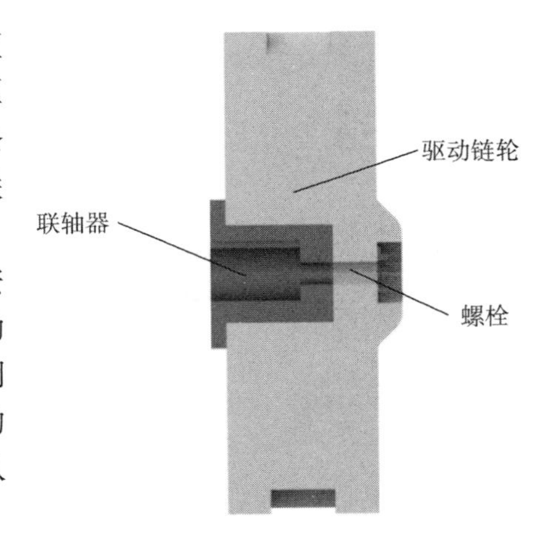

图 2.7　主动轮与联轴器的连接情况

从动轮布置在车体机身下部，在车体下部机身安装有履带自动张紧装置。从动轮及其轴系固定在自动张紧装置的滑块上，可通过滑块沿其运动轴线前后调节，从而改变主动轮和从动轮的中心距，实现履带的放松和张紧功能，其原理和过程后文将详细叙述。从动轮与自动张紧装置滑块连接情况如图 2.8 所示。

两个承重轮模组分布在主动轮和从动轮中间，承重轮模组与减振缓冲机构相连，为机器人履带式车体提供减振、缓冲的功能，以保证机器人运动的平稳性，有利于机器人车体在复杂路面上稳定行进。承重轮模组的连接情况如图 2.9 所示。

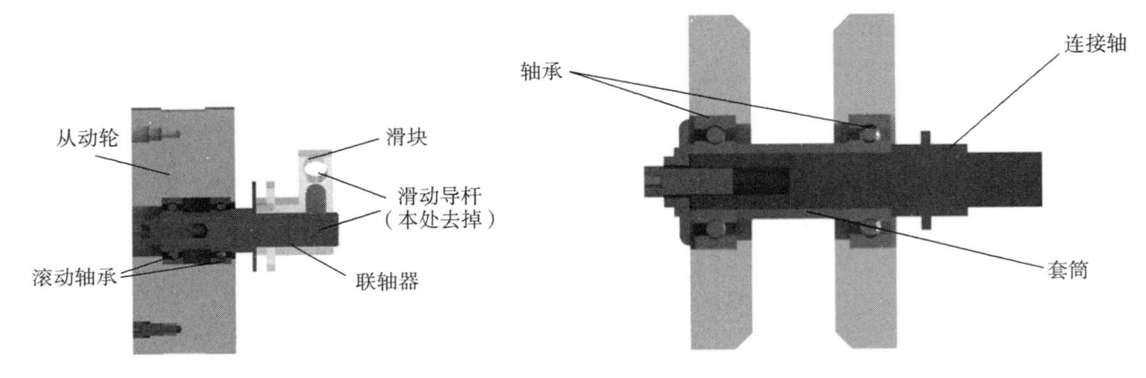

图 2.8　从动轮与自动张紧装置滑块连接情况

图 2.9　承重轮模组连接情况

相比较而言，履带为国营企业生产的标准化产品，主动轮和从动轮的轮齿啮合部分及其性能参数亦为标准化参数，经过项目组认真选型分析，按需取用，在此不再赘述。

2.2.2　智能排爆机器人履带自动张紧装置设计

在各种履带式机动平台中，不论其用途、类型和体积如何，如推土机、挖掘机、军用坦克、小型履带式车辆等，一般都必须设置履带张紧装置，这是因为常规履带是采用以橡胶为主要基体的材料制成，在长期受力的情况下，履带会发生伸长变形，变得松弛起来，导致履带的张紧程度下降，履带与带轮的啮合情况变差，影响传动效率与效果。因此，必须加装履带张紧装置。一般说来，履带张紧装置具有可在履带上实现、调节并保持适当张紧力的功能。履带式机动平台或履带式车辆多在全天候和全路况条件下使用，作业环境的恶劣性和作业任务的艰巨性使得履带容易发生弹性伸长甚至一定程度的塑性伸长。由于履带是一个具有固定长度容差的部件，为了适应上述伸长，保持履带的驱动力，张紧装置应具有相应的履带张紧程度调节功能。

1. 履带自动张紧装置功能分析

履带自动张紧装置应当结构简单、功能可靠、性能稳定，能够较为方便地调节履带的张紧程度，而且在履带弹性伸长范围内还具有一定的自动张紧功能。

为了实现上述设计目标，该张紧装置由预张紧组件和自适应张紧组件构成。其中，预张紧组件包括直线运动球轴承，直线运动球轴承分别插入支撑轴座两端的圆孔中，并用弹簧挡圈固定，两个导向轴穿入两个直线运动球轴承的内座圈。直线运动球轴承在导向轴上应活动自如。在导向轴的两端各装上导向轴座，再用内六角螺钉把导向轴座固定在车体上从动轮安装位置处的后面；弹簧调节座的位置在支撑轴座左侧，也用内六角螺钉固定在车体上；顶紧座的位置在支撑轴座右侧，用内六角螺钉固定在车体上。自适应张紧装置包括两个弹簧，弹簧套入弹簧导轴中，再将弹簧导轴固定在弹簧导轴座上。该履带自动张紧装置的特征在于支撑轴座（上面连接着轻型履带式机动平台从动轮）可以在导向轴上前后运动，而支撑轴座后面的弹簧又使这种前后运动在一定范围内自动完成，最终保证了履带在工作过程中始终保持着适当的张紧力，使履带能够可靠地发挥驱动作用。

智能排爆机器人车体所加装的这套履带自动张紧装置具有如下优点：结构简单、体积小、质量小、装置中所含零件较少，更加适合在轻型履带式机器人或微小型履带式车辆中使用。特别是此装置应用了直线运动球轴承，既减轻了摩擦阻力，又保证了运动精度，能够更加方便地调节履带的张紧程度。

2. 履带自动张紧装置机械结构详述

图 2. 10 所示为智能排爆机器人履带自动张紧装置布局示意，履带张紧装置就安装在车体 1 的后部，履带 3 的张紧程度是依靠该张紧装置改变从动轮 2 的前后位置来调节的。

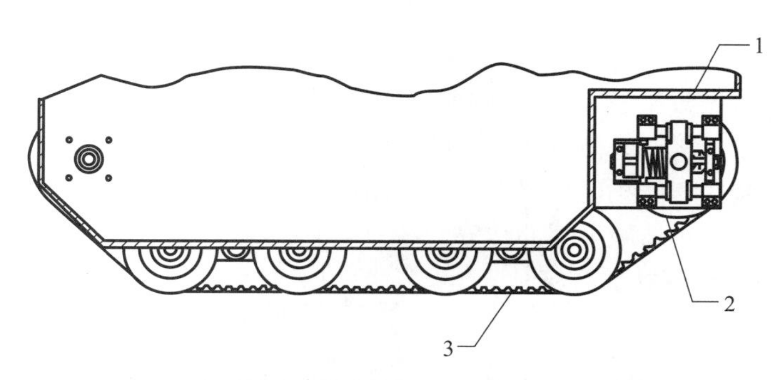

图 2. 10　智能排爆机器人履带自动张紧装置布局示意

1—车体；2—从动轮；3—履带

图 2. 11 所示为智能排爆机器人履带自动张紧装置结构，通过调节螺栓旋入弹簧调节座 14 和顶紧座 10 的深度来确定一个预张紧区间，使支撑轴座 7 在这个区间内运动，而加入弹簧 12 和弹簧导轴座 4 后可以使整个装置在此区间内具有一定的自适应张紧力调节功能。当有外力迫使履带伸缩时，支撑轴座就会压缩弹簧，从而改变从动轮的位置确保履带的张紧值；当外力消失后，弹簧将支撑轴座推回原来的位置，使履带恢复成原有的状态，这样履带的张紧程度将维持在合适范围内，可保证智能排爆机器人车体的正常行驶。

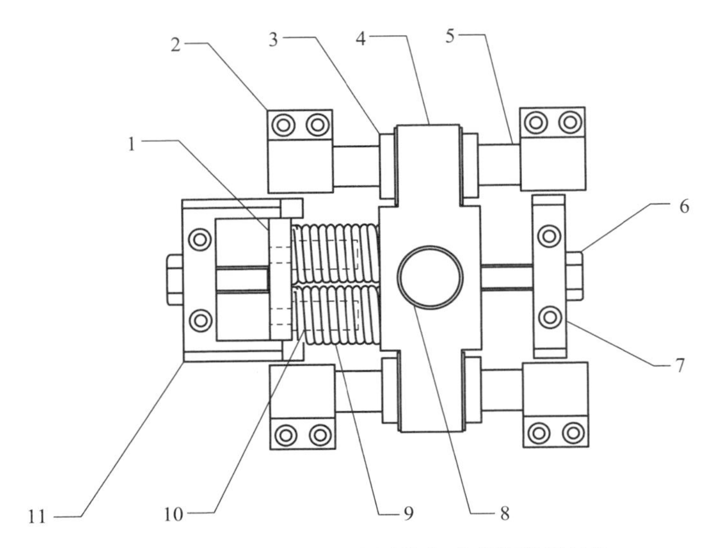

图 2.11 智能排爆机器人履带自动张紧装置结构

1—弹簧导轴座；2—导向轴座；3—直线运动球轴承；4—支撑轴座；
5—导向轴；6—螺栓；7—顶紧座；8—支撑轴；9—弹簧；10—弹簧导轴；11—弹簧调节座

2.2.3 智能排爆机器人车体减振缓冲机构设计

智能排爆机器人车体的减振缓冲装置用于连接承重轮模组与车体，可以起到改善车体机动性能、调节履带张紧程度的作用。

目前，普通的履带式车辆一般采用液压、气压、扭杆弹簧缓冲装置，而上述缓冲装置存在体积庞大、结构复杂、成本高昂等缺点，不利于直接运用到智能排爆机器人车体上。现有的轻型履带式车辆缓冲系统往往采用直接的刚性连接或简易的减振缓冲装置，虽然结构简单、成本低廉，但减振效果较差，不能适应智能排爆机器人车体排爆作业的实际需要。此外，现有的轻型履带式机动车辆减振缓冲装置功能单一，缺乏冗余度与履带张紧的调节能力，这些都可能会制约智能排爆机器人车体机动性能的发挥，所以必须为智能排爆机器人车体定身打造一款专用的车体减振缓冲装置。

1. 车体减振缓冲装置功能分析

设计一种适应智能排爆机器人车体排爆作业机动要求的可调式减振缓冲装置，克服现有缓冲装置在结构、体积、功能以及成本上的缺点，扩展减振缓冲系统的功能，减少智能排爆机器人车体行驶时的震动和冲击，提高其机动能力和平稳性。图 2.12 和图 2.13 所示为智能排爆机器人车体承重轮模组立体图和各个轮轴系相互位置关系简图。

图 2.12 智能排爆机器人车体承重轮模组立体图

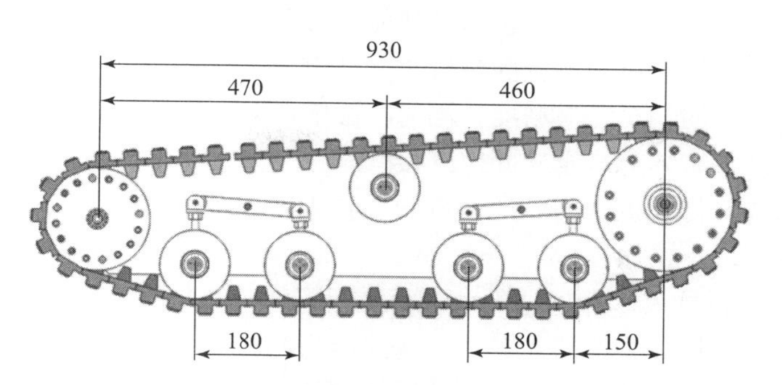

图 2.13　履带式车体各个轮轴系相互位置关系（单位：mm）

2. 车体减振缓冲装置机械结构详述

项目组设计的车体减振缓冲装置（图 2.14、图 2.15）包括直线运动球轴承、螺旋弹簧、承重轮、承重轮轴、销轴、橡胶垫、承重轮连杆、T 形转动支架、导向移动轴、缓冲装置固定座、限位螺母和调节垫圈。其中承重轮连杆两端的通孔中插有承重轮轴，承重轮轴两端安装着承重轮；T 形转动支架下端通过销轴与承重轮连杆中点铰接，构成摆动组件，使得承重轮连杆可以绕销轴小范围摆动；T 形转动支架的上部两端竖直插入贯穿螺旋弹簧中心线的两根导向移动轴，导向移动轴的上端穿过缓冲装置固定座，并在顶端装有限位调节螺母；螺旋弹簧被限制在所述 T 形转动支架与缓冲装置固定座之间，构成弹簧减振组件。当机动平台通过崎岖路面时，导向移动轴与固定座产生相对位移，弹簧受压变形，吸纳能量，实现减振；同时承重轮连杆绕销轴转动，使两端承重轮可以依地形起伏，起到缓冲效果。该减振缓冲装置通过固定座与智能排爆机器人车体连接并固定。

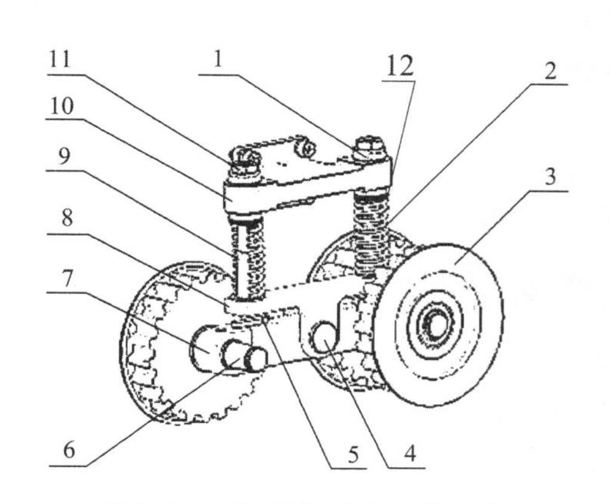

图 2.14　减振缓冲装置整体结构

1—直线运动球轴承；2—螺旋弹簧；3—承重轮；4—销轴；5—橡胶垫；6—承重轮轴；7—承重轮连杆；8—T 形转动支架；9—导向移动轴；10—缓冲装置固定座；11—限位螺母；12—调节垫圈

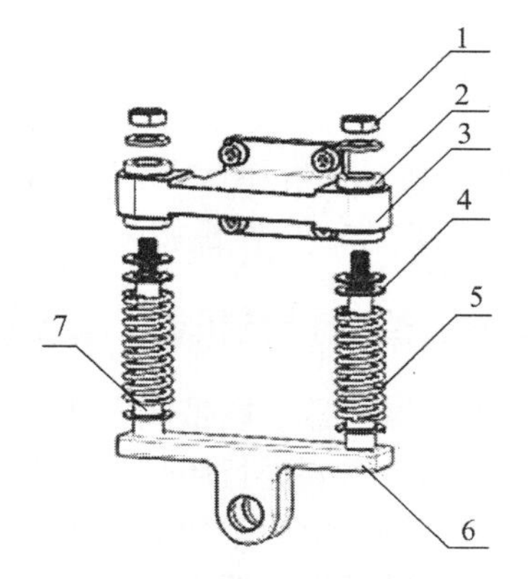

图 2.15　减振缓冲装置上部弹簧减振组件分解结构

1—限位螺母；2—直线运动轴承；3—缓冲装置固定座；4—调节垫圈；5—螺旋弹簧；6—T 形转动支架；7—导向移动轴

在上述结构中，承重轮连接杆上部两端嵌有橡胶垫，当连接杆与转动支架两端发生接触时，橡胶垫可起到平衡、缓冲和降噪作用；螺旋弹簧与转动支架之间以及限位螺母与缓冲装置固定座之间装有若干调节垫圈，通过增减垫圈的数量与厚度，可以调节缓冲系统刚度和履带张紧程度；导向移动轴与缓冲装置固定座之间装有直线运动球轴承，该轴承保证了导向移动轴与缓冲装置固定座的相对径向精度，同时不影响两者之间的相对轴向运动；缓冲装置固定座与智能排爆机器人车体通过螺栓固定连接。

通过模拟仿真和实物样机试验验证，可知本款为智能排爆机器人车体专门打造的减振缓冲装置具有如下优点。

（1）在智能排爆机器人车体通过崎岖路面时，缓冲装置通过弹簧变形与转动支架摆动实现双重减振，极大地提高了机器人车体的越障能力与行驶稳定性。

（2）该缓冲装置还具有良好的调节功能，可根据需要调整缓冲系统的刚度和履带的张紧程度，且操作方便，机动灵活。

（3）使用直线运动球轴承，在确保轴向相对运动精度的同时降低了零件的摩擦损耗。

（4）缓冲装置与智能排爆机器人车体的连接方式简单、牢固，实现了缓冲系统的模块化设计，可广泛应用于各种轻型履带式机动平台和履带式移动机器人。

需要说明的是，在图 2.14 中，两根承重轮轴 6 穿过承重轮连杆 7 两端的通孔，承重轮 3 对称安装在承重轮轴 6 的两端，承重轮连杆 7 与 T 形转动支架 8 通过销轴 4 在连杆中点铰接，使得纵向布置的承重轮组件在智能排爆机器人车体通过崎岖路面时可以依地形起伏发生偏转，从而均匀分配地面对缓冲系统的冲击；缓冲装置固定座 10 插入两根导向移动轴 9 中，其间插入直线运动球轴承 1 来降低两者之间的滑动摩擦；缓冲装置固定座 10 与 T 形转动支架 8 共同限制了螺旋弹簧 2 的轴向位置，构成了缓冲系统的弹簧减振机构。当智能排爆机器人车体通过崎岖路面时，导向移动轴 9 与缓冲装置固定座 10 产生相对位移，螺旋弹簧 2 受压变形，吸纳能量，实现减振；缓冲装置固定座 10 通过 4 个螺栓固定在机动平台底盘侧壁上，实现了缓冲装置的模块化配置，便于整体装卸，且定位牢固可靠。

还要说明的是，在图 2.15 中，调节垫圈 4 的数量和厚度可根据需要进行增减，配合限位螺母 1，可以在不更换螺旋弹簧 5 的情况下改变缓冲系统的刚度和履带的张紧程度。

2.2.4 智能排爆机器人履带驱动电动机选型分析

当智能排爆机器人履带式车体的设计思路确定之后，在进行履带驱动装置零部件具体的结构设计之前，需要进行履带驱动电动机的选型分析与计算。

履带式车体是由两个独立的驱动电动机来提供左、右两侧主动轮旋转所需扭矩的，所选电动机应当能够根据机器人运动环境和运动需求的变化来调节电动机扭矩和输出转速。通过分析车体性能参数和运动方式，智能排爆机器人在爬坡或翻越垂直障碍时，对驱动电动机输出扭矩的要求最高，故以此为据，通过计算得出履带驱动电动机和减速器的选型结果。已知，智能排爆机器人需要能够攀爬 30°的斜坡或翻越 15 mm 高的垂直障碍。机器人负载有防爆罐子系统、机械臂子系统、电源子系统，总质量为 250 kg，最大速度 1.2 m/s，坡度 Q 为

$$Q = (30° \times \pi)/180° \tag{2.1}$$

履带摩擦系数 $f = 0.5$，履带传动效率 $p = 0.9$，履带式车体上坡的加速度 $a = 0\ \mathrm{m/s^2}$，重力加速度 $g = 9.8\ \mathrm{m/s^2}$，履带主动轮的速度输出半径 $r = 98$ mm；履带驱动电动机需要的扭

矩为

$$T_0 = \{[m \cdot a + m \cdot g(f \cdot \cos(Q) + \sin(Q))] \cdot r\}/p \tag{2.2}$$

计算出 $T_0 = 248.9\ \mathrm{N \cdot m}$，单侧扭矩 $T = T_0/2 = 124.5\ \mathrm{N \cdot m}$。机器人上坡的正常速度 $v = 1\ \mathrm{m/s^2}$，机器人需要的转速为

$$n = (60 \times v)/(30 \times \pi \times r) \tag{2.3}$$

将相关数据代入式（2.3），经计算可得 $n = 97.4\ \mathrm{r/min}$。此后，根据《科尔摩根减速器手册》进行所用减速器选型。采用类比法进行相关分析，可选用减速比为 35 的直角减速器，计算得到拟选用电动机的转速为 $n_1 = n \times 35 = 3\ 409\ \mathrm{r/min}$。经过查找与对比，在《科尔摩根伺服电动机手册》中选用与此数值最接近的电动机转速为 $n_{选} = 4\ 000\ \mathrm{r/min}$，对应的电动机型号为科尔摩根伺服电动机 AKM51L，具体参数如表 2.2 所示。此后，选用型号为科尔摩根直角减速器 ABR090，具体参数如表 2.3 所示。AKM51L 伺服电动机和 ABR090 减速器的尺寸和样式如图 2.16 所示。

表 2.2　科尔摩根伺服电动机 AKM51L 参数

名称	参数
额定电压/V	160
额定扭矩/(N · m)	3.95
额定功率/kW	1.24
连续工作电流/A	11.9
峰值扭矩/(N · m)	12
峰值电流/A	35.7
质量/kg	4.2
其他	带制动器上坡刹车 单圈编码器_位置反馈

表 2.3　科尔摩根直角减速器 ABR090 参数

名称	参数
减速比	35:1
额定扭矩/(N · m)	140
急停扭矩	3 倍
额定转速/($\mathrm{r \cdot min^{-1}}$)	4 000
最大转速/($\mathrm{r \cdot min^{-1}}$)	8 000
质量/kg	7.8
寿命/h	20 000

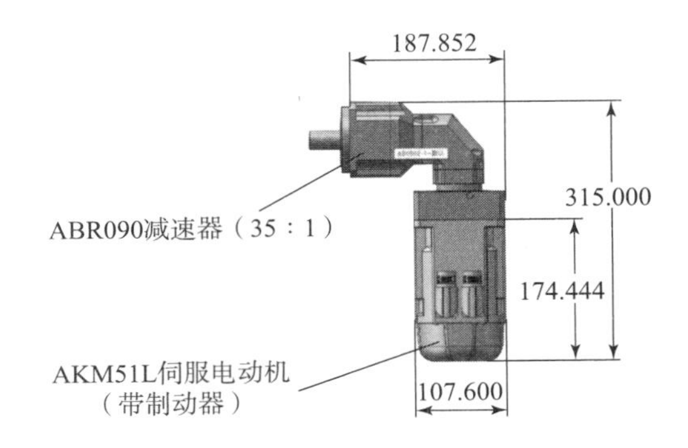

图 2.16　AKM51L 电动机和 ABR090 减速器的尺寸和样式（单位：mm）

2.3　智能排爆机器人防爆罐子系统设计

与目前现役的大部分排爆机器人不同，智能排爆机器人本身装备防爆罐子系统，呈现出机器人车体与防爆罐一体化复合布局形式。这种一体化布局有利于爆炸物的就近处置，减少了因远距离移送爆炸物所带来的风险。防爆罐子系统主要由防爆罐罐体、防爆罐顶盖、启盖机构、车体盖板、固定罐耳、罐体垫圈组成，如图 2.17 所示。防爆罐罐体由专业厂家生产，能够抗击 5 kg 爆炸物的爆炸冲击。在启盖机构的支持下，防爆罐顶盖能够受控及时开启或关闭，启盖机构的罐盖启闭运动是通过电动推杆和连杆机构的共同作用实现的。防爆罐罐体通过 4 个固定罐耳固定在车体盖板上，罐体底部垫有罐体垫圈，以保证防爆罐正确定位。

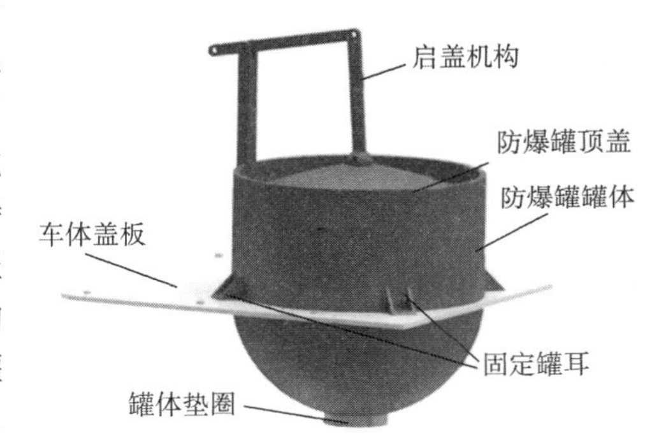

图 2.17　防爆罐子系统组成

由于防爆罐设计是按国家标准执行的，智能排爆机器人所用防爆罐是由本项目的合作单位——三门峡市天康成套设备有限责任公司生产的，本处只进行部分外形的修改，以方便在车体上安装，故不再详细介绍。

2.4　智能排爆机器人车载电控柜系统设计

为了提高智能排爆机器人的防护水平和工作稳定性，其控制系统的核心器件应装置在车载电控柜中，因此，必须妥善设计智能排爆机器人的电控柜。智能排爆机器人的电控柜主要由电控柜钣金箱体、电控元器件、开关、接线端子 4 部分组成，如图 2.18 所示。电控柜安置在智能机器人车体后部区域，整体采用薄板钣金箱体设计方案，通过限位件和插销开关进行位置固定，整个电控柜可以通过插拔进行迅速更换。所有的电子元器件用螺钉固定在电控柜箱体中，通过接线端子与外部电动机连接，方便电控元器件的密封保护和更换使用。

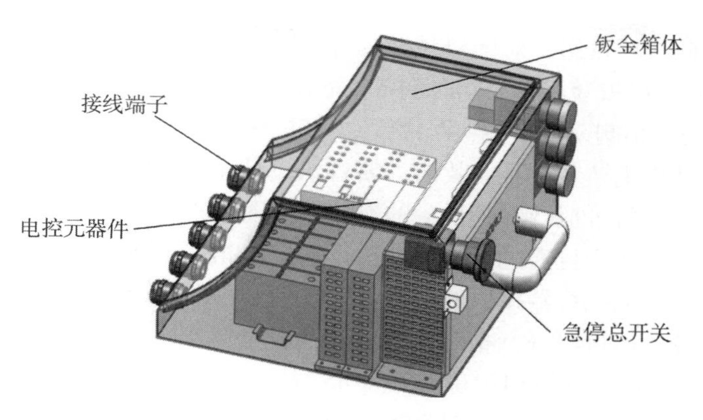

图 2.18　电控柜系统构成

2.5　智能排爆机器人机械臂子系统设计

智能排爆机器人采用主辅双六自由度关节型串联式机械臂设计方案。主辅机械臂在双目相机的支持下，通过控制系统的智能控制，可进行双臂协同操作，保证智能排爆机器人能够圆满完成复杂的排爆处置作业。其中，主机械臂采用 4 个 RGM25A 关节电动机和 2 个 RGM20A 关节电动机进行关节驱动，使其具备六自由度操控能力。主机械臂的负载能力为 5 kg，末端加装着机械爪，主要实现爆炸物的照明、定位、指示、抓取、移运和放置功能。为了让该机械臂既实用又美观，特地在机械臂关节与关节之间的连接件外形设计上大胆构想，采用了“小蛮腰”样式，让机械臂平添几分“妩媚”。主机械臂外观设计效果如图 2.19 所示。

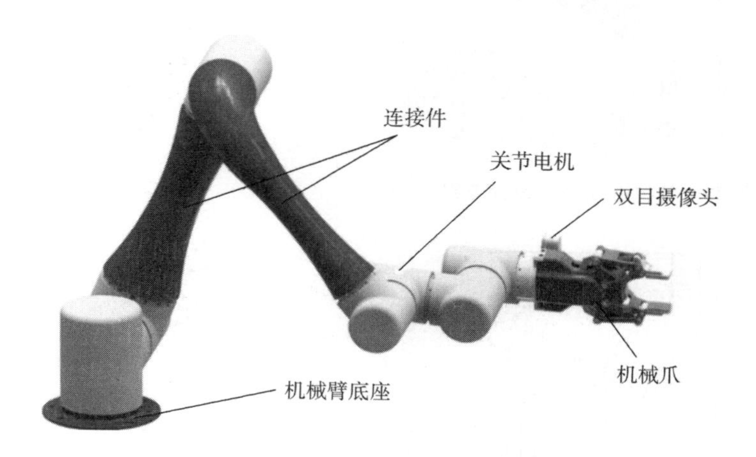

图 2.19　主机械臂外观设计效果

辅机械臂采用 4 个 RGM20A 关节电动机和 2 个 RGM14A 关节电动机进行关节驱动，使其具备六自由度操控能力。辅机械臂的负载能力为 3kg，主要协助主机械臂完成诸如扶持、固定、破障、拆卸等处置作业，专门为其配备常用的排爆作业工具，同时可进行末端执行器的快速更换。相比而言，传统的机械臂上只搭载普通的机械手爪，只能完成简单的夹持、抓取、移送等动作，根本无法满足与主机械臂协同作业、共同完成在精确景深指导下的精细排爆的任务需求。因此，项目组针对辅机械臂的腕部连接结构进行改进，提出一种新的设计方案，使其成为一个通用的安装平台，同时配备排爆作业常用的末端执行器工具子系统（即模块刀具库，配有螺丝刀、切割刀、钻头、锯片等)。辅机械臂的外观设计效果如图 2. 20 所示。

为了改善机械臂自主换装工具的效果，项目组设计了一个可快速拆卸的工具换装接头，用以实现排爆作业工具与机械臂腕部平台的连接，如图 2. 21 所示。图 2. 21 中，换刀连接件与辅机械臂第 6 关节相连，且通过其与末端执行器模块相连，而该末端执行器模块可换装不同的排爆处置工具。末端执行器模块的剖视图和俯视图如图 2. 22 所示。末端执行器模块与刀库之间有径向限位，不可以进行相对旋转运动；而与换刀连接件可以进行相对旋转，其转动范围为 165°，其中 80°存在轴向限位，其余 85°无轴向限位，可以与换刀连接件进行分离。通过辅机械臂第 6 关节的单向旋转来时实现末端执行器更换工具的功能，即通过顺时针旋转来拆卸，逆时针旋转来装配，从而达到末端执行器模块的快速更换排爆工具的效果。

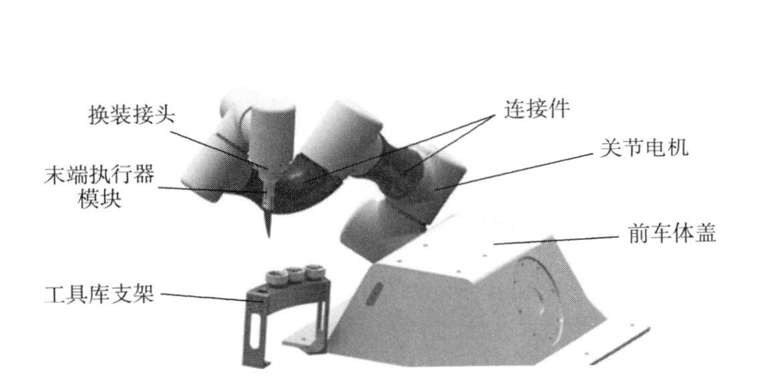

图 2. 20　辅机械臂外观设计效果

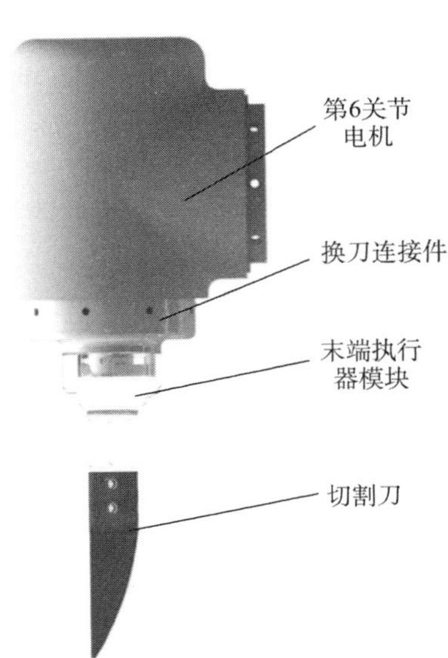

图 2. 21　换刀连接装置设计效果

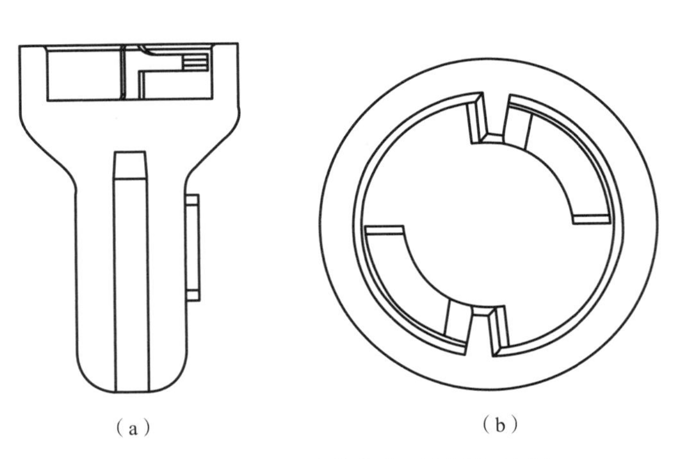

图 2. 22　末端执行器模块的剖视图和俯视图

(a) 剖视图；(b) 俯视图

2.6　基于 Ansys 的关键零部件有限元分析与优化设计

在项目组设计智能排爆机器人零部件中，车体底座、车体前盖、主机械臂底座等关键零部件的受力情况比较复杂，其能否稳定工作，不发生变形、不产生断裂，对机器人的工作稳定性和运动平顺性非常重要。项目组利用安思（Ansys）系统工作台，根据相关零件的受力情况与工作条件，对上述 3 个关键零件进行了静力学校核，校核其结构的强度和刚度，以验证其设计的合理性和有效性。为此，首先将它们在 Solid works 中的三维数模导入到 Ansys 系统工作台当中，添加材料属性，施加位移约束和载荷约束，然后划分网格并进行求解。

智能排爆机器人的车体底座需要承载整个机器人的重量，故采用具有较好机械性能的 6061 铝合金制造，壁厚为 8 mm。求解过程中，先在该底座上表面、防爆罐位置、电池位置添加载荷，然后对该底座进行静力学分析。经过求解，可得其等效应变图和应力云图，如图 2.23 所示。从图 2.23 可知，最大应变为 $2.339\ 1\times10^{-6}$ m，对比该零件的整体尺寸，这个变形量在可接受范围内；最大应力为 $6.333\ 5\times10^{5}$ Pa，远小于 6061 铝合金的屈服强度极限 55 MPa。由此可见，车体底座完全满足静态刚度和强度的设计要求。

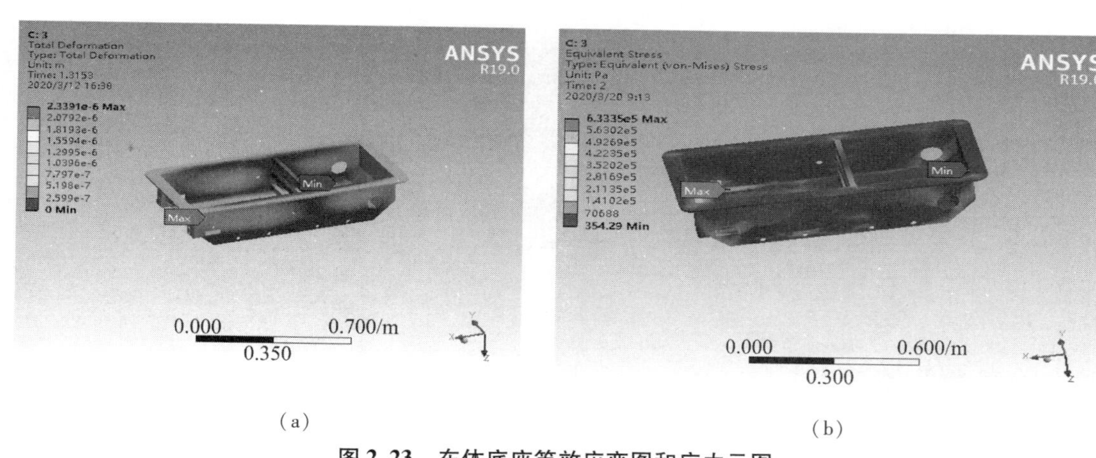

(a)　　　　(b)

图 2.23　车体底座等效应变图和应力云图

(a) 等效应变图；(b) 应力云图

车体前盖上面搭载着六自由度主、辅机械臂，总承载重量约为 50 kg，也采用 6061 铝合金制造。求解过程中，先在主、辅机械臂安装位置添加载荷，然后对车体前盖进行静力学分析，可得其等效应变图和应力云图，如图 2.24 所示。从图 2.24 可知，最大应变为 4.003×10^{-6}m，最大应力为 $3.017\ 2\times10^{6}$Pa，对比车体前盖的整体尺寸，其最大应变和最大应力均在可接受范围内。由此可见，车体前盖也完全满足静态刚度和强度的设计要求。

项目开发任务书明确要求主机械臂在完全伸展的状态下，其末端机械手爪能够抓取 5 kg 的物品并能大范围移动，因此对于机械臂底座的刚度和强度均有相应要求。求解过程中，先在底座周围的 8 个螺纹孔位置添加约束，在与机械臂关节连接位置亦添加扭矩，然后进行静力学分析，可得其等效应变和应力云图，如图 2.25 所示。从图 2.25 可知，最大应变为 $7.262\ 3\times10^{-7}$ m，最大应力为 $3.328\ 4\times10^{6}$ Pa，对比机械臂底座的整体尺寸，其最大应变

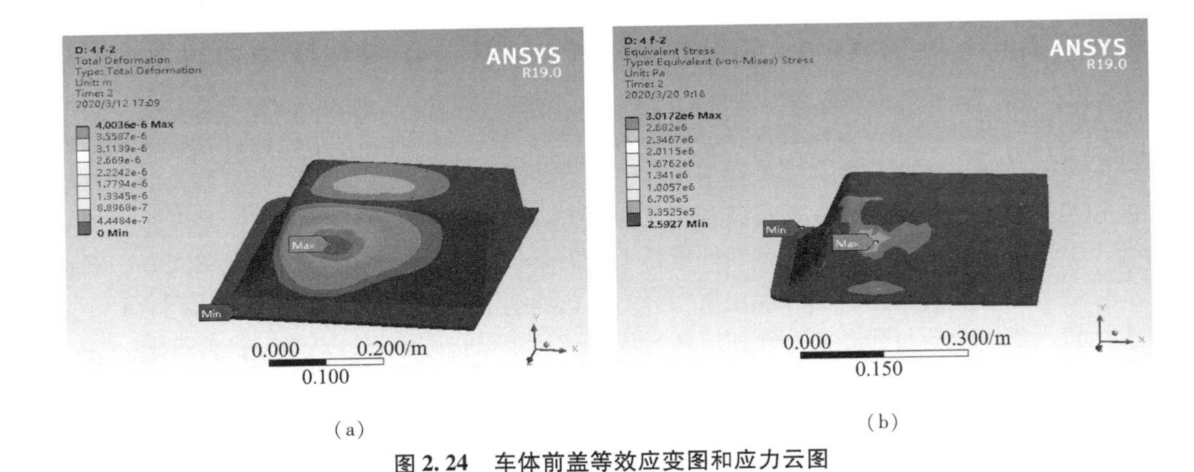

(a)　　　　(b)

图 2. 24　车体前盖等效应变图和应力云图

(a) 等效应变图；(b) 应力云图

和最大应力均在可接受范围内。由此可见，机械臂底座同样完全满足静态刚度和强度的设计要求，这充分说明，项目组关于机械零部件的设计是可靠、可行的。

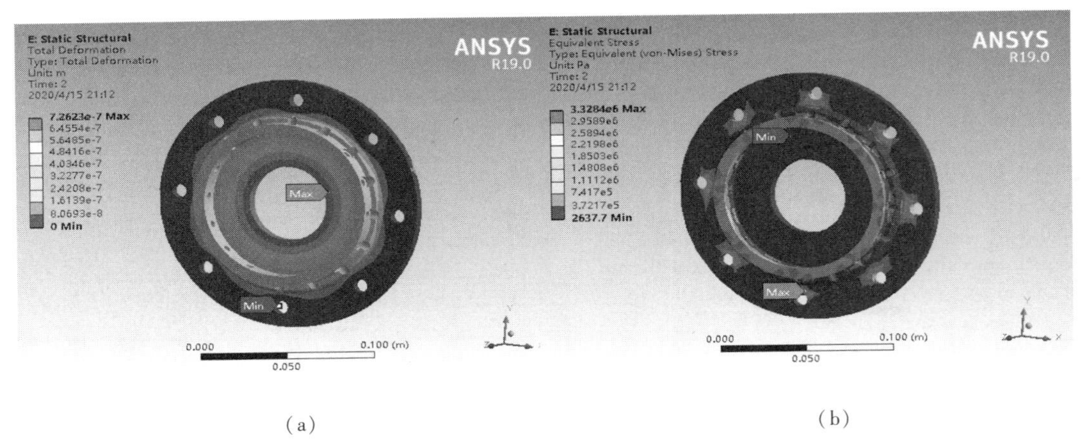

(a)　　　　(b)

图 2. 25　主机械臂底座等效应变图和应力云图

(a) 等效应变图；(b) 应力云图

2. 7　本章小结

智能排爆机器人的研发宗旨与核心任务是打造一款功能强劲、性能卓越、操作方便、处置高效的反恐利器，协助与支撑国家安全部门有关人员完成对恐怖分子投放或设置的各种爆炸物进行检测、监控、拆卸、处置、移运、排爆等任务，其总体构造和功能设置均是基于能够成功遂行上述任务来考虑与安排的。本章结合排爆作业的客观需求与真实条件，提出了智能排爆机器人的总体设计目标，并依据该目标进行了机器人的总体布局与系统构造，给出了机器人的子系统组成方案，说明在由各个子系统组成的智能排爆机器人总体架构中，结构子系统、驱动子系统、传动子系统、照明子系统在作用上隶属于机器人履带式车体；机械臂子系统、工具子系统、防爆罐子系统在作用上隶属于机器人排爆作业的具体执行部分；视觉子系统、控制子系统、检测子系统、导航子系统、通信子系统在作用上隶属于机器人排爆作业的协同控制部分。这三大部分是智能排爆机器人的核心。在明确了智能排爆机器人各个子系统相互关系的基础上，本章对履带式车体的主要硬件组成进行了详细介绍，深入阐述了履带驱动装置、履带自动张紧装置、车体减振缓冲装置的结构设计成果和功能实现方法；仔细说明了履带驱动电动机的计算依据和选型结果；论述了智能排爆机器人的防爆罐子系统、车载电控柜、机械臂子系统的结构布局与硬件安排，为后续研究作好了铺垫。由于所设计的零部件，车体底座、车体前盖、主机械臂底座的受力情况比较复杂，其能否稳定工作，不发生变形、不产生断裂，对智能排爆机器人的工作稳定性和运动平顺性非常重要，本章利用 Ansys 系统工作台，根据零部件的受力情况与工作条件，对上述关键零部件进行了静力学校核，检验其结构的强度和刚度，以验证设计的合理性和有效性。相关分析结果表明，这些零部件选材可靠、设计合理，可以胜任智能排爆机器人的工作使命。

第3章 智能排爆机器人运动性能分析

智能排爆机器人在排爆作业过程中，需要适应复杂多变的地形条件和作业环境，如灵活通过起伏不平的路面，顺利攀爬普通楼宇的楼梯，成功翻越一定高度的垂直障碍物等，保证车体在不同情况和环境下行驶时具有良好的运动平顺性、地形通过性和行驶稳定性，以便成功抵达排爆作业现场，展开后续的排爆处置工作。本章将通过理论研究和计算分析，探究智能排爆机器人履带式车体的运动特性，通过深入剖析与多方论证，了解其运动性能，掌握改进途径，提升智能排爆机器人的运动特性和相关功能。

3.1 智能排爆机器人车体行驶原理与运动特性

智能排爆机器人履带式车体所用履带是由主动轮驱动，围绕着主动轮、承重轮模组、托带轮模组、从动轮的一条柔性链环。履带内外两侧均有齿，内齿的齿形有国家标准，外齿的齿形则可根据用户需求确定，或由生产厂家自行确定。内齿与主动轮、从动轮啮合传递运动和动力；履带内侧中部设有防脱齿，既可用来规整正履带，避免履带跑偏，还可用来防止车体转向或侧倾行驶时履带脱落。履带外齿与地面接触，可以用来增大履带的耐磨性和履带与地面的附着力，增强机器人的运动性能。

智能排爆机器人履带式车体能否顺畅运动，主要受到两个条件的限制：动力条件、地面条件。动力条件是指履带驱动电动机提供给履带式车体通过地面所必需的扭矩，没有足够的扭矩，主动轮就转动不了或转动不畅。地面条件则是指主动轮传给履带的力，必须由地面提供一个反作用力（使履带式车体运动的牵引力）才能实现。当牵引力和行驶阻力相等时，履带式车体就作等速运动；当牵引力大于行驶阻力时，履带式车体就加速行驶；当牵引力小于行驶阻力时，履带式车体则减速行驶。履带式车体两侧履带转速相同时，车体在平坦路面上就会沿直线行驶；如果两侧履带转速不同时，车体就会朝转速较慢的车体一侧偏转，这就是履带式车辆实现转向的原理。如果两侧履带中有一条履带正转，另一条履带反转，车体就会作原地零半径转向，这一特性使得履带式车体在狭窄环境中也可以灵活运动。当然，履带式车体的运动特性在很大程度上是由履带驱动电动机的动力特性所决定的，因此，要想获得良好的履带式车体的运动性能就必须严把履带驱动电动机选型关，并将相关的辅助工作做好。

3.1.1 智能排爆机器人车体动力传动原理

经过系统调研与反复论证，项目组首先确定智能排爆机器人履带式车体采用履带驱动电动机和直角减速器组合方案，以直接将减速器输出扭矩通过机械传动方式传递给主动轮轴系；然后，再通过详尽的选型分析与具体的参数计算，选用了科尔摩根出品的 AKM51L 直流伺服电动机和 ABR090 直角减速器。这样的车体动力传动安排好处是改变了电动机组合体输出扭矩的方向（减速器输出转矩相对电动机输出转矩转过了 90°），可以将驱动两条履带的柱状电动机在车体下部箱体内与箱体侧板平行、竖直安置，大幅减小了履带式车体的横向尺寸，使车体宽度尺寸满足了总体设计方案中关于车体宽度的特别需要。

3.1.2　智能排爆机器人车体传动效率分析

在履带式车体内部，电动机 + 减速器组合体通过联轴器将输出转矩传递给主动轮，再通过主动轮牵引整条履带运动。在这个过程中，传动系统的传递效率不是 100%，而是存在一定的能量损耗。设履带装置的传递效率为 η_1，主动轮的功率为 P_K，电动机组合体输出的有效功率为 P_e，可由下式计算得出

$$\eta_1 = \frac{P_K}{P_e} = \frac{M_k n_k}{M_e n_e} \tag{3.1}$$

式中，M_k 主动轮驱动转矩；M_e 为电动机组合体输出转矩；n_k 为主动轮转速；n_e 为电动机组合体输出轴转速。

总传动比公式为

$$i = \frac{n_e}{n_k} \tag{3.2}$$

由于智能排爆机器人履带式车体主动轮轴与电动机组合体输出轴是连接在一起的，所以根据式（3.2）可知，此处车体总传动比 $i = 1$。

3.2　智能排爆机器人车体动力学建模

研究智能排爆机器人车体的动力学对了解其动力学性能，进而对车体驱动电动机进行精确的动力输出控制十分有利，故而本节将展开机器人车体的动力学建模探索。现取机器人车体一侧的履带驱动装置展开分析，主要的零部件为履带、主动轮 A、从动轮 B、托带轮 C 和承重轮 D、E、F、G。下面将进行履带驱动装置的动力学分析，探究其驱动力、履带和地面之间作用力的相互关系。由于智能机器人采用两履带驱动，两侧履带的情况一致，选择单侧履带进行分析具有代表性和普适性。单侧履带驱动装置的行进状态如图 3.1 所示。

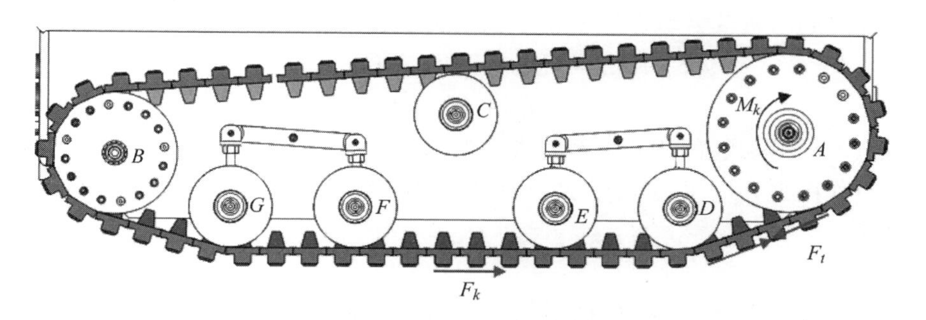

图 3.1　单侧履带驱动装置的行进状态

机器人车体在平坦路面上向前行进时，主动轮 A 顺时针旋转，其驱动扭矩为 M_k，带动整条履带转动；履带接地的 DG 段与地面相互作用，会产生驱动车体向前的摩擦力 F_k，使得履带驱动装置连带车体一起向前行驶。同时，对履带驱动的 AB 段形成拉力 F_t，效果是将履带的 BG 段从地面拉出，而将履带的 AD 段推向地面。负责驱动的 AB 段下方有托带轮 C 支撑，防止履带跳动或脱离。从动段为 AD 段，与地面接触段为 DG 段，长度不变。

设机器人履带 AD 段与地面之间的倾角为 φ。为了更加清晰地表示零部件之间的受力关系，首先分析驱动链轮 A，在其圆心位置设置一对相互作用力 F_{t1} 和 F_{t2}，且大小满足 $F_t = F_{t1} = F_{t2}$。根据力的平移定理，将 F_{t1} 分解成一个平行力和一个力偶，F_t 的反作用力和该力组成一个与 M_k 大小相等的力偶矩，将 F_{t2} 正交分解成水平方向的力 F'_{t2} 和竖直方向的力 F''_{t2}。履带驱动装置零部件的力学分析如图 3.2 所示。

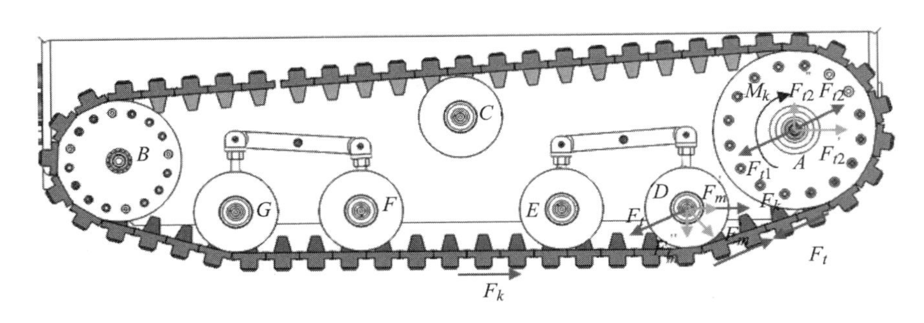

图 3.2　履带驱动装置的零部件的力学分析

然后对承重轮 D 进行分析，根据力的平移定理和平行四边形定理，将 F_t 和 F_k 移动到承重轮 D 的圆心位置，并求得合力 F_m，将合力 F_m 正交分解成水平方向的分力 F'_m 和竖直方向的分力 F''_m，于是，可列出力学关系式如下：

$$F_t = \frac{M_k}{r} \tag{3.3}$$

$$F'_{t2} = F_t \cos\varphi \tag{3.4}$$

$$F'_m = F_k - F_t \cos\varphi \tag{3.5}$$

$$F''_{t2} = F_t \sin\varphi \tag{3.6}$$

$$F''_m = -F_t \sin\varphi \tag{3.7}$$

另外，还可列出履带驱动装置在水平方向和竖直方向上的力平衡方程如下：

$$F'_{t2} + F'_m = F_t \cos\varphi + F_k - F_t \cos\varphi = F_k \tag{3.8}$$

$$F''_{t2} + F''_m = 0 \tag{3.9}$$

依据式（3.8）和式（3.9）可知机器人履带驱动装置向前运动的根本驱动力为地面对接地履带的反作用力 F_k。由于履带驱动装置采用的是一体式橡胶履带，故 $F_k = F_t$，与倾角 φ 没有关系。

3.3　智能排爆机器人车体运动学建模

研究智能排爆机器人的运动学对了解其运动学性能，进而对车体的运动位置、工作姿态和行驶特性进行精确的规划与控制十分有利，故本节将展开机器人车体的运动学建模探索。为了简化计算，现将每条履带看成两个车轮，即一个主动轮和一个从动轮，两个轮即为履带驱动装置接触地面的两个支撑轮，然后将履带式车体看成一个依靠差速驱动和转向的四轮移动机器人，此后建立相关的几何模型（图3.3）。

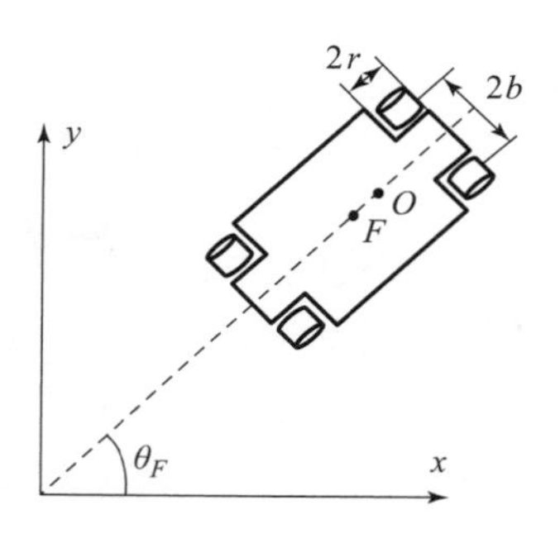

图3.3　履带式车体的几何模型

图3.3中，$2b$ 为车体两个支撑轮之间的距离；r 为支撑轮的半径；点 F 为两支撑轮轴的中点；点 O 为移动机器人车体的质心（驱动电动机装置在车体前部，故质心偏于前部）；θ_F 为履带式车体质心的旋转角。由图3.3中的几何关系可得左、右两个主动轮的速度分别为

$$\begin{cases} V_1 = K_1 r\dot{\theta}_L \\ V_2 = K_2 r\dot{\theta}_R \end{cases} \tag{3.10}$$

式中，$\dot{\theta}_L$ 为左侧主动轮的转角；$\dot{\theta}_R$ 为右侧主动轮的转角；K_1 为左侧履带位移的滑动参数；K_2 为右侧履带位移的滑动参数。

点 F 的速度可表达为

$$V_F = \frac{V_1 + V_2}{2} \tag{3.11}$$

代入式（3.10），可得

$$V_F = \frac{r}{2}(K_1\dot{\theta}_L + K_2\dot{\theta}_R) \tag{3.12}$$

履带式车体的角速度为可表达为

$$\omega = \dot{\theta}_F \tag{3.13}$$

式中，ω 与主动轮的转速关系为

$$\omega = \frac{-V_1 + V_2}{2b} \tag{3.14}$$

代入式（3.10），可得

$$\omega = \frac{r}{2}(-K_1\dot{\theta}_L + K_2\dot{\theta}_R) \tag{3.15}$$

根据几何关系可知，V_F 在 x 轴和 y 轴上的分量为

$$\begin{cases} \dot{v}_F = V_F\cos\theta_f \\ \dot{y}_F = V_F\sin\theta_F \end{cases} \tag{3.16}$$

整理得

$$\begin{pmatrix} \dot{v}_F \\ \dot{y}_F \\ \dot{z}_F \end{pmatrix} = \begin{pmatrix} \frac{rK_1}{2b}\cos\theta_F & \frac{rK_2}{2b}\cos\theta_F \\ \frac{rK_1}{2b}\sin\theta_F & \frac{rK_2}{2b}\sin\theta_F \\ -\frac{rK_1}{2b} & \frac{rK_2}{2b} \end{pmatrix} \begin{pmatrix} \dot{\theta}_L \\ \dot{\theta}_R \end{pmatrix} \tag{3.17}$$

3.4 智能排爆机器人转向特性分析

在机动过程中，智能排爆机器人的运动主要是直线行驶和转向行驶。本节对智能排爆机器人履带式车体的转向行驶进行运动学分析和牵引力分析，以便为智能排爆机器人在复杂地形条件下的动态稳定性提供理论依据。通过前述内容可知，智能排爆机器人的履带式车体实际是通过调节两侧履带驱动电动机的转速大小和方向，即“差速”来实现转向功能的。

3.4.1 智能排爆机器人转向动力学研究

履带式车体的转向运动可以简化为车体的质点绕着转向中心的运动，转向半径由两侧履带驱动电动机的速度差来调整。这里所讨论的机器人车体，在转向过程中运动匀速且缓慢，所以在其转向运动学分析时暂不考虑转向离心力的影响。

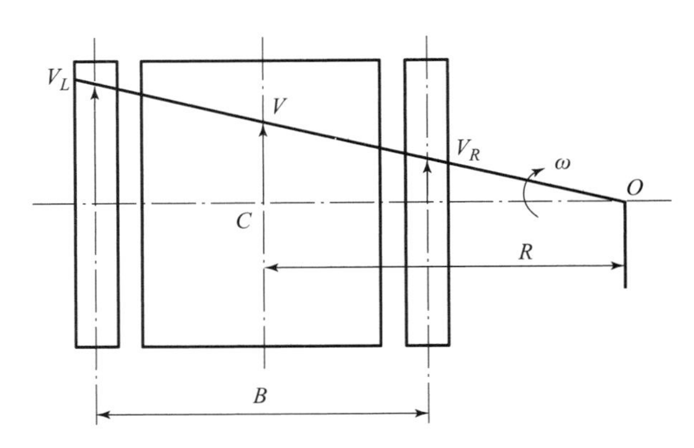

图 3.4 履带式车体向右匀速转向的过程

图 3.4 所示为智能排爆机器人履带式车体向右匀速转向的过程。设此时车体以角速度 ω 向右匀速转动，车体的几何中心为 C，转向中心为 O，OC 的长度即车体转向半径 R，履带接地长度为 L，两侧履带的中心距离为 B，左侧履带的线速度为 V_L，右侧履带的线速度为 V_R，则有

$$\begin{cases} V_L = (R - 0.5B)\omega \\ V_R = (R + 0.5B)\omega \end{cases} \tag{3.18}$$

智能排爆机器人履带式车体的主动轮与两侧履带是完全啮合的，所以两侧履带的线速度大小和方向是一致的。现分别记两侧主动轮的角速度为 ω_L 与 ω_R，主动轮的半径为 r，则左右履带主动轮的线速度可表示为

$$\begin{cases} V_L = r\omega_L \\ V_R = r\omega_R \end{cases} \tag{3.19}$$

根据式（3.19）和式（3.20），可得出履带式车体在转向运动时的角速度：

$$\omega = \frac{r\omega_R}{R - 0.5B} = \frac{r\omega_L}{R + 0.5B} \tag{3.20}$$

经过化简，可得

$$\omega = \frac{r(\omega_L - \omega_R)}{B} \tag{3.21}$$

同理，经过化简，得到转向半径的关系式为

$$R = \frac{0.5B(\omega_L - \omega_R)}{\omega_L - \omega_R} = 0.5B\left(1 + \frac{2}{\dfrac{\omega_L}{\omega_R} - 1}\right) \tag{3.22}$$

根据式（3.22）可得相对转向半径为

$$\rho = \frac{R}{B} \tag{3.23}$$

此后，根据相对转向半径理论，分析履带式车体在转向过程中的转向特性，可得结论如下。

（1）当 $\rho > 1/2$ 时，则左右两侧履带的角速度之比 $\omega_L/\omega_R > 1$，此时车体转向半径 R 和相对转向半径 ρ 均比较大；若 $\omega_L/\omega_R \rightarrow 1$ 时，车体转向半径 R 和相对转向半径 ρ 无限大，此时左右两侧履带速度基本相等，智能排爆机器人会做直线运动。

（2）当 $\rho = 1/2$ 时，则 $\omega_L/\omega_R \rightarrow \infty$，右侧履带速度 $V_R \rightarrow 0$，此时智能排爆机器人以右侧履带中心为转向中心，进行转向运动，车体转向半径 $R = 0.5B$。

（3）当 $0 \leqslant \rho \leqslant 1/2$ 时，此时转向半径 R 和相对转向半径 ρ 均比较小，若 ω_L 和 ω_R 大小一致、方向相反，则智能排爆机器人会做原地转向运动。

3.4.2　车体转向过程中牵引力与力矩平衡分析

智能排爆机器人履带式车体转向（如向右转）过程中，履带会与地面产生滚动摩擦，此时转向过程的力矩平衡如图3.5所示。

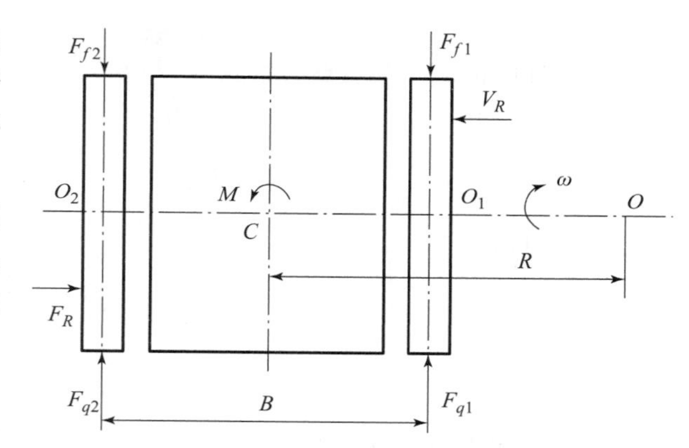

图3.5　转向过程力矩平衡示意图

若假设 F_{q1} 和 F_{f1} 为右侧（转向内侧）履带的牵引力和摩擦力，F_{q2} 和 F_{f2} 为左侧（转向外侧）履带的牵引力和摩擦力，F_f 为机器人总行驶阻力，则

$$F_{f1} = F_{f2} = 0.5F_f \tag{3.24}$$

可以得出履带式车体在竖直方向上的力平衡方程为

$$F_q = F_f = F_{f1} + F_{f2} = F_{q1} + F_{q2} \tag{3.25}$$

由于 $F_{f1} = F_{f2}$，所以在转向运动状态下，履带式车体所需的牵引力矩为

$$M_z = \frac{1}{2}B(F_{q2} - F_{q1} - F_{f1} + F_{f2}) = \frac{1}{2}B(F_{q2} - F_{q1}) \tag{3.26}$$

代入式（3.25），可推导出在转向过程中，履带式车体内外两侧履带主动轮所需的牵引力为

$$\begin{cases} F_{q1} = \dfrac{1}{2}F_q - \dfrac{M_z}{B} \\ F_{q2} = \dfrac{1}{2}F_q + \dfrac{M_z}{B} \end{cases} \tag{3.27}$$

3.4.3　车体转向过程中履带正常传动特性分析

智能排爆机器人行驶过程中，履带式车体的质心位置经常会产生横向和纵向的偏移，甚至可偏移至车体的边缘。其横向偏心距最大能达到 $B/2$，纵向偏心距最大能达到 $L/2$，超出这个范围则会影响智能排爆机器人工作的稳定性。

现设车体质心位置产生的横向偏心距为 c，纵向偏心距为 e。根据机器人转向时的力平衡条件，当机器人有横向偏心距时，若车体的质心位置向转向的外侧偏移，可得机器人行驶阻力与重力、偏心距以及内外两侧履带中心距之间的关系如下：

$$\begin{cases} F_{f1} + F_{f2} = fG \\ F_{f1}\left(\frac{B}{2} + c\right) = F_{f2}\left(\frac{B}{2} - c\right) \end{cases} \tag{3.28}$$

式中，f 为滚动摩擦系数，本研究中取0.2；G 为智能排爆机器人的总负载，本研究中取2 500 N；B 为两侧履带中心距，经测量得知为0.489 m；F_{f1} 为右侧（转向内侧）履带的摩擦力，F_{f2} 为左侧（转向外侧）履带的摩擦力。

化简得

$$\begin{cases} F_{f1} = \frac{fG}{2}\left(1 - \frac{2c}{B}\right) \\ F_{f2} = \frac{fG}{2}\left(1 + \frac{2c}{B}\right) \end{cases} \tag{3.29}$$

同时，当智能排爆机器人质心发生偏移时，履带式车体内外两侧履带所承受的负载也不一样，设内外两侧履带的负载分别为 G_1 和 G_2，则有

$$\begin{cases} G_1 + G_2 = G \\ G_1\left(\frac{B}{2} + c\right) = G_2\left(\frac{B}{2} - c\right) \end{cases} \tag{3.30}$$

经过化简，可得

$$\begin{cases} G_1 = \frac{G}{2}\left(1 - \frac{2c}{B}\right) \\ G_2 = \frac{G}{2}\left(1 + \frac{2c}{B}\right) \end{cases} \tag{3.31}$$

进一步可得车体内外两侧履带上的单位载荷为

$$\begin{cases} q_1 = \frac{G_1}{L} = \frac{G}{2L}\left(1 - \frac{2c}{B}\right) \\ q_2 = \frac{G_2}{L} = \frac{G}{2L}\left(1 + \frac{2c}{B}\right) \end{cases} \tag{3.32}$$

同理，在转向过程中，若履带式车体的质心向其转向内侧偏移，可得

$$\begin{cases} F_{f2} = \frac{fG}{2}\left(1 - \frac{2c}{B}\right) \\ F_{f1} = \frac{fG}{2}\left(1 + \frac{2c}{B}\right) \end{cases} \tag{3.33}$$

$$\begin{cases} G_2 = \frac{G}{2}\left(1 - \frac{2c}{B}\right) \\ G_1 = \frac{G}{2}\left(1 + \frac{2c}{B}\right) \end{cases} \tag{3.34}$$

$$\begin{cases} q_2 = \frac{G_2}{L} = \frac{G}{2L}\left(1 - \frac{2c}{B}\right) \\ q_1 = \frac{G_1}{L} = \frac{G}{2L}\left(1 + \frac{2c}{B}\right) \end{cases} \tag{3.35}$$

若转向过程中存在纵向偏心距，利用积分法可得外侧履带的阻力矩 M_2：

$$M_2 = \int_0^{\frac{L}{2}+e} \mu q_2 x \mathrm{d}x + \int_0^{\frac{L}{2}-e} \mu q_2 x \mathrm{d}x = \frac{\mu GL}{8}\left(1 + \frac{2c}{B}\right)\left[1 - \left(\frac{2e}{L}\right)^2\right]^2 \tag{3.36}$$

式中，G 为履带的负载；L 为履带接地长度，经测量得知为 0.679 m；B 为两侧履带中心距；q_1，q_2 分别为两侧履带的单位载荷；μ 为阻力系数，根据 Hock 的经验公式可得

$$\mu = \frac{\mu_{\max}}{0.85 + 0.15\rho} \tag{3.37}$$

式中，ρ 为相对转向半径；一般取 $\mu_{\max} = 0.6$。

同理，车体内侧履带在转向过程中的阻力矩 M_1 为

$$M_1 = \frac{\mu GL}{8}\left(1 - \frac{2c}{B}\right)\left[1 - \left(\frac{2e}{L}\right)^2\right]^2 \tag{3.38}$$

于是，可得总阻力矩为

$$M = M_1 + M_2 = \frac{\mu GL}{4}\left[1 - \left(\frac{2e}{L}\right)^2\right]^2 \tag{3.39}$$

本项目所设计的智能排爆机器人履带式车体主要有两种转向方式：原地转向和两侧差速转向。下面分两种情况讨论。

1. 原地转向分析

两侧履带的转动速度大小相等、方向相反，车体围绕几何中心点进行原地转向。取转向半径 R 为 0，即转向相对半径 $\rho = 0$。内外两侧履带受到方向相反的阻力，则内、外两侧履带的牵引力为

$$\begin{cases} F_{q1} = -F_{f1} - \dfrac{M}{B} \\ F_{q2} = F_{f2} + \dfrac{M}{B} \end{cases} \tag{3.40}$$

当车体质心位置向外侧履带偏移时，将式（3.29）和式（3.39）代入式（3.40）中，可得

$$\begin{cases} F_{q1} = -\dfrac{fG}{2}\left(1 - \dfrac{2c}{B}\right) - \dfrac{\mu GL}{4B}\left[1 - \left(\dfrac{2e}{L}\right)^2\right]^2 \\ F_{q2} = \dfrac{fG}{2}\left(1 + \dfrac{2c}{B}\right) + \dfrac{\mu GL}{4B}\left[1 - \left(\dfrac{2e}{L}\right)^2\right]^2 \end{cases} \tag{3.41}$$

代入具体的参数值，根据横向偏心距 c 和纵向偏心距 e 的变化范围，在 Matlab 中绘制出两侧履带的牵引力变化曲面图，如图 3.6 所示，从中得出 F_{q1} 的最大值为 −862.6 N，F_{q2} 的最大值为 1 112.6 N。

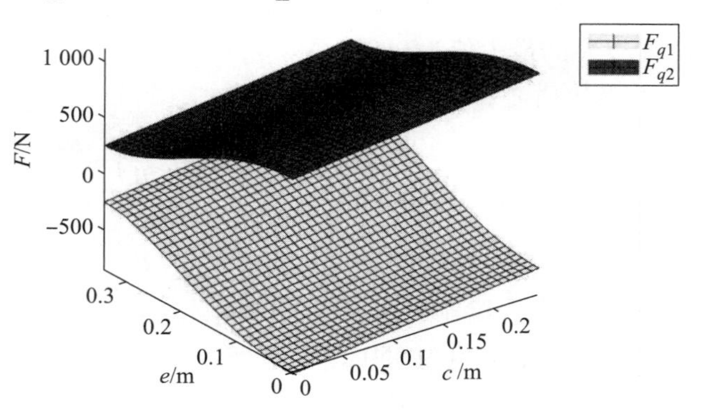

图 3.6　两侧履带的牵引力变化曲面图

当车体质心位置向内侧履带偏移时，将式（3.33）和式（3.39）代入式（3.40）中，可得

$$\begin{cases} F_{q1} = -\dfrac{fG}{2}\left(1+\dfrac{2c}{B}\right)-\dfrac{\mu GL}{4B}\left[1-\left(\dfrac{2e}{L}\right)^2\right]^2 \\ F_{q2} = \dfrac{fG}{2}\left(1-\dfrac{2c}{B}\right)+\dfrac{\mu GL}{4B}\left[1-\left(\dfrac{2e}{L}\right)^2\right]^2 \end{cases} \tag{3.42}$$

在 Matlab 中绘制出两侧履带的牵引力变化曲面图，如图 3.7 所示，得出 F_{q1} 的最大值为 -1 112.6 N，F_{q2} 的最大值为 862.6 N。

可以看出：履带式车体质心纵向偏移的方位对内外两侧履带动力系统的驱动力无影响，但纵向偏心距 e 与内外两侧驱动力大小成负相关；履带式车体质心横向偏移的方位和大小对内外侧履带动力系统的驱动力都有影响。

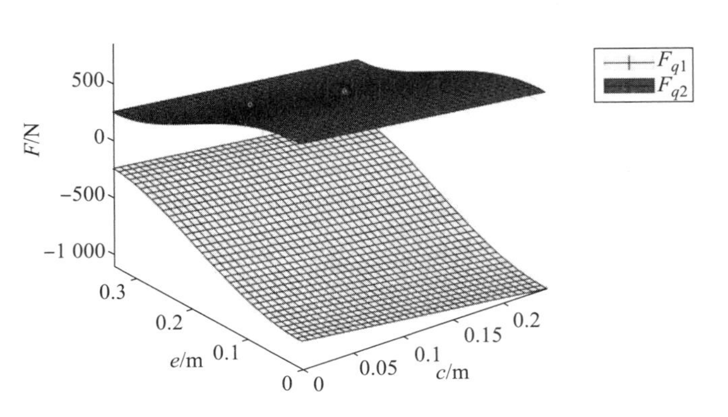

图 3.7 两侧履带的牵引力变化曲面图

当质心偏向外侧履带动力系统时，c 越大，外侧 F_{q2} 就越大，内侧 F_{q1} 则越小。

当质心偏向内侧履带动力系统时，c 越大，内侧 F_{q1} 就越大，外侧 F_{q2} 则越小。

2. 两侧差速转向分析

在这种情况下，履带式车体完成转向的方式是通过内外侧履带的差速来实现的，转动方向一致，地面对其所施加的阻力方向也一致，假设转向半径 R 为 $3B$，则

$$\begin{cases} F_{q1} = F_{f1} - \dfrac{M}{B} \\ F_{q2} = F_{f2} + \dfrac{M}{B} \end{cases} \tag{3.43}$$

当车体质心偏向外侧履带时，将式（3.29）和式（3.39）代入式（3.43），可得

$$\begin{cases} F_{q1} = \dfrac{fG}{2}\left(1-\dfrac{2c}{B}\right)-\dfrac{\mu GL}{4B}\left[1-\left(\dfrac{2e}{L}\right)^2\right]^2 \\ F_{q2} = \dfrac{fG}{2}\left(1+\dfrac{2c}{B}\right)+\dfrac{\mu GL}{4B}\left[1-\left(\dfrac{2e}{L}\right)^2\right]^2 \end{cases} \tag{3.44}$$

在 Matlab 中绘制出两侧履带的牵引力变化曲面图，如图 3.8 所示，得出 F_{q1} 的最大值为 250 N，F_{q2} 的最大值为 900.5 N。

当车体质心偏向内侧履带时，将式（3.33）和式（3.39）代入式（3.43），可得

$$\begin{cases} F_{q1} = \dfrac{fG}{2}\left(1+\dfrac{2c}{B}\right)-\dfrac{\mu GL}{4B}\left[1-\left(\dfrac{2e}{L}\right)^2\right]^2 \\ F_{q2} = \dfrac{fG}{2}\left(1-\dfrac{2c}{B}\right)+\dfrac{\mu GL}{4B}\left[1-\left(\dfrac{2e}{L}\right)^2\right]^2 \end{cases} \tag{3.45}$$

在 Matlab 中绘制出两侧履带的牵引力变化曲面图，如图 3.9 所示，得出 F_{q1} 的最大值为 500 N，F_{q2} 的最大值为 650.5 N。

可以看出：

车体质心纵向偏移的方位对内外两侧履带的驱动力无影响，但纵向偏心距 e 的大小对其

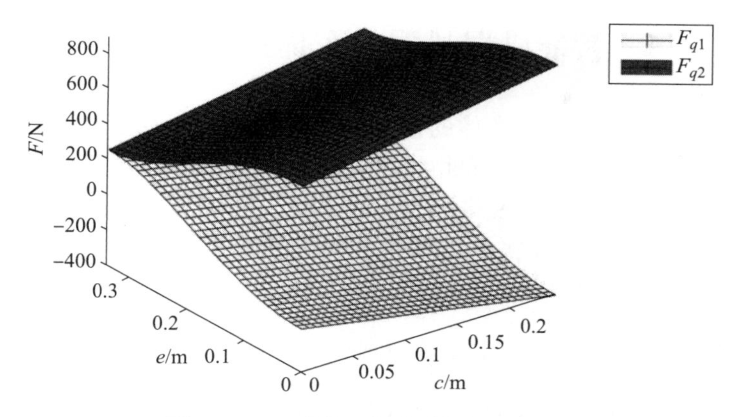

图 3.8　两侧履带的牵引力变化曲面图

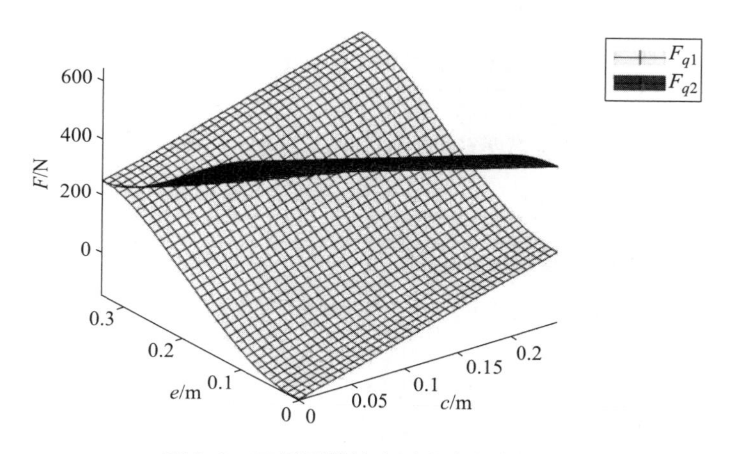

图 3.9　两侧履带的牵引力变化曲面图

有影响；车体质心横向偏移的方位和大小对内外侧履带的驱动力都有影响。

当质心偏向外侧履带时，内侧履带的牵引力 F_{q1} 存在 <0 的情况：e 越大，外侧 F_{q2} 越小，内侧 F_{q1} 越大；c 越大，外侧 F_{q2} 越大，内侧 F_{q1} 越小。

当质心偏向内侧履带时，内侧履带的牵引力 F_{q1} 存在 <0 的情况：e 越大，外侧 F_{q2} 越小，内侧 F_{q1} 越大；c 越大，外侧 F_{q2} 越小，内侧 F_{q1} 越大。

通过分析可知，智能排爆机器人车体在整个转向过程中，原地转向时牵引力偏大，差速转向时牵引力偏小，质心的偏移方位和大小对两侧履带牵引力的影响比较复杂，在后续试验过程中，需要根据不同情况实时调整电动机扭矩，以适应不同的转向条件。计算得出履带的牵引力最大值为 1 112.6 N，根据前文结构设计得出主动轮输出转速的半径为 98 mm，则其对应的最大扭矩为 109 N · m，而电动机额定输出扭矩为 140 N · m，大于该值，证明前文介绍的电动机选型设计是正确与合理的。

3.5 智能排爆机器人车体通过性能分析

本节从智能排爆机器人履带式车体的几何模型分析入手，通过 Solid Works 软件求得其质心坐标，利用机器人履带质心与障碍物的位置关系，绘制水平越壕和垂直越障两种情况下的车体通过性能示意图，对机器人履带式车体的越壕、越障性能进行分析；计算出履带式车体的通过性能，计算结果将验证智能排爆机器人履带式车体相关尺寸设计的合理性与可行性。

3.5.1 智能排爆机器人水平越壕性能分析

设智能排爆机器人质心位置为 G，离地高度为 h，主动轮中心离地高度为 H_1，从动轮中心离地高度为 H_2，履带接触地面长度为 L，质心到从动轮的水平距离为 M，第一承重轮与主动轮水平距离为 n，主动轮计速直径为 D，具体相关参数如表 3.1 所示。

表 3.1 智能排爆机器人履带式车体相关参数 单位：mm

项目	质心离地高度 h	主动轮中心离地高度 H_1	从动轮中心离地高度 H_2	履带接触地面长度 L	质心到从动轮的水平距离 m	第一承重轮与主动轮水平距离 n	主动轮计速直径 D
参数	345	165	135	679	504	150	196

履带式车体水平越壕过程包括 4 个步骤。

（1）如图 3.10（a）所示，越壕前，机器人履带式车体水平行驶，此时履带与地面接触面积最大。

（2）如图 3.10（b）所示，第一承重轮质心所在垂线入壕，机器人车体整体质心所在垂线还未与壕沟左侧边缘重合，此时机器人车体的部分区域悬空，履带与地面接触面积在逐渐减小，因为质心仍在壕沟外侧，所以车体继续沿水平行驶。

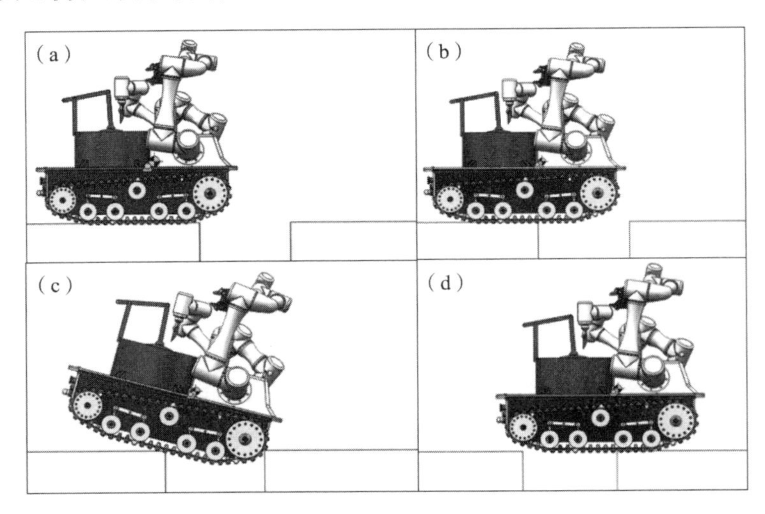

图 3.10 履带式车体的越壕过程

（a）越壕前水平行驶；（b）入壕车体部分悬空；（c）整体入壕；（d）跨越壕沟，整体离壕

（3）如图 3.10（c）所示，机器人车体整体质心所在垂线入壕，车体前倾，主动轮开始接触壕沟右侧边缘，直到第一承重轮质心所在垂线与壕沟右侧边缘重合，车体开始越壕，车体的倾斜角度为 φ，履带与底面为线接触。此时壕沟宽度最大值 X_1 即入壕时跨越的最大宽度。

（4）如图 3.10（d）所示，第一承重轮跨越壕沟，直到车体整体离壕，车体整体质心所在垂线越过壕沟右侧边缘，从动轮中心所在垂线与壕沟未越过左侧边缘，可防止车体后倾。此时壕沟宽度最大值 X_2 即离壕时跨越的最大宽度。

1. 入壕过程分析

以地面所在直线、履带接地段 DG 段所在直线、壕沟右侧边缘顶点与接地段的垂线构建直角三角形。依据勾股定理，计算出壕沟宽度：

$$X_1 = \sqrt{\left(L - m + n + \frac{D}{2}\cos\phi\right)^2 + \left(H_1 + \frac{D}{2}\sin\phi\right)^2} \tag{3.46}$$

式中，$\phi \in \left(0, \frac{\pi}{2}\right)$。

代入相关参数后，在 Matlab 中绘制函数 $\theta - X_1$ 曲线，如图 3.11 所示，求解出 X_1 的极大值为 465。

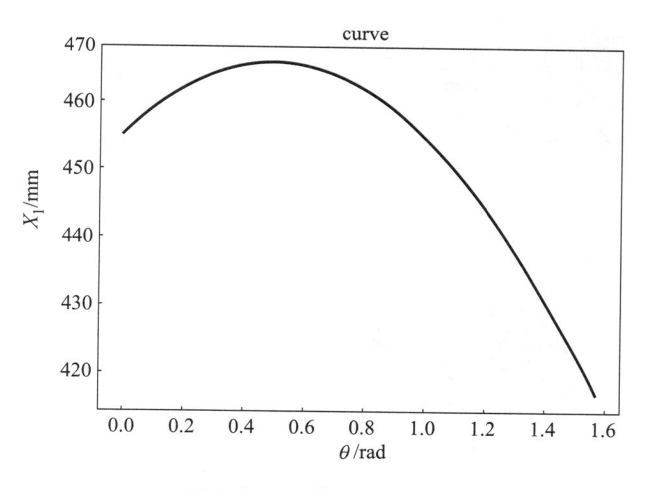

图 3.11　函数 $\theta - X_1$ 曲线

2. 离壕过程分析

智能排爆机器人车体在离壕过程中，为了防止车体产生后倾，需要满足车体整体质心所在垂线与壕沟右侧边缘重合时，从动轮中心所在垂线与壕沟左侧边缘重合。因此，可计算出壕沟最大宽度为

$$X_2 = m \tag{3.47}$$

可得出机器人车体的最大水平越壕宽度为

$$X_{max} = \min(X_1, X_2) = 465 \tag{3.48}$$

3.5.2　智能排爆机器人垂直越障性能分析

设垂直障碍物高度为 Y，将智能排爆机器人履带式车体的垂直越障过程分解为以下 4 个

步骤。

（1）如图3.12（a）所示，越障前，机器人车体水平行驶，履带与地面接触面积最大，此时主动轮中心距地面高度需大于障碍物高度。

（2）如图3.12（b）所示，主动轮接触障碍物边沿，直到车体整体质心所在垂线与障碍物边缘重合，在此过程中，机器人车体逐渐上扬，上扬角度为 θ ，履带驱动电动机提供动力完成车体的推进，履带与地面的接触由面接触变为线接触。计算在确保机器人车体不倾覆的情况下，能跨越障碍物的最大高度。

（3）如图3.12（c）所示，机器人车体整体质心所在垂线超过障碍物边缘，履带与地面的接触由线接触变为面接触，这样机器人车体才能翻越障碍。机器人车体以障碍物边缘为中心进行旋转，最后机身回正，保持水平状态。

（4）如图3.12（d）所示，机器人车体沿水平行驶，直到履带完全接触地面，完成车体对垂直障碍物的翻越运动。

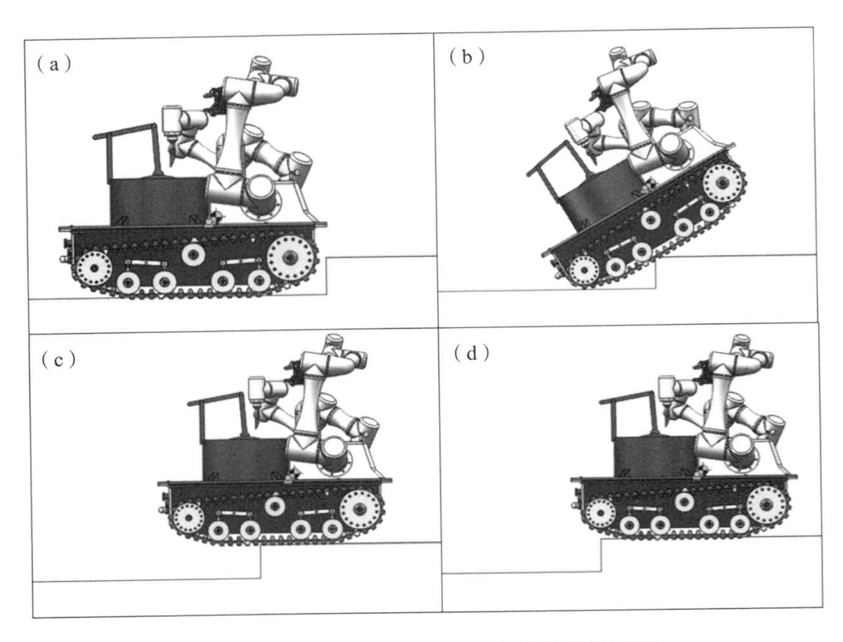

图3.12　履带式车体翻越垂直障碍物的过程

（a）越障前，车体水平行驶；（b）主动轮接触障碍物边沿；
（c）车体越过障碍物边缘；（d）车体水平行驶，完成翻越

1. 垂直越障前分析

智能排爆机器人履带式车体在垂直越障前，首先进行水平行进，此时要想翻越垂直障碍物，需满足

$$Y \leqslant H_1 \tag{3.49}$$

2. 垂直越障时分析

智能排爆机器人车体跨越障碍物时，障碍物高度构成了限制因素，应当仔细分析。现以履带接地段 DG 段所在直线、障碍物和地面构建直角三角形，采用正弦关系计算直角边障碍物高度：

$$Y = \left(m - h\tan\theta + H_2\tan\frac{\theta}{2}\right)\sin\theta \tag{3.50}$$

式中，$\theta \in \left(0, \frac{\pi}{2}\right)$。

代入相关参数后，在 Matlab 中绘制函数 $\theta - Y$ 曲线，如图 3.13 所示，求解出 Y 的极大值为 174.94。

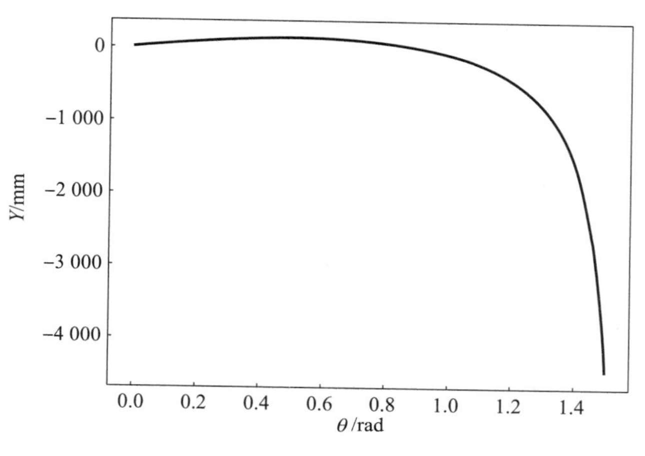

图 3.13　函数 $\theta - Y$ 曲线

则可得出机器人车体的最大越障高度为

$$Y_{max} = \min(H_1, Y) = 165 \tag{3.51}$$

将智能排爆机器人履带式车体垂直越障的过程推广至攀爬楼梯，由于其越障本质是相同的，如果台阶高度不超过 165 mm，这样当机器人车体攀爬楼梯的第一阶时就相当于其攀越一个垂直障碍物，之后与攀爬斜坡类似。后续将在高 165 mm、角度呈 40°的楼梯环境中进行仿真验证。

3.6　本章小结

智能排爆机器人履带式车体具有良好的运动特性，对其在排爆作业过程中灵活通过崎岖路面、顺利攀爬台阶楼梯、成功翻越垂直障碍来说十分重要，这是保证机器人车体在不同情况和环境下行驶时的运动平顺性、地形通过性和行驶稳定性的基本要求。本章通过理论研究和计算分析，探究了机器人车体的行驶原理和运动特性，并在深入开展车体动力学、运动学建模的基础上，阐述了车体的动力传递原理，分析了车体的传动效率，论证了车体的转向特性，讨论了车体的通过性能，着重对车体的水平越壕、垂直越障性能做了详尽分析与细致计算，从不同侧面验证了智能排爆机器人履带式车体相关尺寸设计的合理性与可行性，进而可以帮助人们了解智能排爆机器人履带式车体的设计思路和运动性能。

第 4 章

智能排爆机器人视觉 SLAM 技术研究

智能排爆机器人是一种依靠履带式车体行进的移动机器人。在机器人技术领域，移动机器人被视为是融机械技术、电子技术、计算机技术、图像处理技术、控制理论与技术、人工智能理论与方法、材料学、仿生学等诸多学科为一体的产物，是反映当今世界最新科技水平的一种高新科技成果。时至今日，机器人在工业、农业、医疗、军事、救援以及人们的日常生活中都在发挥着重要的作用。但这些领域的环境通常都具有非结构化和不确定性等特点，需要机器人具备环境感知与运动规划的能力。图 4.1 所示的金字塔结构表示了机器人技术的组成。由图 4.1 可以看出，为了使移动机器人能够在更加复杂的环境与更加艰巨的任务中提供更加高效和更加精细的服务，对于其底层技术尤其是移动机器人的自主性和环境适应性提出了更高的要求。

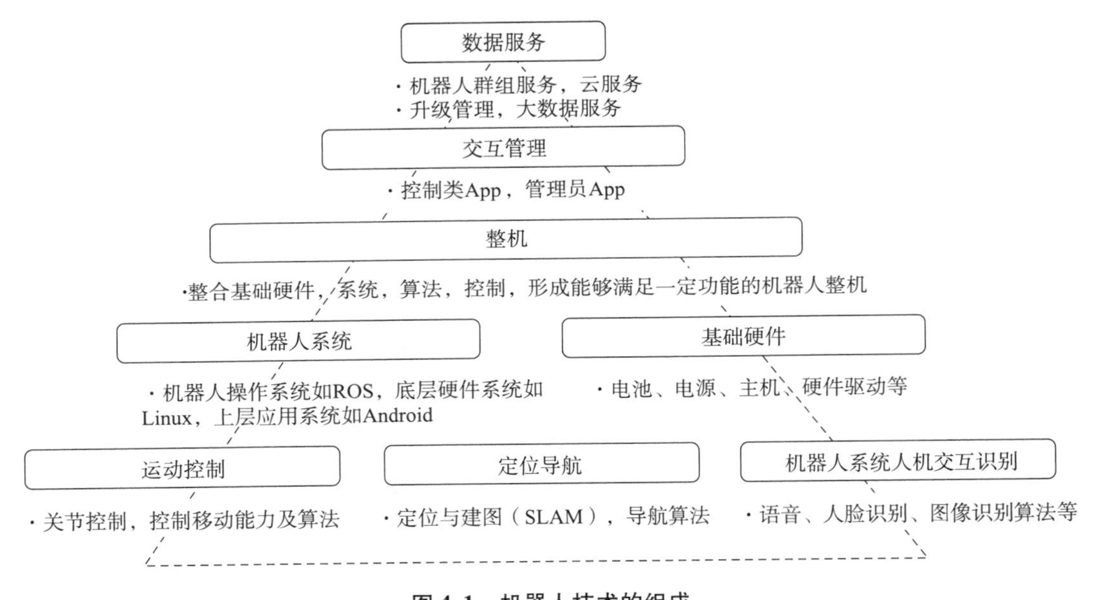

图 4.1　机器人技术的组成

在移动机器人的众多重要技术之中，自主定位与导航被认为是实现机器人真正智能化的核心技术[16]。它可以分解为以下 3 个子问题。

（1）定位：机器人在未知环境中确定自身的位置和姿态。

（2）建图：机器人对未知的环境创建地图。

（3）导航：机器人自主规划一条合适路径以到达给定的目标点。

其中，定位与建图是移动机器人实现自主导航的前提条件[17]，但是在实际应用中，移动机器人的自身位置信息与环境的地图信息都是未知的，两者相互依赖，互为耦合。因此解决机器人的同时定位与建图是极为重要的，而SLAM技术正是用于解决这一问题的。因此，本章将系统阐述项目组在智能排爆机器人SLAM技术方面的探索历程和研究成果，帮助学习者掌握与实现智能排爆机器人“一键到达”和“一键排爆”功能相关的基础理论与技术方法。

4.1　视觉SLAM研究现状简介

SLAM技术根据使用的传感器类型可分为激光雷达SLAM技术和视觉SLAM技术。[18]激光雷达SLAM技术起步较早，目前广泛应用于消费类产品，尤其在室内服务机器人、扫地机器人中得到了广泛的应用。但是成本相对较高，并且现在使用的传感器大都是2D激光雷达，缺乏3D和语义信息。而视觉SLAM则利用单目或双目相机在未知环境中定位和构建地图，在降低成本的同时又能获得丰富的环境信息，目前处于高速发展阶段，具有广阔的发展和应用前景。

视觉SLAM的核心传感器是相机，它通过机器人采集到的连续图像对自身进行定位与构建地图，十分依赖于环境信息，当遇到特征不够丰富或者光照情况变化较为剧烈时，其鲁棒性将变得较差，即机器人会很容易丢失自身的位置信息，给定位和导航带来障碍。相比较，IMU（Inertial Measurement Unit）能够以高频率输出机器人的加速度和角速度信息，它不受环境因素的影响，在一定程度上弥补了视觉传感器易受环境影响的缺点。但其传感器的自身漂移问题则须由视觉传感器进行约束，由此抬高了视觉传感器的技术要求。[19]相机与IMU之间能够相辅相成，提高SLAM算法的鲁棒性，所以近年来融合IMU信息的视觉SLAM方案受到了人们的青睐，成了研究的热点。

智能化是实现机器从“机器”到“机器人”成功过渡的一个重要标志。目前移动机器人的智能化程度普遍较低，这也正是本项目组着力开发智能排爆机器人的原因所在。现役的排爆机器人大都智能化水平较低，不能真正替代排爆人员自主排除和处置爆炸物，而机器人只要自主移动就需要在复杂环境中进行定位与导航，换言之，本项目组研发的智能排爆机器人要想获得实用价值，就必须圆满解决自主定位和导航的问题，而这就需要研究融合IMU信息的视觉SLAM技术。项目组基于这一出发点，旨在设计一个融合IMU信息的双目视觉SLAM通用算法，它能够为智能排爆机器人在未知环境中实现自主定位与建图，使智能排爆机器人在光照变化剧烈、物品存在遮挡、运动景象模糊和动态多变环境下均能够成功运行，且表现出极高的鲁棒性。这对智能排爆机器人实现智能化、实用化具有重要的理论意义和工程价值。

4.1.1　视觉SLAM国内外研究现状

1986年，机器人技术和自动化国际会议（ICRA）首次提出移动机器人的SLAM问题，至今已有30多年的发展历史了。[20]早期人们主要是通过扩展卡尔曼滤波、粒子滤波求解最大后验概率来求解SLAM问题，直到2004年，基于图优化的非线性优化的方法才开始兴起并成为求解SLAM问题的主流方法，其中以BA（Bundle Adjustment）为代表。[21]

2010年之后，融合IMU的SLAM开始逐渐兴起。事实上，SLAM分类比较复杂，根据传感器的不同形式，又可以分为单目、双目和RGB－D SLAM等多种。一般说来，SLAM可以被分为前端、后端和地图三大部分，其中前端根据是否提取特征点又可分为特征点法、直接法和半直接法；后端主要有基于 EKF 的方法和基于非线性优化的方法；而地图的表现形式则根据地图点的密度情况分为稀疏、稠密和半稠密地图。[22]根据上述划分，表 4.1 列举了 2003 年至今常用的开源 SLAM 系统方案。

表 4.1 常用开源 SLAM 系统方案

时间	方案名称	传感器形式	前端方法	后端	地图形式	回环矫正
2003 年	Mono SLAM	单目	特征点	EKF	稀疏	无
2007 年	PTAM	单目	特征点	非线性优化	稀疏	无
2014 年	SVO	单目	半直接	无	稀疏	无
2014 年	LSD - SLAM	单目	直接法	非线性优化	半稠密	有
2014 年	RTAB MAP	双目/RGB - D	特征点	非线性优化	稠密	有
2015 年	ORB - SLAM2	单目/双目/RGB - D	特征点	非线性优化	稀疏	有
2015 年	ROVIO	单目 + IMU	直接法	EKF	稀疏	无
2015 年	OKVIS	双目 + IMU	特征点	非线性优化	稀疏	无
2016 年	DSO	单目	直接法	非线性优化	稠密	有
2017 年	S - MSCKF	双目 + IMU	特征点	EKF	稀疏	无
2017 年	Vins - Mono	单目 + IMU	特征点	非线性	稀疏	有

4.1.2 纯视觉 SLAM 国内外研究现状

2003 年，Davision 提出了 Mono SLAM，这是第一个实时的单目视觉 SLAM 系统，也被世人认为是后续很多 SLAM 算法工作的依据。Mono SLAM 建立在 EKF 的基础之上，它以扩展卡尔曼滤波器（Extended Kalman Filter，EKF）为后端，前端则追踪非常稀疏的点，并将相机当前的状态和所有特征点作为状态向量，不断更新其均值和协方差。[23]虽然现在看起来 Mono SLAM 具有很多弊端，比如存在应用场景窄、路标数量有限、特征点容易丢失等问题，但它是第一个能在线运行的 SLAM 系统，是具有里程碑式意义的 SLAM 研究成果。[24]

2007 年，Klein 等提出了 PTAM（Parallel Tracking And Mapping），同样对 SLAM 的发展作出了重要贡献，其贡献主要有以下两点[25]。

（1）PTAM 实现了定位与建图的分离，分别用两个线程去实现，极大地提升了 SLAM 的效率。

（2）PTAM 是第一个使用非线性优化作为后端的 SLAM 系统，它放弃了时享盛名的 EKF，并引入了关键帧机制，使得算法并不需要对所有图像帧进行处理，大大提高了计算效率。

PTAM 之后，视觉 SLAM 的研究逐渐转向了以非线性优化为主导的后端。这些研究存在着明显的缺陷，如使用场景受限、容易丢失自身位置信息等。

RTA - BM 是 RGB - D SLAM 中一个十分经典的实现方案，它支持常见的 RGB - D 传感器和双目传感器。[26]事实上，它几乎具备了 RGB - D SLAM 的整套东西：基于特征点的视觉里程计、后端的位姿图优化、基于词袋的回环检测以及点云和三角网格地图。[27]但是由于它集成度比较高，开发难度过大，比较适合当作应用而非研究使用。

ORB - SLAM2 是继承了 PTAM 的特点并将其发挥到极致的一个 SLAM 系统，是开源 SLAM 系统中十分完善且极其简便易用的系统之一。ORB - SLAM2 代表了基于特征点 SLAM 的一个高峰，它具有以下几个明显的优势[28]。

（1）ORB - SLAM2 支持单目、双目、RGB - D 三种传感器，这也是视觉常用的传感器，因而它具有十分优良的适用性。

（2）整个系统均以 ORB 特征为依托，包括视觉里程计和回环检测的 ORB 字典。ORB SLAM2 的成功表明 ORB 特征是效率与精度的一种平衡，它既可以在 CPU 上边实时计算，并不像 SIFT 和 SURF 特征那样费时，同时相比简单的 Harris 特征，它又具有良好的旋转和尺度不变性。[29]

（3）ORB - SLAM2 使用了 3 个线程以完成整个系统，即实时跟踪特征点的 Tracking 线程、局部优化线程和全局基于位姿图的回环检测线程。这 3 个线程能够保证轨迹与地图的全局一致性，这种多线程分离的结构也被后续很多 SLAM 算法认同和采用。[30]

2016 年，慕尼黑工业大学的 J. Engel 博士提出了 DSO（Direct Sparse Odometry），这是一个纯直接法的 SLAM 系统，但其并不包含回环检测、地图复用等功能。DSO 能在降低图像分辨率时达到传统特征点法的 5 倍速度，时效性有了很大改善。由于采用了纯直接法，DSO 对光度和相机运动都有一些特殊要求。由于 DSO 创新性地提出了光度标定的概念与方法，能够适应光照变化明显的场景，使其更加贴近实用化。

以上提到的都是纯视觉 SLAM 解决方案，它们各自的运行效果如图 4. 2 所示。

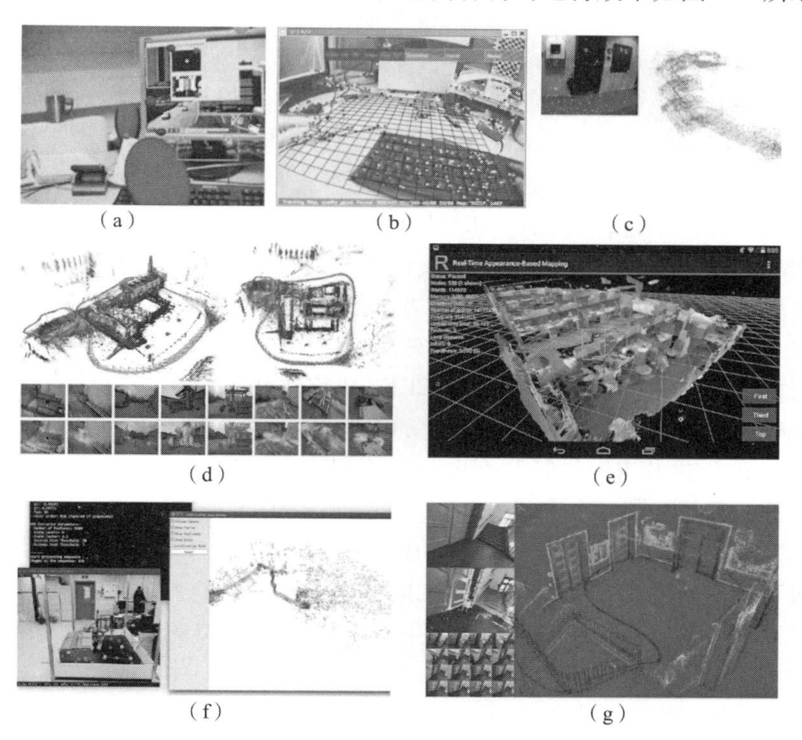

(a)　(b)　(c)　(d)　(e)　(f)　(g)

图 4. 2　纯视觉的 SLAM 运行效果

(a) Mono SLAM；(b) PTAM；(c) SVO；(d) LSD - SLAM；(e) RTAB MAP；(f) ORB - SLAM2；(g) DSO

需要指出的是，如果相机快速运动、场景特征点缺失（如白墙等）以及用于动态场景时，基于纯视觉的 SLAM 系统非常容易失效，这是纯视觉 SLAM 系统的通病。比较起来，双目视觉系统能有效克服上述不足，但这个时候它需要惯性传感器对视觉信息进行补充。正是基于这个原因，项目组将努力研究融合 IMU 信息的双目视觉 SLAM 系统及其关键技术。

4.1.3 融合 IMU 信息的视觉 SLAM 国内外研究现状

惯性传感器（IMU）与视觉传感器具有明显的互补性。从表 4.1 可以看出，国内外越来越多的团体和学者正在大力研究融合了 IMU 的 SLAM 系统。这两者的融合能够产生更具潜力的 SLAM 系统。它们的互补性主要体现在以下几个方面：

（1）IMU 可以测量自身的加速度和角速度。但是 IMU 传感器存在非常明显的漂移，即使在静止状态其读数也会存在明显漂移。不过对于短时间内的快速运动来说，IMU 能够提供很好的位姿估计，而这正是相机的短板之处。[31] 相机在静止状态其数据是固定不动的，故而可以利用这个特性去估计 IMU 传感器的漂移和噪声。

（2）图像内容发生变化的原因较为复杂，有可能是相机运动引起的，也有可能是因为环境中的动态物体引起的，纯视觉 SLAM 难以消除上述影响。而 IMU 却能通过自身加速度和角速度来判断自身的运动，这在一定程度上能够减轻环境中动态物体造成的影响。

由此可知，在相机快速运动时，IMU 能够提供较好的解决方案；而在慢速运动时，相机能够解决 IMU 的漂移问题，所以两者是互补的。

融合 IMU 信息的视觉 SLAM 一般称作视觉惯性里程计（Visual Inertial Odometry，VIO）或者视觉惯性 SLAM（Visual Inertial SLAM，VI－SLAM）。目前 VIO 框架主要分为两大类：松耦合（Lossely Coupled）和紧耦合（Tightly Coupled）。[32] 松耦合是通过借助 EKF，将 IMU 和相机分别估计的位姿结果进行融合。紧耦合则是将相机状态和 IMU 状态结合到一起，共同构建系统的运动方程和观测方程，然后再去进行状态估计。[33] 紧耦合也可分为基于滤波和基于非线性优化两种，尽管在纯视觉 SLAM 中非线性优化目前占据主导地位，但是在 VIO 中，由于 IMU 的频率相当高，如果采用非线性优化的方法将使得计算量变得非常巨大，所以目前基于滤波的方法和基于非线性优化的方法平分秋色且和平相处。

2007 年，Mourikis 等提出了 MSCKF1.0 算法。这是一种单目紧耦合的 VIO 算法，它保持了一个滑动窗口，并以 EKF 作为后端。MSCKF1.0 算法并不像传统的以 EKF 为后端的 VIO 一样，每一个时刻的状态向量都包含了当前的 IMU 姿态、相机姿态、速度信息、所有地图点信息以及 IMU 的随机游走等。其状态向量里边保存的是多帧相机状态，利用滑窗的方法来优化多帧图像的重投影误差。

2013 年，Ming Yang Li 提出了 MSCKF2.0 算法，阐明了 VIO 中 yaw 轴角的不可观性，并采用了 FEJ 雅可比更新方式，取得了比 MSCKF1.0 算法更好的效果。2017 年，Ke Sun 等提出了双目版 S－MSCKF 算法，并将代码开源。该算法秉承了 MSCKF 的特性，但是出于增强算法鲁棒性的考虑而采用了双目相机系统。

2015 年，Michael Bloesch 等提出了 ROVIO，这是一个单目 VIO 系统。该系统前端使用的是直接法，通过最小化图像块光度误差并将地图点用一个单位向量和一个距离参数加以表示，所以 ROVIO 并不需要像其他 VIO 方案一样进行初始化过程。但 ROVIO 没有回环检测和回环矫正过程，其误差会不断累计。

同样是在 2015 年，Stefan Leutenegger 等提出了一个基于非线性优化的紧耦合双目 VIO 系统——OKVIS。OKVIS 视觉前端使用的是传统的特征点方法，并通过 IMU 数据去预测特征点的位置。OKVIS 还采用了关键帧机制，当特征点所占图像区域不到图像面积一半时或者两帧之间的有效匹配点低于一定阈值时，会将当前帧作为关键帧。另外，OKVIS 对 IMU 进行了预积分，并使用非线性优化的方法将视觉和 IMU 的残差一同进行优化。但是 OKVIS 依旧没有回环检测和校正功能，这将使得其误差会随着运行时间增长而不断累计。

2017 年，香港科技大学的沈劭劼等对 VINS－Mono 进行了开源。VINS－Mono 是一种紧耦合滑窗的 VIO 系统，它可以在未知状态下对系统进行稳健的初始化，能够在线标定相机和 IMU 的外参数，而不需要事先通过特殊工具去标定相机与 IMU 的外参。[34] 与 ROVIO 和传统纯视觉前端不同，VINS－Mono 只提取简单的特征点并用光流对特征进行跟踪，然后将重投影误差统一定义在单位球面上。IMU 数据采用了预积分的形式，最终通过非线性优化的方式联合优化视觉，IMU 信息可以求解滑动窗口内的所有状态。VINS－Mono 还有一个独立的线程负责闭环检测和姿态图优化，这使得 VINS－Mono 在目前开源的 VIO 系统中表现得十分优异。

上述提到的开源 VIO 系统运行效果如图 4.3 所示。由于视觉传感器和 IMU 的互补性，本项目组将着力于研究融合 IMU 信息的双目视觉 SLAM。

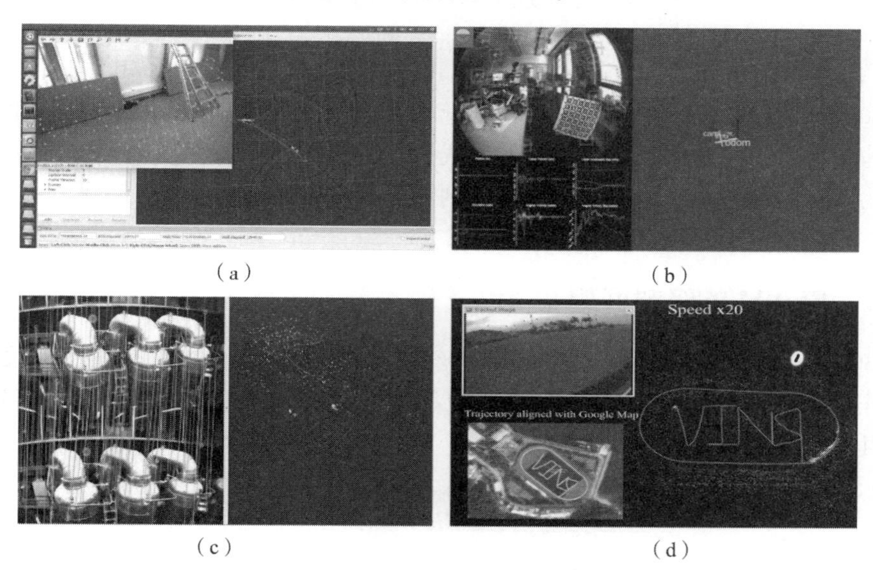

（a）　（b）　（c）　（d）

图 4.3　开源 VIO 系统运行效果

（a）MSCKF；（b）ROVIO；（c）OKVIS；（d）VINS－Mono

4.1.4　关于视觉 SLAM 的主要研究内容

为了圆满实现智能排爆机器人的“一键到达”和“一键排爆”功能，项目组致力于研究融合 IMU 信息的双目视觉 SLAM 问题，使研究的成果能够更好地适应场景纹理缺失、伪重复场景、光照变化剧烈、运动剧烈以及动态物体较多、影响因素较杂的排爆作业场合。项目组研究内容聚焦在以下 4 个方面。

1. 相机理论基础

相机部分包含相机成像的统一模型及其畸变模型、图像均衡化、特征点的提取与光流跟踪、基于时域和空域限制的双目特征点环形检测算法，最后讲述了词袋模型，为后续 SLAM 算法的回环检测提供理论依据。

2. IMU 预积分技术

IMU 预积分技术借鉴了 VINS - Mono 的工作，对 IMU 建立了误差模型与运动学模型，并将世界坐标系下的积分操作变换到机体坐标系下，且推导了误差传播的状态方程，为后续相机与 IMU 外参标定提供基础。

3. 视觉 SLAM 和 IMU 信息的融合

项目组运用了 IMU 预积分技术，利用非线性优化的方法将 IMU 预积分的信息和视觉特征点的信息进行了融合。项目组是在 VINS - Mono 的基础上开展研究的，但与之不同的是，项目组在非线性优化中加入了双目特征点的约束，并且简化了 VINS - Mono 系统初始化的步骤，在保证精度的同时提高了算法的鲁棒性。

4. 2D 导航地图的生成

作为拓展工作，项目组借助深度相机针对智能排爆机器人提出了一种地面分割与障碍物检测的方法，能够为智能排爆机器人的自主导航提供导航地图。

4.2 视觉 SLAM 的基本问题

SLAM 的经典框架对人们学习、理解、运用视觉 SLAM 很有助益，其中还涉及 SLAM 一些基本问题的阐述与解决。项目组为了将视觉 SLAM 技术应用于智能排爆机器人的自主导航和实时定位，将定位与建图问题用数学的形式表述为多维高斯概率分布问题，最终将 SLAM 问题转换为一个最小二乘问题，并研究如何利用高斯—牛顿方法求解该问题，这为后续许多约束问题的求解奠定了基础。

4.2.1 SLAM 的经典框架

经过 30 多年的发展，目前视角 SLAM 已经有了一个世人比较认可的框架，如图 4.4 所示。从图 4.4 中可以看出，SLAM 的核心问题是定位与建图。细致分析起来，整个 SLAM 问题由以下几个模块组成。

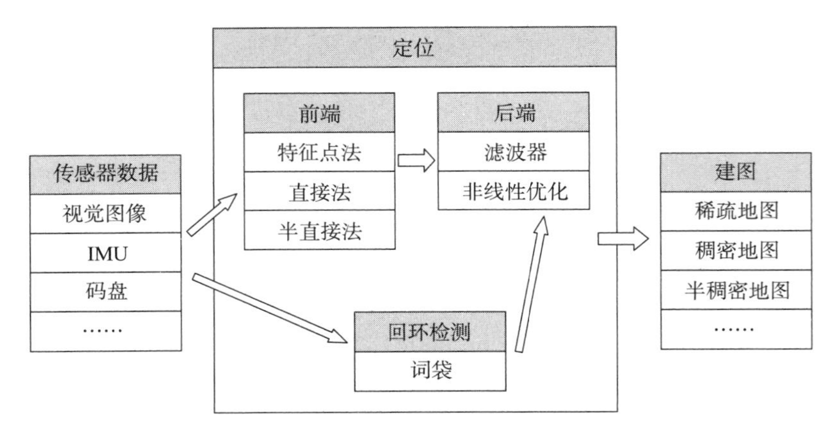

图 4.4 视觉 SLAM 流程

1. 传感器数据

视觉 SLAM 中传感器最小系统为单个相机的图像信息，包括它的读取和预处理。当 SLAM 应用到实际机器人项目中时，还有可能有拓展其他传感器的信息，如 IMU、码盘、磁力计、GPS 等信息。

2. 前端

前端主要完成的工作是估计相邻图像之间的运动，即视觉里程计。目前主流方法有 3 种：特征点法、直接法和半直接法。

3. 后端

后端一般输入的是前端的视觉里程计信息和回环检测信息，通过滤波法或者非线性优化方法得到全局一致的相机位姿态以及地图。

4. 回环检测

回环检测主要用于判断机器人是否回到之前到达过的位置，它的存在能够减少累计误差，得到全局一致的轨迹。

5. 建图

根据定位的结果去构建对应于实际任务要求的地图，如稀疏地图、稠密地图、半稠密地图等。[35]

4.2.2　SLAM 问题的数学形式

SLAM 问题从广义上讲是求解移动机器人在未知环境中的定位与建图问题，移动机器人携带着至少一种传感器并且在未知环境中不断运动，在运动过程中传感器会以一定的频率返回其对环境的观测信息，当然也会有机器人的起始状态和环境的初始状态由人为输入的部分信息，以及还有机器人之前对环境已经存储下来的部分信息，这些信息称作先验信息。[36] 移动机器人将在这三者的作用下完成定位与建图。

如图 4.5 所示，定位问题主要是求解移动机器人的位置与姿态。假设用 $\boldsymbol{x}_p$ 表示移动机器人的位置与姿态，实际上它一共有 6 个自由度，其中包含三维的旋转与三维的平移。移动机器人的运动属于一个连续时间问题，假设将连续时间离散化成 $t = 1,2,\cdots,k,\cdots,m$ ，于是在各个时刻对应的移动机器人位姿就可记为 $\boldsymbol{x}_{p_1},\cdots,\boldsymbol{x}_{p_k},\cdots,\boldsymbol{x}_{p_m}$ ，它们直接构成了移动机器人的运动轨迹。在建图方面，假设地图 $\boldsymbol{x}_m$ 是由许多三维路标点构成的，假设在上述时间段内，传感器一共观测到了 n 个路标点，用 $\boldsymbol{x}_{m_1},\cdots,\boldsymbol{x}_{m_k},\cdots,\boldsymbol{x}_{m_n}$ 表示，而在两个时刻状态之间，运动输入 $\boldsymbol{u}_k$ 则表示移动机器人的运动情况。[37] 于是移动机器人在两个时刻之间的运动过程可以描述为一个基本的 SLAM 问题，即当已知运动测量值 $\boldsymbol{u}$ 以及传感器的输入 z ，如何估计移动机器人的位姿 $\boldsymbol{x}_p$ 和构建的地图 $\boldsymbol{x}_m$ ，至此可以将其建模为一个状态估计问题，也就是如何通过带有噪声的传感器测量数据，估计移动机器人内部的状态变量。[38]

状态变量包含移动机器人的位姿和地图点，即 $\boldsymbol{x} = [\boldsymbol{x}_m^{\mathrm{T}},\boldsymbol{x}_p^{\mathrm{T}}]^{\mathrm{T}}$ ，其中包含 n 个 3D 路标点，即 $\boldsymbol{x}_m = [\boldsymbol{x}_{m_1}^{\mathrm{T}},\cdots,\boldsymbol{x}_{m_n}^{\mathrm{T}}]^{\mathrm{T}}$ 以及 m 个机器人位姿，即 $\boldsymbol{x}_p = [\boldsymbol{x}_{p_1}^{\mathrm{T}},\cdots,\boldsymbol{x}_{p_m}^{\mathrm{T}}]^{\mathrm{T}}$ 。整个状态向量的维度一共是 $\dim(\boldsymbol{x}) = (6m + 3n)$ ，且随时间不断增长。整个状态估计问题可以分解为先验信息、运动信息以及观测信息三大部分，下面将详细阐述与分析。

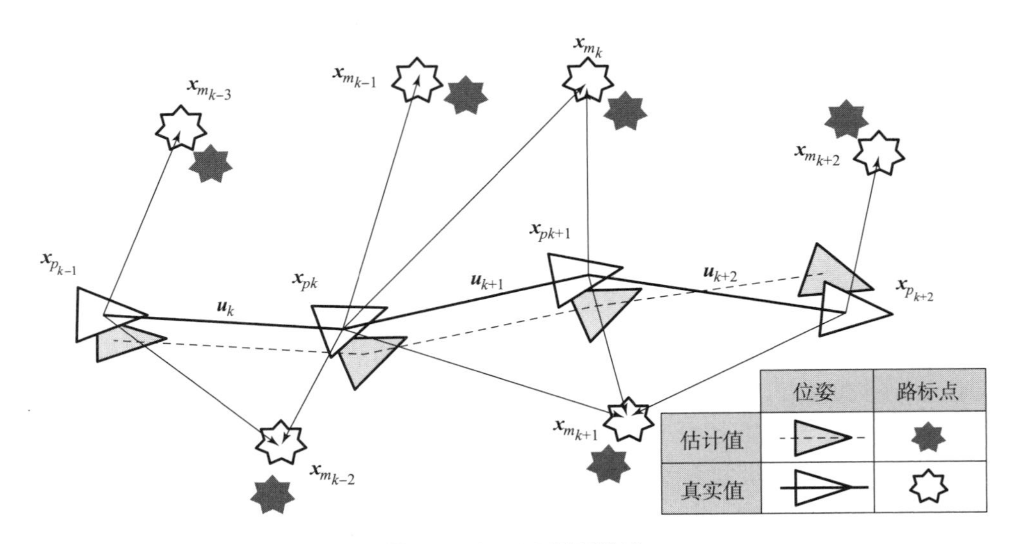

图 4.5　SLAM 问题描述

1. 先验信息

假设已知移动机器人在初始时刻的位姿以及一些真实的路标点，且它们服从 $\hat{x}_{\Pi} \sim N(\boldsymbol{x}_{\Pi}, \boldsymbol{\Pi}^{-1})$ 分布，即有

$$\hat{\boldsymbol{x}}_{\Pi} = \begin{bmatrix} \hat{\boldsymbol{x}}_m \\ \hat{\boldsymbol{x}}_{p_1} \end{bmatrix}, \boldsymbol{\Pi} = \begin{bmatrix} \boldsymbol{\Pi}_m & \boldsymbol{\Pi}_{pm}^{\mathrm{T}} \\ \boldsymbol{\Pi}_{pm} & \boldsymbol{\Pi}_p \end{bmatrix} \tag{4.1}$$

式中，$\boldsymbol{\Pi}_p$ 为移动机器人初始位姿的信息矩阵，$\boldsymbol{\Pi}_m$ 为 $3n \times 3n$ 路标点的先验信息矩阵，$\boldsymbol{\Pi}_{pm}$ 表示位姿与路标点之间的信息矩阵。需要注意的是，$\boldsymbol{\Pi}$ 表示信息矩阵，它与协方差矩阵互为逆的关系。

2. 运动信息

运动信息描述了移动机器人当前时刻与上一个时刻的位姿之间的关系，其数学表述为 $f_j: \mathbb{R}^6 \to \mathbb{R}^6$，具体过程为

$$\boldsymbol{x}_{p_{j+1}} = f_j(\boldsymbol{x}_{p_j}, \boldsymbol{u}_{j+1}) + \boldsymbol{w}_{j+1} \tag{4.2}$$

其中 $\boldsymbol{u}_{j+1}$ 为机器人的运动输入，且运动输入包含了一个高斯噪声 $\boldsymbol{w}_{j+1} \sim \mathcal{N}(0, \boldsymbol{Q}_{j+1})$，于是 $j+1$ 时刻的移动机器人位姿服从 $\boldsymbol{x}_{p_{j+1}} \sim \mathcal{N}(f_j(\boldsymbol{x}_{p_j}, \boldsymbol{u}_{j+1}), \boldsymbol{Q}_{j+1})$ 分布，于是可以用概率密度函数来描述整个移动机器人的轨迹 $p(\boldsymbol{x}_f) \sim \mathcal{N}(f(\boldsymbol{x}), \boldsymbol{Q})$，其中 $\boldsymbol{x}_f = [\boldsymbol{x}_{p_2}^{\mathrm{T}}, \cdots, \boldsymbol{x}_{p_m}^{\mathrm{T}}]^{\mathrm{T}}$，且有

$$f(\boldsymbol{x}) = \begin{bmatrix} f(\boldsymbol{x}_{p_1}, \boldsymbol{u}_2) \\ \vdots \\ f(\boldsymbol{x}_{p_{m-1}}, \boldsymbol{u}_m) \end{bmatrix}, \boldsymbol{Q} = \begin{bmatrix} \boldsymbol{Q}_2 & & \\ & \ddots & \\ & & \boldsymbol{Q}_m \end{bmatrix} \tag{4.3}$$

将先验信息与运动信息结合，进而得到整个移动机器人的概率分布服从

$$p(\boldsymbol{x}) = \mathcal{N}\left(\begin{bmatrix} \boldsymbol{x}_{\Pi} \\ f(\boldsymbol{x}) \end{bmatrix}, \begin{bmatrix} \boldsymbol{\Pi} \\ \boldsymbol{Q} \end{bmatrix}\right) \tag{4.4}$$

3. 观测信息

观测信息可以采用通用的数学形式表述，$\boldsymbol{h}_{ij}: \mathbb{R}^{\dim(\boldsymbol{x})} \to \mathbb{R}^{\dim(\boldsymbol{z}_{ij})}$。其中 $\boldsymbol{z}_{ij}$ 表示传感器在第

j^{th} 个位姿下观测到的第 i^{th} 个路标点，这个观测可以用观测方程来描述：

$$\boldsymbol{z}_{ij} = \boldsymbol{h}_{ij}(\boldsymbol{x}_{m_i}, \boldsymbol{x}_{p_j}) + \boldsymbol{v}_{ij} \tag{4.5}$$

式中，$\boldsymbol{v}_{ij}$ 为观测噪声，它服从 $\boldsymbol{v}_{ij} \sim N(\boldsymbol{h}_{ij}, \boldsymbol{R}_{ij})$ 的分布；$\boldsymbol{R}_{ij}$ 为观测误差协方差矩阵。将整个移动机器人在运动过程中所有位姿下的观测结合到一起，$z = [z_{10}^{\mathrm{T}}, z_{11}^{\mathrm{T}}, \cdots, z_{nm}^{\mathrm{T}}]^{\mathrm{T}}$，$\boldsymbol{h} = [\boldsymbol{h}_{10}^{\mathrm{T}}, \boldsymbol{h}_{11}^{\mathrm{T}}, \cdots, \boldsymbol{h}_{nm}^{\mathrm{T}}]^{\mathrm{T}}$，且 $\boldsymbol{R} = \mathrm{diag}(\boldsymbol{R}_{10}, \boldsymbol{R}_{11}, \cdots, \boldsymbol{R}_{nm})$，于是整个观测服从 $z \sim \mathcal{N}(\boldsymbol{h}, \boldsymbol{R})$ 的分布。需要注意的是位姿与路标点的耦合性质，机器人的观测是依赖于机器人的位姿的，所以观测的分布 $z \sim N(\boldsymbol{h}, \boldsymbol{R})$ 也可以表示为条件概率分布 $p(z \mid \boldsymbol{x})$，即在 $\boldsymbol{x}$ 的状态下 z 的概率，所以有

$$p(z \mid \boldsymbol{x}) = \mathcal{N}(\boldsymbol{h}(\boldsymbol{x}), \boldsymbol{R}) \tag{4.6}$$

4.3　最小二乘法问题的引出

状态估计问题是根据移动机器人的观测值去估计移动机器人的最佳状态，用概率密度函数来表示即 $p(\boldsymbol{x} \mid z)$，利用贝叶斯法则，则有

$$p(\boldsymbol{x} \mid z) = \frac{p(z \mid \boldsymbol{x})p(\boldsymbol{x})}{p(z)} \propto p(z \mid \boldsymbol{x})p(\boldsymbol{x}) \tag{4.7}$$

在此将上述三部分信息重新改写如下：

$$\hat{\boldsymbol{x}}_{\boldsymbol{\Pi}} \sim \mathcal{N}(x_{\Pi}, \boldsymbol{\Pi}^{-1}) \tag{4.8a}$$

$$p(\boldsymbol{x}_f) \sim \mathcal{N}(f(\boldsymbol{x}), \boldsymbol{Q}) \tag{4.8b}$$

$$p(z \mid \boldsymbol{x}) \sim \mathcal{N}(\boldsymbol{h}(\boldsymbol{x}), \boldsymbol{R}) \tag{4.8c}$$

将式（4.4）和式（4.8c）代入式（4.7），经过整合，可以得到

$$p(\boldsymbol{x} \mid z) = p(z \mid \boldsymbol{x})p(\boldsymbol{x}) = \mathcal{N}\left(\begin{bmatrix} \boldsymbol{x}_{\Pi} \\ f(\boldsymbol{x}) \\ \boldsymbol{h}(\boldsymbol{x}) \end{bmatrix}, \begin{bmatrix} \boldsymbol{\Pi}^{-1} & & \\ & \boldsymbol{Q} & \\ & & \boldsymbol{R} \end{bmatrix}\right) \tag{4.9}$$

考虑任意一个多维高斯分布 $\boldsymbol{x} \sim N(\boldsymbol{\mu}, \boldsymbol{\Sigma})$，其概率密度展开形式为

$$p(\boldsymbol{x}) = \frac{1}{\sqrt{(2\pi)^N \det(\boldsymbol{\Sigma})}} exp\left(-\frac{1}{2}(\mathrm{x} - \mu)^T \boldsymbol{\Sigma}^{-1}(x - \mu)\right) \tag{4.10}$$

取其负对数则变成

$$-\ln(p(\boldsymbol{x})) = \frac{1}{2}\ln((2\pi)^N \det(\boldsymbol{\Sigma})) + \frac{1}{2}(\boldsymbol{x} - \boldsymbol{\mu})^{\mathrm{T}} \boldsymbol{\Sigma}^{-1}(\boldsymbol{x} - \boldsymbol{\mu}) \tag{4.11}$$

对原分布求取最大，即相当于对负对数求最小化，第一项与 x 无关，可以略去。于是只需要最小化第二项的二次型项，即可得到状态的最优估计。[39]根据式（4.8）的定义，可有

$$g(\boldsymbol{x}) = \begin{bmatrix} g_{\Pi}(\boldsymbol{x}) \\ g_f(\boldsymbol{x}) \\ g_z(\boldsymbol{x}) \end{bmatrix} = \begin{bmatrix} \boldsymbol{x}_{\Pi} - \hat{\boldsymbol{x}}_{\Pi} \\ \boldsymbol{x}_f - f(\boldsymbol{x}) \\ z - \boldsymbol{h}(\boldsymbol{x}) \end{bmatrix}, \boldsymbol{C} = \begin{bmatrix} \boldsymbol{\Pi}^{-1} & 0 & 0 \\ 0 & \boldsymbol{Q} & 0 \\ 0 & 0 & \boldsymbol{R} \end{bmatrix} \tag{4.12}$$

式（4.12）描述了估计值与实际值之间的误差，在完全理想状态下该误差为0，但实际由于噪声的存在，该误差不可能为0，将其代入式（4.11），即可得到整个SLAM问题的最优估计：

$$\ell(\boldsymbol{x}) = \frac{1}{2}(g(\boldsymbol{x})^{\mathrm{T}}\boldsymbol{C}^{-1}g(\boldsymbol{x})) \tag{4.13}$$

于是目标变成了求解使得目标函数 $\ell(\boldsymbol{x})$ 达到最小时 $\boldsymbol{x}$ 的值。

4.4 最小二乘法问题的求解

令 $r(\boldsymbol{x}) = \boldsymbol{S}g(\boldsymbol{x})$，且 $\boldsymbol{S}^{\mathrm{T}}\boldsymbol{S} = \boldsymbol{C}^{-1}$，可以将式（4.13）重写为

$$\ell(\boldsymbol{x}) = \frac{1}{2}(g(\boldsymbol{x})^{\mathrm{T}}\boldsymbol{C}^{-1}g(\boldsymbol{x})) = \frac{1}{2}\|r(\boldsymbol{x})\|^2 \tag{4.14}$$

整个 SLAM 的问题是如何使式（4.14）的值最小，这是一个典型的最小二乘问题，即

$$\min_{x}\frac{1}{2}\|r(\boldsymbol{x})\|^2 \tag{4.15}$$

其中 $\boldsymbol{x}$ 为优化变量，$r(\boldsymbol{x})$ 为非线性函数，由于 $r(\boldsymbol{x})$ 并不是一个简单函数，无法用解析解的形式去求解，而是需要采用迭代的方式，从一个初始值开始，不断更新当前的优化变量，使目标函数下降。众所周知，高斯—牛顿法常用于求解最小二乘法问题，故可将 $r(\boldsymbol{x})$ 进行一阶泰勒展开，于是可得

$$r(\boldsymbol{x} + \Delta\boldsymbol{x}) \approx r(\boldsymbol{x}) + J(\boldsymbol{x})\Delta x \tag{4.16}$$

这里的 $J(\boldsymbol{x})$ 是 $r(\boldsymbol{x})$ 关于 $\boldsymbol{x}$ 的偏导数，一般称作为雅可比矩阵，$\Delta\boldsymbol{x}$ 是一个下降向量，它使得 $\|r(\boldsymbol{x} + \Delta\boldsymbol{x})\|^2$ 达到最小。[40] 为了求解 $\Delta\boldsymbol{x}$，可以构建一个线性的最小二乘法问题：

$$\begin{aligned}
\Delta\boldsymbol{x}^{*} &= \min_{\Delta x}\frac{1}{2}\|r(\boldsymbol{x}) + J(x)\Delta\boldsymbol{x}\|^2 \\
&= \min_{\Delta x}\frac{1}{2}(r(x) + J(\boldsymbol{x})\Delta\boldsymbol{x})^{\mathrm{T}}(r(x) + J(x)\Delta\boldsymbol{x}) \\
&= \min_{\Delta x}\left(\frac{1}{2}\|r(\boldsymbol{x})\|^2 + 2r(\boldsymbol{x})^{\mathrm{T}}J(\boldsymbol{x})\Delta\boldsymbol{x} + \Delta\boldsymbol{x}^{\mathrm{T}}J(\boldsymbol{x})^{\mathrm{T}}J(\boldsymbol{x})\Delta\boldsymbol{x})\right)
\end{aligned} \tag{4.17}$$

这里的求解量是 Δx，将式（4.17）对 $\Delta\boldsymbol{x}$ 求导并令等式为 0 可以得到如下方程组：

$$J(\boldsymbol{x})^{\mathrm{T}}J(\boldsymbol{x})\Delta x = -J(\boldsymbol{x})^{\mathrm{T}}r(\boldsymbol{x}) \tag{4.18}$$

式（4.18）表现的是一个线性方程，也是一个增量方程，将其定义为

$$\boldsymbol{H}\Delta\boldsymbol{x} = \boldsymbol{g} \tag{4.19}$$

其中 $\boldsymbol{H}$ 矩阵是有意义的，它其实是 Hessian 矩阵。高斯 - 牛顿法是一阶近似，所以用 $J(\boldsymbol{x})^{\mathrm{T}}J(\boldsymbol{x})$ 对 Hessian 矩阵做了近似，其中省略了复杂的 Hessian 矩阵计算，于是整个高斯—牛顿法算法 4.1 的实施步骤可以简略写成如表 4.2 所示形式。

表 4.2　高斯 - 牛顿法求解最小二乘法问题实施步骤

算法 **4.1**：高斯 - 牛顿法求解最小二乘法问题实施步骤：
输入：目标函数 $\min_{x}\frac{1}{2}\|r(x)\|^2$
输出：使目标函数达到最小值的状态向量 $\boldsymbol{x}$
1. 给定初始值 $\boldsymbol{x}_0$
2. **重复操作**

续表

3.	对于第 k 次迭代，求出当前的雅可比矩阵 $\boldsymbol{J}(\boldsymbol{x}_k)$ 和误差 $r(\boldsymbol{x}_k)$
4.	求解增量方程 $\boldsymbol{H}\Delta\boldsymbol{x}=\boldsymbol{g}$
5.	$\boldsymbol{x}_{k+1}=\boldsymbol{x}_k+\Delta\boldsymbol{x}_k$
6.	**直到 $\Delta\boldsymbol{x}_k$** 足够小

从上述步骤可以看出，增量方程的求解占据主要地位，可以理解为最小二乘法问题的求解可以转换为增量方程的求解，当然求解最小二乘法还有其他的方法，但是高斯—牛顿法是最为常用的。至此状态估计问题 $\min\limits_{x}\frac{1}{2}\|r(\boldsymbol{x})\|^2$ 即可得到求解。

4.5　本章小结

本章简要介绍了有关视觉 SLAM 的国内外研究现状及成果、纯视觉 SLAM 的国内外研究现状及成果以及融合 IMU 信息的视觉 SLAM 的国内外研究现状及成果；详细叙述了视觉 SLAM 的主要研究内容，着重阐述了 SLAM 的框架，将定位与建图问题描述为多维高斯概率分布问题，并说明该高斯概率分布包含了先验信息、运动信息和观测信息，将 SLAM 问题转换为一个求解最小二乘法最优解的问题；最后，系统讲述了求解增量方程为核心的高斯—牛顿求解方法，为后续章节讲述传感器信息融合的相关内容奠定了理论基础。

第 5 章
智能排爆机器人视觉子系统信息预处理

智能排爆机器人的视觉子系统能够帮助我们获得丰富的排爆作业现场环境信息和疑似爆炸物相关情况，并为智能排爆机器人现场感知和路径导航、爆炸物的及时判别和实时处置等工作提供强力的技术支持。离开了视觉子系统的引导和支持，机器人的“一键到达”和“一键排爆”功能是不可能实现的。但机器视觉技术博大精深，要想达到完美应用的境界并非易事，因此本章将根据智能排爆机器人视觉子系统相关的基础理论，详细讲述基于视觉的智能排爆机器人的感知部分及其工作机制。项目组对智能排爆机器人视觉子系统相关基础理论所开展的研究与探索，主要集中在特征点的提取、光流跟踪和回环检测等几个方面。所以，本章依次从相机理论基础、特征点提取与跟踪、多视图几何和词袋模型四大部分展开研究与讨论，以便为后续与 IMU 的融合、相机与 IMU 的外参标定等一系列工作提供理论依据，直至能够支撑起智能排爆机器人的“一键到达”和“一键排爆”功能。

5.1 相机理论基础

在介绍相机的理论基础时，将主要介绍相机的投影模型和畸变模型。相机的投影模型可以用来描述空间 3D 点的成像过程，可以表述为空间点 P 与光心 O 的连线在成像面上的投影 p。但是为了获得更好的成像效果，人们一般会在相机的前方加上透镜。透镜的加入一方面能扩大相机的视场角，以便获得更大的视野空间；[41] 另外也会对成像过程中光线的传播产生影响。在相机的机械组装过程中，透镜和成像平面并不可能保证完全平行，于是会引入畸变，而这将会影响相机的成像质量。[42] 下面将对相机的投影模型和畸变模型展开详细的论述。

5.1.1 针孔投影模型

本处开展的研究工作采用了由学者 Christopher Mei 提出的统一相机投影模型（UCM 或 MEI 模型）。这种模型能很好地适用于针孔相机、广角相机和鱼眼相机，并且相机的内参标定也只需要普通的平面棋盘格标定板即可。在讲述 MEI 相机模型之前，先对常用的针孔相机模型进行简述，以便帮助人们更好地理解后续的研究工作。

针孔相机模型是基于小孔成像原理建立的，来自真实三维环境的光线只有通过小孔才能到达成像平面。因此，三维世界的三维点和成像平面存在着某种变换关系，而相机的投影模型就是帮助人们找到这种对应关系。当找到这种对应关系之后，便可以通过图像的二维点信息来恢复真实场景的 3D 信息。

现在，先依据针孔相机建立一个简单的几何模型，如图 5.1 所示，设 $O-x-y-z$ 为相机坐标系，O 为相机的光心，也就是针孔相机模型的小孔所在位置；P 为真实世界的三维点，经过小孔 O 投影之后，落在了物理成像平面 $O'-x'-y'-z'$ 上，成像点为 P'；假设 P 的坐标为 $[X,Y,Z]^{\mathrm{T}}$，P' 的坐标 $[X',Y',Z']^{\mathrm{T}}$，其中物理成像平面到小孔的距离为焦距 f，则根据相似三角形原理可以得到

$$X' = f\frac{X}{Z} \tag{5.1}$$

$$Y' = f\frac{Y}{Z} \tag{5.2}$$

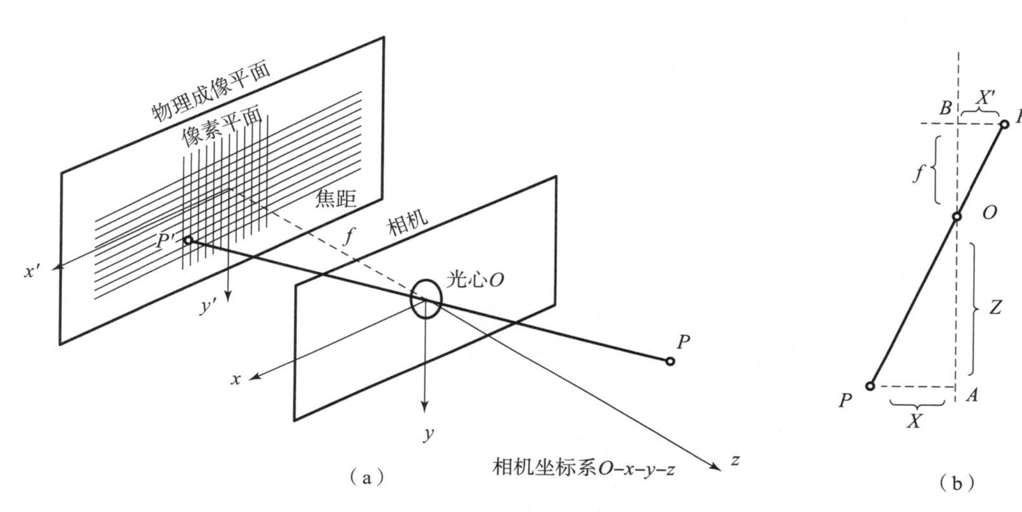

图 5.1　针孔相机模型

(a) 小孔成像模型；(b) 相似三角形

由此得到了真实世界的三维点到物理成像平面的投影关系，即由一个个像素组成的图像。图 5.1 中，在物理成像平面存在这一个固定的像素平面 $o-u-v$，经过采样量化之后得到了 P'的像素坐标 $[u, v]^T$，像素坐标与成像平面相差了一个缩放和原点的平移。假设在 u 轴上缩放了 α 倍，在 v 轴上缩放了 β 倍，同时原点的平移为 $[cx, xy]^T$，所以 P'与像素坐标 $[u, v]^T$ 的关系为[43]

$$u = \alpha X' + c_x \tag{5.3}$$

$$v = \beta Y' + c_y \tag{5.4}$$

代入式 (5.1) 和式 (5.2) 可得

$$u = \alpha f\frac{X}{Z} + c_x = f_x\frac{X}{Z} + c_x \tag{5.5}$$

$$v = \beta f\frac{Y}{Z} + c_y = f_y\frac{Y}{Z} + c_y \tag{5.6}$$

其中 α 和 β 的单位为像素/m，f_x 和 f_y 的单位为像素/m。将式 (5.5) 和式 (5.6) 写成完整的针孔投影模型如下：

$$\boldsymbol{\pi}(\boldsymbol{X},\boldsymbol{i}) = \begin{bmatrix} f_x\dfrac{X}{Z} \\ f_y\dfrac{Y}{Z} \end{bmatrix} + \begin{bmatrix} c_x \\ c_y \end{bmatrix}, \{\boldsymbol{X} \in \mathbb{R}^3 \mid Z > 0\} \tag{5.7}$$

$$\boldsymbol{\pi}(\boldsymbol{X},\boldsymbol{K}) = \boldsymbol{K}\frac{\boldsymbol{X}}{\|\boldsymbol{X}\|} = \begin{bmatrix} f_x & 0 & c_x \\ 0 & f_y & c_y \\ 0 & 0 & 0 \end{bmatrix}\begin{bmatrix} \frac{X}{Z} \\ \frac{Y}{Z} \\ 1 \end{bmatrix}, \{\boldsymbol{X} \in \mathbb{R}^3 \mid Z > 0\} \tag{5.8}$$

其中$\boldsymbol{i} = [f_x, f_y, c_x, c_y]^{\mathrm{T}}$，上述这4个参数正好表示了针孔模型下的相机内参数，但通常人们用矩阵$\boldsymbol{K}$来表示相机内参数，因此可以写出从2D像素平面到真实世界的3D点的反投影归一化模型：

$$\boldsymbol{\pi}^{-1}(\boldsymbol{u},\boldsymbol{i}) = \frac{1}{\sqrt{m_x^2 + m_x^2 + 1}}\begin{bmatrix} m_x \\ m_y \\ 1 \end{bmatrix}, \{\boldsymbol{u} \in \mathbb{R}^2\} \tag{5.9}$$

$$m_x = \frac{u - c_x}{f_x} \tag{5.10}$$

$$m_y = \frac{u - c_y}{f_y} \tag{5.11}$$

通过对图5.1的分析，可以看出实际针孔相机模型的视场角肯定小于180°，但对特征点的跟踪来说，更大的视场角意味着更加丰富的三维场景信息，这将使跟踪工作变得十分有利。因为当相机运动稍快时，小视场角镜头所成的图像边缘会很容易丢失。例如，项目组曾利用三款不同视场角的相机在相同的位置各拍摄一幅照片进行对比，如图5.2所示。图5.2（a）为Realsense D435相机所摄，图5.2（b）为MYNTEYE相机所摄，图5.2（c）为Fisheye相机所摄。为了更加直观地展示它们拍摄三维场景信息的差异性，用绿色框代表Realsense D435相机的成像大小，红色框代表MYNTEYE相机的成像大小，显然通过Fisheye相机180°视场角所拍摄图像获取到的三维场景信息最为丰富。

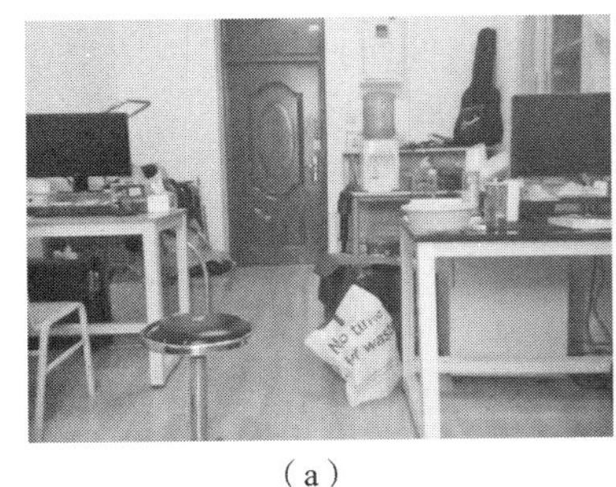

（a）

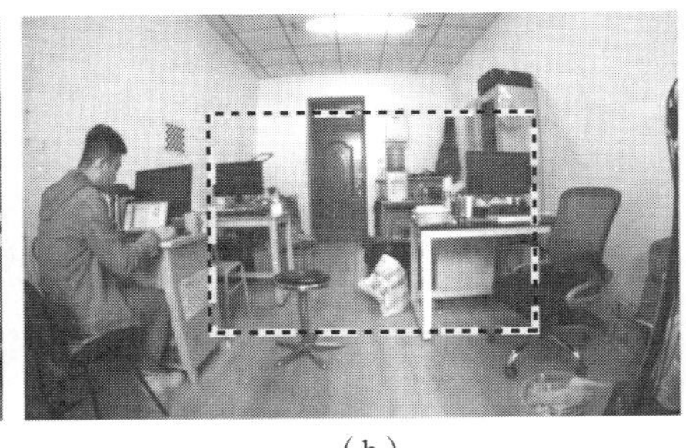

（b）

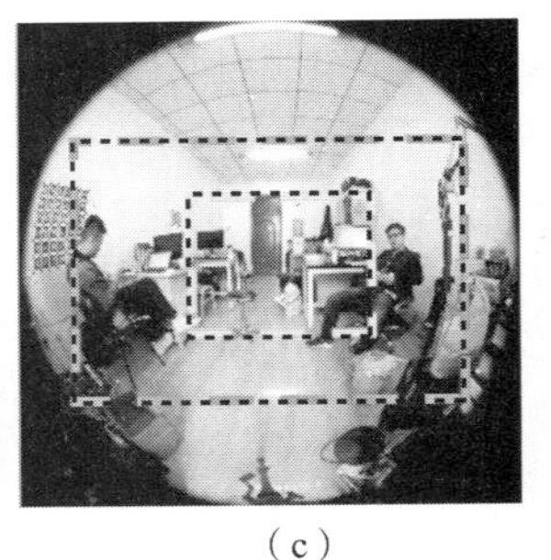

（c）

图5.2　不同视场角相机成相对比（附彩插）

（a）Realsense D435相机拍摄（视场角70°）；（b）MYNTEYE相机拍摄（视场角120°）；
（c）Fisheye相机拍摄（视场角180°）

5.1.2　统一投影模型

事实上，前述针孔模型适用于视场角小于120°的镜头，所以当采用广角镜头或者鱼眼镜头采集图像信息时，需要一个新的相机模型来建立投影和反投影关系。本处的研究工作采用的是统一投影（MEI）模型，并重新将针孔模型到物理成像平面的投影关系写成以下等式：

$$r = f\tan\theta \tag{5.12}$$

式中，θ 表示相机光轴与入射光线之间的夹角；f 表示焦距；r 则表示物理成像平面成像点与成像中心的距离，与式（5.1）和式（5.2）存在 $r=\sqrt{(X')^2+(Y')^2}$ 的关系。相机常用模型如图 5.3 所示。广角镜头或者鱼眼镜头经常用到以下几种投影模型：

$$r = 2f\tan(\theta/2) \tag{5.13}$$

$$r = f\theta \tag{5.14}$$

$$r = 2f\sin(\theta/2) \tag{5.15}$$

$$r = f\sin(\theta) \tag{5.16}$$

上面 4 个投影模型分别表示体式投影模型、等距投影模型、等立体角投影模型和正交投影模型。[44]

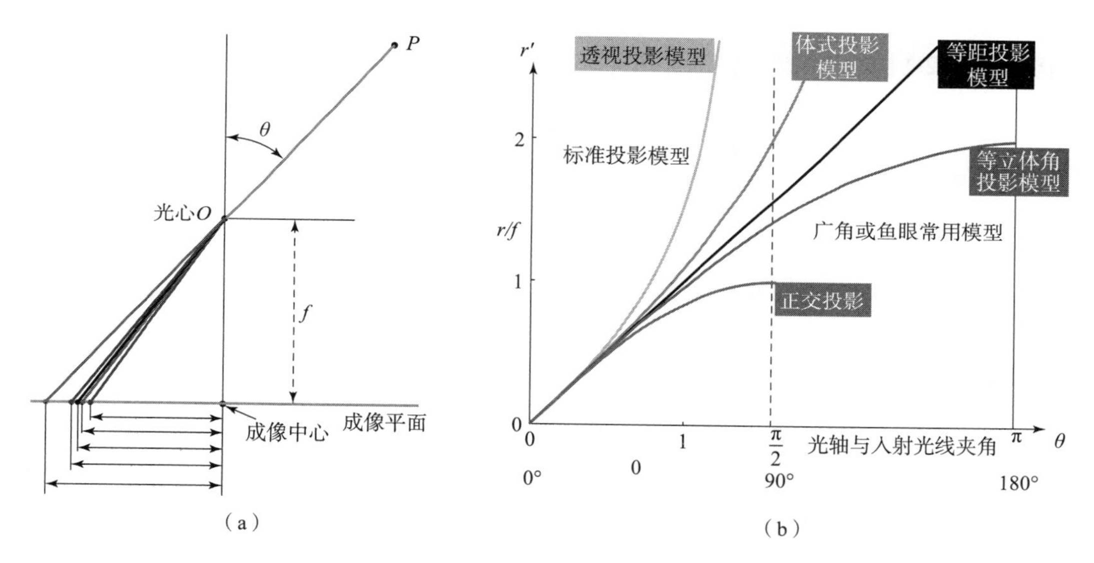

图 5.3　相机常用投影模型

（a）透镜投影图；（b）相机常用投影模型在 f 时的投影曲线

相比较而言，统一投影模型能对上述所有模型都有很好的拟合效果。统一投影投影模型分为 2 个步骤，如图 5.4 所示。①将场景中的一个三维点 $\boldsymbol{P}$ 投影到一个单位球面上，得到 $\boldsymbol{P}_S=\left[\dfrac{X}{d},\dfrac{Y}{d},\dfrac{Z}{d}\right]^{\mathrm{T}}$；②将投影中心沿着 Z 轴平移 ξ，其中 ξ 与透镜类型相关；③将新平移的点 $\boldsymbol{P}'_S=\left[\dfrac{X}{d},\dfrac{Y}{d},\dfrac{Z}{d}+\xi\right]^{\mathrm{T}}$ 通过透视投影［即通过式（5.8）和式（5.9）］得到成像平面的点，最终经过内参矩阵得到像素平面的点：

$$\boldsymbol{\pi}(\boldsymbol{X},\boldsymbol{i}) = \begin{bmatrix} \gamma_x \dfrac{X}{\xi d+Z} \\ \gamma_y \dfrac{Y}{\xi d+Z} \end{bmatrix} + \begin{bmatrix} c_x \\ c_y \end{bmatrix} \tag{5.17}$$

$$d = \sqrt{X^2+Y^2+Z^2} \tag{5.18}$$

其中 $\boldsymbol{i} = [\gamma_x, \gamma_y, c_x, c_y, \xi]^{\mathrm{T}}$ 为内参数。需要注意的是，当 ξ 为 0 时，统一投影投影模型与标准透视投影模型是一致的。

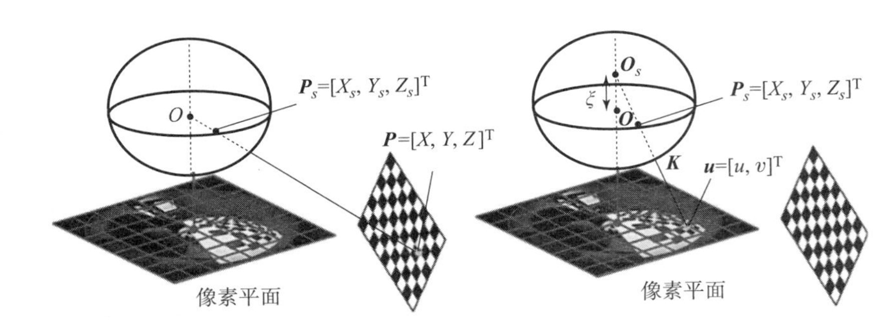

图 5.4　统一投影模型

同理，从 2D 像素平面到真实世界的 3D 点的反投影归一化模型为

$$\boldsymbol{\pi}^{-1}(\boldsymbol{u},\boldsymbol{i}) = \frac{\xi + \sqrt{1 + (1 - \xi^2) r^2}}{1 + r^2}\begin{bmatrix} m_x \\ m_y \\ 1 \end{bmatrix} - \begin{bmatrix} 0 \\ 0 \\ \xi \end{bmatrix} \tag{5.19}$$

$$m_x = \frac{u - c_x}{\gamma_x}, m_y = \frac{u - c_y}{\gamma_y} \tag{5.20}$$

$$r^2 = m_x^2 + m_y^2 \tag{5.21}$$

5.1.3　相机畸变模型

为了获得更大的视场角以及更好的成像效果，在采集图像信息前，一般会在相机前方增加透镜。透镜的类型有很多种，广角相机或鱼眼相机一般采用椭圆、抛物线和双曲线镜头，以达到更大的视场角。图 5.5 所示为一系列透镜以及本次研究工作所使用的 MYNTEYE 双目相机，该相机的单目视场角为 120°。

（a）　　（b）

图 5.5　不同类型广角镜头和 MYNTEYE 双目相机

（a）不同类型的透镜镜头；（b）MYNTEYE 双目相机

由透镜形状引起的畸变称作径向畸变。[45] 在针孔模型中，真实场景中一条直线投射到像素平面依旧是直的，但是透镜的引入会使得投影后的这条直线变成曲线，而且越靠近图像边缘这种变形效果越明显。因为透镜一般是中心对称的，使得在图像中这种畸变呈现出径向对称的形状。径向畸变通常分为桶形畸变和枕形畸变，如图 5.6 所示。

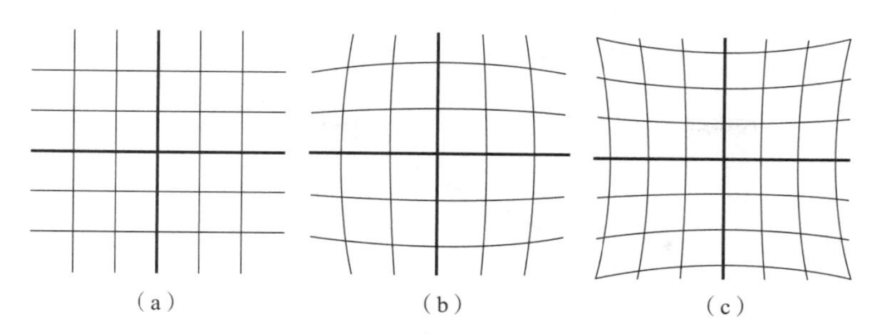

图 5.6　径向畸变的两种类型

(a) 正常图像；(b) 桶形畸变；(c) 枕形畸变

桶形畸变是由于图像的放大率与光轴之间的距离成反比，而枕形畸变则正好相反。但在这两种畸变中，穿过光轴和图像中心有交点的直线还能保持直线形状，如图 5.6 中黑粗直线所示。

切向畸变则是由于成像平面不能与透镜平面完全平行而引起的，并且距离光心的远近也会造成畸变效果不同，如图 5.7 所示。

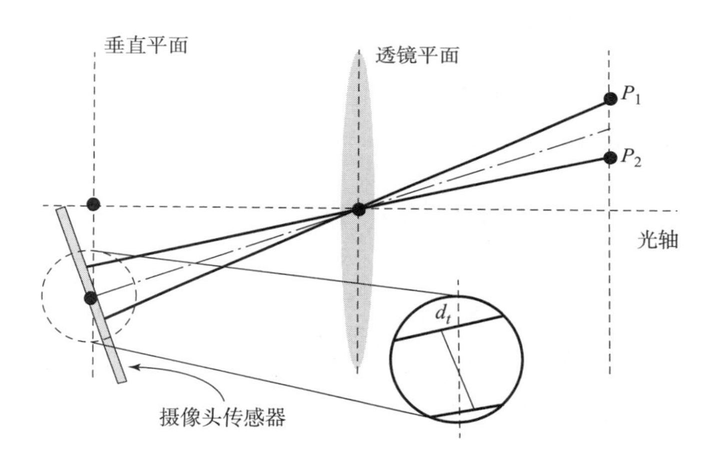

图 5.7　切向畸变来源示意图

至此，可应用图 5.8 对径向畸变和切向畸变进行完整的表述，并用多项式函数来描述畸变发生前后的坐标变化：

$$x_d = x(1 + k_1 r^2 + k_2 r^4 + k_3 r^6) \tag{5.22}$$

$$y_d = y(1 + k_1 r^2 + k_2 r^4 + k_3 r^6) \tag{5.23}$$

其中 $[x, y]^T$ 是归一化平面的坐标点，$[x_d, y_d]^T$ 是畸变后的坐标点，r 为点 $[x, y]^T$ 到原点的距离，$[k_1, k_2, k_3]$ 为 3 个径向畸变参数，这 3 个参数可以通过相机标定步骤得到。对于广角相机或鱼眼相机来说，这 3 个径向畸变参数均需要用到；而对于普通相机或者畸变较小的相机来说，只需要使用前 2 个径向畸变参数。

对于切向畸变，通常用 2 个参数去描述：

$$x_d = x + 2p_1 xy + p_2(r^2 + 2x^2) \tag{5.24}$$

$$y_d = y + 2p_2 xy + p_1(r^2 + 2y^2) \tag{5.25}$$

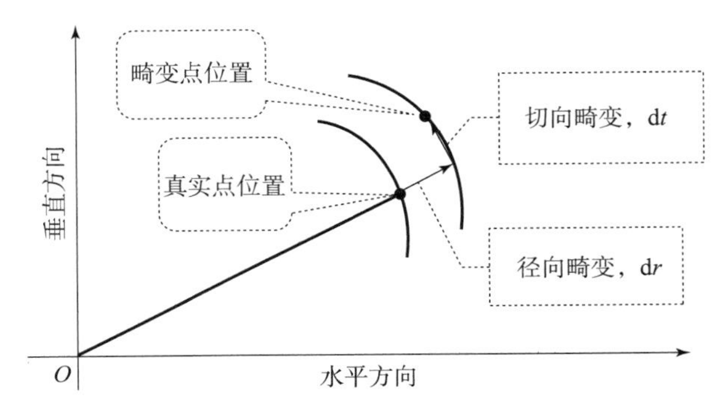

图 5.8　径向畸变与切向畸变示意图

将径向畸变和切向畸变结合到一起，得到完整的相机畸变模型如下：

$$x_d = x(1 + k_1 r^2 + k_2 r^4 + k_3 r^6) + 2p_1 xy + p_2(r^2 + 2x^2) \tag{5.26}$$

$$y_d = y(1 + k_1 r^2 + k_2 r^4 + k_3 r^6) + 2p_2 xy + p_1(r^2 + 2y^2) \tag{5.27}$$

其中描述相机畸变的参数一共有 5 个：$[k_1, k_2, k_3, p_1, p_2]$。

至此，相机内参数和畸变模型均得到了详细的讲解，图 5.9 表示了统一投影相机模型的一个完整流程，该模型能够很好地描述加入广角镜头的相机的成像效果。

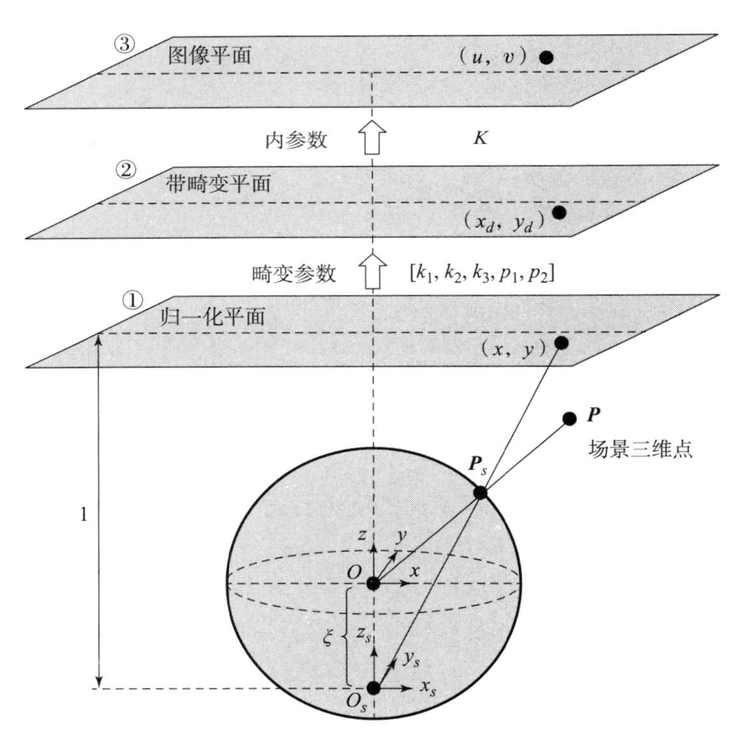

图 5.9　统一投影相机模型流程

在实际工作中，一般需要对相机的图像进行去畸变处理。可以选择对整张图进行去畸变处理，也可以只对图像中的特征点进行去畸变处理。这里选择只对特征点进行去畸变处理。本次研究使用了 MYNTEYE 双目相机和 Realsense D435 相机。借助开源相机标定工具

camodocal，两个相机的原始图像和去畸变图像如图 5.10 所示，其中虚线框表示畸变前后的对照图，从图 5.10 可以清晰地看出真实环境中的直线通过去畸变处理，也在图像中呈现出直线状态。

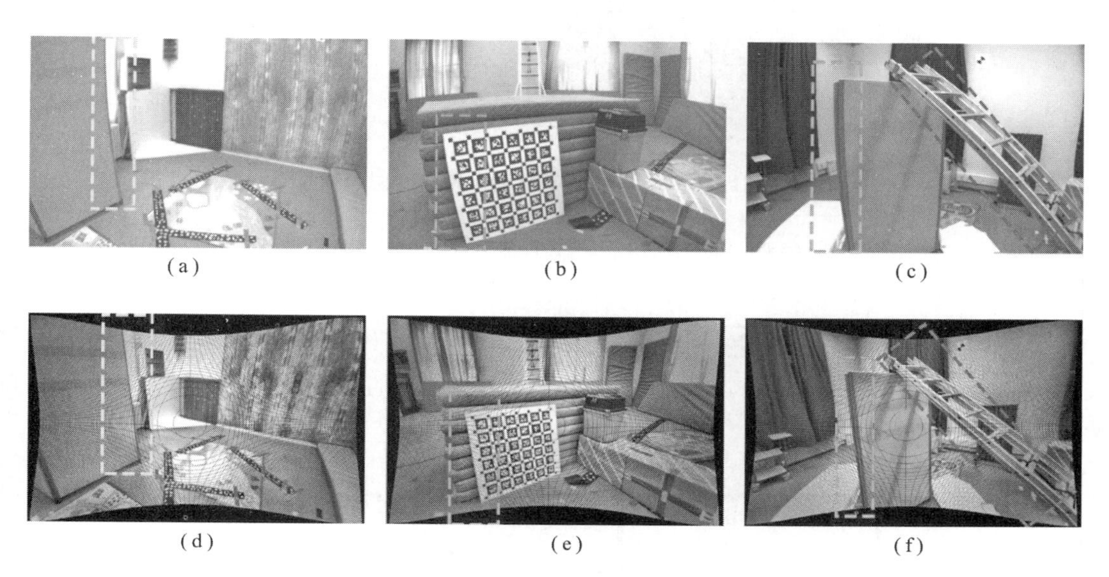

(a)　(b)　(c)

(d)　(e)　(f)

图 5.10　畸变图像与去畸变图像对比效果（附彩插）

(a) MYNTEYE 相机获取原始图像 1；(b) MYNTEYE 相机获取原始图像 2；(c) Realsense D435 相机获取原始图像 3；(d) 原始图像 1 畸变矫正结果；(e) 原始图像 2 畸变矫正结果；(f) 原始图像 3 畸变矫正结果

5.2　特征提取与跟踪

前述章节已经阐明视觉 SLAM 主要分为视觉前端和优化后端，其中前端（也称 VO）主要是根据相邻图像的信息粗略估计相机的运动，为后端提供良好的优化初始值。前端按照是否需要提取图像特征分为特征点法和直接法。[46] 项目组本次研究采用的是基于特征点法的前端，这也是目前比较成熟和稳定的前端解决方案。基于特征点法的一般操作流程：①先从图像中选取比较有代表性的点，这些点即使在相机发生少量变化时依旧能够保持不变，所以可以在连续图像中找到相同的点。②然后再根据这些点来讨论相机位姿的估计问题，以及这些点的定位问题。需要说明的是，项目组在本次研究中采用的是 Shi – Tomas 角点检测法，所用特征跟踪的方法是 KLT 光流跟踪法。

5.2.1　Shi – Tomasi 角点检测法

Shi – Tomas 角点检测法是 Shi 和 Tomasi 在 1993 年提出的检测法，它是一种对 Harris 算法的改进版本，具有较好的应用效果。该检测法的主体与 Harris 算法一致，故而首先介绍 Harris 算法。Harris 算法是基于窗口内图像灰度的具体数值并通过计算点的曲率及梯度来检测角点的。[47] 如图 5.11 所示，计算时它向各个方向移动大小经过固定的窗口，如果窗口内的区域灰度变化较大，那么就认为窗口内存在角点；如果窗口内的区域图像灰度变化较小，那么则认为窗口内不存在角点；如果在某个方向上窗口内的区域灰度变化较大，而在另一些方向上窗口内的区域灰度没有变化，那么窗口内可能是一条直线线段。

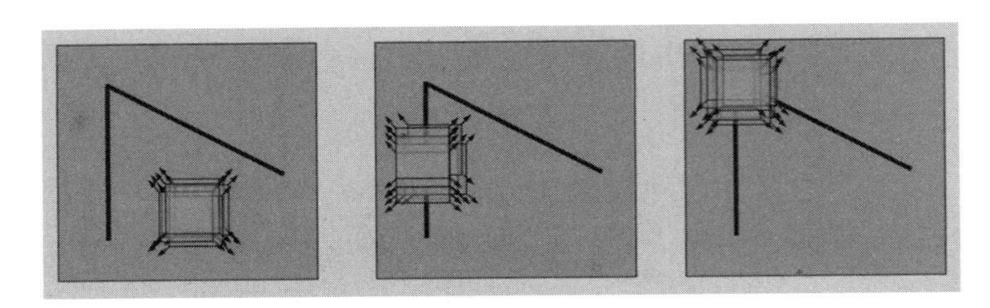

图 5.11 Harris 角点窗口移动示意图（附彩插）

将上述过程建立数学模型，对于二维图像 $I(x,y)$，当点在 (x,y) 处平移了 $(\Delta x,\Delta y)$，可用自相关函数表示窗口移动前后的相似度：

$$c(x,y;\Delta x,\Delta y) = \sum_{(u,v)\in W(x,y)} w(u,v)(I(u,v) - I(u+\Delta x,v+\Delta y))^2 \tag{5.28}$$

式中，$W(x,y)$ 是以 (x,y) 为中心的窗口；$w(u,v)$ 是窗口内的加权函数，一般为常数或者高斯函数，如图 5.12 所示。

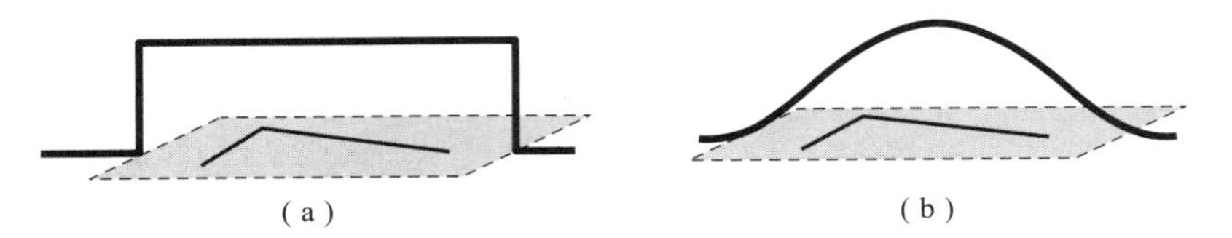

图 5.12 加权函数

(a) 加权函数为常数；(b) 加权函数为高斯函数

在式 (5.28) 中，将 $I(u+\Delta x,v+\Delta y)$ 进行泰勒一阶展开并忽略二阶高次项，可得

$$I(u+\Delta x,v+\Delta y) \approx I(u,v) + I_x(u,v)\Delta x + I_y(u,v)\Delta y \tag{5.29}$$

其中 $I_x(u,v)$ 和 $I_y(u,v)$ 为图像的偏导数，将该式代入自相关函数，可简化为

$$\begin{aligned} c(x,y;\Delta x,\Delta y) &\approx \sum_w (I_x(u,v)\Delta x + I_y(u,v)\Delta y)^2 = [\Delta x \quad \Delta y]\boldsymbol{M}(x,y)\begin{bmatrix}\Delta x\\ \Delta y\end{bmatrix} \\ &= \boldsymbol{R}^{-1}\begin{bmatrix}\lambda_1 & 0\\ 0 & \lambda_2\end{bmatrix}\boldsymbol{R} \end{aligned} \tag{5.30}$$

其中，

$$\boldsymbol{M}(x,y) = \sum_w \begin{bmatrix} I_x(x,y)^2, & I_x(x,y)I_y(x,y) \\ I_x(x,y)I_y(x,y), & I_y(x,y)^2 \end{bmatrix} = \begin{bmatrix} A & C \\ C & B \end{bmatrix} \tag{5.31}$$

矩阵 $\boldsymbol{M}$ 为图像梯度的协方差矩阵，λ_1 和 λ_2 为矩阵 $\boldsymbol{M}$ 的特征值。如图 5.13 所示，λ_1 和 λ_2 表明了图像像素灰度值的分布情况。只有当 λ_1 和 λ_2 都较大且数值相当时，即窗口沿着各个方向移动对应于像素点的灰度梯度变化都非常大时，则该点就是特征点。

上述过程需要对图像中所有点的 $\boldsymbol{M}$ 矩阵求解特征值，计算量比较大，为了加速计算过程，Harris 算法利用矩阵的迹 $\mathrm{tr}(\boldsymbol{M})$ 和行列式 $\det(\boldsymbol{M})$ 避免求取特征值，这样即可得到特征点检测函数如下：

$$R(x,y) = \det(\boldsymbol{M}) - k(\mathrm{tr}(\boldsymbol{M}))^2 = (AB - C^2) - k(A+B)^2 \tag{5.32}$$

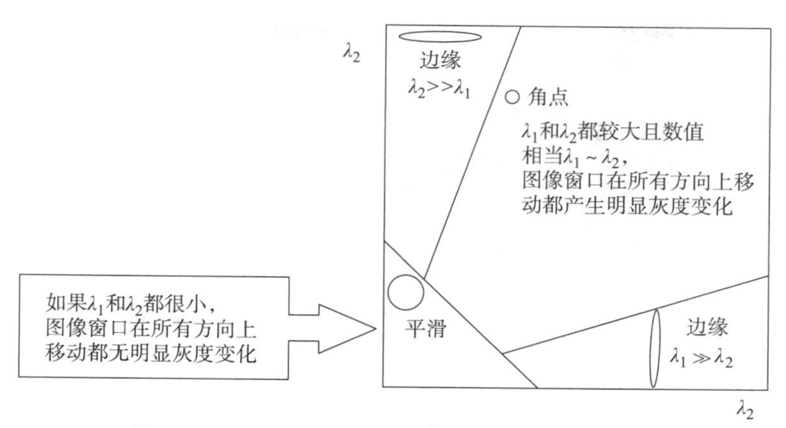

图 5.13　$\boldsymbol{\lambda}_1$ 和 $\boldsymbol{\lambda}_2$ 对应的图像像素灰度值分布情况

其中 $k = 0.04 \sim 0.06$，为经验常数。现给定阈值 T，当 $R(x,y) > T$，且在局部窗口内取得最大时，则该像素点 (x,y) 即特征点。

Shi – Tomas 算法仅仅修改了 $R(x,y)$ 的计算方式，即将最小特征值作为角点判定条件：

$$R(x,y) = \min(\boldsymbol{\lambda}_1, \boldsymbol{\lambda}_2) \tag{5.33}$$

因此问题就变成只需要找最小特征值来确认其是较好的特征点，Shi – Tomas 算法流程如图 5.14 所示。

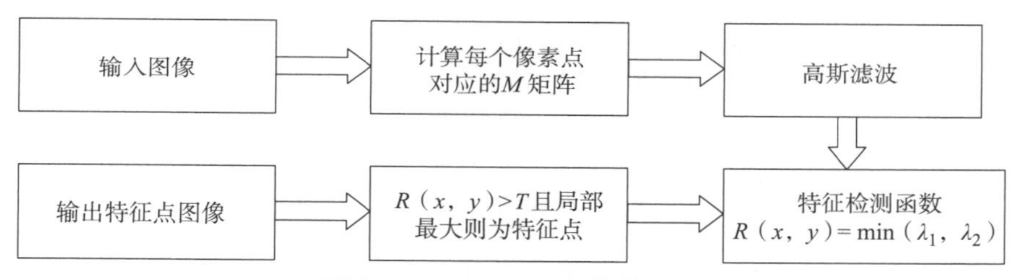

图 5.14　Shi – Tomas 算法流程

借助计算机视觉开源库 OpenCV，对实际环境的图片提取 Shi – Tomas 角点，如图 5.15 所示。

图 5.15　提取 Shi – Tomas 角点（附彩插）

5.2.2 KLT 光流跟踪

光流是描述像素随着时间在图像之间运动的方法，如图 5.16 所示。随着时间的推移，同一个像素会出现在不同图像中的不同位置，跟踪这些像素的运动过程即称为光流。其中计算部分像素的运动称为稀疏光流，计算所有图像的运动称为稠密光流。考虑到系统的实时性问题，项目组在本次研究中采用了稀疏光流。

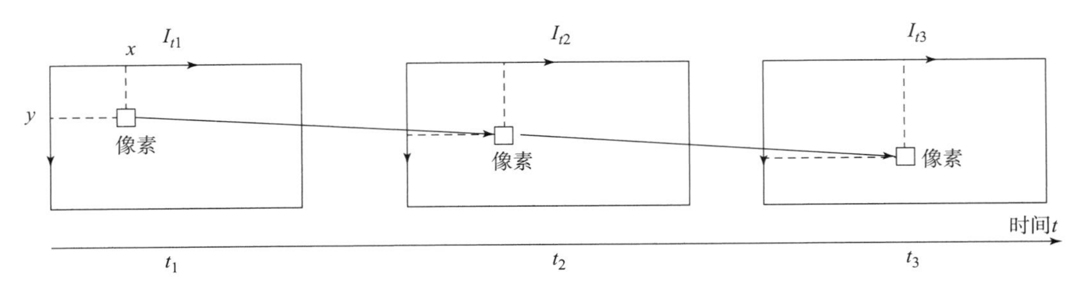

图 5.16　光流跟踪示意图

1981 年，Kanade 和 Lucas 联合提出了一种通过求解偏移量来进行图像匹配的 KLT 光流算法，它是一种典型的稀疏光流算法。[48] KLT 光流算法有 3 个重要的假设。

（1）图像灰度不变；

（2）运动时间连续或相邻帧之间物体运动的速度较小；

（3）空间运动一致，即像素点的小邻域内的像素运动相同。

如果将图像看成是时间的函数，则在 t 时刻，位于 (x,y) 处的像素其灰度值可以表示成 $I(x,y,t)$ 。假设该像素在 $t+\mathrm{d}t$ 时刻运动到 $(x+\mathrm{d}x,y+\mathrm{d}y)$ 处，那么根据图像灰度不变的假设即可得到如下等式：

$$I(x+\mathrm{d}x,y+\mathrm{d}y,t+\mathrm{d}t)=I(x,y,t) \tag{5.34}$$

将其泰勒展开并只保留一阶项，可有

$$I(x+\mathrm{d}x,y+\mathrm{d}y,t+\mathrm{d}t)\approx I(x,y,t)+\frac{\partial I}{\partial x}\mathrm{d}x+\frac{\partial I}{\partial y}\mathrm{d}y+\frac{\partial I}{\partial t}\mathrm{d}t \tag{5.35}$$

联立以上两式可以得到

$$\frac{\partial I}{\partial x}\mathrm{d}x+\frac{\partial I}{\partial y}\mathrm{d}y+\frac{\partial I}{\partial t}\mathrm{d}t=0 \tag{5.36}$$

将等式两边均除以 dt，可以进一步得到

$$\frac{\partial I}{\partial x}\cdot\frac{\mathrm{d}x}{\mathrm{d}t}+\frac{\partial I}{\partial y}\cdot\frac{\mathrm{d}y}{\mathrm{d}t}=-\frac{\partial I}{\partial t} \tag{5.37}$$

其中，$\frac{\mathrm{d}x}{\mathrm{d}t}$ 为像素点在 x 轴方向的运动速度，记为 u ；而 $\frac{\mathrm{d}y}{\mathrm{d}t}$ 为像素点在 y 轴方向的运动速度，记为 v 。$\frac{\partial I}{\partial x}$ 为图像在该点 x 方向的像素梯度；同理，$\frac{\partial I}{\partial y}$ 为图像点在该点 y 方向的像素梯度，分别记为 I_x 和 I_y ；$\frac{\partial I}{\partial t}$ 为图像灰度对时间的变化，记作 I_t 。将式（5.37）简化且整理为矩阵形式，可有

$$[I_x \quad I_y]\begin{bmatrix} u \\ v \end{bmatrix} = -I_t \tag{5.38}$$

其中 u 、v 为所求，但只有一个等式，根据假设（3），即窗口内的像素具有相同的运动，考虑一个 $w \times w$ 的窗口，于是可以得到 w^2 个方程：

$$\begin{bmatrix} [I_x, I_y]_1 \\ \vdots \\ [I_x, I_y]_k \end{bmatrix}\begin{bmatrix} u \\ v \end{bmatrix} = -\begin{bmatrix} I_{t_1} \\ I_{t_2} \\ I_{t_3} \end{bmatrix} \tag{5.39}$$

式（5.39）是一个形如 $Ax = b$ 的超定线性方程，可以通过最小二乘求解，最终可以得到像素点在图像间的运动速度 u 和 v 。当 t 为离散时，可以通过迭代估计某块像素在下一张图像中的出现位置。图 5.17 所示为 KLT 光流跟踪效果示意，其中圆圈代表跟踪的特征点，图像上的曲线为该像素点运动的轨迹。

图 5.17　KLT 光流跟踪效果示意（附彩插）

5.2.3　时域与空域约束下的双目特征点环形检测

由于 KLT 光流算法在计算过程中使用了 3 个假设，其中第二假设和第三假设是针对特征点邻域提出的空间假设，但从图 5.17 可以看出，随着时间的推移和相机视角的变化，特征点邻域其实可能已经发生了较大变化，这样就会极大限度地降低特征点的跟踪特性。而提高特征点的跟踪稳定性是使 KLT 光流算法更加稳定和更为精确的一个必要条件。项目组本次研究的目标是为了尽量提高特征点的跟踪稳定性，在时间方向上和空间方向上均使用了反向光流来提高跟踪精度。其中时间方向上的反向光流体现在对当前帧做完光流预测得到特征点之后，会以当前帧为基准，对上一帧的特征点位置进行预测，然后再将所得预测值跟上一帧进行比较，像素距离小于一定阈值才会被接受。这样的处理方式能够剔除一些因相机运动过大而导致预测错误的情况发生。空间方向上的反向光流则体现在同一时刻左右相机采集的图像存在差异，如图 5.18 所示。通过仔细观察图 5.18 中左右虚线框的情况，可以发现通过反向光流，能够剔除一些位于地面且不明显的特征点。同样，在时间方向上，可以看到红色虚线框内的红色圆圈部分，反向光流使得特征点的跟踪变得更加严格，这样就为后续的优化工作奠定了一定的基础。

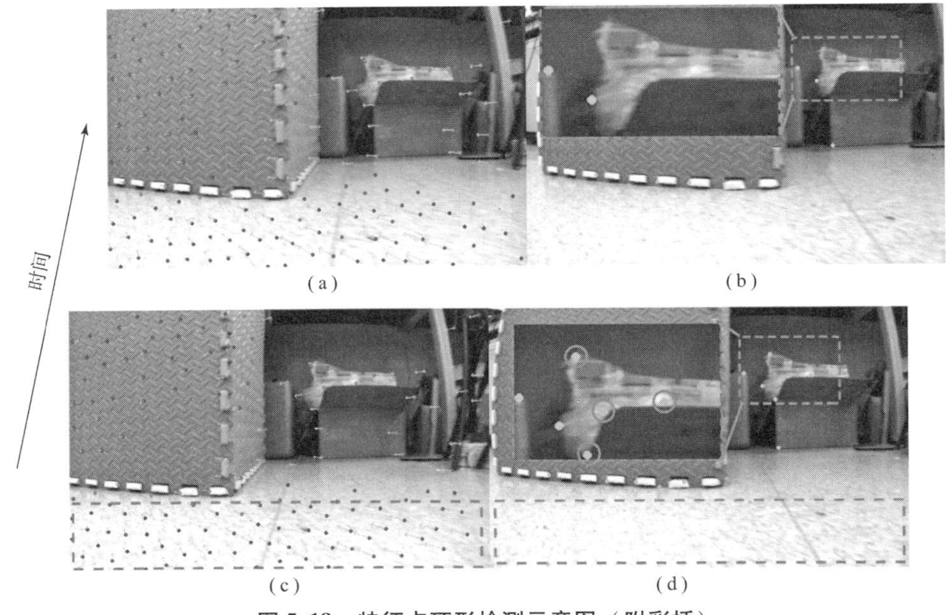

图 5.18　特征点环形检测示意图（附彩插）

（a）当前帧左目相机采集特征图；（b）当前帧右目相机特征点过滤后放大示意图；（c）上一帧左目相机采集特征图；（d）上一帧右目相机特征点对比放大示意图

5.2.4　基于限制对比度自适应直方图的图像均衡化

KLT 光流算法的第一个假设表明该算法是基于灰度不变的情况展开的，但实际上这是一个很强的假设，其中图像的成像会因为环境亮度的变化、曝光时间的变动等影响，从而导致即使在同一个位置拍摄的照片因亮度变化而发生较为强烈的变化。图 5.19 所示为在同一个位置因不同环境光照而呈现的图像，其中就可能有因曝光时间不足而出现的欠曝光图像，以及因曝光时间过长而出现的过曝光图像。

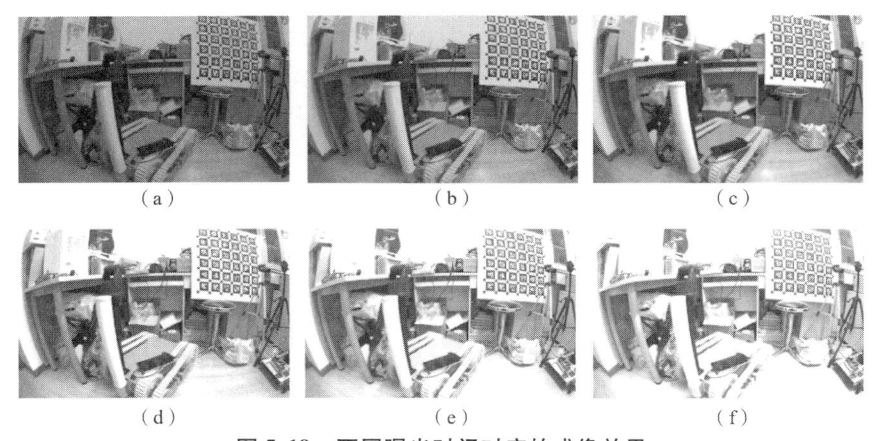

图 5.19　不同曝光时间对应的成像效果

（a）（b）（c）欠曝光图像；（d）（e）（f）过曝光图像

试验中，项目组发现不同光照的变化会影响成像质量并降低光流的跟踪效果，于是，先对图像进行预处理，将图像进行适度增强。直方图均衡化是数字图形领域内常用的一种调整图像灰度以增强对比度的方法，其基本思想是通过图像的灰度分布直方图来确定一条映射曲线，然后利用该曲线对图像进行灰度变换，以提高图像的对比度。[49] 实际上，该映射曲线是图像的累计分布直方图。

在基于直方图的各种图像增强方法中，常用的有直方图均衡化算法（HE）、自适应直方图均衡化算法（AHE）以及项目组在本次研究中用到的限制对比度自适应直方图均衡算法（CLAHE）。其中，HE 算法对图像全局进行调整，并不能有效提高局部的对比度。AHE 算法利用图像分块技术，对每一小块子图像进行直方图均衡化，这样可以使图像的灰度均匀地分布在所有的动态范围上。当然这也会导致另外的问题，比如 AHE 算法会使得局部对比度提高过大，导致图像失真。[50] 为了妥善解决这个问题，还需要对局部对比度进行一定的限制。

项目组在本次研究中采用了 CLAHE 算法，它是对 AHE 算法的改进版本，对 AHE 中局部对比度过高的情况作出了限制，如图 5.20 所示。其中由于对比度的放大程度与像素点概率分布直方图的曲线斜度成正比，故而为了限制对比度且保证局部灰度总和不变，需要将大于一定阈值的部分平均分配到其余地方，这样就能够通过限制累计分布函数的斜率，从而在一定程度上限制对比度过高的情况发生。

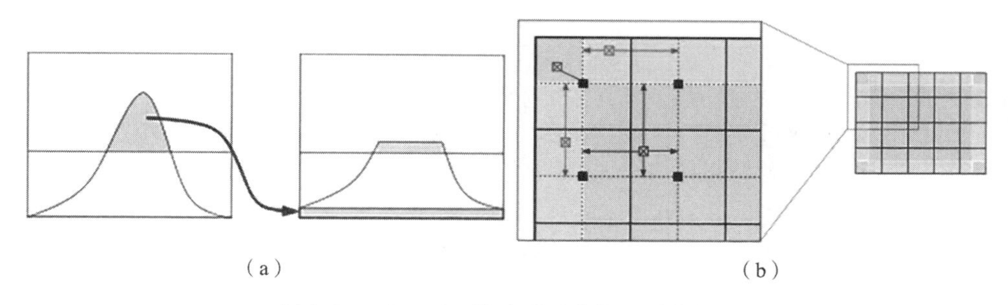

（a）　　　　　　（b）

图 5.20　CLAHE 算法重要步骤（附彩插）

（a）局部直方图裁剪；（b）图像插值运算

需要注意的是，图像分块计算会引起图像块状效应，也就是使得图像看起来不像是一个整体。这时就需要对图像进行插值运算，如图 5.20（b）中蓝色像素点的值，就需要利用其周围 4 个子块的映射函数分别做变换，以得到 4 个映射值，然后再对这 4 个值做双线性插值。而位于边界的像素如红色像素则以 1 个子块为映射函数做变换，绿色像素则以 2 个子块为映射函数做线性插值。

图 5.21 所示是项目组使用 CLAHE 算法对输入图像进行图像均衡化操作，第一行的 3 幅图像（a）（b）（c）为输入原图，第二行的 3 幅图像（d）（e）（f）为采用 CLAHE 算法进行处理的输出图像，第三行的 3 幅图像（g）（h）（i）为处理前后的图像灰度直方图对比图，图中横轴代表像素灰度值（范围 0 ~ 255），纵轴代表像素个数。

从图 5.21 所示结果来看，对图像做 CLAHE 处理，能够有效地平衡图像的动态范围，使图像的灰度直方图尽可能分布均匀，这样就能够有效抑制图像因曝光时间不合理而造成欠曝光和过曝光的问题。

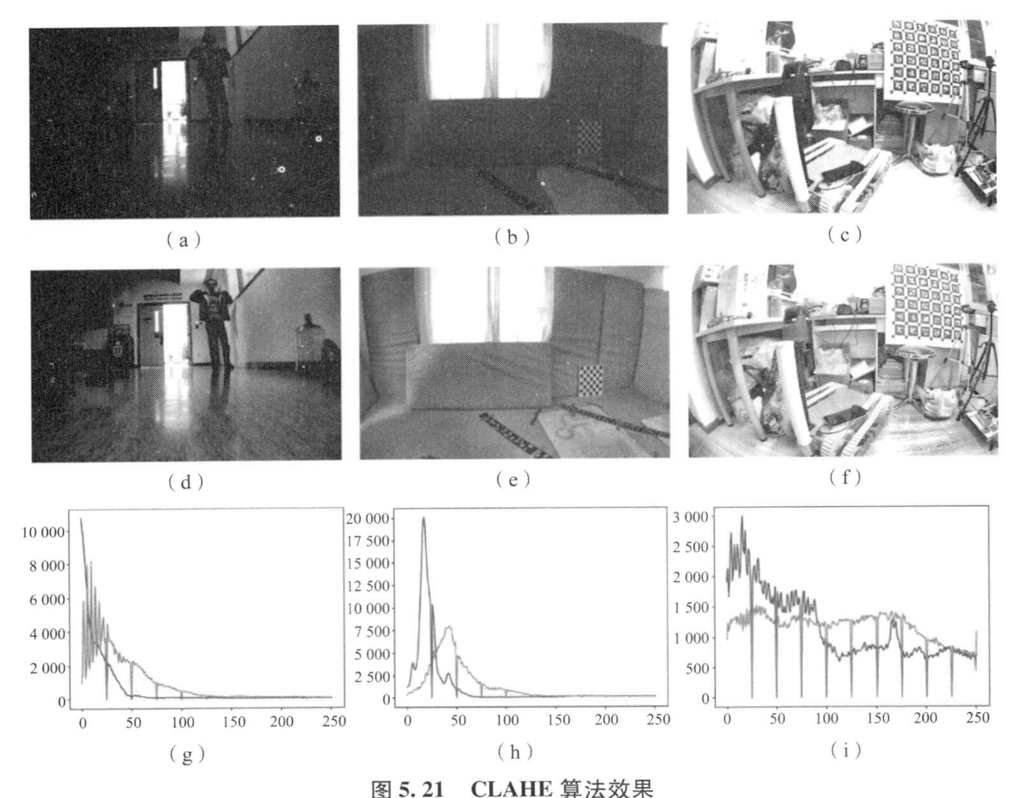

图 5.21　CLAHE 算法效果

(a) 原始输入图像 1；(b) 原始输入图像 2；(c) 原始输入图像 3；(d) 采用 CLAHE 算法处理后的图像 1；(e) 采用 CLAHE 算法处理后的图像 2；(f) 采用 CLAHE 算法处理后的图像 3；(g) 图像 1 处理前后直方图对比；(h) 图像 2 处理前后直方图对比；(i) 图像 3 处理前后直方图对比

5.3　多视图几何

上一节中，已经对图像提取了特征点，并采用 KLT 光流算法对特征点进行了跟踪。接下来该怎样具体利用这些特征点进行相机运动的恢复呢？这就涉及多视图几何的内容。本节将详细阐述如何通过连续帧的匹配点对来恢复相机位姿，分别对 2D－2D 以及 3D－2D 的方法进行详细说明；同样，也要详细阐明当已知连续两帧或多帧的相机位姿时，该怎样恢复出特征点在世界坐标系下的世界坐标。

5.3.1　两视图对极约束

在图 5.22 中，两帧图像 I_1 与 I_2 之间存在运动，假设第一帧到第二帧的运动为 $(\boldsymbol{R},\boldsymbol{t})$，其中 $\boldsymbol{R}$ 为相对旋转运动，$\boldsymbol{t}$ 为相对平移运动。图中两个相机的中心分别为 $\boldsymbol{O}_1$ 和 $\boldsymbol{O}_2$ 。假设图像 I_1 中有一个特征点 $\boldsymbol{p}_1$ ，通过 KLT 光流算法得到其在图像 I_2 上的特征点为 $\boldsymbol{p}_2$ 。如果 $\boldsymbol{p}_1$ 和 $\boldsymbol{p}_2$ 为正确匹配，则它们确实为同一个空间点 $\boldsymbol{P}$ 在两个成像平面上

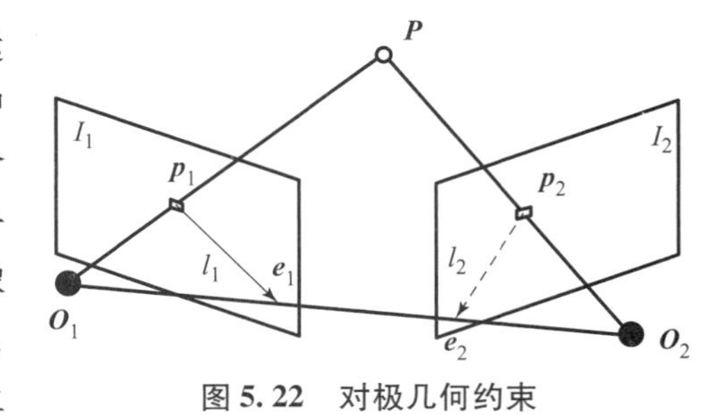

图 5.22　对极几何约束

的投影。其中 $\boldsymbol{O}_1\boldsymbol{O}_2$ 的连线为基线（Baseline），$\boldsymbol{O}_1-\boldsymbol{O}_2-\boldsymbol{P}$ 所构成的平面为极平面（Epipolar plane），$\boldsymbol{O}_1\boldsymbol{O}_2$ 连线与图像平面 I_1 、I_2 的交点为 $\boldsymbol{e}_1$ 和 $\boldsymbol{e}_2$ ，$\boldsymbol{e}_1$ 和 $\boldsymbol{e}_2$ 称为极点（Epipoles），极平面与两个像平面的交线 l_1 、l_2 为极线（Epipolar line）。下面采用数学形式来描述对极几何。

假设第一帧图像坐标系下 $\boldsymbol{P}$ 点左边为 $[X,Y,Z]^{\mathrm{T}}$ ，根据相机统一投影模型可知 $\boldsymbol{p}_1$ 和 $\boldsymbol{p}_2$ 的像素位置为

$$\boldsymbol{p}_1=\boldsymbol{KP},\boldsymbol{p}_2=\boldsymbol{K}(\boldsymbol{RP}+\boldsymbol{t}) \tag{5.40}$$

将像素坐标系转换到像素点归一化平面坐标，可以得到

$$\boldsymbol{x}_1=\boldsymbol{K}^{-1}\boldsymbol{p}_1,\boldsymbol{x}_2=\boldsymbol{K}^{-1}\boldsymbol{p}_2 \tag{5.41}$$

将式（5.40）代入式（5.41），可得

$$\boldsymbol{x}_2=\boldsymbol{Rx}_1+\boldsymbol{t} \tag{5.42}$$

两边同时左乘 $\boldsymbol{x}_2^{\mathrm{T}}[\boldsymbol{t}]_\times$ ，得到如下等式：

$$\boldsymbol{x}_2^{\mathrm{T}}[\boldsymbol{t}]_\times\boldsymbol{x}_2=\boldsymbol{x}_2^{\mathrm{T}}[\boldsymbol{t}]_\times\boldsymbol{Rx}_1 \tag{5.43}$$

$$[\boldsymbol{t}]_\times=\begin{bmatrix}0 & -t_3 & t_2\\ t_3 & 0 & -t_1\\ -t_2 & t_1 & 0\end{bmatrix} \tag{5.44}$$

观察式（5.43）左侧，$[\boldsymbol{t}]_\times\boldsymbol{x}_2$ 是一个与 $\boldsymbol{t}$ 和 $\boldsymbol{x}_2$ 都垂直的向量，当与 $\boldsymbol{x}_2$ 做内积时，将得到 0，于是可将式（5.43）简化为

$$\boldsymbol{x}_2^{\mathrm{T}}[\boldsymbol{t}]_\times\boldsymbol{Rx}_1=\boldsymbol{0} \tag{5.45}$$

将式（5.45）代入 $\boldsymbol{p}_1$ 和 $\boldsymbol{p}_2$ ，可以得到

$$\boldsymbol{p}_2^{\mathrm{T}}\boldsymbol{K}^{-\mathrm{T}}[\boldsymbol{t}]_\times\boldsymbol{RK}^{-1}\boldsymbol{p}_1=\boldsymbol{0} \tag{5.46}$$

上述两个公式均为对极约束，其几何意义为 O_1 、P 和 O_2 三点共面。可以发现对极约束中包含了图像之间的旋转运动 $\boldsymbol{R}$ 和平移运动 $\boldsymbol{t}$ 。将式（5.46）中间部分分别记作本质矩阵 $\boldsymbol{E}$ 和基础矩阵 $\boldsymbol{F}$ ，于是可以简化对极几何约束为

$$\boldsymbol{E}=[\boldsymbol{t}]_\times\boldsymbol{R},\boldsymbol{F}=\boldsymbol{K}^{-\mathrm{T}}\boldsymbol{EK}^{-1},\boldsymbol{x}_2^{\mathrm{T}}\boldsymbol{Ex}_1=\boldsymbol{p}_2^{\mathrm{T}}\boldsymbol{F}p_1=\boldsymbol{0} \tag{5.47}$$

5.3.2　本质矩阵

经过前述研究得到了本质矩阵和基础矩阵的表达形式，而项目组研究的目的是求解图像帧之间的相对旋转运动 $\boldsymbol{R}$ 与平移运动 $\boldsymbol{t}$ 。由于矩阵 $\boldsymbol{E}$ 和矩阵 $\boldsymbol{F}$ 只相差相机的内参矩阵 $\boldsymbol{K}$ ，所以本节将以本质矩阵 $\boldsymbol{E}$ 为例，讲述如何求解 $\boldsymbol{E}$ ，并从矩阵 $\boldsymbol{E}$ 中分解 $\boldsymbol{R}$ 和 $\boldsymbol{t}$。

本质矩阵的常用解法有五点法和八点法。五点法具有尺度等价性，而 $\boldsymbol{E}$ 具有 5 个自由度，于是运用五点法最少可以通过 5 对点来求解 $\boldsymbol{E}$ 。八点法则是利用 $\boldsymbol{E}$ 的线性性质，从本质矩阵的约束出发去求解。本节将以经典的八点法为例说明矩阵 $\boldsymbol{E}$ 的求解过程。考虑一对具有归一化坐标的匹配点对：$\boldsymbol{x}_1=[u_1,v_1,1]^{\mathrm{T}},\boldsymbol{x}_2=[u_2,v_2,1]^{\mathrm{T}}$ 。根据对极几何约束，可有

$$[\boldsymbol{u}_1\quad \boldsymbol{v}_1\quad 1]\begin{bmatrix}\boldsymbol{e}_1 & \boldsymbol{e}_2 & \boldsymbol{e}_3\\ \boldsymbol{e}_4 & \boldsymbol{e}_5 & \boldsymbol{e}_6\\ \boldsymbol{e}_7 & \boldsymbol{e}_8 & \boldsymbol{e}_9\end{bmatrix}\begin{bmatrix}\boldsymbol{u}_2\\ \boldsymbol{v}_2\\ 1\end{bmatrix}=\boldsymbol{0} \tag{5.48}$$

将本质矩阵 $\boldsymbol{E}$ 展开并写成向量的形式，可以将对极几何约束写成

$$[\boldsymbol{u}_1\boldsymbol{u}_2\quad \boldsymbol{u}_1\boldsymbol{v}_2\quad \boldsymbol{u}_1\quad \boldsymbol{v}_1\boldsymbol{u}_2\quad \boldsymbol{v}_1\boldsymbol{v}_2\quad \boldsymbol{v}_1\quad \boldsymbol{u}_2\quad \boldsymbol{v}_2\quad 1]\cdot\boldsymbol{e}=\boldsymbol{0} \tag{5.49}$$

其中 $\boldsymbol{e} = [e_1 \quad e_2 \quad e_3 \quad e_4 \quad e_5 \quad e_6 \quad e_7 \quad e_8 \quad e_9]^{\mathrm{T}}$。同理，将其他点对也放到一个方程中，称为一个线性方程组（$\boldsymbol{u}^i, \boldsymbol{v}^i$ 表示第 i 个特征点），可有

$$\begin{bmatrix} u_1^1u_2^1 & u_1^1v_2^1 & u_1^1 & v_1^1u_2^1 & v_1^1v_2^1 & v_1^1 & u_2^1 & v_2^1 & 1 \\ u_1^2u_2^2 & u_1^2v_2^2 & u_1^2 & v_1^2u_2^2 & v_1^2v_2^2 & v_1^2 & u_2^2 & v_2^2 & 1 \\ \vdots & \vdots & \vdots & \vdots & \vdots & \vdots & \vdots & \vdots & \vdots \\ u_1^8u_2^8 & u_1^8v_2^8 & u_1^8 & v_1^8u_2^8 & v_1^8v_2^8 & v_1^8 & u_2^8 & v_2^8 & 1 \end{bmatrix} \begin{bmatrix} e_1 \\ e_2 \\ \vdots \\ e_9 \end{bmatrix} = \boldsymbol{0} \tag{5.50}$$

上述这 8 个方程组正好构成了一个线性方程组，其左边为系数矩阵，由特征点对的位置构成，$\boldsymbol{e}$ 位于该矩阵的零空间中。如果说稀疏矩阵为满秩，那么零空间的维数为 1，即 $\boldsymbol{e}$ 为一条直线，这正好与 $\boldsymbol{e}$ 尺度等价是一致的。所以可以通过方程组求得矩阵 $\boldsymbol{E}$ 的各个元素。

通过对极约束可知 $\boldsymbol{E}$ 中包含了旋转运动 $\boldsymbol{R}$ 和平移运动 t，那么从矩阵 $\boldsymbol{E}$ 中如何恢复它们便是核心问题了。这个过程可以由奇异值分解（SVD）得到，假设矩阵 $\boldsymbol{E}$ 的 SVD 分解为

$$\boldsymbol{E} = \boldsymbol{U\Sigma V}^{\mathrm{T}} \tag{5.51}$$

式中，$\boldsymbol{U}$、$\boldsymbol{V}$ 为正交矩阵，$\boldsymbol{\Sigma}$ 为奇异值矩阵。对于任意一个矩阵 $\boldsymbol{E}$，存在两个 $\boldsymbol{R}$ 和 t：

$$[\boldsymbol{t}_1]_\times = \boldsymbol{UR}_Z\left(\frac{\pi}{2}\right)\boldsymbol{\Sigma U}^{\mathrm{T}}, \boldsymbol{R}_1 = \boldsymbol{UR}_Z^{\mathrm{T}}\left(\frac{\pi}{2}\right)\boldsymbol{V}^{\mathrm{T}} \tag{5.52}$$

$$[\boldsymbol{t}_2]_\times = \boldsymbol{UR}_Z\left(-\frac{\pi}{2}\right)\boldsymbol{\Sigma U}^{\mathrm{T}}, \boldsymbol{R}_2 = \boldsymbol{UR}_Z^{\mathrm{T}}\left(-\frac{\pi}{2}\right)\boldsymbol{V}^{\mathrm{T}} \tag{5.53}$$

其中 $\boldsymbol{R}_Z\left(\frac{\pi}{2}\right)$ 表示沿 Z 轴旋转 90°所对应的旋转矩阵，另外 $\boldsymbol{E}$ 和 $-\boldsymbol{E}$ 其实是等价的，所以从 $\boldsymbol{E}$ 分解得到 $\boldsymbol{R}$、$\boldsymbol{t}$ 时，一共会有 4 个解，对应式（5.52）和式（5.53）的两两组合。

图 5.23 所示情况十分形象地表示了从本质矩阵 $\boldsymbol{E}$ 分解得到的 4 个解。在保持红色投影点不变的情况下，两个相机以及空间点一共有 4 种可能，但是只有第一个解中的 P 在两个相机中均有正的深度，所以只需将任意一点代入 4 种解中，通过该点深度的符号即可确定谁是正确解了。

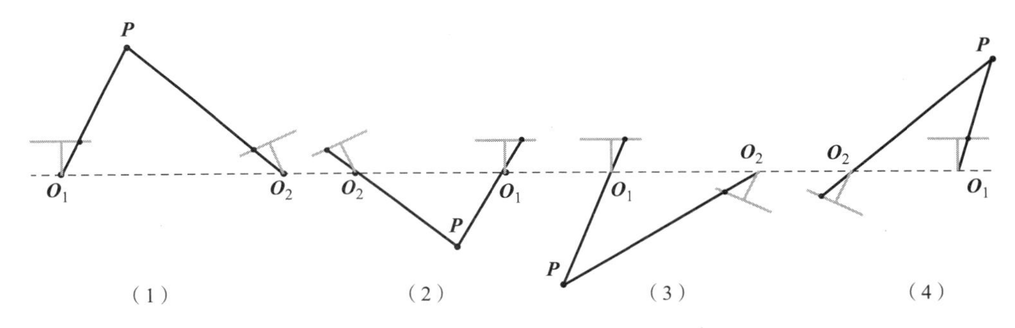

图 5.23　本质矩阵分解对应的 4 个解

5.3.3　透视 N 点法（*PnP*）恢复相机位姿

透视 N 点法（*PnP*）是通过 3D 到 2D 点对求解运动的方法。它阐明当人们知道 n 个 3D 空间点以及其在图像上的投影位置时，是如何去估计相机的运动。前述内容说明了 2D－2D

的对极约束存在着尺度不确定性和运动退化等问题。但对于 3D - 2D 的 *PnP* 解法来说，这些问题时不存在的。当人们使用深度相机或者已知一些特征点的 3D 点位置时，完全可以通过 *PnP* 去求解相机的运动，而且 *PnP* 只要最少知道 3 个点对即可估计相机的运动。常用的 *PnP* 方法有 P3P、直接线性变换（DLT）、E*PnP*、U*PnP* 等。此处将以直接线性变换（DLT）为例，对 *PnP* 求解进行解释与说明。

在图 5. 22 中，假设已知空间点 $\boldsymbol{P}$ 的齐次坐标为 $\boldsymbol{P} = [X \quad Y \quad Z \quad 1]^{\mathrm{T}}$，在 I_1 图像中其对应的特征点的归一化坐标为 $\boldsymbol{x}_1 = [\boldsymbol{u}_1 \quad \boldsymbol{v}_1 \quad 1]^{\mathrm{T}}$。此时要求解从世界坐标系到图像 I_1 的变换，定义增广矩阵 $[\boldsymbol{R}|\boldsymbol{t}]$ 为一个 3 ×4 包含旋转运动和平移运动的矩阵，于是可以将投影关系写成

$$\boldsymbol{s}\begin{bmatrix}\boldsymbol{u}_1\\ \boldsymbol{v}_1\\ 1\end{bmatrix}=\begin{bmatrix}\boldsymbol{t}_1 & \boldsymbol{t}_2 & \boldsymbol{t}_3 & \boldsymbol{t}_4\\ \boldsymbol{t}_5 & \boldsymbol{t}_6 & \boldsymbol{t}_7 & \boldsymbol{t}_8\\ \boldsymbol{t}_9 & \boldsymbol{t}_{10} & \boldsymbol{t}_{11} & \boldsymbol{t}_{12}\end{bmatrix}\begin{bmatrix}X\\ Y\\ Z\\ 1\end{bmatrix} \tag{5.54}$$

通过式（5. 54）的最后一行将 $\boldsymbol{s}$ 消去，可得到两个约束：

$$\boldsymbol{u}_1 = \frac{\boldsymbol{t}_1X + \boldsymbol{t}_2Y + \boldsymbol{t}_3Z + \boldsymbol{t}_4}{\boldsymbol{t}_9X + \boldsymbol{t}_{10}Y + \boldsymbol{t}_{11}Z + \boldsymbol{t}_{12}},\boldsymbol{v}_1 = \frac{\boldsymbol{t}_5X + \boldsymbol{t}_6Y + \boldsymbol{t}_7Z + \boldsymbol{t}_8}{\boldsymbol{t}_9X + \boldsymbol{t}_{10}Y + \boldsymbol{t}_{11}Z + \boldsymbol{t}_{12}} \tag{5.55}$$

将矩阵 $[\boldsymbol{R}|\boldsymbol{t}]$ 写成行向量的形式，可有

$$\boldsymbol{t}_1 = (\boldsymbol{t}_1,\boldsymbol{t}_2,\boldsymbol{t}_3,\boldsymbol{t}_4)^{\mathrm{T}},\boldsymbol{t}_2 = (\boldsymbol{t}_5,\boldsymbol{t}_6,\boldsymbol{t}_7,\boldsymbol{t}_8)^{\mathrm{T}},\boldsymbol{t}_3 = (\boldsymbol{t}_9,\boldsymbol{t}_{10},\boldsymbol{t}_{11},\boldsymbol{t}_{12})^{\mathrm{T}} \tag{5.56}$$

于是可以得到两个约束如下：

$$\boldsymbol{t}_1^{\mathrm{T}}\boldsymbol{P} - \boldsymbol{t}_3^{\mathrm{T}}\boldsymbol{P}\boldsymbol{u}_1 = \boldsymbol{0} \tag{5.57}$$

$$\boldsymbol{t}_2^{\mathrm{T}}\boldsymbol{P} - \boldsymbol{t}_3^{\mathrm{T}}\boldsymbol{P}\boldsymbol{v}_1 = \boldsymbol{0} \tag{5.58}$$

其中 $\boldsymbol{t}$ 为待求变量，并且每个 3D - 2D 点对提供两个关于 $\boldsymbol{t}$ 的线性约束．假设共有 N 个特征点对，进而可以得到一个方程组：

$$\begin{bmatrix}\boldsymbol{P}_1^{\mathrm{T}} & 0 & -\boldsymbol{u}_1\boldsymbol{P}_1^{\mathrm{T}}\\ 0 & \boldsymbol{P}_1^{\mathrm{T}} & -\boldsymbol{v}_1\boldsymbol{P}_1^{\mathrm{T}}\\ \vdots & \vdots & \vdots\\ \boldsymbol{P}_N^{\mathrm{T}} & 0 & -\boldsymbol{u}_N\boldsymbol{P}_N^{\mathrm{T}}\\ 0 & \boldsymbol{P}_N^{\mathrm{T}} & -\boldsymbol{v}_N\boldsymbol{P}_N^{\mathrm{T}}\end{bmatrix}\begin{bmatrix}\boldsymbol{t}_1\\ \boldsymbol{t}_2\\ \boldsymbol{t}_3\end{bmatrix}=\boldsymbol{0} \tag{5.59}$$

由于 $\boldsymbol{t}$ 共有 12 个维度，而一个特征点对可以提供 2 个约束，所以只要 6 个点对即可实现求解。当 3D - 2D 的匹配点对 ≥6 对时，就可以用 SVD 或者最小二乘法对超定方程进行求解。

5. 3. 4　三角化求取特征点 3D 位置

三角化是指通过相机在多个位置对同一个点进行观测，并计算出特征点在世界坐标系下的绝对 3D 坐标的一个过程。简单说就是相机位置已知，需要求解特征点的 3D 位置。

如图 5. 24 所示，假设在世界坐标系 W 下有一个 3D 点 $\boldsymbol{P}^W = [X \quad Y \quad Z \quad 1]^{\mathrm{T}}$，它在三帧图像的归一化投影点分别为 $\boldsymbol{x}_1,\boldsymbol{x}_2,\boldsymbol{x}_3$，其中世界坐标系到每一个相机坐标系的变换已知，且为 $\boldsymbol{M}$ 矩阵：

$$M_W^{C_i} = [R_W^{C_i} \mid t_W^{C_i}] \tag{5.60}$$

其中 i 表示第 i 帧图像，后续简写成 M_i 。为简化推导过程，仅以其中的两帧为例进行说明。根据投影矩阵可知：

$$x_1 = M_1 P^W \tag{5.61}$$

$$x_2 = M_1 P^W \tag{5.62}$$

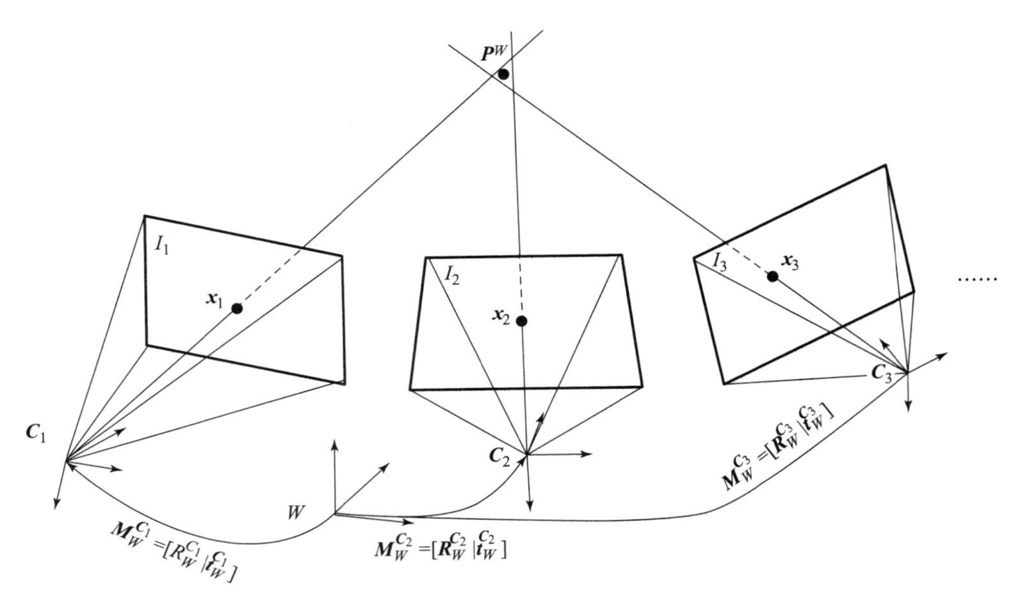

图 5.24　三角化获得特征点深度

将式（5.60）和式（5.61）、式（5.62）对自身进行叉乘计算，由于向量对自身叉乘结果为 $\mathbf{0}$，于是得到

$$[x_1]_\times M_1 P^W = \mathbf{0} \tag{5.63}$$

$$[x_2]_\times M_2 P^W = \mathbf{0} \tag{5.64}$$

现以式（5.63）为例，将叉乘写成矩阵形式并将 M_1P^W 按行展开，可以得到

$$\begin{bmatrix} 0 & -1 & v_1 \\ 1 & 0 & -u_1 \\ -v_1 & u_1 & 0 \end{bmatrix} \begin{bmatrix} M_1^1 P^W \\ M_1^2 P^W \\ M_1^3 P^W \end{bmatrix} = \mathbf{0} \tag{5.65}$$

展开可得

$$(u_1 M_1^3 - M_1^1) P^W = \mathbf{0} \tag{5.66}$$

$$(v_1 M_1^3 - M_1^2) P^W = \mathbf{0} \tag{5.67}$$

$$(u_1 M_1^2 - v_1 M_1^1) P^W = \mathbf{0} \tag{5.68}$$

其中式（5.68）和式（5.67）是线性相关的，所以其自由度只有 2 个，取前 2 个并将相机 2 下的投影合并，可以得到

$$\begin{bmatrix} u_1 \boldsymbol{M}_1^3 - \boldsymbol{M}_1^1 \\ v_1 \boldsymbol{M}_1^3 - \boldsymbol{M}_1^2 \\ u_2 \boldsymbol{M}_2^3 - \boldsymbol{M}_2^1 \\ v_2 \boldsymbol{M}_2^3 - \boldsymbol{M}_2^2 \end{bmatrix} \boldsymbol{P}^W = \boldsymbol{0} \tag{5.69}$$

于是此时三角化问题变成了求解最小二乘法问题，可以通过奇异值分解求解获得 P^W 的值。

5.4　词袋模型与视觉字典

词袋（Bag of Words，BoW）模型最早用于信息检索领域。词袋模型假定将文本中出现过的所有单词看成一个词几何，而忽略其词序、语法等。在计算机视觉技术领域，词袋模型通常用于回环检测以提高算法的精度。词袋模型还可用于图像的特征描述，其目标是用图像上具有哪几种属于词袋里的特征来描述该幅图像。

5.4.1　BRIEF 特征点描述子

在使用词袋模型之前，需要对图像提取特征，并对该特征进行描述。关于特征提取已在前述章节进行了讲述，现在只对特征点描述子进行说明。特征点描述子编码了特征点周围的信息并将其用于描述特征。常用的特征点描述子有 SIFT、SURF、BRIEF 等。本次研究选用了 BRIEF 描述子作为特征描述的工具和依据。

BRIEF 是一种二进制描述子，其主要思路是在特征点附近随机选取若干点对，通过比较其灰度值大小而组成一个二进制串，描述向量由许多 0 和 1 组成，便于描述子之间的相互匹配。BRIEF 算法 5.1 的整体流程如表 5.1 所示，其特征点对的随机选取方式如图 5.25 所示。

表 5.1　BRIEF 算法的整体流程

算法 5.1：BRIEF 算法流程
输入：图像中提取到的特征点的位置
输出：每个特征点对应的二进制描述子
1. **重复操作**
2. 　　选定建立描述子的区域（特征点的一个正方形邻域）
3. 　　对该邻域用 $\sigma=2$ 的高斯核卷积，以消除一些噪声
4. 　　**重复操作**
5. 　　　　以一定的随机化算法（如图 5.26 生成点对（$\boldsymbol{x}$，$\boldsymbol{y}$），若点 $\boldsymbol{x}$ 的亮度小
6. 　　　　于点 $\boldsymbol{y}$ 的亮度，则返回值 1，否则返回 0
7. 　　直到重复 128 次或者 256 次
8. 　　得到一个 256 位的二进制编码，即该特征点的描述子
9. 直到所有特征点均遍历完成
10：得到整张图片所有特征点的描述子

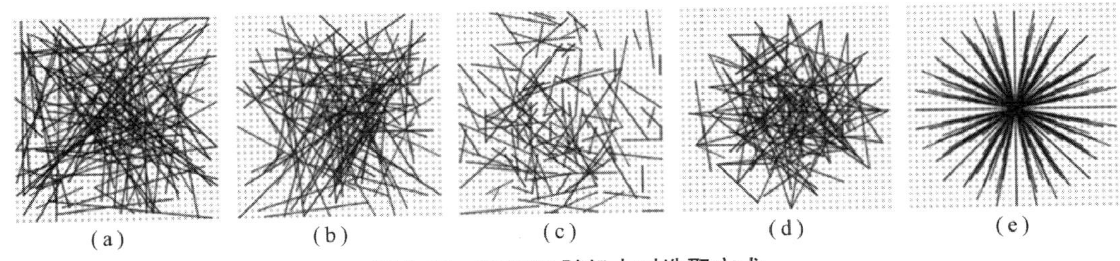

图 5.25　BRIEF 随机点对选取方式

(a) $\boldsymbol{x}$，$\boldsymbol{y}$ 方向平均分布采样；(b) x，$\boldsymbol{y}$ 均服从 Gauss$\left(0,\ \frac{1}{25}S^2\right)$各向同性采样；(c) $\boldsymbol{x}$ 服从$\left(0,\ \frac{1}{25}S^2\right)$，$\boldsymbol{y}$ 服从$\left(0,\ \frac{1}{100}S^2\right)$采样；(d) x，$\boldsymbol{y}$ 从网络中随机获取；(e) $\boldsymbol{x}$ 一直为 (0, 0)，$\boldsymbol{y}$ 从网络中随时选取

BRIEF 描述子在匹配时只需要通过异或操作计算两个二进制字符串，并统计最终 1 的个数，即汉明（Hamming）距离。长度为 n 的二进制字符串构成了一个距离度量空间，称为汉明立方（Hamming Cube），图 5.26 为 4 位二进制字符串构成的汉明立方，其中 0100 至 1001 的汉明距离为 3（红色线段）；0110 至 1110 的汉明距离为 1（蓝色线段）。

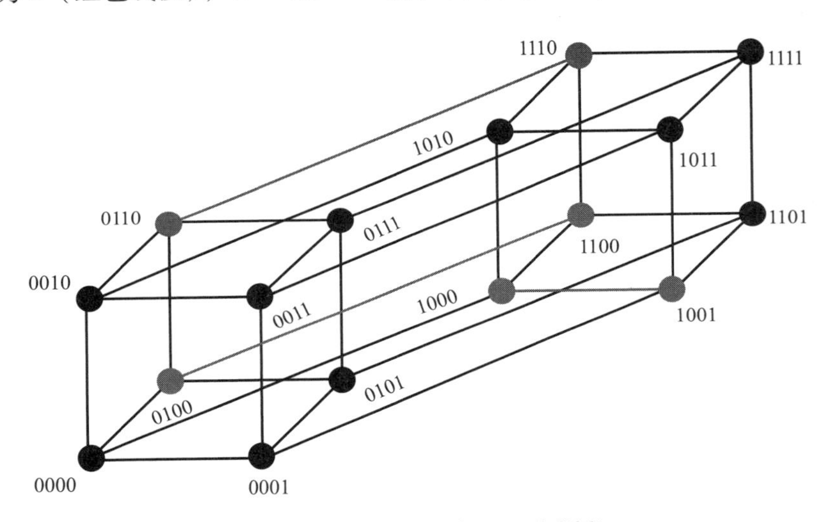

图 5.26　汉明立方示意图（附彩插）

5.4.2　视觉词袋生成方式

在得到一张图像的描述子之后，就可以通过特征点去描述这张图像了。当相机运行过一段时间之后回到了原来的位置，便可以通过两张图像的特征点匹配程度来判断其是否回到了同一位置并建立起关系。但如果只是通过特征点数量进行判断，检测的时间会随着运行时间的延长而急剧增长。因为要对过去所有帧都进行特征点检测，在时间上是不可取的。而词袋模型正是用于解决这个问题的。

词袋模型中由许多“单词（Word）”放在一起组成一个大的“字典（Dictionary）”。其中单词是描述特征的一种概念，字典就是所有概念的集合。一般字典会事先离线做好。当人们获得了一张已经提取过特征点且计算过描述子的图像时，可以根据其描述子去对照字典，找出其描述的具体情况，进而依据这些情况去对应描述整幅图像，且根据单词是否出现还可将图像转换成一个向量。最后只需比较图像对应描述的相似程度即可。由于字典是由许多单词组成的，而每个单词代表了一个概念，它是某一类特征的组合，所以，字典的生成问题类似于一个聚类（Clustering）问题。在图 5.27 中，最小的圆圈代表着特征空间的特征，之后的圆圈都可以被认为是聚类的效果，这样逐层做下去便能得到一个树形结构，词袋模型就是这么做的。

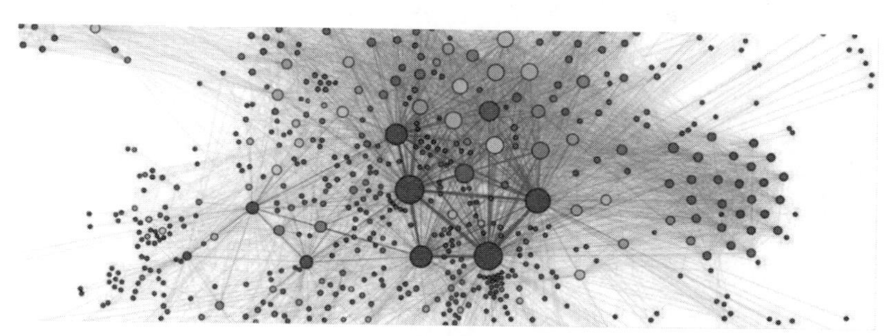

图 5.27　聚类问题示意图

现在以常用的 k - means 为例，对构建字典进行说明。假设共有 N 个特征点，要求构建一个深度为 d 、每次分叉为 k 的树，则其具体做法如下。

（1）用 k - means 方法把所有样本聚成 k 类得到第一层。

（2）对于第一层的 k 个节点，将属于该节点的再次聚成 k 类，得到下一层。

（3）以此类推，计算 d 层得到叶子层，叶子层即是字典的单词。

最终可以构建出如图 5.28 所示的树状字典结构，它将使一个分支为 k 、深度为 d 的树状字典结构可以容纳 k^d 个单词。[51] 当对某个特征进行查找时，只需要将它与每个中间节点的聚类中心进行比较 d 次就能够完成，这样能够保证较高的查找效率。

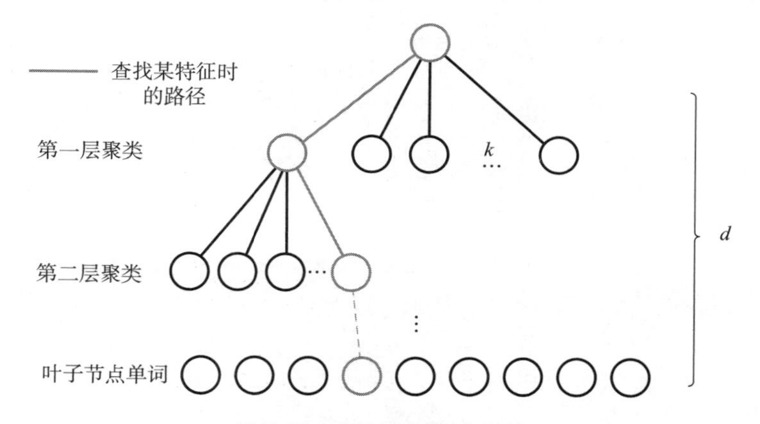

图 5.28　k 叉树字典示意图

当字典足够大时，对应给定的任意特征 F_i ，只要在字典中逐层查找，最终都能找到与它对应的单词 w_i 。但在实际使用中，每个单词的重要程度其实是不一样的，词袋模型借助了文本检索中的 TF - IDF（Term Frequency - Inverse Document Frequency）。TF 的意思是如果某一个单词在一幅图像中经常出现，那么其区分度就较高；而另一方面，IDF 表示某个单词在字典中出现的频率越低，那么其区分度就较高。

于是在词袋模型建立字典时就可以计算 IDF 部分。假设所有特征数量为 n ，而某个叶子节点 w_i 中的特征数量 n_i 相对于所有特征数量的比例即为 IDF，可有

$$\mathrm{IDF}_i = \log \frac{n}{n_i} \tag{5.70}$$

TF 表示特征在单幅图像中出现的频率，假设该幅图像一共出现了 m 个单词，w_i 的出现次数为 m_i ，那么 TF_i 为

$$\mathrm{TF}_i = \frac{m_i}{m} \tag{5.71}$$

叶子节点的权重为两者的乘积，即有

$$\boldsymbol{\eta}_i = \mathrm{TF}_i \times \mathrm{IDF}_i \tag{5.72}$$

对于一幅图像 A 来说，使用共有 N 个单词的字典时，它可以被表示为一个向量：

$$\boldsymbol{A} = (w1,\boldsymbol{\eta}_1),(w2,\boldsymbol{\eta}_2),\cdots,(wN,\boldsymbol{\eta}_N) \triangleq \boldsymbol{v}_A \tag{5.73}$$

当出现一个新的图像 B 时，如何计算两者的差异便成为核心问题。事实上，这时的问题转变成了如何定义两个向量之间的距离，对应有多种计算方式。假设用 L_1 范数进行计算，有

$$s(\boldsymbol{v}_A - \boldsymbol{v}_B) = 2\sum_{i=1}^{N} |\boldsymbol{v}_{Ai}| + |\boldsymbol{v}_{Bi}| - |\boldsymbol{v}_{Ai} - \boldsymbol{v}_{Bi}| \tag{5.74}$$

至此，词袋模型的基本原理已阐述完毕。项目组在本次研究中，直接引用的是开源库 DBow3 来完成图像相似度判断以及后续的回环检测。图 5.29 所示为算法实际运行过程中项目组采用 DBoW3 对图像进行匹配的效果，其中绿色线段的端点表示两幅图像所匹配的特征点。

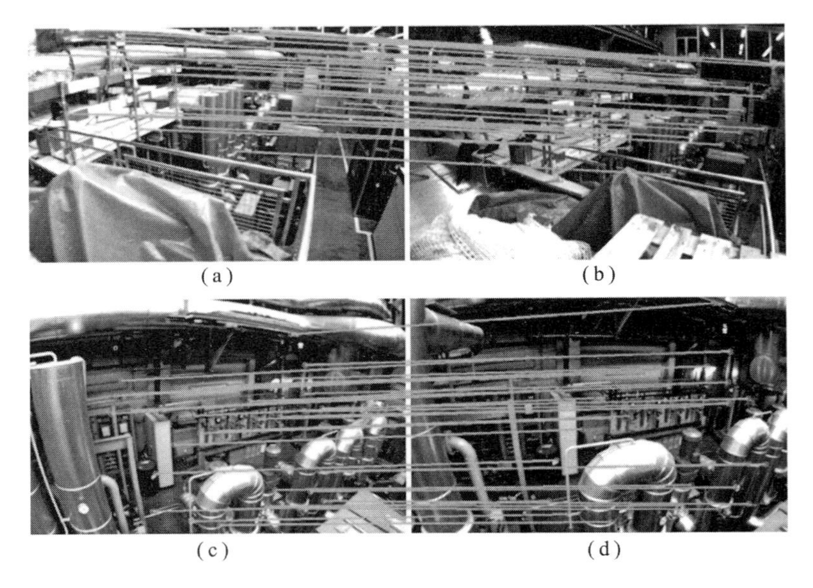

图 5.29　回环检测对应图像特征点匹配（附彩插）

(a) 当前来源：160；(b) 上一个来自：9；(c) 当前来源：576；(d) 上一个来自：516

5.5　本章小结

本章作为智能排爆机器人视觉子系统信息预处理部分，详细论述了如何对双目视觉图像进行预处理的相关基础理论以及具体技术方法，其中包含相机统一投影模型和畸变模型；深入介绍了 Shi - Tomasi 特征提取方法与 KLT 光流追踪法；同时还介绍了如何通过图像均衡化以及采用双目环形检测方法以提高特征的跟踪鲁棒性。在系统讲述如何得到所追踪特征点的基础上，分别介绍了基于对极约束、透视 N 点法的位置估计方式，以及运用三角化求取特征点 3D 位置的方法；深刻阐明了词袋模型、视觉字典的概念与方法，为项目组后续开展相机与 IMU 的外参估计和传感器信息融合研究提供了理论依据和研究手段。

第 6 章
智能排爆机器人 IMU 信息预处理

IMU（Inertial Measurement Unit）意指惯性测量单元，是一种主要用来检测和测量运动物体的加速度与旋转运动的传感器，其原理是采用惯性定律实现的。[52] IMU 与相机传感器具有明显的互补性，这对智能排爆机器人在复杂多变的排爆作业场景中顺利完成“一键到达”功能至关重要。本章将详细讲述如何对 IMU 信息进行预处理，其中包括对 IMU 建立误差模型和运动学模型，并在此基础上推导 IMU 在 SO3 流形上的预积分方法，为后续 IMU 与相机之间的外参标定以及与视觉信息的紧耦合融合奠定一定的理论与技术基础。

6.1 IMU 模型

IMU 能够为移动机器人的控制单元提供其实时运动状态信息。有关移动机器人运动路线偏移、纵向和横向的摆动角速度以及纵向、横向和垂直方向的加速度等信号均能被 IMU 准确采集，并通过标准接口传输至机器人数据总线。所获得的信号可用于复杂的调节算法，以增强移动机器人的导航自主性、运动平稳性、环境适应性。IMU 模型对人们准确掌握和深入分析其相关性能以及改进措施十分重要，因此通过对 IMU 模型的相关阐述，提高人们对 IMU 的认识与运用水平。

6.1.1 IMU 测量模型

IMU 测量模型是由加速度计和陀螺仪组成的惯性测量器件，其中加速度计和陀螺仪分别可以测量自身的三轴加速度的数值和三轴角速度的数值。但加速度计和陀螺仪的测量数据容易受到偏置和噪声的影响。另外，由于加速度计测量原理方面的原因所致，使它敏感到的加速度实际上并不是纯加速度，而是包含了反向重力加速度在内的数值；同样，角速度也会受到因地球自转而引起的科氏加速度的影响，但人们一般会忽略这个影响，故而最终可以认定 IMU 的测量数据是以下几部分的叠加，即

$$\boldsymbol{a}_t = \boldsymbol{a}_{t(\mathrm{real})} + \boldsymbol{b}_{a_t} + \boldsymbol{R}_w^t \boldsymbol{g}^w + \boldsymbol{n}_a \tag{6.1}$$

$$\boldsymbol{\omega}_t = \boldsymbol{\omega}_{t(\mathrm{real})} + \boldsymbol{b}_{\omega_t} + \boldsymbol{n}_\omega \tag{6.2}$$

其中，理论上的真实加速度 $\boldsymbol{a}_{t(\mathrm{real})}$ 受到了加速度偏置 $\boldsymbol{b}_{a_t}$、噪声 $\boldsymbol{n}_a$ 以及世界坐标系下重力 $\boldsymbol{g}^w$ 的影响，它们之和构成了最终的加速度测量值 $\boldsymbol{a}_t$。同样，理论上的真实角速度 $\boldsymbol{\omega}_{t(\mathrm{real})}$ 也受到陀螺仪偏置 $\boldsymbol{b}_{\omega_t}$ 和噪声 $\boldsymbol{n}_\omega$ 的影响，它们之和构成了最终的角速度测量值 $\boldsymbol{\omega}_t$。

为了研究方便起见，可将加速度计和陀螺仪的偏置建模为随机游走，也就是由一个高斯白噪声驱动的值，即有

$$\dot{\boldsymbol{b}}_{a_t} = \boldsymbol{n}_{b_a} \tag{6.3}$$

$$\dot{\boldsymbol{b}}_{\omega_t} = \boldsymbol{n}_{\omega_t} \tag{6.4}$$

其中 n_{b_a} 和 n_{ω_t} 服从高斯分布，即有

$$\boldsymbol{n}_{b_a} \sim N(0,\boldsymbol{\sigma}_{b_a}^2) \tag{6.5}$$

$$\boldsymbol{n}_{\omega_t} \sim N(0,\boldsymbol{\sigma}_{b_\omega}^2) \tag{6.6}$$

$\boldsymbol{\sigma}_{b_a}$ 和 $\boldsymbol{\sigma}_{b_\omega}$ 为随机游走的噪声强度，可以查阅对应的 IMU 型号数据手册获取或通过标定工具获取。

同样，对于加速度计和陀螺仪的噪声也可将其建模为高斯分布，可有

$$\boldsymbol{n}_{a} \sim N(0,\boldsymbol{\sigma}_{a}^2) \tag{6.7}$$

$$\boldsymbol{n}_{\omega} \sim N(0,\boldsymbol{\sigma}_{\omega}^2) \tag{6.8}$$

$\boldsymbol{\sigma}_{a}$ 和 $\boldsymbol{\sigma}_{\omega}$ 为高斯噪声强度，同样可以通过查阅对应的 IMU 型号数据手册获取或通过标定工具获取。例如，项目组在本次研究中关于 IMU 的随机游走噪声和噪声强度均是通过开源工具 imu_utils 获得的。

6.1.2　IMU 的运动学模型

此前简要介绍了 IMU 传感器的测量模型，本处着重介绍 IMU 的运动学模型。惯性导航的核心原理是基于牛顿第二定律建立的，即位置的导数等于速度，而速度的导数等于加速度；同样，角度的导数为角速度。IMU 正好能以 200Hz 以上的固定频率得到本体坐标系下的加速度和角速度。假设参考坐标系下载体的初始速度和初始姿态已知，利用载体运动过程中参考系下的加速度和角速度信息，就可以不断通过积分运算去更新载体实时的位置和姿态。[53]

在图 6.1 所示 IMU 坐标系与视觉数据关系图中，w 表示世界坐标系，c 表示相机坐标系，b 表示机体坐标系（IMU 坐标系），一般相机坐标系和 IMU 坐标系是刚性连接的。现对其展开分析。

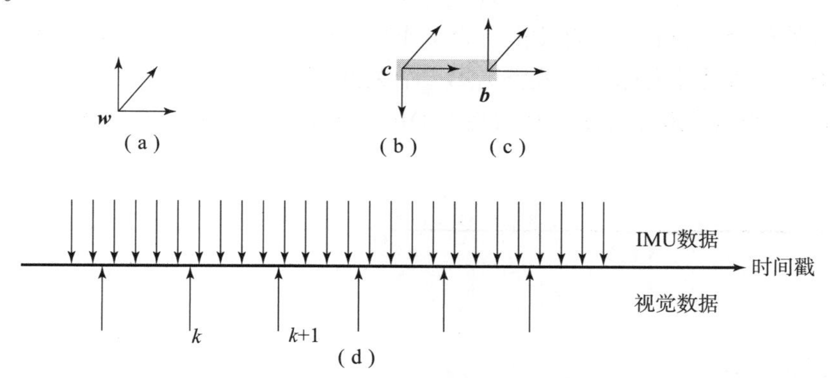

图 6.1　IMU 坐标系与视觉数据关系图

（a）世界坐标系；（b）相机坐标系；（c）机体坐标系（IMU 坐标系）；（d）视觉数据

考虑连续 2 个视觉关键帧 $\boldsymbol{b}_k$ 和 $\boldsymbol{b}_{k+1}$，它们对应的时刻分别为 t_k 和 t_{k+1}。通过图 6.1 所示 IMU 坐标系与视觉数据的相互关系，可以根据 $[t_k,t_{k+1}]$ 时间间隔内的 IMU 测量值对系统的位置、速度和旋转进行积分传播，其中可采用四元数来表示旋转，于是可有

$$\boldsymbol{p}_{b_{k+1}}^{w} = \boldsymbol{p}_{b_k}^{w} + \boldsymbol{v}_{b_k}^{w}\Delta t_k + \iint_{t\in[t_k,t_{k+1}]}(\boldsymbol{R}_t^{w}(\boldsymbol{a}_t - \boldsymbol{b}_{a_t} - \boldsymbol{n}_a) - \boldsymbol{g}^{w})\mathrm{d}t^2 \tag{6.9}$$

$$\boldsymbol{v}_{b_{k+1}}^{w} = \boldsymbol{v}_{b_k}^{w} + \int_{t\in[t_k,t_{k+1}]}(\boldsymbol{R}_t^{w}(\boldsymbol{a}_t - \boldsymbol{b}_{a_t} - \boldsymbol{n}_a) - \boldsymbol{g}^{w})\mathrm{d}t \tag{6.10}$$

$$
\begin{aligned}
\boldsymbol{q}_{b_{k+1}}^{w} &= \boldsymbol{q}_{b_k}^{w} \otimes \int_{t \in [t_k, t_{k+1}]} \frac{1}{2} \boldsymbol{q}_t^{b_k} \otimes (\boldsymbol{\omega}_t - \boldsymbol{b}_{\omega_t} - \boldsymbol{n}_{\omega}) \mathrm{d}t \\
&= \boldsymbol{q}_{b_k}^{w} \otimes \int_{t \in [t_k, t_{k+1}]} \frac{1}{2} \boldsymbol{\Omega}(\boldsymbol{\omega}_t - \boldsymbol{b}_{\omega_t} - \boldsymbol{n}_{\omega}) \boldsymbol{q}_t^{b_k} \mathrm{d}t
\end{aligned} \tag{6.11}
$$

式中，

$$
\boldsymbol{\Omega}(\boldsymbol{\omega}) = \begin{bmatrix} -[\boldsymbol{\omega}]_{\times} & \boldsymbol{\omega} \\ -\boldsymbol{\omega}^{\mathrm{T}} & 0 \end{bmatrix}, [\boldsymbol{\omega}]_{\times} = \begin{bmatrix} 0 & -\omega_z & \omega_y \\ \omega_z & 0 & -\omega_x \\ -\omega_y & \omega_x & 0 \end{bmatrix} \tag{6.12}
$$

其中 $\triangle t_k$ 为 $[t_k, t_{k+1}]$ 之间的时间间隔，$\boldsymbol{R}_t^w$ 为 t 时刻从 IMU 坐标系到世界坐标系的旋转矩阵，$\boldsymbol{q}_t^{b_k}$ 为用四元数表示的 t 时刻下从 IMU 坐标系到世界坐标系的旋转。于是可以得到连续时间上 IMU 模型的运动学方程，当已知初始状态和 IMU 的自身偏置以及噪声时，就可以通过递推的方式来计算下一时刻系统的位置、速度和旋转。

6.2 IMU 预积分

从式（6.9）可以看出，系统位置、速度和旋转等状态的传播需要关键帧 $\boldsymbol{b}_k$ 时刻的位置 $\boldsymbol{p}_{b_k}^{w}$、速度 $\boldsymbol{v}_{b_k}^{w}$ 和旋转 $\boldsymbol{q}_{b_k}^{w}$，当这些起始状态发生改变时，就需要重新进行状态传播。而在基于优化的算法中，每个关键帧时刻的状态需要频繁调整，因而就需要频繁地进行重新积分，这样会浪费大量的计算资源。IMU 预积分就可以避免计算资源的浪费。

IMU 预积分技术最早是由 Lupton 在 2012 年提出的，Forster 于 2015 年又将其进一步改进并拓展到李代数上，形成了一套优异的理论体系。同年，香港科技大学沈劭劼将 IMU 的偏置修正引入到预积分算法中，使得相应研究工作得到极大促进。从实质看，IMU 预积分的思想是将参考坐标系从世界坐标系 w 调整为第 k 个关键帧时刻的 IMU 坐标系 b_k。图 6.2 为 IMU 预积分示意图，虚线绿色框表示关键帧对应的 IMU 数据，深蓝色框为对应的 IMU 预积分结果。

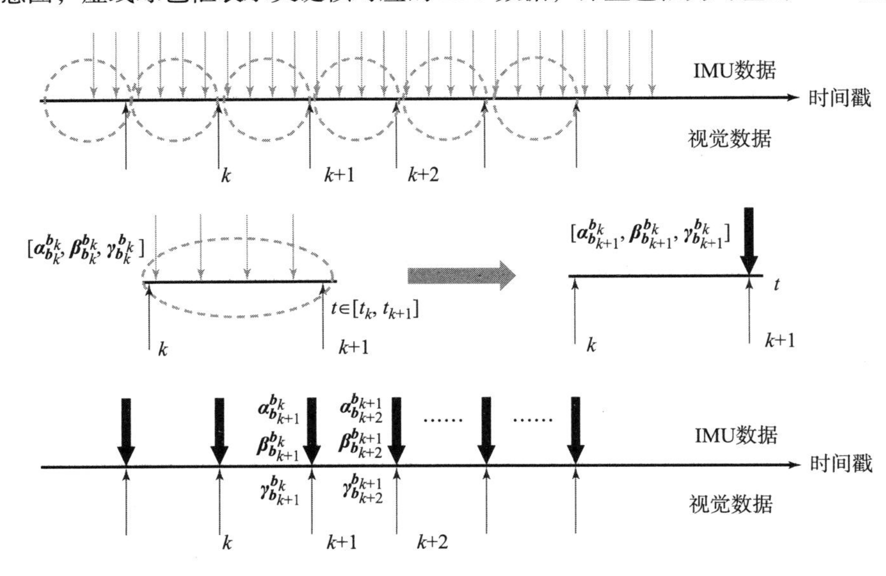

图 6.2　IMU 预积分示意图（附彩插）

6.3　连续时间下图像帧间的 IMU 误差状态传播方程

考虑式（6.9）和式（6.10），对等式左、右分别乘上 $\boldsymbol{R}_w^{b_k}$，将得到以下等式：

$$\boldsymbol{R}_w^{b_k}\boldsymbol{p}_{b_{k+1}}^w = \boldsymbol{R}_w^{b_k}\left(\boldsymbol{p}_{b_k}^w + \boldsymbol{v}_{b_k}^w \triangle t_k - \frac{1}{2}\boldsymbol{g}^w \triangle t_k^2\right) + \boldsymbol{\alpha}_{b_{k+1}}^{b_k} \tag{6.13}$$

$$\boldsymbol{R}_w^{b_k}\boldsymbol{v}_{b_{k+1}}^w = \boldsymbol{R}_w^{b_k}(\boldsymbol{v}_{b_k}^w - \boldsymbol{g}^w \triangle t_k) + \boldsymbol{\beta}_{b_{k+1}}^{b_k} \tag{6.14}$$

$$\boldsymbol{q}_w^{b_k} \otimes \boldsymbol{q}_{b_{k+1}}^w = \boldsymbol{\gamma}_{b_{k+1}}^{b_k} \tag{6.15}$$

其中，

$$\boldsymbol{\alpha}_{b_{k+1}}^{b_k} = \iint_{t\in[t_k,t_{k+1}]}(\boldsymbol{R}_t^{b_k}(\boldsymbol{a}_t - \boldsymbol{b}_{a_t} - \boldsymbol{n}_a))\mathrm{d}t^2 \tag{6.16}$$

$$\boldsymbol{\beta}_{b_{k+1}}^{b_k} = \int_{t\in[t_k,t_{k+1}]}(\boldsymbol{R}_t^{w}(\boldsymbol{a}_t - \boldsymbol{b}_{a_t} - \boldsymbol{n}_a))\mathrm{d}t \tag{6.17}$$

$$\boldsymbol{\gamma}_{b_{k+1}}^{b_k} = \int_{t\in[t_k,t_{k+1}]}\frac{1}{2}\boldsymbol{\Omega}(\boldsymbol{\omega}_t - \boldsymbol{b}_{\omega_t} - \boldsymbol{n}_\omega)\,\boldsymbol{\gamma}_t^{b_k}\mathrm{d}t \tag{6.18}$$

由于积分项等式的参考坐标系变成了 $\boldsymbol{b}_k$，那么积分结果就变成了 $\boldsymbol{b}_{k+1}$ 对于 $\boldsymbol{b}_k$ 的相对运动量，即使在优化过程中对视觉关键帧的位置、速度和旋转等状态进行调整，也并不会对积分项产生影响，故而通过这种方法可以避免重复积分，节省了工作量。

仔细观察式（6.13）和式（6.14），可以发现 IMU 预积分的相对量里依旧包含着偏置和噪声，现在用 $\boldsymbol{\alpha}_t^{b_k}$、$\boldsymbol{\beta}_t^{b_k}$、$\boldsymbol{\gamma}_t^{b_k}$、$\boldsymbol{b}_{a_t}$ 和 $\boldsymbol{b}_{\omega_t}$ 表示系统的真实状态，它们都是去除噪声后的理想状态，那么，真实状态可以分解为标称状态和误差状态的组合。其中，标称状态代表未除去噪声的大信号，用 $\hat{\boldsymbol{\alpha}}_t^{b_k}$、$\hat{\boldsymbol{\beta}}_t^{b_k}$、$\hat{\boldsymbol{\gamma}}_t^{b_k}$、$\hat{\boldsymbol{b}}_{a_t}$ 和 $\hat{\boldsymbol{b}}_{\omega_t}$ 表示；误差状态则代表小信号，用 $\delta\boldsymbol{\alpha}_t^{b_k}$、$\delta\boldsymbol{\beta}_t^{b_k}$、$\boldsymbol{\delta\gamma}_t^{b_k}$、$\boldsymbol{\delta b}_{a_t}$ 和 $\boldsymbol{\delta b}_{\omega_t}$ 表示。噪声是误差的主要来源，其累计过程也是由误差状态方程来描述。真实状态、标称状态与误差状态之间的关系可表示如下：

$$\boldsymbol{\alpha}_t^{b_k} = \hat{\boldsymbol{\alpha}}_t^{b_k} + \boldsymbol{\delta}\,\boldsymbol{\alpha}_t^{b_k} \tag{6.19}$$

$$\boldsymbol{\beta}_t^{b_k} = \hat{\boldsymbol{\beta}}_t^{b_k} + \boldsymbol{\delta\beta}_t^{b_k} \tag{6.20}$$

$$\begin{aligned}\boldsymbol{\gamma}_t^{b_k} &= \hat{\boldsymbol{\gamma}}_t^{b_k} \otimes \boldsymbol{\delta}\,\boldsymbol{\gamma}_t^{b_k}\\ &= \hat{\boldsymbol{\gamma}}_t^{b_k} \otimes \begin{bmatrix} 1 \\ \frac{1}{2}\boldsymbol{\delta}\theta_t^{b_k}\end{bmatrix}\end{aligned} \tag{6.21}$$

$$\boldsymbol{b}_{a_t} = \hat{\boldsymbol{b}}_{a_t} + \boldsymbol{\delta b}_{a_t} \tag{6.22}$$

$$\boldsymbol{b}_{\omega_t} = \hat{\boldsymbol{b}}_{\omega_t} + \boldsymbol{\delta b}_{\omega_t} \tag{6.23}$$

其中，真实状态的状态方程可以表示为

$$\dot{\boldsymbol{\alpha}}_t^{b_k} = \boldsymbol{\beta}_t^{b_k} \tag{6.24}$$

$$\dot{\boldsymbol{\beta}}_t^{b_k} = \boldsymbol{R}_t^w(\boldsymbol{a}_t - \boldsymbol{b}_{a_t} - \boldsymbol{n}_a) \tag{6.25}$$

$$\dot{\boldsymbol{\gamma}}_t^{b_k} = \frac{1}{2}\boldsymbol{\gamma}_t^{b_k} \otimes (\boldsymbol{\omega}_t - \boldsymbol{b}_{\omega_t} - \boldsymbol{n}_\omega) = \frac{1}{2}\boldsymbol{\Omega}(\boldsymbol{\omega}_t - \boldsymbol{b}_{\omega_t} - \boldsymbol{n}_\omega)\,\boldsymbol{\gamma}_t^{b_k} \tag{6.26}$$

$$\dot{\boldsymbol{b}}_{a_t} = \boldsymbol{n}_{a_t} \tag{6.27}$$

$$\dot{\boldsymbol{b}}_{\omega_t} = \boldsymbol{n}_{\omega_t} \tag{6.28}$$

同样，可以得到标称状态下的状态方程为

$$\dot{\hat{\boldsymbol{\alpha}}}_t^{b_k} = \hat{\boldsymbol{\beta}}_t^{b_k} \tag{6.29}$$

$$\dot{\hat{\boldsymbol{\beta}}}_t^{b_k} = \hat{\boldsymbol{R}}_t^{b_k}(\boldsymbol{a}_t - \hat{\boldsymbol{b}}_{a_t}) \tag{6.30}$$

$$\dot{\hat{\boldsymbol{\gamma}}}_t^{b_k} = \frac{1}{2}\hat{\boldsymbol{\gamma}}_t^{b_k} \otimes (\boldsymbol{\omega}_t - \hat{\boldsymbol{b}}_{\omega_t}) = \frac{1}{2}\boldsymbol{\Omega}(\boldsymbol{\omega}_t - \hat{\boldsymbol{b}}_{\omega_t})\hat{\boldsymbol{\gamma}}_t^{b_k} \tag{6.31}$$

$$\dot{\hat{\boldsymbol{b}}}_{a_t} = \boldsymbol{0} \tag{6.32}$$

$$\dot{\hat{\boldsymbol{b}}}_{\omega_t} = \boldsymbol{0} \tag{6.33}$$

其中式（6.32）和式（6.33）表明了在使用 IMU 信息时，一般认为加速度计和陀螺仪的偏置是保持不变的，只有在得到优化时，它的数值才会改变，并且改变之后要重新进行预积分。误差状态方程表示的是小信号的传播，并且不会过参数化，参数的数量正好和系统的自由度是一致的。这里主要针对四元数进行了参数化，并且误差状态基本是在 0 点附近进行传播，这样就能保证系统不会出现奇异性，并且具有良好的线性化性质。下面给出误差状态的状态方程：

$$\boldsymbol{\delta}\dot{\boldsymbol{\alpha}}_t^{b_k} = \boldsymbol{\delta\beta}_t^{b_k} \tag{6.34}$$

$$\boldsymbol{\delta}\dot{\boldsymbol{\beta}}_t^{b_k} = -\hat{\boldsymbol{R}}_t^{b_k}[\boldsymbol{a}_t - \hat{\boldsymbol{b}}_{a_t}]_\times\boldsymbol{\delta}\theta_t^{b_k} - \hat{\boldsymbol{R}}_t^{b_k}\boldsymbol{\delta b}_{a_t} - \hat{\boldsymbol{R}}_t^{b_k}\boldsymbol{n}_a \tag{6.35}$$

$$\boldsymbol{\delta}\dot{\theta}_t^{b_k} = -[\boldsymbol{\omega}_t - \hat{\boldsymbol{b}}_{\omega_t}]_\times\boldsymbol{\delta}\theta_t^{b_k} - \boldsymbol{\delta b}_{\omega_t} - \boldsymbol{n}_\omega \tag{6.36}$$

$$\boldsymbol{\delta}\dot{\boldsymbol{b}}_{a_t} = \boldsymbol{n}_{b_a} \tag{6.37}$$

$$\boldsymbol{\delta}\dot{\boldsymbol{b}}_{\omega_t} = \boldsymbol{n}_{b_\omega} \tag{6.38}$$

将误差状态写成矩阵的形式，结果如下：

$$\begin{bmatrix} \boldsymbol{\delta}\dot{\boldsymbol{\alpha}}_t^{b_k} \\ \boldsymbol{\delta}\dot{\boldsymbol{\beta}}_t^{b_k} \\ \boldsymbol{\delta}\dot{\theta}_t^{b_k} \\ \boldsymbol{\delta}\dot{\boldsymbol{b}}_{a_t} \\ \boldsymbol{\delta}\dot{\boldsymbol{b}}_{\omega_t} \end{bmatrix} = \begin{bmatrix} 0 & \boldsymbol{I} & 0 & 0 & 0 \\ 0 & 0 & -\hat{\boldsymbol{R}}_t^{b_k}[\boldsymbol{a}_t - \hat{\boldsymbol{b}}_{a_t}]_\times & \hat{\boldsymbol{R}}_t^{b_k} & 0 \\ 0 & 0 & -[\boldsymbol{\omega}_t - \hat{\boldsymbol{b}}_{\omega_t}]_\times & 0 & -I \\ 0 & 0 & 0 & 0 & 0 \\ 0 & 0 & 0 & 0 & 0 \end{bmatrix} \begin{bmatrix} \boldsymbol{\delta\alpha}_t^{b_k} \\ \boldsymbol{\delta\beta}_t^{b_k} \\ \boldsymbol{\delta}\theta_t^{b_k} \\ \boldsymbol{\delta b}_{a_t} \\ \boldsymbol{\delta b}_{\omega_t} \end{bmatrix} + \begin{bmatrix} 0 & 0 & 0 & 0 \\ -\hat{\boldsymbol{R}}_t^{b_k} & 0 & 0 & 0 \\ 0 & -\boldsymbol{I} & 0 & 0 \\ 0 & 0 & \boldsymbol{I} & 0 \\ 0 & 0 & 0 & \boldsymbol{I} \end{bmatrix} \begin{bmatrix} \boldsymbol{n}_a \\ \boldsymbol{n}_\omega \\ \boldsymbol{n}_{b_a} \\ \boldsymbol{n}_{b_\omega} \end{bmatrix}$$

$$= \boldsymbol{F}_t\boldsymbol{\delta z}_t^{b_k} + \boldsymbol{G}_t\boldsymbol{n}_t \tag{6.39}$$

至此，得到了 IMU 在连续状态下的误差状态方程为

$$\dot{\boldsymbol{\delta}}_t^{b_k} = \boldsymbol{F}_t^{15\times15}\boldsymbol{\delta z}_t^{b_k} + \boldsymbol{G}_t^{15\times12}\boldsymbol{n}_t \tag{6.40}$$

6.4 离散时间下图像帧间的位姿估计

上一节中推导了连续时间下图像帧间的 IMU 误差状态传播方程，但实际数据往往都是高频离散数据，所以要将其离散化。根据导数定义，可有

$$\boldsymbol{\delta}\dot{\boldsymbol{z}}_t^{b_k} = \lim_{\Delta t\to0}\frac{\delta z_{t+\Delta t}^{b_k} - \boldsymbol{\delta z}_t^{b_k}}{\Delta t} \tag{6.41}$$

将其展开，可得到

$$\delta z_{t+\Delta t}^{b_k} = \boldsymbol{\delta z}_t^{b_k} + \dot{\boldsymbol{\delta}}_t^{b_k}\Delta t = (\boldsymbol{I} + \boldsymbol{F}_t^{15\times15}\Delta t)\boldsymbol{\delta z}_t^{b_k} + (\boldsymbol{G}_t^{15\times12}\Delta t)\boldsymbol{n}_t \tag{6.42}$$

式（6.42）的意义是表示下一个时刻的 IMU 的测量误差与上一时刻的测量误差成线性关系，这样就可以根据当前时刻的数值，预测出下一时刻的均值和协方差。[54]式（6.42）给出的是均值预测，其中协方差预测公式如下：

$$\boldsymbol{p}_{t+\Delta t}^{b_k} = (\boldsymbol{I} + \boldsymbol{F}_t^{15\times15}\Delta t)\boldsymbol{p}_t^{b_k}(\boldsymbol{I} + \boldsymbol{F}_t^{15\times15}\Delta t)^{\mathrm{T}} + (\boldsymbol{G}_t^{15\times12}\Delta t)\boldsymbol{Q}(\boldsymbol{G}_t^{15\times12}\Delta t)^{\mathrm{T}} \tag{6.43}$$

其中初始值 $\boldsymbol{P}_t^{b_k}=\boldsymbol{0}$，用 $\boldsymbol{Q}$ 表示噪声项的对角协方差矩阵，可有

$$\boldsymbol{Q}^{12\times12} = \begin{bmatrix} \boldsymbol{\sigma}_a^2 & 0 & 0 & 0 \\ 0 & \boldsymbol{\sigma}_\omega^2 & 0 & 0 \\ 0 & 0 & \boldsymbol{\sigma}_{b_a}^2 & 0 \\ 0 & 0 & 0 & \boldsymbol{\sigma}_{b_\omega}^2 \end{bmatrix} \tag{6.44}$$

另外，根据式（6.43）可以获得误差项 Jacobian 矩阵的迭代公式：

$$\boldsymbol{J}_{t+\Delta t}^{b_k} = (\boldsymbol{I} + \boldsymbol{F}_t^{15\times15}\Delta t)\boldsymbol{J}_t^{b_k} \tag{6.45}$$

其中 Jocabian 矩阵的初始值为 $\boldsymbol{J}_t^{b_k}=\boldsymbol{I}$。

考虑两个关键帧之间的 IMU 预积分过程，可以十分容易得到关键帧 $\boldsymbol{b}_{k+1}$ 时刻对应的 Jocabian 矩阵 $\boldsymbol{J}^{b_{k+1}}$ 和协方差矩阵 $\boldsymbol{P}^{b_{k+1}}$。其中预积分项 $\boldsymbol{\alpha}_{b_{k+1}}^{b_k}$、$\boldsymbol{\beta}_{b_{k+1}}^{b_k}$ 和 $\boldsymbol{\gamma}_{b_{k+1}}^{b_k}$ 相对于关键帧 $\boldsymbol{b}_k$ 加速度计偏置误差 $\boldsymbol{\delta b}_{a_k}$ 和陀螺仪偏置误差 $\boldsymbol{\delta b}_{\omega_k}$ 的一阶近似可以近似表示为

$$\boldsymbol{\alpha}_{b_{k+1}}^{b_k} = \hat{\boldsymbol{\alpha}}_{b_{k+1}}^{b_k} + \boldsymbol{J}_{\delta b_{a_k}}^{\delta\alpha_{b_{k+1}}^{b_k}}\boldsymbol{\delta b}_{a_k} + \boldsymbol{J}_{\delta b_{\omega_k}}^{\delta\alpha_{b_{k+1}}^{b_k}}\boldsymbol{\delta b}_{\omega_k} \tag{6.46}$$

$$\boldsymbol{\beta}_{b_{k+1}}^{b_k} = \hat{\boldsymbol{\beta}}_{b_{k+1}}^{b_k} + \boldsymbol{J}_{\delta b_{a_k}}^{\delta\beta_{b_{k+1}}^{b_k}}\boldsymbol{\delta b}_{a_k} + \boldsymbol{J}_{\delta b_{\omega_k}}^{\delta\beta_{b_{k+1}}^{b_k}}\boldsymbol{\delta b}_{\omega_k} \tag{6.47}$$

$$\boldsymbol{\gamma}_{b_{k+1}}^{b_k} = \hat{\boldsymbol{\gamma}}_{b_{k+1}}^{b_k} \otimes \begin{bmatrix} 1 \\ \frac{1}{2}\boldsymbol{J}_{\delta b_{\omega_k}}^{\delta\theta_{b_{k+1}}^{b_k}}\boldsymbol{\delta b}_{\omega_k} \end{bmatrix} \tag{6.48}$$

$\boldsymbol{J}_{\delta b_{a_k}}^{\delta\alpha_{b_{k+1}}^{b_k}}$、$\boldsymbol{J}_{\delta b_{\omega_k}}^{\delta\alpha_{b_{k+1}}^{b_k}}$、$\boldsymbol{J}_{\delta b_{a_k}}^{\delta\beta_{b_{k+1}}^{b_k}}$、$\boldsymbol{J}_{\delta b_{\omega_k}}^{\delta\beta_{b_{k+1}}^{b_k}}$ 和 $\boldsymbol{J}_{\delta b_{\omega_k}}^{\delta\theta_{b_{k+1}}^{b_k}}$ 都是 $\boldsymbol{J}^{b_{k+1}}$ 的子块矩阵，可以直接从对应的位置获取。当加速度计和陀螺仪的偏置发生微小变化时，可以根据式（6.46）、式（6.47）和式（6.48）对预积分进行修正，从而避免了重复积分。至此，可以写出预积分形式下的 IMU 测量模型：

$$\begin{bmatrix} \hat{\boldsymbol{\alpha}}_{b_{k+1}}^{b_k} \\ \hat{\boldsymbol{\gamma}}_{b_{k+1}}^{b_k} \\ \hat{\boldsymbol{\beta}}_{b_{k+1}}^{b_k} \\ 0 \\ 0 \end{bmatrix} = \begin{bmatrix} \boldsymbol{R}_w^{b_k}(\boldsymbol{p}_{b_{k+1}}^w - \boldsymbol{p}_{b_k}^w - \boldsymbol{v}_{b_k}^w \triangle t_k + \frac{1}{2}\boldsymbol{g}^w \triangle t_k^2) \\ (\boldsymbol{q}_w^{b_k})^{-1} \otimes \boldsymbol{q}_{b_{k+1}}^w \\ \boldsymbol{R}_w^{b_k}(\boldsymbol{v}_{b_{k+1}}^w - \boldsymbol{v}_{b_k}^w + \boldsymbol{g}^w \triangle t_k) \\ \boldsymbol{b}_{ab_{k+1}} - \boldsymbol{b}_{ab_k} \\ \boldsymbol{b}_{\omega b_{k+1}} - \boldsymbol{b}_{\omega b_k} \end{bmatrix} \tag{6.49}$$

这个模型将为后端优化提供 IMU 信息的优化目标函数。

6.5　本章小结

本章主要阐述了 IMU 预积分技术，介绍了 IMU 的误差模型与相关运动学方程，详细推导了 IMU 预积分公式，最后得出基于 IMU 信息与视觉关键帧对齐的位姿估计结果，推导了误差状态下的 IMU 状态方程，证明了当加速度计和陀螺仪偏置发生微小变化时，可根据状态方程对预积分进行修正，进而避免了重复积分，既节省了工作量，也为后续 IMU 与相机之间的外参标定以及与视觉信息的紧耦合融合奠定了一定的理论与技术基础。

第 7 章
融合 IMU 信息的视觉定位与导航系统

本章主要将前述视觉部分和 IMU 部分预处理的信息进行融合，旨在为智能排爆机器人构建一个融合 IMU 信息的双目视觉定位与导航系统。主要研究工作涉及视觉定位与导航系统初始化，其中的主要研究内容包含相机与 IMU 外参数的标定、陀螺仪偏置误差的标定和滑动窗口的双目视觉初始化；着重阐述当初始化完成之后，如何处理固定滑动窗口大小对滑动窗口内构建视觉与 IMU 的非线性优化问题；同时，讲述如何通过边缘化保证滑动窗口大小一致进而保证处理速度的实时性；最后详细说明引入回环检测与校正部分将使导航的轨迹更加准确。

7.1　系统整体框架

项目组关于智能排爆机器人的初始构想中，融合 IMU 信息的双目视觉定位系统将按图 7.1 所示内容进行构造。该系统包含观测数据预处理、初始化、滑窗 VIO 非线性优化、回环检测与优化和导航地图的生成五大部分，其中导航地图的生成为系统的拓展部分，未在图 7.1 中显示。

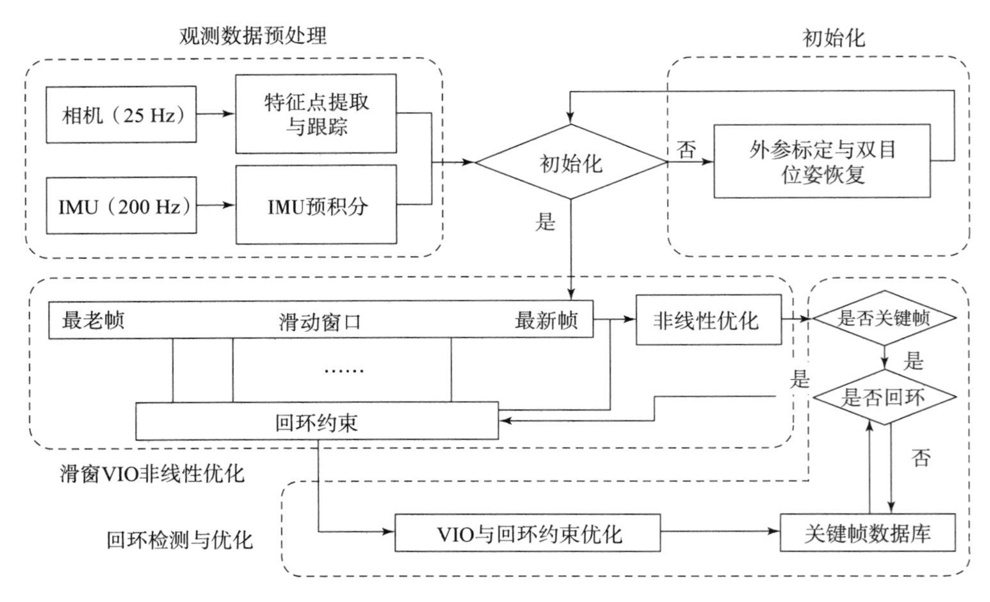

图 7.1　系统整体框架

现针对图 7.1 所示系统构成，说明各组成部分的功能与作用。

（1）观测数据预处理。由图 7.1 可知，该部分含两方面内容：①由相机构成的视觉信息采集部分，主要完成特征点的提取与跟踪；②IMU 部分，主要完成对获取数据的预积分操作。

（2）初始化。该部分的主要工作是完成相机与 IMU 的外参标定、陀螺仪偏置误差的校正以及整个滑窗内纯双目视觉的初始化。

（3）滑窗 VIO 非线性优化。该部分是整个系统的核心部分，主要解决视觉与 IMU 紧耦合的非线性优化问题，以得到移动机器人的最优估计。

（4）回环检测与优化。该部分构建关键帧数据库，利用词袋算法进行回环检测并对整个系统进行回环优化校正，保证能够得到运动一致的轨迹，提高整个系统的全局精度。

（5）导航地图的生成。该部分是上述系统的拓展部分，需要 RGB－D 相机支持，能够针对特殊场景提供用于移动机器人导航的地图。

7.2　系统初始化

在整个融合 IMU 信息的双目视觉系统完整运行之前，还需要对整个系统进行初始化处理，如相机与 IMU 之间的相对旋转的在线标定、陀螺仪偏置的矫正、滑动窗口内关键帧的位置、速度等，以及地图点深度值的获取。系统的初始化成功与否直接决定了整个系统能否完成后续工作。下面详细叙述上述部分和任务的初始化处置步骤。应当指出的是，在初始化之前，还需要对算法的滑动窗口内的数据管理进行说明。

7.2.1　滑动窗口内的数据管理

事实上，视觉定位与导航系统的图像帧数和 IMU 数据会随着运行时间的增加而增加。如果对历史数据都进行优化，那么系统的计算速度将会随着时间增加而有所减慢，这就与项目组要求该系统能够高效、实时地运行这一初衷背道而驰。所以项目组决定采用设置滑动窗口的方法去管理数据。为此，将设置固定大小的窗口，窗口内只存放一定数量的数据，这样在保证运行速度的同时又能保证较高的精度。

前述章节曾分别对视觉信息和 IMU 信息进行了预处理，其中视觉信息经处理完成之后成为特征点，效果如图 5.15 和图 5.17 所示。而 IMU 信息经过预积分能够得到两帧之间的平移、速度、旋转，即 $[\boldsymbol{\alpha}_{b_{k+1}}^{b_k},\boldsymbol{\beta}_{b_{k+1}}^{b_k},\boldsymbol{\gamma}_{b_{k+1}}^{b_k}]$。如图 7.2 所示，在时间 $t\in[k,k+1]$ 内，其中 k 和 $k+1$ 分别表示两帧图像时刻，分别产生了数个 IMU 数据和两帧相机数据。

其中 IMU 数据管理比较简单，只需将帧间预积分的结果和时间戳保存即可。对应视觉数据，假设 k 时刻为最初时刻，那么 k 时刻有左右两帧图像，对图 7.2 中的左图提取 Shi－Tomas 特征点并且利用 KLT 光流法对图 7.2 中的右图进行跟踪，且利用反向光流剔除外点，具体方法参考前述章节。最终会得到一系列特征点，其中每个特征点都有自己的 ID，并且在同一个时刻的左右两张图像上。应当注意的是，每个特征点的观测均有两种可能：一种是通过了反向光流检测之后同时在左右图像上都能观测到；另一种则是右边图像的点被剔除，只剩下左边图像的观测值。图 7.2 对此作出了简略的示意。

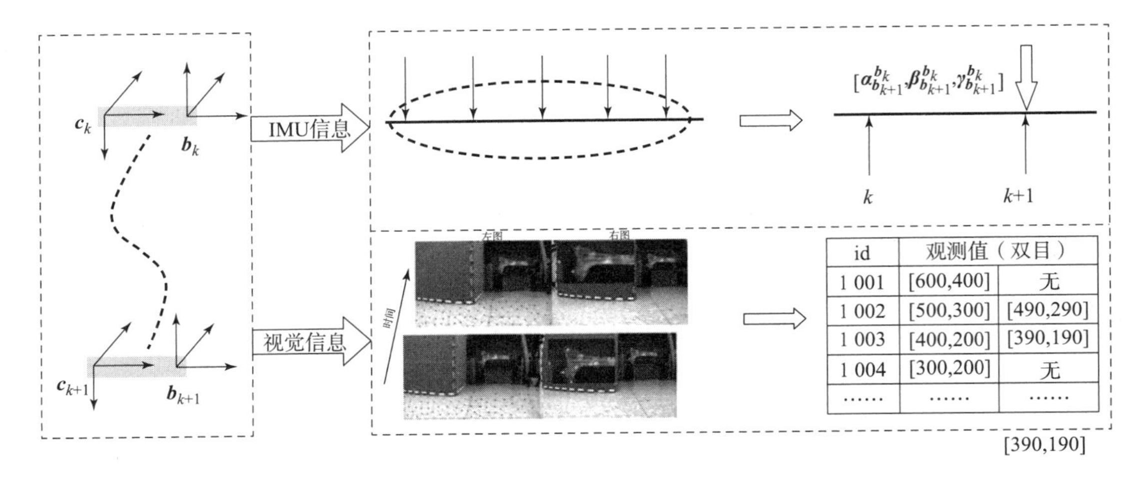

id	观测值（双目）	
1 001	[600,400]	无
1 002	[500,300]	[490,290]
1 003	[400,200]	[390,190]
1 004	[300,200]	无
……	……	……

[390,190]

图 7.2　IMU 与相机预处理信息

如图 7.3 所示，每一个特征都会被赋予一个特有的 ID，其中 list < Feature PerId > 表示了滑动窗口内的所有特征的集合，它也是 Feature PerId 的集合。Feature PerId 包含了每个特征分配的独有 ID 和每个特征点的多帧观测集合，也就是 Feature Per Frame。而 Feature Per Frame 则表示每个路标点在同一时刻的左右图像上的观测值。

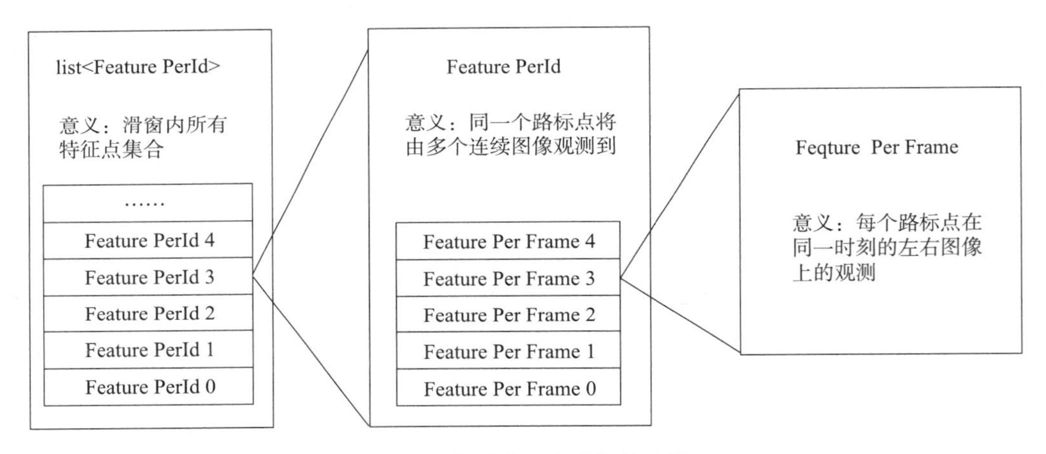

图 7.3　滑动窗口内特征管理器

现在的问题是只剩下当新的帧到来时，如何保证滑动窗口的帧数是固定数量的。一种十分直接的做法是永远剔除滑动窗口内最旧的帧。但这样做会带来一个问题，如果说相机短时间内处于静止状态，那么如果都剔除最旧的帧的话，那么滑动窗口内保持的基本都是运动很小的帧，这样不利于整个滑动窗口的求解。为此，项目组采用了关键帧判断机制，通过视差判断新来的帧是否为关键帧，并决定将滑动窗口内最老帧或次新帧边缘化掉。

在图 7.4 中，假设滑动窗口的大小为 5，在窗口未满之前，所有图像帧依次填入滑动窗口内；如果当滑动窗口已满，并且新的图像帧已经到来时，需要判定边缘化选项是最老帧还是次新帧。当编号为 5 的图像帧到来时，它的边缘化选项为次新帧，这就意味着经过计算编号为 4 的图像并不是关键帧，需要将次新帧边缘化掉，并将最新帧填入到滑动窗口最末尾的位置，其结果如图 7.4 第二行所示，最终次新帧变为编号为 5 的图像帧；而如果当边缘化选项为最老帧时，意味着次新帧在滑动窗口内可以作为关键帧，所以需要将最老帧从滑动窗口内边缘化掉，如编号 8 和编号 9 的图像帧到来时的情况所示。

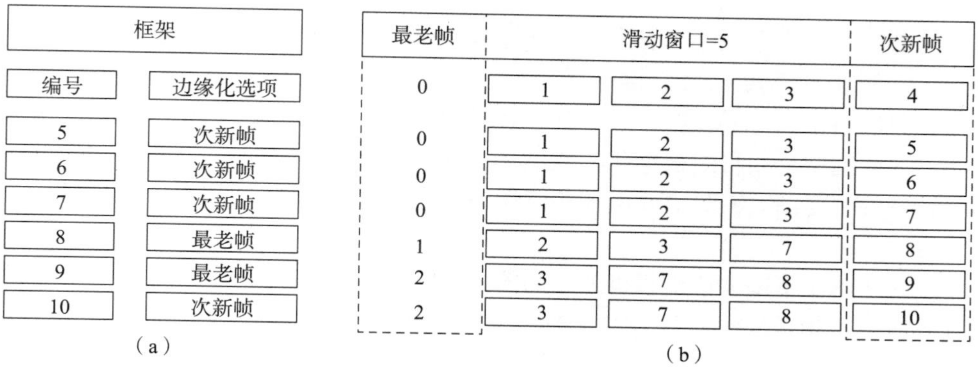

框架	
编号	边缘化选项
5	次新帧
6	次新帧
7	次新帧
8	最老帧
9	最老帧
10	次新帧

（a）

最老帧	滑动窗口=5			次新帧
0	1	2	3	4
0	1	2	3	5
0	1	2	3	6
0	1	2	3	7
1	2	3	7	8
2	3	7	8	9
2	3	7	8	10

（b）

图 7.4　滑动窗口边缘化示意图

（a）框架；（b）滑动窗口

如何确定边缘化选项则是通过特征点之间的视差来判断的，具体步骤如表 7.1 所示。

表 7.1　边缘化选项（关键帧）判定算法流程

算法 7.1：边缘化选项（关键帧）判定算法流程

输入：滑动窗口内所有特征点集合 list <Feature PerId>，包含最新帧；滑动窗口大小 N；视差阈值 T

输出：边缘化选项：次新帧或最老帧

1. 总视差 parallax_sum = 0，参与计算视差的特征点数量 parallax_num = 0
2. **for** 所有特征点 list <Feature PerId> **do**
3. 　　**if** 特征点起始帧 $i \leqslant N-2$ 且上一帧能被观测到 **then**
4. 　　　　计算次新帧和倒数第三帧的视差 parallax
5. 　　　　parallax_sum += parallax
6. 　　　　parallax_num ++
7. 　　**end if**
8. **end for**
9. 平均视差 average_parallax = parallax_sum/parallax_num
10. **if** average_parallax > T **then**
11. 　　边缘化最老帧
12. **else**
13. 　　边缘化次新帧
14. **end if**

表 7.1 展示的只是滑动窗口的流程，真正边缘化发生在后端优化。由于其中涉及了一系

列的优化变量，影响情况会比较复杂，而不会仅是表 7.1 所示的简单位置上的替代，后续工作中会有所研究和说明。

7.2.2 相机与 IMU 相对旋转的在线标定

相机与 IMU 之间的外参包括旋转和平移，其中旋转部分的标定非常重要，哪怕仅仅只偏差 1°~2°，系统的精度也会变得很低。当然相机与 IMU 的外参可以通过离线工具（如 Kalibr）进行离线标定，但是这种方法需要离线制作特殊图案的标定板，并离线采集数据进行标定。本次研究中，项目组根据相机观测与 IMU 预积分之间的约束进行在线标定，并不需要制作特殊的标定图案，只需要保证相机运动且有一定的旋转激励即可完成两者之间的旋转参数标定。

在图 7.5 所示场景中，假设相机在两帧图像之间（即 k 至 k 和 $k+1$ 时刻）的运动轨迹如黄色虚线所示，相机坐标系与 IMU 坐标系由于是刚体连接，因此它们的外参并未发生变化。在 $t \in [k, k+1]$ 这段时间内，分别能获取两帧图像的数据以及这段时间内的 IMU 数据。其中从视觉部分能十分容易地得到两帧图像特征点之间的匹配关系，并能够根据此前介绍的 2D－2D 本质矩阵恢复出相机之间的旋转 $\boldsymbol{R}_{c_{k+1}}^{c_k}$，而 IMU 信息也可以根据前述 IMU 预积分方法计算出 IMU 之间的旋转 $\boldsymbol{R}_{b_{k+1}}^{b_k}$。

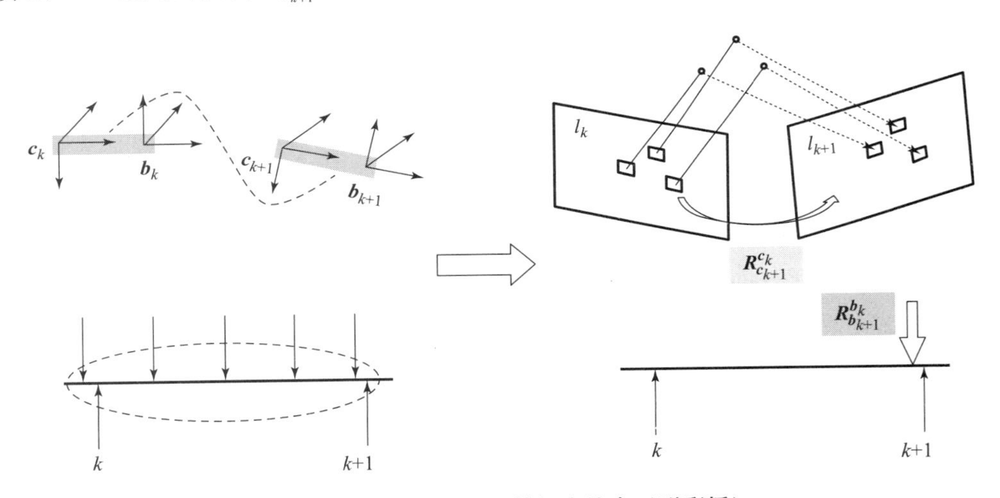

图 7.5 相机与 IMU 旋转标定约束（附彩插）

项目组本次研究的目的是求解 IMU 与相机之间的旋转矩阵 $\boldsymbol{R}_c^b$，对于任意 k 时刻，都有以下约束：

$$\boldsymbol{R}_{b_{k+1}}^{b_k} \boldsymbol{R}_c^b = \boldsymbol{R}_c^b \boldsymbol{R}_{c_{k+1}}^{c_k} \tag{7.1}$$

$$\boldsymbol{q}_{b_{k+1}}^{b_k} \otimes \boldsymbol{q}_c^b = \boldsymbol{q}_c^b \otimes \boldsymbol{q}_{c_{k+1}}^{c_k} \tag{7.2}$$

其中式（7.2）表示的是四元数，利用四元数左乘和右乘性质，可以将其转化为

$$\left(\boldsymbol{Q}_L(\boldsymbol{q}_{b_{k+1}}^{b_k}) - \boldsymbol{Q}_R(\boldsymbol{q}_{c_{k+1}}^{c_k})\right)\boldsymbol{q}_c^b = \boldsymbol{0} \tag{7.3}$$

将括号内部四元数减法运算进行简化，并加上权重可以得到

$$\boldsymbol{w}_{k+1}^{k} \boldsymbol{Q}_{k+1}^{k} \boldsymbol{q}_c^b = \boldsymbol{0} \tag{7.4}$$

当有 N 对相对旋转的 IMU 和视觉测量值时，可以得到约束线性方程如下：

$$\begin{bmatrix} \boldsymbol{w}_1^0\ \boldsymbol{Q}_1^0 \\ \boldsymbol{w}_2^1\ \boldsymbol{Q}_2^1 \\ \vdots \\ \boldsymbol{w}_N^{N-1}\ \boldsymbol{Q}_N^{N-1} \end{bmatrix} \boldsymbol{q}_c^b = \boldsymbol{0} \tag{7.5}$$

这样，就得到了形如 $\boldsymbol{Ax}=\boldsymbol{0}$ 的超定线性方程，于是可以通过 SVD 分解求解最优 $\boldsymbol{x}$，当求解出 $\boldsymbol{x}$ 之后，求解对应式（7.5），即可得到相机与 IMU 之间的旋转矩阵 $\boldsymbol{R}_c^b$。

7.2.3　双目相机初始化

项目组在本次研究中采用的是双目与 IMU 信息融合的方案。之所以选用双目相机是因为与单目相机相比，双目相机能够获取真实世界的确定尺度；而单目相机获取的尺度是不确定的，它需要通过与 IMU 数据对齐才能确定图像的尺度，而这一步骤双目相机可以省去，所以双目相机的初始化流程可以简化。

图 7.6 为滑动窗口初始化示意图，其中每一个时刻包含两张图像数据和数个 IMU 数据。前述章节已经分别处理过两者，其中经过视觉信息处理得到的是特征点，而经过 IMU 信息处理得到的是预积分结果。

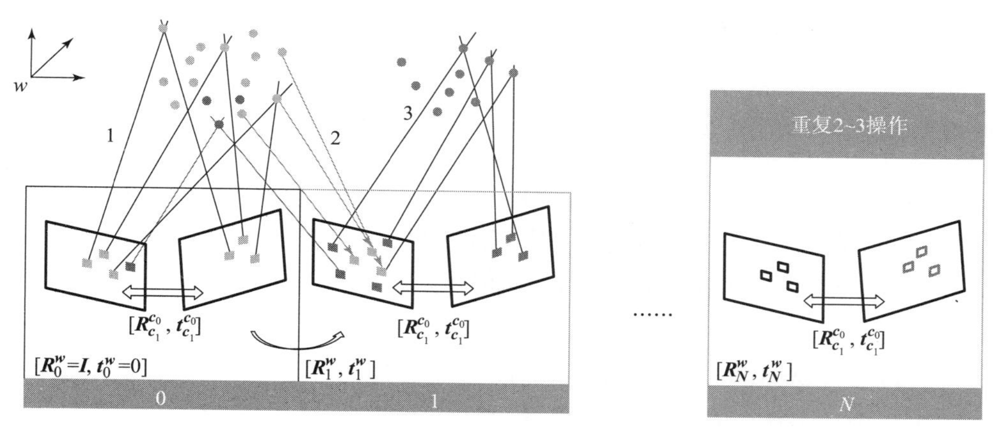

图 7.6　滑动窗口初始化示意图（附彩插）

但是，这一个时刻 IMU 得到的预积分结果并不是那么准确，因为还并未求取 IMU 的陀螺仪偏置，所以在滑动窗口还未满的时候，只是利用视觉信息进行初始化，如图 7.6 中的第 0 帧情况所示。在这个时刻，能够知道的是双目相机的外参。双目相机外参获取的步骤可以通过离线标定予以完成，或者通过前述的外参标定算法予以完成。

当知道双目相机的外参并且将第 0 帧作为系统的初始帧时，可将其位姿固定为 $[\boldsymbol{R}_0^w=\boldsymbol{I}, \boldsymbol{t}_0^w=\boldsymbol{0}]$，于是可以通过前述三角化理论和方法求解出路标点的深度信息，如图 7.6 中绿色圆圈代表的 3D 路标点所示。当第 1 帧到来时，可对第一帧的特征点进行跟踪，其中一部分绿色特征点也能在第 1 帧中有正确的 2D 观测，所以可以根据前述 *PnP* 方法求解第 0 帧到第 1 帧的变换关系，经过转换以后就可以得到第 1 帧在世界坐标系下的位姿关系。

需要指出，第 1 帧的特征点跟踪情况同样也会存在两种结果：①左右图像都能观测到，如第 1 帧的蓝色点；②只有左边图像能够观测到，如红色点。左右均能被观测到的可以通过双目三角化出深度，如蓝色路标点所示；只有左侧能观测到且能在第 0 帧中观测到的点，可以根据不同时刻的观测进行三角化，因为这个时候第 0 帧和第 1 帧的相机位姿均已知。所以第 1 帧结束之后图中红色、绿色、蓝色的路标点均有深度，灰色路标点是求取深度失败的点。在之后到来的第 2 帧、第 3 帧直到第 N 帧（N 为滑动窗口大小），只需要重复图 7.6 中的 2 ~ 3 步骤即可完成初始化，其中步骤 2 为 3D－2D 的 PnP 求解相机位姿，在位姿已知的情况下可以三角化出更多的路标点，即步骤 3。

经过上述重复操作之后，可以将初始化步骤简化为算法 7.2，其中关于视觉部分的初始化已经讲解完毕，当滑动窗口正好满了之后，还需要对 IMU 的陀螺仪偏置进行求解，因为在初始预积分时曾假设其偏置为 0。

表 7.2　滑动窗口内初始化算法 7.2 的实施步骤

算法 7.2　滑动窗口内初始化实施步骤：
输入：特征点跟踪数据 list < Feature PerId > 与预积分数据 list < PreIntegration >
输出：滑动窗口内所有帧的位姿 $[\boldsymbol{R},\boldsymbol{t}]$，陀螺仪偏置 bw
1. while 图像帧 i < 滑动窗口大小 N
2. 　　根据 3D－2D 的匹配点对求解当前帧的位姿 $[\boldsymbol{R},\boldsymbol{t}]$
3. 　　已知位姿之后三角化出更多的路标点
4. end while
5. 求解陀螺仪偏置 bw

图 7.7 表示了在图像帧正好等于滑动窗口大小之后，经过之前的初始化步骤所能得到的数据。其中 IMU 部分主要是根据前述章节内容计算得到的预积分数据，视觉部分则是根据双目视觉 PnP 求解和三角化操作得到双目相机的位姿。

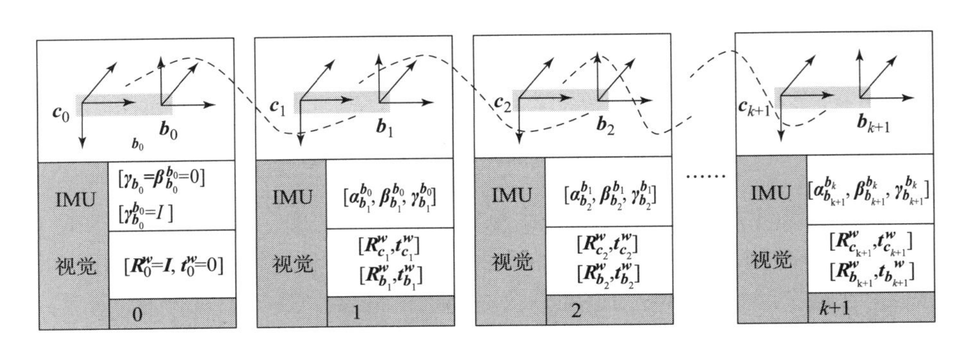

图 7.7　滑动窗口数据分布

现在考虑滑动窗口的连续两个关键帧 $\boldsymbol{b}_k$ 和 $\boldsymbol{b}_{k+1}$，通过双目视觉初始化并结合相机的外参可以获得机体坐标系关于世界坐标系下的旋转 $\boldsymbol{q}_{\boldsymbol{b}_k}^{\boldsymbol{w}}$ 和 $\boldsymbol{q}_{\boldsymbol{b}_{k+1}}^{\boldsymbol{w}}$；同理，通过 IMU 预积分可以获得两个关键帧机体坐标系之间的相对旋转约束 $\boldsymbol{\gamma}_{\boldsymbol{b}_{k+1}}^{\boldsymbol{b}_k}$。于是，可以构建校正陀螺仪偏置的目标函数如下：

$$\min_{\delta \boldsymbol{b}_\omega} \sum_{k \in N} \left\| {\boldsymbol{q}_{\boldsymbol{b}_{k+1}}^{\boldsymbol{w}}}^{-1} \otimes \boldsymbol{q}_{\boldsymbol{b}_k}^{\boldsymbol{w}} \otimes \boldsymbol{\gamma}_{\boldsymbol{b}_{k+1}}^{\boldsymbol{b}_k} \right\|^2 \tag{7.6}$$

其中，

$$\boldsymbol{\gamma}_{b_{k+1}}^{b_k} = \hat{\boldsymbol{\gamma}}_{b_{k+1}}^{b_k} \otimes \begin{bmatrix} 1 \\ \frac{1}{2} \boldsymbol{J}_{\delta \boldsymbol{b}_{\omega_k}}^{\delta \theta_{b_{k+1}}^{b_k}} \delta \boldsymbol{b}_{\omega_k} \end{bmatrix} \tag{7.7}$$

N 表示滑动窗口中的所有帧，式（7.7）表示了 $\boldsymbol{\gamma}_{b_{k+1}}^{b_k}$ 关于陀螺仪偏置误差 $\delta \boldsymbol{b}_w$ 的一阶近似。

式（7.6）中目标函数的最小值为单位四元数，所以可以将式（7.7）进一步改写为

$$\boldsymbol{q}_{b_{k+1}}^{w\ -1} \otimes \boldsymbol{q}_{b_k}^{w} \otimes \hat{\boldsymbol{\gamma}}_{b_{k+1}}^{b_k} \otimes \begin{bmatrix} 1 \\ \frac{1}{2} \boldsymbol{J}_{\delta \boldsymbol{b}_{\omega_k}}^{\delta \theta_{b_{k+1}}^{b_k}} \delta \boldsymbol{b}_{\omega_k} \end{bmatrix} = \begin{bmatrix} 1 \\ 0 \\ 0 \\ 0 \end{bmatrix} \tag{7.8}$$

因而可有

$$\begin{bmatrix} 1 \\ \frac{1}{2} \boldsymbol{J}_{\delta \boldsymbol{b}_{\omega_k}}^{\delta \theta_{b_{k+1}}^{b_k}} \delta \boldsymbol{b}_{\omega_k} \end{bmatrix} = \hat{\boldsymbol{\gamma}}_{b_{k+1}}^{b_k\ -1} \otimes \boldsymbol{q}_{b_k}^{w\ -1} \boldsymbol{q}_{b_{k+1}}^{w} \otimes \begin{bmatrix} 1 \\ 0 \\ 0 \\ 0 \end{bmatrix} \tag{7.9}$$

若只考虑四元数的虚部，则可以将其进一步简化为

$$\boldsymbol{J}_{\delta \boldsymbol{b}_{\omega_k}}^{\delta \theta_{b_{k+1}}^{b_k}} \delta \boldsymbol{b}_{\omega_k} = 2\left(\hat{\boldsymbol{\gamma}}_{b_{k+1}}^{b_k\ -1} \otimes \boldsymbol{q}_{b_k}^{w\ -1} \boldsymbol{q}_{b_{k+1}}^{w}\right)_{\mathrm{vec}} \tag{7.10}$$

其中 $(\cdot)_{\mathrm{vec}}$ 表示取四元数的虚部，式（7.10）只是滑动窗口内连续两帧之间的约束方程，如果把滑动窗口内的所有帧进行增广，且假设在窗口内陀螺仪偏置保持不变。于是可以得到如下方程：

$$\begin{bmatrix} \boldsymbol{J}_{\delta \boldsymbol{b}_{\omega}}^{\delta \theta_{b_1}^{b_0}} \\ \vdots \\ \boldsymbol{J}_{\delta \boldsymbol{b}_{\omega}}^{\delta \theta_{b_N}^{b_{N-1}}} \end{bmatrix} \delta \boldsymbol{b}_{\omega} = \begin{bmatrix} 2\left(\hat{\boldsymbol{\gamma}}_{b_1}^{b_0\ -1} \otimes \boldsymbol{q}_{b_0}^{w\ -1} \boldsymbol{q}_{b_1}^{w}\right)_{\mathrm{vec}} \\ \vdots \\ 2\left(\hat{\boldsymbol{\gamma}}_{b_N}^{b_{N-1}\ -1} \otimes \boldsymbol{q}_{b_{N-1}}^{w\ -1} \boldsymbol{q}_{b_N}^{w}\right)_{\mathrm{vec}} \end{bmatrix} \tag{7.11}$$

以上方程形如 $\boldsymbol{A x} = \boldsymbol{b}$，可以利用 SVD 分解来求解式（7.11），获取目标函数最小解，从而完成对陀螺仪偏置 $\delta \boldsymbol{b}_{\omega}$ 的校正。

7.2.4　基于滑窗的视觉惯性联合初始化

当陀螺仪的偏置经过前面介绍的步骤进行矫正之后，还需要对预积分得结果进行重新矫正。于是，可根据式（6.46）、式（6.47）和式（6.48）对原始预积分进行修正，这样就可以避免十分耗时的重新预积分。

图 7.8 中除灰色未初始化成功的点以外，其余带颜色的圆点都是初始化成功的路标点。实际上，地图点的初始化过程只用到了 2 个位姿，但其实一个特征点会被多帧观测到。所以当滑动窗口满了之后，最后还需对所有特征点再进行一次三角化，这次三角化用到了特征点的所有观测。至此，整个初始化过程已经完毕，其结果如图 7.9 所示。此时整个滑动窗口内的关键帧位姿以及地图点均已根据双目相机初始化过程计算出了结果，其结果如图 7.10 所示。需要说明的是，图 7.11 所示为示意性情况，实际窗口大小一般设置为 10。

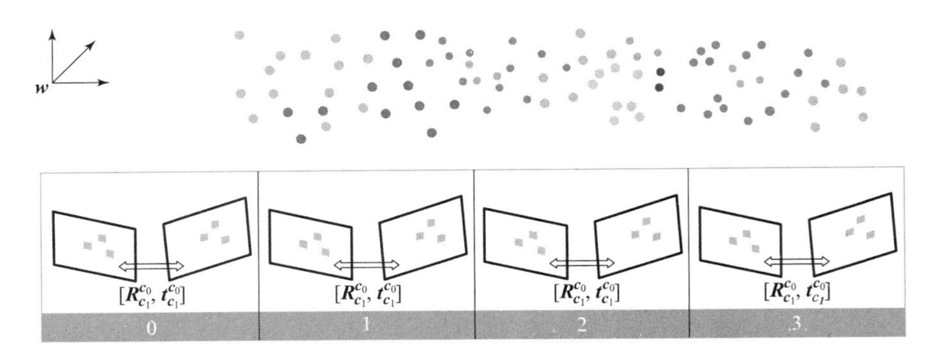

图 7.8　滑动窗口地图点示意图（附彩插）

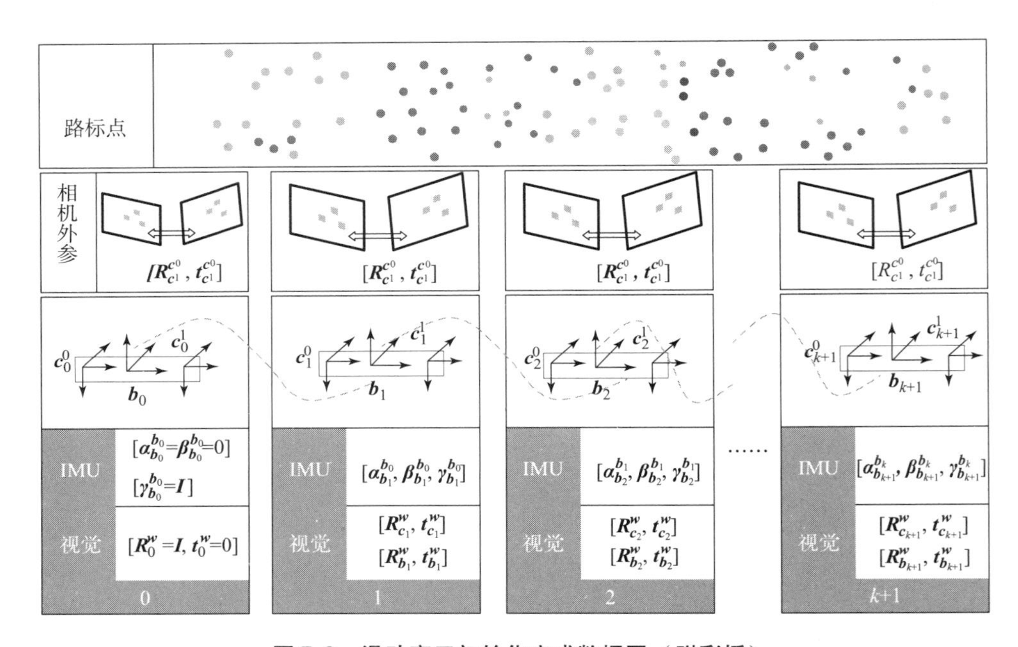

图 7.9　滑动窗口初始化完成数据图（附彩插）

在图 7.9 中，整个滑动窗口的数据包含四大部分，具体如下。

（1）路标点部分：该部分包含每个路标点在第一帧观测相机坐标系下的深度。

（2）相机外参部分：该部分包含以左相机为参考系，所得到得右相机的位置与旋转。

（3）IMU 部分：该部分包含帧间预积分结果，包含平移、旋转与速度。

（4）视觉部分：该部分包含相机相对于世界坐标系的位置与姿态。

7.3　紧耦合非线性后端优化

滑动窗口初始化的完成表明视觉定位与导航系统整体初始化成功。当初始化完成之后则需要对滑动窗口进行非线性优化求解。为了保证系统运行的速率和稳定性，需要将滑动窗口大小予以固定，进而完成整个后端滑动窗口的非线性优化操作。

7.3.1　后端优化系统状态向量

后端优化问题的状态向量包括滑动窗口内的 $n+1$ 个关键帧时刻 IMU 坐标系的位置、速度、旋转、加速度计偏置、陀螺仪偏置、相机到 IMU 的外参以及 $m+1$ 个 3D 路标点的逆深度，即有

$$\begin{aligned}\boldsymbol{\chi} &= [\boldsymbol{x}_0, \boldsymbol{x}_1, \cdots, \boldsymbol{x}_n, \boldsymbol{x}_c^b, \lambda_0, \lambda_1, \cdots, \lambda_m] \\ \boldsymbol{x}_k &= [\boldsymbol{p}_{b_k}^w, \boldsymbol{v}_{b_k}^w, \boldsymbol{q}_{b_k}^w, \boldsymbol{b}_a, \boldsymbol{b}_g], k \in [0, n] \\ \boldsymbol{x}_c^b &= [\boldsymbol{p}_{c_1}^b, \boldsymbol{q}_{c_1}^b, \boldsymbol{p}_{c_2}^b, \boldsymbol{q}_{c_2}^b]\end{aligned} \tag{7.12}$$

优化过程中的误差状态量为

$$\begin{aligned}\boldsymbol{\delta\chi} &= [\boldsymbol{\delta x}_0, \boldsymbol{\delta x}_1, \cdots, \boldsymbol{\delta x}_n, \boldsymbol{\delta x}_c^b, \boldsymbol{\delta}\lambda_0, \boldsymbol{\delta}\lambda_1, \cdots, \boldsymbol{\delta}\lambda_m] \\ \boldsymbol{\delta x}_k &= [\boldsymbol{\delta p}_{b_k}^w, \boldsymbol{\delta v}_{b_k}^w, \boldsymbol{\delta q}_{b_k}^w, \boldsymbol{\delta b}_a, \boldsymbol{\delta b}_g], k \in [0, n] \\ \boldsymbol{\delta x}_c^b &= [\boldsymbol{\delta p}_{c_1}^b, \boldsymbol{\delta q}_{c_1}^b, \boldsymbol{\delta p}_{c_2}^b, \boldsymbol{\delta q}_{c_2}^b]\end{aligned} \tag{7.13}$$

7.3.2　优化目标函数

整个后端优化向量可以分为 3 个部分：①边缘化的先验信息；②视觉测量残差；③IMU 测量约束。根据 SLAM 问题的数学表述可以将目标函数写为

$$\min_{\boldsymbol{\chi}}\left\{\|\boldsymbol{r}_P - \boldsymbol{H}_P\boldsymbol{\chi}\|^2 + \sum_{k\in B}\|\boldsymbol{r}_B(\hat{z}_{b_{k+1}}^{b_k}, \boldsymbol{\chi})\|_{\boldsymbol{P}_{b_{k+1}}^{b_k}}^2 + \sum_{(l,j)\in C}\|\boldsymbol{r}_C(\hat{z}_l^{c_j}, \boldsymbol{\chi})\|_{\boldsymbol{P}_l^{c_j}}^2\right\} \tag{7.14}$$

式中，$\boldsymbol{P}_{b_{k+1}}^{b_k}$ 为 IMU 预积分帧间噪声的协方差矩阵；$\boldsymbol{P}_l^{c_j}$ 为视觉观测的协方差矩阵。B 表示所有 IMU 预积分数据；C 表示所有特征点观测；$\boldsymbol{r}_P$ 、$\boldsymbol{r}_B$ 、$\boldsymbol{r}_C$ 分别表示先验信息、IMU 测量约束和视觉部分残差。现在运用高斯—牛顿法求解最小二乘法问题，以 IMU 测量残差为例，将 $\boldsymbol{r}_B(\hat{z}_{b_{k+1}}^{b_k}, \boldsymbol{\chi})$ 进行泰勒一阶展开：

$$\begin{aligned}\min_{\boldsymbol{\chi}}\|\boldsymbol{r}_B(\hat{z}_{b_{k+1}}^{b_k}, \boldsymbol{\chi})\|_{\boldsymbol{P}_{b_{k+1}}^{b_k}}^2 &\approx \min_{\boldsymbol{\chi}}\|\boldsymbol{r}_B(\hat{z}_{b_{k+1}}^{b_k}, \boldsymbol{\chi}) + \boldsymbol{J}_{b_{k+1}}^{b_k}\boldsymbol{\delta\chi}\|_{\boldsymbol{P}_{b_{k+1}}^{b_k}}^{b_k} \\ &= \min_{\boldsymbol{\chi}}\{(\boldsymbol{r}_B + \boldsymbol{J}_{b_{k+1}}^{b_k}\boldsymbol{\delta\chi})^{\mathrm{T}}(\boldsymbol{P}_{b_{k+1}}^{b_k})^{-1}(\boldsymbol{r}_B + \boldsymbol{J}_{b_{k+1}}^{b_k}\boldsymbol{\delta\chi})\} \\ &= \min_{\boldsymbol{\chi}}\{\boldsymbol{r}_B^{\mathrm{T}}(\boldsymbol{P}_{b_{k+1}}^{b_k})^{-1}\boldsymbol{r}_B + 2\boldsymbol{r}_B^{\mathrm{T}}(\boldsymbol{P}_{b_{k+1}}^{b_k})^{-1}\boldsymbol{\delta\chi} + \boldsymbol{\delta\chi}^{\mathrm{T}}(\boldsymbol{J}_{b_{k+1}}^{b_k})^{\mathrm{T}}(\boldsymbol{P}_{b_{k+1}}^{b_k})^{-1}\boldsymbol{J}_{b_{k+1}}^{b_k}\boldsymbol{\delta\chi}\}\end{aligned} \tag{7.15}$$

对式（7.13）求解关于 $\boldsymbol{\delta\chi}$ 的导数，并令其为 $\mathbf{0}$，可以得到增量方程：

$$(\boldsymbol{J}_{b_{k+1}}^{b_k})^{\mathrm{T}}(\boldsymbol{P}_{b_{k+1}}^{b_k})^{-1}\boldsymbol{J}_{b_{k+1}}^{b_k}\boldsymbol{\delta\chi} = -(\boldsymbol{J}_{b_{k+1}}^{b_k})^{\mathrm{T}}(\boldsymbol{P}_{b_{k+1}}^{b_k})^{-1}\boldsymbol{r}_B \tag{7.16}$$

于是可以写出目标函数 $\boldsymbol{r}_B(\hat{z}_{b_{k+1}}^{b_k}, \boldsymbol{\chi})$ 对于 $\boldsymbol{\delta\chi}$ 的增量方程：

$$\left(\boldsymbol{\Lambda}_P + \sum(\boldsymbol{J}_{b_{k+1}}^{b_k})^{\mathrm{T}}(\boldsymbol{P}_{b_{k+1}}^{b_k})^{-1}\boldsymbol{J}_{b_{k+1}}^{b_k} + \sum(\boldsymbol{J}_l^{c_j})^{\mathrm{T}}(\boldsymbol{P}_l^{c_j})^{-1}\boldsymbol{J}_l^{c_j}\right)\boldsymbol{\delta\chi} = \boldsymbol{g}_P + \boldsymbol{g}_B + \boldsymbol{g}_C \tag{7.17}$$

可以进一步简化为

$$(\boldsymbol{\Lambda}_P + \boldsymbol{\Lambda}_B + \boldsymbol{\Lambda}_C)\boldsymbol{\delta\chi} = \boldsymbol{g}_P + \boldsymbol{g}_B + \boldsymbol{g}_C \tag{7.18}$$

式（7.18）与式（4.19）是一致的，且 $\boldsymbol{\Lambda}_P$ ，$\boldsymbol{\Lambda}_B$ ，$\boldsymbol{\Lambda}_C$ 为近似的 Hessian 矩阵。

7.3.3 视觉测量约束

通过视觉测量可以完成特征点的提取与跟踪。为了增强视觉测量的效果，项目组在本次研究中采用了双目相机进行相关的视觉测量。由于引入了双目相机，特征点增加了右视相机的观测，所以会引入额外的约束，故而需要考虑相应的处置方式。图 7.10 所示为滑动窗口特征点的约束情况示意图。

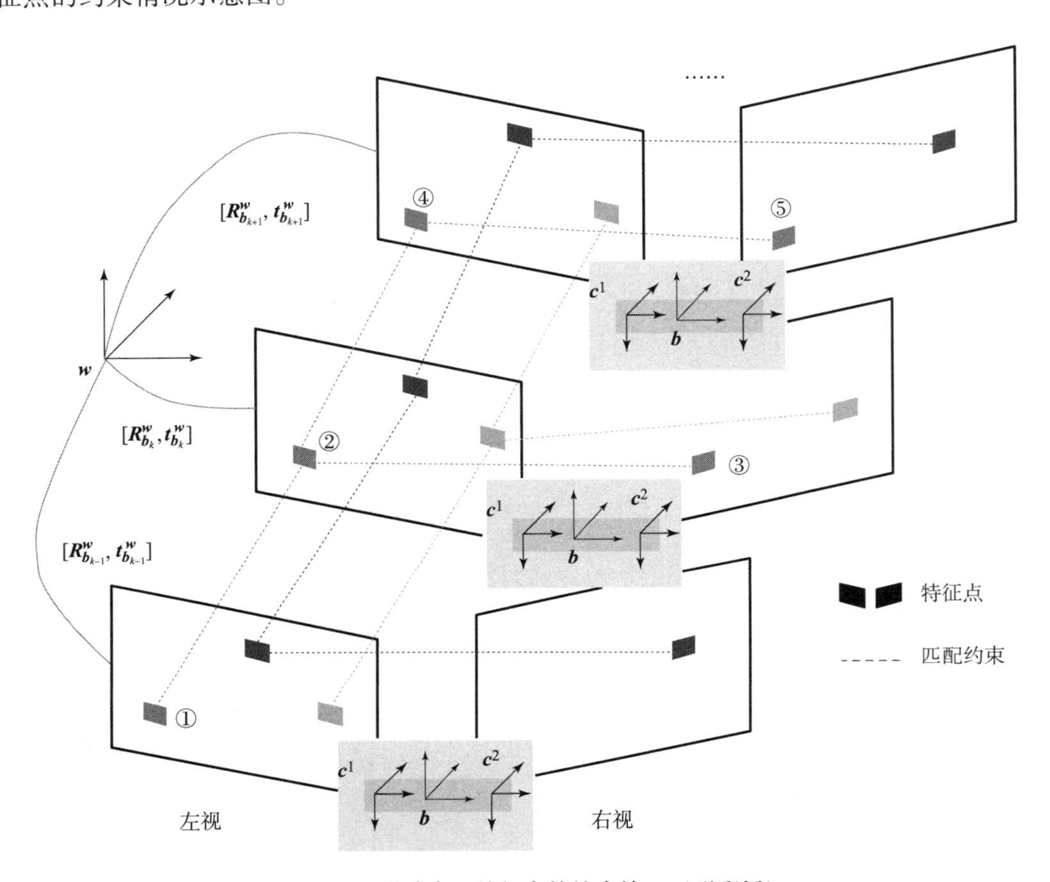

图 7.10 滑动窗口特征点的约束情况（附彩插）

在图 7.10 中，以棕黄色特征点为例，它在第 $k-1$ 帧第一次被观测到，假设它在 $k-1$ 帧中的逆深度为 λ_l，它在第 k 帧中左右相机均有观测，所以可将其分为两类：①单个相机之间的观测约束；②双目相机之间的观测约束。下面详细讲述两种约束。

1. 单个相机之间的观测约束

单个相机的观测约束意味着特征点的跟踪均在一个相机内，这里主要涉及单个相机与 IMU 之间的外参约束。在这种情况下，假设第 i 帧图像首次观测到路标点 l，同样它在第 j 帧的左视图像上也有观测，而两帧图像之间的待优化状态向量为

$$[\boldsymbol{p}^w_{b_i},\boldsymbol{\theta}^w_{b_i}],[\boldsymbol{p}^w_{b_j},\theta^w_{b_j}],[\boldsymbol{p}^b_{c^1},\boldsymbol{\theta}^b_{c^1}],\lambda_l \tag{7.19}$$

式中，$[\boldsymbol{p}^w_{b_i},\theta^w_{b_i}]$ 为特征点首次观测帧的机体坐标系相对于世界坐标系的位姿；$[\boldsymbol{p}^w_{b_j},\theta^w_{b_j}]$ 为特征点继首次观测帧之后的第 j 帧的位姿；$[\boldsymbol{p}^b_{c^1},\theta^b_{c^1}]$ 为左视相机相对于 IMU 的变换。由于这里

是单个相机之间的观测约束，所以只涉及左边相机与 IMU 的变换，λ_l 为特征点在首次观测帧中相机坐标系下的逆深度。以图 7.10 中的棕黄色特征点为例，在此情况下一共有两个约束，即①～②与①～④，其约束定义为

$$r_C(\hat{z}_l^{c_j^1},\boldsymbol{\chi}) = \left(\frac{\boldsymbol{p}_l^{c_j^1}}{\|\boldsymbol{p}_l^{c_j^1}\|} - \hat{\bar{\boldsymbol{p}}}_l^{c_j^1}\right) \tag{7.20}$$

式中 $\hat{\bar{\boldsymbol{p}}}_l^{c_j}$ 为特征点在第 j 帧左视相机中的观测的归一化坐标系，由式（5.19）、式（5.20）和式（5.21）可得到

$$\hat{\bar{\boldsymbol{p}}}_l^{c_j^1} = \boldsymbol{\pi}^{-1}\begin{pmatrix}\hat{\boldsymbol{u}}_l^{c_j^1}\\ \hat{\boldsymbol{v}}_l^{c_j^1}\end{pmatrix} \tag{7.21}$$

$\boldsymbol{p}_l^{c_j^1}$ 是路标点 l 在第 j 帧图像对应时刻左视相机坐标系下的可能坐标。图 7.11 描述了滑动窗口特征点的约束情况，从第 i 帧的图像坐标系 $[\hat{\boldsymbol{u}}_l^{c_i^1},\hat{\boldsymbol{v}}_l^{c_i^1}]$ 经过 7 次变换，变换到了第 j 帧相机坐标系下的归一化坐标。这 7 次变换的详细描述如图 7.11 与表 7.3 所示。

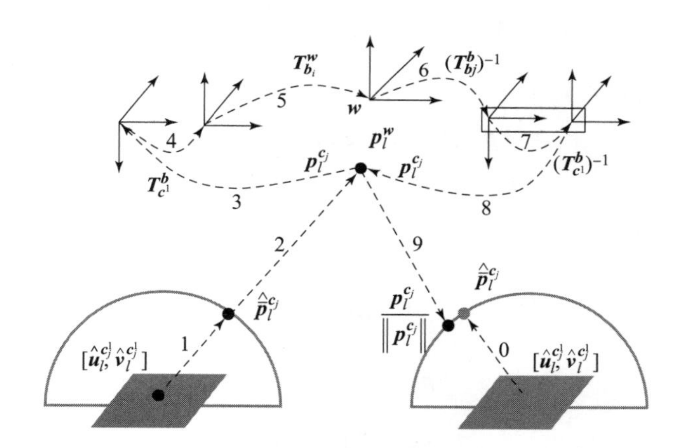

图 7.11　单个相机之间的观测约束

表 7.3　单个相机之间的观测约束

步骤	描述	步骤	描述
0	第 j 帧观测像素坐标系到相机归一化坐标系：$\boldsymbol{\pi}^{-1}$操作	5	$\boldsymbol{p}_l^w$变换到第 j 帧 body 系下
1	第 i 帧观测像素坐标系到相机归一化坐标系：$\boldsymbol{\pi}^{-1}$操作	6	经相机外参变换到第 j 帧相机坐标系下得到 $\boldsymbol{p}_l^{c_j}$
2	除以逆深度λ_l得到第 i 帧相机坐标系坐标	7	$\boldsymbol{p}_l^{c_j}$ 归一化得到第 j 帧预测值：$\frac{\boldsymbol{p}_l^{c_j}}{\|\boldsymbol{p}_l^{c_j}\|}$
3	第 i 帧相机坐标系变换到 i 帧 body 系		
4	第 i 帧 body 系变换到世界坐标系得到$\boldsymbol{p}_l^w$		

最终步骤 1 ~6 可以写成以下式子：

$$\boldsymbol{p}_l^{c_j^1} = (\boldsymbol{R}_{c^1}^b)^{-1}\left((\boldsymbol{R}_{b_j}^w)^{-1}\left(\boldsymbol{R}_{b_i}^w\left(\boldsymbol{R}_{c^1}^b \frac{1}{\boldsymbol{\lambda}_l}\pi^{-1}([\hat{\boldsymbol{u}}_l^{c_i^1}, \hat{\boldsymbol{v}}_l^{c_i^1}]^{\mathrm{T}}) + \boldsymbol{p}_{c^1}^b\right) + \boldsymbol{p}_{b_i}^w - \boldsymbol{p}_{b_j}^w\right) - \boldsymbol{p}_{c^1}^b\right) \tag{7.22}$$

将式（7.22）和式（7.21）代入目标函数表达式（7.20），即可得到最终残差优化目标函数，由于 $\hat{\boldsymbol{p}}_l^{c_j^1}$ 和 $\dfrac{\boldsymbol{p}_l^{c_j^1}}{\|\boldsymbol{p}_l^{c_j^1}\|}$ 均为归一化坐标，即其模长为 1，于是残差的最终自由度为 2。在图 7.12 中，将初始的三维视觉测量残差 $\dfrac{\boldsymbol{p}_l^{c_j^1}}{\|\boldsymbol{p}_l^{c_j^1}\|} - \hat{\boldsymbol{p}}_l^{c_j^1}$ 投影到正切平面，$\boldsymbol{b}_1$ 和 $\boldsymbol{b}_2$ 为正切平面上任意一对正交基，于是，最终视觉残差可以记为

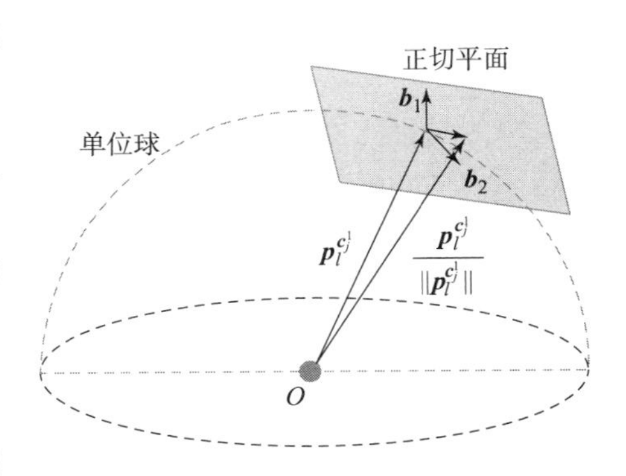

图 7.12 单位球面视觉残差

$$\boldsymbol{r}_C(\hat{z}_l^{c_j^1}, \boldsymbol{\chi}) = [\boldsymbol{b}_1 \quad \boldsymbol{b}_2]^{\mathrm{T}} \cdot \left(\frac{\boldsymbol{p}_l^{c_j^1}}{\|\boldsymbol{p}_l^{c_j^1}\|} - \hat{\boldsymbol{p}}_l^{c_j^1}\right) \tag{7.23}$$

待求取的状态向量可重写如下：

$$\boldsymbol{\chi}_c = [\boldsymbol{p}_{b_i}^w, \boldsymbol{\theta}_{b_i}^w], [\boldsymbol{p}_{b_j}^w, \theta_{b_j}^w], [\boldsymbol{p}_{c^1}^b, \theta_{c^1}^b], \lambda_l \tag{7.24}$$

此后即可根据高斯—牛顿法求取增量方程。求取增量方程需要求取残差对待优化变量的雅可比矩阵，即有

$$\boldsymbol{J}_c = \frac{\partial \boldsymbol{r}_C}{\partial \dfrac{\boldsymbol{p}_l^{c_j^1}}{\|\boldsymbol{p}_l^{c_j^1}\|}} \frac{\partial \boldsymbol{r}'_C}{\partial \boldsymbol{\chi}_c} = \frac{\partial \boldsymbol{r}_C}{\partial \dfrac{\boldsymbol{p}_l^{c_j^1}}{\|\boldsymbol{p}_l^{c_j^1}\|}} \frac{\partial \boldsymbol{p}_l^{c_j^1}}{\partial \boldsymbol{\chi}_c} \tag{7.25}$$

其中，$\dfrac{\partial \boldsymbol{r}'_C}{\partial \boldsymbol{\chi}_c}$ 可以由式（7.22）和式（7.24）求取。按照式（7.24）对状态向量分块并将雅可比矩阵记作 $\boldsymbol{J}_1[0]^{3\times6}, \boldsymbol{J}_1[1]^{3\times6}, \boldsymbol{J}_1[2]^{3\times6}, \boldsymbol{J}_1[3]^{3\times1}$，其详细结果可见附录 B 视觉雅可比部分。

2. 双目相机之间的观测约束

双目相机之间的观测约束意味着特征点的跟踪出现在了两个相机中，这里会涉及左右两个相机与 IMU 之间的外参约束。在这种情况下，假设第 i 帧图像左视部分首次观测到路标点 l，而它在第 j 帧的右视图像上也有观测，而两帧图像之间的待优化状态向量为

$$[\boldsymbol{p}_{b_i}^w, \theta_{b_i}^w], [\boldsymbol{p}_{b_j}^w, \theta_{b_j}^w], [\boldsymbol{p}_{c^1}^b, \theta_{c^1}^b], [\boldsymbol{p}_{c^2}^b, \theta_{c^2}^b], \lambda_l \tag{7.26}$$

注意到式（7.26）中 $[p_{c^2}^b, \theta_{c^2}^b]$ 为右视相机关于 IMU 坐标系的变换，它相较于式（7.19）单个相机之间的观测约束正好多出此项。同样，以图 7.10 中的棕黄色特征点为例，在此情况下一共有两个约束：①~③与①~⑤，同样可以写出其约束定义：

$$\boldsymbol{r}_C(\hat{z}_l^{c_j^2}, \boldsymbol{\chi}) = \left(\frac{\boldsymbol{p}_l^{c_j^2}}{\|\boldsymbol{p}_l^{c_j^2}\|} - \hat{\boldsymbol{p}}_l^{c_j^2}\right) \tag{7.27}$$

$\boldsymbol{p}_l^{c_j^2}$ 则是路标点 l 在第 j 帧图像对应时刻右视相机坐标系下的可能坐标。与单个相机约束情况不同的是，其整个过程可以如图 7.13 所示。图 7.13 与图 7.11 十分相似，其区别在于图像右半部分的观测是 j 时刻的右视相机，所以上标带有数字 2。

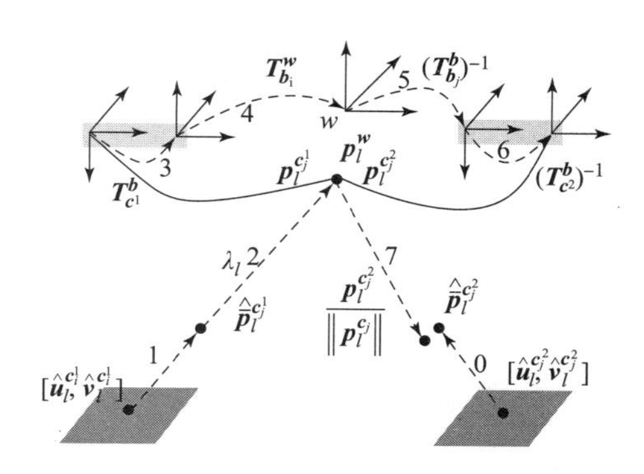

图 7.13 双目相机之间的观测约束

同样表 7.3 的步骤 1 ~6 可以写为

$$\boldsymbol{p}_l^{c_j^2} = (\boldsymbol{R}_{c^2}^b)^{-1}\left((\boldsymbol{R}_{b_j}^w)^{-1}\left(\boldsymbol{R}_{b_i}^w\left(\boldsymbol{R}_{c^1}^b \frac{1}{\boldsymbol{\lambda}_l}\boldsymbol{\pi}^{-1}([\hat{\boldsymbol{u}}_l^{c_i^1}, \hat{\boldsymbol{v}}_l^{c_i^1}]^{\mathrm{T}}) + \boldsymbol{p}_{c^1}^b\right) + \boldsymbol{p}_{b_i}^w - \boldsymbol{p}_{b_j}^w\right) - \boldsymbol{p}_{c^2}^b\right) \tag{7.28}$$

$\boldsymbol{p}_l^{c_j^2}$ 为特征点在 j 帧右视相机坐标系下的坐标值，而步骤 7 将其进行归一化得到归一化预测值 $\frac{\boldsymbol{p}_l^{c_j^2}}{\|\boldsymbol{p}_l^{c_j^2}\|}$，从理论上来看，它与表 7.3 步骤 0 中 j 时刻观测像素坐标反向投影到归一化坐标 $\hat{\boldsymbol{p}}_l^{c_j^2}$ 应该相等，于是，参照单个相机的观测约束构建出优化目标函数如下：

$$\boldsymbol{r}_C(\hat{z}_l^{c_j^2}, \boldsymbol{\chi}) = [\boldsymbol{b}_1 \quad \boldsymbol{b}_2]^{\mathrm{T}} \cdot \left(\frac{\boldsymbol{p}_l^{c_j^2}}{\|\boldsymbol{p}_l^{c_j^2}\|} - \hat{\boldsymbol{p}}_l^{c_j^2}\right) \tag{7.29}$$

式（7.26）显示了其优化变量。同样，求取目标函数对优化变量的偏导数，可以得到雅可比矩阵，将雅可比矩阵划分为 5 个矩阵块：$\boldsymbol{J}_2[0]^{3\times6}, \boldsymbol{J}_2[1]^{3\times6}, \boldsymbol{J}_2[2]^{3\times6}, \boldsymbol{J}_2[3]^{3\times6}$，$\boldsymbol{J}_2[4]^{3\times1}$，其详细结果可见附录 B 视觉雅可比部分。综合视觉观测的两种约束，将其归纳写成一个最小二乘问题，即有

$$\min_{\boldsymbol{\chi}} \sum_{(l,j)\in C} \|\boldsymbol{r}_C(\hat{\boldsymbol{z}}_l^{c_j}, \boldsymbol{\chi})\|_{\boldsymbol{P}_l^{c_j}}^2 \tag{7.30}$$

其中 $\boldsymbol{P}_l^{c_j}$ 为观测协方差矩阵。实际上，观测到的像素坐标由理论像素坐标和噪声两部分组成。假设 $\boldsymbol{u}$、$\boldsymbol{v}$ 坐标方向的噪声相互独立，且其均值为 0，方差为 1.5 像素平方，则其对应的协方差矩阵为

$$\boldsymbol{P}_l^{c_j} = \frac{1.5}{f}\boldsymbol{I}_{2\times2} \tag{7.31}$$

注意到式（4.14）中的协方差矩阵的逆 $\boldsymbol{C}^{-1}$，即信息矩阵，在视觉测量中其协方差矩阵为式（7.31），于是最终变为

$$\begin{aligned}\min_{\boldsymbol{\chi}} \frac{1}{2}\boldsymbol{r}_C{}^{\mathrm{T}}\boldsymbol{P}^{-1}\boldsymbol{r}_C &= \min_{\boldsymbol{\chi}} \frac{1}{2}\boldsymbol{r}_C{}^{\mathrm{T}}\boldsymbol{L}\boldsymbol{L}^{\mathrm{T}}\boldsymbol{r}_C \\ &= \min_{\boldsymbol{\chi}} \frac{1}{2}(\boldsymbol{L}^{\mathrm{T}}\boldsymbol{r}_C)^{\mathrm{T}}\boldsymbol{L}^{\mathrm{T}}\boldsymbol{r}_C = \min_{\boldsymbol{\chi}} \frac{1}{2}\|\boldsymbol{L}^{\mathrm{T}}\boldsymbol{r}_C\|^2\end{aligned} \tag{7.32}$$

令 $\boldsymbol{L}^{\mathrm{T}}\boldsymbol{r}_C$ 作为新的残差，其好处是残差实际上计算的马氏距离，它是无量纲，即不受单位影响，不同量纲的物理量可以一起优化。

7.3.4 IMU 测量约束

IMU 能够测量移动机器人的加速度和角速度，根据前述预积分原理可以计算出其在两帧图像之间的相对平移、旋转和速度 $[\boldsymbol{\alpha}_{b_{k+1}}^{b_k},\boldsymbol{\gamma}_{b_{k+1}}^{b_k},\boldsymbol{\beta}_{b_{k+1}}^{b_k}]$，参考系永远为上一帧的机体坐标系。图 7.14 显示了 IMU 测量的约束情况，其最终目的是求解相机在两帧图像中相对于世界坐标系下的位姿，即

$$[\boldsymbol{p}_{b_k}^{w},\theta_{b_k}^{w}],[\boldsymbol{v}_{b_k}^{w},\boldsymbol{b}_{a_k},\boldsymbol{b}_{\omega_k}] \tag{7.33}$$

$$[\boldsymbol{p}_{b_{k+1}}^{w},\theta_{b_{k+1}}^{w}],[\boldsymbol{v}_{b_{k+1}}^{w},\boldsymbol{b}_{a_{k+1}},\boldsymbol{b}_{\omega_{k+1}}] \tag{7.34}$$

式中，$[\boldsymbol{p}_{b_k}^{w},\boldsymbol{\theta}_{b_k}^{w}]$ 和 $[\boldsymbol{p}_{b_{k+1}}^{w},\theta_{b_{k+1}}^{w}]$ 分别为 k 与 $k+1$ 时刻机体坐标系相对于世界坐标系的位置与旋转；$[\boldsymbol{v}_{b_k}^{w},\boldsymbol{b}_{a_k},\boldsymbol{b}_{\omega_k}]$ 和 $[\boldsymbol{v}_{b_{k+1}}^{w},\boldsymbol{b}_{a_{k+1}},\boldsymbol{b}_{\omega_{k+1}}]$ 则分别为 k 与 $k+1$ 时刻机体坐标系相对于世界坐标系的速度、加速度偏置和陀螺仪偏置。

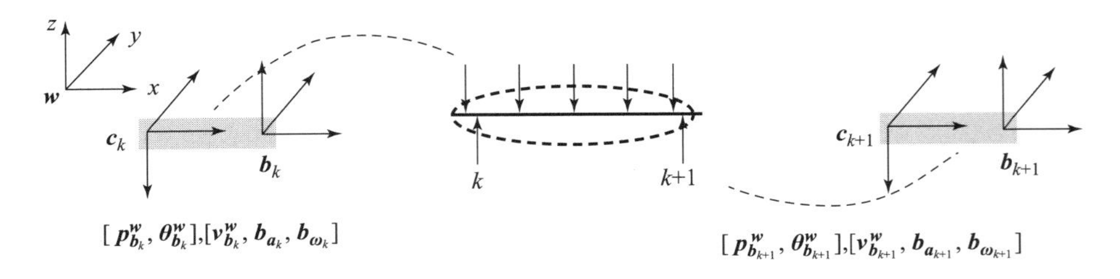

图 7.14 IMU 测量约束示意图

根据 IMU 测量式（6.49），可以写出 IMU 的残差 $\boldsymbol{r}_B(\hat{z}_{b_{k+1}}^{b_k},\boldsymbol{\chi})$ 如下：

$$\boldsymbol{r}_B(\hat{z}_{b_{k+1}}^{b_k},\boldsymbol{\chi})=\begin{bmatrix}\delta\boldsymbol{\alpha}_{b_{k+1}}^{b_k}\\ \delta\theta_{b_{k+1}}^{b_k}\\ \delta\boldsymbol{\beta}_{b_{k+1}}^{b_k}\\ \delta\boldsymbol{b}_a\\ \delta\boldsymbol{b}_\omega\end{bmatrix}=\begin{bmatrix}\boldsymbol{R}_w^{b_k}(\boldsymbol{p}_{b_{k+1}}^{w}-\boldsymbol{p}_{b_k}^{w}-\boldsymbol{v}_{b_k}^{w}\triangle t_k+\frac{1}{2}\boldsymbol{g}^w\triangle t_k^2)-\hat{\boldsymbol{\alpha}}_{b_{k+1}}^{b_k}\\ 2[(\hat{\boldsymbol{\gamma}}_{b_{k+1}}^{b_k})^{-1}\otimes(\boldsymbol{q}_w^{b_k})^{-1}\otimes\boldsymbol{q}_{b_{k+1}}^{w}]_{\mathrm{vec}}\\ \boldsymbol{R}_w^{b_k}(\boldsymbol{v}_{b_{k+1}}^{w}-\boldsymbol{v}_{b_k}^{w}+\boldsymbol{g}^w\triangle t_k)-\hat{\boldsymbol{\beta}}_{b_{k+1}}^{b_k}\\ \boldsymbol{b}_{ab_{k+1}}-\boldsymbol{b}_{ab_k}\\ \boldsymbol{b}_{\omega b_{k+1}}-\boldsymbol{b}_{\omega b_k}\end{bmatrix} \tag{7.35}$$

式中，$[\boldsymbol{q}]_{\mathrm{vec}}$ 表示四元数 q 的虚部；$[\hat{\boldsymbol{\alpha}}_{b_{k+1}}^{b_k},\hat{\boldsymbol{\beta}}_{b_{k+1}}^{b_k},\hat{\boldsymbol{\gamma}}_{b_{k+1}}^{b_k}]^{\mathrm{T}}$ 为关键帧 $\boldsymbol{b}_k$ 和关键帧 $\boldsymbol{b}_{k+1}$ 时间间隔内仅使用含有噪声的加速度计和陀螺仪数据计算的预积分 IMU 测量项；$\boldsymbol{\delta}\theta_{b_{k+1}}^{b_k}$ 是四元数误差的三维表示方法。

因此整个问题变成了求解一个最小二乘法问题 $\min\limits_{\boldsymbol{\chi}}\frac{1}{2}\|\boldsymbol{r}_B(\hat{z}_{b_{k+1}}^{b_k},\boldsymbol{\chi})\|^2$ 。回顾前述高斯—牛顿算法求解最小二乘法问题的相关内容，需要求解残差关于待优化变量的雅可比矩阵。在 IMU 观测中，残差可参见式（7.35），其维度为 15×1；待优化变量可参见式（7.34），其维度为 30×1，其中雅可比矩阵的最终维度为 15×30。按照式（7.34）可将其划分成 4 个矩阵块，即可分成 $\boldsymbol{J}[0]^{15\times6},\boldsymbol{J}[1]^{15\times9},\boldsymbol{J}[2]^{15\times6},\boldsymbol{J}[3]^{15\times9}$。

注意到式（4.14）中的协方差矩阵的逆 $\boldsymbol{C}^{-1}$，即信息矩阵，在 IMU 测量中其协方差矩

阵可以通过式（6.43）迭代求解得到 $\boldsymbol{p}_{b_{k+1}}^{b_k}$ ，于是最终变为

$$\begin{aligned}\min_{\chi} \frac{1}{2} \boldsymbol{r}_B{}^{\mathrm{T}} \boldsymbol{p}^{-1} \boldsymbol{r}_B &= \min_{\chi} \frac{1}{2} \boldsymbol{r}_B{}^{\mathrm{T}} \boldsymbol{L}\boldsymbol{L}^{\mathrm{T}} \boldsymbol{r}_B \\ &= \min_{\chi} \frac{1}{2} (\boldsymbol{L}^{\mathrm{T}} \boldsymbol{r}_B)^{\mathrm{T}} \boldsymbol{L}^{T} \boldsymbol{r}_B \ (5-34) \\ &= \min_{\chi} \frac{1}{2} \|\boldsymbol{L}^{\mathrm{T}} \boldsymbol{r}_B\|^2\end{aligned} \tag{7.36}$$

令 $\boldsymbol{L}^{\mathrm{T}}\boldsymbol{r}_B$ 作为新的残差，其好处是残差实际上计算的马氏距离，相当于对原残差加权，协方差大权重小，权重小表述对该数据的信任程度低；而协方差小则权重大，表示对该数据的信任程度高，一方面它使得估计更加鲁棒，另一方面它是无量纲的，不受单位影响，不同量纲的物理量可以一起优化。

7.4　固定滑动窗口大小的边缘化技术

由于滑动窗口的大小是固定的，随着时间推移，视觉与 IMU 的约束会越来越多。这时为了保证运算速度，就需要将滑动窗口中的一些帧的位姿和特征点进行边缘化。所谓边缘化并不是直接将其丢弃，因为直接将其丢弃会损失很多约束信息，而是利用 Schur 补公式进行边缘化，具体的边缘化策略将在后续节次中详细讲述。

7.4.1　边缘化和 Schur 补公式

根据高斯—牛顿法求解最小二乘法问题可知，求解增量方程 $\boldsymbol{H}\Delta\boldsymbol{x} = \boldsymbol{g}$ 是其核心，将增量方程写成分块矩阵形式：

$$\begin{bmatrix} \boldsymbol{\Lambda}_a & \boldsymbol{\Lambda}_b \\ \boldsymbol{\Lambda}_b^{\mathrm{T}} & \boldsymbol{\Lambda}_c \end{bmatrix} \begin{bmatrix} \Delta\boldsymbol{x}_a \\ \Delta\boldsymbol{x}_b \end{bmatrix} = \begin{bmatrix} \boldsymbol{g}_a \\ \boldsymbol{g}_b \end{bmatrix} \tag{7.37}$$

其中，$\Delta\boldsymbol{x}_a$ 和 $\Delta\boldsymbol{x}_b$ 并不一定是路标点和位姿部分。不失一般性，可将 $\Delta\boldsymbol{x}_a$ 和 $\Delta\boldsymbol{x}_b$ 分别定义为希望边缘化部分和希望保留的部分。由于 $\Delta\boldsymbol{x}_a$ 为希望边缘化的变量，因此求解 $\Delta\boldsymbol{x}_b$ 成了式（7.37）关键的变量。但是直接删除 $\Delta\boldsymbol{x}_a$ 以及其相关的约束会丢失很多信息，因此，采用 Schur 补公式进行消元，可有

$$\begin{bmatrix} \boldsymbol{I} & 0 \\ -\boldsymbol{\Lambda}_b^{\mathrm{T}}\boldsymbol{\Lambda}_a^{-1} & \boldsymbol{I} \end{bmatrix} \begin{bmatrix} \boldsymbol{\Lambda}_a & \boldsymbol{\Lambda}_b \\ \boldsymbol{\Lambda}_b^{\mathrm{T}} & \boldsymbol{\Lambda}_c \end{bmatrix} \begin{bmatrix} \Delta\boldsymbol{x}_a \\ \Delta\boldsymbol{x}_b \end{bmatrix} = \begin{bmatrix} \boldsymbol{I} & 0 \\ -\boldsymbol{\Lambda}_b^{\mathrm{T}}\boldsymbol{\Lambda}_a^{-1} & \boldsymbol{I} \end{bmatrix} \begin{bmatrix} \boldsymbol{g}_a \\ \boldsymbol{g}_b \end{bmatrix} \tag{7.38 (a)}$$

$$\Leftrightarrow \begin{bmatrix} \boldsymbol{\Lambda}_a & \boldsymbol{\Lambda}_b \\ 0 & \boldsymbol{\Lambda}_c - \boldsymbol{\Lambda}_b^{\mathrm{T}}\boldsymbol{\Lambda}_a^{-1}\boldsymbol{\Lambda}_b \end{bmatrix} \begin{bmatrix} \Delta\boldsymbol{x}_a \\ \Delta\boldsymbol{x}_b \end{bmatrix} = \begin{bmatrix} \boldsymbol{g}_a \\ \boldsymbol{g}_b - \boldsymbol{\Lambda}_b^{\mathrm{T}}\boldsymbol{\Lambda}_a^{-1}\boldsymbol{g}_a \end{bmatrix} \tag{7.38 (b)}$$

其中，$\boldsymbol{\Lambda}_b^{\mathrm{T}}\boldsymbol{\Lambda}_a^{-1}\boldsymbol{g}_a$ 即 $\boldsymbol{\Lambda}_a$ 在 $\boldsymbol{\Lambda}_b$ 中的 Schur 项，至此只需要计算 $\Delta\boldsymbol{x}_b$ ，即式（7.38（b））的第二项：

$$(\boldsymbol{\Lambda}_c - \boldsymbol{\Lambda}_b^{\mathrm{T}}\boldsymbol{\Lambda}_a^{-1}\boldsymbol{\Lambda}_b)\Delta\boldsymbol{x}_b = \boldsymbol{g}_b - \boldsymbol{\Lambda}_b^{\mathrm{T}}\boldsymbol{\Lambda}_a^{-1}\boldsymbol{g}_a \tag{7.39}$$

式（7.39）是从式（7.37）转化而来，边缘化之后其实并未丢失任何约束，因此不会丢失信息。式（7.39）为滑动窗口需要保留的先验信息，实际上对应着式（7.14）中的先验信息部分。为了说明边缘化的过程，现以一个简单的例子说明矩阵 $\boldsymbol{H}$ 的变化。在图 7.15 所示场景中，有 4 个相机位姿 $\boldsymbol{x}_{pi}$ 以及 6 个路标点 $\boldsymbol{x}_{mk}$ ，相机与路标点之间的连线表示了一次

观测，相邻相机位姿之间的连线表示 IMU 约束。

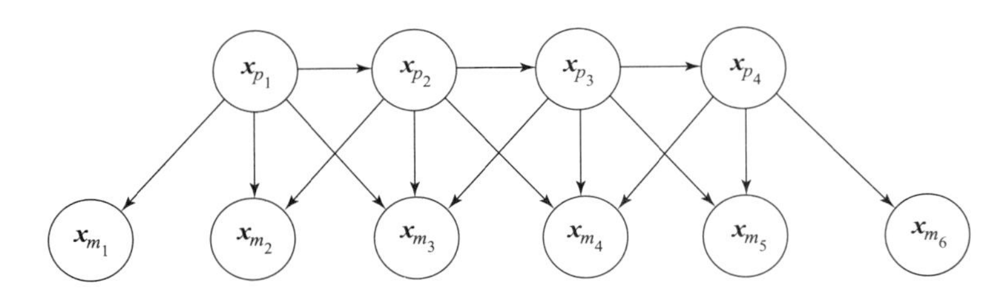

图 7.15 场景中 4 个相机观测到 6 个路标点的约束关系

现在详细讲述将 $\boldsymbol{x}_{p1}$ 边缘化掉，再将特征点 $\boldsymbol{x}_{m1}$ 边缘化掉的整个 $\boldsymbol{H}$ 矩阵的变化过程。根据前述章节内容，可以画出 $\boldsymbol{H}$ 矩阵的原始形态，如图 7.16 所示。

	m_1	m_2	m_3	m_4	m_5	m_6	p_1	p_2	p_3	p_4
m_1	1						1			
m_2		1					1	1		
m_3			1				1	1	1	
m_4				1				1	1	1
m_5					1				1	1
m_6						1				1
p_1	1	1	1				1	1		
p_2		1	1	1			1	1	1	
p_3			1	1	1			1	1	1
p_4				1	1	1			1	1

图 7.16 *H* 矩阵原始形态

在图 7.16 中，左上角为路标点相关部分，右下角为位姿相关部分，由于 $\boldsymbol{H}$ 矩阵具有对称性，图 7.16 中有颜色的方块表示了两者之间互相关联，且对应到自身肯定关联。因而根据图 7.15 可以十分容易画出图 7.16 示意的矩阵 $\boldsymbol{H}$ 的原始形态。数字 1 表示该矩阵块存在数值。先将位姿 p_1 边缘化掉，在边缘化之间将 p_1 在矩阵 $\boldsymbol{H}$ 中的部分提到左上角，使其与式（7.37）对应，如图 7.17（a）所示，将此时完整形式写成下面的式子：

$$\begin{bmatrix} \boldsymbol{\Lambda}_{a}^{6\times6} & \boldsymbol{\Lambda}_{b}^{6\times(3\times6+6\times3)=6\times32} \\ \boldsymbol{\Lambda}_{b}^{\mathrm{T}32\times6} & \boldsymbol{\Lambda}_{c}^{32\times32} \end{bmatrix} \begin{bmatrix} \Delta\boldsymbol{x}_{a}^{6\times1} \\ \Delta\boldsymbol{x}_{b}^{32\times1} \end{bmatrix} = \begin{bmatrix} \boldsymbol{g}_{a}^{6\times1} \\ \boldsymbol{g}_{b}^{32\times1} \end{bmatrix} \tag{7.40}$$

式（7.40）的第二项为

$$(\boldsymbol{\Lambda}_{c}^{32\times32} - \boldsymbol{\Lambda}_{b}^{\mathrm{T}32\times6}(\boldsymbol{\Lambda}_{a}^{6\times6})^{-1}\boldsymbol{\Lambda}_{b}^{6\times32})\Delta\boldsymbol{x}_{b}^{32\times1} = \boldsymbol{g}_{b}^{32\times1} - \boldsymbol{\Lambda}_{b}^{\mathrm{T}32\times6}(\boldsymbol{\Lambda}_{a}^{6\times6})^{-1}\boldsymbol{g}_{a}^{6\times1} \tag{7.41}$$

式（7.41）中（$\boldsymbol{\Lambda}_{c}^{32\times32} - \boldsymbol{\Lambda}_{b}^{\mathrm{T}32\times6}(\boldsymbol{\Lambda}_{a}^{6\times6})^{-1}\boldsymbol{\Lambda}_{b}^{6\times32}$）即为新的 $\boldsymbol{H}$ 矩阵，$\boldsymbol{\Lambda}_{b}^{\mathrm{T}32\times6}(\boldsymbol{\Lambda}_{a}^{6\times6})^{-1}\boldsymbol{\Lambda}_{b}^{6\times32}$ 项的维度为 32×32，它只在图 7.19 右中黄色区域有数值。于是对应原来的 $\boldsymbol{\Lambda}_{c}^{32\times32}$ 矩阵块也只影响到了黄色区域。这时可以根据图 7.19 画出边缘化掉 $\boldsymbol{x}_{p_1}$ 之后的约束关系图（图 7.20）。

从图 7.17 和图 7.18 边缘化过程与结果可以看出，当 $\boldsymbol{x}_{p_1}$ 被边缘化掉之后，$\boldsymbol{x}_{p_1}$ 边缘化之前相连接的元素在边缘化之后两两产生了新的约束关系，如图 7.18 中红色连线，其中 $\boldsymbol{x}_{m_1}$、$\boldsymbol{x}_{m_2}$ 与 $\boldsymbol{x}_{m_3}$ 彼此之间产生了新的约束关系，同时 $\boldsymbol{x}_{p_2}$ 也与 $\boldsymbol{x}_{m_1}$ 产生了新的约束关系。

	p_1	m_1	m_2	m_3	m_4	m_5	m_6	p_2	p_3	p_4
p_1	1	1	1	1				1		
m_1	1	1								
m_2	1		1					1		
m_3	1			1				1	1	
m_4					1			1	1	1
m_5						1			1	1
m_6							1			1
p_2	1		1	1	1			1	1	
p_3				1	1	1		1	1	1
p_4					1	1	1		1	1

(a)

	m_1	m_2	m_3	m_4	m_5	m_6	p_2	p_3	p_4	
m_1	1	1	1				1			
m_2	1	1	1				1			
m_3	1	1	1				1	1		
m_4				1			1	1	1	
m_5					1			1	1	
m_6						1			1	
p_2	1	1	1	1			1	1		
p_3			1	1	1		1	1	1	
p_4				1	1	1		1	1	

(b)

图 7.17　边缘化 $\boldsymbol{x}_{p1}$ 过程

(a) 边缘化开始 p_1 在矩阵 $\boldsymbol{H}$ 中部分提升至左上角；(b) 新的 $\boldsymbol{H}$ 矩阵

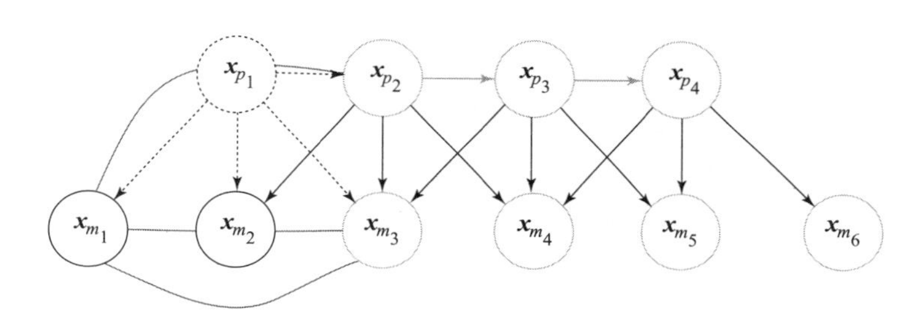

图 7.18　边缘化掉 $\boldsymbol{x}_{p_1}$ 之后的约束关系（附彩插）

根据上述边缘化过程的规律，可以十分容易画出将路标点 $\boldsymbol{x}_{m_1}$ 边缘化掉的 $\boldsymbol{H}$ 矩阵（图 7.19）。

与之对应的约束关系如图 7.20 所示。

	m_2	m_3	m_4	m_5	m_6	p_2	p_3	p_4
m_2	1	1				1		
m_3	1	1				1	1	
m_4			1			1	1	1
m_5				1			1	1
m_6					1			1
p_2	1	1	1			1	1	
p_3		1	1	1		1	1	1
p_4			1	1	1		1	1

图 7.19　边缘化路标点 $\boldsymbol{x}_{m_1}$ 之后的 $\boldsymbol{H}$ 矩阵（附彩插）

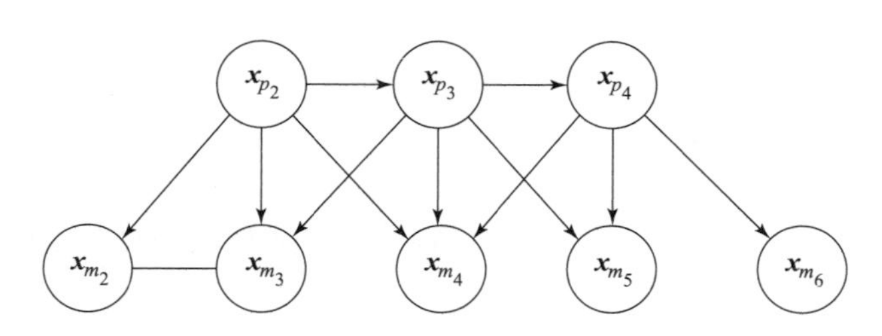

图 7.20　边缘化掉 $\boldsymbol{x}_{m_1}$ 之后的约束关系图

至此，项目组将 Schur 补公式与边缘化紧密结合在了一起。

7.4.2 基于视觉关键帧的边缘化策略

根据前述滑动窗口内数据管理的边缘化策略，可以计算并确定滑动窗口内的次新帧是否为关键帧，进而可以根据次新帧是否为关键帧而选择不同的边缘化策略，具体过程如图 7.21 所示。

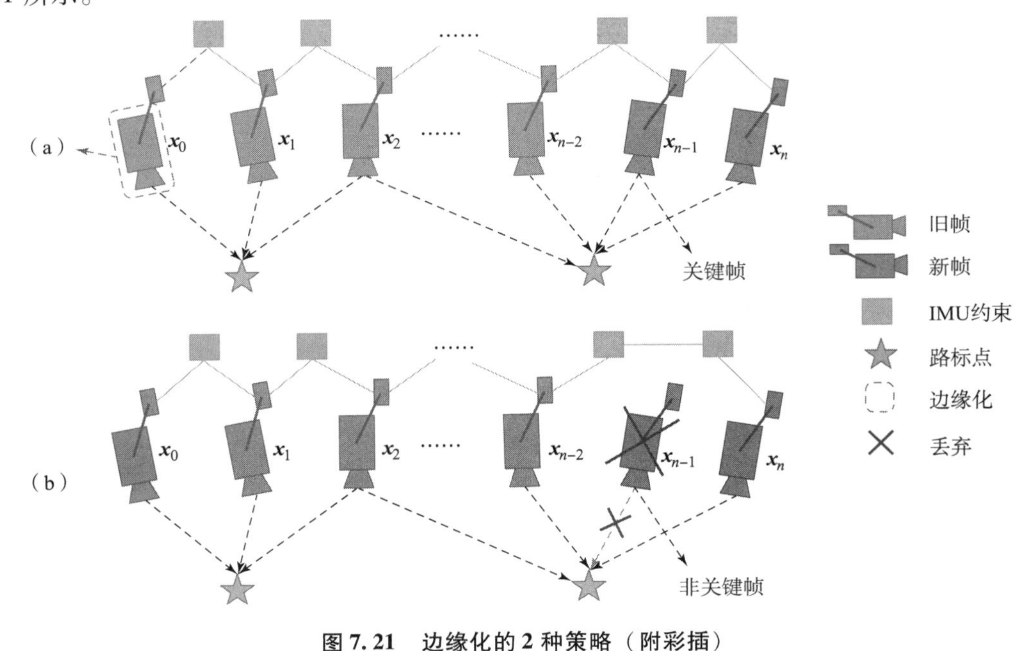

图 7.21 边缘化的 2 种策略（附彩插）

（a）次新帧为关键帧；（b）次新帧为非关键帧

当次新帧为关键帧时，意味着需要将滑动窗口内最老帧的位姿、看到的路标点以及其相关联的 IMU 数据边缘化掉，并将其转换为先验信息传递到整体的优化目标函数中。

当次新帧为非关键帧时，说明当前帧与次新帧很相似，这意味着当前帧路标点之间的约束信息与次新帧路标点之间的约束信息很相似。这时，边缘化的做法是将该帧直接丢弃。这样做并不会造成整个约束关系丢失过多的信息。但为了保证 IMU 信息的连贯性，还需要将 IMU 的信息予以保留。

通过以上边缘化过程，即可完成滑动窗口内先验信息的构建。在做整体优化时，将先验约束信息、视觉约束信息与 IMU 约束信息共同优化，进而可得到一个不损失历史约束信息的最新优化结果。

7.5 基于视觉词袋模型的回环检测与优化

根据有关后端优化的详细描述，可知整个 VIO 系统可以随着时间稳定运行。但由于观测误差、IMU 器件存在漂移等因素的影响，VIO 系统对移动机器人的轨迹估计会出现偏移状态。最明显的状态是当移动机器人回到原来去过的位置时，理论上机器人的轨迹应当与原始轨迹是重合的，但实际上却并非如此，这就是机器人的轨迹估计出现偏移状态。回环检测是 SLAM 系统的重要部分，它能够提高整个机器人系统的轨迹估计精度，项目组主要针对回环检测以及优化回环位姿进行研究与探索。

7.5.1　回环检测策略

回环检测的核心是通过视觉图像判断移动机器人是否回到了原来到过的位置，进而引入新的约束对整个机器人系统的位姿进行优化。项目组在本次研究中采用了视觉 SLAM 中常用的词袋模型进行回环检测，词袋模型此前已有详细介绍。

如图 7.22 所示，当滑动窗口新帧到来时，会根据 BRIEF 描述子计算当前帧与词袋的相似度分数，并且与关键帧数据库中的所有帧进行对比，得分最高的会作为回环检测的候选帧保留。[55]

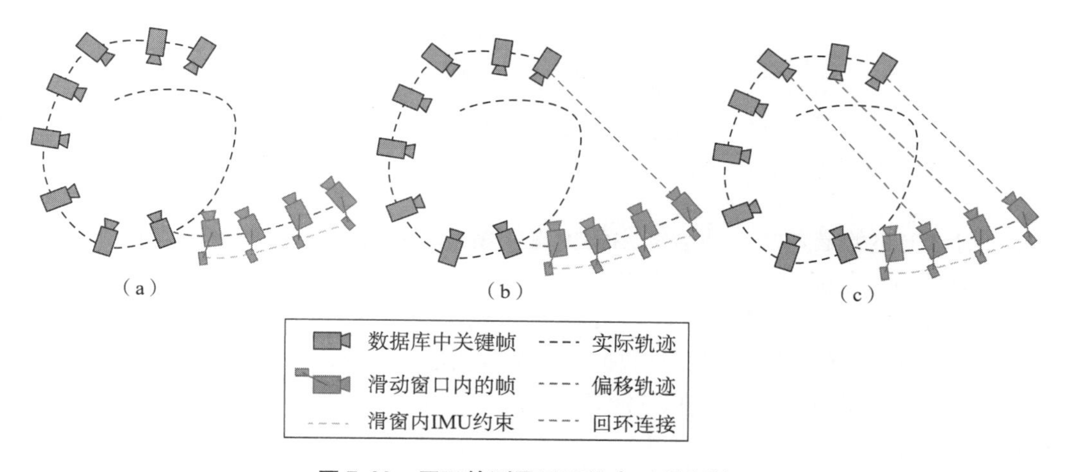

图 7.22　回环检测及回环约束（附彩插）

(a) 滑窗 VIO；(b) 回环检验；(c) 回环多帧约束

当检测到闭环后，需要将当前帧的特征点与老帧中的特征点进行匹配，利用匹配的点对基础矩阵 $\boldsymbol{F}$ 中的异常点进行 RANSAC 剔除。剔除之后剩余的正确匹配点对如果超出一定阈值范围，则认为候选闭环帧是一个正确的闭环帧。当最新帧获得了正确的回环检测之后，由于滑动窗口的视觉帧一般位姿相对接近，所以当最新帧回环检测成功之后，就可以对滑动窗口内的所有帧进行回环检测，进而添加更多的约束。相关情况如图 7.22（c）图所示。

7.5.2　回环优化方式

当滑动窗口内的视觉帧已经建立了多帧的回环约束时，假设当前帧与关键帧数据库中的第 v 帧有闭环约束时，将第 v 帧的位姿以及相关特征点约束作为新的视觉约束项，加入后端优化目标函数中，即式（7.14）中，最终得到新的优化目标函数如下：

$$\min_{\boldsymbol{\chi}}\left\{\|\boldsymbol{r}_P-\boldsymbol{H}_P\boldsymbol{\chi}\|^2+\sum_{k\in B}\|\boldsymbol{r}_B(\hat{z}_{b_{k+1}}^{b_k},\boldsymbol{\chi})\|_{P_{b_{k+1}}^{b_k}}^2\right\} \tag{7.42}$$

在此次优化中，将存在关键帧数据库中相关帧的参数固定，仅优化滑动窗口内的视觉帧，优化结果如图 7.23（a）中的步骤 1 所示。随着时间推移，滑动窗口将会进行边缘化操作，当边缘化选项为边缘化最老帧时，会将滑动窗口内的该帧添加进关键帧数据库，其过程如图 7.23（a）步骤 1、图 7.23（b）步骤 2 所示。

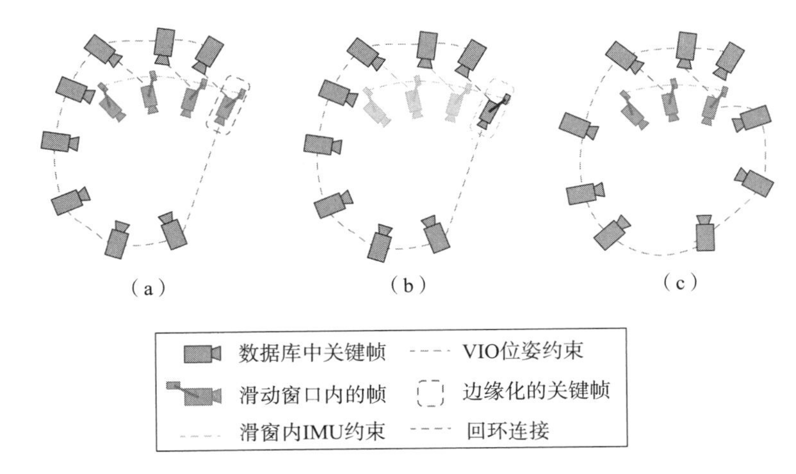

图 7.23 回环优化步骤（附彩插）

（a）步骤 1：添加关键帧到位姿；（b）步骤 2：优化位姿；（c）步骤 3：优化后的约束关系

此时滑动窗口的最老帧也即边缘化的关键帧将成为数据库中的关键帧，此时对应在图 7.23 中其颜色由蓝色变为绿色。数据库中的关键帧将提供两种约束关系：①VIO 计算出的帧间关系，如图 7.23 中棕黄色虚线所示；②回环约束，如图 7.23 中红色虚线所示。

由于闭环检测成功，因而需要对数据库的所有帧进行位姿优化，而此时的优化维度并不是 3+3=6（维）。由于俯仰角 θ 和翻滚角 ϕ 均是可观测的，所以在闭环位姿优化时，只需要优化关键帧的位置 $[x,y,z]^{\mathrm{T}}$ 和偏航角 ψ，于是将第 i 帧和第 j 帧的残差定义为

$$\boldsymbol{r}_{i,j}(\boldsymbol{p}_i^w,\psi_i,\boldsymbol{p}_j^w,\psi_j) = \begin{bmatrix} \boldsymbol{R}(\hat{\phi}_i,\hat{\theta}_i,\psi_i)^{-1}(\boldsymbol{p}_j^w - \boldsymbol{p}_i^w) - \hat{\boldsymbol{p}}_{ij}^i \\ \psi_j - \psi_i - \hat{\psi}_{ij} \end{bmatrix} \tag{7.43}$$

根据关键帧数据库中的 VIO 约束和回环约束，即可以构建整体优化目标函数如下：

$$\min_{p,\psi}\left\{\sum_{(i,j)\in S}\|\boldsymbol{r}_{i,j}\|^2 + \sum_{(i,j)\in L}\|\boldsymbol{r}_{i,j}\|^2\right\} \tag{7.44}$$

其中，S 为 VIO 约束，L 为回环约束。至此已经完成了整个轨迹的闭环优化过程。在图 7.23 的例子中最终结果如图 7.23（c）所示。

7.6 基于深度相机的导航地图生成

项目组关于视觉定位的相关研究部分已经在上述章节阐述完毕，而自主导航作为智能排爆机器人获得实用化前景的重要环节还未作深入说明。本节主要讲述如何借助深度相机去实现 2D 导航地图的生成，为机器人导航算法提供地图输入。

7.6.1 数学模型

本次研究所建立的数学模型只针对地面移动机器人，且需要假设地面为一个平面。图 7.24 为深度相机安装位置及其成像示意图。需要注意的是，图 7.24（a）表明相机与地面呈一定倾角，这样可以保证所获图像中有一部分内容为地面，其深度图像如图 7.24（b）所

示。其中黑色矩形为地面部分与实际地面以上部分的分界线，由于移动机器人仅在地面运动，故在建立导航地图时只需关心地面部分（即图中蓝色部分）即可。

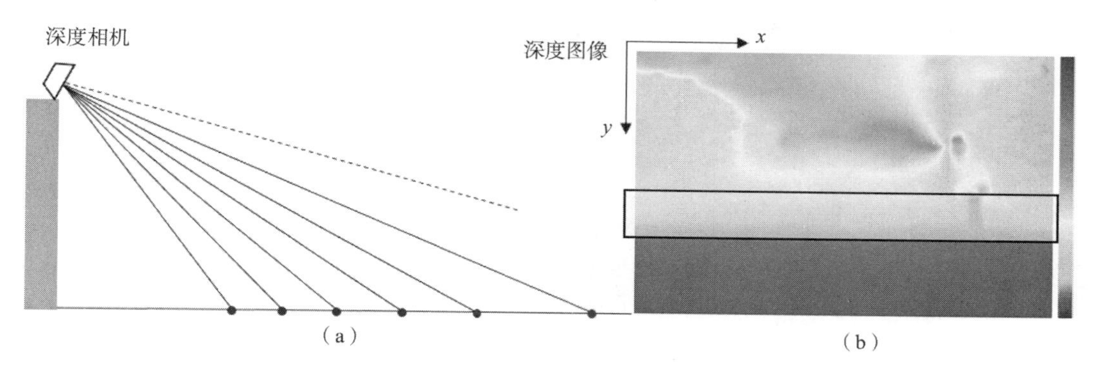

图 7.24　深度相机安装位置及其成像示意图（附彩插）

(a) 深度相机与地面呈一定倾角；(b) 深度图像

如果相机坐标系与地面呈现投影正交状态，即相机只存在一个方向的安装倾角，且地面绝对平整的话，那么深度图像中地面部分每一行其实是一致的。但实际情况并非如此，因为相机在安装时会与地平面存在俯仰、横滚和偏航 3 个方向上的夹角，如图 7.25 所示。

现在考虑最简单的情形，即相机坐标系与地面坐标系只存在俯仰角度，偏航角度和横滚角度均为 0，这时的情况如图 7.26 所示。图 7.26 所示为一种理想情况，即深度图像中地平面部分每一行的值均是相等的，所以只需要研究其中一行即可。根据图 7.24 可以看出，深度值并不是呈线性增加，而是呈指数级增加的，于是可以通过以下函数将地平面部分的某一行进行曲线拟合：

$$f(x) = a e^{bx} + c e^{dx} \tag{7.45}$$

式中，x 为图像行编号；a、b、c、d 为待求参数。求取此参数十分简单，只需要一张深度图像即可完成求取工作，因为此时它属于一个固定映射 $f'(x)$。

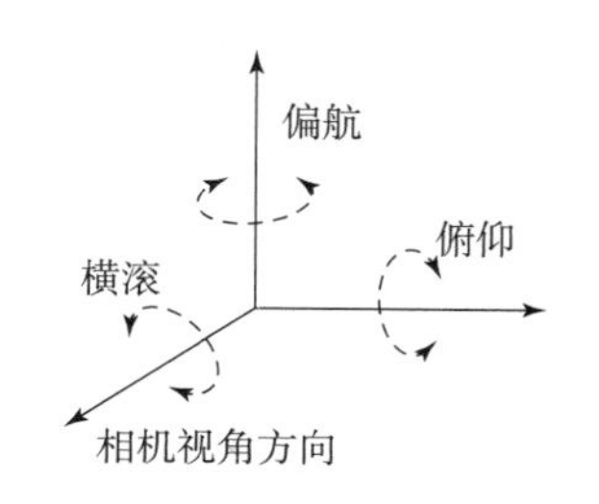

图 7.25　相机三个角度变化方向

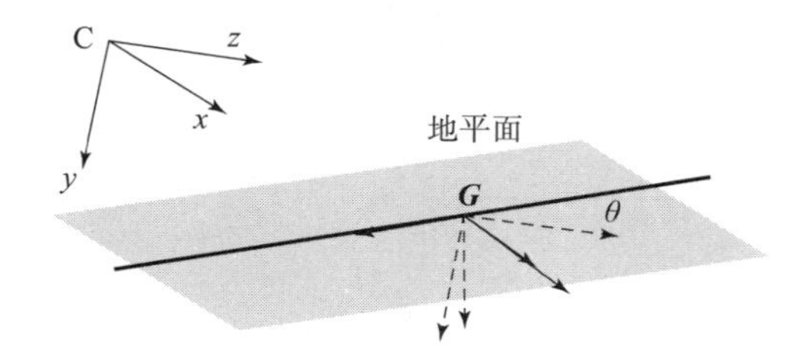

图 7.26　相机与地平面只存在俯仰角度

由于此前假设的关系，此时相机坐标系与地面只存在俯仰角度的变化，所以从理论上分析，即使相机在与地平面平行的地面上进行运动，新的深度图像也依旧满足式（7.45），所以当视野中出现障碍物时，只需判断 $d = |f'(x) - f(x)| < T$ 即可，其中 d 为理论上该点应该有的深度与实际深度值的差值的绝对值，当距离 d 小于一定阈值 T 时即可认定为地面。

但在实际安装过程中，相机并不一定能保证图 7.26 所示的情况，即相机可能会与地面存在一个横滚角度，如图 7.27 所示。

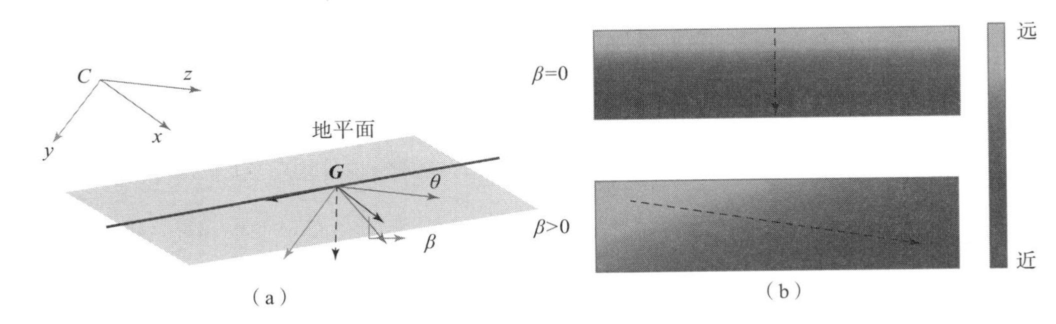

（a）（b）

图 7.27　相机与地平面存在横滚角及其成像示意图像

（a）相机与地平面存在横滚角；（b）深度图像

当横滚角 β 大于 0 时，图像中地平面部分也将不会每一行都一致，而将出现向某一个方向倾斜的趋势，于是可以将深度图像旋转使得与地面正交。如果正交，则深度图像的每一行将会有许多相似的深度值。换言之，可以通过旋转之后每一行深度值的直方图进行评判。假设用 h_r 表示深度图像 D 第 r 行的直方图，D_β 表示深度图像的旋转，则可以将上述处理表示为以下公式：

$$\arg\max_{\beta}\left(\sum_{r=1}^{R}\arg\max_{i}(h_r(i,D_\beta))\right) \tag{7.46}$$

式中，R 为深度图像的最大行数。式（7.46）表示当将深度图像旋转一个 β 角度之后，再对每一行进行直方图统计，其中 i 为直方图中数值最多的值。如果旋转 β 角度之后，所有行相加所得相同深度值的数值越大，说明该角度越接近实际旋转角度。在实际中，选定旋转角度的范围为 $\beta=[-10°,10°]$，步长为 0.5°。

图 7.28 所示为 3 个不同旋转角度所对应的旋转深度图。

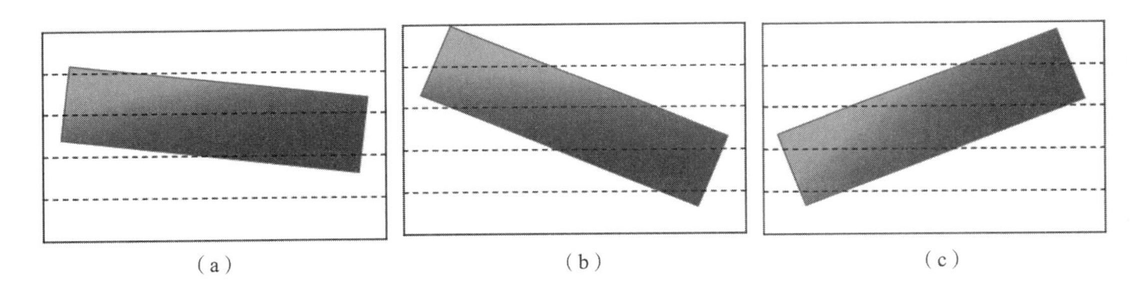
（a）（b）（c）

图 7.28　3 个不同旋转角度所对应的旋转深度图

（a）$\beta=10°$；（b）$\beta=8°$；（c）$\beta=6°$

从图 7.28 可以看出，图 7.28（b）的图像能使式（7.46）得到最大值，此时对应的 beta 值即为深度值。

7.6.2　地面估计及 2D 导航地图生成

尽管前述方法在地面没有障碍物时能够完美工作，但由于上述方法实际上取了深度图像里的一行作为参考依据，所以即使地面含有障碍物时该方法依旧能够发挥评判作用，并且可以根据深度图像来评判该像素点对应的实际图像中是否有障碍物存在。

图 7.29 为理想深度图像、地面含有障碍物时的深度图像与实际图像对比，根据上述数学模型已经可以评判哪些部分属于地面以及非地面。

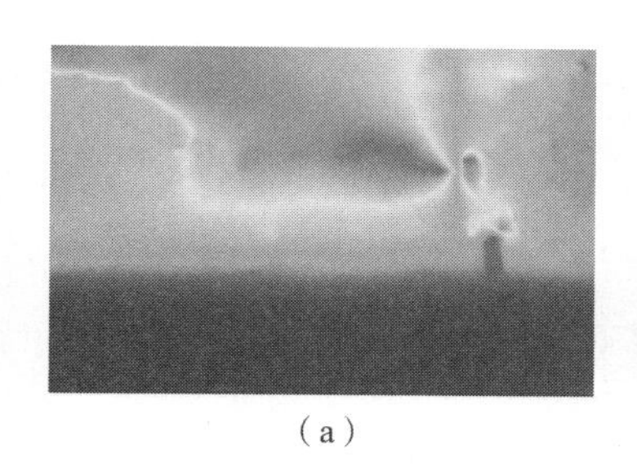
（a）

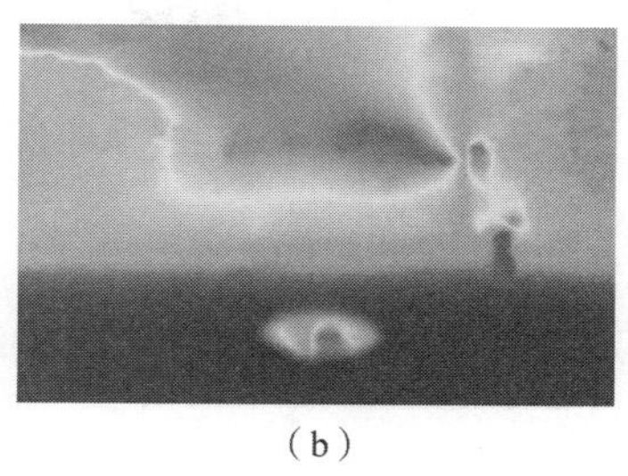
（b）

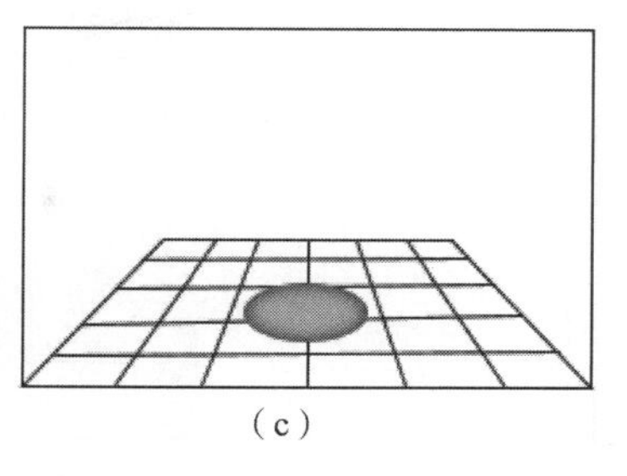
（c）

图 7.29　理想深度图像、地面含有障碍物时的深度图像与实际图像对比

（a）理想深度图；（b）地面含有障碍物；（c）实际图像

根据深度图像的一些行点云对地面进行估计，故而地平面的数学模型可以表示为

$$ax + by + c = z \tag{7.47}$$

假设有 n 个相机坐标系下的 3D 点时，可以得到如下方程：

$$\begin{bmatrix} x_0 & y_0 & 1 \\ x_1 & y_1 & 1 \\ & \cdots & \\ x_n & y_n & 1 \end{bmatrix} \begin{bmatrix} a \\ b \\ c \end{bmatrix} = \begin{bmatrix} z_0 \\ z_1 \\ \cdots \\ z_n \end{bmatrix} \tag{7.48}$$

于是可以得到形如 $\boldsymbol{Ax} = \boldsymbol{b}$ 的最小二乘法问题，这个问题易于解决，直接采用 SVD 即可。

至此，相机坐标系下地平面方程的一般形式已求出。图 7.30 所示为经过 SVD 分解得到 3D 点列出情况和地平面拟合结果。

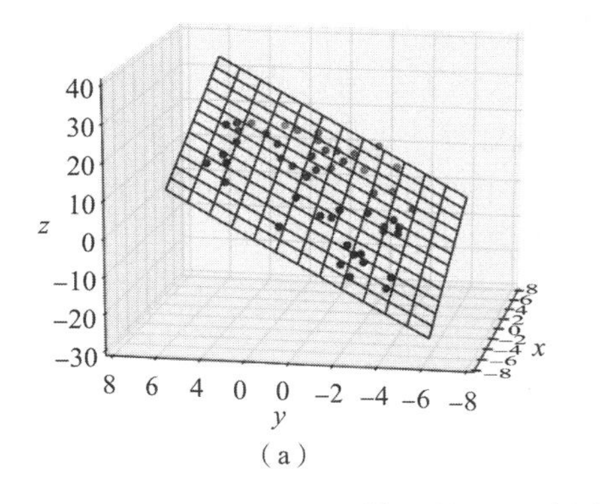

（a）

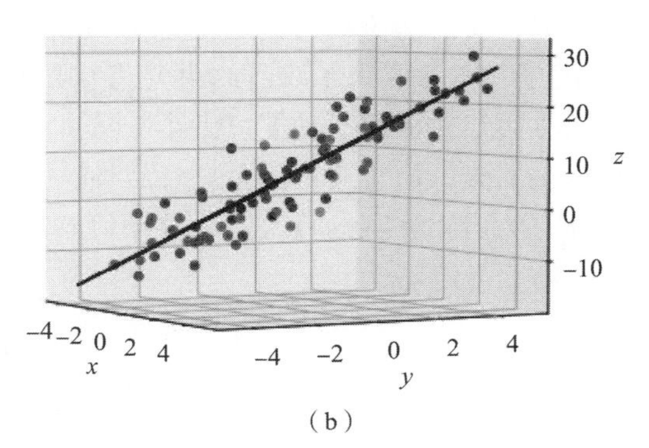

（b）

图 7.30　3D 点列出情况和地平面拟合结果

（a）3D 点列出情况；（b）地平面拟合结果

为了生成可用于移动机器人导航的 2D 地图，还需要求取相机坐标系与地平面的变换关系。现将平面方程写成点法式，即可得到 2D 平面在相机坐标系下的变换关系，并且可以将

图像投影到地平面上以生成 2D 地图。整个过程如图 7.31 所示。

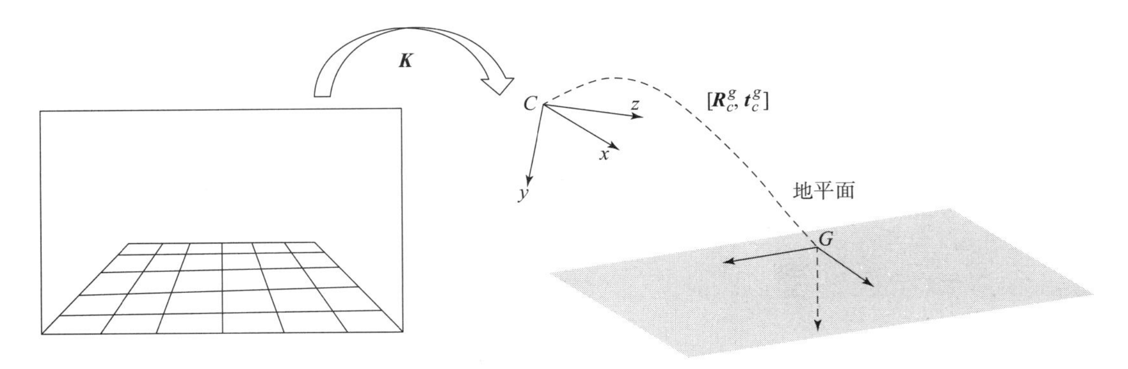

图 7.31　移动机器人导航 2D 地图生成过程

其中 $\boldsymbol{K}$ 为相机内参矩阵，$[\boldsymbol{R}_C^G, \boldsymbol{t}_C^G]$ 为相机坐标系到地平面的变换矩阵。由此可以将图像中的像素点投影到地平面坐标系，并且根据之前深度图评判该处像素点是否为障碍物，而将在坐标系下的 3D 信息压缩成 2D 地图。上述方法的评判结论可以简单归纳为：高于地面或者低于地面的均为障碍物，它们对应于 2D 导航地图中的不可通行区域，移动机器人的行进路径可以依次进行合理规划。

7.7　本章小结

本章主要将第 5 章“智能排爆机器人视觉子系统信息预处理”和第 6 章“智能排爆机器人 IMU 信息预处理”的内容进行了融合，构建了一个融合 IMU 信息的双目视觉定位与导航系统，以便为实现智能排爆机器人的自主导航功能奠定理论和技术基础。研究工作涉及视觉定位与导航系统初始化，主要研究内容包含相机与 IMU 外参数的标定、陀螺仪偏置误差的标定和滑动窗口的双目视觉初始化；着重阐述了当上述初始化工作完成之后，如何处理固定滑动窗口大小对滑动窗口内构建视觉与 IMU 的非线性优化问题。与前述基础工作 VINS - Mono 不同的是，本章引入了双目约束并将双目约束加入到了后端的非线性优化中，同时阐明了如何通过边缘化保证滑动窗口大小一致，进而保证处理速度的实时性。本章还引入了回环检测与校正部分，使轨迹更具全局一致性；最后讲述了针对移动机器人的基于深度相机的地平面估计与障碍物分割的算法，为移动机器人的导航提供 2D 导航地图。

第 8 章
IMU 与视觉定位融合的导航试验研究

本章将针对前述章节提出的 IMU 算法和视觉定位与导航技术进行两者融合后的试验研究，借以积累智能排爆机器人自主导航的相关理论和技术成果，为真正实现智能排爆机器人的“一键到达”功能奠定基础。项目组所进行的试验包含三大部分：使用 EuRoc 数据集对算法定位精度的测试试验；使用 MYNTEYE 摄像头对实际工作环境采集的数据进行测试；拓展功能的导航地图生成试验。

在使用 EuRoc 数据集对算法定位精度的测试试验中，数据集中包含由于高精度运动捕捉设备采集的数据，将本研究所提出算法的运行结果与实际数据进行对比，并由此评价该算法的定位精度。此外，项目组本次试验研究还将对比其余开源的双目 VIO 算法，并将它们的定位效果与项目组本次试验工作进行比较。

在进行算法改进的同时，项目组拟将所提算法用于参考机器人中，对搭载有 MYNTEYE 摄像头的无人飞行器以及移动小车进行定位试验；采集多个手持摄像头的数据集，数据集中包含光照变化强烈、运动模糊等场景，考验该算法的准确性、实用性和鲁棒性。

最后，作为 SLAM 的一个完整系统，本章将阐明如何使用深度相机生成用于导航的 2D 地图，使得整个算法成为一个完整的定位与导航系统，为项目组在智能排爆机器人上实现自主导航和定位功能创造条件。

8.1 算法定位精度评价指标

在实际使用过程中，一个 SLAM 系统的精度可以用绝对位置误差（APE）和相对位置误差（RPE）进行评价。其中绝对位置误差是评价轨迹全局一致性的重要指标。由于两条轨迹之间的位置关系可以基于任意的基础坐标系指定。比如在此可以使用 evo 工具找到两条轨迹之间的刚体变换矩阵 $\boldsymbol{S}$，并将两条轨迹对齐，对齐之后即可比较两条轨迹的绝对位置误差。但在现实中，所有帧在平移分量上均会计算 RMSE（Root Mean Square Error，均方根误差），即

$$\mathrm{RMSE}=\sqrt{\frac{1}{N}\sum_{i=1}^{N}(\hat{p}_i-p_i)^2} \tag{8.1}$$

式中，$\hat{p}_i$ 为算法经过计算得到的位置值；p_i 为数据集利用高精度运动捕捉设备掌握的真实位置值；N 则为需要比较的数量。

与绝对位置误差对应的为相对位置误差。相对位置误差值可用来评估一段时间内或者一定距离内的轨迹精度，这对于长时间运行的定位系统来说更加适用，也更能说明算法的平均精度。项目组在本次试验研究中，以 0.5 m 为步长评价所提算法的相对位置误差，其中绝对

位置及姿态误差同样采用 RMSE 评估，其计算公式如下：

$$\mathrm{RMSE}(d) = \sqrt{\frac{1}{N}\sum_{i=1}^{N}(\hat{p}_i - p_i)^2} \tag{8.2}$$

式中，$\hat{p}_i$ 为算法经过计算得到的位置值，p_i 为数据集利用高精度运动捕捉设备掌握的真实位置值；N 为使得轨迹长度等于步长 d 的帧数。本次试验将采用开源工具 EVO 对算法进行详细的评测，这在后续部分中会加以介绍。

8.2 Eu Roc 数据集定位精度测试

为了验证项目组所提算法的精度，本次试验研究将在 Eu Roc 数据集飞行器上进行测试。Eu Roc 数据集是苏黎世联邦理工大学于 2016 年提出和创立的，其中数据采集工作主要由无人飞行器完成。图 8.1 所示为用于捕捉相关数据的飞行器。

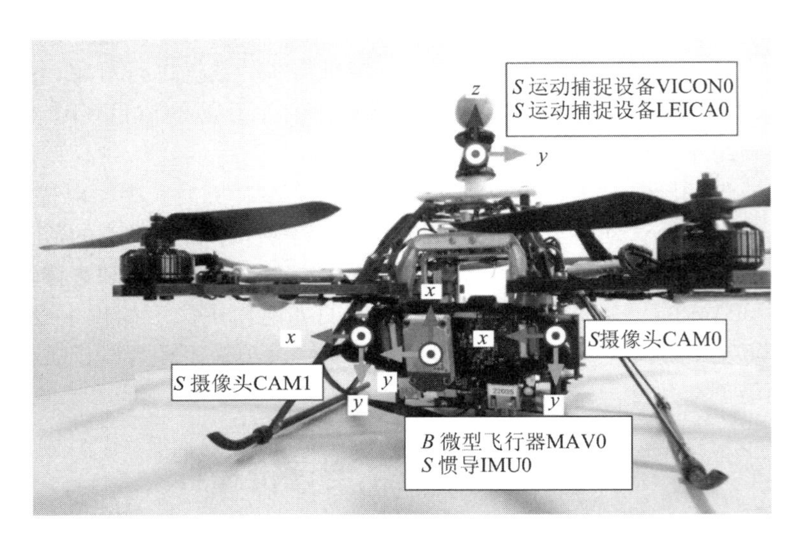

图 8.1　Eu Roc 数据采集飞行器

用于采集相关数据的上述飞行器配备了一个频率为 20Hz 的双目摄像头和一个频率输出为 200Hz 的 IMU。其中两个相机与 IMU 的采集时间做了硬件同步，并且给出了两个相机坐标系与 IMU 之间的外参。另外该数据集使用了运动捕捉设备 VICON 和 LEICA，可以保证提供真实的运动轨迹。相机与 IMU 硬件如图 8.2（a）所示，传感器坐标关系如图 8.2（b）所示。

在试验研究中，该无人飞行器一共采集了 11 个数据集。根据飞行速度、房间纹理、光照变化将这些数据集分为简单、中等和困难 3 类。表 8.1 详细描述了 Eu Roc 数据集对应的无人飞行器飞行距离、飞行时长以及采集难度等级。

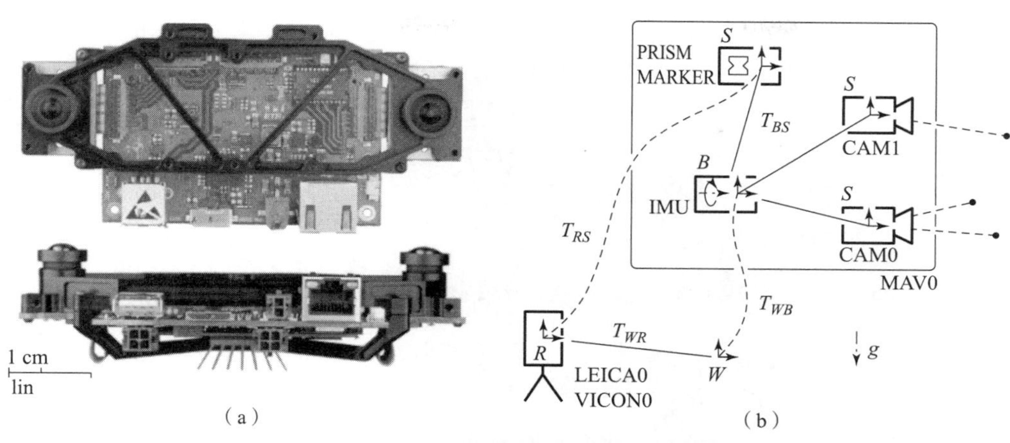

图 8.2　相机与 IMU 实物图以及传感器坐标系关系

(a) 相机与 IMU 硬件；(b) 传感器坐标关系

表 8.1　EuRoc 数据集详细参数一览表

数据集名称	飞行距离/m	飞行时长/s	采集难度等级
MH_01	80.626	181.905	简单
MH_02	**73.473**	**149.960**	**简单**
MH_03	130.928	131.505	中等
MH_04	**91.747**	**98.760**	**困难**
MH_05	**97.593**	**111.055**	**困难**
V1_01	58.592	143.555	简单
V1_02	**75.891**	**83.505**	**中等**
V1_03	**78.982**	**104.655**	**困难**
V2_01	**36.499**	**112.000**	**简单**
V2_02	**83.225**	**115.450**	**中等**
V2_03	86.128	114.845	困难

本次试验研究对比了 S－MSCKF（基于滤波法的双目 VIO）、OKVIS（基于非线性优化的双目 VIO）以及 VINS（基于非线性优化的单目 VIO）3 个主要算法，本次工作也是基于 VINS 改进的双目 VIO 版本（S－VINS），并且加入了回环检测以提升定位精度。有关工作中不同算法名称和描述如表 8.2 所示。

表 8.2　不同算法名称和描述

算法名称	描述
S－MSCKF	基于滤波的双目 VIO
OKVIS	基于特征点和非线性优化的双目 VIO
VINS_loop	基于非线性优化的 VIO
S－VINS	本次工作基于 VINS－Mono 改进的双目 VIO
S－VINS_loop	本次工作基于 VINS－Mono 改进的带回环检测与优化的双目 VIO

本次试验研究只对表 8.1 中飞行距离和飞行时长分别用加粗黑体字显示的 7 个数据集进行了相关测试，其中数据集中包含了一些快速运动、光照变化强烈等具有一定挑战性的场景，如图 8.3 所示。

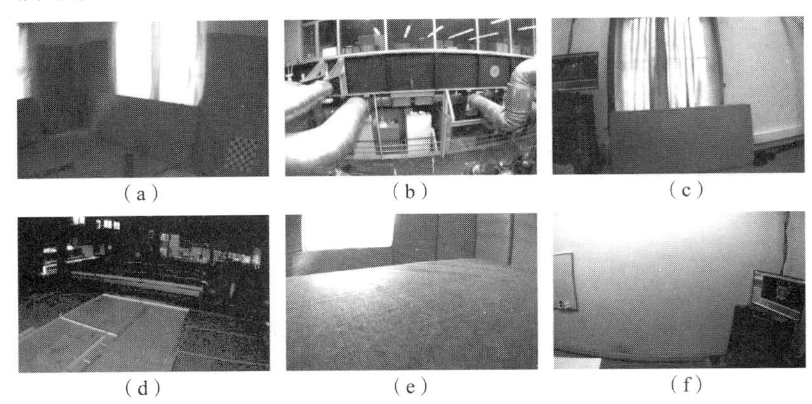

图 8.3　Eu Roc 试验场景

(a) 运动模糊；(b) 玻璃反光；(c) 光照过强；(d) 光照过弱；(e) 缺失纹理；(f) 缺失纹理

根据前所提到的评价指标，分别对 APE 和 RPE 指标进行评估，其中不同算法对 Eu Roc 数据集的绝对位置均方根误差、相对位置均方根误差分别如表 8.3、表 8.4 所示。

表 8.3　不同算法对 Eu Roc 数据集的绝对位置均方根误差　　单位：m

数据集名称	S－MSCKF	OKVIS	VINS_loop	S－VINS	S－VINS_loop
MH_02	0.116 30	0.182 05	0.162 38	0.179 24	**0.055 64**
MH_04	0.263 22	0.246 40	0.306 06	0.348 01	0.168 76
MH_05	0.339 61	0.322 42	0.290 56	0.313 93	**0.151 20**
V1_02	0.128 33	**0.072 59**	0.070 05	0.117 06	0.075 46
V1_03	0.232 94	0.580 61	**0.108 70**	0.187 85	0.175 39
V2_01	0.074 76	0.072 42	**0.092 95**	0.085 50	**0.065 20**
V2_02	**0.150 37**	0.112 84	0.127 15	0.160 78	**0.089 83**

表 8.4　不同算法对 Eu Roc 数据集的相对位置均方根误差　　单位：m

数据集名称	S－MSCKF	OKVIS	VINS_loop	S－VINS	S－VINS_loop
MH_02	0.038 02	0.042 83	0.011 88	**0.010 53**	0.011 48
MH_04	0.043 04	0.018 40	0.018 69	**0.015 33**	0.016 51
MH_05	0.033 50	0.049 73	0.017 65	0.049 73	**0.016 97**
V1_02	0.019 02	0.022 11	**0.014 86**	0.034 64	0.029 02
V1_03	0.033 20	0.101 04	**0.015 65**	0.017 98	0.017 09
V2_01	0.023 59	0.031 51	0.014 13	0.014 01	0.013 39
V2_02	0.021 56	0.022 77	0.020 72	0.024 02	0.009 99

其中表 8. 3 和表 8. 4 中均方根误差最小的数据用黑体字表示。均方根误差直观地表示方法与结果如图 8. 4 所示。

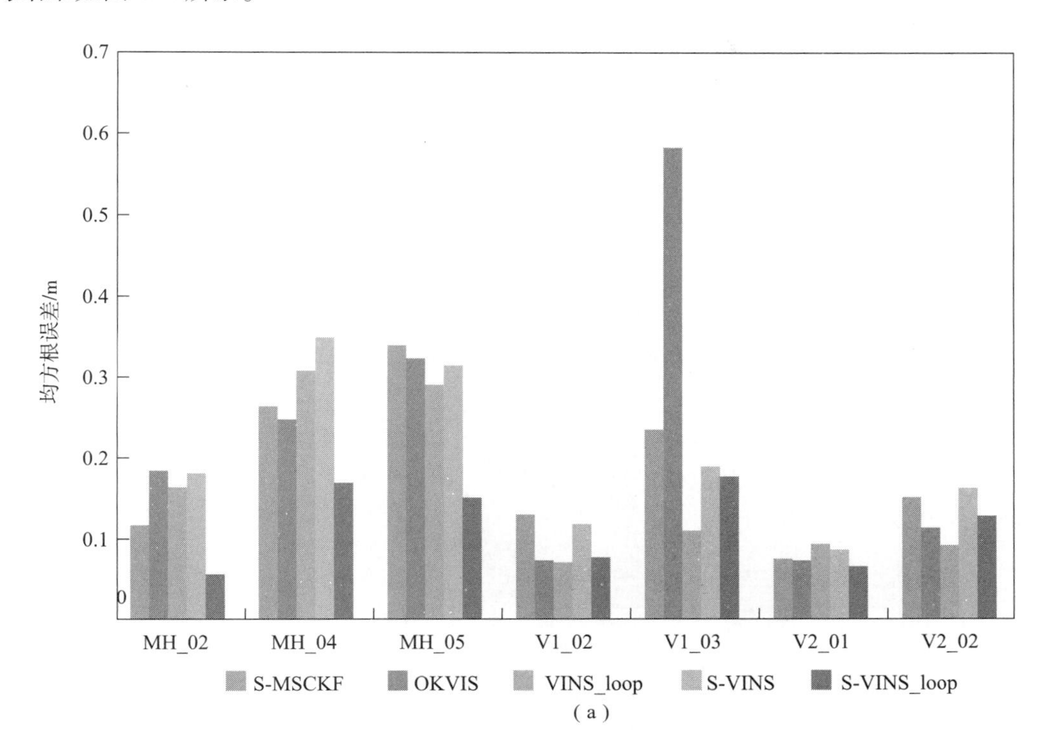

（a）

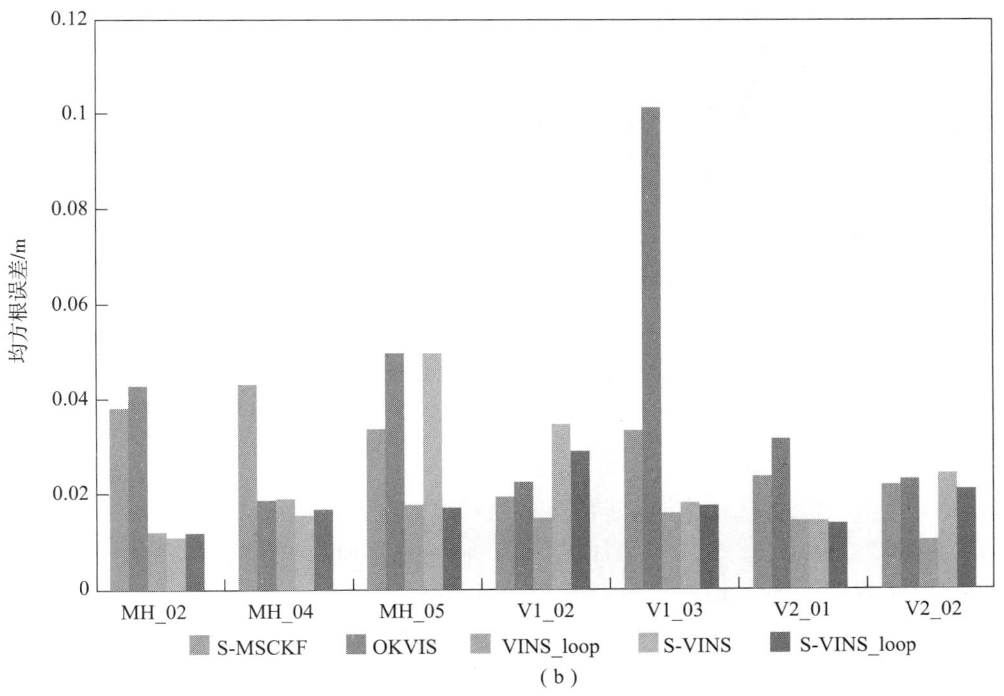

（b）

图 8. 4　不同算法的相对位置和绝对位置均方根误差（附彩插）

（a）绝对位置均方根误差；（b）相对位置均方根误差

综合图 8.4 与表 8.3、表 8.4 的结果，可以得出以下结论。

（1）项目组提出的双目 VIO 精度较其他开源的 VIO 算法具有很强的竞争力。在测试的 7 个数据集中，项目组提出的融合 IMU 信息的双目视觉里程计在 5 个数据集得到的定位效果都有较大的提升，在 V1_02 和 V1_03 数据集中对应的定位均方根误差也与单目 VINS 十分接近。

（2）项目组提出的双目 VIO 其绝对误差精度在 0.2 m 以内，而相对位置误差精度在 0.02 m 以内，也就是说在 0.5 m 的步长下，相对位置误差精度在 0.02 m 以内，或者说相对位置误差精度在 4% 以内。

（3）加入回环能够较大程度地减小累计误差，从而在一定程度上保证轨迹的一致性。在所测试的数据集中，加入回环对改善绝对位置误差均有益处，说明了回环的重要性。

MH_04 作为一个困难数据集，其中包含快速运动以及光照变化强烈等场景。通过在其中加入回环检测以及优化，其改善作用较为明显。图 8.5 所示为加回环优化和未加入回环优化的轨迹与真实轨迹对比图。

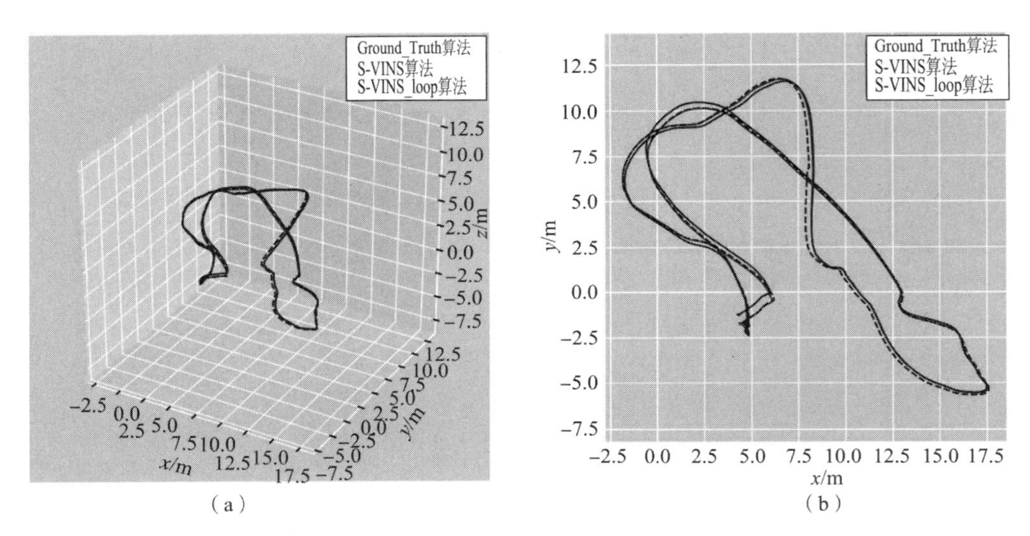

图 8.5　加入回环优化和未加回环优化轨迹与真实轨迹对比

（a）3D 轨迹对比图；（b）$x-y$ 方向轨迹对比图

从 $x-y$ 方向的轨迹对比图可以非常容易地看出，飞行器结束飞行时，加入回环优化的轨迹与真实轨迹十分接近，校正了累计的误差，而这正是加入回环优化的作用。图 8.6 分别表示了 MH_04 数据集算法轨迹 x、y、z 3 个平移方向的轨迹。

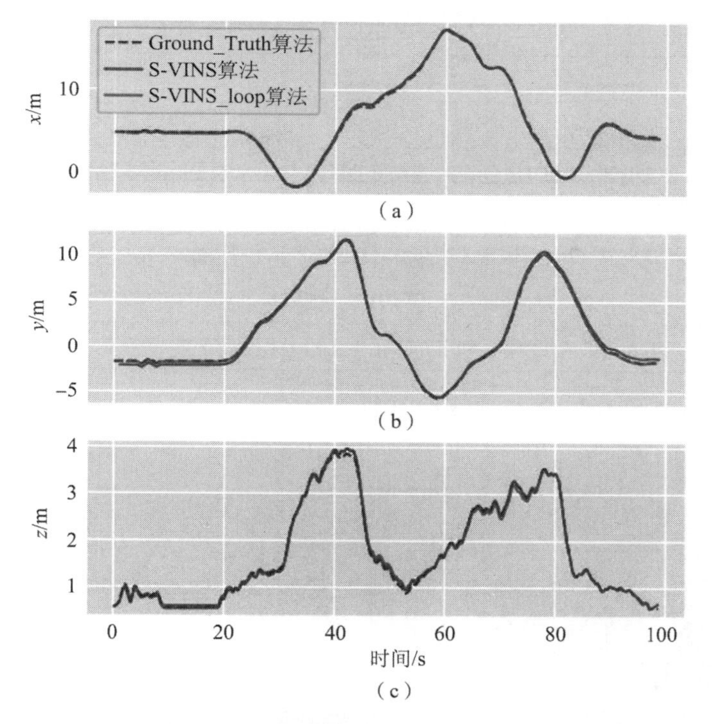

图 8.6　MH_04 数据集算法轨迹 *xyz* 3 个平移方向对比

(a) *x* 平移方向轨迹；(b) *y* 平移方向轨迹；(c) *z* 平移方向轨迹

8.3　实际数据集定位精度测试

本次试验不仅在 Eu Roc 数据集中对项目组提出的算法进行了测试，在实际搭载 MYNTEYE 的机器人中也进行了定位精度的测试，所用机器人包含了小型飞行器以及移动机器人。由于此次试验采集的数据集并不能完全提供真实情况的确切数据，所以在下面的试验中算法评价指标会换成某个方向的绝对定位精度，借以评价算法的使用性质。比如飞行器的起飞和降落为同一场地时，可以通过 *z* 方向的漂移大小来评判算法的稳定性。

8.3.1　飞行器数据测试

本次飞行器定位试验的硬件平台如图 8.7 所示，采用了大疆公司的 M100 飞行器。配备了 IMU 的双目 MYNTEYE 摄像头固定在飞行器机体前方，并与飞行器平面成一定夹角。该硬件平台的主要器件以及功能描述如表 8.5 所示。

图 8.7　实际飞行平台硬件组成

表 8.5　飞行平台主要器件及功能一览表

器件名称	功能描述
DJIM100 飞行器	提供飞行器试验平台
MYNTEYE 摄像头	提供 2 个 25 Hz 的 752 × 480 图像与 200 Hz 的 IMU 数据，且三者之间做了硬件同步
RK3399 处理器	嵌入式 Linux 设备，用于采集数据并运行算法
iPad	远程控制软件，可控制算法运行与停止并显示运行结果
无线路由	为 RK3399 处理器和 iPad 之间提供无线局域网

试验所用飞行器器具和飞行试验环境如图 8.8（a）和图 8.8（b）所示：

（a）

（b）

图 8.8　飞行器器具和飞行试验环境

（a）飞行器器具；（b）飞行试验环境

在飞行试验中，飞行器一共采集了两组数据。对应这两次采集工作，飞行器的详细信息如表 8.6 所示。在实际飞行中，飞行器经历了复杂场景并遇到了一些具有挑战性的困难情况，具体情况如图 8.9 所示。

表 8.6　飞行器采集数据信息

数据名称	飞行时长/s	飞行速度/($m \cdot s^{-1}$)	难度等级
FLY_01	158	0 ~ 1	一般
FLY_02	541	0 ~ 3	困难

现在分析飞行器采集的上述两组数据的具体情况。在两次采集工作中，FLY_01 飞行时长较短，采集的数据也比较简单，所以在评测时只测评其在未加回环的 z 方向上的轨迹；FLY_02 飞行时长较长，而且在飞行的全过程中，外部场景变化很大，影响因素很多，相机采集到的图像质量不是很好。由于采集当天，阳光较强，且天有云彩，因为光照问题使得有些图像过亮，而有些图像又过暗；加上飞行空域下方为地砖铺设的地面，重复纹理太多，导致部分图像纹理缺失。此外，在飞行器飞行过程中，还有行人不断路过，使得图像中会出现许多动态物体；采集时，飞行器的飞行速度最高为 2.5 m/s，使得部分图像出现了运动模糊的现象。由于各种条件不太理想，飞行数据中并没有真实情况的确切数值，无法评判相对位

图 8.9　飞行器采集数据时经历的复杂场景和困难情况

(a) 光照影子；(b) 运动模糊；(c) 纹理缺失；(d) 光照缺失；(e) 动态物体；(f) 重复纹理

置误差；再加上飞行器难以保证起落在同一个位置，因而在 FLY_02 采集的数据中，也只评判 z 方向上的误差，即仅测评飞行器所采集的两组数据在 z 方向的偏差程度，结果如表 8.7 所示。

表 8.7　飞行器采集数据在 z 方向的偏差程度　　单位：m

数据名称	VINS	VINS_loop	S - VINS	S - VINS_loop
FLY_01	0.281 324	—	-0.066 891	—
FLY_02	-8.106 655	-0.774 075	-6.469 735	-0.460 193

将飞行器采集两组数据时的飞行轨迹对 $x-z$ 方向进行作图，分别如图 8.10 与图 8.11 所示。两图中均对飞行器降落部分的轨迹进行了放大，且标注了飞行器降落到地面时 z 方向的数值。

综合表 8.7 以及图 8.10 和图 8.11，虽然由于缺乏真实情况的确切数据进行细致的误差分析，但是也能从 z 方向进行评测，并从中总结出以下结论：

（1）项目组提出的 S - VINS 算法实现了对定位精度的提升，在 FLY_01 所采集的中等难度数据中，最终的定位偏差为 0.067 m，而 VINS 算法的定位偏差为 0.281 324 m。两相比较，显然项目组研究的 S - VINS 算法在定位精度上具有明显优势。

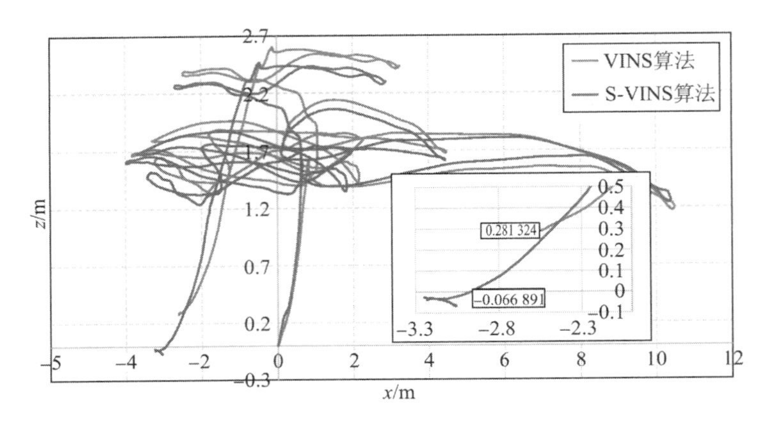

图 8.10　FLY_01 飞行数据在 $x-z$ 方向的轨迹对比图

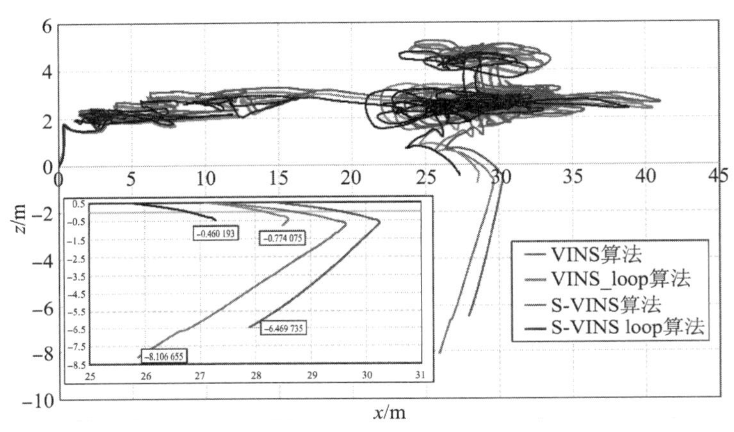

图 8.11　FLY_02 飞行数据在 $x-z$ 方向轨迹对比图

（2）在包含运动模糊、动态物体、光照缺失等复杂环境以及长时间运行中，回环检测与优化的优势体现得尤为明显。从 FLY_02 采集的数据中可以看出，VINS 算法和项目组提出的 S－VINS 算法均出现了较大程度的漂移；但在加入回环的 VINS_loop 和 S－VINS_loop 中均表现较好，最终项目组提出的 S－VINS_loop 算法在飞行距离 473 m 和飞行时长 541 s 的飞行中，z 方向偏移量为 0.46 m，这个表现是令人惊艳的。

8.3.2　移动小车数据测试

本次移动小车定位试验的硬件平台如图 8.12 所示。该平台为项目组之前搭建的一个四轮驱动的地面移动机器人。配备了 IMU 的双目 MYNTEYE 摄像头固定在该移动机器人车体前方，且与地面距离一定高度。该硬件平台的主要器件及

图 8.12　实际飞行平台硬件组成

功能描述如表 8.8 所示。实际试验采集环境如图 8.13 所示。

表 8.8　地面移动机器人主要器件及主要功能

器件名称	主要功能
iCAR_2	地面移动平台，为相机固定及运动提供载体
双目 MYNTEYE 摄像头	提供 2 个 25 Hz 的 752×480 图像与 200 Hz 的 IMU 数据，且三者之间做了硬件同步
Intel NUC	Mini 电脑，搭载 Inteli7 处理器，用于采集数据并运行算法
无线路由	为 Intel NUC 和远程电脑之间提供无线局域网

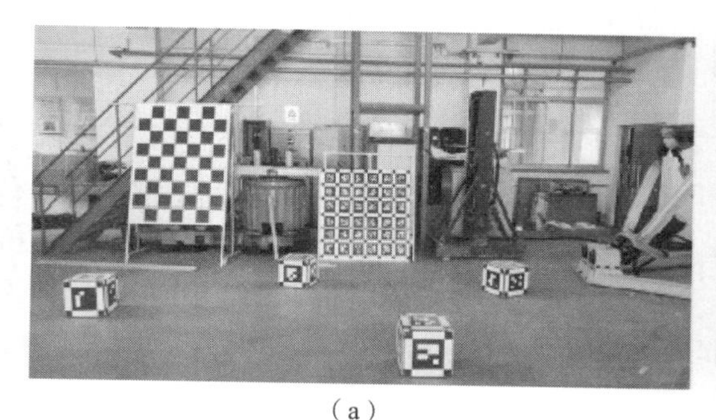
(a)

(b)

图 8.13　地面移动平台试验采集环境

(a) 试验采集环境场景 1；(b) 试验采集环境场景 2

在移动机器人试验中，一共采集了 3 组数据，详细信息如表 8.9 所示。

表 8.9　移动机器人采集数据详细信息

数据名称	运动时长/s	运动距离/m	运动速度/($m \cdot s^{-1}$)	难度等级
CAR_01	68.6	39.341	0~1.0	简单
CAR_02	95.5	64.06	0~1.5	中等
CAR_03	79.5	84.062	0~2.0	困难

在采集 CAR_01 组数据时，用于试验的移动机器人基本只做地面上的平缓运动，不会出现急停急起的状况，所以其采集的 CAR_01 组数据较为简单。在采集 CAR_02 组数据时，移动机器人加快了运动速度，且出现了小幅度转弯，所以采集工作属于中等难度。在采集 CAR_03 组数据时，移动机器人有突然加减速和急转弯等现象发生，且最大运动速度达到 2 m/s，所以采集工作比较困难。相比较而言，采集数据的工作难度越大，采集的数据出现偏差的概率也越高。

由于在试验中采集的数据并不是真实情况的确切数据，所以无法评判移动机器人运动的相对位置误差，但是作为平面运动，可以将与地面垂直方向上的高度变化作为评判依据。因为移动机器人基本在做平面运动，所以该方向理论上应该保持在一定数值范围以内。

表 8.10 为移动机器人在 3 个试验中的数据结果，作为地平面参考这一评判标准，对 z 方向的数据进行了数据统计分析。

表 8.10　移动机器人 3 个数据集 z 方向的数据分析

数据名称	算法	z 方向 最小值/m	z 方向 最大值/m	z 方向 平均值/m	z 方向 标准差/m
CAR_01	VINS_loop	-0.070 18	0.390 40	0.002 478	0.024 23
	S_VINS_loop	-0.065 76	0.065 28	-0.003 458	0.027 14
CAR_02	VINS_loop	-0.129 80	0.501 20	0.032 010	0.034 23
	S_VINS_loop	-0.091 20	0.462 30	0.027 030	0.029 45
CAR_03	VINS_loop	-0.444 50	0.078 42	-0.171 900	0.137 00
	S_VINS_loop	-0.268 10	0.053 83	-0.169 300	0.054 46

从表 8.10 可以看出，项目组所改进的双目 S-VINS_loop 算法在改进定位精度方面具有一定程度的提升，尤其是在运动状况较为复杂、移动机器人加速度变化明显时依旧能够保持较好的效果。下面针对 CAR_01 组数据和 CAR_03 组数据组给出的详细轨迹结果（图 8.14 ~ 图 8.16）以及各个方向对应于同一时刻的数值进行分析与讨论。

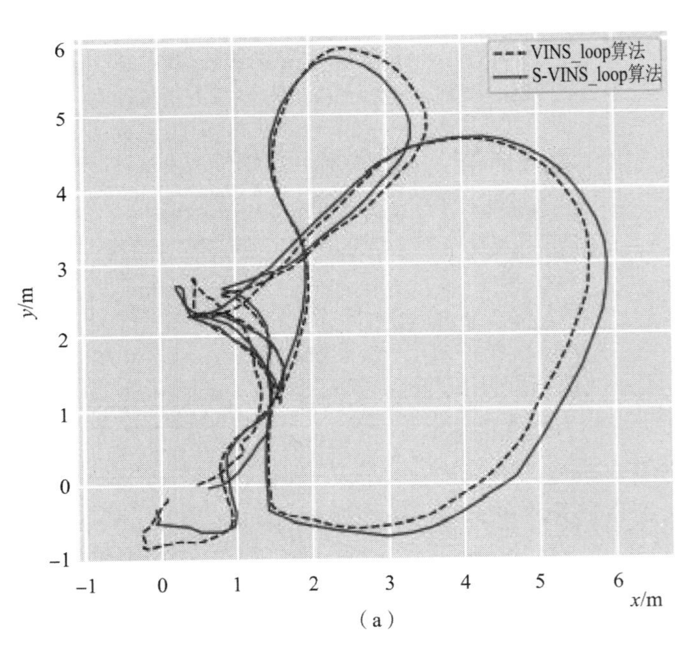

（a）

图 8.14　CAR_01 组数据在 x、z 方向的轨迹以及在 xyz 3 个方向的详细数据

（a）CAR-01 组数据在 xy 方向的轨迹

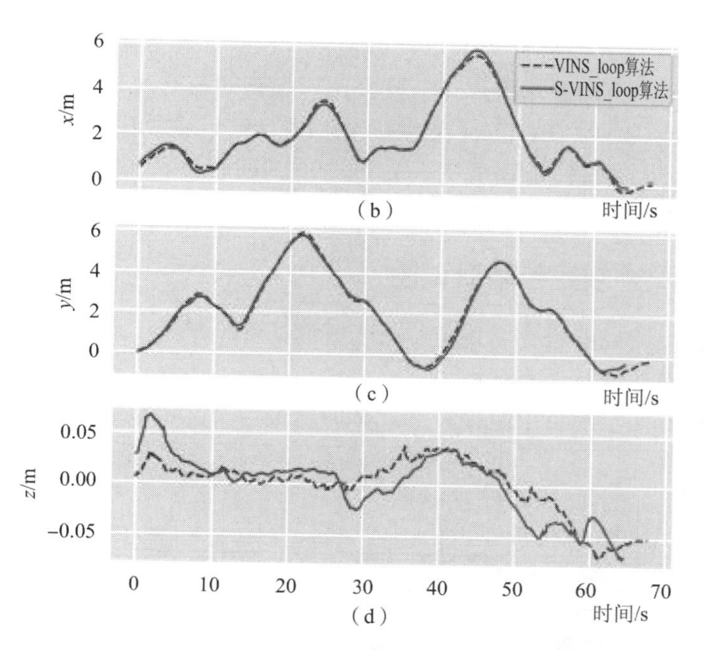

图 8.14　CAR_01 组数据在 *xz* 方向的轨迹以及在 *xyz* 3 个方向的详细数据（续）

（b）CAR－01 组在 x 方向的详细数据；（c）CAR－01 组在 y 方向的详细数据；

（d）CAR－01 组在 z 方向的详细数据

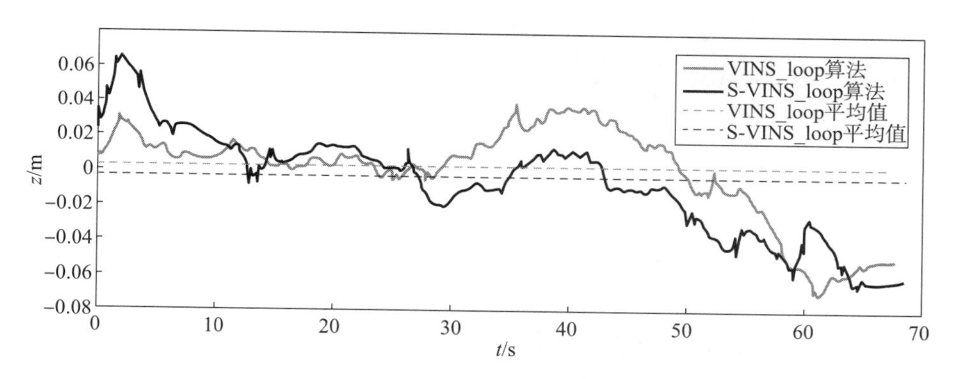

图 8.15　CAR_01 组数据在 x、z 方向数据详细分析图

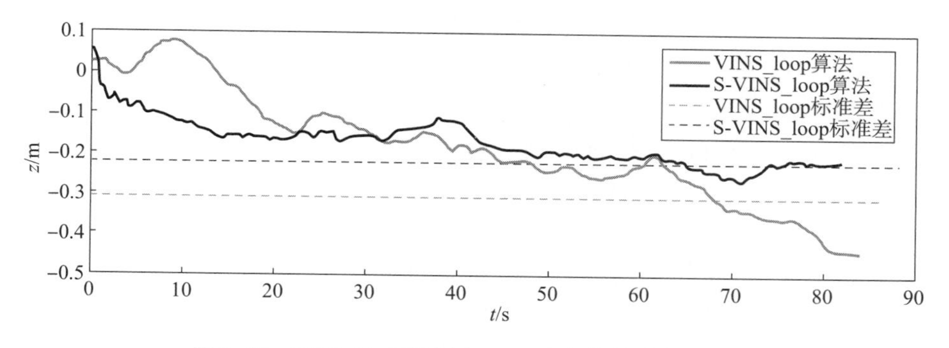

图 8.16　CAR_03 组数据在 x、z 方向数据详细分析图

综合表 8.10、图 8.14 ~ 图 8.16 所示结果，从 z 方向的数据分析，可得出以下结论。

（1）项目组提出的 S－VINS_loop 算法较原版 VINS_loop 算法在做移动机器人平面运动定位精度试验时，平面方向基本能保持一致，说明保持了原有算法的优点。

（2）项目组提出的 S－VINS_loop 算法较原版 VINS_loop 算法在做移动机器人平面运动定位精度试验时，z 方向的稳定程度有一定提升。即使移动机器人在行进中出现急停急起时，也能够保证较为稳定的 z 轴数值，充分说明其较原版 VINS_loop 算法有了较大改进。

8.3.3 机械臂重复定位精度试验

为了比较项目组所提算法在重复定位精度方面的性能状况，本次试验利用具有较高运动精度的六自由度机械臂进行了重复运动试验。参与试验的机械臂能够保证每次运动路线基本一致，故而可以通过比较项目组所提算法计算的轨迹与实际机械臂运动的轨迹，进而评判该算法的重复定位精度。

试验环境及硬件平台如图 8.17 所示。

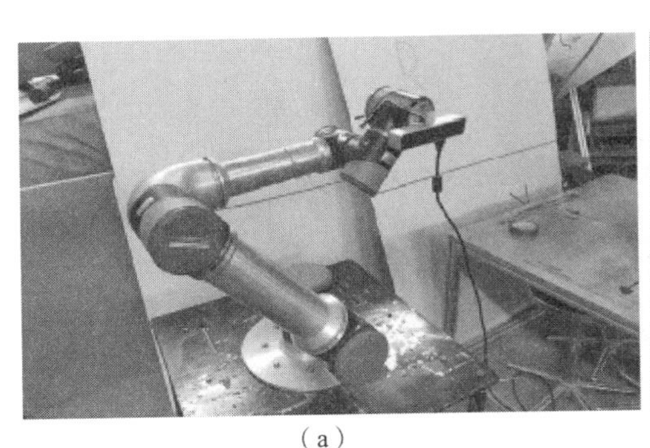

（a）

（b）

图 8.17 机械臂重复定位精度试验

（a）机械臂搭载摄像头整体图；（b）摄像头安装位置局部放大图

在试验中，该六自由度机械臂以一定轨迹做重复运动，固定在机械臂末端的双目相机通过 IMU 信息以及双目视觉图像对末端轨迹进行定位。其中机械臂通过关节角计算出的末端轨迹以及项目组所提算法计算出的相机坐标系轨迹对比情况如图 8.18 所示。机械臂坐标系下末端轨迹在 xyz 方向上的数值如图 8.19 所示。

从图 8.18 中经项目组所提的算法计算出的轨迹可以看到，当机械臂在做重复运动时，如果不加回环的话，其轨迹会进行漂移。在机械臂所做的 12 次重复运动中，不加回环的轨迹在不断变异，只不过每单个轨迹也还能保持一定的形态。而采用 S－VINS 和 S－VINS_loop 算法两者之间在 xyz 3 个方向上的对比结果如图 8.20 所示。

从图 8.20 所示数据可以看出，固定在机械臂上的双目相机轨迹呈现周期性运动。但如果不加入回环的话，即只采用 S－VINS 算法计算轨迹，那么所计算出的轨迹便会出现偏移；而加入回环的话，即采用 S－VINS_loop 算法计算轨迹，则其结果表现得较为稳定。本次试验并未分析原版 VINS_loop 算法运行的轨迹，主要原因是因为该算法在运行时出现了较大程度的漂移，其原因可能是机械臂在运动过程中的抖动引起加速度变化不平滑所致。

根据试验结果进行细致的数据分析，可以得到以下结论。

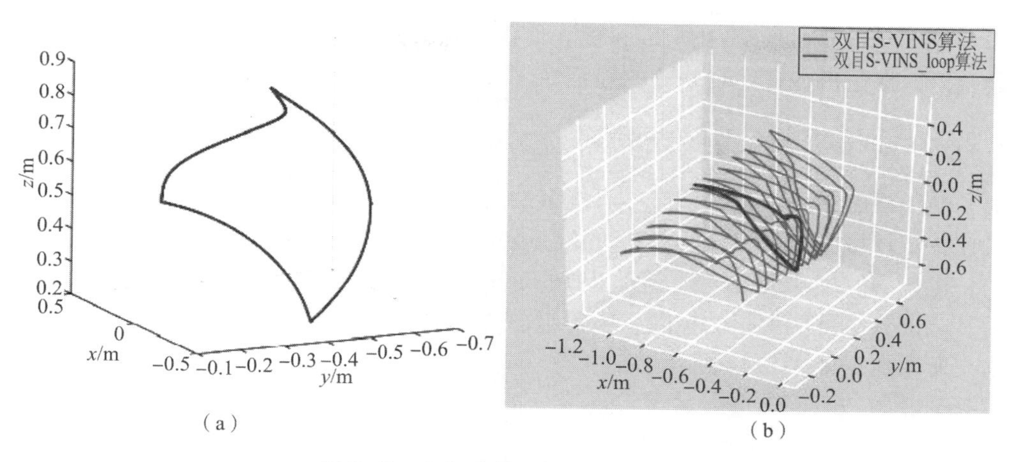

图 8.18　相机坐标系轨迹对比情况

(a) 机械臂坐标系下末端轨迹；(b) 项目组所提出的算法计算出的轨迹

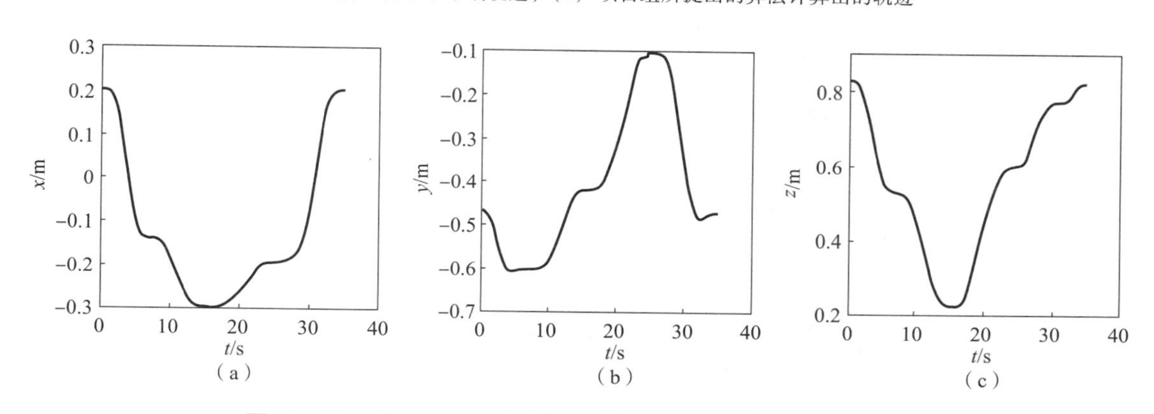

图 8.19　机械臂坐标系下末端轨迹在 x、y、z 3 个方向上的数值

(a) x 方向；(b) y 方向；(c) z 方向

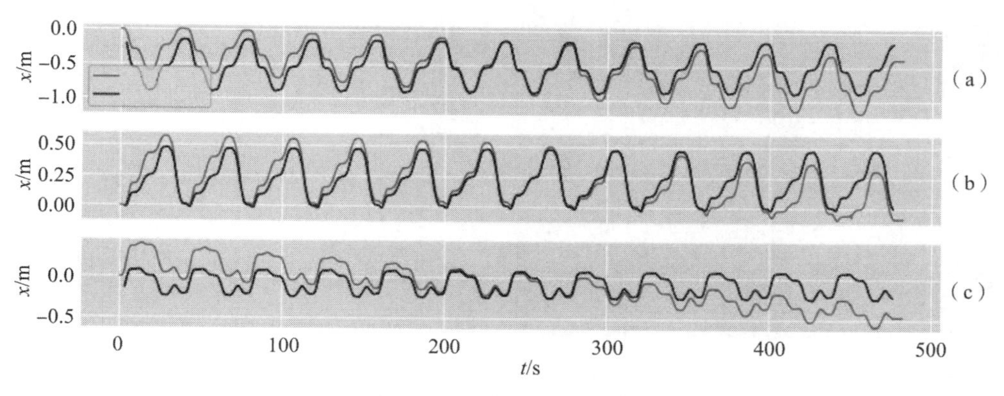

图 8.20　采用 S－VINS 和 S－VINS_loop 算法所获数据在 x、y、z 3 个方向上的对比

(a) x 方向；(b) y 方向；(c) z 方向

(1) 对于加速度存在抖动的情况，采用项目组改进的双目 S－VINS_loop 算法能够显著提高算法的鲁棒性，并且加入双目约束能够在一定程度上有效克服因抖动带来的不利影响。

（2）项目组改进的 S－VINS_loop 算法具备良好的重复定位功能，并且加入回环能够消除累计误差，保证机械臂运行轨迹的稳定性。

8.3.4 手持相机采集数据测试

为了使得试验更加完整，适应尽可能多的运动情况以及尽可能多的环境，项目组成员手持相机在特定环境中做了大量的试验。这些特定的环境既包含场景较为固定且纹理较为丰富的楼层；也包含纹理缺失且场景十分相似的走廊；还包含光照变化明显、动态物体较多的场景。为了验证算法可能承担的极限，项目组通过在室内不断开关灯以控制环境亮度来采集试验数据，所采数据如表 8.11 所示。

表 8.11 手持项目相机所采集的数据详细信息

数据集	运动时长/s	运动距离/m	场景描述	难度等级
BU_01	372.2	306.6	3 楼的规则环境	一般
BU_02	369.6	325.9	3 楼的走廊环境	一般
BU_03	898.9	899.9	4 楼重复走廊环境	困难
ROOM_01	117.2	59.2	规则环境	简单
ROOM_02	26.2	74.1	光照变化强烈	困难

表 8.11 中的 BU_01 数据集为项目组成员在 3 层楼的规则环境中所采集，试验环境如图 8.21 所示。场景信息较为丰富，且光照变化相对较小。试验中，项目组成员手持双目相机进行采样，从 1 楼出发并且在 2 楼和 3 楼均绕了两圈最后回到起始出发位置，运动距离为 306.6 m。

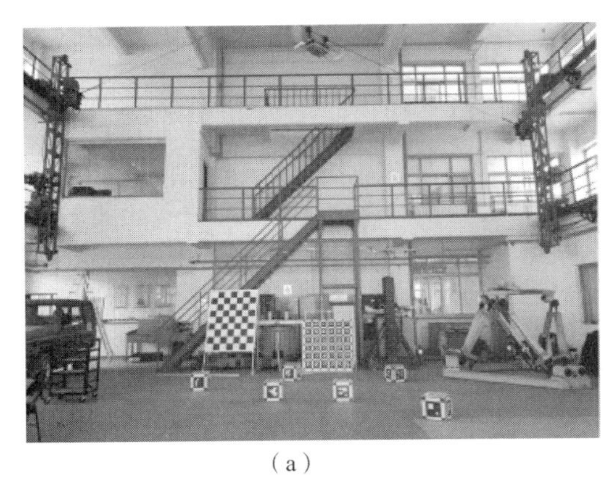
（a）

（b）

图 8.21 3 层楼试验场景

（a）3 楼试验场；（b）1 楼试验场

项目组采用不同算法所获得的 3D 轨迹对比情况如图 8.22 所示。

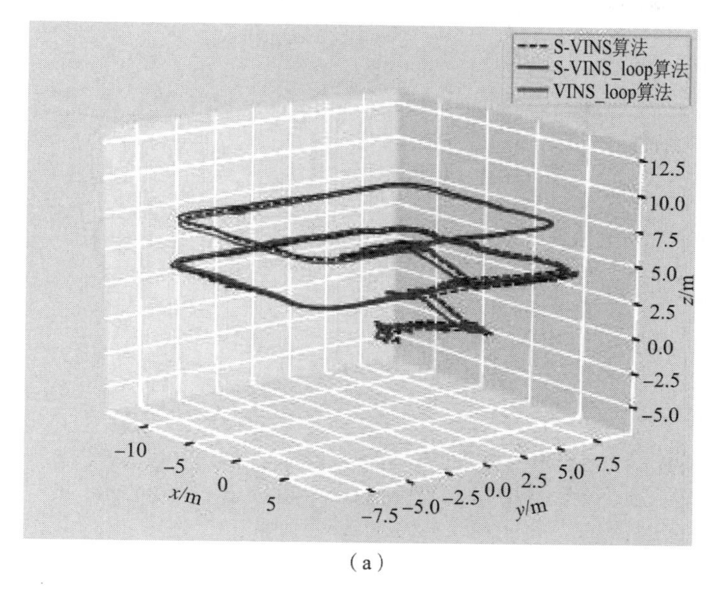

（a）

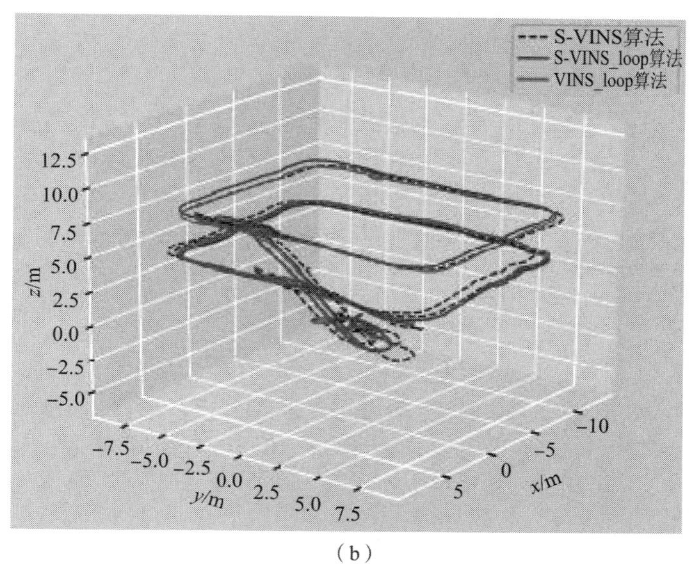

（b）

图 8.22　不同算法所获 BU_01 组数据运行情况对比

（a）上楼采集 3D 轨迹；（b）下楼采集 3D 轨迹

由于采集该组数据时存在试验人员上下楼梯的情况，所以对 S－VINS_loop 数据进行 2D 轨迹拆分，其结果可见图 8. 23。如果将项目组改进的 S－VINS_loop 算法在各个方向的数值根据时间变化作出对应图形来，则可得到图 8. 24。

从图 8. 22 ~ 图 8. 24 可以得出如下结论。

（1）项目组改进的 S－VINS_loop 算法在多楼层的环境中依旧表现优异，通过图 8. 22 ~ 图 8. 24 可以清晰看出，原始 VINS_loop 算法以及不加入回环的项目组改进算法基本不出现漂移。尤其需要提到的是，通过项目组所提算法得出的楼层长宽高为 17. 5 m × 17. 5 m ×

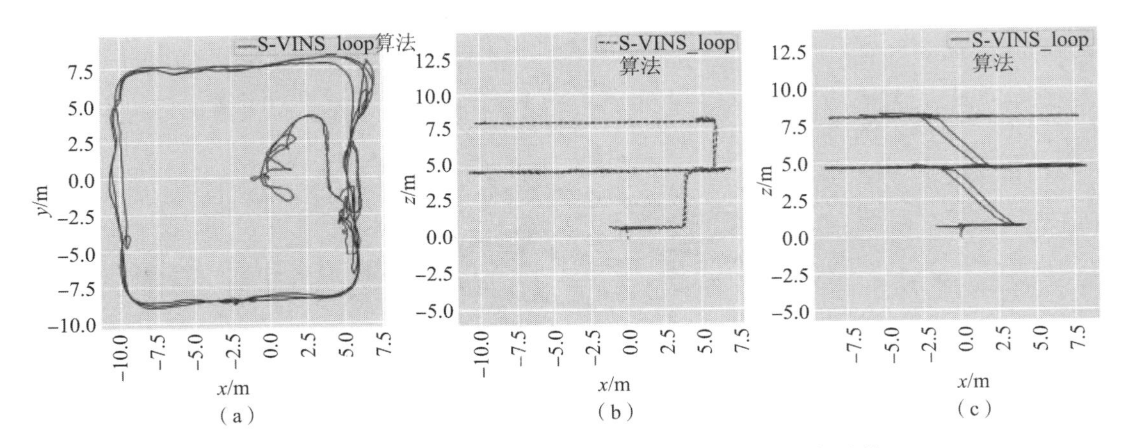

图 8.23　项目组改进算法所获 BU_01 组数据的 2D 轨迹拆分情况

（a）*yx* 方向的轨迹；（b）*zx* 方向的轨迹；（c）*zy* 方向的轨迹

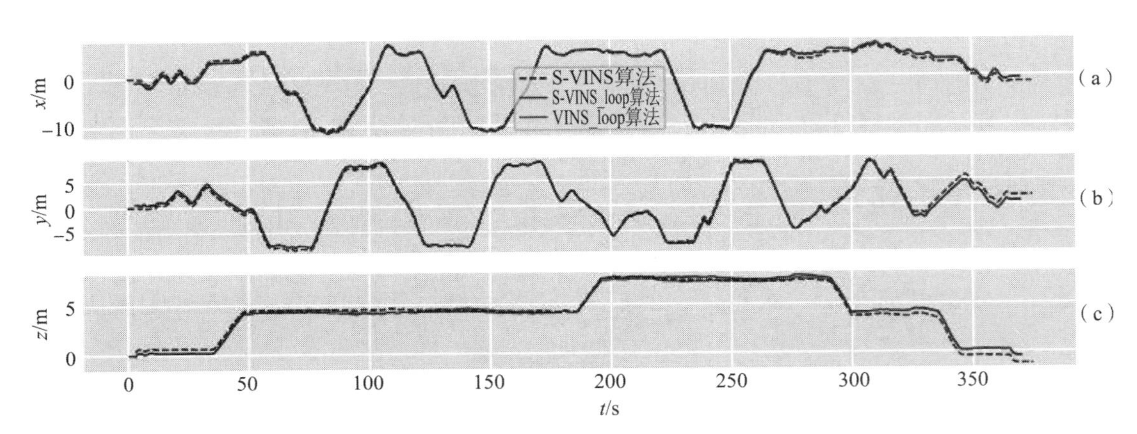

图 8.24　项目组所提算法采集的 BU_01 组数据在 *x*、*y*、*z* 3 个方向上随时间变化情况

（a）*x* 方向随时间变化图；（b）*y* 方向随时间变化图；（c）*z* 方向随时间变化图

7.5 m，且单层楼高为 3.75 m，这都与楼层的实际建筑信息高度吻合，这充分说明项目组所提算法在定位方面的准确性。

（2）在同一楼层进行采样时，高度方向的数值基本保持稳定，没有出现明显的漂移情况。

（3）图 8.21 所示场景中存在交错的楼梯，对应到图 8.24 所示轨迹，从中可以看出，*xz* 方向沿着同一楼梯上下楼基本能够保证轨迹重合。但在 *yz* 方向，由于上下楼梯时试验人员手持相机距楼梯水平方向并不相同，导致出现差异情况。这其实也是与实际情况相符合的，因为上下楼梯时，试验人员手持相机行走相对于楼梯斜面的实际距离并不相同。

为了检验项目组所提算法在室内的定位精度，试验人员在困难条件下和复杂环境中采集了 BU_03 组数据。该组数据采集路线总长约 900 m，其中包含了许多纹理重复、纹理信息不丰富、动态物体以及光照变化剧烈的场景，如图 8.25 所示。

为了对比不同算法的应用效果，项目组还在上述环境中测试了传统不带 IMU 的双目视觉 SLAM 算法，结果发现该方法无法正常工作。项目组还进行了不加入回环检测部分的相关

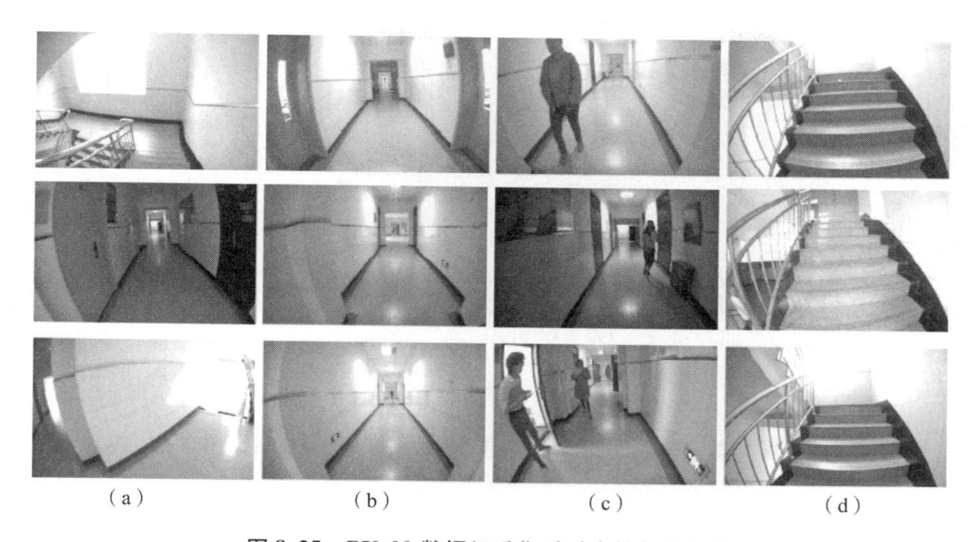

图 8.25　BU_03 数据组采集时对应的复杂场景

(a) 光照变化；(b) 纹理缺失；(c) 动态物体；(d) 伪重复场景

试验，结果发现此时的轨迹会出现很大程度的漂移。通过对比试验，原始 VINS_loop 算法和项目组改进的 S－VINS_loop 算法各自对应的 3D 轨迹对比情况如图 8.26 所示。

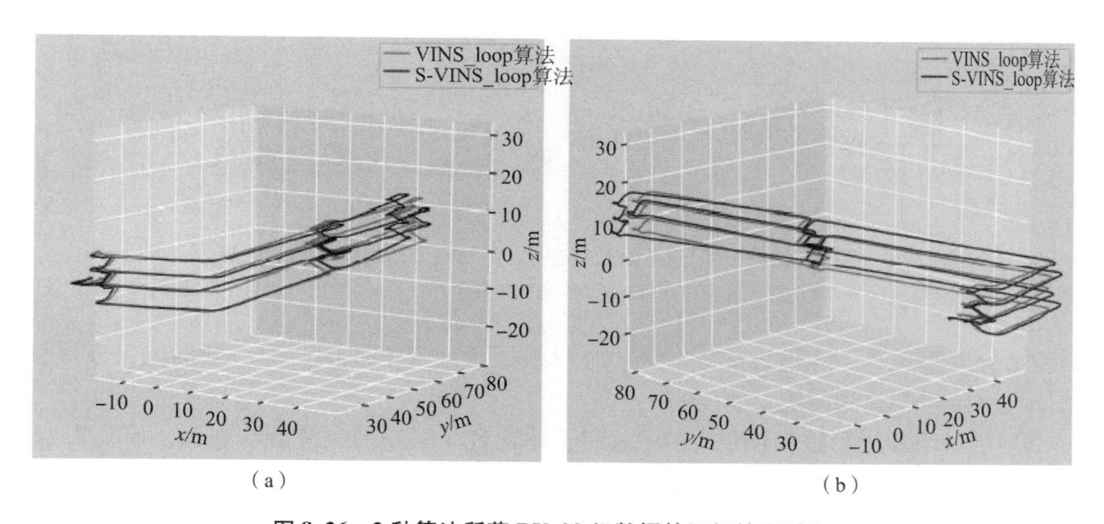

图 8.26　2 种算法所获 BU_03 组数据的运行结果对比

(a) 2 种算法所获上楼 3D 轨迹；(b) 两种算法所获下楼 3D 轨迹

由于采集该组数据时试验人员出现上下楼梯的情况，所以对采用 S－VINS_loop 算法以及 VINS_loop 算法所获数据进行 2D 轨迹拆分，其结果如图 8.27 所示。进而对采用两种算法采集的各个方向的数值随时间变化进行作图，可得到图 8.28。

从 BU_03 组数据的试验结果以及图 8.26～图 8.28 可以得出以下结论。

(1) 项目组所提算法，即使在大场景，且出现纹理缺失、光照变化剧烈以及伪重复场景较多的情况下，依旧能够保证较好的鲁棒性和准确性。

(2) 从图 8.27 中 xz 和 yz 方向的对比图以及图 8.28 中 z 方向随时刻的变化图可以得知，

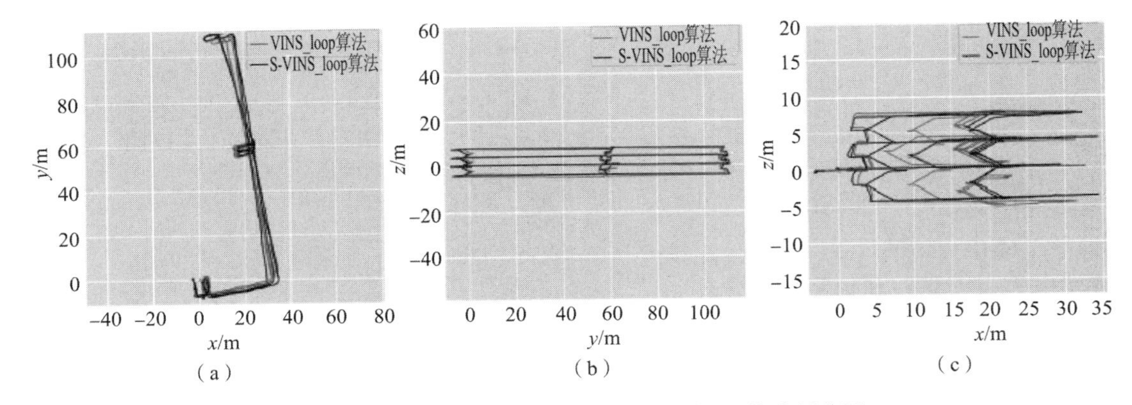

图 8.27 两种算法所获 BU_03 组数据的 2D 轨迹拆分图

（a）*xy* 方向轨迹；（b）*yz* 方向轨迹；（c）*xz* 方向轨迹

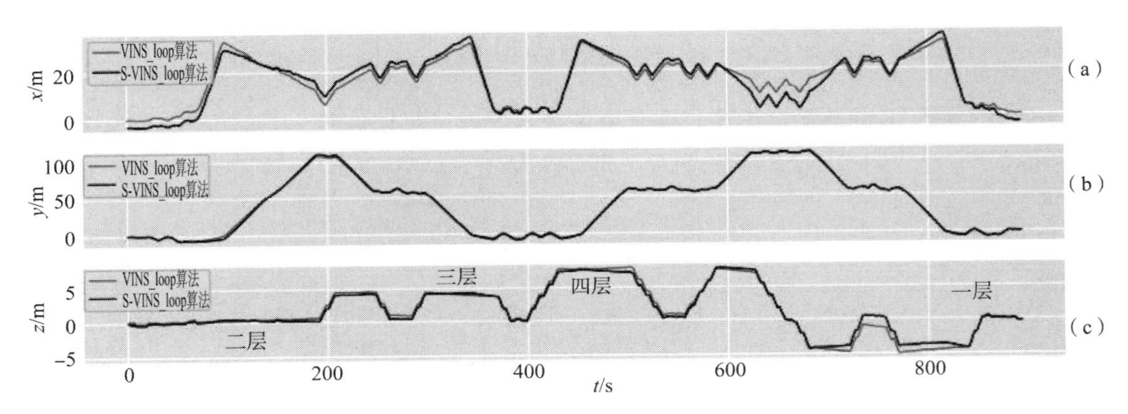

图 8.28 两种算法所获 BU_03 组数据在 *x*、*y*、*z* 3 个方向数值随时间变化情况

（a）*x* 方向随时间变化；（b）*y* 方向随时间变化；（c）*z* 方向随时间变化

项目组所提双目版 S－VINS_loop 算法在试验人员反复上下楼层采样时，依旧能保证该算法对楼层高度定位与检测的绝对精度。

（3）项目组所提算法在长距离的采样行进中出现了微小的轨迹漂移现象，如图 8.27 中 *xy* 方向的轨迹，这也正是项目组在后续研究中需要加以解决的问题。

8.3.5 导航地图生成试验

本次试验还包含深度相机生成导航地图的拓展试验部分。该试验借助了新的 RGB－D 相机，这是因为双目相机恢复深度信息需要耗费大量的计算资源，且在 CPU 上并不能做到实时完成，于是借助了一个新的 RGB－D 相机来完成该部分的工作。本试验针对局部导航功能，其中试验平台与定位试验中所用的移动小车基本一致，如图 8.12 所示，只是额外添加了一个 Intel Realsense D435 摄像头。该摄像头为 RGB－D 摄像头，能够以 90Hz 的帧率提供 640×480 分辨率的彩色图和深度图。硬件试验平台以及该相机能够提供的图像信息分别如图 8.29 和图 8.30 所示。

根据本书第 7 章第 7.6 节所提到的数学模型，计算出式（7.45）中的拟合参数 a,b,c,d，

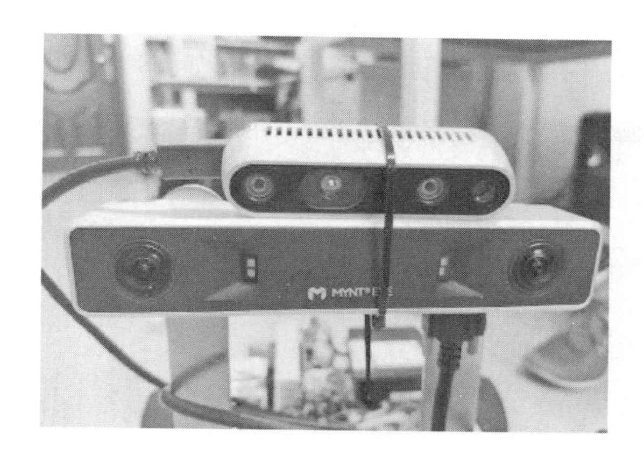

图 8.29　导航试验硬件平台

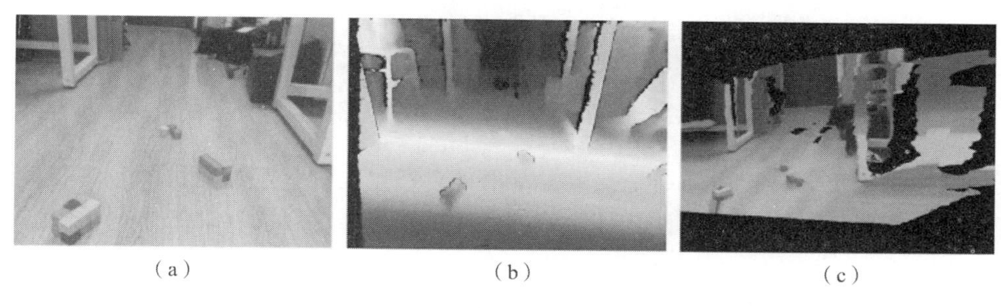

（a）　　（b）　　（c）

图 8.30　Intel Realsense D435 摄像头提供的信息（附彩插）

（a）彩色图；（b）深度图；（c）点云图

并对整张图的每一行的深度值进行判断，最终投影到彩色图中即可得到如图 8.31（a）所示的效果。根据相机坐标系下地平面的 3D 点，结合式（7.48），就可以得到相机坐标系下地平面的法向和中心点。于是可以建立地平面坐标系，图 8.31（b）所示为相机坐标系下 3D 网格投影到 2D 图像中的结果。

（a）　　（b）

图 8.31　地面分割以及地平面参数估计（附彩插）

（a）地面分割；（b）地面估计

当找到地平面坐标系与相机坐标系的变换关系时，理论上可以在 2D 图像上进行轨迹规划操作，将局部运动轨迹再投影到相机坐标系下，可得如图 8.32 所示的轨迹规划图。

图 8.32 地面轨迹规划图（附彩插）

根据上述结果可以得出以下结论：根据本书第 7 章提出的基于深度相机的地平面估计方法基本上就能够对地平面进行估计，且能够为移动机器人提供较为准确的 2D 导航地图。

8.4 本章小结

本章主要对项目组提出的融合 IMU 信息的双目视觉 SLAM 系统进行了相关的定位与导航试验，主要内容包含 Eu Roc 数据集部分以及实际采集的数据集验证两部分。在 Eu Roc 数据集中，项目组提出的算法十分具有先进性和竞争力，其绝对定位误差在 0.2m 以内，相对定位误差在 4% 以内，这两项表现均属业界研究的先进水平。绝对定位精度的提升在很大程度上得益于回环检测部分。此后，在相关试验中，测试了飞行器数据、移动小车数据、机械臂重复定位数据以及手持相机采集数据，其中包含了大量在场景纹理缺失、伪重复场景、光照变化剧烈、运动剧烈以及动态物体较多的场景中采集的数据。如果运用这些数据进行处置，许多纯视觉算法如 ORB – SLAM2 算法等均无法成功进行定位，单目 VIO 算法如 VINS – Mono 算法也会出现较大的偏差，但项目组提出的改进版 S – VINS_loop 算法仍然能够表现出很好的适用性与准确性。由此证明，项目组关于融合 IMU 信息的双目视觉 SLAM 系统的研究成果具有实用化前景，可为实现智能排爆机器人的自主导航和“一键到达”功能提供技术支持。

第 9 章 智能排爆机器人自主导航系统研究

赋予智能排爆机器人自主导航功能以实现“一键到达”，降低排爆人员对机器人运动操控技术娴熟度方面的要求，这是项目组对智能排爆机器人研发工作的总体目标之一。因此，本章将对智能排爆机器人进行自主导航需求分析、履带驱动电动机控制策略探索、车体基本运动功能仿真以及导航系统软件架构设计，为后续研究工作做好铺垫。

9.1 智能排爆机器人自主导航需求分析

智能排爆机器人研发任务书要求机器人必须具备自主导航下的“一键到达”功能。按照该任务书的构想，智能排爆机器人的操控人员在远程控制终端的显示屏上指定排爆作业目标点和排爆作业场景中的经由点之后，控制子系统就能操控机器人自主避开各种障碍物到达设定的排爆作业目标点。由此可见，智能排爆机器人车体的受控运动将是重中之重。项目组根据智能排爆机器人作业的整体需求，制定出智能排爆机器人履带式车体运动功能控制架构，如图 9.1 所示。

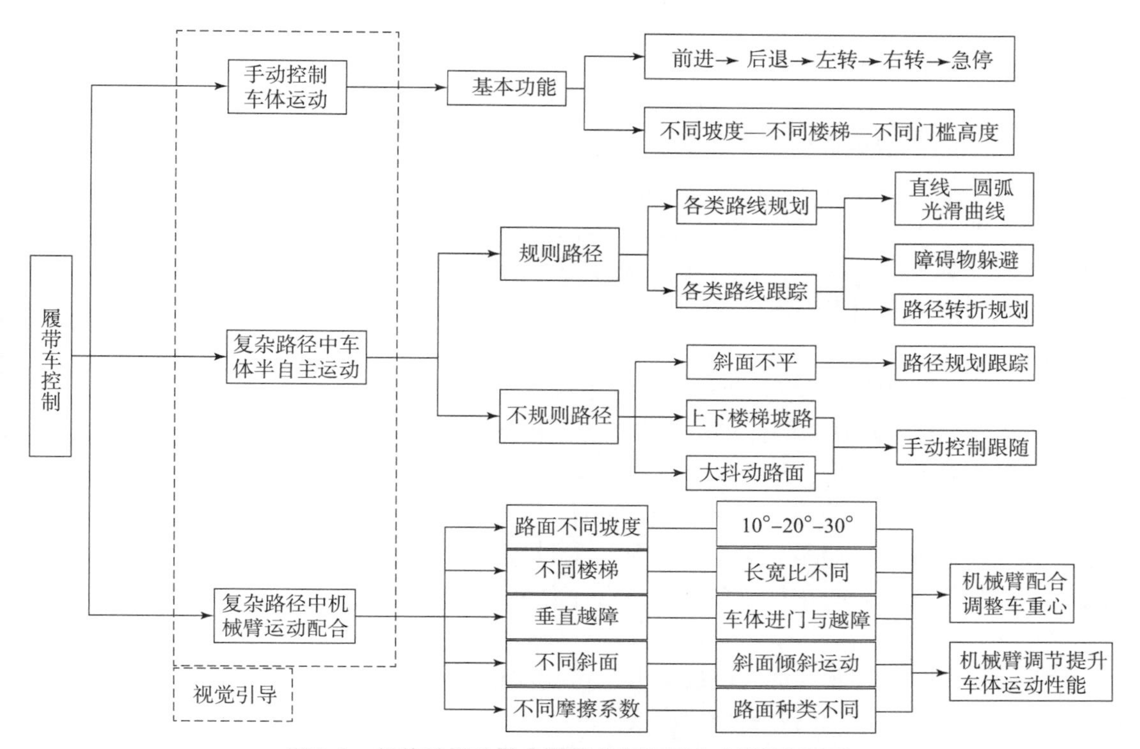

图 9.1 智能排爆机器人履带式车体运动功能控制架构

对于智能排爆机器人的自主导航系统来说，如何能够为智能排爆机器人运动控制系统提供指导信息，帮助机器人车体实现可控运动、自主导航到设定的排爆作业目标点，是需要重点研究的。其中机器人车体定位技术、运动规划技术（包含全局路径规划和局部路径规划）以及机器人导航所需要的地图至关重要，也需要进行深入研究与系统探索，这样才能为后续排爆作业开好局、布好篇。

9.1.1 移动机器人运动规划关键技术研究现状

对于移动机器人来说，自主导航的关键技术群中主要包含机器人运动规划技术（含全局路径规划技术和局部路径规划技术两部分）和机器人实时定位技术。[56]全局路径规划技术是指移动机器人在有障碍物的环境中，能够依靠自身寻找到一条从起始点到目标点的无碰撞的路径。局部路径规划技术是指移动机器人在局部地图中，能够感知其传感器范围内有限区域内的障碍物信息，移动机器人再利用这些局部信息进行局部路径规划，并根据代价函数去满足运动学和动力学约束，将规划得到的路径解析成机器人在各个时刻对应的线速度和角速度，准确地控制移动机器人运动到达局部目标。移动机器人到达局部目标后，将再次进行新的局部路径规划。如此反复进行，直到移动机器人成功到达全局目标点。

1. 移动机器人全局路径规划算法研究现状

根据是否加入智能算法，移动机器人的路径规划可以分为智能路径规划和传统路径规划两种。其中，智能路径规划算法有遗传算法[57]、蚁群算法[58]等；传统路径规划主要包括图搜索算法[59]、Dijkstra 算法[60]、Astar 算法[61]、人工势场法[62]以及基于采样的算法，如快速搜索随机树算法（RRT）[63]、概率路线图（PRM）[64]等。Astar 算法[65]是在 Dijkstra 算法的基础上引入了启发式算法，Astar 算法把 Dijkstra 算法（广度优先扩散）和目标的距离信息结合起来，其启发式代价函数可以表达为

$$f(n) = g(n) + h(n) \tag{9.1}$$

式中，$g(n)$ 表示从起始点到任意节点 n 的所花费的代价；$h(n)$ 表示从节点 n 到目标点的启发式评估代价。当从起始点向目标点移动时，Astar 算法权衡这两者。[66]每次进行主循环时，它根据最小的 $f(n)$ 值得到最小的节点 n。人们需要算法朝着目标位置进行扩散，另外，人们还需要得到尽可能短的路径，因此 Astar 算法就诞生了，它结合了 Dijkstra 算法和启发式算法的优点，以从起始点到该点的距离加上该点到目标点的估计距离之和作为该点在队列中的优先级。

JPS 跳点算法的核心思想是跳过大片的无障碍区域，去寻找所谓的强制跳跃点，并将其作为搜索的节点。[67]这样做的优点是大大减少了可通行区域内数量烦多的节点，使 Open list 中存储的节点数相对较少，从而对节点的操作次数也有所减少。通常启发式搜索算法如 JPS 跳点算法，大量时间耗费在对 Open list 的操作上。实用效果好的 Astar 算法会使用优先队列，甚至会使用 heap on top 这种数据结构来对链表操作进行优化。但当 Open list 中的节点过多时，这些操作的时间花费很多。在多障碍物的场景，JPS 跳点算法所需的时间更短，在选用时可多加考虑。

LPAstar 算法是 Astar 算法的增量版本，它可以适应图形中的变化而无须重新计算整个图形，方法是在当前搜索期间更新前一次搜索的 g 值（从开始起的距离），以便在必要时进行更正。[68]与 Astar 算法一样，LPAstar 算法使用了启发式算法，其启发性来源于从给定节点到

目标路径代价的更低边界。如果能保证是非负的，并且从不大于到目标的最短路径的代价，则允许使用该启发式搜索。

启发式搜索和增量式搜索的区别：启发式搜索是利用启发函数来对搜索进行指导，从而实现高效的搜索。相比较而言，启发式搜索是一种“智能”搜索，典型代表有 Astar 算法、遗传算法等。增量式搜索是对以前搜索结果的信息进行再利用，来实现高效搜索，这样做可以大大减少搜索范围和时间，典型代表有 LPAstar 算法、Dstar - lite 路径搜索算法等。[69]

Dstar - lite 路径搜索算法即 Astar 算法，它属于 Astar 算法的改进型，专门针对周围未知环境，且存在动态变化的场景。

RERT（Rapidly Exploring Random Tree）路径规划算法模拟树的生长方式，向四周无障碍区域进行扩展，一直扩展到目标位置。这样一条从起始点到目标点的规划路径不需要对空间建模，适合解决多自由度机器人（如多自由度串联机器人）在复杂环境下的路径规划问题。[70]当步长设置较小时，该算法得到的路径接近于最短路径，概率比较完备，但规划的路径不是最短的。

PRM（Probabilistic Road Maps）算法是一种基于采样的方法，它先在空白区域进行撒点，然后将距离较近的点连接起来形成连通路径，利用 Dijkstra 进行寻路，当撒点足够多时，PRM 算法得到的路径接近于理论上的最短路径。[71]所以 PRM 算法是概率完备的，但得到的路径一般并不是最短的。

上述全局路径规划算法各有利弊，需要根据移动机器人实际作业的需求和实际工作的环境进行选用。

2. 移动机器人局部路径规划算法研究现状

全局路径规划保证移动机器人所规划的路径目标可以到达，而且几乎是最优的。局部路径规划则是在局部地图中，基于传感器（比如超声波、摄像头、激光雷达）来探测周围的环境信息，获得一条无碰撞的满足运动学和动力学约束的最优路径，规划行为具有实时性，对环境的适应性很好。

Khatib 最先提出了人工势场法。[72]这是一种局部路径规划方法，其核心思想是机器人在目标点对机器人产生的吸引力，以及机器人与障碍物施加的排斥力两者联合的作用下，去避开障碍物并朝着目标点运动。人工势场法原理比较简单，但十分容易陷入局部极小点，导致移动机器人在障碍物之间停止或者震荡，而不再向目标点运动等问题。

在汽车自动驾驶技术领域，在开源 Apollo 框架中，LP（Lattice Planner）算法进行道路点采样，将规划问题在 $S-L$ 坐标系下分解为横向和纵向两方面的问题，其中横向是 $S-L$ 问题，纵向是 $S-T$ 问题。[73]起始状态包括横向位置、横向位置的导数、横向位置的二阶导数。横向位置其实是一个 heading，还有3个参数，即纵向位置、纵向位置的速度、纵向位置的二阶导数，可用五阶和四阶多项式连接横向位置得起始和终点状态，排列组合出一维的横纵向轨迹，然后再根据代价函数（如加速度、安全性等）去选择最佳的合成轨迹。事实证明，该算法适用于基于车道线的路径规划。

Apollo 算法中的 EM（Expectation Maximum）planner 采用优化的思路进行轨迹规划，并将轨迹分为路径和速度两部分再分别进行优化，求取5次多项式曲线，最终合并为一条轨迹。[74]其优化过程分为动态规划 DP（Dynamic Planning）和二次规划 QP（Quadratic Programming）。在 EM planner 中，路径的选择是基于 $S-L$ 坐标系进行的，沿道路撒点。撒点的规则主要由车辆的宽度、车辆的位置、车道宽度、车辆速度、撒点的最大步长（沿 S 和 L 方向）、撒点的最小步长（沿 S 和 L 方向）、撒点的最小长度以及撒点的最大长度等因素确定。利用 DP 生成 cost 最小的路径和速度；QP 主要就是对 DP 的路径进行平滑处理。

常见的局部路径规划算法往往计算量较大，对硬件性能要求较高，成本代价也不菲。因此迫切需要开发计算量小、规划效率高的局部路径规划算法。基于这些情况，项目组将在研究改进型局部路径规划算法方面花力气、下功夫，争取有所突破。

9.1.2 智能排爆机器人履带式车体运动学建模分析

要想实现智能排爆机器人车体的受控运动，就必须先对机器人车体的运动学建模有所研究，这样才能做到有的放矢，促成目标的实现。

智能排爆机器人采用的是履带式车体，履带在转弯过程中，容易产生双侧压力不均匀和侧移现象，会加大对履带运动的分析难度。因此对智能排爆机器人的运动分析应在获取其运动学模型之后进行。为简化问题起见，在运动分析过程中，只构建简化的智能排爆机器人运动学模型。[75] 为此可将其履带机构简化为刚体。假设履带在运动过程中双侧受力相等，且不考虑在地面发生侧倾的情况，进而建立智能排爆机器人履带式车体简化模型，如图 9.2 所示。

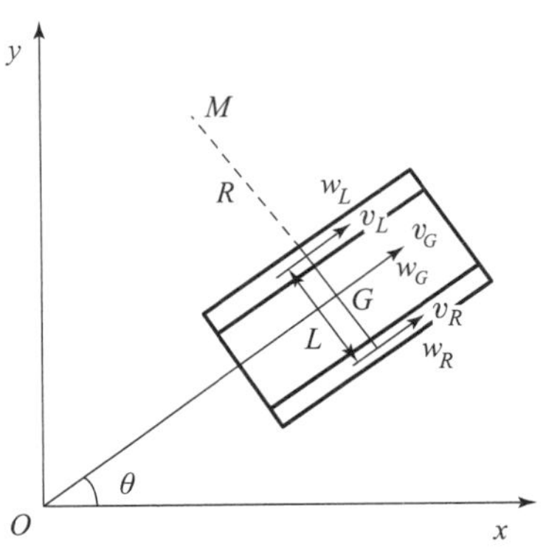

图 9.2 智能排爆机器人履带式车体简化模型

图 9.2 中，v_G 为机器人车体的线速度；w_G 为机器人车体的角速度；L 为车体两侧履带的中心距；v_L 为左侧履带的线速度，w_L 为左侧履带的角速度；v_R 为右侧履带的线速度，w_R 为右侧履带的角速度；R 为履带转向半径；$\boldsymbol{v}$ 为机器人自身的运动速度，包括 v_G 和 w_G。机器人控制输入量为 $\boldsymbol{u}$，机器人瞬时旋转中心为 M，于是，机器人在环境中的位姿可表示为

$$\boldsymbol{q} = \begin{bmatrix} x \\ y \\ \theta \end{bmatrix} \tag{9.2}$$

机器人车体的速度可表示为

$$\boldsymbol{v} = \begin{bmatrix} v_G \\ w_G \end{bmatrix} \tag{9.3}$$

机器人车体位姿导数为

$$\dot{\boldsymbol{q}} = \begin{bmatrix} \cos(\theta) & 0 \\ \sin(\theta) & 0 \\ 0 & 1 \end{bmatrix} \cdot \boldsymbol{v} \tag{9.4}$$

详细表达为

$$\begin{aligned} \dot{x} &= \cos(\theta) v_G \\ \dot{y} &= \sin(\theta) v_G \\ \dot{\theta} &= w_G \end{aligned} \tag{9.5}$$

使用输入—控制矩阵表达为

$$\begin{bmatrix} \dot{x} \\ \dot{y} \\ \dot{\theta} \end{bmatrix} = \begin{bmatrix} \cos(\theta) & 0 \\ \sin(\theta) & 0 \\ 0 & 1 \end{bmatrix} \cdot \begin{bmatrix} v_G \\ w_G \end{bmatrix} \tag{9.6}$$

进一步可以得到机器人车体运动速度和左右履带行进速度之间的关系，即机器人车体的线速度为

$$v_G = \frac{(v_L + v_R)}{2} \tag{9.7}$$

机器人车体的角速度为

$$w_G = \frac{(v_R - v_L)}{L} \tag{9.8}$$

机器人车体的旋转半径为

$$R = \frac{v_G}{w_G} = \frac{L(v_L + v_R)}{2(v_R - v_L)} \tag{9.9}$$

机器人控制输入量为

$$\boldsymbol{u} = \begin{bmatrix} v_L \\ v_R \end{bmatrix} \tag{9.10}$$

于是，机器人车体的速度可以表示为

$$\begin{bmatrix} v_G \\ w_G \end{bmatrix} = \begin{bmatrix} 1/2 & 1/2 \\ 1/L & 1/L \end{bmatrix} \begin{bmatrix} v_L \\ v_R \end{bmatrix} \tag{9.11}$$

最后，从差分驱动速度获得机器人车体在环境中的位姿可以描述为

$$\begin{bmatrix} \dot{x} \\ \dot{y} \\ \dot{\theta} \end{bmatrix} = \begin{bmatrix} \cos(\theta) & 0 \\ \sin(\theta) & 0 \\ 0 & 1 \end{bmatrix} \begin{bmatrix} 1/2 & 1/2 \\ 1/L & 1/L \end{bmatrix} \begin{bmatrix} v_L \\ v_R \end{bmatrix} \tag{9.12}$$

下面研究智能排爆机器人运动推演模型。在机器人运动学模型中，通过履带式车体左右主动轮驱动电动机编码器的读数，可以实现机器人车体的轨迹推算。已知机器人车体两侧履带的中心距和主动轮的半径以及 t 时刻机器人车体的位姿，然后通过计数，可得到 $t+1$ 时刻的编码器读数，于是可以通过这些参数获得机器人车体在 $t+1$ 时刻的位姿。如果认为在采样间隔中，机器人车体左右主动轮的转速不变，那么可以认为机器人走过一个圆弧轨迹，如图 9.3 所示，其中 X_WOY_w 为世界坐标系。

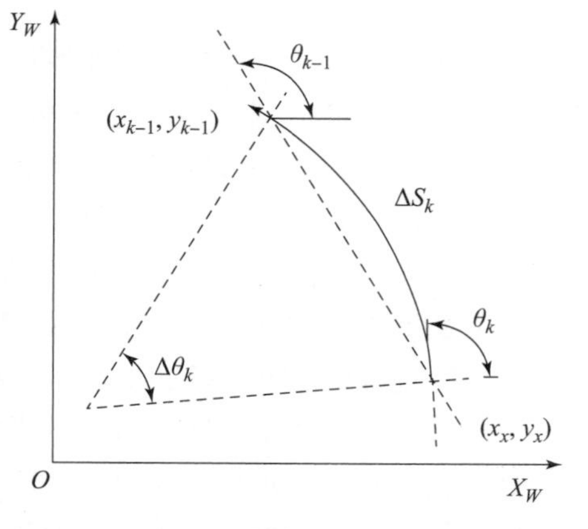

图 9.3　机器人车体运动推演模型

实际中，通常假设机器人车体的前方为 X 轴正方向，ΔS_k 为机器人车体走过的弧长，Δq_k 是机器人车体转过的角度。假设机器人车体先转一半角度 $\Delta q_k/2$，然后沿着此方向运动 ΔS_k，最后再转 $\Delta q_k/2$，于是可得机器人车体运动学推演方程为

$$
\begin{cases}
x_{k+1} = x_k + \Delta S_k \cos\left(\theta_k + \dfrac{\Delta\theta_k}{2}\right) \\
y_{k+1} = y_k + \Delta S_k \sin\left(\theta_k + \dfrac{\Delta\theta_k}{2}\right) \\
\theta_{k+1} = \theta_k + \Delta\theta_k
\end{cases}
\tag{9.13}
$$

至此，智能排爆机器人车体运动学模型已经建立完毕，可为后续机器人自主导航功能的局部路径规划提供技术支持。

9.1.3 智能排爆机器人履带式车体硬件选型分析

智能排爆机器人的自主导航控制包含两方面内容：①在上位机层面进行自主路径规划和定位；②在下位机层面控制履带式车体驱动电动机的运动。只有这两方面的工作圆满完成，智能排爆机器人才能实现项目组关于其自主导航运动至排爆作业目标点的设计构想。为此，首先根据机器人车体的基本运动需求对下位机层面的硬件进行选型。

对于下位机层面车体运动控制来说，重要的硬件包括履带驱动电动机、电动机驱动器和电动机控制器，它们三者之间的相互关系如图 9.4 所示。

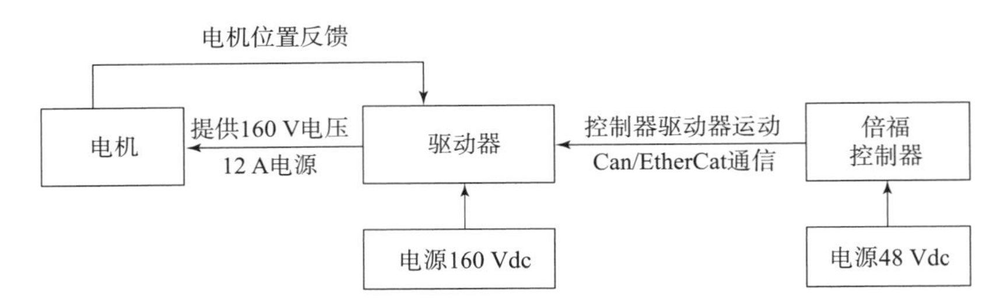

图 9.4 电动机、驱动器、电动机控制器相互关系

回顾本书第 2 章第 2.2 节相关内容，项目组在智能排爆机器人履带式车体的设计思路确定之后，在进行履带驱动装置零部件具体的结构设计之前，就曾对履带驱动电动机进行了选型分析与计算。最后选定科尔摩根公司出产的 AKM51L 直流伺服电动机，具体参数见表 2.1，具体尺寸和样式则如图 2.16 所示。

经过认真考虑与分析，项目组在电动机运动控制器上选用了德国倍福（Beckhoff）出产的控制器。该控制器属于工业 PC，装有 Windows CE 或 Windows Embedded Standard 操作系统的 PLC 和运动控制系统，支持 EtherCAT 通信协议。该控制器功能强劲、性能优异，能够与多种品牌的直流伺服电动机和电动机驱动器接驳，完美实现电动机的运动控制。

关于电动机驱动器的选用出于下述考虑。

（1）所选驱动器能够驱动 AKM51L 直流伺服电动机正常工作。

（2）所选驱动器能够被所选控制器控制。

AKM51L 直流伺服电动机所需要的工作电流为 12 A，Elmo D40 驱动器允许通过的电流为 28A，这样就可以通过一个驱动器带动两个 AKM51L 直流伺服电动机，而且 Elmo D40 驱动器也采用 Ether Cat 通信，与倍福控制器的匹配性很好。Elmo D40 驱动器如图 9.5 所示。

下位机相关硬件选型完毕之后，还需要考虑上位机的计算性能。为了满足所选上位机功

图 9.5　Elmo D40 驱动器

能够用、体积小巧、连接方便等实用性要求，项目组选用了 Intel NUC PC 工控机，该机的主要参数为 CPUI7、RAM16G、512G SSD 硬盘，其外观如图 9.6 所示。

（a）　　（b）

图 9.6　Intel NUC PC 工控机

（a）Intel NUC 工控机正面；（b）Intel NUC 工控机背面

9.2　机器人车体驱动电动机的 PID 控制

要使智能排爆机器人实现自主导航下的“一键到达”功能，首先就得让履带驱动电动机转动起来。但是在给电动机发送简单的控制指令以后，并不能保证电动机就可以很好响应，与期望电动机到达的速度和位置还会存在误差，影响对机器人的控制精度。因此需要尽可能消除电动机的误差，PID（比例、积分、微分控制）控制是一种能够很好消除电动机误差的方法。

在实际中，应用最为广泛的调节器控制规律为比例、积分、微分控制，简称 PID 控制，又称 PID 调节。[76] 与其他控制算法需要对被控对象建立数学或物理模型相比，PID 控制不依赖对被控对象建模，它可以直接借助现场调试经验控制被控对象。PID 调节器的适用范围很广，如果参数设置得当，它可以起到很好的控制效果。

将 PID 参数调节方法应用到伺服电动机的控制上，可以使伺服电动机更好地响应驱动器所发指令，从而将电动机的性能水平充分发挥出来。

PID 的控制模型如图 9.7 所示。

图 9.7 中，控制变量是误差项的比例、积分、微分的求和，其输入为误差值，等于期望值减去测量值。$u(t)$ 为控制输出，PID 控制可以用公式表示如下：

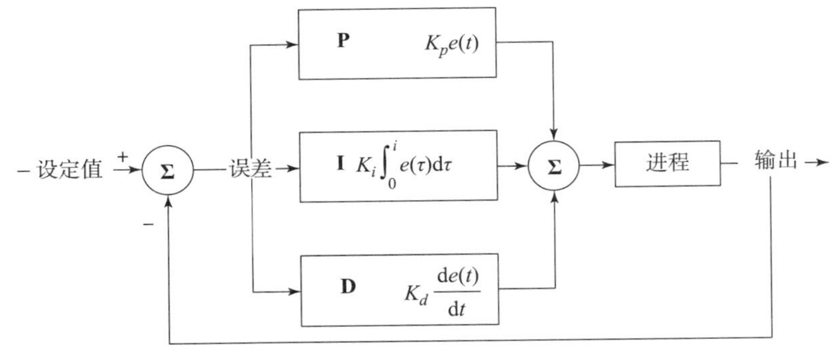

图 9.7　PID 控制模型图

$$u(t) = K_p e(t) + K_i \int_0^t e(t)\,\mathrm{d}t + K_d \frac{\mathrm{d}}{\mathrm{d}t} e(t) \tag{9.14}$$

驱动器对电动机的控制分为电流环控制、速度环控制以及位置环控制。电流环对控制指令响应最快，位置环对控制指令响应最慢。调节参数时应当遵守响应原则，否则会造成机械振动。调节步骤：调节电流环参数→调节速度环参数→调节位置环参数。在电流环参数调节时应当注意，电流环增益的调整可以改善系统的响应速度。[77]电流环比例增益越大，电动机响应性越好，反之越差，但设置值过大时会产生震荡。$u(t)$ 积分时间常数越小，电动机响应越好；但设置值过小时也会产生震荡。积分时间常数大，会降低响应性，使电流输出更平滑。速度环比例增益越大，跟随性越好，反之越差；但过大时会产生振动。积分时间常数越小，速度响应性越好，跟随性也会越好；但设置值过小时也会产生振动。在位置环参数调节方面，位置环可用于调整位置的响应性。位置环比例增益越大，对指令的跟随性越好；位置误差量越小，定位整定时间也越短。速度前馈增益是调整对位置指令的响应，增大速度前馈增益可减小位置跟踪的误差量，过大时会引起加速完成过冲。

连接相关线路以后，将电源开关闭合开始供电，安装驱动软件和电动机调试软件 Kollmogo Workbench V8.0 Beta7（801－809），待安装完成后，打开电动机调试软件，如图 9.8 所示。

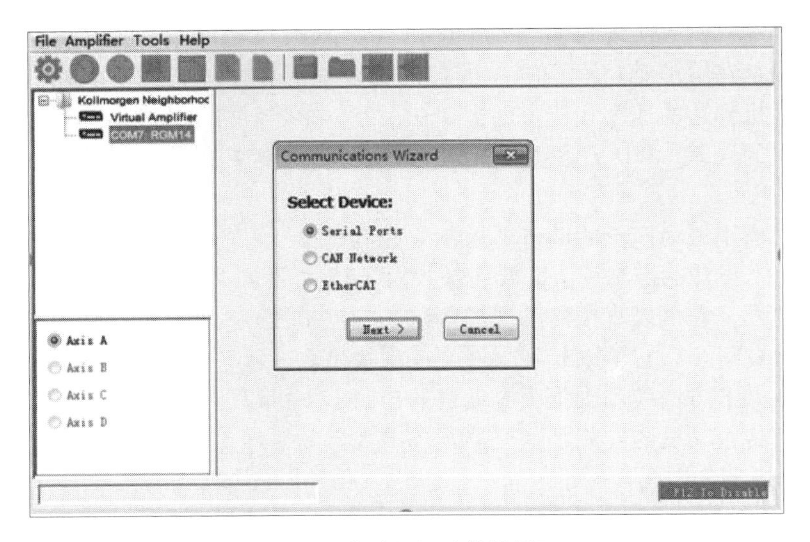

图 9.8　电动机调试软件界面

此时，即可按以下步骤进行相关处置。

（1）选择第一个串口进行调试，添加端口序号，如图 9.9 所示，然后设定波特率，如图 9.10 所示。

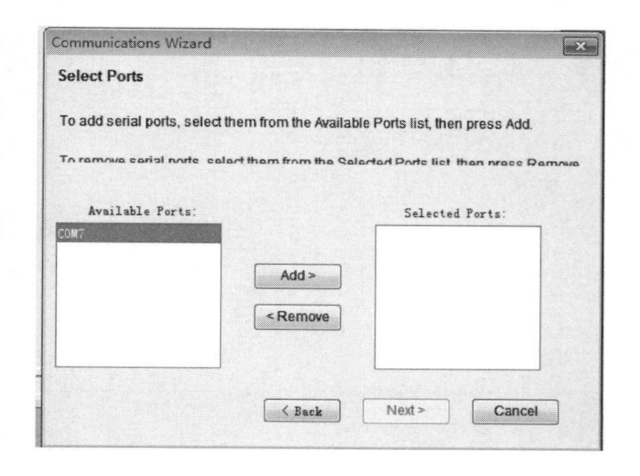

图 9.9　电动机调试软件串口选择界面

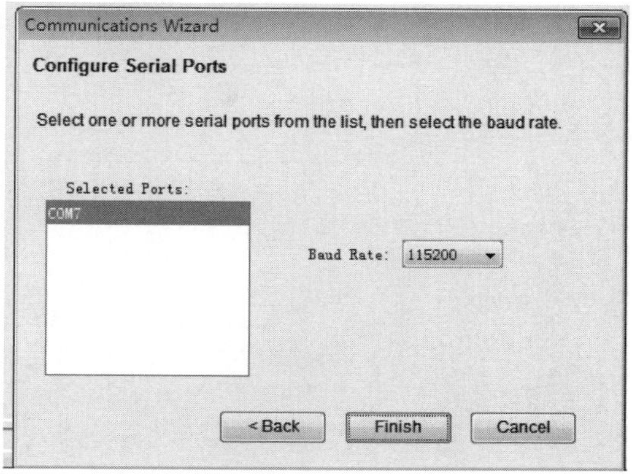

图 9.10　串口波特率设定界面

（2）调节电流环并保存。首先单击电动机调试界面中的电流环按钮，如图 9.11 所示；然后进入电动机电流环自动调试界面，如图 9.12 所示。此时，在电动机电流环自动调节界面中单击“Auto Tune”按钮，如图 9.13 所示。一段时间过后，电流环调节结束，调试结果界面如图 9.14 所示。

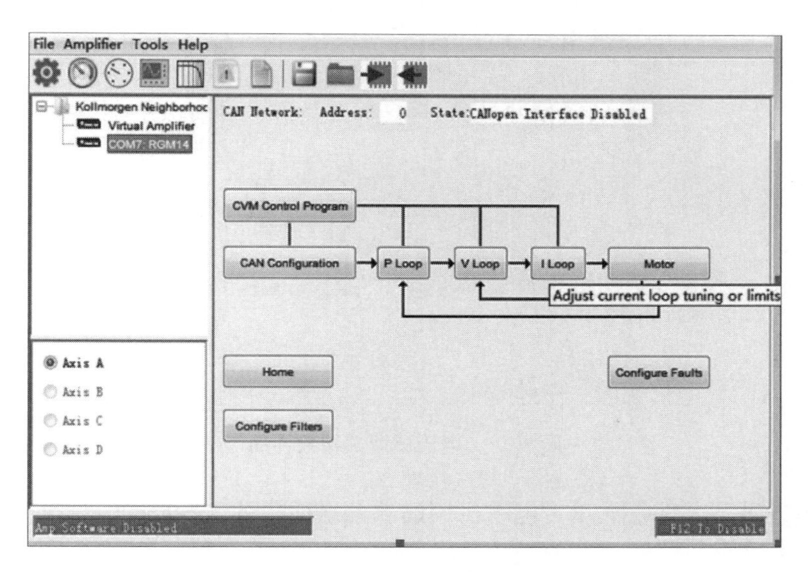

图 9.11　电动机调试界面

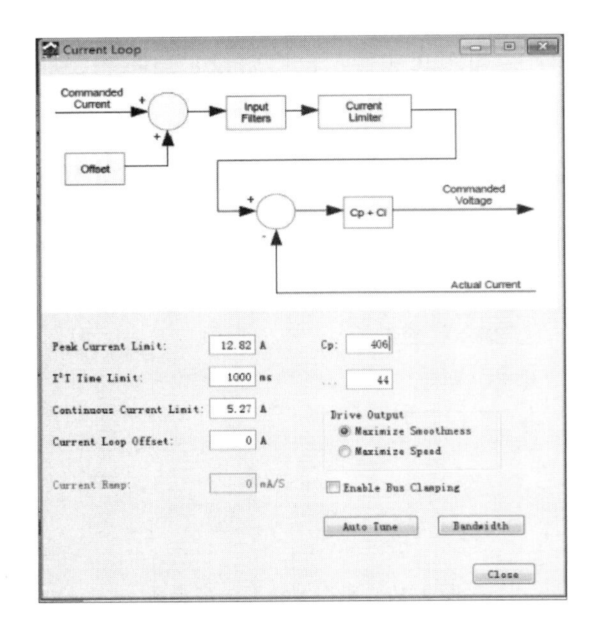

图 9.12　电流环自动调试界面

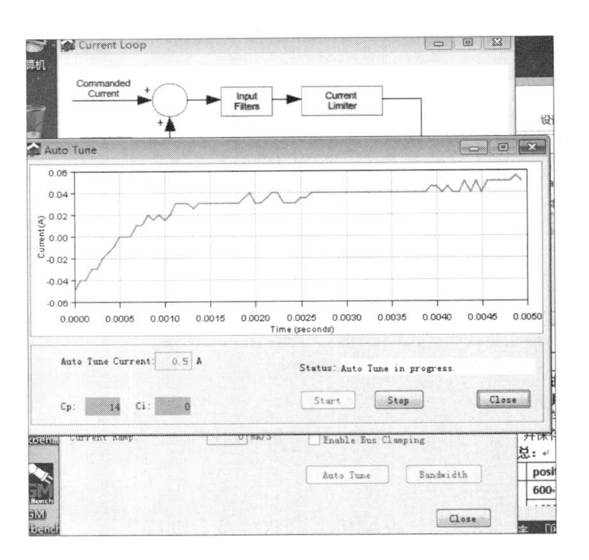

图 9.13　电流环自动调试过程界面

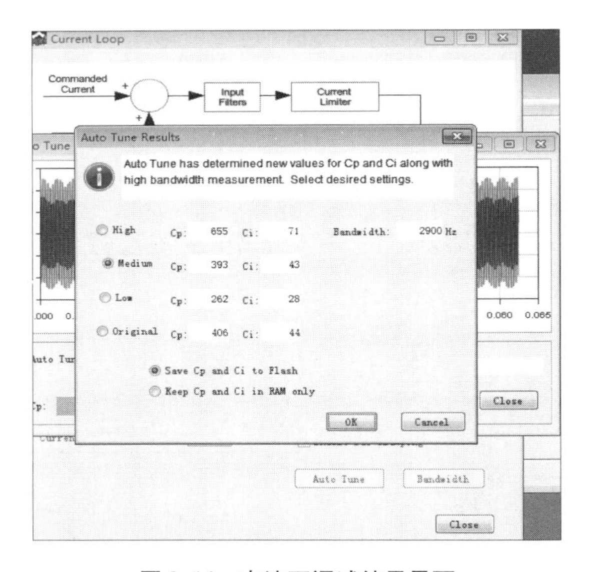

图 9.14　电流环调试结果界面

（3）调节速度环并保存。单击电动机调试软件界面中的“Scope”按钮，进入人工调试界面，调试结果界面如图 9.15 所示。

（4）调节位置环并保存。将界面切换到增益界面，调节“P_P、P_i”，当蓝色线误差较小时，暂停数据，关闭该界面，并将数据保存，所用方法与保存电流环参数相同。调试结果界面如图 9.16 所示。

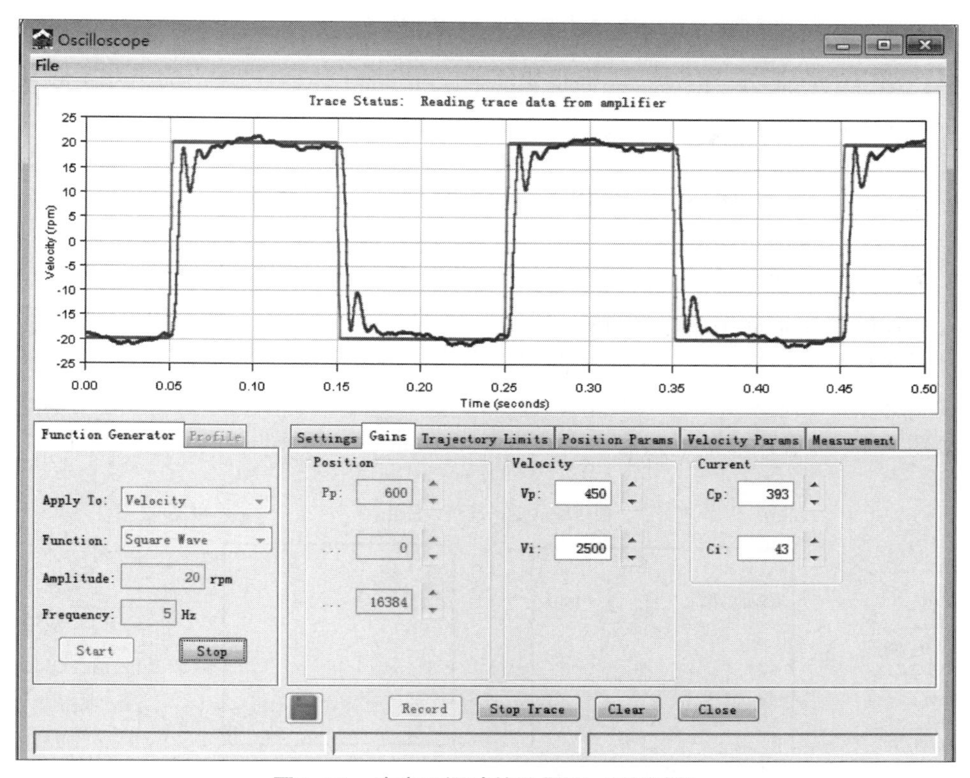

图 9.15　速度环调试结果界面（附彩插）

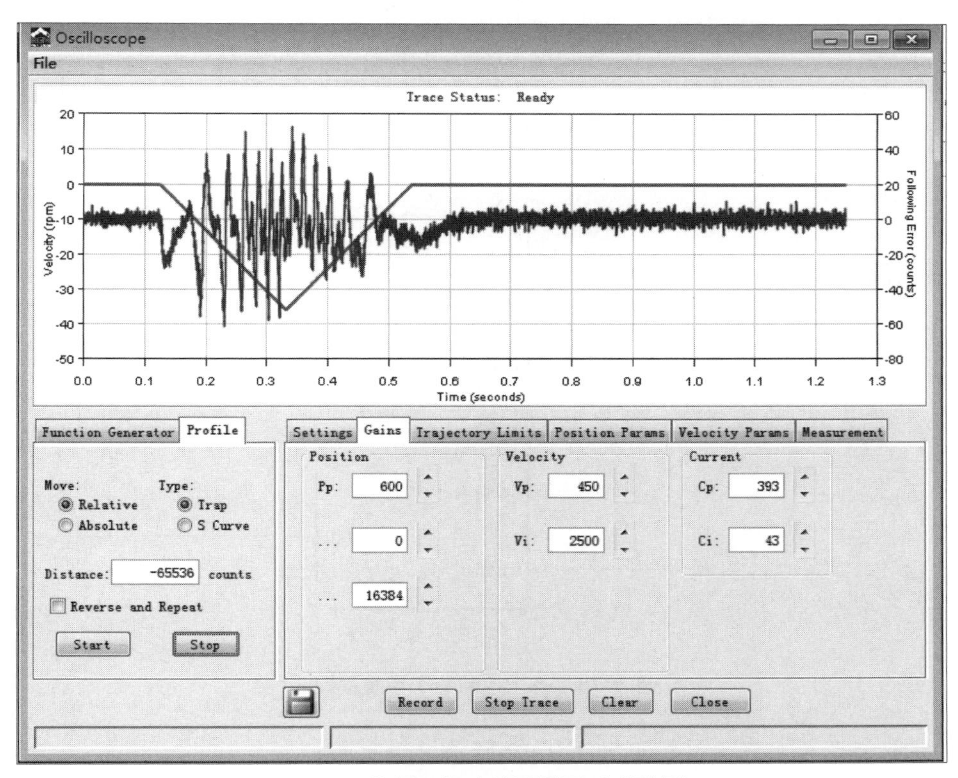

图 9.16　位置环调试结果界面（附彩插）

经历上述过程，智能排爆机器人车体驱动电动机的电流环、速度环、位置环的 PID 参数调节完毕。相应试验证明，电动机能够很快地响应驱动器给电动机发出的指令，而且电动机在运转中不发生振动。

9.3　机器人车体基本运动仿真

为了更好地掌握智能排爆机器人车体的运动控制特性，还必须应用计算机运动仿真技术对机器人车体的基本运动情况进行分析与研究。在仿真中，被控对象是机器人车体；直观的控制量是上述建模中所述的机器人车体两侧履带的转速。为了深入描述机器人车体的运动情况，控制量选车体线速度 v 和角速度 w，左右履带的转速可由对应的模型反求。Simulink 控制模型如图 9. 17 所示；基础控制器子系统（Base Controller Subsystem）模型如图 9. 18 所示。

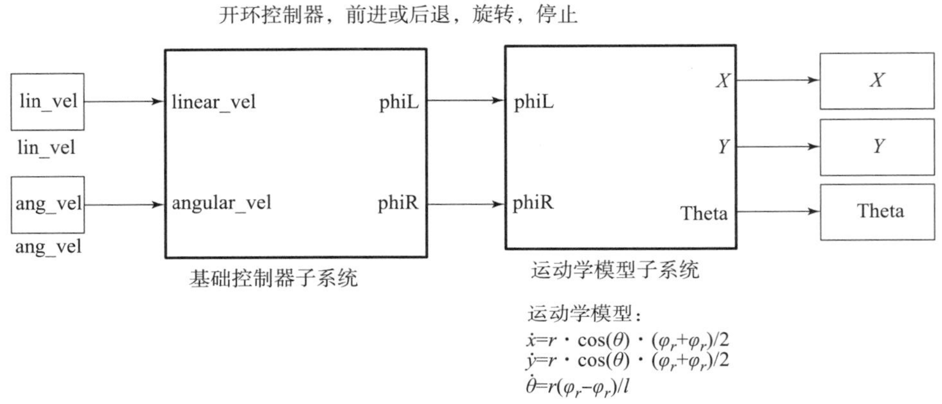

开环控制器，前进或后退，旋转，停止
lin_vel
lin_vel
ang_vel
ang_vel
linear_vel
angular_vel
phiL
phiR
基础控制器子系统
phiL
phiR
X
Y
Theta
运动学模型子系统
X
Y
Theta
运动学模型：
$\dot{x}=r\cdot\cos(\theta)\cdot(\varphi_r+\varphi_r)/2$
$\dot{y}=r\cdot\cos(\theta)\cdot(\varphi_r+\varphi_r)/2$
$\dot{\theta}=r(\varphi_r-\varphi_r)/l$

图 9. 17　Simulink 控制模型

1
linear_vel
2
angular_vel
linear_vel
angular_vel
phiR
左轮速度子系统
linear_vel
angular_vel
phiR
右轮速度子系统
1
phiL
2
phiR

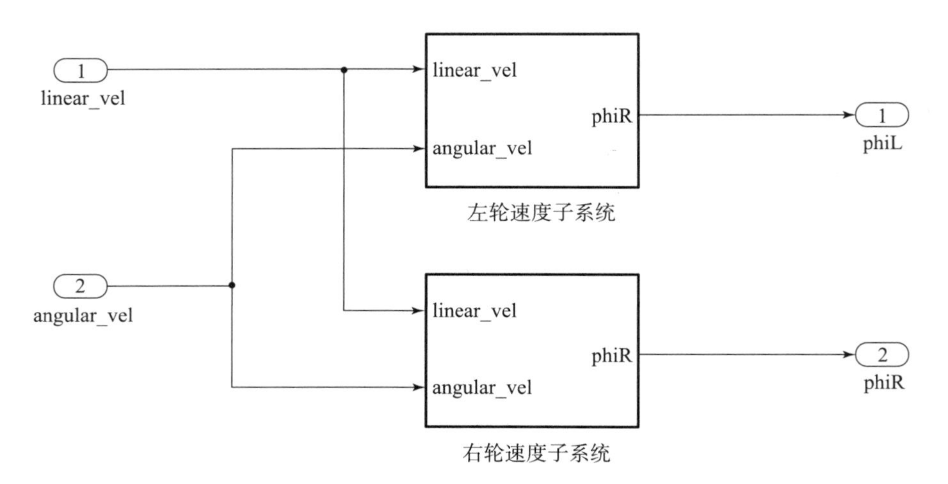

图 9. 18　基础控制器子系统模型

对应的运动学模型子系统模型如图 9. 19 所示。

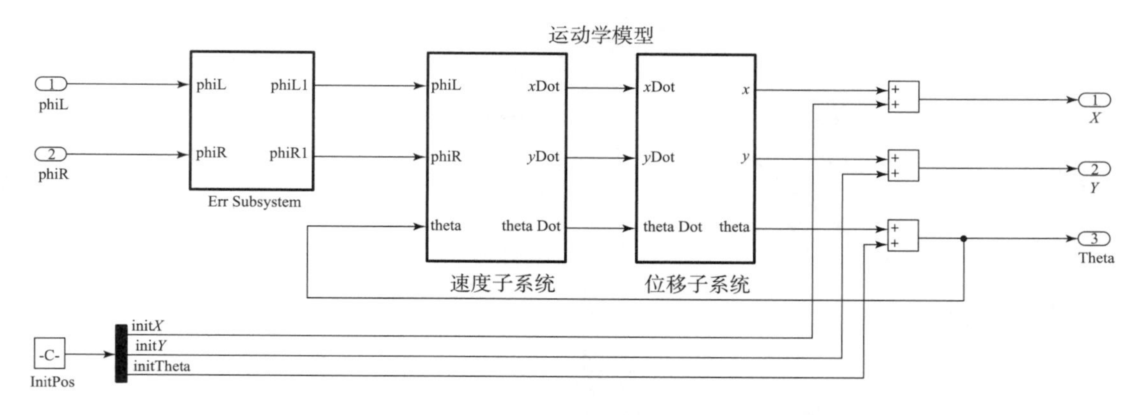

图 9.19　运动学模型的子系统模型

上述模型中，输入量有 max_sim_time（最大仿真时长）、ctrl_frequence（控制频率）、lin_vel（线速度）、ang_vel（角速度）、r（履带轮半径）、L（履带轮间距）、初始位姿。输出量则有 Theta（方向角）、v_L（左侧履带线速度）、v_R（右侧履带线速度）、phiL（左侧履带角速度）、phiR（右侧履带角速度）。相关参数数值如表 9.1 所示。

表 9.1　相关参数值

参数名称	参数值
最大仿真时长/s	20.000
控制频率/Hz	100.000
履带轮半径/m	0.098
履带轮间距/m	0.494
初始位姿/m	[0, 0, 0]
线速度/($m \cdot s^{-1}$)	0.8
角速度/($rad \cdot s^{-1}$)	0.1

将对应数值代入，进行仿真，所得仿真结果如图 9.20 所示。

从上述仿真结果可见，智能排爆机器人车体的基本运动均能圆满实现，验证了基于智能排爆机器人设计目标所构建的运动学模型的正确性。

9.4　智能排爆机器人导航子系统软件架构和软件系统设计

智能排爆机器人的“一键到达”和“一键排爆”功能能否在复杂场景和困难任务面前得以圆满实现，在很大程度上都取决于机器人视觉子系统的功能配置与技术水准。项目组在规划智能排爆机器人的视觉子系统时，经过反复考量与深入比较，确定了其功能配置，如图 9.21 所示。

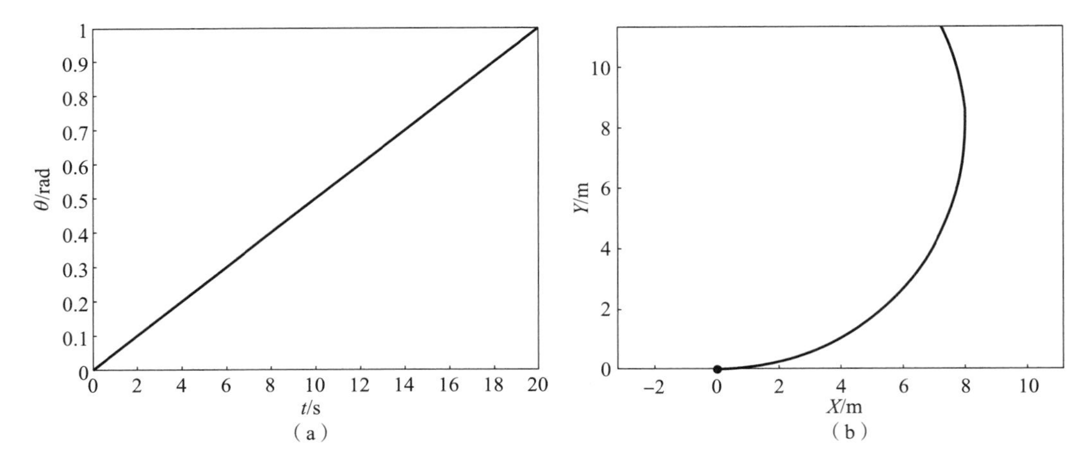

图 9.20 机器人车体位姿随时间变化结果

(a) 机器人车体航向角随时间变化结果；(b) 机器人车体位置随时间变化结果

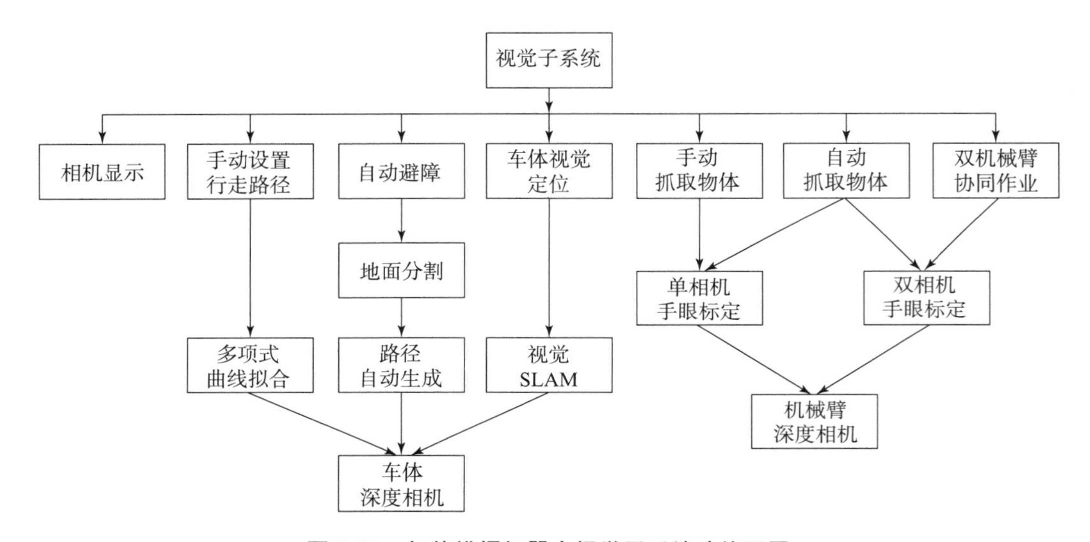

图 9.21 智能排爆机器人视觉子系统功能配置

从图 9.21 可知，智能排爆机器人要实现设计初衷，在自主导航方面还需加强软硬件研究，尤其是在机器人导航子系统的软件建设方面要取得一定的突破，才能为智能排爆机器人真正依靠自身的技术水平，实现“一键到达”功能创造条件。

9.4.1 智能排爆机器人导航子系统软件架构设计

智能排爆机器人是一个大系统，它由机器人本体 + 机器人远程控制终端两大部分组成。每一部分又包含若干子系统（图 9.22），这些子系统相辅相成，共同支撑智能排爆机器人完成智能、精细、安全、可靠的排爆使命。

在图 9.22 中，与实现机器人“一键到达”功能密切相关的部分除了导航子系统、视觉子系统、控制子系统，还有远程控制终端中的操作面板部分。项目组需要该控制终端

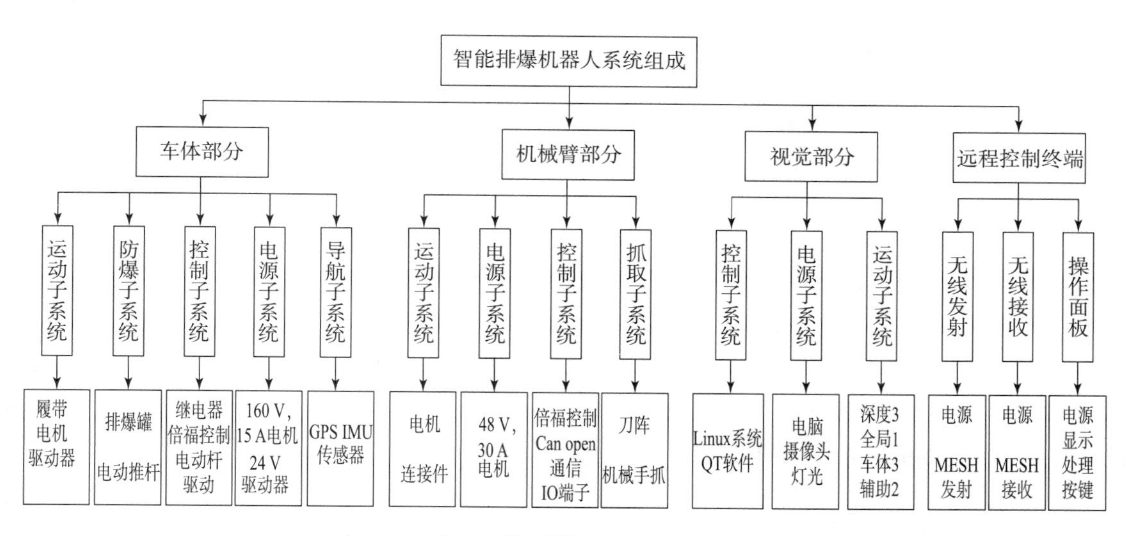

图 9.22 智能排爆机器人系统架构

操作面板具有自锁、复位、急停等功能，也需要具有手动操作的功能。因此，项目组根据排爆作业的客观需求，将整个操作面板的功能按钮进行了科学设计与系统安排，如表 9.2 所示。

表 9.2 智能排爆机器人远程控制终端操作面板按钮功能设计

编号	控制方式	数据类型	功能		备注	面板丝印
Y1	操作手柄 Y 轴	AI	$Y+$：车体前进 $Y-$：车体后退	十字摇杆	车体控制	Y1
	操作手柄 X 轴	AI	$X+$：车体左旋转 $X-$：车体右旋转			
Y2	操作手柄 Y 轴	AI	$Y+$：云台上 $Y-$：云台下	十字摇杆	云台控制	Y2
	操作手柄 X 轴	AI	$X+$：云台左 $X-$：云台右			
Y3	操作手柄 Y 轴	AI	$Y+$：云台上 $Y-$：云台下	十字摇杆	云台控制	Y3
	操作手柄 X 轴	AI	$X+$：云台左 $X-$：云台右			
S1	自锁按钮	DI	1：云台掩码开 0：云台掩码关		自锁按钮	云台掩码控制
S2	自锁按钮	DI	1：云台雨刷开 0：云台雨刷关		自锁按钮	云台雨刷控制
S3	复位按钮	DI	1：云台聚焦近 0：无		复位按钮	云台 聚焦近

续表

编号	控制方式	数据类型	功能	备注	面板丝印
S4	复位按钮	DI	1：云台聚焦远 0：无	复位按钮	云台聚焦远
S5	复位按钮	DI	1：云台变倍－ 0：无	复位按钮	云台变倍－
S6	复位按钮	DI	1：云台变倍＋ 0：无	复位按钮	云台变倍＋
S7	自锁按钮	DI	1：启动相机 0：关闭相机	自锁按钮	控制相机状态
S8	自锁按钮	DI	1：启动照明 0：关闭照明	自锁按钮	控制照明状态
S9	旋钮 （带限位）	AI	正转：手爪开 反转：手爪合	限位旋钮 输出模拟量	手爪开合控制
S10	自锁按钮	DI	1：车体 Enable 0：无	自锁按钮	开启车体使能
S11	复位按钮	DI	1：一键入罐 0：无	复位按钮	一键入罐
S12	自锁按钮	DI	1：关节控制切换 0：无	两档开关	关节控制切换
S13～S18	自复位按钮	DI×6	1：joint＋ 0：无	自复位按钮 （6个）	关节控制
S19～S24	自复位按钮	DI×6	1：joint－ 0：无	自复位按钮 （6个）	关节控制
S25	自锁按钮	DI	1：机械臂 Enable1 0：无	自锁按钮	机械臂 使能控制
S26	自锁按钮	DI	1：机械臂 Enable2 0：无	自锁按钮	机械臂 使能控制
S27	电源开关		电源开关	环形灯 自锁按钮	电源
S28	总急停	DI	急停开关	蘑菇头 急停开关	总急停开关
S29	机械臂急停1	DI	急停开关	蘑菇头 急停开关	机械臂1急停
S30	机械臂急停2	DI	急停开关	蘑菇头 急停开关	机械臂2急停
S31	移动急停	DI	急停开关	蘑菇头 急停开关	车体急停

续表

编号	控制方式	数据类型	功能	备注	面板丝印
S32	自复位按钮	DI	1：备用 1 0：无	自复位按钮	备用 1
S33	自复位按钮	DI	1：备用 2 0：无	自复位按钮	备用 2
S34	自锁按钮	DI	1：备用 3 0：无	自锁按钮	备用 3
S35	自锁按钮	DI	1：备用 4 0：无	自锁按钮	备用 4
S36	4 挡位旋钮	DI × 3	0：爬坡 1：垂直越障 2：上下楼梯 3：行驶凹凸路面	4 挡位旋钮	0：爬坡 1：越障 2：楼梯 3：路面
S37	自复位按钮	DI	1：一键平衡 0：无	自复位按钮	一键平衡
S38	自复位按钮	DI	1：一键拆弹 0：无	自复位按钮	一键拆弹
S39	自复位按钮	DI	1：确定按钮 0：无	自复位按钮	确定按钮

依据表 9. 2 所示的智能排爆机器人远程控制终端操作面板相关按钮来设计具体内容，并将该面板交由专业厂家制作，实物如图 9. 23 所示。

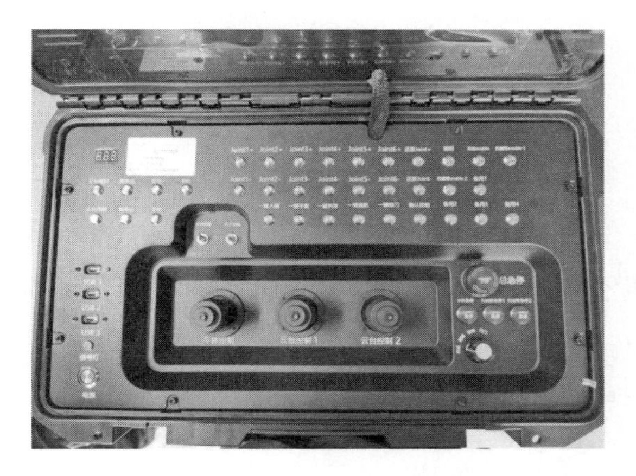

图 9. 23　智能排爆机器人远程控制终端操作面板实物

9. 4. 2　智能排爆机器人导航子系统软件系统设计

众所周知，移动机器人的自主导航就是机器人通过传感器感知环境和自身状态，进而实现在有障碍物的环境中面向目标自主运动。自主导航系统上位机软件算法部署于开源 Linux 操作系统 Ununtu 16.04 上，可以利用开源的通信框架 ROS 来传输自主导航信息。具体的导航框架需要根据不同情况来确定，分别描述如下。

（1）当地图未知时，需要基于传感器（激光雷达和深度相机）获得当前部分地图。基于未知地图的智能防爆机器人导航框架如图 9.24 所示。

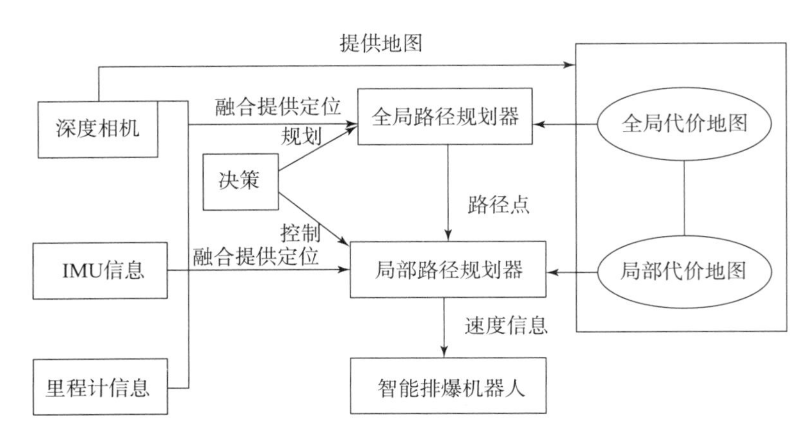

图 9.24　基于未知地图的智能防爆机器人导航框架

（2）当基于 SLAM 建好了导航地图，智能防爆机器人的导航框架则如图 9.25 所示。

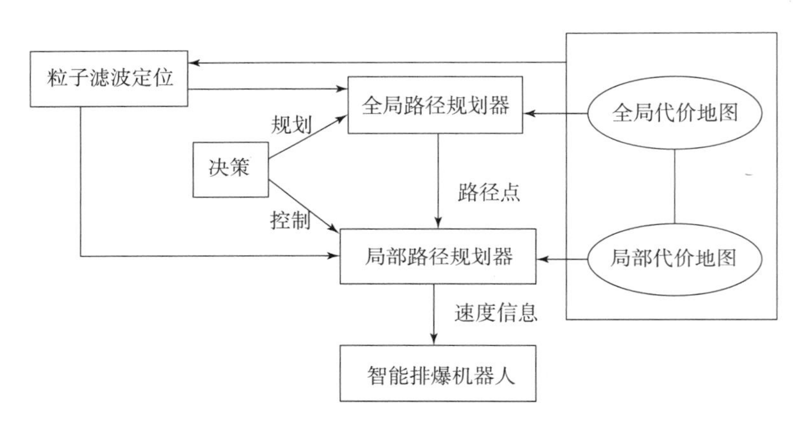

图 9.25　基于 SLAM 建好地图的智能防爆机器人导航框架

由上述内容可知，智能排爆机器人在不同条件下的导航框架已经确定，接下来将具体研究智能排爆机器人自主导航系统的定位问题。

9.5　本章小结

按照项目组的研发构想，智能排爆机器人必须具备自主导航下的“一键到达”功能。而要想实现智能排爆机器人车体的受控运动，就必须先对机器人车体的运动学建模有所研究和有所掌握。因此，本章首先对智能排爆机器人进行了自主导航需求分析，然后进行了履带驱动电动机控制策略探索，接着又进行了车体基本运动功能仿真以及导航系统软件架构设计。为了深入了解机器人车体的运动控制特性，本章不但详尽构建了机器人车体的运动学模型，而且通过认真选型，确定了机器人车体的主要硬件。对机器人的自主导航控制包含两方面内容：①在上位机层面进行自主路径规划和定位；②在下位机层面控制履带式车体驱动电动机的运动。所以本章在这两个方面浓墨重彩地进行了深入研究与系统探索，取得了颇为重要的研究成果，为项目组后续研究工作奠定了技术基础。

第 10 章

智能排爆机器人定位和障碍物检测

移动机器人的导航涉及 3 个基本问题：①机器人在哪、去哪？②机器人计划怎么去？③机器人具体怎么去？机器人在哪、去哪就是机器人的定位问题。要想实现移动机器人的自主导航，就得知道机器人在哪里？机器人需要到达的目标又在哪里？在本章中，主要研究智能排爆机器人的定位，也就是确定智能排爆机器人在地图坐标系中的位置，或者是相对于智能排爆机器人出发点的位置。智能排爆机器人在运动过程中单纯利用运动学模型推演是不准确的，这是因为运动学模型是一种机器人运动过程中的理想模型。俗话说：理想很丰满，现实很骨感。理想与现实之间总会存在差距，有时这种差距可能会大到无法忽略的地步。比如机器人运动过程中遇到起伏不平的路面，或因地势倾斜导致机器人车体侧倾，都会令机器人产生定位信息推导不准的情况发生。所以必须对智能排爆机器人进行定位技术研究。

10.1　智能排爆机器人定位的功能需求分析与技术方案

如前所述，要妥善解决智能排爆机器人以上 3 个基本问题，就必须开展智能排爆机器人的定位技术研究。实际上，在移动机器人车体的履带驱动电动机上装有光电编码器，当电动机转动，传感器就会记录电动机转动的圈数，进而可实现对移动机器人的位置推导。在各种移动机器人位置推导算法中，航位推算法是经常使用的。该算法假定移动机器人初始位置已知，根据以前的位置对当前位置进行估计更新。但该算法也有明显不足，因为机器人的位置推算是个累加过程，当机器人遇到不平整路面，或者移动机器人部分履带轮发生空转，那么采用这种算法进行移动机器人的定位就不准确了；尤其是移动机器人在长时间行驶或长距离运动的情况下，再采用这种算法进行移动机器人位置估计是极不准确的。在高速发展的定位技术中，移动机器人常见的定位方法有 GPS 定位、IMU 和里程计融合定位、SLAM 定位。[78]

1. GPS 定位

在移动机器人导航过程中，移动 GPS 的定位精度容易受到卫星信号的影响和道路环境的干扰，比如经过桥下或进入隧道时，会发生定位丢失的情况。[79] 另外，GPS 信号不适合用于室内移动机器人的导航以及作业时定位精度要求很高的移动机器人系统。而项目组研发的智能排爆机器人工作场景多种多样，室内室外皆有可能，因此 GPS 定位不适合智能排爆机器人。

2. SLAM 定位

SLAM 定位在建立增量式地图的同时进行定位，从而达到同时定位和建立地图的目的。

最初，在移动机器人系统中，构建地图和定位的研究是分开进行的。随着研究的不断深入，发现这两个问题无法很好地独立解决。在构建地图之前，需要提前知道移动机器人在世界坐标系中的位置。没有地图时，移动机器人又很难判断自己的位置。而SLAM定位能够很好地解决这种“到底是鸡生蛋，还是蛋生鸡”的问题，因而得到人们的青睐，也由此被项目组看中，采用其来解决智能排爆机器人的定位与导航问题。

对移动机器人状态的精确估计经常需要多源数据的融合，SLAM定位的时候往往需要借助IMU、里程计以及激光雷达进行融合定位。对所有移动机器人来说，如何正确解决“我在哪”这一问题是一个重要的挑战。通常可以通过机器人平台携带的多种传感器进行信息融合来解决这个问题。基于对智能排爆机器人定位场景的考虑，项目组将智能排爆机器人的定位分为导航地图未知时的定位问题和导航地图已知的定位问题分别予以处理。

10.2 导航地图未知时的定位技术研究

在智能排爆机器人的定位与导航中，项目组运用了IMU、里程计和双目相机，故而需要对IMU、里程计和深度相机各自获取的信息进行深度融合。在传感器信息融合领域，卡尔曼滤波作为一种状态最优估计的方法，其作用十分明显，其应用也越来越普遍。特别是对于导航地图未知时的机器人定位问题，卡尔曼滤波有其独到的技术优势，所以项目组需要利用卡尔曼滤波器进行上述传感器的信息融合，使智能排爆机器人获得更加准确、更加真实的位姿信息。

10.2.1 卡尔曼滤波器研究

卡尔曼滤波器解决了以最优方法估计机器人位姿状态的一般问题，由线性随机差分方程控制的离散时间来控制过程。[80] 离散线性动态系统的模型可以表达为

$$\boldsymbol{X}_k = \boldsymbol{A} \times \boldsymbol{X}_{k-1} + \boldsymbol{B} \times \boldsymbol{U}_k + W_{k-1} \tag{10.1}$$

$$\boldsymbol{Z}_k = \boldsymbol{H} \times \boldsymbol{X}_k + V_k \tag{10.2}$$

式中，$\boldsymbol{X}_k$是k时刻的系统状态矩阵，$\boldsymbol{X}_{k-1}$是$k-1$时刻的系统状态矩阵；$\boldsymbol{A}$是状态转移矩阵；$\boldsymbol{B}$是控制输入矩阵；$\boldsymbol{U}_k$是控制输入噪声误差协方差矩阵；$\boldsymbol{Z}_k$是系统观测矩阵；$\boldsymbol{H}$是状态观测转移矩阵；V_k是观测噪声，W_{k-1}是过程噪声，它们都遵循高斯分布，其协方差分别为$\boldsymbol{Q}$和$\boldsymbol{R}$。

至此即可进行以下步骤：

（1）预测机器人的状态，可有

$$\boldsymbol{X}_k = \boldsymbol{A} \times \boldsymbol{X}_{k-1} + \boldsymbol{B} \times \boldsymbol{U}_k \tag{10.3}$$

$$\bar{P}_k = \boldsymbol{A} \tilde{P}_{k-1} A^{\mathrm{T}} + \boldsymbol{Q} \tag{10.4}$$

（2）更新，计算卡尔曼增益K_k，可有

$$K_K = \bar{P}_k \boldsymbol{H}^{\mathrm{T}} (\boldsymbol{H} \bar{P}_k H^{\mathrm{T}} - \boldsymbol{R})^{-1} \tag{10.5}$$

实际上，卡尔曼增益K_k表征了状态最优估计过程中模型预测误差与观测误差的比重，即$K_k \in [0,1]$。$K_k = 0$时，即预测误差为0时，系统的状态值完全取决于预测值$\check{X}_k = \tilde{X}_k$，而当$K_k = 1$时，即量测误差为0时，系统的状态值完全取决于观测值，即

$$\boldsymbol{X}_k = \boldsymbol{X}_{k-1} + K(Z_k - \boldsymbol{H} \times \boldsymbol{X}_k) \tag{10.6}$$

$$\tilde{P}_k = (I - KH) \bar{P}_k \tag{10.7}$$

需要注意的是，卡尔曼滤波器的应用条件要求系统为线性系统，且系统的噪声（过程噪声、测量噪声）均为高斯白噪声。但实际上，几乎所有的系统都是非线性系统，如倒立摆、机器人系统。换言之，也就是系统状态变量的差分方程都是非线性的。众所周知，对于非线性系统的分析十分复杂，虽然人们也在使用一些方法（如相平面法、描述函数法等）来处理非线性系统问题，但在很多情况下，人们依然会选择线性化处理方式来使非线性系统等效为一个线性系统。经过线性化处理以后，便可满足卡尔曼滤波器的适用条件，这也就是扩展卡尔曼滤波器（Extended Kalman Filter，EKF）的由来。

10.2.2 拓展卡尔曼滤波器研究

扩展卡尔曼滤波是解决传感器信息融合的一种效果很好的方法。[81] 项目组的目标是准确估计智能排爆机器人在平面上的2D位姿，这个过程可以描述为非线性动力系统，即

$$X_k = f(X_{k-1}) + W_{k-1}, W_{k-1} \sim N(0,Q) \tag{10.8}$$

式中，X_k 是 k 时刻机器人系统的2D位姿；f 是系统运动学非线性状态方程；W_{k-1} 是过程噪声，假设成正态分布。X 包含了机器人的2D位置、速度、加速度和绕 z 轴的速度、角速度等8个量。旋转角用欧拉角来表示。

通过观测方程，可有

$$Z_k = h(X_k) + V_k, V_k \sim N(0,R) \tag{10.9}$$

式中，Z_k 是在 k 时刻的观测量；h 是描述观测量的非线性模型；V_k 是符合正态分布的测量噪声。算法处理的第一步是在当前运动学方程状态上执行一个预测，即

$$\bar{X}_k = f(\hat{X}_{k-1}) \tag{10.10}$$

$$\bar{P}_k = \boldsymbol{F}\hat{P}_{k-1}\boldsymbol{F}^{\mathrm{T}} + Q \tag{10.11}$$

在本章中，f 是IMU的运动学方程，$\boldsymbol{F}$ 是非线性方程 f 的雅可比矩阵，$\bar{X}$ 是状态先验，$\bar{P}_k$ 是表示变量不确定性的状态协方差矩阵，于是可有

$$\boldsymbol{K} = \bar{P}_k\boldsymbol{H}^{\mathrm{T}}(\boldsymbol{H}\bar{P}_k\boldsymbol{H}^{\mathrm{T}} + R)^{-1} \tag{10.12}$$

式（10.12）是扩展卡尔曼滤波器中最为重要的一步，求解卡尔曼增益。其中 $\boldsymbol{H}$ 是观测方程的雅可比矩阵。

另有

$$\hat{X}_k = \bar{X}_k + \boldsymbol{K}(Z - \boldsymbol{H}\bar{X}_k) \tag{10.13}$$

$$\hat{P}_k = (I - \boldsymbol{KH})\bar{P}_k(I - \boldsymbol{KH})^{\mathrm{T}} + \boldsymbol{KRK}^{\mathrm{T}} \tag{10.14}$$

如式（10.13）、式（10.14）所示，项目组用卡尔曼增益更新状态向量及其协方差矩阵。本处采用Joseph协方差更新方程，通过促使 $\hat{P}_k$ 保持正定来提升滤波器的稳定性。

接下来进行扩展卡尔曼滤波器仿真。假设智能排爆履带机器人的速度为1 m/s，角速度为0.3 rad/s，仿真运动周期为0.1 s，仿真时长为20 s。预测方程的误差协方差矩阵 $\boldsymbol{Q}$ 为

$$\boldsymbol{Q} = \begin{bmatrix} 0.1 & 0 & 0 & 0 \\ 0 & 0.1 & 0 & 0 \\ 0 & 0 & 0.02 & 0 \\ 0 & 0 & 0 & 1.0 \end{bmatrix}^2 \tag{10.15}$$

观测量为位置量，包括横纵标 x 和纵坐标 y，观测方程的误差协方差矩阵为

$$\boldsymbol{R}=\begin{bmatrix}1.0 & 0\\ 0 & 1.0\end{bmatrix}^2 \tag{10.16}$$

输入控制量噪声误差协方差为

$$\boldsymbol{U}=\begin{bmatrix}1.0 & 0\\ 0 & 0.52\end{bmatrix} \tag{10.17}$$

IMU 的噪声误差协方差为

$$\boldsymbol{I}=\begin{bmatrix}1.0 & 0\\ 0 & 1.0\end{bmatrix}^2 \tag{10.18}$$

仿真得到的扩展卡尔曼滤波估计智能排爆机器人的位置集合效果如图 10.1 所示。

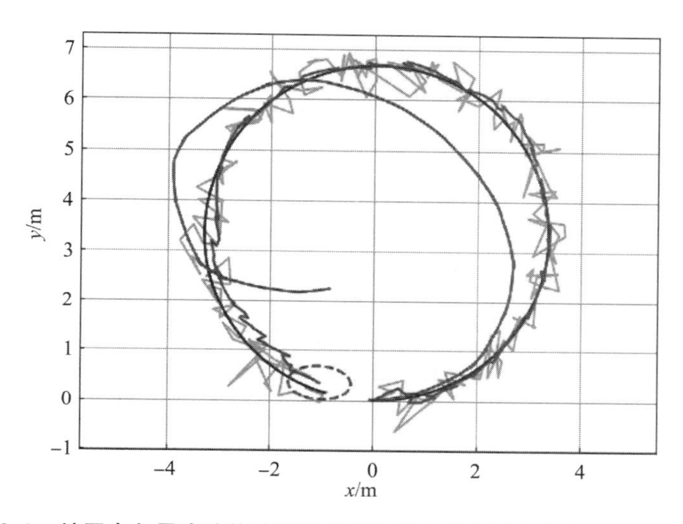

图 10.1　扩展卡尔曼滤波估计智能排爆机器人的位置集合效果（附彩插）

图 10.1 中，蓝色曲线为智能排爆机器人的运动真实路径，红色曲线为通过运动学方程加上噪声预测的机器人运动路径，黄色曲线为通过 IMU 等传感器观测得到的机器人运动路径，绿色曲线为扩展卡尔曼滤波算法计算得到的机器人运动路径。红色椭圆为扩展卡尔曼滤波算法估算的协方差。

对机器人运动学模型进行推导以求出机器人位姿，再将其与 IMU 获取的信息经过 EKF 融合，就可以得到智能排爆机器人在任意时刻的位姿。但由于传感器本身性能的限制，加上系统长时间的运行必然会导致误差积累越来越大。这时，可以通过外部传感器比如激光雷达和深度相机等来获取环境信息对智能排爆机器人位姿进行实时纠正，进而可以得到更加准确的机器人位姿信息。这也正是项目组准备做的和已经做的研究工作。

10.3　导航地图已知时的定位技术研究

卡尔曼滤波方法在应对导航地图未知时的机器人定位问题有着出色的发挥，但对于导航地图已知时的机器人定位问题则捉襟见肘，效力大减。比较而言，蒙特卡罗定位技术在导航地图已知时的机器人定位问题有其一技之长，所以项目组对其开展了深入研究，以期为在导航地图已知时的智能排爆机器人定位问题找到出路。

10.3.1 蒙特卡罗定位技术

在利用 SLAM 已经建好的地图上，基于蒙特卡罗的定位方法逐渐成为移动机器人定位应用中的主流算法。[82] 该方法的核心技术为粒子过滤器。粒子滤波器是一种与卡尔曼滤波器、扩展卡尔曼滤波器、无迹卡尔曼滤波器等完全不同的滤波器。实际上，粒子过滤器不使用均值和方差值之类的噪声矩阵来过滤噪声，这样就避免了一些在实际中容易产生的困扰，有利于相关问题的求解。

图 10.2 描述了移动机器人的定位模型。首先通过机器人运动学模型推导得到机器人位姿的先验信息，然后通过外部传感器获取环境信息，接着再对机器人先验位姿进行融合，以得到较优的机器人位姿。

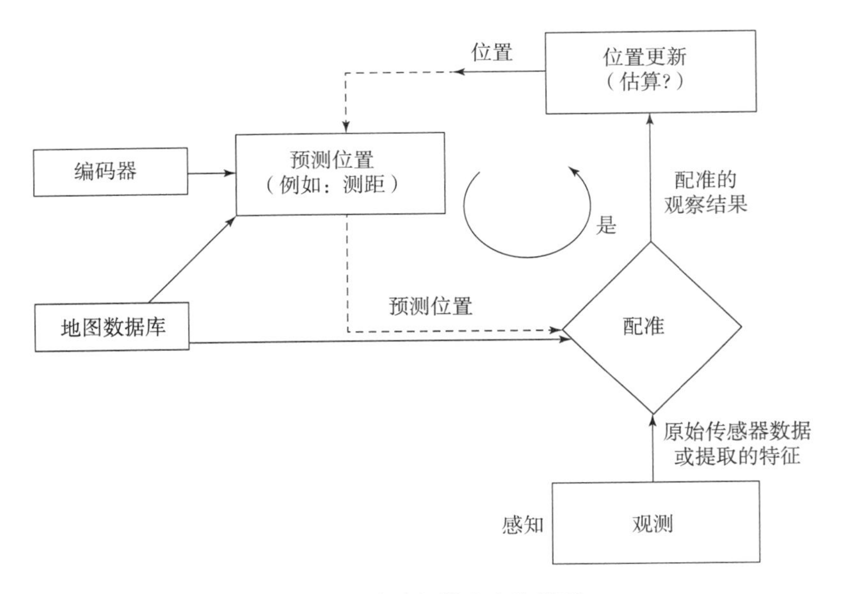

图 10.2　移动机器人定位模型

粒子滤波定位又称为蒙特卡罗定位（Monte Carlo Localization，MCL），它可以很好地解决上述问题。[83] 粒子滤波器使用许多粒子来近似多种噪声分布。因此，粒子滤波器可以提取任何噪声分布，并使用足够的粒子来过滤任何噪声。但是，随着粒子数量的增长，粒子滤波器要求的计算能力也就越高。因此，在计算效率和估计精度之间需要把握一定的平衡。蒙特卡罗定位算法的思路就是使用一组一定数量、附带有权值的粒子来表示移动机器人在地图坐标系中的可能位姿，每个粒子都表示机器人在该粒子位姿的概率 $\mathrm{bel}(xt)$ 。它可以很好地解决高度的非线性、非高斯动态系统的状态估计问题。蒙特卡罗算法的具体步骤如表 10.1 所示，其基本步骤包括随机粒子初始化、运动学推导、观测方程更新、重采样、计算估计等，下面分别阐述。

表 10.1　蒙特卡罗算法实现步骤

算法 10.1：MCL(X_{t-1}, u_t, z_t, m) 实现步骤：
1. 初始化
2. **for** 随机生成的 ***M*** 个粒子，执行循环
3. 从运动模型采样，以当前置信度为起点使用粒子 x_t^m
4. 根据测量模型，确定粒子的重要性权重 w_t^m
5. 根据机器人的运动控制输入 u_t、运动学模型和上一时刻机器人状态，推测下一个时刻粒子集合的状态，更新粒子权重
6. **end for** 停止循环
7. **for***M* 个粒子，执行循环筛选
8. 根据粒子的权重，挑选粒子
9. 丢弃低概率的粒子，并复制具有高概率的粒子
10. **end for** 停止循环
11. 返回计算的机器人位姿均值和协方差

（1）随机粒子初始化。在获得地图的整个空间中随机播撒一组表示机器人位置的粒子，即 $X = \{x_t^1, x_t^2, ..., x_t^m\}$，且每个粒子权重均为 $w_t^m = p(z_t \mid x_t^m)$。

（2）运动学推导。根据机器人的运动控制输入 u_t、运动学模型 $p(x_t | u_t, u_{t-1})$ 和上一时刻机器人状态 X_{t-1}，来推测下一个时刻粒子集合 X_t 的状态，更新粒子概率 $\mathrm{bel}(\bar{x}_t)$。

（3）观测更新。通过 t 时刻对环境的观测 Z_t，为从运动学推导中得到的粒子重新分配权值，即粒子 x_t^m 在 Z 观测下的概率 $w_t^m = p(Z_t \mid x_t^m)$。

（4）重采样。此步骤以每个粒子的权值作为概率，重新对 X_t 中 M 个粒子进行散布，权值大的再次出现的概率大，权值小的出现的概率小。重采样前粒子根据 $\mathrm{bel}(\bar{x}_t)$ 分布；重采样后粒子根据 $\mathrm{bet}(X_t) = \eta p(z_t \mid x_t^m)$ 分布。丢弃低概率的粒子，并复制具有高概率的粒子，从而保存最接近机器人真实位姿的粒子。

（5）计算状态变量的估计值。通过粒子群加权计算机器人位姿均值和协方差。

接下来进行蒙特卡罗定位算法的仿真，仿真时长为 25 s，位置更新周期为 0.1 s，初始粒子数为 200 个，重采样粒子数为 100 个，机器人的线速度设置为 1 m/s，角速度为 0.25 rad/s。经过仿真运算，可得仿真结果如图 10.3 所示。

由图 10.3 可知，机器人在二维平面上运动，控制输入信号是线速度和角速度，已知地图中 5 个路标点，机器人利用携带的传感器（激光雷达、摄像头）可以对其进行测量。5 个红色五角星所示为地标，红色曲线是机器人通过航迹推演加上噪声得到的机器人路径，蓝色曲线是机器人的真实路径，绿色曲线是蒙特卡罗算法估计的机器人路径。显然绿色曲线与蓝色曲线比较接近，绿色曲线的位置点通过估计粒子的加权平均计算出来，通过地标判断离机器人真实值越近的粒子在估计中所占比重越大。

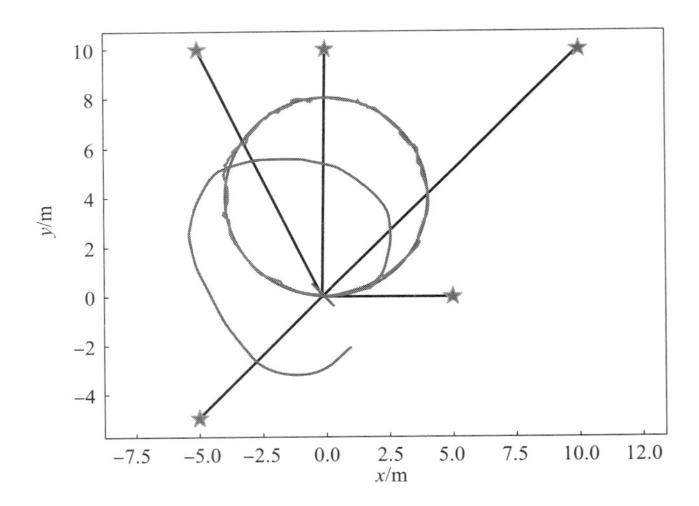

图 10.3　蒙特卡罗机器人定位仿真结果（附彩插）

10.3.2　自适应蒙特卡罗定位技术研究

蒙特卡罗定位算法很好地解决了机器人在已知地图中的全局定位问题。随着机器人的运动，粒子逐渐集中在最正确的位姿上，其余位姿上的粒子逐渐消失。实际上，这种随机播撒粒子的算法也有可能在重采样过程中出现错误，导致正确位姿附近的粒子被抛弃，而这种丢失是无法恢复修正的。

蒙特卡罗定位技术虽然能够解决大多数的全局地图定位问题，但是不能从机器人“遭到绑架”或全局定位失效中恢复。定位过程中，在播撒粒子以获取机器人位置的同时，那些不在机器人最可能位置处的粒子会逐渐消失。在真实情况下，任何随机算法（如蒙特卡罗定位算法）在重采样步骤中都有可能意外地丢弃所有正确位置附近的粒子，特别是当粒子数较少，且粒子扩散到较大空间时，这种情况尤为严重。[84] 通过简单的探索算法可以解决上述问题，探索算法的基本思想是增加随机粒子到粒子集合。通过假设机器人可能以小概率“遭到绑架”，注入一些随机粒子，从而在运动模型上产生一些随机状态，即使机器人“不被绑架”，随机粒子也能提升定位的鲁棒性。

当然，也可以通过在迭代中添加随机粒子来解决上述问题，在运动学方程中产生一小部分随机状态，增强算法整体的鲁棒性。但是，随机粒子的添加首先要解决两个问题：①添加多少粒子到每次迭代中；②这些粒子的分布应该按照何种模型进行分布。[85] 这就引出了两个问题：

（1）在每次算法迭代中，应该增加多少粒子？

（2）从哪种分布产生这些粒子？

问题（1）可以通过传感器观测的概率进行解决。随机粒子数量的近似值通过将粒子的权值与总体观测概率匹配获得如式（10.19）所示：

$$\frac{1}{M}\sum_{m=1}^{M} w_t^m \approx p\left(\frac{z_t}{z_{1:t-1}}, u_{1:t}, m\right) \tag{10.19}$$

问题（2）的解决可以借助在机器人位姿自由空间区域内均匀播撒粒子，并用当前观测值对当前的粒子赋予一定权重的方式予以解决，具体步骤如表 10.2 所示。

表 10.2　蒙特卡罗算法实现步骤

算法 10.2：AMCL(X_{t-1}, u_t, z_t, m) 实现步骤
1. 声明静态全局变量 w_{slow}, w_{fast}
2. 初始化
3. **for** 随机生成的 M 个粒子，执行循环
4. 从运动模型采样，以当前置信度为起点使用粒子 x_t^m
5. 根据测量模型，确定粒子的重要性权重 w_t^m
6. 根据机器人的运动控制输入、运动学模型和上一时刻机器人状态，推测下一个时刻粒子集合的状态，更新粒子权重
7. 更新滤波得到的全局平均权重 w_{avg}
8. **end for** 停止循环
9. 更新权重 w_{avg} 的长期均值 w_{slow}
10. 更新权重 w_{avg} 的短期均值 w_{fast}
11. for$M$ 个粒子，执行循环筛选
12. **with** 根据随机粒子概率（滤波评价值）$\max\{0.0, 1\ w_{fast}/w_{slow}\}$
13. 当 $w_{fast}/w_{slow} < 1$，添加随机粒子
14. **else** 否则
15. 根据粒子的权重，挑选粒子
16. 丢弃低概率的粒子，并复制具有高概率的粒子
17. **end with** 停止判定
18. **end for** 停止循环
19. 返回计算的机器人位姿均值和协方差

表 10.2 所示为自适应蒙特卡罗定位算法伪代码，算法追踪似然函数 $p(z_t \mid z_{1:t-1}, u_{1:t}, m)$，能够自适应地添加粒子。其第一部分与 MCL 算法相同，都是采用运动学推导和观测模型设置权重。表 10.2 中的第 7 行计算了传感器历史观测的平均权值 w_{avg}，并在后面保持这种权值的短期均值 w_{fast} 和长期均值 w_{slow}。α_{slow} 和 α_{fast} 分别是评估长期和短期均值指数滤波器的衰减因子，且 $0 \geqslant \alpha_{slow} \leqslant \alpha_{fast}$。AMCL 算法的自适应性在表 10.2 的第 13 行中予以体现。而在重采样过程中，随机粒子概率由式（10.20）提供，即

$$\max\{0.0, 1 - w_{fast}/w_{slow}\} \tag{10.20}$$

当观测信息的短期均值≥长期均值时，即 $w_{fast}/w_{slow} \geqslant 1$，此时不会添加随机样本；当短

期均值 < 长期均值时，即 $w_{fast}/w_{slow}<1$，则需添加随机粒子，从而根据环境信息解决机器人“遭绑架”的问题。

自适应蒙特卡罗算法是蒙特卡罗算法的改进版，由于增加了随机粒子，该算法很好地解决了全局定位失败的恢复和机器人“遭绑架”的问题，提高了算法的鲁棒性与稳定性，也使其实用性得到提升。[86]

10.3.3 自适应蒙特卡罗定位算法仿真

在自适应蒙特卡罗定位算法有关定位的开源软件包中，配置了多种移动机器人运动模型、传感器模型以及蒙特卡罗航位推算算法、采样（重采样）算法的功能模块。传感器模型可将传感器数据结构化，运动模型可将机器人的运动进行分解和代数化。传感器模型和机器人运动模型可以互补，从而为蒙特卡罗滤波做好数据支撑。采样（重采样）算法则为机器人定位的迭代运算和误差消除提供了保障。

首先在自适应蒙特卡罗定位算法开源包的参数配置里选定机器人差速模型。其中线速度和角速度在定位算法中提供了运动学预测，获得的环境信息对通过运动学预测得到的机器人位置进行更新。自适应蒙特卡罗定位算法中的参数包括滤波器参数、激光雷达模型参数和电动机里程计模型参数。滤波器模型和里程计模型的重要参数设置情况分别如表 10.3、表 10.4 所示。

表 10.3　滤波器重要参数设置

滤波器参数设置	值
min_particles（粒子数量的最小值）	2 000
max_particles（粒子数量的最大值）	5 000
kld_err（真实分布和估计分布之间的最大误差）	0.05
kld_z（上标准分位数（$1-p$），其中 p 是估计分布上误差小于 kld_err 的概率）	0.99
update_min_d（在执行滤波更新前平移运动的距离）	0.2m
update_min_a（执行滤波更新前旋转的角度）	0.2rad
recovery_alpha_slow（慢速的平均权重滤波的指数衰减频率）	0.001
recovery_alpha_fast（快速的平均权重滤波的指数衰减频率）	0.1

表 10.4　里程计重要参数设置

里程计参数设置	值
odom_model_type（运动模型类型）	差速
odom_alpha1（机器人运动部分的旋转分量估计的里程计旋转的期望噪声）	0.2
odom_alpha2（机器人运动部分的平移分量估计的里程计旋转的期望噪声）	0.2
odom_alpha3（机器人运动部分的平移分量估计的里程计平移的期望噪声）	0.2
odom_alpha4（机器人运动部分的旋转分量估计的里程计平移的期望噪声）	0.2

定位算法的仿真结果如图 10.4 所示。

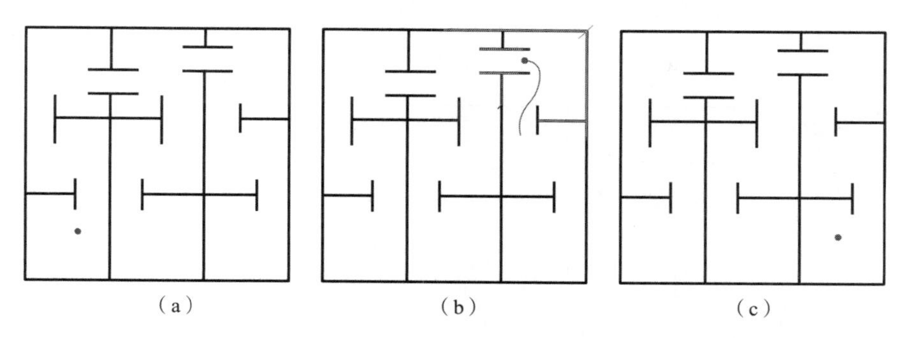

图 10.4　定位算法的仿真结果

(a) 在起始点的定位；(b) 在导航过程中的定位；(c) 在目标点的定位

如图 10.4 所示，从开始定位一直到定位结束，系统随机在机器人周围撒了 2 000 ~ 5 000 个粒子用来估计机器人在已知环境地图中的位姿，仿真结果表明：基于自适应蒙特卡罗算法的定位效果还是十分准确的。

10.4　智能排爆机器人定位方案的确定

基于对智能排爆机器人导航工作场景的理解，项目组构建了两种机器人定位方案：①针对尚未构建导航地图的定位方案；②针对已经构建导航地图的定位方案。现予以分别阐述。

1. 尚未构建导航地图时的定位方案

在导航地图未知的场景，应当进行探索式的定位和建图，这样就可以采用 SLAM 技术进行辅助，对应的定位方案如图 10.5 所示。在该定位方案中，作为系统输入，在机器人开始运行之前，没有特别的输入；机器人开始运行的时候，有传感器的原始数据作为输入。作为系统输出，机器人的估计位姿和估计地图均可作为输出。

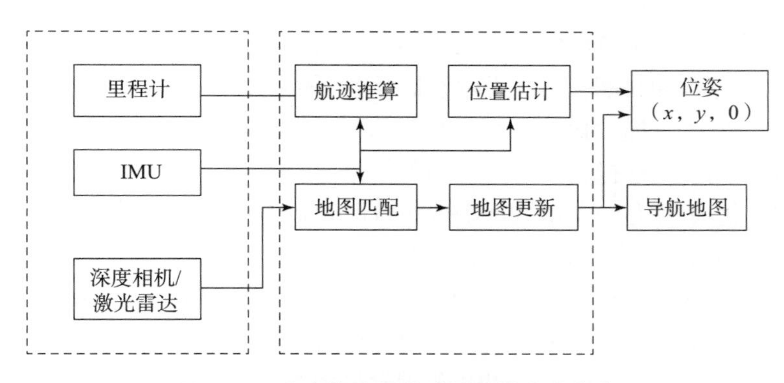

图 10.5　尚未构建导航地图时的定位方案

2. 已经构建导航地图时的定位方案

已经构建导航地图时，机器人的定位问题可采用自适应蒙特卡罗定位算法予以解决，如

图 10.6 所示，为已经构建导航地图时的定位方案。在该定位方案中，事先构建好的地图、里程计和激光雷达等数据都可作为系统的输入；机器人的位姿最大似然估计则可作为系统的输出。

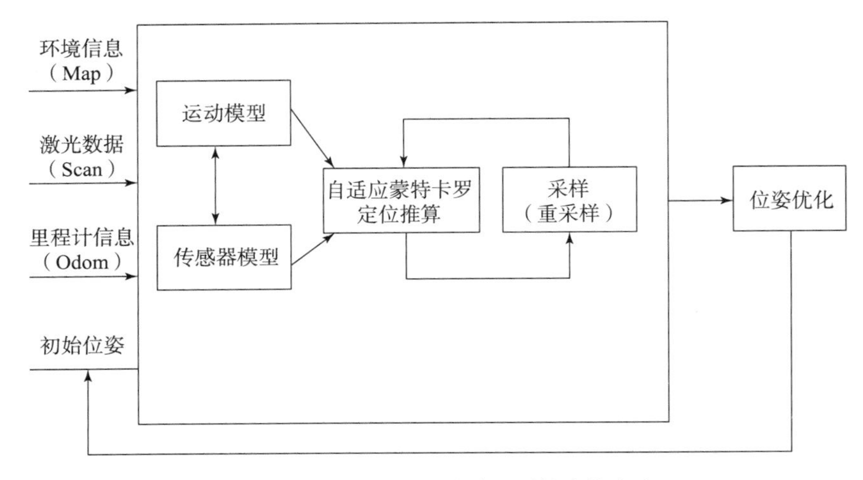

图 10.6　已经构建导航地图时的定位方案

10.5　障碍物碰撞检测技术研究

移动机器人在自主导航过程中需要避开各种障碍物，需要时时刻刻进行机器人与障碍物之间的距离判断以及边缘检查，为防止机器人与障碍物碰撞提供指导意见。目前，机器人研究领域在用的碰撞检测算法有许多，不同的碰撞检测算法有着不同的检测精度，也有着不同的适用场合。

10.5.1　包围盒模型的障碍物碰撞检测研究

在机器人碰撞检测技术领域，包围盒指的是在被检测对象外面包上一层外界矩形，以确定对象面积的大概范围和轮廓。[87] 检测对象是否发生碰撞，只要检测包围盒是否相交，便可粗略判定物体是否发生碰撞。比较而言，利用包围盒做碰撞检测复杂度比较低，检测性能也较好，所以通常应用于对碰撞精度要求不高的场景。

常见的包围盒模型有 AABB（Axis Aligned Bounding Box）包围盒、OBB（Oriented Bounding Box）包围盒以及外接圆包围盒。其中，外接圆包围盒较为简单，只需取离图形中心最远的点作为半径即可得到最小外接圆，如图 10.7（a）所示。AABB 包围盒取物体在 x 轴上的最小值和最大值，再与物体在 y 轴上的最小值和最大值作为起始点和终结点，生成等轴外接矩形，如图 10.7（b）所示。OBB 包围盒最为复杂，也是最为紧凑的包围盒。[88] OBB 的定义十分简单，就是找一个最小的包围物体的方形，如图 10.7（c）所示，这在自动驾驶中是非常普遍的做法，上层的感知给出的数据通常就是这种 OBB 图形。显然，AABB 包围盒与实际相比过大，精度十分有限。因此 OBB 包围盒这种并不一定要沿着坐标轴实施包裹的包围盒就有优势了。需要指出的是，相比于 AABB 包围盒，OBB 包围盒增加了矩形的方向，这样在外接矩形的计算上增加了难度。

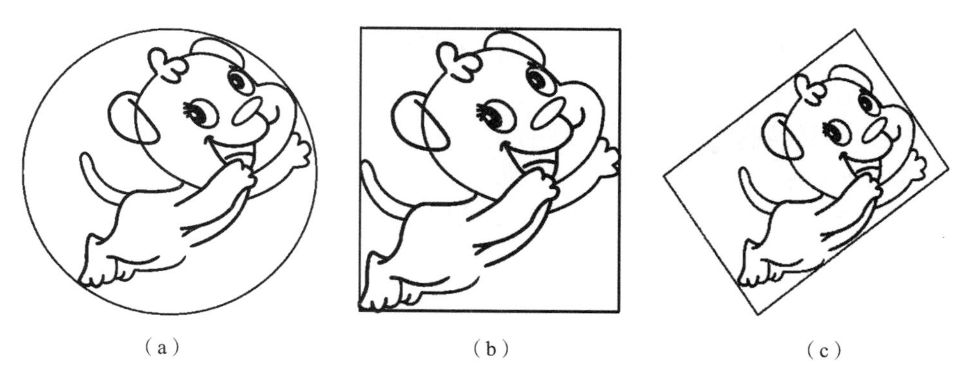

(a)　　(b)　　(c)

图 10.7　3 种包围盒模型

(a) 外接圆包围盒；(b) AABB 包围盒；(c) OBB 包围盒

在机器人碰撞检测系统的初步检测阶段可以考虑选取 AABB 包围盒进行检测。之所以考虑使用 AABB 包围盒，是因为该包围盒相比其他两种包围盒在碰撞检测中有着一些优势。外接圆包围盒检测方法虽然简单，但是检测精度过低。OBB 包围盒的检测精度虽然较好，但计算过于复杂。于是折中考虑，采用 AABB 包围盒作为机器人碰撞初步检测的方法。当然，其他两种方法也有自己的适用场合，需要具体情况具体分析。

如前所述，在分析检测对象是否发生碰撞时，只要检测包围盒是否相交，便可粗略判定物体是否发生碰撞。AABB 包围盒相交的情况如图 10.8 所示。

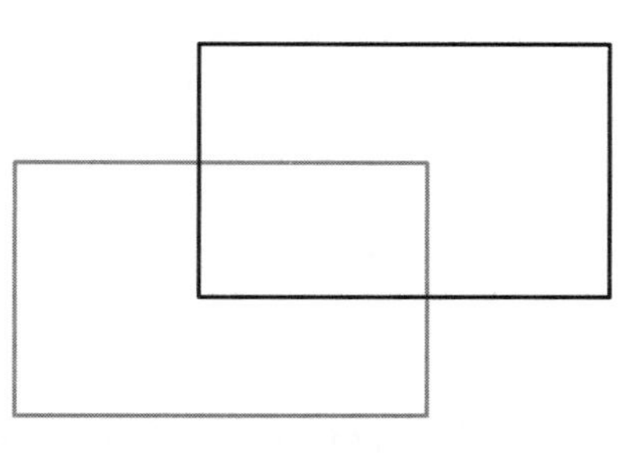

图 10.8　AABB 包装盒相交情况

要判断 AABB 包围盒是否相交十分简单。检测 AABB 包围盒相交的本质是判断两个矩形是否相交，于是，问题可以进一步转化为两对与 x 、y 轴平行的线段在 x 、y 轴投影的重叠检测，以检测两条共线线段是否重叠。基本思想是比较两条线段的开始端点和结束端点的大小。但是由于两条线段的位置是任意的，所以在进行比较时要分线段的先后情况讨论。这里假设两条线段分别为 L_1 和 L_2，其实 L_1 和 L_2 也可以表示两个被检测的对象。具体情况如图 10.9 (a) 和图 10.9 (b) 所示。

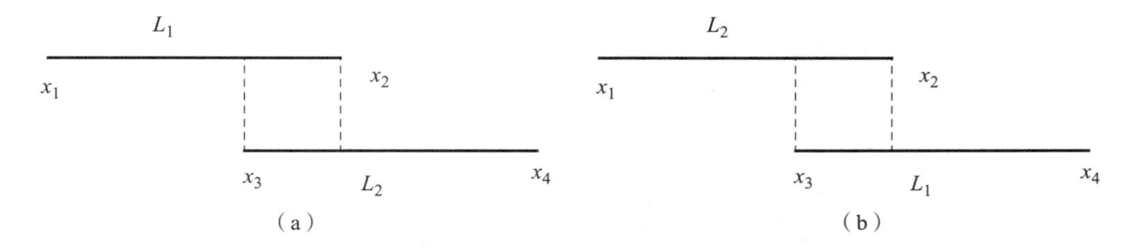

图 10.9　线段重叠情况

(a) L_1 在 L_2 前面；(b) L_1 在 L_2 后面

将被检测的两个对象的平行于 x 轴的轮廓在 x 轴上进行投影，记 L_1 [0] 为线段 L_1 的起点横坐标，L_1 [1] 为线段 L_1 的终点横坐标；同样，记 L_2 [0] 为线段 L_2 的起点横坐标，L_2 [1] 为线段 L_2 的终点横坐标。如果有 L_1 [1] $>L_2$ [0]，且 L_1 [0] $<L_2$ [1]，或者有 L_2 [1] $>L_1$ [0]，且 L_2 [0] $<L_1$ [1]，那么就可以认定两个被检测对象在 x 轴投影方向上相交。

依此办理，将被检测的两个对象的平行于 y 轴的轮廓在 y 轴上进行投影，记 L_1 [0] 为线段 L_1 的起点纵坐标，L_1 [1] 为线段 L_1 的终点纵坐标；同样，记 L_2 [0] 为线段 L_2 的起点纵坐标，L_2 [1] 为线段 L_2 的终点纵坐标。如果有 L_1 [1] $>L_2$ [0]，且 L_1 [0] $<L_2$ [1],）或者有 L_2 [1] $>L_1$ [0]，且 L_2 [0] $<L_1$ [1]，那么就可以认定两个对象在 y 轴投影方向上相交。

当上述两个条件同时满足时，两个被检测对象发生碰撞，否则就不发生碰撞。

10.5.2 基于分离轴算法的障碍物碰撞检测研究

对于防碰撞检测精度要求较高的场景，包围盒检测方法便不能满足需要了，这时需要一种更加精确的检测方法。分离轴算法是一种用于检测凸多边形碰撞的技术。[88]这种检测方法的具体做法是用平行光束照射两个相交多边形到墙上，按照日常经验可知，无论在哪个角度照射，两个多边形在墙上的投影一定会相互重叠（灰色线段表示投影的重叠部分），其情况如图 10.10 所示。

但是，两个不相交的多边形在墙上的投影也有可能相交，如图 10.11 所示，两个并不相交的多边形在墙上投影的灰色线段区域。

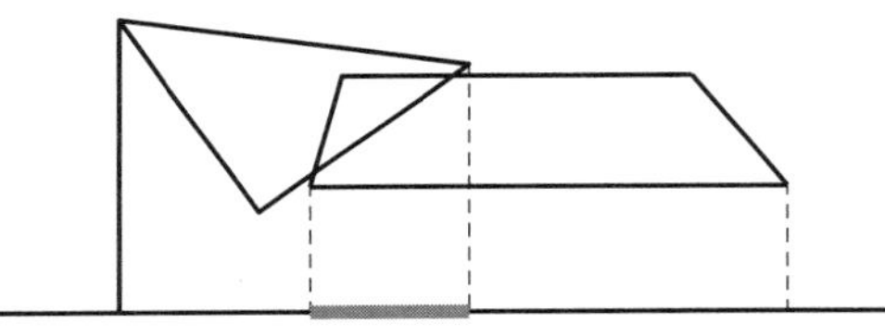

图 10.10　两个相交多边形的相交投影

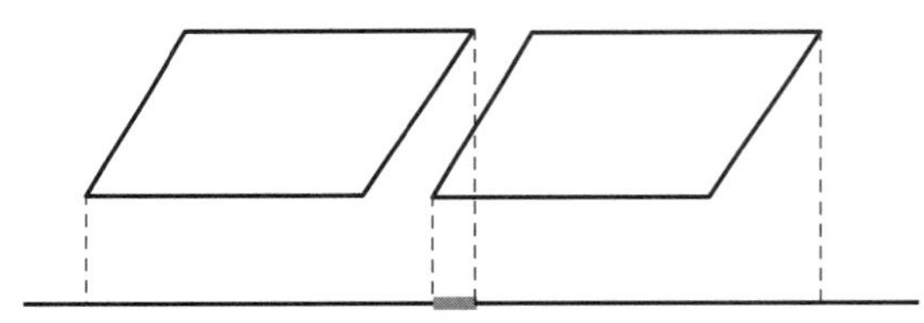

图 10.11　两个不相交多边形相交的投影

然而，按照分离轴定律，2 个不相交的多边形一定能找到一条轴，它们在这条轴上的投影不相交。也就是说，一定存在这样一个角度——用手电筒沿着这个角度去照这两个不相交的多边形，可以得到不相交的投影。对应的情形如图 10.12 所示。

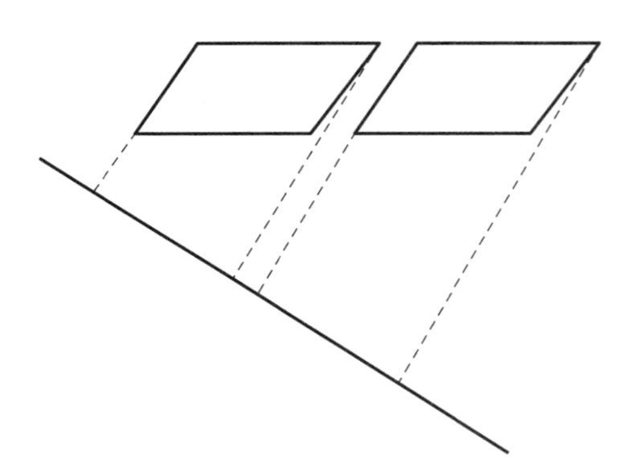

图 10.12　两个不相交的多边形不相交的投影

分离轴算法就是要验证这样的一个结论：两个多边形之间是否存在这样一条轴，使得这两个多边形在这条轴上的投影不相交，只要发现存在这样一条轴，即可马上判定两个多边形不相交，否则就是相交。具有这样作用的轴就是分离轴。要实现分离轴算法，就要对所有可能的轴进行判断，检查投影是否重合的情况。而二维空间中有无数条轴，不可能做到全部遍历。但幸运的是，两个多边形的每条边的法向量包含了这条轴的所有可能性，所以只要遍历多边形所有边的法向量即可完成相应检测。在遍历所有边的法向量过程中，要看该法向量是否是要找的分离轴。对于多边形和圆形的碰撞，只要找出多边形离圆形最近的那个顶点，该顶点与圆心之间的连线就是多边形和圆形间的分离轴。而圆形与圆形间碰撞的判断就更简单了，只要判断两圆心间的距离与两圆半径之和的大小关系便可。

下面详细描述分离轴算法的思路。

（1）首先，要找出两个图形的所有候选分离轴，然后将图形分为多边形和圆形进行单独处理，分别获取多边形的候选分离轴和圆形的候选分离轴。

（2）找到候选轴之后，接着计算图像在候选轴上的投影长度。

（3）获取两个图形所有的候选轴之后，再遍历所有候选轴，计算两个图形分别在每条候选轴上的投影范围。对于判断两个图形在轴上是否相交的问题，可以抽象为检测两条共线线段的相交，只要发现有一条轴上的投影不相交，即可知两个图形不相交，也就是不发生碰撞。

至此，有关机器人基础的碰撞检测系统已大致完成。但是，该算法有一个缺陷，就是只能判断凸多边形的碰撞，而这与实际情况并不完全符合，因为实际中存在着凹多边形。如果要求该算法能够应对任意多边形情况的话，则还要对多边形的凸、凹情况进行判断和分割。

实际上，分离轴算法只能检测圆形和凸多边形。对于凹多边形来说，要先将其分割为凸多边形。于是这里便涉及凹多边形的判断方法和凹多边形的分割算法。

1. 识别凹多边形

根据相关知识可知，凹多边形中至少有一个内角大于180°。凹多边形某些边的延长线会与其他边相交且有时一对内点连线会与多边形边界相交。因此，可以将凹多边形的这些特征中的任意一个特征作为基础设计识别算法。

如果为每一边建立一个向量，则可使用相邻边的叉积来测试多边形的凸凹性。凸多边形的所有向量叉积均同号。因此，如果某些叉积取正值而另一些为负值，就可确定其为凹多边形。图10.13给出了识别凹多边形的边向量、叉积方法。

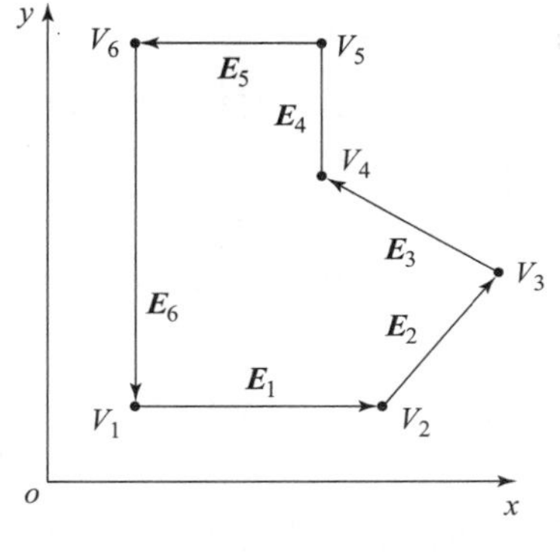

图10.13　识别凹多边形的边向量叉积方法

在图10.13所示凹多边形识别的边向量、叉积方法中，各边法向量叉积结果如下：

$$(\boldsymbol{E}_1 \times \boldsymbol{E}_2)_z > 0$$
$$(\boldsymbol{E}_2 \times \boldsymbol{E}_3)_z > 0$$
$$(\boldsymbol{E}_3 \times \boldsymbol{E}_4)_z < 0$$
$$(\boldsymbol{E}_4 \times \boldsymbol{E}_5)_z > 0$$
$$(\boldsymbol{E}_5 \times \boldsymbol{E}_6)_z > 0$$
$$(\boldsymbol{E}_6 \times \boldsymbol{E}_1)_z > 0$$

其中，$(\boldsymbol{E}_3 \times \boldsymbol{E}_4)_z < 0$，故由此判别该多边形为凹多边形。

识别凹多边形的另一个方法是观察多边形顶点位置与每条边延长线的关系。如果有些顶点在某一边延长线的一侧而其他一些顶点在另一侧，则该多边形为凹多边形。[89]

2. 分割凹多边形

一旦识别出多边形为凹多边形，可以将其切割成一组凸多边形。这个过程可采用边向量和边叉积来完成。在该过程中，可以利用多边形顶点和边延长线的关系来确定哪些顶点在其一侧，哪些顶点在另一侧。首先假设所有多边形均在 xoy 平面上，然后再将凹多边形的分割问题化为二维分割问题。在将多边形切割成一组凸多边形时，常用的方法有向量分割法和旋转分割法，下面依次进行介绍。

（1）向量分割法。

对于分割凹多边形的向量方法而言，首先要形成边向量。给定顶点位置 V_k 和 V_{k+1}，定义边向量

$$\boldsymbol{E}_k = V_{K+1} - V_k \tag{10.21}$$

向量分割法的执行步骤如下：

①如图 10.14 所示，在平面直角坐标系中，首先确定边向量根据多边形顶点，进而可得边向量 $\boldsymbol{E}_i$。

②接着，可按照多边形边界顺序计算连续的边向量的叉积。如果有些叉积向量的 $\boldsymbol{Z}$ 分量为正，有些为负，则可判断此多边形为凹多边形；否则，此多边形为凸多边形。这意味着不存在三个连续的顶点共线，即不存在连续两个边向量其叉积为 0。如果所有顶点共线，则得到一个退化多边形（一条线段）。

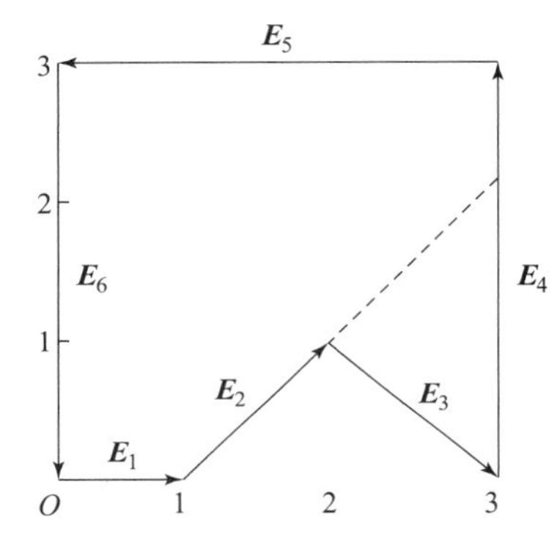

图 10.14　使用向量法分割凹多边形

③至此，可沿逆时针方向逐渐分割凹多边形。如果两个边向量叉积的 z 分量为负值（图 10.14），那么该多边形为凹多边形，于是可沿叉积中第一条边向量的直线进行切割。

图 10.14 给出了一个有 6 个顶点的凹多边形，该多边形的边向量可表示如下：

$$\boldsymbol{E}_1 = (1,0,0), \boldsymbol{E}_2 = (1,1,0)$$
$$\boldsymbol{E}_3 = (1,-1,0), \boldsymbol{E}_4 = (0,2,0)$$
$$\boldsymbol{E}_5 = (-3,0,0), \boldsymbol{E}_6 = (0,-2,0)$$

由于多边形中所有边均在 xoy 平面上，所有边向量的 z 分量均为 0，所以两个连续的边向量叉积 $\boldsymbol{E}_j \times \boldsymbol{E}_k$ 是垂直于 xoy 平面的向量，其分量等于 $E_{jx}E_{ky} - E_{kx}E_{jy}$：

$$\boldsymbol{E}_1 \times \boldsymbol{E}_2 = (0,0,1), \boldsymbol{E}_2 \times \boldsymbol{E}_3 = (0,0,-2)$$
$$\boldsymbol{E}_3 \times \boldsymbol{E}_4 = (0,0,2), \boldsymbol{E}_4 \times \boldsymbol{E}_5 = (0,0,6)$$
$$\boldsymbol{E}_5 \times \boldsymbol{E}_6 = (0,0,6), \boldsymbol{E}_6 \times \boldsymbol{E}_1 = (0,0,2)$$

因为叉积 $\boldsymbol{E}_2 \times \boldsymbol{E}_3$ 的 z 分量为负，所以沿向量 $\boldsymbol{E}_2$ 的直线分割多边形。该边直线方程中的斜率为 1，而 y 轴截距为 -1，于是可以通过这条直线和其他边的交点来将多边形分割成两片。其他边的叉积不为负，所以得到的两个多边形均为凸多边形。

（2）旋转分割法。

还可以使用旋转分割法来分割凹多边形。沿着多边形的边的逆时针方向，逐一将顶点 V_k 移到坐标系原点；然后，沿顺时针旋转多边形，使下一个顶点 V_{k+1} 也落在 x 轴上。如果再

下一个顶点 V_{k+2} 位于 x 轴下面，则多边形为凹多边形。至此，就可以利用 x 轴将多边形分割成两个新多边形，并对这两个新多边形重复使用凹多边形测试。上述步骤一直重复到该多边形中所有的顶点均经过测试。

如图 10.15 所示，在将顶点 V_2（即图 10.14 中的顶点 1）移到坐标系原点，将 V_3 旋转到 x 轴后，发现 V_4 在 x 轴下方，故可沿 $\overline{V_2V_3}$ 即 x 轴分割该多边形。

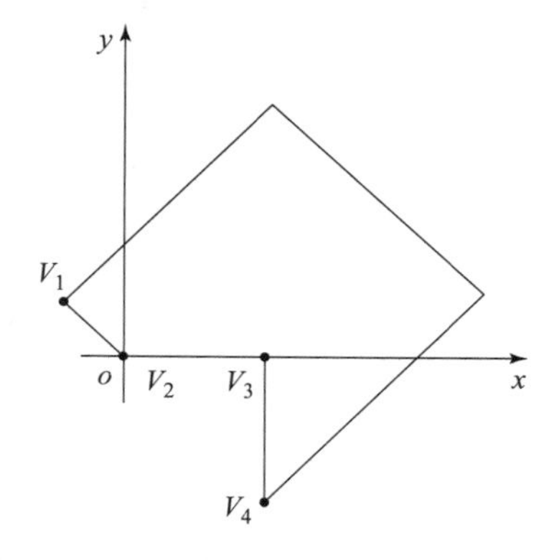

图 10.15　使用旋转法分割一个凹多边形

（3）将凸多边形分割成三角形集。

一旦有了一个凸多边形的顶点集，即可以将其变成一组三角形。这可通过将任意顺序的三个连续顶点定义为一个新多边形（三角形）来实现；然后将三角形的中间顶点从多边形原顶点队列中删除；接着，使用相同的过程处理修改后的顶点队列来分出另一个三角形。这种分割一直进行到原多边形仅留下三个顶点，它们定义三角形集中的最后一个三角形。[89] 凹多边形也可以采用这种方法分割为三角形集，但要求每次三顶点形成的内角小于 180°（即是一个“凸”角）。

在有序的顶点中分割三角形的大致流程如下：

①任取多边形上的一个顶点 A，该点即为分割点；

②然后再取 A 的上一个点 B；

③再取这个 A 的下一个点 C，这时 ABC 三个点组成了一个三角形 ABC；

④把这个三角形 ABC 从多边形中切掉；

⑤循环以上步骤，直到多边形顶点数 =3，停止。

10.5.3　基于凹多边形分割的障碍物碰撞检测研究

至此，分离轴算法可以支持凹多边形的碰撞检测了。由前述内容可知，凹多边形其实是由多个子凸多边形组成的，只要在遇到凹多边形时遍历凹多边形的子多边形，并对子多边形进行检测即可，只要有其中一个子多边形发生碰撞即可判断该多边形发生了碰撞。

在本研究中，利用分层算法可以逐步筛选出可能发生碰撞的对象。为了提高检测的精度与效率，可将检测流程分成两个阶段：粗检测阶段和细检测阶段。

首先，系统遍历所有可能发生碰撞的对象。这可在粗检测阶段利用 AABB 包围盒进行检测，判断、筛选出可能发生碰撞的对象；然后在细检测阶段，利用分离轴算法来检测经粗检测阶段筛选出来的对象，完成最后一轮检测。

按照上述思路，也可以实现类似的分层检测，即为了更精确筛选，降低非必要的检测消耗，可进一步将其分层为粗检测阶段和细检测阶段，具体流程如图 10.16 所示。

对于智能排爆机器人防碰撞检测来说，在粗检测阶段可使用 AABB 包围盒进行检测，应用在前端；而在细检测阶段则采用分离轴算法进行检测，应用在后端。这样各取其利，既有助于提高防碰撞检测的精度，又提高防碰撞检测的效率。

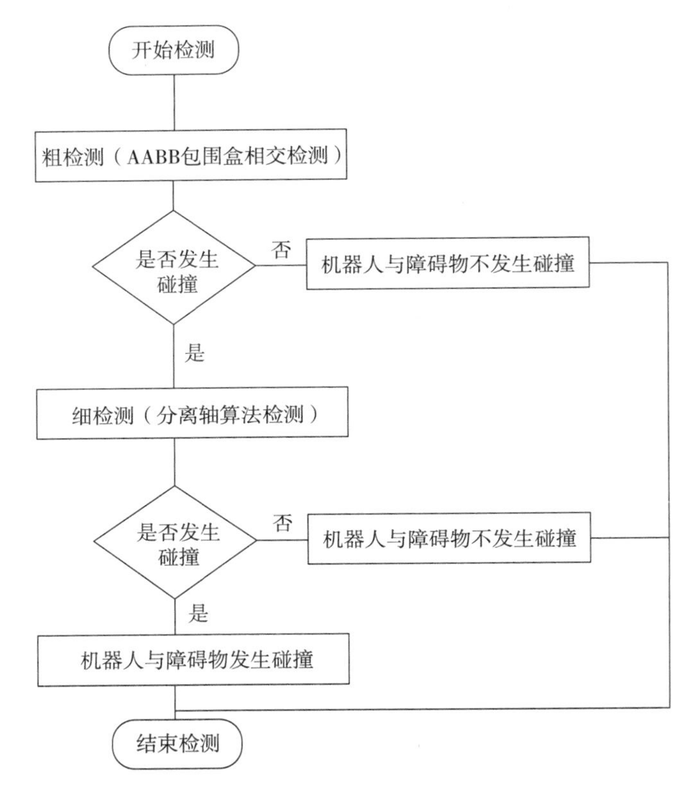

图 10.16　机器人碰撞检测流程图

10.5　本章小结

本章对智能排爆机器人的定位和防碰撞检测问题进行了深入研究。在对智能排爆机器人定位的关键技术研究中，对卡尔曼滤波器、扩展卡尔曼滤波算法和粒子滤波算法进行了深入研究与系统探索，并在仿真平台上进行了验证。根据已有信息的不同情况，确立了智能排爆机器人的定位方案，分为两种：

（1）在事先没有利用 SLAM 建立好导航地图时，可利用扩展卡尔曼滤波方法，融合 IMU、里程计和激光雷达的点云数据，再利用开源的 Cartographer 定位和建图的算法包，进行机器人定位和建立机器人导航地图。

（2）在已经有 SLAM 建好全局地图时，可使用自适应蒙特卡罗算法进行机器人定位。

上述两种方案均能较好地提高智能排爆机器人定位的准确度与实时性。本章还基于对智能排爆机器人作业要求的理解和对作业环境局限的考虑，在对智能排爆机器人防碰撞检测的关键技术研究中，确立了先粗检测（采用 AABB 包围盒检测方法）和后细检测（采用分离轴检测方法）的方案，既可提高防碰撞检测的效率，也可提高防碰撞检测的精度，这对项目组开展后续研究十分有利。

第 11 章
智能排爆机器人的全局路径规划

对于人类和其他脊柱类动物来说，移动这一看似简单的动作，实现起来相当容易。但对于机器人而言就变得极为复杂。谈到机器人的移动，就不得不提到路径规划问题。路径规划是移动机器人导航的最基本、最重要的环节，指的是机器人在有障碍物的工作环境中，如何找到一条从起始点到终止点的适当运动路径，使机器人在运动过程中能够安全、可靠、稳定且无碰撞地绕过所有障碍物。[90]这不同于用动态规划等方法求得的最短路径，而是指移动机器人能对静态及动态环境作出综合性判断，进行智能决策。

总的来说，路径规划主要涉及三大问题：①明确起始点和终止点的位置；②规避障碍物；③尽可能做到路径上的优化。根据对环境信息掌握程度的不同，机器人的路径规划可分为全局路径规划和局部路径规划。全局路径规划是在已知的环境中，给移动机器人规划一条路径，路径规划的精度取决于环境获取的准确度。[91]相较而言，全局路径规划可以找到最优解，但是需要预先知道环境的准确信息，所以它属于一种事前规划。

11.1　智能排爆机器人路径规划的需求和难点

根据前述内容可知，智能排爆机器人在实现“一键到达”导航功能的第二个问题是机器人计划怎么去？智能排爆机器人需要从导航子系统得到一条从起始点到目标点，且避开途中各种障碍物的大致路径。这就牵涉机器人全局路径规划问题。实际上，在移动机器人全局路径规划中，首先需要对移动机器人路径规划的工作场景进行分析。第一种场景是事先已经建立过导航所需的占据栅格地图，由于全局场景地图全部已知，这时可以直接进行全局路径规划。第二种工作场景是地图部分未知，这时可以利用深度相机构建视觉递增式地图，以便在未知环境中逐步地规划机器人路径。

采样算法主要包括 RRT 算法（快速搜索随机树算法）和 PRM 算法（概率路图法）。

1. RRT 算法

RRT 算法的优点是计算快、效率高。RRT 算法节点的扩展方式如图 11.1 所示（绿色矩形框里的红色点为机器人的起始位置）。[92]

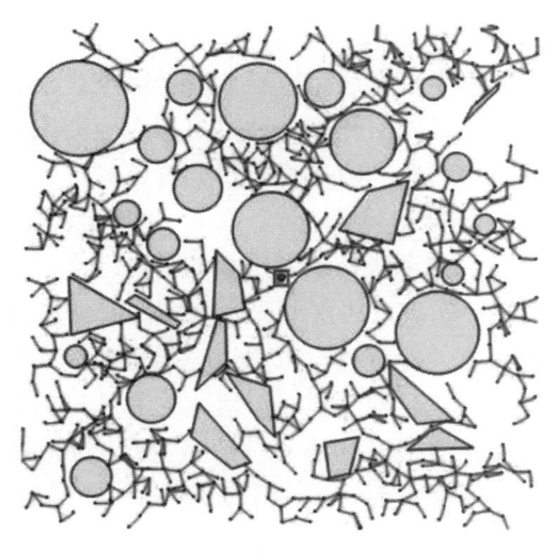

图 11.1　RRT 算法节点的扩展方式（附彩插）

除了上面提到的优点以外，RRT 算法也有一些缺点：①RRT 算法在扩展过程中不带有目的性，而是随机向周围的无障碍物区域扩展；②RRT 算法难以在有狭窄通道的地图中找到路径，因为狭窄通道所占面积小，被碰到的概率低，RRT 算法找到路径所需要的时间较长而且具有偶然性。[93] 特别是当 RRT 算法扩展的节点太少，或者扩展的步长太大，这时 RRT 算法的完备性是不好的。但随着扩展节点的增多和扩展步长的减小，RRT 算法也可以逐渐接近完备。需要强调的是，不同的地图环境需要设置大小不同的步长，规划最短路径和搜索最短路径所需要的时间不可能一一满足，所以 RRT 算法是一种可以实现概率完备但不是最优的路径规划方法。

PRM 算法首先在地图空间内随机播撒一些点，然后清除障碍物内的点，再把无障碍区域内其他相互较近的点连起来，然后利用迪杰斯特拉算法找出一条最短的连通路径。播撒的点足够多、足够密集、能够覆盖无障碍区域的话，就能从中找到一条最短的路径。PRM 算法的思路及做法如图 11.2 所示。

图 11.2　PRM 算法的思路及做法

PRM 算法能否找到一条最短路径取决于播撒点的数量，点越密集，得到的路径就越接近于理论上的最短路径。但一旦出现撒点数较少，或者撒点不均匀，得到的路径和理论上的最短路径就会差别甚大，这将会耗费机器人行走的时间和能量。

2. 蚁群规划算法

蚁群规划算法是机器人智能路径规划算法中的代表算法，它受起始点、终止点位置和障碍分布的影响，环境复杂时机器人容易陷入不可行点，甚至出现路径迂回和死锁，不能确保找到最短的避开障碍物的机器人路径。

3. 图搜索算法

图搜索算法是依靠已知的环境地图以及地图中的障碍物信息构造从起始点到终止点的可行路径。[94] 该方法主要分两个算法：深度优先和广度优先算法。深度优先算法坚持优先扩展搜索深度大的节点，可以快速地得到一条机器人可行路径。但深度优先算法得到的第一条路径往往是较长的路径。广度优先算法坚持优先扩展深度小的节点，形成波状的搜索方式。广度优先算法搜索到的第一条路径就是最短路径。[95] 基于广度优先算法，有人提出了完整而有效的图形搜索算法，用于确保找到一条较短的最优路径。

在本研究中，根据智能排爆机器人可能遇到的作业环境，项目组认为图搜索算法可能更为适合。因此，项目组将对用于智能排爆机器人导航与定位的图搜索算法进行研究，分析其原理，改进其内容，使之能够应对智能排爆机器人可能面临的大多数排爆作业环境，提高智能排爆导航功能的普适性与实用性。

11.2　全局最优的 Astar 算法及改进算法研究

有时，人们可能会遇到这样的要求：在已建地图的环境中，障碍物已知，需要为移动机器人规划出一条从起始点到终止点且避开各种障碍物的最短路径。Astar 算法刚好就能满足上述要求。要理解 Astar 算法背后的原理，就得先研究 Dijkstra 算法。Dijkstra 算法是一种用于找到加权图中从起始点到终止点的最短路径的算法，其作用正好与项目组的需求吻合。于是，项目组对其进行了深入研究。

11.2.1　Dijkstra 算法研究

1959 年 Dijkstra 算法正式发布，并以其创建者荷兰计算机科学家 Dijkstra 的名字命名。该算法可以应用于加权值为非负的加权图的路径搜索上。

Dijkstra 算法是典型的最短路径算法，可以用于计算一个节点到其他节点的最短路径。[96] 其主要特点是以起始点为中心向外层层扩展（广度优先搜索思想），直到扩展到终止点为止。

1. Dijkstra 算法的基本思想

Dijkstra 算法的基本思想可描述为：设 $G=(V, E)$ 是一个带权有向图，把图中顶点集合 V 分成两组：第一组为已求出最短路径的顶点集合（用 S 表示），初始时 S 中只有一个起始点（原点），以后每求得一条最短路径，就将其加入集合 S 中，直到全部顶点都加入 S 中，算法就结束了。第二组为其余未确定最短路径的顶点集合（用 U 表示），按最短路径长度的递增次序依次把第二组的顶点加入 S 中。在加入的过程中，总保持从起始点 s 到 S 中各顶点的最短路径长度不大于从起始点 s 到 U 中任何顶点的最短路径长度。此外，每个顶点对应一个距离，S 中的顶点距离就是从 s 到此顶点的最短路径长度，U 中的顶点距离是从 s 到此顶点只包括 S 中的顶点为中间顶点的当前最短路径。该基本思想可通过以下步骤表示。

（1）通过 Dijkstra 计算带权有向图中的最短路径时，需要指定起始点 s（即从顶点 s 开始计算）。[97]

（2）引进两个集合 S 和 U。S 是用来记录已求出最短路径的顶点（以及相应的最短路径长度），而 U 则是用来记录还未求出最短路径的顶点（以及该顶点到起始点 s 的距离）。

（3）初始时，S 中只有起始点 s；U 中是除 s 之外的所有顶点，并且 U 中顶点的路径是“起始点 s 到该顶点的路径”；其次，从 U 中找出路径最短的顶点，并将其加入 S 中；接着，更新 U 中的顶点和顶点对应的路径。此后从 U 中找出路径最短的顶点，并将其加入 S 中；至此可更新 U 中的顶点和顶点对应的路径。不断重复该操作，直到遍历完所有的顶点。

2. Dijkstra 算法的操作步骤

（1）初始时，S 中只包含起始点 s，U 中则包含除 s 外的所有其他顶点，且 U 中顶点的距离为“起始点 s 到该顶点的距离”（例如，U 中顶点 v 的距离为（s，v）的长度，由于 s 和 v 不相邻，则 v 的距离为∞）。

（2）从 U 中选出“距离最短的顶点 k”，并将顶点 k 加入 S 中；同时，从 U 中移除顶

点 k。

（3）更新 U 中各个顶点到起始点 s 的距离。之所以更新 U 中顶点的距离，是由于上一步中确定了 k 是求出最短路径的顶点，从而可以利用 k 来更新其他顶点的距离，例如，（s，v）的距离可能大于（s，k）+（k，v）的距离。

（4）重复步骤（2）和（3），直到遍历完所有顶点。

［**实例**］下面通过实例对该算法进行说明。在图 11.3 中，以 D 为开头，求 D 到各个点的最短距离。

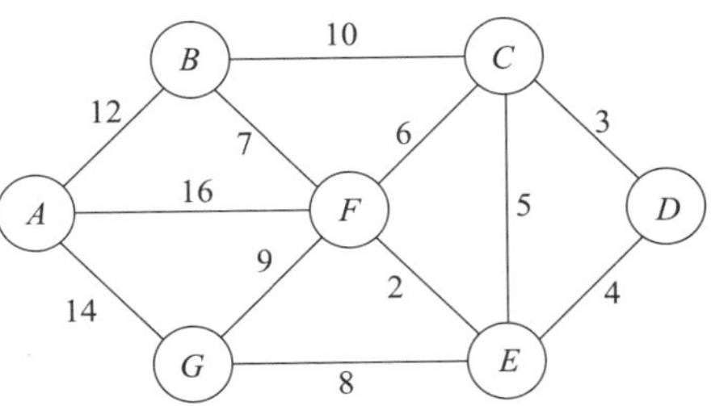

图 11.3　求 D 到各个点的最短距离

（1）初始化距离，其实是指与 D 直接连接的点的距离。dis［C］代表 D 到 C 点的最短距离，因而初始 dis［C］=3，dis［E］=4，dis［D］=0，其余为无穷大。[98]设置集合 S 用来表示已经找到的最短路径，此时，$S=\{D\}$。现在得到 D 到各点距离 $\{D(0), C(3), E(4), F(*), G(*), B(*), A(*)\}$，其中 * 代表未知数，或者也可以是无穷大，括号里面的数值代表 D 点到该点的最短距离。

（2）不考虑集合 S 中的值，因为 dis［C］=3，是距离最短的，所以此时更新 S，$S=\{D, C\}$。接着看与 C 连接的点，分别有 B、E、F，已经在集合 S 中的不看，dis［$C-B$］=10，因而 dis［B］=dis［C］+10=13，dis［F］=dis［C］+dis［$C-F$］=9，dis［E］=dis［C］+dis［$C-E$］=3+5=8>4（初始化时的 dis［E］=4，不更新）。此时 $\{D(0), C(3), E(4), F(9), G(*), B(13), A(*)\}$。

（3）在第 2 步中，E 点的值 4 最小，更新 $S=\{D, C, E\}$，此时看与 E 点直接连接的点，分别有 F、G。dis［F］=dis［E］+dis［$E-F$］=4+2=6（比原来的值小，得到更新），dis［G］=dis［E］+dis［$E-G$］=4+8=12（更新）。此时 $\{D(0), C(3), E(4), F(6), G(12), B(13), A(*)\}$。

（4）在第 3 步中，F 点的值 6 最小，更新 $S=\{D, C, E, F\}$，此时看与 F 点直接连接的点，分别有 B、A、G。dis［B］=dis［F］+dis［$F-B$］=6+7=13，dis［A］=dis［F］+dis［$F-A$］=6+16=22，dis［G］=dis［F］+dis［$F-G$］=6+9=15>12（不更新）。此时 $\{D(0), C(3), E(4), F(6), G(12), B(13), A(22)\}$。

（5）在第 4 步中，G 点的值 12 最小，更新 $S=\{D, C, E, F, G\}$，此时看与 G 点直接连接的点，只有 A。dis［A］=dis［G］+dis［$G-A$］=12+14=26>22（不更新）。此时 $\{D(0), C(3), E(4), F(6), G(12), B(13), A(22)\}$。

（6）在第 5 步中，B 点的值 13 最小，更新 $S=\{D, C, E, F, G, B\}$，此时看与 B 点直接连接的点，只有 A。dis［A］=dis［B］+dis［$B-A$］=13+12=25>22（不更新）。此时 $\{D(0), C(3), E(4), F(6), G(12), B(13), A(22)\}$。

（7）最后只剩下 A 值，直接进入集合 $S=\{D, C, E, F, G, B, A\}$，此时所有的点都已经遍历结束，得到最终结果 $\{D(0), C(3), E(4), F(6), G(12), B(13), A(22)\}$。

接下来，项目组以智能排爆机器人为例，运用 Dijkstra 算法进行仿真。仿真运算的相关参数设置如下：地图大小为 70 m×70 m，起始点坐标为（0，0），终止点坐标为（50，40），地图每一栅格为 1 m，智能排爆机器人的外接圆半径为 0.56 m。当上述参数设置完毕之后，即可进行仿真，仿真结果如图 11.4 所示。

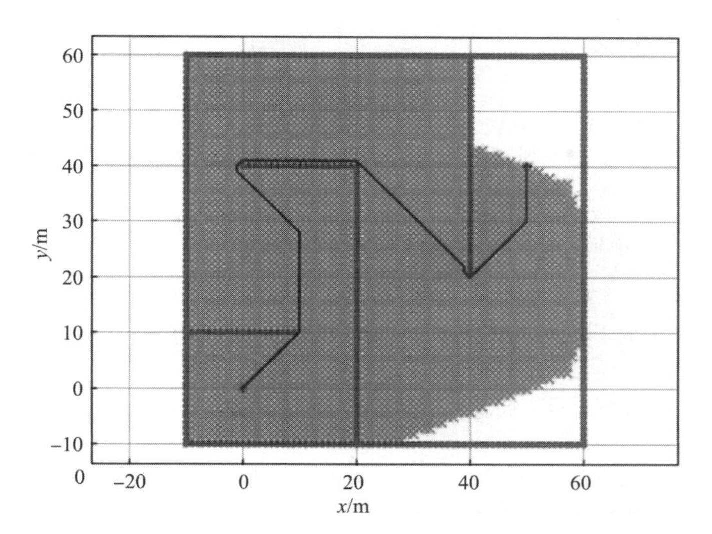

图 11.4　Dijkstra 算法仿真结果（附彩插）

在图 11.4 中，红色圆圈为智能排爆机器人的起始位置，黑色 * 为机器人的终止位置，红色圆点为障碍物，浅绿色 * 为扩展节点，蓝色线条为经过规划得到的机器人行进路径。

Dijkstra 算法的优点是能找到一条最短的机器人路径，路径具备全局最优性。缺点是要搜索周围所有方向的路径节点，缺乏目标导向性。

11.2.2　Astar 算法研究

Astar 算法是在 Dijkstra 算法的基础上通过利用启发函数来对搜索进行指导，使搜索带有目的性，从而实现了高效的搜索。Astar 算法本质上是一种“智能”搜索。[55] Astar 算法的启发式原理通过以下公式体现：

$$f(n) = g(n) + h(n) \tag{11.1}$$

式中，$g(n)$ 是从起始状态到节点 n 的累计代价的当前最佳估计；$h(n)$ 是从节点 n 到目标状态的估计最小代价。更新节点 n 的所有未扩展邻居节点 m 的累计代价为 $g(m)$。假设从初始状态开始，已扩展的节点的代价保证最小，$f(n)$ 是节点 n 的总代价。代价函数与起始点和终止点的距离有关，距离越大，代价函数的值也越大。节点的距离计算有很多方式，在本研究介绍的 Astar 算法中，采用欧几里得距离计算方法，距离为

$$D(x_n, y_n) = K \times \sqrt{(x_n - g_n)^2 + (y_n - y_g)^2} \tag{11.2}$$

式中，K 是地图中单元栅格的距离。

Astar 算法的具体实现步骤如表 11.1 所示。接下来，可进行 Astar 算法仿真。与前述采用 Dijkstra 算法进行仿真一样，在仿真中将智能排爆机器人的仿真参数设置如下：起始点坐标为（0，0），终止点坐标为（50，40），地图每一栅格为 1 m，机器人的外接圆半径为 0.56 m。仿真结果如图 11.5 所示。在图 11.5 中，红色圆圈为智能排爆机器人的起始位置，黑色 * 为机器人的终止位置，红色圆点为障碍物，浅绿色 * 为扩展节点，蓝色线条为经过规

划得到的机器人行进路径。相比 Dijkstra 算法，Astar 算法不需要遍历所有子节点，获得路径的时间更短，因而具有更好的实用性。

表 11.1 Astar 算法实施步骤

Astar 算法实施步骤：
1. 起始位置点被加到 Open List 的列表，在路径搜索的过程中，目前，我们可以认为 Open List 这个列表会存放许多待检查的点，这个列表是一个优先级队列数据结构，周围更多的检查点会逐渐被加入进来
2. 如果 Open List 列表不为空，则进入以下循环
3. 选出 Open List 中到目标点代价最小的点作为当前点
4. 把当前点放入一个称为 Close List 的列表
5. 对当前点周围的 8 个点每个进行处理，如果该点是可以通过并且该点不在 Close List 列表中，则操作如下
6. 如果该点正好是目标点，则把当前点作为该点的父节点，并退出循环，设置已经找到路径标记
7. 如果该点也不在 Open List 中，则计算该节点到目标节点的代价，把当前点作为该点的父节点，并把该节点添加到 Open List 中
8. 如果该点已经在 Open List 中了，则比较该点和当前点通往目标点的总代价，如果当前点的总代价更小，则把当前点作为该点的父节点，同时，重新计算该点通往目标点的代价，并把 Open List 重新排序
9. 完成以上循环后，如果已经找到路径，则从目标点开始，依次回溯查找每个节点的父节点，直到开始点，从开始点到目标点就形成了一条路径

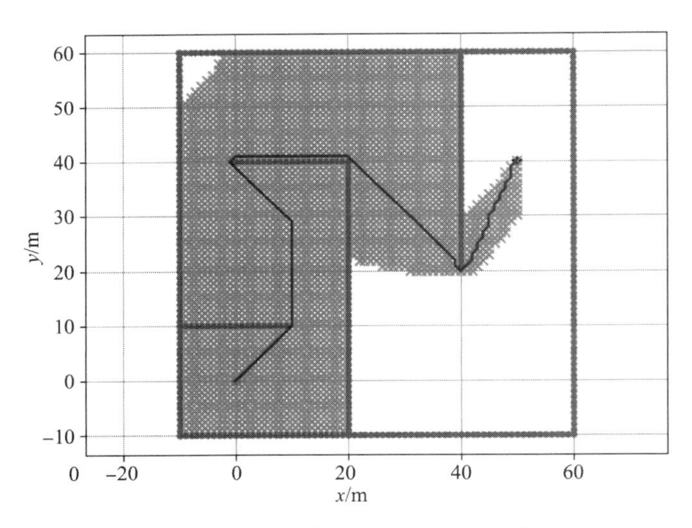

图 11.5 Astar 算法仿真结果（附彩插）

11.2.3 基于 Astar 改进的 LPAstar 算法研究

需要指出的是，当移动机器人移动后，若机器人周围的环境信息发生改变，那么采用 Astar 算法规划出的路径对于当前时刻的移动机器人来说并不是最优的，需要重新规划路线。如果重新利用 Astar 算法规划一次，将会耗费更多的路径规划时间。实际上，当发生变化后的环境信息与最初的地图信息相差不大时，是可以采用增量式搜索方法，利用先前存储的环境信息来提高二次、三次及以后的搜索效率的。增量式搜索方法可以保证比一系列从头解决每个路径规划问题能够更快地找到一系列相似路径规划问题的最短路径。

基于上述认识与思考，项目组对 LPAstar 算法展开了比较深入的研究。该算法是 Astar 算法的增量版本，结合了人工智能算法的思想，反复查找从给定的起始顶点到给定的目标顶点的最短路径，同时增加或删除地图的边或顶点。该算法的第一个搜索与 Astar 算法版本的方式相同，会打破联系以支持具有较小 g 值的顶点，但许多后续搜索可能会更快，因为它会重用与树形图相同的先前搜索树部分。该算法用于确定当起始位置和终止位置为静态不变时，如何在变化的环境地图里有效地更新最短路径，通过仅更新需要更新的环境信息值找到最短路径，从而节省计算量，提高搜索效率。

LPAstar 算法实现步骤如表 11.2 所示。

表 11.2　LPAstar 算法实施步骤

LPAstar 算法实施步骤：
1. 计算 s 节点的键值，返回 [$\min(g(s),\mathrm{rhs}(s))+h(s);\min(g(s),\mathrm{rhs}(s))$] 的值
2. 初始化相关变量的值，U=0，对于所有的 $s\in S$，$\mathrm{rhs}(s)=g(s)=\mathrm{oo}$，$\mathrm{rhs}(s_{\mathrm{start}})=0$；U. Insert($s_{\mathrm{start}}$，[ih($s_{\mathrm{start}}$);0])
3. 更新当前节点 u 的值
4. if($u\neq s_{\mathrm{start}}$)，$\mathrm{rhs}(u)=\min_{\mathrm{spred}(u)}(g(s')+c(s',u))$
5. if($\boldsymbol{u}\in \mathrm{U}$), U. Remove($u$)
6. if($g(u)\neq \mathrm{rhs}(u)$), U. Insert(u, Calculate Key(u))
7. 计算最短路径
8. while U. Top Key( ) < Calculate Key(s_{goal}) ORrhs(s_{goal}) $\neq g(s_{\mathrm{goal}})$
9. 　　u = U. Pop( )
10. 　　if($g(u)>\mathrm{rhs}(u)$)
11. 　　　　g(u) = rhs(u)
12. 　　　　for all $s\in \mathrm{succ}(u)$ Update Vertex(s)
13. 　　else
14. 　　　　g(u) = oo
15. 　　　　for all $s\in \mathrm{succ}(u)\,\mathrm{U}\{u\}$ Update Vertex(s)
16. 执行主程序，初始化
17. 循环执行
18. 　　计算最短路径
19. 　　边的代价发生改变
20. 　　对于所有直接相连而且代价发生改变的边
21. 　　　　更新边的成本 $c(u,v)$
22. 　　　　更新节点 v

其中，S 为地形图中的路径节点的集合，s 属于 S。succ（s）为节点 s 的后续节点集合，例如节点1、2、3 按顺序均已被搜索过，那么除了 1～3 节点，i 的其他节点均属于 succ（i）。类比上述情况，pred（s）为 predecessors，即节点 s 的前代节点，与 succ（s）的意义刚好相反。C（s，s'）为两节点之间的代价函数。g^*（s）为节点 s 到起始点 s_{start} 的实际最短距离。g（s）为节点 s 到起始点的预计最短距离。g^*（s）值是实际的最短距离，这个值是一个预计值，是随着算法求解进程不断变动的。当所有节点的 g（s）$=$ rhs（s）时，g（s）的值就是到起始点的实际最短距离，即 g（s）$=g^*$（s）。rhs（s）为对于 s 的所有邻近节点，求它们到 s 的距离加上邻近节点自身的 g 值，其中最小的那个值作为 s 的 rhs 值，即有

$$\mathrm{rhs}(s) = \begin{cases} 0 & (s = s_{\mathrm{start}}) \\ \min_{s' \in \mathrm{pred}(s)} (g(s') + c(s',s)) \end{cases} \tag{11.3}$$

其中，U 为 A＊算法中的优先队列，依据每个节点的 Key 值进行排序。

接下来对 LPAstar 算法进行仿真。设智能排爆机器人的起始点坐标为（0，1），终止点坐标为（9，8），地图为 10 行 10 列，障碍物为 20 个，且随机分布。再设 S 为起始点，E 为终止点，O 为障碍物，P 为规划得到的路径点。经仿真运算，可得 LPAstar 算法规划的智能排爆机器人行进路径及路径点如图 11.6 所示。

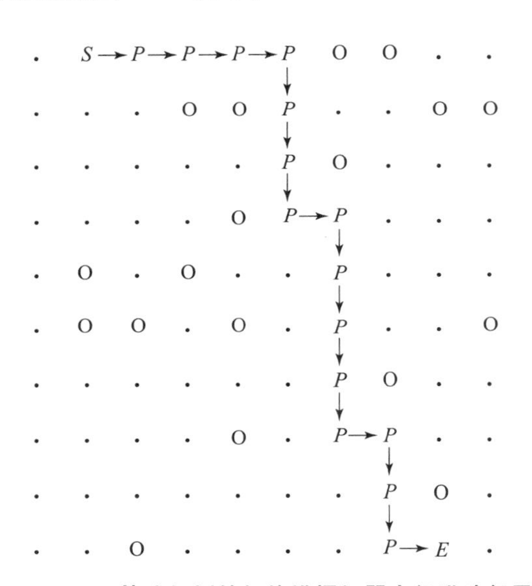

图 11.6　LPAstar 算法规划的智能排爆机器人行进路径及路径点

为了考察 LPAstar 算法在环境信息变化时的路径重新规划能力，使障碍物随机改变，以观察其应对水平，此时（0，2）位置处障碍物发生改变，如图 11.7 所示。

由图 11.8 可知，仿真结果表明了 LPAstar 算法适应于智能排爆机器人路径规划中少数障碍物发生改变但变化不大的场景。经比较可见，图 11.8 中智能排爆机器人距离目标的那一段路径点没有发生变化。对于 Astar 算法来说，如果当地图发生上述改变时，需要执行两次 Astar 算法，且没有利用障碍物未发生改变的这一段路径。而执行两次 Astar 算法的运行时间是要大于执行一次 LPAstar 算法的运行时间的。其实，障碍物位置发生变化后的地图与最初

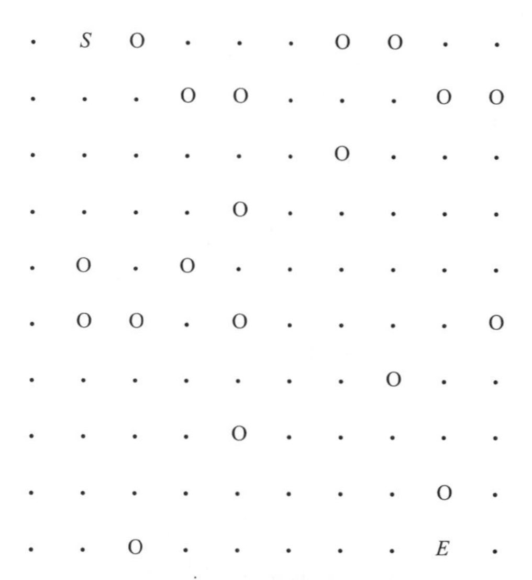

图 11.7　障碍物位置发生改变后的地图

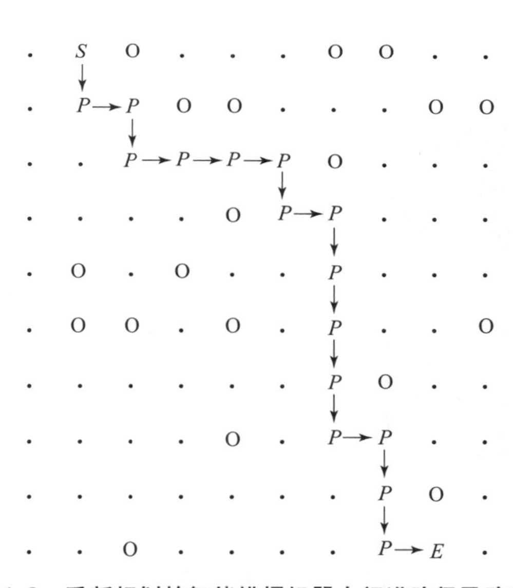

图 11.8　重新规划的智能排爆机器人行进路径及路径点

的地图信息相差并不大，完全可以利用增量式搜索并利用先前存储的地图信息来提高二次、三次及以后的搜索效率。

11.3　适用于多障碍物场景的 JPS 算法研究

在机器人路径规划领域，许多相关规划算法均可用于在统一代价的 2D 地图上找到最短路径。其中，Astar 算法是广度优先算法和深度优先搜索方法相结合的一种常见、直接的全局规划算法。尽管 Astar 算法具有许多优点，但在智能排爆移动机器人作业环境中存在多个障碍物时，其路径规划的效果仍然有限。现实迫使项目组寻找适用于多障碍物场景的路径规划方法。相比较而言，由 Daniel Harabor 和 Alban Grastien 联手提出的跳点搜索算法（JPS 算法）是一种使矩形网格上的寻路更加有效的方法。[57] 在时间复杂度上，JPS 算法对比 Astar 算法，它是 $O(1)$ 对 $O(n)$，尽管 Astar 算法采用更好的优先级队列的数据结构，但也仍旧是 $O(1)$ 对 $O(n \log n)$。

现将 Astar 算法和 JPS 算法进行比较。如图 11.9 所示，Astar 算法可向其周围邻近节点进行扩展。由图 11.9 可知，红色节点向周围 8 个方向的相邻节点扩展时，周围 7 个绿色节点是可以扩展的，而黑色节点为障碍物，不能进行扩展。所以 Astar 算法的扩展只能是步步推进。JPS 算法则不同，它可以在无障碍区域进行跳跃式扩展，如图 11.10 所示。由图 11.10 可见，红色节点可以一下子跳跃到绿色节点上。此时绿色节点也定义为红色节点的邻近节点。JPS 算法的跳跃方式如下：从先前确定的节点（图 11.10 中的绿色节点）开始沿着水平和竖直方向进行扩展，遇到障碍物时扩展结束，没有发现邻居节点；此时可沿着对角线方向扩展一步，然后向水平和竖直方向扩展，发现障碍物时扩展结束；此后，可沿着对角线方向再扩展一步到达 A 节点，接下来沿着水平方向扩展 B 节点；若发现 B 节点存在一个强制邻居节点 C，则将 B 点的上一节点 A 加入 Open List 中，再把节点 B 加入 Open List 中之后，又沿对角线方向扩展，直至发现终点目标，整个搜索停止。其搜索扩展过程如图 11.11 所示。

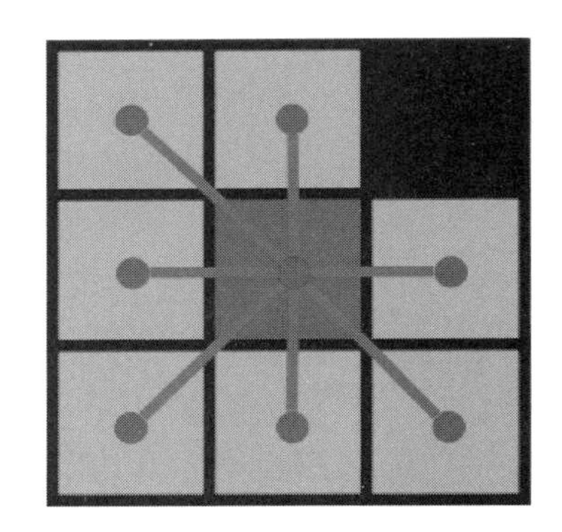

图 11.9　Astar 算法的节点扩展方式（附彩插）

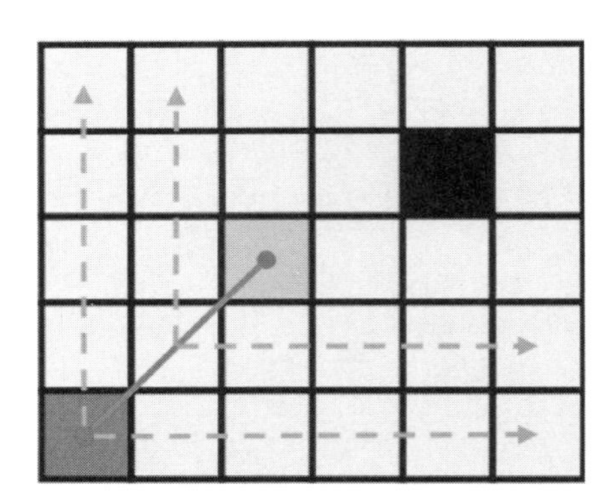

图 11.10　JPS 算法的节点扩展方式（附彩插）

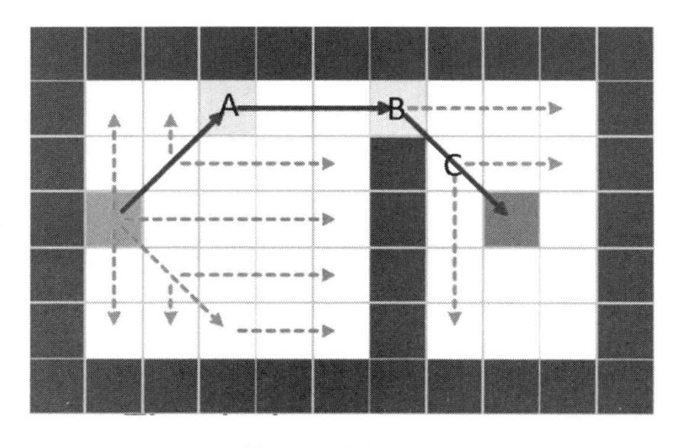

图 11.11　JPS 算法的搜索扩展过程（附彩插）

JPS 算法的核心思想可通过以下方式实现：JPS 算法维持一个优先级队列去存储所有的要被扩展的节点。所有节点的启发式函数 $h(n)$ 是预先定义的，优先级队列以开始状态 XS 初始化，然后为图中的所有其他节点分配 $g(XS)=0$ 和 $g(n)=\infty$。JPS 算法实现步骤如表 11.4 所示。

表 11.4　JPS 算法实施步骤

JPS 算法实施步骤：
1. 进入循环（Loop）
2. 　如果队列为空，返回 False；终止循环
3. 　从优先级队列中移除最小的代价 $f(n)=g(n)+h(n)$ 的节点 n
4. 　标记节点 n 为扩展节点
5. 　如果节点 n 是目标节点，返回 True；终止循环
6. 　for all 节点 n 的所有邻居节点 m
7. 　　如果 $g(m)=\infty$
8. 　　　$g(m)=g(n)+C_{nm}$
9. 　　　把节点 m 压入队列
10. 　　如果 $g(m)>g(n)+C_{nm}$（C_{nm} 节点 m 到节点 n 的代价）
11. 　　　$g(m)=g(n)+C_{nm}$
12. 　结束 for 循环
13. 结束循环（Loop）

至此，可对 Astar 算法和 JPS 算法进行仿真比较。在仿真过程中，Astar 算法的扩展过程如图 11.12 所示。

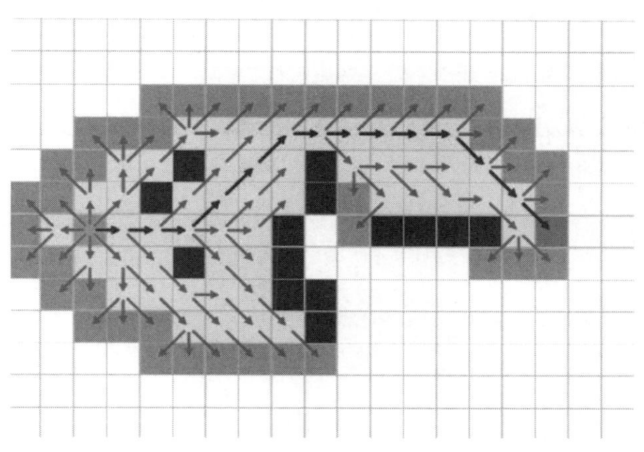

图 11.12　Astar 算法在仿真中的扩展过程（附彩插）

在图 11.12 中，绿色方块为起始点，红色方块为终止点，深灰色方块为障碍物，紫色方块为扩展的边界，每一个蓝色箭头代表 Astar 算法为机器人规划的每一步路径。

JPS 算法在仿真中的扩展过程如图 11.13 所示。

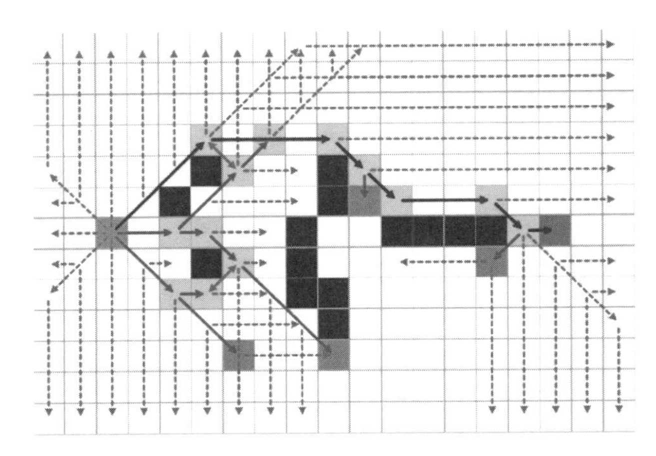

图 11.13　JPS 算法在仿真中的扩展过程（附彩插）

在图 11.13 中，对起始点和终止点以及障碍物的描述同前，蓝色箭头代表规划的每一步路线。从图 11.13 显然可见，JPS 算法得到的蓝色箭头少于 Astar 算法得到的蓝色箭头，这表明 JPS 规划的路径点更少，存储的路径点也更少，进出队列的操作时间更短。

接下来构造更加复杂的地图环境，以测试和检验 Dijkstra 算法、Astar 算法和 JPS 算法的效果。经过相应的测试，采用以上 3 种算法搜索得到的结果分别如图 11.14 ~ 图 11.16 所示。

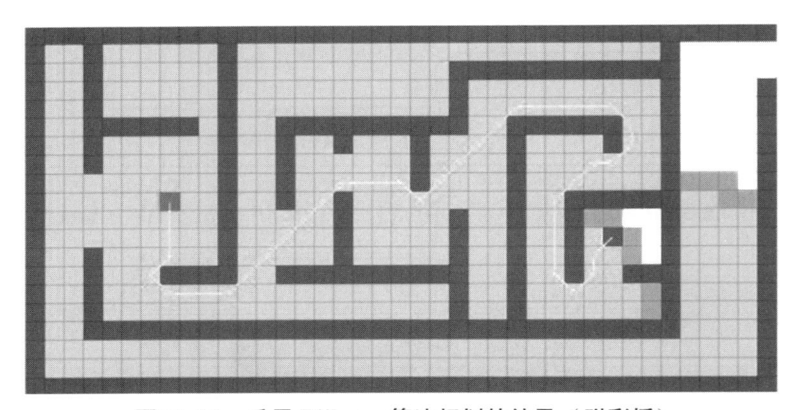

图 11.14　采用 Dijkstra 算法规划的结果（附彩插）

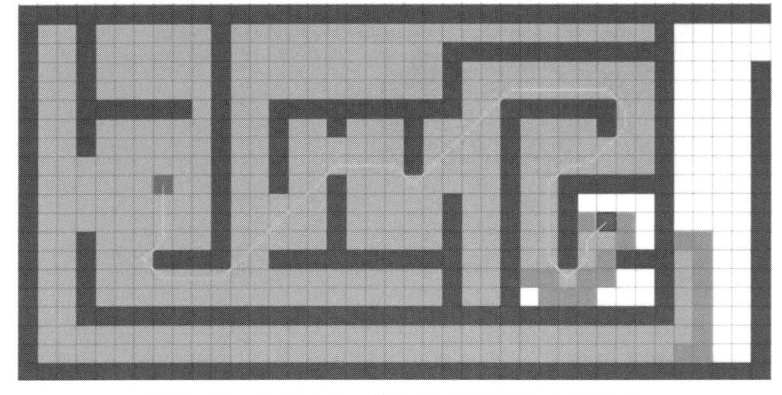

图 11.15　采用 Astar 算法规划的结果（附彩插）

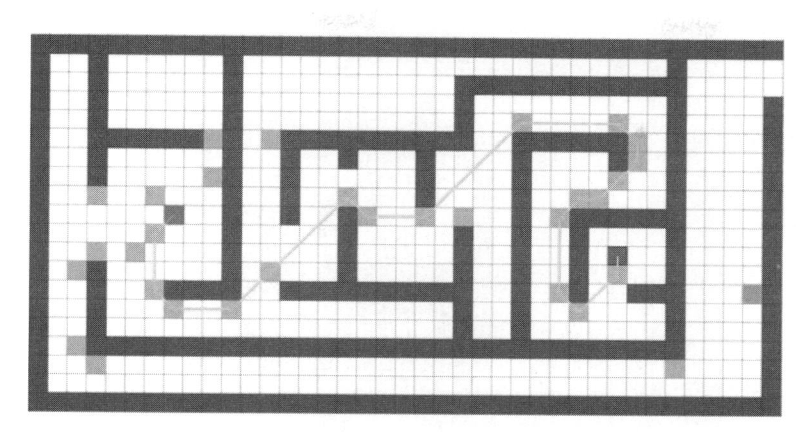

图 11.16　采用 JPS 算法规划的结果（附彩插）

在图 11.14 ~ 图 11.16 中，绿色方块为起始点，红色方块为终止点，灰色部分为不可通行的障碍，黄色线为规划的机器人路径。由上述 3 幅经仿真得到的结果图可知，3 种算法都规划出了机器人无碰撞的较优路径。从扩展的节点数量分析，JPS 算法 < Astar 算法 < Dijkstra 算法。从规划的时间分析，Dijsktra 算法耗时 3 250 ms，Astar 算法耗时 2 960 ms，JPS 算法耗时 1 480 ms，故而 JPS 算法耗时最短，其次是 Astar 算法，最后才是 Dijkstra 算法。

总体来说，JPS 算法适合多障碍物的复杂场景。因为 JPS 算法能够采用尽可能少的节点加入优先级队列（Open List），其维护和排序的代价较小，弹出节点和修改节点的键值消耗的时间也较少，但是会略微增加碰撞查询的次数。

当地图空旷且目标点不在空旷地域一侧时（图 11.17），以上算法又有何表现呢？经过相应仿真，采用 JPS 算法、Astar 算法搜索得到的路径结果分别如图 11.18、图 11.19 所示。

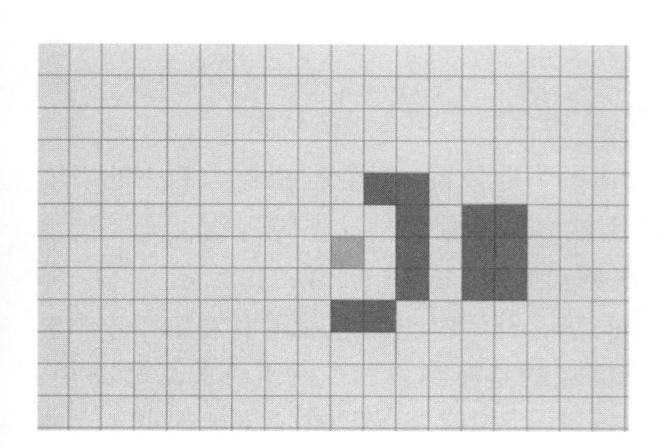

图 11.17　地图空旷（附彩插）

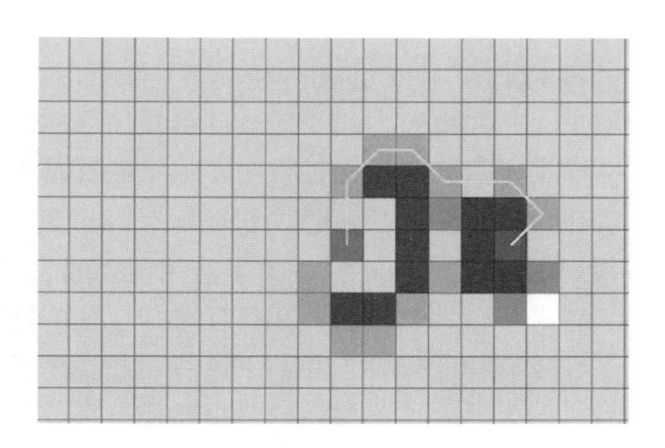

图 11.18　采用 JPS 算法搜索的路径（附彩插）

采用 Astar 算法搜索路径用时 1.06 ms，执行操作 124 次；采用 JPS 算法搜索路径用时 2.72 ms，执行操作 3 261 次。显然，当地图空旷且目标点不在空旷区域一侧时，因边界过大，JPS 算法将过多的操作用在了边界碰撞查询上。所以，JPS 算法搜索路径的时间效率不如 Astar 算法。

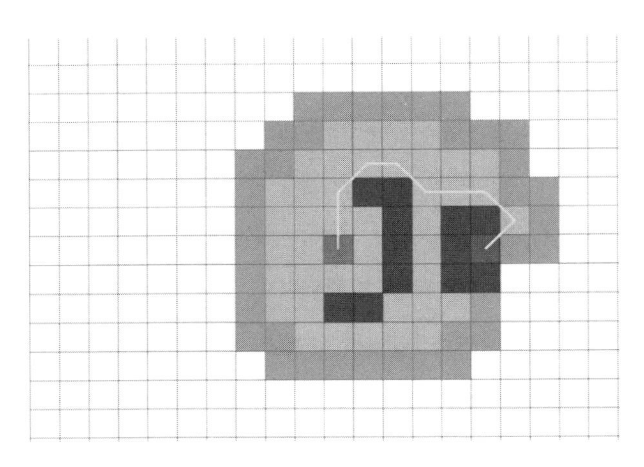

图 11.19 采用 Astar 算法搜索的路径（附彩插）

11.4 动态寻路的 Dstar 算法及改进算法研究

当智能排爆机器人处在部分已知或者全部未知的地图环境中执行排爆作业时，与智能排爆机器人的运动过程相伴随，地图环境中的障碍物信息时刻都在变化，规划的起始点和终止点时刻也都在变化。Astar 算法和 LPAstar 算法是起始点和终止点固定的规划方法，重新调用 Astar 算法和 LPAstar 算法重新规划机器人的路径时间花费就太大了。而且智能排爆机器人已经走过了相当一部分路径，没有必要将智能排爆机器人已经走过的路径重新规划一遍。所以在这样部分已知或者全部未知地图环境的情况下，并不适合智能排爆机器人在运动过程中来做路径规划。因此，项目组需要根据智能排爆机器人的实际需求，寻找更为适用、更为高效的路径规划方法。

11.4.1 Dstar 算法研究

移动机器人在运动过程中，最好能够基于机器人的当前位置，并针对机器人面临的当前环境作出符合实际的路径规划规划。Dstar 算法[99]因能应对场景中的动态障碍物，能够满足路径规划需求。Dstar 算法关于路径规划的表现形式分别如图 11.20 ~ 图 11.22 所示。

若有一台移动机器人在存在未知变化的环境中行进，开始时它对地图环境未知部分作出不存在障碍物的假设，并基于这些假设找到了从当前点的坐标到目标点的坐标的最短路径，然后机器人沿着这条规划的最短路径行进。当它在行进过程中，观察到在原来地图中不存在障碍物的地方出现了障碍物时，它便将障碍物信息增添到地图中。如果障碍物落在原来规划的路径上，那么它就重新规划从机器人当前位置到给定目标点位置的经过更新的最短路径。此后一直重复这个过程，直到机器人成功达到目标点位置。

与 Astar 算法相似的是，Dstar 算法借助一个优先级队列来对场景中的路径节点进行搜索；但不同的是，Dstar 算法不是由起始点开始搜索，而是以目标点为起始点，将目标点位置放在优先级队列中来展开搜索，直到机器人当前位置节点由优先级队列中出队为

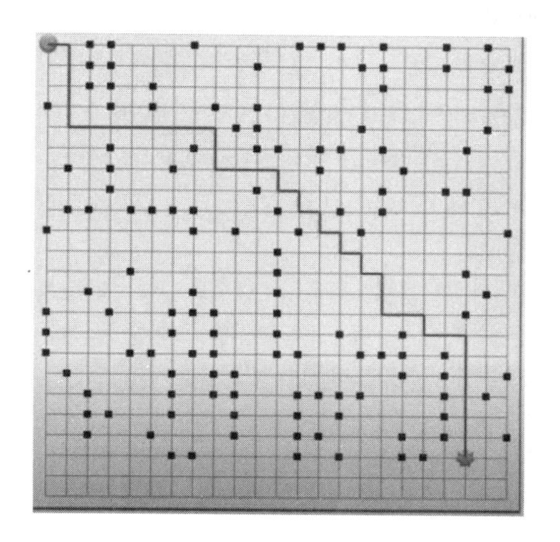

图 11.20　Dstar 算法初步规划路径

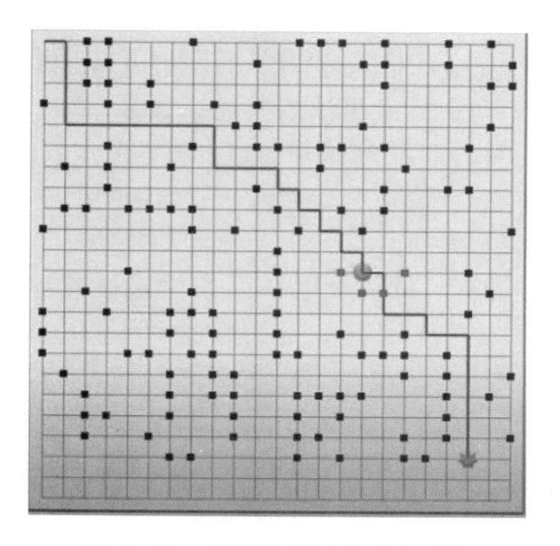

图 11.21　机器人周围出现障碍物（红色方框）（附彩插）

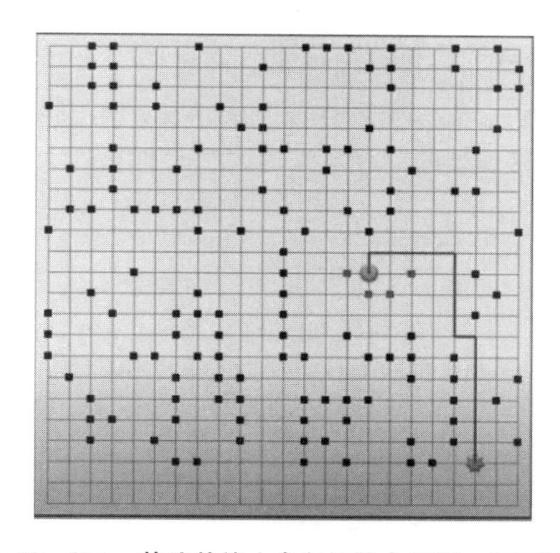

图 11.22　Dstar 算法从终止点向机器人规划一条可行路径

止。Dstar 算法中两大参数分别为 h 和 k，其中每个点的 h 值代表从该点到终止点（即目标点 G）的代价。当第一次搜索到起始点时，所有点的 h 值会被更新，计算方式同 Dijkstra 算法，是用相邻两个节点的代价 + 上一个节点的代价累加得到；k 指该节点最小的 h 值，取值随节点状态更新而更新，保持取最小值，它表示了该点在全图环境中到目标点 G 的最小代价。

Dstar 算法的规划路径过程阐述如下：

机器人沿最短路径开始运动，在运动过程中，如果下一节点没有变化时，机器人无须计算最短路径，利用上一步 Dijkstra 算法计算出的最短路径信息从出发点向后追溯即可。当机器人在 M 点感知到下一节点 N 的状态发生改变，即节点 N 上出现障碍物（例如堵塞）时，机器人首先调整自己在当前位置 M 到目标点 G 的实际代价值 $h(M)$，然后在尽量不修改 Dijkstra 算法计算出的最短路径的基础上，需要加上绕过当前障碍物 N 的最短步数 $c(N,M)$，因此机器人的行动代价 $h(M)$ 等于从节点 N 到节点 M 的新代价值 $c(N,M)$ 再加上 N 的原实际值 $h(N)$ 。其中，N 为下一节点（到目标点的方向为：$M \to N \to G$ ），M 是当前点。

可用 Astar 算法或其他算法来计算 k 值取 h 值变化前后的最小值。这里假设用 Astar 算法，首先遍历 M 的子节点，将子节点放入 Close List 中，然后调整 M 的子节点 a 的 h 值，使 $h(a) = h(M) + M$ 为到子节点 a 的权重 C（M，a），最后比较 a 点是否存在于 Open List 和 Close List 中。

至此，即可采用 Dstar 算法进行智能排爆机器人相关的仿真测试。在仿真中，设置地图尺寸为 10m×10m，起始点坐标为（0，1），终止点坐标为（8，9），初始障碍物坐标为

（2，3）、（2，4）、（2，6）、（2，8）、（2，9）、
（3，2）、（3，5）、（3，7）、（3，8）、（3，9）、
（5，2）、（5，4）、（5，6）、（5，8）、（5，9）、
（8，1）、（8，3）、（8，5）、（8，6）、（9，5）。

经过仿真，得到智能排爆机器人的初始路径如图 11.23 所示。

在图 11.23 ~ 图 11.28 中，符号“O”表示障碍物，符号“.”表示自由无障碍空间，符号“P”表示路径点，符号“E”表示终止点。仿真用的虚拟智能排爆机器人则用符号“＊”代表。

现在具体讨论采用 Dstar 算法如何规划机器人路径。

如果机器人在运动过程中遇到地图发生改变的情况，例如在（4，4）和（7，7）位置突然出现两个障碍物占据原先规划的路径点。这时，虚拟机器人首先运动到第一个路径点，如图 11.24 所示。

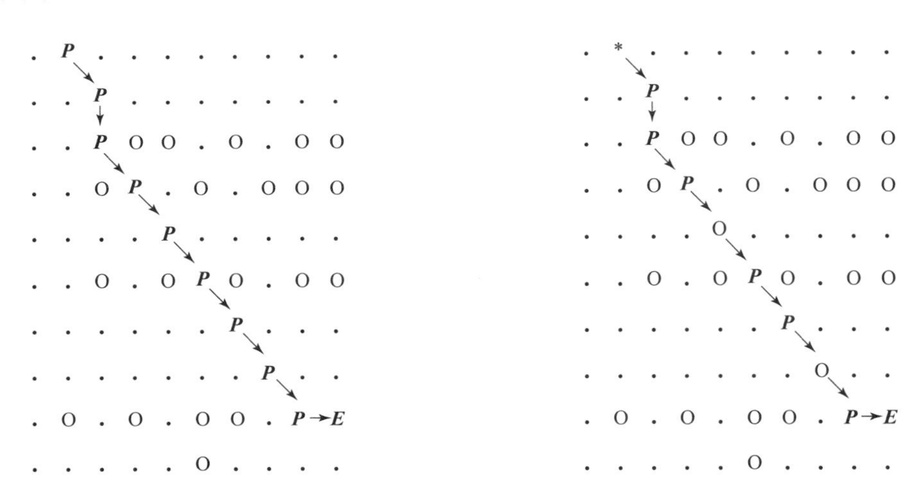

图 11.23　采用 Dstar 算法规划得到的虚拟机器人路径　　**图 11.24　地图信息发生改变**

紧接着，虚拟机器人运动到第四个位置点，如图 11.25 所示。当虚拟机器人到达（3，3）位置并准备按之前规划的路径运动到下一个位置时，发现下一个位置存在障碍物。Dstar 算法从目标位置 E 向虚拟机器人当前位置进行规划，机器人改变之前的当前位置到目标位置的运动路径，如图 11.26 所示。

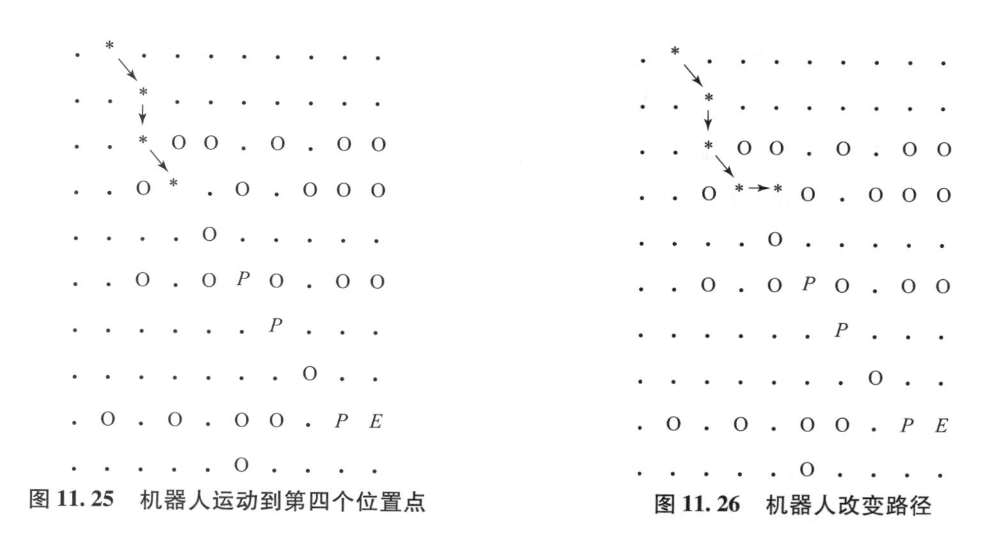

图 11.25　机器人运动到第四个位置点

图 11.26　机器人改变路径

Dstar 算法从目标点 E 向着机器人的当前位置进行规划，使虚拟机器人运动到下一规划的位置，如图 11.27 所示。

通过对当前遇到的障碍物的详细分析，一步一步地进行规划，修正最初的路径，得到避开障碍物的可行路径，虚拟机器人最后的运动路径如图 11.28 中箭头所示，这也是 Dstar 算法真正规划得到的虚拟机器人行进路径。

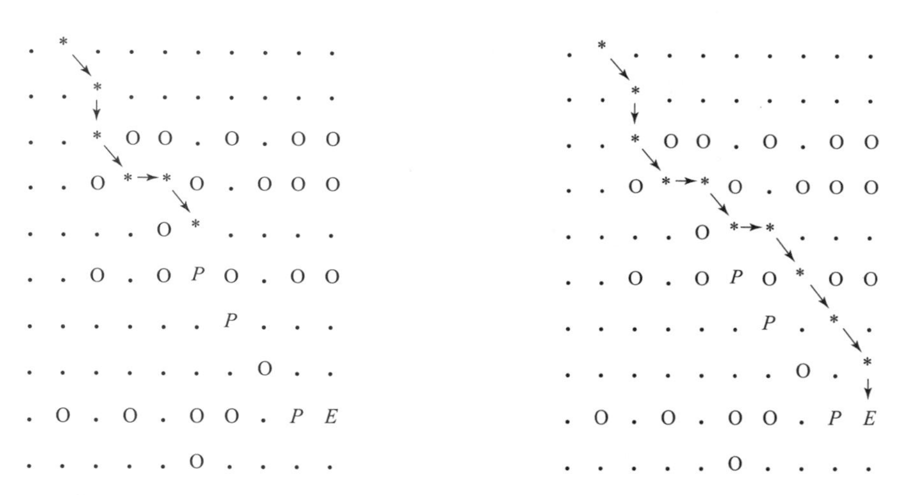

图 11.27　虚拟机器人运动到下一规划位置

图 11.28　采用 Dstar 算法规划得到的虚拟机器人运动路径

与 Astar 算法相比，Dstar 算法的主要特点就是它是由目标点位置开始向起始点位置进行路径搜索。当机器人由起始点位置向目标点位置运行过程中，如果发现路径中存在新的障碍物时，对于目标点位置到新障碍物之间的路径节点而言，新的障碍物是不会影响其到目标点的路径的。新障碍物影响到的只是机器人当前所在位置到新的障碍物之间的各个节点的路径。这时，通过将新的障碍物周围的无障碍物的节点加入 Open List 中进行处理，然后向机器人所在位置进行扩展，就能最大限度减少计算时间的耗费。Dstar 算法搜索路径的过程和 Dijkstra 算法比较相像，Astar 算法中 $f(n) = g(n) + h(n)$ 和 $h(n)$ 的做法在 Dstar 算法中并没有体现，Dstar 算法关于路径的搜索并没有像 Astar 算法那样具有启发式方向感，即朝着目标点搜索。Dstar 算法的搜索是一种由目标点位置向四周扩散式的搜索，直到把起始点位置纳入搜索范围为止，因此它更接近 Dijkstra 算法。

11.4.2 Dstar - lite 算法研究

无论是 LPAstar 算法还是 Astar 算法，都不能满足移动机器人在未知动态环境中的路径规划需求。LPAstar 算法和 Astar 算法两种算法适合起始点和目标点固定的规划，起始点和目标点发生改变时，LPAstar 算法和 Astar 算法便不再适用了。Dstar 算法虽然可以实现移动机器人在未知环境中的路径规划，但是比较耗费时间。当机器人进入未知的环境中，可能会发现新的障碍物，所以这种重新规划需要能够快速完成。Dstar - lite 算法利用以往问题的经验加快对当前问题的搜索，从而加快了对具有相似搜索问题序列的搜索速度。比较而言，Dstar - lite 算法可以很好地应对环境未知的情况，由于发生变化后的环境信息与最初的地图信息相差不大，于是可以利用增量式搜索方式，将先前存储的信息用来提高二次、三次及以后的搜索效率。该算法主要是增量式地实现路径规划，通过最小化 rhs 值找到目标点到各个节点的最短距离。当移动机器人按照第一次规划的路径行进时，所到达的地图上的节点设置为起始节点，因此当路径发生变化或者 key 值需要更新时，需要更新从目标点到新的起点的启发式函数以及预估计成本。

Dstar - lite 算法的原理类似于 Dstar 算法，起初需要根据部分已知的环境地图信息，将未知部分视作自由无障碍区域，规划出从目标点到起始点的局部地图的最优路径。[100] Dstar - lite 算法结合了 Dstar 算法动态规划的特性。由目标位置开始向起始点位置进行路径搜索，当路径中存在新的障碍物时，对于目标点位置到新障碍物之间的路径节点，新的障碍物是不会影响其到达目标点的路径的。与 LPAstar 算法相同的是，Dstar - lite 算法也利用了增量式搜索特性。图 11.29 和图 11.30 分别展示了 LPAstar 算法和 Dstar - lite 算法的程序，从中可以看出这两种算法的异同点。

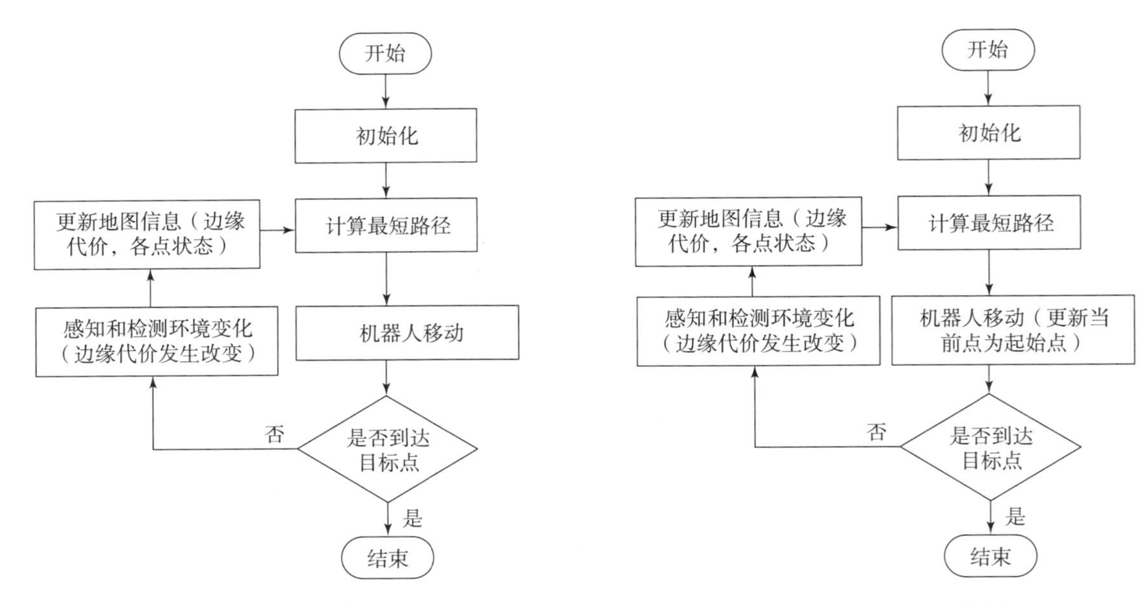

图 11.29　LPAstar 算法程序

图 11.30　Dstar - lite 算法程序

经过前述内容可知，Dstar－lite 算法能够很好地适用于机器人在未知环境中的路径规划问题，由于其采用了增量规划的思想，可以实现较少的重规划次数；同时由于重规划次数的减少，使得受重规划影响的节点数也减少了。另一方面，Dstar－lite 算法是从目标点位置向起始点位置搜索的，与 LPAstar 算法对比，给了 $g(s)$（节点 s 到起始点的预计最短距离）和 $h(s)$（节点 s 到目标点的预计最短距离）相反的定义，即分别代表从目标点到当前 s 点的代价值以及从当前 s 点到出发点的启发值，与 LPAstar 算法中的 $g(s)$ 和 $h(s)$ 值恰好相反。现用 $g^*(s)$ 记录栅格节点的前继节点，计算公式为

$$g^*(s)=\begin{cases}0, & \text{if } s=s_{\text{start}}\\ \min_{s\in \text{pred}(s)}(c(s',s)+g^*(s')), & \text{otherwise}\end{cases} \tag{11.4}$$

用 $\text{rhs}(s)$ 记录栅格节点的后继节点的 $g(s)$，可将其表达为

$$\text{rhs}(s)=\begin{cases}0, & \text{if } s=s_{\text{start}}\\ \min_{s\in \text{pred}(s)}(c(s',s)+g(s')), & \text{otherwise}\end{cases} \tag{11.5}$$

在评价栅格点的估计代价值时，Dstar－lite 算法也加入了 $k(s)$ 值进行对比，其中 $k(s)$ 包含 $k_1(s)$ 和 $k_2(s)$。

$$k_1(s)=\min(g(s),\text{rhs}(s)+h(s,s_{\text{goal}})) \tag{11.6}$$

$$k_2(s)=\min(g(s),\text{rhs}(s)) \tag{11.7}$$

$$h(s,s_{\text{start}})=\begin{cases}0, & \text{if } s=s_{\text{start}}\\ c(s',s)+h(s',s_{\text{goal}}), & \text{otherwise}\end{cases} \tag{11.8}$$

Dstar－lite 算法实施步骤如表 11.5 所示。

表 11.5　Dstar－lite 算法实施步骤

Dstar－lite 算法实施步骤：
1. 计算 s 节点的键值，值为 $[\text{imin}(g(s),\text{rhs}(s))+\text{h}(s_{\text{start}}+s)+k_{\text{m}};\min(g(s),\text{rhs}(s))]$；初始化
2. $\text{U}=\varnothing$；//优先级列表 U 为空集
3. $k_m=0$；//k_{m} 设为 0
4. for all $s\in S$，$\text{rhs}(s)=g(s)=\text{oo}$；//遍历地图节点集 S，其中节点 s，$g(s)$ 变量为当前网格点到目标点距离的估计
5. $\text{rhs}(s_{\text{goal}})=0$；//目标网格点的 rhs 值为 0
6. U. Insert(u,Calculate Key(s_{goal}))；//将目标网格点和键值插入优先列表 U 中 UpdateVertex(u) 更新节点 u 的信息
7. if($u\neq s_{\text{goal}}$)，$\text{rhs}(u)=\min_{s'\in \text{Succ}(u)}(p(c(u,s)+g(s')))$；//如果 u 不是目标点，取 u 后继点中最小的 rhs 为 u 的 rhs 值
8. if($u\in$ U)，U. Remove(u)；//如果 u 在优先级队列中，将 u 从优先级列表 U 中移除
9. if($g(u)\neq\text{rhs}(u)$)，U. Insert(u,Calculate Key(u))；//如果 u 局部不一致，将网格点 u 和它的键值插入优先列表 U 中 Compute Shortest Path ( )//计算最短路径

续表

10. while(U. TopKey( ) $<$ Caculate Key(s_{start}) orrhs(s_{start}) $\neq$ g(s_{start})); // U. TopKey( ) 返回值为优先列表 U 中所有网格点中最小的键值，如果 U $\in$ 0，则有 U. TopKey( ) = [$-\infty$; ∞]。当 Open List 中最优的键值小于 s_{start} 的键值或者 s_{start} 局部不一致时

11. k_{old} = U. TopKey ( ); //获取最优先的点的键值 k_{old}

12. u = U. Pop( ); // U. Pop( ) 函数将 U 中最小的键值网格点删除，返回值为该网格点

13. if($k_{old} <$ Calculate Key(u)); //如果 u 的键值大于 k_{old}

14. U. Insert(u, Calculate Key(u)); //将网格点 u 插入优先级列表 U 中，Calculate Key(u) 计算 u 点的键值

15. elseif (g (u) $>$ rhs (u)); //g (u) $>$ rhs (u) 局部一致，边缘代价函数值变低，代表网格上障碍物被清除或者搜索到一条更短的“捷径”

16. g(u) = rhs(u); //使局部一致

17. forall $s \in$ Pred(u), Update Vertex(s); //遍历节点 u 的前继节点集，更新节点 s 的键值 Update Vertex(s)

18. else

19. g(u) = oo; //遇到障碍点

20. for all s = Pred(u), Update Vertex(s); //遍历节点 u 的前继节点集，更新节点 s 的键值 Update Vertex(s)

主程序

21. $s_{last} = s_{start}$; //Dstar - lite 将当前位置点 s_{last} （下一时刻的位置网格点）视为新的 s_{start} 网格点，反复计算 Goal 点与新的 s_{start} 点最短路径

22. Initialize( ); //初始化

23. Compute Shortest Path( ); //Dstar - lite 算法规划出最短的路径

24. while($s_{start} \neq s_{goal}$); //当 $s_{start} \neq s_{goal}$

25. if(g($s_{start} = \infty$))

26. $s_{start} = \text{argmin}_{s' \in \text{Succ}(u)}(c(u,s') + g(s'))$; //计算 u 所有后继节点的 rhs 值，选出最小 rhs 值对应的点作为新的 start 点

27. Move to s_{start}; //移动机器人，更新起点

28. Scan graph for chang ededge costs; //扫描地图以便更改边缘代价

29. if any edge costs changed //如果任意边缘代价发生变化

30. $k_m = k_m + h(s_{last}, s_{start})$; //$h(s_{last}, s_{start})$ 定义当前位置点 s_{last} 到移动机器人新的网格点 s_{start} 的距离成本

31. $s_{last} - s_{start}$

32. for all directed edges(u, v) withchangededgecosts //对于所有边缘代价发生变化的有向边 (u, v)

33. Update the edge cost c(u, v); //更新边缘代价 c(u, v)

34. Update Vertex (u); //更新节点 u

35. Compute Shortest Path ( ); //计算最短路径

至此，可进行 Dstar - lite 算法有关智能排爆机器人路径规划的仿真。现将仿真环境选定为 Ubuntu16. 04 + ROS Kinetic Kame，将 Dstar - lite 算法作为全局路径规划工具，其插件注册为全局规划器，C + + 插件供 ROS navigation 栈的 Move_base 节点进行规划仿真。仿真结果如图 11. 31 所示。

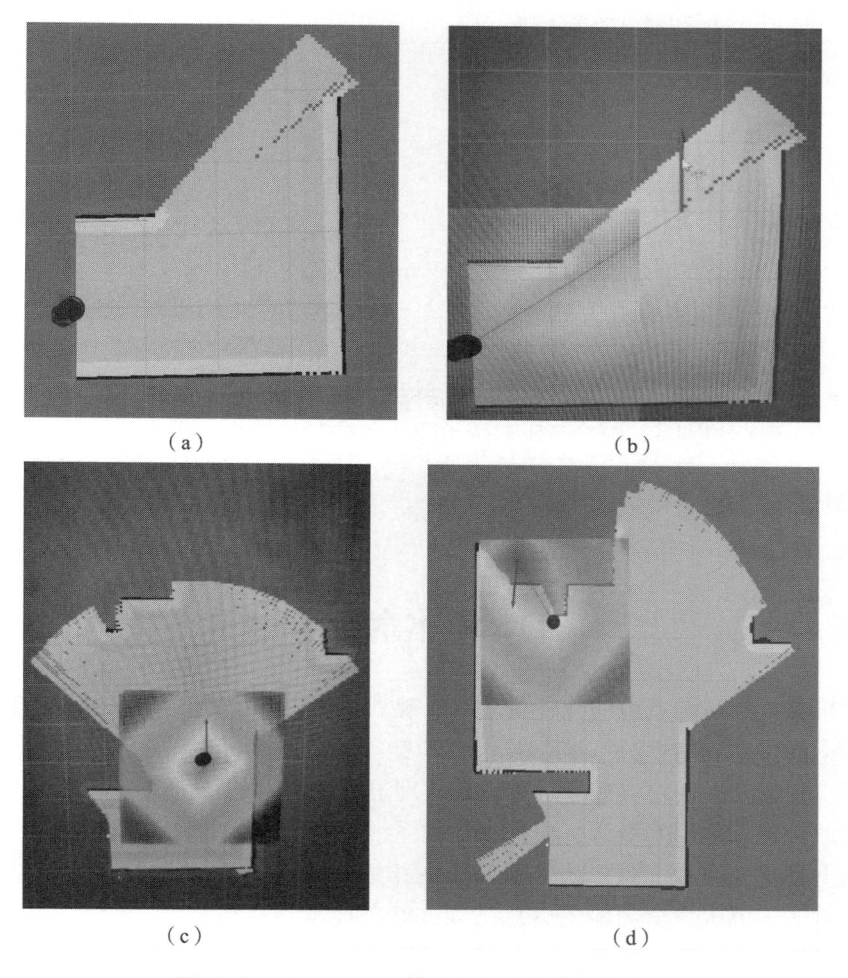

(a)　(b)　(c)　(d)

图 11. 31　Dstar - lite 算法探索式导航仿真结果

(a) 智能排爆机器人开始探索地图；(b) 给定一个目标点；
(c) 智能排爆机器人到达给定目标点；(d) 智能排爆机器人到达下一个目标点

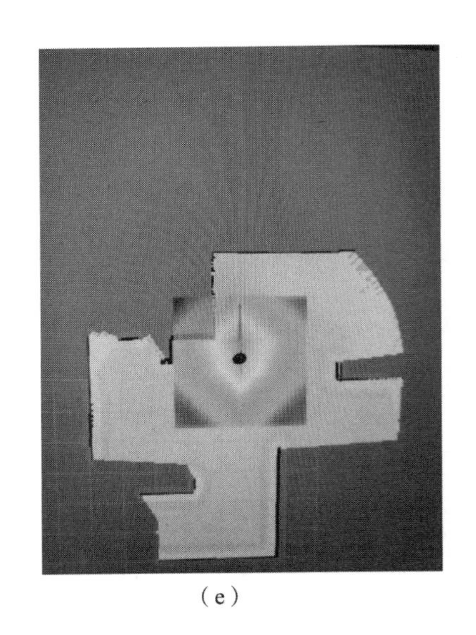

(e)

(f)

图 11.31 Dstar - lite 算法探索式导航仿真结果（续）

(e) 智能排爆机器人向右上角目标点运动；(f) 智能排爆机器人运动到达右上角目标点

图 11.31 展示了智能排爆机器人利用 Dstar - lite 算法在未知环境里探索导航的仿真全过程。

11.5 本章小结

本章对机器人导航领域里的几种全局路径规划算法进行了详细研究与系统探索，主要侧重基于图搜索的路径规划算法。本章从算法演变的角度分析了路径规划的产生原因，重点研究了它们的实现原理，并对典型算法重现其推理过程；同时进行了试验仿真和性能对比，分析出其内在的机理和适用的场合。通过本章的系统分析与深入探讨，可以得知 Dijkstra 算法在搜索方向上是正向搜索（从起始点到目标点开始搜索），它既不是启发式算法，也不是增量式算法，其适用范围为全局地图信息已知，静态地规划移动机器人的路径。Astar 算法既是正向搜索算法，也是启发式算法，但不是增量式算法，其适用范围为全局地图信息已知，静态地规划移动机器人的路径。从适用范围来看，Astar 算法与 Dijkstra 算法颇为相似，但 Astar 算法比 Dijkstra 算法节省路径搜索时间，规划路径的效率有所提高。Dstar - lite 算法在搜索方向上是反向搜索（从目标点到起始点开始搜索），不是启发式算法，而是增量式算法，其适用范围为部分地图信息已知，动态地规划移动机器人的路径。LPAstar 算法在搜索方向上是正向搜索（从起始点到目标点开始搜索），不是启发式算法，而是增量式算法，其适用范围为部分地图信息已知，动态地规划移动机器人的路径。Dstar - lite 算法在搜索方向上是反向搜索（从目标点到起始点开始搜索），既是启发式算法，也是增量式算法，其适用范围为部分地图信息已知，动态地规划移动机器人的路径。

上述每种算法并不能适用于机器人路径规划的所有场景，每种算法的优缺点也不能一概而论，应在机器人实际路径规划中根据运动场景的具体情况进行详细的分析，然后根据多种路径规划算法的特点来实现机器人不同的导航需求，并在具体的细节方面作出灵活的变通和相应改进，从而设计出特定场景下效率高且灵活易用的路径规划方案。

总体而言，如果导航地图全部已知，那么移动机器人即可基于 LPAstar 算法来做全局路径规划；Dstar - lite 算法也可在类似场景中进行全局路径规划，但没有必要边走边寻找路径。Dstar - lite 算法会耗费更多的时间，路径规划的效率不高，所以在类似情况下不推荐使用 Dstar - lite 算法。如果导航地图全部已知，而且障碍物信息不变，但起始点周围障碍物较多，则可使用 JPS 算法，以减少规划时间，提高路径规划效率。如果导航地图未知或部分未知，可用 Dstar - lite 算法做全局路径规划，边走边寻找最优路径，探索式地进行路径规划。全局规划算法方案的设计如图 11.32 所示。

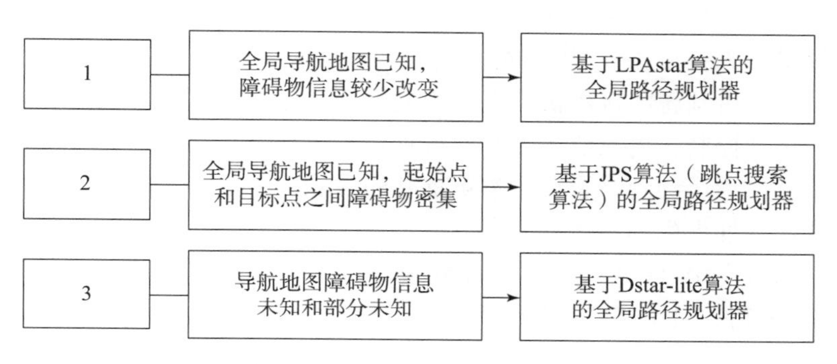

图 11.32　全局规划算法方案设计

第 12 章

智能排爆机器人的局部路径规划

前曾述及机器人导航的第三个问题是机器人如何到达目标位置。通过第 11 章阐述的智能排爆机器人全局路径规划算法可知，智能排爆机器人的导航子系统规划出一系列的全局路径点，智能排爆机器人将依据这些全局路径点向目标点逐渐行进。但是仅有这些全局路径点，操控人员是无法得到智能排爆机器人的线速度和角速度信息的，也就无法实现对智能排爆机器人精准的运动控制，更无法满足在此过程中的运动学和动力学约束，保障智能排爆机器人能够从起始点平滑运动到终止点。本章将开展智能排爆机器人的局部路径规划研究，着重探索如何将全局规划得到的一系列路径点信息通过局部路径规划方法，解析成智能排爆机器人的线速度和角速度指令；同时还能够满足运动学和动力学约束，保障智能排爆机器人能够平滑地从起始点位置运动到终止点位置，且在此过程中缓起缓停，防止产生意外。

12.1 机器人局部路径规划的需求及难点

在机器人导航领域，根据对环境信息的掌握程度不同，机器人路径规划可分为全局路径规划和局部路径规划。机器人全局路径规划的原理与方法在第 11 章中已有完整的阐述，本章将研究重点放在机器人的局部路径规划问题上面。局部路径规划主要针对的是环境信息完全未知或仅有部分可知，侧重于考虑机器人当前的局部环境信息，通过传感器对机器人的工作环境进行探测，获取障碍物的位置和几何性质等信息，以便让机器人具有良好的避障能力。[101]这种规划需要搜集环境数据，并且对环境模型的动态更新能够随时进行校正。由于局部路径规划方法将对环境的建模与搜索融为一体，要求机器人系统具有高速的信息处理能力和计算能力，对环境误差和噪声有较高的鲁棒性，能对规划结果进行实时反馈和校正，因此能在很大程度上保障移动机器人顺利到达目标点位置。[102]但是局部路径规划由于缺乏全局环境信息，所以规划的结果可能不是最优的，甚至还可能会找不到正确路径或完整路径。

12.2 DWA 算法及改进算法研究

针对机器人的局部路径规划问题，Fox D 等提出了动态窗口算法（Dynamic Window Approach，DWA）。该算法通过选择机器人的线速度和角速度，促使机器人能够快速到达目标点位置，同时避开那些在速度搜索空间中可能与机器人发生碰撞的障碍物。[103]从本质上分析，该算法是直接在平移速度和旋转速度空间 $[v,\omega]$ 来搜索机器人的最优控制速度，因此该算法的计算量、稳定性和避障效果都比其他局部路径规划算法要好，所以近年来该算法广泛应用于机器人导航领域。Choi、Baehoon 等对障碍物环境的拥挤程度进行了判定，他们认为：障碍物拥挤程度越高，机器人的运动速度就越低。[104]针对 DWA 算法在局部最优解求解过程中的缺点，Fuhai Zhang 和 Gerkey 等研究了采用改进 DWA 算法集成的全局路径规划技术，[105]通过引入全局路径规划的结果并将其作为参考轨迹，设计了一种新颖的评估函数，可以确保机器人运行轨迹的最优性。事实上，各种局部路径规划算法都是优缺点并存，没有一种算法能够适用于所有的应用场景。由于目前业界尚无研究人员研究 DWA 算法在到达目标点位置之前的线速度和角速度规划问题，项目组提出一种改进型 DWA 算法，该改进型 DWA 算法主要研究机器人在即将运动到终止点位置时的线速度规划问题，实现将线速度平滑减小到 0。在到终止点位置后，再对机器人位置及姿态中的方向角进行角速度规划，使机器人以合理的角速度在航向角层面上到达预定的位置及姿态。

12.2.1　DWA 算法研究

开展机器人的运动规划首先需要建立机器人的运动学模型。机器人在某一时刻的运动状态可以表示为 $s = [x,y,\theta]$，其中 x 是机器人在地图坐标系中的横坐标，y 是机器人在地图坐标系中的纵坐标，θ 是机器人在地图坐标系中的方向角。机器人的控制量包括平移速度和旋转速度，该控制量可表示为 $u = [v,w]$。[106]于是，机器人的运动推演方程可表示为

$$\begin{cases} s[0] = s[0] + u[0] \times \cos(s[2]) \times \mathrm{d}t \\ s[1] = s[1] + u[0] \times \sin(s[2]) \times \mathrm{d}t \\ s[2] = s[2] + u[1] \times \mathrm{d}t \end{cases} \tag{12.1}$$

其中，$\mathrm{d}t$ 为时间间隔，机器人在某一确定的线速度和角速度下，经过未来预测时长得到的最后一个位置及姿态为

$$X = [x,y,\theta,v,w] \tag{12.2}$$

机器人的初始采样范围受动力学约束，机器人的初始运动窗口如图 12.1 所示。

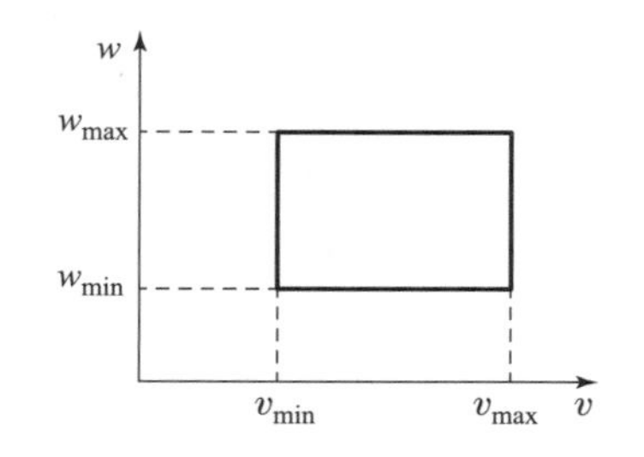

图 12.1　机器人的初始运动窗口

机器人的初始采样空间为

$$V_i = \{(v,w) \mid v \in [v_{min},v_{max}] \wedge w \in [w_{min},w_{max}]\} \tag{12.3}$$

式中，v_{min}和 v_{max}分别是允许的机器人最小平移速度和最大平移速度；w_{min}和w_{max}分别是机器人允许的最小角速度和最大角速度。机器人在运动过程中的采样空间为 V_j，即有

$$V_j = \{(v,w) \mid v \in [v - a \times \mathrm{d}t, v + a \times \mathrm{d}t] \Lambda w \in [w - \alpha \times \mathrm{d}t, w + \alpha \times \mathrm{d}t]\} \tag{12.4}$$

最后得到的采样空间为

$$V_k = V_i \cap V_j \tag{12.5}$$

在获取了机器人的采样空间后，根据预测时长，遍历速度空间便可以得到大量的机器人预测轨迹，需要通过代价函数最小化来完成对预测轨迹以及速度的选择。机器人的代价函数可以表示为

$$f_r = \alpha f_{heading} + \beta f_{dist} + \gamma f_{vel} \tag{12.6}$$

式中，方位角评价函数$f_{heading}$是计算机器人方向角与目标方向角的差值，也就是评价机器人在当前的采样速度下达到模拟轨迹末端时的朝向与目标的朝向之间的角度差距，该差距越小，代价函数值也越小；障碍物评价函数f_{dist}是对机器人与障碍物距离作出的评价，机器人与障碍物的距离超过安全距离时，就给予一个接近无穷大的值；速度评价函数f_{vel}要求机器人在合理的速度空间范围内以较大的速度到达终点，[107]在合理的速度范围里，速度越大，该代价函数的值就越小；α、β和γ是根据需求进行调整的权重参数。

上述三者构成的评价函数之和的物理意义是：在机器人局部路径规划过程中，使机器人避开当前所有的障碍物，朝着目标点以满足动力学约束的较快速度行进。换言之，就是机器人在上面列出的约束条件下，能够尽可能快地绕过障碍物，同时仍然朝着达到目标点的方向前进。[108]

这三个指标是目标函数的重要组成部分，缺一不可。比如，仅使f_{dist}和f_{vel}最小化，机器人始终在无障碍物空间运动，但不会有向目标点位置移动的趋势。单独最小化$f_{heading}$，机器人很快就会被其前进途中的第一个障碍物所阻挡，无法在其周围移动。通过组合以上三种代价函数，机器人在上述约束条件下能够快速地绕过障碍物，同时朝着目标点方向运动。α、β和γ是可以根据需求进行调整的权重参数。例如，这里的γ可以根据机器人周围障碍物的密集程度动态地作出调整。

给定机器人的起始点和目标点，在速度空间［v,w］中设定预测时长以预测多组路径，并为这些路径使用评价函数进行评价，选取最小评价函数对应的最优轨迹的当前速度（v,w）来驱动机器人运动，使机器人最终到达目标点。DWA 算法的实施步骤如表 12.1 所示：

表 12.1　DWA 算法实施步骤

DWA 算法实施步骤：
1. 设置机器人的起始点和目标点以及机器人的初始状态，包括机器人的位置及姿态、线速度、角速度
2. 根据机器人初始的角速度、线速度约束以及运动学模型得到机器人线速度和角速度采样空间
3. 对角速度和线速度空间分别设定采样分辨率，进行依次循环采样
4. for each v in $V_k\{v\}$
5. 　　for each w in $V_k\{v\}$
6. 　　　　根据预测时长预测每个线速度角速度对应的运动轨迹
7. 　　　　计算每条轨迹对应的代价函数，对每条轨迹的代价函数归一化
8. 　　　　选择值最小的代价函数
9. 得到最小代价函数对应的轨迹和一组［v，w］，发送给机器人控制器

12.2.2　改进 DWA 算法研究

前面已说明，DWA 算法在应对诸如智能排爆机器人局部路径规划问题时还有捉襟见肘的地方，还需要进行改进，提升其性能水平。为此，项目组特别对 DWA 算法进行了如下提级改质研究。

1. 增加 DWA 算法位置误差代价函数

在基本 DWA 算法中，机器人预测的某一条路径上的最后一个位置和目标点位置的距离差为 d_{error}，可表示为

$$d_{\text{error}} = \sqrt{(G_x - T(-1,0))^2 + (G_y - T(-1,1))^2} \tag{12.7}$$

式中，G_x 为目标点的横坐标，G_y 为目标点的纵坐标；$T(-1,0)$ 为机器人预测时长内所生成路径矩阵的最后一行第 1 个元素，代表机器人在预测时长内得到的预测路径的最后一个位置量中的横坐标；$T(-1,1)$ 为机器人在预测周期内所生成路径矩阵的最后一行第 2 个元素，代表机器人在预测时长内得到的预测路径的最后一个位置量中的纵坐标。如果用矩阵 $\boldsymbol{T}$ 表示机器人在某个确定的平移速度和旋转速度下随着时间推演预测的路径，则有

$$\boldsymbol{T} = \begin{bmatrix} x_0 & y_0 & \theta_0 & v_0 & w_0 \\ x_1 & y_1 & \theta_1 & v_1 & w_1 \\ x_2 & y_2 & \theta_2 & v_2 & w_2 \\ x_3 & y_3 & \theta_3 & v_3 & w_3 \\ \cdots & \cdots & \cdots & \cdots & \cdots \end{bmatrix} \tag{12.8}$$

式中，x_0、y_0、θ_0、v_0、w_0 分别为 t_0 时刻机器人在世界坐标系中的横坐标、纵坐标、航向角、线速度、角速度。

位置代价函数的表达式为

$$f_{\text{dis}} = \tau \times d_{\text{error}} \tag{12.9}$$

式中，f_{dis} 为机器人预测路径的最后位置与目标点位置的距离误差的代价；τ 为距离误差代价函数的系数。

2. 增加机器人末状态的线速度规划

机器人在即将到达规划的终止点时，人们希望机器人能够平稳减速而在目标点恰好停住，于是就需要在机器人减速过程中建立代价函数，改进机器人的采样空间范围，使之能够实现人们对其的要求。为此，可将机器人的运动过程分为线速度加速段、线速度匀速段和线速度减速段。在上述 3 个运动过程中，线速度匀速段运动特性简单，不做详细分析，只对线速度加速段和线速度减速段进行论证。

（1）线速度加速段过程。在此过程中，机器人的线速度和角速度初始采样范围为 V_a，与动力学约束范围有关，可表示为

$$V_a = \{(v,w) \mid v \in [v_{\min}, v_{\max}] \wedge w \in [w_{\min}, w_{\max}]\} \tag{12.10}$$

式中，$v_{\min}$ 和 $v_{\max}$ 分别是允许的机器人最小平移速度和最大平移速度；$w_{\min}$ 和 $w_{\max}$ 分别是机器人允许的最小角速度和最大角速度。机器人的运动窗口为

$$V_b = \{(v,w) \mid v \in [v - a_m \times \mathrm{d}t, v + a_m \times \mathrm{d}t] \wedge w \in [w - \alpha_m \times \mathrm{d}t, w + \alpha_m \times \mathrm{d}t]\} \tag{12.11}$$

式中，a_m 和 α_m 分别是机器人最大的线加速度和角加速度，机器人线速度和角速度的采样范围为

$$V_m = \{(v,w) \mid v \in [\max(V_a[0], V_b[0]), \min(V_a[0], V_b[0])] \wedge w \in [\max(V_a[0]), V_b[0]], \min(V_a[0], V_b[0])\} \tag{12.12}$$

预测运动为机器人运动推演方程所述形式，预测路径时长为 $t_1 = 3\text{s}$。在此运动过程中包

含以下代价函数：关于方向的代价函数，关于距离的代价函数，关于速度的代价函数，关于障碍物的代价函数。[109]

方向代价函数可以通过相关公式进行计算，具体如下。

横坐标误差为

$$\mathrm{d}x = \mathrm{goal}[0] - \boldsymbol{T}[-1,0] \tag{12.13}$$

纵坐标误差为

$$\mathrm{d}y = \mathrm{goal}[1] - \boldsymbol{T}[-1,1] \tag{12.14}$$

角度误差为

$$\mathrm{err\_\ angle} = a \times \tan2(\mathrm{d}y, \mathrm{d}x) \tag{12.15}$$

角度误差的代价函数为

$$\mathrm{cost\_\ angle} = \mathrm{err\_\ angle} - \boldsymbol{T}[-1,2] \tag{12.16}$$

方向角代价函数为

$$f_0 = |a \times \tan2(\sin(\mathrm{cost\_\ angle}), \cos(\mathrm{err\_\ angle}))| \tag{12.17}$$

式中，goal ［0］ 是目标位姿中的横坐标；goal ［1］ 是目标位姿中的纵坐标；$\boldsymbol{T}(-1,0)$ 为机器人预测时长内所生成路径矩阵的最后一行第 1 个元素，代表机器人在预测时长内得到的预测路径的最后一个位姿量中的横坐标；$\boldsymbol{T}(-1,1)$ 为机器人在预测周期内所生成路径矩阵的最后一行第 2 个元素，代表机器人在预测时长内得到的预测路径的最后一个位姿量中的纵坐标；$\boldsymbol{T}[-1,2]$ 为机器人在预测周期内所生成路径矩阵的最后一行第 3 个元素，代表机器人在预测时长内得到的预测路径的最后一个位姿量中的方向角。

距离误差为

$$\mathrm{err\_\ dis} = \sqrt{(\mathrm{d}x)^2 + (\mathrm{d}y)^2} \tag{12.18}$$

距离的代价函数为

$$f_{\mathrm{dis}} = \mathrm{err\_dis} \tag{12.19}$$

关于速度的代价函数为

$$f_s = V_m - \boldsymbol{T}[-1,3] \tag{12.20}$$

式中，V_m 为机器人的最大平移速度；$\boldsymbol{T}[-1,3]$ 为机器人在预测周期内所生成路径矩阵的最后一行第 4 个元素，代表机器人在预测时长内得到的预测路径的最后一个位置量中的线速度。于是障碍物的代价函数可依据人工势场法的斥力函数设置为

$$f_{ob} = \begin{cases} \infty, & L \leqslant 1.2 \times (R_r + d) \\ 2 \times \left(\dfrac{1}{L} - 1/2\right)^2, & 1.2 \times (R_r + d) < L \leqslant D \\ 0, & L > D \end{cases} \tag{12.21}$$

式中，L 为机器人搭载的测距传感器所测量得到的障碍物距离；R_r 为机器人的外接圆半径；D 是机器人与障碍物非常安全的距离；d 为机器人与障碍物允许的最小欧式距离，当保证机器人在与障碍物的距离为 d 时，机器人就能在碰到障碍物之前减速为 0，且有

$$d > \frac{{x_{\max}}^2}{2a_m} \tag{12.22}$$

于是可有

$$f_r = \alpha f_o + \beta f_{\mathrm{dis}} + \gamma f_s + \lambda f_{\mathrm{ob}} \tag{12.23}$$

式中，f_r 为机器人的总代价函数；α、β、γ、λ 是以上各代价函数的系数，要使得 f_r 成为最小。在上述采样范围里，线速度的采样分辨率为 0.01 m/s，角速度的采样分辨率为 $0.05\times\pi/180$。遍历线速度和角速度，预测时长 $\Delta t_1=3$ s，根据预测路径和 f_{cost} 最小的要求，选出一组线速度和角速度 $[v,w]$。

（2）线速度减速段过程。在移动机器人从做减速运动直到停止阶段，初始的线速度和角速度范围为

$$V_a = \{(v,w) \mid v \in [v_{\min}, v_{\max}] \wedge w \in [w_{\min}, w_{\max}]\} \tag{12.24}$$

移动机器人的运动窗口为

$$V_c = \{(v,w) \mid v \in [v - a_{\text{mdx}} \times \mathrm{d}t, v + a_{\text{mdx}} \times \mathrm{d}t] \wedge w \in [w - \alpha_{\text{mdx}} \times \mathrm{d}t, w + \alpha_{\text{mdx}} \times \mathrm{d}t]\} \tag{12.25}$$

式中，a_{mdx}、α_{mdx} 分别是移动机器人做减速运动时线加速度和角速度的最大值。机器人最终的采样空间为

$$\begin{aligned} V_n = \{(v,w) \mid v \in [\max(V_c[0], 0.02), \min(V_a[1], V_c[1])] \wedge \\ [w \in \max(V_a[2], V_c[2], \min(V_a[3], V_c[3]))]\} \end{aligned} \tag{12.26}$$

关于速度的代价函数发生了变化，在移动机器人减速阶段，速度在采样范围内应尽可能小。速度的代价函数为

$$f_s = \boldsymbol{T}[-1,3] \tag{12.27}$$

总的代价函数为

$$f_r = \alpha f_o + \beta f_{\text{dis}} + \gamma f_s + \lambda f_{\text{ob}} \tag{12.28}$$

式中，各符号的意义在前已有解释，此处不再重复。需要说明的是，式（12.28）与式（12.23）形式上完全相同，但其中有些内容发生了具体变化。这表明它们针对的问题对象是不同的。

3. 增加机器人末状态的角速度规划

机器人到达终止点位置后，还需要完成精准的操作任务，于是需要对其位中的方向角进行精确控制，这就牵涉机器人的角速度规划问题。机器人到达终止点位置时，对角速度空间进行采样，根据采样分辨率，再通过最小化代价函数得到最佳的角速度，然后下发给机器人控制系统来执行。现设机器人到达终止点位置的方向角为 θ，目标方向角为 θ_d，误差角为 θ_e，于是可有

$$\theta_e = \theta_d - \theta \tag{12.29}$$

现在依据上述3个数值的相互关系进行讨论。

（1）当 $\theta_e > 0$ 时：角速度的初始采样范围受动力学约束影响，初始采样范围为

$$V_d = [-w_m, w_m] \tag{12.30}$$

式中，w_m 为机器人的最大角速度。机器人的运动过程范围为

$$V_e = [x[4] - \alpha_m \times \mathrm{d}t, x[4] + \alpha_m \times \mathrm{d}t] \tag{12.31}$$

$$w_1 = [\max(0, V_e[0]), \min(V_d[1], V_e[1])] \tag{12.32}$$

在该采样空间进行角速度采样。线速度为0，角速度采样分辨率为 $0.05\times\pi/180$。

误差方向角的代价函数为

$$f_{ow} = |\theta_d - \boldsymbol{T}[-1,2]| \tag{12.33}$$

总的代价函数为

$$f_{rw} = \eta \times |\theta_d - \boldsymbol{T}[-1,2]| + \sigma \times (w_m - \boldsymbol{T}|\boldsymbol{T}[-1,4]|) \tag{12.34}$$

式中，η 是关于方向角误差的代价函数系数；σ 是关于角速度大小的代价函数系数。在预测机器人路径过程中，设预测时长为 $\Delta t_2 = 3\text{s}$，当出现代价函数 f_{rw} 为最小时，即可选择此时代价函数对应的角速度为机器人所需的角速度。

在减速阶段里，机器人的角速度采样空间不发生改变。这时机器人的角速度采样范围仍为

$$w_1 = [\max(0, V_e[0]), \min(V_d[1], V_e[1])] \tag{12.35}$$

减速段的代价函数与加速段不同。代价函数包括误差方向角的代价函数和角速度大小减小的代价函数，因此总代价函数为

$$f_{rw1} = \eta \times |\theta_d - \boldsymbol{T}[-1,2]| + \sigma \times |\boldsymbol{T}[-1,4]| \tag{12.36}$$

（2）当 $\theta_e < 0$ 时：机器人在加速段的角速度采样空间为

$$w_2 = [\max(V_d[0], V_e[0]), \min(0, V_e[1])] \tag{12.37}$$

其中包含角速度 w 的增大和减小阶段。

加速段代价函数为

$$f_{rw_2} = \eta \times |\theta_d - \boldsymbol{T}[-1,2]| + \sigma \times (w_m - |\boldsymbol{T}[-1,4]|) \tag{12.38}$$

减速段采样空间仍为 w_2，减速段代价函数为

$$f_{rw_3} = \eta \times |\theta_d - \boldsymbol{T}[-1,2]| + \sigma \times |\boldsymbol{T}[-1,4]| \tag{12.39}$$

4. 改进型 DWA 算法过程设计

针对智能排爆机器人的作业使命，项目组的改进型 DWA 算法的实施步骤如表 12.2 所示。

表 12.2　改进型 DWA 算法实施步骤

改进型 DWA 算法实施步骤：
1. 设置机器人的起始点和目标点，以及机器人的初始状态，包括机器人的位姿、线速度、角速度
2. 设置加速段的采样空间，根据机器人初始的角速度、线速度约束以及运动学模型得到机器人角速度和线速度采样空间
3. 对角速度和线速度空间分别设定采样分辨率，进行依次循环采样
4. for each v in $V_k\{v\}$
5. 　　for each w in $V_k\{v\}$
6. 　　　　根据预测时长预测每个线速度角速度对应的运动轨迹
7. 　　　　计算每条轨迹对应的代价函数，对每条轨迹的代价函数归一化
8. 选择值最小的代价函数；得到最小代价函数对应的轨迹和一组［v，w］，发送给机器人控制器
9. 　　　　当机器人一直运动到与终点位置的距离≤x m 的时候，结束上述循环过程
10. 当机器人与终点位置的距离≤x m，进入以下循环
改进型 DWA 算法实施步骤：（部分 2）
11. 　设置减速段的采样空间，根据机器人初始的角速度、线速度约束以及运动学模型得到机器人线速度和角速度采样空间，得到采样空间为V_n，重复步骤 4，5，6，7，8

续表

12.	当机器人一直运动到与终点位置的距离≤y m 的时候，结束上述循环过程
13.	计算机器人当前的方向角和目标位姿中方向角的误差值，如果误差值≥0
14.	如果角度误差 > a 弧度时，进入以下循环
15.	计算角速度的采样空间w_1，对角速度空间设置采样分辨率
16.	for each w in w_1
17.	计算机器人当前的方向角和目标位姿中方向角的误差
18.	根据预测时长预测每个角速度对应的角度轨迹
19.	计算每条角速度轨迹对应的代价函数f_{rw}
20.	选择值最小的代价函数
21.	得到最小代价函数对应的轨迹和角速度 w，发送给机器人控制器
22.	当角度误差≤b 弧度时
23.	终止上述循环
24.	如果角度误差≤b 弧度时，进入以下循环
25.	重复步骤 15、16、17、18、19、20、21，将步骤 19 中的代价函数替换为f_{rw1}
26.	当角度误差的绝对值≤0.05 弧度时，目标位姿到达，结束循环
27.	如果角度误差小于 0
28.	如果角度误差 > a 弧度时，进入以下循环
29.	计算角速度的采样空间w_2，对角速度空间设置采样分辨率
30.	for each w in w_2
31.	重复步骤 17、18、19、20
32.	得到最小代价函数对应的轨迹和角速度 w，发送给机器人控制器
33.	重复步骤 22、23
34.	如果角度误差≤b 弧度时，进入以下循环
35.	重复步骤 29、30
36.	重复步骤 17、18、19、20、21，将步骤 19 中的代价函数替换为f_{rw1}
37.	当角度误差的绝对值≤0.05 弧度时，目标位姿到达，结束循环

现采用项目组改进型 DWA 算法对智能排爆机器人进行仿真，仿真平台为 PC 电脑，CPU 为 6 核 12 线程，主频为 2.6 Hz，仿真编程环境为 Python3.7。

在仿真环境中，设置机器人的尺寸：长 1.18 m，宽 0.68 m，外接圆半径 R_r =0.73 m，主动轮直径 d =0.196 m，履带接地长 D =0.75 m。机器人起始位姿为（0，0，0），设定的终止点位姿为（10，10，π/4）。改进型 DWA 算法中所涉及的自取参数如表 12.3 所示。

表 12.3 改进型 DWA 算法仿真中机器人各项参数

参数名称	参数值
机器人最大的线速度/($m \cdot s^{-1}$)	1.20
机器人最大的线加速度/($m \cdot s^{-2}$)	1.00
机器人最大的角速度/($rad \cdot s^{-1}$)	0.35
机器人最大的角加速度/($rad \cdot s^{-2}$)	0.35
方向误差代价函数系数 α	0.10
距离误差代价函数系数 β	0.12
线速度代价函数系数 γ	1.00
障碍物代价函数的系数 λ	1.00
角速度运行过程中方向误差系数 η	0.10
角速度代价函数系数 σ	1.00
机器人与目标的位姿的距离阈值 x/m	3.00
机器人与目标的位姿的距离阈值 y/m	0.60
角度误差阈值 a/rad	1.00
角度误差阈值 b/rad	0.05

仿真结果如图 12.2 ~ 图 12.5 所示。

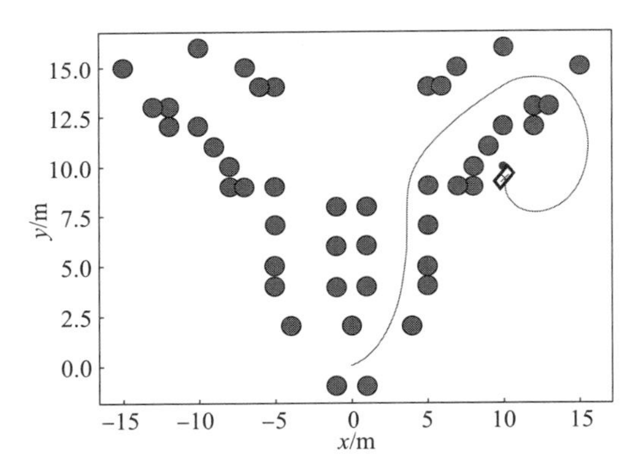

图 12.2 机器人在地图中规划得到的仿真路径

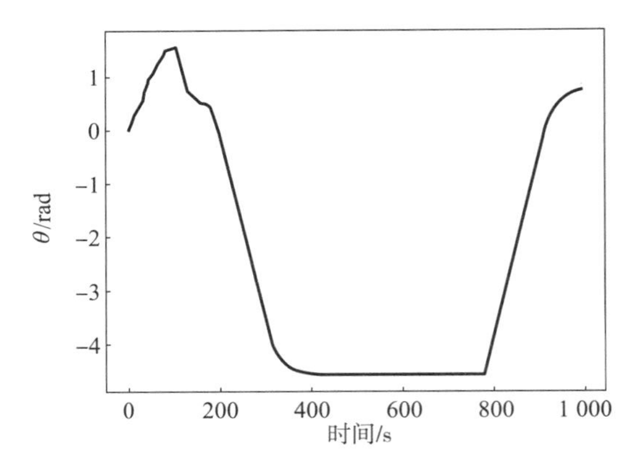

图 12.3 机器人在规划过程中位姿方向角的变化

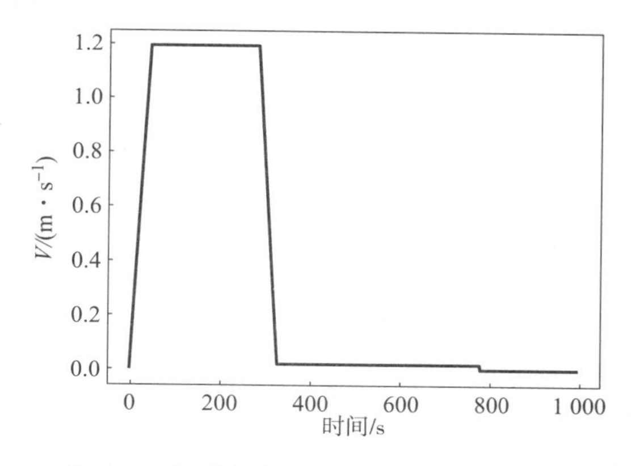

图 12.4　机器人在规划过程中线速度的变化

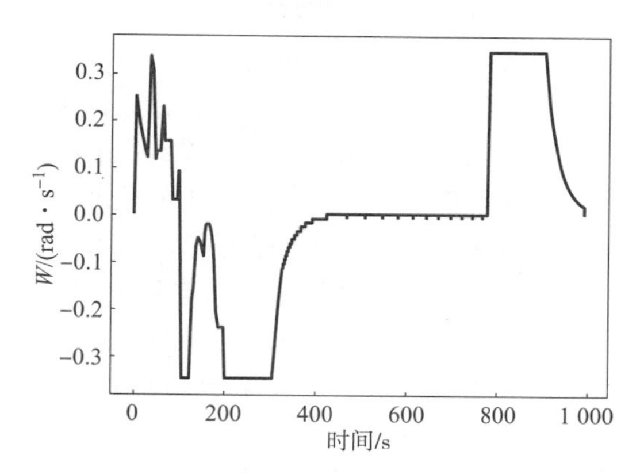

图 12.5　机器人在规划过程中角速度的变化

在图 12.2～图 12.4 中，横坐标表示机器人规划路径中包含的机器人位姿个数。如果改变机器人的目标位姿，例如设定机器人目标位姿为（−13，15，π/4），机器人的起始位姿仍为（0，0，0）不变，那么对应的仿真结果如图 12.6～图 12.9 所示。

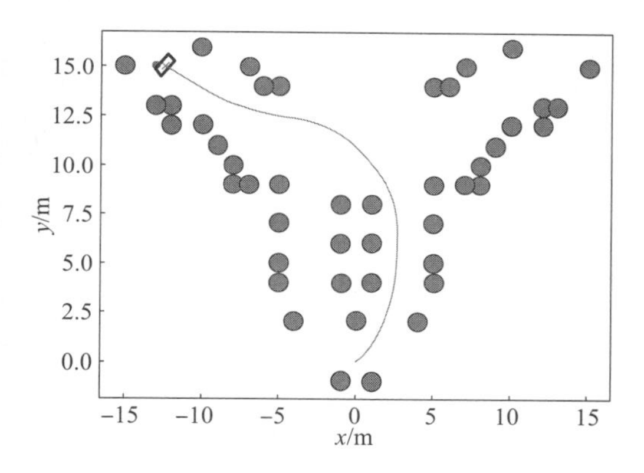

图 12.6　机器人在地图中规划得到的仿真路径

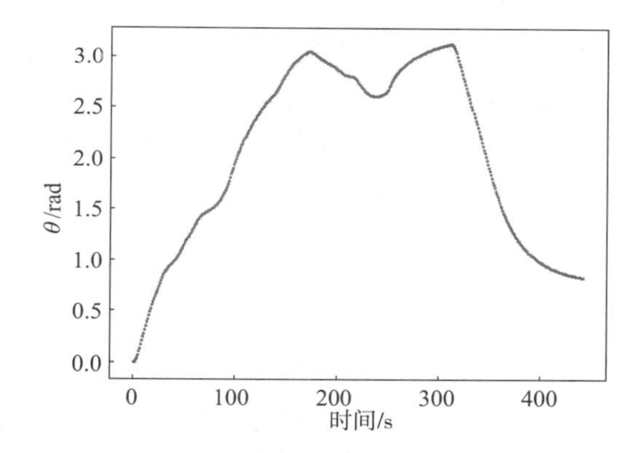

图 12.7　机器人在规划过程中位姿方向角的变化

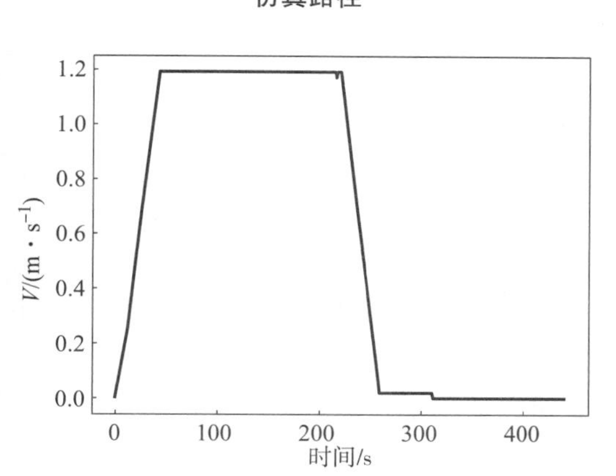

图 12.8　机器人在规划过程中线速度的变化

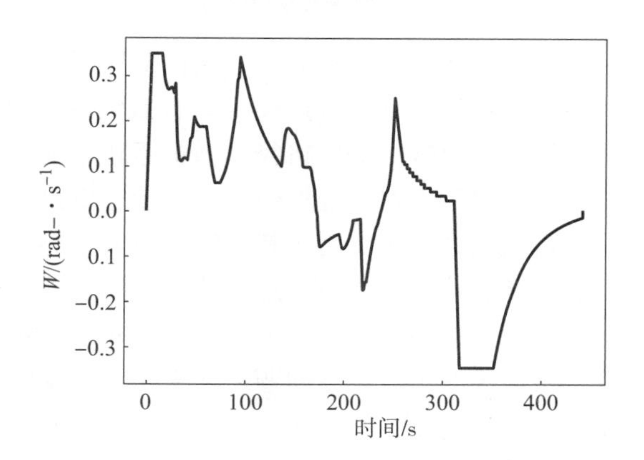

图 12.9　机器人在规划过程中角速度的变化

图 12.6 中，左上角的黑色矩形框表示仿真用的智能排爆机器人，灰色圆圈为障碍物，灰色曲线代表机器人走过的路径。图 12.7 中，灰色曲线表示机器人在规划中其位姿方向角的变化情况，最后机器人到达目标方向角。图 12.8 中，灰黑色曲线表示在规划过程中机器人线速度大小的变化情况，可以看出有加速段、匀速段和减速段，机器人速度变化均匀没有出现跳变现象，起始点处机器人的线速度为 0，终止点处机器人的线速度也为 0，整个运动区间机器人的最大速度限制在 1.2 m/s 以内。图 12.9 中灰色线条表示机器人在运动过程中的角速度变化情况，角速度限定在 0.35 rad/s 的阈值里，整个运动区间机器人的角速度没有出现跳变现象，机器人在起始点处的角速度为 0，在终止点的角速度也为 0。

仿真测试结果表明：智能排爆机器人能避开运行途中的障碍物，满足动力学约束，能够精准到达终止点位姿。机器人在整个运动过程中行驶都非常平顺。在初始位姿时，机器人利用代价函数选择既能够满足运动学、动力学约束要求，又能够选择朝着目标位置运动的最大线速度和角速度，可靠、稳定地行进；在即将到达在终止点位置时，机器人又根据新的代价函数选择较小的线速度，并使线速度逐渐减小，保证在目标点位置线速度为 0。此后，机器人进行角速度规划，再设计一个代价函数，使机器人朝着目标方向角旋转；在即将达到预定航向角时，又设计一个代价函数，使机器人的角速度逐渐减小为 0。通过上述方式，机器人关于起始位姿到目标位姿的线速度和角速度规划均顺利完成。总体来看，项目组针对智能排爆机器人导航过程中的运动规划问题，提出了一种通用的、改进型 DWA 算法，从算法层面上解决了以往移动机器人在终止点处对线速度和角速度控制不佳的问题，并帮助移动机器人实现了目标位姿的精准到达。项目组提出的改进型 DWA 算法可广泛应用于移动机器人的速度规划和路径规划中。

12.3 TEB 算法及改进算法研究

项目组提出的改进型 DWA 算法是一种基于采样和模型预测的方法。为了拓展研究范围，提高应用水平，本节将研究基于数值几何优化的方法，以了解和掌握效果良好的机器人局部规划路径和机器人线速度、角速度选用范围。

12.3.1 TEB 算法研究

全局路径规划负责为机器人在全局地图中寻找一条从起始点到终止点的无碰撞路径，但它一般不具备实时更新路径、动态避障并且满足运动学和动力学约束的特点。[110] 局部路径规划能够起到修饰全局路径、动态更新与调整路径，帮助机器人避开动态障碍物的作用。机器人局部路径规划中常见的算法有动态窗口法、人工势场法等。其中，人工势场法在机器人局部路径规划上的应用尤其广泛，但人工势场法容易导致机器人陷入障碍物斥力函数和目标点引力函数的平衡之争，从而造成目标点不可达的情况发生。改进型人工势场法是为了克服机器人的上述问题而提出的。[111] Christoph Rösm 等提出了 TEB（Time Elastic Band）算法，该算法将传统的运动规划问题表述为一个图优化问题，可以适用于完整约束和非完整约束的机器人路径规划。[112] 接下来，项目组将对 TEB 算法进行深入研究并作出系统改进，争取在工程上得到圆满实现。

1. TEB 算法路径模型构建

TEB 算法将移动机器人的一系列位姿路径模型抽象成带有时间信息的弹性带模型。机器人的第 i 个位姿状态可以表示为 $s_i = [x_i, y_i, \theta_i]$，位姿包含位置信息 x_i、y_i 和方向角信息 θ_i。ΔT_i 是机器人从位姿 s_i 到 s_{i+1} 的过渡时间间隔。TEB 算法的路径序列如图 12.10 所示：

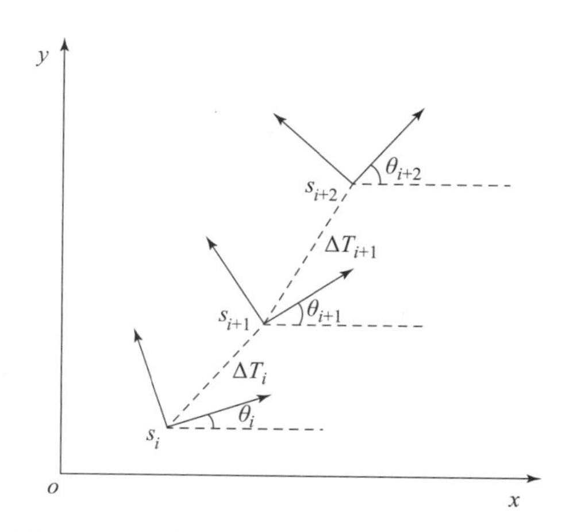

图 12.10　机器人在世界坐标系下的路径序列

由图 12.10 可知，机器人在世界坐标系 xOy 下的位姿序列可以表示为

$$C = \{s_i\}_{i=0\ n}, n \in N \tag{12.40}$$

TEB 算法描述的路径模型从位姿 s_i 到 s_{i+1} 的过渡时间间隔为 ΔT_i，n 个位姿间隔的时间序列集合为

$$\Delta\tau = \{\Delta T_i\}_{i=0,1,1,n-1} \tag{12.41}$$

其中，每个时间间隔表示机器人从一个位姿运动到另一个位姿的时间。TEB 算法路径模型包含位姿序列信息和时间间隔序列信息，于是，机器人的路径信息可以表示为

$$T(C, \Delta\tau) \tag{12.42}$$

TEB 算法存在的约束目标如下：

（1）避开障碍物。机器人的路径必须要能够避开障碍物。机器人与障碍物的距离为 d，机器人与障碍物的阈值距离为 $d_{\min}$。障碍物根据环境动态更新，障碍物的位置信息可以通过激光雷达获取，并在代价地图上读取障碍物的位置。机器人的每个位姿，可能受到 n 个障碍物的影响，这样就需要考虑对机器人某个位姿的 n 个障碍物影响。当障碍物超过机器人与障碍物允许的阈值距离时，约束函数的值为 0。当机器人与障碍物的距离小于限制的距离，障碍物约束函数才起作用。该约束函数表示如下：

$$f_{\mathrm{ob}} = \sum_{0}^{n}\left(\frac{1}{(d(x_i, o_m))}\right), m = 0,1,2,\cdots,n(d < d_{\min}) \tag{12.43}$$

（2）速度和加速度约束。机器人速度和加速度的动态约束可通过类似的惩罚函数来描述。[113] 机器人的平均平移速度和旋转速度分别根据欧式距离和方向角的改变量进行计算。在移动机器人两个连续的位姿 x_i、x_{i+1} 以及两个位姿之间的过渡时间间隔 ΔT 内，有如下公式成立：

$$v_i = \frac{1}{\Delta T_i}\begin{pmatrix} x_{i+1} - x_i \\ y_{i+1} - y_i \end{pmatrix} \tag{12.44}$$

$$w_i = (\theta_{i+1} - \theta_i)/\Delta T_i \tag{12.45}$$

$$\alpha_i = 2(v_{i+1} - v_i)/(\Delta T_i + \Delta T_{i+1}) \tag{12.46}$$

$$\alpha_i = 2(w_{i+1} - w_i)/(\Delta T_i + \Delta T_{i+1}) \tag{12.47}$$

（3）非完整运动学约束。对于非完整约束的移动机器人来说，其相邻的两个位姿移动可近似为曲率不变的弧线运动。移动机器人以恒定速率转弯的情形如图 12. 11 所示。

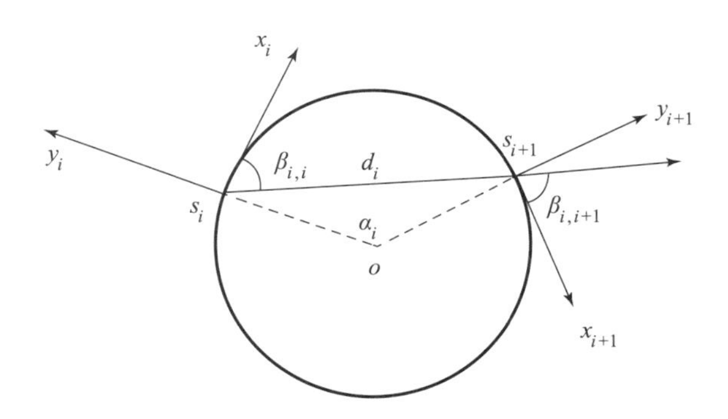

图 12. 11　移动机器人转弯示意图

由图 12. 11 可知，当移动机器人的位姿状态由 s_i 运动到 s_{i+1} 时，移动机器人是在做圆周运动，所以 s_i 和 s_{i+1} 都落在曲率不变的圆弧上，满足

$$\beta_{i,j} = \beta_{i,j+1} \tag{12.48}$$

$$\boldsymbol{d}_i = \begin{pmatrix} x_{i+1} - x_i \\ y_{i+1} - y_i \\ 0 \end{pmatrix} \tag{12.49}$$

$$\boldsymbol{d}_i \times \begin{bmatrix} \cos(\theta_i) \\ \sin(\theta_i) \\ 0 \end{bmatrix} = \boldsymbol{d}_i \times \begin{bmatrix} \cos(\theta_{i+1}) \\ \sin(\theta_{i+1}) \\ 0 \end{bmatrix} \tag{12.50}$$

其中 θ_i 和 θ_{i+1} 是移动机器人在世界坐标系中的方向角，非完整约束的代价函数表示为

$$f(x_i, x_{i+1}) = \left\| \left[\begin{pmatrix} \cos\theta_i \\ \sin\theta_i \\ 0 \end{pmatrix} + \begin{pmatrix} \cos(\theta_{i+1}) \\ \sin(\theta_{i+1}) \\ 0 \end{pmatrix} \right] \right\|^2 \tag{12.51}$$

（4）最短时间的目标函数约束。最短时间是考虑 TEB 算法的全局性，因为目标函数需要依赖于所有的参数，是通过最小化所有时间间隔之和的平方来要求机器人尽可能快地到达规划的终止点。最短时间约束函数可表示为

$$f_{\text{time}} = \left(\sum_{i=0}^{n} \Delta T_i \right)^2, i \in N \tag{12.52}$$

2. TEB 算法求解模型的构建

TEB 算法的核心思想是求解出一系列最优的带有时间间隔的机器人位姿序列。但在实际

的机器人路径规划中，目标函数需要的大部分机器人位姿是局部的，因为它们仅取决于少数几个连续位姿的数量，而不是在整条全局路径上的所有机器人位姿。TEB 算法的局部性导致稀疏系统矩阵的产生，该矩阵可以采样专门的快速有效的大规模数值优化方法求解。关键做法是通过调整机器人位姿和时间间隔来优化 TEB 算法，并采用权重求和模型来求解多目标优化问题。在此过程中，通过求解多目标优化问题得到移动机器人最优的位姿和时间间隔序列。于是，可按以下公式进行相关处置：

$$f(T) = \sum_k \gamma_k f_k(T) \tag{12.53}$$

$$T^* = \arg_{\mathrm{T}} \min f(T) \tag{12.54}$$

式中，T^* 表示 TEB 算法优化的路径结果；γ_k 是函数 $f_k(T)$ 的权重系数；$f(T)$ 表示各目标函数乘以权重系数之和。

式（12.54）可以转化为超图（hyper - graph）问题。所谓超图是指其中一条边的连接节点不受限制，因此，一条边可以连接两个以上的节点。采用 TEB 算法求解问题时能够将式（12.54）所述路径优化问题，转换成以机器人位姿和时间间隔为节点的超图，节点之间通过给定的目标函数相连。根据机器人位姿、时间间隔、线速度、角速度以及障碍物构建出的超图如图 12.12 所示。由于线速度约束目标函数需要知道两个位姿欧式距离之差和时间间隔，因此它形成了一条连接机器人位姿和时间间隔的边；同理，角速度约束函数也是如此。在图 12.12 所示的超图中，可以看到障碍物同样需要一条边连接到能影响机器人的几个位姿。需要说明的是，代表障碍物的椭圆节点是无法优化的。

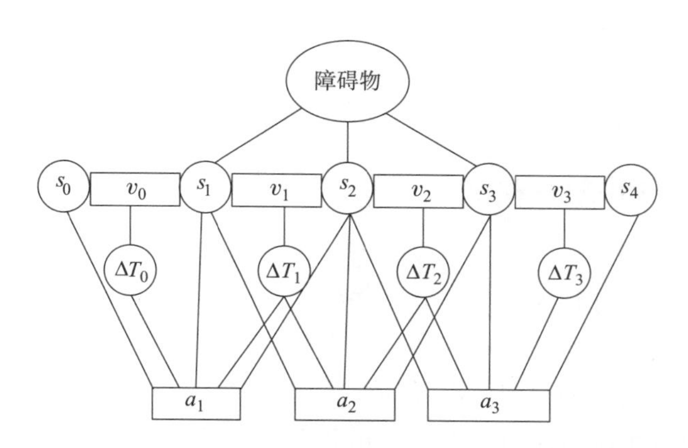

图 12.12　根据机器人位姿、时间间隔、速度、加速度以及障碍物构建出的超图

一般而言，解决具有硬约束的非线性问题的计算代价非常大。因此，提高在线求解的速度与效率一直是非线性问题研究的重点。实际上，非线性问题可以转化为近似非线性平方优化问题，当采用求解器求解问题的稀疏模式时，它通过一阶导数逼近 Hessian 矩阵，从而有效地解决了该问题。在此过程中，约束作为惩罚项纳入了目标函数。

为了求解上述方程，可以采用 LM（Levenberg Marquardt）方法，因为该方法兼顾鲁棒性和效率。尤其是该方法的图优化框架 g2o，可以帮助其利用高效稀疏变量求解式(12.54)。

TEB 算法以一定的频率进行重复求解，这个频率高于机器人的响应控制周期。在每个路径修正步骤中，TEB 算法都会动态添加新的机器人位姿和删除以前的机器人位姿，为了时空分辨率调整剩余的路径长度或规划范围。对于实时更新的障碍物，TEB 算法将优化的那一时刻当作静态障碍物来处理。g2o 框架能够批量优化 TEB 算法规划的路径，因此其每次迭代都会生成一个新图。在单个机器人控制周期内，每个循环进行多次循环迭代来求解。在每个采样周期中，控制输入量 $u(t)$ 可从优化的路径中得到。TEB 算法的解题步骤如表 12.4 所示。

表 12.4　TEB 算法解题步骤

TEB 算法解题步骤：
1. 输入全局路径，给定机器人的起始位姿和终点位姿
2. 截取一段全局路径，获得初始化轨迹（包含机器人位姿和默认时间间隔），构建多目标优化问题
3. 进入迭代求解循环
4. 调节修剪局部轨迹长度，维持局部优化的轨迹长度不变，删除机器人走过的固定长度的轨迹
5. 更新代价地图中的障碍物信息
6. 建立超图进行多次迭代求解出最优轨迹列
7. 检查轨迹是否可行
8. 将方程（19）T^* 映射到 $u(t)$，根据相邻的轨迹点计算出控制量信息包括线速度和角速度
9. 到达终点，结束算法

得到优化的 TEB 算法路径之后，控制变量中的线速度 v 和角速度 w 可以计算出来，然后发给机器人驱动器。每次新迭代之前，重新初始化阶段都会检查新的和更改的机器人位姿点。

12.3.2　改进 TEB 算法研究

由牛顿第二定律可知，加速度能够反映物体在运动时受到的力，加加速度则反映这个作用力的变化快慢。较大的加加速度将会使人产生冲击感。例如在电梯快速升降，汽车或飞机等的猛然加速和急剧转弯过程中，乘客的感受十分强烈。

对于移动机器人而言，如果缺少对加加速度约束的话，那么当机器人驱动电动机输出力矩在短时间内产生较大范围突变时，就会对机器人产生冲击震荡，这对机器人来说是十分不利的。为了保证智能排爆机器人的作业品质，项目组将在多目标优化问题的约束集里增加对加加速度的约束，使机器人的动力学约束更加完善，并将相应的算法应用在智能排爆机器人的运动规划上。基于上述思想，项目组将对机器人运动学模型构建、TEB 算法模型构建与求解以及改进约束条件等方面进行深入研究。

在移动机器人的运动过程中，加加速度约束能保证加速度变化率不会太大，而加速度变化率过大时会对机器人造成冲击。增加对加加速度的约束，将加速度变化率限定在一个较小的范围，可以显著提高机器人运动的平顺性和驱动电动机的使用寿命。现将加加速度约束添加到超图中，构建新的超图，如图 12.13 所示。在图 12.13 中，j_0 连接 ΔT_0、ΔT_1、ΔT_2 这 3 个时间间隔顶点和 s_0、s_1、s_2、s_3 4 个位姿顶点，j_1 连接的时间间隔顶点和位姿顶点的数量不变，只是分别往后顺延一个序号。

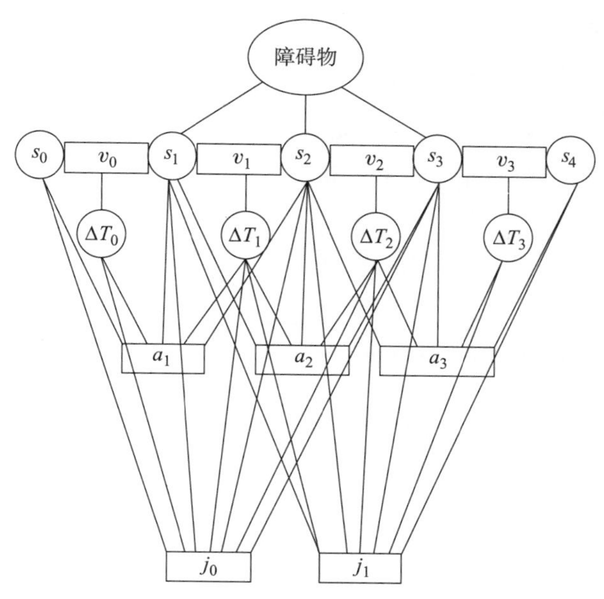

图 12.13　改进的超图

其中，s_0、s_1、s_2、s_3、s_4 是机器人连续的 5 个位姿状态，v_0、v_1、v_2、v_3 是连接上述 5 个位姿的线速度状态（包含线速度和角速度），a_1、a_2、a_3 是加速度状态（包含线加速度和角加速度），j_0、j_1 满足的加加速度约束关系如下所述，其中线加加速度可表示为

$$j_{0\_}\ \mathrm{lin} = (a_{1\,\mathrm{lin}} - a_{0\,\mathrm{lin}})/(0.25\Delta T_0 + 0.5\Delta T_1 + 0.25\Delta T_2) \tag{12.55}$$

角加加速度可表示为

$$j_{0\_}\ \mathrm{rot} = (a_{1\,\mathrm{rot}} - a_{0\,\mathrm{rot}})/(0.25\Delta T_0 + 0.5\Delta T_1 + 0.25\Delta T_2) \tag{12.56}$$

在程序实现过程中，需要重新给 g2o 库定义加加速度边作为约束条件，以添加对加加速度的约束，这可在机器人局部规划起始状态和中间状态以及终点状态中分别应用。

接下来，对改进型 TEB 算法进行智能排爆机器人仿真。仿真平台为 Ubuntu16.04 + ROS，仿真环境为 Stage。全局路径规划器调用 Astar 算法。相关参数的约束情况如表 12.5 所示。

表 12.5　改进型 TEB 算法的相关运动学、动力学参数

机器人运动学动力学约束参数	参数值
最大线速度/($\mathrm{m \cdot s^{-1}}$)	1.2
最大后退线速度/($\mathrm{m \cdot s^{-1}}$)	0.2
最大角速度/($\mathrm{rad \cdot s^{-2}}$)	0.7
最大线加速度/($\mathrm{m \cdot s^{-2}}$)	0.5
最大角加速度/($\mathrm{rad \cdot s^{-2}}$)	0.3
最大线加加速度/($\mathrm{m \cdot s^{-3}}$)	0.5
最大角加加速度/($\mathrm{rad \cdot s^{-3}}$)	0.3

对表 12.5 中相关权重参数调优后，搭建仿真环境进行测试，仿真结果如图 12.14 所示。

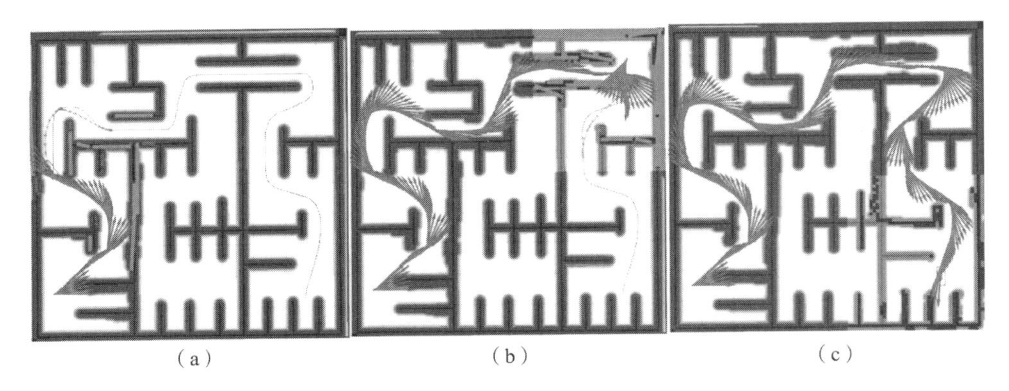

图 12.14　改进型 TEB 算法仿真测试结果（附彩插）
（a）规划初始阶段；（b）规划中期阶段；（c）规划结束阶段

图 12.14 中，红色矩形轮廓代表仿真移动机器人，紫色路径为全局路径，绿色路径为局部路径，蓝色箭头为里程计在当前时刻测量的机器人位置。在整个规划过程中，机器人的线速度、加速度、加加速度始终在限制范围内，没有超出限定范围。

由此可见，项目组针对智能排爆机器人在实际作业中的运动规划问题，提出了一种改进的 TEB 算法，将加加速度约束添加到 TEB 算法中，减少了因加速度突变给智能排爆机器人带来的冲击，提高了机器人运动的平顺性。

12.4　本章小结

本章以智能排爆机器人的局部路径规划问题为背景，对 DWA 算法进行了系统研究，并基于智能排爆机器人的实际需求，提出了一种改进型 DWA 算法，且在仿真平台进行了测试，获得了良好的效果。DWA 算法和改进 DWA 算法均支持非平滑的代价函数，没有运动反转的次优解，控制动作在预测范围内保持不变；但改进型 DWA 算法添加了对加加速度的约束，使得智能排爆机器人的运动平顺性有了较大改善。本章对 TEB 算法作了详细介绍，该算法规划的机器人路径更接近于实际的最优解，约束仅作为惩罚函数实施。TEB 算法支持对动态障碍物的避障，但是计算量较大，需要更好的计算平台才能予以强力支撑，因而使用性能受限。本章还将上述两种算法分别在 CPUi5 双核、1.6 GHz 主频的计算机系统和 CPUi7 六核、主频 2.6 Hz 的计算机系统上运行。结果表明：CPUi5 双核、1.6 GHz 主频的计算机系统能较好地支持改进型 DWA 算法，但是对改进型 TEB 算法偶尔不能规划出正确的路径。CPUi7 六核、主频 2.6 Hz 的计算机系统则可以很好地支持上述两种算法。项目组研发的智能排爆机器人所用的是 CPUi7 四核、主频 1.8 GHz 的计算机系统，还需要处理多个摄像头以及云台图像，分配给局部路径规划的计算资源有限，故选用改进型 DWA 算法来为智能排爆机器人做局部路径规划器。

根据第 11 章所述对全局路径规划算法的研究，现在基于 Dstar – lite 算法做机器人的全局路径规划器，且基于改进型 DWA 算法做机器人的局部路径规划器，然后在 Gazebo 物理仿真引擎里进行智能排爆机器人导航系统的仿真，得到的效果如图 12.15 所示。

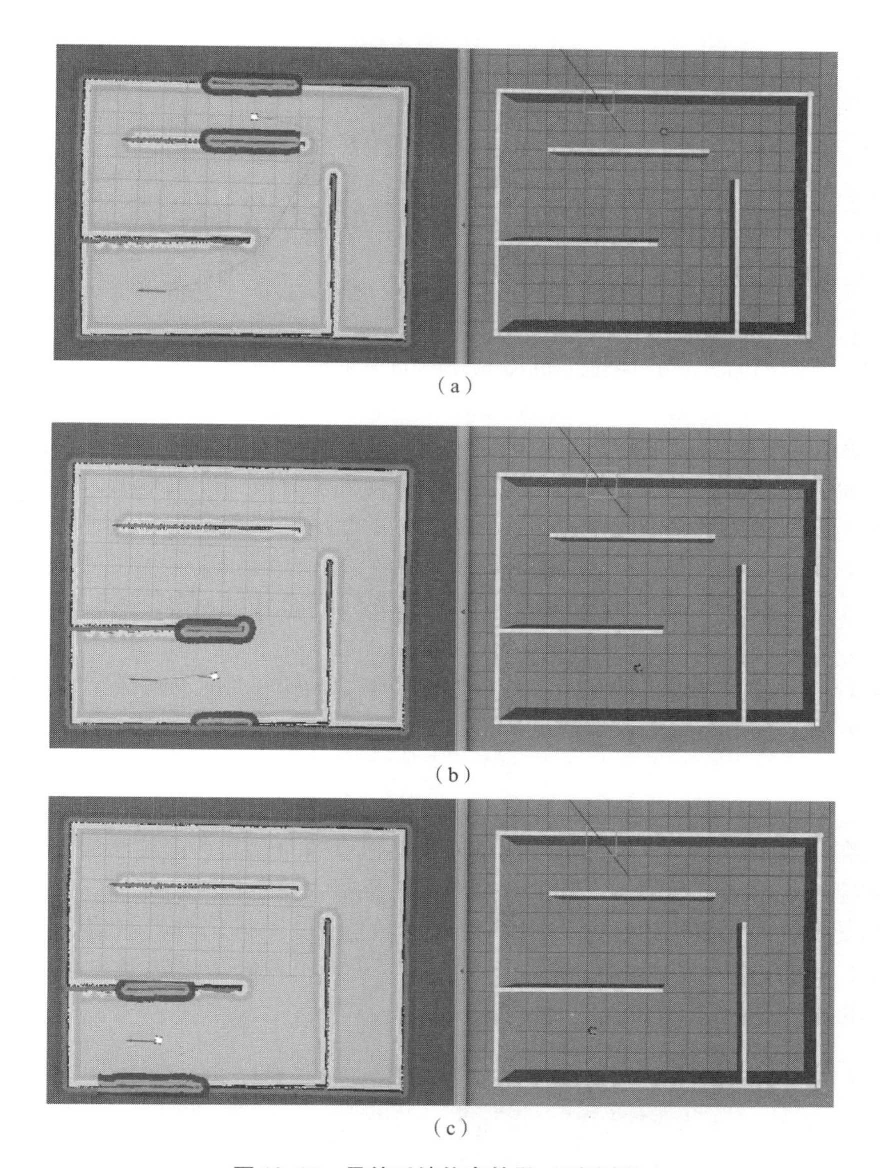

（a）

（b）

（c）

图 12.15　导航系统仿真效果（附彩插）

（a）导航开始时的情形；（b）导航进行中的情形；（c）导航结束时的情形

图 12.15 中，红色箭头为设定的机器人目标位姿，绿线为采用 Dstar－lite 算法规划的全局路径，蓝线为采用改进 DWA 算法规划的局部路径。由图 12.15 可知，机器人在导航过程中能够有效避开墙体，顺利到达目标点位姿。

第 13 章

智能排爆机器人导航试验研究

通过前述章节的研究，智能排爆机器人导航的 3 个基本问题已在理论与方法层面得到详尽探讨与分析，从而为在工程层面落实智能排爆机器人的自主导航功能奠定了相关基础。但理论从来都必须与实际结合才能彰显正确性与适用性，所以本章将以智能排爆机器人在典型环境中的导航实验为研究对象，开展相关试验验证与性能分析，发现不足，摸清根源，明确方向，积累经验，为智能排爆机器人自主导航技术的全面完善创造条件。

13.1 智能排爆机器人导航试验平台的搭建

从外表看来，智能排爆机器人是一种依靠双履带驱动的履带式机器人。在履带式车体的上部装置着两条六自由度的串联式机械臂，其中一条为主机械臂，体型较大；另一条为辅机械臂，体型较小。两条机械臂在排爆作业中密切配合、相得益彰，共同完成复杂、精细的排爆操作步骤。另外，在车体上装置防爆罐、单线激光雷达、全景相机、二维云台、多种照明灯、路况检测摄像头、无线发射与接收网桥以及其他有效负载。车体内部装置履带驱动电动机、直角减速器、电动机驱动器、锂电池电源箱、机器人控制柜等零部件，在控制柜中装置机器人控制子系统的上位机——Intel NUC 控制器和下位机——倍福控制器。正是在它们的联合控制下，智能排爆机器人的诸多功能才能得以实现，导航功能就是其中之一。图 13.1 为智能排爆机器人的内外部图像。

（a）

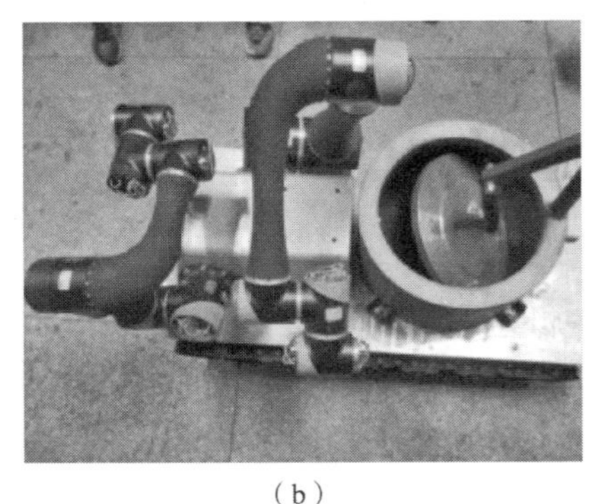

（b）

图 13.1　智能排爆机器人内外部景象图

（a）智能排爆机器人侧视图；（b）智能排爆机器人俯视图

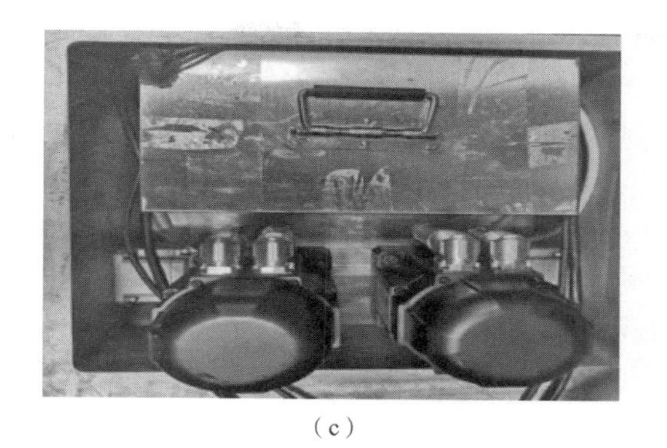

（c）

图 13.1　智能排爆机器人内外部景象图（续）

（c）智能排爆机器人的电源和电动机

13.2　智能排爆机器人基本运动功能试验

对于任何一种移动机器人来说，基本运动功能是保证其完成预定工作使命最基本、最重要、最关键的要素之一。如果连基本的运动功能都实现不了，或实现不好，那就不可能指望其能够高质量地完成自主导航功能，因为导航三大问题中的“怎样去”就必须依靠移动机器人的运动功能来解决。智能排爆机器人的基本运动功能试验包括直线行走试验、转向试验和爬坡试验，每项试验均有试验目的、试验要求、试验环境、试验步骤，并对试验结果均要进行相关评价，以便得出客观结论。由于智能排爆机器人的导航试验安排在机器人研制中期进行，机器人的最终涂装尚未完成，且一些外围器件也尚未安装，这样机器人看起来比较简陋，但完全不影响机器人的运动功能。

13.2.1　智能排爆机器人的直线行走试验

智能排爆机器人的直线行走试验安排在总装车间室内进行，试验场景如图 13.2 所示。

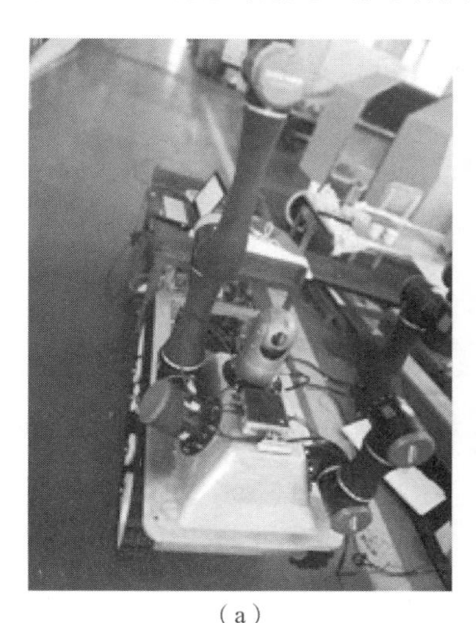

（a）

（b）

图 13.2　智能排爆机器人直线行走试验场景

（a）机器人沿直线前进行走试验；（b）机器人沿直线后退行走试验

在智能排爆机器人直线行走试验中，以机器人沿直线前进和沿直线后退各 10 m 为测试内容，考察机器人行走的轨迹直线度和距离准确度。当试验要求与试验内容确定以后，项目组成员认真调节智能排爆机器人履带式车体左右履带的张紧程度，并且将履带驱动电动机的电气参数仔细匹配，经过多次误差补偿和参数调整之后，开始了机器人的直线行走试验。

试验结束以后，项目组根据现场目测和视频回看，确认智能排爆机器人在直线行走过程中，无论是沿直线前进还是沿直线后退，其行进轨迹的直线度非常好，没有出现任何偏行迹象；即便遇到路面不平产生颠簸时，其行进的准直度依然十分出色。其行驶距离和航向角变化的试验数据则如表 13.1、表 13.2 所示。

表 13.1　智能排爆机器人直线行走试验行驶距离数据

试验序号	1	2	3	4	5	6	7	8	9	10	平均数值
行走距离/m	9.85	9.84	9.86	9.82	9.92	9.94	9.96	9.92	9.96	9.91	9.90

表 13.2　智能排爆机器人直线行走试验航向角变化数据

试验序号	1	2	3	4	5	6	7	8	9	10	平均数值
航向角变化/(°)	3	2	2	3	3	4	3	3	2	3	2.8

由表 13.1 可知，智能排爆机器人在长度 10 m 的直线行走试验中，沿直线前进和沿直线后退时行走距离的相对误差不超过 1%，证明其行走距离的准确性相当理想。由表 13.2 可知，智能排爆机器人在直线行走过程中，航向角的变化也很轻微，证明其行走轨迹的直线度也相当理想。

13.2.2　智能排爆机器人的转向试验

在智能排爆机器人做完直线行走试验之后，在同块场地又进行了机器人的转向试验。该试验要求机器人在转弯半径为 2 m 的情况下，按转向 360°进行程序设定，进行 10 次试验。该试验的目的是检验机器人转向的准确程度。10 次转向试验结束以后，项目组根据现场目测和视频回看，确认智能排爆机器人在转向试验中运行平稳，没有出现轧带、脱带现象，车体也没有出现颠簸、振动现象。转向试验的具体数据如表 13.3 所示。

表 13.3　智能排爆机器人转向试验实际转角数据

试验序号	1	2	3	4	5	6	7	8	9	10	平均数值
实际转角/(°)	358	359	358	358	359	358	359	359	358	359	358.5

由表 13.3 可知，智能排爆机器人在转向试验中的实际转角与目标值差距很小，表明机器人的转向性能十分优异。

13.2.3　智能排爆机器人的爬坡试验

在处置爆炸物过程中，智能排爆机器人可能面临爬坡、越障等实际需求，所以项目组特别为智能排爆机器人安排了爬坡试验。试验中的坡面采用木板、角铁架等搭建，可灵活调整坡面的斜角。坡面斜角从 20°开始增加，每次增加 5°。智能排爆机器人能够稳定爬上斜角为 40°的坡面，超过了智能排爆机器人的设计值。智能排爆机器人爬坡试验如图 13. 3 所示。

图 13. 3　智能排爆机器人坡爬坡试验（此坡面斜角为 35°）

13. 3　智能排爆机器人路径规划试验

在验证了智能排爆机器人的基本运动功能满足设计要求之后，即可开始机器人的路径规划试验。在相关的机器人路径规划试验中，将根据前述章节研究与讨论的理论、方法、成果来解决智能排爆机器人针对不同使用条件、不同限制要求、不同环境影响，具体查验机器人的路径规划情况。

13. 3. 1　未知导航地图时的机器人路径规划试验

智能排爆机器人导航子系统的整个框架是基于 ROS 系统设计的，可以利用 ROS 的通信机制进行通信。在导航过程中，机器人利用开源的 Move_base 充当决策层，且提供 Action 通信机制，这样当给定一个全局导航目标点以后，就可以调用全局路径规划器生成机器人的全局路径。此后，全局规划器发布全局路径给局部路径规划器，令其再进行局部路径规划，并将计算控制指令下发给机器人车体控制单元。Move_base 将全局和局部的路径规划程序通过状态机连接在一起，以完成导航任务；同时，它还可维护两个用于导航任务的代价地图，一个用于全局规划程序，另一个用于局部路径规划程序。

Move_base 的状态机分为 Planning、Controlling、Clearing 3 种状态。其中，Planning 是用于接受新目标时进行机器人全局路径规划；Controlling 是用于进行局部路径规划时发出速度控制指令；Clearing 是用于全局规划和局部规划失败或困住时，触发 recovery 行为以处理上述异常情况。当 Move_base 接收到目标终点请求，它会调用 make_Plan 函数进行全局规划，并启动全局路径规划器来进行全局路径规划。规划完成之后，它再将全局路径以话题通信的方式发布（publish Plan）出来。这时，Move_base 的状态机切换到 Controlling 状态，局部路径规划器通过相关函数（set Plan）接收已公布的全局路径，且结合深度相机和激光雷达获得的障碍物信息，以一定频率进行局部路径规划，然后将计算所得控制指令发布给机器人下位机控制器。

对于未知导航地图的路径规划情况，首先需要为机器人分割出可供运动的地平面。项目组通过对比多种相关方法的优缺点及适用范围之后，决定采用 Doğan Kırcalı 等[75]提出的RGB－D 相机地平面检测方法来进行地平面分割。该检测方法认为：因为深度相机固定安装在机器人车体上，与地面形成一个固定夹角，因此即使人们无法根据离散的地平面像点计算得知该夹角的精确值，但可推测同一地平面上的各像点将形成聚类，可拟合为一个平面。如果深度相机发现场景中某些像点的深度值与该拟合平面的吻合程度较高，则可认为这些像点就在该拟合平面上；如果深度相机发现场景中某些像点的深度值与该拟合平面的差异超出一定阈值，则说明该点高于或低于该拟合平面（即地平面），为机器人应当避开的障碍物。深度相机得到的地平面如图 13.4 所示。

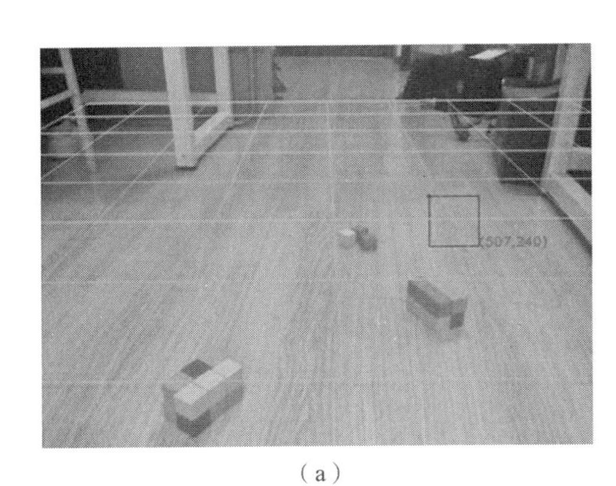

（a）

（b）

图 13.4　深度相机获得导航所需地平面

（a）地平面估计；（b）地平面分割

项目组对于导航地图未知的场景，确定在全局路径规划器中采用 Dstar－lite 算法，在局部路径规划器中则采用改进的 DWA 算法。在这种情况下采用 Dstar－lite 算法规划的机器人路径如图 13.5 中蓝色线条所示。

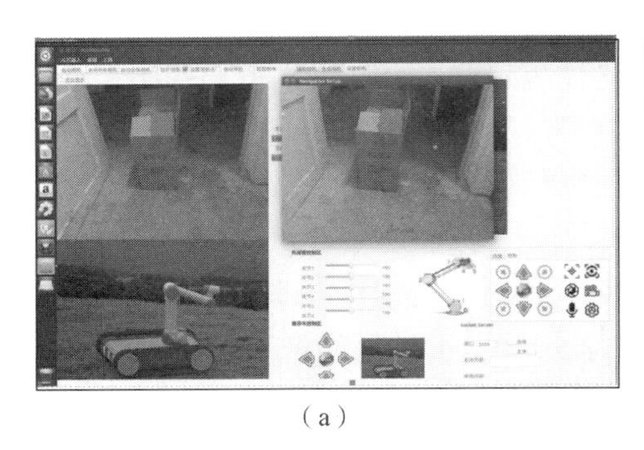

（a）

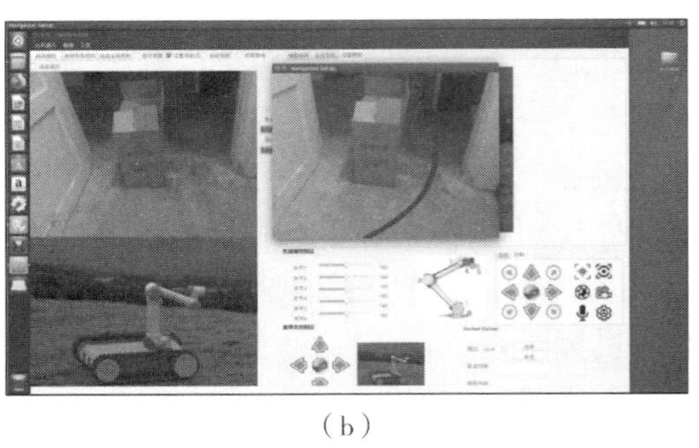

（b）

图 13.5　生成规划的全局路径（附彩插）

（a）生成导航路径点；（b）将路径点拟合成平滑曲线

13.3.2　已知导航地图时的机器人路径规划试验

基于采用激光扫描雷达和 SLAM 技术已经建好的导航地图，项目组在智能排爆机器人起始点位姿和目标点（终止点）位姿之间放置箱子作为障碍物（具体情形如图 13.6 所示），且要求机器人在起始点位姿和终止点位姿时的线速度与角速度均为 0，重复进行 20 次机器人路径规划试验，考察智能排爆机器人在这种条件下的导航精度。

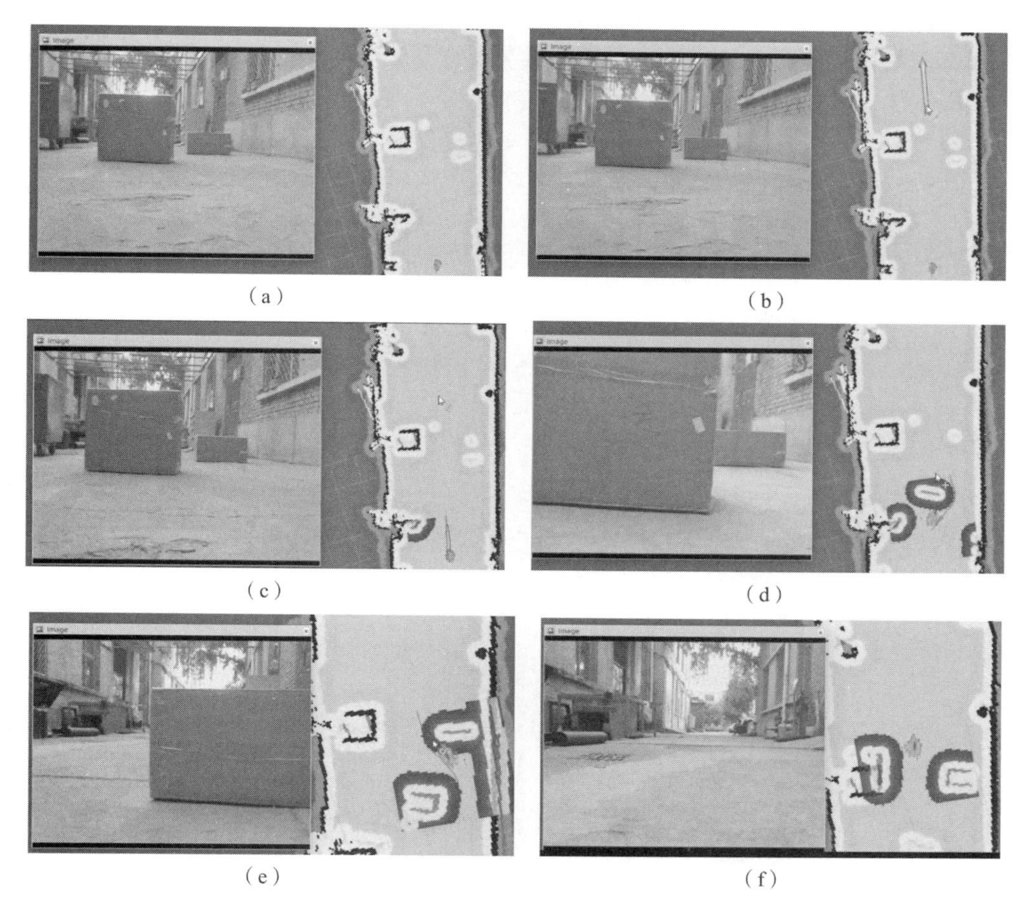

图 13.6　机器人路径规划试验

（a）试验场景；（b）设定机器人终止点位姿；（c）路径规划；（d）机器人顺利避开第一个障碍物；（e）机器人顺利避开第二个障碍物；（f）机器人成功到达预先设定点位姿

由智能排爆机器人的试验结果可知，机器人能够从起始点位姿顺利运动到设定的终止点位姿，途中能自主规划路径，成功避开两个箱型障碍物，且机器人在起始点位姿和终止点位姿下的线速度与角速度均为 0，重复测试 20 次，每次的导航精度误差都在 10 cm 以内，满足了试验的预期要求，充分证明项目组在该技术领域的研究工作是卓有成效的。

13.4 本章小结

本章对智能排爆机器人导航子系统的各个功能模块进行了试验测试。通过对机器人基本运动功能的试验和分析，证明了智能排爆机器人的运动稳定性、控制精确性、动力配置性均十分出色，反映出该机器人的运动表现非常优异，能够保障其自主导航功能的完美实现。本章还花费一定篇幅，展示了智能排爆机器人针对未知导航地图和已知导航地两种情况下进行路径规划试验的相关情况，通过数据和实际效果，详尽证明了智能排爆机器人在不同使用条件、不同限制要求、不同环境影响下的导航性能十分优越，达到了项目组预期的设计目标。

第 14 章

排爆工具子系统功能设计与运动规划

“一键换刀”“一键排爆”是智能排爆机器人与众不同、凸显能力之处，表现出了智能排爆机器人在相关技术的支撑下功能强劲、性能优异、特点突出、实用高效的优势。“一键换刀”“一键排爆”这两项功能是依靠智能排爆机器人的工具子系统来完成的，所以工具子系统的功能设计与运动规划尤为重要。本章将对工具子系统的相关内容进行深入研究与细致探索，为上述功能的圆满实现提供理论、方法和技术方面的支持。

14.1　工具子系统功能描述与结构设计

智能排爆机器人工具子系统的功能主要是通过机器人主、辅双机械臂的抓取模块来实现的。机器人主、辅双机械臂抓取模块的主要功能是两臂协同，在双目相机精确景深技术的辅助下，完成爆炸物的固持、拆卸、抓取、移送等多项操作。为了强化机器人的精细排爆处置功能，优化机器人的双臂协同拆弹能力，项目组特别设计了工具子系统，其功能需要机械臂子系统、电源子系统、控制子系统、工具库单元、换刀单元的共同配合才能完成。图 14.1 展示了智能排爆机器人工具子系统外观情况（固定于防爆罐外圆柱体部分）。工具子系统的关键器件包括供六自由度机械臂使用的科尔摩根 RGM 机器人关节模组、软件平台使用的倍福 TwinCAT、通信子系统使用的 EtherCAT 和 CANopen，正是依靠它们的功能与协同，才进而实现了智能排爆机器人控制子系统、机械臂子系统与工具子系统之间的驱动、控制与通信，保证了机器人排爆作业的高效完成。

图 14.1　智能排爆机器人工具子系统外观

14.1.1　工具子系统功能设计与技术实现

如前所述（参见本书第 2 章 2.5 节内容），智能排爆机器人的主、辅机械臂均为六自由度串联式机械臂，双机械臂可以协同操作，共同完成单臂难以胜任的精细排爆处置任务。其中，主机械臂主要实现爆炸物抓取和移送功能，末端搭载机械爪，负载能力为 5 kg，设计情况如图 2. 19 所示。辅机械臂对主机械臂进行辅助操作，进行爆炸物的破障、拆卸、协助抓取等，需要配备常用的排爆作业工具，同时可进行末端执行器的快速更换，如图 2. 20 所示。辅机械臂能自主装、卸配套的工具并灵活使用，配套工具（拆卸、剪切、钻孔等工具）科学合理、简捷实用，具备三维空间位姿多样性，能够灵活地在有限的工作空间范围内运动，能在沙发后方、桌椅下方、卫生间马桶周边等狭小空间内抓取物品或作业（拆卸螺钉、剪切铁丝、钻孔取样等）。在排爆作业过程中，双臂互不干扰，动作连贯、运行流畅，鲁棒性和稳定性好。

14. 1. 2　工具子系统工具库的结构设计

智能排爆机器人工具子系统设计并配备有专门的工具库，用于存放各种功能不同、作用互补的排爆工具，如图 14. 2 所示。

图 14. 2　智能排爆机器人工具子系统工具库

14. 1. 3　工具子系统工具换装接头的结构设计

如前所述（参见本书 2. 5 节内容），为了改善机械臂自主换装工具的效果，项目组设计了一个可快速拆卸的工具换装接头，用以实现排爆作业工具与机械臂腕部平台的连接，如图 2. 21 所示。

14. 1. 4　排爆工具子系统配备工具的结构设计与性能分析

为提高排爆作业的精细度、准确性以及适用程度，智能排爆机器人工具子系统配备了多种工具，包括多种不同型号的螺丝刀、切割刀、钻孔头、锯条等，这些工具均可基于同一换装接头灵活换装，用于拆卸螺钉、剪切铁丝、割断绳索、钻孔扩孔等。例如切割刀的结构就设计成图 2. 21 所示形式（参见本书第 2 章第 2. 5 节内容）。

14. 1. 5　工具子系统工具换装接头轨迹规划

由图 2. 21 可知，项目组设计的末端执行器换装接头可通过辅机械臂第 6 关节的单向旋转来实现换装工具功能，即通过辅机械臂第 6 关节的顺时针旋转来卸下工具，通过辅机械臂第 6 关节的逆时针旋转来装上工具，从而实现机械臂末端执行器的工具快速换装效果。现将工具位置从左到右分别编号为 1、2、3、4，机械臂末端执行器 1 号工具到 3 号工具的更换过程分为以下几个流程，如图 14.3 所示。

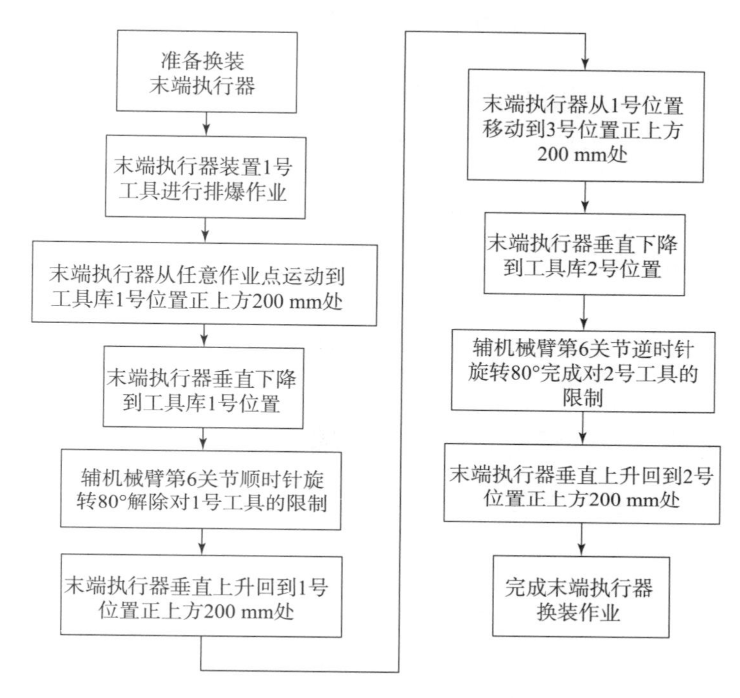

图 14.3　机械臂末端执行器工具换装流程

从图 14.3 所示流程可以看出几个步骤中存在关键点位置，下面予以详细说明。为了方便主、辅两个机械臂的位置标定，在车体机身盖板底部平面中心点 O 处设立基准坐标系，该坐标系中心就在中心点 O 处，而沿机身前进方向为坐标系 x 轴正方向，沿机身左转方向为 y 轴正方向，垂直向上为 z 轴正方向。再设工具库 1 号位置正上方 200 mm 处为点 A，工具库 1 号位置为点 B，工具库 2 号位置正上方 200 mm 处为点 C，工具库 2 号位置为点 D，相关 4 个关键点位置如图 14.4 所示。整个换装工具的流程可简化为任意点→A→B→A→C→D→C→任意点。

图 14.4　换装工具过程 4 个关键点位置示意图

从图 14.4 所示智能排爆机器人整机三维实体模型中测量出上述 4 个关键点的坐标，它们分别为 A（-272，192，361）、B（-272，192，161）、C（-348，231，361）、D（-348，231，161）。

14.2 工具子系统换装工具运动精度分析

为了使智能排爆机器人机械臂末端执行器完成指定的换装工具任务，项目组基于机器人运动控制系统和相关方法，进行了相应的运动规划，特地提出了一种新的工具换装接头的轨迹规划框架。首先根据机械臂末端执行器在基准坐标系中关键点的位姿信息进行插补，得到位姿序列，即密集的插补路径点；并根据机器人的实际工作情况确定其相关的运动参数，然后进行速度规划，对路径点进行采样，赋予其时间信息；此后，再通过逆运动学求解采样点对应的关节空间信息，进而指导机械臂关节驱动电动机的运动，完成换装接头的轨迹规划。由于空间曲线中最常见的是直线和圆弧，因此下面详细讨论空间直线运动和圆弧运动的轨迹规划方法。

14.2.1 换装接头直线运动轨迹规划及精度分析

一般情况下，当机械臂沿直线运动时其姿态保持不变，进行直线插补时，机械臂的末端位置按照一定步长从起始点均匀地运动到终止点。设机器人的末端从 P_1 点沿着直线移动到 P_2 点。起始点 P_1 坐标为 (x_1, y_1, z_1)，终止点 P_2 坐标为 (x_2, y_2, z_2)，如图 14.5 所示。

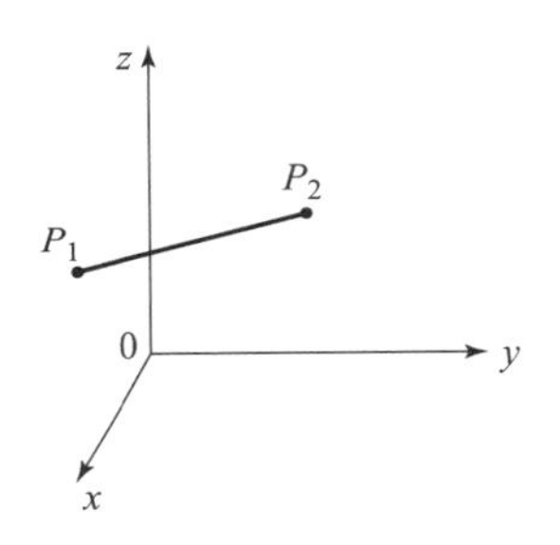

图 14.5　机械臂在空间进行直线插补

P_1、P_2 两点之间的距离为

$$|\boldsymbol{P}_1\boldsymbol{P}_2| = \sqrt{(x_2 - x_1)^2 + (y_2 - y_1)^2 + (z_2 - z_1)^2} \tag{14.1}$$

设进给速度为 v，插补周期为 T，则可得步长 λ 为

$$\lambda = v \times T \tag{14.2}$$

在每一步的插补中，设在 x、y、z 3 个方向上的位移增量分别为 Δx、Δy 和 Δz，根据比例关系，有

$$\frac{\lambda}{|\boldsymbol{P}_1\boldsymbol{P}_2|} = \frac{\Delta x}{\delta_x} = \frac{\Delta y}{\delta_y} = \frac{\Delta z}{\delta_z} \tag{14.3}$$

式中，$\delta_x = \sqrt{(x_2 - x_1)^2}$，$\delta_y = \sqrt{(y_2 - y_1)^2}$，$\delta_z = \sqrt{(z_2 - z_1)^2}$。

通过计算即可得插补后各轴的位移增量。在基准坐标系中，直线插补第 i 个插补点的坐标值为

$$\begin{cases} x_i = x_1 + i \times \Delta x \\ y_i = y_1 + i \times \Delta y \\ z_i = z_1 + i \times \Delta z \end{cases} \tag{14.4}$$

写成参数方程形式为

$$
\boldsymbol{P}(t) = \begin{bmatrix} x(t) \\ y(t) \\ z(t) \end{bmatrix} = \begin{bmatrix} x_1 + \dfrac{t}{T}\Delta x \\ y_1 + \dfrac{t}{T}\Delta y \\ z_1 + \dfrac{t}{T}\Delta z \end{bmatrix} = \begin{bmatrix} x_1 + \dfrac{\sqrt{(x_2 - x_1)^2}}{|\overrightarrow{P_1P_2}|}vt \\ y_1 + \dfrac{\sqrt{(y_2 - y_1)^2}}{|\overrightarrow{P_1P_2}|}vt \\ z_1 + \dfrac{\sqrt{(z_2 - z_1)^2}}{|\overrightarrow{P_1P_2}|}vt \end{bmatrix} \tag{14.5}
$$

计算弧长 S，可有

$$
S = \int \sqrt{\mathrm{d}x^2 + \mathrm{d}y^2 + \mathrm{d}z^2}\mathrm{d}t = \int \sqrt{x'(t)^2 + y'(t)^2 + z'(t)^2}\mathrm{d}t \tag{14.6}
$$

在基准坐标系中，假设机械臂末端的换装接头从起始起点 $P_1(5,1,1)$ 沿直线路径到达终止点 $P_2(1,5,5)$，这里取步数为 30，相当于在 P_1 和 P_2 之间插补了 29 个中间点。然后使用 Matlab 绘制曲线，验证上述算法，所得结果如图 14.6 所示。

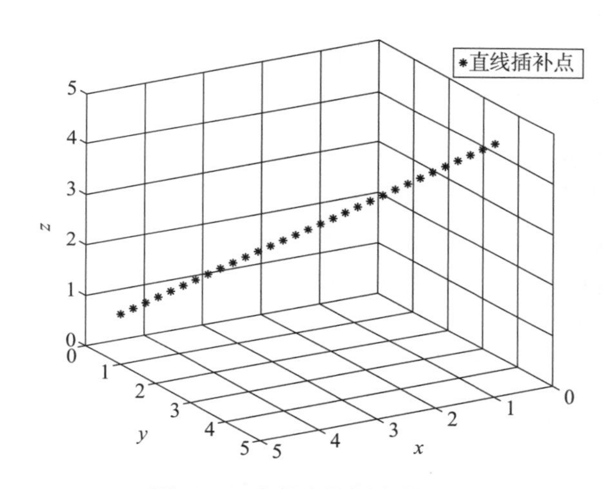

图 14.6　空间直线插补效果图

14.2.2　换装接头圆弧运动轨迹规划及精度分析

由几何知识可知，一个圆可以由任意三个不共线的点唯一确定。那么对于机械臂末端换装接头的圆弧运动进行轨迹规划问题，可假设相应圆弧由点 $P_1(x_1,y_1,z_1)$、$P_2(x_2,y_2,z_2)$ 和 $P_3(x_3,y_3,z_3)$ 确定，如图 14.7 所示。

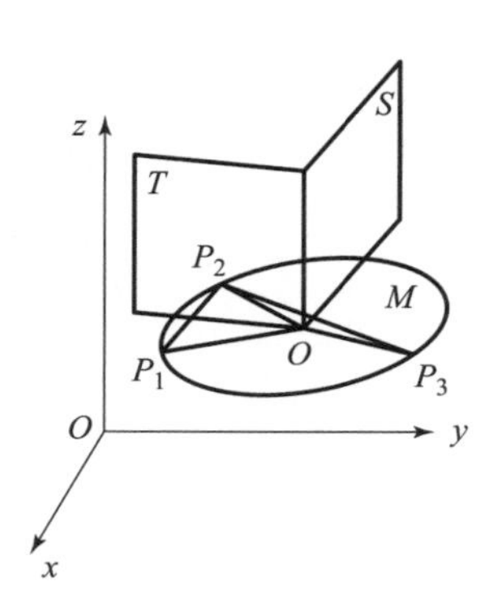

图 14.7　空间圆弧插补示意图

首先确定该圆弧的圆心，将圆心坐标记为 $O(x_0,y_0,z_0)$，由 P_1、P_2、P_3 三点确定的平面记为 M，过 P_1P_2 中点且与 P_1P_2 垂直的平面记为 T，过 P_2P_3 中点且与 P_2P_3 垂直的平面记为 S，则圆心为以上三个平面的交点。

该平面的方程为

$$
Ax + By + Cz - D = 0 \tag{14.7}
$$

由此即可确定3个平面 M 、T 、S 的方程，将方程组联立，可有

$$\begin{cases} A_1x + B_1y + C_1z - D_1 = 0 \\ A_2x + B_2y + C_2z - D_2 = 0 \\ A_3x + B_3y + C_3z - D_3 = 0 \end{cases} \tag{14.8}$$

求解上式，得到圆心坐标如下：

$$\begin{cases} x_0 = \dfrac{F_x}{L} \\ y_0 = \dfrac{F_y}{L} \\ z_0 = \dfrac{F_z}{L} \end{cases} \tag{14.9}$$

式中，

$$F_x = \begin{vmatrix} D_1 & B_1 & C_1 \\ D_2 & B_2 & C_2 \\ D_3 & B_3 & C_3 \end{vmatrix}, F_y = \begin{vmatrix} A_1 & D_1 & C_1 \\ A_2 & D_2 & C_2 \\ A_3 & D_3 & C_3 \end{vmatrix}, F_z = \begin{vmatrix} A_1 & B_1 & D_1 \\ A_2 & B_2 & D_2 \\ A_3 & B_3 & D_3 \end{vmatrix}, L = \begin{vmatrix} A_1 & B_1 & C_1 \\ A_2 & B_2 & C_2 \\ A_3 & B_3 & C_3 \end{vmatrix}。$$

进而即可求得该圆弧半径如下：

$$R = \sqrt{(x_1 - x_0)^2 + (y_1 - y_0)^2 + (z_1 - z_0)^2} \tag{14.10}$$

将 $P_1(x_1,y_1,z_1)$ 、$P_2(x_2,y_2,z_2)$ 和 $P_3(x_3,y_3,z_3)$ 代入式（14.10）中，即可解得各项系数。

圆心角的求取过程如图14.8所示。在图14.8中，设 P_i 为圆弧 $\overset{\frown}{P_1P_2}$ 上的第 i 步的插值点，β_i 为 $\boldsymbol{OP}_1$ 与 $\boldsymbol{OP}_i$ 的夹角，将 $\boldsymbol{OP}_i$ 分解到 $\boldsymbol{OP}_1$ 与 $\boldsymbol{OP}_2$ 向量，得到两个分量，于是由正弦定理可有

$$\frac{|\boldsymbol{OP}_i|}{\sin\angle \boldsymbol{OP}'_1\boldsymbol{OP}_i} = \frac{|\boldsymbol{P}'_1\boldsymbol{P}_i|}{\sin\beta_1} = \frac{|\boldsymbol{OP}'_1|}{\sin(\beta_1 - \beta_i)} \tag{14.11}$$

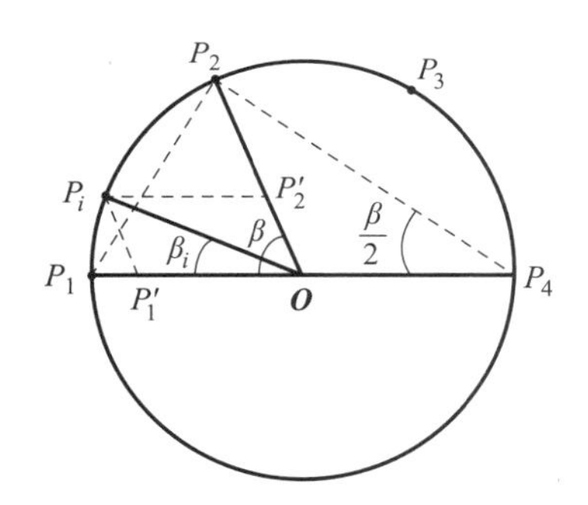

图14.8 圆心角求取过程

由此求得 $\boldsymbol{OP}_i$ 向量为

$$\boldsymbol{OP}_i = \boldsymbol{OP}'_1 + \boldsymbol{OP}'_2 = \frac{\sin(\beta_1 - \beta_i)}{\sin\beta_1}\boldsymbol{OP}_1 + \frac{\sin\beta_i}{\sin\beta_1}\boldsymbol{OP}_2 \tag{14.12}$$

设从圆弧 $\overset{\frown}{P_1P_2}$ 的起始点 P_1 到终止点 P_2 一共进行了 N 步插补，周期为 T ，β 为 $\boldsymbol{OP}_1$ 与 $\boldsymbol{OP}_2$ 的夹角，β_i 为第 i 步时 $\boldsymbol{OP}_1$ 与 $\boldsymbol{OP}_i$ 的夹角，可得

$$\beta_i = \frac{\beta}{N}i = \lambda \frac{t}{T} = vt \tag{14.13}$$

接着再求 β，如图 14.8 所示，延长 P_1O 与圆交于点 P_4，连接 $\boldsymbol{P}_1\boldsymbol{P}_2$、$\boldsymbol{P}_2\boldsymbol{P}_4$，可得直角三角形 $\angle P_1P_2P_4$，由几何性质可知 $\angle P_1P_4P_2 = \angle P_1OP_2/2$，由此可得

$$\sin\frac{\beta}{2} = \frac{|\boldsymbol{P}_1\boldsymbol{P}_2|}{2R} \tag{14.14}$$

于是，可有

$$\beta = 2\arcsin\left(\frac{\sqrt{(x_2 - x_1)^2 + (y_2 - y_1)^2 + (z_2 - z_1)^2}}{2R}\right) \tag{14.15}$$

将圆心 O 在基准坐标系中的坐标与向量 $\boldsymbol{OP}_i$ 相加，得到的 $\boldsymbol{P}_i$ 在基准坐标系中的坐标：

$$\boldsymbol{P}_i = \begin{bmatrix} x_i \\ y_i \\ z_i \end{bmatrix} = \begin{bmatrix} x_0 + \dfrac{\sin(\beta - \beta_i)}{\sin\beta}(x_1 - x_0) + \dfrac{\sin\beta_i}{\sin\beta}(x_2 - x_0) \\ y_0 + \dfrac{\sin(\beta - \beta_i)}{\sin\beta}(y_1 - y_0) + \dfrac{\sin\beta_i}{\sin\beta}(y_2 - y_0) \\ z_0 + \dfrac{\sin(\beta - \beta_i)}{\sin\beta}(z_1 - z_0) + \dfrac{\sin\beta_i}{\sin\beta}(z_2 - z_0) \end{bmatrix} \tag{14.16}$$

与直线运动轨迹规划的情况相同，式（14.16）可以改写为

$$\boldsymbol{P}(t) = \begin{bmatrix} x(t) \\ y(t) \\ z(t) \end{bmatrix} = \begin{bmatrix} x_0 + \dfrac{\sin(\beta - vt)}{\sin\beta}(x_1 - x_0) + \dfrac{\sin vt}{\sin\beta}(x_2 - x_0) \\ y_0 + \dfrac{\sin(\beta - vt)}{\sin\beta}(y_1 - y_0) + \dfrac{\sin vt}{\sin\beta}(y_2 - y_0) \\ z_0 + \dfrac{\sin(\beta - vt)}{\sin\beta}(z_1 - z_0) + \dfrac{\sin vt}{\sin\beta}(z_2 - z_0) \end{bmatrix} \tag{14.17}$$

利用差分公式，即可求得圆弧 $\widehat{P_1P_2}$ 中每个插补周期的位移，并可按式（14.6）计算相应弧长 S。

设机械臂末端换装接头的起始点 $P_1(1, 10, 15)$ 通过路径点 $P_2(4, 6, 13)$，最终到达终止点 $P_3(5, 3, 8)$。这里取步数为 30，在起始点和终止点之间共插入了 29 个路径点。使用 Matlab 绘制曲线，验证上述算法，结果如图 14.9 所示。由图 14.9 可以看出，所有的插值点分布均匀，其中圆心坐标为 $O(-1.038\,5, 9.0, 6.692\,3)$。

14.2.3　换装接头速度规划及精度分析

保证智能排爆机器人工具子系统换装接头能够准确更换拆卸工具，这对执行精细的排爆处置工作尤为重要，因而就需要对换装接头进行速度规划。为了避免在机器人启动和停止时对电动机可能引发的冲击，就必须对速度规划提出约束条件，要求速度曲线必须连续可导，加速度曲线变化平稳。

速度规划中常见的有梯形速度曲线和 S 形速度曲线。梯形速度曲线分为三段：匀加速段、匀速段与匀减速段。[114] 在速度改变时，速度曲线连续却不可导，即加速度变化过程存在突变，会对电动机、减速器等器件产生冲击，造成不良后果。为了消除速度、加速度变化时对整个机器人系统造成的冲击，降低误差，保证精度，本节主要研究 S 形加减速控制，其原理如图 14.10 所示。

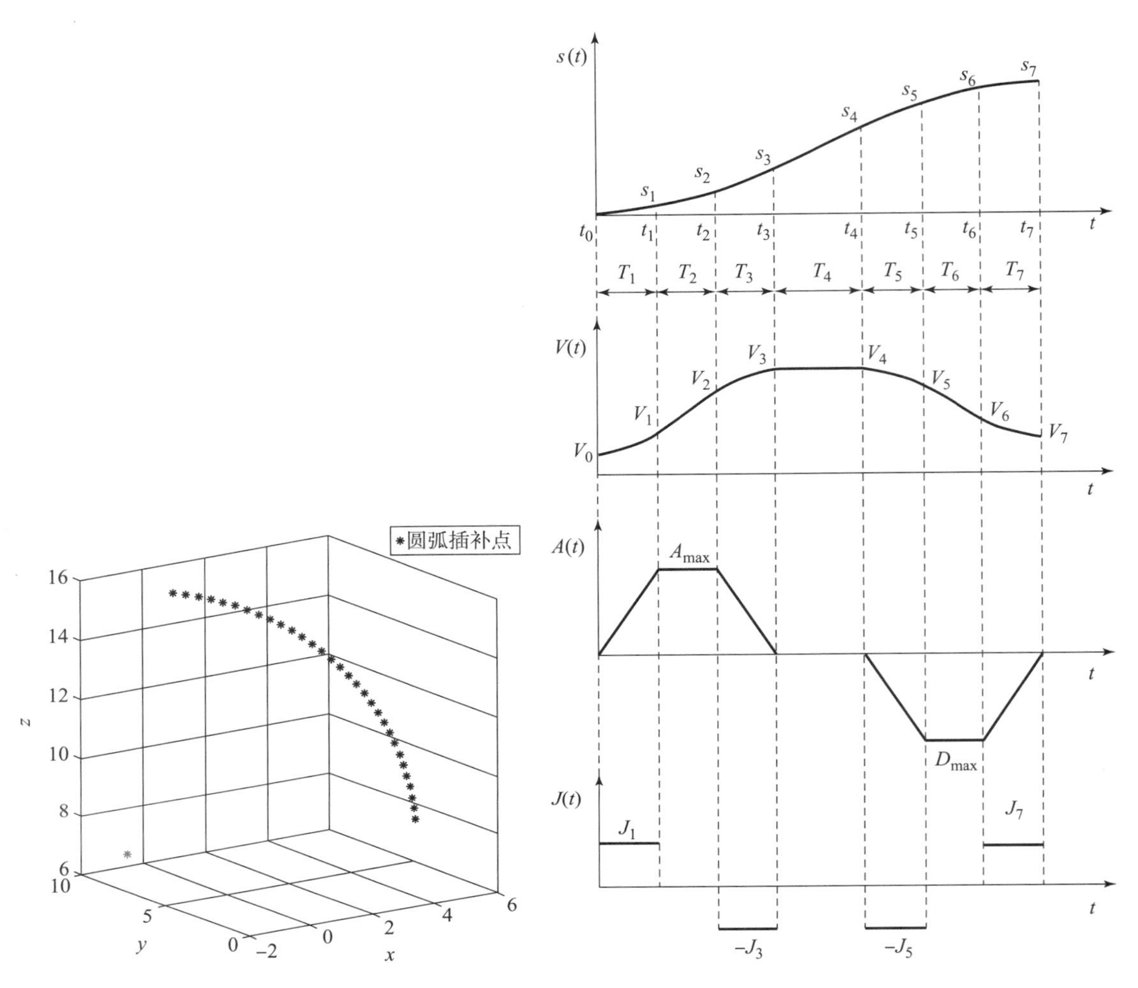

图 14.9　空间圆弧插补点分布示意图

图 14.10　S 形加减速控制原理

S 形加减速的显著特点就是冲击小、变化平缓，因其速度曲线走势为 S 形，故称其为 S 形曲线控制，其在自动化生产中应用十分广泛。[115] 在该控制体系中，预先设定加速度最大值为 A，加加速度为 J，最大速度为 V，则 S 形加减速过程根据加速度的变化可以分为 7 段：

（1）以恒定值 J 使加速度从 0 增加到 A；

（2）以恒定值加速度 A 加速；

（3）以恒定值 $-J$ 使加速度从 A 减到 0；

（4）以恒定值速度 V 匀速运动；

（5）以恒定值 $-J$ 使加速度从 0 减到 $-A$；

（6）以恒定值加速度 $-A$ 减速；

（7）以恒定值 J 使加速度从 $-A$ 增加到 0；

其中，加加速度 J 也被称之为“冲击”，其数值大小在一定程度上反映了电动机所受到的冲击力大小，故期望在运动过程中其数值能够保持稳定。设 $t_i(i=1,2,\cdots,7)$ 为各个阶段的过渡点时刻，$\Delta t_i = t - t_{i-1}, i = 0,1,\cdots,7$ 为局部时间坐标，$T_i(i=0,1,\cdots,7)$ 为各个阶段的持续运行时间，且满足以下条件：

$$J_1 = J_3 = J_5 = J_7 = J, T_1 = T_3, T_5 = T_7 \tag{14.17}$$

则有

$$j(t) = \begin{cases} J_{\max}, & 0 \leqslant t \leqslant t_1 \\ 0, & t_1 \leqslant t \leqslant t_2 \\ -J_{\max}, & t_2 \leqslant t \leqslant t_3 \\ 0, & t_3 \leqslant t \leqslant t_4 \\ -J_{\max}, & t_4 \leqslant t \leqslant t_5 \\ 0, & t_5 \leqslant t \leqslant t_6 \\ J_{\max}, & t_6 \leqslant t \leqslant t_7 \end{cases} \tag{14.18}$$

故而可得出加速度表达式为

$$a(t) = \begin{cases} J\Delta t_1, & 0 \leqslant t \leqslant t_1 \\ A_{max}, & t_1 \leqslant t \leqslant t_2 \\ A_{\max} - J\Delta t_3, & t_2 \leqslant t \leqslant t_3 \\ 0, & t_3 \leqslant t \leqslant t_4 \\ -J\Delta t_5, & t_4 \leqslant t \leqslant t_5 \\ -D_{\max}, & t_5 \leqslant t \leqslant t_6 \\ -D_{\max} + J\Delta t_7, & t_6 \leqslant t \leqslant t_7 \end{cases} \tag{14.19}$$

速度表达式为

$$v(t) = \begin{cases} \frac{1}{2}J(\Delta t_1)^2 + V_0, & 0 \leqslant t \leqslant t_1 \\ \frac{1}{2}JT_1^2 + A_{\max}\Delta t_2 + V_0, & t_1 \leqslant t \leqslant t_2 \\ \frac{1}{2}JT_1^2 + A_{\max}T_2 + A_{\max}\Delta t_3 - \frac{1}{2}J(\Delta t_3)^2 + V_0, & t_2 \leqslant t \leqslant t_3 \\ V + V_0, & t_3 \leqslant t \leqslant t_4 \\ V - \frac{1}{2}J(\Delta t_5)^2 + V_0, & t_4 \leqslant t \leqslant t_5 \\ V - \frac{1}{2}Jt_5^2 - D_{\max}\Delta t_6 + V_0, & t_5 \leqslant t \leqslant t_6 \\ V - \frac{1}{2}JT_5^2 + D_{\max}T_6 - D_{\max}\Delta t_7 + \frac{1}{2}J(\Delta t_7)^2 + V_0, & t_6 \leqslant t \leqslant t_7 \end{cases} \tag{14.20}$$

位移表达式为

$$s(t) = \begin{cases} V_0\Delta t_1 + \frac{1}{6}J(\Delta t_1)^3, & 0 \leqslant t \leqslant t_1 \\ s_1 + V_1\Delta t_2 + \frac{1}{6}JT_1(\Delta t_2)^2, & t_1 \leqslant t \leqslant t_2 \end{cases} \tag{14.21}$$

$$s(t)=\begin{cases}s_2+V_2\Delta t_3+\frac{1}{2}JT_1(\Delta t_3)^2-\frac{1}{6}J(\Delta t_3)^3, & t_2\leqslant t\leqslant t_3\\ s_3+V_3\Delta t_4, & t_3\leqslant t\leqslant t_4\\ s_4+V_4\Delta t_5-\frac{1}{6}J(\Delta t_5)^3, & t_4\leqslant t\leqslant t_5\\ s_5+V_5\Delta t_6-\frac{1}{2}JT_5(\Delta t_6)^2, & t_5\leqslant t\leqslant t_6\\ s_6+V_6\Delta t_7-\frac{1}{2}JT_5(\Delta t_7)^2+\frac{1}{6}J(\Delta t_7)^3, & t_6\leqslant t\leqslant t_7\end{cases}$$

至此即可求得各时间段的值，然后配合已知参数，就可求解各个时段的速度及位移。

S形曲线除了上述标准的7段形式以外，还有特殊情况。例如没有匀速运动段的6段S形曲线和没有匀速运动段与没有匀加速速度段的4段S形曲线。不同段数的S形曲线，每一段的时间方程不完全一样。由于电动机的参数是固定的，且在执行不同任务时对机械臂的运动性能有不同的要求，所以要进行具体的处置。这里针对不同的工作情况，提供已知的机械臂运动参数j、a、v。但由于实际规划的路径长度并不唯一，可能会导致S形曲线的形状不一样。路径较短时，速度尚未达到最大就已经完成轨迹，会导致S形曲线没有匀速段，由7段变成6段。路径再短时，运行速度将更小，会导致S形曲线没有匀加速段，由6段变成4段。在实际运用中必须根据具体情况进行分类讨论。

采用传统的7段S形曲线加减速模型进行速度规划时，可能会遇到多种情况，项目组研究S形曲线控制中效率最高的一种，即约束条件为起始点、终止点的速度均为0。在此约束条件下，由于轨迹的弧长大小会影响S形曲线的段数，设轨迹实际弧长为L，4段S形曲线临界弧长为L_1，6段S形曲线临界弧长为L_2，进而将上述情况分类如下：

若$L_2<L$，S形曲线为7段；

若$L_1<L<L_2$，S形曲线为6段；

若$0<L<L_1$，S形曲线为4段。

S形曲线规划算法流程如图14.11所示。首先需要确定临界弧长L_1和L_2的值，然后根据电动机已知参数，令匀速段速度为V_c，起始点速度为$V_s=0$，终止点速度为$V_e=0$，加加速度的值为J_{max}，最大加速度为$A_{\max}$，减速时最大加速度为$D_{\max}$，由对称性可得

$$T_1=T_3=T_5=T_7,T_2=T_6 \tag{14.22}$$

在6段S形曲线临界状态时，$T_4=0$，方程组如下：

$$\begin{cases}T_1=T_3=T_5=T_7=\dfrac{A_{\max}}{J_{\max}}\\ V_1=\dfrac{A_{\max}T_1}{2}\\ V_2=V_1+A_{\max}T_2\\ V_c=V_2+\dfrac{A_{\max}T_3}{2}\\ L_2=\left[V_cT_3+\dfrac{(V_1+V_2)T_2}{2}\right]\times 2\end{cases} \tag{14.23}$$

解方程组（14.23），可得

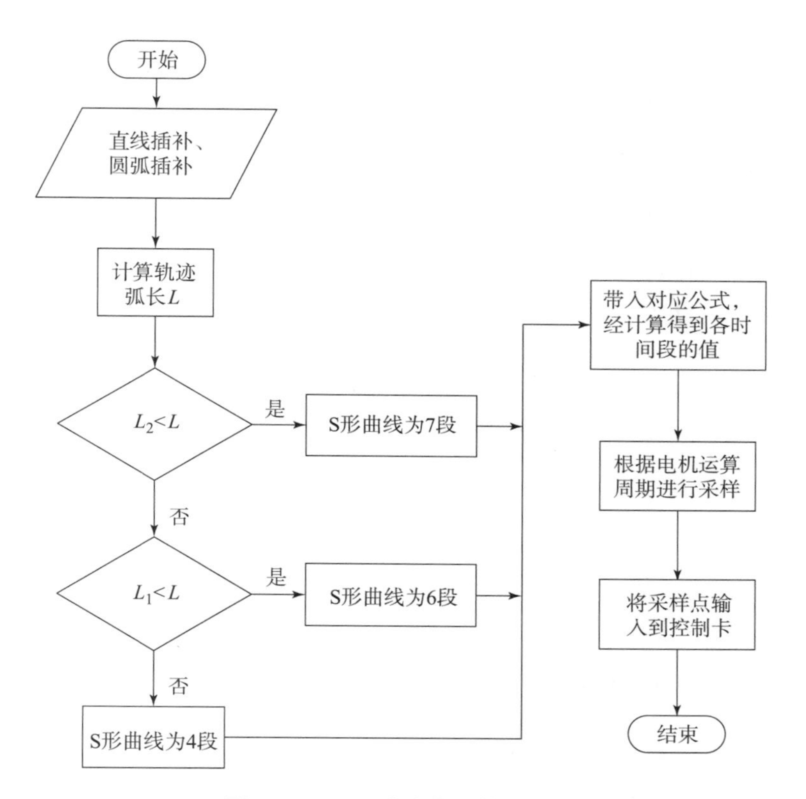

图 14.11　S 形曲线规划算法流程

$$L_2 = \frac{V_c^2}{A_{\max}} + \frac{A_{\max} V_c}{J_{\max}} \tag{14.24}$$

在 4 段 S 形曲线临界状态时，$T_4 = 0$，$T_2 = T_6 = 0$，可有方程组

$$\begin{cases} T_1 = T_3 = T_5 = T_7 = \dfrac{A_{\max}}{J_{\max}} \\ L_1 = V_c T_3 \times 2 \end{cases} \tag{14.25}$$

解上述方程组（14.25），可得

$$L_1 = \frac{2A_{\max}^3}{J_{\max}^2} \tag{14.26}$$

所以输入弧长为 L 时，不同的值对应不同形状的 S 形曲线，现分情况讨论如下：

（1）如有 $0 \leqslant L \leqslant \dfrac{2A_{\max}^3}{J_{\max}^2}$ 时，此时讨论的 S 形曲线为 4 段 S 形曲线，各个时间段的值为

$$\begin{cases} T_4 = 0 \\ T_2 = T_6 = 0 \\ T_1 = T_3 = T_5 = T_7 = \sqrt[3]{\dfrac{L}{2J_{\max}}} \end{cases} \tag{14.27}$$

（2）如有 $\dfrac{2A_{\max}^3}{J_{\max}^2} \leqslant L \leqslant \dfrac{V_c^2}{A_{\max}} + \dfrac{A_{\max} V_c}{J_{\max}}$ 时，此时讨论的 S 形曲线为 6 段 S 形曲线，各个时间段的值为

$$\begin{cases} T_4 = 0 \\ T_2 = T_6 = \dfrac{1}{2A_{\max}}\left(\sqrt{\dfrac{A_{\max}^3}{J_{\max}^2} + 4A_{\max}L} - \dfrac{3A_{\max}^3}{J_{\max}}\right) \\ T_1 = T_3 = T_5 = T_7 = \dfrac{A_{\max}}{J_{\max}} \end{cases} \tag{14.28}$$

（3）如有 $\dfrac{V_c^2}{A_{\max}} + \dfrac{A_{\max}V_c}{J_{\max}} < L$ 时，此时讨论的S形曲线为7段S形曲线，各个时间段的值为

$$\begin{cases} T_4 = \dfrac{L - \left(\dfrac{V_c^2}{A_{\max}} + \dfrac{A_{\max}V_c}{J_{\max}}\right)}{V_c} \\ T_2 = T_6 = \dfrac{V_c - V_s}{A_{\max}} - T \\ T_1 = T_3 = T_5 = T_7 = \dfrac{A_{\max}}{J_{\max}} \end{cases} \tag{14.29}$$

以上为3种情况下S形曲线的讨论结果。由中可以看出，对应不同的弧长 L，各个时间段的值具有不同的表达式。根据输入轨迹的实际弧长，采用不同的方程去求解各个时间段的值，即可完成面对不同情况下的速度规划。

现以直线轨迹规划为例，采用 Matlab 验证上述算法。指定直线轨迹与 J 、A 、V 的值，S形速度规划曲线如图 14.12 所示。经过速度规划之后，以5ms的采样周期对密集路径点进行采样，x、y、z 轴的坐标单位都为 m，在笛卡儿空间直线轨迹的采样点分布情况如图 14.13 所示。

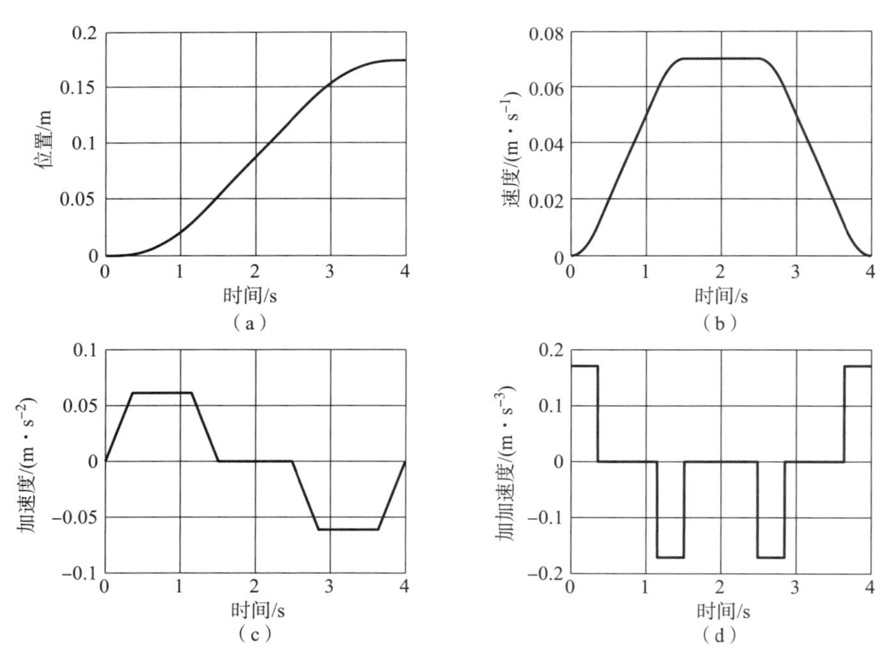

图 14.12　S形速度规划曲线

（a）位置曲线；（b）速度曲线；（c）加速度曲线；（d）加加速度曲线

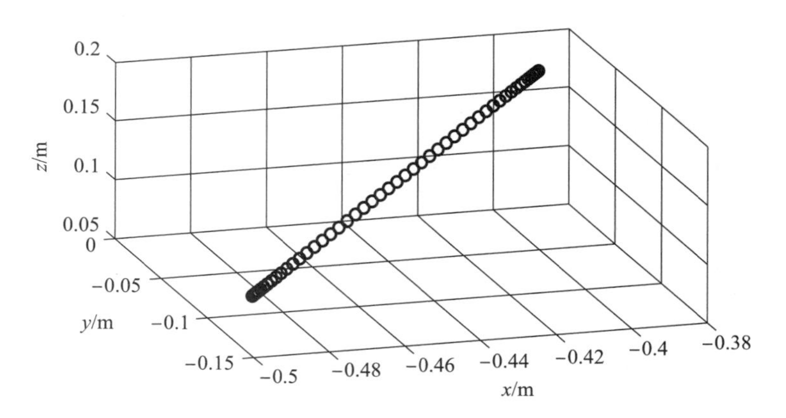

图 14.13 笛卡儿空间直线轨迹的采样点分布情况

经 S 形曲线速度规划以后，笛卡儿空间的直线轨迹的采样点为由密到疏再到密，在相等的采样时间间隔下，符合速度从 0 逐渐加速到最高速、然后保持匀速运动、最后逐渐减速到 0 的运动规律。在笛卡儿空间中的运动轨迹为直线时，机械臂各关节的运动情况如图 14.14 所示。由图 14.14 可知，速度与加速度曲线变化平缓，符合电动机的运动特性，可以保证机械臂在运动时的平稳与协调。

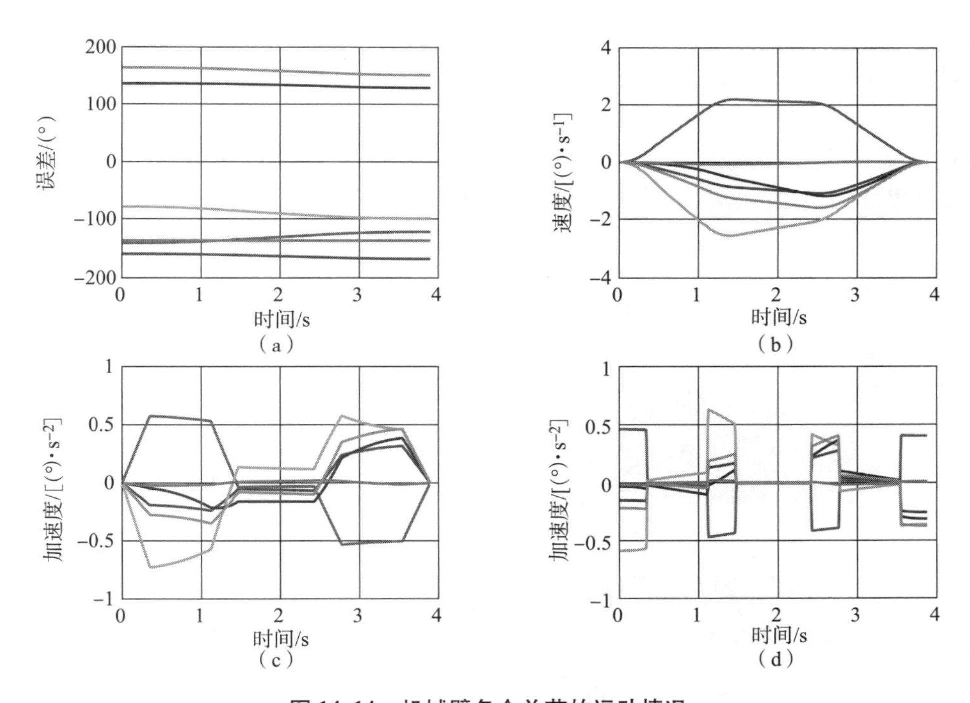

图 14.14 机械臂各个关节的运动情况

(a) 各关节位置曲线；(b) 速度曲线；(c) 加速度曲线；(d) 加加速度曲线

基于项目组提出的六自由度机械臂运动控制系统及相应控制方法，首先根据关键点的位姿信息进行插补，得到位置序列即密集的插补路径点，将空间直线或圆弧转化为一系列具有先后顺序的路径点，并根据实际工作情况确定运动参数；然后进行速度规划，对路径点进行采样，赋予其时间信息；再通过逆运动学求解采样点对应的关节空间信息，进而指导电动机的运动，完成轨迹规划。

轨迹规划的逻辑关系如图 14.15 所示。首先将空间直线或圆弧通过插补转化为离散点信息，然后通过速度规划，对路径点进行采样，赋予其时间信息。

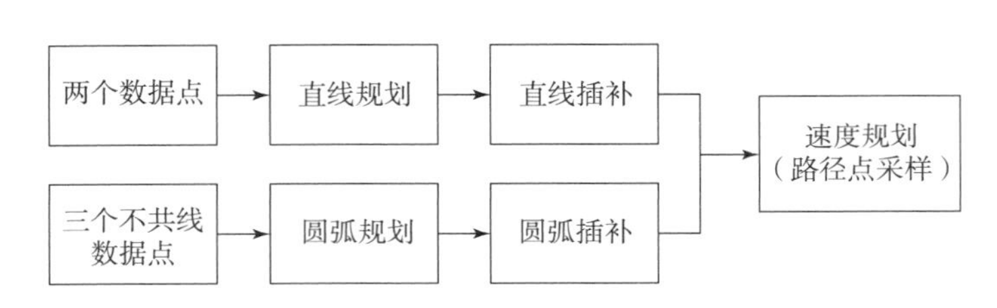

图 14.15　轨迹规划逻辑关系

14.2.4　“一键入罐”运动规划与动作实现

在多部双目相机的精确景深视觉技术的引导下，项目组进行爆炸物“一键入罐”的拆卸、处置与移送试验，验证其功能的可行性，其过程如图 14.16 所示。整个试验过程如下。

（1）云台搭载着全景双目相机进行观察，发现并确认爆炸物。

（2）在主机械臂末端搭载的双目相机精确景深辅助定位、指示、识别技术的帮助下，辅机械臂利用工具子系统携载的各种工具，与主机械臂协同作业，拆卸爆炸物，然后主机械臂将成功拆除的爆炸物抓取握牢。

（3）排爆人员在远程控制终端操作面板上启动“一键入罐”命令，防爆罐罐盖开启，主机械臂将爆炸物沿安全路径自主投放到防爆罐中。

（4）防爆罐自动关闭，完成爆炸物的“一键拆卸”“一键入罐”处置作业。

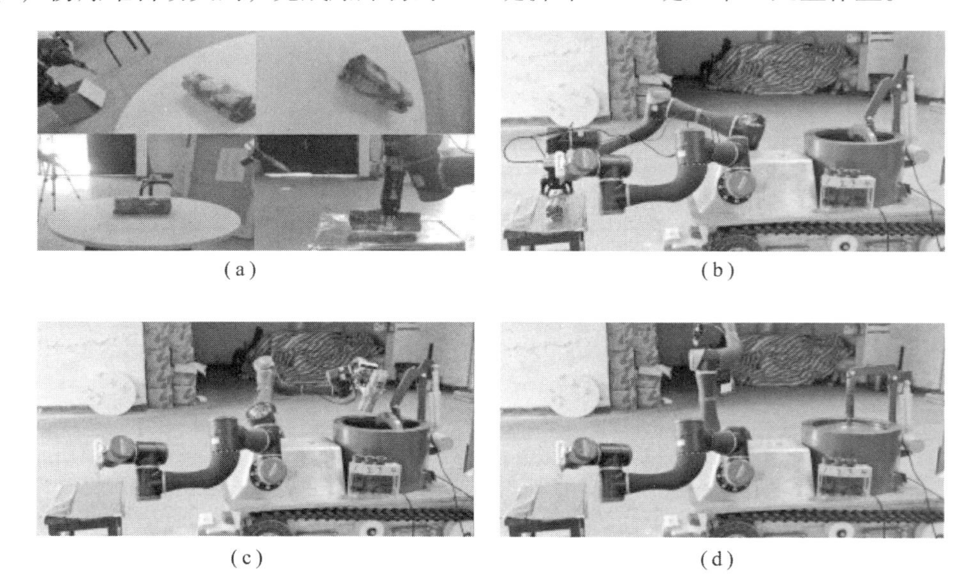

图 14.16　基于双目相机精确景深技术引导下的爆炸物抓取处置试验过程

(a) 多机位观察爆炸物；(b) 机械臂抓取爆炸物；(c) 机械臂准备投放爆炸物；(d) 防爆罐自动关闭

14.3　换装工具性能仿真试验

前述研究工作进行完毕之后，项目组为了考察研究效果，开展了换装接头在换装工具时的性能仿真试验。在仿真试验中，首先通过命令 Startup_rvc 在 Matlab 中启用工具箱，再根据 D－H 参数表，采用 LINK 函数建立机械臂连杆与关节之间的相对位置关系；然后利用 Serial Link 函数建立机械臂各个关节，并使用 Teach 函数实现机械臂的可视化，此时即可通过拖动滑块来改变机械臂的姿态，其情况如图 14. 17 所示。

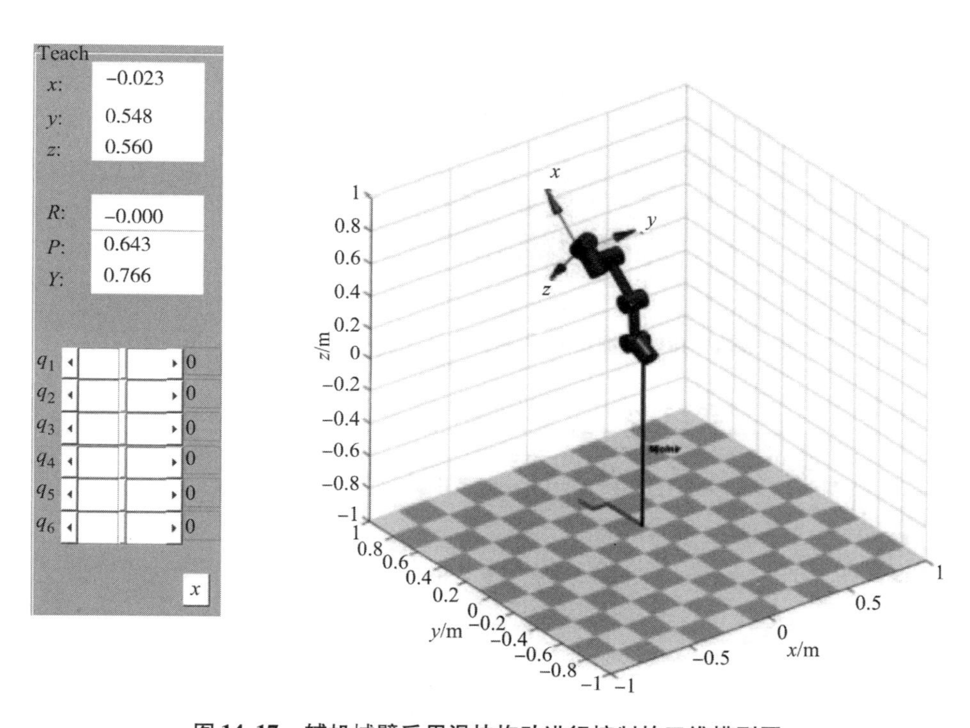

图 14. 17　辅机械臂采用滑块拖动进行控制的三维模型图

接下来，即可在 Matlab 里进行仿真。根据工作任务要求，在笛卡儿空间中，指定机械臂运动参数，最大速度为 0. 15 m/s，最大加速度为 0. 2 m/s^2，最大加加速度为 0. 3 m/s^3，控制器采样周期为 5 ms。首先机械臂末端执行器从空间任意位置运动到指定点 A，然后进行末端执行器指定位置点的直线运动规划，根据前述研究内容可知，利用关键点坐标可以得到参数方程，采用 S 形速度曲线进行轨迹规划，再通过逆运动学求解，进而可将空间直线或圆弧转化为一系列具有先后顺序的关节路径点；然后运行仿真程序，可得换装接头快速更换工具的轨迹曲线，如图 14. 18 所示。由图 14. 18 可见，换装接头能够按照指定路线进行运动，完成更换工具的预定任务。此时对应于机械臂 6 个关节仿真位置曲线如图 14. 19 所示。从图 14. 19 可以看出，机械臂 6 个关节的运动曲线十分平滑，整个仿真过程动作连续平稳，没有跳变现象出现，充分证明换装接头的轨迹规划高效稳定、合理可行。

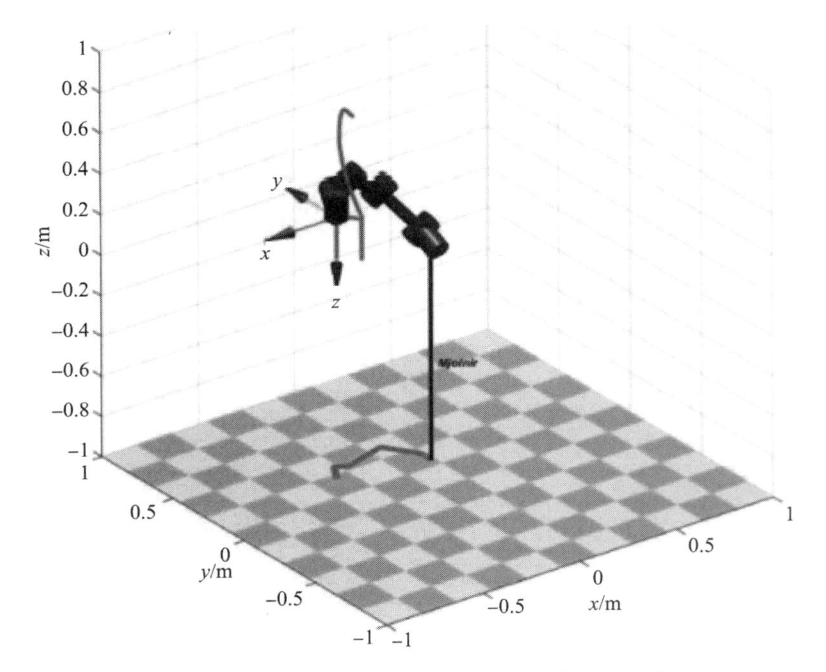

图 14.18　换装接头快速更换工具过程的轨迹曲线

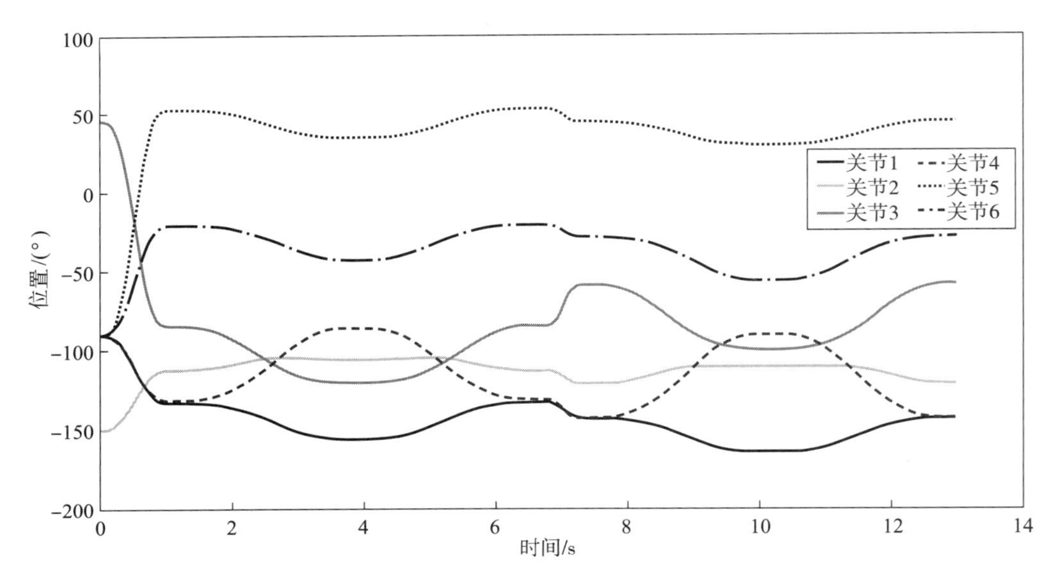

图 14.19　机械臂 6 个关节仿真位置曲线

14.4　本章小结

项目组研发的智能排爆机器人具有“一键换刀”和“一键排爆”功能，这是智能排爆机器人凸显其排爆处置能力超凡脱俗之处。本章主要阐述了智能排爆机器人排爆工具子系统的功能设计与运动规划，对其进行了详细的结构设计和功能设置，着重对工具子系统中的关键部件——换装接头的性能进行了系统研究，既深入进行了换装接头直线运动轨迹规划及精度分析、换装接头圆弧运动轨迹规划及精度分析，又系统进行了换装接头直线运动速度规划及精度分析、换装接头圆弧运动速度规划及精度分析，为实现了工具子系统预期功能奠定了坚实基础。尤其是进行 S 形曲线速度规划以后，笛卡儿空间的直线轨迹的采样点为由密到疏再到密，在相等的采样时间间隔下，机械臂换装接头符合速度从 0 逐渐加速到最高速，然后保持匀速运动，最后逐渐减速到 0 的要求的运动规律，可以保证换装接头速度与加速度曲线变化平缓，符合机械臂驱动电动机的运动特性，可以保证机械臂在工具子系统各部件运动时的平稳与协调。本章还讨论了“一键入罐”的功能规划和动作实现问题，并进行了换装工具仿真性能试验。这些研究工作及其成果可为智能排爆机器人“一键换刀”“一键排爆”“一键入罐”功能的圆满实现提供理论、方法和技术的有力支持。

第 15 章

机器人串联式双机械臂运动学分析

为了提高排爆作业的智能性、精确性、协同性、适用性，智能排爆机器人采用主辅双机械臂配置方案，利用双机械臂的密切协同与相互支持，提高排爆作业的水平与效率。主辅机械臂均采用六自由度串联式机械臂。从本质上看，主辅机械臂都是由一系列连杆和关节组成，整个结构形成一条运动链，其末端的位置及姿态与各个关节角度之间构成了复杂的函数关系。运动学分析的目的是在忽略力和力矩的影响下，找到机器人末端位姿与关节角度之间相互映射的数学描述。运动学分析是研究机械臂所有运动控制问题的基础，主要包括两个方面的研究内容：①正运动学问题的研究；②逆运动学问题的研究。

所谓正运动学问题研究是指在已知机械臂关节变量的前提下，计算机械臂末端在操作空间内所处的位姿；相反，逆运动学问题研究是指根据机械臂末端位姿信息反求该状态下关节空间内所对应的关节角度，两者的关系如图 15. 1 所示。

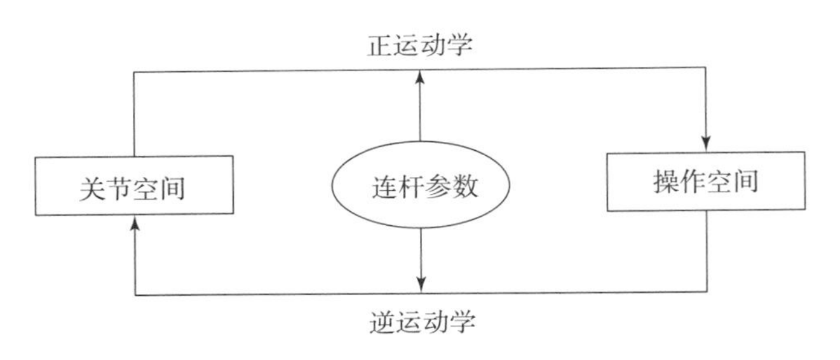

图 15. 1　正、逆运动学关系

15. 1　机械臂运动学分析的目的与意义

为了求解机械臂的正、逆运动学问题，首先必须建立有效的运动学模型。1955 年，Denavit 和 Hartenberg 联合提出 D – H 法，该方法可用于描述串联式机器人连杆和关节间的几何关系。[116] 由于其简单易用，且适用性强，所以现在已经成为机器人运动学建模的一种标准方法。

15. 1. 1　机械臂 D – H 建模方法

根据参数约定不同，D – H 法可分为标准 D – H 法和改进 D – H 法，但两者其实并无本质差别。出于研究智能排爆机器人机械臂子系统的具体需要，本研究将采用标准 D – H 法，即每个连杆坐标系被固定于该连杆的远端（即靠近后一个连杆）。

根据文献［116］所述 D－H 建模法，首先建立各连杆坐标系，如图 15.2 所示。在图 15.2 中，假设关节 $i-1$ 和关节 i 由连杆 $i-1$ 连接，关节 i 和关节 $i+1$ 由连杆 i 连接，令坐标系 i 与连杆 i 固连，且其原点位于关节 $i+1$ 的轴上。则连杆坐标系 i 的建立过程如下：

（1）确定 z_i 轴。对于转动关节，沿关节 $i+1$ 的旋转轴线方向定义坐标轴 z_i；对于移动关节，沿关节 $i+1$ 的平移方向定义轴 z_i。

（2）确定原点 O_i 及 x_i 轴。若关节 i 与关节 $i+1$ 轴线异面，将原点 O_i 定义为轴 z_i-1 和 z_i 的公垂线与轴 z_i 的交点。过原点 O_i，且沿轴 z_i-1 和 z_i 的公垂线方向选择轴 x_i，方向由关节 i 指向关节 $i+1$；若关节 i 与关节 $i+1$ 轴线平行，由于轴 z_i-1 和 z_i 的公垂线与轴 z_i 的交点有无数个，此时确定原点 O_i 时需增加一个约束条件：点 O_i 通过 x_i-1 轴。此时，轴 x_i 的定义与轴线异面情况相同；若关节 i 与关节 $i+1$ 轴线相交，原点 O_i 为此两轴线的交点，轴 x_i 的定义也与轴线异面情况相同。

（3）确定 y_i 轴。根据右手定则确定轴 y_i。

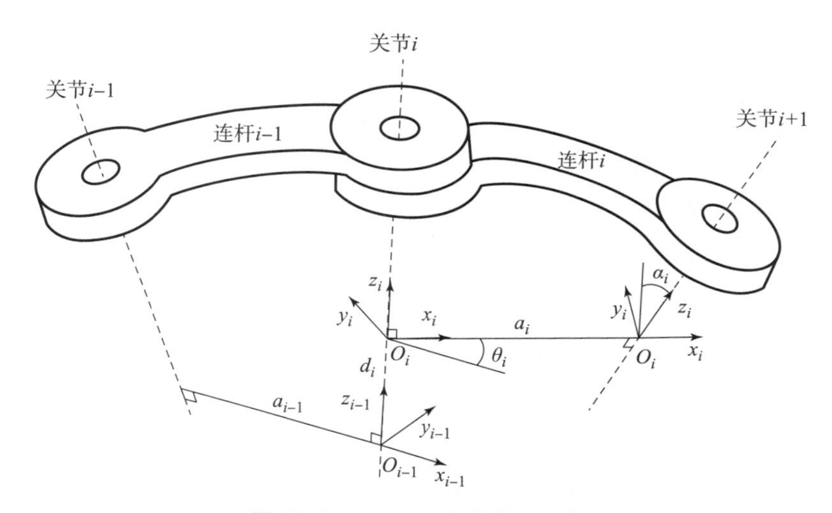

图 15.2　D－H 法参数关系示意

连杆坐标系 i 建立完成以后，连杆坐标系 i 相对于坐标系 $i-1$ 的位姿便可由以下 4 个参数完全描述：

θ_i：从轴 x_i-1 到轴 x_i 绕轴 z_i-1 旋转的角度，逆时针取正。

d_i：从轴 x_i-1 到轴 x_i 沿轴 z_i-1 的距离。

a_i：从轴 z_i-1 到轴 z_i 沿轴 x_i 的距离。

α_i：从轴 z_i-1 到轴 z_i 绕轴 x_i 旋转的角度，逆时针取正。

以上 4 个参数即为 D－H 参数，对于转动关节，关节变量为 θ_i；对于移动关节，关节变量为 d_i。由此，对于机器人中任意连杆坐标系 i，可由坐标系 $i-1$ 经过基本的旋转和平移变换得到：先绕 z_i-1 轴旋转 θ_i，再沿 z_i-1 轴移动 d_i，再沿 x_i 轴移动 a_i，最后绕 x_i 轴转动 α_i。转化为数学形式，即连杆坐标系 i 相对于坐标系 $i-1$ 的齐次变换矩阵可表示为 4 个齐次变换矩阵的右乘形式：

$$ {}_{i}^{i-1}\boldsymbol{T} = \boldsymbol{R}\mathrm{ot}(z_{i-1},\theta_i)\boldsymbol{T}\mathrm{rans}(0,0,d_i)\boldsymbol{T}\mathrm{rans}(a_i,0,0)\boldsymbol{R}\mathrm{ot}(x_i,\alpha_i) $$

$$
= \begin{bmatrix} \cos\theta_i & -\sin\theta_i & 0 & 0 \\ \sin\theta_i & \cos\theta_i & 0 & 0 \\ 0 & 0 & 1 & 0 \\ 0 & 0 & 0 & 1 \end{bmatrix} \begin{bmatrix} 1 & 0 & 0 & 0 \\ 0 & 1 & 0 & 0 \\ 0 & 0 & 1 & d_i \\ 0 & 0 & 0 & 1 \end{bmatrix} \begin{bmatrix} 1 & 0 & 0 & a_i \\ 0 & 1 & 0 & 0 \\ 0 & 0 & 1 & 0 \\ 0 & 0 & 0 & 1 \end{bmatrix} \begin{bmatrix} 1 & 0 & 0 & 0 \\ 0 & \cos\alpha_i & -\sin\alpha_i & 0 \\ 0 & \sin\alpha_i & \cos\alpha_i & 0 \\ 0 & 0 & 0 & 1 \end{bmatrix} \tag{15.1}
$$

经过化简，可得

$$
{}_{i}^{i-1}\boldsymbol{T} = \begin{bmatrix} \cos\theta_i & -\sin\theta_i\cos\alpha_i & \sin\theta_i\sin\alpha_i & a_i\cos\theta_i \\ \sin\theta_i & \cos\theta_i\cos\alpha_i & -\cos\theta_i\sin\alpha_i & a_i\sin\theta_i \\ 0 & \sin\alpha_i & \cos\alpha_i & d_i \\ 0 & 0 & 0 & 1 \end{bmatrix} \tag{15.2}
$$

对于具有 n 个自由度的机械臂，从其基座至末端依次建立各连杆坐标系，则末端相对于基座坐标系的齐次变换矩阵为

$$
{}_{n}^{0}\boldsymbol{T} = {}_{1}^{0}\boldsymbol{T} \cdot {}_{2}^{1}\boldsymbol{T} \cdots {}_{i}^{i-1}\boldsymbol{T} \cdots {}_{n}^{n-1}\boldsymbol{T} \tag{15.3}
$$

15.1.2 六自由度串联式机械臂运动学模型

如图 15.3 所示，项目组将以此种结构形式的六自由度串联式机械臂为研究对象，其基本几何构型同 UR5 型机械臂类似。该机械臂相邻连杆间均由转动关节进行连接，相比于多数传统六自由度机械臂，该结构类型的机械臂具有更强的灵活性。此外，更为关键的是，由于此构型机械臂的第二、三、四关节的轴线相互平行，满足 Pieper 准则，故其运动学逆解具有封闭解形式，更加适合项目组关于智能排爆机器人运动控制问题的研究。

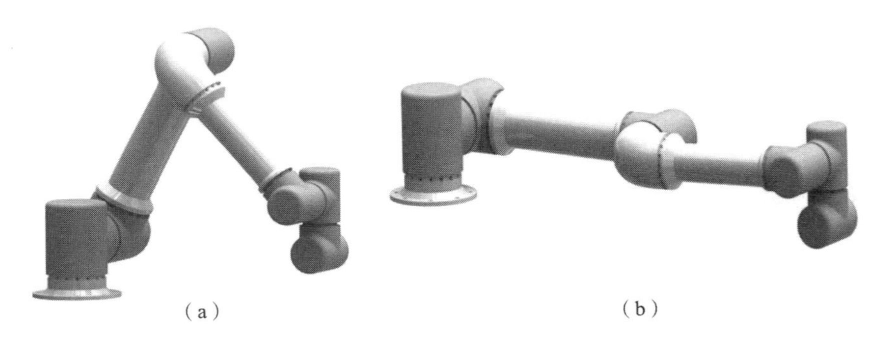

（a） （b）

图 15.3 六自由度串联式机械臂几何构型

（a）机械臂运动位；（b）机械臂初始 0 位

采用图 15.3（b）所示机械臂的位姿作为机械臂初始 0 位，利用 D－H 法建立此构型六自由度机械臂的运动学模型。图 15.4 为所建立的各连杆坐标系并标明了不为 0 的 D－H 参数，其中下标为 0 的坐标系为基坐标系。为了便于后续理论的研究及相关算法的仿真验证，在此给定一组六自由度机械臂的 D－H 参数，如表 15.1 所示。

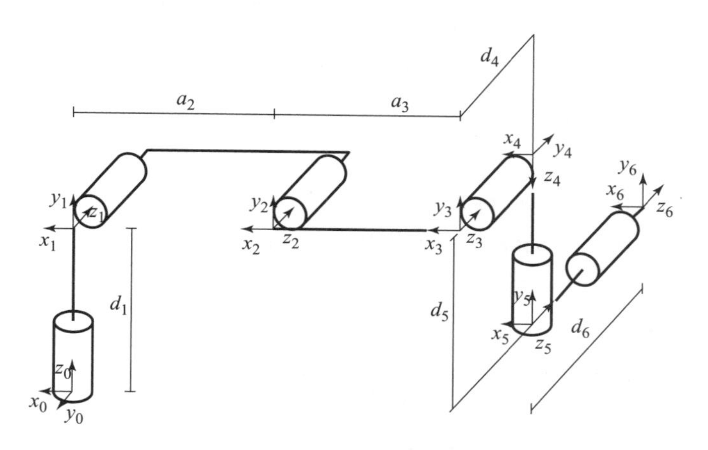

图 15.4　六自由度机械臂各连杆坐标系

表 15.1　六自由度机械臂 D－H 参数

i	α_i/rad	a_i/mm	d_i/mm	θ_i
1	π/2	0	113. 5	θ_1
2	0	－425	0	θ_2
3	0	－374. 9	0	θ_3
4	π/2	0	92. 8	θ_4
5	－π/2	0	110. 3	θ_5
6	0	0	56. 8	θ_6

15. 2　机械臂正逆运动学分析

机械臂的运动学包括正运动学和逆运动学，其雅可比矩阵代表速度级的正逆运动学问题求解，因此将对其展开具体研究。

15. 2. 1　机械臂运动学正解

机械臂正运动学是已知机械臂关节变量的情况下求解其末端位姿，对于项目组研究的智能排爆机器人主、辅六自由度机械臂来说，关节变量 $\boldsymbol{q} = [\theta_1, \theta_2, \theta_3, \theta_4, \theta_5, \theta_6]^{\mathrm{T}}$，基坐标系下的末端位姿可采用齐次变换矩阵 $\boldsymbol{T}$ 表示。所以，根据表 15.1 中机械臂的 D－H 参数，并结合式（15.2），可得出相邻坐标系间的变换矩阵：

$$
{}^{0}_{1}\boldsymbol{T} = \begin{bmatrix} \cos(\theta_1) & 0 & \sin(\theta_1) & 0 \\ \sin(\theta_1) & 0 & -\cos(\theta_1) & 0 \\ 0 & 1 & 0 & d_1 \\ 0 & 0 & 0 & 1 \end{bmatrix} \quad {}^{1}_{2}\boldsymbol{T} = \begin{bmatrix} \cos(\theta_2) & -\sin(\theta_2) & 0 & a_2\cos(\theta_2) \\ \sin(\theta_2) & \cos(\theta_2) & 0 & a_2\sin(\theta_2) \\ 0 & 0 & 1 & 0 \\ 0 & 0 & 0 & 1 \end{bmatrix}
$$

$$
{}_3^2\boldsymbol{T} = \begin{bmatrix} \cos(\theta_3) & -\sin(\theta_3) & 0 & a_3\cos(\theta_3) \\ \sin(\theta_3) & \cos(\theta_3) & 0 & a_3\sin(\theta_3) \\ 0 & 0 & 1 & 0 \\ 0 & 0 & 0 & 1 \end{bmatrix} \quad {}_4^3\boldsymbol{T} = \begin{bmatrix} \cos(\theta_4) & 0 & \sin(\theta_4) & 0 \\ \sin(\theta_4) & 0 & -\cos(\theta_4) & 0 \\ 0 & 1 & 0 & d_4 \\ 0 & 0 & 0 & 1 \end{bmatrix}
$$

$$
{}_5^4\boldsymbol{T} = \begin{bmatrix} \cos(\theta_5) & 0 & -\sin(\theta_5) & 0 \\ \sin(\theta_5) & 0 & \cos(\theta_5) & 0 \\ 0 & -1 & 0 & d_5 \\ 0 & 0 & 0 & 1 \end{bmatrix} \quad {}_6^5\boldsymbol{T} = \begin{bmatrix} \cos(\theta_6) & -\sin(\theta_6) & 0 & 0 \\ \sin(\theta_6) & \cos(\theta_6) & 0 & 0 \\ 0 & 0 & 1 & d_6 \\ 0 & 0 & 0 & 1 \end{bmatrix} \tag{15.4}
$$

代入式（15.3），最终得到该六自由度机械臂的正运动学方程：

$$
\boldsymbol{T} = {}_1^0\boldsymbol{T} \cdot {}_2^1\boldsymbol{T} \cdot {}_3^2\boldsymbol{T} \cdot {}_4^3\boldsymbol{T} \cdot {}_5^4\boldsymbol{T} \cdot {}_6^5\boldsymbol{T} = \begin{bmatrix} n_x & o_x & a_x & p_x \\ n_y & o_y & a_y & p_y \\ n_z & o_z & a_z & p_z \\ 0 & 0 & 0 & 1 \end{bmatrix} \tag{15.5}
$$

其中，

$$
\begin{aligned}
n_x &= c_6(s_{15} - s_{23}c_{145} - c_{12345} + c_{125}s_{34} + c_{135}s_{24}) - s_6(s_3c_{124} + c_{134}s_2 - c_1s_{234} - s_4c_{123}) \\
n_y &= -c_6(s_5c_1 + s_{123}c_{45} - c_{2345}s_1 + s_{134}c_{25} + c_{35}s_{124}) - s_6(s_{13}c_{24} + c_{34}s_{12} - s_{1234} - c_{23}s_{14}) \\
n_z &= s_6(c_{234} - s_{23}c_4 - s_{34}c_2 + c_3s_{24}) + c_{56}(c_{24}s_3 + c_{34}s_2 + s_4c_{23} - s_{234}) \\
o_x &= -s_6(s_{15} - s_{235}c_{14} - c_{12345} + c_{125}s_{34} + c_{135}s_{24}) - c_6(c_{124}s_3 + s_2c_{134} - c_1s_{234} - s_4c_{123}) \\
o_y &= s_6(s_5c_1 + s_{1234}c_5 - c_{234}s_{15} + s_{1345}c_2 + c_{35}s_{124}) - c_6(s_{13}c_{24} + c_{34}s_{12} - s_{1234} - c_{23}s_{14}) \\
o_z &= c_6(c_{234} - s_{23}c_4 - s_{34}c_2 + c_3s_{24}) - c_5s_6(c_{24}s_3 + c_{34}s_2 + c_{23}s_4 - s_{234}) \\
a_x &= s_1c_5 + c_{14}s_{235} - s_5c_{1234} + c_{12}s_{345} + c_{13}s_{245} \\
a_y &= s_5(s_{123}c_4 - s_1c_{234} + c_2s_{134} + c_3s_{124}) - c_{15} \\
a_z &= -s_{35}c_{24} - c_{34}s_{25} - c_{23}s_{45} + s_{2345} \\
p_x &= s_1c_5 + s_5(s_{23}c_{14} - c_{1234} + c_{12}s_{34} + c_{13}s_{24}) \\
p_y &= s_5(s_{123}c_4 - s_1c_{234} + c_2s_{134} + c_3s_{124}) - c_{15} \\
p_z &= -s_5(s_3c_{24} + c_{34}s_2 + s_4c_{25} - s_{234})
\end{aligned} \tag{15.6}
$$

式中，s_i 和 c_i 分别表示 $\sin\theta_i$ 和 $\cos\theta_i$；s_{ij} 和 c_{ij} 分别表示 $\sin(\theta_i+\theta_j)$ 和 $\cos(\theta_i+\theta_j)$，以此类推（下同）。所以对于任意给定的一组关节角 q，可求解出唯一的变换矩阵 $\boldsymbol{T}$。

15.2.2 机械臂运动学逆解

在实际应用中，例如在智能排爆机器人执行拆卸爆炸物过程中，往往要求机械臂能够以某一特定位姿准确到达某一点，而要实现该要求，就需要根据已知的机械臂末端位姿来解算该状态下的机械臂各个关节角度，所以与正运动学相比，机械臂的运动学逆解问题更加具有现实意义与实用价值。[117]然而，相比正运动学，逆运动学求解过程却复杂得多，原因如下。

（1）求解的方程通常是非线性的，所以很可能无法找到封闭形式解。

（2）可能存在多重解，例如对于无关节限位的六自由度机械臂来说通常有 16 个解。

（3）可能有无穷多解，例如当机械臂存在运动学冗余的情况下。

（4）可能不存在可行解。逆运动学求解方法主要包括数值法和解析法。相比解析法，数值迭代求解的方式更加具有普适性，可用于所有的运动学结构，例如它可用于任意自由度机械臂在不存在封闭解时或当机械臂处于奇异构型时的逆运动学求解。但是，由于其计算效率低下，且无法得到全部可行解，而且最终收敛结果依赖于初始值的选取，因此在实际应用中，通常只针对特定几何构型的机械臂才使用解析法来进行逆运动学求解。解析法中又包括几何法和代数法，由于本项目组研究的六自由度串联式机械臂满足 Pieper 准则，具有封闭解形式，故采用代数法来求解其逆运动学问题。[118]

于是，可按以下步骤对求解过程中的两个问题进行计算，以简化求解过程：

（1）由于传统的反正切函数 $\arctan(y/x)$ 的值域为 $[-\pi/2, \pi/2]$，而六自由度机械臂每个关节的运动范围均为 $[-\pi, \pi]$，为了保证解的完备性，因此采用四象限反正切函数 $\arctan2(y, x)$，该函数值域为 $[-\pi, \pi]$。

（2）采用代数法进行机器人的逆运动学求解时经常会遇到超越方程的计算，所以对于式（15.7）所示方程，先进行求解：

$$-\sin(\theta)k_1 + \cos(\theta)k_2 = l \tag{15.7}$$

式中，k_1、k_2、l 均为常数；θ 为待求未知量。进行三角恒等变换，令

$$k_1 = \rho\cos(\phi), k_2 = \rho\sin(\phi) \tag{15.8}$$

上述公式中，

$$\rho = \sqrt{k_1^2 + k_2^2}, \phi = \arctan2(k_2, k_1) \tag{15.9}$$

代入式（15.7）中，可有

$$\sin(\phi)\cos(\theta) - \cos(\phi)\sin(\theta) = \frac{1}{\rho} \tag{15.10}$$

即有

$$\sin(\phi - \theta) = \frac{1}{\rho} \tag{15.11}$$

由此可得

$$\phi - \theta = \arctan1\left(\frac{1}{\rho}, \pm\sqrt{1 - \frac{l^2}{\rho^2}}\right) \tag{15.12}$$

最终可得

$$\theta = \arctan2(k_2, k_1) - \arctan2(l, \pm\sqrt{k_1^2 + k_2^2 - l^2}) \tag{15.13}$$

式中，$k_1^2 + k_2^2 - l^2 \geqslant 0$。

根据以上两点说明，接下来便可进行机械臂的逆运动学求解。已知机械臂在基坐标系下的末端位姿矩阵 $\boldsymbol{T}$，由式（15.3）可得

$${}_1^0\boldsymbol{T}^{-1} \cdot \boldsymbol{T} \cdot {}_6^5\boldsymbol{T}^{-1} = {}_2^1\boldsymbol{T} \cdot {}_3^2\boldsymbol{T} \cdot {}_4^3\boldsymbol{T} \cdot {}_5^4\boldsymbol{T} = {}_5^1\boldsymbol{T} \tag{15.14}$$

其中，

$${}_0^1\boldsymbol{T}^{-1} = \begin{bmatrix} c_1 & s_1 & 0 & 0 \\ 0 & 0 & 1 & -d_1 \\ s_1 & -c_1 & 0 & 0 \\ 0 & 0 & 0 & 1 \end{bmatrix} \tag{15.15}$$

$$ {}^{5}_{6}\boldsymbol{T}^{-1} = \begin{bmatrix} c_6 & s_6 & 0 & 0 \\ -s_6 & c_6 & 0 & 0 \\ 0 & 0 & 1 & -d_6 \\ 0 & 0 & 0 & 1 \end{bmatrix} \tag{15.16} $$

也可求得

$$ {}^{1}_{5}\boldsymbol{T} = \begin{bmatrix} c_{234}c_5 & -s_{234} & -s_5 c_{234} & a_3 c_{23} + a_2 c_2 + d_5 s_{234} \\ s_{234}c_5 & c_{234} & -s_{234}s_5 & a_3 s_{23} + a_2 s_2 - d_5 c_{234} \\ s_5 & 0 & c_5 & d_4 \\ 0 & 0 & 0 & 1 \end{bmatrix} \tag{15.17} $$

（1）求解 θ_1。将式（15.15）~式（15.17）代入式（15.14），根据第3行第4列对应相等的关系，可有

$$ -p_y c_1 + d_6(a_y c_1 - a_x s_1) + p_x s_1 = d_4 \tag{15.18} $$

即有

$$ (d_6 a_y - p_y)c_1 - (a_x d_6 - p_x)s_1 = d_4 \tag{15.19} $$

设

$$ \begin{cases} m_1 = d_6 a_y - p_y \\ n_1 = a_x d_6 - p_x \end{cases} \tag{15.20} $$

因此有

$$ m_1 c_1 - n_1 s_1 = d_4 \tag{15.21} $$

由式（15.13）可得

$$ \theta_1 = \arctan2(m_1, n_1) - \arctan2(d_4, \pm\sqrt{m_1^2 + n_1^2 - d_4^2}) \tag{15.22} $$

式中，$m_1^2 + n_1^2 - d_4^2 > 0$。

（2）求解 θ_5：由式（15.14）第3行第3列对应相等，可有

$$ a_x s_1 - a_y c_1 = c_5 \tag{15.23} $$

同理可得

$$ \theta_5 = \pm\arccos(a_x s_1 - a_y c_1) \tag{15.24} $$

式中，$a_x s_1 - a_x c_1 \leqslant 1$。

（3）求解 θ_6。由式（15.14）第3行第1列对应相等，可有

$$ s_6(o_y c_1 - o_x s_1) - c_6(n_y c_1 - n_x s_1) = s_5 \tag{15.25} $$

设

$$ \begin{cases} m_2 = n_x s_1 - n_y c_1 \\ n_2 = o_x s_1 - o_y c_1 \end{cases} \tag{15.26} $$

于是有

$$ m_2 c_6 - n_2 s_6 = s_5 \tag{15.27} $$

由式（15.13）可得

$$ \theta_6 = \arctan2(m_2, n_2) - \arctan2(s_5, \pm\sqrt{m_2^2 + n_2^2 - s_5^2}) \tag{15.28} $$

可得上式中：

$$m_2^2 + n_2^2 - s_5^2 = 0 \tag{15.29}$$

因此求得

$$\theta_6 = \arctan2(m_2, n_2) - \arctan2(s_5, 0) = \arctan2\left(\frac{m_2}{s_5}, \frac{n_2}{s_5}\right) \tag{15.30}$$

其中 $s_5 \neq 0$ 。对于机械臂的第 2、3、4 轴来说，由于它们彼此相互平行，因此可将式（15.30）做以下变换：

$$ {}_1^0\boldsymbol{T}^{-1} \cdot \boldsymbol{T} \cdot {}_6^5\boldsymbol{T}^{-1} \cdot {}_5^4\boldsymbol{T}^{-1} = {}_2^1\boldsymbol{T} \cdot {}_3^2\boldsymbol{T} \cdot {}_4^3\boldsymbol{T} \tag{15.31}$$

可求得上式左侧为

$$ {}_1^0\boldsymbol{T}^{-1} \cdot \boldsymbol{T} \cdot {}_6^5\boldsymbol{T}^{-1}{}_5^4\boldsymbol{T}^{-1} = \begin{bmatrix} h_{11} & h_{12} & h_{12} & h_{12} \\ h_{21} & h_{22} & h_{23} & h_{24} \\ h_{31} & h_{32} & h_{33} & h_{34} \\ 0 & 0 & 0 & 1 \end{bmatrix} \tag{15.32}$$

其中，

$$\begin{aligned}
h_{11} &= -c_5(s_6(c_1o_x + s_1o_y) - c_6(c_1n_x + s_1n_y)) - s_5(a_xc_1 + a_ys_1) \\
h_{12} &= c_5(c_1a_x + s_1a_y) - s_5(s_6(o_xc_1 + o_ys_1) - c_6(n_xc_1 + n_ys_1)) \\
h_{13} &= -s_6(n_xc_1 + n_ys_1) - c_6(o_xc_1 + o_ys_1) \\
h_{14} &= d_5(s_6(c_1n_x + s_1n_y) + c_6(c_1o_x + s_1o_y)) - d_5(a_xc_1 + a_ys_1) + p_xc_1 + p_ys_1 \\
h_{21} &= c_5(c_6n_z - s_6o_z) - a_zs_5 \\
h_{22} &= s_5(c_6n_z - s_6o_z) + a_zs_5 \\
h_{23} &= -o_zc_6 - n_zs_6 \\
h_{24} &= p_z - d_1 - d_6a_z + d_5(c_6o_z + s_6n_z) \\
h_{31} &= c_5(s_6(c_1o_y - s_1o_x) - c_6(n_yc_1 - n_xs_1)) + s_5(a_yc_1 - a_xs_1) \\
h_{32} &= s_5(s_6(c_1o_y - s_1o_x) - c_6(n_yc_1 - n_xs_1)) - c_5(a_yc_1 - a_xs_1) \\
h_{33} &= s_6(c_1n_y - s_1n_x) + c_6(c_1o_y - s_1o_x) \\
h_{34} &= d_6(c_1a_y - s_1a_x) - d_5(s_6(n_yc_1 - n_xs_1) + c_6(c_1o_y - s_1o_x)) - p_yc_1 + p_xs_1
\end{aligned} \tag{15.33}$$

式（15.31）右侧为

$$ {}_2^1\boldsymbol{T} \cdot {}_3^2\boldsymbol{T} \cdot {}_4^3\boldsymbol{T} = {}_4^1\boldsymbol{T} = \begin{bmatrix} c_{234} & 0 & s_{234} & c_{23}a_3 + c_2a_2 \\ s_{234} & 0 & -c_{234} & s_{23}a_3 + s_2a_2 \\ 0 & 1 & 0 & d_4 \\ 0 & 0 & 0 & 1 \end{bmatrix} \tag{15.34}$$

（4）求解 θ_3。由式（15.32）第 1 行第 4 列和第 2 行第 4 列分别对应相等，可有

$$d_5(s_6(c_1n_x + s_1n_y) + c_6(c_1\, o_x + s_1\, o_y)) - d_5(a_xc_1 + a_ys_1) + p_xc_1 + p_ys_1 = c_{23}a_3 + c_2a_2 \tag{15.35}$$

$$p_z - d_1 - d_6a_z + d_5(c_6\, o_z + s_6n_z) = s_{23}a_3 + s_2a_2 \tag{15.36}$$

将式（15.35）、式（15.36）中等号左侧分别设为 m_3、n_3，于是可有

$$\begin{cases} m_3 = d_5(s_6(c_1n_x + s_1n_y) + c_6(c_1\, o_x + s_1\, o_y)) - d_5(a_xc_1 + a_ys_1) + p_xc_1 + p_ys_1 \\ n_3 = p_z - d_1 - d_6a_z + d_5(c_6\, o_z + s_6n_z) \end{cases} \tag{15.37}$$

即有

$$\begin{cases} m_3 = c_{23}a_3 + c_2a_2 \\ n_3 = s_{23}a_3 + s_2a_2 \end{cases} \tag{15.38}$$

由上式易得

$$m_3^2 + n_3^2 = a_2^2 + a_3^2 + 2a_2a_3(s_{23}s_2 + c_{23}c_2) \tag{15.39}$$

因为

$$s_2s_{23} + c_2c_{23} = c_3 \tag{15.40}$$

所以得到

$$\theta_3 = \pm \arccos\left(\frac{m_3^2 + n_3^2 - a_2^2 - a_3^2}{2a_2a_3}\right) \tag{15.41}$$

其中，$m_3^2 + n_3^2 < (a_2 + a_3)$。

（5）求解 θ_2。将式（15.38）中的 s_{23} 、c_{23} 展开，可有

$$\begin{cases} m_3 = (a_3c_3 + a_2)c_2 - a_3s_3s_2 \\ n_3 = (a_3c_3 + a_2)s_2 + a_3s_3c_2 \end{cases} \tag{15.42}$$

再将 θ_3 代入上式中，便可求得 θ_2 如下：

$$\theta_2 = \arctan2(s_2, c_2) \tag{15.43}$$

（6）求解 θ_4。由式（15.17）中的 ${}_5^1\boldsymbol{T}$ 第 1 行第 2 列和第 2 行第 2 列可得

$$\begin{cases} -s_{234} = -s_6(c_1n_x + s_1n_y) - c_6(c_1o_x + s_1o_y) \\ c_{234} = c_6o_z + s_6n_z \end{cases} \tag{15.44}$$

于是可得

$$\theta_2 + \theta_3 + \theta_4 = \arctan2(-s_6(c_1n_x + s_1n_y) - c_6(c_1o_x + s_1o_y), c_6o_z + s_6n_z) \tag{15.45}$$

最终可有

$$\theta_4 = \arctan2(-s_6(c_1n_x + s_1n_y) - c_6(c_1o_x + s_1o_y), c_6o_z + s_6n_z) - \theta_2 - \theta_3 \tag{15.46}$$

通过以上步骤将机械臂 $\theta_1 \sim \theta_6$ 6 个关节变量全部求出，同时还可以发现，在机械臂的肩关节、肘关节以及腕关节分别存在奇异构型。

（1）肩关节奇异构型。由式（15.22）可知，当 $m_1^2 + n_1^2 - d_4^2 = 0$ 时，θ_1 无法求解而导致奇异。通过分析可以了解到，此时机械臂关节 1 轴线与关节 5 和关节 6 的轴线交点共线，交叉点为腕关节的中心点。

（2）肘关节奇异构型。由式（15.41）可知，当 $m_3^2 + n_3^2 = (a_2 + a_3)^2$ 时，θ_3 无法求解而导致奇异。此时腕关节中心点与关节 2、关节 3 轴线共面时，肘关节无法移动。

（3）腕关节奇异构型。由式（15.30）可知，当 $s_5 = 0$ 时，θ_6 无法求解而导致奇异。此时关节 4 和关节 6 轴线平行。

至此，完成了该六自由度串联式机械臂的逆运动学求解。由上述过程可以看出，本研究求得的六自由度机械臂运动学逆解可能存在 8 组不同的值，因此必须根据实际需求进行最优解的选取。本研究后续涉及逆运动学时均采用路径最短的思想，也就是选取其中一组解使当前点至目标点的关节转动总量 F 值最小，即求解如下方程：

$$F = \min \sum_{i=1}^{n} \Delta\theta_i (i = 1, 2, 6) \tag{15.47}$$

15.3　机械臂运动学仿真

为了验证本文关于六自由度串联式机械臂正、逆运动学求解过程的正确性，项目组利用 MATLAB 及机器人工具箱 Robotics Toolbox 对其进行仿真验证。首先利用机器人工具箱创建机械臂模型对象，并利用图形化界面显示其末端位姿信息和各关节角度，如图 15.5 所示。然后分别设计机械臂正运动学和逆运动学的仿真验证方法，并根据本研究所推导的运动学方程编写相应程序。

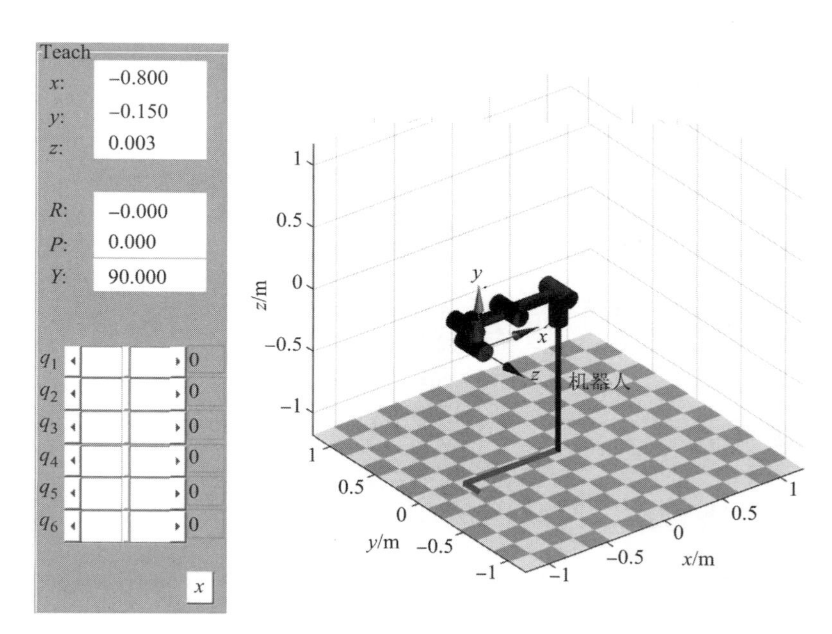

图 15.5　机器人工具箱创建的六自由度机械臂模型

15.3.1　正运动学仿真

任意选取机械臂关节空间内一组关节角度 q 以验证正运动学方程，分别利用本研究所推导的正运动学方程和 Robotics Toolbox 中的正运动学求解函数 fkine（）对 q 进行位姿解算，将所求结果进行对比，便可验证本研究推导的正运动学方程是否正确。

现取 $\boldsymbol{q}=[0,1,-2,1,1,1]^{\mathrm{T}}$，首先根据式（15.5）求得 $\boldsymbol{q}$ 所对应的齐次变换矩阵 $\boldsymbol{T}_q$ 如下：

$$\boldsymbol{T}_q=\begin{bmatrix} 0.2919 & -0.4546 & -0.8415 & -0.4800 \\ -0.4546 & 0.7081 & -0.5403 & -0.1235 \\ 0.8415 & 0.5403 & 0.0000 & -0.0390 \\ 0 & 0 & 0 & 1.0000 \end{bmatrix} \tag{15.48}$$

调用机器人工具箱进行图形化显示，此时可看到机械臂位姿如图 15.6（a）所示。随后，再调用机器人工具箱内的 fkine( ) 函数对 $\boldsymbol{q}$ 进行正运动学求解：

$$\boldsymbol{T}'_q=\text{Robot}\cdot\text{fkine}(\boldsymbol{q}) \tag{15.49}$$

其中，Robot 为所创建的机器人变量名称，所得结果为

$$T'_q = \begin{bmatrix} 0.2919 & -0.4546 & -0.8415 & -0.48 \\ -0.4546 & 0.7081 & -0.5403 & -0.1235 \\ 0.8415 & 0.5403 & 0.0000 & -0.0389 \\ 0 & 0 & 0 & 1 \end{bmatrix} \tag{15.50}$$

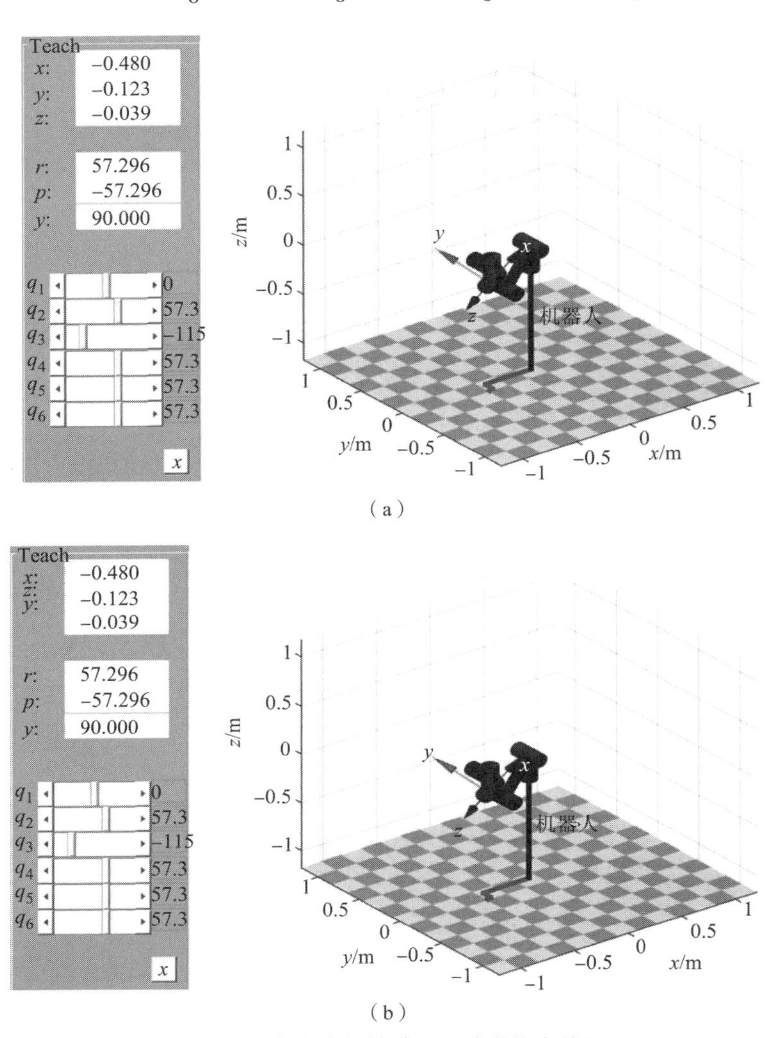

（a）

（b）

图 15.6　六自由度机械臂正运动学仿真效果图

（a）本研究推导的正运动学方程解算位姿；（b）机器人工具箱解算位姿

采用机器人工具箱内的 fkine( ) 函数进行仿真的相应图形化结果如图 15.6（b）所示。对比 T_q 与 T'_q 发现，在误差允许范围内，二者的仿真结果数值相等。同时仔细观察图 15.6（a）和图 15.6（b）中显示的机械臂位姿，也可以看到二者位姿相同，从而验证了本研究所推导的正运动学方程是正确的。

15.3.2　逆运动学仿真

项目组关于逆运动学的仿真方法设计如下。首先任意选取六自由度机械臂关节空间内一

组角度 $\boldsymbol{q}$ ，通过正运动学计算其变换矩阵 $\boldsymbol{T}_q$ ；然后利用本研究推导的逆运动学方程解算出该变换矩阵所对应的多组关节角 $\boldsymbol{q}_i(i=1,2,\cdots,8)$ ，对每组关节角再次进行正运动学求解，得出各组关节角分别对应的变换矩阵 $\boldsymbol{T}_{q_i}$ ；最终将 $\boldsymbol{T}_{q_i}$ 分别与 $\boldsymbol{T}_q$ 进行比较，若在误差允许范围内全部相等，则证明逆运动学算法正确。同样选取前述正运动学验证时使用的关节角 $\boldsymbol{q}=[0,1,-2,1,1,1]^{\mathrm{T}}$ ，故其变换矩阵也与式（15.48）相同。利用本研究推导的逆运动学方程求 $\boldsymbol{T}_q$ 的逆解，这里得出 8 组关节角度，如表 15.2 所示。

表 15.2　变换矩阵 $\boldsymbol{T}_q$ 对应的 8 组逆解

第 i 组	θ_1	θ_2	θ_3	θ_4	θ_5	θ_6
1	0	-0.805 2	2.000 0	-1.194 8	1.000 0	1.000 0
2	0	1.000 0	-2.000 0	1.000 0	1.000 0	1.000 0
3	0	-0.265 2	1.777 3	1.629 5	-1.000 0	-2.141 6
4	0	1.357 9	-1.777 3	-2.722 2	-1.000 0	-2.141 6
5	-2.718 6	1.783 7	1.777 3	-0.419 4	1.718 6	-2.141 6
6	-2.718 6	-2.876 4	-1.777 3	1.512 1	1.718 6	-2.141 6
7	-2.718 6	2.141 6	2.000 0	2.141 6	-1.718 6	1.000 0
8	-2.718 6	-2.336 4	-2.000 0	-1.946 8	-1.718 6	1.000 0

对 q 分别进行正运动学求解，可得出 8 组角度对应的变换矩阵 $\boldsymbol{T}_{q_i}$ ，各组值相等，且有

$$\boldsymbol{T}_{q_i}=\begin{bmatrix} 0.291\,9 & -0.454\,6 & -0.841\,5 & -0.480\,0 \\ -0.454\,6 & 0.708\,1 & -0.540\,3 & -0.123\,5 \\ 0.841\,5 & 0.540\,3 & 0.000\,0 & -0.039\,0 \\ 0 & 0 & 0 & 1.000\,0 \end{bmatrix} \tag{15.51}$$

即满足

$$\boldsymbol{T}_q=\boldsymbol{T}_{q_i}(i=1,2,\cdots,8) \tag{15.52}$$

为了便于观察，特别画出 8 组关节角度的仿真图形，如图 15.7 所示。由图 15.7 可以看到，8 组仿真结果描述的机械臂末端位姿完全相同。至此，验证了本研究所推导的六自由度串联式机械臂的逆运动学算法是正确的。

15.4　本章小结

本章根据智能排爆机器人主辅六自由度串联式机械臂的结构特点对其进行了运动学分析。首先利用 D－H 法完成了机械臂运动学模型的建立；在此模型的基础上，详细推导了机械臂的运动学正解和逆解，并完成了运动学逆解解算过程中奇异点问题的分析。本章还结合 MATLAB 及机器人工具箱分别设计了正运动学和逆运动学的仿真方法，并通过详细的数值仿真和结果分析，最终验证了本研究所推导的运动学方程的正确性。本章的研究工作为后续机械臂运动学标定及避障路径规划的研究提供了理论支撑及技术依托。

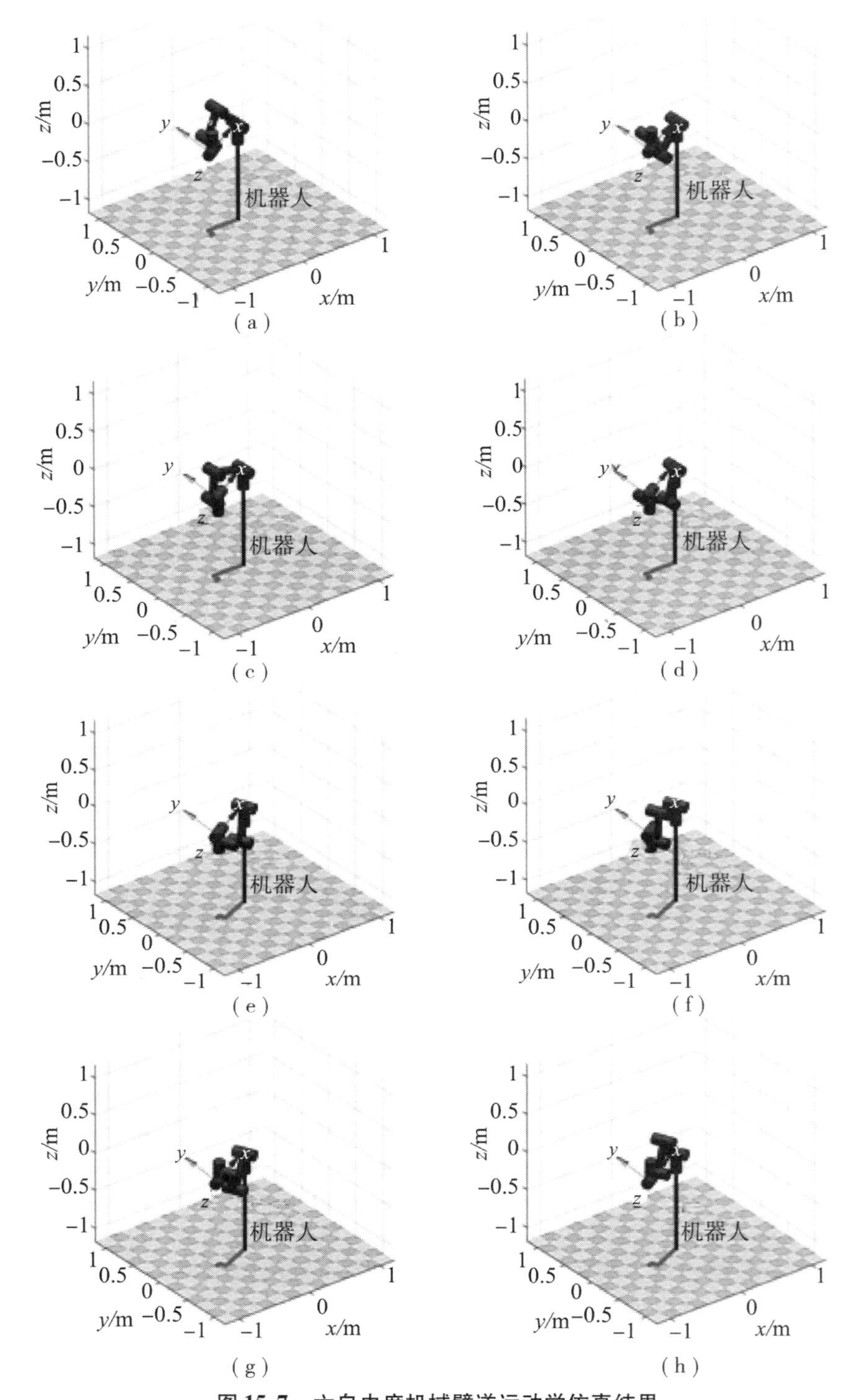

图 15.7　六自由度机械臂逆运动学仿真结果

(a) 第 1 组机械臂末端位姿仿真；(b) 第 2 组机械臂末端位姿仿真；(c) 第 3 组机械臂末端位姿仿真；(d) 第 4 组机械臂末端位姿仿真；(e) 第 5 组机械臂末端位姿仿真；(f) 第 6 组机械臂末端位姿仿真；(g) 第 7 组机械臂末端位姿仿真；(h) 第 8 组机械臂末端位姿仿真

第 16 章

机器人串联式双机械臂运动学标定

随着机器人智能化水平的提升，其工作方式早已不局限于简单的示教再现，复杂的离线编程任务已逐渐成为目前机器人业界的主流。由于机器人的绝对定位精度比较低，所获得的实际位姿无法保证机器人具有足够的准确性和真实性，所以为了提高项目组研发的智能排爆机器人主辅机械臂在排爆作业中的绝对定位精度，以保证后续机械臂碰撞检测和路径规划算法等的可靠性，本章将对智能排爆机器人的主辅机械臂进行运动学标定。

16.1　智能排爆机器人运动学标定系统整体框架

所谓机器人运动学标定，是指通过机器人末端位姿的一系列量测数据，以获得其运动学参数的精确估计，从而确定机器人关节变量与机器人末端在操作空间内真实位姿之间更为精确的函数关系。[119]因此，在运动学标定过程中，不容许对机器人的结构几何参数作出直接测量，而是从误差源与机器人末端位姿误差之间的固有函数规律出发，利用精密仪器测得机器人多点处的位姿误差，再应用各类参数辨识方法求解出各误差值的大小，最后将这些求得的误差值补偿到机器人控制器中的名义运动学参数中。

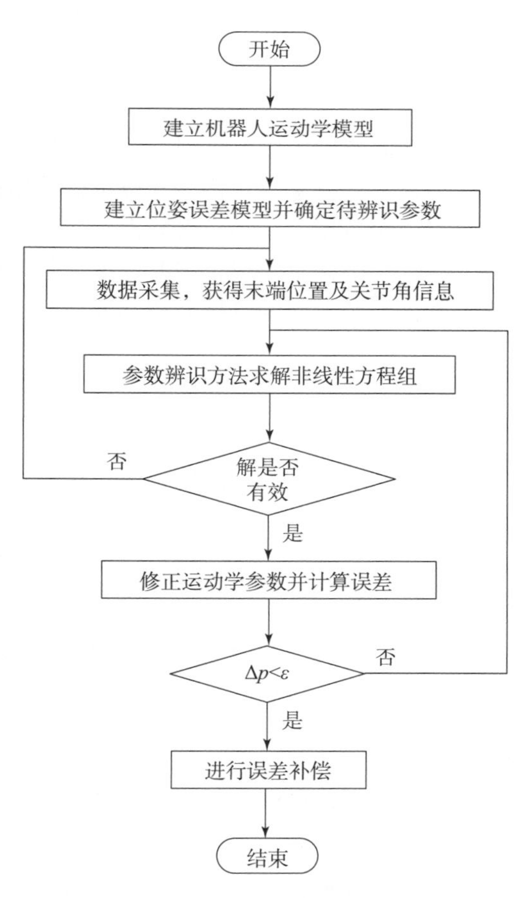

图 16.1　传统机器人运动学标定流程

传统机器人运动学标定流程如图 16.1 所示，通常由 4 个关键环节组成：建立模型、位姿测量、参数辨识以及误差补偿。这 4 个关键环节具体说明如下。

（1）首先对机器人进行运动学建模，得到名义运动学参数；然后基于微分变换的思想建立机器人几何误差模型，如位置误差模型、相对距离误差模型、距离平方差误差模型等。[120]

（2）利用激光跟踪仪等设备构建世界坐标系、机器人基坐标系以及工具坐标系等测量系统所需坐标系，然后在机器人工作空间内尽量均匀地选取一定数量的点作为数据采集点，并将其作为机器人工具中心点（或工具坐标系原点，TCP）的各理论位置，并利用激光跟踪仪测量在每一点 TCP 的实际位置。

（3）根据所建立的误差模型、机器人名义运动学参数、各点位置的理论值以及测量值等，利用最小二乘法等参数辨识方法对参数误差进行求解。

（4）将辨识出的参数误差补偿到机器人控制器中的名义运动学参数中，最终提高机器人的绝对定位精度。

16.2 双串联式机械臂几何误差建模

对于机械臂运动学标定来说，建立机械臂运动学模型和误差模型是基本前提，所以本节在分析影响机械臂位姿误差来源的基础上，首先建立能够满足标定的六自由度机械臂运动学模型，并根据微分变换关系来推导机械臂的位置误差模型。[121]

16.2.1 误差来源分析

影响机械臂末端位姿精度的因素很多，根据误差来源不同，可以分为外部误差和内部误差。外部误差是由机械臂外界环境影响所产生的位姿误差，例如电压波动、外部温度和湿度的变化、周围设备的振动和干扰等。[123] 内部误差则是指机械臂自身的内部结构参数所存在的误差，主要包括：机械臂运动学参数误差，连杆的受力、受热变形，机械臂运动过程中产生的摩擦等。

在不同环境中，各类误差因素对机械臂定位精度的影响程度是不同的。而实际上若要将这些因素都进行考虑，将会导致机械臂误差模型变得非常复杂，这就将使标定过程变得十分困难。由于机械臂运动学参数误差对末端位姿精度影响程度最大，约占 80%，因此对于机械臂的运动学标定来说，主要考虑的是几何参数的标定，如图 16.2 所示。图 16.2 为因运动学参数误差所引起的机械臂相邻连杆坐标系之间的位姿误差。

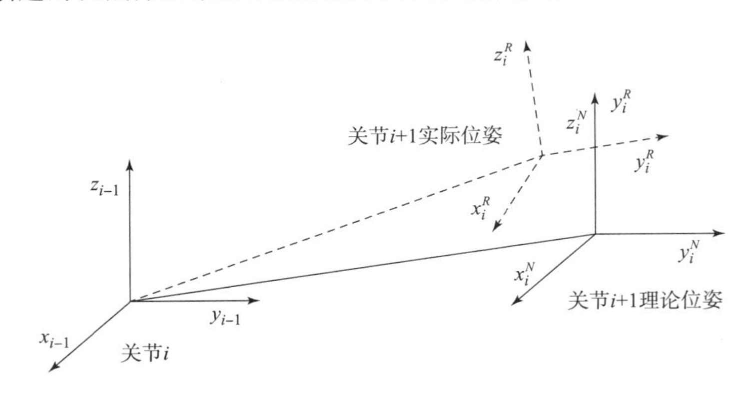

图 16.2　相邻连杆坐标系参数误差

串联式机械臂的几何参数误差主要包括关节转角误差 $\Delta\theta_i$ 、连杆偏置误差 Δd_i、连杆长度误差 Δa_i 、连杆扭角误差 $\Delta\alpha_i$ 等。[123] 这几类参数误差中，$\Delta\theta_i$ 为编码器的实际零位与理论零位之间存在偏差所造成的转角零位误差；Δd_i 和 Δa_i 是由于机械臂的各个连杆制造和装配精度而导致的误差；$\Delta\alpha_i$ 是由于机械臂相邻关节轴线间的平行度及垂直度无法达到偏差为零

而形成的误差，因此相应实际参数可以修正为

$$\begin{cases} \theta_i' = \theta_i + \Delta\theta_i, d_i' = \mathrm{d}_i + \Delta d_i \\ a_i' = a_i + \Delta a_i, \alpha_i' = \alpha_i + \Delta\alpha_i \end{cases} \tag{16.1}$$

当前，学界针对各类几何误差的敏感性研究已有大量成果，通过对这些成果的分析，可知对于关节转角误差 $\Delta\theta_i$ 和连杆扭角误差 $\Delta\alpha_i$，相应关节轴线距机械臂末端越远，那么最终在末端所导致的位姿偏差也就越大；至于连杆长度误差 Δa_i 及连杆偏置误差 Δd_i，对末端位姿的影响则只与误差的值有关，而不会由于与机械臂末端距离的不同而改变。串联式机械臂的运动学标定，本质就是通过辨识这些关节和连杆相关参数误差，完成机械臂末端位姿补偿以提高精度的过程。

16.2.2　修正的运动学模型——MD－H 模型

在第 15 章中，项目组采用 D－H 模型对六自由度机械臂进行了运动学分析，但在该模型下，若相邻关节平行就会导致存在奇异问题和参数突变问题。由于 D－H 模型中需要根据两关节轴线的公法线确定连杆坐标系及几何参数，而实际中相邻关节轴线之间是很难实现完全平行的，相邻轴线间的微小夹角都会使两轴公法线位置产生很大的偏差，从而使运动学参数突变。也就是说，D－H 模型没有考虑机械臂相邻关节轴线名义上平行而实际上并不平行的特殊情况。

为了解决这个问题，研究人员提出了很多机器人建模方法并将其用于运动学研究。目前使用最多的是 MD－H 模型。该模型是通过在经典 D－H 模型基础上增加绕 y 轴转动的一个旋转参数 β_i 而成，其定义为：从轴 z_{i-1} 到轴 z_i 绕轴 y_i 旋转的角度，逆时针取正。[124] 当相邻关节轴线平行时，定义 $\beta_i \neq 0$，$d_i = 0$；当相邻关节轴线不平行时，定义 $\beta_i = 0$。即在平行关节处采用 MD－H 建模，其余关节处定义与 D－H 模型相同。于是，可得到相应的齐次变换矩阵为

$$\begin{aligned} {}^{i-1}_{i}\boldsymbol{T} &= \mathrm{Rot}(z_{i-1},\theta_i)\mathrm{Trans}(0,0,d_i)\mathrm{Trans}(a_i,0,0)\mathrm{Rot}(x_i,\alpha_i)\mathrm{Rot}(y_i,\beta_i) \\ &= \begin{bmatrix} c\theta_i c\beta_i - s\alpha_i s\theta_i s\beta_i & -c\alpha_i s\theta_i & c\theta_i s\beta_i + s\alpha_i s\theta_i c\beta_i & a_i c\theta_i \\ s\theta_i c\beta_i + s\alpha_i c\theta_i s\beta_i & c\alpha_i c\theta_i & s\theta_i s\beta_i - s\alpha_i c\theta_i c\beta_i & a_i s\theta_i \\ -c\alpha_i s\beta_i & s\alpha_i & c\alpha_i c\beta_i & d_i \\ 0 & 0 & 0 & 1 \end{bmatrix} \end{aligned} \tag{16.2}$$

对于项目组研究的智能排爆机器人主辅六自由度机械臂构型而言，由于其第二、三、四轴相互平行，故修正后的机械臂模型参数如表 16.1 所示。

表 16.1　修正后的机械臂模型参数

第 i 组	α_i/rad	a_i/mm	d_i/mm	θ_i	β_i
1	π/2	0	113.5	θ_1	0
2	0	－425	0	θ_2	$\beta_2=0$
3	0	－374.9	0	θ_3	$\beta_3=0$
4	π/2	0	92.8	θ_4	0
5	－π/2	0	110.3	θ_5	0
6	0	0	56.8	θ_6	0

16.2.3 坐标系间的微分变换推导

在建立智能排爆机器人主辅机械臂的几何误差模型前，有必要进行微分运动学推导。机械臂的微分运动是指当机械臂的各个关节角发生微小变化时，会导致机械臂末端位姿产生相应的微小改变。而各连杆的微分运动，既可以相对于固定坐标系进行描述，也可以相对于运动坐标系进行描述。正确地描述与理解它们之间的异同情况对提高坐标系间的微分变换推导是十分有利的。因此，项目组将通过推导连杆相对于这两类坐标系进行微分运动时二者之间的相互关系，为后续机械臂几何误差模型的建立奠定基础，也为真正提高智能排爆机器人机械臂子系统的实用水平创造条件。

现设智能排爆机器人主辅机械臂的任一连杆坐标系 s_i，其相对于固定坐标系（基坐标系）的坐标变换为 T，设 s_i 相对于固定坐标系产生了微分运动 $\mathrm{d}T$，由于微分变化可以线性相加，即变为 $T+\mathrm{d}T$，则有

$$T+\mathrm{d}T = Trans(\mathrm{d}x,\mathrm{d}y,\mathrm{d}z)\cdot \mathrm{Rot}(k,\mathrm{d}\theta)\cdot T \tag{16.3}$$

其中，$Trans(\mathrm{d}x,\mathrm{d}y,\mathrm{d}z)$ 表示微分平移，有

$$Trans(\mathrm{d}x,\mathrm{d}y,\mathrm{d}z) = \begin{bmatrix} 1 & 0 & 0 & \mathrm{d}x \\ 0 & 1 & 0 & \mathrm{d}y \\ 0 & 0 & 1 & \mathrm{d}z \\ 0 & 0 & 0 & 1 \end{bmatrix} \tag{16.4}$$

式中 $\mathrm{d}x$、$\mathrm{d}y$ 和 $\mathrm{d}z$ 分别为沿笛卡儿坐标系 x、y 和 z 轴上的微分平移量。

式（16.3）中，$\mathrm{Rot}(k,\mathrm{d}\theta)$ 为绕任意 k 轴进行的微分转动，其等价于分别绕笛卡儿空间中 x、y、z 轴转动 δx、δy、δz。且由于对于微小角度 $\Delta\delta$，满足

$$\begin{cases} \lim\limits_{\Delta\delta\to 0}\sin\Delta\delta = \Delta\delta \\ \lim\limits_{\Delta\delta\to 0}\sin\Delta\delta = 1 \end{cases} \tag{16.5}$$

因此，可得到 $\mathrm{Rot}(k,\mathrm{d}\theta)$ 为

$$\begin{aligned} \mathrm{Rot}(k,\mathrm{d}\theta) &= \mathrm{Rot}(x,\delta x)\cdot \mathrm{Rot}(y,\delta y)\cdot \mathrm{Rot}(z,\delta z) \\ &= \begin{bmatrix} 1 & -\delta z & \delta y & 0 \\ \delta z & 1 & -\delta x & 0 \\ -\delta y & \delta x & 1 & 0 \\ 0 & 0 & 0 & 1 \end{bmatrix} \end{aligned} \tag{16.6}$$

由式（16.3）可得

$$\mathrm{d}T = (Trans(\mathrm{d}x,\mathrm{d}y,\mathrm{d}z)\cdot \mathrm{Rot}(k,\mathrm{d}\theta) - \boldsymbol{I})\cdot T \tag{16.7}$$

这里，$\boldsymbol{I}$ 为单位矩阵。现令上式中 $(Trans(\mathrm{d}x,\mathrm{d}y,\mathrm{d}z)\cdot Rot(k,\mathrm{d}\theta) - \boldsymbol{I})\cdot T = \Delta$，其意义即为相对于固定坐标系的微分变换，故式（16.7）可以写为

$$\mathrm{d}T = \Delta\cdot T \tag{16.8}$$

Δ 值可根据式（16.4）和式（16.6）得到，即有

$$\Delta = \begin{bmatrix} 0 & -\delta z & \delta y & \mathrm{d}x \\ \delta z & 0 & -\delta x & \mathrm{d}y \\ -\delta y & \delta x & 0 & \mathrm{d}z \\ 0 & 0 & 0 & 0 \end{bmatrix} \tag{16.9}$$

当连杆坐标系 s_i 相对于运动坐标系产生微分运动，有

$$\boldsymbol{T} + \mathrm{d}\boldsymbol{T} = \boldsymbol{T} \cdot \mathrm{Trans}(\mathrm{d}x, \mathrm{d}y, \mathrm{d}z) \cdot \mathrm{Rot}(k, \mathrm{d}\theta) \tag{16.10}$$

可得到相对于运动坐标系的微分变换为

$$\boldsymbol{\Delta}_M = \mathrm{Trans}(\mathrm{d}x, \mathrm{d}y, \mathrm{d}z) \cdot \mathrm{Rot}(k, \mathrm{d}\theta) - \boldsymbol{I} \tag{16.11}$$

且有

$$\mathrm{d}\boldsymbol{T} = \boldsymbol{T} \cdot \boldsymbol{\Delta}_M \tag{16.12}$$

其中，

$$\boldsymbol{\Delta}_M = \begin{bmatrix} 0 & -\delta z_M & \delta y_M & \mathrm{d}x_M \\ \delta z_M & 0 & -\delta x_M & \mathrm{d}y_M \\ -\delta y_M & \delta x_M & 0 & \mathrm{d}z_M \\ 0 & 0 & 0 & 0 \end{bmatrix} \tag{16.13}$$

必须注意的是，$\boldsymbol{\Delta}$ 与 $\boldsymbol{\Delta}_M$ 不等。

当相对于固定坐标系和运动坐标系都为同一个微分运动 d$\boldsymbol{T}$ 时，由式（16.8）和式（16.12）可得

$$\boldsymbol{\Delta} \cdot \boldsymbol{T} = \boldsymbol{T} \cdot \boldsymbol{\Delta}_M \tag{16.14}$$

因此有

$$\boldsymbol{\Delta} = \boldsymbol{T}^{-1} \cdot \boldsymbol{\Delta}_M \cdot \boldsymbol{T} \tag{16.15}$$

将 $\boldsymbol{T}$ 利用向量 $\boldsymbol{n}$ 、$\boldsymbol{o}$ 、$\boldsymbol{a}$ 、$\boldsymbol{p}$ 表示，则有

$$\boldsymbol{T} = \begin{bmatrix} \boldsymbol{n} & \boldsymbol{o} & \boldsymbol{a} & \boldsymbol{p} \\ 0 & 0 & 0 & 1 \end{bmatrix} = \begin{bmatrix} n_x & o_x & a_x & p_x \\ n_y & o_y & a_y & p_y \\ n_z & o_z & a_z & p_z \\ 0 & 0 & 0 & 1 \end{bmatrix} \tag{16.16}$$

代入式（16.15），最终可得

$$\begin{bmatrix} \mathrm{d}x_M \\ \mathrm{d}y_M \\ \mathrm{d}z_M \\ \delta x_M \\ \delta y_M \\ \delta z_M \end{bmatrix} = \begin{bmatrix} n_x & n_y & n_z & (p \times n)_x & (p \times n)_y & (p \times n)_z \\ o_x & o_y & o_z & (p \times o)_x & (p \times o)_y & (p \times o)_z \\ a_x & a_y & a_z & (p \times a)_x & (p \times a)_y & (p \times a)_z \\ 0 & 0 & 0 & n_x & n_y & n_z \\ 0 & 0 & 0 & o_x & o_y & o_z \\ 0 & 0 & 0 & a_x & a_y & a_z \end{bmatrix} \begin{bmatrix} \mathrm{d}x \\ \mathrm{d}y \\ \mathrm{d}z \\ \delta x \\ \delta y \\ \delta z \end{bmatrix} \tag{16.17}$$

由此可得机械臂坐标系间的微分变换关系。在式（16.17）中令

$$\boldsymbol{J}' = \begin{bmatrix} n_x & n_y & n_z & (p \times n)_x & (p \times n)_y & (p \times n)_z \\ o_x & o_y & o_z & (p \times o)_x & (p \times o)_y & (p \times o)_z \\ a_x & a_y & a_z & (p \times a)_x & (p \times a)_y & (p \times a)_z \\ 0 & 0 & 0 & n_x & n_y & n_z \\ 0 & 0 & 0 & o_x & o_y & o_z \\ 0 & 0 & 0 & a_x & a_y & a_z \end{bmatrix} \tag{16.18}$$

$\boldsymbol{J}'$ 即坐标系间的微分变换矩阵。

16.2.4 机械臂位置误差模型的建立

基于 MD－H 模型，设连杆 i 的名义齐次变换矩阵和实际齐次变换矩阵分别为 $\boldsymbol{T}_i^N$ 和 $\boldsymbol{T}_i^R$，由于存在几何参数误差 $\Delta\theta_i$、Δd_i、Δa_i、$\Delta\alpha_i$ 和 $\Delta\beta_i$ 的缘故，所以 $\boldsymbol{T}_i^N$ 和 $\boldsymbol{T}_i^R$ 之间相差一个微分摄动矩阵 $\mathrm{d}\boldsymbol{T}_i$，因而实际齐次变换矩阵可表示为

$$\boldsymbol{T}_i^R = \mathrm{Rot}_z(\theta_i + \Delta\theta_i)\,\mathrm{Trans}_z(d_i + \Delta d_i)\,\mathrm{Trans}_x(a_i + \Delta a_i)\,\mathrm{Rot}_x(\alpha_i + \Delta\alpha_i)\,\mathrm{Rot}_y(\beta_i + \Delta\beta_i) \tag{16.19}$$

连杆 i 的误差模型为

$$\mathrm{d}\boldsymbol{T}_i = \boldsymbol{T}_i^R - \boldsymbol{T}_i^N = \boldsymbol{T}_i^N\boldsymbol{\Delta}_i \tag{16.20}$$

其中 $\boldsymbol{\Delta}_i$ 为相对于连杆 i 坐标系的微分变换。$\mathrm{d}T_i$ 可根据式（16.2）求得：

$$\mathrm{d}\boldsymbol{T}_i = \frac{\partial\boldsymbol{T}_i^N}{\partial\theta_i}\Delta\theta_i + \frac{\partial\boldsymbol{T}_i^N}{\partial d_i}\Delta \mathrm{d}_i + \frac{\partial\boldsymbol{T}_i^N}{\partial a_i}\Delta a_i + \frac{\partial\boldsymbol{T}_i^N}{\partial\alpha_i}\Delta\alpha_i + \frac{\partial\boldsymbol{T}_i^N}{\partial\beta_i}\Delta\beta_i \tag{16.21}$$

由式（16.20）便可求得 $\boldsymbol{\Delta}_i$ 为

$$\boldsymbol{\Delta}_i = \boldsymbol{T}_i^{N-1}\,\mathrm{d}\boldsymbol{T}_i \tag{16.22}$$

可将式（16.22）中的 Δ_i 看作是由 $\mathrm{d}x_i$、$\mathrm{d}y_i$、$\mathrm{d}z_i$、δx_i、δy_i、δz_i 这些微分运动向量组成的，用 e_i 表示，其前 3 个参数表示位置误差，后 3 个参数表示姿态误差，由式（16.22）等号两侧对应相等可得

$$\boldsymbol{e}_i = \begin{bmatrix} \mathrm{d}x_i \\ \mathrm{d}y_i \\ \mathrm{d}z_i \\ \delta x_i \\ \delta y_i \\ \delta z_i \end{bmatrix} = \begin{bmatrix} c\beta_i\Delta\alpha_i + a_i s\alpha_i s\beta_i\Delta\theta_i - c\alpha_i s\beta_i\Delta \mathrm{d}_i \\ a_i c\alpha_i\Delta\theta_i + s\alpha_i\Delta d_i \\ s\beta_i\Delta a_i - a_i s\alpha_i c\beta_i\Delta\theta_i + c\alpha_i c\beta_i\Delta d_i \\ c\beta_i\Delta\alpha_i - c\alpha_i s\beta_i\Delta\theta_i \\ s\alpha_{i-1}\Delta\theta_i + \Delta\beta_i \\ s\beta_i\Delta\alpha_i + c\alpha_i c\beta_i\Delta\theta_i \end{bmatrix} \tag{16.23}$$

将式（16.23）以如下的几何参数误差形式展示：

$$\Delta\boldsymbol{q}_i = [\Delta\theta_i \quad \Delta d_i \quad \Delta a_i \quad \Delta\alpha_i \quad \Delta\beta_i]^{\mathrm{T}}$$

进行表述，则有

$$\boldsymbol{e}_i = \begin{bmatrix} a_i s\alpha_i s\beta_i & -c\alpha_i s\beta_i & c\beta_i & 0 & 0 \\ a_i c\alpha_i & s\alpha_i & 0 & 0 & 0 \\ -a_i s\alpha_i c\beta_i & c\alpha_i c\beta_i & s\beta_i & 0 & 0 \\ -c\alpha_i s\beta_i & 0 & 0 & c\beta_i & 0 \\ s\alpha_i c\beta_i & 0 & 0 & 0 & 1 \\ c\alpha_i c\beta_i & 0 & 0 & s\beta_i & 0 \end{bmatrix} \begin{bmatrix} \Delta\theta_i \\ \Delta d_i \\ \Delta a_i \\ \Delta\alpha_i \\ \Delta\beta_i \end{bmatrix} = \boldsymbol{G}_i\Delta\boldsymbol{q}_i \tag{16.24}$$

式中，$\boldsymbol{e}_i$ 表示关节 i 的几何参数误差引起的连杆 i 的误差；$\boldsymbol{G}_i$ 为误差参数矩阵。

由于实际中要对机械臂末端坐标（相对于基坐标系）进行测量，因此需要将各连杆的参数误差变换到机械臂末端坐标系，根据此前介绍的微分变换关系，关节 i 引起的机械臂末端误差为

$$
\begin{bmatrix} {}^{n}\mathrm{d}x_i \\ {}^{n}\mathrm{d}y_i \\ {}^{n}\mathrm{d}z_i \\ {}^{n}\delta x_i \\ {}^{n}\delta y_i \\ {}^{n}\delta z_i \end{bmatrix} = \begin{bmatrix} n_x & n_y & n_z & (p\times n)_x & (p\times n)_y & (p\times n)_z \\ o_x & o_y & o_z & (p\times o)_x & (p\times o)_y & (p\times o)_z \\ a_x & a_y & a_z & (p\times a)_x & (p\times a)_y & (p\times a)_z \\ 0 & 0 & 0 & n_x & n_y & n_z \\ 0 & 0 & 0 & o_x & o_y & o_z \\ 0 & 0 & 0 & a_x & a_y & a_z \end{bmatrix} \begin{bmatrix} \mathrm{d}x_i \\ \mathrm{d}y_i \\ \mathrm{d}z_i \\ \delta x_i \\ \delta y_i \\ \delta z_i \end{bmatrix} \tag{16.25}
$$

简化后，可表示如下：

$$
{}^{n}\boldsymbol{e}_i = {}^{n}\boldsymbol{j}_i\boldsymbol{e}_i \tag{16.26}
$$

式中，${}^{n}\boldsymbol{e}_i$ 的前 3 个元素表示杆件 i 的参数误差所引起的末端位置误差，后 3 个元素是末端姿态误差，${}^{n}\boldsymbol{j}_i$ 为从坐标系 i 到坐标系 n 的微分变换矩阵，且各参数为

$$
\begin{bmatrix} n_x & o_x & a_x & p_x \\ n_y & o_y & a_y & p_y \\ n_z & o_z & a_z & p_z \\ 0 & 0 & 0 & 1 \end{bmatrix} = {}^{i}_{n}\boldsymbol{T} = {}^{i}_{i+1}\boldsymbol{T}\cdot{}^{i+1}_{i+2}\boldsymbol{T},\cdots,{}^{n-1}_{n}\boldsymbol{T} \tag{16.27}
$$

由此可得机械臂所有关节造成的末端位姿总误差为

$$
\boldsymbol{e} = \sum_{i=1}^{n} {}^{n}\boldsymbol{j}_i\boldsymbol{e}_i = \sum_{i=1}^{n} {}^{n}\boldsymbol{j}_i\boldsymbol{G}_i\Delta\boldsymbol{q}_i = \boldsymbol{J}\cdot\Delta\boldsymbol{q} \tag{16.28}
$$

对于本研究，式（16.28）中 $n=6$。

由于在实际中，机械臂末端位置的测量相对容易实现，而机械臂末端姿态的测量则比较难以进行。此外，机械臂各关节之间存在强耦合关系，使其末端在位置精度提高时，姿态精度也会随之提高。所以，在保证标定精度前提下，为了简化标定过程起见，本研究只建立机械臂末端位置误差模型，即取式（16.28）的前三行，最终得到所建立的机械臂末端位置误差模型为

$$
\boldsymbol{e}_p = \boldsymbol{J}_p\Delta\boldsymbol{q} \tag{16.29}
$$

式中，$\boldsymbol{e}_p$ 为机械臂末端的位置误差；$\boldsymbol{J}_p$ 为机械臂末端最终位置误差的雅可比矩阵；$\Delta\boldsymbol{q}$ 为待辨识的几何参数误差，有

$$
\Delta\boldsymbol{q} = [\Delta\theta_1\cdots\Delta\theta_6\Delta\alpha_1\cdots\Delta\alpha_6\Delta a_1\cdots\Delta a_6\Delta d_1\cdots\Delta d_6\Delta\beta_2\Delta\beta_3]^{\mathrm{T}}
$$

16.3　参数辨识及误差补偿

参数辨识是一种将理论模型与试验数据结合起来用于预测的技术。参数辨识根据试验数据和建立的模型来确定一组模型的参数值，使得由模型计算得到的数值结果能最好地拟合测试数据（可以看作是一种曲线拟合问题），从而可以对未知过程进行预测，提供一定的理论指导。[125] 在运用参数辨识进行具体研究时，首先建立一个粗略的模型，然后用这个模型对试验测量结果进行预测。当计算得到的数值结果与测试结果之间的误差较大时，就认为该数学模型与实际过程不符或者差距较大，进而修改模型，重新选择参数。当预测结果与测试结果相符时，就认为此模型具有较高的可信度。

此前项目组已经推导并建立了智能排爆机器人机械臂的位置误差模型，本节将利用参数

辨识对运动学参数误差进行求解，并对误差进行补偿。

16.3.1 参数辨识基本原理

参数辨识的基本原理与流程如图 16.3 所示。首先在机械臂工作空间均匀选择一定数目的采样点，其期望位置为 $\boldsymbol{P}_N$，受几何参数误差影响，经过测量得到的机械臂实际位置为 $\boldsymbol{P}_s$，并获得每组采样点实际对应的关节角为 θ_s。[126] 利用参数辨识算法估计的运动学参数误差为 $\Delta\boldsymbol{q}$，每次通过机械臂的正向运动学模型 $F(\theta_s,\boldsymbol{q}+\Delta\boldsymbol{q})$ 获得其末端位置 $\boldsymbol{P}_{s'}$，$\boldsymbol{P}_{s'}$ 与 $\boldsymbol{P}_s$ 之间存在误差 $\boldsymbol{e}_p$，通过参数辨识方法迭代求出运动学参数误差 $\Delta\boldsymbol{q}$，以使 $\boldsymbol{e}_p$ 接近于 0 或者达到一定要求。也就是说，若最终由 $\Delta\boldsymbol{q}$ 得到的机械臂正运动学模型下的末端位置越接近实际位置，则经参数所辨识所得到的 $\Delta\boldsymbol{q}$ 越接近运动学参数误差的真实值。

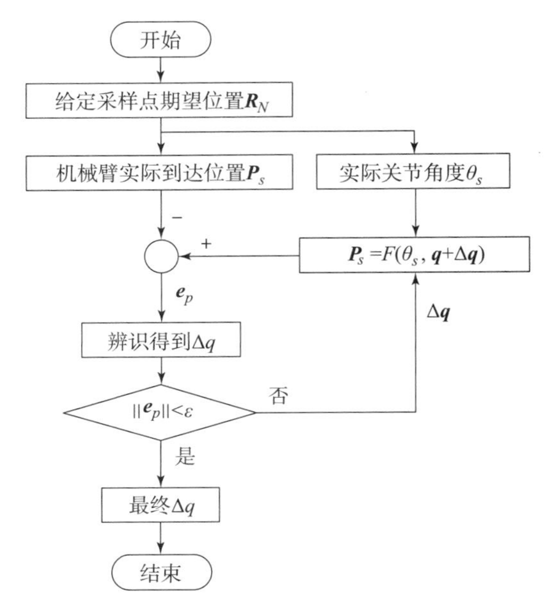

图 16.3 参数辨识基本原理与流程

16.3.2 基于阻尼最小二乘法的参数辨识

参数辨识过程可以简化为形如 $\boldsymbol{Ax}=\boldsymbol{b}$ 的非线性方程求解问题。求解参数误差最常用的方法是最小二乘法。通过一系列测量点的位置误差得到超定方程组，最终求出各参数误差的最小二乘解。最小二乘法的求解公式为

$$\Delta\boldsymbol{q}=(\boldsymbol{J}^{\mathrm{T}}\boldsymbol{J})^{-1}\boldsymbol{J}^{\mathrm{T}}\boldsymbol{e}_p \tag{16.30}$$

普通最小二乘法虽然收敛速度较快，但是当矩阵 $\boldsymbol{J}^{\mathrm{T}}\boldsymbol{J}$ 为奇异或接近奇异而导致矩阵不可逆时，所求解的参数误差与真实值之间就会出现巨大偏差，因此该方法并不稳定；另外，在利用最小二乘法进行计算时，因为中间量取近似值时使计算过程出现误差，可能导致目标函数收敛时离极小值较远。针对这些问题，引入阻尼系数以克服奇点邻域内的逆微分运动学问题，阻尼最小二乘法（又称为 L－M 算法）的计算公式为

$$\Delta\boldsymbol{q}=(\boldsymbol{J}^{\mathrm{T}}\boldsymbol{J}+\mu\boldsymbol{I})^{-1}\boldsymbol{J}^{\mathrm{T}}\boldsymbol{e}_p \tag{16.31}$$

式中，μ 为阻尼因子（或渐消因子），初始时通常设为 0.001；$\boldsymbol{I}$ 为单矩阵。阻尼最小二乘法的优点是能够在每次迭代中更新阻尼因子，从而实现对算法的自动调节。当下降速度太快时，可将阻尼因子的数值改小，此时算法接近高斯－牛顿法；当下降速度太慢时，则可增大阻尼因子，此时算法接近梯度（或最陡）下降法。基于此算法设计参数辨识的过程如图 16.4 所示。

由图 16.4 可知，首先根据实际关节角度以及实际到达位置，对机械臂的辨识雅可比矩阵和初始时刻末端位置偏差等参数进行初始化，随后进入算法的迭代过程，具体可依以下步骤进行。

（1）计算第 k 次迭代的辨识雅可比矩阵 $\boldsymbol{J}_p(\boldsymbol{q}_k)$。

（2）求解第 k 次迭代的参数误差值，可有

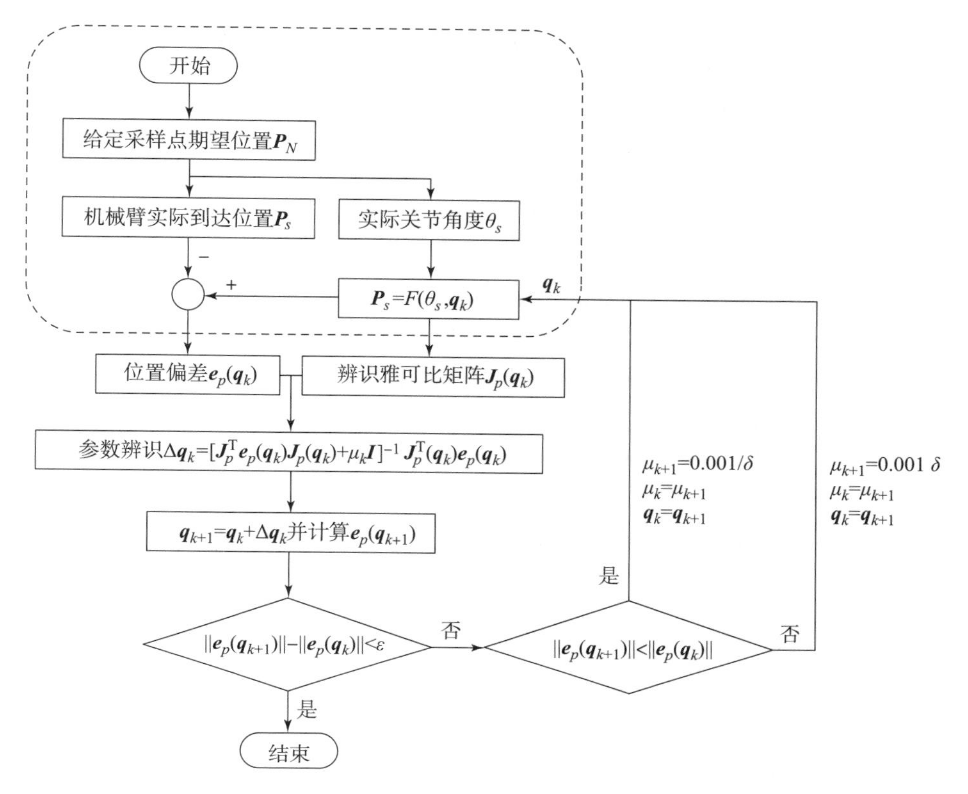

图 16.4　基于阻尼最小二乘法的参数辨识过程

$$\Delta q_k = [J_p^T(q_k) J_p(q_k) + \mu_k I]^{-1} J_p^T(q_k) e_p(q_k) \tag{16.32}$$

式中，q_k 为第 k 次迭代时的机械臂运动学参数值；μ_k 为第 k 次迭代时的阻尼因子；I 为单矩阵；$e_p(q_k)$ 为第 k 次迭代时的末端位置误差。

（3）更新第 $k+1$ 次迭代的运动学参数：$q_{k+1} = q_k + \Delta q_k$，并计算此时的机械臂末端位置误差 $e_p(q_{k+1})$，随后更新迭代次数。

（4）更新第 $k+1$ 次迭代时的阻尼系数 μ_{k+1}，可有

$$\mu_{k+1} = \begin{cases} 0.001\delta, \text{if } \| e_p(q_{k+1}) \| \geqslant \| e_p(q_k) \| \\ 0.001/\delta, \text{if } \| e_p(q_{k+1}) \| < \| e_p(q_k) \| \end{cases} \tag{16.33}$$

式中，参数 δ 可取为：$2.5 < \delta < 10$，$e_p(q_{k+1})$ 与 $e_p(q_k)$ 分别为第 $k+1$ 次和第 k 次迭代时的机械臂末端位置误差的二范数。

（5）当 $\|e_p(q_{k+1})\| - \|e_p(q_k)\| < \varepsilon$ 时，通常取 $\varepsilon = 0.000\,1$，此时前后两次迭代过程中机械臂末端位置误差的二范数（综合定位误差）之差趋于0，说明已经收敛。

可以看到，利用阻尼最小二乘法辨识出参数误差 Δq 后，由于项目组控制系统软件及算法部分均为自主设计，即可以更改控制器内部参数，因此直接将参数误差值补偿到机械臂的几何参数中，最终即得到修正后的智能排爆机器人的机械臂运动学模型。

16.4 智能排爆机器人双串联式机械臂运动学标定仿真

为了验证本研究所推导的智能排爆机器人机械臂位置误差模型以及参数辨识算法的正确性和有效性，本节将利用 MATLAB 设计并完成机械臂的运动学标定仿真过程。

首先将表 16.1 中六自由度机械臂模型参数作为机械臂真实参数 q，然后预设定一组机械臂的参数误差值 $\Delta\boldsymbol{q}$，且有

$$\Delta\boldsymbol{q} = [\Delta\theta_1\cdots\Delta\theta_6\Delta\alpha_1\cdots\Delta\alpha_6\Delta a_1\cdots\Delta a_6\Delta d_1\cdots\Delta d_6\Delta\beta_2\Delta\beta_3]^{\mathrm{T}} \tag{16.34}$$

接着将 $\boldsymbol{q}' = \boldsymbol{q} + \Delta\boldsymbol{q}$ 作为名义参数值，如表 16.2 所示。随后，在机械臂的工作空间内随机选取 50 个点作为采样点实际位置，采样点的位置要尽量均匀，如图 16.5 所示。此后，利用 q 进行逆运动学解算，获得机械臂每个位置所对应的实际关节角度，再根据得到的关节角度，将其代入 q' 下的正运动学方程，便可获得 50 个采样点的名义位置。由此便可根据图 16.4 的各个步骤，利用阻尼最小二乘法进行参数辨识。最后，将最终辨识得到的参数误差值与预设误差值进行对比，并比较标定前和标定后 50 个点的位置误差值，即可得出仿真结果。

表 16.2 预设机械臂参数误差

第 i 组	$\Delta\alpha_i$/rad	Δa_i/mm	Δd_i/mm	$\Delta\theta_i$/rad	$\Delta\beta_i$/rad
1	0.000 2	0.15	0.35	0.028	0
2	0.000 1	-0.20	0.10	0.019	0.000 2
3	-0.000 3	0.50	0.10	0.031	0.000 1
4	0.000 5	0.20	-0.20	0.045	0
5	-0.000 1	0.10	0.15	0.022	0
6	0.000 1	0.25	0.15	0.055	0

参数辨识的结果如表 16.2 所示。由表 16.2 可以看到，所获得的参数误差结果与预设的参数误差值基本一致，将经辨识得到的参数误差值补偿到机械臂的几何参数中，经过计算可得到运动学标定后 50 个点的绝对定位误差，分别如图 16.6 ~ 图 16.8 所示。这些图给出了 50 个采样点分别在基坐标系 x、y、z 轴方向上标定前（标记：—●—）和标定后（标记：—■—）的绝对定位误差值的对比情况，通过计算各采样点的名义值与真实值间的位置误差二范数，可得到标定前和标定后的综合定位误差对比情况，如图 16.9 所示。由图 16.9 可以看到，经过误差补偿后的机械臂末端位置误差，在各方向上均几乎收

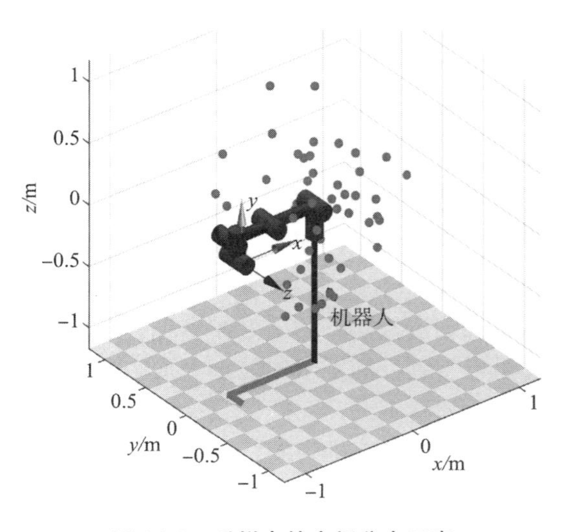

图 16.5 采样点的空间分布示意

敛到 0。因此，仿真结果证明了项目组关于六自由度机械臂运动学标定过程中误差模型及参数辨识算法的正确性和有效性，这对保证智能排爆机器人机械臂子系统的工作性能是极为有利的。

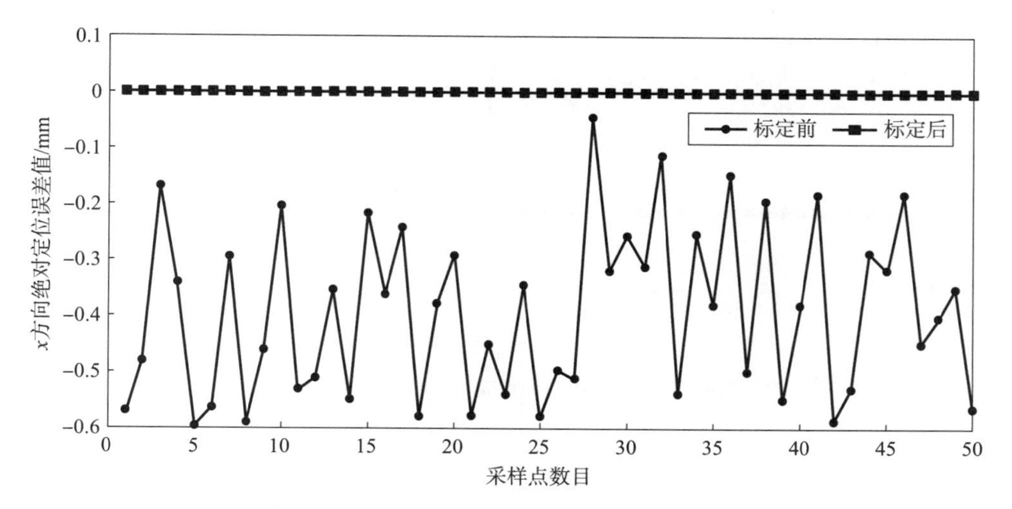

图 16.6　*x* 方向标定前和标定后的绝对定位误差对比

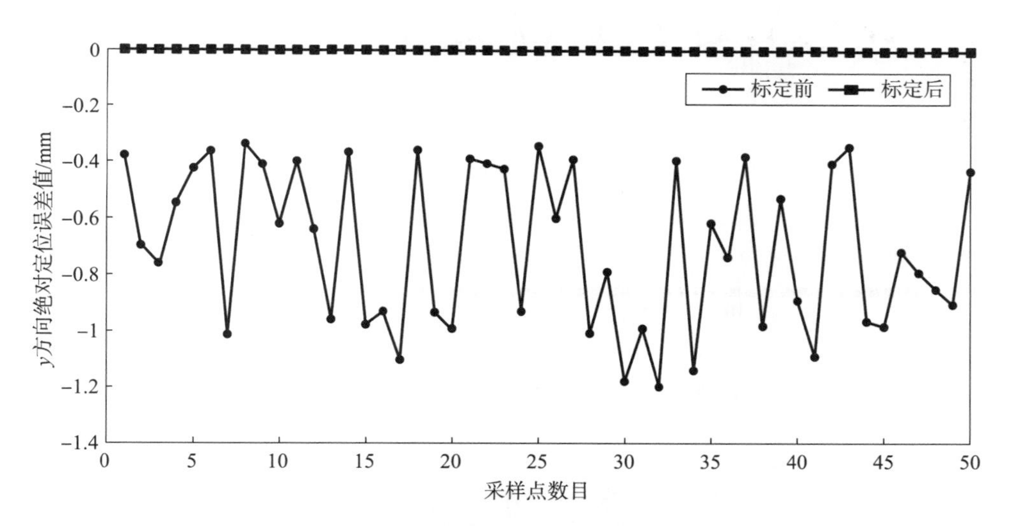

图 16.7　*y* 方向标定前和标定后的绝对定位误差对比

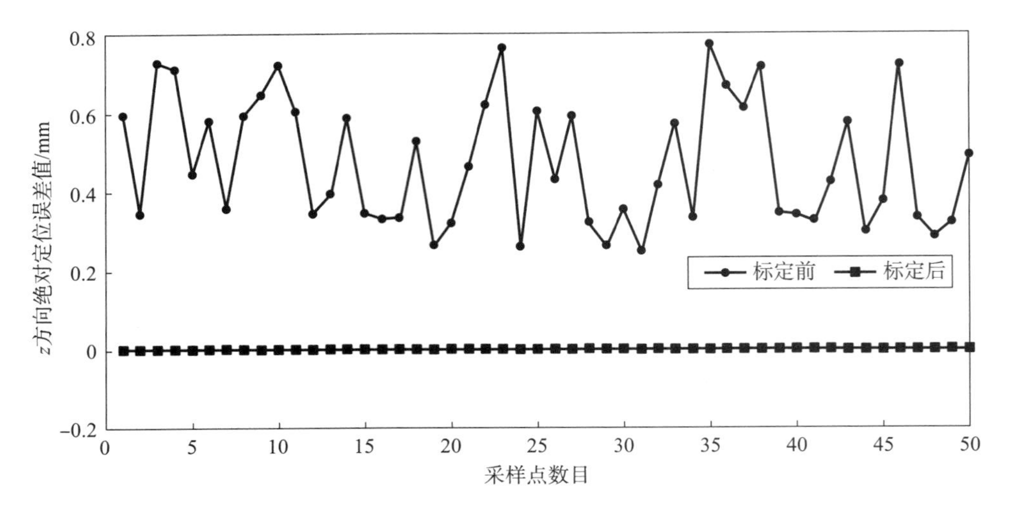

图 16.8　z 方向标定前和标定后的绝对定位误差对比

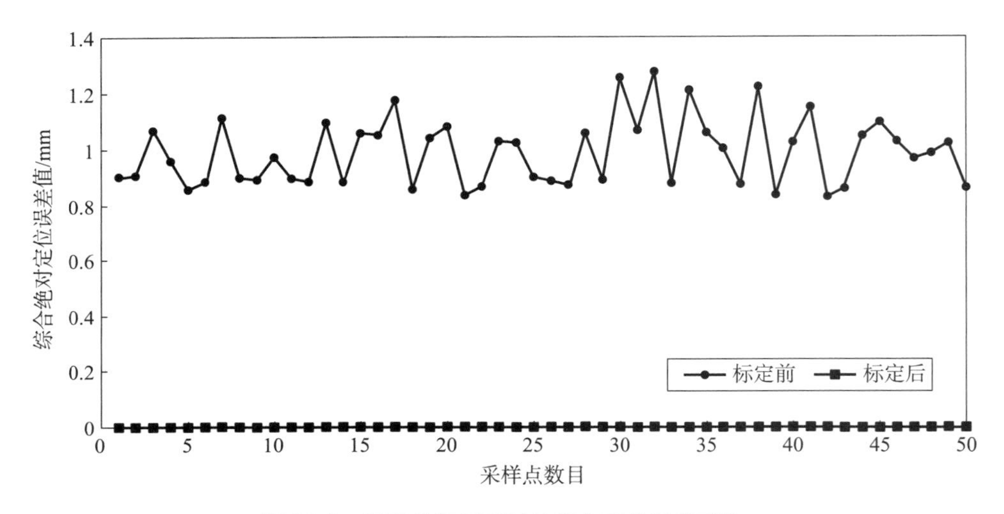

图 16.9　标定前和标定后的综合定位误差对比

16.5　本章小结

本章主要进行了串联式六自由度机械臂运动学标定的理论研究。首先分析了影响机械臂绝对定位精度的误差来源。为克服传统 D－H 模型在平行轴处容易导致参数突变的缺陷，专门基于修正的运动学模型完成了坐标系间微分变换关系的推导，并据此建立了机械臂的位置误差模型。为解决参数误差求解过程中奇异值导致辨识结果不稳定的问题，项目组采用阻尼最小二乘法对机械臂的几何误差进行了参数辨识，并将最终求得的误差值补偿到机械臂的名义运动学参数中，从而提高了机械臂的绝对定位精度。本章所做理论探索和方法优化等工作对智能排爆机器人机械臂子系统的功能完善具有重要意义，这将在后续章节中逐渐展现出来。

第 17 章 机器人串联式双机械臂碰撞检测方法研究

碰撞检测是计算机仿真中的重要研究内容，同时也是机器人或机械臂避障路径规划的重要组成部分。机器人多关节机械臂在运动过程中，连杆与关节之间以及其自身与外部障碍物之间都很容易发生碰撞，尤其是多臂机器人系统，发生碰撞的可能性更大。由于机械臂处于动态的、不确定的非结构化环境中，工作空间部分重叠，导致机械臂在协同工作时极易发生干涉现象，若不进行碰撞检测计算，可能会引发重大事故，这在实际工作中是绝不允许的。此外，对于机械臂路径规划来说，经过碰撞检测所得的结果将直接作为机械臂路径规划中的判定条件而使用，因此，一种快速、精确的碰撞检测方法对智能排爆机器人机械臂子系统来说至关重要。本章在介绍经典碰撞检测方法的基础上，提出了一种改进的、通用的串联式机械臂碰撞检测算法，期望能够通过该算法来指导智能排爆机器人机械臂的路径规划工作。

17.1 双串联式机械臂碰撞检测方法概述

目前，针对不同应用场景和精度要求的机械臂系统而言，已有多种行之有效的碰撞检测方法。这些方法历经实践考验，显现出不同的使用特点与应用范围。为了方便对这些方法的分析，可从两个角度出发对它们进行分类：①基于时间域的检测算法；②基于空间域的检测算法。从时间域的角度，碰撞检测算法可分为静态碰撞检测算法和动态碰撞检测算法，其中动态碰撞检测算法又可分为连续碰撞检测算法和离散碰撞检测算法。从空间域的角度，碰撞检测算法可分为基于图像空间的碰撞检测算法和基于物体空间的碰撞检测算法。[127] 基于图像空间的碰撞检测算法利用物体二维图像和深度信息进行分析计算，信息丰富，真实度高，但计算量很大，且对硬件条件要求较为苛刻。目前应用更多的是基于物体空间的碰撞检测算法，该算法是利用物体的几何特性进行计算，故又可以分为基于物体表示模型的算法和采用空间结构的算法。[128] 基于物体表示模型的算法已有多种，包括一些基于多边形的表示模型和一些基于非多边形的表示模型。对于采用空间结构的算法来说，也可进一步区分为两类：空间分割算法和层次包围盒算法。相较于前者，层次包围盒算法建模更加简单，且具有更高的精度，故使用更为广泛。

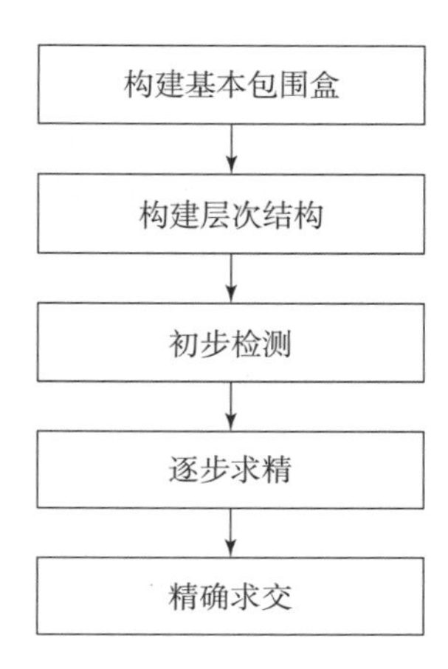

图 17.1　层次包围盒算法的基本思想及流程

层次包围盒算法的基本思想是利用简单几何体包围具有复杂几何结构的物体，然后通过构造树状层次结构来逼近真实物体，其基本思想及流程如图 17.1

所示。

层次包围盒算法主要包括轴向包围盒（AABB）算法、方向包围盒（OBB）算法、离散方向包围盒（k－DOPs）算法以及包围球算法。[129]

1. 基于轴向包围盒算法的碰撞检测

轴向包围盒算法是指将待检测物体用各边平行于坐标轴的最小六面体进行包络的方法，如图 17.2 所示，其数学描述为

$$R = \{(x,y,z) \mid u_x \leqslant x \leqslant v_x, u_y \leqslant y \leqslant v_y, u_z \leqslant z \leqslant v_z\} \tag{17.1}$$

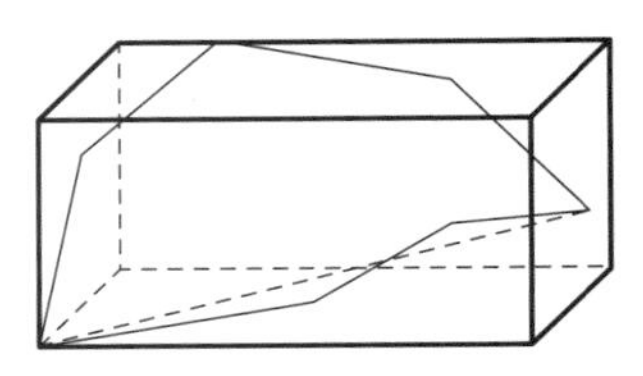

图 17.2　轴向包围盒示意

式中，u_x、u_y、u_z 分别表示包围盒在坐标轴 x、y、z 上投影的最小坐标值；v_x、v_y、v_z 分别表示包围盒在坐标轴 x、y、z 上投影的最大坐标值。

若两个轴向包围盒在 3 个轴上投影均有区间重叠，则认为两物体间发生干涉；反之，若某轴上投影区间无相交部分存在，则没有发生干涉。故最多只需 6 次运算即可得出物体的碰撞情况。

轴向包围盒算法构造简单，使用方便，计算效率较高。但对于一些不规则的几何体，一旦完全包络就很容易存在冗余空间，从而占用了机器人大量自由空间，所以该算法的计算精度较低。

2. 基于方向包围盒的碰撞检测

方向包围盒又称有向包围盒。与轴向包围盒不同，方向包围盒算法虽然也使用六面体对物体进行包络，但其方向可随所包围物体的姿态变化而发生改变，如图 17.3 所示。方向包围盒算法构建的核心问题是计算包围盒方向和在该方向的包围尺寸。

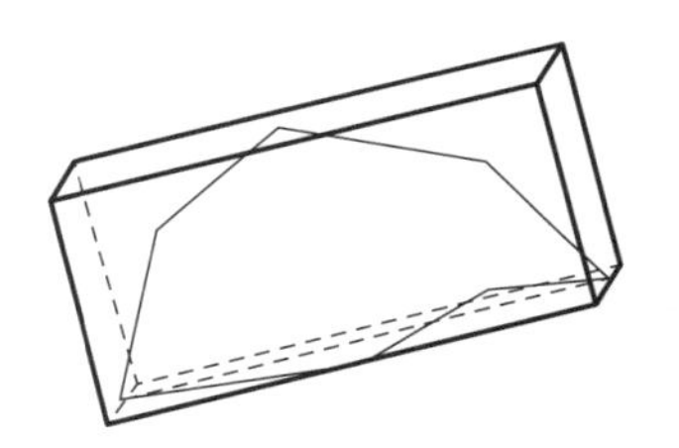

图 17.3　方向包围盒示意

方向包围盒算法的构建是基于统计学进行的，根据物体表面顶点坐标计算协方差矩阵并进行对角化（即主成分分析，PCA），由此获得其相互正交的特征向量，即作为方向包围盒算法的方向轴。对于三维变量，协方差矩阵定义如下：

$$\boldsymbol{C} = \begin{bmatrix} \mathrm{cov}(x,x) & \mathrm{cov}(x,y) & \mathrm{cov}(x,z) \\ \mathrm{cov}(x,y) & \mathrm{cov}(y,y) & \mathrm{cov}(y,z) \\ \mathrm{cov}(x,z) & \mathrm{cov}(y,z) & \mathrm{cov}(z,z) \end{bmatrix} \tag{17.2}$$

其中，$\mathrm{cov}(i,j)$ 为非主对角线元素为两变量的协方差，主对角线元素为变量的方差。

协方差越小表示变量间的线性相关程度越小，故将其相似对角化以使协方差值为 0，只有方差项。经对角化后，对角阵中方差与特征值相对应，所以将特征值对应的特征向量（前提是正交）作为包围盒的坐标轴，其物理意义就是令存在方差的方向作为坐标轴。而由于矩阵与其对角阵的特征值相同，且协方差矩阵为对称矩阵，故只需根据协方差矩阵的特征值计算所对应的特征向量，并正交单位化，即可获得所需的 3 个相互正交的方向包围盒算法的方向轴。

同样对于三维目标，可设模型中基本形状为三角形，且数量为 n 个，p_i、q_i、r_i 为第 i 个三角形顶点坐标，则均值 μ 和协方差矩阵 $\boldsymbol{C}$ 可计算如下：

$$\mu = \frac{1}{3n}\sum_{i=1}^{n}(p_i + q_i + r_i) \tag{17.3}$$

$$C_{jk} = \frac{1}{3n}\sum_{i=1}^{n}(p_{ij}p_{ik} + q_{ij}q_{ik} + r_{ij}r_{ik}), 1 \leqslant j,k \leqslant 3 \tag{17.4}$$

其中，$p_{ij} = p_i - \mu_j, q_{ij} = q_i - \mu_j, r_{ij} = r_i - \mu_j$。根据上述方法求得包围盒的方向轴，然后将所有顶点向方向轴投影，从而计算出轴上最大值和最小值来确定包围盒尺寸。

方向包围盒算法的碰撞检测是基于分离轴原理进行的，即如果存在一轴使两个凸多面体在该轴上投影无重叠，则两物体不相交，该轴称为分离轴；反之，则两物体相交。[130] 与轴向包围盒法相比，方向包围盒算法的包络物体更加紧密，然而这种碰撞检测算法却更加耗时。

3. 基于离散方向包围盒的碰撞检测

离散方向包围盒是指由 $k/2$ 对平行平面所构建的凸面体作为包围盒，如图 17.4 所示。其各个面通过一组半空间确定，从 k 个固定方向选取这些半空间的外法向，而法向量一般选取共线且方向相反的向量对，所以只需处理 $k/2$ 个方向。通过判断在 $k/2$ 个轴上是否存在投影区间不重叠的情况，如果存在则两物体不相交。

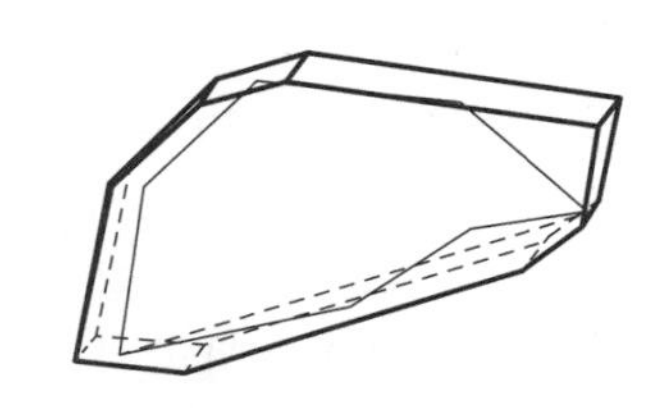

图 17.4　离散方向包围盒示意

离散方向包围盒算法的 k 值越大，包围盒对物体的包围越紧密，但同时其相交检测也越复杂。[131] 因此在实际应用中需要确定合适的 k 值以满足需求。而与轴向包围盒算法和方向包围盒算法相比，基于离散方向包围盒算法的碰撞检测模型更加精确，检测步骤也更加简单。

4. 基于包围球的碰撞检测

基于包围球的碰撞检测是将待检测物体利用球体进行包络，如图 17.5 所示。包围球的构建较为简单，就是确定球体的球心和半径，可表示为

$$R = \{(x,y,z) \mid (x - x_0)^2 + (y - y_0)^2 + (z - z_0)^2\} \leqslant r^2 \tag{17.5}$$

式中，(x_0, y_0, z_0) 为球心坐标；r 为球的半径。

对于给定物体，可根据其基本几何形状中所有元素顶点的坐标均值确定包围球球心，再通过球心与各顶点的最大距离确定半径。包围球的碰撞检测也比较简单，如果能够判断球心距离小于两包围球半径之和，则认为两物体发生干涉。

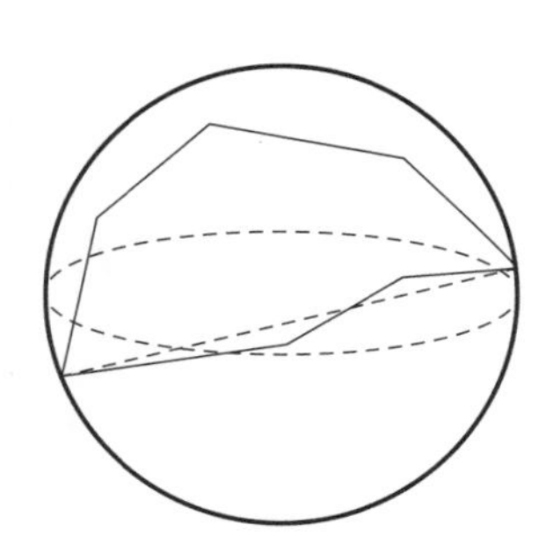

图 17.5　包围球示意

包围球算法计算简单，且不会因物体旋转而实时更新。但同轴向包围盒算法一样，其紧密性较差，会造成大量的冗余空间，因此更适合几何形状与球形相近的物体的碰撞检测。

17.2　改进的双串联式机械臂碰撞检测算法

此前介绍的传统包围盒算法虽然可以实现物体的碰撞检测，但局限之处难以避免。对

于空间结构明确且特殊的机械臂来说，可对其模型和算法进行改进，以实现更加精确和更为快速的碰撞检测。因此，本节针对智能排爆机器人的主辅六自由度串联式机械臂引入了新的碰撞检测模型，并根据此模型进一步提出了一种改进的机械臂碰撞检测算法。

17.2.1 碰撞检测简化模型

无论是单臂系统还是多臂系统，机械臂在运动过程中自身结构的碰撞情况包括关节与关节、连杆与连杆、连杆与关节之间的碰撞，除自身检测外还需进行机械臂与外部环境的碰撞检测。[132] 由于机械臂关节形状大多为类球形，连杆多为类圆柱体或类六面体，所以为保证模型精度并简化计算，将机械臂各关节简化为球体包络，各连杆简化为胶囊体包络；对于环境中障碍物同样利用球体包络形式，相关情况如图 17.6 所示。

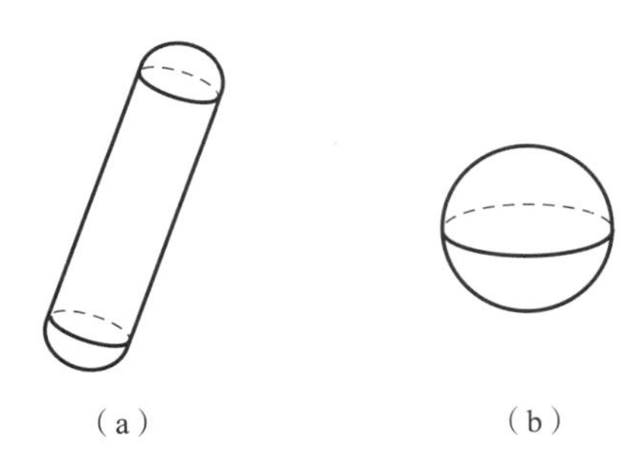

图 17.6 机械臂和障碍物的简化几何体

（a）胶囊体包络；（b）球体包络

对应智能排爆机器人主辅六自由度多关节机械臂的几何构型，可以将单个连杆两端带有关节的形式简化为如图 17.7（a）所示的碰撞检测几何基元（以下简称检测基元），即球体与胶囊体的组合体。

本研究采用的机械臂有 6 个关节，有连杆 0 至连杆 6（0 为基座，6 为末端执行器），故根据其结构参数最终简化为多个检测基元所构成的碰撞检测模型，如图 17.7（b）所示，其中除连杆 2、3、6 以外，其余检测基元中的胶囊体长度为 0。

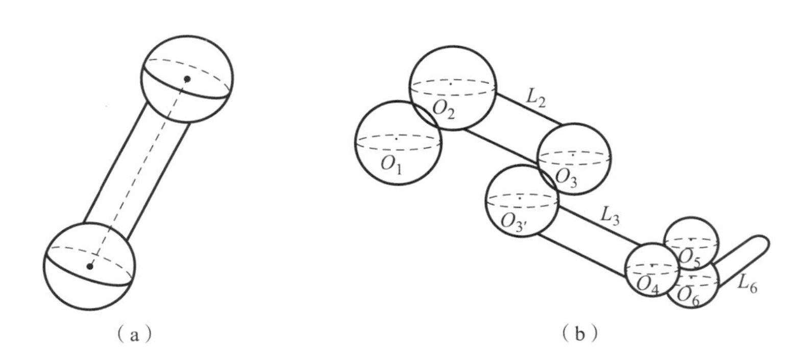

图 17.7 机械臂碰撞检测基元

（a）碰撞检测几何基元；（b）多个检测基元构成的碰撞检测模型

17.2.2 空间两检测基元间的碰撞检测

根据机械臂的简化模型可知，机械臂自身结构的碰撞问题是对所有可能发生碰撞的检测基元间进行干涉计算的问题。若任意两检测基元的最小距离大于 0，则不会发生碰撞。由此，首先提出空间两检测基元间的碰撞检测算法。

由图 17.6 和图 17.7 可知，空间两检测基元的最小距离求解从根本上来说属于球体与球体、胶囊体与胶囊体、胶囊体与球体之间的距离计算，可设 3 种情况下所求的最小距离分别为 Δss 、Δcc 、Δcs ，如图 17.8 所示。若满足 $\Delta ss > 0$ ，$\Delta cc > 0$ ，$\Delta cs > 0$ ，则检测基元间无碰撞发生，下面分别对其进行求解。

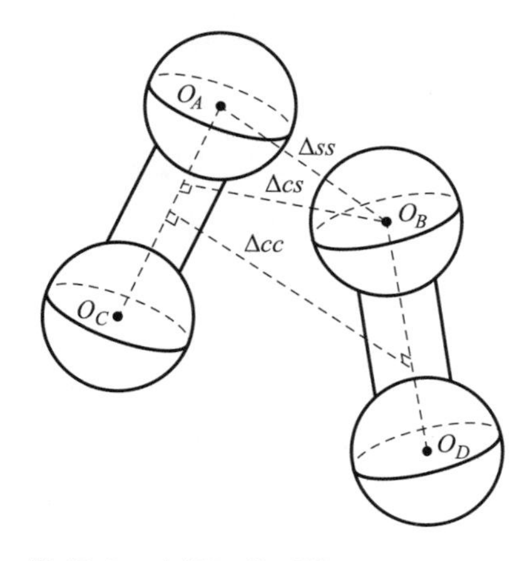

图 17.8　空间两检测基元的最小距离

1. 球体与球体最小距离计算

对简化后的机械臂模型进行正运动学计算，可以得到各胶囊体端点和关节球心的位置坐标。现假设两球心坐标分别为 $O_A(x_A,y_A,z_A)$ 和 $O_B(x_B,y_B,z_B)$ ，半径分别为 r_{O_A} 和 r_{O_B} ，则两球心之间的欧氏距离为

$$d_{ss} = \sqrt{(x_B - x_A)^2 + (y_B - y_A)^2 + (z_B - z_A)^2} \tag{17.6}$$

进而可得出两球体间最小距离：

$$\Delta_{ss} = d_{ss} - r_{O_A} - r_{O_B} \tag{17.7}$$

2. 胶囊体与胶囊体最小距离计算

由于胶囊体的圆柱部分与两侧半球的半径相等，所以求两胶囊体间最小距离，需通过求两胶囊体轴线间最小距离 $d_{\min}$，利用 $d_{\min}$ 减去两胶囊体半径即可，故下面进行两胶囊体轴线间最小距离的计算。

假设空间中两胶囊体，设两胶囊体中心线段为 L_1 、L_2 ，半径分别为 r_1 、r_2 ，端点坐标分别为 $M(x_1,y_1,z_1)$ 、$N(x_2,y_2,z_2)$ 与 $P(x_3,y_3,z_3)$ 、$Q(x_4,y_4,z_4)$ ，如图 17.9 所示。

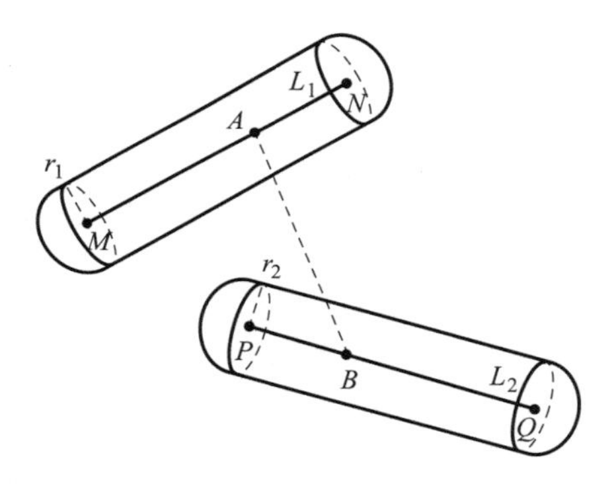

图 17.9　空间中两胶囊体

设 A 与 B 分别是 L_1 和 L_2 上的任意一点，则有如下表示：

$$\begin{cases} \boldsymbol{A} = \boldsymbol{M} + s(\boldsymbol{N} - \boldsymbol{M}), s \in [0,1] \\ \boldsymbol{B} = \boldsymbol{P} + t(\boldsymbol{Q} - \boldsymbol{P}), t \in [0,1] \end{cases} \tag{17.8}$$

可得向量

$$\boldsymbol{AB} = (\boldsymbol{P} - \boldsymbol{M}) - s(\boldsymbol{N} - \boldsymbol{M}) + t(\boldsymbol{Q} - \boldsymbol{P}) \tag{17.9}$$

代入端点坐标可得

$$\boldsymbol{AB} = [x_3 - x_1, y_3 - y_1, z_3 - z_1] - s[x_2 - x_1, y_2 - y_1, z_2 - z_1] + t[x_4 - x_3, y_4 - y_3, z_4 - z_3] \tag{17.10}$$

由此得到

$$\boldsymbol{AB} = [a_x - sc_x + tb_x, a_y - sc_y + tb_y, a_z - sc_z + tb_z] \tag{17.11}$$

其中，

$$\begin{cases} a_x = x_3 - x_1 \\ a_y = y_3 - y_1 \\ a_z = z_3 - z_1 \end{cases}, \begin{cases} b_x = x_4 - x_3 \\ b_y = y_4 - y_3 \\ b_z = z_4 - z_3 \end{cases}, \begin{cases} c_x = x_2 - x_1 \\ c_y = y_2 - y_1 \\ c_z = z_2 - z_1 \end{cases} \tag{17.12}$$

所以两胶囊体中心线段上任意两点间距离为

$$d_{AB} = \|\boldsymbol{AB}\| \tag{17.13}$$

令 $f(s,t) = d_{AB}^2$，可有

$$f(s,t) = (a_x - sc_x + tb_x)^2 + (a_y - sc_y + tb_y)^2 + (a_z - sc_z + tb_z)^2 \tag{17.14}$$

故线段 L_1 和 L_2 之间的最小距离问题转化为了 $f(s,t)$ 的最小值求解问题。所以令

$$\begin{cases} \dfrac{\partial f(s,t)}{\partial s} = 0 \\ \dfrac{\partial f(s,t)}{\partial t} = 0 \end{cases} \tag{17.15}$$

结合式（17.12）~式（17.15），可得如下方程：

$$\begin{cases} a_x b_x + a_y b_y + a_z b_z = s(b_x c_x + b_y c_y + b_z c_z) - t(b_x^2 + b_y^2 + b_z^2) \\ a_x c_x + a_y c_y + a_z c_z = s(c_x^2 + c_y^2 + c_z^2) - t(b_x c_x + b_y c_y + b_z c_z) \end{cases} \tag{17.16}$$

由式（17.16）可求得参数 s、t。根据 s、t 值的范围，可将空间两线段的位置关系分为 9 种情况，如图 17.10 所示。

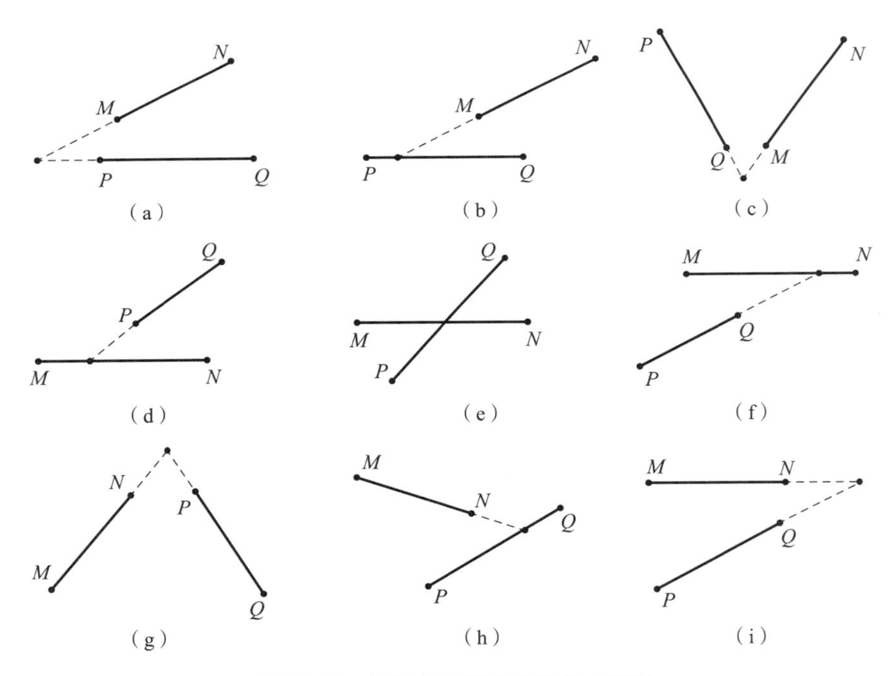

图 17.10 空间中两线段位置关系投影

(a) $s<0$, $t<0$; (b) $s<0$, $0\leqslant t\leqslant 1$; (c) $s<0$, $t>1$; (d) $0\leqslant s\leqslant 1$, $t<0$; (e) $0\leqslant s\leqslant 1$, $0\leqslant t\leqslant 1$; (f) $0\leqslant s\leqslant 1$, $t>1$; (g) $s>1$, $t<0$; (h) $s>1$, $0\leqslant t\leqslant 1$; (i) $s>1$, $t>1$

在图 17.10 中，若两线段异面，图 17.10（a）~（i）应视为两线段向各自所在直线的公

垂线的法面上的投影图；若两线段共面，图 17.10（a）~（i）则可直接视为两线段本身。其中 $s<0$，$0\leqslant s\leqslant 1$，$s>1$ 的几何意义分别为两线段公垂线交点在 MN 的反向延长线上、MN 上、MN 的延长线上，t 的几何意义相对于 PQ 同理。

如果需要求解两线段之间的最小距离，通常的方法是需要分别求出点 M、点 N 到线段 PQ 和点 P、点 Q 到线段 MN 的 4 个距离。但这样容易造成计算量增大，影响计算效率。项目组在详细分析上面 9 种情况的基础上，继续考察两线段间的几何关系，以期找到问题的突破口。以图 17.10（a）所示情况为例，项目组认为两线段虽然可能存在多种位置关系，但可以采用在投影图中以线段 MN 为参考，令线段 PQ 沿 PQ 方向从左向右平移的方法，对 MN 和 PQ 的位置关系进行总结，于是得出了 PQ 在不同位置时两线段间的最小距离共有 5 种可能情况，如图 17.11 所示。

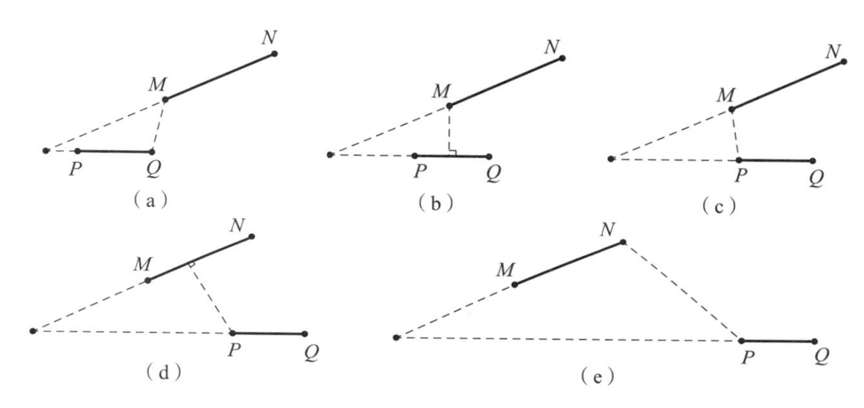

图 17.11　$s<0$，$t<0$ 时 PQ 沿 PQ 方向平移时两线段间最小距离

（a）点 M 在 PQ 上的投影在 Q 点右侧；（b）点 M 在 PQ 上的投影在线段 PQ 上；（c）点 M 在 PQ 上的投影在 P 点左侧，点 P 在 MN 上的投影在 M 点左侧；（d）点 P 在 MN 上的投影在线段 MN 上；（e）点 P 在 MN 上的投影在 N 点右侧

（1）点 M 在 PQ 上的投影在 Q 点右侧时，此时两线段最小距离为点 M 到点 Q 的距离。

（2）点 M 在 PQ 上的投影在线段 PQ 上，此时两线段最小距离为点 M 到线段 PQ 的垂直距离。

（3）点 M 在 PQ 上的投影在 P 点左侧，点 P 在 MN 上的投影在 M 点左侧，此时两线段最小距离为点 M 到点 P 的距离。

（4）点 P 在 MN 上的投影在线段 MN 上，此时两线段最小距离为点 P 到线段 MN 的垂直距离。

（5）点 P 在 MN 上的投影在 N 点右侧，此时两线段最小距离为点 P 到点 N 的距离。

总结以上 5 种情况，图 17.11（a）~图 17.11（c）所示情况可看作最小距离为点 M 到线段 PQ 的距离，图 17.11（d）、图 17.11（e）所示情况可看作最小距离为点 P 到线段 MN 的距离。所以对应于图 17.10（a）~（i）中的情况，两线段间最小距离 $d_{\min}$ 为

$$d_{\min} = \begin{cases} \min(d_M, d_P), & s \in (-\infty, 0), t \in (-\infty, 0) \\ d_M, & s \in (-\infty, 0), t \in [0, 1] \\ \min(d_M, d_Q), & s \in (-\infty, 0), t \in (1, +\infty) \\ d_P, & s \in [0, 1], t \in (-\infty, 0) \\ d_{\mathrm{COMM}}, & s \in [0, 1], t \in [0, 1] \\ d_Q, & s \in [0, 1], t \in (1, +\infty) \\ \min(d_P, d_N), & s \in (1, +\infty), t \in (-\infty, 0) \\ d_N, & s \in (1, +\infty), t \in [0, 1] \\ \min(d_N, d_Q), & s \in (1, +\infty), t \in (1, +\infty) \end{cases} \tag{17.17}$$

其中，d_M、d_P、d_N、d_Q 分别为点 M 到线段 PQ 的最小距离、点 P 到线段 MN 的最小距离、点 N 到线段 PQ 的最小距离、点 Q 到线段 MN 的最小距离，d_{COMM} 为两线段公垂线距离。

由式（17.17）可知，现已将空间两线段最短距离的求解问题转化为点到线段的距离计算。下面仍以图 17.10（a）情况为例，对点 M 到 PQ 的最小距离进行求解。点 M 在不同位置时，分别过点 M 做 PQ 所在直线的垂线，垂足为点 C，如图 17.12 所示。

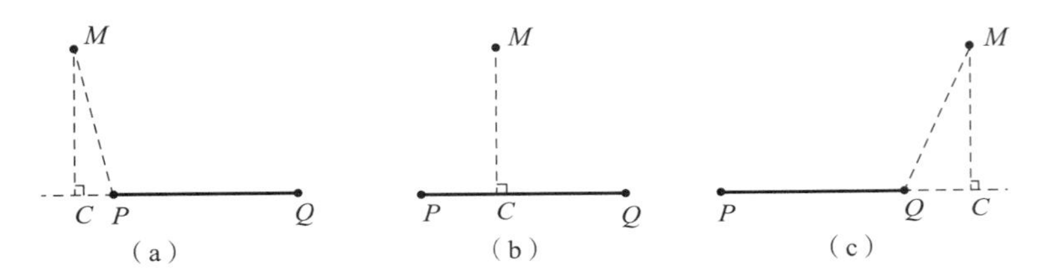

图 17.12　求解点到线段的距离

（a）点 M 在线段 PQ 左侧；（b）点 M 在线段 PQ 上；（c）点 M 在线段 PQ 右侧

采用点到线段距离求解的向量法，定义参数

$$u = \frac{\overrightarrow{PM} \cdot \overrightarrow{PQ}}{|\overrightarrow{PQ}|^2} \tag{17.18}$$

则有

$$d_M = \begin{cases} |\overrightarrow{MC}|, 0 < u < 1 \\ |\overrightarrow{MP}|, u \leqslant 0 \\ |\overrightarrow{MQ}|, u \geqslant 1 \end{cases} \tag{17.19}$$

其中，$|\overrightarrow{MC}|$ 可通过三角形面积相等求得，即有

$$|\overrightarrow{MC}| = \frac{|\overrightarrow{MP}| \times |\overrightarrow{MQ}|}{|\overrightarrow{PQ}|} \tag{17.20}$$

由式（17.17）~式（17.20）计算两胶囊体轴线之间的距离，最终可得胶囊体间最小距离：

$$\Delta_{cc} = d_{\min} - r_1 - r_2 \tag{17.21}$$

3. 胶囊体与球体最小距离计算

胶囊体与球体之间的碰撞检测计算等同于计算球心到胶囊体中心轴段的最小距离。由于上述两胶囊体的距离计算中已经包含点到线段距离的计算过程，故在此直接给出计算胶囊体与球体间最小距离公式：

$$\Delta_{cs} = d_{cs} - r_c - r_s \tag{17.22}$$

式中，r_c、r_s 分别为胶囊体和球体半径；d_{cs} 为球心到胶囊体轴线最小距离。

以上即为球体与球体、胶囊体与胶囊体、胶囊体与球体间的最小距离计算过程。

自此就可以得出智能排爆机器人机械臂子系统两检测基元之间的碰撞检测求解算法，其实现过程如表 17.1 中的算法所示，该算法中检测基元的各端点坐标可由机器人的正运动学求解获得。

表 17.1　两检测基元碰撞检测算法实施步骤

算法 1：两检测基元碰撞检测算法实施步骤：

Input：两检测基元的端点坐标 M，N 与 P，Q；关节包围球半径 $R_1 \sim R_4$；两胶囊体半径 r_1，r_2；两胶囊体长度 L_1，L_2

Output：两检测基元碰撞信息

1. 求两检测基元间每对未经过检测的球体间最小距离 Δ_{ss_i}
2. **if** 存在 $\Delta_{ss_i} < 0$ **then**
3. 　　**return** 检测基元发生碰撞（球体与球体）
4. **end if**
5. **if** 两胶囊体长度 $L_1 = 0$ 且 $L_2 = 0$ **then**
6. 　　**return** 检测基元不发生碰撞
7. **else if** 两胶囊体长度 $L_1 \neq 0$ 且 $L_2 \neq 0$ **then**
8. 　　根据检测基元端点坐标求得参数 s，t
9. 　　根据参数 s，t，求两胶囊体轴线间最小距离 $d_{\min}$
10. 　　求两胶囊体间最小距离 Δ_{CC}
11. 　　**if** $\Delta_{cc} < 0$ **then**
12. 　　　**return** 检测基元发生碰撞（胶囊体与胶囊体）
13. 　　**else**
14. 　　　求两检测基元间的胶囊体（$L_i \neq 0$）与球体间未计算过的最小距离 Δ_{cs_i}
15. 　　　**if** 存在 $\Delta_{cs_i} < 0$ **then**
16. 　　　　**return** 检测基元发生碰撞（胶囊体与球体）
17. 　　　**else**
18. 　　　　**return** 检测基元不发生碰撞
19. 　　　**end if**
20. 　　**end if**
21. **else**
22. 　　重复 14 行 ~ 19 行检测胶囊体与球体
23. **end if**

该算法只涉及一些简单的数值运算，且在求两胶囊体间的碰撞问题时，通过不同范围的 s、t 值所约束的线段之间的几何关系来确定每种情况下的最小距离值，相比文献［133］每次需对4个距离进行复杂的向量运算，计算量减小了很多。另外，文献［134］述及的计算方法所得出的距离，对于图17.11中论及的5种情况并不能完全满足，在很多情况下会有误判断现象产生，而本算法的计算结果则更加精确。

17.2.3 多关节机械臂碰撞检测算法

根据本研究此前阐述的两检测基元的碰撞检测算法，对于任意几何构型的机械臂来说，自身结构是否发生碰撞只需对所有可能发生碰撞的检测基元间进行相应的距离计算即可。而对于机械臂与外部环境中障碍物的碰撞检测，可拆分为机械臂的连杆和关节分别与障碍物进行检测。由于将障碍物也简化为球体，故实际上同样是求解胶囊体与球体和球体与球体的碰撞检测问题，相应计算过程已在前文给出。综上所述，最终可得出智能排爆机器人主辅串联式多关节机械臂的碰撞检测算法，其伪代码如表17.2中所列算法2所示，相应的求解过程可依表17.2中所示方法和步骤进行。

表17.2 多关节机械臂碰撞检测算法实施步骤

算法2：多关节机械臂碰撞检测算法实施步骤：
Input：机械臂当前关节角度 **Output**：机械臂碰撞信息 1. 初始化：机械臂D－H参数；各胶囊体长度 L_1，…，L_n（包括末端）；各胶囊体半径 r_1，…，r_n（包括末端）；关节包围球半径 R_i（i 值与机械臂构型有关，并包括末端）；各障碍物包围球的球心坐标 O_{o_j} 和半径 R_{oj} 2. 正运动学计算各关节简化球体球心坐标 O_{i_i} 3. 将机械臂拆分为基元，分析可能发生碰撞的检测基元有 n 对 4. **for** $k=1$ **to** n **do** 5. 　调用基元碰撞检测算法检测第 k 对基元 6. 　**if** 第 k 对基元检测返回结果为有碰撞 **then** 7. 　　Collision＝0（有碰撞） 8. 　　**break** 9. 　**else** 10. 　　Collision＝1（无碰撞） 11. 　**end if** 12. **end for** 13. **if** 检测机械臂各连杆和关节与障碍物存在干涉 **then** 14 　Collision＝0（有碰撞） 15. **end if** 16. **return** Collision

17.3　双串联式机械臂碰撞检测算法的仿真验证

为了验证前述章节中项目组所提出的碰撞检测算法的正确性，本节以智能排爆机器人串联式六自由度机械臂为例，利用 Matlab/Simulink 控制方案和 Adams 虚拟模型进行联合仿真验证，所设计的仿真框架如图 17.13 所示。

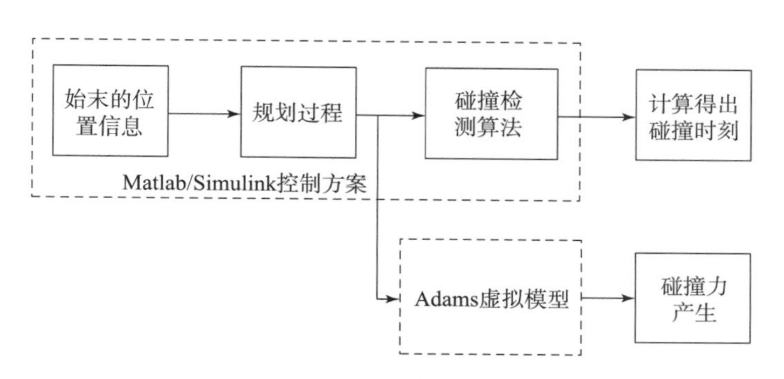

图 17.13　碰撞检测算法仿真验证框架

在图 17.13 中，任意指定机械臂末端起始位姿（无碰撞）和目标位姿（发生碰撞），分别进行逆运动学求解。由于只是验证碰撞检测算法，故分别任选一组逆解，然后在机械臂关节空间进行规划即可。在此过程中始终利用碰撞检测算法进行检测，最终得到仿真过程中计算的碰撞时刻和反馈的碰撞力，对比二者结果，若出现时间一致则证明算法有效。

仿真所用机械臂 D－H 参数如表 17.3 所示，由表 17.3 可以看出机械臂各连杆包括末端执行器（连杆 6）所简化的胶囊体半径和各关节所简化的球体半径。在此需要说明的是，虽然在实际应用时必须将各简化几何体相对于自身最大尺寸进行微小的“膨胀”从而保证其防止碰撞的安全裕度，但本研究为了能够获得仿真软件所反馈的精确碰撞时刻以与算法计算所得时刻进行对比，因此在仿真时不再将各简化的胶囊体和球体尺寸进行扩大。

表 17.3　机械臂 D－H 参数

连杆	胶囊体半径 r/mm	关节	球体半径 R/mm
1	—	1	70
2	45	2	60
3	35	3	60
4	—	4	52
5	—	5	52
6	15	6	52

对应于前述仿真框架，在 Simulink 中搭建联合仿真系统，如图 17.14 所示，其中 Subsystem1 为轨迹规划过程，设定仿真时间为 20s，始末两点位置分别为（0.800 0，－0.149 6，0.003 2）和（－0.292 8，－0.036 0，0.342 7），始末姿态可随机生成。结合

机械臂 D－H 参数，且利用 Solid Works 建立机械臂的物理模型，并导入 Adams 中，如图 17.15（a）所示，最终进行联合仿真，图 17.15（b）展示了仿真过程中得到的机械臂末端轨迹。

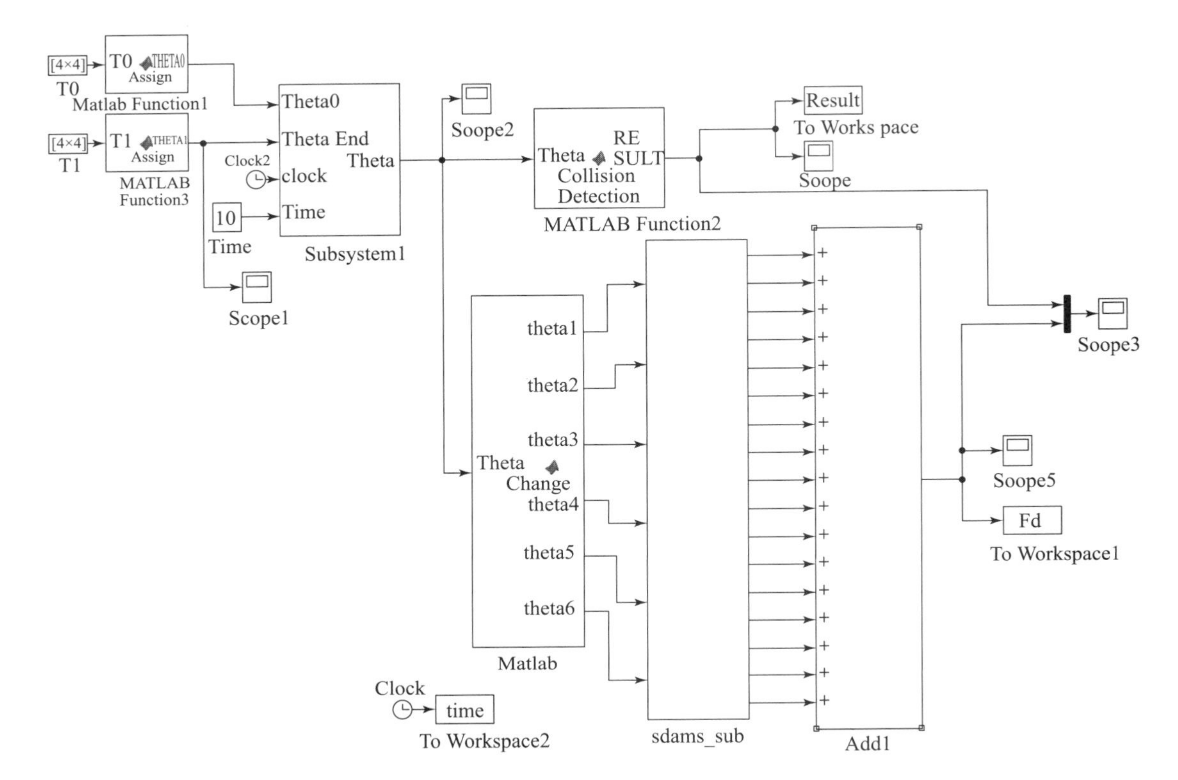

图 17.14　Matlab/Simulink 和 Adams 联合仿真系统

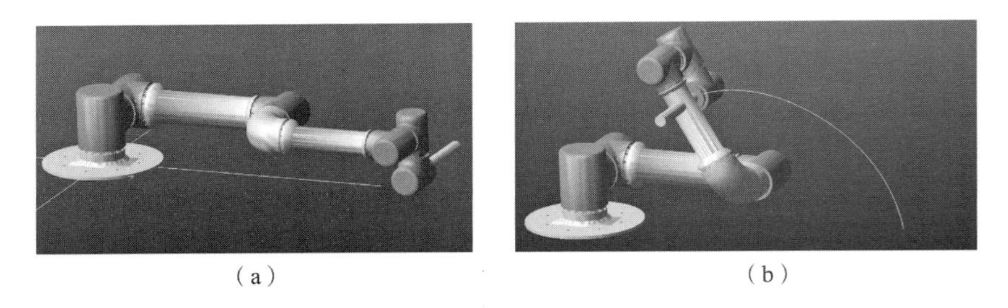

（a）　　（b）

图 17.15　Adams 中的串联式六自由度机械臂

（a）机械臂初始位姿；（b）机械臂末端轨迹

仿真结果如图 17.16 所示，图中深色曲线和浅色曲线分别为 Simulink 中计算出的碰撞时刻与 Adams 中返回的碰撞力与时间的关系，右侧结果为“36”表示第 3 与第 6 检测基元间发生碰撞，从图 17.16 可以看到，利用本研究提出的多关节机械臂碰撞检测算法计算的碰撞时刻与机器人的碰撞力均在第 7 s 同时出现。因此，仿真结果验证了该算法的可行性和有效性。

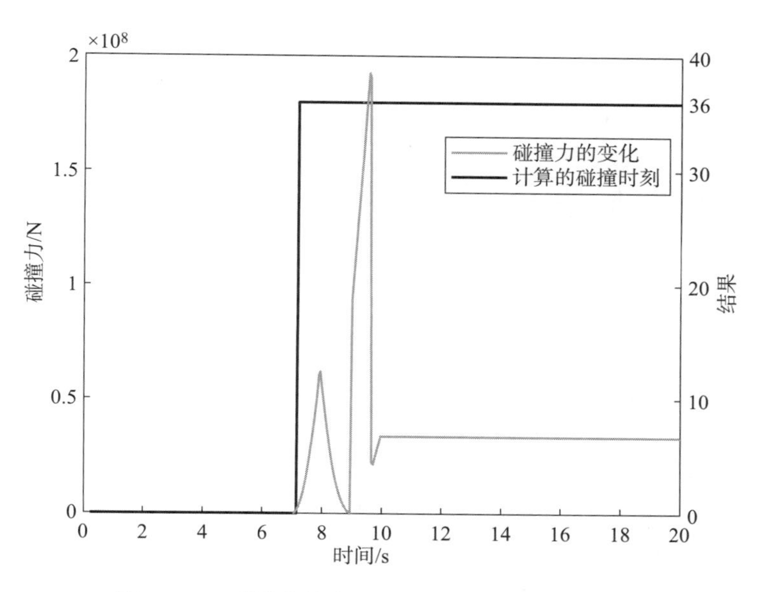

图 17.16　碰撞力的变化与计算出的碰撞产生时刻

17.4　本章小结

本章针对六自由度串联式机械臂在运动过程中自身结构之间以及与外部环境之间发生碰撞的问题进行了研究与仿真，在分析了传统碰撞检测技术的基础上，项目组提出了一种改进的碰撞检测算法。首先建立了智能排爆机器人的简化模型（关节及障碍物为球体，连杆为胶囊体），进而将六自由度串联式机械臂的碰撞检测问题转化为简化后的检测基元之间的干涉计算问题。此后，又将问题进一步分解，最终转化为两球体之间、两胶囊体之间、球体与胶囊体之间的最小距离求解。此外，针对空间两线段间最小距离计算问题，项目组提出一种参数化描述和精确求解的方法，并将该算法应用于六自由度串联式机械臂；最终利用 Matlab 和 Adams 进行联合仿真，验证了该算法的有效性。项目组提出的碰撞检测算法为后续机械臂避障路径规划的研究奠定了基础。

第 18 章

机器人机械臂子系统避障路径规划

由于智能排爆机器人主辅机械臂的自由度数较多，对应于路径规划问题即其构型空间（C 空间）维数较高，传统路径规划方法基本上都难以进行路径查询，给使用者造成不便。在这种情况下，基于采样的路径规划方法是机器人运动规划中最受欢迎的方法。该类方法无须对整个空间进行建模，所以尤其适用于高维空间的情况。在该类方法中，尤以快速探索随机树（RRT）算法最为著名，其在多自由度机械臂中得到了广泛应用，并取得了良好效果。但是现有的 RRT 规划器探索效率低、收敛速度慢，已无法满足机器人智能化水平日渐提高的趋势和要求。

针对上述问题，项目组基于 RRT 的架构，提出了一种具有普适性的节点控制自主路径规划（NC－RRT）算法。该算法首先采用一种区域渐变的采样方式指导探索，有效提高了搜索速度。另外，为了减少无效节点的扩展，并提取边界节点（或近边界节点），该算法还引入节点控制机制对树的扩展节点进行约束，通过改变节点控制因子的数值，防止随机树一直陷入“局部陷阱”中，同时筛选出边界节点作为扩展节点。项目组在不同应用环境中对该算法进行了仿真，仿真结果表明该算法能大量减少构型空间中的无效探索并显著提高路径规划效率。另外，由于该方法可以高效地利用边界节点，与现有 RRT 算法相比，对于狭窄环境有很强的适用性，有效提高了探索的成功率，而这些品质正是智能排爆机器人所追求的。

18.1　双串联式机械臂避障规划问题描述

有关机器人避障路径规划问题的基本含义：机器人在满足关节限制或转矩限制等约束条件下，能够有效避开环境中的各种障碍物，寻找从起始状态到目标状态的路径。以多自由度串联式机械臂为例，在此给出具体的数学描述：

定义 $\boldsymbol{C} \subseteq \mathbb{R}^N$ 为机械臂的 n 维构型空间，$n \in N$ 且 $n > 2$ 。根据构型空间 $\boldsymbol{C}$ 是否满足既定的约束条件被划分为两部分：自由空间 $\boldsymbol{C}_{\text{free}}$ 和障碍空间 $\boldsymbol{C}_{\text{obs}}$，之间存在关系：$\boldsymbol{C}_{\text{free}} = \boldsymbol{C} \setminus \boldsymbol{C}_{\text{obs}}$。现定义 $\boldsymbol{q}$ 为机械臂的构型，满足 $\boldsymbol{q} \in \boldsymbol{C}$ ，给定相应的 $\boldsymbol{q}_{\text{start}}$ 和 $\boldsymbol{q}_{\text{goal}}$，分别表示初始构型和目标构型，二者均为 $\boldsymbol{C}_{\text{free}}$ 中的元素。对于构型空间 $\boldsymbol{C}$ 中的路径可以定义为一个连续方程 $\boldsymbol{\sigma}:[0,1] \to \boldsymbol{C}$ ，如果对于所有的 $t \in [0,1]$ ，都有 $\boldsymbol{\sigma}(t) \in \boldsymbol{C}_{\text{free}}$ ，则称该路径为无碰撞路径。

据此，串联式机械臂的避障路径规划问题就可用一个三元函数 ζ（$\boldsymbol{C}_{\text{free}}$，$\boldsymbol{q}_{\text{strat}}$，$\boldsymbol{q}_{\text{goal}}$）表示，如果路径存在，则在 $\boldsymbol{C}_{\text{free}}$ 中规划一条无碰撞路径 $\boldsymbol{\sigma}:[0,1] \to \boldsymbol{C}_{\text{free}}$ ，且满足 $\boldsymbol{\sigma}(0) = \boldsymbol{q}_{\text{start}}$ ，$\boldsymbol{\sigma}(1) = \boldsymbol{q}_{\text{goal}}$ ；如果路径不存在，则返回失败信息。[135]

18.2　RRT 算法基本构成及原理

18.2.1　RRT 基本构成与函数预定义

前面章节已经对基于采样的路径规划方法进行了基本介绍，其中 RRT 算法作为基于采样的路径规划方法之一，由于具有概率完备性，且针对高维空间效率较高，故本章将基于 RRT 算法的架构对多自由度机械臂进行避障路径规划。项目组以文献［136］论述的原始 RRT 算法为研究对象，首先对其各基本组成部分进行分析，并对各部分中具体使用的函数进行详细定义，具体内容如下。

（1）采样。采样过程是 RRT 规划器的核心，该过程用于随机或准随机地选择构型，并将其添加到随机树中，样本可以是自由空间，也可以是障碍空间。定义函数 Random Sample（）：每次迭代在构型空间 $\boldsymbol{C}$ 中进行随机采样，获得采样点 $\boldsymbol{q}_{\mathrm{rand}}$。所有采样点之间满足相互独立，并服从某种分布，原始 RRT 各采样点服从均匀分布。[137]

（2）度量。给定两种构型 $\boldsymbol{q}_1$ 和 $\boldsymbol{q}_2$，度量过程会返回一个数值，该值表示从 $\boldsymbol{q}_1$ 到达 $\boldsymbol{q}_2$ 所需的工作消耗。重要的是，这个数值必须能够真正代表两种构型之间的工作或时间，否则最终将返回高度次优的解决方案。项目组在构型空间中采用欧氏距离作为度量。

（3）最近节点。最近节点也称为最近顶点。定义函数 Nearest Neighbor（$\boldsymbol{q}$，$\boldsymbol{T}$）：给定随机树 $\boldsymbol{T}=(\boldsymbol{V},\boldsymbol{E})$，$\boldsymbol{V}\subset\boldsymbol{C}$，$\boldsymbol{V}$ 表示树中节点集，$\boldsymbol{E}$ 表示连接两个节点间的边。对于 $\boldsymbol{C}$ 空间中任意构型 $\boldsymbol{q}$，函数 Nearest Neighbor（$\boldsymbol{q}$，$\boldsymbol{T}$）定义如式（18.1）所示，其作用是基于预定义的度量方式找到随机树中距离 $\boldsymbol{q}$ 最近的节点 $\boldsymbol{v}$，$\boldsymbol{v}\in\boldsymbol{V}$。

$$\text{Nearest Neighbor}(\boldsymbol{q},\boldsymbol{T})\,\text{Barg}\,\min_{\boldsymbol{v}\in\boldsymbol{V}}\|\boldsymbol{v}-\boldsymbol{q}\| \tag{18.1}$$

其中，Barg min（·）表示目标函数最小值时所对应的变量值。

（4）父节点选择。该过程选择随机树中一个现有节点连接到新的采样点，该现有节点即被认为是新生成节点的父节点。RRT 算法选择最近节点作为父节点。

（5）局部扩展。该过程用于建立两构型之间的连接。定义函数 Extend（$\boldsymbol{q}_1$，$\boldsymbol{q}_2$，ε）：根据选定的 $\boldsymbol{C}$ 空间距离度量方式，从给定的节点 $\boldsymbol{q}_1$ 向节点 $\boldsymbol{q}_2$ 扩展一个步长 ε，得到新的节点，如式（18.2）所示：

$$\text{Extend}(\boldsymbol{q}_1,\boldsymbol{q}_2,\varepsilon)=\boldsymbol{q}_1+\frac{(\boldsymbol{q}_2-\boldsymbol{q}_1)}{\|\boldsymbol{q}_2-\boldsymbol{q}_1\|}\varepsilon \tag{18.2}$$

（6）碰撞检测。该过程主要用于判断在连接两个构型时是否成功或者失败。定义碰撞检测函数 Collision Free（$\boldsymbol{q}_1$，$\boldsymbol{q}_2$）：给定节点 $\boldsymbol{q}_1,\boldsymbol{q}_2\in\boldsymbol{C}$，对于 $\boldsymbol{q}_1$、$\boldsymbol{q}_2$ 之间的节点 $\boldsymbol{q}_i$，有

$$\boldsymbol{q}_i=\boldsymbol{q}_1+t\cdot(\boldsymbol{q}_2-\boldsymbol{q}_1) \tag{18.3}$$

其中，t 为系数，$t\in[0,1]$。若 $\boldsymbol{q}_i\in\boldsymbol{C}_{\mathrm{free}}$，则碰撞检测函数 Collision Free（$\boldsymbol{q}_1$，$\boldsymbol{q}_2$）返回值为 True，即无碰撞发生；否则返回值为 False，即有碰撞发生。机械臂碰撞检测算法的详细过程已在第 17 章中给出，此处不再赘述。

（7）到达目标区域。给定目标构型 $\boldsymbol{q}_{\mathrm{goal}}$，目标区域最小距离为 $\rho_{\min}$，对于任一构型 $\boldsymbol{q}$，计算其到目标的路径代价为

$$\text{Distance}(\boldsymbol{q},\boldsymbol{q}_{\mathrm{goal}})=\|\boldsymbol{q}_{\mathrm{goal}}-\boldsymbol{q}\| \tag{18.4}$$

若满足 Distance（q，q_{goal}）$<\rho_{min}$ 且 CollisionFree（q，q_{goal}）返回为 True，则认为构型 q 到达目标区域。

18.2.2 RRT 算法原理

基本 Basic－RRT 算法的伪代码和实施步骤如表 18.1 中算法 3 所示。该算法首先用初始构型 q_{start} 初始化随机树 T，并作为随机树的根节点。n 为设定的最大失败次数，即 RRT 循环次数上限。规划器在每次迭代中，在自由空间中进行随机采样，得到一个节点 q_{rand}，然后找到随机树中距离 q_{rand} 的最近节点 q_{near}，并沿着 q_{near} 与 q_{rand} 连线的方向从 q_{near} 向 q_{rand} 扩展一个步长 ε，得到新的节点 q_{new}，此过程如图 18.1 所示。如果 q_{near} 与 q_{new} 的连线中任意节点与障碍物均不发生碰撞，则将新生成的节点 q_{new} 添加到随机树中，否则进行重新采样。在成功添加 q_{new} 以后，判断该节点是否到达目标区域，如果 q_{new} 已在目标区域中，则说明成功找到路径，停止循环并返回随机树 $\boldsymbol{T}$；如果 q_{new} 没有到达目标区域，则继续循环进行随机树的扩展，直到新生成的节点到达目标区域。若最终达到最大失败次数时还没有到达目标区域，则认为本次规划失败。

表 18.1　RRT 算法伪代码和实施步骤

算法 3：Basic－RRT 算法伪代码和实施步骤：
1. 用初始构型 q_{start} 初始化随机树 $\boldsymbol{T}$，作为树的根节点
2. **for**$i=1$ 到 n（最大失败次数），do 执行循环
3. 　规划器在自由空间中进行随机采样，得到节点 $q_r$and
4. 　找到随机树中距离 q_{rand} 的最近节点 q_{near}
5. 　沿着 q_{near} 与 q_{rand} 连线的方向从 q_{near} 向 q_{rand} 扩展一个步长 ε，得到新的节点 q_{new}
6. 　**if**q_{near} 与 q_{new} 的连线中任意节点与障碍物均不发生碰撞 **then**
7. 　　在随机树中增加新生成的节点 q_{new}
8. 　**end if** 结束 if 循环
9. 　**if** q_{new} 已在目标区域中 **then**
10. 　　**return** 返回随机树 T
11. 　**end if** 结束 if 循环
12. **end for** 结束 for 循环
13. 如果达到最大失败次数时还没有到达目标区域，则 **return** 返回 Failed

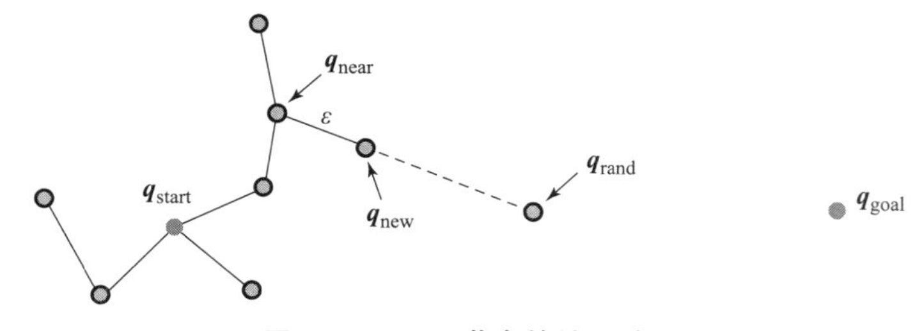

图 18.1　RRT 节点的扩展过程

图 18.2 表明了 RRT 算法在二维空间无障碍环境中的探索过程，给出了迭代次数分别为 100 次、200 次、500 次的效果图。图 18.2 中地图尺寸均为 500×500 个单位距离，步长 ε 设为 10，可以看到随机树会以初始构型为根节点，增量且快速地向着未知区域进行探索。RRT 算法作为一种基于采样的增量搜索算法，在解决路径规划问题时，在方案可行性和计算时效性之间提供了合理的平衡。由文献［61］可知，RRT 算法的概率完备性保证了若解存在则最终一定能够收敛。此外，由于探索过程中无须对障碍物进行精确建模，只需获取碰撞信息即可，故其具有较高的规划效率，在实际中得到广泛应用。

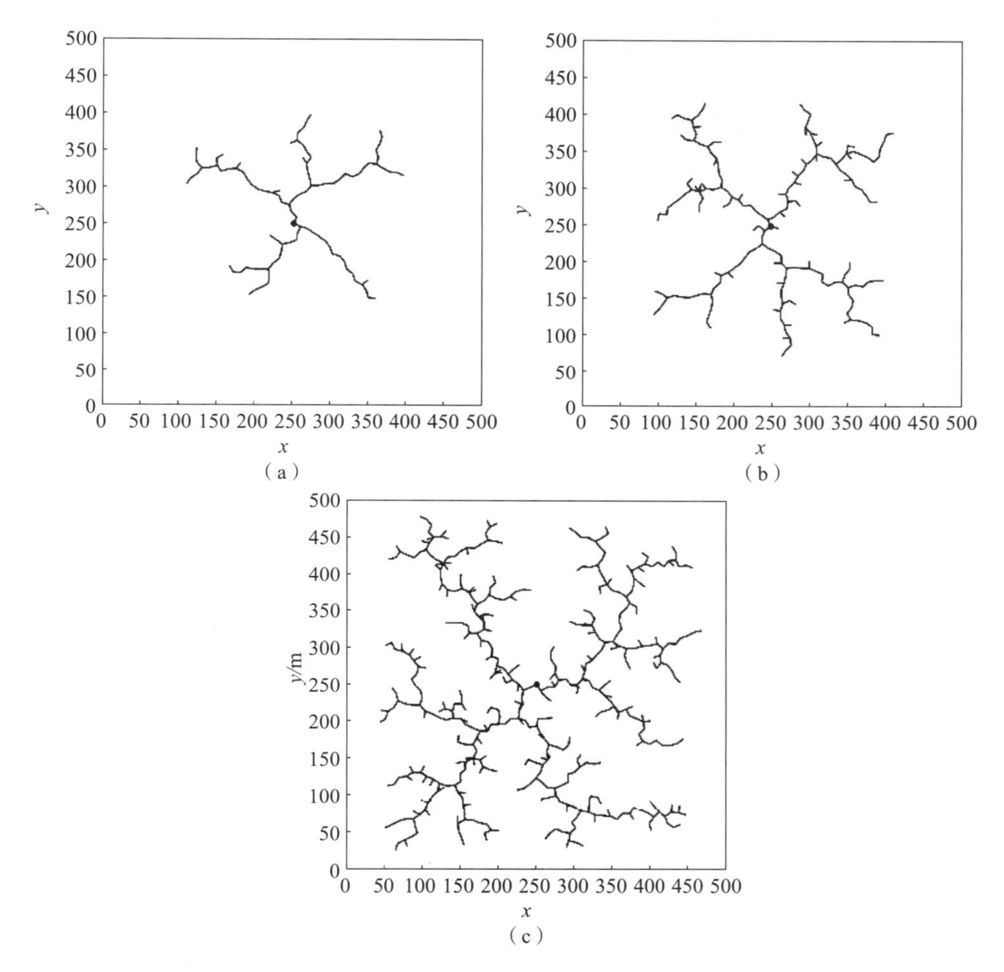

图 18.2　RRT 在二维无障碍环境中的探索过程

（a）迭代 100 次；（b）迭代 200 次；（c）迭代 500 次

18.3　RRT 算法的改进形式分析

由前面可知，RRT 算法具有很好的性质，但是基本 RRT 算法总是随机选择顶点，使得随机树在整个自由空间中均匀生长，存在大量的无效探索区域；即使有效路径存在，也无法保证在指定的时间内一定能够搜索到它。此外，在相同的环境中，RRT 算法在不同的迭代过程中会生成不同的解决方案。例如，在同一环境中，图 18.3（a）给出了一个很好的结果：随机树中节点数较少，路径较短，这意味着 RRT 算法在此迭代过程中执行得非常有效；然而图 18.3（b）所示情况就截然不同，可以看出，RRT 算法有时会过度搜索已探索过的空间，此时并不能保证在此迭代过程中就可以得到一个好的解决方案。

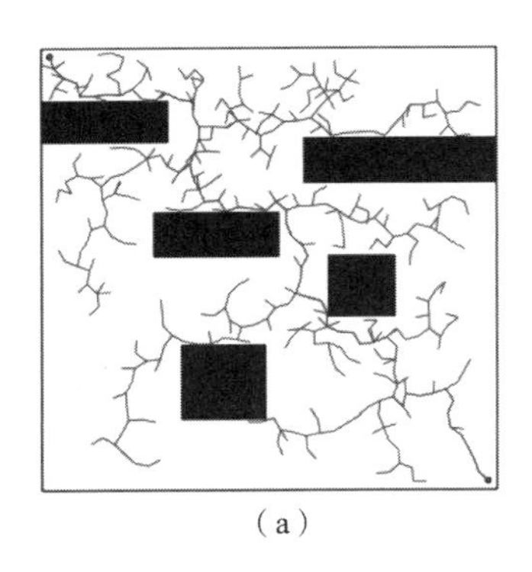
（a）

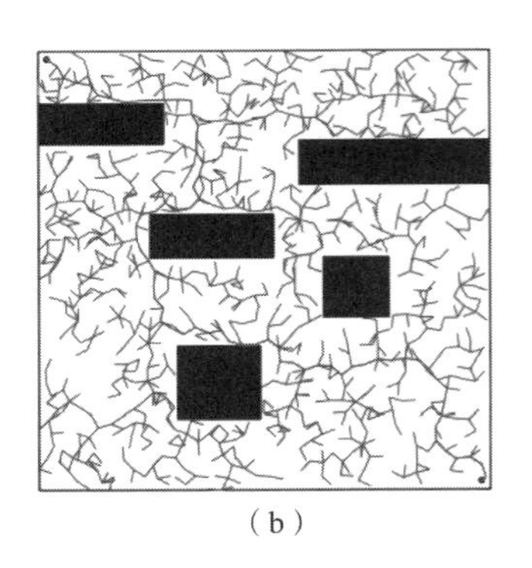
（b）

图 18.3　RRT 算法在相同环境中的不同性能（附彩插）

（a）通过少量迭代即可搜索到目的地；（b）通过大量迭代才搜索到目的地

根据 RRT 算法的基本构成与不足，可对 RRT 算法进行针对性的改进。改进的目的通常只有 2 个：减少路径代价和减少算法的运行时间。具体的改进工作可集中在以下几方面进行：

（1）采样策略的改进及对探索区域的指导。

（2）扩展节点的选择及扩展方向和步长的确定。

（3）算法中度量方式的选择。

（4）碰撞检测算法的改进。

（5）局部连接方式的改进。

（6）路径修剪及平滑方法的改进。

（7）搜索空间维度的限制。

针对不同的应用场景，现在已衍生出多种 RRT 算法。这里介绍一种替换了采样策略的改进型 RRT 算法，它就是文献［138］中论及的目标偏置采样（RRT Biased）算法，以用于后续的对比试验。

目标偏置采样算法是一种简单实用、可提高效率的算法，它对高维空间仍然具有有效性。它通过在采样方案中引入一定概率的目标偏置（通常为 5% ~ 10%）来提升算法性能[139]，其具体步骤如表 18.2 中算法 4 所示，将目标状态作为随机树可能的生长方向以减少探索的随机性，这样可适当减少随机树中的节点数，使树枝在任何环境中都能够迅速地缩短距离。然而，该算法虽然可以在一定程度上提升算法效率，但仍然具有较多的无效探索区域，仍会产生较大的计算代价。

表 18.2　目标偏置采样方法实施步骤

算法 4：目标偏置采样方法实施步骤：
1. 人为引导随机点的产生：假设随机采样概率为 num，有一定概率选取目标点作为循环中的 q_{rand}
2. **if** 如果 num < k 阈值 **then**

续表

3.　　选取了目标点为循环中的节点 q_{rand}
4. **else** 否则
5.　　继续进行随机采样，得到节点 q_{rand}
6. **endif** 循环结束
7. **return** 返回节点 q_{rand}

18.4　基于改进 RRT 算法的避障路径规划

虽然现在有很多改进型 RRT 算法从不同方面提高了计算效率，但对一些更加复杂的应用环境，如经典的 narrow（狭窄）环境、trapped（被困）环境等，并没有效果较好的通用型解决方案。近年来，有些学者针对 narrow 环境提出了一些改进算法，这些算法力图通过改变采样策略来提高计算效率和成功率，虽然小有作用，但通用性不强。所以，为了找到一种能够适应复杂环境的快速、通用的算法，并能够应用于智能排爆机器人机械臂子系统中实现高效的避障规划，项目组基于 RRT 的基本思想提出了一种节点控制类的自主路径规划算法。

18.4.1　区域渐变的采样方法

为了实现前述目标，首先提出一种区域渐变的采样方法（Gradually Change the Sampling Area Method，CSA－Method）来指导探索过程，并将其引入 Basic－RRT 中，其伪代码和具体步骤如表 18.3 中算法 5 所示（将算法 5 称为 CSA－RRT 算法）。

表 18.3　CSA－RRT 算法实施步骤

算法 5：CSA－RRT 算法实施步骤：
1. T 初始化为 Init Tree　　（$\boldsymbol{q}_{start}$）
2. 采样半径 R 初始化为 $D_{farthest}$
3. **for** $i=1$ 到 n（最大失败次数），**do** 执行循环
4.　　规划器在自由空间中进行随机采样，得到节点 $\boldsymbol{q}_{rand}$
5.　　**if** 如果随机节点 $\boldsymbol{q}_{rand}$ 和目标节点 $\boldsymbol{q}_{goal}$ 之间的距离 $>R$，则 **then**
6.　　　**continue** 继续进行随机采样
7.　　**endif** 停止循环
8.　　找到随机树中距离 $\boldsymbol{q}_{rand}$ 的最近节点 $\boldsymbol{q}_{near}$
9.　　沿着 $\boldsymbol{q}_{near}$ 与 $\boldsymbol{q}_{rand}$ 连线的方向从 $\boldsymbol{q}_{near}$ 向 $\boldsymbol{q}_{rand}$ 扩展一个步长 ε，得到新的节点 $\boldsymbol{q}_{new}$
10.　**if** $\boldsymbol{q}_{near}$ 与 $\boldsymbol{q}_{new}$ 的连线中任意节点与障碍物均不发生碰撞 **then**
11.　　在随机树中增加新生成的节点 $\boldsymbol{q}_{new}$
12.　　更改 R 值为 $\boldsymbol{q}_{new}$ 与 $\boldsymbol{q}_{goal}$ 的距离
13.　**else** 反之，如果一旦发生碰撞

续表

14.	则扩大采样半径为 $R=R+k\times\varepsilon$
15.	**continue** 继续进行随机采样
16	**endif** 停止循环
17.	**if** 如果随机节点 $\boldsymbol{q}_{rand}$ 和目标节点 $\boldsymbol{q}_{goal}$ 之间的距离 $<\boldsymbol{\rho}_{min}$，则 **then**
18.	**return** 返回 T 值
19.	**endif** 停止循环
20.	**endfor** 停止 for 循环
21.	**return** 返回 Failed

为了保证求解空间的完备性，初始时需要计算目标构型点 $\boldsymbol{q}_{goal}$ 与 C 空间中距离目标最远的构型点 $\boldsymbol{q}_f$ 之间的距离，用 $D_{farthest}$ 表示。假设构型空间的维度为 s，则 $D_{farthest}$ 求解如下：

$$D_{farthest}=\sqrt{|\boldsymbol{q}_{goal(1)}-\boldsymbol{q}_{f(1)}|^2+\cdots+|\boldsymbol{q}_{goal(s)}-\boldsymbol{q}_{f(s)}|^2} \tag{18.5}$$

将采样半径 R 初始化为 $D_{farthest}$，在以后的采样过程中，始终控制采样范围在距离目标构型点为 R 的区域内。如果某次迭代中成功添加 $\boldsymbol{q}_{new}$ 节点，即生成 $\boldsymbol{q}_{new}$ 过程中没有与障碍物发生碰撞，则更改 R 值为 q_{new} 与 q_{goal} 的距离；相反，如果一旦发生碰撞，则扩大采样半径为

$$R=R+k\times\varepsilon \tag{18.6}$$

式中，k 是系数，为正整数，用于调整采样域的范围，可根据环境的复杂程度进行适当调整；ε 是扩展步长。

可以发现，假设在无障碍物环境中或者环境中有障碍物但是未发生碰撞之前，随机树中每次有新节点添加后采样域会缩小至距离目标节点为 $\|q_{new}-q_{goal}\|$ 的区域内，而在扩展中一旦遇到障碍物，采样域会扩大以寻找新的采样点和 q_{near} 节点，在成功添加 q_{new} 后再恢复至未遇到障碍的状态继续探索，这种区域渐变的采样方式会驱使随机树不断向着目标节点生长。图 18.4 显示了 Basic－RRT 算法与 CSA－RRT 算法在相同环境中的性能比较情况，显然，后者的总节点数要少得多。具体的仿真测试及相关分析将在下节中给出。

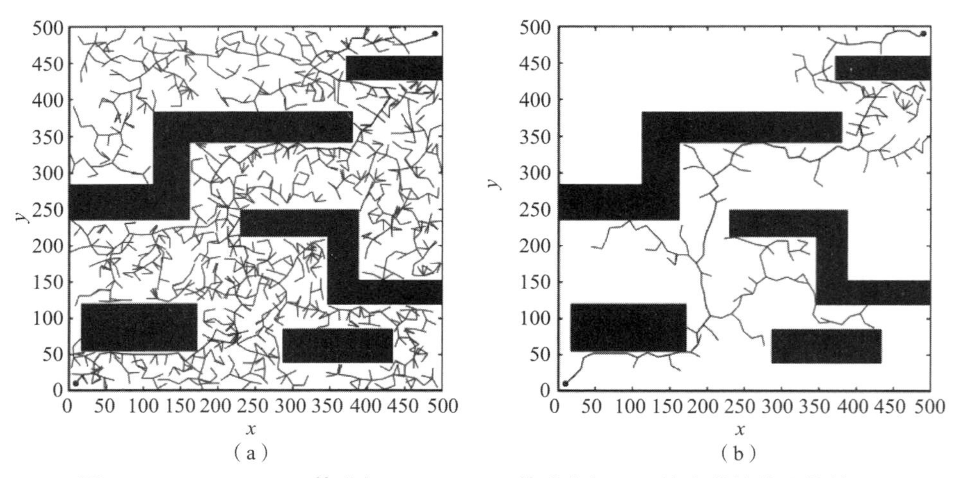

图 18.4　Basic－RRT 算法与 CSA－RRT 算法在相同环境中的性能比较情况

（a）Basic－RRT 算法；（b）CSA－RRT 算法

18.4.2　节点控制机制的提出

项目组提出的 CRA－RRT 算法在进行扩展节点的选取时，仍然需要对随机树中节点进行遍历以找到 C 空间中距采样构形点最小距离的节点，但这种遍历很多时候是冗余且耗时的。在保持区域渐变采样方法相关性能不发生弱化的前提下，为了进一步提高 CRA－RRT 算法速度并增强环境适应性，在该算法中引入了一种节点控制机制（Node Control Mechanism，NCM）来进一步减少无效节点的扩展并提取出边界节点（或近边界节点），并基于此机制提出随机树扩展过程中的“局部陷阱”现象。当随机树在 C 空间扩展时，对每一节点的扩展状态进行更新和记录，根据“局部陷阱”是否出现以改变节点控制因子的数值，进而调整扩展节点的选择，使多数情况下只以树中边界节点或更靠近边界的节点进行扩展。

具体过程如下。

将节点的扩展状态值用 δ 表示，并定义一个不同于以往的概念；将随机树的每一个叶节点回溯到初始节点 $\boldsymbol{q}_{\text{start}}$ 的路线称为一条枝干，那么节点状态值的变化策略就是；每次有新的节点生成都将其 δ 值设为 0，然后从它的父节点开始，沿着反向路径将此新节点所在枝干上的每个节点状态值加 1，直至 $\boldsymbol{q}_{\text{start}}$ 节点。由图 18.5 所示情况可知，若以随机树探索过程中的任意一节点 $\boldsymbol{q}_n$ 为例，假设此时 δ 值被记录为 m，如某次迭代中以 $\boldsymbol{q}_n$ 为父节点生成一个子节点 $\boldsymbol{q}_{n+1}$ ，此时将 $\boldsymbol{q}_{n+1}$ 的 δ 值设置为 0，然后从 $\boldsymbol{q}_{n+1}$ 的父节点 $\boldsymbol{q}_n$ 开始，逆向地将 $\boldsymbol{q}_{n+1}$ 所在枝干的所有节点的 δ 值加 1，直到 $\boldsymbol{q}_{\text{start}}$ 节点为止。此时 $\boldsymbol{q}_n$ 的 δ 值变为 $m+1$ 。如果之后的某次迭代中生成的新节点 $\boldsymbol{q}_{n+2}$ 依然是 $\boldsymbol{q}_n$ 的子节点，则重复以上过程，$\boldsymbol{q}_n$ 的 δ 值变为 $m+2$ ，但因为 $\boldsymbol{q}_{n+1}$ 节点不在 $\boldsymbol{q}_{n+2}$ 节点所在的枝干中，故这次迭代中 $\boldsymbol{q}_{n+1}$ 节点的 δ 值保持不变。

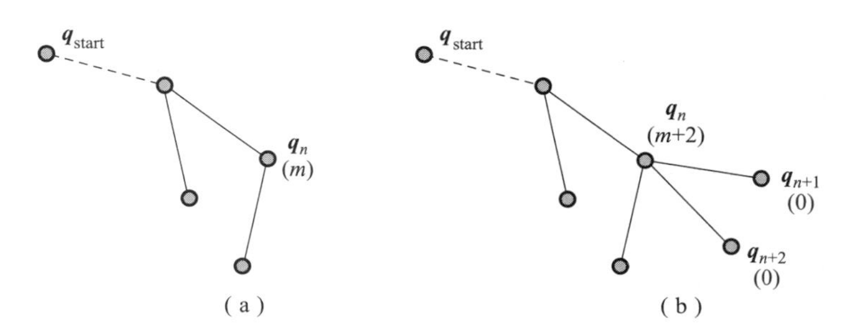

图 18.5　节点控制机制中节点状态值 δ 的变化策略

（a）任意新节点的开始状态；（b）重度迭代后父结点及子节点的变化过程

根据每个节点的状态值，可以通过一个节点控制因子 control 来指导扩展节点的选择，使每次扩展都只选择随机树中状态值小于 control，且距离采样节点最近的节点作为扩展节点。为了充分减少构形空间中的无效探索，默认情况下设置 control 为 1。但是，这种控制因子的引入会产生一个问题，即由于随机树中只有叶节点的 δ 值才为 0，如果 control 保持为 1 就意味着会一直以随机树中的最后一个节点作为扩展节点。结合上一部分提出的采样方法，若在无障碍物的环境中，该方法会驱使随机树以极快的速度到达目标构型点，其情况如图 18.6（a）所示。由图 18.6（a）可以看到，这时随机树中所有节点都作为最终路径中的“有效节点”而存在。但是一旦环境中有障碍物，随机树就很容易陷入“局部陷阱”的状态，其情形如图 18.6（b）所示，此时随机树会保持这种只在局部地区扩展的状态直至达到最大失败次数。因此，需要在适当的时候改变 control 的值来增加可选择的扩展节点数，从而防止这种情况的发生，因为遇到障碍物便很可能出现这种现象，所以和 CSA－RRT 算法中采样半径的改变条件一样，把“扩展过程中发生碰撞”近似看作“局部陷阱”出现的判定条件，即作为节点控制因子的值的改变条件。在发生碰撞的时候增加 control 的值，随机树便可以有效地逃离此区域，而在成功添加新的节点之后再将 control 的值恢复为 1，此后继续探索。

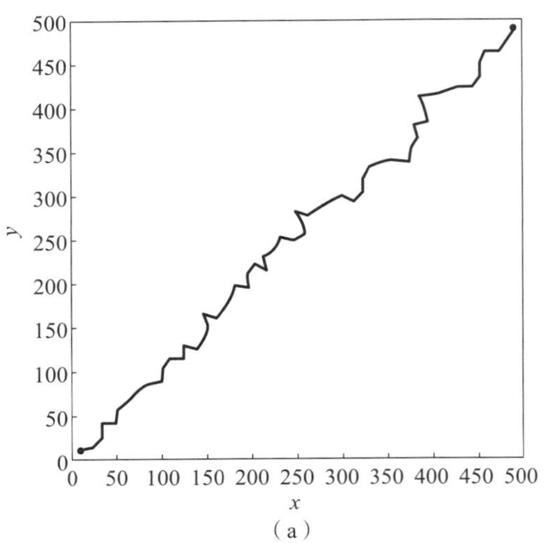

（a）

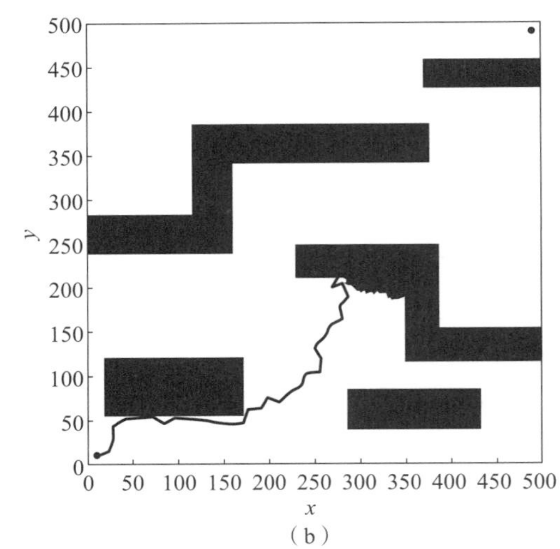

（b）

图 18.6　当 control 值保持为 1，结合区域渐变的采样方法进行探索时，随机树在未遇到障碍物和遇到障碍物时的不同表现

（a）在无障碍物的环境中的高效探索；（b）探索时出现“局部陷阱”现象

18.4.3　改进的 RRT 算法——NC－RRT 算法

由前面内容可知，CSA 算法能够提高搜索速度，而节点控制机制可以减少无效节点的扩展和增强算法针对不同环境时的适用性，将这两种方法的优点结合起来，即可得出项目组提出的 NC－RRT 算法，其伪代码和相关步骤如表 18.4 中算法 6 所示。

表 18.4　算法 6：NC－RRT 算法伪代码和实施步骤

算法 6：NC－RRT 算法伪代码和实施步骤：
1. T 初始化为 Init Tree（$\boldsymbol{q}_{\text{start}}$）
2. $\boldsymbol{q}_{\text{start}}$ 的 δ 值设为 0
3. 采样半径 R 初始化为 D_{farthest}
4. 节点控制因子 control 设置为 1
5. **for** $i = 1$ 到 n（最大失败次数），**do** 执行循环
6. 　规划器在自由空间中进行随机采样，得到节点 $\boldsymbol{q}_{\text{rand}}$
7. 　**if** 如果随机节点 $\boldsymbol{q}_{\text{rand}}$ 和目标节点 $\boldsymbol{q}_{\text{goal}}$ 之间的距离 $> R$，则 **then**
8. 　　**continue** 继续进行随机采样

续表

9.　**endif** 停止循环
10.　每次扩展都只选择树中状态值小于 control
11.　且距离采样节点最近的节点作为扩展节点 $\boldsymbol{q}_{near}$
12.　沿着 $\boldsymbol{q}_{near}$ 与 $\boldsymbol{q}_{rand}$ 连线的方向从 $\boldsymbol{q}_{near}$ 向 $\boldsymbol{q}_{rand}$ 扩展一个步长 ε，得到新的节点 $\boldsymbol{q}_{new}$
13.　**if**$\boldsymbol{q}_{near}$ 与 $\boldsymbol{q}_{new}$ 的连线中任意节点与障碍物均不发生碰撞 **then**
14.　在随机树中增加新生成的节点 $\boldsymbol{q}_{new}$
15.　新节点 $\boldsymbol{q}_{new}$ 的 δ 值设为 0
16.　从 $\boldsymbol{q}_{new}$ 的父节点开始，沿着反向路径将此新节点所在枝干上的每个节点状态值加 1，直至 $\boldsymbol{q}_{start}$ 节点
17.　更改 $\boldsymbol{R}$ 值为 $\boldsymbol{q}_{new}$ 与 $\boldsymbol{q}_{goal}$ 的距离
18.　control 保持为 1，以树中的最后一个节点作为扩展节点
19.　**else** 反之，如果一旦发生碰撞
20.　则扩大采样半径为 $R = R + k \times \varepsilon$
21.　增加 control 的值，使树可以有效地逃离此区域
22.　**continue** 继续进行随机采样
23.　**endif** 停止循环
24.　**if** 如果随机节点 $\boldsymbol{q}_{rand}$ 和目标节点 $\boldsymbol{q}_{goal}$ 之间的距离 $<\rho_{min}$，则 **then**
25.　**return** 返回 T 值
26.　**endif** 停止循环
27.　**endfor** 停止 for 循环
28.　**return** 返回 Failed

18.4.4　路径修剪及平滑

实际上，NC－RRT 算法所获得的原始路径是次优的，具有不连续的曲率，这也是基于采样方法的主要缺点。这种非平滑路径会极大降低机械臂的平稳性，导致在具体操作中无法使用。为了保证机械臂能够平稳运动，就必须对所规划的路径进行后处理操作。经过认真分析与反复对比，项目组决定分两步进行路径后处理：①基于最大曲率约束进行初步修剪与去尖点；②通过三次 B 样条曲线对节点进行后期平滑处置，实现曲率的连续化。由于二维空间较为直观，本研究仍以二维平面为例进行上述方法的具体说明。

初步修剪的流程如图 18.7 所示。首先进行路径点去冗余处理，由 NC－RRT 算法获得包含初始状态到目标状态的一系列有效的原始路径点集 Q_1，设 n 个路径点：为 $P_1, P_2, \cdots, P_n$，且按顺序依次相连，然后，将初始路径点 P_1 与 P_3 连接。如果二者连接线与障碍空间不相交，则可以使用一条线直接将二者连接，并删除冗余路径点 P_2，再连接 P_1 与 P_4，依此类推。而一旦发生碰撞时，则将最后连接过程中出现的碰撞点的父节点替换为新节点，并再次执行上述操作，直到达到目标状态为止。

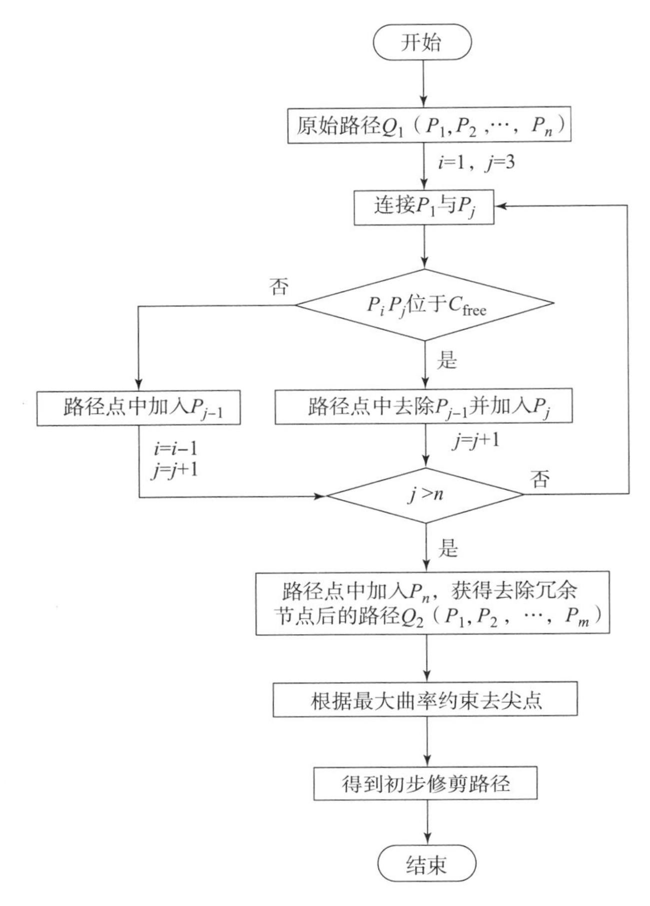

图 18.7　路径初步修剪流程

将去冗余处理后的路径点集设为 Q_2，接下来根据最大曲率约束，去除路径中的尖点。为此，令 Q_2 中相邻路径段之间的最小角度不小于 $\alpha_{\min}$，其中 $\alpha_{\min}$ 设为 90°，即若存在锐角，则将此夹角两边长度分别去除相同的距离 L_d，然后将断点处相连，以使生成的轨迹曲率不超过所设定的最大曲率约束，L_d 值可确定为

$$L_d = u \cdot \varepsilon / v \tag{18.7}$$

式中，ε 为步长；$u < v$，且均为正整数，以保证去除长度小于一个步长。经过初步修剪的路径效果如图 18.8 所示，其中红色曲线为原始路径，深蓝色折线为去冗余节点后的路径，绿色曲线为经过去冗余节点基础上再去除尖点后的连接部分。

经过初步修剪的路径已经实现了大部分路径的平滑化，最终利用三次 B 样条曲线将修剪过的路径点进行拟合，生成平滑的连续曲率轨迹，如图 18.9 所示。k 次 B 样条曲线的表达式如下：

$$C(u) = \sum_{i=o}^{n} N_{i,k}(u) \cdot P_i \tag{18.8}$$

式中，$P_i(i = 0,1,\cdots,n)$ 为控制点，$N_{i,k}(u)(i = 0,1,\cdots,n)$ 为 k 次 B 样条基函数，也称为调和函数。$N_{i,k}(u)$ 可由 Cox－deBoor 递推公式得到，即有

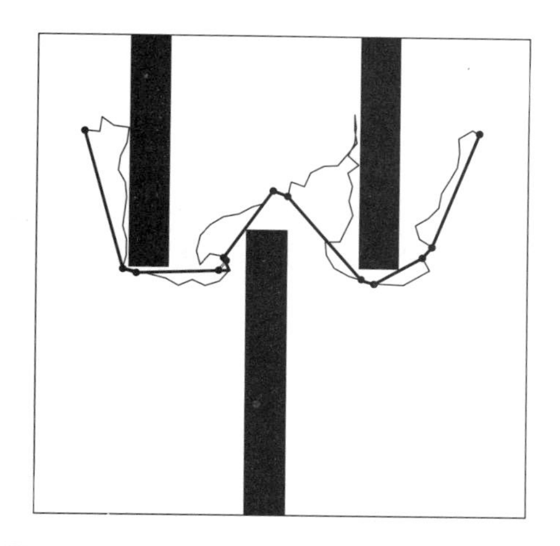

图 18.8　经过初步修剪的路径效果（附彩插）

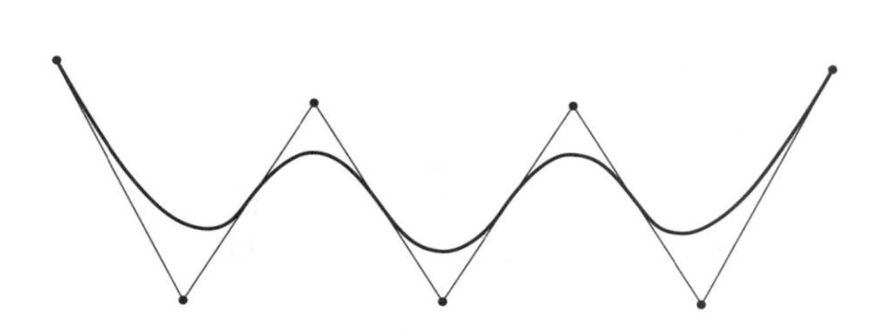

图 18.9　B 样条曲线拟合效果

$$N_{i,0}(u) = \begin{cases} 1, & u_i \leqslant u \leqslant u_{i+1} \\ 0, & \text{其他} \end{cases} \tag{18.9}$$

$$N_{i,k}(u) = \frac{u - u_i}{u_{i+k} - u_i} N_{i,k-1}(u) + \frac{u_{i+k+1} - u}{u_{i+k+1} - u_{i+1}} N_{i+1,k-1}(u), u_k \leqslant u \leqslant u_{n+1} \tag{18.10}$$

k 次 B 样条曲线的节点向量为

$$\boldsymbol{U} = [u_0, u_1, u_2, L, u_m] \tag{18.11}$$

式中，$m = n + k + 1$。

对初始状态和目标状态的约束意味着曲线必须经过起始点和目标点以及与控制边相切的点。为了满足上面的约束条件，使用 k 节点向量，即节点向量满足式（18.12），最终在图 18.8 中经初步修剪路径的基础上，再进行平滑处理的效果，如图 18.10 中洋红色线条所示。

$$\begin{cases} u_0 = u_1 = \cdots = u_k \\ u_{m-k} = u_{m-k+1} = \cdots = u_m \end{cases} \tag{18.12}$$

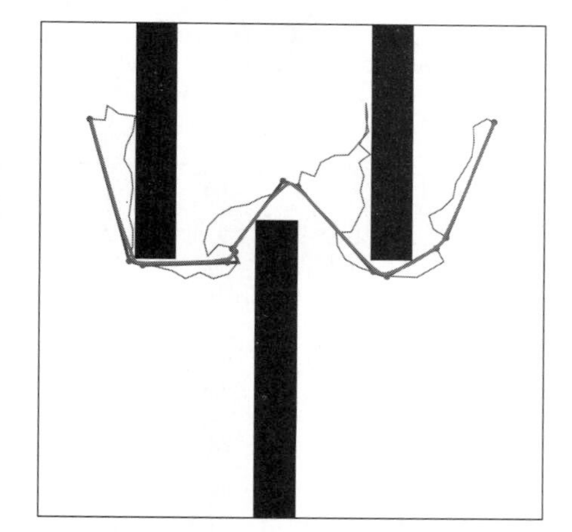

图 18.10　后期经平滑处理的路径效果（附彩插）

18.5　避障路径规划算法的仿真验证

为了评价项目组所提出算法的综合性能，首先在二维环境中对几种算法进行仿真。通过对 Basic – RRT 算法与项目组所提出的 CSA – RRT 算法、NC – RRT 算法在各个环境中的仿真结果进行比较，然后再对这三种算法进行分析和评价。

下面将以串联式六自由度机械臂为例，将各算法在充满障碍物的环境中进行仿真，仿真系统具有 Intel Core i7 – 8750H、2. 2GHz CPU 和 8GB RAM，使用的是 Windows10 系统，各算法的仿真工具为 MATLAB 2015b。此外，还利用 Adams 完成了六自由度机械臂的虚拟样机试验。需要说明的是，二维空间和机械臂的仿真数值都是仿真运行 50 次所得结果的平均值。

18.5.1 二维环境中的机械臂避障仿真

此时分别在二维空间中三种不同的环境中进行仿真，其情形如图 18.11 所示。仿真采用了 3 种典型的地图：杂乱密集（cluttered）、陷阱（trapped）窄缝（narrow），3 种地图的尺寸均为 500×500，图中黑色区域为障碍物，每张地图中分别设置了起始点和目标点。步长 ε 设置为 15，最大失败次数 n 设置为 2 000。此外，根据不同环境，算法中的 k 值与 c 值可作适当调整。

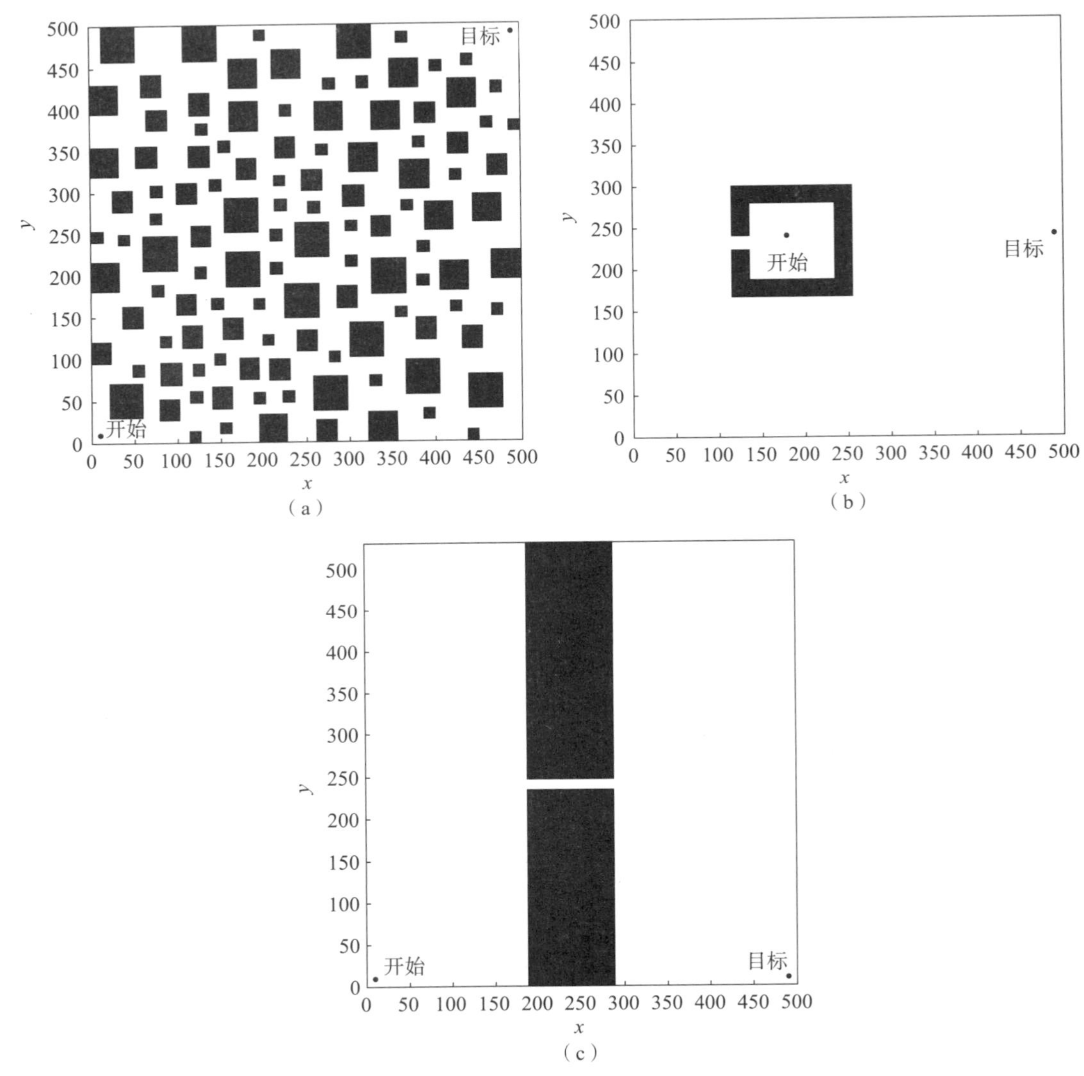

图 18.11 二维空间中 3 种典型环境下的仿真

（a）杂乱密集环境；（b）陷阱环境；（c）窄缝环境

图 18.12 ~ 图 18.14 显示了 3 种算法分别在杂乱密集环境、陷阱环境、窄缝环境中的表现，整个探索过程用蓝色线条表示，最终获得的路径用红色线条表示。从图 18.12 ~ 图 18.14 可以明显看出，使用 Basic - RRT 算法时，每张地图中的随机树的节点都几乎布满了

整个空间，而利用项目组所提出的 CSA－RRT 算法和 NC－RRT 算法，节点数则大大减少，而且从图 18.13 和图 18.14 中可以看到，由于 NC－RRT 算法中包含了节点控制机制，随机树中的扩展节点会更多地集中在障碍物周围。

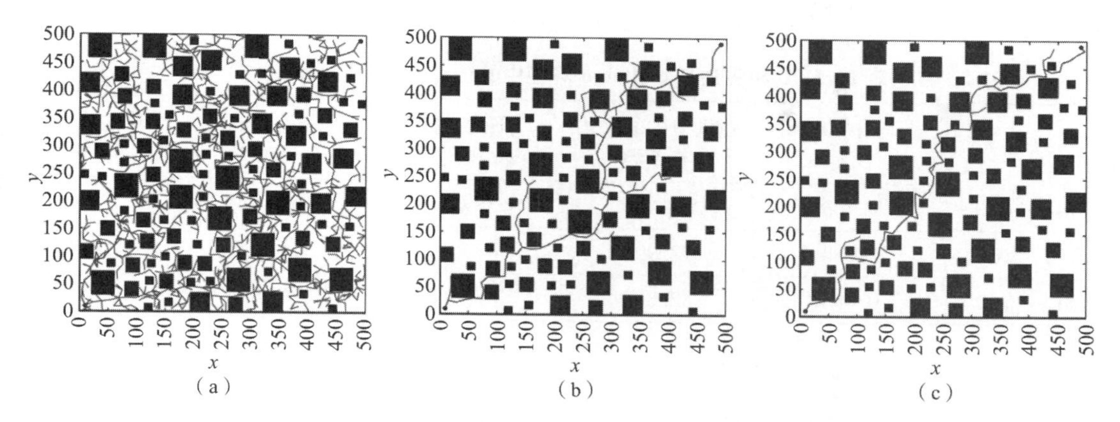

图 18.12　3 种算法在 cluttered 环境中的表现（$k=1$，$c=2$）（附彩插）

（a）Basic－RRT 算法；（b）CSA－RRT 算法；（c）NC－RRT 算法

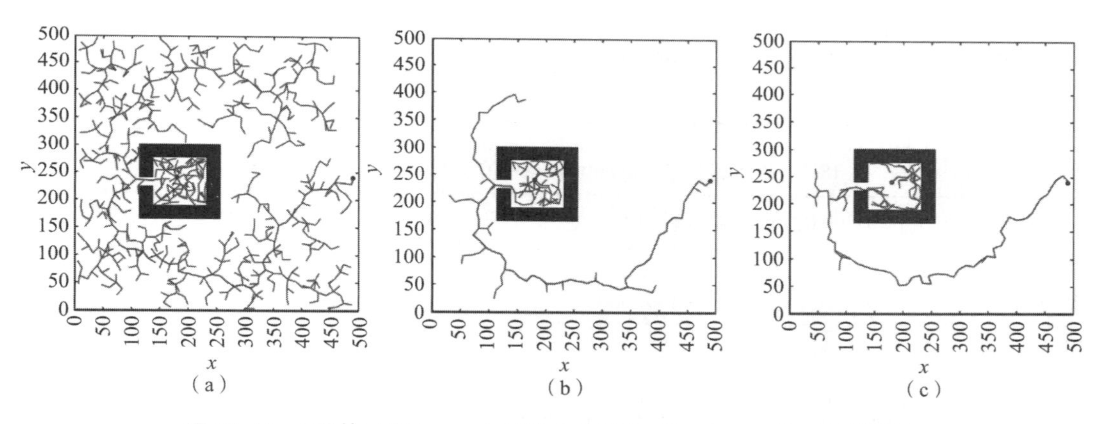

图 18.13　3 种算法在 trapped 环境中的表现（$k=3$，$c=2$）（附彩插）

（a）Basic－RRT 算法；（b）CSA－RRT 算法；（c）NC－RRT 算法

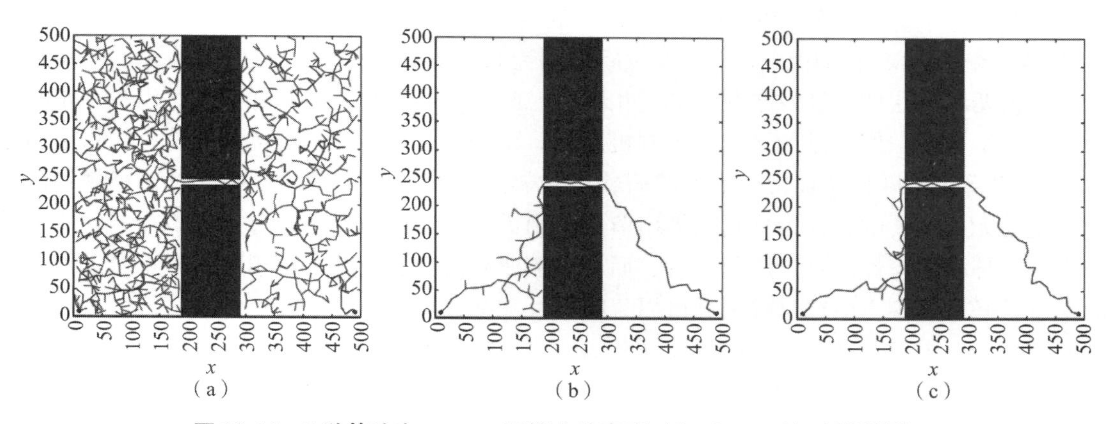

图 18.14　3 种算法在 narrow 环境中的表现（$k=1$，$c=2$）（附彩插）

（a）Basic－RRT 算法；（b）CSA－RRT 算法；（c）NC－RRT 算法

表 18.5～表 18.7 展示了 3 种算法在 3 种环境中各自所用的平均计算时间、随机树中的平均节点数、平均碰撞检测次数、平均路径长度以及算法成功率。结果表明，项目组提出的 CSA－RRT 算法和 NC－RRT 算法在每种环境中都具有突出的效果。相比于 Basic－RRT 算法极大减少了运行时间；同时，也极大减少了随机树中的节点数和碰撞检测次数。

表 18.5　3 种算法在 cluttered 环境中的仿真结果（$k=1$，$c=2$）

算法	平均计算时间/s	随机树中的平均节点数	平均碰撞检测次数	平均路径长度/m	算法成功率/%
Basic－RRT	0.463	844.520	38 026	954.369	96
CSA－RRT	0.058	92.900	4 860.1	915.982	100
NC－RRT	0.055	82.860	3 941.7	977.667	100

表 18.6　3 种算法在 trapped 环境中的仿真结果（$k=3$，$c=2$）

算法	平均计算时间/s	随机树中的平均节点数	平均碰撞检测次数	平均路径长度/m	算法成功率/%
Basic－RRT	0.471	928.680	35 821	865.236	84
CSA－RRT	0.118	122.909	9 705.3	805.751	88
NC－RRT	0.159	126.817	9 214.6	992.595	88

表 18.7　3 种算法在 narrow 环境中的仿真结果（$k=1$，$c=2$）

算法	平均计算时间/s	随机树中的平均节点数	平均碰撞检测次数	平均路径长度/m	算法成功率/%
Basic－RRT	0.550	1 145.600	40 159	871.825	78
CSA－RRT	0.106	172.732	8 867.2	868.609	82
NC－RRT	0.117	126.245	6 746.4	942.615	98

从表 18.5～表 18.7 可以看到，CSA－RRT 算法与 NC－RRT 算法在 cluttered 环境中的平均计算时间分别为 0.058 s 和 0.055 s，在 trapped 环境中的平均计算时间分别为 0.118 s 和 0.159 s，在 narrow 环境中的平均计算时间分别为 0.106 s 和 0.117 s。也就是说，在每种环境中，这两种算法的计算效率几乎都是相同的。此外，区域渐变的采样方法可以在一定程度上减少路径长度，但在添加了节点控制机制后，路径长度反而会略有增加，这种结果是由于 NC－RRT 算法中随机树通常会沿着障碍物的边界进行扩展而造成的。但这对路径规划的目的来说是无关紧要的，因为项目组提出节点控制机制更多考虑的是通过边界节点的使用来提高算法的环境适应性而不是路径代价，而且以上所有的算法在实际使用时最终都会进行路径的修剪及平滑处理，所以这种消耗可以忽略不计。

此外，还可以从表 18.5～表 18.7 看到，虽然在 cluttered 环境和 trapped 环境中 NC－RRT 算法与其余 2 种算法相比，成功率并无明显变化，但是在 narrow 环境中，由于 NC－RRT 算法出色的边界性，有效提高了成功率，减少了病态情况的出现，因此证明了这种节点控制机制是有效的。也就是说，项目组提出的结合了区域渐变采样方法和节点控制机制的

NC - RRT 算法能够有效提高路径规划效率，并更加适用于复杂环境。

18.5.2　双串联式机械臂避障仿真

为考察项目组所提算法的适用性、通用性和实用性，现将 3 种算法应用于串联式六自由度机械臂，并设计对比试验，相关仿真框图如图 18.15 所示。在仿真试验中，给定机械臂起始构型和目标位置，通过逆运动学及碰撞检测算法获得任意无碰撞目标构型；设置规划器步长、最大失败次数等参数，其中规划器分别包含了 Basic - RRT 算法、CSA - RRT 算法和 NC - RRT 算法，并从碰撞检测模块获得碰撞信息；生成原始路径后，再结合碰撞检测信息通过两步平滑方法进行路径的后处理，最终将每种算法所获得的原始路径及最终平滑路径输出并进行三维显示。

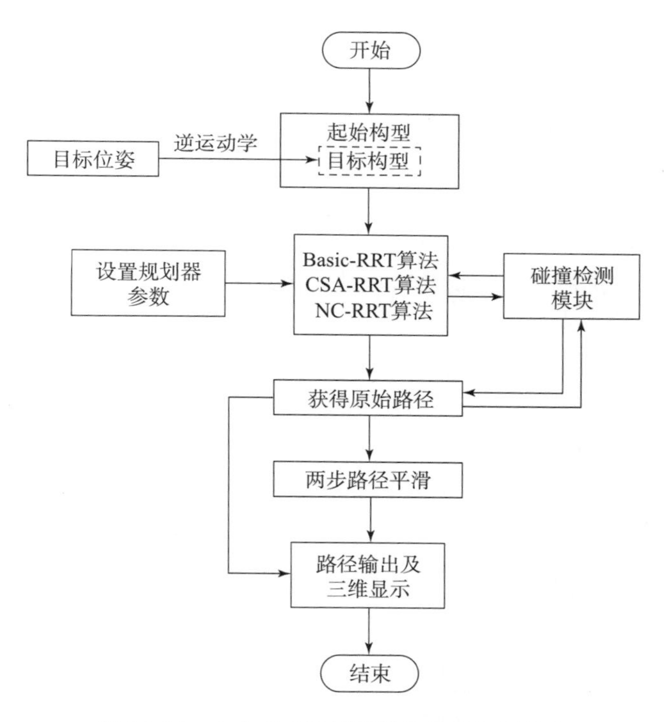

图 18.15　六自由度机械臂避障路径规划仿真

在 Adams 中搭建仿真环境，建立串联式六自由度机械臂和障碍物的几何模型，并添加约束及设置接触力，如图 18.16 所示。由图 18.16 可见，串联式六自由度机械臂的周围布满了障碍（灰黑色实体块表示），它们主要集中在机械臂工作空间的上下两部分，并且这两部分障碍物将机械臂的路径限制在一个隧道中。

设计具体仿真任务如下：机械臂起始构型 $\boldsymbol{q}_{\text{start}} = \left[\frac{\pi}{2}, -0.6, -\frac{\pi}{4}, 0, 0.1, 1\right]^{\mathrm{T}}$，目标位置为

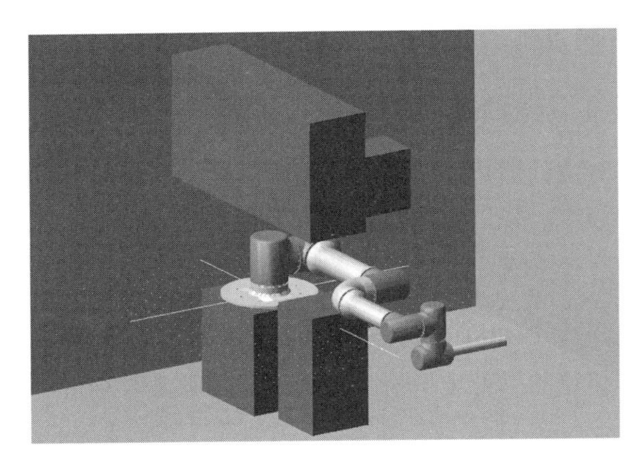

图 18.16 串联式六自由度机械臂避障路径规划仿真环境

$$T_{goal} = \begin{bmatrix} -0.1016 & -0.0707 & -0.9923 & -0.1762 \\ 0.0219 & 0.9971 & -0.0733 & 0.3732 \\ 0.9946 & -0.0292 & -0.0998 & 0.0508 \\ 0 & 0 & 0 & 1 \end{bmatrix} \tag{18.13}$$

于是可得到无碰撞目标构型 $\boldsymbol{q}_{goal} = [-1.5, -0.7, 1.8, 0.5, 0.1, 0]^T$。将 3 种算法分别应用于串联式六自由度机械臂，使机械臂完成从 $\boldsymbol{q}_{start}$ 开始经过隧道到达 $\boldsymbol{q}_{goal}$ 的任务。由于高维空间中采用均匀采样方式进行规划的成功率基本为 0，所以为了保持条件一致性，本试验中所有算法都采用带有 10% 目标偏置的采样策略，将步长 ε 设置为 2，最大失败次数 n 设置为 2 000，令 NC－RRT 算法和 CSA－RRT 算法中 $k = 15$，$c = 2$。最后，得到相应的仿真结果如表 18.8 所示。该表给出了每种算法进行 50 次试验所得的平均运行时间。由表 18.8 可以看到，相比于 10% 的目标偏置 RRT 算法，项目组提出的 NC－RRT 算法显著提高了串联式六自由度机械臂的规划效率。

表 18.8 3 种算法试验中的平均运行时间（10% 目标偏置，成功率均为 100%）

算法	Basic－RRT	CSA－RRT	NC－RRT
平均运行时间/s	3.658	1.541	1.469

以上仿真结果均为未进行路径平滑处理的时间对比。通过上述试验，已确切验证项目组提出的 NC－RRT 算法可以极大地提高规划效率，故在此直接对 NC－RRT 算法所得出的串联式六自由度机械臂原始路径进行平滑处理。对应于原始路径、初步修剪的路径和最终平滑处理后的路径，图 18.17 给出了仿真过程中机械臂在成功执行其中一次仿真任务时的各关节角的变化曲线；图 18.18 为仿真过程中机械臂末端在笛卡儿空间中 x、y、z 坐标的变化曲线，其中，横坐标均表示路径点的个数。

由图 18.18 可以看到，机械臂由原始路径经过两步平滑后的路径中已无突变点，各关节角度及末端均为平滑曲线，可以在实际中使用。

将此次仿真过程中经过最终平滑处理后的关节角序列导入 Adams 中，仿真过程如图 18.19 所示，可以看到机械臂成功通过隧道到达目标构型，且中途不与障碍物发生碰撞。至此，完满验证了项目组所提出的改进 RRT 算法以及两步平滑方法的有效性。

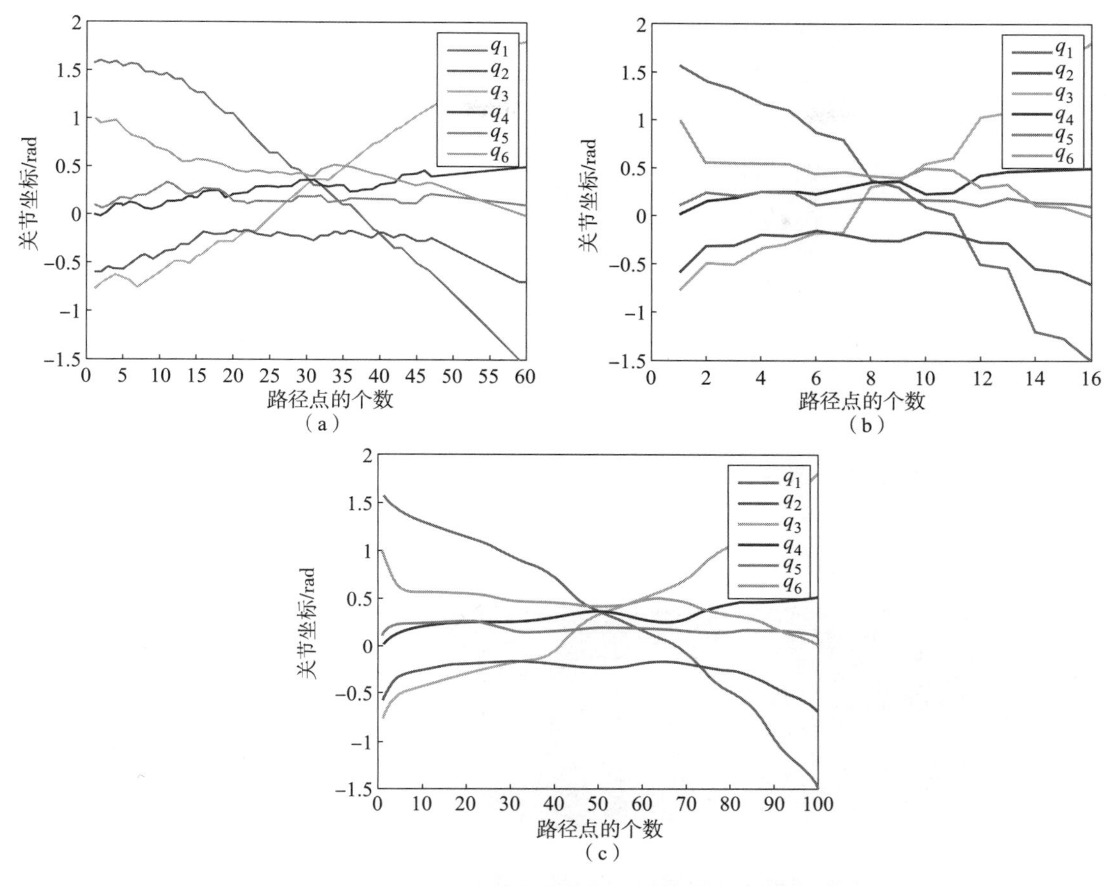

图 18.17　采用 NC – RRT 算法得到的机械臂关节角变化曲线

(a) 原始路径；(b) 初步修剪路径；(c) 最终平滑路径

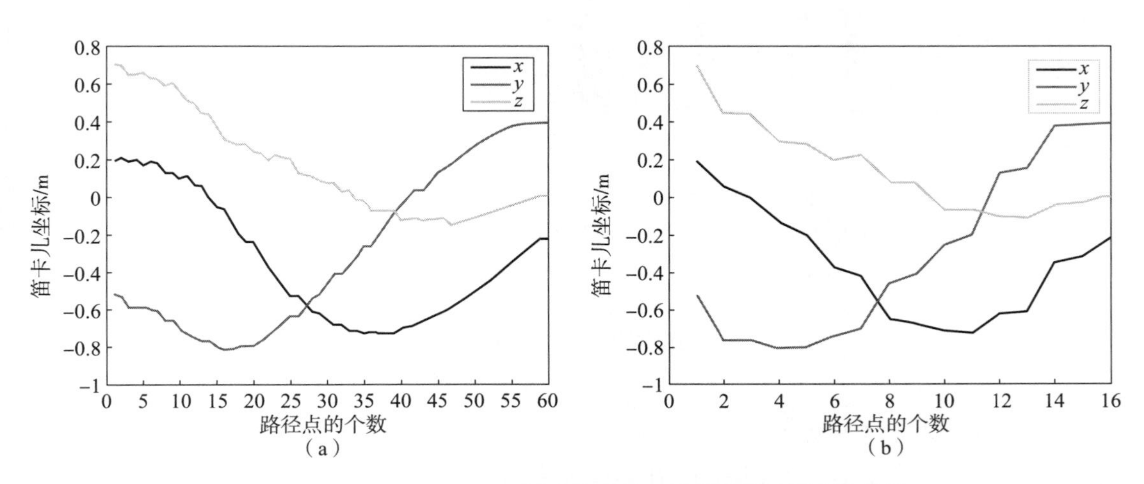

图 18.18　采用 NC – RRT 算法得到的机械臂末端位置变化曲线

(a) 原始路径；(b) 初步修剪路径

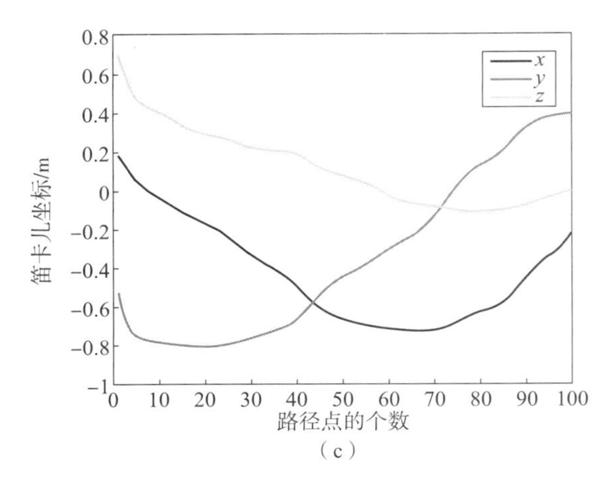

（c）

图 18.18　采用 NC－RRT 算法得到的机械臂末端位置变化曲线（续）

（c）最终平滑路径

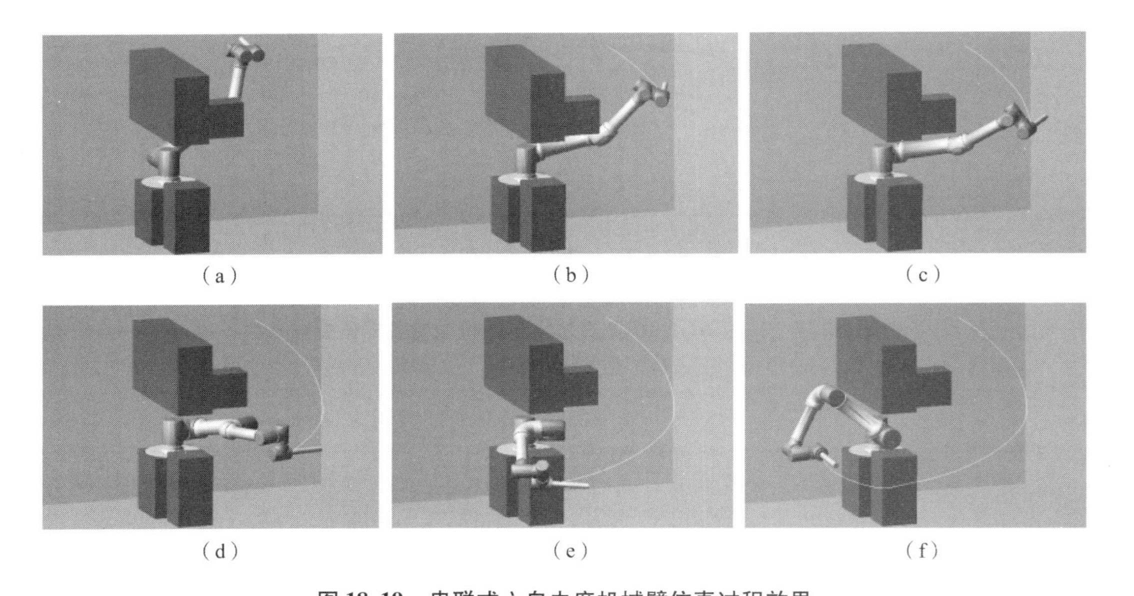

图 18.19　串联式六自由度机械臂仿真过程效果

（a）起点；（b）中间节点 1；（c）中间节点 2；（d）中间节点 3；（e）中间节点 4；（f）终点

18.6　本章小结

为了解决现有基于采样的规划器探索效率低、环境适应性差、无法满足高维空间下机械臂路径规划需求等问题，项目组基于 RRT 算法架构，提出了一种适用于复杂环境下的串联式六自由度机械臂路径规划算法——NC－RRT 算法。NC－RRT 算法中包括了一种区域渐变的采样方法和一种节点控制机制，可分别用于指导随机树探索和减少无效节点的扩展，并通过详细论证，证实节点控制机制能够提取出边界节点以提高算法的环境适应性。为了提高串联式六自由度机械臂的路径质量，项目组还提出了两步平滑方法对相关路径进行后处理，并在二维空间的 3 种场景中对所提出的算法进行了仿真测试；随后又将其应用于串联式六自由度机械臂的应用验证，最终的验证结果表明了 NC – RRT 算法的有效性和通用性。与传统的 RRT 算法相比，项目组提出的 NC – RRT 算法可以显著提高串联式六自由度机械臂路径的规划效率，对于复杂环境尤其是狭窄环境具有更强的适用性和实用性。

第 19 章

机器人机械臂运动学标定和碰撞检测及避障路径规划试验

为了验证项目组关于串联式六自由度机械臂运动学标定过程中模型推导和算法运行的正确性，验证项目组提出的机械臂碰撞检测算法和避障路径规划算法的有效性，本章将搭建一套串联式六自由度机械臂试验平台，对前述研究内容及提出的算法分别进行试验验证并完成结果分析，以便为智能排爆机器人最终的实用化、商品化奠定基础。

19.1　串联式六自由度机械臂试验平台的搭建

用于串联式六自由度机械臂运动学标定、碰撞检测和避障路径规划验证试验的硬件平台为北京理工大学特种机器人技术创新中心自主研发的一款串联式六自由度机械臂，该机械臂主要包括关节部分和连杆部分，其中关节部分采用模块化思路构建，具有互换性强、灵活性好、可靠性高、结构紧凑、成本低廉、控制准确等特点，能够极大提高生产效率，因而用其作为试验平台十分合适。

19.1.1　试验平台机械臂本体结构

通过精心设计、精心构建、精心调试得到的串联式六自由度机械臂试验平台，机械臂关节选用了 KOLLMORGEN 公司生产的机械臂关节模组（RGM25 ×2、RGM20 ×1、RGM14 ×2），如图 19.1 所示。该关节模组将驱动器、无框力矩电动机、编码器以及谐波减速器融为一体，且为 48V 直流驱动形式，关节的输出端反馈重复精度高达 0.001°；连杆尺寸同样根据臂展长度需求以及负载大小需求而设计。此外，出于提升机械臂连杆强度的考虑，为了进一步减少机械臂结构所占空间，连杆采用了“两头粗中间细”的“小蛮腰”形式。

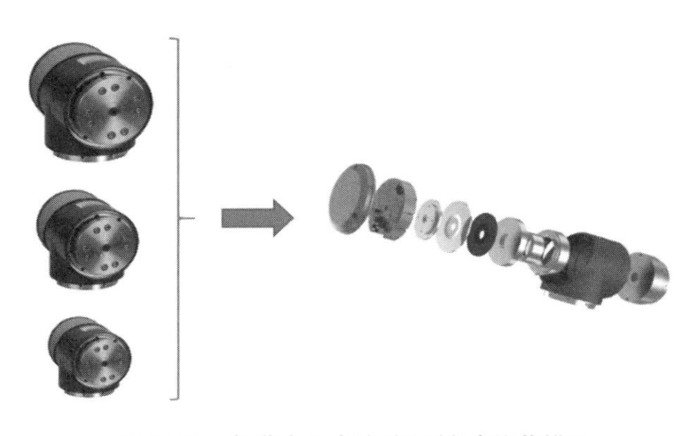

图 19.1　串联式六自由度机械臂关节模组

最终项目组为相关试验专门搭建的六自由度串联式机械臂实物样机试验平台如图 19. 2 所示，D – H 参数如表 19. 1 所示。由于该试验平台需要用于一些特殊场合，故将其搭载在一个可平稳移动的履带式平台上，且机械臂基座底部所在平面并非平行于水平面。虽然机械臂底座平面非水平放置，但在进行相关所有试验时，位于地面的移动平台始终保持固定状态，即基座位置固定不变，以模拟智能排爆机器人在排爆作业时的基本状态，因此完全能够满足项目组所有研究内容的验证试验。

图 19. 2　串联式六自由度机械臂实物样机试验平台

表 19. 1　串联式六自由度机械臂试验平台 D – H 参数

第 i 组	α_i/rad	a_i/mm	d_i/mm	θ_i
1	π/2	0	73. 62	θ_1
2	0	– 243. 65	0	θ_2
3	0	– 263. 25	0	θ_3
4	π/2	0	92. 8	θ_4
5	– π/2	0	110. 3	θ_5
6	0	0	56. 8	θ_6

19. 1. 2　试验平台控制系统硬件组成

该串联式六自由度机械臂试验平台的控制系统主要硬件如表 19. 2 所示，这里将上一节介绍的机械臂本体直接作为一个整体，控制系统组成部分列出不再细化。电源采用定制的 48V 锂电池组，具体参数见表 19. 3，结构如图 19. 3 所示。其中除 48V 输出供机器人履带式车体驱动电动机使用外，还预留了出多种输出接口，可用于项目中其他负载系统方面研究；控制器采用德国 Beckhoff 控制柜使用的工业 PC – C6920，配备了 3. 5 英寸主板、Core i3 处理器，主要负责对编译环境中的程序进行管理、实时运行以及调用，这里的实时运行主要是指按照一定周期扫描并读取轴的状态以及 I/O 模块参数，与此同时完成各项控制指令的传达。

表 19. 2　试验平台控制系统主要硬件

硬件名称	型号	数量	备注
定制锂电池	48 V/92 Ah	1	其他参数见表 19. 3
机械臂本体	—	1	六自由度
Beckhoff 控制柜式工业 PC	C6920	1	见图 19. 4（a）

续表

硬件名称	型号	数量	备注
CANopen 从站端子模块	EL6751	1	见图 19.4（b）
EtherCAT 耦合器	EK1100	1	见图 19.4（c）
预留数字输入 IO	EL1008	1	24V DC，见图 19.4（d）
预留数字输出 IO	EL2008	1	24V DC，见图 19.4（e）
电源线、信号线若干	—	—	—

表 19.3　锂电池组参数

锂电池组参数名称	数值
电芯	18 650/3.6 V/30 00 mAh
输出线路	160 V/20 A，48 V/10 A，24 V/3 A，19 V/5 A，12 V/5 A，5 V/2 A
充满电压/V	50.4（电池端）配套锂电池专用充电器
工作电流/A	50
工作温度/℃	-20 ~ 60
充电电压/电流	54.75 V/20 A
尺寸/mm	310 × 260 × 240
质重/kg	25
保护功能	过充保护、过流保护、短路保护、温度保护等

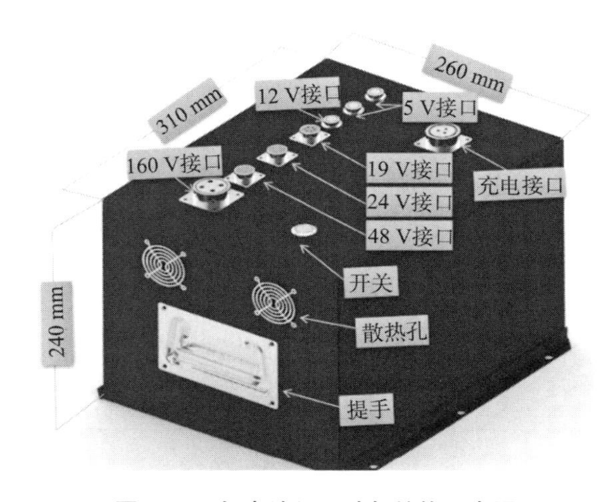

图 19.3　锂电池组尺寸与结构示意图

除此之外，试验平台控制系统的其余硬件基本上是由控制器所需配备的端子模块、耦合器等组成（图 19.4）。具体器件和端口如下。

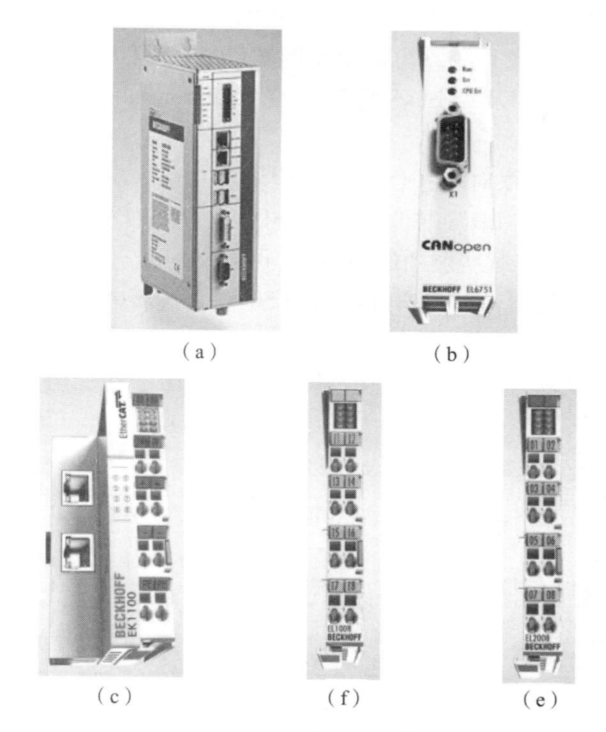

图 19.4　试验平台控制系统及配套器件

（a）控制柜；（b）CANopen 从站端子模块——EL6751；（c）Ether CAT 耦合器——KE1100；（d）数字输入 IO——EL1008；（e）数字输入 IO——EL2008

（1）CANopen 从站端子模块——EL6751。该端子模块所起作用可以简单理解为“Ether CAT 转 CANopen”通信，即通过 EL6751 能够在一个 Ether CAT 端子模块网络中集成任何 CANopen 设备，并且该端子模块既可以作为主站使用，也可以作为从站使用。本串联式六自由度机械臂试验平台中由于 KOLLMORGEN 关节模组需采用 CANopen 通信，因此该端子模块端子将作为从站使用。此外，该端子模块也可以用于发送或接收一般性 CAN 消息，而无须利用应用程序中的 CAN 帧。

（2）Ether CAT 耦合器——EK1100。该耦合器主要用于连接两台均支持 Ether CAT 的模块，主要目的是把来自 Ethernet 100BASE－TX 的传递报文信息转为 E－bus 信号。

（3）数字输入 IO 口——EL1008。该 IO 口从执行层采集二进制控制信号，并以电隔离的形式将这些信号传输到上层自动化单元（预留）。

（4）数字输出 IO 口——EL2008。该 IO 口以电隔离的形式将自动化单元的二进制控制信号传输到执行层的执行器上（预留）。

除以上器件或端口外，还需要电源线和信号线若干。

19.1.3　试验平台控制系统软件架构与参数配置

与试验平台控制系统的硬件配置相对应，项目组基于贝克霍夫（Beckhoff）公司的工业自动化编程软件 TwinCAT2 进行了串联式六自由度机械臂试验平台控制系统的软件开发。TwinCAT2 是一个基于 CODESYS 的、用于逻辑控制器的强大开发系统，语言结构的功能很强，它能够充分利用 IPC 的内存、硬盘和 CPU 资源，几乎可以说资源近似于无限；其运行速度快，通信功能强，且具有丰富的功能库及调试诊断工具，实用价值很高。TwinCAT2 主要由两部分构成：PLC 开发及调试环境部分（PLC control）和系统管理部分（System Manager）。

TwinCAT2 中包含 3 种程序对象：程序、功能块和功能。共有 6 种标准的编程语言可供选择，分别是 IL（指令表）、LD（梯形图）、FBD（功能块图）、SFC（顺序功能图）、ST（结构化文本）以及 CFC（连续功能图编辑器），可根据习惯进行选择。由于 ST 语言与如 C 语言等高级语言结构最为相似，因此项目组采用 ST 语言进行本项目的软件架构编写并完成各算法的使用。

本试验平台所设计的软件架构从上至下共包括交互层、功能逻辑层、算法层以及执行层，如图 19.5 所示：

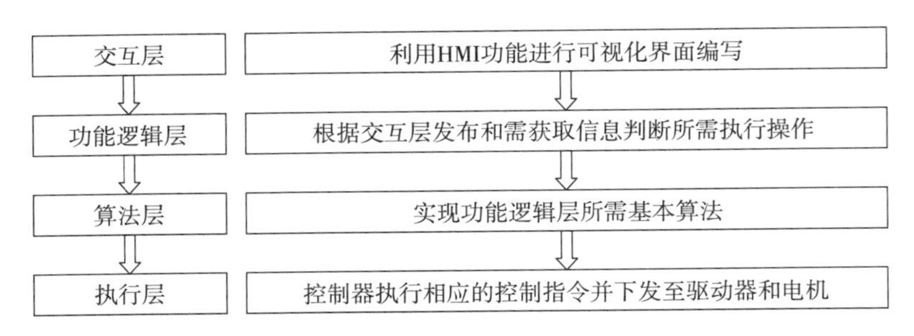

图 19.5　试验平台控制系统软件架构

交互层主要是指利用 HMI 功能进行可视化控制界面的编写，完成软件操作界面的设计和布局。图 19.6 所示为研究过程中所设计的串联式六自由度机械臂上位机操作可视化界面。

功能逻辑层主要是通过对实际发布和需获取信息进行判断，以实现界面中某一操作与对应功能及算法间的映射。

算法层为各功能所需算法实现，例如包括机械臂的运动学正、逆解算法，运动学标定、文件读写、碰撞检测、轨迹规划及路径规划算法等。

执行层为执行相应的控制指令功能，控制器根据相应的运动功能执行对应的参数映射，根据相应协议和配置好的各项基本参数，最终下发运动指令至驱动器及电动机。

为建立控制器与驱动器的连接，需要在系统管理部分对控制器进行参数配置，在连接好机械臂的关节模组后，TwinCAT2 可以通过 EtherCAT 通信协议扫描并识别出伺服驱动设备的型号以及各项基本参数信息。由于本试验平台采用 EL6751 模块要进行 CANopen 转换，因此需要配置 PDO 参数以实现 NC 轴与驱动器实轴间的位置及速度映射。对应项目组的功能需求，还需要将控制模式配置为模式 8，即位置控制模式。

除了上述参数之外，还需要配置 NC 轴的参数，如 Scaling Factor 参数以及编码器和关节电动机参数。之后便可以将 PLC 中的变量映射到 NC 虚轴，进而实现从控制系统顶层到实轴电动机的关联。最终，便可以通过控制程序中的变量来控制电动机的运动。

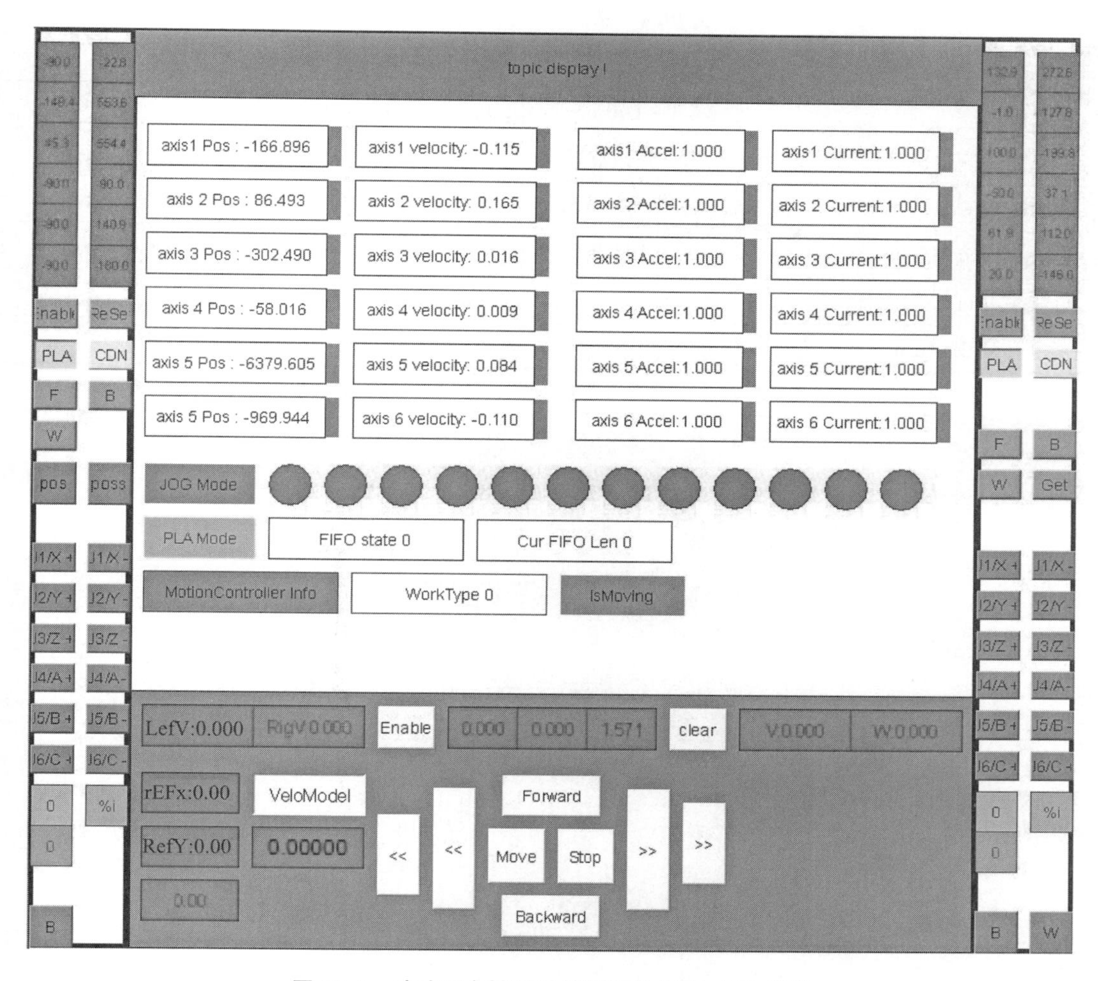

图 19.6　试验平台控制系统可视化界面（附彩插）

19.2　串联式六自由度机械臂运动学标定试验

在串联式六自由度机械臂运动鞋也标定试验中，项目组利用激光跟踪仪作为测量工具进行 TCP 位置的采集，并完成参数误差补偿后各采样点位置的补偿效果验证工作。试验中使用的激光跟踪仪型号为 FARO Vantage^{S}，具体测量参数如表 19.4 所示。该激光跟踪仪可实现快速、高效地目标定位，且将目标锁定。该激光跟踪仪主要包含跟踪头、控制器、靶球以及 FARO 专用标定软件。跟踪头用于发射和接收激光光束，使用时固定于三脚架上保持不动；靶球用于反射激光光束；标定软件则能够快速拟合所需要特征，也可以很方便地建立坐标系并将其设为当前测量坐标系。如图 19.7 所示。试验中将激光跟踪仪固定在机械臂前 2 ~ 5 m 的位置，将靶球固定于机械臂末端，便可以开始标定过程。

表 19.4　激光跟踪仪测量参数

参数名称	数值
激光发射	630 – 640 nm 激光，0.35 mW max/cw
水平转角测量范围/(°)	360 无限旋转
垂直转角测量范围/(°)	+77.9 ~ –52.1
最大工作范围/m	60（196.9 ft，配备 1.5 in 靶球时）
分辨率/μm	0.5
精度（MPE）/μm	16 +0.8

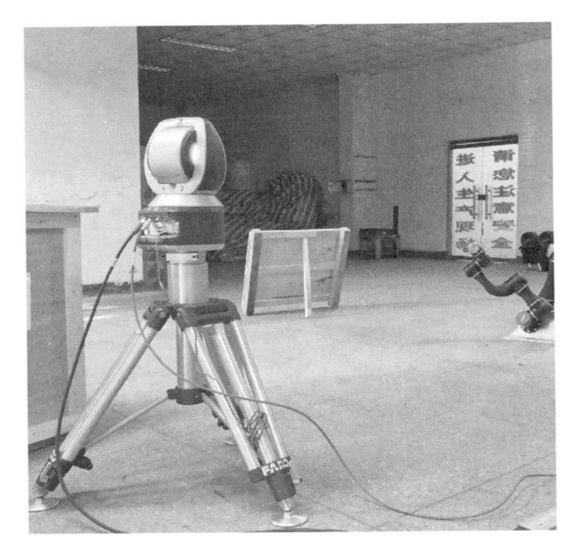

图 19.7　采用激光跟踪仪进行机械臂运动学标定试验

由于激光跟踪仪最终采集的是串联式六自由度机械臂末端靶球球心处的坐标，因而在创建好基坐标系以后，还需创建末端工具坐标系。将上述使用的关节角值 $\boldsymbol{q} = [0,1,-2,1,1,1]^{\mathrm{T}}$ 代入机械臂运动学正解中，可得机械臂末端法兰盘中心坐标，将其作为法兰盘坐标系原点；随后再利用 SA 软件将法兰盘坐标系的 x 、y 、z 轴各方向与基坐标系各轴调整一致，此时相当于完成了法兰盘坐标系的建立；然后再将法兰盘坐标系设置为当前坐标系，并测量靶球所在位置，该位置即为工具坐标系的原点；接着在该原点上建立坐标系，并将其各坐标轴方向调整至与基坐标系各轴方向相同，则最终完成了工具坐标系的创建。

当完成了相关坐标系的创建工作之后，便可以进行机械臂 TCP 位置信息的采集及参数辨识。试验验证思路同本书第 16 章 16.4 节中所设计的仿真过程基本一致，其中采样点的实际位置通过激光跟踪仪获得，并在软件中显示出来，如图 19.8 所示。此外，表 16.1 中的机械臂模型参数此时在试验中作为名义值而应用于参数辨识过程中。最终经过辨识得到参数误差值，如表 19.5 所示。

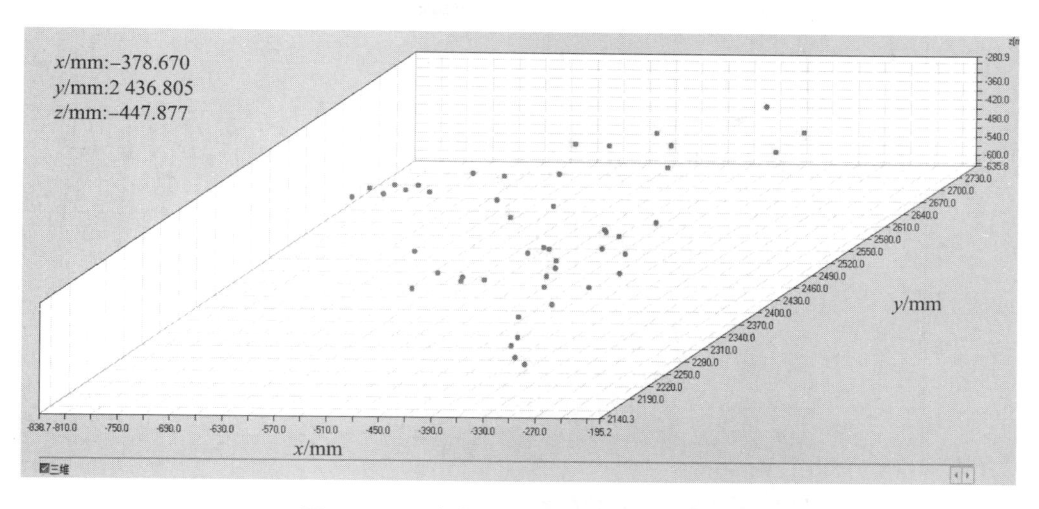

图 19.8　运动学标定试验中采样点的选取

表 19.5　运动学标定试验中辨识所得参数误差

第 i 组	$\Delta\alpha_i$/rad	Δa_i/mm	Δd_i/mm	$\Delta\theta_i$/rad	$\Delta\beta_i$/rad
1	0.000 254	1.012 316	0.011 586	1.103 6e-04	0
2	0.013 229	2.288 212	0.212 550	0.013 018	8.5e-05
3	-0.003 610	-6.192 097	0.289 976	-0.032 065	1.1e-04
4	0.025 510	0.281 200	-8.201 509	-0.036 598	0
5	1.249 9e-05	0.046 701	2.200 710	-0.050 512	0
6	0.012 160	0.021 655	0.559 216	9.599 3e-05	0

将经过上述辨识过程得到的参数误差值进行补偿，重新进行计算，并控制串联式六自由度机械臂 TCP 运动至新的位置，再次利用激光跟踪仪进行检测，可得到补偿后的 TCP 实际位置。为了便于观察和对比机械臂运动学标定前后的绝对误差值情况，同仿真时一样，计算并给出参数误差值标定前、标定后各采样点分别在基坐标系 x 、y 、z 轴方向上的绝对定位误差对比图及综合定位误差对比图，如图 19.9～图 19.12 所示。

通过进一步计算均值，串联式六自由度机械臂在标定前和标定后在 x 轴方向上的平均定位误差值分别为 2.776 0 mm 和 0.328 0 mm；在 y 轴方向上的平均定位误差值分别为 -2.192 0 mm 和 -0.391 0 mm；在 z 轴方向上的平均定位误差值分别为 0.830 0 mm 和 0.196 0 mm；标定前和标定后的平均综合定位误差值分别为 4.015 1 mm 和 0.609 6 mm。经过标定后的串联式六自由度机械臂绝对定位误差相比标定前减少了 84.82%。试验结果证明了项目组关于串联式六自由度机械臂运动学标定过程的正确性和有效性。

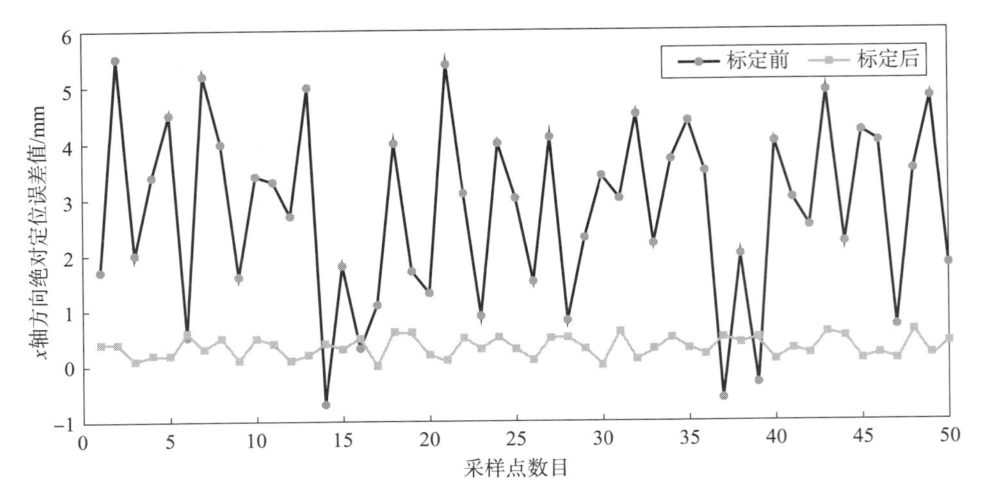

图 19.9　标定前、标定后在 x 轴方向的绝对定位误差对比效果图

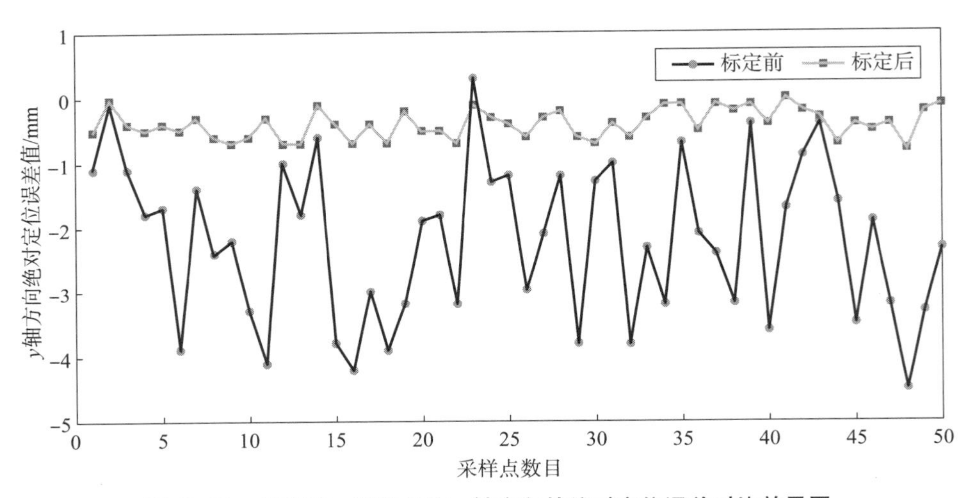

图 19.10　标定前、标定后在 y 轴方向的绝对定位误差对比效果图

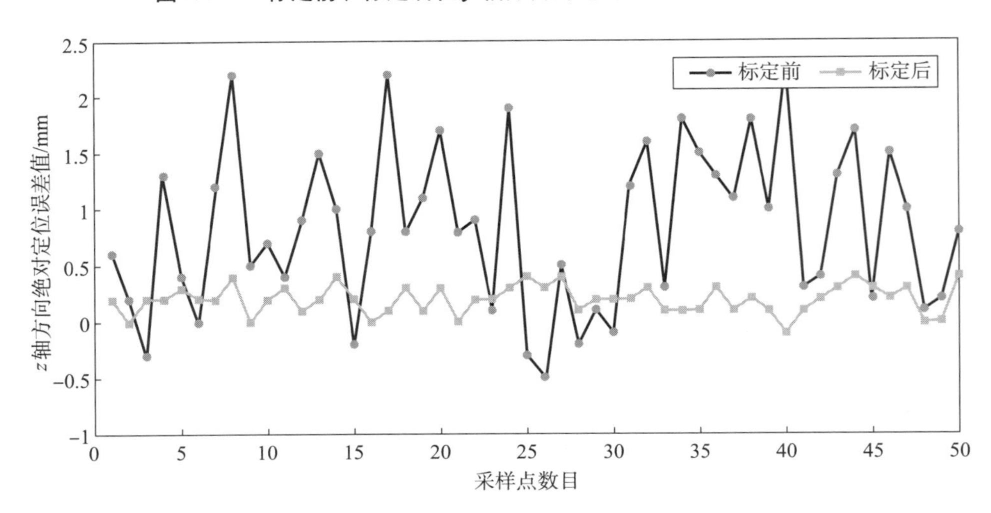

图 19.11　标定前、标定后在 z 轴方向的绝对定位误差对比效果图

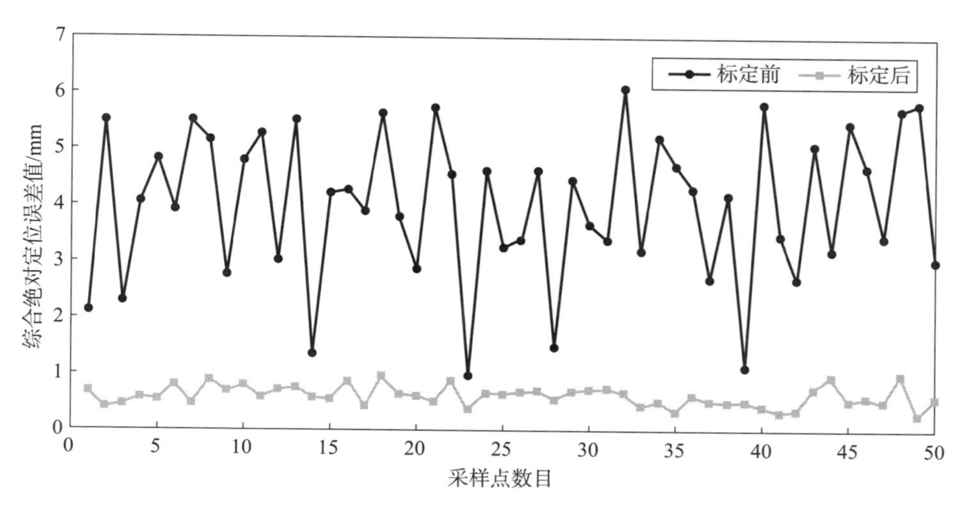

图 19.12　标定前、标定后综合绝对定位误差对比效果图

19.3　串联式六自由度机械臂碰撞检测与避障路径规划试验

项目组在本书第 17 章和第 18 章中分别提出了一种改进型机械臂碰撞检测算法和避障路径规划算法，并已经通过仿真进行了算法验证。本节将在项目组搭建的串联式六自由度机械臂实验平台上同时对这 2 种算法的有效性进行验证。

相关试验过程设计如下：将一个 24 in（61 cm）的显示器模拟为障碍物，测量得知其最大尺寸为 541.5 mm×360 mm×30 mm。由于本研究已经通过运动学标定提高了串联式六自由度机械臂的绝对定位精度，因此首先可控制机械臂末端运动至距离地面为 180 mm（障碍物高度的一半）正上方的任意一点处，将此处设置为试验过程中障碍物的中心点并进行摆放。通过读取此时机械臂的关节角信息并进行正运动学解算，于是得到障碍物相对于机械臂基坐标系的位置信息。然后将障碍物位置及尺寸参数输入到控制器中，实际上便完成了本书第 17 章的碰撞检测算法所需信息的输入。随后，令串联式六自由度机械臂根据项目组提出的 NC－RRT 算法，从起始构型 $\boldsymbol{q}_{\text{start}}=\left[-\frac{\pi}{2},\ -\pi,\ -0.5,\ 1.2,\ 0.6,\ -1\right]^{\mathrm{T}}$ 到目标构型 $\boldsymbol{q}_{\text{goal}}=[0.05,\ -2,\ 0.9,\ -0.6,\ -1.5,\ 1]^{\mathrm{T}}$ 画一条无碰撞路径，同时利用文件读写功能获取控制器中的关节角度序列并保存为 csv 格式文件，最终将文件导入到 MATLAB 中画出试验过程中机械臂的实际关节角度变化图，并通过观察机械臂实际运动过程中的避障情况，得出试验结论。

运动过程中读取到的机械臂关节角度如图 19.13 所示。由图 19.13 可以看到各关节角度变化曲线平滑；再仔细观察图 19.14 所示的机械臂整个运动过程，可以发现，机械臂成功地避开了障碍物并到达目标构型处，由此证明了项目组提出的串联式六自由度机械臂碰撞检测算法能够提供有效的碰撞信息，同时证明了项目组提出的避障路径规划算法的有效性。

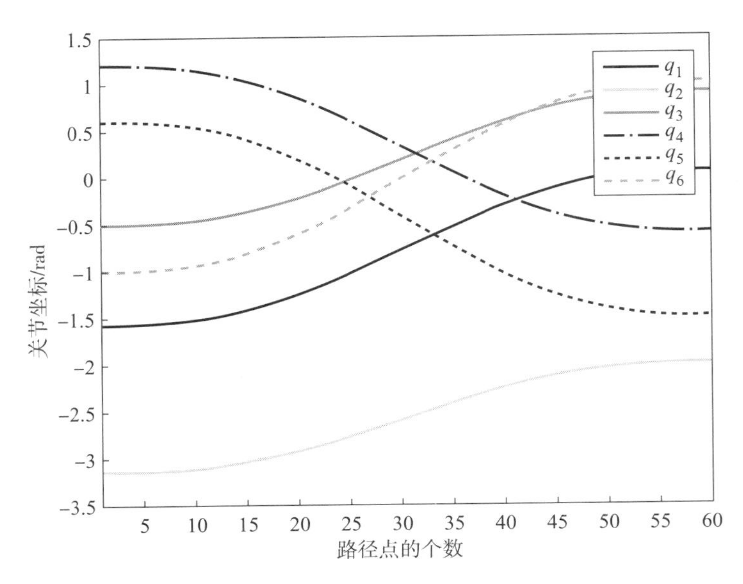

图 19.13　机械臂实际关节角度的变化曲线

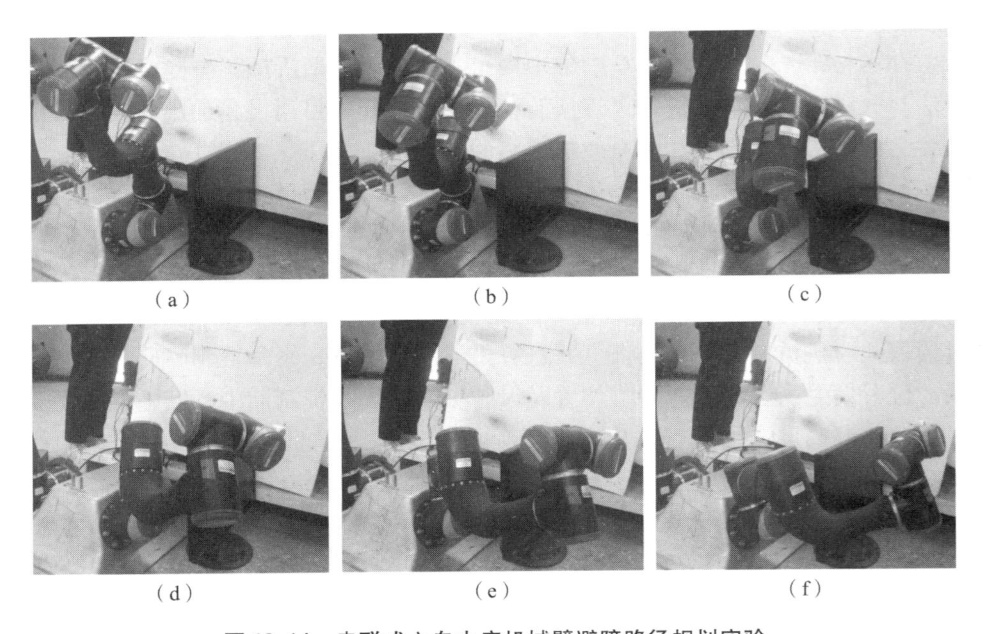

图 19.14　串联式六自由度机械臂避障路径规划实验

(a) 起点；(b) 中间节点 1；(c) 中间节点 2；(d) 中间节点 3；(e) 中间节点 4；(f) 终点

19.4　本章小结

为了检验项目组提出的碰撞检测与避障路径规划两种算法的有效性与适用性，项目组专门搭建了串联式六自由度串联式机械臂试验平台，并在此基础上完成了对上述 2 种算法的试验验证。首先介绍了试验平台中机械臂本体结构与控制系统硬件组成和软件架构搭建，随后又基于此平台验证了项目组关于机械臂运动学标定过程中模型推导和参数辨识算法的正确性与适用性，对应的试验结果表明项目组提出的算法将串联式六自由度机械臂的绝对定位精度提高了 84.82%，这对智能排爆机器人的排爆作业品质来说是极为重要和非常有利的。此后又通过试验验证的方式，检测并证实了项目组提出的机械臂碰撞检测算法和避障路径规划算法的有效性与实用性。本章的相关内容为后续研究提供了良好的技术支撑与方法依托。

第 20 章
智能排爆机器人有效运动空间和空间性能指标研究

智能排爆机器人的有效运动空间和空间性能指标是对排爆机器人前期设计、任务规划、性能评估的基础，同时这些指标还有助于完成指定排爆任务要求、优化排爆机器人系统设计、确定机器人最佳安装位置等实际工作。智能排爆机器人有效工作空间的研究对于确定机器人串联式六自由度机械臂末端的最佳抓取位置和实现末端执行手爪的灵活性也至关重要，同时它还是比较智能排爆机器人的机械臂结构性能参数和选择器件组配方案的重要标准。当前，国内外许多研究人员已将排爆机器人机械臂的工作空间作为优化机械臂结构的重要性能指标，这是因为排爆机器人大范围的工作空间和机械臂良好的工作性能是所有排爆机器人设计者的始终追求的理想特性。

20.1 智能排爆机器人串联式机械臂的有效运动空间

自机器人技术问世以来，业界的研究人员已经定义了很多空间性能参数指标，这些空间性能指标可以帮助机器人根据特定标准选择最佳方案解决给定的任务。例如，当排爆机器人的机械臂对于指定任务具有多个逆运动学求解结果时，可以通过操作性能指标选择最佳姿势来执行给定任务；在机械臂处置爆炸物品时，机器人还可以通过操作性能参数来规划运动路径，防止运动过程中发生奇异位置，从而保证排爆任务顺利完成。同时，业界研究人员在设计和开发高度复杂和非常灵巧的机器人时，也促进了相关性能指标的制定。这些性能指标中的某些指标已经被各类研究者和使用者广泛接受和采用。但是人们对这些指标的真正意义、范围和局限性并不十分了解。实际上，大多数性能参数指标都有一些固有的局限性。因此，项目组将对有效运动空间和空间性能参数指标进行统一的标准化定义，从而帮助业界研究人员更好地理解这些指标，掌握实用意义，并提升这些指标的使用价值。

20.1.1 有效运动空间的描述与分析

在本小节中，将讨论智能排爆机器人串联式六自由度机械臂系统的可达工作空间。机器人的工作空间是指机器人手臂末端执行器在二维空间或三维空间中运动得到的所有空间点的集合，这些集合点所构成的几何图形的边界集合就是机械臂的运动范围。边界集合是判断同一类型机器人运动能力的重要指标。在机器人研发初期，研究人员主要以固定机械臂为研究对象，大多数学者对工作空间的研究主要集中在底座固定式的机械臂上。随着移动机械臂在日常生活和太空探测中的广泛应用，研究人员开始对模块化移动机械臂的有效工作空间进行深入分析和系统讨论。排爆机器人是一种典型的移动机械臂系统，该系统由机械臂和移动平台 2 部分组成，当机械臂的基体固定在移动平台后，整个机械臂（即机器人）的运动空间会产生极大的变化。但由于排爆机器人运动空间的定义起源于底座固定式的机械臂系统，是后来根据实际需求进行了扩展所得，所以下面项目组对移动式机械臂的运动空间进行具体分析和详细描述。

1. 移动式机械臂工作空间基本描述

（1）运动空间基本描述。对于移动式机械臂系统，任意一个位置处机械臂的末端坐标在机械臂基体坐标系中的运动工作空间可以表示为

$$^{a}S_i = \begin{cases} P_{xa}(q_1, q_2, q_3, \cdots, q_n) \\ P_{ya}(q_1, q_2, q_3, \cdots, q_n), q_i^{\min} \leqslant q_i \leqslant q_i^{\max} \\ P_{za}(q_1, q_2, q_3, \cdots, q_n) \end{cases} \tag{20.1}$$

式中，$^{a}S_i$ 表示某一个位置处的机械臂运动空间；$q_i^{\min}$ 为关节角最小值；$q_i^{\max}$ 为关节角最大值。[140]

求解得到移动式机械臂在任意位置处的一个运动工作空间后，将其转换到全局坐标系中，即可得到机械臂在全局坐标系中的对应运动空间，即

$$S_i = \begin{cases} P_{xe}(q_1, q_2, q_3, \cdots, q_n) \\ P_{ye}(q_1, q_2, q_3, \cdots, q_n), q_i^{\min} \leqslant q_i \leqslant q_i^{\max} \\ P_{ze}(q_1, q_2, q_3, \cdots, q_n) \end{cases} \tag{20.2}$$

将上述多个位置处的机械臂有效运动空间进行求和，可以得到移动机械臂系统的可达运动空间为：

$$S_U = S_1 \cup S_2 \cup \cdots \cup S_n \tag{20.3}$$

式中，S_U 表示移动式机械臂在全局坐标系中的可达运动空间；S_i 表示移动式机械臂在任意一个位置处的工作空间。

（2）运动学映射非封闭性。在移动式机械臂不受外部作用力或作用力矩的情况下，任意时刻其位置和状态取决于系统的初始状态和前面所有时刻运动的总和，并且对于任意时刻的逆运动学问题没有封闭形式的解决方案。例如，当移动式机械臂的末端在笛卡儿工作空间中绕某一指定的圆做循环运行时，移动式机械臂末端的位置可以表示为

$$\begin{bmatrix} P_{xe} \\ P_{ye} \\ P_{ze} \end{bmatrix}^{\mathrm{T}} = \begin{bmatrix} P_{xc} \\ P_{yc} \\ P_{zc} \end{bmatrix}^{\mathrm{T}} + {}^{0}\boldsymbol{R}_a \begin{bmatrix} P_{xa} \\ P_{ya} \\ P_{za} \end{bmatrix} \tag{20.4}$$

式中，$[P_{xe} \quad P_{ye} \quad P_{ze}]^{\mathrm{T}}$表示移动式机械臂车体在全局坐标系中的位置；$[P_{xc} \quad P_{yc} \quad P_{zc}]^{\mathrm{T}}$表示移动式机械臂在机械臂基体坐标系中的位置；$^{0}\boldsymbol{R}_a$ 则表示由机械臂基体坐标系转化到全局坐标系的齐次变化矩阵。

对于一个由两轮差速驱动和二自由度机械臂共同组成的移动式机械臂系统来说，当系统的初始输入参数为 $\boldsymbol{Q}_{\text{init}}$，机械臂末端的位置可以表示为圆弧的初始点，如图 20.1（a）所示；当系统的位置和姿态变化再次运动到指定的位置和姿态时，如图 20.1（b）所示，机械臂的关节角度变化为 $\boldsymbol{Q}_{\text{finish}}$：

$$\boldsymbol{Q}_{\text{init}} = [x_{cs} \quad y_{cs} \quad q_{cs} \quad q_{1s} \quad q_{2s}] \tag{20.5}$$

$$\boldsymbol{Q}_{\text{finish}} = [x_{cf} \quad y_{cf} \quad q_{cf} \quad q_{1f} \quad q_{2f}] \tag{20.6}$$

式中，x_c 相对全局坐标系 x 轴位置；y_c 相对全局坐标系 y 轴；q_c 相对全局坐标系 z 轴转动角度；q_1 关节 1 转动角度，q_2 关节 2 转动角度。

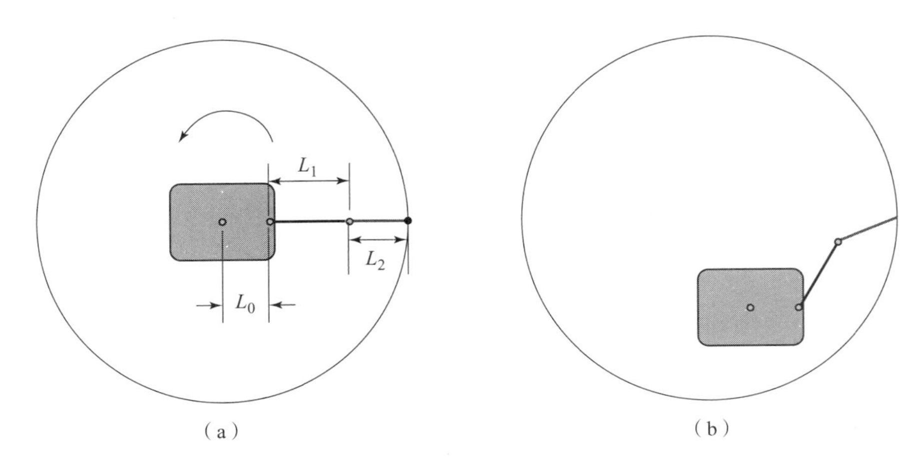

图 20.1 移动机械臂循环运动状态

(a) 移动式机械臂初始状态；(b) 移动式机械臂循环返回初始点

循环运动中，移动式机械臂的末端位置在笛卡儿工作空间中变换前后是相同的，但是由于移动式机械臂平台的运动导致机械臂基体坐标系发生了变化，从而导致移动式机械臂的逆运动学求解得到的机械臂转动角度不同。这证明关节工作空间任务与笛卡儿工作空间任务之间没有一一对应的关系。因此，推断出移动式机械臂在笛卡儿工作空间中的运动学可达性不能仅仅通过机械臂关节角度控制来讨论，而必须要考虑移动平台的运动轨迹或其他运动约束。

2. 移动式机械臂的工作空间基本分类

移动式机械臂在考虑移动平台基本运动状态下的笛卡儿工作空间基本可以通过下面 3 类情况进行分类讨论：①移动平台为固定工作空间；②移动平台为自由运动工作空间；③移动平台为其他特殊工作空间。对于移动式机械臂来说，可根据移动平台的约束不同提出 3 类笛卡儿工作空间，具体的定义如下：

(1) 移动平台为固定工作空间。

固定工作空间是指移动平台的位置和姿态在完全绝对固定的情况下，机械臂末端端点可以到达笛卡儿工作空间范围内的点的集合。[141]这种情况可以将移动平台视为机械臂的基体，通过控制机械臂关节角度的变化实现笛卡儿运动空间点位置的获取，从而得到机械臂末端工作空间点的集合。因此，在移动平台位置固定条件下，移动式机械臂的工作空间与固定式机械臂的工作空间相同，从而可以再次独立地分解固定坐标系的 4 类运动工作空间。固定式机械臂在整个工作空间中的各个位置的工作性能并不统一，因此，研究人员根据机械臂在不同位置时的行为能力将工作空间的体积分为不同的类型。一般机械臂的工作空间可分为 2 种类型：①可到达的工作空间；②灵巧工作空间/全角工作空间。[142]但是，在固定式机械臂执行特定任务时，给定的任务位置必须在固定式机械臂的可到达工作空间中，甚至需要在固定式机械臂的灵巧工作空间中。以下是关于固定式机械臂工作空间的一些基本定义：

①可到达工作空间（Reachable Position Workspace）。可到达工作空间是由 Gupta 和 Roth

定义，具体是指机械臂末端至少从一个方向可以到达的一组空间参考点位置的集合，并且不包括机械臂末端无法到达的奇异位置点和空洞位置点。

②灵巧工作空间/全角工作空间（Dexterous Workspace \ Full Orientation Angle Workspace）。灵巧工作空间/全角工作空间具体是指机械臂末端从任意一个方向可以到达一组空间参考点位置的集合。[143]这些空间点是在所有方向上都可以到达的空间点，接近角的范围为［0°，360°］；同时，对于灵巧工作空间中的任何点，机械臂的末端执行器都可以"绕着通过该点的任何轴完全旋转"，灵巧工作空间是可到达工作空间的子集。

③方位角工作空间。方位角工作空间是指机械臂末端从一个指定方向或指定的角度范围可以到达的一组空间参考点位置的集合。末端执行器可以通过该角度范围以一定的方位到达方位角工作空间中的任意一点。该点必定在可到达工作空间之内，但是不一定在灵巧工作空间内。

④局部定向角工作空间。局部定向角工作空间定义为机械臂末端可以通过小于 360°的一系列角度来逼近一个点形成的点集合空间。

（2）平台自由运动工作空间。

当移动平台的运动不受限制时，移动式机械臂的运动工作空间不仅取决于机械臂的基本结构参数，而且取决于其平台的运动路径。在此，根据机械臂不同的运动路径定义了 3 种类型的工作空间。

①最大可达工作空间。如果未指定机械臂的路径，则移动式机械臂末端位置方程式中可以在输入控制变量上取任意值，即 x_{cs}，y_{cs}，q_{cs} 的数值可取满足约束的任意数值。请注意，假设循环运动路径中未指定移动式机械臂平台的运动，则可以更改移动平台的基本方向。因此，机械臂的端点可以到达以惯性框架中的（0，0）为中心的半径为 $L_0+L_1+L_2$ 的圆内的任何点，如图 20.1（a）所示。

②直线路径工作空间。现在考虑将机械臂末端端点的直线路径作为机械臂的典型运动约束条件，则直线运动方法的可达极限空间可由关节空间中关节 2 角度为 0 时的奇异性给出。但是，随着机械臂基座的方向随着机械臂的运动而不断变化，那么就很难采用代数表达式来描述惯性空间中的极限情况。在此可以采用数值方法来说明从给定初始点到所有可能的运动方向的直线路径可能达到的极限空间情况。图 20.2（a）显示了这样的极限情况的示例，描绘了从初始位置沿着 x 轴方向上可到达的极限空间的单个路径最大范围。这是通过采用末端速度为逆雅可比矩阵的数值模拟获得的，通过以这种方式检查所有方向的极限空间情况，获得给定机械臂初始姿势的任意直线工作路径空间情况如图 20.2（b）所示。

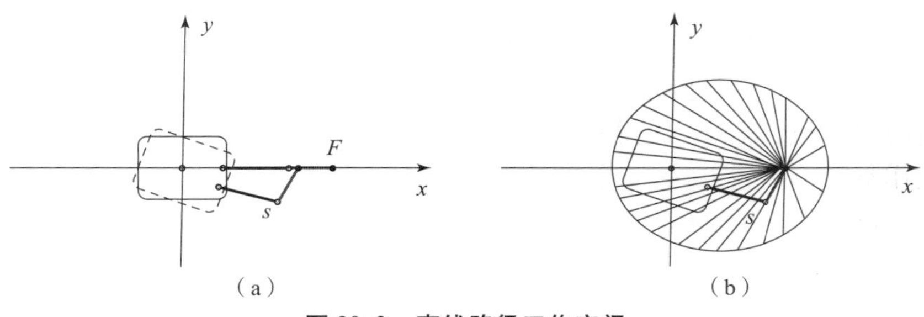

图 20.2　直线路径工作空间

（a）单条直线路径最大范围；（b）任意直线路径工作空间

③保证的工作空间。保证的工作空间是指机械臂末端始终能够以任意初始姿势和任意接近路径来保证工作空间的可访问性。容易想象，具有各种初始姿势的笔直工作区的公共空间的合集，形成了一个圆形工作区，这样就能够以任意初始姿势访问该空间的任意一点。直线工作空间的边界由移动式机械臂的奇点在机械臂关节 2 为 0 处给出。通过移动式机械臂末端位置的表达式可以得知：保证工作区表示以惯性坐标系中的（0，0）为中心，半径为 $\|L_0-(L_1+L_2)\|$ 的圆，在该工作空间中，机械臂的运动不受机械臂关节 2 的奇异性的影响，因此可通过任意初始姿势和任意运动路径来确保可访问性。

（3）其他特殊工作空间。

对于部分特殊设计的移动式机械臂而言，由于移动平台的结构不同或者机械臂种类与数目不同，从而存在各类特殊的工作空间。对于移动式机械臂，最为特殊的包括移动单臂机器人的稳定工作空间和移动多臂机器人的协同工作空间。

①移动单臂机械人的稳定工作空间。稳定工作空间是指在机械臂运动过程中，移动平台能够保持稳定工作时的运动空间点的集合。对于部分特殊的移动机械臂来说，由于移动平台的重量与机械臂的重量比值较低、地面摩擦力不足、机械臂载重较大、运动速度较快等原因，于是机械臂的运动可能会导致车体发生位置和姿态的变换，甚至导致车体发生倾覆现象。因此，对于某些特殊设计的移动式机械臂需要考虑移动平台在稳定状态下机械臂可以到达的工作空间。

②移动多臂机器人的协同工作空间。协同工作空间是指移动式多机械臂系统根据任务要求，需要双臂同时到达指定位置协同工作的工作空间点的集合。假设对于给定的工作任务需要双臂在距离 $0<d<L_1+L_2$ 的两个空间点进行相互协同配合，则需要保证机械单臂到达某一指定的位置，另一机械臂到达与前一机械臂末端位置点相距 d 的空间位置，2 个机械臂各自的运动角度满足关节角度的转动要求，同时需要保证 2 个机械臂之间不发生碰撞、与周围环境不发生碰撞、与车体不发生碰撞。

3. 工作空间之间的关系

（1）移动平台固定状态工作空间关系。

移动平台在固定状态可以得到机械臂的 4 种基本工作空间：区域 1——可达工作空间；区域 2——灵巧工作空间；区域 3——方位角工作空间；区域 4——局部定向角工作空间。在上述给定的 4 个工作区间中，主要存在下面关系：

①可达工作空间⊇灵巧工作空间；可达工作空间⊇方位角工作空间；可达工作空间⊇局部定向角工作空间。

②方位角工作空间⊇灵巧工作空间；局部定向角工作空间⊇灵巧工作空间。

③指定方位角工作空间∪灵活工作空间≠可达工作空间。

（2）平台自由运动工作空间。

移动平台在运动状态下可以得到 3 种基本工作空间：区域 5——最大可达空间；区域 6——直线工作空间；区域 7——保证工作空间。最大可达工作空间中任意一点 A 的特征在于它是可以通过任意路径以任意初始姿势接近的点。直线工作空间中任意一点 B 的特征在于它是可以通过直线路径从所示的初始姿势接近的点。需要说明的是，在以上讨论中，均假定对关节角度没有限制。在有关节角度限制的实际情况下，工作空间成为上面定义和讨论的区域的子集。上述 3 种工作空间彼此之间存在如下相互关系：

①最大可达空间⊇保证工作空间；最大可达空间⊇直线工作空间。

②保证工作空间∪直线工作空间≠空集合。

（3）不同工作区间之间的相互关系。

通过观察移动平台不同的运动状态，可以发现：在移动平台运动状态下必然包含移动平台固定状态下的工作空间；而移动平台的稳定工作空间必然是平台固定和平台运动工作空间的和集合；双臂系统的协同工作空间则是根据给定任务的不同进行定义，但是其必定包含在各自机械臂的最大工作空间中，但不一定是和集合。

20.1.2　有效运动空间的条件与保障

1. 运动空间求解方法

智能排爆机器人有效运动空间的求解方法和传统机械臂系统运动空间常用求解方法基本相同，包括几何图形法、解析法和数值法。在智能排爆机器人实际排爆作业中，为了防止爆炸物掉落、自爆等特殊状态，移动平台需要到达指定位置并进入暂停状态，然后通过机械臂对爆炸物进行各种排爆处置作业。因此，对于任何排爆类移动式机械臂来说，其工作空间主要集中在可达工作空间，对应于该工作空间的各类求解方法的具体描述和分析如下：

（1）采用几何图形法求解运动空间。几何图形法主要通过采用计算机建模技术实施，机械臂在转动过程中受到关节角和连杆参数的限制，其末端的极限位置形成边界，由可达领域形成了工作空间[144]。当机械臂的一个关节固定后，另一个关节运动时即产生一个圆弧，以此类推将所有的圆弧平滑连接，即可得到工作空间在相应投影平面的边界，其内部即是工作空间的投影。由机械臂连杆和关节的参数可以求出工作空间及其投影在相应坐标系内的坐标值，其具体过程可见相关参考资料，这里无须求解，不再赘述。但是，采用几何图形法得出的工作空间并不能通过三维形式呈现出来，导致直观性不强。

采用几何图形法求解机械臂工作空间的优点是速度快、准确度高，但该方法只适用于特定类型的机械臂，极大地限制了几何图形法的使用范围。另外，该方法对机械臂的某些限制不能进行合理处置，例如机械臂关节极限位置的限制、机械臂本身结构之间相互碰撞的避免等。

（2）采用解析法求解运动空间。解析法大多是基于雅可比矩阵方程实施的，通过构建机械臂的雅可比矩阵方程，得出相应的方程组，进而就可以直接求出机械臂的工作空间边界。由机械臂的各个变量的导数可以构建出多组的雅可比矩阵方程，同时删除定义机械臂末端执行器位姿的变量，然后通过这些雅可比矩阵的秩亏获得机械臂工作空间的边界。所得方程在多数情况下是可以求解的，有些特殊情况不能求解，此时就需要采用数值法或者几何图形法进行求解了。

采用解析法进行求解必须所有的约束都为等式，这样就有可能会产生无数个方程组，而对于关节极限位置的限制这种不等式约束，还比较容易转换成等式约束；但对于机械臂本身结构之间的相互碰撞这类约束，求出等式就比较困难，或者等式根本就不存在。解析法不适用于多自由度机械臂工作空间的分析，一般只适用于三自由度以下的机械臂使用。

（3）采用数值法求解运动空间。数值法是一种借助机械臂在关节角度空间中的约束条件，尽可能多地选取各关节变量来进行有效组合，然后将机械臂的关节运动转化为在笛卡儿坐标系中的末端点坐标，形成机械臂末端点在运动空间集合的方法。对于任意机械臂模型，在关节变量允许变化范围内，通过抽取一组变量值 $\{q_1, q_2, q_3, \cdots, q_n\}$，可以确定一个工作空间位置的坐标值。当抽取的样本容量 N 足够大时，由空间点的集合就可近似描绘出机械臂的工作空间；并且所取的随机点数目越多，得到的工作空间精度就越高，形状也越清晰。

2. 各种求解方法的分析比较

几何图形法是通过几何绘图方法来计算机械臂的工作空间，从而得到机械臂工作空间的剖截面，直观性强，通常应用在自由度比较少的排爆机器人机械臂中，不适于配备自由度大于三的机械臂[145]。

解析法是采用代数方程来精确计算机械臂工作空间的方法，可确定机械臂工作空间的边界曲面方程，计算精度高。但解析法的求解过程十分复杂，直观性差，在工程中尚没有通用的计算方法。

数值法采用极值法与优化方法分析得到机械臂工作空间内的特征点，然后把所有特征点连接成曲线即为机械臂的边界曲线。数值法的通用性强，对理论知识要求低，能够充分利用计算机强大的图形显示能力。随着现代科学技术的进步，机械臂工作空间的计算趋向于采用数值法。典型的数值法有搜索域法、迭代法和蒙特卡罗法等，其中蒙特卡罗法是基于概率统计理论、对随机性问题进行仿真的方法，较为实用。

20.1.3　有效运动空间的具体求解步骤

1. 求解方法的选取

对于各种排爆机器人而言，由于使用的机械臂数量和机械臂自由度数目的不同，基本无法通过几何图形法和解析法求解得到所用机械臂的各类运动空间。因此，项目组主要考虑通过采用数值法对移动式机械臂的运动空间进行分析与求解。

众所周知，研究人员把计算随机事件的概率或者随机变量的期望值时，用事件的频率估计随机事件的概率的方法称作蒙特卡罗法。实现蒙特卡罗法的基本条件是产生已知概率分布的随机变量。随机数是均匀分布的相互独立的随机变量，可以使用计算机或数学公式产生随机数。通常蒙特卡罗法通过构造随机数来解决数学上的问题。对于计算错综复杂、难以解决的问题时，采用蒙特卡罗方法可以有效求出数值解。

蒙特卡罗法是借助于随机抽样来解决数学问题的一种方法，其计算速度快，容易实现可视化。该方法不限制关节变量的取值，当机械臂关节运动时，机械臂末端参考点在基坐标中的所有值即构成机械臂的工作空间。当采用蒙特卡罗方法来求解机械臂的工作空间时，所选择的随机数尤为重要。

2. 求解步骤的描述

采用蒙特卡罗方法求解机械臂工作空间的具体步骤如下[146]。

（1）求机械臂的运动学正解，确定机械臂末端执行器在参考坐标系中的位置方程。

（2）在机械臂关节变量的变化范围内，依次生成 N 个随机分布的关节角度，从而可得到 N 组变量值的组合；生成的关节角度需要保持在机械臂关节运动范围内，因此任意一个关节角度均可以表示为

$$q_i = q_i^{\min} + (q_i^{\max} - q_i^{\min}) \cdot \mathrm{rand}(i) \tag{20.7}$$

式中，$q_i^{\max}$ 为任意关节的最大关节角度；$q_i^{\min}$ 为任意关节的最小关节角度；$\mathrm{rand}(i)$ 表示范围在［0，1］之间的随机数。

（3）将随机生成的 N 组变量值代入所求得的位置方程，得到 N 个末端执行器的坐标值，

将其对应的坐标值分别存入指定的矩阵中。

（4）将所求得的位置点显示出来，即形成了机械臂末端工作空间的“点云图”。

3. 求解结果表示

项目组借助计算机对 UR5 移动式机械臂进行了仿真分析。当随机数选择 1 000 时，机械臂关节角度的组合为 100 对，可以得到 1 000 个不同机械臂末端的空间位置点，从而可以得到在不同视图方式下的运动空间，如图 20.3 所示。

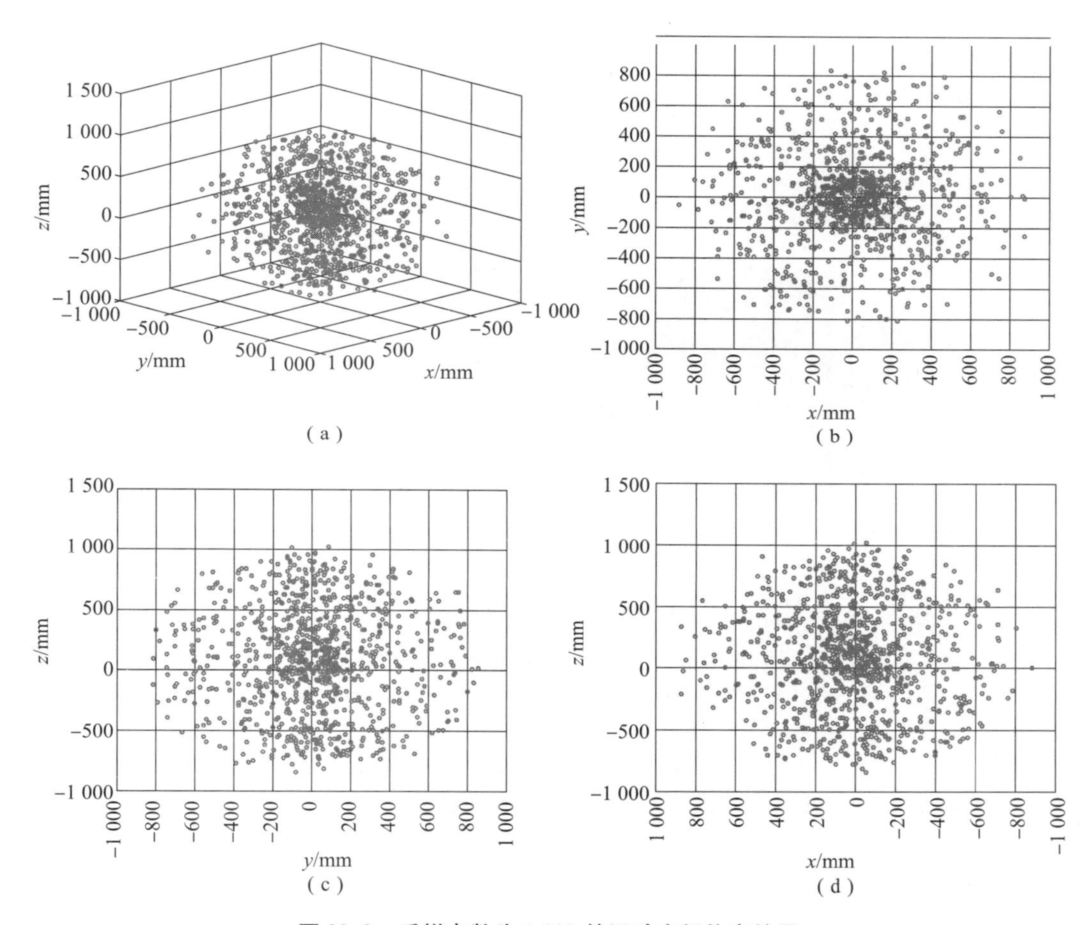

图 20.3　采样点数为 1 000 的运动空间仿真结果

（a）三维空间视图；（b）*xy* 空间视图；（c）*yz* 空间视图；（d）*xz* 空间视图

在随机点数为 1 000 时进行运动空间求解，得到的运动空间边间范围为

$$[p_x^{\min}\quad p_x^{\max}\quad p_y^{\min}\quad p_y^{\max}\quad p_z^{\min}\quad p_z^{\max}] = [-884.6\quad 872.4\quad -813.3\quad 856.9\quad -840.0\quad 1\ 022.6] \tag{20.8}$$

当选取的随机点数增加到 10 000 时，机械臂关节角度的组合数目达 10 000 对，可得机械臂末端的 10 000 个不同空间位置点，在不同视图方式下的运动空间情况如图 20.4 所示。

在随机点数为 10 000 时进行运动空间求解，得到的运动空间边界范围为

$$[p_x^{\min}\quad p_x^{\max}\quad p_y^{\min}\quad p_y^{\max}\quad p_z^{\min}\quad p_z^{\max}] = [-939.1\quad 913.4\quad -948.9\quad 911.4\quad -852.1\quad 1\ 029.6] \tag{20.9}$$

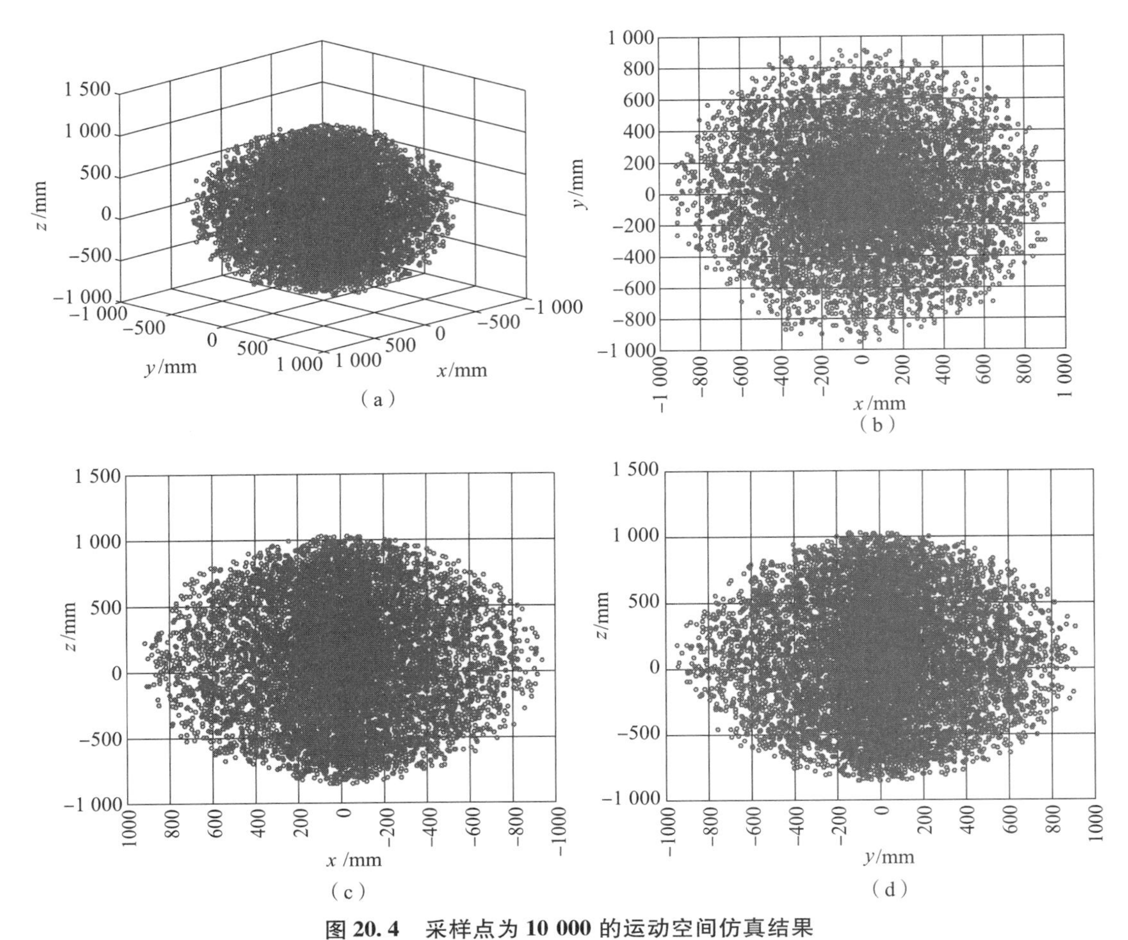

图 20.4　采样点为 10 000 的运动空间仿真结果

(a) 三维空间视图；(b) *xy* 空间视图；(c) *xz* 空间视图；(d) *YZ* 空间视图

通过对不同采样点数的机械臂运动空间边界范围的求解结果进行比较，可以发现，随着随机采样空间点数的增加，机械臂运动空间的边界范围更加精确。

20.2　有效运动空间求解方法的改进

20.2.1　蒙特卡罗法存在缺陷分析

采用数值法求解机械臂的有效工作空间，求解过程简单，可适用于任意形式的机械臂结构，应用最为广泛。在众多的数值方法中，蒙特卡罗法是一种常用于机械臂工作空间求解的数值方法，但是该方法存在如下问题[147]。

（1）采用传统蒙特卡罗法求得的机械臂工作空间精确度依赖于随机采样点的数量，当采样点数量不足时，不能生成精确的工作空间；换言之，就是所生成的工作空间的边界“噪声”很大，不光滑。通过不断增加随机采样点的数量，虽然可以改善工作空间边界处点不足的情况，但是大多数的点依旧出现在非工作空间边界的部位，导致采样点的浪费。

（2）机械臂正向运动学求解中的坐标变换方程是非线性的，用蒙特卡罗法取得的关节角度服从均匀分布，经过关节空间到操作空间的映射后，得到的工作空间点在整个工作空间中的分布就不再是均匀分布了，经常会出现有些地方点云密度大，有些地方点云密度小的问题。而点云密度小的地方往往就是工作空间边界的位置，导致不能生成精确的工作空间边界；与此同时，点云密度大的地方，会出现冗余的情况，严重浪费了计算资源。

（3）采用传统蒙特卡罗法求得的机械臂工作空间大小可以用体积来衡量。求体积一般都采用先求工作空间的边界，再用数值积分法求体积。然而上述方法存在曲线和曲面拟合过程复杂、精度不易控制的缺点，而精确求得工作空间的体积对于机械臂运动规划和结构参数最优化具有十分重要的意义。

20.2.2　运动空间求解技术的改进优化

1. 空间随机点采样增强技术

采用数值法求解机械臂运动空间的关键在于对关节角度的随机选取与组合，保证机械臂随机选取的关节角度能够取得运动空间的边界值。在对运动空间进行数值法求解的早期，研究者普遍是通过对机械臂关节角度的等间距分割，从而等效求解，以得到机械臂的运动关节角度组合。但在机械臂运动空间的实际求解过程中，人们发现关节角度组合中只有很少一部分可以保证到达机械臂运动空间的边界范围，其他大部分关节角度的组合均属无效。通过等效分割关节角度方法能够到达机械臂运动空间边界范围的关节角度组合较少，这是因为在某些位置采样点数比较集中，而在边界点采样结果就较差。因此，研究人员通过采用蒙特卡罗方法对机械臂关节角度进行合理组合，保证可以取得较多的边界角度。

研究人员们发现采用蒙特卡罗方法求解得到的机械臂关节角度服从均匀分布的随机数列，具体描述为

$$\begin{cases} X_n = \mathrm{mod}(AX_{n-1} + C, M) \\ Y_n = X_n / M \end{cases} \tag{20.10}$$

式中，mod( ) 表示函数取余的计算公式；X_n 表示在（0,M）区间内均匀分布的随机变量；Y_n 表示在（0，1）区间内均匀分布的随机变量。选择任意初始值 X_{n-1}，代入迭代公式可以获得随机数，经过迭代后，可以得到一个服从于均匀分布的随机序列。

为了得到相关问题的精确求解和点数位置，需要通过增加机械臂的关节变化点数，以对其进行精确求解。但该方法并不是一个十分有效的方法。为了解决该问题和提高精度，Cao 提出一种 Beta 分布方法，具体描述为

$$\begin{cases} \mathrm{Beta}(\alpha,\beta):\mathrm{prob}(x \mid \alpha,\beta) = \dfrac{x^{\alpha-1}(1-x)^{\beta-1}}{\mathrm{Beta}(\alpha,\beta)} \\ \mathrm{Beta}(\alpha,\beta) = \displaystyle\int_0^t t^{\alpha-1}(1-t)^{\beta-1}\mathrm{d}t \end{cases} \tag{20.11}$$

其中，α、β 为分布关键系数，取值范围为（0，1）。

通过采样 Beta 分布方法进行求解，可以得到各种复杂的分布图像；通过合理选择，由此得到的机械臂运动空间将更加满足统一关节的表达式，也更加方便定义边界。这是由于机械臂的边界一般集中在关节限制的范围内，当式（20.11）中的取值为（0，1）时可以得到更多的机械臂运动空间边界点，由此证明采用 Beta 分布方法可以提升机械臂运动空间的求解效果。

2. 工作空间边界提取增强技术

由于采用蒙特卡罗法只能得到机械臂工作空间的近似图形描述，为了改善效果，且便于

计算和分析工作空间的大小，可着力改善能够准确提取机械臂工作空间边界点的相关方法，在该领域中目前较为常用的方法是栅格法和极值法。

（1）栅格法。栅格法的主要思想和步骤是将工作空间划分为 N 个离散的正方形网格，然后将每个正方形网格单元赋 0 或 1；如果该单元包含有工作点，则单元值赋 1，否则赋 0[148]。通过分析边界单元的特点，可得如下判别条件：如果与目标单元相邻的 8 个单元至少有 1 个为 0，同时目标单元为 1 时，该单元为边界单元，此时可以用单元内点集的平均坐标近似地表示边界单元点坐标，其对应情况如图 20.5（a）所示。显然，采用栅格法提取到的边界点只是实际边界点的一种近似表示，图 20.5（b）所示为提取的边界点在实际工作空间中可能的 3 种位置分布（阴影区域为实际工作空间）。

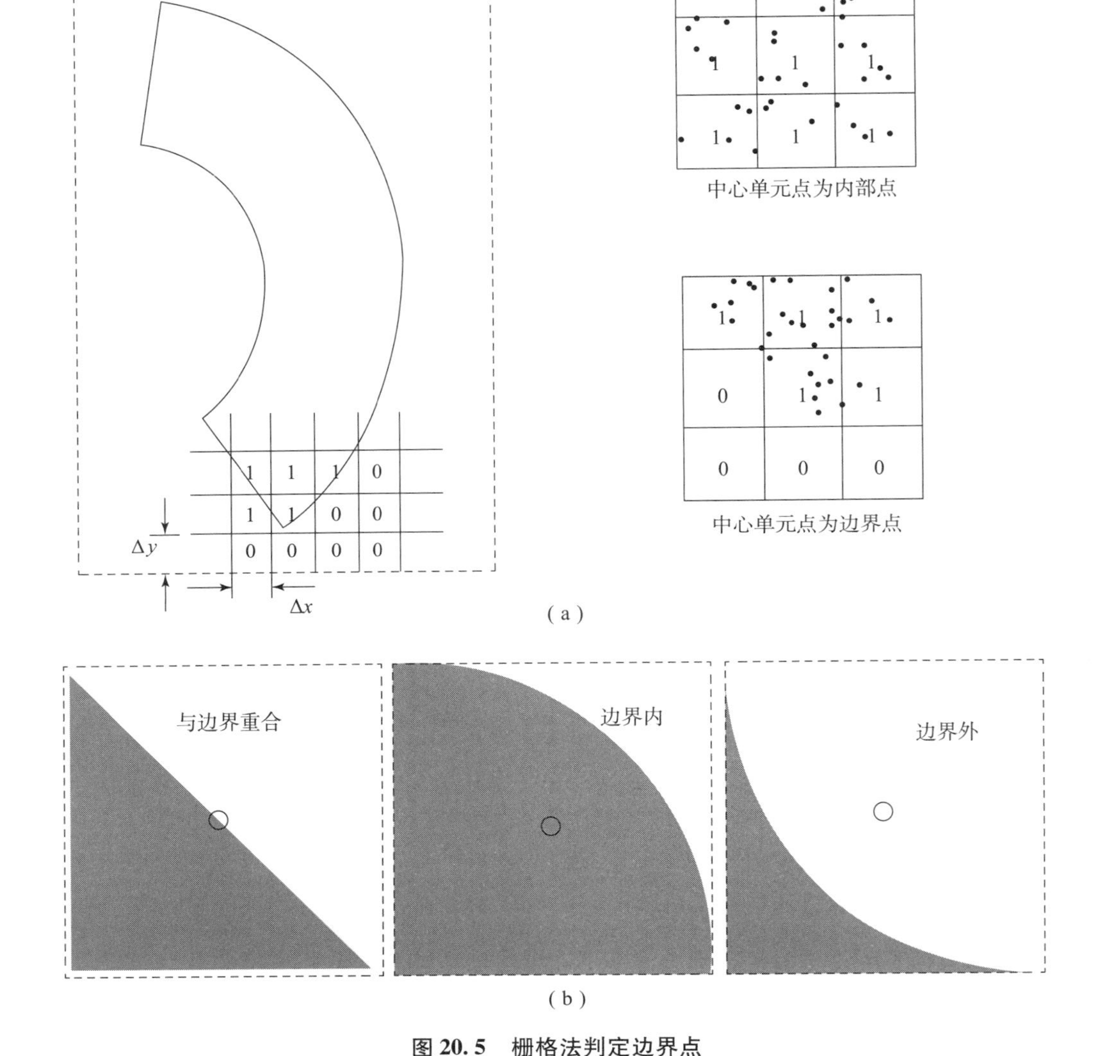

图 20.5　栅格法判定边界点

（a）边界点判定方法；（b）边界点位置分布

（2）极值法。在图 20.6（a）中，将机械臂某一层的工作空间按列划分，如将线段 AB 和 CD 之间的区域划为一列，宽度为 $\triangle L$。找出该区域内 Z 坐标方向上的极大值点 a 和极小值点 d，这两点即为该区域的上、下两个外边界点。如果该区域存在内边界，而通过搜索极值的方法无法找到内边界点，这时可采用的方法是：将该区域内点 Z 坐标方向按从大到小顺序排列，然后逐点判断两个相邻点沿 Z 方向的差值是否大于预先设定的一个判别值。如果存在大于该判别值的两点，则说明该区域内存在内边界，并且该相邻两点即为内边界点（如图 20.6 所示 b、c 两点）。显然，采用分段求极值的方法只能提取部分边界点。如果提高搜索精度（缩小 $\triangle L$），提取到的边界点集就越接近实际边界。但是，即使成功地提取出了所有的边界点，仍然难以准确地拟合出机械臂的工作空间，这主要是由于随机产生的边界点不可能完全拟合实际边界所造成的。对于同一段离散边界点，可拟合成的曲线形式往往是不确定的。

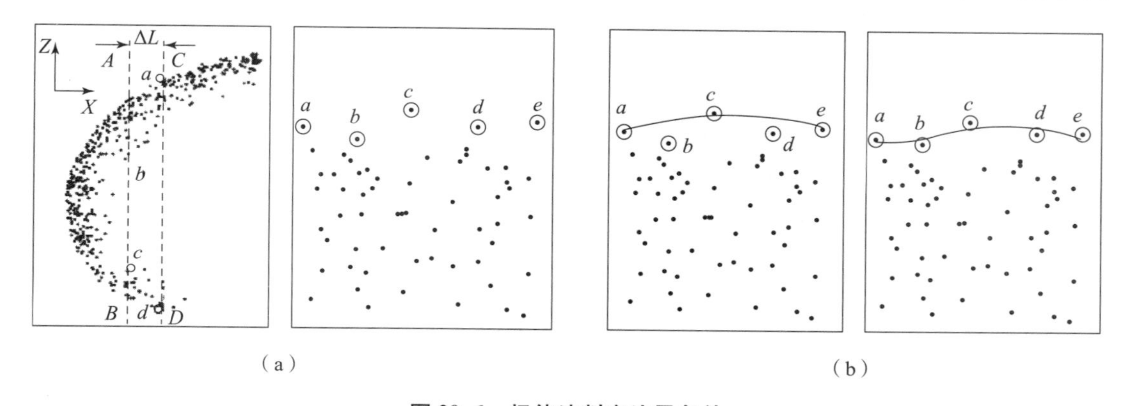

（a）　　　　　　　　　　（b）

图 20.6　极值法判定边界条件

（a）边界点提取细化图；（b）边界点缺陷分析图

图 20.6（b）所示为截取的一段工作空间，点 a、b、c、d 和 e 是该区域内连续相邻的边界点，描绘机械臂工作空间真实边界的曲线形状有可能是如图所示的两种情形之一：真实边界未包含 b、d 两点；真实边界包含 b、d 两点。一般说来，机械臂末端执行器的工作轨迹在小范围内应是光滑的，比较图 20.6（b）所示两种情况，图 20.6（a）更真实地反映了机械臂实际的工作空间形态，随机产生的边界点 b、d 并未拟合实际边界。因此，在提取和分析机械臂工作空间边界时，对于类似于 b、d 的边界点最好能当成内部点来处理，但显然此时采用传统的边界点提取方法无法处理这种情况。

3. 工作空间体积求解优化

工作空间表示机械臂活动空间的范围，其大小可以用体积来衡量。精确求得工作空间的体积对于机械臂运动规划和结构参数最优化具有重要意义。以下方法在求解机械臂工作空间体积时经常用到，现在予以分别阐述。

（1）多层网格分割法。当通过前述方法求解得到各层运动空间的边界后，还需求解每层运动空间的面积以及对应运动空间的体积。对于二维空间运动，面积可采用矩阵近似方法求得，如图 20.7（a）所示。对于三维空间运动，体积则需通过单层体积划分之后，先行求解得到单层体积，然后再通过立方体体积求和进行求解，具体步骤如图 20.7（b）所示。

①将单层工作空间划分为 j 个封闭的子空间，每个空间的宽为 ξ，设任意一个单层空间由 2 条边界分割线和上下边界组成一个矩形，当 ξ 充分小时，找出每段边界的一个边界点，

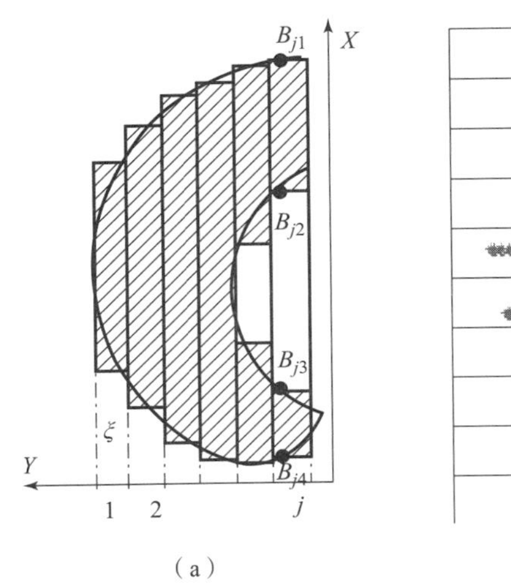

（a）

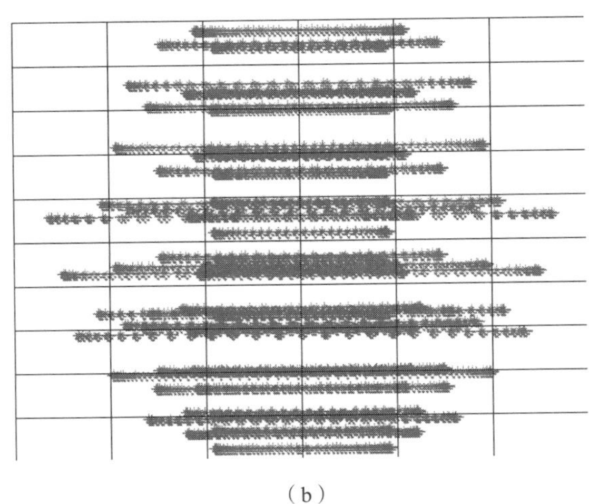
（b）

图 20.7　多层网格划分法

（a）单层面积求解；（b）整体多层分割

由此，第 i 个单层空间面积可用矩形面积之和近似表示。

$$S_i = \sum_{i=1}^{j} \xi h_i = \xi \sum_{i=1}^{j} (Y_{i,2j-1} - Y_{i,2j}) \tag{20.12}$$

②将整个空间划分为 K 层，每层之间的距离为 L，任意两层之间的体积可以通过上下两层空间表面积和两层空间左右前后距离组成长方体，通过空间叠加组成整个系统的体积，可表示为

$$V_i = \sum_{i=1}^{j} S_i L = \xi \sum_{i=1}^{K} (Z_{i,2k-1} - Z_{i,2k}) \tag{20.13}$$

（2）空间体积细分法。目前，在求解空间体积时，一般都采用先求工作空间的边界，再用数值积分法求取体积的方式。然而该方式存在曲线和曲面拟合过程复杂、精度不易控制等缺点。因此，部分研究人员在采用蒙特卡罗法求解得到最大边界范围之后，再进行网格划分，且对网格进行对应编号，其情况如图 20.8（a）所示；然后求解单个空间单元的 6 个边界点是否在空间范围内，如果指定的边界点不在可达空间，则需要对该空间单元进行再次分割，继续判断分割后的空间单元边界点是否在空间范围内；当分割的边长满足一定条件后，则可以得到最精密的体积，其情况如图 20.8（b）所示。

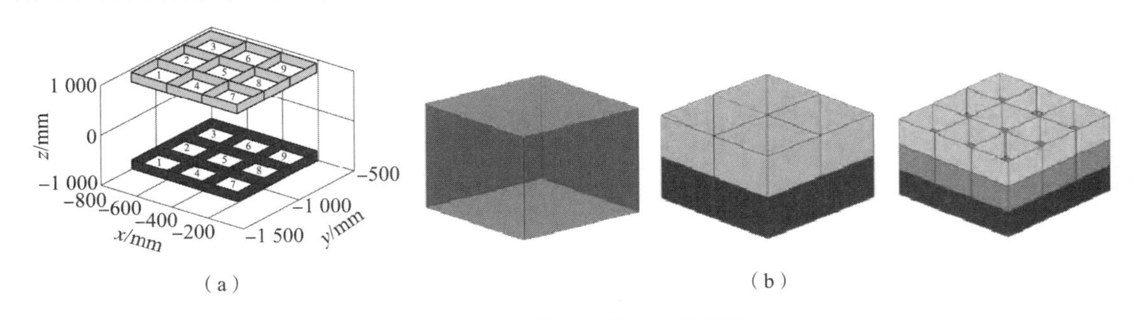

（a）　　　　　　　　　　　　（b）

图 20.8　空间体积细分法（附彩插）

（a）网格基本编号；（b）网格基本划分

20.3　智能排爆机器人空间性能指标的提出与实现

20.3.1　空间性能指标的依据

1. 空间性能指标的实际应用

一般而言，机器人设计的第一阶段是进行机器人的机构设计。另外，如何评价所设计的机器人的性能好坏一直是国内外学者关注的问题，同时也是机器人领域的一个难题。[149] 为了能够量化描述机器人机构的运动学和动力学性能，各国学者提出了各种评判性的性能指标，这些性能指标对运动冗余机器人尤其重要，因为它们一般都有无数个逆运动学解；而项目组研发的智能排爆机器人，其空间性能指标可以帮助寻找最优解，并为提高机器人的可操作性能提供理论依据。通过经验积累和案例分析，项目组根据研究方法和针对对象的不同，将机器人空间性能参数指标分为以下两个方面：

（1）已知机器人系统的初始位形，确定机械臂末端的最佳速度、作用力方向。由智能排爆机器人的排爆作业特性可知，当遂行排爆作业时，智能排爆机器人车体驶近疑似爆炸物，然后暂停，机械臂开始调整姿态，寻找最佳作业位置。这时对应的机械臂初始位形、疑似爆炸物在工作空间的位置均为已知，所需讨论的问题是在机械臂各关节的广义坐标已知的情况下，智能排爆机器人执行排爆作业时机械臂末端的最佳运动速度以及机械臂作用力的传递方向，于是，可得简单的数学描述如下：

$$\begin{cases}\text{目标函数:}\max(W),W\text{ 为可操作度}\\ \text{约束条件:}\alpha\in(0,2\pi),\alpha\text{ 为运动方向}\end{cases}\tag{20.14}$$

（2）已知物体的相对运动方向，确定机械臂最佳的操作位形。当智能排爆机器人的运动规划完成并依次执行以后，按照相对运动不变性的原理，则原来静止不动的疑似爆炸物变成相对机械臂在运动的物体了（这时为简化问题将机械臂看成是不动的了），于是，可以确定其运动的方向。现在可以深入讨论如何确定机械臂的最佳操作位形，保证在此操作位形下对应的速度、作用力均有利于排爆作业，可得简单的数学描述如下：

$$\begin{cases}\text{目标函数:}\max(W),W\text{ 为可操作度}\\ \text{约束条件:}f(q)=0,\text{机械臂位形约束}\end{cases}\tag{20.15}$$

2. 空间性能指标的要求

可操作度的研究是机器人或机械臂机构优化的重要内容。时至今日，可操作性指标已被广泛应用于机器人或机械臂的运动学设计、机器人或机械臂工作位置的优化、机器人或机械臂的实时路径规划等各个方面。作为由关节空间到操作空间的机械功能转换器，机械臂系统的可操作性反映了整个系统对关节运动和关节作用力到机械臂操作末端运动控制和作用力的转换能力，也就是机械臂在任意方向上对操作目标物体的运动控制和施加力的能力。[150] 与此同时，为了提高机械臂操作时的可靠性，人们开始考虑机械臂的容错功能，这样一来，即使发生故障，机械臂仍能完成预定的作业任务。于是研究人员又提出了退化可操作度的概念，以此保证在运动中任何时刻机械臂都能保持较高的操作能力。目前，各类移动式机械臂的可操作度定义基本是依据雅可比矩阵进行分类和求解的，具体内容参见表 20.1。

表 20.1　机器人可操作度指标

<table>
<tr><td rowspan="7">雅可比矩阵</td><td>行列式指标</td><td>非冗余度机器人关节位置、灵巧度指标</td></tr>
<tr><td>最小奇异值</td><td>关节角速度上限、条件数补偿</td></tr>
<tr><td rowspan="4">椭球指标</td><td>可操作椭球</td></tr>
<tr><td>归一化可操作度</td></tr>
<tr><td>速度方向可操作度</td></tr>
<tr><td>作用力方向可操作度</td></tr>
</table>

20.3.2　空间性能指标的实现

1. 雅可比矩阵分析

机械臂的雅可比矩阵反映了其操作空间和关节空间有关速度之间的函数关系，且与机械臂末端执行器受到的外力和模块关节的内部力有着密切联系。雅可比矩阵非常重要，所以对机器人手臂的雅可比矩阵展开分析是非常必要的。机械臂末端位置的运动学方程为

$$x = f(q) \tag{20.16}$$

机械臂末端的速度运动学方程为

$$\dot{\boldsymbol{x}} = \boldsymbol{J}(q)\dot{q} \tag{20.17}$$

式中，x、$\dot{x}$ 表示机械臂末端在操作空间的位置和速度；q、$\dot{q}$ 表示机械臂在关节空间的角度和角速度；$\boldsymbol{J}(q)$ 表示机械臂从关节空间到操作空间的具体映射，称为雅可比矩阵，具体表示为

$$\boldsymbol{J}(q) = \begin{bmatrix} \frac{\partial x_1}{\partial q_1} & \frac{\partial x_1}{\partial q_2} & \cdots & \frac{\partial x_j}{\partial q_j} \\ \frac{\partial x_2}{\partial q_1} & \frac{\partial x_2}{\partial q_2} & \cdots & \frac{\partial x_2}{\partial q_j} \\ \cdots & \cdots & \ddots & \cdots \\ \frac{\partial x_i}{\partial q_1} & \frac{\partial x_i}{\partial q_2} & \cdots & \frac{\partial x_i}{\partial q_j} \end{bmatrix} \tag{20.18}$$

当机械臂的雅可比矩阵为满秩的方矩阵时，可以求得雅可比矩阵对应的行列式，从而表示为该机械臂的灵活度，即

$$w_1(q) = \det(\boldsymbol{J}(q)) \tag{20.19}$$

在非冗余操纵器的情况下，雅可比行列式是方矩阵，可操纵性指数等于雅可比行列式的绝对值。需要注意的是，雅可比行列式等于 0 是奇异性存在的必要和充分条件，同时，还要注意的是，可操作性指标并不代表距离奇异性的度量。如果雅可比行列式不是完整等级，则可操作性指数等于 0。使用雅可比矩阵行列式的另一个缺点是，当雅可比矩阵行列式不满秩时，就不会区分一种类型的奇异性与另一种类型的奇异性，因为这两种行列式都为 0。

2. 最小奇异值

雅可比矩阵的最小奇异值是判断机械臂奇异构型的重要参数，机械臂在最小奇异值所在的轴线方向是最难移动的。Klein 与 Blaho 把最小奇异值灵活性参数作为衡量机械臂灵活性的标准。将雅可比矩阵的奇异值分解，可有

$$\begin{cases} \boldsymbol{J}(q) = \boldsymbol{U}\sum \boldsymbol{V} \\ \sum = \mathrm{diag}(\delta_1, \delta_2, \delta_3, \cdots, \delta_n) \end{cases} \tag{20.20}$$

式中，$\boldsymbol{U}$、$\boldsymbol{V}$ 表示分解矩阵；$\sum$ 表示对角矩阵；δ_i 表示雅可比矩阵的奇异值。

机械臂最小奇异值可以定义为

$$w_2 = \min(\delta_1, \delta_2, \delta_3, \cdots, \delta_n) \tag{20.21}$$

机械臂接近奇异位置时，存在最小奇异值，但无限接近 0，这时机械臂难以沿该方向运动，并且该方向的灵活性变差。

3. 可操作性指标

可操纵性指标是 Yoshikawa 提出的运动学性能指标。可操纵性指数恰好是业界关于运动学可操纵性最为人广泛接受和使用的度量。像大多数的运动学指标一样，可操纵性指标也是基于操纵器的雅可比矩阵。对于冗余操纵器，可操纵性指数定义为雅可比矩阵及其转置乘积的行列式的平方根。

雅可比矩阵的可操纵性数学公式为

$$w_3(q) = \sqrt{\det(\boldsymbol{J}(q)\boldsymbol{J}^{\mathrm{T}}(q))} = \sqrt{\boldsymbol{\lambda}_1, \boldsymbol{\lambda}_2, \cdots, \boldsymbol{\lambda}_n} \tag{20.22}$$

式中，$\boldsymbol{J}(q)$ 表示雅可比矩阵；$\boldsymbol{J}^{\mathrm{T}}(q)$ 表示雅可比转置矩阵；$\boldsymbol{\lambda}_i$ 表示矩阵 $\boldsymbol{J}(q)\boldsymbol{J}^{\mathrm{T}}(q)$ 的特征值。

因为可操作性指标考虑了机械臂末端执行器在所有方向上的运动，而最小奇异值和条件数仅考虑了机械臂在一个方向或两个方向上的运动；同时，可操纵性指标与最小奇异值不同，可操作性指标与参考系中的任何变化无关。因此，可以认为可操作性指标比雅可比矩阵行列式或最小奇异值能够更好地表明了机械臂的灵活性。

20.4　空间性能指标的缺陷与优化

20.4.1　基于雅可比矩阵的指标存在的缺陷

对于智能排爆机器人末端执行器的运动控制，雅可比矩阵是必不可少的。因此，项目组希望通过对雅可比矩阵相关参数的求解来实现对智能排爆机器人空间性能参数的科学评价，例如行列式、特征值、奇异值等。但是，对于不同类型的机械臂来说，基于雅可比矩阵的空间性能参数评价的方法与步骤往往存在极大的局限性，具体可以描述为以下几方面：

1. 物理单位的依赖性

一般情况下，基于雅可比矩阵完成的机械臂空间性能参数指标的评价结果，在很大程度上取决于所选择的物理单位，因此对于表示链节长度和关节角度的不同单位，机械臂空间性能参数指标将具有不同的评价结果。研究人员还发现：雅可比行列式的绝对值并不是一种可靠的空间性能参数指标，因为排爆机器人所配置的机械臂行列式有时具有非常大的数值，这会影响评价的结果。

2. 关节类型的依赖性

当同一类型的机械臂采用相同的关节类型和相同的单位参数时，研究人员很容易得到对应的雅可比行列式相关数值。但是，对于由平移关节和旋转关节共同组成的复杂排爆机器人机械臂结构，由于用于平移关节和旋转关节的单元不同，雅可比矩阵变得不均匀起来，在这种情况下，雅可比行列式的特征值和奇异值的评估在物理上变得不一致和不等价。

3. 参考坐标系的依赖性

排爆机器人在运动过程中选择不同的参考坐标系时，对应的雅可比矩阵会发生一定的变化。基于雅可比矩阵提出的行列式和其他评价参数（奇异值、特征值等）也会随坐标系的变换而产生变化。由于各类排爆机器人的尺寸、关节类型、参考坐标系等限制条件的不同，研究人员无法直接通过雅可比矩阵的行列式、奇异值、特征值等作为空间性能评价指标，需要在雅可比矩阵分析基础上进行有效改进，以提出更加适用于排爆机器人的空间性能参数指标。

20.4.2 空间性能指标的优化

下面项目组将讨论为克服可操作性指标的局限性而提出一些改进建议。

1. 顺序无关的可操纵度和相对可操作性

Kim 和 Khosla 等通过获取可操纵性指标的几何平均值，解决了可操纵性指标的尺寸依赖性问题，于是有

$$w_{1s}(q) = (\det(\boldsymbol{J}(q)\boldsymbol{J}^{\mathrm{T}}(q)))^{\frac{1}{n}} \tag{20.23}$$

式中，$\boldsymbol{J}(q)$ 表示雅可比矩阵；$\boldsymbol{J}^{\mathrm{T}}(q)$ 表示雅可比转置矩阵；n 表示机械臂的连杆个数。

同时，Kim 和 Khosla 等还根据顺序无关的可操纵性提出了相对可操作性，以使可操作性能规模和顺序独立。相对可操纵性指标为

$$w_{2s}(q) = \frac{w_{1s}}{f_M} = \frac{w_{1s}}{\sum_{i=1}^{n}(\text{length})^n} \tag{20.24}$$

式中，w_{1s} 表示顺序无关的可操纵度；f_M 是一个与长度相关具有一定维数的函数。

2. 归一化的可操作度指数

在评价机械臂运动性能的过程中，往往希望得到量纲统一的指标，所以可引入归一化可操作性的概念，以便使可操作性指数成为有界参数。归一化可操作性定义为

$$w_{3s} = \frac{w_i}{\max(w_1, w_2, \ldots, w_n)} \tag{20.25}$$

式中，w_i 表示机械臂在该关节角度下空间的可操作度的数值；$\max(w_1, w_2, \ldots, w_n)$ 表示机械臂所有位置的最大可操作度；w_{3s} 表示归一化的可操作度。

20.5 本章小结

迄今为止，众多的研究人员对各类机械臂提出了许多运动空间求解方法和空间性能参数指标，由于各类机械臂在外观、尺寸、结构和应用方面存在极大差异，导致评价中出现难以避免的固有局限性，因此，研究人员对排爆机器人的工作空间求解和性能参数指标常常缺乏共识。这些局限性限制了排爆机器人在设计和优化时的效果。项目组根据智能排爆机器人的实际作业特点，详尽讨论了有效工作空间和性能参数指标，并对有效运动空间的求解方法、改进技术、具体影响因素进行了具体的分析和细致的描述；同时还对排爆机器人的空间性能参数指标进行了统一定义，分析了具体的表达式，从而帮助研究人员和使用人员对排爆机器人进行更好的优化设计和更佳的运动控制。

第 21 章

智能排爆机器人稳定性判定理论和稳定性控制技术研究

迄今为止，国内外广大科技工作者针对机械臂与移动机器人已经进行了长期而系统、广泛而细致的研究，已经较为圆满地实现了机械臂和移动机器人相关物理模型和数学模型的构建、运动学求解、动力学分析、高精度运动学控制、目标物体精确抓取和抗干扰性强化等工作目标。但是将机械臂固定到移动平台上，进而组成移动式机械臂系统，就会产生各类新型研究课题。例如，机械臂与移动平台相互之间的作用力和力矩如何求解？整个系统的稳定性能如何判断？等等。诸如杆件构型、关节角速度、关节角加速度、末端负载和末端加工反力/力矩等动力学因素的作用，可能会导致机械臂作用于移动平台的力/力矩规律变得更为复杂，对系统的作用规律也同样难以掌握，尤其是该作用力/力矩可能会导致移动式机械臂发生两种失效——倾覆与滑移。

倾覆现象是指在竖直方向上轮式移动机械臂绕着两相邻轮与地面接触点形成的倾覆轴线发生向外的旋转，进一步将导致轮与地面接触点减少，此时移动平台将会发生失控。如果倾覆现象得不到改善，移动机械臂系统最终将会翻倒。滑移现象是指移动式机械臂平台在运动过程或禁止工作过程中，车体时机运动状态与期望的运动状态之间存在误差，使移动式机械臂平台无法到达或保持指定的工作状态。在实际应用中，滑移现象是由于工作地面与车轮或履带之间的静止摩擦力不足以阻止平台滑移发生所致，需要通过实际地面的相关测试获得对应的滑移系数，然后才能实现对移动式机械臂平台的滑移控制。倾覆稳定性评价对用于爬坡和爬楼梯的履带式、腿式移动机器人是非常重要的。尽管在结构环境下工作的轮式移动机器人并不面临该问题，但对轮式移动机械臂平台来说，机械臂作用于移动平台的力/力矩导致系统倾覆这一问题同样不容忽视。

21.1　智能排爆机器人稳定性判定理论研究①

长期以来，业界对移动机器人的倾覆稳定性问题已经进行了广泛而细致的研究，其中 ZMP 判据②、FA 判据与 FRI 判据的应用较为常见。项目组在本节将对各类稳定性判据的基本原理进行分析和阐述。

21.1.1　稳定性判定理论的描述与分析

1. 零力矩点

1969 年，南斯拉夫学者 Vukobratovic 提出了零力矩点（Zero Moment Point，ZMP）判定

①②　稳定性判定描述一个过程，稳定性判据表示判定依据（一个指标等），在本书中根据不同地方、根据使用环境选择用判定或是判据。

理论，并于2004年加以完善，该理论可用于机械臂姿态稳定性的判断。[151] ZMP是地面上所有主动力的力矩和为0的点，这些力包括系统重力、操作臂的内部力以及环境的外部力等，如图21.1所示。

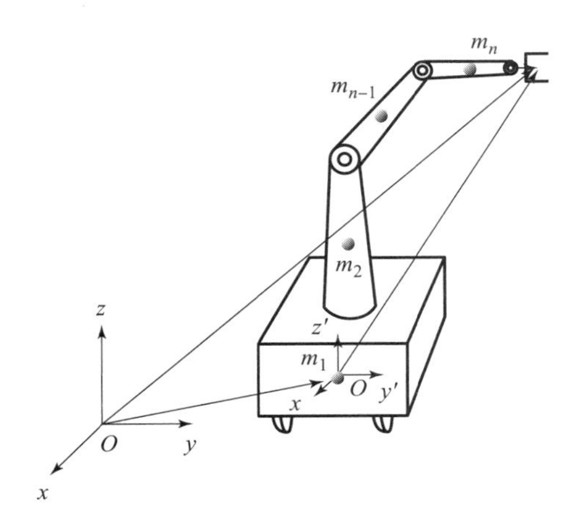

图21.1　零力矩点判定

通过上述对零力矩点的定义，可以得到移动式机械臂平台的ZMP在平面的表达式为

$$x_{\text{zmp}}=\frac{\sum_{i=1}^{n}m_i(\ddot{z}_i+g)x_i-\sum_{i=1}^{n}m_i\ddot{x}_iz_i}{\sum_{i=1}^{n}m_i(\ddot{z}_i+g)} \tag{21.1}$$

$$y_{\text{zmp}}=\frac{\sum_{i=1}^{n}m_i(\ddot{z}_i+g)y_i-\sum_{i=1}^{n}m_i\ddot{y}_iz_i}{\sum_{i=1}^{n}m_i(\ddot{z}_i+g)} \tag{21.2}$$

式中，x_{zmp}、y_{zmp}表示移动式机械臂在平面内ZMP的坐标位置；m_i表示连杆i的质量；g表示全局重力加速度；x_i, y_i, z_i表示每个连杆的坐标系位置。

当移动式机械臂系统没有受到外部的扰动，系统是保持稳定的。当移动式机械臂系统受到外界环境干扰时，需要确定的稳定边缘。为了得到较大的稳定性边缘，最好将移动式机械臂系统的重心保持在中心位置。但是在此条件下，系统运动可能会受到一定的约束，导致预期的工作任务可能无法完成。为了确定在扰动条件下系统的稳定性范围，项目组提出绝对稳定的概念，即定义绝对稳定的范围（扰动下保持稳定）小于系统稳定的范围，其有效的状态空间可以表示为

$$S=\{(x_{\text{zmp}},y_{\text{zmp}})\mid d_s(x_{\text{zmp}})\geqslant d_f(x_{\text{zmp}}),d_s(y_{\text{zmp}})\geqslant d_f(y_{\text{zmp}})\} \tag{21.3}$$

式中，$d_s(x_{\text{zmp}}),d_s(y_{\text{zmp}})$表示从ZMP到稳定性边界的最小距离；$d_f(x_{\text{zmp}}),d_f(y_{\text{zmp}})$表示在扰动状态下系统ZMP到稳定性边界的距离，具体表示如下：

$$d_f(x_{\text{zmp}})=\frac{\sum_{i=1}^{n}(S_{zj}F_{xj}-S_{xj}F_{zj})}{\sum_{i=1}^{n}m_i(\ddot{z}_i+g)-\sum_{i=1}^{n}F_{zj}} \tag{21.4}$$

$$d_f(y_{\mathrm{zmp}}) = \frac{\sum_{i=1}^{n}(S_{zj}F_{yj} - S_{yj}F_{zj})}{\sum_{i=1}^{n} m_i(\ddot{z}_i + g) - \sum_{i=1}^{n} F_{zj}} \tag{21.5}$$

式中，F_{xj}、F_{yj}、F_{zj} 表示外部的扰动作用力；S_{xj}、S_{yj}、S_{zj} 表示外部作用力的作用点位置。

ZMP 被广泛用于双足人形机器人的倾覆稳定性判定。Qiang Huang 等在移动式机械臂系统研究领域提出一种基于稳定性势场的运动规划方法来保持或者修复系统的稳定性，在此基础上，Qiang Huang 还提出了基于 ZMP 的移动式机械臂协调运动规划方法，该方法既能够保持系统的稳定性，同时还能够兼顾机械臂的操作能力。Hatano 等提出了基于 ZMP 判据的移动式机械臂的稳定性控制方法，在绝对稳定区域内机械臂可以保持稳定，当受到外界扰动时，系统仍然可以保持稳定性。众所周知，移动式机械臂系统在一般稳定区域内不受外部扰动时是可以保持稳定的，但在受到外部作用力时便无法保持稳定，因此有必要将移动式机械臂系统的 ZMP 保证在绝对稳定区域，具体如图 21.2 所示。

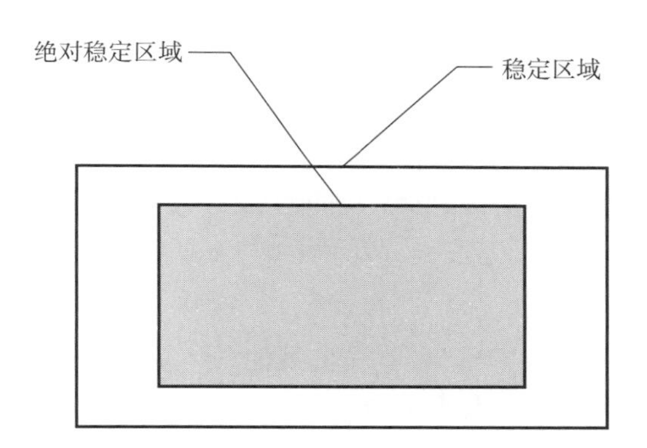

图 21.2　稳定区域判定

2. 转矩高度稳定性

2006 年，Ali Moosavian 首次提出转矩高度稳定性（Moment－Height Stability，M－HS），并将其用于对载重机械臂的稳定性判定中。该判定方法认为，车体倾覆现象之所以发生是由于绕地面支撑轴线的转动力矩较大所致，如图 20.3 所示。

在业界，支撑多边形定义为多个接触点构成的凸多边形。稳定性消失的时刻存在于下列情况之中：①绕某一点发生打滑现象；②当系统发生倾覆时，移动式机械臂平台会绕一个轴发生旋转，这个轴称之为倾覆轴。系统的旋转是由外部作用力和外部扭矩共同作用下实现的，例如，图 20.3（a）中具体描述为

$$\begin{cases} f_2d_2 - f_1d_1 > 0 \Rightarrow \text{系统保持稳定性} \\ f_2d_2 - f_1d_1 = 0 \Rightarrow \text{系统处于不定态} \\ f_2d_2 - f_1d_1 < 0 \Rightarrow \text{系统处于不稳定} \end{cases} \tag{21.6}$$

为了扩展图 20.3（a）中简化平台的静态稳定性到动态稳定性判据，应当添加从外部系统到内部系统的惯性力和惯性力矩，如图 20.3（b）所示。考虑更多的支撑平面时，支撑边界存在 6 条边，这时可按照顺时针方向对每一个接触点进行标注，从而可以得到每一个支撑边界的单位方向，即有

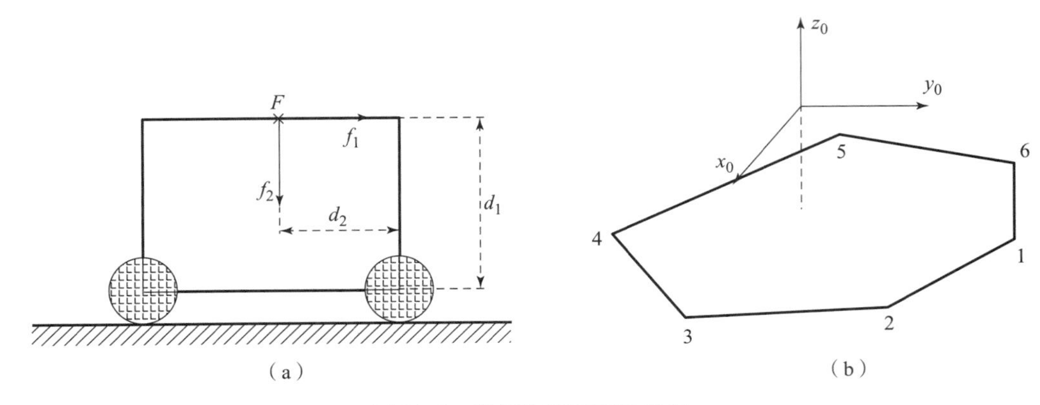

图 21.3　转矩高度稳定性判据

(a) 二维平面中 MHS 判定；(b) 三维平面中 MHS 判定

$$\begin{cases} a_i = \dfrac{(p_{i+1} - p_i)}{\|p_{i+1} - p_i\|}, i = 1,2,\cdots,5 \\ a_6 = \dfrac{(p_1 - p_6)}{\|p_1 - p_6\|} \end{cases} \tag{21.7}$$

将角度 α 定义为转矩高度稳定性判据，则每个支撑边的转矩稳定性为

$$\begin{cases} \alpha_i = (I_i)^{\delta_i}(M_i \cdot a_i) \\ \delta_i = \begin{cases} 1, M_i \cdot a_i < 0 \\ -1, 其他 \end{cases} \end{cases} \tag{21.8}$$

于是整个系统的转矩高度稳定性判据表示为

$$\alpha = \min(\alpha_i) \tag{21.9}$$

当该角度 >0 时，则移动式机械臂系统稳定，不会发生倾覆；当该角度 <0 时，则移动式机械臂系统会发生倾覆。

3. 力 – 角稳定性

1996 年，Papadopoulos 提出了力 – 角稳定性（Force – Angle Stability, F – AS）判据来用于对系统姿态稳定性的度量，该判据后来被广泛用于包括挖掘机在内的车辆工程的稳定性判别上，其基本原理在于考察系统重心作用力方向与重心到支撑轴线方向之间的角度关系。

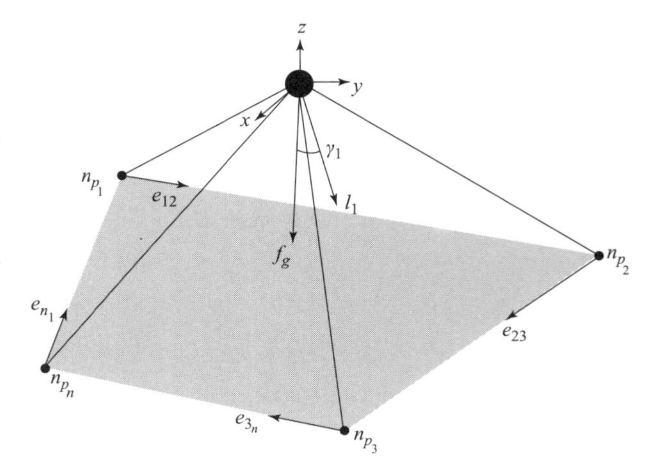

图 21.4　力 – 角稳定性判据

如图 21.4 所示，按照顺时针方向对移动式机械臂系统与地面的接触点进行有序编号 $^np_1, {}^np_2, \cdots, {}^np_n$。

对于任意平面内移动式机械臂平台而言，倾覆现象发生在倾覆轴线

上，倾覆轴线通常由相邻的两个点组成，因此，地面中可能存在的倾覆轴线单位向量可表示为

$$\boldsymbol{e}_{ii+1} = \frac{({}^{n}p_{i+1} - {}^{n}p_{i})}{\| {}^{n}p_{i+1} - {}^{n}p_{i} \|} \tag{21.10}$$

其中，当接触点为最后一点时，则下一个接触点选择起始点，从而所有接触点可构建为一个凸多边形，其中存在 n 条倾覆轴线，而穿过系统重心点和倾覆轴线垂直相交的向量为

$$\boldsymbol{l}_i = (\boldsymbol{1} - \boldsymbol{e}_{ii+1}\boldsymbol{e}_{ii+1}^{\mathrm{T}})\,{}^{n}p_{i+1} \tag{21.11}$$

系统重心位置合力与垂直轴线的夹角表示为

$$\begin{cases} r_i = \delta_i \cos^{-1}(\boldsymbol{f}_g \cdot \boldsymbol{l}_i) \\ \delta_i = \begin{cases} 1, (\boldsymbol{f}_g \times \boldsymbol{l}_i)\boldsymbol{e}_{ii+1} < 0 \\ -1, 其他 \end{cases} \end{cases} \tag{21.12}$$

从上述稳定角 r_i 中选择最小的角度作为判定条件，则有

$$\alpha = \min(r_i) \tag{21.13}$$

当该角度大于0时，移动式机械臂系统稳定不会发生倾覆；当该角度小于0，则移动式机械臂系统发生倾覆。

Karl Iagnemma 等通过 F－AS 判别 Sample Return Rover 的稳定性，并通过重构提升移动式机械臂系统的稳定性。在此基础上，又有研究人员将 FAS 用于移动式机器人 ARTEMIS 上，分析了该系统在高速移动情况下的稳定性。以上案例都证明 FAS 判据具有较好的实用效果。

21.1.2　稳定性判定理论的应用与改善

1. 稳定性判据的缺陷

上述所列的 ZMP、M－HS 和 FAS 是在移动式机械臂系统倾覆稳定性判别中应用较为广泛的3种方法，这些判据均提出了一种标识作为移动式机械臂系统倾覆稳定性的度量。例如 ZMP 与 M－HS 均选择地面上的一点作为标识，F－AS 则将力向量与特征直线之间的夹角作为标识。这些标识是对移动式机械臂系统是否倾覆进行表象上的描述，即描述移动式机械臂系统在倾覆或未倾覆时表现出的状态特征。上述方法能够直接判定移动式机械臂系统是否发生倾覆，但是无法从本质上对倾覆的根源——系统的倾覆力矩进行描述。

以往国内外学者关于机械臂动力学中各种因素对系统倾覆稳定性影响的研究较少。实际上，一些动力学因素，如杆件构型、关节角速度、关节角加速度、末端载荷及末端加工反力/力矩对移动式机械臂系统的倾覆稳定性都有着影响。[152] 许多学者在讨论相关问题时往往将动态的机械臂等效成为静态的连杆系统来简化计算。事实上，这些动力学因素是移动式机械臂系工作时的伴生状态，且对移动式机械臂系统的稳定性影响很大，无法忽视。只有深入研究相关问题才能彻底弄清移动式机械臂系统的倾覆问题。移动式机械臂系统的倾覆研究与移动机器人或者人形机器人的倾覆研究最大的不同就在于此。

2. 稳定性判据的改善

倾覆力矩稳定性判据（TOM）主要是在移动式机械臂动力学分析基础上，求解机械臂在各个支撑产生的倾覆力矩，从而判定该作用力矩是否会导致移动式机械臂平台发生倾覆

现象。

如图 21.5 所示，大椭圆表示移动式机械臂平台，在该平台重心 O_P 位置处建立平台坐标系 $[X_P, Y_P, Z_P]$，平台重力向量表示为 $\boldsymbol{g}_p$，平台整体质量为 m_p，机械臂的质量为 m_r，固定位置表示为 O_M，在该点建立移动式机械臂的局部坐标系 $[X_M, Y_M, Z_M]$；平台其他附件安装于位置 O_A，附件的重力向量表示为 $\boldsymbol{g}_A$，附件的质量为 m_A。假设某一时刻，移动式机械臂对平台产生的作用力表示为

$$\boldsymbol{f} = [f_M, m_M] = [f_{Mx}, f_{My}, f_{Mz}, m_{Mx}, m_{My}, m_{Mz}] \tag{21.14}$$

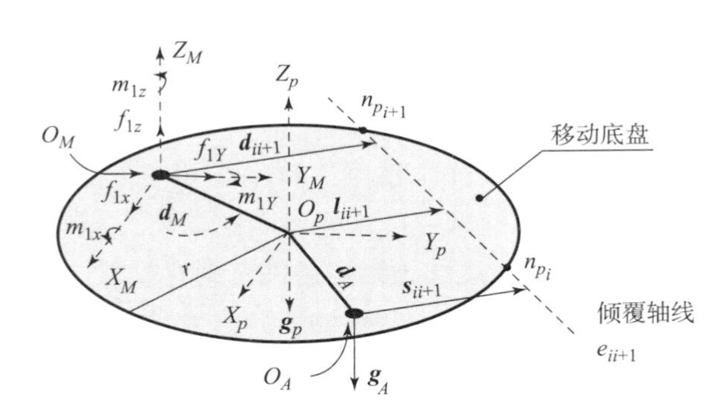

图 21.5　倾覆力矩稳定性判定

平台与地面的接触点按照顺时针方向进行有序编号 ${}^np_1, {}^np_2, \ldots, {}^np_n$，相邻两点形成倾覆轴线，表示为 e_{ii+1}，原点 O_P 到机械臂固定点 O_M 的向量为 $\boldsymbol{d}_M$，原点 O_P 到附件固定点 O_A 的向量为 $\boldsymbol{d}_A$；机械臂固定点 O_M 到倾覆轴线 e_{ii+1} 的正交向量为 $\boldsymbol{d}_{ii+1}$，原点 O_P 到倾覆轴线 e_{ii+1} 的正交向量为 $\boldsymbol{l}_{ii+1}$，附件固定点 O_A 到倾覆轴线 e_{ii+1} 的正交向量为 $\boldsymbol{s}_{ii+1}$；则移动式机械臂的倾覆力矩可以表示为

$$\mathrm{TOM}_{ii+1} = m_M e_{ii+1} + (\boldsymbol{f}_M \times \boldsymbol{d}_{ii+1}) e_{ii+1} + (\boldsymbol{g}_P \times \boldsymbol{l}_{ii+1}) e_{ii+1} + (\boldsymbol{g}_A \times \boldsymbol{s}_{ii+1}) e_{ii+1} \tag{21.15}$$

从而可以求解得到整体的倾覆力矩判定表达式为

$$\mathrm{TOM}_{\max} = \max(\mathrm{TOM}_{ii+1}), ii = 1, 2, 3, \cdots, n \tag{21.16}$$

平台与地面的 n 个顶点组成的凸多边形存在着 n 条倾覆轴线，相应地存在 n 个 TOM。这 n 个 TOM 中的最大值 $\mathrm{TOM}_{\max}$ 表示系统在该值所对应的倾覆轴线上承受最大的倾覆力矩。如果 $\mathrm{TOM}_{\max} > 0$，倾覆力矩将导致移动式机械臂系统倾覆；反之，如果 $\mathrm{TOM}_{\max} < 0$，意味着没有倾覆力矩，移动式机械臂系统是稳定的。此时，这个非正的值可表示倾覆裕度，大小即为 TOM。倾覆裕度越大，代表移动式机械臂系统距离倾覆越远；倾覆裕度越小，则代表移动式机械臂系统距离倾覆越近。

对于移动式机械臂系统倾覆现象判定，TOM 与 ZMP 两种判据的效果一致：①在表达移动式机械臂系统是否发生倾覆即 TOM 判据在表达系统稳定性上是准确无误的；②TOM 判据能够很好地表达出倾覆的动力源——倾覆力矩的大小或移动式机械臂系统的倾覆裕度的大小；③TOM 判据能够对系统倾覆程度或抗倾覆能力进行量化。这可以为移动式机械臂系统稳定控制器提供单参数的系统状态描述。因此，TOM 判据比 ZMP 判据更加直观、方便和有效地表达了移动式机械臂系统的倾覆稳定性。

21.2　智能排爆机器人稳定性影响因数

21.2.1　机械臂末端运动轨迹对稳定性控制的影响

使移动机械臂在水平面内保持禁止运动状态，观察移动机械臂单独对给定的运动轨迹进行实时跟踪控制，此时会发现在机械臂运动过程中其必然会对移动平台产生作用力。为了单独研究给定运动轨迹对移动机械臂稳定性产生的具体影响，需要提出下面 3 种假设：

（1）移动平台为匀速移动或静止，忽略移动平台的加速度对系统动力学的影响。

（2）机械臂做无加速度的匀速运动，消除机械臂速度和加速度对移动平台的作用。

（3）机械臂末端无重物或重物质量和位置不发生变化，消除重物变化对机械臂的影响。

在上述假设中，移动机械臂的稳定性可以描述为静态稳定性。当机械臂在给定轨迹中的不同位置时，机械臂各个关节和电动机在空间位置的重心会发生变化，通过 ZMP 稳定性分析可以直观表示为零力矩作用点在平面区域发生了改变。当移动机械臂的零力矩作用点在给定稳定区域外，则必然会发生倾覆现象；当移动机械臂的零力矩作用点在给定绝对稳定区域内，则必然不会发生倾覆现象；当移动机械臂的零力矩作用点在给定稳定区域和绝对稳定区域之间则需要考虑其他因素对重心位置的影响。

M－HS 稳定性判据和 F－AS 稳定性判据与上述 ZMP 稳定性判定分析相近，只适合分析移动机械臂位置变化对整体静态稳定性产生的影响，无法对机械臂运动相关参数进行稳定性影响因素分析；同时，在分析过程中可以进行定性分析，但无法进行定量分析，这样无法表示移动机械臂不稳定发生的概率。

TOM 稳定性判定在对移动机械臂的运动轨迹分析中，对于末端指定的轨迹、机械臂的逆解有多种可能，所以将机械臂关节角度离散化后生成离散的工作空间，即对多个关节的关节角按一定的分辨率来离散化得到一系列关节配置，用这些杆件配置的合集来代表机械臂的运动轨迹。对于移动机械臂运动轨迹的每一个离散点，则需要考虑每一个子系统重心位置产生变化后对移动平台稳定性产生的作用力和作用力矩，并分析该作用力或作用力矩是否会导致移动平台发生侧翻现象，该侧翻现象的发生状态可以直接通过作用力和作用力矩进行具体分析描述。

21.2.2　机械臂末端运动速度对稳定性控制的影响

当机械臂以不同的关节角速度、关节角加速度移动时，或者在不同的杆件构型下受加工反力/力矩作用时第一关节上的约束力/力矩变化较大，导致机械臂作用于移动平台的力/力矩同样变化较大，最终引起的倾覆稳定性的结果变化也很大。为了单独考虑末端运动速度对稳定性产生的具体影响，需要提出以下假设：

（1）移动平台为匀速移动或静止，忽略移动平台的加速度对系统动力学的影响。

（2）机械臂末端的速度指定，单个任意关节的速度和加速度不加指定。

（3）机械臂末端无重物或重物质量和位置不发生变化，消除重物变化对机械臂的影响。

在上述假设下，移动机械臂的稳定性主要取决于机械臂系统运动控制对移动平台的倾覆稳定性产生的具体影响。在机械臂做复杂运动过程中，机械臂的每个连杆和关节位置时刻都在变换；同时，在同一位置下由于机械臂末端速度不同必然会导致移动平台受到的作用力和作用力矩发生变化，从而影响系统的稳定性。因此，该状态下移动机械臂的稳定性分析取决于动态稳定性判定分析，ZMP 稳定性判据无法对该状态下的稳定性进行实时分析。

在对移动机械臂采用 TOM 稳定性判据分析过程中，分析机械臂末端运动速度对稳定性控制的影响时，分别考虑：①关节角速度情况；②关节角加速度情况。

移动机械臂在分析关节角速度情况下，只有单关节角速度时，系统倾覆稳定性与关节角速度的方向无关，只与其大小有关；当有多关节角速度时，多个方向相同的关节角速度使连杆的绝对角速度增大，增加了机械臂作用于平台的力/力矩，最终导致系统倾覆稳定性变差。在关节角加速度情况下，不同关节的角加速度可能会引起 TOM 分布的不对称。当引起连杆线加速度的方向与重力加速度一致时，系统倾覆稳定性变差；反之，系统倾覆稳定性变好。

21.2.3 机械臂末端抓取重物对稳定性控制的影响

当移动式机械臂对不同重量的目标物体进行指定路径和指定运动速度下的各类操作处置时，由于载重物体发生了变化，机械臂各个关节的关节角速度、关节角加速度同样也会发生变化，从而导致机械臂对移动平台的作用力和力矩产生较大变化。与此同时，在机械臂从初始位置运动到目标指定位置时，如果机械臂末端没有载重物体，移动机械臂的稳定性可以按照前面内容进行分析。但当机械臂抓取目标物体或夹持目标物体移动过程中，虽然移动机械臂末端载重此时不会发生变化，然而对于不同的载重物体而言，最终导致移动式机械臂系统倾覆稳定性的变化也会很大。为了单独考虑机械臂末端载重对系统稳定性产生的具体影响，需要提出以下假设：

（1）移动平台为匀速移动或静止，忽略移动平台的加速度对系统动力学的影响。

（2）不同载重下机械臂末端的速度和加速度保持相同，消除运动轨迹对系统动力学影响。

（3）不同载重下任意关节角的速度和加速度保持相同，消除关节角速度对机械臂的影响。

移动式机械臂系统在不同末端载重下，按照指定的运动轨迹进行操作，这时系统的稳定性表现为整个系统处于动态稳定性判据分析范畴，ZMP 稳定性判定无法对目标抓取后的稳定性展开分析。因此，在该状态下需要采用 ZMP 稳定性判定方法对具体的问题进行分析。

当移动式机械臂系统从初始位置运动到指定位置时，由于在该运动过程中机械臂没有夹持重物，此时可忽略运动路径和运动速度的影响，系统的稳定性不会发生变化；当移动式机械臂对重物进行抓取过程中，由于目标物体的重量不同，移动式机械臂末端在指定位置和姿态下发生系统倾覆的可能性就有所不同了。当目标物体的重量由小变大时，通过 ZMP 判定可以得知系统的稳定性也会从稳定性状态逐渐变化为不稳定状态，从绝对稳定区域内逐渐移动到稳定区域，最后再变化到不稳定性区域。因此，对于实际的移动式机械臂而言，在指定的工作区域内，应当确定机械臂末端允许的目标物体重量最大值，从而保障移动式机械臂系统不会发生倾覆现象。当移动式机械臂对目标物体进行指定轨迹运动下的操作时，由于机械臂对移动平台作用力不同，无法单独通过 ZMP 方法判定系统的稳定性，需要通过 TOM 分析在不同载重物体下，指定轨迹运动对系统各个支撑轴倾覆力矩的具体变化情况，分析不同重物是否会导致移动式机械臂系统发生倾覆现象。

21.3 智能排爆机器人稳定性控制技术研究

21.3.1 系统整体结构优化设计

对移动式机械臂系统稳定性判定原理进行分析，可发现整个系统的稳定性还受到移动平台的半径 r 、移动平台轮子的数量 n 、移动平台的质量 m_P 、机械臂在移动平台上的安装位置 d_M 、附件在移动平台上的安装位置 d_A 等多个参数的影响，这种影响的综合效果可表示如下：

$$\mathrm{TOM} = f(n, r, m_P, d_M, d_A) \tag{21.17}$$

对于任意结构的固定式机械臂而言，将系统的可达运动空间投影到平面，就可以得到对应的水平面运动空间 V_P ，这时绝对稳定区域可以具体描述为 V_S ，绝对稳定区域的面积必然≤可达空间的水平面面积，于是可以得到系统的稳定区域占比结果如下：

$$\mathrm{SRR} = \frac{V_S}{V_P} \tag{21.18}$$

因此，可以通过上述结合求解得到系统的最佳优化结果，具体步骤与过程如下：

$$\text{目标}:\max\left(\mathrm{SRR} = \frac{V_S}{V_P}\right)$$

条件为

$$\begin{gathered}\mathrm{TOM} = f(n, r, m_P, d_M, d_A) \\ 0 < n < 5 \quad q_i^{\min} < q_i < q_i^{\max} \\ 0 < r < h_c \quad L_i^{\min} < L_i < L_i^{\max} \\ 0 < m_i < m_i^{\max} \quad 0 < d_i < d_i^{\max}\end{gathered} \tag{21.19}$$

式中，q_i 表示机械臂各个关节角度；L_i 表示各个连杆长度；m_i 表示各个部件重量；d_i 表示各个部件的安装固定位置。

对于上述最优化设计问题，可以采用各种群体智能算法或最优化设计方法进行求解，以实现移动式机械臂系统的优化设计。

21.3.2 末端运动轨迹优化实现稳定性控制

移动式机械臂系统在对指定重物进行操控作业时，通过设定该指定重物的质量范围可以实现对运动路径的优化处置，确保机械臂系统在抓取重物过程中不会发生倾覆现象。

当移动平台匀速运动、机械臂移动时，此时机械臂关节角、关节角速度、关节角加速度不断变化，系统的 TOM 也随之不断变化，此时需要以机械臂系统不发生倾覆为约束，即以实现负的 TOM 为目标来进行机械臂的轨迹规划，具体步骤如下。

(1) 假设轨迹进行离散化处理，相邻两点的运动时间为 t，通过运动轨迹规划可以求解得到系统任意时刻的关节角度、关节角速度、关节角加速度。

（2）计算上述离散点的倾覆力矩，并通过 TOM 判定移动式机械臂系统是否会在该点处发生倾覆现象。

（3）对于发生倾覆现象的离散点，增加系统运动时间，再次通过步骤（1）和步骤（2）进行判定。

（4）对于不会发生倾覆现象的离散点，保存对应的运动路径规划数据。

21.3.3 多机械臂协同作业实现稳定性控制

移动式多机械臂系统在单臂抓取过程中可以更容易实现稳定作业。给定机械臂抓取目标指定位置后，通过 ZMP 稳定性判定理论，可以分析得出系统是否发生倾覆现象；同时根据爆炸物处置位置可以确定时间最短的运动路径，然后通过 TOM 稳定性判定理论可以分析该单臂运动过程中整个系统是否会发生倾覆现象。

当移动式多机械臂系统的主动抓取机械臂在到达目标位置过程和爆炸物处置过程中系统可以保持稳定，则无须对系统稳定性进行具体规划。只有当移动式多机械臂系统无法保持稳定时，才需要调节其他机械臂使系统整体重心的水平位置不发生变化；此时，系统的 TOM 也随之保持在较小的范围内，以实现负的 TOM 为目标来进行整个机械臂系统的轨迹规划，具体步骤如下：

（1）对移动式多机械臂系统从初始位置到目标指定位置的运动轨迹进行离散化处理，并确定各个关键点的关节位置、关节角速度、关节角加速度。

（2）通过 TOM 判定移动式多机械臂系统的倾覆力矩是否满足约束条件，并通过 ZMP 稳定性判定各位置点是否在绝对稳定区域内。

（3）对于发生倾覆现象时的主机械臂运动轨迹进行辅机械臂末端运动轨迹的补偿调整，保证主机械臂的运动在可控制范围内，这时对应支出的系统运动能量较少，同时可以保证系统维持稳定性。

（4）对于优化后的移动式多机械臂系统再次进行 TOM 倾覆力矩判定，如果满足条件，则保持主、辅机械臂的运动轨迹，否则返回步骤（3）中再次进行轨迹优化。

（5）结束移动式多机械臂系统的协同运动规划，实现移动式多机械臂系统的运动控制。

21.4 本章小结

项目组在本章对移动式机械臂系统的各类稳定性判据进行了具体的描述和分析，M－HS 稳定性判据和 F－AS 稳定性判据是通过对移动平台发生倾覆现象间接描述得到的判定原理。ZMP 稳定性判据单独考虑移动平台重心所在平面的位置，从而实现稳定性判定，它比较适合对静态稳定性进行分析。TOM 稳定性判据则对系统发生倾覆的直接力矩进行了分析，可以判定发生倾覆的概率。

对于移动式机械臂系统稳定性判据来说，较为适合的方式是将 ZMP 稳定性判据和 TOM 稳定性判据结合起来使用，这样可以实现对系统各种不同状态的稳定性分析，并对系统的运动轨迹、末端速度、不同载重等各种影响因素进行具体的描述和分析，帮助研发人员掌握更为充分的相关信息。

第 22 章

智能排爆机器人控制子系统总体架构与功能设计

智能排爆机器人的核心功能与主要特色就是串联式六自由度主辅机械臂的协同操作与协同控制，机器人控制系统的主要任务就是科学、可靠、稳定、合理地实现对串联式六自由度主辅机械臂的实时控制。从上述要点出发，机器人控制体系的结构是机械臂系统功能、机械臂控制方法和多轴同步算法所应当遵循的框架与机制，同时它还是机器人或机械臂行业研究的盲点与难点。优秀的控制体系结构可以大幅提升机械臂控制系统的功能性、实时性、稳定性、可靠性、扩展性、安全性和鲁棒性，但是受相关技术的制约和研究积累的局限，现役机械臂的控制体系一直处于一种低效且封闭的状态中，制约着该技术领域的快速发展。为了能够改变这一状态，项目组将统筹兼顾智能排爆机器人主辅机械臂控制系统架构、控制系统机制和运动控制机制 3 个方面，设计一种开放式的控制体系结构，并研究与解决其中的核心技术问题。

22.1 基于 MVC 和 FSM 理论的控制体系结构研究

基于上述考虑，为打造一款能够全面实现智能排爆机器人机械臂控制系统架构、控制系统机制和运动控制机制 3 个方面实用性需要的开放式控制体系结构，项目组提出以下 3 项研究任务并拟予圆满完成：

（1）基于 MVC 理论，设计一种负载均衡式的机械臂控制体系架构。

（2）基于多轴同步理论，设计一种具有异常检测能力的机械臂运动控制机制。

（3）基于 FSM 理论，设计一种跳转式的机械臂系统管理机制。

上述研究任务与项目组整体研究目标内在关系如图 22.1 所示。

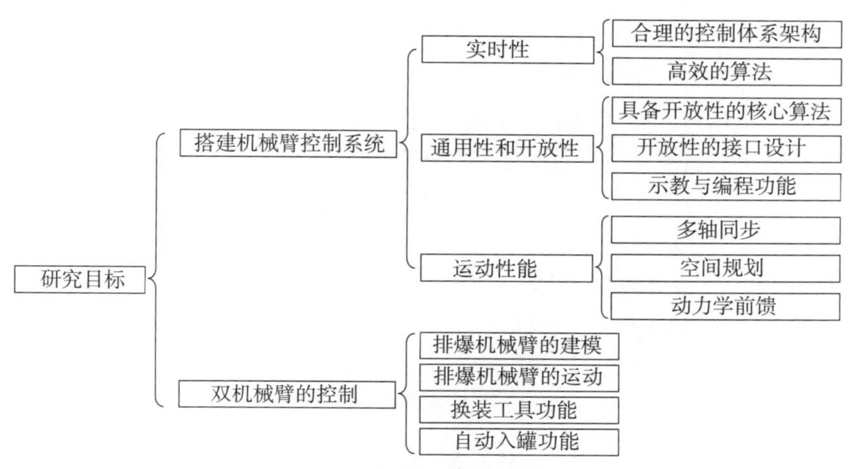

图 22.1　项目组整体研究目标内在关系

22.2 开放式机械臂控制体系结构的研究

机械臂控制体系结构是系统功能、机械臂算法与多轴同步算法所遵循的框架和机制，其中最为核心的多轴同步算法一般由运动控制器或者运动控制卡来提供。但由于这些硬件设备大多选用了不具开放性的控制策略，使得其他功能无权获取运动反馈和规划数据，进而导致整个系统处于一个较为封闭的状态。长久来看，这些状态必然会阻碍机械臂行业的健康发展。为了能够规范行业、改变现状，国内外学术界积极地开展了相关研究。

文献［153］首次提出了开放式控制体系结构这一概念，并提倡其他厂商公开各自的数据接口，以满足不同用户的需求。按照文献［154］的定义，开放式的智能控制系统应该包括任务分解功能、环境建模功能和传感器信息处理功能。文献［153］则认为，开放式的机械臂控制体系结构应该包含用户层、系统层和伺服层。其中用户层负责人机交互，系统层负责机械臂算法的实现，伺服层负责与电动机进行通信。文献［155］指出开放式的控制架构需要引入面向对象的分析方法和标准化的数据结构；文献［156］指出控制系统应该划分为若干模块，并且递进式地传递信息；文献［157］指出开放式系统的关键在于功能模块的划分与接口设计；文献［158］认为开放式的智能系统应该有专门的管理机制来规范机械臂的行为。

但是上述关于控制体系结构的研究依然存在4点不足。

（1）上述研究并没有解决控制系统开放性和通用性的问题。通过调研市面上相关的产品可知，现存机械臂控制系统只能兼容少量的串联式多自由度机械臂，而且机械臂参数大多不开放。此外，由于运动控制功能主要通过底层的运动控制卡来提供，使得用户无权读写运动控制参数和运动反馈数据。所以，想要彻底改变机械臂控制的开放性和通用性问题，应当从核心算法出发进行研究。

（2）模块化思路虽有积极的一面，但应用不当也会引起消极反应，比如容易引起负载不均衡。文献［153，156］提倡将机械臂算法功能以模块化的方式来实现，例如文献［159］所搭建的机械臂控制系统。但由于机械臂算法逻辑复杂且计算量大，当这些复杂算法集中在同一个模块中时，必然会引起系统资源的局部过载，进而使得闭环周期和定位精度难以被优化。

（3）传统的系统机制无法应对复杂的逻辑与应用。文献［160］认为开放的智能系统应该具备健全的管理机制。但现存机械臂控制系统都还使用着较为传统的业务逻辑方法，例如 if/else、switch 等。随着机器人需求的复杂化和多样化，再加上传统逻辑方法的抽象能力和功能性较弱，很容易造成指令冲突和系统混乱等问题，进而影响到系统的稳定性和拓展性。

（4）机械臂异常位置急停的问题至今没有妥善解决。如前面所述，现存机械臂的运动主要依靠不具开放性的控制策略，这就使得机械臂算法与底层的运动控制功能无法有效地通信。一旦遇到奇异值或是关节限位，机械臂会立刻向运动控制器发出急停信号，而此时如果机械臂还处在高速的运动中，将会造成严重的后果。

为了解决上述问题，必须对智能排爆机器人的机械臂子系统进行开放式控制体系结构的研究，以便积累经验，克服技术瓶颈，奠定后续研究的相关基础。

22.2.1 现有机械臂控制体系架构的局限与不足

按照文献［161］的定义，智能排爆机器人串联式六自由度机械臂的控制体系结构应该包含控制系统架构、控制系统机制。但在具体分析中得知，当前关于机械臂体系结构的研究具有以下 4 点不足：

（1）多轴同步算法和机械臂算法的通用性较差，影响了控制系统的开放性。

（2）模块化的设计思路容易造成系统资源的局部过载，进而影响全局性能。

（3）关于运动机制的研究较少，机械臂异常急停的问题没有妥善解决。

（4）现存系统机制的功能性不强，导致系统功能不全面、运行不安全。

在下面的研究中，项目组将着手解决上述 4 个问题，以构建开放且通用的机械臂控制体系结构。

22.2.2 机械臂控制体系相关算法通用性与开放性研究

开放性的系统应当允许用户修改一些重要的数据和参数，以满足多样化的需求。但由于相关企业出于自身利益的考量和开放性技术的缺失，导致当前大部分的机械臂控制系统都不具备通用性和开放性。为打破这一僵局，项目组拟通过机械臂运动学算法和多轴同步算法的研究，妥善解决当前机械臂控制系统技术封闭、信息沟通渠道缺失的现状。此外，示教与编程功能也能极大地提高项目组研发的智能排爆机器人机械臂子系统的通用性能，所以项目组将基于核心算法的突破来提高系统的通用性与开放性。

1. 机械臂的通用性设计

传统的正逆运动学算法只适用于某些特定构型的机械臂，因而限制了机械臂控制系统的应用范围。项目组将依托自主改进的正逆运动学算法来改变这一状况。①项目组拟基于改进的矩阵乘法设计出一种高效的正运动学计算公式，该公式可以大幅提高正运动学的计算效率。②项目组拟提出一种通用的封闭逆解算法，该算法不仅可以使用高效的封闭方法来求解逆运动学问题，同时还能适用于多种构型的机械臂。这些研究将使得机械臂运动学算法具备高效性与通用性，进而也就使机械臂控制系统具备了开放性。因此，用户只需修改表 22.1、表 22.2 所示的数据，就可以在控制系统中适配更多种类的机械臂。

表 22.1 连杆类的数据构成

变量名	含义	数据类型	单位
alpha	连杆扭转	实数	rad
d	连杆长度	实数	m
a	连杆偏移量	实数	m
Jmax	关节上界	实数	deg
Jmin	关节下界	实数	deg
Inertia	连杆惯量	3 × 3 实数	kg/m^2
Mass	连杆质量	实数	kg
CoM	连杆质心	3 × 3 实数	m

续表

变量名	含义	数据类型	单位
Fv	黏滞摩擦	实数	N/rad
Fc	库伦摩擦	实数	N
MoI	转动惯量	实数	kg/m^2

表 22.2　机械臂类的数据构成

变量名	含义
Links	连杆类
Name	机械臂名称
N	自由度个数
Base	基坐标系

有了这些基本数据以后，就可以根据表 22.3 所示通用算法与数据结构的相互联系确定如何进行具体的求解工作。

表 22.3　通用算法与数据结构的相互联系

通用算法	内容
机械臂算法	改进的正运动学、通用的逆运动学算法
基础算法	改进的矩阵乘、改进的矩阵逆、欧拉角结算
基础数据结构	连杆类、机械臂类

2. 运动控制的开放性设计

由于当前多轴同步技术存在缺陷，导致运动参数无法修改、运动约束无法满足、运动数据无法获取几大问题同时存在，严重制约着机械臂控制系统开放性水平的提升。为了解决上述问题，项目组拟将提出一套多轴同步理论。由于该理论具有的开放性，使得用户可以通过修改表 22.4 中的运动参数来改变机械臂关节驱动电动机的运行速度。由于该理论所具有的全局性，使得用户还可以根据模型参数 U 和 T 来获得全局的轨迹曲线，并使用相关公式计算当前时刻机械臂的规划信息，如表 22.5 所示。这些参数和信息对于保证机器人系统安全、提供动力学前馈以及学术研究都具有非常重要的意义。

表 22.4　执行器运动参数

变量名	含义
Velm	速度最大值
Accm	加速度最大值
Jerkm	Jerk 的最大值

表 22.5　可开放的运动数据一览表

变量名	含义
U	当前运动的时间序列
T	当前运动的输出序列
CurPos	当前的规划位置
CurVelo	当前的规划速度
CurAcc	当前的规划加速度

由上面可见，项目组的相关研究将为开放且通用的机械臂控制系统奠定算法基础。

3. 示教与编程功能的设计

示教与编程功能是工业机械臂领域中成熟应用的范例，早已得到推广，但在排爆机器人领域却较为少见，这主要是由于排爆作业时机械臂的精度和运动能力不足，难以完成复杂的空间规划所致。由于项目组在机械臂运动控制的核心算法上将取得重大突破，使得智能排爆机器人的运动精度和运动能力得到显著提升，进而可以基于数据结构的定义来完成相应的示教功能。

为了完成上述功能，首先需要在系统中做如表 22.6 ~ 表 22.8 所示的数据定义。其中，表 22.6 所示的运动类型会在本书后续章节中进行详细的介绍与分析。之后，就可以基于多条 Task 指令来组成一套更加复杂的功能指令，进而实现基于运动指令的逻辑编程。此外，用户也可以在控制系统中记录机械臂的关节位置或者空间位姿，并赋值给 Task 中的 RefPosition 字段，使得机械臂可以按照用户的需求来完成示教与再现任务。基于上述设计，项目组很好地完成了智能排爆机器人所需的“一键入罐”功能和“一键换刀”功能，相关试验会在后续章节中详细说明。

表 22.6　Move Type 的运动类型

数据内容	含义
MOVJ	运动到指定的关节角
MOVP	运动到指定的位姿
MOVL	按照直线运动到指定位姿
MOVC	按照圆弧运动到指定位姿

表 22.7　Task 指令的数据结构

数据内容	含义
Move Type	运动类型
Move Parameters	运动带宽参数
Ref PositionA	目标位置 A
Ref PositionB	目标位置 B

表 22.8 输入指令

指令类型	含义
状态指令	改变机械臂状态的指令，如上下使能、暂停等
Task 指令	关节空间或是笛卡儿空间的运动指令
功能指令	多条基础指令组成的功能指令

22.3 基于 MVC 思想的控制框架设计

传统的控制系统将机械臂算法和运动控制算法分别封装在两个独立的模块中。这种做法确实有助于提高开发效率与功能复用率，但同时也会引起运算量的局部过载。为解决这一问题，项目组将基于 MVC 思想重新对系统框架进行设计与改进。

MVC 思想是一种成熟的设计理念，是模型（Model）、视图（View）、控制器（Controller）的缩写。[162] 这种思想的核心在于用一种业务逻辑、数据、界面分离的方法来划分功能。基于 MVC 的分层思想，项目组将整个控制系统划分为视图层（HMI）、规划层（Planner）和运动控制层（Controller）。该框架最大的特点在于将传统的多轴同步算法和机械臂算法拆分到了各个模块中，起到了均衡负载的作用。下面依次介绍每个功能层的特点与工作方式。

HMI 负责接受用户指令，并输出任务变量 Task。由于前端的交互模块也具备一定的运算能力，所以可以将数据的显示与更新、指令的接受与解析放置在 HMI 中进行。此外，在 HMI 中还应用了一种轮换机制来进一步减少系统负载。这种轮换机制指的是在每个周期中 HMI 并不监听所有的运动子功能，而是顺序地监听其中一个。如果当前所监听的子功能被激活，则在该子功能结束前不会再去监听其他的子功能。由于人的反应速度远滞后于数据的更新频率，所以轮换机制不仅不会影响用户的操作，还能够有效地避免指令冲突所带来的异常与麻烦。HMI 的运行逻辑和输入输出关系如图 22.2 所示。

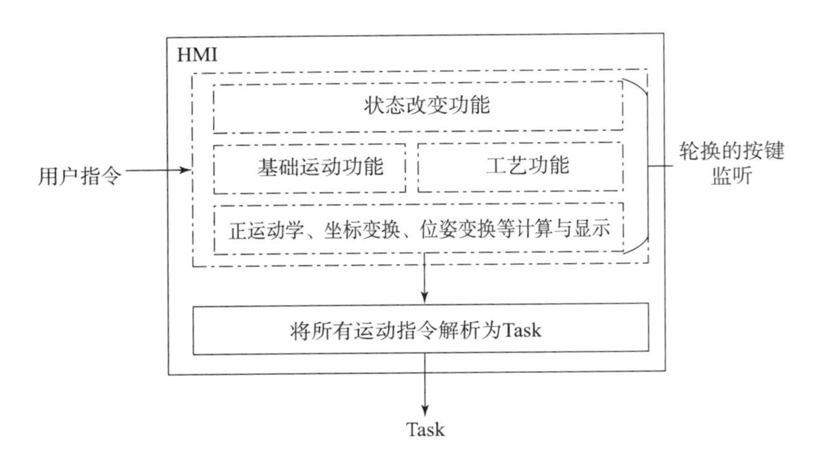

图 22.2 HMI 的运行逻辑和输入输出关系

Planner 负责将 HMI 中输出的 Task 解算为关节空间的运动序列 θ_i ，如图 22.3 所示。由于 Task 可分为关节空间的运动指令和笛卡儿空间的运动指令，所以 Planner 会根据指令的不同而选择不同的解算流程，但核心思路都是使用 MSBTA 将机械臂的运动映射为关节空间的运动序列 θ_i 。根据前面介绍可知，MSBTA 只需要求解多项式问题就可以使用参数化的 U 和 T 来表达一条空间曲线。这就意味着上述设计方案不仅优化了 Planner 的运行逻辑，同时还减少了系统的运算量与内存开销。

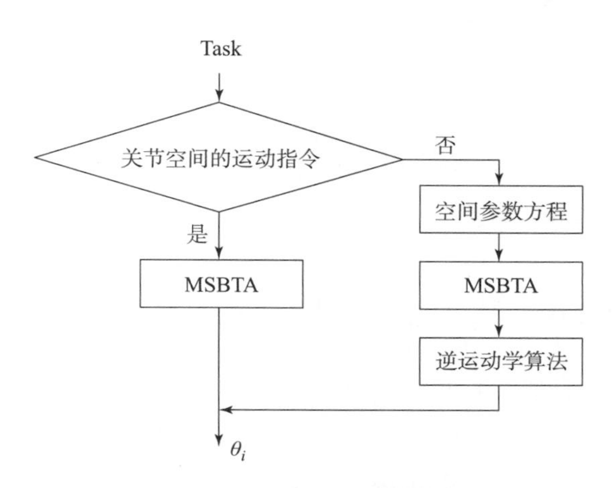

图 22.3　Planner 的运行逻辑和输入输出

Controller 负责与电动机驱动器进行实时通信，主要任务包括运动指令的发送和动力学前馈的补偿，如图 22.4 所示。结合实际情况可知，电动机的转动方向、当前角度与机械臂数学模型中的定义存在不一致的状况，但可以根据两者之间存在的偏差（offset）和方向（dir）得到如下的公式：

$$\theta_{i,\mathrm{Axis}} = \theta_i \cdot \mathrm{dir}_i + \mathrm{offset}_i \tag{22.1}$$

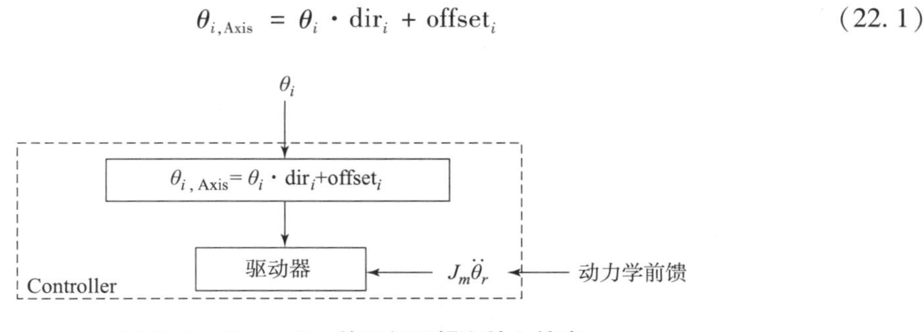

图 22.4　Controller 的运行逻辑和输入输出

所以当 Controller 接收到关节空间的运动序列 θ_i 后，会首先通过式（22.1）将其映射为电动机空间的运动序列 $\theta_{i,\mathrm{Axis}}$ ，然后再将 $\theta_{i,\mathrm{Axis}}$ 发送给驱动器，可以直观地看到，这个过程不需要太多的运算。所以 Controller 有足够的时间去完成动力学前馈带来的庞大计算量。关于动力学补偿部分的内容将在后续章节中详细推导与分析。

综上所述，项目组已经基于 MVC 思想完成了机械臂控制系统框架的搭建，下面将对整个框架进行简要的总结。如表 22.9 所示，其中 n 表示机械臂的关节数量。根据项目组在第 23 章中提出的改进矩阵乘法可知，HMI 中计算正运动学需要的运算量为 $39n$；Planner 中的

MSTAB 和通用封闭逆解算法分别需要 $18n$ 和 $27n$。文献［163］估计了牛顿－欧拉法的正动力学计算量，为 $281n$。可以看出，这套基于 MVC 思想的系统架构将机械臂的正运动学、逆运动学以及动力学运算分散在 3 个不同的模块中，有效地均衡了负载，因而提升了系统的闭环周期。此外也可以看出，本书第 23 章与第 24 章中提出的算法确实减少了运动控制所需的运算量，也使得系统结构得到了优化。这些内容将在后续章节中予以具体介绍。

表 22.9　系统框架的分工与计算量

功能模块	输入	输出	核心运算	运算量/n	模块周期/ms
HMI	用户指令	Task	正运动学	39	20
Planner	Task	θ_i	MSBTA，逆运动学	45	10
Controller	θ_i	—	动力学前馈	281	2

22.4　基于多轴同步理论的运动机制

在传统的机械臂控制体系结构中，由于机械臂算法与运动控制算法之间缺乏有效的通信往来，因而当机械臂运动出现异常时，只能向运动控制器发出急停的命令，如图 22.5（a）所示。而电动机急停所带来的巨大冲击不仅会对机械臂本体造成伤害，还有可能因剧烈振动而引爆机械臂末端手爪所夹持的爆炸物，造成更加严重的后果。

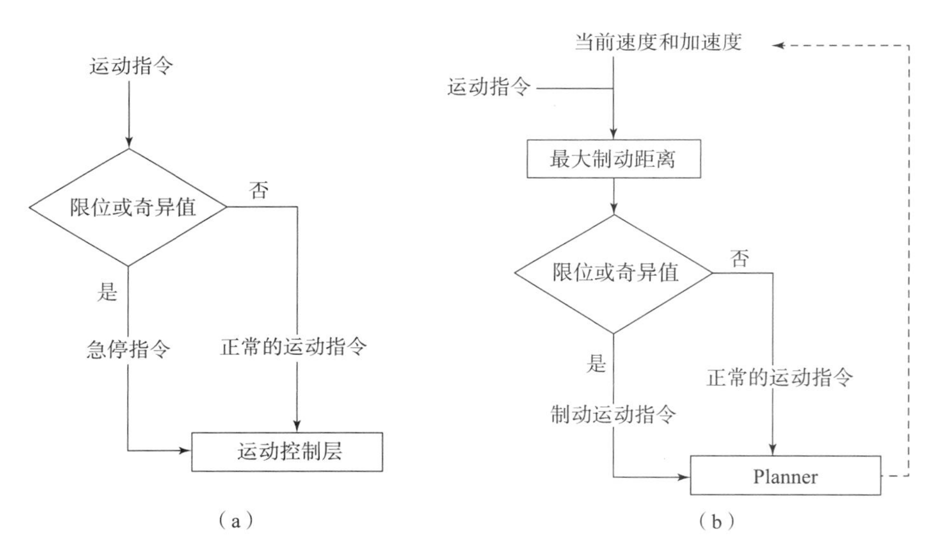

图 22.5　机械臂异常处理机制

（a）传统的机械臂异常处理机制；（b）项目组提出的机械臂异常处理机制

针对这一问题，项目组提出了一套动态的规划机制，如图 22.5 所示。该机制的最大特点在于它考虑了机械臂在规划过程中的运动约束。该机制的具体流程如图 22.6 所示。

该机制的具体实现方法和步骤如表 22.10 中算法 2.1 基于机械臂约束的动态规划算法（Dynamic Planning Based on Robot Constraints，DPBRC）。

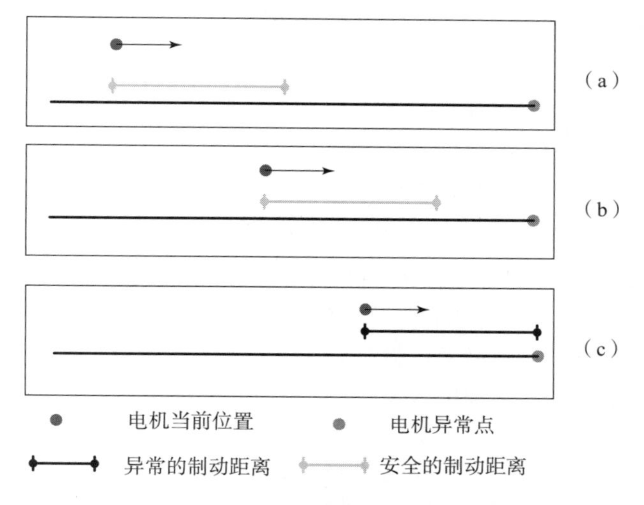

图 22.6　项目组提出的动态规划机制（附彩插）

（a）接受运动指令，生成运动序列；（b）满足约束，输出运动序列；（c）不满足约束，回溯运动序列

表 22.10　项目组所提机制实现算法 2.1 与实施步骤

算法 2.1：基于机械臂约束的动态规划算法与实施步骤：
1. 初始化 S_{out}
2. 结合方程（24.33），利用位移量 S_r 及约束 V_m, A_m, J_m，计算参数序列 U, T
3. **for** 采样时间从 $t = t_c$ 到 $t_c + \Delta t$（规划步长），指定采样周期 Smp，则执行 **do**
4. 　结合方程（24.3），利用 U, T, t 计算系统输出 S，系统速度 V 及系统加速度 A
5. 　**if** 如果 S 满足了机械臂约束，则执行 **then**
6. 　　基于序列 S 中最后一个点的规划速度 V 和加速度 A 计算一个制动序列 S_{break}
7. 　　**if** 如果 S_{break} 中所有的点都满足约束，则执行 **then**
8. 　　　输出运动序列 S_{out}
9. 　　**else** 反之，如果当前的 S_{break} 中存在不满足约束的点
10. 　　　停止输出当前运动序列
11. 　　　回溯到上一个周期 $t = t - \text{Smp}$
12. 　　　利用 U, T, t 计算系统速度 V 及系统加速度 A
13. 　　　计算上一个周期制动序列 S_{break}
14. 　　　将 S_{break} 与之前满足约束的运动序列 S_{out} 一同输出
15. 　　　**return** 返回 S_{out}
16. 　　**endif** 停止 if 循环
17. 　**else** 如果 S 不满足机械臂约束
18. 　　S_{out} 为空，不允许机械臂作出任何运动
19. 　　**return** 返回 S_{out}

续表

20. **endif** 停止 if 循环
21. **endfor** 停止 for 循环
22. **return** 返回 S_{out}

DPBRC 在接收到运动指令后，首先计算 U,T。这里的 U,T 是第 24 章最优曲线的模型参数，使用 U,T 就可以唯一地确定一条时间最优的运动曲线。随后 DPBRC 会根据当前时间 t_c 以及规划步长 Δt 来生成一段运动序列 S。如果这时的 S 不满足机械臂约束，则不允许机械臂作出任何运动。但如果 S 满足了机械臂约束，如表 22.10 中第 4 行所示，就基于序列 S 中最后一个点的规划速度 V 和加速度 A 计算一个制动序列 S_{break}。如果 S_{break} 中所有的点都满足约束，则将输出运动序列 S。但如果当前的 S_{break} 中存在不满足约束的点，则会回溯到上一个周期的制动序列 S_{break}，将其与之前满足约束的运动序列 S 一同输出。此处的算法 2.1 结合了第 24 章中的理论，很好地解决了基于机械臂约束的运动控制问题。由于第 24 章中的理论可以通过解析方式获得速度和加速度信息，所以在算法 2.1 中所计算的制动距离可以很好地保证连续性。另外，由于整个理论都具有解析的计算公式，能够极大地减少运算量，故而可以得出结论，算法 2.1 不仅实现了空间中的连续运动，还在整个运动中加入了机械臂的约束条件，这是机械臂运动控制技术应用上的一大创新。结合图 22.5，可以得到一个包含 DPBRC 机制的 Planner 运行逻辑，如图 22.7 所示。

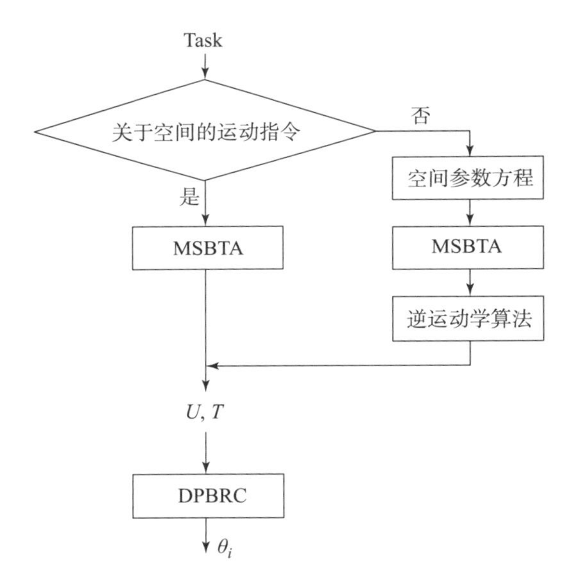

图 22.7　具有异常预知能力的 Planner 运行逻辑

22.5　基于 FSM 的系统管理机制设计

传统的业务逻辑方法很难应对当前机械臂行业中复杂的功能和多样的需求。为了能够改善这一现状，同时完善机械臂的系统功能，项目组将使用有限状态机的理论来设计系统管理机制。有限状态机（Finite State Machine，FSM）是一个有向图形，由一组节点和转移函数组成。状态机通过响应一系列事件而运行。

22.5.1　基于 FSM 的机械臂状态建模

众所周知，用户的操作和机械臂运动之间存在着因果关系，所以，想要约束机械臂的行为，就需要从用户的操作来分析。根据用户习惯，可以总结出一些基础的用户操作，用集合 P 表示有

$$P = \{使能,失能,暂停,停止,工作\} \tag{22.2}$$

集合 P 中元素的含义如表 22.11 所示。

表 22.11　用户操作集合 P 的含义

操作	含义
使能	使机械臂处于使能状态
失能	使机械臂处于失能状态
暂停	使机械臂暂停当前运动
停止	使机械臂停止当前运动
工作	各种运动指令

机械臂拥有的状态可以用集合 S 表示，元素含义如表 22.12 所示。

$$S = \{Enable, Disable, Pause, Moving\} \tag{22.3}$$

表 22.12　机械臂状态集合 S 的含义

状态	含义
Enable	使能状态
Moving	工作状态
Disable	失能状态
Pause	暂停状态

集合 P 与集合 S 中元素的对应关系如图 22.8 所示，可以看到集合 P 到集合 S 是满射，表明操作到状态的映射是完备的。

机械臂各个状态之间的跳转关系如图 22.9 所示。

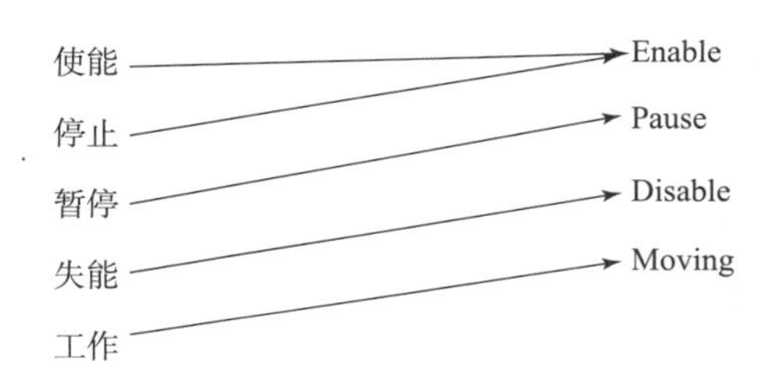

图 22.8　集合 P 与集合 S 中元素的对应关系

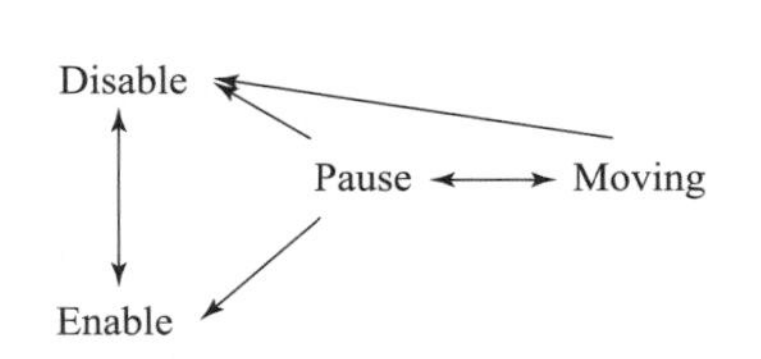

图 22.9　机械臂状态之间的跳转关系

根据上述跳转关系，可以为机械臂建立状态模型，如式（22.4）所示：

$$\text{Event}\ (\text{State}_c,\ \text{State}_r),\ \text{State}_c,\ \text{State}_r \in S \tag{22.4}$$

其中，State_c表示机械臂当前所处的状态，State_r表示用户希望机械臂到达的目标状态。Event（State_c，State_r）表示当State_c与State_r满足图22.9所示的某一个跳转关系时功能层将要执行的动作。

22.5.2 系统运行和状态跳转机制

经过前面分析得到了机械臂的用户操作集合 P 、状态集合 S 以及集合 P 到集合 S 之间的映射关系。接下来，项目组将针对图22.9中存在的跳转关系来设计整个系统的运行机制以及功能层在不同跳转关系下的响应动作。

项目组设计了如图22.10所示的基于状态跳转的系统运行机制。在该机制中，用户会对机械臂下达操作指令，这一操作会改变机械臂的目标状态State_r，此时如果State_c与State_r之间满足图22.9所示的某一个跳转关系时，功能层就会执行各自预先设定好的动作。随后根据电动机驱动器的反馈，Controller会改变机械臂的当前状态State_c，进而终止此次跳转。不同于传统的业务逻辑方法，图22.10所示的系统运行机制使用了一种统一且封闭的形式来控制机械臂系统中的主循环，整个逻辑既清晰又简洁，且不会造成事件冲突，非常有利于管理复杂的逻辑关系。

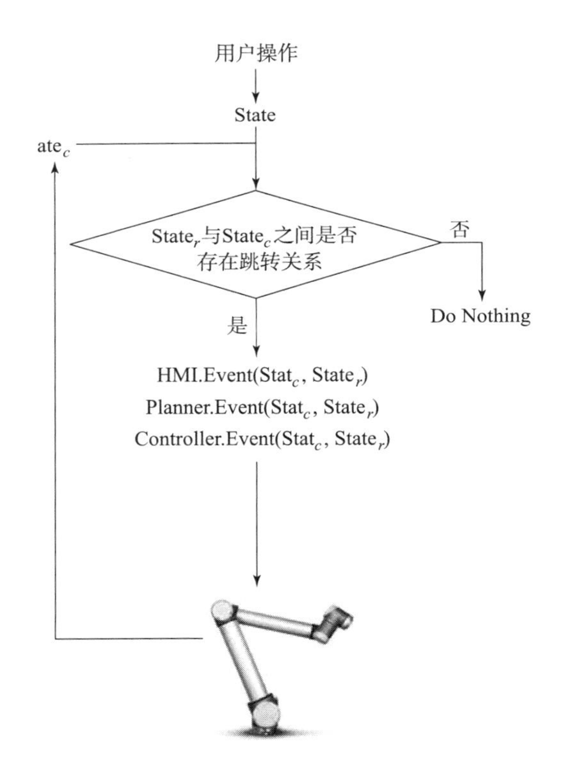

图22.10 基于状态跳转的系统运行机制

下面将针对图22.10所示的跳转关系来设计功能层的7种动作。

（1）Event（Moving，Enable）意味着用户希望正在运行的机械臂立刻停止，此时各个功能层会有如表 22.13 所示的行为。

表 22.13　Event（Moving，Enable）各个功能层的行为

功能层	行为
HMI	立刻清空数据、标志位和流程索引，等待用户的下一次指令
Planner	立刻根据当前速度和加速度进行制动
Controller	在电动机停止后，将 $State_c$ 修改为 Enable

（2）Event（Moving，Pause）意味着用户希望正在运行的机械臂立刻暂停，此时各个功能层会有如表 22.14 所示的行为。

表 22.14　Event（Moving，Pause）各个功能层的行为

功能层	行为
HMI	保持当前的数据、标志位和流程索引，等待用户的恢复指令
Planner	根据当前的速度和加速度规划制动
Controller	等待电动机静止，将 $State_c$ 修改为 Pause

（3）Event（Disable，Enable）意味着用户在启动机械臂后按下了使能按键，此时各个功能层会有如表 22.15 所示的行为

表 22.15　Event（Disable，Enable）各个功能层的行为

功能层	行为
HMI	无动作
Planner	无动作
Controller	向驱动器发送使能指令。当所有电动机都处在使能状态无误后，则将 $State_c$ 赋值为 Enable。但如果存在错误信息，则不执行赋值操作，并在 Controller 中报错

（4）Event（Enable，Moving）意味着用户向机械臂下达了运动指令。此时各个功能层会有如表 22.16 所示的行为。

表 22.16　Event（Enable，Moving）各个功能层的行为

功能层	行为
HMI	锁定当前被激活的子功能，同时屏蔽其他子功能。命令 Planner 开始进行规划任务
Planner	开始进行规划任务
Controller	赋值 $State_c$ 为 Moving。当 $State_c$ = Moving 且电动机停止运动后，将 $State_c$ 修改为 Enable

（5）Event（Pause，Moving）意味着用户希望暂停的机械臂继续执行暂停前的任务。此时各个功能层会有如表 22.17 所示的行为。

表 22.17 Event（Pause，Moving）各个功能层的行为

功能层	行为
HMI	根据保留的数据，继续之前的动作
Planner	根据新的 Task 进行规划
Controller	赋值 $State_c$ 为 Moving。当 $State_c$ = Moving 且电动机停止运动后，将 $State_c$ 修改为 Enable

（6）Event（Pause，Enable）意味着用户希望机械臂从暂停状态恢复到准备状态，此时各个功能层会有如表 22.18 所示的行为。

表 22.18 Event（Pause，Enable）各个功能层的行为

功能层	行为
HMI	立刻清空数据、标志位和流程索引，等待用户的下一次指令
Planner	等待新的指令
Controller	非工作情况下的状态变化，Controller 会直接修改 $State_c$ 为 Stop

（7）Event（all，Disable）意味着出现了特殊情况，需要立刻断掉使能，此时各个功能层会有如表 22.19 所示的行为。

表 22.19 Event（all，Disable）各个功能层的行为

功能层	行为
HMI	终止当前执行的任务，并将其所有标志位和流程索引复位
Planner	终止当前执行的任务，并将其所有标志位和流程索引复位
Controller	直接命令电动机失去使能，待到所有的电动机都失去使能后，再将 $State_c$ 赋值为 Disable

综上所述，项目组基于 MVC 思想、FSM 理论以及本研究提出的多轴同步理论，设计了一套开放且通用的控制体系结构。该控制体系结构的运行逻辑如图 22.11 所示，具有以下特点。

（1）将智能排爆机器人机械臂子系统的整个控制系统划分为视图层、规划层以及控制层。与传统的架构相比，项目组提出的分层方式合理地将运算模块分散到了各个功能层中，起到了均衡负载的作用；同时采用轮换机制，有效地避免了指令冲突的问题。

（2）项目组专门设计了基于机械臂运动约束的动态规划机制。该机制可以动态地检验运动方向上是否存在奇异值或者关节限位，进而使得机械臂能够提前进行制动。这一机制改善了机械臂的安全性和平稳性。

（3）项目组使用有限状态机的概念设计了机械臂系统管理机制。这种管理机制可以应对复杂的逻辑需求，同时使得机械臂可以在暂停、停止、工作等状态之间流畅地切换，极大地增加了系统的灵活性。此外，这种管理机制使得机械臂的运动呈现了可知性，也提高了机

械臂的安全系数。

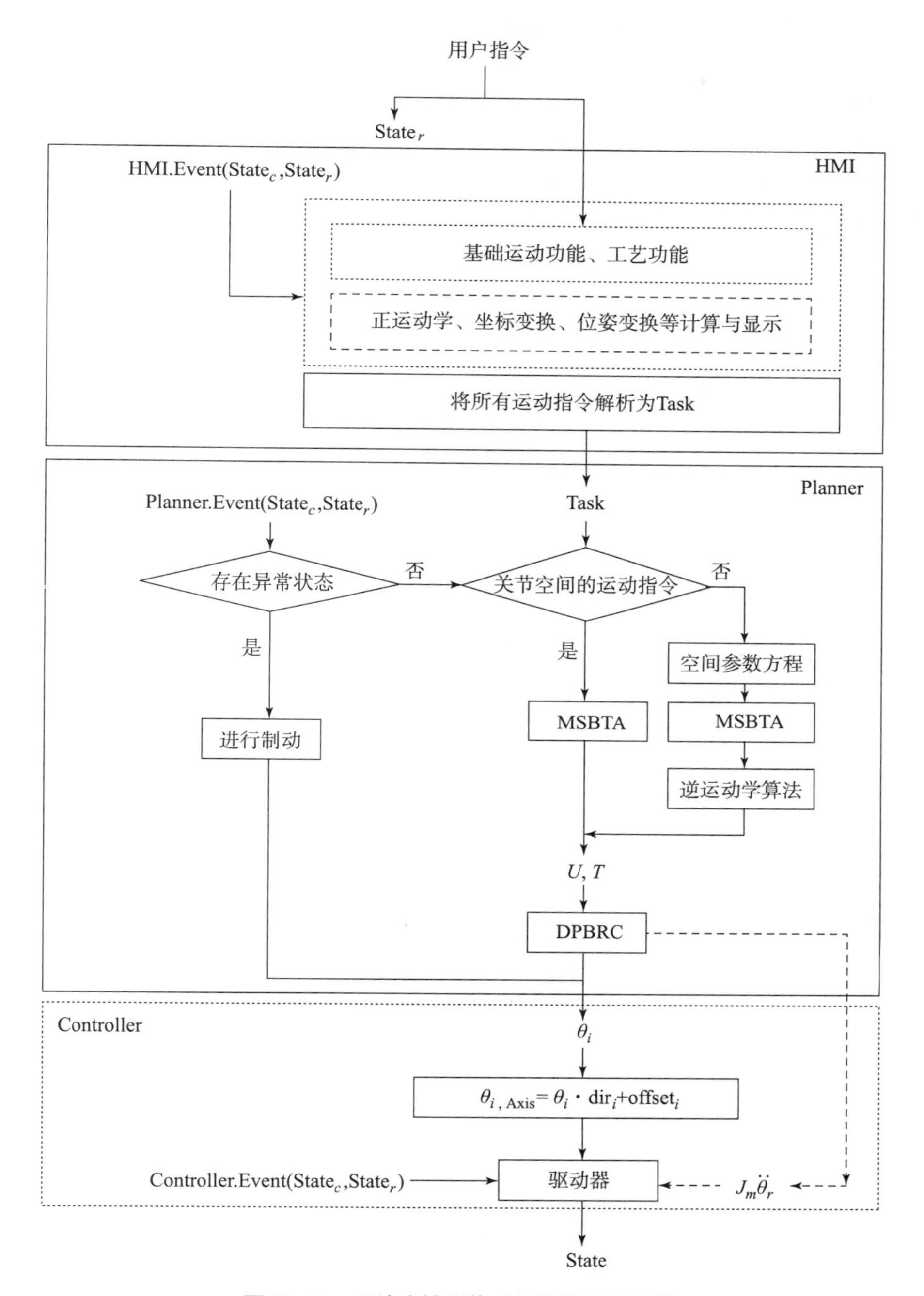

图 22.11　开放式控制体系结构的运行逻辑

22.6　本章小结

针对传统机械臂控制系统设计不合理、体系不开放等问题，在本章中，项目组提出了一套高效且开放的机械臂控制体系结构，并基于 MVC 思想设计了该体系的整体架构，基于 FSM 理论设计了该体系的管理机制，基于多轴同步理论设计了该体系的运动机制。在这套控制体系结构的支持下，智能排爆机器人的闭环周期可望得到极大压缩，同时响应速度和安全性能也能得到极大提升。该系统的搭建为项目组提供了实现框架，也为该领域的研究提供了前沿的学术贡献。相关研究不仅为智能排爆机器人拥有优异性能创造了条件，同时也为串联式六自由度机械臂控制系统的搭建提供了一套可行且有效的实现方案，这在学术上和工程上都具有重要价值。

第 23 章

串联式六自由度机械臂正运动学建模与通用逆运动学算法研究

运动学问题是机械臂运动的基础，高效率的运动学算法可以优化机械臂系统的闭环周期和末端精度。但是长久以来，学术界关于机械臂正运动学建模的优化和通用逆运动学算法的研究还较少，制约了相关行业的发展与壮大。针对上述问题，项目组从正运动学和逆运动学两个方面着手，开展了以下 3 点创新尝试：①提出了一种改进的矩阵乘和矩阵逆计算方法，大幅降低了相关的数据运算量；②针对 Pieper 准则存在的缺陷，提出了一种更加精准的判别方法；③提出了一种通用的封闭逆解算法，解决了困扰学术界多年的问题。此外，项目组还基于 D－H 法的基本原理与步骤，提出一种改进的矩阵算法。针对项目组研发的智能排爆机器人的结构特性与排爆作业需求，为串联式六自由度主辅机械臂进行运动学建模，针对串联式机械臂的通用封闭逆解问题进行深入研究。

23.1　正运动学建模与通用逆运动学算法研究概述

机器人学研究的是机械臂关节状态与末端状态之间的关系。基于 D－H 法和旋量法的建模方式在机械臂运动学、逆运动学、机械臂动力学、机械臂运动规划、工作空间估计、机械臂末端轨迹规划、避障算法等领域得到了大量的研究并取得了诸多成果。其中，逆运动学作为串联机械臂运动的基础、一个高度非线性的问题，一直是学术界的研究热点和工业界的实现难点。

为了求解机械臂的逆运动学问题，研究人员基于 D－H 法提出了数值法和封闭解法两种方法。由于 D－H 法的正运动学公式最多能够提供 6 个独立的方程，通过数值法求解 6 个高次代数方程，即可解决绝大多数串联式六自由度机械臂的逆运动学问题。另外，利用 D－H 法推导的雅可比矩阵也能求解机械臂的逆运动学问题。但由于奇异值的存在，数值法的稳定性和收敛速度一直无法得到可靠保证。基于 D－H 法的另一种方法是封闭解法。封闭解法使用公式化的解析式直接确定了机械臂末端位姿与各个关节角之间的关系，这种高效且稳定的方法得到了学术界的广泛认可。1968 年，Pieper 博士在其毕业论文中通过研究三轴交于一点的六自由度机械臂得出结论：末端三轴交于一点的串联式机械臂具有封闭解。[164] 这一准则在随后的研究中得到补充：凡满足末端三轴交于一点或者相邻三轴平行的六自由度串联式机械臂具有封闭解。1978 年，Paul 提出了一种通用的解析推导方法，但并不是所有的机械臂都拥有封闭解，而且 Paul 提出的方法还需手动计算，每当参数发生变化时就需要重新推导求解公式。所以，基于 D－H 法的封闭解研究大部分都集中在固定的机械臂构型上，例如如何使特定构型的机械臂远离奇异值。

基于旋量的逆运动学求解思路是将原问题化简为若干子问题，逐步地求解出所有关节角。这种方法使用了较为抽象的几何模型来描述问题，这使得算法的泛化性大大增强，所以在基于旋量的研究中，较多的通用逆运动算法被设计出来。最为经典的通用算法由文献［165，166］所提出。文献［167］基于 Pieper 准则设计了一种通用的逆解算法，文献［168］也提出了一种新的子问题来对基于旋量的逆解理论进行补充。

但是，在逆运动学的学术研究上存在着 2 个较大的问题：

（1）封闭逆解存在条件 Pieper 准则是不准确的。在 D－H 法中各参数如表 23.1 所示的机械臂实例 1 就能说明这个问题。该机械臂末端三轴交于一点，也拥有 3 个平行的关节，但其逆运动问题却无法求解。

表 23.1　符合 Pieper 准则但无封闭解的实例 1

关节	d	a	α
1	d_1	a_1	0
2	d_2	a_2	0
3	d_3	a_3	$\pi/2$
4	d_4	0	$\pi/2$
5	0	0	$-\pi/2$
6	0	0	0

D－H 法中各参数如表 23.2 所示的机械臂，虽然拥有相邻的 3 个平行关节，却也无法求解逆运动问题。

表 23.2　符合 Pieper 准则但无封闭解的实例 2

关节	d	a	α
1	d_1	0	0
2	0	a_2	0
3	0	a_3	$\pi/2$
4	d_4	0	0
5	d_5	a_5	0
6	d_6	0	0

Pieper 准则的不准确直接影响了整个机械臂行业和学术界的发展，而且多年来并没有后续研究对这一问题进行补充与完善。

（2）虽然封闭逆解运算速度快速且稳定，但没有通用的封闭逆解算法。此前已经分析，基于 D－H 法的封闭解法无法复用于其他构型的机械臂，数值解法耗时长且不稳定。基于旋量模型的通用逆解算法，虽然具有明确的几何意义且数值稳定，但在实际应用中，有些机械臂根本无法利用已知的子问题进行描述与求解。另外，通用逆解算法还会在子问题的选择上消耗较多的计算资源，这使得基于旋量模型的通用逆解算法很难真正地应用到具有实时性需求的场合。可以看到，所有的逆解算法都有缺陷，能否使逆解算法兼具高效性和通用性，是当前学术界迟迟没能解决的难点。正是出于对改变现有逆解算法都有缺陷的强烈需求，项目组将在后续研究中开展深入细致的探索，以求获得突破。

23.2　D-H 模型与改进的基础运算

串联式机械臂的运动学问题包括正运动学问题和逆运动学问题，其内涵如图 23.1 所示。正运动学研究的是机械臂关节空间到笛卡儿空间的映射关系，而逆运动学研究的是笛卡儿空间到机械臂关节空间的映射关系。[169]

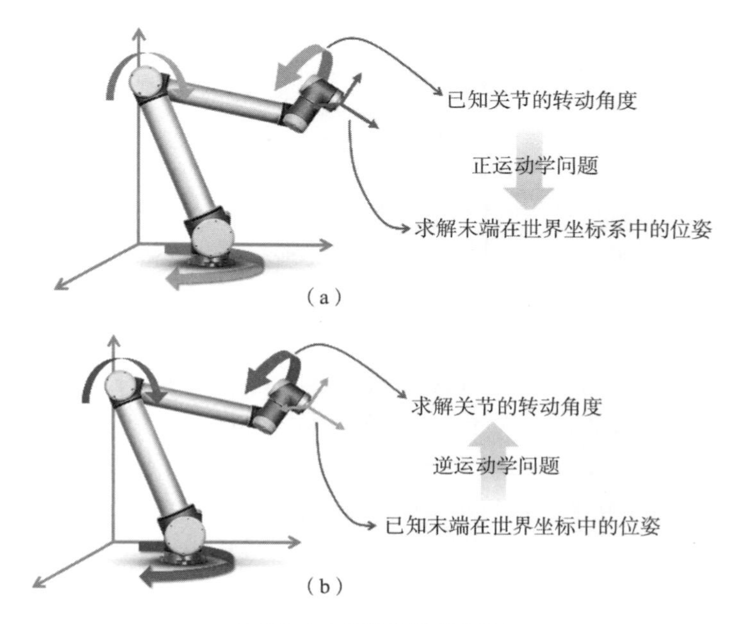

图 23.1　正逆运动学问题

（a）正运动学问题；（b）逆运动学问题

对于串联式机械臂的运动学建模有两种常用的方法：POE 法和 D-H 法。POE 法的建模方式在文献［170］中有较为详细的介绍，此处不再赘述。由于使用了群论的思想，POE 法成了分析机械臂的有力工具。但 POE 法计算量大，且理论复杂，并不适用于系统控制和工业现场。相反，D-H 法是一种基于坐标变换的建模方法，该方法直观、方便，同时运算量小，受到了众多研究人员与工程师的青睐。因此，项目组将使用 D-H 法来进行串联式机械臂的运动学建模。

D-H 法规定了相邻两轴之间 3 个参数的选取准则，如图 23.2 所示。约定每个关节的轴线为该坐标系的 z 轴方向，a 为连杆偏移，即相邻两轴线之间法向的偏移量；d 为连杆长度，表示相邻两轴线之间轴向的偏移量；α 为连杆扭转角，表示相邻两轴轴线的夹角。

可由以下公式将 D-H 法的参数转化为变换矩阵：

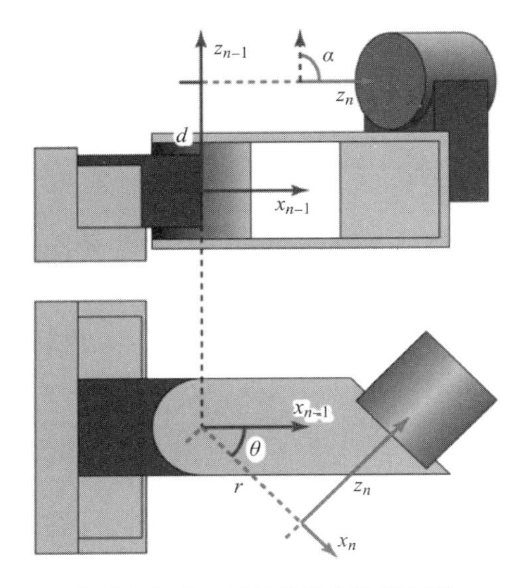

图 23.2　D－H 法参数的选取准则

$$
{}^{i-1}_{i}\boldsymbol{T}(\theta_i) = \begin{bmatrix} \boldsymbol{R}_i & \boldsymbol{P}_i \\ 0^{1\times3} & 1 \end{bmatrix} = \begin{bmatrix} \cos\theta_i & -\sin\theta_i\cos\alpha_i & \sin\theta_i\sin\alpha_i & a_i\cos\theta_i \\ \sin\theta_i & \cos\theta_i\cos\alpha_i & -\cos\theta_i\sin\alpha_i & a_i\sin\theta_i \\ 0 & \sin\alpha_i & \cos\alpha_i & d_i \\ 0 & 0 & 0 & 1 \end{bmatrix} \tag{23.1}
$$

${}^{i-1}_{i}\boldsymbol{T}(\theta_i)$ 属于特殊欧几里得群（Special Euclidean Group/SE3），表示质点在空间中的位姿。$\boldsymbol{R}_i$ 是 ${}^{i-1}_{i}\boldsymbol{T}(\theta_i)$ 的旋转分量，一个 3×3 的正交单位矩阵，属于特殊正交群（Special Orthogonal Group/SO3），表示质点在空间的姿态。$\boldsymbol{P}_i$ 是 ${}^{i-1}_{i}\boldsymbol{T}(\theta_i)$ 的平移分量，表示三维空间坐标。机械臂末端相对于基坐标系的变换矩阵可由如下公式获得：

$$
{}^{0}_{i}\boldsymbol{T} = \boldsymbol{T}_B\,{}^{0i}\boldsymbol{T}\,{}^{0}_{1}\boldsymbol{T}\,{}^{1}_{2}\boldsymbol{T}\,{}^{2}_{3}\boldsymbol{T},\cdots,{}^{i-1}_{i}\boldsymbol{T}\boldsymbol{T}_t \tag{23.2}
$$

式中，T_B 为基坐标系，T_t 是末端的工具坐标系。但是，${}^{i-1}_{i}\boldsymbol{T}(\theta_i)$ 是一个 4×4 的矩阵，按照定义每次矩阵乘法需要进行 $4^3=64$ 次运算。

考虑到 SO3 和 SE3 的特殊性，可以得到如下推导：

$$
{}^{i-2}_{i-1}\boldsymbol{T}\,{}^{i-1}_{i}\boldsymbol{T} = \begin{bmatrix} \boldsymbol{R}_{i-1}\boldsymbol{R}_i & \boldsymbol{R}_{i-1}\boldsymbol{P}_i + \boldsymbol{P}_{i-1} \\ 0^{1\times3} & 1 \end{bmatrix} \tag{23.3}
$$

更进一步定义 ${}^{i-1}_{i}\tilde{\boldsymbol{T}}$ 来代替 ${}^{i-1}_{i}\boldsymbol{T}$：

$$
{}^{i-1}_{i}\tilde{\boldsymbol{T}}(\theta_i) \triangleq [\boldsymbol{R}_i \quad \boldsymbol{P}_i] \tag{23.4}
$$

并且有

$$
{}^{i-2}_{i-1}\tilde{\boldsymbol{T}}\,{}^{i-1}_{i}\tilde{\boldsymbol{T}} \triangleq [\boldsymbol{R}_{i-1}\boldsymbol{R}_i \quad \boldsymbol{R}_{i-1}\boldsymbol{P}_i + \boldsymbol{P}_{i-1}] \tag{23.5}
$$

式（23.3）~式（23.5）的推导和定义使得每次矩阵乘法的运算量降低到了 $3^3+12=39$，相比于传统矩阵乘法减少了 40% 的运算时间。

此外由于 $\boldsymbol{R}_i\in$ SO3 则有 $\boldsymbol{R}_i^{-1}=\boldsymbol{R}_i^{\mathrm{T}}$，故可得

$$
{}^{i-1}_{i}\tilde{\boldsymbol{T}}^{-1} = [\boldsymbol{R}_i^{\mathrm{T}} \quad -\boldsymbol{R}_i^{\mathrm{T}}\boldsymbol{P}_i] \tag{23.6}
$$

式（23.6）将逆矩阵的运算量从 64 次下降到了 18 次，减少了 70% 的运算量。

项目组在上述内容中重新定义了运动学中的基础数据结构，并在此基础上推导了改进的矩阵乘和矩阵逆操作。可以看出，改进过的运动学算法可以极大提升基础运算的效率，进而提高了系统的闭环周期和响应速度。

23.3　智能排爆机器人机械臂的运动学建模

串联式六自由度机械臂的运动学建模包括 D-H 参数的确定和限位的计算。比较而言，传统串联式机械臂的运动学模型相对容易建立，但项目组研发的智能排爆机器人却因串联式六自由度主辅机械臂均因车体结构限制的原因而只能倾斜摆放，从而存在着特殊性，具体可以归纳为以下 3 个问题。

（1）机械臂的基坐标系与主坐标系存在偏移。

（2）为了保证与车体不发生干涉，机械臂关节 1 与关节 2 存在限位耦合。

（3）根据需求，辅机械臂末端关节不能有限位限制，这使得空间规划难以实现。

项目组将通过理论推导来解决上述 3 个问题，以完成排爆机器人机械臂运动学模型的建立。

第一步将确定 D-H 参数以及基坐标系的偏移量。智能排爆机器人所使用的机械臂均为协作构型的串联式机械臂，其结构如图 23.3 所示。

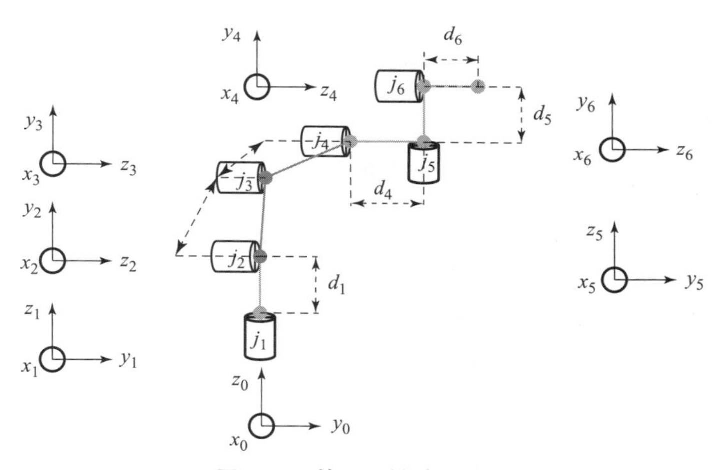

图 23.3　协作机械臂的结构

根据 D-H 法的定义，可以得到辅机械臂的 D-H 参数，如表 23.3 所示。

表 23.3　辅机械臂的 D-H 参数

关节	d/m	a/m	α/rad
1	0.113 5	0	π/2
2	0	-0.243 6	0
3	0	-0.263 2	0
4	0.092 8	0	π/2
5	0.110 3	0	-π/2
6	0.056 8	0	0

同理，也可得到主机械臂的 D－H 参数，如表 23.4 所示。

表 23.4　主机械臂的 D－H 参数

关节	d/m	a/m	α/rad
1	0.1135	0	π/2
2	0	－0.425	0
3	0	－0.3749	0
4	0.092 8	0	π/2
5	0.110 3	0	－π/2
6	0.056 8	0	0

智能排爆机器人机顶盖与主辅机械臂之间的连接关系如图 23.4 所示。取机顶盖中心为坐标原点 O，并建立如图 23.4 所示的绿色主坐标系 C，于是可从项目组所建智能排爆机器人三维模型中测量出机械臂基坐标系在绿色主坐标系 C 中的偏移量和旋转角度。

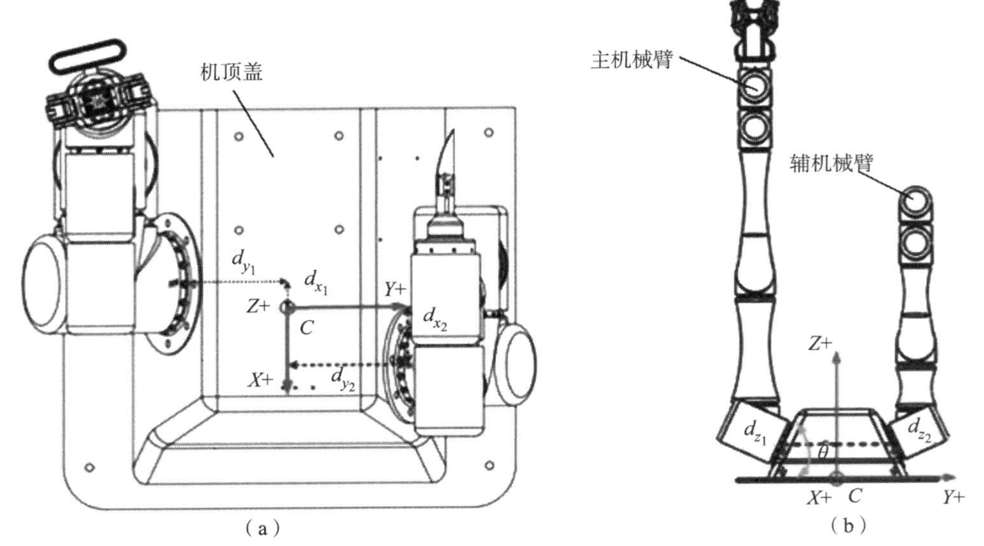

图 23.4　智能排爆机器人机顶盖与主辅机械臂的连接关系（附彩插）

（a）机顶盖；（b）主辅机械臂

主机械臂的基坐标系为

$$
\boldsymbol{Base}_B = \mathrm{Rotx}(\theta)\mathrm{Tranl}\left(\begin{bmatrix} d_{x_1} \\ d_{y_1} \\ d_{z_1} \end{bmatrix}\right) = \mathrm{Rotx}(65^\circ)\mathrm{Tranl}\left(\begin{bmatrix} -0.03 \\ -0.134\,6 \\ 0.088\,1 \end{bmatrix}\right)
$$

$$
= \begin{bmatrix} 1 & 0 & 0 & -0.03 \\ 0 & 0.422\,6 & -0.906\,3 & -0.134\,6 \\ 0 & 0.906\,3 & 0.422\,6 & 0.088\,1 \\ 0 & 0 & 0 & 1 \end{bmatrix} \tag{23.7}
$$

辅机械臂的基坐标系为

$$\boldsymbol{Base}_M = \text{Rotx}(-\theta)\text{Tranl}\left(\begin{bmatrix} d_{x_2} \\ d_{y_2} \\ d_{z_2} \end{bmatrix}\right) = \text{Rotx}(-65°)\text{Tranl}\left(\begin{bmatrix} 0.07 \\ 0.137\ 3 \\ 0.089\ 4 \end{bmatrix}\right)$$

$$= \begin{bmatrix} 1 & 0 & 0 & 0.07 \\ 0 & 0.422\ 6 & 0.906\ 3 & 0.137\ 3 \\ 0 & -0.906\ 3 & 0.422\ 6 & 0.089\ 4 \\ 0 & 0 & 0 & 1 \end{bmatrix} \tag{23.8}$$

在确定了 D－H 参数和偏移矩阵之后将解决限位耦合的问题。

根据前面介绍可知，主辅机械臂被放置在了机顶盖的斜面上，这使得主辅机械臂一关节与二关节的限位存在耦合，如图 23.5 所示，一关节所处的位置不一样，二关节的活动范围也会受到影响。

（a）

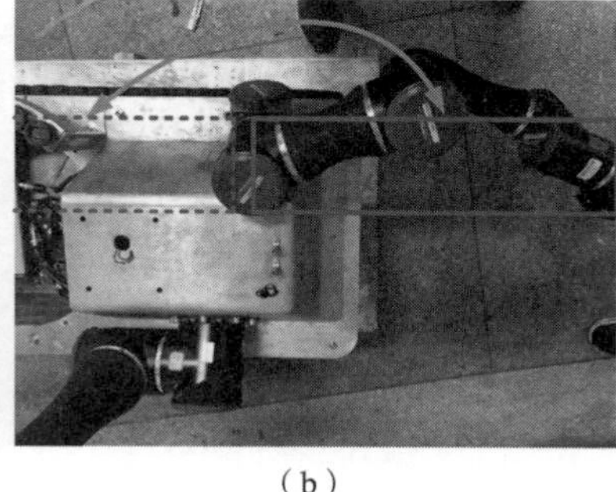
（b）

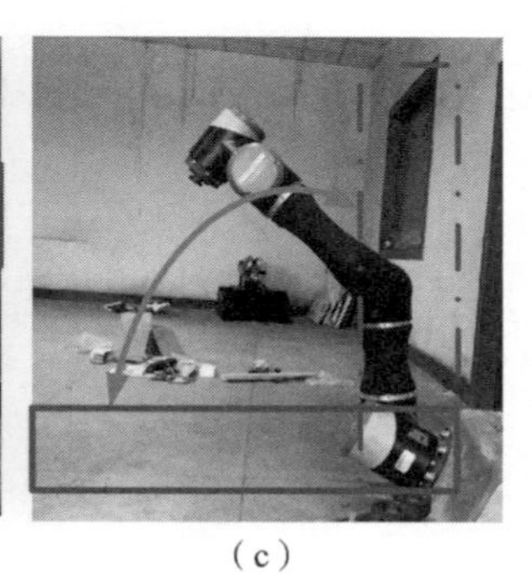
（c）

图 23.5　机械臂一关节与二关节的限位耦合

（a）第一关节为 95°时的干涉情况；（b）第一关节为 0°时的干涉情况；（c）第一关节为 －95°时的干涉情况

经过测量容易获得上述 3 种情况。一关节与二关节的限位约束，如表 23.5 和表 23.6 所示。

表 23.5　辅机械臂的一关节与二关节的限位约束

θ_1	θ_2
$-95°$	$-160° \leqslant \theta_2 \leqslant -60°$
$0°$	$-180° \leqslant \theta_2 \leqslant 0°$
$95°$	$-120° \leqslant \theta_2 \leqslant -20°$

表 23.6　主机械臂的一关节与二关节的限位约束

θ_1	θ_2
$-275°$	$-160° \leqslant \theta_2 \leqslant -60°$
$-180°$	$-180° \leqslant \theta_2 \leqslant 0°$
$-85°$	$-120° \leqslant \theta_2 \leqslant -20°$

现在的问题可以转化为：对于在可行范围的任意 θ_1 都存在一组上下界来约束 θ_2 。以智能排爆机器人辅机械臂为例，在 $\theta_1\theta_2$ 空间中线性连接表 23.5 中的关键点，可以得到图 23.6（a）；同时，θ_2 也会对 θ_1 产生一组约束，如图 23.6（b）所示。

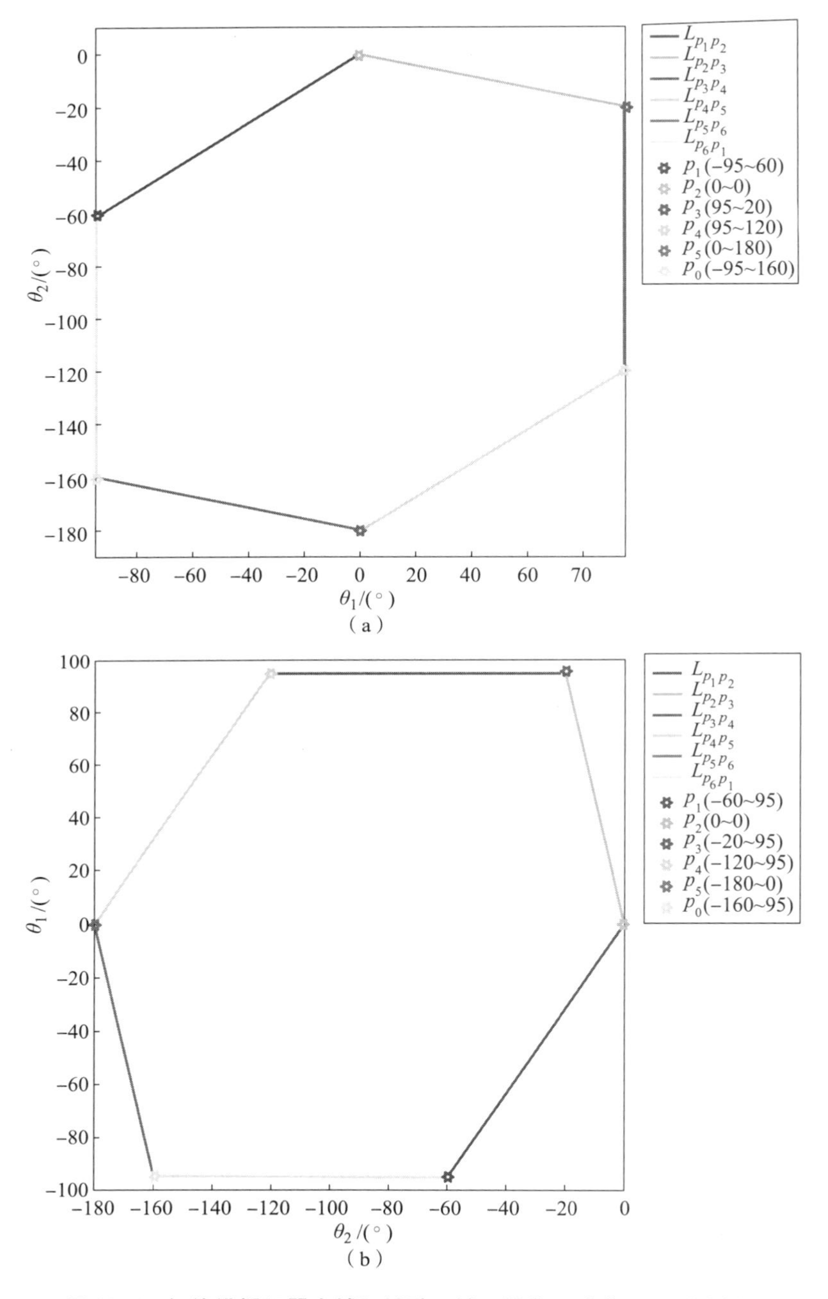

图 23.6　智能排爆机器人辅机械臂一轴二轴的运动范围（附彩插）

（a）$\theta_1\theta_2$ 空间中一轴二轴的运动范围；（b）$\theta_2\theta_1$ 空间中一轴二轴的运动范围

如果给定空间中任意两点 $p_1(x_1,y_1)$ 和 $p_2(x_2,y_2)$，则可以唯一地确定一条直线 $L_{p_1p_2}$。更进一步，给定空间坐标 X，就可以使用式（23.9）来求解 X 在 $L_{p_1p_2}$ 上的纵坐标

$$L_{p_1p_2,X} = \frac{y_1 - y_2}{x_1 - x_2}X + \frac{x_1y_2 - x_2y_1}{x_1 - x_2} \tag{23.9}$$

所以，结合图 23.6（a）和式（23.9）可以得到

$$\theta_2 \in \begin{cases} L_{p_5p_6,\theta_1} \leqslant \theta_2 \leqslant L_{p_1p_2,\theta_1}, & p_{1,x} \leqslant \theta_1 < p_{2,x} \\ L_{p_6p_1,\theta_1} \leqslant \theta_2 \leqslant L_{p_2p_3,\theta_1}, & p_{2,x} \leqslant \theta_1 \leqslant p_{3,x} \end{cases} \tag{23.10}$$

此外，延长图 23.6（b）中的 $L_{p_2p_3},L_{p_3p_4}$ 和 $L_{p_1p_2},L_{p_5p_6}$ 可得图 23.7。从图中可知，θ_1 的上下限总是落在图 23.7 中的实线部分上。

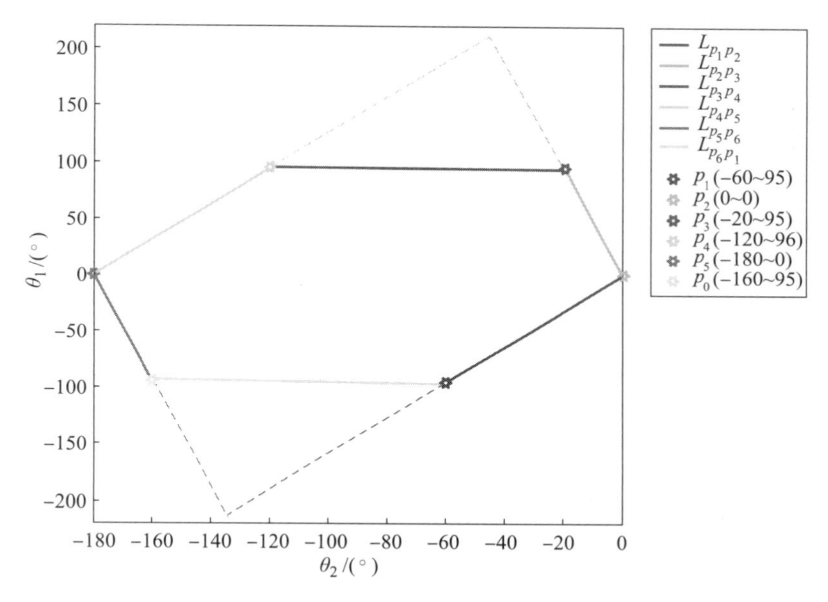

图 23.7　在 $\theta_2\theta_1$ 空间中辅机械臂一轴二轴的运动范围（附彩插）

所以可以将 θ_1 的上下限写成

$$\max(L_{p_5p_6,\theta_2},L_{p_6p_1,\theta_2},L_{p_1p_2,\theta_2}) \leqslant \theta_1 \leqslant \min(L_{p_4p_5,\theta_2},L_{p_3p_4,\theta_2},L_{p_2p_3,\theta_2}) \tag{23.11}$$

综上可知，式（23.11）和式（23.10）解决了一轴与二轴之间变限位的问题。实际上，式（23.11）是一个具有普适性的方法，对于任意的凸线性约束都可以使用该方法来求解。

下面将解决机械臂运动的超限位问题。如上面分析，由于排爆作业的需要，机械臂最后一个关节的工作范围将突破 ±180°。在三角函数教学阶段，将 ±180°之内的角 θ 定义为象限角。根据三角函数的周期性可知，$\theta \pm n \times 360°$ 与 θ 具有同样的坐标位置和同样的三角函数值。项目组在这里定义 $\theta \pm n \times 360°(n \geqslant 1)$ 为 θ 的广义角，记作 $\tilde{\theta}$。当机械臂关节处在广义角范围内时，反三角函数求得的规划量却总在 ±180°之间，这将会导致机械臂无法进行空间运动。

因此，可以将超限位问题描述为：对于给定的当前广义角 $\tilde{\theta}_c$，以及一个根据规划值得到的象限角 θ_r，需要求解出距离 $\tilde{\theta}_c$ 最近且与 θ_r 具有同象限位置的广义角 $\tilde{\theta}_r$。所以，求解广

义角和象限角之间的映射是解决上述问题的关键。

将广义角化简为象限角是容易的，可由式（23.12）完成，即

$$\theta = \mathrm{mod}(\tilde{\theta} + 180°, 360°) - 180° \tag{23.12}$$

式中，mod(a,b) 表示 a 对于 b 的余数。将式（23.12）记作 $f[\tilde{\theta}]_{\pm\pi}$，含义为将 $\tilde{\theta}$ 映射到 ±180° 之内。因此，可以使用 $\tilde{\theta}_c - f[\tilde{\theta}_c]_{\pm\pi}$ 来表达当前广义角 $\tilde{\theta}_c$ 中 $n \times 360°$ 的部分。而进一步使用式（23.13）即可表达出相应的目标广义角，于是有

$$\tilde{\theta}_r = \begin{cases} f[\tilde{\theta}_c]_{\pm\pi} < 0 : \begin{cases} \theta_r + \tilde{\theta}_c - f[\tilde{\theta}_c]_{\pm\pi}, \theta_r < f[\tilde{\theta}_c]_{\pm\pi} + 180° \\ \theta_r + \tilde{\theta}_c - f[\tilde{\theta}_c]_{\pm\pi} - 360°, \theta_r \geqslant f[\tilde{\theta}_c]_{\pm\pi} + 180° \end{cases} \\ f[\tilde{\theta}_c]_{\pm\pi} \geqslant 0 : \begin{cases} \theta_r + \tilde{\theta}_c - f[\tilde{\theta}_c]_{\pm\pi}, \theta_r \geqslant f[\tilde{\theta}_c]_{\pm\pi} - 180° \\ \theta_r + \tilde{\theta}_c - f[\tilde{\theta}_c]_{\pm\pi} + 360°, \theta_r < f[\tilde{\theta}_c]_{\pm\pi} - 180° \end{cases} \end{cases} \tag{23.13}$$

至此，项目组完成了 D－H 参数的确定、限位的计算以及广义角与象限角之间的转化，完整地建立了智能排爆机器人串联式主辅机械臂的运动学模型。

23.4 串联式六自由度机械臂的通用封闭逆解算法研究

逆运动学问题研究的是笛卡儿空间到机械臂关节空间的映射关系。在求解串联式六自由度机械臂逆运动学问题时，高效且稳定的封闭逆解得到了大家的认可，但遗憾的是，并不是所有的串联式机械臂都存在封闭逆解。经典的 Pieper 准则说明，满足末端三轴交于一点或者相邻三轴平行的串联式六自由度机械臂具有封闭解。但如前阐述，确实存在满足 Pieper 准则却没有封闭逆解的机械臂，且多年以来并没有学者针对这一问题进行过深入的研究。

为了正本清源，解决困惑业界多年的难题，项目组将针对串联式六自由度机械臂封闭逆解问题开展以下两项研究。

（1）针对 Pieper 准则存在的缺陷，提出一种更加精准的判别六自由度机械臂是否存在封闭逆解的方法。

（2）针对智能排爆机器人主辅机械臂作业需求，提出一种串联式六自由度机械臂通用的封闭逆解算法。

23.4.1 引理推导

为了解决上述两点问题，还需要一些额外的运动学定理，于是下面将基于 D－H 模型推导一些性质和定理，同时定义一些概念。

1. 末端连杆的解耦性质

通过式（23.1）和式（23.2）可以整理得到如下关于正运动学的计算公式：

$${}^{0}_{i}\boldsymbol{T} = \begin{bmatrix} {}^{0}_{i}\boldsymbol{R} & {}^{0}_{i}\boldsymbol{P} \\ 0^{1\times3} & 1 \end{bmatrix} = \begin{bmatrix} \prod\limits_{n=1}^{n=i}\boldsymbol{R}_n & \sum\limits_{n=1}^{n=i}\boldsymbol{R}_0, \boldsymbol{R}_1, \cdots, \boldsymbol{P}_n \\ 0^{1\times3} & 1 \end{bmatrix} \tag{23.14}$$

更进一步可以得到 ${}^{0}_{i}\boldsymbol{P}$ 的表达式如下：

$${}^{0}_{i}\boldsymbol{P} = \sum_{n=1}^{n=i}\boldsymbol{R}_0\boldsymbol{R}_1, \cdots, \boldsymbol{P}_n \triangleq \sum_{n=1}^{n=i}{}^{n-1}_{n}\boldsymbol{P} \tag{23.15}$$

根据 D－H 法的定义，关节坐标系的 z 方向可以很好地表明关节朝向，所以可以用 z_i 来表示机械臂第 i 个关节。为了简洁地指明连杆关系，这里首先定义连杆之间的垂直与平行。如果 z_i 的连杆扭转 $\alpha_i = 0$，则称 $z_i \parallel z_{i+1}$；如果 z_i 的连杆扭转 $\alpha_i = \pm\pi/2$，则称 $z_i \perp z_{i+1}$；记 $z_{i,a,d}$ 表示 z_i 中的连杆参数 $a_i = d_i = 0$。

现在假设某机械臂前 $i-1$ 轴的坐标变换矩阵为 ${}_{i-1}^{0}\boldsymbol{T}$，最后一轴的变换矩阵为 ${}_{i}^{i-1}\boldsymbol{T}$，将 $\boldsymbol{R}_i$ 写成列向量的形式：$\boldsymbol{R}_i = [\boldsymbol{w}_{i,1} \quad \boldsymbol{w}_{i,2} \quad \boldsymbol{w}_{i,3}]$，其中 $\boldsymbol{w}_{i,*}$ 为列向量。此时有如下结论。

当 $\alpha_i = \pi/2$ 时，$\boldsymbol{w}_{i,2} = \begin{bmatrix} 0 \\ 0 \\ 1 \end{bmatrix}$，有

$$ {}_{i-1}^{0}\boldsymbol{P} = {}_{i}^{0}\boldsymbol{P} - {}_{i}^{0}\boldsymbol{w}_1 a_i - {}_{i}^{0}\boldsymbol{w}_2 d_i \tag{23.16} $$

当 $\alpha_i = -\pi/2$ 时，$\boldsymbol{w}_{i,2} = \begin{bmatrix} 0 \\ 0 \\ -1 \end{bmatrix}$，有

$$ {}_{i-1}^{0}\boldsymbol{P} = {}_{i}^{0}\boldsymbol{P} - {}_{i}^{0}\boldsymbol{w}_1 a_i + {}_{i}^{0}\boldsymbol{w}_2 d_i \tag{23.17} $$

当 $\alpha_i = 0$ 时，$\boldsymbol{w}_{i,3} = \begin{bmatrix} 0 \\ 0 \\ 1 \end{bmatrix}$，有

$$ {}_{i-1}^{0}\boldsymbol{P} = {}_{i}^{0}\boldsymbol{P} - {}_{i}^{0}\boldsymbol{w}_1 a_i - {}_{i}^{0}\boldsymbol{w}_3 d_i \tag{23.18} $$

上述推导证明，在已知当前末端变换矩阵 ${}_{i}^{0}\boldsymbol{T}$ 的前提下，可以通过 ${}_{i}^{0}\boldsymbol{T}$ 的旋转分量 ${}_{i}^{0}\boldsymbol{R}$ 和平移分量 ${}_{i}^{0}\boldsymbol{P}$ 求出上一个变换矩阵 ${}_{i-1}^{0}\boldsymbol{T}$ 中的平移分量 ${}_{i-1}^{0}\boldsymbol{P}$。有了这一性质的保证，就可以在分析机械臂平移分量时不考虑最后一轴的影响。

2. 旋转分量的变换关系

根据 D－H 法的定义可知 $\boldsymbol{R}_i = \mathrm{Rotz}(\theta_i)\mathrm{Rotx}(\alpha_i)$。于是变换矩阵的旋转分量可以表示为

$$ {}_{i}^{0}\boldsymbol{R} = \prod_{n=1}^{n=i} \boldsymbol{R}_n = \prod_{n=1}^{n=i} \mathrm{Rotz}(\theta_n)\mathrm{Rotx}(\alpha_n) \tag{23.19} $$

如果当机械臂中存在若干连续的平行关节 $z_l \parallel z_{l+1} \cdots \parallel z_m$，则有 $\alpha_l = \alpha_{l+1} \cdots = \alpha_{m-1} = 0$，故可知

$$ {}_{m}^{l}\boldsymbol{R} = \prod_{n=l}^{n=m} \mathrm{Rotz}(\theta_n)\mathrm{Rotx}(\alpha_n) = \mathrm{Rotz}(\Theta)\mathrm{Rotx}(\alpha_m) \triangleq R_{l\cdots m} \tag{23.20} $$

其中，$\Theta = \theta_l + \theta_{l+1} \cdots + \theta_m$。在这里称 $z_l \parallel z_{l+1} \cdots \parallel z_m$ 为一个子链 s。这一概念也会在下文中使用。根据式（23.20），可以对子链 $z_1 \parallel z_2 \cdots \parallel z_m$ 的平移分量做如下的定义与化简：

$$ {}_{m}^{m-1}\boldsymbol{P} = \boldsymbol{R}_{1\cdots m-1}\boldsymbol{P}_m = \mathrm{Rotz}(\Theta)\begin{bmatrix} a_m \\ 0 \\ 0 \end{bmatrix} + \begin{bmatrix} 0 \\ 0 \\ d_m \end{bmatrix} = \begin{bmatrix} a_m\cos\Theta \\ a_m\cos\Theta \\ d_m \end{bmatrix} \triangleq \boldsymbol{P}_{1\cdots m} \tag{23.21} $$

3. 三角方程的求解

本处将求解两个常用的三角函数方程，第一个方程由式（23.14）推导得到

$$ {}_{i}^{0}\boldsymbol{P} = \boldsymbol{P}_1 + \boldsymbol{R}_1 \sum_{n=2}^{n=i} \boldsymbol{R}_2 \cdots \boldsymbol{P}_n = \begin{bmatrix} ({}_{i}^{1}\boldsymbol{P}_y \sin\alpha_1 - n_1 {}_{i}^{1}\boldsymbol{P}_x)\sin\theta_1 + ({}_{i}^{1}\boldsymbol{P}_z a_1 + a_1)\cos\theta_1 \\ ({}_{i}^{1}\boldsymbol{P}_z a_1 + a_1)\sin\theta_1 - (n_1 {}_{i}^{1}\boldsymbol{P}_y - n_1 {}_{i}^{1}\boldsymbol{P}_x)\cos\theta_1 \\ \sin\alpha_1 {}_{i}^{1}\boldsymbol{P}_x + n_1 {}_{i}^{1}\boldsymbol{P}_y + (1 + {}_{i}^{1}\boldsymbol{P}_z) d_1 \end{bmatrix} \tag{23.22} $$

其中，${}_{i}^{1}\boldsymbol{P}_x, {}_{i}^{1}\boldsymbol{P}_y, {}_{i}^{1}\boldsymbol{P}_z$ 表示 $\boldsymbol{R}_1^{-1}({}_{i}^{0}\boldsymbol{P}-\boldsymbol{P}_1)$ 中的 3 个分量，$n_i = \text{sign}(\alpha_i)$。从式（23.22）可知，${}_{i}^{0}P_x$，${}_{i}^{0}P_y$ 和 θ_1 满足特殊的三角函数关系，如式（23.23）所示：

$$\begin{bmatrix} {}_{i}^{0}\boldsymbol{P}_x \\ {}_{i}^{0}\boldsymbol{P}_y \end{bmatrix} = \begin{bmatrix} D & L \\ L & -D \end{bmatrix}\begin{bmatrix} \sin\theta_1 \\ \cos\theta_1 \end{bmatrix},\ D \neq 0 \text{ or } L \neq 0 \tag{23.23}$$

故有

$$\theta_1 = \text{atan2}(D{}_{i}^{0}\boldsymbol{P}_x + L{}_{i}^{0}\boldsymbol{P}_y, L{}_{i}^{0}\boldsymbol{P}_x - D{}_{i}^{0}\boldsymbol{P}_y) \tag{23.24}$$

另外一个常见的三角方程（23.25）为

$$A\cos\theta + B\sin\theta = C,\ A \neq 0 \text{ or } B \neq 0 \tag{23.25}$$

其解为

$$\theta = 2\text{atan}\left(\frac{B \pm \sqrt{B^2 + A^2 - C^2}}{A + C}\right) \tag{23.26}$$

式（23.22）和式（23.25）都能将关节角映射到区间 $[-\pi, \pi]$ 上。下面会将机械臂的逆解方程转化为方程（23.22）和方程（23.25）的形式来统一求解。此外，如果方程（23.22）和方程（23.25）的参数均为 0，则意味着方程无解。为了方便起见，将方程（23.22）记作 $\theta_1 = F_1(D,L,x,y)$，将方程（23.25）记作 $\theta_{i1}, \theta_{i2} = F_2(A,B,C)$。

23.4.2 串联式机械臂封闭逆解存在性的研究

四次多项式方程具有封闭形式的解，而一般的六次多项式方程则没有。由于机械臂末端变换矩阵的旋转分量和平移分量分别提供了 3 个独立的方程。当逆运动问题需要联立这两个方程组来求解时，就会出现求解高次多项式方程的情况。所以存在封闭逆解的机械臂，应该总能从某一个方程组中优先求解出一部分关节角，随后在此基础上进一步求解出其他关节角。

为了能够满足封闭逆解的存在条件，有人提出一种可行思路，那就是保证平移分量与旋转分量相互解耦。常见的解耦方法之一是使平移分量只与机械臂前 3 个关节相关。通过平移分量 ${}_{3}^{0}\boldsymbol{P}$ 求解出前 3 个关节，再通过旋转分量求解后 3 个关节。

$${}_{6}^{0}\boldsymbol{T} = \begin{bmatrix} {}_{3}^{0}\boldsymbol{R}{}_{6}^{3}\boldsymbol{R} & {}_{3}^{0}\boldsymbol{P} \\ 0 & 1 \end{bmatrix}\begin{bmatrix} {}_{6}^{3}\boldsymbol{R} & 0 \\ 0 & 1 \end{bmatrix} = \begin{bmatrix} {}_{3}^{0}\boldsymbol{R}{}_{6}^{3}\boldsymbol{R} & {}_{3}^{0}\boldsymbol{P} \\ 0 & 1 \end{bmatrix} \tag{23.27}$$

此外，项目组提出一种全新的解耦方式。结合前面的推导，如果机械臂中含有较多的平行关节，则旋转分量中未知数的个数将会减少。若能优先从旋转分量 ${}_{6}^{0}R(\varphi,\vartheta,\psi)$ 中求解出部分关节角，就可以在此基础上通过平移分量 ${}_{6}^{0}\boldsymbol{P}$ 求解剩余的关节角。

$${}_{6}^{0}\boldsymbol{T} = \begin{bmatrix} {}_{6}^{0}\boldsymbol{R} & {}_{6}^{0}\boldsymbol{P} \\ 0 & 1 \end{bmatrix} = \begin{bmatrix} {}_{6}^{0}\boldsymbol{R}(\varphi,\vartheta,\psi) & {}_{6}^{0}\boldsymbol{P} \\ 0 & 1 \end{bmatrix} \tag{23.28}$$

根据上面的分析，可将存在封闭逆解的机械臂划分为三类子问题：第一类子问题是当旋转分量中未知数的个数 > 三且机械臂满足一些构型特点时，可以直接从平移分量中优先求解出一部分关节角。第二类子问题是当旋转分量中未知数的个数不超过 3 个时，则可以通过旋转矩阵对这些未知量进行求解。第三类子问题说的是当机械臂经过第二类子问题后，仍然没有求解出所有的关节角，此时需要再次使用平移分量继续求解。

上述分析将封闭逆解问题划分为了 3 个子问题，下面将分析各个子问题的求解条件与求解方法。其中每个子问题中更小的分类称为基本问题，共计 10 个基本问题。

1. 第一类子问题

如果旋转分量中未知数大于 3 个，就需要优先从平移分量中求解出部分关节角。对于某 i 个自由度的机械臂，记前 $i-1$ 个自由度中 $\alpha=0$ 的个数为 p 。如果 $i-p>3$ ，则说明旋转分量中存在 >3 个未知数。

根据式（23.15）可知，机械臂后端连杆的位置会受到前端关节角的影响。所以第一类子问题有解的先决条件是平移分量只与前 3 个关节有关。由于只考虑前三轴的连杆关系，仅存在 $C_2^1C_2^1=4$ 种情况，以及 $z_1\perp z_2\perp z_3$, $z_1\parallel z_2\perp z_3$, $z_1\perp z_2\parallel z_3$, $z_1\parallel z_2\parallel z_3$ 。但是在推导过程中，将会发现 $z_1\parallel z_2\parallel z_3$ 的情况只提供两个有效的方程会导致无解。所以下面只会对前三种情况做详细推导。

1）第 1 个基本问题：$z_1\perp z_2\perp z_3$

这种情况下平移分量的表达式为 ${}_3^0\boldsymbol{P}=\boldsymbol{P}_1+\boldsymbol{R}_1\boldsymbol{P}_2+\boldsymbol{R}_1\boldsymbol{R}_2\boldsymbol{P}_3$ 。但如果不加限制，$\boldsymbol{R}_1\boldsymbol{R}_2\boldsymbol{P}_3$ 中会包含正余弦函数的三次项，进而使得平移分量转化为六次多项式方程。所以只有当 $a_3=0$ 才能满足封闭求解的要求，由此可以得到 θ_1 的求解公式如下：

$$\begin{cases}\theta_{11}=F_1(D,\boldsymbol{L},{}_3^0\boldsymbol{P}_x,{}_3^0\boldsymbol{P}_y)\\ \theta_{12}=F_1(D,-L,{}_3^0\boldsymbol{P}_x,{}_3^0\boldsymbol{P}_y),\text{where}\begin{cases}D=n_1d_2\\ L=\sqrt{{}_3^0\boldsymbol{P}_x{}^2+{}_3^0\boldsymbol{P}_y{}^2-\boldsymbol{D}^2}\end{cases}\end{cases}\tag{23.29}$$

当 θ_1 被求解，就可以利用正运动学公式对机械臂进行正向的化简，进而得到一个 $i-1$ 个自由度的机械臂。该机械臂依然可以利用这个基本问题对 θ_2 进行求解。为了保证平移方程中只存在前两个关节角，则 $z_{k>3}$ 的连杆需要满足 $d=a=0$ 。但由前面中提出的机械臂末端解耦公式可知，最后一个关节的连杆参数并不受约束。

2）第 2 个基本问题：$z_1\perp z_2\perp z_{3,a}$

此时的平移分量可写成 ${}_3^0\boldsymbol{P}=\boldsymbol{P}_1+\boldsymbol{P}_{12}+\boldsymbol{R}_{12}\boldsymbol{P}_3$ ，则其平移方程可以整理成

$$\begin{bmatrix}a_1\cos\theta_1+D\sin(\theta_1+\theta_2)+L\cos(\theta_1+\theta_2)\\ a_1\sin\theta_1+L\sin(\theta_1+\theta_2)-D\cos(\theta_1+\theta_2)\\ s_2a_3\sin\theta_3\end{bmatrix}=\begin{bmatrix}{}_3^0\boldsymbol{P}_x\\ {}_3^0\boldsymbol{P}_y\\ {}_3^0\boldsymbol{P}_z-d_1-d_2\end{bmatrix}\tag{23.30}$$

将方程（23.30）整理为求解公式，可有

$$\begin{cases}\theta_{11},\theta_{12}=F_2(A_1,B_1,C_1),\begin{cases}A_1={}_3^0\boldsymbol{P}_x\\ B_1={}_3^0\boldsymbol{P}_y\\ C_1=\dfrac{A_1{}^2+B_1{}^2+a_1{}^2-L^2-D^2}{2a_1}\\ D=n_2d_3\\ L=a_2+a_3\cos\theta_3\end{cases}\\ \theta_1+\theta_2=F_1(D,L,{}_3^0\tilde{\boldsymbol{P}}_x,{}_3^0\tilde{\boldsymbol{P}}_y),\begin{cases}{}_3^0\tilde{\boldsymbol{P}}_x={}_3^0\boldsymbol{P}_x-a_1\cos\theta_1\\ {}_3^0\tilde{\boldsymbol{P}}_y={}_3^0\boldsymbol{P}_y-a_1\sin\theta_1\end{cases}\\ \theta_2=[(\theta_1+\theta_2)-\theta_1]_{\pm\pi}\end{cases}\tag{23.31}$$

由于在这种构型中，θ_3 可以通过 Z 方向的方程被优先求解，z_3 之后存在的 $z_{4,a}$ 并不影响 θ_3

的求解，所以可以衍生出两种不同的子构型 $z_1 \parallel z_2 \perp z_3 \perp z_{4,a}$ 和 $z_1 \parallel z_2 \perp z_3 \parallel z_{4,a}$。根据 $z_1 \parallel z_2 \perp z_3 \parallel z_{4,a}$ 的平移方程和式（23.21），整理出的关键系数为

$$\begin{cases} D = n_2 d_3 + n_2 d_4 \\ L = a_2 + a_3 \cos\theta_3 \end{cases} \tag{23.32}$$

根据式（23.32）推导出 $z_1 \parallel z_2 \perp z_3 \perp z_{4,a}$ 情况下的关键系数为

$$\begin{cases} A_3 = -n_2 n_3 d_4 \\ D = n_2 d_3 \\ L = a_2 + a_3 \cos\theta_3 + n_3 d_4 \sin\theta_3 \end{cases} \tag{23.33}$$

为了保证平移方程中只存在前三个关节角，需要保证 $z_{k>4}$ 的连杆满足 $d = a = 0$，而最后一个关节的连杆参数不受约束。另外，在上述情况中，如果令 z_4 中的 $d_4 = a_4 = 0$，同样可以用于求解 $z_1 \parallel z_2 \perp z_3$ 和 $z_1 \parallel z_2$ 的情况。所以这一类基本问题中包含两套求解公式，并可以用于 4 种情况。

最后分析 $z_1 \perp z_2 \parallel z_3$ 的情况。

结合 $z_1 \perp z_2 \perp z_{3,a}$ 求解方法，考虑 $z_1 \perp z_2 \parallel z_3 \perp z_{4,a}$ 的情况，可以发现 $D = n_1(d_2 + d_3)$。θ_1 依然可以直接被求解。更进一步，如果 $z_1 \perp z_2 \parallel \cdots \perp z_{i,a}$，则有

$$\begin{cases} \theta_{11} = F_1(D, L, {}_i^0\boldsymbol{P}_x, {}_i^0\boldsymbol{P}_y) \\ \theta_{12} = F_1(D, -L, {}_i^0\boldsymbol{P}_x, {}_i^0\boldsymbol{P}_y), \text{where} \begin{cases} D = n_1 \sum\limits_{2}^{i-1} d_m \\ L = \pm\sqrt{{}_i^0\boldsymbol{P}_x^{\,2} + {}_i^0\boldsymbol{P}_y^{\,2} - D^2} \end{cases} \end{cases} \tag{23.34}$$

当 θ_1 被求解之后，可以根据正运动学公式消去 ${}_1^0T$，进而使得机械臂减少一个关节角，成了一个新的机械臂。为了保证平移方程中的 θ_1 可以被求解，则 $z_{k>i}$ 的连杆需要满足 $d = a = 0$，而最后一个关节的连杆参数不受约束。

此外可以发现，第 1 个基本问题和 $z_1 \perp z_2 \parallel \cdots \perp z_{i,a}$ 能使用同一套求解公式，故将这两种情况都称之为第 1 个基本问题并用式（23.34）来求解。

综上所述，在第一类子问题中存在两个基本问题。针对这两个基本问题项目组给出了相关的存在条件和求解公式。

第二类子问题

假设某串联式三自由度机械臂的 D－H 参数如表 23.7 所示。

表 23.7　某串联式三自由度机械臂的 D－H 参数

关节	d/m	a/m	α/rad
1	d_1	a_1	$-\pi/2$
2	d_2	a_2	$\pi/2$
3	d_3	a_3	0

根据正运动学公式，经推导可得

$$\begin{cases} {}_3^0\boldsymbol{R} = Rotz(\theta_1)Rotx(\alpha_1)Rotz(\theta_2)Rotx(\alpha_2)Rotz(\theta_3)Rotx(\alpha_3) \\ {}_3^0\boldsymbol{R} = Rotz(\theta_1)Roty(\theta_2)Rotz(\theta_3) \end{cases} \tag{23.35}$$

如果串联式机械臂中存在 $\alpha_1 = -\pi/2$，$\alpha_2 = \pi/2$，$\alpha_3 = 0$ 的 3 个连续关节，且已知它们的旋转分量 ${}^0_3\boldsymbol{R}$，则可以直接通过欧拉公式求出两组解。

1）第 3 个基本问题：$R_{s_1} \cdot R_{s_2} \cdot R_{s_3}$

结合 D－H 参数中的 α，并且利用前文中对子链的定义，可以重新得到旋转矩阵的表达式

$$
{}^0_3\boldsymbol{R} = \begin{bmatrix} \cos\theta_{s_1}\cos\theta_{s_2}\cos\theta_{s_3} + n_{s_1e}n_{s_2e}\sin\theta_{s_1}\sin\theta_{s_3} & n_{s_1e}n_{s_2e}\sin\theta_{s_1}\cos\theta_{s_3} - \cos\theta_{s_1}\cos\theta_{s_2}\sin\theta_{s_3} & n_{s_2e}\cos\theta_{s_1}\sin\theta_{s_2} \\ \sin\theta_{s_1}\cos\theta_{s_2}\cos\theta_{s_3} - n_{s_1e}n_{s_2e}\cos\theta_{s_1}\sin\theta_{s_3} & -n_{s_1e}n_{s_2e}\cos\theta_{s_1}\cos\theta_{s_3} - \sin\theta_{s_1}\cos\theta_{s_2}\sin\theta_{s_3} & n_{s_2e}\sin\theta_{s_1}\sin\theta_{s_2} \\ n_{s_1e}\sin\theta_{s_2}\cos\theta_{s_3} & -n_{s_1e}\sin\theta_{s_2}\sin\theta_{s_3} & -n_{s_1e}n_{s_2e}\cos\theta_{s_2} \end{bmatrix} \tag{23.36}
$$

进而可得

$$
\begin{cases} \theta_{s_1} = \operatorname{atan2}(n_{s_2e}r_{23}, n_{s_2e}r_{13}) \\ \theta_{s_2} = \operatorname{atan2}(\sqrt{r_{13}{}^2 + r_{23}{}^2}, -n_{s_1e}n_{s_2e}r_{33}) \\ \theta_{s_3} = \operatorname{atan2}(-n_{s_1e}r_{32}, n_{s_1e}r_{31}) \end{cases} \tag{23.37a}
$$

或

$$
\begin{cases} \theta_{s_1} = \operatorname{atan2}(-n_{s_2e}r_{23}, -n_{s_2e}r_{13}) \\ \theta_{s_2} = \operatorname{atan2}(-\sqrt{r_{13}{}^2 + r_{23}{}^2}, -n_{s_1e}n_{s_2e}r_{33}) \\ \theta_{s_3} = \operatorname{atan2}(-n_{s_1e}r_{32}, n_{s_1e}r_{31}) \end{cases} \tag{23.37b}
$$

式中，θ_{s_i} 表示机械臂第 i 个子链的转动角度和；n_{s_ie} 表示第 i 个子链中最后一个连杆的 α 的符号。这里将求解 3 个旋转矩阵乘积的问题称为第 3 个基本问题。

2）第 4 个基本问题：$R_{s_1} \cdot R_{s_2}$

同理，当只有两个相互垂直的子链时，可以推导出此时的旋转分量表达式为

$$
{}^0_2\boldsymbol{R} = \begin{bmatrix} \cos\theta_{s_1}\cos\theta_{s_2} & -\cos\theta_{s_1}\sin\theta_{s_2} & n_{s_1e}\sin\theta_{s_1} \\ \sin\theta_{s_1}\cos\theta_{s_2} & -\sin\theta_{s_1}\sin\theta_{s_2} & -n_{s_1e}\cos\theta_{s_1} \\ n_{s_1e}\sin\theta_{s_2} & n_{s_1e}\cos\theta_{s_2} & 0 \end{bmatrix} \tag{23.38}
$$

以及它的解：

$$
\begin{cases} \theta_{s_1} = \operatorname{atan2}(n_{s_1e}r_{13}, -n_{s_1e}r_{23}) \\ \theta_{s_2} = \operatorname{atan2}(n_{s_1e}r_{31}, n_{s_1e}r_{33}) \end{cases} \tag{23.39}
$$

这里将求解两个旋转矩阵乘积的情况称为第 4 个基本问题。

3. 第三类子问题

在进入第二类子问题时，机械臂的自由度为 i，前 $i-1$ 个自由度中 $\alpha = 0$ 的个数为 p。如果 $p \neq 0$，则说明第二类子问题并没有求解出全部的关节角，需要重新借助平移分量求解剩余部分。

对于任意的第三类子问题，如果第一个子链只有一个关节，则可以直接利用正运动学公式来化简。在此基础上根据式（23.14）可以将 i 个自由度机械臂的平移分量分解成 i 个分量。由于第二类子问题可以求解出机械臂中子链的转动角度和，结合式（23.20）可将平移方程整理为（23.40），即有

$$ {}_i^0\boldsymbol{P}-\boldsymbol{P}_{\theta_{s_1}}-\boldsymbol{R}_{\theta_{s_1}}\boldsymbol{P}_{\theta_{s_2}}-\boldsymbol{R}_{\theta_{s_1}}\boldsymbol{R}_{\theta_{s_2}}\boldsymbol{P}_{\theta_{s_3}}=\sum_{n=1}^{n=i}{}_n^{n-1}\boldsymbol{P}-\boldsymbol{P}_{\theta_{s_1}}-\boldsymbol{R}_{\theta_{s_1}}\boldsymbol{P}_{\theta_{s_2}}-\boldsymbol{R}_{\theta_{s_1}}\boldsymbol{R}_{\theta_{s_2}}\boldsymbol{P}_{\theta_{s_3}} \tag{23.40} $$

式（23.40）的左侧均为已知量，以下将这些已知量统一记作 $\hat{P}$。式（23.40）右侧存在未知量。由于第三类子问题中最多存在三段子链，故使用 $[S_1,S_2,S_3]$ 来表示方程（23.40）右侧各个子链的长度。例如，$z_1 \parallel z_2 \perp z_3 \parallel z_4$，存在两个子链 S_1,S_2，且长度均为2。经过第二类子问题求解后，子链的长度都将减1，方程（23.40）右侧各个子链的长度为［1，1，0］。

下面针对所有可能出现的情况进行分析与求解，并用 s_it 表示第 i 个子链中第 t 个关节。

1）第5个基本问题

当子链长度为［1，0，0］时，可以直接使用式（23.41）进行计算，即

$$ \begin{cases} \theta_{s_11}=\operatorname{atan2}(a_{s_11}\hat{\boldsymbol{P}}_y,a_{s_11}\hat{\boldsymbol{P}}_x) \\ \theta_{s_12}=f[\theta_{s_1}-\theta_{s_11}]_{\pm\pi} \end{cases} \tag{23.41} $$

2）第6个基本问题

当子链长度为［2，0，0］，则可以直接进行计算，即

$$ \begin{cases} \theta_{s_111},\theta_{s_112}=F_2(A,B,C),\begin{cases} A=\hat{\boldsymbol{P}}_x \\ B=\hat{\boldsymbol{P}}_y \\ C=\dfrac{\hat{\boldsymbol{P}}_x{}^2+\hat{\boldsymbol{P}}_y{}^2+a_{s_11}{}^2-a_{s_12}{}^2}{2a_{s_11}} \end{cases} \\ \theta_{s_11}+\theta_{s_12}=F_1(D,L,\tilde{\boldsymbol{P}}_x,\tilde{\boldsymbol{P}}_y),\begin{cases} \tilde{\boldsymbol{P}}_x=\hat{\boldsymbol{P}}_x-a_{s_11}\cos\theta_{s_11} \\ \tilde{\boldsymbol{P}}_y=\hat{\boldsymbol{P}}_y-a_{s_11}\sin\theta_{s_11} \end{cases} \\ \theta_{s_12}=f[(\theta_{s_11}+\theta_{s_12})-\theta_{s_12}]_{\pm\pi} \\ \theta_{s_13}=f[\theta_{s_1}-(\theta_{s_11}-\theta_{s_12})]_{\pm\pi} \end{cases} \tag{23.42} $$

3）第7个基本问题

当子链长度为［2，1，0］和［1，1，0］，首先采用以下方式计算子链 s_2 中所有的关节角，有

$$ \begin{cases} \theta_{s_211},\theta_{s_212}=F_2(A,B,C),\begin{cases} A=0 \\ B=n_{s_1e}a_{s_21} \\ C=\hat{\boldsymbol{P}}_z-d_{s_11}-d_{s_12} \end{cases} \\ \theta_{s_22}=f[\theta_{s_1}-\theta_{s_11}]_{\pm\pi} \end{cases} \tag{23.43} $$

随后可以采用式（23.44）将第一个子链的求解转化为第5个或者第6个基本问题，即

$$ \hat{\boldsymbol{P}}-\boldsymbol{R}_{s_1}\boldsymbol{P}_{s_21}=\boldsymbol{P}_{s_11}+\boldsymbol{P}_{s_11s_12} \tag{23.44} $$

4）第8个基本问题

当子链长度为［1，2，0］，首先采用式（23.45）来求解子链 s_1 中的所有关节，有

$$ \begin{cases} \theta_{s_111},\theta_{s_112}=F_2(A,B,C),\begin{cases} A=n_{s_12}a_{s_12}\sin\theta_{s_1} \\ B=-n_{s_12}a_{s_21}\sin\theta_{s_1} \\ C=(\boldsymbol{R}_{s_1}^{\mathrm{T}}\hat{\boldsymbol{P}})_z-d_{s_21}-d_{s_22} \end{cases} \\ \theta_{s_12}=f[\theta_{s_1}-\theta_{s_11}]_{\pm\pi} \end{cases} \tag{23.45} $$

随后再通过式（23.45），将第二个子链的求解转化为第 6 个基本问题，即

$$\boldsymbol{R}_{s_1}^{\mathrm{T}}(\hat{\boldsymbol{P}} - \boldsymbol{P}_{s_11}) = \boldsymbol{P}_{s_21} + \boldsymbol{P}_{s_21s_22} \tag{23.46}$$

3）第 9 个基本问题

当子链长度为［2，0，1］和［1，0，1］，首先可以采用以下方式来求解子链 s_3 中的所有关节角，即有

$$\begin{cases} \theta_{s_311}, \theta_{s_312} = F_2(A,B,C), \begin{cases} A = 0 \\ B = n_{s_1e} a_{s_31} \sin\theta_{s_3} \\ C = \hat{\boldsymbol{P}}_z - d_{s_11} - d_{s_12} + n_{s_13} n_{s_21} d_{s_31} \cos\theta_{s_3} \end{cases} \\ \theta_{s_32} = f[\theta_{s_3} - \theta_{s_31}]_{\pm\pi} \end{cases} \tag{23.47}$$

随后再采用下述公式将第二个子链的求解转化为第 6 个基本问题，即有

$$\hat{\boldsymbol{P}} - \boldsymbol{R}_{s_1}\boldsymbol{R}_{s_2}\boldsymbol{P}_{s_32} = \boldsymbol{P}_{s_21} + \boldsymbol{P}_{s_21s_22} \tag{23.48}$$

6）第 10 个基本问题

当子链长度为［1，0，2］时。首先可以采用以下方式来求解子链 s_1 中的所有关节角，即有

$$\begin{cases} \theta_{s_121}, \theta_{s_122} = F_2(A,B,C), \begin{cases} A = 0 \\ B = n_{s_21} a_{s_11} \sin\theta_{s_2} \\ C = (\boldsymbol{R}_{s_2}^{\mathrm{T}}\boldsymbol{R}_{s_1}^{\mathrm{T}}\hat{\boldsymbol{P}})_z - d_{s_31} - d_{s_32} + n_{s_12} n_{s_21} d_{s_11} \cos\theta_{s_2} \end{cases} \\ \theta_{s_11} = f[\theta_{s_1} - \theta_{s_12}]_{\pm\pi} \end{cases} \tag{23.49}$$

随后再采用下述公式将第 3 个子链的求解转化为第 6 个基本问题，即有

$$\boldsymbol{R}_{s_2}^{\mathrm{T}}\boldsymbol{R}_{s_1}^{\mathrm{T}}\hat{\boldsymbol{P}} - \boldsymbol{R}_{s_2}^{\mathrm{T}}\boldsymbol{R}_{s_1}^{\mathrm{T}}\boldsymbol{P}_{s_11} = \boldsymbol{P}_{s_31} + \boldsymbol{P}_{s_31s_32} \tag{23.50}$$

最后［1，1，1］的情况会因平移方程过于复杂而无法封闭求解，所以整个第三类子问题存在 6 种基本问题。

23.4.3　串联机械臂封闭逆解的存在条件与通用算法

基于两种解耦方法，项目组已将三类子问题再次细分成了 10 个基本问题。综合上面分析，项目组认为：

如果一个串联式机械臂的逆解过程始终可以被三类子问题来描述，则该机械臂一定存在封闭逆解。

项目组给出了一个更加具体且苛刻的条件。相比 Pieper 准则，虽然没能用一句高度概括的话来表述封闭逆解的存在条件，但项目组提供的这套理论和思路却可以设计出一种通用的封闭逆解算法。

在设计所构想的算法之前，首先对上述三类子问题进行总结。假定 i 表示串联式机械臂自由度的个数。P 表示前 $i-1$ 个自由度中 $\alpha = 0$ 的个数。如果 $i - P > 3$，则说明此时机械臂存在较多的垂直关节，旋转分量中将存在多余 3 个的未知数。所以如果存在封闭解，则只能通过平移分量求解一个低次的三角函数方程。此时存在 2 个可行的基本问题，这 2 个基本问题的约束条件和求解公式如表 23.8 所示。

表 23.8　第一类子问题的约束条件与求解方法

基本问题	约束条件	求解方法
基本问题 1	（1）前 g 个关节的构型为$z_1 \perp z_2 \parallel \cdots \parallel z_{g-1} \perp z_g^a$ （2）关节$z_{k>g}$需要满足 $d=a=0$ （3）最后一个关节的参数不受约束	式（23.34）求解 θ_1
基本问题 2	（1）前 3 个关节的构型为$z_1 \parallel z_2 \perp z_3$ （2）关节$z_{k>4}$需要满足 $d=a=0$ （3）最后一个关节的参数不受约束	式（23.32）、式（23.33）求解前 3 个关节角

如果 $i-P<3$，则说明此时串联式机械臂存在较多的平行关节。旋转分量中将存在少于 3 个的未知数，此时可以直接通过旋转分量对其中的未知数进行求解。

如果 $i-P=3$，则可以使用式（23.36）对旋转分量中的 3 个未知数进行求解。如果 $i-P=2$，则可以使用式（23.39）对旋转分量中的 2 个未知数进行求解。如果 $i-P=1$，则依然可以通过式（3.39）对唯一的未知数进行求解。

在使用第二类子问题从旋转分量中求解未知数后，如果没有求解出所有的关节角，则说明在平移分量中存在长子链。此时需要使用第三类子问题求解剩余的关节角。第三类子问题中的 6 个基本问题如表 23.9 所示。对于串联式机械臂封闭逆解的求解过程，可以在模型化简中递归完成。所以整个算法的逻辑流程如图 23.8 所示。由于逆运动学问题存在多解性，所以需要设计相关的上层逻辑来解决多解问题。考虑到机械臂在运行中的关节变化一定是连续的，所以首先根据当前角度 θ_c 计算出当前的变换矩阵 $\boldsymbol{T}_c$。使用逆运动学算法求解所有可行的解，如果存在 $\theta_k=\theta_c$，则在接下来的运动中选取第 k 组逆解作为目标位置；如果不存在 k 使得 $\theta_k=\theta_c$，则说明机械臂当前处于奇异位置，也就无法从当前点求解运动学逆解。这种思路虽然近乎苛刻，但是能够极大地增加机械臂的安全性。

表 23.9　第三类子问题与求解方法

基本问题	子链的剩余长度	求解方法
基本问题 5	[1，0，0]	式（23.41）求解
基本问题 6	[2，0，0]	式（23.42）求解
基本问题 7	[2，1，0]，[1，1，0]	式（23.43）、式（23.44）和基本问题 6 求解
基本问题 8	[1，2，0]	式（23.45）、式（23.46）和基本问题 6 求解
基本问题 9	[2，0，1]，[1，0，1]	式（23.47）、式（23.48）和基本问题 5 或 6 求解
基本问题 10	[1，0，2]	式（23.49）和基本问题 6 求解

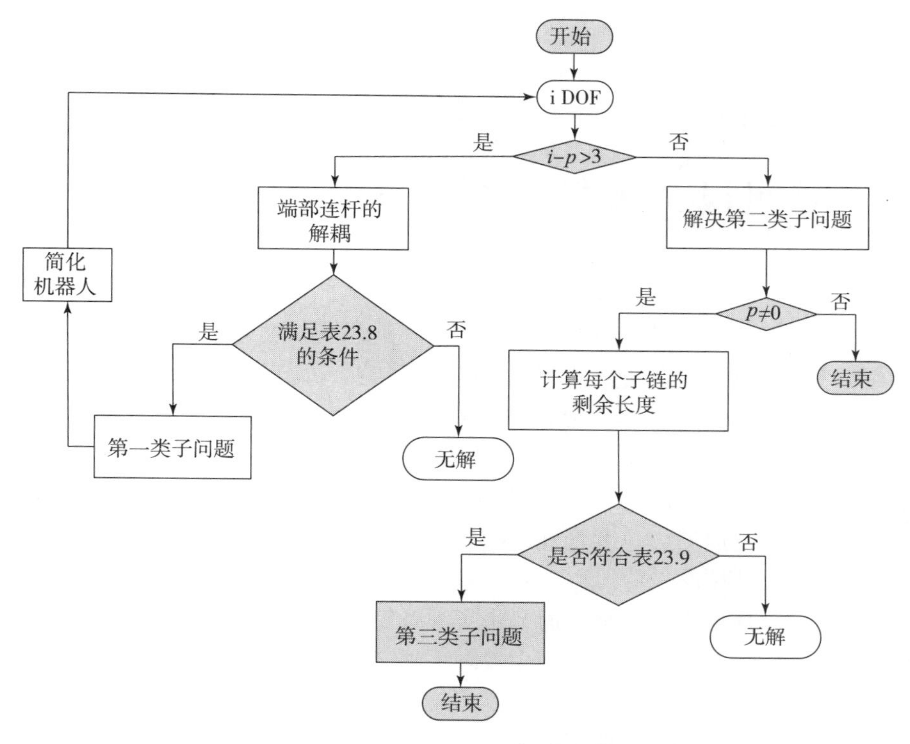

图 23.8　通用逆运动学求解算法的逻辑流程

23.5　本章小结

本章主要完成了以下 3 项内容的研究。

（1）对智能排爆机器人搭载的串联式六自由度主辅机械臂建立了运动学模型，并解决了因车体尺寸限制而导致主辅机械臂倾斜放置所带来的限位耦合问题，以及由排爆作业需求而引起的超限位运动问题。

（2）本章详细阐述了 D－H 参数模型，并基于智能排爆机器人的具体情况与实际需求，提出了一种改进型矩阵计算方法，有效提高了矩阵乘和矩阵逆的求解效率。

（3）针对串联式机械臂封闭逆解存在性问题和通用封闭逆解算法实现问题，进行了深入的研究与细致的探索，提出了一种更加精准的封闭逆解存在判断条件和一种具有通用性的封闭逆解算法。

本章的研究内容十分丰富，且具有较高的学术价值，既解决了业界在串联式机械臂封闭逆解存在性问题和通用封闭逆解算法实现问题方面的困惑，同时还提高了智能排爆机器人控制系统搭载的串联式六自由度主辅机械臂的兼容性。

第 24 章

时间最优多轴同步理论的研究与应用

多轴同步技术研究的是机械臂上多电动机之间的协同与配合，是机械臂运动的核心。对于智能排爆机器人来说，为了实现精巧的排爆处置作业，项目组特地为其配备了串联式六自由度主辅机械臂。在排爆处置作业时，主辅机械臂将在狭窄甚至杂乱空间中完成拆除、夹取、移送爆炸物的一系列复杂动作，这就需要主辅机械臂上的各个电动机协同运动（多轴同步运动），才有可能顺利完成排爆处置作业。机械臂是由电动机与机械结构组成的复杂机电系统，研究多电动机运动、速度管理与同步问题的科学就是多轴同步技术，同时也是大多数运动控制器所提供的核心功能。以往对多轴同步问题的研究主要集中在智能寻优方法、迭代寻优方法以及控制理论方法 3 个方面。由于涉及算法优化和理论创新，智能寻优和迭代寻优在学术界受到了广泛关注，但在实用中发现，这 2 种方法都需要较长的优化时间，所以实用效果并不理想。而基于控制理论的同步方法是对运动系统进行定量分析，能够快速且高效地完成多轴同步任务，所以成为现实应用中的主要选择。需要指出的是，同步方法由于不对运动过程建模且没有解析表达式，因而失去了可知性和解析性，严重影响了其控制体系结构的合理性。为了解决困扰业界的多轴同步问题，项目组将基于时间最优开展多轴同步理论、方法、技术的研究与探索，力求在有所突破和有所创新。本书中部分公式使用的 acos 以及 atan，是 C/C ++ 中使用的反余弦/反正切函数，其意与数学中的 arccos/arctan 相同。

24.1　多轴同步理论概述

多轴同步理论问题可以分为点到点同步和多点同步 2 个问题来阐述。

1. 点到点同步的问题

点到点（Point to Point，P2P）同步问题要求多个执行器在运动约束下同步地从起点运动到终点。为了求解点到点同步问题，研究人员首先提出了 LSPB（Linear Segment with Parabolic Blend）方法。从本质上看，LSPB 是一种 C^2（二阶）连续的分段函数，可以在速度和加速度的约束内，以速度连续变化的方式完成运动。由于这种方法实现简单且计算量小，可以满足部分实际需求。但位置曲线二阶连续性所导致的加速度跳变会对电动机带来巨大冲击，进而影响输出轨迹的稳定性和精度，导致 LSPB 实用效果不佳。为了克服 LSPB 的缺点，文献［171］提出了 S 曲线。S 曲线不仅拥有三阶连续性，还具有时间最优性，同时解析性也颇为良好，从而受到了学术界和工业界的喜爱。关于 S 曲线的其他研究可以在文献［172］中找到。此外，文献［173］将 S 曲线与动力学模型结合，有效解决了机械臂加减速阶段的震颤问题。但要看到的是，虽然 S 曲线的加速度具备了连续性，却依然不具备可微的性质。为了能够更进一步提高 S 曲线的光滑程度，研究人员对此进行了大量的研究。文献

［174，175］通过提高 S 曲线的阶次来改善位置曲线的连续性。也有学者通过积分连续且无限可微的谐波函数，或者 Sigmoid 函数[177]来构造高阶连续的加速度曲线，进而使电动机的运动更加平稳。只不过随着模型阶次和求解难度的提高，同步问题的计算过程会变得更加复杂，因此，研究人员有意识地将一些动态寻优算法引入到这一领域中。例如文献［178］使用的 MPC 优化方法，文献［177］使用的放缩因子法和二分查找法，就是很好的例证。此外，还有很多智能算法被研究人员关注和引用。文献［177］使用六次多项式曲线来描述关节空间的运动，并结合 GA（Genetic Algorithm）算法和 PSO（Particle Swarm Optimization）算法来搜索复杂几何环境中的可行同步路径。而文献［100］则基于 PSO 算法直接对整条曲线进行优化。文献［180］使用了更加新颖的智能算法，在关节空间对笛卡儿空间中的任务轨迹进行同步优化。

2. 多点同步的问题

多点同步问题要求多个执行器在运动约束下依次同步地通过多个位置点。相比点到点同步，这类问题的难度大幅提升。为了求解这类复杂问题，学术界提出了 2 种截然不同的思路。第一种思路是基于运动模型的同步方法。文献［181］使用了高次 B 样条曲线来对电动机的运动进行建模，并使用目标函数和数值方法来解决运动学约束和多轴多点同步的问题。受“建模 + 优化”思路的启发，文献［182］也基于 B 样条曲线和智能算法解决了多轴多点同步问题。但可以想象的是，复杂的模型约束和数值方法不仅实现困难而且求解缓慢，很难满足实时性和稳定性的需求。因此，第二种思路逆道而行，采用非建模的方式来解决多轴同步问题。最为传统且经典的 PID（Proportion Integration Differentiation）控制方法首先被运用到了这一领域。[183]由于无须建模且实现简单，PID 方法能快速且高效地实现多轴同步，因而在工业界获得了大量的应用。为了进一步改善 PID 方法在多点同步问题上的表现，Kuc 和 Han 等提出了一种自适应 PID 算法。[184]这种算法具有动态调整控制参数的能力，不仅免去了用户调参的苦恼，还有效地改善了动态响应和静态性能。

Ouyang 等提出了一种自适应切换学习法[185]，该算法在前馈阶段和反馈阶段采用不同的控制率对同步参数进行修正，极大地提升了算法的收敛速度。此外，神经网络也为这一领域的研究者所关注。文献［186］提出了一种基于神经网络的多轴同步算法。该算法利用二阶的误差传播，有效地保证了同步过程中速度曲线的连续性。文献［187］基于径向基网络设计了一种轨迹跟踪控制器，并且利用径向基网络的逼近特性抵消了误差与扰动，进一步提高了控制精度。文献［188］专门针对串联式机械臂的运动学特性设计了一种基于神经网络的同步规划算法，这一算法能根据串联式机械臂的构型来提供更加精确的耦合补偿。

经过上述分析，项目组认为当前关于多轴同步的研究存在以下 3 点不足。

（1）在学术界使用智能寻优和迭代寻优的研究较多，但是，这些先进的方法往往实现复杂且运算量大，难以满足实时性和稳定性的需求，更加难以在严苛的现场环境中进行在线规划。

（2）虽然基于控制理论的同步方法取得了出色的效果，但是这类方法放弃了对电动机运动的建模与描述，使得诸多重要规划信息无法获取，进而导致了运动控制器封闭的现状。

（3）从当前的研究来看，多轴同步一直都被当作“问题”来解决。大多数的研究都仅限于提出一种新颖的方法并应用在这一领域，却没有学者能针对这一类问题给出公理化的推导和成体系的理论。所以说，系统地开展多轴同步问题的研究具有特别重要的意义。

24.1.1 多轴同步理论研究内容简介

项目组此前已经完成了串联式六自由度主辅机械臂控制体系结构的搭建和运动学的建模，但还没有对机械臂关节空间和笛卡儿空间的运动进行规划和约束，也无法使机械臂所有关节同步运动。因此，项目组将针对串联式六自由度主辅机械臂的多轴同步问题，构建一套时间最优的多轴同步理论。该理论基于大量数学定理和理论的推导，环环相扣，步步推进。主要研究内容和成果如下。

（1）提出了一套多轴同步理论，可以解决机械臂在关节空间和笛卡儿空间的运动规划问题。

（2）基于极小值原理提出了一种多轴点到点同步的时间最优算法。

（3）基于罗尔中值定理提出了一种多轴多点同步的时间最优算法。

（4）基于多轴点到点同步算法提出了一种笛卡儿空间的位姿同步框架。

24.1.2 多轴同步理论的提出与应用

从本质上来看，多轴同步就是要求多个执行器在运动过程中保持同步。这种同步需求在工业中有着极其广泛的应用，例如龙门机床、飞剪机以及串联式机械臂等。但是当前的多轴同步技术存在以下几个问题，导致其无法胜任人们赋予它的艰巨任务。

（1）工业界的多轴同步实现大多依赖于硬件设备，不具备开放性。

（2）学术界的多轴同步研究集中在寻优策略上，实时性过差。

（3）多轴同步问题的研究缺乏系统性，也没有理论深度和广度。

为了建立系统的理论体系，项目组将从模型选取和问题提法 2 个方面对多轴同步问题进行详尽分析。

（1）阐明基础模型的建立问题。前面已经论及多轴运动的模型主要有样条（Spline）曲线和 S 曲线。样条曲线使用连续的分段多项式函数来描述空间中任意曲线，如图 24.1 所示。这种运动模型能保证轨迹具有良好的连续性。如果能够同时结合各类优化目标和智能算法，就可以从中获得可行的最优解。但是，这种建模方式存在 2 个缺陷。

①样条曲线需要较大的运算量。

②样条曲线很难满足时间最优的优化目标。

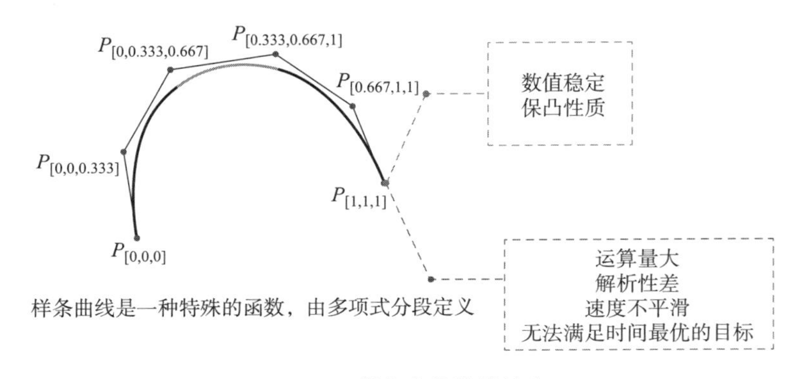

图 24.1 样条曲线的优缺点

另一种常见的运动模型是 S 曲线，如图 24.2 所示。S 曲线具备以下 3 点优势。

①具备时间最优性。常见的 7 段 S 曲线可以在三阶带宽约束下完成平滑的启停和流畅的加减速，同时具备最短的运行时间。

②具备全局性。S 曲线拥有一个全局的封闭表达式，基于这一性质 S 曲线特别适合对完整的运动过程进行分析。

③具备解析性。S 曲线的封闭表达式是可解析的，所有的求解问题都可以使用求根公式来计算，这极大地提高了求解效率。

实时性关系到算法是否可以用于工业现场，时间最优性关系到设备的运行效率，因此，项目组选取了 S 曲线作为研究模型。

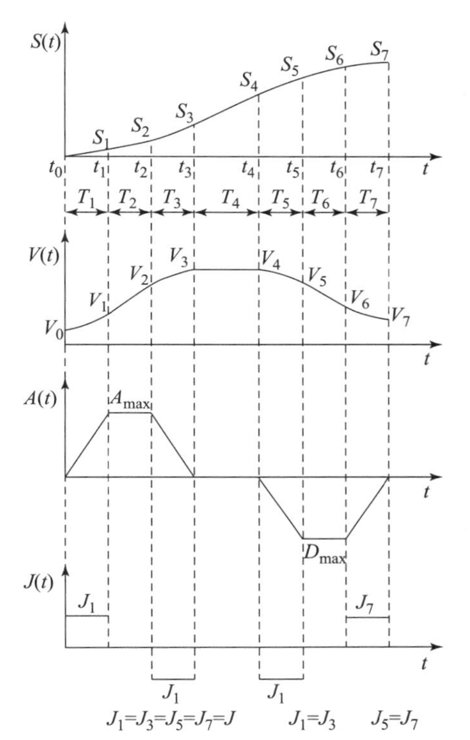

图 24.2　S 曲线的含义

（2）问题提法。对于单质点的运动来说，如果只考虑启停位置，可以用点到点运动问题来描述。如果还需要考虑运动轨迹和轮廓，则可以用多点约束轨迹的多点运动来描述。图 24.3 表明了单质点运动的分类情况。

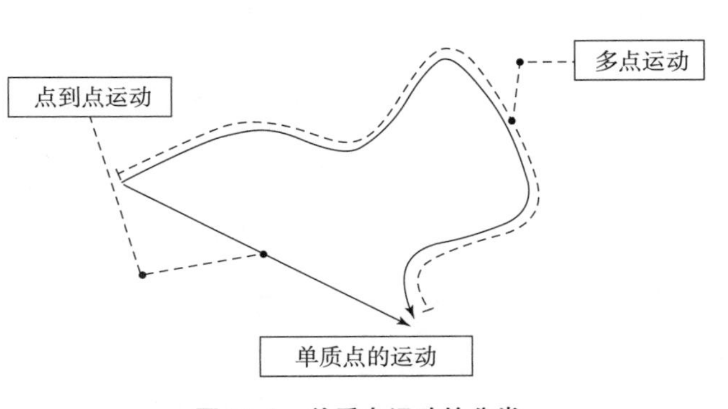

图 24.3　单质点运动的分类

如果将单质点运动推广为多质点运动，就需要让所有的执行器在运动上保持同步，因而也就有了多轴同步的问题，如图 24.4 所示。

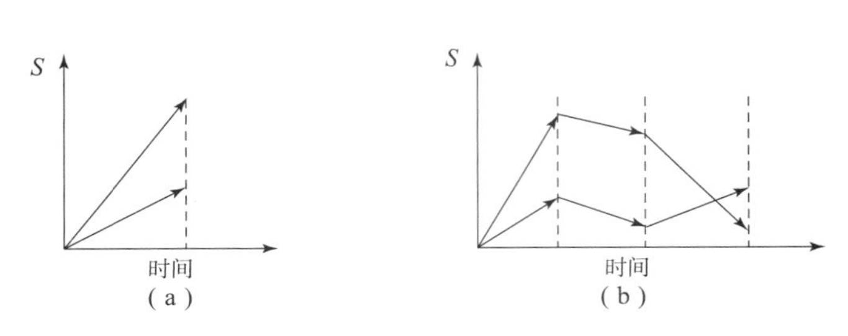

图 24.4　多质点的同步问题

(a) 点到点同步；(b) 多点同步

所以，项目组认为多轴同步问题可以细分为点到点同步和多点同步两个子问题。另外，S 曲线具有很好的全局性和解析性，非常适用于分析单轴运动问题，而一旦获取了单轴运动的解法，就能在此基础上去推导多轴同步问题的结论。所以，整个多轴同步问题就被划分为了单轴点到点运动、多轴点到点同步、单轴多点运动和多轴多点同步 4 个层层递进的子问题。

综上所述，可以确立整个多轴同步理论的研究内容如图 24.5 所示。此外，项目组会将这套同步理论应用到机械臂关节空间和笛卡儿空间的规划上。其中笛卡儿空间的位姿同步一直是行业内的实现难点。而基于多轴点到点同步算法所设计的位姿同步框架可以快速且准确的完成空间规划，非常适合应用于对末端轨迹有严格要求的场合。

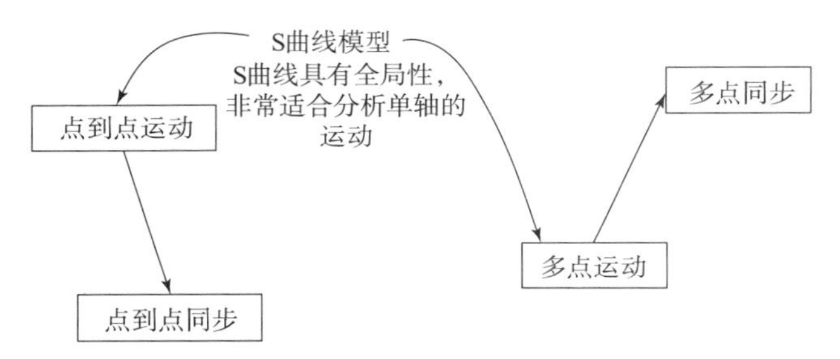

图 24.5　多轴同步理论的研究内容

至此，总结归纳同步理论的技术特点如下。

①高效性。系统地研究了多轴同步问题，获得了同步问题的解析解。这使得该理论中的算法不需要迭代和优化，运算效率极高。

②最优性。整套理论建立在极小值原理之上，所有的运动不仅可以满足运动约束，还能保证同步时间最短且能耗最低。

③开放性。具有全局的封闭表达式，可以方便地计算任意时刻上的规划速度和规划加速度；同时，具备离散化的递推公式便于高效地生成控制信号。

24.2　S 曲线模型的建立

项目组将在本节里基于极小值原理建立 S 曲线模型，依托其良好的全局性、解析性和时间最优性，为整个多轴同步理论奠定可供分析的数学基础。

24.2.1　广义 S 曲线的参数化和递推公式

S 曲线的概念最早在文献［171］中被提出，其含义如图 24.2 所示。此外，学术界多数研究都使用了如图 24.6 所示的多项式来描述 S 曲线。

加加速度：

$$
j(t)=\begin{cases}
J, & 0 \leqslant t < t_1\\
0, & t_1 \leqslant t < t_2\\
-J, & t_2 \leqslant t < t_3\\
0, & t_3 \leqslant 1 < t_4\\
-J, & t_4 \leqslant t < t_5\\
J, & t_6 \leqslant t < t_7
\end{cases}
$$

加速度 a：

$$
a(t)=\begin{cases}
Jt, & 0 \leqslant t < t_1\\
A_{\max}, & t_1 \leqslant t < t_2\\
A_{\max}-J(t-t_2), & t_2 \leqslant t < t_3\\
0, & t_3 \leqslant t < t_4\\
-J(t-t_4), & t_4 \leqslant t < t_5\\
-D_{\max}, & t_5 \leqslant t < t_6\\
-D_{\max}+J(t-t_6), & t_6 \leqslant t < t_7
\end{cases}
$$

速度 v：

$$
v(t)=\begin{cases}
\frac{1}{2}Jt^2+V_0, & 0 \leqslant t < t_1\\
\frac{1}{2}JT_1^2+A_{\max}(t-t_1)+V_0, & t_1 \leqslant t \leqslant t_2\\
\frac{1}{2}JT_1^2+A_{\max}T_2+A_{\max}(t-t_2)-\frac{1}{2}J(t-t_2)^2+V_0, & t_2 \leqslant t \leqslant t_3\\
V+V_0, & t_3 \leqslant t \leqslant t_4\\
V-\frac{1}{2}J(t-t_4)^2+V_0, & t_4 \leqslant t \leqslant t_5\\
V-\frac{1}{2}JT_5^2-D_{\max}(t-t_5)+V_0, & t_5 \leqslant t \leqslant t_6\\
V-\frac{1}{2}JT^5-D_{\max}T_6-D_{\max}(t-t_6)+\frac{1}{2}J(t-t_6)^2+V_0, & t_6 \leqslant t \leqslant t_7
\end{cases}
$$

位移 S：

$$
S(t)=\begin{cases}
V_0t+\frac{1}{6}Jt^3, & 0 \leqslant t < t_1\\
S_1+V_1(t-t_1)+\frac{1}{2}JT^1(t-t_1)^2, & t_1 \leqslant t < t_2\\
S_2+V_2(t-t_2)+\frac{1}{2}JT^1(t-t_2)^2-\frac{1}{6}J(t-t_2)^3, & t_2 \leqslant t < t_3\\
S_3+V_3(t-t_3), & t_3 \leqslant t < t_4\\
S_4+V_4(t-t_4)-\frac{1}{6}J(t-t_4)^3, & t_4 \leqslant t < t_5\\
S_5+V_5(t-t_5)-\frac{1}{2}JT_5(t-t_5)^2, & t_5 \leqslant t < t_6\\
S_6+V_6(t-t_6)-\frac{1}{2}JT_5(t-t_6)^2+\frac{1}{6}J(t-t_6)^3, & t_6 \leqslant t < t_7
\end{cases}
$$

图 24.6　常用的 S 曲线表达方式

但实际上，广义的 S 曲线可以理解为一个受限的多积分系统，对控制量的多重积分就是系统的最终输出，因此，广义的 S 曲线的位移表达式可写成

$$S = \underbrace{\int_{t_s}^{t_f} \cdots \int_{t_s}^{t_f}}_{n} u(t)\,\mathrm{d}t \tag{24.1}$$

其中，$u(t)$ 是一个时变的系统输入，n 是系统阶数。考虑到幅值的限制，$u(t)$ 会在一段时间内持续输出，或者某一段时间内停止输出，也就是说 $u(t)$ 呈现出分段的性质。所以，可以使用输入序列 $U = [u_1 \quad \cdots \quad u_i]$ 来表示每段的输出情况，并且使用时间序列 $T = [T_1 \quad \cdots \quad T_i]$ 表示 U 中每段的持续时间。对于任意给定阶次的广义 S 曲线来说，都能够使用 U 和 T 来唯一地确定一条时间最优曲线。

结合采样周期 t_p，可以得到广义 S 曲线的递推公式，如下所示：

$$\begin{cases} S_p = \sum_{k=0}^{n-1} \frac{(t_p)^k}{k!} S_{p-1}^{(k)} + \frac{(t_p)^n}{n!} u_p \\ S_p^{(1)} = \sum_{k=1}^{n-1} \frac{(t_p)^k}{k!} S_{p-1}^{(k)} + \frac{(t_p)^{n-1}}{(n-1)!} u_p \\ S_p^{(2)} = \sum_{k=2}^{n-1} \frac{(t_p)^k}{(k-1)!} S_{p-1}^{(k)} + \frac{(t_p)^{n-2}}{(n-2)!} u_p \\ \vdots \\ S_p^{(n)} = u_p \end{cases} \tag{24.2}$$

文献［171］以及学术界经常提及的 S 曲线实际上是特指三阶的 S 曲线。根据已有知识可知，多项式曲线的阶次越高，曲线就会越平滑，实际的运行效果就会越流畅。但项目组并没有选取更高阶次的 S 曲线，反而依然将以三阶 S 曲线（下文简称 S 曲线）为研究对象。原因有以下 2 点。

（1）S 曲线是应用范围最广、实现较为简单的规划方法。针对这一模型进行研究可以直接应用在大量的一线工程项目中。

（2）由于项目组需要基于系统方程进行封闭解法的推导，就需要求解多项式方程。对于一个三阶系统，其求解过程中最多只会出现三次多项式方程。由伽罗瓦理论可知，四次以下的多项式方程存在封闭求解公式，所以 S 曲线一定存在封闭解，这对于基础理论的研究来说非常重要。

综上所述，以 $n = 3$ 为例，可以得到 S 曲线的递推公式如下：

$$\begin{cases} S_p = S_{p-1} + V_{p-1} t_p + \frac{1}{2} A_{p-1} t_p^2 + \frac{1}{6} J_p t_p^3 \\ V_p = V_{p-1} + A_{p-1} t_p + \frac{1}{2} J_p t_p^2 \\ A_p = A_{p-1} + J_p t_p \\ J_p = u_p \end{cases} \tag{24.3}$$

式中，S_p 为第 p 个采样周期时的系统输出；V_p 为第 p 个采样周期时的系统速度；A_p 为第 p 个采样周期时的系统加速度；J_p 为第 p 个采样周期时的系统输入。当 $p = 1$ 时的 S_0、V_0、A_0，分别为系统的初始位置、初始速度和初始加速度。

对于一个标准的、零初始量的 S 曲线，其情形如图 24.7 所示。由图 24.7 可以看到，紫色曲线为控制量 jerk 的输出；还可以看到，jerk 在 t_1-t_0 和 t_7-t_6 的时间段内保持了最大输出 J_m，jerk 在 t_3-t_2 和 t_5-t_4 的时间段内保持了反向的最大输出 $-J_m$。而在 t_2-t_1，t_4-t_3，t_6-t_5 的时间内停止输出，其中 $t_0=0$。

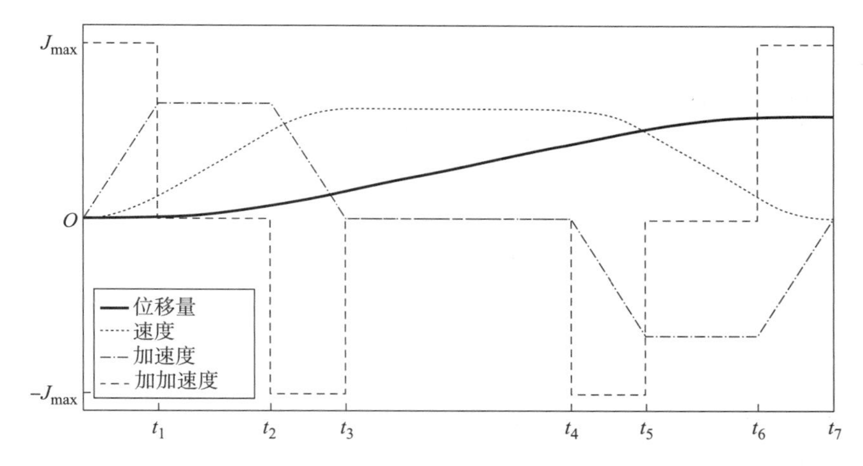

图 24.7　7 段 S 曲线示意（附彩插）

对应于时间序列 T 和输入序列 U 中的元素，可以有如下关系：

$$\begin{cases} t_7 = \sum_{k=1}^{7} T_k \\ T_p = t_p - t_{p-1}, p = 1, \cdots, i \\ T = [T_1 \quad T_2 \quad T_3 \quad T_4 \quad T_5 \quad T_6 \quad T_7] \\ U = [J_m \quad 0 \quad -J_m \quad 0 \quad -J_m \quad 0 \quad J_m] \end{cases} \tag{24.4}$$

结合式（24.3）和式（24.2）以及指定的采样周期 Smp，就可以将一条 S 曲线差分成为一个点列 $P=[P_1 \quad \cdots \quad P_n]$，可有

$$n = \mathrm{roundup}\left(\frac{t_7}{\mathrm{Smp}}\right) \tag{24.5}$$

其中 roundup（*）表示向上取整。

24.2.2　S 曲线的时间最优性与模型约束

广义来看，S 曲线是一个带有限幅的三阶积分系统。类似地，带有限幅的 n 阶积分系统都能够通过阶跃控制量来实现时间最优的目标，只不过其中需要更加复杂的限幅判断。下面以双积分系统为例证明时间最优性的存在条件。

一个简单的双积分系统，其状态空间方程为

$$\dot{x} = \begin{bmatrix} 0 & 1 \\ 0 & 0 \end{bmatrix} x + \begin{bmatrix} 0 \\ 1 \end{bmatrix} u \tag{24.6}$$

系统的边界条件为

$$\begin{cases} |u| \leqslant M \\ x_1(t_0) = 0, x_2(t_0) = 0 \\ x_1(t_f) = S, x_2(t_f) = 0 \end{cases} \tag{24.7}$$

寻找最优控制量 u^* ，使得性能指标取最小：

$$J = \int_{t_0}^{t_f} \mathrm{d}t = t_f - t_0 \tag{24.8}$$

利用最小值原理，系统的哈密尔顿函数为

$$H[x(t), u(t), t] = 1 + \lambda_1 x_2 + \lambda_2 u \tag{24.9}$$

协态方程和控制方程为

$$\begin{cases} \dot{\lambda}_1 = -\dfrac{\partial H}{\partial x_1} = 0 \\ \dot{\lambda}_2 = -\dfrac{\partial H}{\partial x_2} = -\lambda_1 \end{cases} \tag{24.10}$$

其最优控制量为

$$u^*(t) = -\operatorname{sign}[\lambda_2(t)]M = \begin{cases} M, & \lambda_2(t) < 0 \\ -M, & \lambda_2(t) > 0 \end{cases} \tag{24.11}$$

由此可见，时间最优控制要求控制变量始终取最大。而上述二阶积分系统就是一个典型的速度—位移系统。其中 x_1 表示位移，而 x_2 表示速度，$\dot{x}_2$ 为控制量，要求系统从零初始状态开始，到达指定位置 S 后保持零速度。只需控制量在输出时总保持最大，即可保证时间最短的性能要求。但在实际情况中，速度值并不能无限增加，所以当速度提升到最大时，需要停止控制量的输入。依照这种思路设计的规划方法就是常见的 LSPB。但是 LSPB 作为一个二阶系统并不能满足现场要求。通常会限定电动机的三阶带宽，即速度的最大值 V_m 、加速度的最大值 A_m 以及 jerk 的最大值 J_m 。这是一个有界的三积分系统，取 $\boldsymbol{x} = [S \quad V \quad A]^{\mathrm{T}} = [x_1 \quad x_2 \quad x_3]^{\mathrm{T}}$ 为状态变量。其中 S 为系统位移，V 为系统速度，A 为系统加速度，控制量 u 为 Jerk。

$$\begin{cases} \dot{\boldsymbol{x}} = \begin{bmatrix} 0 & 1 & 0 \\ 0 & 0 & 1 \\ 0 & 0 & 0 \end{bmatrix} \boldsymbol{x} + \begin{bmatrix} 0 \\ 0 \\ 1 \end{bmatrix} \boldsymbol{u} \\ |\boldsymbol{u}| \leqslant J_m \end{cases} \tag{24.12}$$

对于上述位移系统来说，采用同样的方法，可以证明只需要保证控制量 $\dot{x}_3$ 在作用时总是取最大值 J_m ，就能完成时间最短的目标。基于这种输入量的开关控制，增加相关的限幅逻辑后就是常见的 S 曲线。由于整个运动过程可以用 7 个连续的分段函数来描述，故也称七段 S 曲线。此外，由于多轴同步理论研究的是运动问题，所以还存在如下 3 点实际约束。

（1）由于 S 曲线是三阶模型，则位置曲线需要满足三阶连续。

（2）为了保证安全，在起点和终点处需要保证二阶零状态。

（3）S 曲线的一阶、二阶、三阶导数存在极值 V_m、A_m、J_m。

将上述 3 点称为模型约束，这一概念将会在后面的问题描述中出现。

在上述研究中，项目组基于 S 曲线建立了基础的运动模型，具体完成了以下内容的研究：

（1）推导了模型参数化的表达。这部分内容使得 S 曲线可以采用两组参数来描述，极大地减少了存储空间。

（2）推导了离散化的递推公式。在绝大多数的研究中，都将 S 曲线模型采用分段函数来表示，如图 24.2 和图 24.6 所示。但是在运动控制程序中，任何理论上连续的轨迹都需要进行离散化处理。所以项目组提出的递推方法具有一定的优越性。

（3）证明了 S 曲线的时间最优性。采用极小值原理证明了 S 曲线在三阶带宽的约束下可以满足时间最优的性质；此外，结合实际情况，提出了模型约束，这一概念会在后续研究中展现出独特的作用。

24.3　单轴点到点运动问题的时间最优算法

单轴点到点运动的问题可描述为：运动中只存在一个执行器，进而也只存在一组目标位移 S_r 和一组三阶带宽约束 V_m、A_m、J_m。要求执行器以最短的时间完成位移 S_r，同时满足模型约束。

24.3.1　问题分析

在 <速度—时间> 曲线图中，曲线与时间轴围成的面积就是执行器运动经过的位移。

（1）可以考虑 2 个简单的推论。

①在给定位移的前提下，如果执行器拥有更大的速度，执行时间则会更短。这个推论很容易理解，所以应该尽可能提升速度来缩短执行时间。

②在带宽一定的前提下，<速度—时间> 曲线一定关于时间中点对称。如果不对称，则必然有一侧对速度的利用率更低，从而也就一定不是最优曲线。所以，时间最优的速度曲线一定会在带宽的限制内，尽可能地“高”；同时，关于时间中点对称。

（2）为了分析问题方便起见，项目组将向量位移 S_r 简化为标量距离 D_r，即有

$$\begin{cases} \boldsymbol{S}_r = S_{\text{ref}} - S_{\text{cur}} \\ D_r = |S_r| \\ D_{ir} = \text{sign}(S_r) \end{cases} \tag{24.13}$$

由于在实际问题中，位移存在方向 D_{ir}，这会使推导过程变得复杂。所以式（24.13）将位移简化为标量距离 D_r。采用标量 D_r 参与运算得到了非负的时间序列 T 和默认沿正方向运动的输入序列 U。只需要对输入序列 U 取反就可以得到相反的运动。所以在下面的推导中，项目组将采用 >0 的标量距离 D 来进行分析与推导，而最后可以采用下述公式来修正实际的运动方向，即

$$U = U \cdot D_{ir} \tag{24.14}$$

下面将根据上述两条推论和一条假设，基于系统最大带宽来推导点到点时间最优的曲线解算方法。

24.3.2　最大带宽下的最短时间问题求解

（1）考虑系统的整个加速阶段。在这个阶段开始时，系统会使用 J_m 将加速度提升到 A_m。这段时间可通过计算得到，即

$$\begin{cases} T_1 = T_j = \dfrac{A_m}{J_m} \\ U_1 = J_m \end{cases} \tag{24.15}$$

（2）系统开始做匀加速运动提升速度。最后再使用 $-J_m$ 将加速度从 A_m 减少到0，而此时的速度恰好为 V_m，所以有

$$\begin{cases} T_3 = \dfrac{A_m}{J_m} \\ U_3 = -J_m \end{cases} \tag{24.16}$$

而每当系统输入激活并将加速度改变 A_m 时，引起的速度变化量为

$$V_j = \frac{A_m^2}{2J_m} \tag{24.17}$$

所以，可以推导出

$$\begin{cases} T_2 = \dfrac{V_m - 2V_j}{A_m} \\ U_2 = 0 \end{cases} \tag{24.18}$$

更进一步，可以推算出整个上升阶段系统经过的距离为

$$D_{up} = \frac{V_m^2}{2A_m} + \frac{A_m V_m}{2J_m} \tag{24.19}$$

由于曲线是对称的，当目标位置 $D_r \geqslant 2D_{up}$ 时，系统会采用最大速度 V_m 经过 $D_r - 2D_{up}$ 的距离，故有

$$\begin{cases} T_4 = \dfrac{D_r - 2D_{up}}{V_m} \\ U_4 = 0 \end{cases} \tag{24.20}$$

综上所述，当 $D_r \geqslant 2D_{up}$，系统按照时间最优的准则，可以将速度提升到最大。而此时S曲线的时间序列和输入序列为

$$\begin{cases} T_1 = T_3 = T_5 = T_7 = T_j \\ T_2 = T_6 = \dfrac{V_m - 2V_j}{A_m} \\ T_4 = \dfrac{D_r - 2D_{up}}{V_m} \\ \boldsymbol{U} = [J_m \quad 0 \quad -J_m \quad 0 \quad -J_m \quad 0 \quad J_m] \end{cases} \tag{24.21}$$

另外，注意到上述式中需要有

$$V_m - 2V_j \geqslant 0 \tag{24.22}$$

但是，系统带宽参数是由用户任意指定的。如果存在 $V_m - 2V_j < 0$ 的情况，则说明 A_m 过大。根据式（24.22）可以重新计算一个新的加速度最大值 $\tilde{A}_m$，即有

$$\tilde{A}_m = \sqrt{V_m J_m} \tag{24.23}$$

容易证明

$$\tilde{A}_m < A_m \tag{24.24}$$

使用 $\tilde{A}_m$ 来代替 A_m 可以保证S曲线是存在的，更重要的是有 $\tilde{A}_m < A_m$。也就是说式

（24.23）给出的新的加速度极大值 $\tilde{A}_m$ 并没有超过先前用户设定的最大值 A_m ，即 $\tilde{A}_m$ 处在一个安全合理的范围内，只不过更加保守。这一条件对于算法完备性来说极其重要。综上所述，对于任意给定的系统带宽总能找到一个合理的 $\tilde{A}_m$ 使得 S 曲线存在。所以在下面都将会默认 $V_m - 2V_j \geqslant 0$ 这一条件成立。

24.3.3　非最大带宽下的最短时间问题求解

此前，项目组推导了可以达到最大带宽的距离条件。这种标准状态下的 S 曲线充分地利用了各阶带宽。但当目标位置 $D_r < 2D_{up}$ ，执行器就没有足够的运动空间将速度提升到最大。但理论上存在一个稍小的速度值，可以将其作为目标速度，并保证在此速度下恰好能够完成目标距离。所以，项目组在此将基于系统模型，建立目标距离和最大速度之间的映射关系，并借此来求解这个能够满足距离约束条件的期望速度。

首先可知，此时的距离上限不超过 $2D_{up}$ ，而下界的条件是加速度达到最大。此时的距离可以表示为

$$D_a = 4V_jT_j = \frac{2A_m^3}{J_m^2} \tag{24.25}$$

所以 $D_a \leqslant D_r < 2D_{up}$ 就是非最大速度运动的距离约束条件。故在区间 $[2V_j \quad V_m)$ 上存在一个合理的速度值 V_r ，使执行器恰好能够经过 D_r 的距离。可以采用式（24.19）来求解这个 V_r ：

$$J_m V_r^2 + A_m^2 V_r - A_m J_m D_r = 0 \tag{24.26}$$

根据式（24.18）中 T_2 的表达式，可以将方程（24.26）写成

$$t_a^2 + \frac{3A_m}{J_m}t_a + \frac{2A_m^3 - D_rJ_m^2}{A_mJ_m^2} = 0 \tag{24.27}$$

其中 t_a 是待求的加速时间。可以看到，式（24.27）是一个关于 t_a 的一元二次方程。结合 D_r 的取值范围和根系关系，可以确定式（24.27）的唯一解为

$$t_a = \frac{\sqrt{A_m^4 + 4D_rA_mJ_m^2} - 3A_m^2}{2J_mA_m} \tag{24.28}$$

综上所述，当 $D_a \leqslant D_r < 2D_{up}$ 时，此时的 7 段标准 S 曲线将退化为 6 段 S 曲线，时间序列和输入序列为

$$\begin{cases} T_1 = T_3 = T_5 = T_7 = T_j \\ T_2 = T_6 = \dfrac{\sqrt{A_m^4 + 4D_rA_mJ_m^2} - 3A_m^2}{2J_mA_m} \\ T_4 = 0 \\ \boldsymbol{U} = [J_m \quad 0 \quad -J_m \quad 0 \quad -J_m \quad 0 \quad J_m] \end{cases} \tag{24.29}$$

如果当目标距离进一步减小，即 $D_r < D_a$ 。这就意味着 D_r 足够小，已经不需要将加速度提升到最大。可以根据式（24.25）将加速度作为未知量，求解出一个更小的加速度 A_r 来满足距离约束。这时可有

$$A_r = \sqrt[3]{\frac{D_rJ_m^2}{2}} \tag{24.30}$$

将式（24.30）整理成关于 jerk 作用时间 t_j 的形式，有

$$t_j = \sqrt[3]{\frac{D_r}{2J_m}} \tag{24.31}$$

在 $D_r < D_a$ 的情况下，此时的 7 段标准 S 曲线将退化为 4 段，时间序列和输入序列为

$$\begin{cases} T_1 = T_3 = T_5 = T_7 = \sqrt[3]{\dfrac{D_r}{2J_m}} \\ T_2 = T_4 = T_6 = 0 \\ \boldsymbol{U} = [J_m \quad 0 \quad -J_m \quad 0 \quad -J_m \quad 0 \quad J_m] \end{cases} \tag{24.32}$$

24.3.4 单轴点到点时间最优算法的设计

根据上面的分析和推导，可以得到如图 24.8 所示的点对点时间算法逻辑图。由图 24.8 可以了解到，单轴点到点时间最优算法建立了目标位移和运行时间之间的映射关系。这一映射是一个连续的分段函数，它可以将任意的实数映射为参数序列 T 和 U，这样就可以结合式（24.3）来表示一条 <位移—时间> 空间中的光滑曲线，即有

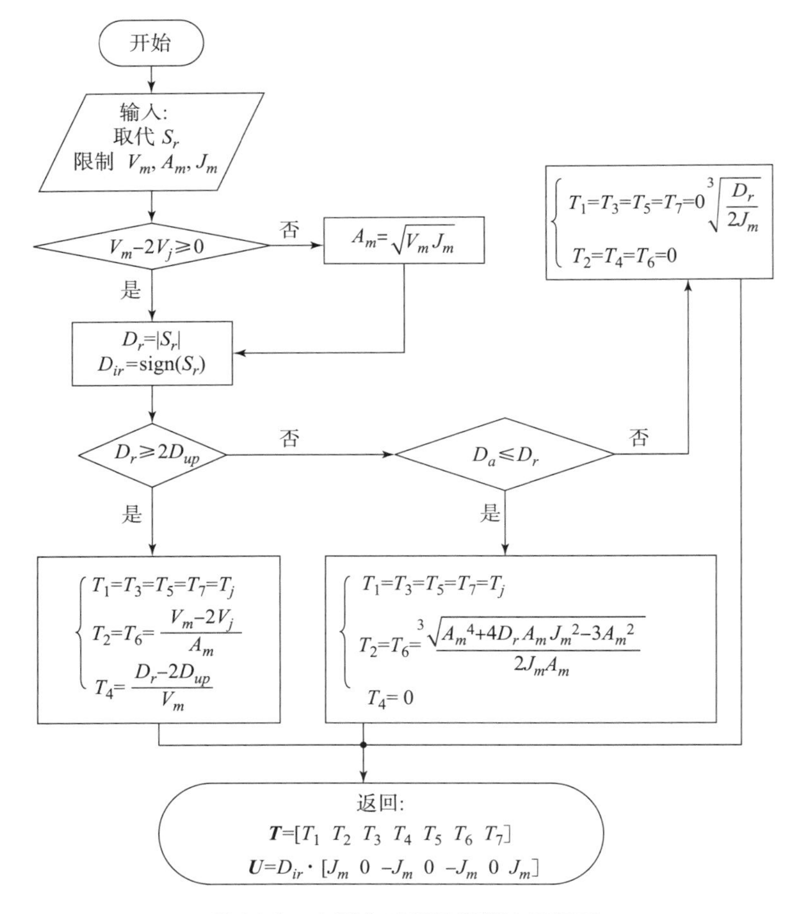

图 24.8　点到点时间最优算法逻辑图

$$\begin{cases} F(S_r \mid V_m, A_m, J_m) \mapsto \boldsymbol{T}, \boldsymbol{U} \\ t = \mathrm{sum}(\boldsymbol{T}) \end{cases} \tag{24.33}$$

由于这一映射同时满足满射和单射，使得算法具有了完备性。这说明，对于任意的位移自变量，都能唯一确定这一条光滑的曲线。这个唯一确定的曲线又通过极小值原理证明是所有可行解中耗时最短的。所以 $F(S_r \mid V_m, A_m, J_m)$ 同样唯一地确定了最短的运行时间 t 。式（24.33）中的 sum($\boldsymbol{T}$) 表示对时间序列 T 求和。所以可以采用式（24.34）来表示在给定带宽参数的前提下，目标位置与最短运行时间之间的映射，即

$$f(S_r \mid V_m, A_m, J_m) = t \tag{24.34}$$

基于前面的推导以及上述内容的启发，项目组希望能够确定一个与执行时间 t 有关的逆映射 f^{-1} 。采用这个逆映射 f^{-1} ，并基于一组给定的期望运行时间 t_r 和目标位移 S_r 求解出一组合适的带宽参数 $\tilde{V}$, $\tilde{A}$, $\tilde{J}$ ，进而来完成多轴同步问题，即有

$$f(S_r \mid V_m, A_m, J_m) \mapsto t_{\min} \mapsto f^{-1}(t_r \mid S_r, V_m, A_m, J_m) \mapsto \tilde{V}, \tilde{A}, \tilde{J} \tag{24.35}$$

针对这一问题，项目组将在后续章节中进行研究与分析。

24.4　多轴点到点同步问题的时间最优算法

多轴点到点同步的问题可描述为：运动中存在 i 个执行器提供的 i 个目标位移 ${}^iS_r$ ，i 组三阶带宽约束 ${}^iV_m$、${}^iA_m$、${}^iJ_m$ ，要求 i 个执行器以最短的时间同时完成各自的位移 ${}^iS_r$ ，并且所有运动需要满足模型约束。

项目组将在前面所研究的单轴点到点时间最优算法的基础上，推导多轴点到点同步的时间最优解。

24.4.1　问题分析

首先思考一个问题，将 $f(S, V, A, J) = t$ 看作一个多元函数，可以得到其表达式如下：

$$\begin{cases} (S,V,A,J) = \begin{cases} \dfrac{VA^2 + SAJ + JV^2}{VAJ}, & |S| \geqslant \dfrac{V^2}{A} + \dfrac{AV}{J} \\ \dfrac{\sqrt{A^4 + 4SAJ^2} + A^2}{AJ}, & \dfrac{2A^3}{J^2} \leqslant |S| < \dfrac{V^2}{A} + \dfrac{AV}{J} \\ 2\sqrt[3]{\dfrac{4S}{J}}, & |S| < \dfrac{2A^3}{J^2} \end{cases} \\ D_{om} = \left\{ (S,V,A,J) \mid S \in R, A > 0, J > 0, V \geqslant \dfrac{A^2}{J} \right\} \end{cases} \tag{24.36}$$

实际上，容易验证分段函数 $f(S, V, A, J)$ 端点处的左右极限是相等的，同时实变量的代数运算可以保证函数的连续性，所以 $f(S, V, A, J)$ 是连续的。因而可以在三维坐标中绘制出给定 A、J 时对应的 $f(S, V \mid A, J) = t$ 的图像，如图 24.9 所示。

在图 24.9 中，函数的定义域取 $\delta = \{(S, V, A, J) \mid S \geqslant 0, A = 2, J = 1, V \geqslant 4\}$ 。①从整个图像上可以看出，曲面是连续变化的。②从整体趋势上来看，同样的位移量 S ，速度 V 越大，所消耗的时间 t 越短。系统带宽提升了，系统就能够用更短的时间来完成任务，反之亦然。直观上这很好理解。从数学上也容易证明，S、V、A、J 分别都与运行时间 t 保持单调

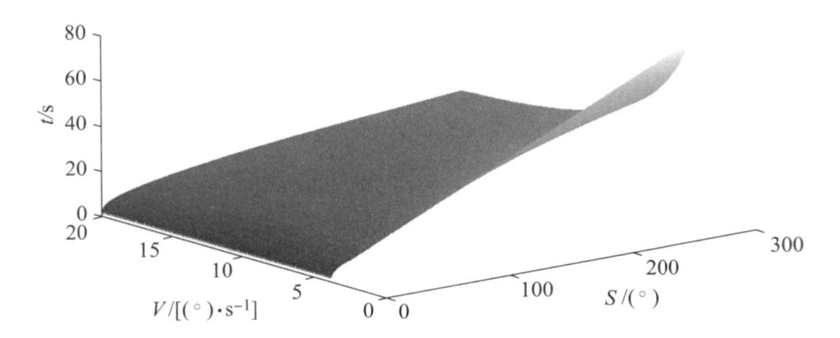

图 24.9　给定 A 和 J 时 f（S，V，A，J）在三维空间中的投影

关系。所以，如果自变量 S、V、A、J 中有 3 个为常数，则 f 就成了一个单调且连续的一元函数。由高等数学可知，此时的 f 一定存在单调的反函数 f^{-1}。根据实际需求，可以将式（24.35）所描述的逆映射写为

$$\begin{cases} f_J^{-1}(t_r \mid S_r, V_m, A_m, J_m) = \tilde{J} \\ f_A^{-1}(t_r \mid S_r, V_m, A_m, J_m) = \tilde{A} \\ f_V^{-1}(t_r \mid S_r, V_m, A_m, J_m) = \tilde{V} \end{cases} \tag{24.37}$$

在多轴同步规划问题中，耗时较短的执行器需要拉长自己的运动时间与慢速的执行器保持同步。所以，式（24.37）所描述的三种关系是在一个更加宽松的时间约束下求解一个更小带宽参数的映射。由于 f 的映射是单射，故对于式（24.37）求出的参数也存在如下所示的正向关系：

$$\begin{cases} f(S_r \mid V_m, A_m, \tilde{J}) = t_r \\ f(S_r \mid V_m, \tilde{A}, J_m) = t_r \\ f(S_r \mid \tilde{V}, A_m, J_m) = t_r \end{cases} \tag{24.38}$$

这个更小的带宽参数可保证该执行器采用 t_r 的时间恰好完成位移 S_r。下面针对式（24.37）所描述的三种映射推导其详细的求解公式，并且设计相关的算法。但在此之前，还有一些准备工作需要进行。

（1）在有关时间最优问题的求解中可知，在给定时间 t 和带宽的条件下存在最大的可达距离 D_m。也就是说，一定要有 $D_m \geqslant D_r$ 才保证 f^{-1} 有解。于是有必要先去确定 $t_r \mapsto D_m$ 的映射关系。

推导一个新的系统常数 T_{up}，用来表示系统最快到达最大速度 V_m 所需要的时间，即有

$$T_{up} = \frac{V_m - 2V_j}{A_m} + 2T_j = T_j + \frac{V_m}{A_m} \tag{24.39}$$

下面结合 T_{up}，去推导 $t_r \mapsto D_m$ 的映射关系。

如果目标运行时间 t 大于 $2T_{up}$，这个时间足够将速度加速到最大。所以最大的运行距离为

$$d = 2D_{up} + (t - 2T_{up})V_m \tag{24.40}$$

当目标时间 $t \in [4T_j, 2T_{up}]$，在这个区间中并没有足够的时间将速度提升到 V_m。按照最优控制率可将速度提升到的顶点速度为

$$v_p = \left(\frac{t}{2} - 2T_j\right)A_m + 2V_j \tag{24.41}$$

最大运行距离 d 可以等效为 v_p 与 $t/2$ 的乘积，即

$$d = \frac{v_p^{\ 2}}{A_m} + \frac{A_m v_p}{J_m} = \frac{t}{2}v_p = \frac{A_m J_m t^2 - 2A_m^2 t}{4J_m} \tag{24.42}$$

而当目标运行时间 $t < 4T_j$ 时，即便采用最大的系统输入量，也不能将加速度提升到最大，故不存在匀加速和匀速运动阶段。此时的最运行大距离 d 同样等效为 v_p 与 $t/2$ 的乘积，即

$$\begin{cases} v_p = \dfrac{J}{16}t^2 \\ d = \dfrac{t}{2}v_p = \dfrac{J}{32}t^3 \end{cases} \tag{24.43}$$

综上所述，可以得到关于目标时间 t_r 和最大运行距离 d 之间的关系，如下式所示：

$$f_t(t \mid V_m, A_m, J_m) = \begin{cases} 2D_{up} + V_m(t - 2T_{up}), & t \geqslant 2T_{up} \\ \dfrac{A_m J_m t^2 - 2A_m^2 t}{4J_m}, & 2T_{up} > t \geqslant 4T_j \\ \dfrac{J}{32}t^3, & 4T_j > t \end{cases} \tag{24.44}$$

（2）在下面的推导中，会出现有关一元三次方程的求解问题。经过意大利数学家塔尔塔利亚、卡丹以及瑞士数学家欧拉的不懈努力，总结出了一套完整的一元三次方程的求根公式。但是，这套求根公式并不区分实根与虚根。由于复数域的引入，会使得算法实现变得更加复杂。项目组采用了 S. J. 公式，该公式给出了一套更加详细的判别式和求解方法，可以有效地排除虚根。

（3）从上面的分析与推导中可以看出，基于时间的同步算法是求解时间最优算法逆运算的过程。所以说，基于时间的同步算法也一定是一个连续的分段函数。通过上面的分析与推导还可以看出，当自变量在一定范围内时，可以用一个确定的运动方程来描述，那么逆映射求解的难点就在于区间的确定和运动方程的推导。

24.4.2　基于时间约束逆映射的推导

24.4.2.1　时间约束下最小速度的求解问题

时间约束下的最小速度问题可以写成

$$f_V^{-1}(t_r \mid S_r, V_m, A_m, J_m) = \tilde{V} \tag{24.45}$$

此时给定目标位移 S_r、系统最大速度 V_m、最大加速度 A_m、最大 Jerk 值 J_m 和自变量为期望的运行时间 t_r。映射 f_V^{-1} 表示求解出采用 t_r 能够恰好完成 S_r 的最小速度 $\tilde{V}$。为了保证速度最小，执行器应当用最高效的方式将速度提升到 $\tilde{V}$，随后做匀速运动。所以这类问题的特点在于系统会尽可能地保持匀速运动。可以想象，这种情况下的速度曲线更接近一个梯形。

由于这种问题下的 Jerk 值保持不变，所以一旦当 $\tilde{V} \geqslant 2V_j$，则说明加速度被提升到了 A_m。反之亦然。所以，当 $\tilde{V} \geqslant 2V_j$ 时，执行器顶点速度的变化并不会影响加速度。而 $\tilde{V} < 2V_j$ 时，执行器顶点速度的变化将会引起加速度变小。2 种情况对应着不同的运动方程。这

里首先求解 $\tilde{V}=2V_j$ 临界状态下的距离，记作 D_V，有

$$D_V=4V_jT_j+2V_j(t_r-4T_j) \tag{24.46}$$

根据式（24.46）可知，上述情况只出现在 $t_r\geqslant 4T_j$ 时，所以有

$$\begin{cases} f_V^{-1}:\{t_r,D_r\}\mapsto[2V_j,V_m] \\ \text{where:} \\ D_r\in[D_V,f_t(t_r)] \\ t_r\in[4T_j,+\infty) \end{cases} \tag{24.47}$$

在这一区间中，由于加速度已经提升到最大，如果希望速度进一步增大，就会存在匀加速运动。这时可以采用 $\tilde{V}$ 来表示加速时间 t_a：

$$t_a=\frac{\tilde{V}-2V_j}{A_m} \tag{24.48}$$

此时的距离可以表示为

$$D_r=(t_r-2t_a-4T_j)\tilde{V}+\frac{\tilde{V}^2}{A_m}+\frac{A_m\tilde{V}}{J_m} \tag{24.49}$$

将式（24.49）整理成关于顶点速度 $\tilde{V}$ 的方程，可得

$$\tilde{V}^2+\frac{(A_m^2-J_mA_mt_r)}{J_m}\tilde{V}+A_mD_r=0 \tag{24.50}$$

由根系关系可以判断上述方程存在 2 个正实根。另外经过推导可以发现，式（24.50）所描述的二次函数的对称轴总在区间 $[2V_j,V_m]$ 的右侧。所以，可以进一步推算出 $\tilde{V}$ 的解析表达式，以及此时的时间序列 T 的表达式如下：

$$\begin{cases} \tilde{V}=\dfrac{A_mJ_mt_r-A_m^2-\sqrt{A_m^4-2A_m^3J_mt_r+A_m^2J_m^2t_r^2-4D_rA_mJ_m^2}}{2J_m} \\ t_{up}=2\left(T_j+\dfrac{\tilde{V}}{A_m}\right) \\ \begin{cases} T_1=T_3=T_5=T_7=T_j \\ T_2=T_6=\dfrac{t_{up}}{2}-2T_j \\ T_4=t_r-t_{up} \end{cases} \end{cases} \tag{24.51}$$

而当 D_r 取更小值时，系统已经不具备足够的距离使得加速度饱和。假设此时所需要的顶点加速度为 a_p，由于一定不存在匀加速段，则运动方程可以表达为

$$\begin{cases} v_p=\dfrac{a_p^2}{2J_m} \\ D_r=\left(t_r-4\dfrac{a_p}{J_m}\right)v_p+\dfrac{{v_p}^2}{a_p}+\dfrac{a_pv_p}{J_m} \end{cases} \tag{24.52}$$

进一步将式（24.52）整理，可有

$$2a_p^3-J_mt_ra_p^2+J_mD_r=0 \tag{24.53}$$

通过根系关系观察方程（24.53）可知，方程有一个负根，2 个正根，于是，可以根据 $a_p\in[0,A_m]$ 去进一步筛选 2 个正根。随后就可以将 a_p 和 T 整理成

$$\begin{cases} w = \operatorname{acos}\left(\dfrac{54S_r}{J_m t_r^3} - 1\right); a_p = \dfrac{J_m t_r}{6}\left(\cos\dfrac{w}{3} - \sqrt{3}\sin\dfrac{w}{3} + 1\right) \\ \begin{cases} t_j = \dfrac{a_p}{J_m} \\ t_{up} = 2t_j \end{cases} \\ \begin{cases} T_1 = T_3 = T_5 = T_7 = t_j \\ T_2 = T_6 = 0 \\ T_4 = t_r - 2t_{up} \end{cases} \end{cases} \tag{24.54}$$

上述推导建立了当 $t_r \in [4T_j, +\infty]$ 时与最小速度 $\tilde{V}$ 之间的映射关系，即有

$$f_V^{-1}(t_r \mid S_r, V_m, A_m, J_m) = \begin{cases} \text{no solution}, & f_t(t_r) < |S_r| \\ 式(24.51), & D_v \leqslant |S_r| \leqslant f_t(t_r) \\ 式(24.53),式(24.54), & |S_r| < D_v \end{cases} \tag{24.55}$$

当 $t_r \in [0, 4T_j]$，此时的时间不足以将加速度提升到最大，所以运动依然可以使用方程（24.53）来描述。综上所述，此时的 f_V^{-1} 可以写成

$$f_V^{-1}(t_r \mid S_r, V_m, A_m, J_m) = \begin{cases} 4T_j \leqslant t_r & \begin{cases} \text{no solution}, & f_t(t_r) < |S_r| \\ 式(24.51), & D_v \leqslant |S_r| \leqslant f_t(t_r) \\ 式(24.54), & |S_r| < D_v \end{cases} \\ 0 < t_r < 4T_j & 式(24.54), \quad |S_r| \leqslant f_t(t_r) \end{cases} \tag{24.56}$$

容易验证函数 f_V^{-1} 是连续的。另外，可以发现式（24.56）中有 2 段使用了同样的运动方程。当 $t_r = 4T_j$ 时，D_v 取得最小值 $4V_jT_j$，并且此时 $f_t(t_r) = 4V_jT_j$。所以一旦当 $t_r < 4T_j$ 时，则有 $f_t(t_r) < 4V_jT_j$。根据 D_v 的存在条件和上述分析，可以设计一个 D_V 的逻辑表达式，让整个算法更加简洁。整个算法的逻辑如图 24.10 所示。

其中 max（ *， * ）表示取 2 个变量中较大的一个。

24.4.2.2　时间约束下最小加速度的求解问题

时间约束下的最小加速度问题可以写成

$$f_A^{-1}(t_r \mid S_r, V_m, A_m, J_m) = \tilde{A} \tag{24.57}$$

此时给定目标位移 S_r，系统最大速度、加速度和 Jerk 的值分别为 V_m、A_m、J_m，自变量为期望的运行时间 t_r。映射 f_A^{-1} 表示求解出采用 t_r 能够恰好完成 S_r 的最小加速度 $\tilde{A}$。为了保证加速度最小，执行器会有较长的匀加速阶段，这也间接地会减少匀速运动的时间。可以想象，这种情况下的速度曲线会更接近三角形。

首先假设 $t_r > 2T_{up}$，之后做如下考虑：当 $S_r = f_t(t_r)$ 时，加速度、速度均达到了最大值，同时存在匀速和匀加速阶段，之后使得 S_r 不断减小。在这种情况下，可以保持最大速度 V_m 不变，同时降低加速度来放缓整个运动。在这个过程中，由于加速度不停地在减小，则匀加速的时间逐渐增加，同时匀速运动的时间不断减少，所以，可以推断，存在一个 S_r 和 $\tilde{A}$ 可以使得速度提升到 V_m，且不存在匀速运动阶段。此时运动距离 $D_A = t_rV_m/2$。

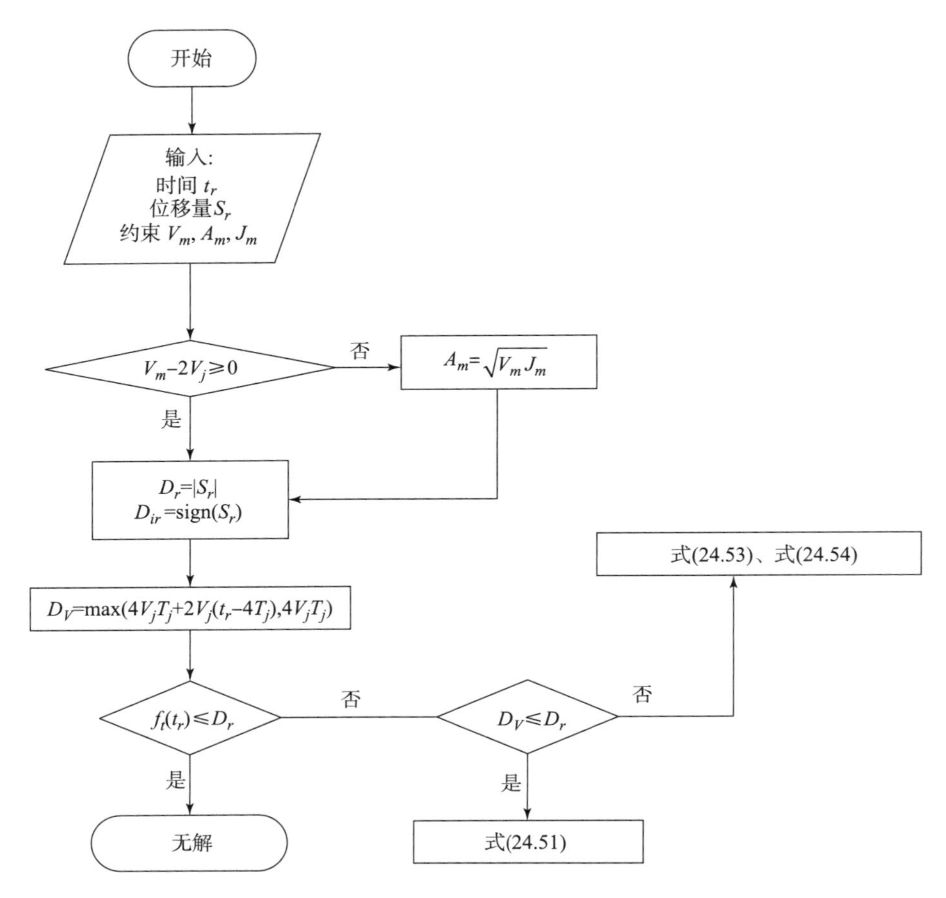

图 24.10　时间约束下最小速度同步算法逻辑

所以，当 $t_r \geqslant 2T_{up}$ ，且 $t_rV_m/2 \leqslant S_r \leqslant f_t(t_r)$ ，说明此时的运动可以将速度提升到最大，运动中包含匀速段和匀加速阶段。现在来推导这种情况下的运动方程。假设此时的加速度为 $\tilde{A}$ ，则匀加速时间 t_a 可表示为

$$t_a = \frac{V_m - \dfrac{\tilde{A}^2}{J_m}}{\tilde{A}} = \frac{V_m}{\tilde{A}} - \frac{\tilde{A}}{J_m} \tag{24.58}$$

此时的运动可以写成

$$\left(t_r - 2t_a - 4\frac{\tilde{A}}{J_m}\right)V_m + \frac{V_m^2}{A_m} + \frac{\tilde{A}\,V_m}{J_m} = S_r \tag{24.59}$$

将式（24.59）整理成关于 $\tilde{A}$ 的方程，可有

$$V_m\tilde{A}^2 + (J_mS_r - V_mt_rJ_m)\tilde{A} + J_mV_m^2 = 0 \tag{24.60}$$

由根系关系可以判断，方程（24.60）拥有 2 个正根。由于 $t_a \in [0,t_r]$ ，可以进一步推导出 $\tilde{A}$ 总取较小的根，故可以整理为

$$\begin{cases} \widetilde{A} = \dfrac{J_m t_r V_m - \sqrt{(S_r J_m)^2 - 2J_m^2 S_r t_r V_m + J_m^2 t_r^2 V_m^2 - 4J_m V_m^3} - J_m S_r}{2V_m} \\ t_j = \dfrac{\widetilde{A}}{J_m} \\ t_{up} = t_j + \dfrac{V_m}{\widetilde{A}} \\ T_1 = T_3 = T_5 = T_7 = t_j \\ T_2 = T_6 = t_{up} - 2t_j \\ T_4 = t_r - 2t_{up} \end{cases} \tag{24.61}$$

此后，当 S_r 继续减小到 $< t_r V_m/2$，执行器已经无法将速度提升到最大，也不会存在匀速阶段，所以此时的顶点速度 $v_p = 2S_r/t_r$。运动方程可以整理为

$$S_r = \frac{v_p^{\ 2}}{\widetilde{A}} + \frac{v_p \widetilde{A}}{J_m} \tag{24.62}$$

进一步整理得到

$$v_p \widetilde{A}^2 - J_m s_r \widetilde{A} + J_m v_p^{\ 2} = 0 \tag{24.63}$$

由根系关系可以推算，方程包含 2 个正根。在这种情况下存在均加速阶段，所以有 $t_a \in [0, t_r/2]$。首先，可以将 $\widetilde{A}$ 与 T 整理为

$$\begin{cases} \widetilde{A} = \begin{cases} \dfrac{J_m s_r - \sqrt{(s_r J_m)^2 - 4J_m V_m^{\ 3}} - J_m s_r}{2v_p}, & v_p > 0 \\ 0, & v_p = 0 \end{cases} \\ t_j = \dfrac{\widetilde{A}}{J_m} \\ T_1 = T_3 = T_5 = T_7 = t_j \\ T_2 = T_6 = \dfrac{1}{2} t_r - 2t_j \\ T_4 = 0 \end{cases} \tag{24.64}$$

当 $t_r < 2T_{up}$ 时，最大速度已经无法达到 V_m，仅需要有 $S_r \leqslant f_t(t_r)$ 即可使用方程（24.63）来描述。故在时间约束下的最小加速度映射可以写成如下的分段函数：

$$f_A^{-1}(t_r \mid S_r, V_m, A_m, J_m) = \begin{cases} 2T_{up} \leqslant t_r \begin{cases} \text{no solution}, & f_t(t_r) < |S_r| \\ 式(24.60), 式(24.61), & D_A \leqslant |S_r| \leqslant f_t(t_r) \\ 式(24.63), 式(24.64), & |S_r| < D_A \end{cases} \\ 0 < t_r < 2T_{up}, 式(24.63), 式(24.64), \quad |S_r| \leqslant f_t(t_r) \end{cases} \tag{24.65}$$

当 $t_r \geqslant 2T_{up}$ 时，有 $D_A \leqslant f_t(t_r)$；当 $t_r < 2T_{up}$ 时，总有 $f_t(t_r) < D_A$。所以，利用式（24.65）可以先去判断 $f_t(t_r)$ 与 D_r 的大小关系，再通过 D_A 去判断运动方程的选择。图 24.11 为时间约束下最小加速度同步算法逻辑。

24.4.2.3　时间约束下最小加速度的求解问题

时间约束下的最小加速度问题可以写成

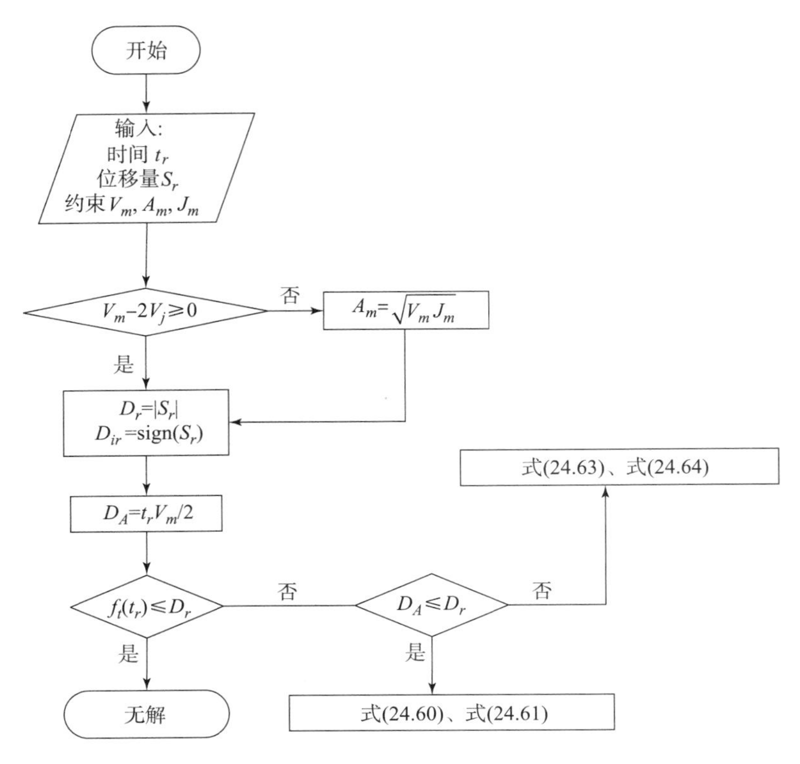

图 24.11　时间约束下最小加速度同步算法逻辑

$$f_J^{-1}(t_r \mid S_r, V_m, A_m, J_m) = \tilde{J} \tag{24.66}$$

此时给定目标位移 S_r，系统最大的速度、加速度和 Jerk 值为 V_m、A_m、J_m，自变量为期望的运行时间 t_r。映射 f_J^{-1} 表示求解出采用 t_r 能够恰好完成 S_r 的最小加速度 $\tilde{J}$。由于 Jerk 的值不断减小，会引起加速度和速度的同时变化，这种情况下的速度轮廓呈现抛物线状。

首先做如下考虑：如果保持最大速度 V_m 和最大加速度 A_m 不变，而不断减小 Jerk，则加速度提升到最大的时间逐渐增加，匀加速时间逐渐减少，因而可以重新计算出一个恰好能将加速度和速度都提升到最大值的最小 Jerk。注意，这种情况下不存在匀加速和匀速运动阶段，于是可有

$$\begin{cases} j = \dfrac{A_m^2}{V_m} \\ t_j = \dfrac{A_m}{j} \\ t_{up} = 2t_j \end{cases} \tag{24.67}$$

另外，容易证明 $t_{up} \geqslant T_{up}$。所以首先考虑 $t_r \geqslant 2t_{up}$ 的情况。此时的 $\tilde{J} \in [j, J_m]$，而且速度和加速度都能保持最大，于是可以计算出当 $\tilde{J} = j$ 时的距离下界 $D_{J,A,V}$。结合 $t_r \geqslant 2t_{up}$ 的假设，并结合上面的处理方法，可以得到一个更加精确的 $D_{J,A,V}$ 的表达式，即

$$\begin{cases} d_{J,A,V} = (t_r - 4t_j)V_m + 2t_jV_m = t_rV_m - 2\dfrac{V_m^2}{A_m} \\ d_{J,A,V,2t_{up}} = 2\dfrac{V_m^2}{A_m} \\ D_{J,A,V} = \max\left(t_rV_m - 2\dfrac{V_m^2}{A_m}, 2\dfrac{V_m^2}{A_m}\right) \end{cases} \tag{24.68}$$

所以当 $t_r \geqslant 2t_{up}$ 且 $D_r \in [D_{J,A,V}, f_t(t_r)]$，可以用式（24.69）来描述其运动：

$$D_r = \left(t_r - 2\frac{V_m - \dfrac{A_m^2}{\tilde{J}}}{A_m} - 4\frac{A_m}{\tilde{J}}\right)V_m + \frac{V_m^2}{A_m} + \frac{A_mV_m}{\tilde{J}} \tag{24.69}$$

经进一步整理，可有

$$\tilde{J} = \frac{V_mA_m^2}{t_rV_mA_m - V_m^2 - A_mD_r} \tag{24.70}$$

此时的 $\boldsymbol{T}$ 和 $\boldsymbol{U}$ 可以整理为

$$\begin{cases} t_j = \dfrac{A_m}{\tilde{J}} \\ t_a = \dfrac{V_m - \dfrac{A_m^2}{\tilde{J}}}{A_m} \\ T_1 = T_3 = T_5 = T_7 = t_j \\ T_2 = T_6 = t_a \\ T_4 = t_r - 2t_a - 4t_j \\ \boldsymbol{U} = D_{ir} \cdot [\tilde{J} \quad 0 \quad -\tilde{J} \quad 0 \quad -\tilde{J} \quad 0 \quad \tilde{J}] \end{cases} \tag{24.71}$$

根据上面分析可知当 $D_r = D_{J,A,V}$，恰好能够使得加速度和速度同时饱和，而且不存在匀加速阶段。这里会出现一个有趣的现象：随着 Jerk 值进一步减小，加速度会首先不饱和。可以通过如下的推导证明这一结论。假设 D_r 较小，不需要匀加速和匀速运动阶段，则可以用 t_r 以及 $\tilde{J}$ 来表示这种情况下的顶点速度和顶点加速度：

$$a_p = \tilde{J}\frac{t_r}{4}; v_p = \tilde{J}\left(\frac{t_r}{4}\right)^2 \tag{24.72}$$

令 $a_p = A_m$，可以反解出 $\tilde{J}$ 的表达式，此时再结合 $t_r \geqslant 2t_{up}$ 的假设代入 v_p，最后会得到 $v_p \geqslant V_m$ 的结论。这时反而用 V_m 去替换 v_p，可以得到 $a_p \leqslant A_m$；同时，可以证明存在 $v_p = V_m$，且加速度不饱和的情况。

下面首先计算加速度不饱和且速度饱和情况下距离的最小值 $D_{J,V}$。由于这种情况下不存在匀速阶段，故可以等效为 $D_{J,V} = V_mt_r/2$。所以，当 $t_r \geqslant 2t_{up}$，且 $D_r \in [D_{J,V}, D_{J,A,V}]$，就可以持续地减少 Jerk，让速度依然保持在最大值 V_m。假设此时 Jerk 的持续时间为 t_j，则运动方程就可以整理为

$$D_r = (t_r - 4t_j)V_m + 2t_jV_m \tag{24.73}$$

进一步可以整理成

$$t_j = \frac{t_r V_m - D_r}{2V_m} \tag{24.74}$$

进而得到 **T** 和 **U**，即有

$$\begin{cases} \tilde{J} = \dfrac{V_m}{t_j^2} \\ T_1 = T_3 = T_5 = T_7 = t_j \\ T_2 = T_6 = 0 \\ T_4 = t_r - 4t_j \\ \boldsymbol{U} = D_{ir} \cdot [\tilde{J} \quad 0 \quad -\tilde{J} \quad 0 \quad -\tilde{J} \quad 0 \quad \tilde{J}] \end{cases} \tag{24.75}$$

下面考虑当 $t_r \geqslant 2t_{up}$ 且 $D_r \in [0, D_{J,V})$ 时的运动方程。由于此时的加速度和速度都无法饱和，所以只存在变加速的运动，因此对应的运动方程可写为

$$D_r = \frac{\tilde{J}}{32} t_r^3 \tag{24.76}$$

进一步整理 **T** 和 **U**，可得

$$\begin{cases} \tilde{J} = \dfrac{32}{t_r^3} D_r \\ T_1 = T_3 = T_5 = T_7 = \dfrac{t_r}{4} \\ T_2 = T_6 = 0 \\ T_4 = 0 \\ \boldsymbol{U} = D_{ir} \cdot [\tilde{J} \quad 0 \quad -\tilde{J} \quad 0 \quad -\tilde{J} \quad 0 \quad \tilde{J}] \end{cases} \tag{24.77}$$

接下来分析 $t_r \in [2T_{up}, 2t_{up}]$ 的情况。在这段时间内，执行器有可能将速度和加速度提升到最大。当 Jerk 随着 D_r 进一步减小时，系统会消耗匀加速阶段来放缓加速过程，同时匀速阶段也逐步减少。因此在一定范围内，执行器能够保持最大速度和最大加速度运行，此时的下界距离 $D_{J,A,V} = V_m t_r/2$。故当 $t_r \in [2T_{up}, 2t_{up}]$ 且 $D_r \in [D_{J,A,V}, f_t(t_r)]$，执行器可以保持最大速度和最大加速度运动，所以可以采用式（24.70）、式（24.71）来求解。而当 D_r 进一步减小时，更小的 Jerk 无法在 $t_r/2$ 的时间内使得加速度和速度同时饱和，此时存在等式 $v_p = a_p t_r - a_r^2/\tilde{J}$。当 D_r 进一步减小时，如果继续保持 $a_p = A_m$，则 v_p 将逐渐 $< V_m$。而如果保持 $v_p = V_m$，不论 a_p 和 $\tilde{J}$ 如何调整都无法保持等式的成立。所以当 D_r 更小时，执行器将开始降低顶点速度并且保持加速度饱和。此时的运动包含了变加速和匀加速阶段。而这种情况的距离下界会将所有的时间用来做变加速运动，且顶点加速度为 A_m，即

$$\begin{cases} j = \dfrac{4A_m}{t_r} \\ D_{J,A} = j\dfrac{t_r^3}{32} = \dfrac{A_m}{8} t_r^2 \end{cases} \tag{24.78}$$

综上所述，当 $t_r \in [2T_{up}, 2t_{up}]$ 且 $D_r \in [D_{J,A}, D_{J,V}]$，运动方程可以描述为

$$\begin{cases} v_p = \dfrac{2D_r}{t_r} \\ T_1 = T_3 = T_5 = T_7 = t_j \\ T_2 = T_6 = (t_r - 4t_j)/2 \\ T_4 = 0 \\ \tilde{J} = \dfrac{2A_m^2}{(A_m t_r - 2v_p)} \\ t_j = \dfrac{A_m}{\tilde{J}} \\ \boldsymbol{U} = D_{ir} \cdot [\tilde{J} \quad 0 \quad -\tilde{J} \quad 0 \quad -\tilde{J} \quad 0 \quad \tilde{J}] \end{cases} \tag{24.79}$$

当 D_r 在区间 $[0, D_{J,A}]$ 中进一步减小，加速度也无法维持最大值，所以，此时的运动方程可用式（24.77）描述与求解。下面考虑 $t_r \in [4T_j, 2T_{up}]$ 的情况。这种情况由于时间较短，已经无法提升到 V_m 但依然有能力将加速度提升到 A_m。也就是说，此时的 $D_r \in [D_{J,A}, f_t(t_r)]$，故可以采用式（24.78）、式（24.79）来求解。当 D_r 继续减小时，则可以使用式（24.77）来求解。最后考虑 $t_r \in [0, 4T_j]$ 的情况。由于此时的时间太短，无法将加速度提升到最大，则 $D_r \in [0, D_{J,A}]$，可以使用式（24.77）来求解。

综上所述，可以将 f_J^{-1} 进一步整理成

$$f_J^{-1} = \begin{cases} \text{no solution}, & f_t(t_r) < |S_r| \\ \text{式}(24.70), \text{式}(24.71), & D_{J,A,V} \leqslant |S_r| \leqslant f_t(t_r) \\ \text{式}(24.74), \text{式}(24.75), & 2t_{up} \leqslant t_r, D_{J,V} \leqslant |S_r| < D_{J,A,V} \\ \text{式}(24.79), & 2t_{up} > t_r, D_{J,A} \leqslant |S_r| < D_{J,A,V} \\ \text{式}(24.77), & \text{others} \end{cases} \tag{24.80}$$

24.4.3　时间约束下的多轴点到点同步算法设计

上面推导了关于不同带宽参数的逆映射 f_*^{-1}。而 f_*^{-1} 可以在给定时间变量 t_r 的前提下求解出一个更小的带宽参数，以使执行器在采用 t_r 的时间内恰好完成 S_r 的运动。项目组在此将基于上面中推导的逆映射关系来设计一套多轴同步算法 MSBTA（Multi－axis Synchronization Based on Time constraints Algorithm），该算法的具体内容如表 24.1 所示。

表 24.1　多轴同步算法 MSBTA 实施步骤

算法 4.1：基于时间约束的多轴同步算法 MSBTA 实施步骤	
输入：	S, V, A, J, n（S、V、A、J，均为 n 维数组，S_i、V_i、A_i、J_i，表示第 i 个执行器的目标位移、最大速度、最大加速度和最大 Jerk）
1.	初始化 t
2.	**for** 执行器从 $i = 1$ 到 n（执行器个数），则执行 **do**
3.	根据式（24.34），在给定带宽参数的前提下，求解执行器移动到目标位置所需的最短运行时间。因为机器人有多个关节执行器，而耗时较短的执行器需要拉长自己的运动时间与慢速的执行器保持同步，所以 t 取最大耗时

续表

4. **endfor** 停止 for 循环
5. **for** 执行器从 $i=1$ 到 n(执行器个数)，则执行 **do**
6. 根据逆解方法，求解每个执行器的输入序列 U_i 和每个执行器的时间序列 T_i
7. **endfor** 停止 for 循环
8. **return** 返回 U,T

其中,n 为执行器的个数。S 、V、A、J，均为 n 维数组。S_i 、V_i 、A_i 、J_i 表示第 i 个执行器的目标位移、最大速度、最大加速度和最大 Jerk。$\boldsymbol{U}$ 中包含 n 个七维向量，保存着每个执行器的输入序列。$\boldsymbol{T}$ 中包含 n 个七维向量，保存每个执行器的时间序列,f_*^{-1} 表示不同的逆解方法。

24.4.4 能耗最低性质的证明

文献［189］指出，Jerk 的增大会使得电动机误差增大。文献［190］中最先提出在轨迹规划问题中应该将 Jerk 最小化作为目标，并且提出了 2 种优化指标，一种优化目标是：

$$\min\max|\boldsymbol{U}| \tag{24.81}$$

式（24.81）刻画的优化目标能够最大限度地降低系统输入，使得误差进一步减小。

另一种优化目标是：

$$\min\int_0^T \boldsymbol{U}^2 \mathrm{d}t \tag{24.82}$$

式（24.82）刻画的优化目标能够使执行器能耗降至最低。针对多轴同步问题，很多学者将同步运动、时间最优、最小 Jerk 等多重目标进行线性组合，形成目标函数，再采用数值或者智能算法去优化目标函数。这类方法逻辑清晰且拥有成熟的运算模块，但是这种方法的运算速度和收敛性难以保证；而且，在实时系统中几乎无法实现和使用。在面对 P2P 的多轴同步问题时，项目组提出的算法逻辑严密、程式简洁、实现容易，完备且稳定。该算法直接给出封闭的求解公式，运算速度远快于迭代方法。

另外，如果在 MSBTA 中使用f_J^{-1}，不仅可以完成多轴同步，还能够使得式（24.81）刻画的优化目标得以实现。而当采用f_A^{-1} 时，可获得如下推导结果：

$$\min A = \widetilde{A} = \frac{1}{4}\int_0^T |\boldsymbol{U}|\mathrm{d}t \tag{24.83}$$

也就是说,f_A^{-1} 极小了 $\int_0^T |\boldsymbol{U}|\mathrm{d}t$ 。根据 Euclidean 距离和 Manhattan 距离的定义，容易证明

$$\min\sqrt{\int_0^T \boldsymbol{U}^2 \mathrm{d}t} < \min\int_0^T |\boldsymbol{U}|\mathrm{d}t \tag{24.84}$$

虽然 $\min\int_0^T |\boldsymbol{U}|\mathrm{d}t$ 与 $\min\int_0^T \boldsymbol{U}^2 \mathrm{d}t$ 之间的大小并不容易确定，但是两个优化目标都最小化了，只是使用了不同的度量指标；而在 $L1$ 范数的度量下,f_A^{-1} 确实做到了最优化。

24.5 单轴多点运动问题的时间最优算法

单轴多点运动的问题可描述为：在运动过程中，存在由执行器提供的一组目标位移点列

$\boldsymbol{P} = [p_1, p_2, \cdots, p_n]$ 和一组三阶带宽约束 V_m、A_m、J_m，要求执行器以最短的时间通过点列 $\boldsymbol{P}$ 中所有的点，同时还要满足模型约束。

24.5.1　问题分析

首先考虑 $\boldsymbol{P}$ 为一个单调点列，如图 24.12（a）所示。由于位置曲线一定是连续的，所以只需考虑采用最短的时间从起点 p_1 到终点 p_n，于是该问题就可以采用单轴点到点时间最优算法进行求解。

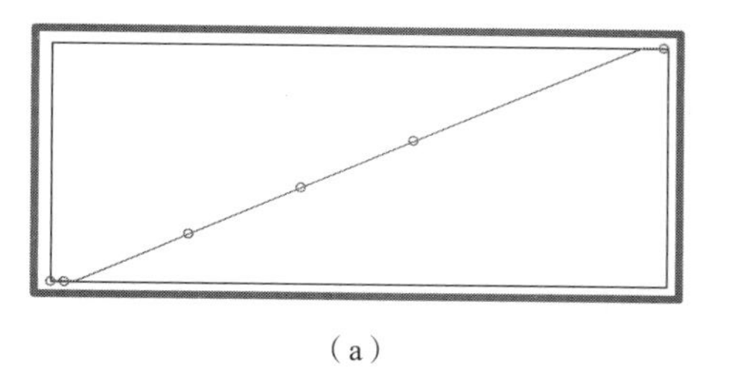

（a）

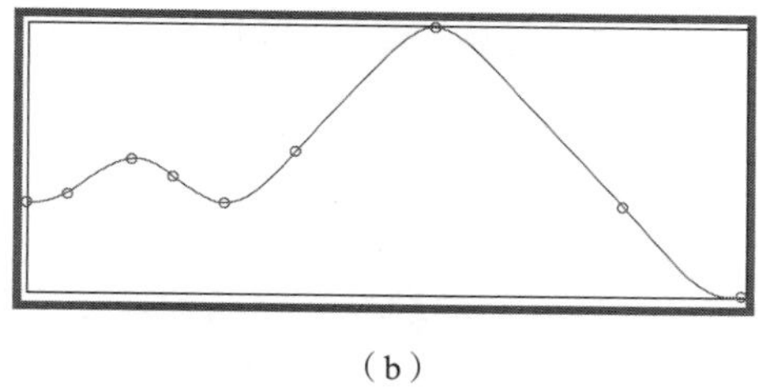

（b）

图 24.12　单轴多点运动的问题分类

（a）单调点列的运动问题；（b）非单调点列的运动问题

如果 $\boldsymbol{P}$ 为一个非单调点列，如图 24.12（b）所示，那么就一定可以分为若干单调的区间 $P_1, P_2, \cdots, P_m$。，如图 24.13 所示。由于任意两个相邻区间 P_i, P_{i+1} 增减性不同，也就一定可以在区间 P_i 中找到一点 p_s 等于区间 P_{i+1} 的终点 p_e。

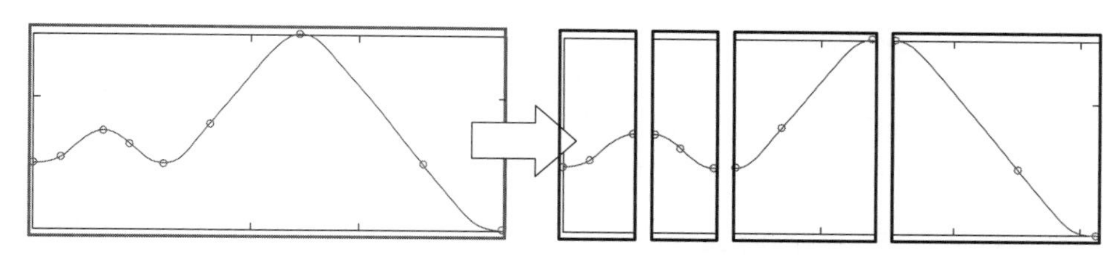

图 24.13　非单调运动的区间划分

高等数学中有一个罗尔中值定理，如图 24.14 所示。罗尔中值定理是：如果函数 $f(x)$ 满足在闭区间 $[a,b]$ 上连续，在开区间 (a,b) 内可导，在区间端点处有 $f(a) = f(b)$，那么在 (a,b) 内至少存在一点 $\xi(a < \xi < b)$，使得 $F'(\xi) = 0$。[191]

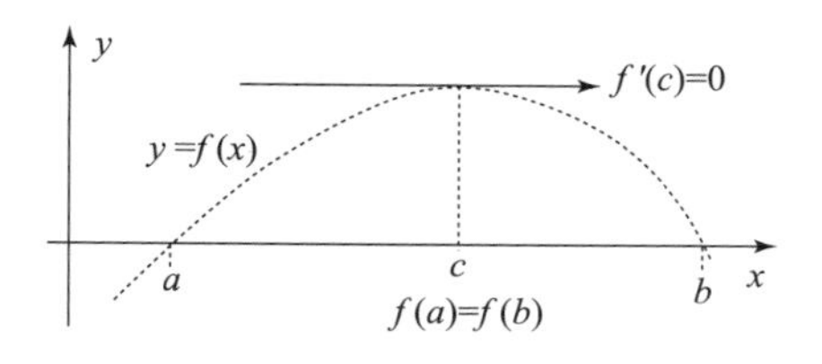

图 24.14　罗尔中值定理

假设 C^2 连续的位置曲线 $S(t)$ 依次经过位置点 p_s 和 p_e，经过 p_s 和 p_e 的时刻分别为 t_s 和 t_e。则在时间区间 (t_s, t_e) 中一定可以找到一点 t_ξ，使得 $S'(t_\xi) = 0$。如果存在多个时间点使得 $S' = 0$，这意味着执行器凭空增加了不存在的往复运动，所以时间最短的运动一定存在唯一的 t_ξ，使得 $S'(t_\xi) = 0$。如果 $S''(t_\xi) = 0$，则此时的问题就转化为了单调区间上的点到点问题。但可以直观地想象，如果在 p_e 处有速度为0，而保持了一个非0的加速度，这就可以避免在区间 P_i 终点和 P_{i+1} 起点处改变加速度方向而消耗额外的时间。由于加速度的变化是优先于速度的，所以在区间终点上的加速度方向应该与下一个区间的增减性相同。如果使得终点加速度在数值上尽可能大，则可以减小区间 P_i 终点和 P_{i+1} 起点改变加速度的时间。但是这个非零的加速度难以封闭地求解或者估计。

综上所述，可以得到如下的结论。为了保证单执行器采用最短时间通过多个位置点，需要满足下列的条件：①点列 P 的起点和终点处的速度、加速度均为0；②在点列 P 的各个单调区间中，执行器只保持单调运动；③除点列 P 的起点和终点之外，所有区间的起点和终点都应该保持速度为0而加速度的绝对值尽可能大。

由于各个区间终点的非0加速度不存在任何线性关系，所以无法封闭地进行求解或者进行估计。针对这一问题，项目组提出了一套切实可行的算法来予以解决。该算法首先需要研究以下的基本映射：

$$\psi(S,L,R \mid V_m,A_m,J_m) \mapsto \boldsymbol{T},\boldsymbol{U},\tilde{L},\tilde{R} \tag{24.85}$$

映射 ψ 表示在给定带宽参数 V_m、A_m、J_m，单调区间 P_i 左右端点速度为0的前提下的区间 P_i 的位移 S、区间 P_i 左端点期望的加速度 L 和右端点期望的加速度 R，求解出可行的运动序列 $\boldsymbol{T},\boldsymbol{U}$。但是 S、L、R 3个自变量并不是任意配置的，所以如果参数不相匹配，ψ 会进而求解出可以满足条件且数值上最大的左右加速度 $\tilde{L}$、$\tilde{R}$。

当映射 ψ 求解完成，可以始终让每个区间的右端点期望加速度为 A_m，去求解每个区间的运动序列。而一旦当 S、L、A_m 无解时，映射 ψ 会输出一个可行且最大的左右加速度 $\tilde{L}$、$\tilde{R}$。此时可以使用修正过的 $\tilde{L}$、$\tilde{R}$，去回溯计算之前区间的运动序列。

在正式推导 ψ 之前，需要预先作出一系列的分析与简化。实际上，$|L| < |R|$ 计算出的运动序列与 $|L| \geqslant |R|$ 计算出的运动序列是倒序的。基于这一现象，可以只分析 $|L| \geqslant |R|$ 的情况。当 $|L| < |R|$，则可以调换 $|L|$ 和 $|R|$ 的数值，转化为 $|L| \geqslant |R|$ 来求解。这样在求解结束之后，再将 U,T 倒序输出，就能够得到正确的运动序列。此外，为了进一步简化表达，映射中统一将输入参数 L 和 R 规定为非负实数，这样就可以更加方便地判断 L 和 R 的大小关系，而 R 的方向问题可以采用符号来解决。

24.5.2 基础映射 ψ 的推导

1. 基础映射 ψ 的第一种情况

首先考虑 D_r 充分大的第一种情况。此时不仅可以将顶点加速度提升到 A_m，也可以将顶点速度提升到 V_m。计算出此时的 D_r 和时间序列，就能够清晰地描述在这种情况下的运动。

在这种假设下，可以比较容易确定以下参数：

$$\begin{cases} T_1 = \dfrac{A_m - L}{J_m}, T_3 = T_j \\ T_7 = \dfrac{A_m - R}{J_m}, T_5 = T_j \end{cases} \tag{24.86}$$

另外，由于起点速度和终点速度为0，顶点速度为 V_m，利用式（24.3）可以计算出

$$\begin{cases} T_2 = \dfrac{L^2 - 2A_m^2 + 2V_m J_m}{2A_m J_m} \\ T_6 = \dfrac{R^2 - 2A_m^2 + 2V_m J_m}{2A_m J_m} \end{cases} \tag{24.87}$$

再次利用式（24.3），即可以得到此时的 D_r，并将此时的距离记作 D_V，于是有

$$D_V = \frac{V_m^2}{A_m} + \frac{V_m^2}{J_m} + \frac{L^2(8A_mL - 3L^2 - 6A_m^2) + R^2(8A_mR - 3L^2 - 6A_m^2)}{24A_mJ_m^2} \tag{24.88}$$

综上所述，当 $D_V \leqslant D_r$ 时，可以采用式（24.89）来计算运动序列：

$$\begin{cases} T_1 = \dfrac{A_m - L}{J_m}, T_2 = \dfrac{L^2 - 2A_m^2 + 2V_mJ_m}{2A_mJ_m}, T_3 = T_j \\ T_4 = \dfrac{D_r - D_V}{V_m}, T_5 = T_j, T_6 = \dfrac{R^2 - 2A_m^2 + 2V_mJ_m}{2A_mJ_m} \\ T_7 = \dfrac{A_m - R}{J_m}, \tilde{L} = L, \tilde{R} = R \end{cases} \tag{24.89}$$

2. 基础映射 ψ 的第二种情况

接下来，如果当 $D_V > D_r$，首先需要确定一个下界，然后再进一步确定此种情况下的运动方程。如果当 D_r 不断缩小，T_4 会率先降低到 0。此后随着 D_r 的减小，顶点速度也开始减小。由于在 24.5.2.1 节第一种情况中假设了 $L \geqslant R$，则在式（24.89）中可以发现 $T_2 \geqslant T_6$。如果当 V_m 下降到某一临界值，会使 $T_6 = 0$，而其他的表达式不发生变化。根据 T_6 的表达式可以求解出此状态下的顶点速度 v：

$$v = \frac{2A_m^2 - 2L^2}{2J_m} \tag{24.90}$$

基于式（24.89），可以求解出此时的临界距离，并且记作 D_A，可有

$$D_A = \frac{48A_m^4 - 6A_m^2L^2 - 42A_m^2R^2 + 8A_mL^3 + 8A_mR^3 - 3L^4 + 3R^4}{24A_mJ_m^2} \tag{24.91}$$

根据上述分析可知，当 $D_A \leqslant D_r < D_V$ 时，可以用统一的运动方程来描述。下面令式（24.89）中的 $T_4 = 0$，于是可以获得一个关于顶点速度 v 的方程，即

$$\begin{cases} \dfrac{1}{A_m}v^2 + \dfrac{A_m}{J_m}v + c = 0 \\ \text{where}: c = \dfrac{L^2(8A_mL - 3L^2 - 6A_m^2) + R^2(8A_mR - 3L^2 - 6A_m^2)}{24A_mJ_m^2} - D_r \end{cases} \tag{24.92}$$

根据根系关系可以判断出上述方程具有两个异号的实根，此时取正根即可。接着将运动序列进行整理，有

$$\begin{cases} T_1 = \dfrac{A_m - L}{J_m}, T_2 = \dfrac{L^2 - 2A_m^2 + 2vJ_m}{2A_mJ_m}, T_3 = T_j \\ T_4 = 0, T_5 = T_j, T_6 = \dfrac{R^2 - 2A_m^2 + 2V_mJ_m}{2A_mJ_m} \\ T_7 = \dfrac{A_m - R}{J_m}, \tilde{L} = L; \tilde{R} = R \\ \text{where}: v = \dfrac{-A_m^2 + \sqrt{A_m^4 - 4A_mJ_m^2c}}{2J_m} \end{cases} \tag{24.93}$$

3. 基础映射 ψ 的第三种情况

将 D_r 进一步减小，顶点速度的进一步减小使得 T_2 开始逐渐趋近于 0。由于 T_6 在 D_r =

D_A 时已经为0，而随着 T_2 的变化，只能通过减小 T_5 时间内提供的加速度来确保运动的完成。所以，当 T_2 恰好为0，左侧曲线达到 A_m，右侧曲线配合完成运动时的距离就是此时的距离下界。令 $T_2 = 0$，就可以求解出此时的顶点速度 v：

$$v = \frac{2A_m^2 - 2L^2}{2J_m} \tag{24.94}$$

但右侧曲线结束时需要保证速度为0且加速度为 $-R$。根据这一条件，可以表示出右侧曲线速度的变化量，于是有

$$v_r = \frac{R^2 - 2a^2}{2J_m} \tag{24.95}$$

由于曲线结束时需要保证速度为0，故有 $v = -v_r$。求解出右侧加速度 a_R：

$$a_R = \sqrt{A_m^2 + \frac{R^2 - L^2}{2}} \tag{24.96}$$

在式（24.93）中，令 $T_2 = T_6 = 0$，将 T_5, T_7 中的 A_m 替换为 a_R，采用式（24.3）求出此时的临界距离，并记作 D_R，即

$$D_R = \frac{1}{3J_m^2}\left[3A_m^3 + L^3 + R^3 - 3A_mL^2 + \frac{3}{4}(2A_m^2 - L^2 - R^2)\sqrt{4A_m^2 - 2L^2 + 2R^2}\right] \tag{24.97}$$

当 $D_R \leqslant D_r < D_A$ 时，可以用统一的运动方程来描述。下面将推导这种情况下的运动方程。首先假设在 T_5 阶段中产生的加速度为 a，采用 a 可以表示曲线的顶点速度 v，有

$$v = \frac{2a^2 - R^2}{2J_m} \tag{24.98}$$

在式（24.93）中，令 $T_6 = 0$，将 T_5、T_7 中的 A_m 替换为 a，求得一个关于右侧加速度 a 的一元四次方程，于是可有

$$\begin{cases} a^4 + 2A_ma^3 + (A_m^2 - R^2)a^2 - 2A_mR^2a = 0 \\ e = \frac{1}{12}(3R^4 - 3L^4 + 8A_mR^3 + 8A_mL^3 - 6A_m^2R^2 - 6A_m^2L^2 - 24A_mJ_m^2S) \end{cases} \tag{24.99}$$

受费拉里一元四次方程求根公式的启发，中国学者沈天珩对上式进行了简化，并给出了实根与虚根的求解公式。而根据方程（24.99）中对未知数的定义可知 $a \in (R, A_m)$。综上所述，可以将此时的运动序列整理为如下的封闭形式，即

$$\begin{cases} T_1 = \frac{A_m - L}{J_m}, T_2 = \frac{L^2 - 2A_m^2 + 2vJ_m}{2A_mJ_m}, T_3 = T_j \\ T_4 = 0, T_5 = \frac{a}{J_m}, T_6 = 0, T_7 = \frac{a - R}{J_m} \\ \tilde{L} = L, \tilde{R} = R \\ \text{where}: v = \frac{2a^2 - R^2}{2J_m} \end{cases} \tag{24.100}$$

4. 基础映射 ψ 的第四种情况

在 $D_r \in [D_R, D_A]$ 的范围内，此时左侧加速度依然可以提升到 A_m。如果现在要求将 D_r 进一步减小，则左侧的加速度也无法提升到 A_m。首先计算一个距离的下界 D_{T_3}，之后再推导运动方程。在这种情况下，左侧曲线的最大加速度将不断下降，期间将一直保持曲线中存

在 T_1、T_3、T_5、T_7。其中只有在 T_1 阶段提供了正向的加速度。所以随着距离的下降，T_1 的持续时间也会不断地减少。此时的临界状态 D_{T_3} 意味着 $T_1 = 0$，而曲线中所有的“动力”都来源于左侧曲线的初始加速度 L。所以 $T_3 = R/J_m$，进而可以求解出顶点速度 v 为

$$v = \frac{L^2}{2J_m} \tag{24.101}$$

根据式（24.95）前后的分析，可以求解出右侧的顶点加速度 a 为

$$a = \sqrt{\frac{L^2 + R^2}{2}} \tag{24.102}$$

接着，根据 T_3、T_5、T_7 的表达式，可以求解出此时的临界距离 D_{T_3}，即

$$D_{T_3} = \frac{1}{3J_m^2}\left(L^3 + R^3 + \frac{3\sqrt{2}}{4}(L^2 - R^2)\sqrt{L^2 + R^2}\right) \tag{24.103}$$

当 $D_{T_3} \leqslant D_r < D_R$ 时，可以采用统一的运动方程进行描述。下面对这个运动方程进行推导。假设曲线的顶点速度是 v，T_1 阶段后曲线的加速度为 a_1，则 a_1 将满足如下约束：

$$a_1 = \sqrt{\frac{2J_m v + L^2}{2}} \tag{24.104}$$

假设 T_5 阶段之后系统的加速度为 a_5，则 a_5 可以整理成

$$a_5 = \sqrt{\frac{2J_m v + R^2}{2}} \tag{24.105}$$

根据 a_1 和 a_5 可以将此时的位移表示为一个关于顶点速度 v 的方程，即有

$$\frac{1}{3J_m^2}\left[L^3 + R^3 + \frac{3\sqrt{2}}{4}(2J_m v - L^2)\sqrt{L^2 + 2J_m v} + \frac{3\sqrt{2}}{4}(2J_m v - R^2)\sqrt{R^2 + 2J_m v}\right] - D_r = 0 \tag{24.106}$$

可以看出，式（24.106）是一个非线性方程，求解其封闭解几乎不可能。但是容易验证它是一个关于 v 的连续且单调的函数。所以，项目组采用牛顿迭代法就能够很好地解决这一问题。牛顿迭代法的核心思想是将 $F(x)$ 在初值 x_0 的某邻域内进行泰勒展开，保留线性部分后令方程等于 0，即

$$F(x_0) + F'(x_0)(x - x_0) = 0 \tag{24.107}$$

将方程（24.107）的解记作 x_1，其表达式如下：

$$x_1 = x_0 - \frac{F(x_0)}{F'(x_0)} \tag{24.108}$$

将 x_1 作为方程 $F(x)$ 的近似解。牛顿迭代法可以基于如下循环完成。

已知方程 $F(x)$，初始点 x_0，ε 为给定的数值精度。

①令 $X = x_0 - F(x_0)/F'(x_0)$；

②判断 $|F(X)| < \varepsilon$。

若成立，取 $x^* = X$，终止，返回 x^*。

否则就取 $x_0 = X$，转回①。

从数值分析的相关内容中可以了解到，如果 $F(x)$ 连续且存在唯一解，则牛顿迭代法一定收敛。所以，方程（24.106）一定可以通过牛顿迭代法求解出有效的可行解。下面将确定方程（24.106）根的取值范围，用以提供一个求解区间。分别计算当 $D_r = D_{T_3}$ 时的顶点

速度 v_s 和 $D_r = D_R$ 时的顶点速度 v_e，则有 $v \in [v_s, v_e)$，即

$$\begin{cases} v_s = \dfrac{L^2}{2J_m} \\ v_e = \dfrac{2A_m^2 - L^2}{2J_m} \end{cases} \tag{24.109}$$

将方程（24.106）记作 $H(v)$，此时容易求得 $H'(v)$ 的表达式如下：

$$H'(v) = \frac{\sqrt{2}}{4J_m}\left(\frac{L^2 + 6J_m v}{\sqrt{L^2 + 2J_m v}} + \frac{R^2 + 6J_m v}{\sqrt{R^2 + 2J_m v}}\right) \tag{24.110}$$

根据 $H(v)$ 和 $H'(v)$ 以及自变量 v 的取值范围，可以采用式（24.109）和式（24.110）迭代计算出方程（24.106）的数值解 v。进一步将此时的运动序列整理为

$$\begin{cases} T_1 = \dfrac{a_1 - L}{J_m}, T_2 = 0, T_3 = \dfrac{a_1}{J_m} \\ T_4 = 0, T_5 = \dfrac{a_5}{J_m}, T_6 = 0, T_7 = T_5 - \dfrac{R}{J_m} \\ \tilde{L} = L, \tilde{R} = R \\ \text{where}: a_1 = \sqrt{\dfrac{L^2}{2} + 2vJ_m}, a_5 = \sqrt{\dfrac{R^2}{2} + 2vJ_m} \end{cases} \tag{24.111}$$

5. 基础映射 ψ 的第五种情况

当 $D_{T_3} \leqslant D_r < D_R$ 时，可以采用调节 a_5 的方式来进一步地减小整体位移。而当 $D_r < D_{T_3}$，则说明右侧的期望加速度 R 已经无法满足距离需求。如果此时能够增加右侧的期望加速度 R，就可以使得曲线在右侧下降得更快，运动的距离更短。所以，此时考虑不改变左侧期望加速度 L，而改变右侧加速度 R。在整体假设下有 $L \geqslant R$，所以待求的 $\tilde{R} \in [R, L]$。距离的临界状态可以在 $\tilde{R} = L$ 时求得，记作 D_L。此时只存在 $T_3 = T_5 = L/J_m$，即

$$D_L = \frac{2L^3}{3J_m^2} \tag{24.112}$$

所以，在 $D_L \leqslant D_r < D_{T_3}$ 时，右侧加速度 R 已经无法满足距离的约束，只能通过改变 R 来进一步减小 D_r。此时依然可以采用式（24.101）、式（24.102）来描述 a_5。将 $T_3 = L/J_m$、$T_5 = a_5/J_m$、$T_7 = T_5 - \tilde{R}/J_m$ 代入式（24.3），可以得到关于 $\tilde{R}$ 的方程如下：

$$\frac{1}{3J_m^2}\left(L^3 + \tilde{R}^3 + \frac{3\sqrt{2}}{4}(L^2 - \tilde{R}^2)\sqrt{L^2 + \tilde{R}^2}\right) - D_r = 0 \tag{24.113}$$

将方程（24.113）记作 $G(\tilde{R})$，可求得 $G'(\tilde{R})$ 如下：

$$G'(\tilde{R}) = \frac{(4\tilde{R}\sqrt{L^2 + \tilde{R}^2} - \sqrt{2}L^2\tilde{R} - 3\sqrt{2}\tilde{R}^2)}{4J_m^2\sqrt{L^2 + \tilde{R}^2}} \tag{24.114}$$

至此，可以利用前面设计的牛顿迭代法求解方程（24.103）的根，进而整理得出此时的运动方程，即

$$\begin{cases} T_1 = 0, T_2 = 0, T_3 = \dfrac{L}{J_m}, T_4 = 0 \\ T_5 = \dfrac{a_5}{J_m}, T_6 = 0, T_7 = T_5 - \dfrac{\tilde{R}}{J_m}, \tilde{L} = L \\ \text{where}: a_1 = \sqrt{\dfrac{L^2}{2} + 2vJ_m}, a_5 = \sqrt{\dfrac{R^2}{2} + 2vJ_m} \end{cases} \tag{24.115}$$

6. 基础映射 ψ 的第六种情况

通过式（24.115）可知，在 $D_r = D_L$ 时，有 $L = R$ 。但是，如果 D_r 进一步减小，根据运动方程（24.115）的描述可知，R 已经无法继续减小。所以当 $D_r < D_L$ 时，需要改变左加速度 L 的大小。此时的左右加速度相等，假设待求的左加速度为 $\tilde{L}$ ，那么可以将此时的运动方程整理为

$$D_r = \frac{2\tilde{L}^3}{3J_m^2} \tag{24.116}$$

求解出此时的左右加速度，可有

$$\tilde{L} = \tilde{R} = \left(\frac{3}{2}J_m^2 D_r\right)^{\frac{1}{3}} \tag{24.117}$$

此时的运动方程可以整理为

$$\begin{cases} T_1 = 0, T_2 = 0, T_3 = \dfrac{\tilde{L}}{J_m}, T_4 = 0 \\ T_5 = \dfrac{\tilde{R}}{J_m}, T_6 = 0, T_7 = 0 \end{cases} \tag{24.118}$$

7. 基础映射 ψ 的第七种情况

此前总结了 $D_r \in (0, +\infty)$ 范围内的所有运动情况，然而其中存在一些遗漏，例如，当 $D_r \in [D_{T_3}, +\infty]$ 时，并不会引起左右加速度的变化。但是当 $D_r \in [0, D_{T3}]$ ，且 $R = 0$ 时，式（24.118）和式（24.115）将不再适用。因为当 $R = 0$ 时，说明此时的曲线运动到了最后一个位置点，需要将速度和加速度同时归 0。此时的 $R = 0$ 是不能改变的边界条件。所以在这种情况下，只能去改变左加速度 L 。令 D_{T_3} 中的 $R = 0$ ，并且将 L 当作未知数，就能够获得相应的运动方程来求解 $\tilde{L}$ ，即

$$D_r = \frac{4 + 3\sqrt{2}}{12J_m^2}\tilde{L}^3 \tag{24.119}$$

所以可以反求出 $\tilde{L}$ 如下：

$$\tilde{L} = \left(\frac{12D_r J_m^2}{4 + 3\sqrt{2}}\right)^{\frac{1}{3}} \tag{24.120}$$

进一步整理出此时的运动序列，可有

$$\begin{cases} T_1 = 0, T_2 = 0, T_3 = \dfrac{\tilde{L}}{J_m}, T_4 = 0 \\ T_5 = \dfrac{\tilde{L}}{J_m\sqrt{2}}, T_6 = 0, T_7 = T_5, \tilde{R} = \tilde{L} \end{cases} \tag{24.121}$$

综上所述，项目组已经将基础映射 $\psi(S,L,R \mid V_m,A_m,J_m) \mapsto T,U,\tilde{L},\tilde{R}$ 推导完成。后续章节将会对前述推导进行总结与整理，给出一个更加清晰的算法流程。

24.5.3 基础映射 ψ 的算法逻辑

根据前面中的推导和分析，可以整理成基础映射 Ψ 的算法逻辑流程，如图 24.15 所示。

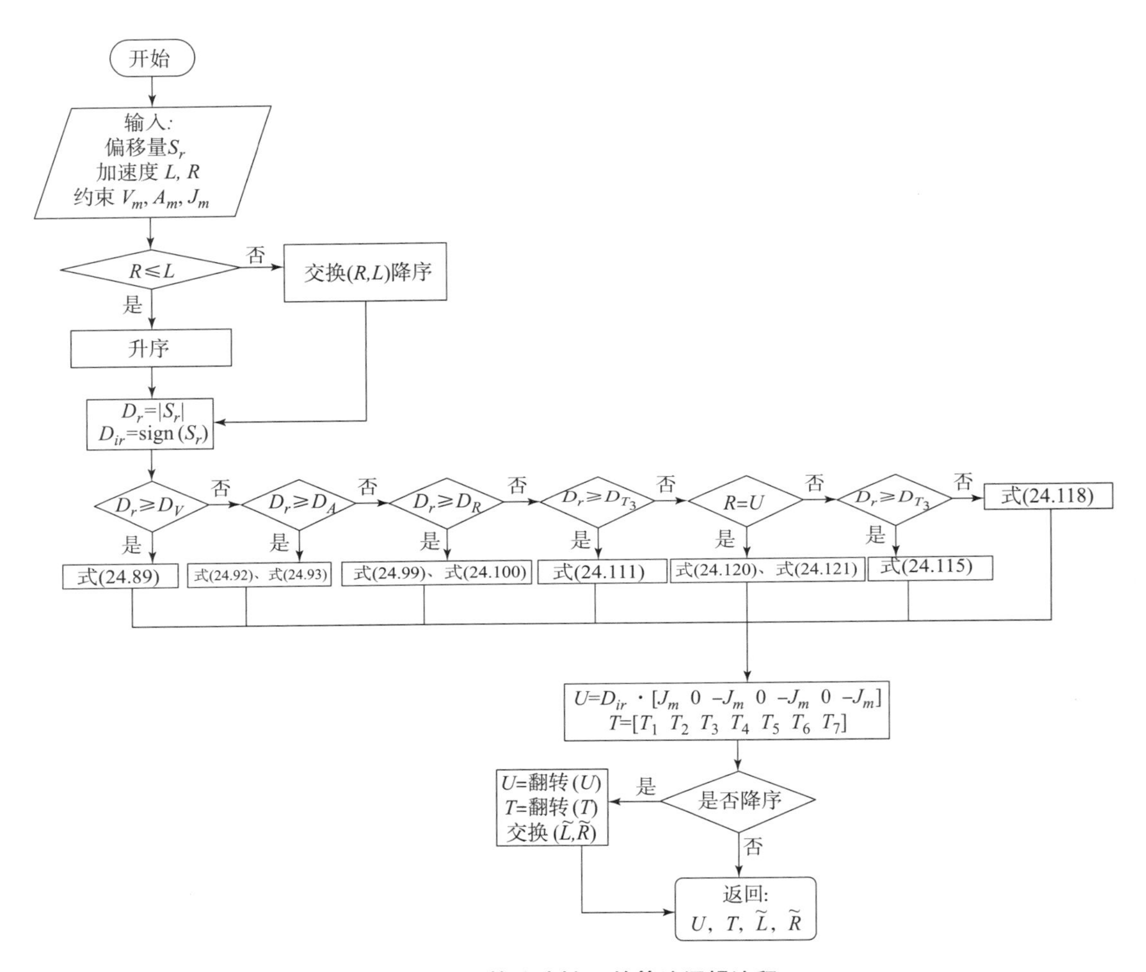

图 24.15 基础映射 ψ 的算法逻辑流程

其中，switch(a,b) 表示交换 a 和 b 的值。fliplr(A) 表示将一维数组 A 中的元素左右翻转。

24.5.4 单轴多点运动的时间最优算法设计

上面已经将单轴多点运动最为重要的基础映射推导工作完成。现在将基于这一基础映射来设计单轴多点运动时间最优算法的回溯逻辑，算法的伪代码如表 24.2 所示。

表 24.2　单轴多点运动时间最优算法伪代码及实施步骤

算法 4.2：单轴多点运动时间最优算法伪代码及实施步骤：
输入：执行器所能承受的最大速度 V 、最大加速度 A 、Jerk 的最大值 J ，以及运动点列 **Slist**
1. 取出 **Slist** 中的区间端点序号，并且保存在点列 **inp** 中
2. 获取点列 **inp** 的长度，记作 n ，表示点列 **Slist** 存在 $n-1$ 个区间
3. 初始化加速度序列 **Acc List**
4. 初始化多点运动序列 $\boldsymbol{U},\boldsymbol{T}$
5. **for** 正向解算过程，假设当前运行在第 $i-1$ 个区间，则 **then**
6. 　计算当前区间所需要运动的位移 S
7. 　取 **Acc List** 中第 $i-1$ 个值和第 i 个值，也就是第 $i-1$ 个区间的左右加速度为期望加速度，代入基础映射 ψ 中。计算第 $i-1$ 个区间的运动序列 u,t ，以及可以满足位移 S 约束的实际左右加速度 L,R
8. 　将右加速 R 赋值到加速度序列的对应位置 **Acc List** (i)
9. 　将运动序列 $\boldsymbol{u}$ 添加到 $\boldsymbol{U}$ 中
10. 　将运动序列 $\boldsymbol{t}$ 添加到 $\boldsymbol{T}$ 中
11. 　**if** 期望的左加速度和 **Acc List** $(i-1)$ 计算出来的可行加速度不相等，则 **then**
12. 　　**for** 反向回溯遍历前 $i-2$ 个区间，执行 **do**
13. 　　　**if** 期望的左加速度和 **Acc List** (k) 的可行加速度不相等，则 **then**
14. 　　　　反向求解，取 **Acc List** 中第 $k-1$ 个区间的左右加速度为期望加速度，代入基础映射 ψ 中。计算第 $i-1$ 个区间的运动序列 $\boldsymbol{u},\boldsymbol{t}$ ，以及可以满足位移 S 约束的实际左右加速度 L,R
15. 　　　　固定区间的右加速度，采用 ψ 求解 $\boldsymbol{u},\boldsymbol{t},L,R$
16. 　　　　将当前计算出的运动序列 $\boldsymbol{u}$ 替代 $\boldsymbol{U}(k-1)$
17. 　　　　将当前计算出的运动序列 $\boldsymbol{t}$ 替代 $\boldsymbol{T}(k-1)$
18. 　　　　将左加速 L 赋值到加速度序列的对应位置 **Acc List** $(k-1)$
19. 　　　**else** 如果 L 与前一个区间的右加速度相等
20. 　　　　**break** 加速度序列已经可以保持应有的连续性，退出回溯阶段
21. 　　　**endif** 停止 if 循环
22. 　　**endfor** 停止 for 循环
23. 　**end if** 停止 if 循环
24. **endfor** 停止 for 循环
25. **return** 返回 $\boldsymbol{U},\boldsymbol{T}$

由表 24.2 可以看出，算法的输入量为当前执行器所能承受的最大速度 V 、最大加速度 A 、Jerk 的最大值 J 以及运动点列 **Slist**。

算法第 1 行中取出 Slist 中的区间端点序号，并且保存在点列 **inp** 中，例如 **Slist** = ［1　2

3　2　1　5　0]，则 **inp** = [1　3　5　6　7]。

算法第 2 行中获取点列 **inp** 的长度，记作 n ，表示点列 **Slist** 存在 $n-1$ 个区间。

算法第 3 行中，初始化加速度序列 **Acc List**。加速度序列是用来记录区间端点加速度的数组。由于算法期望能够用最快的速度通过点列，所以在 **Acc List** 中除了 **Slist** 的起点和终点以外，其他区间的端点加速度都默认为 A。

算法第 4 行中初始化多点运动序列 $\boldsymbol{U},\boldsymbol{T}$。

算法从第 5 行开始，就进入算法的主循环。在主循环分为 2 个过程：正向解算过程、反向回溯过程。

算法的第 7 行到第 11 行是正向解算部分，假设当前运行在第 $i-1$ 个区间，则可以使用第 6 行的表达式计算当前区间所需要运动的位移 S ，并且取 **Acc List** 中第 $i-1$ 个值和第 i 个值，也就是第 $i-1$ 个区间的左右加速度为期望加速度。代入基础映射 ψ 中，此时 ψ 可以计算出第 $i-1$ 个区间的运动序列 $\boldsymbol{u},\boldsymbol{t}$ ，以及可以满足位移 S 约束的实际左右加速度 L,R 。随后将运动序列 $\boldsymbol{u},\boldsymbol{t}$ 添加到 $\boldsymbol{U},\boldsymbol{T}$ 中，同时将新近计算出的右加速度 R 赋值到加速度序列的对应位置。

实际上，在加速度序列 **Acc List** 中，区间的左加速度由上一个区间的右加速度决定，是严格不能改变的；而右加速度则不同，因为即便基础映射 ψ 求解出来的真实右加速度小于期望加速度，也并不会造成任何影响。但是根据前面的分析可以得知，确实存在实际左加速度与期望左加速度不相等的情况。一旦当这种情况发生，就说明当前区间的运动距离较小，无法承受上一区间结束时较大的加速度，这就需要去固定上一个区间的右加速度，重新判断此时的左加速度是否等于正向解算中求解的左加速度。这里的反向求解可能会带来链式反应，也就是说有可能重新反向地求解当前区间之前的所有区间。项目组将这个不断反向求解的过程称为反向回溯过程，在算法第 11 行至第 23 行中实现。

在算法的第 11 行，首先判断期望的左加速度和计算出来的可行加速度是否相等。如果相等，则继续进行正向解算部分；一旦不相等，则进入了回溯阶段。在回溯阶段，将反向遍历前 $i-2$ 个区间。假设当前在第 $k-1$ 个区间，则算法会在第 16 行固定区间的右加速度，采用 ψ 求解 $\boldsymbol{u},\boldsymbol{t},L,R$ 。如果 L 与前一个区间的右加速度相等，则意味着加速度序列已经可以保持应有的连续性，即可以退出回溯阶段；如果不相等，则重新反向求解所有的区间加速度，因为 Slist 的起点加速度固定为 0，在这里算法总会停止。

综上所述，项目组基于罗尔中值定理和回溯机制完成了单轴多点运动的时间最优算法的建构与分析，下面将要面对多轴多点同步问题，这对于智能排爆机器人机械臂能否实现精确的排爆处置作业至关重要。

24.6　多轴多点同步问题的时间最优算法

多轴多点同步的问题可描述为：在运动过程中，存在 i 个执行器提供的 i 组目标位移点列 P_i 和一组三阶带宽约束 ${}^{i}V_m$、${}^{i}A_m$、${}^{i}J_m$ ，要求 i 个执行器以最短的时间同时通过所有的关节点 $p_{j,n}$ ，且满足模型约束。

24.6.1　问题分析

根据本书第 24 章第 24.3 节、第 24.4 节提供的思路，可以直接考虑采用第 24 章第 24.5

节中获得的结论，优先求解所有执行器的多点时间最优曲线，然后建立某种与时间有关的映射函数，逐点同步。如果这种方法可行，则可以完美地获得全局最优解。

但还需考虑如下情况：假设当前速度达到了最大速度 V_m，匀速运动 t 秒，则共计运动了 $V_m t$ 的距离，现在要求执行器在 $t + \Delta t$ 的时间里依然通过 $V_m t$ 的距离。由于时间被拉长，保持原有速度一定会超过距离上的限制，因而只能通过先减速再加速的过程来满足有关距离的约束。令 $T_1 = T_3 = T_5 = T_7 = (t + \Delta t)/4$，可以得到位移的表达式如下：

$$V_m(t + \Delta t) - \frac{J}{32}(t + \Delta t)^3 = V_m t \tag{24.122}$$

反解出 J，则有

$$\lim_{\Delta t \to 0} J = \lim_{\Delta t \to 0} \frac{32V_m \Delta t}{(t + \Delta t)^3} = \infty \tag{24.123}$$

根据式（24.123）的推导可以说明曲线有可能突破带宽的限制，所以依照单轴时间最优之后逐点同步的思路是不可行的。

考虑采用本书第 24 章第 24.5 节中的回溯思路。但是单轴多点的时间最优是具有全局性的，也就是说各个关键点之间的速度和加速度是最优匹配的。式（24.123）已经从侧面说明，单轴的全局最优解并非多轴同步的最优解。由于 S 曲线是一种较为复杂的光滑分段函数，当进行带有回溯的逐点同步时，又会产生“牵一发而动全身”的问题，解决方案的整体复杂程度将难以估量。

针对多轴多点同步问题，众多学者都采用了智能算法来进行寻优[192]。这些方法确实可以寻找到可行的最优解，但是都无法进行在线规划，也就导致这些方法无法在高实时性需求的环境中应用。

综合上述分析，项目组认为，多轴多点同步问题需要使用一种局部性较强的模型来解决，这样可以提高算法的可实现性。由于本书第 24 章 24.5 节已经可以求解单轴多点的时间最优解，并且容易获得任意位置点上的速度和加速度信息，基于这些信息可以直接确定一条唯一的五次多项式曲线。所以，项目组考虑采用五次多项式曲线来完成多轴多点同步。

24.6.2　基于五次多项式的多轴多点同步算法设计

五次多项式可以采用以下方式表示：

$$\boldsymbol{S}(\boldsymbol{t}) = \boldsymbol{at}^5 + \boldsymbol{bt}^4 + \boldsymbol{ct}^3 + \boldsymbol{dt}^2 + \boldsymbol{et} + \boldsymbol{f} \tag{24.124}$$

可以将式（24.124）用系数序列 $\boldsymbol{C} = [\boldsymbol{a}\quad \boldsymbol{b}\quad \boldsymbol{c}\quad \boldsymbol{d}\quad \boldsymbol{e}\quad \boldsymbol{f}]$ 和时间 $\boldsymbol{t}$ 来表述。

根据本书第 24 章第 24.5 节中的结论，容易获取当前位置点 $\boldsymbol{P}_n$ 的位置 $\boldsymbol{S}_n$、速度 $\boldsymbol{V}_n$、加速度 $\boldsymbol{A}_n$，以及下一个位置点 $\boldsymbol{P}_{n+1}$ 的位置 $\boldsymbol{S}_{n+1}$、速度 $\boldsymbol{V}_{n+1}$、加速度 $\boldsymbol{A}_{n+1}$、运动时间 $\boldsymbol{t}_{n,n+1}$。基于上述关键信息可以得到方程组如下：

$$\begin{bmatrix} \boldsymbol{t}_{n,n+1}^5 & \boldsymbol{t}_{n,n+1}^4 & \boldsymbol{t}_{n,n+1}^3 & \boldsymbol{t}_{n,n+1}^2 & \boldsymbol{t}_{n,n+1} & 1 \\ 5\boldsymbol{t}_{n,n+1}^4 & 4\boldsymbol{t}_{n,n+1}^3 & 3\boldsymbol{t}_{n,n+1}^2 & 2\boldsymbol{t}_{n,n+1} & 1 & 0 \\ 20\boldsymbol{t}_{n,n+1}^3 & 12\boldsymbol{t}_{n,n+1}^3 & 6\boldsymbol{t}_{n,n+1}^2 & 2 & 0 & 0 \\ 0 & 0 & 0 & 0 & 0 & 1 \\ 0 & 0 & 0 & 0 & 1 & 0 \\ 0 & 0 & 0 & 2 & 0 & 0 \end{bmatrix} \begin{bmatrix} \boldsymbol{a} \\ \boldsymbol{b} \\ \boldsymbol{c} \\ \boldsymbol{d} \\ \boldsymbol{e} \\ \boldsymbol{f} \end{bmatrix} = \begin{bmatrix} \boldsymbol{S}_{n+1} \\ \boldsymbol{V}_{n+1} \\ \boldsymbol{A}_{n+1} \\ \boldsymbol{S}_n \\ \boldsymbol{V}_n \\ \boldsymbol{A}_n \end{bmatrix} \tag{24.125}$$

进一步可得

$$
\begin{cases}
\boldsymbol{a} = [12(\boldsymbol{S}_{n+1} - \boldsymbol{S}_n) - 6(\boldsymbol{V}_n + \boldsymbol{V}_{n+1})\boldsymbol{t}_{n,n+1} + (\boldsymbol{A}_{n+1} - \boldsymbol{A}_n)\boldsymbol{t}_{n,n+1}^2]/(2\boldsymbol{t}_{n,n+1}^5) \\
\boldsymbol{b} = [30(\boldsymbol{S}_n - \boldsymbol{S}_{n+1}) + 2(8\boldsymbol{V}_n + 7\boldsymbol{V}_{n+1})\boldsymbol{t}_{n,n+1} + (3\boldsymbol{A}_n - 2\boldsymbol{A}_{n+1})\boldsymbol{t}_{n,n+1}^2]/(2\boldsymbol{t}_{n,n+1}^4) \\
\boldsymbol{c} = [20(\boldsymbol{S}_{n+1} - \boldsymbol{S}_n) - 4(2\boldsymbol{V}_n + 2\boldsymbol{V}_{n+1})\boldsymbol{t}_{n,n+1} + (2\boldsymbol{A}_{n+1} - 3\boldsymbol{A}_n)\boldsymbol{t}_{n,n+1}^2]/(2\boldsymbol{t}_{n,n+1}^4) \\
\boldsymbol{d} = \boldsymbol{A}_n/2 \\
\boldsymbol{e} = \boldsymbol{V}_n \\
\boldsymbol{f} = \boldsymbol{S}_n
\end{cases}
\tag{24.126}
$$

综上所述，对于执行器 E_j 和点列 $\boldsymbol{P}_j$，对其采用第 24 章 24.5 节中提出的单轴多点时间最优算法，即可得到每个关键点 $p_{j,n}$ 的时间、位置、速度和加速度，并采用如下的数据结构来保存：

$$\boldsymbol{\nu}_{j,n} = [\boldsymbol{t}_{j,n} \quad \boldsymbol{S}_{j,n} \quad \boldsymbol{V}_{j,n} \quad \boldsymbol{A}_{j,n}] \tag{24.127}$$

进而可以得到每个执行器 E_j 对于点列 $\boldsymbol{P}_j$ 中所有关键点的状态信息，即

$$\boldsymbol{N}_j = [\boldsymbol{\nu}_{j,1}, \boldsymbol{\nu}_{j,2}, \cdots, \boldsymbol{\nu}_{j,n}] \tag{24.128}$$

给定 $n = 1 \cdots k$，总能在所有的 $\nu_{j,n}$ 中找到耗时最长的时间 $\boldsymbol{t}_{\max,n}$，即

$$\boldsymbol{t}_{\max,n} = \max(\boldsymbol{t}_{i,n}) \tag{24.129}$$

那么现在就可以得到 $\boldsymbol{t}_{\max}$：

$$\boldsymbol{t}_{\max} = [\boldsymbol{t}_{\max,1}, \boldsymbol{t}_{\max,2}, \cdots, \boldsymbol{t}_{\max,k}] \tag{24.130}$$

此时，可以用 $\boldsymbol{t}_{\max}$ 替换掉 $\boldsymbol{\nu}_{j,n}$ 中所有的 $\boldsymbol{t}_{j,n}$，进而采用式（24.126）进行连接，可以想象，当 $\boldsymbol{t}_{j,n}$ 被拉长而 $\boldsymbol{S}_{j,n}$、$\boldsymbol{V}_{j,n}$、$\boldsymbol{A}_{j,n}$ 不变，必然会导致这段五次多项式曲线发生剧烈的扭曲。这种现象在数值分析中称为龙格现象。龙格现象的出现会使机械臂关节的运动、速度、加速度、jerk 发生巨大的跳变，这在排爆作业中是绝对不允许的。为了解决这一问题，可令

$$\boldsymbol{K} = \frac{\boldsymbol{t}_{j,n}}{\boldsymbol{t}_{\max,n}} \tag{24.131}$$

将 $\boldsymbol{K}$ 称为放缩因子。对所有的 $\boldsymbol{V}_{j,n}$、$\boldsymbol{A}_{j,n}$ 进行放缩，可得

$$
\begin{cases}
\tilde{\boldsymbol{V}}_{j,n} = \dfrac{\boldsymbol{V}_{j,n}}{\boldsymbol{K}} \\
\tilde{\boldsymbol{A}}_{j,n} = \dfrac{\boldsymbol{A}_{j,n}}{\boldsymbol{K}}
\end{cases}
\tag{24.132}
$$

再将修正后的 $\tilde{N}_j$ 代入式（24.126）中就可以显著缓解龙格现象。

24.7　多轴同步理论在关节空间上的应用

关节空间运动指的是以串联式机械臂的关节角度为自变量，机械臂从当前角度 θ_c 运动到目标角度 θ_r。为了使关节之间的相互影响最小，需要保证关节运动上的同步。配备独立电源子系统能在户外工作的智能排爆机器人减少能耗有着极其重要的意义。本书第 24 章第 24.4 节中所实现的基于 f_A^{-1} 的 MSBTA 就能够很好地满足上述需求，所以项目组将这套基于 f_A^{-1} 的 MSBTA 应用在智能排爆机器人机械臂的关节空间运动上。按照行业惯例，将这一类

运动统称为 MOVJ，表示让机械臂运动（MOVE）在关节空间（Joint Space）。关节空间上的运动规划如图 24.16 所示。

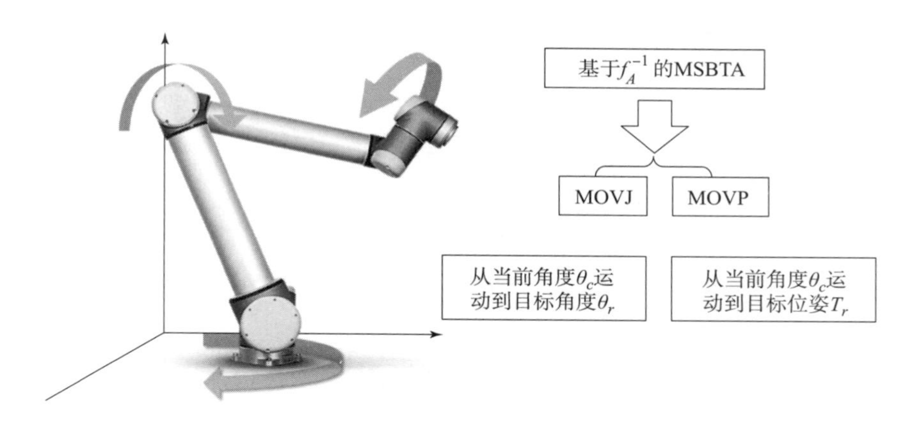

图 24.16　关节空间上的运动规划

此外，如果给定了一个目标变换矩阵 $\boldsymbol{T}_r$，可以通过前面中提出的逆运动学算法和多解选取准则求解出 θ_r。本研究将这种从当前角度 θ_c 运动到目标位姿 $\boldsymbol{T}_r$ 的运动称为 MOVP。

24.8　基于多轴同步理论的空间位姿同步框架

24.8.1　问题分析

根据正运动学公式可知，串联式机械臂末端变换矩阵 $\boldsymbol{T}$ 的构造如下：

$$\begin{cases}\text{fkine}(\vartheta_1,\vartheta_2,\vartheta_3,\vartheta_4,\vartheta_5,\vartheta_6)\mapsto\boldsymbol{T}=\begin{bmatrix}\boldsymbol{R} & \boldsymbol{P}\\ 0^{1\times3} & 1\end{bmatrix}\\ \boldsymbol{T}\mapsto\boldsymbol{\xi}=[x\quad y\quad z\quad \alpha\quad \beta\quad \gamma]\end{cases}\tag{24.133}$$

$\boldsymbol{T}$ 中的旋转分量 $\boldsymbol{R}$ 是一个 3×3 的特殊正交矩阵，也就是说 $\boldsymbol{R}$ 中的 9 个元素相互约束。采用前面中介绍的欧拉角公式可以将这 9 个耦合的元素解耦为 3 个独立的变量。结合空间位置 P 中的 3 个变量，就可以用空间位姿 $\boldsymbol{\xi}=[x\quad y\quad z\quad \alpha\quad \beta\quad \gamma]$ 来表示末端变换矩阵 $\boldsymbol{T}$，如图 24.17 所示，其中 $[x\quad y\quad z]$ 表示空间位置 $\boldsymbol{P}$，$[\alpha\quad \beta\quad \gamma]$ 表示由欧拉角求解出的空间姿态 $\boldsymbol{Q}$。

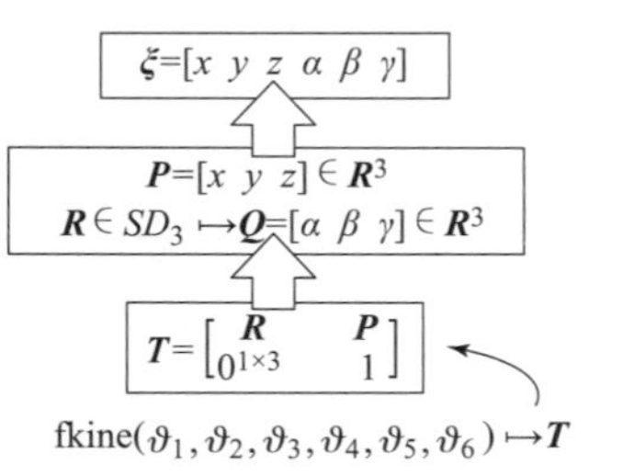

图 24.17　空间坐标的六维表达

所谓空间运动指的是希望串联式机械臂末端从当前位置 P_c 按照一定的末端轨迹到达目标位置 P_r。但正如上面所提到的，串联式机械臂在笛卡儿空间也拥有 6 个自由度，如果在位置改变的同时增加姿态角的同步变化，则可以极大提高机械臂的灵活程度。这种从当前位姿 ξ_c 按照一定的末端轨迹运动到目标位姿 ξ_r 的过程就是笛卡儿空间的位姿同步。在机械臂行业内，基于逆运动学 + 运动控制的方法可以完成机械臂末端位置或者姿态的独立运动，而笛卡儿空间中的位姿同步却存在问题，如图 24.18 所示。文献［140，141］指出，现存的位姿同步策略都是基于插值方法建立的。但这种方法只能粗略地描述空间曲线，无法对末端轨迹长度进行精确计算，也无法对末端速度进行精确规划，进而使得位姿同步出现轨迹速度不可控、启停不平滑的问题。文献［142］采用了复杂的运动模型来弥补插值方法的不足，但由于在解决同步问题时采取了迭代的思路，导致整体的运算时间过长，无法应用在具有实时性要求的场合。

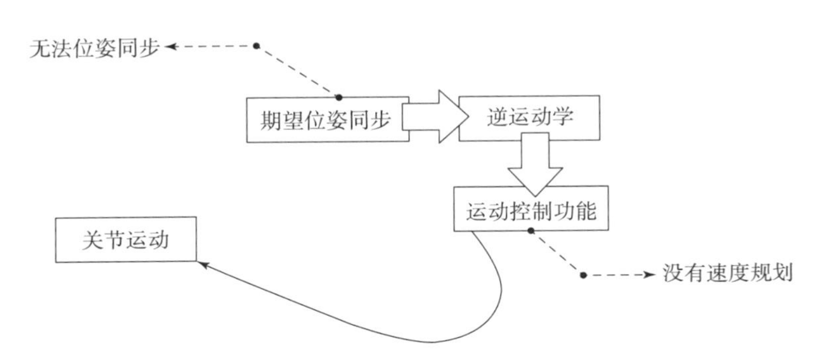

图 24.18　位姿同步规划存在的问题

24.8.2　空间运动的规划框架

为了弥补传统位姿同步方法中的缺陷，项目组提出了一种笛卡儿空间平滑位姿同步的运算框架，如图 24.19 所示。该框架最大的特点是运用了空间曲线的参数方程和本书第 24 章第 24.4 节中提出的 MSBTA。参数方程的引入可以很好地描述和约束末端轨迹，而 MSBTA 的引入则可以将机械臂位置与姿态进行快速的平滑同步。

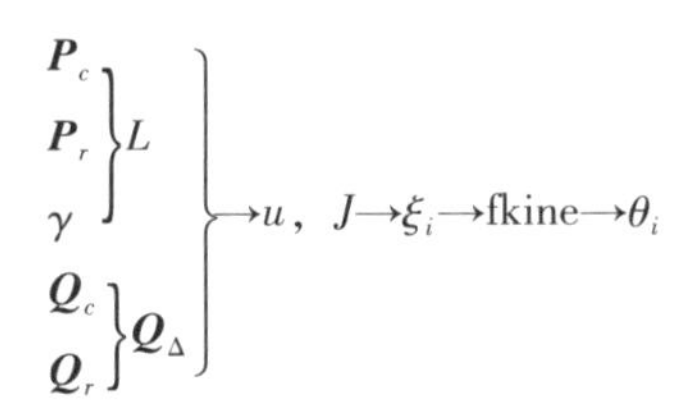

图 24.19　基于 MSBTA 的位姿同步框架

该框架的运算流程：给定机械臂当前位置 $\boldsymbol{P}_c$、当前姿态 $\boldsymbol{Q}_c$、目标位置 $\boldsymbol{P}_r$、目标姿态 $\boldsymbol{Q}_r$ 以及空间曲线的参数方程 $\boldsymbol{\gamma}$，接着就可以计算出空间曲线总长度 $\boldsymbol{L}$ 和需要转动的空间角度 $\boldsymbol{Q}_\Delta$；随后对 $\boldsymbol{L}$ 和 $\boldsymbol{Q}_\Delta$ 采用 MSBTA 就可以将空间位姿进行同步，还能按照指定的带宽参数对位姿变化的速度进行约束；最后根据运动序列 $\boldsymbol{U},\boldsymbol{T}$ 以及参数方程 γ，推算出每个周期的 $\boldsymbol{\xi}_i$，再经由逆运动学算法映射回关节空间，即可生成关节曲线。

该框架具备以下几点优势。

（1）不需要迭代和优化，可以快速地完成位姿同步。

（2）基于 MSBTA 和参数方程的约束，位姿速度受到了严格的控制。

（3）末端轨迹具有三阶的连续性，极大地减小了关节上的震颤。

24.8.3　空间直线的位姿同步方程

已知当前位姿 $\boldsymbol{\xi}_c=[x_c,y_c,z_c,\alpha_c,\beta_c,\gamma_c]$ 和目标位姿 $\boldsymbol{\xi}_r=[x_r,y_r,z_r,\alpha_r,\beta_r,\gamma_r]$，现在要求

机械臂从 $\boldsymbol{\xi}_c$ 运动到 $\boldsymbol{\xi}_r$，且运动轨迹为直线。在控制器中封装为 MOVL 指令，则可以方便地计算 $\boldsymbol{\xi}_c$ 到 $\boldsymbol{\xi}_r$ 之间的直线距离为

$$l = \sqrt{(x_c - x_r)^2 + (y_c - y_r)^2 + (z_c - z_r)^2} \tag{24.134}$$

随后，可计算 $\boldsymbol{\xi}_c$ 到 $\boldsymbol{\xi}_r$ 之间的姿态角变化量 $\boldsymbol{Q}_\Delta$ 为

$$\begin{cases} \alpha_\Delta = \alpha_r - \alpha_c \\ \beta_\Delta = \beta_r - \beta_c \\ \gamma_\Delta = \gamma_r - \gamma_c \end{cases} \tag{24.135}$$

给定期望的机械臂末端线速度和姿态角速度，采用表 24.1 中的算法，就可以生成 4 组运动序列 l、α、β、γ。假设其中包含 n 个点，当前点为 i，则有

$$\boldsymbol{\xi}_i = \begin{bmatrix} x_c + l_i \cdot \dfrac{x_c - x_r}{l} \\ y_c + l_i \cdot \dfrac{y_c - y_r}{l} \\ z_c + l_i \cdot \dfrac{z_c - z_r}{l} \\ \alpha_i \\ \beta_i \\ \gamma_i \end{bmatrix}^{\mathrm{T}} \tag{24.136}$$

此时，l、α、β、γ 中的每一点都对应了一个 $\boldsymbol{\xi}_i$，而每个 $\boldsymbol{\xi}_i$ 都能求解出一组关节角 θ_i，如此循环就能够得到整条直线所对应的关节角曲线。

24.8.4　空间圆弧的位姿同步方程

已知机械臂当前位姿 $\boldsymbol{\xi}_c = [x_c, y_c, z_c, \alpha_c, \beta_c, \gamma_c]$，中间位姿 $\boldsymbol{\xi}_m = [x_m, y_m, z_m, \alpha_m, \beta_m, \gamma_m]$，终点位姿 $\boldsymbol{\xi}_r = [x_r, y_r, z_r, \alpha_r, \beta_r, \gamma_r]$，要求机械臂末端使用圆弧从 $\boldsymbol{\xi}_c$ 经过 $\boldsymbol{\xi}_m$ 运动到 $\boldsymbol{\xi}_r$，在控制器中封装为 MOVC 指令。

首先求解圆心坐标 $P_0(x_0, y_0, z_0)$。由于空间中 3 个点就可以确定平面方程，则有

$$\begin{vmatrix} x_0 & y_0 & z_0 & 1 \\ x_c & y_c & z_c & 1 \\ x_m & y_m & z_m & 1 \\ x_r & y_r & z_r & 1 \end{vmatrix} = 0 \tag{24.137}$$

整理式（24.137），可得

$$\begin{cases} A_1 x + B_1 y + C_1 x + D_1 = 0 \\ \text{where:} \\ A_1 = (z_m - z_c)(y_r - y_m) - (y_m - y_c)(z_r - z_m) \\ B_1 = (x_m - x_c)(z_r - z_m) - (z_m - z_c)(x_r - x_m) \\ C_1 = (y_m - y_c)(x_r - x_m) - (x_m - x_c)(y_r - y_m) \\ D_1 = -x_c y_m z_r + x_c y_r z_m + x_m y_c z_r - x_r y_c z_m - x_m y_r z_c + x_r y_m z_c \end{cases} \tag{24.138}$$

此外，由于圆周上的点到圆心距离相等，因此可以得到方程组：

$$\begin{cases}(x-x_r)^2+(y-y_r)^2+(z-z_r)^2=R^2\\(x-x_m)^2+(y-y_m)^2+(z-z_m)^2=R^2\\(x-x_c)^2+(y-y_c)^2+(z-z_c)^2=R^2\end{cases}\tag{24.139}$$

还可以得到如下的另外两个方程：

$$A_2x+B_2y+C_2x+D_2=0\ \text{where}\begin{cases}A_2=(x_c-x_m)\\B_2=(y_c-y_m)\\C_2=(z_c-z_m)\\D_2=\frac{1}{2}(x_c^2-x_m^2+y_c^2-y_m^2+z_c^2-z_m^2)\end{cases}\tag{24.140a}$$

和

$$A_3x+B_3y+C_3x+D_2=0\ \text{where}\begin{cases}A_3=(x_m-x_r)\\B_3=(y_m-y_r)\\C_3=(z_m-z_r)\\D_3=\frac{1}{2}({x_m}^2-{x_r}^2+{y_m}^2-{y_r}^2+{z_m}^2-{z_r}^2)\end{cases}\tag{24.140b}$$

综上所述，可以将圆心坐标整理为

$$\begin{bmatrix}x_0\\y_0\\z_0\end{bmatrix}=\begin{bmatrix}A_1&B_1&C_1\\A_2&B_2&C_2\\A_3&B_3&C_3\end{bmatrix}^{-1}\begin{bmatrix}D_1\\D_2\\D_3\end{bmatrix}\tag{24.141}$$

根据圆心坐标，容易计算出半径 R，这里不再阐述。记 $\boldsymbol{V}_c=\boldsymbol{P}_c-\boldsymbol{P}_0$ ，$\boldsymbol{V}_m=\boldsymbol{P}_m-\boldsymbol{P}_0$ ，$\boldsymbol{V}_r=\boldsymbol{P}_r-\boldsymbol{P}_0$ 。根据半径 R 和 V_c、V_m、V_r ，就可以计算圆心角∠com 和∠cor，即

$$\begin{cases}\angle\text{com}=\arccos\left(\frac{\boldsymbol{V}_c\cdot\boldsymbol{V}_m}{R^2}\right)\\\angle\text{cor}=\arccos\left(\frac{\boldsymbol{V}_c\cdot\boldsymbol{V}_r}{R^2}\right)\end{cases}\tag{24.142}$$

由于 $\arccos(*)\in[0,\pi]$，如果∠cor > ∠com，则圆弧弧长为

$$l=\angle\text{com}\cdot R\tag{24.143}$$

如果∠cor < ∠com，则圆弧弧长为

$$l=(2\pi-\angle\text{com})\cdot R\tag{24.144}$$

当计算弧长 l 之后，就可以使用表 24.2 所示算法 4.1，针对弧长 l 以及 Q_Δ进行同步，进而生成 4 组运动序列 l、α、β、γ。下面需要将生成的圆弧曲线在空间中离散为关键点序列。圆可以理解为垂直于单位旋转轴的向量旋转的轨迹。假设单位旋转轴为 k ，垂直于 k 的向量为 $\boldsymbol{v}$ ，旋转的角度为 θ 。则可以得到旋转后的 $\boldsymbol{v}'$ 如下所示：

$$\boldsymbol{v}'=\boldsymbol{v}\cos\theta+(k\times\boldsymbol{v})\sin\theta\tag{24.145}$$

结合上面的推导，假定整个圆弧上存在 i 个点，则可以动态地得到 θ_i 的表达式，即

$$\theta_i = \frac{l_i}{\boldsymbol{R}} \tag{24.146}$$

此外，当∠cor > ∠com 时，圆弧平面的法向量 $\boldsymbol{k}$ 可以表示为

$$\boldsymbol{k} = \frac{\boldsymbol{V}_c \times \boldsymbol{V}_r}{\|\boldsymbol{V}_c \times \boldsymbol{V}_r\|} \tag{24.147}$$

当∠cor < ∠com 时，圆弧平面的法向量 $\boldsymbol{k}$ 可以表示为

$$\boldsymbol{k} = \frac{\boldsymbol{V}_r \times \boldsymbol{V}_c}{\|\boldsymbol{V}_c \times \boldsymbol{V}_r\|} \tag{24.148}$$

故可以得到空间圆弧坐标的表达式，即

$$\boldsymbol{P}_{i+1} = \boldsymbol{V}_c\cos\theta_i + (\boldsymbol{k} \times \boldsymbol{V}_c)\sin\theta_i + \boldsymbol{P}_0 \tag{24.149}$$

结合式（24.146），就可以得到圆弧上第 i 个空间位姿为

$$\boldsymbol{\xi}_i = \begin{bmatrix} \boldsymbol{P}_{i+1,x} \\ \boldsymbol{P}_{i+1,y} \\ \boldsymbol{P}_{i+1,z} \\ \alpha_i \\ \beta_i \\ \gamma_i \end{bmatrix}^{\mathrm{T}} \tag{24.150}$$

24.9　本章小结

项目组在本章提出了一套多轴同步理论，该理论具备高效性、最优性和开放性，是串联式机械臂多轴同步领域上的一项重大突破。该理论的提出和应用包含了以下 4 点学术贡献。

（1）基于极小值原理建立了时间最优的运动模型 S 曲线。该 S 曲线同时兼具全局性、解析性，是机械臂领域里的很好分析工具。

（2）基于 S 曲线和相关数学定理，推导了多轴点到点的同步算法。该算法拥有高效的封闭解，可以保证时间最短、能耗最低。

（3）基于罗尔中值定理、回溯机制和多项式方法，推导了多轴多点同步的近似最优解；同样，该算法具备封闭解，运算效率高且最优程度好，具有较强的学术价值和实用意义。

（4）将这套同步理论应用在了串联式机械臂的笛卡儿空间和关节空间的运动规划上。尤其是在笛卡儿空间的规划问题中，项目组基于多轴点到点同步算法和参数方程提出了一套位姿同步框架。这一框架可以使串联式机械臂的运算效率、轨迹精度得到大幅提升，而且可以严格地控制末端速度。这套框架的提出解决了当前串联式机械臂位姿同步的难题。

项目组所提出的多轴同步理论为串联式机械臂多轴同步问题的解决提出了全新思路，具有较为重要的学术意义。此外，多轴同步理论实现简单、运算量小，可以直接应用在大多数的工业工程，具有较为重要的实用价值。

第 25 章

动力学参数辨识理论在智能排爆机器人上的应用

为了进一步提高智能排爆机器人串联式主辅机械臂的轨迹精度，奠定精准排爆处置作业的技术基础，需要对机械臂进行动力学补偿。实现动力学前馈的前提条件是已知机械臂的动力学参数，因此动力学参数的获取是完成一切动力学控制的必要条件，这就涉及动力学参数的辨识理论与方法。实际上，最为直接的参数辨识方法是物理实验法，该方法将机械臂进行拆解，通过频率响应、惯性约束、整体辨识、模态辨识来获取机械臂各零件的惯量、质量和质心。Armstrong 就采用物理方法辨识了 puma－560 工业机器人的惯性参数。但物理方法需要较为昂贵的外部设备，所以并不常用。计算机辅助辨识法是在一些工业建模软件中构建一个等比例的机械臂三维模型，并赋予模型相应的连杆参数和材质信息，利用有限元等数值方法对动力学参数进行估计。相对而言，该方法比物理实验节省时间，但误差较大，且无法对摩擦力进行建模。虽然动力学参数辨识方法比较成熟，但总体来看，其研究与实践依然较少。这是因为动力学参数辨识的整个过程涉及动力学建模、线性重组等多个知识点，且需要开放的机械臂运动控制系统作为基础，因而极大提高了动力学参数辨识工作的实践门槛。

为了改善业界在动力学参数辨识方面存在的不足，项目组将针对智能排爆机器人串联式六自由度主辅机械臂的动力学参数辨识问题进行系统、深入的研究，并基于辨识结果为智能排爆机器人提供动力学前馈，从而提高智能排爆机器人的控制水平。

25.1 概　　述

如前所述，为了提升智能排爆机器人串联式主辅机械臂运动的平稳性和精确性，应当采用动力学前馈。但实现动力学前馈需要动力学参数作为基础。因此，在本章中，项目组首先建立了机械臂的动力学模型，其次完成了动力学参数辨识的理论研究与方程推导，最后基于辨识结果为智能排爆机器人的串联式主辅机械臂提供了动力学前馈补偿。本章的主要创新之处是提出了一种基于坐标轮换的优化方法，使得激励轨迹能够快速地收敛。

需要指出，动力学参数辨识的理论还是相当复杂的，需要开放的机械臂运动控制平台作为依托。令人庆幸的是，项目组研制的智能排爆机器人及项目组设计的开放式机械臂控制系统刚好为这部分工作提供了试验平台和验证基础，可供项目组顺利开展动力学参数辨识研究。

25.2 串联机械臂的动力学模型

机械臂动力学研究的是关节力矩和末端状态之间的关系，可分为连杆动力学和关节动力学。其中连杆动力学的建模方法有拉格朗日法和牛顿－欧拉法。两种方法各有优势，下面将分别予以介绍和阐述。

25.2.1　基于拉格朗日方程的连杆动力学建模

拉格朗日方程可写成如下形式：

$$\frac{\mathrm{d}}{\mathrm{d}t}\cdot\frac{\partial \boldsymbol{L}}{\partial \dot{\boldsymbol{\theta}}}-\frac{\partial \boldsymbol{L}}{\partial \boldsymbol{\theta}}=\boldsymbol{\tau} \tag{25.1}$$

式中，$\boldsymbol{L}$ 称为拉格朗日函数，是系统动能 $\boldsymbol{T}$ 和势能 $\boldsymbol{V}$ 之间的差值；$\boldsymbol{\theta}$ 表示系统变量；$\boldsymbol{\tau}$ 表示系统输出。下面首先推导机械臂系统的动能 $\boldsymbol{T}$。

记连杆 i 中的任意质点的齐次坐标为 ${}^{i}\tilde{\boldsymbol{r}}=[{}^{i}x \quad {}^{i}y \quad {}^{i}z]^{\mathrm{T}}$，可有

$$\tilde{\boldsymbol{r}}=\boldsymbol{T}_{i}\tilde{\boldsymbol{r}} \tag{25.2}$$

该点的速度可以表示为

$$\dot{\tilde{\boldsymbol{r}}}=\dot{\boldsymbol{T}}_{i}\tilde{\boldsymbol{r}} \tag{25.3}$$

于是该质点的动能可以写成

$$\mathrm{d}\boldsymbol{T}_{i}=\frac{1}{2}\dot{\tilde{\boldsymbol{r}}}\cdot\dot{\tilde{\boldsymbol{r}}}\,\mathrm{d}m=\frac{1}{2}\mathrm{tr}\left[\sum_{j=1}^{i}\sum_{k=1}^{i}\frac{\partial \boldsymbol{T}_{i}}{\partial \dot{\boldsymbol{\theta}}_{j}}\tilde{\boldsymbol{r}}\cdot\tilde{\boldsymbol{r}}^{\mathrm{T}}\frac{\partial(\boldsymbol{T}_{i})^{\mathrm{T}}}{\partial \dot{\boldsymbol{\theta}}_{k}}\dot{\boldsymbol{\theta}}_{j}\dot{\boldsymbol{\theta}}_{k}\right]\mathrm{d}m \tag{25.4}$$

由此可知，连杆 i 的动能为

$$\boldsymbol{T}_{i}=\int_{l}\mathrm{d}\boldsymbol{T}_{i}=\sum_{j=1}^{i}\sum_{k=1}^{i}\mathrm{tr}\left[\frac{\partial \boldsymbol{T}_{i}}{\partial \dot{\boldsymbol{\theta}}_{j}}\boldsymbol{J}_{i}\frac{\partial(\boldsymbol{T}_{i})^{\mathrm{T}}}{\partial \dot{\boldsymbol{\theta}}_{k}}\right]\dot{\theta}_{j}\dot{\theta}_{k} \tag{25.5}$$

其中，

$$\boldsymbol{J}_{i}=\begin{bmatrix}\dfrac{-{}^{i}I_{x}+{}^{i}I_{y}+{}^{i}I_{z}}{2} & {}^{i}I_{xy} & {}^{i}I_{xz} & m_{i}{}^{i}x_{Ci}\\ {}^{i}I_{xy} & \dfrac{{}^{i}I_{x}-{}^{i}I_{y}+{}^{i}I_{z}}{2} & {}^{i}I_{yz} & m_{i}{}^{i}y_{Ci}\\ {}^{i}I_{xz} & {}^{i}I_{yz} & \dfrac{{}^{i}I_{x}+{}^{i}I_{y}-{}^{i}I_{z}}{2} & m_{i}{}^{i}z_{Ci}\\ m_{i}{}^{i}x_{Ci} & m_{i}{}^{i}y_{Ci} & m_{i}{}^{i}z_{Ci} & m_{i}\end{bmatrix} \tag{25.6}$$

式中，${}^{i}I_{x}$、${}^{i}I_{y}$、${}^{i}I_{z}$、${}^{i}I_{xy}$、${}^{i}I_{xz}$、${}^{i}I_{yz}$ 为质心 $\boldsymbol{C}$ 对轴的转动惯量，用来刻画刚体的质量分布。质心 $\boldsymbol{C}=[{}^{i}x_{ci} \quad {}^{i}y_{ci} \quad {}^{i}z_{ci}]$ 表示连杆 i 的质心在坐标系 i 中的坐标。

根据式（25.6）可以写出整个机械臂的动能表达式，即

$$\begin{aligned}\boldsymbol{T}&=\sum_{k=1}^{i}\boldsymbol{T}_{i}=\frac{1}{2}\sum_{i=1}^{n}\sum_{k=1}^{n}\left[\sum_{i=\max(j,k)}^{n}\mathrm{tr}\left(\frac{\partial^{0}\boldsymbol{A}_{i}}{\partial \dot{\theta}_{j}}\boldsymbol{J}_{i}\frac{\partial({}^{0}\boldsymbol{A}_{i})^{\mathrm{T}}}{\partial \dot{\boldsymbol{\theta}}_{k}}\right)\right]\dot{\boldsymbol{\theta}}_{j}\dot{\boldsymbol{\theta}}_{k}\\&\triangleq\frac{1}{2}\sum_{i=1}^{n}\sum_{k=1}^{n}h_{jk}\dot{\boldsymbol{\theta}}_{j}\dot{\boldsymbol{\theta}}_{k}=\frac{1}{2}\dot{\boldsymbol{\theta}}^{\mathrm{T}}\boldsymbol{H}(\boldsymbol{\theta})\dot{\boldsymbol{\theta}}\end{aligned} \tag{25.7}$$

式中的 $\boldsymbol{H}(\boldsymbol{\theta})$ 是一个对称的 $n\times n$ 正定矩阵，称为机械臂的惯性矩阵。

下面求解机械臂的势能。记连杆 i 质心的坐标在坐标系 i 中的表达式为 $\tilde{r}_{Ci}$，其在基坐标系中的表达式为 $\tilde{\boldsymbol{r}}_{Ci}=\boldsymbol{T}_{i}\tilde{\boldsymbol{r}}_{Ci}$，所以连杆 i 的势能为

$$V_{i}=-m_{i}\bar{g}\cdot\tilde{\boldsymbol{r}}_{Ci}=-m_{i}\bar{\boldsymbol{g}}^{\mathrm{T}}\boldsymbol{T}_{i}\tilde{\boldsymbol{r}}_{Ci} \tag{25.8}$$

其中，$\bar{\boldsymbol{g}}=[0\quad 0\quad \boldsymbol{g}\quad 0]^{\mathrm{T}}$，$g$ 为重力加速度。综上所述，机械臂的势能可以写成

$$\boldsymbol{V}=\sum_{i=1}^{n}\boldsymbol{V}_i=-\sum_{i=1}^{n}m_i\bar{\boldsymbol{g}}^{\mathrm{T}}\boldsymbol{T}_i\tilde{\boldsymbol{r}}_{Ci} \tag{25.9}$$

根据拉格朗日函数的定义，进一步可以得到

$$\begin{cases}\dfrac{\mathrm{d}}{\mathrm{d}t}\cdot\dfrac{\partial \boldsymbol{L}}{\partial \dot{\boldsymbol{\theta}}_j}=\sum\limits_{k=1}^{n}h_{jk}\ddot{\boldsymbol{\theta}}_k+\sum\limits_{k=1}^{n}\dot{h}_{jk}\dot{\boldsymbol{\theta}}_k\\ \dfrac{\partial \boldsymbol{L}}{\partial \boldsymbol{\theta}_j}=\dfrac{1}{2}\dot{\boldsymbol{\theta}}^{\mathrm{T}}\dfrac{\partial \boldsymbol{H}}{\partial \dot{\boldsymbol{\theta}}_j}\dot{\boldsymbol{\theta}}-\left(-\sum\limits_{i=1}^{n}m_i\bar{\boldsymbol{g}}^{\mathrm{T}}\dfrac{\partial \boldsymbol{T}_i}{\partial \dot{\boldsymbol{\theta}}_j}\tilde{\boldsymbol{r}}_{Ci}\right)\triangleq\dfrac{1}{2}\dot{\boldsymbol{\theta}}^{\mathrm{T}}\dfrac{\partial \boldsymbol{H}}{\partial \dot{\boldsymbol{\theta}}_j}\dot{\boldsymbol{\theta}}-\boldsymbol{g}_j\end{cases} \tag{25.10}$$

通过式（25.10）可以得到朗格朗日方程的表达式，即有

$$\sum_{k=1}^{n}h_{jk}\ddot{\boldsymbol{\theta}}_k+\sum_{k=1}^{n}\dot{h}_{jk}\dot{\boldsymbol{\theta}}_k-\frac{1}{2}\dot{\boldsymbol{\theta}}^{\mathrm{T}}\frac{\partial \boldsymbol{H}}{\partial \dot{\boldsymbol{\theta}}_j}\dot{\boldsymbol{\theta}}+\boldsymbol{g}_j=\boldsymbol{\tau}_j,\ j=1,\cdots,n \tag{25.11}$$

因为

$$\sum_{k=1}^{n}\dot{\boldsymbol{h}}_{jk}\dot{\boldsymbol{\theta}}_k-\frac{1}{2}\dot{\boldsymbol{\theta}}^{\mathrm{T}}\frac{\partial \boldsymbol{H}}{\partial \dot{\boldsymbol{\theta}}_j}\dot{\boldsymbol{\theta}}=\sum_{k=1}^{n}\sum_{i=1}^{n}\left(\frac{\partial \boldsymbol{h}_{jk}}{\partial \boldsymbol{\theta}_i}-\frac{1}{2}\cdot\frac{\partial \boldsymbol{h}_{ki}}{\partial \boldsymbol{\theta}_j}\right)\dot{\boldsymbol{\theta}}_j\dot{\boldsymbol{\theta}}_k=\dot{\boldsymbol{\theta}}^{\mathrm{T}}\boldsymbol{C}_j\dot{\boldsymbol{\theta}} \tag{25.12}$$

将式（25.11）重新整理，可得

$$\boldsymbol{H}(\boldsymbol{\theta})\ddot{\boldsymbol{\theta}}+\boldsymbol{C}(\boldsymbol{\theta},\dot{\boldsymbol{\theta}})\dot{\boldsymbol{\theta}}+\boldsymbol{G}(\boldsymbol{\theta})=\boldsymbol{\tau} \tag{25.13}$$

其中，

$$\boldsymbol{H}(\boldsymbol{\theta})\triangleq[\boldsymbol{h}_{jk}],\boldsymbol{C}(\boldsymbol{\theta},\dot{\boldsymbol{\theta}})\triangleq\begin{bmatrix}\dot{\boldsymbol{\theta}}^{\mathrm{T}}\boldsymbol{C}_1\\ \vdots\\ \dot{\boldsymbol{\theta}}^{\mathrm{T}}\boldsymbol{C}_n\end{bmatrix},\boldsymbol{G}(\boldsymbol{\theta})\triangleq\begin{bmatrix}\boldsymbol{g}_1\\ \vdots\\ \boldsymbol{g}_n\end{bmatrix},\tau=\begin{bmatrix}\boldsymbol{\tau}_1\\ \vdots\\ \boldsymbol{\tau}_n\end{bmatrix}$$

式（25.13）是最为常见的机械臂动力学方程。其中，$\boldsymbol{H}(\boldsymbol{\theta})\ddot{\boldsymbol{\theta}}$ 表示惯性力，$\boldsymbol{C}(\boldsymbol{\theta},\dot{\boldsymbol{\theta}})\dot{\boldsymbol{\theta}}$ 表示广义速度的二次项，$\boldsymbol{G}(\boldsymbol{\theta})$ 为重力项，$\boldsymbol{\tau}$ 为机械臂关节上的驱动力。

25.2.2 基于牛顿－欧拉方程的连杆动力学建模

刚体的一般运动可以使用刚体质心的平移与绕刚体质心的旋转叠加而成。牛顿第二定律 $\boldsymbol{F}=m\ddot{\boldsymbol{r}}_C$ 揭示了刚体在空间中的移动，而欧拉方程 $\tilde{\boldsymbol{I}}_C\dot{\tilde{\boldsymbol{\omega}}}+\tilde{\boldsymbol{\omega}}\times\tilde{\boldsymbol{I}}_C\tilde{\boldsymbol{\omega}}=\tilde{\boldsymbol{M}}_C$ 则可以用于表达刚体的旋转。在与刚体固连的坐标系中，r_C 表示刚体质心，刚体绕质心旋转的角度为 $\tilde{\boldsymbol{\omega}}$，$\tilde{\boldsymbol{M}}_C$ 表示刚体上外力系对质心之主矩。$\boldsymbol{I}_C$ 表示惯量矩阵，其表达式为

$$\boldsymbol{I}_C=\begin{bmatrix}{}^iI_x & -{}^iI_{xy} & -{}^iI_{xz}\\ -{}^iI_{xy} & {}^iI_y & -{}^iI_{yz}\\ -{}^iI_{xz} & -{}^iI_{yz} & {}^iI_z\end{bmatrix}$$

根据牛顿第二定律，连杆 i 的质心平动方程为

$$m_i\boldsymbol{a}_{Ci}=\boldsymbol{f}_i-\boldsymbol{f}_{i+1}+m_i\boldsymbol{g},i=1,\cdots,n,\boldsymbol{f}_{i+1}=\boldsymbol{0} \tag{25.14}$$

其中，$\boldsymbol{a}_{Ci}$ 为连杆 i 质心的加速度。

通过欧拉方程可知，描述连杆 i 绕质心转动的方程为

$$\boldsymbol{I}_{Ci}\dot{\boldsymbol{\omega}}_i+\boldsymbol{\omega}_i\times\boldsymbol{I}_{Ci}\omega_i=\boldsymbol{M}_{Ci},i=1,\cdots,n \tag{25.15}$$

式中，$\boldsymbol{I}_{Ci}$ 表示连杆 i 对其质心的惯性张量矩阵；$\boldsymbol{M}_{Ci}$ 为作用在连杆 i 上的外力系对连杆 i 质心

的主矩。

进一步可得

$$\boldsymbol{I}_{Ci}\dot{\boldsymbol{\omega}}_i + \boldsymbol{\omega}_i \times \boldsymbol{I}_{Ci}\boldsymbol{\omega}_i = \boldsymbol{n}_i - \boldsymbol{n}_{i+1} - (\boldsymbol{p}_i^* + \boldsymbol{r}_{Ci}) \times \boldsymbol{f}_i + \boldsymbol{r}_{Ci} \times \boldsymbol{f}_{i+1}, \boldsymbol{f}_{i+1} = \boldsymbol{n}_{i+1} = \boldsymbol{0} \quad (25.16)$$

其中，$\boldsymbol{p}_i^* = \boldsymbol{O}_{i-1}\boldsymbol{O}_i$。

当关节 i 是转动关节时，驱动力 $\boldsymbol{\tau}_i$ 是 $\boldsymbol{n}_i$ 在 $\boldsymbol{Z}_{i-1}$ 轴上的分量，则有

$$\boldsymbol{\tau}_i = \boldsymbol{Z}_{i-1}^{\mathrm{T}}\boldsymbol{n}_i, i = 1, \cdots, n \quad (25.17)$$

综上所述，式（25.14）~式（25.17）是一组具有递推形式的连杆动力学方程，这些方程对开展后续研究具有重要作用。

25.2.3　关节动力学建模

前面采用不同的方法对机械臂建立了连杆动力学模型，并得到了封闭的动力学表达式（25.13）和递推的动力学计算式（25.14）~式（25.17）。但此时还没有对关节的摩擦力和惯量进行建模。常见的关节摩擦力模型有库仑摩擦，表达式如下：

$$f_c = \mathrm{diag}(\mathrm{sign}(\dot{\boldsymbol{\theta}}))f_{ir_c} \quad (25.18)$$

式中，f_{ir_c} 是库伦摩擦力的系数。

还有黏滞摩擦，其表达式如下：

$$f_v = \mathrm{diag}(\dot{\boldsymbol{\theta}})f_{ir_v} \quad (25.19)$$

其中，f_{ir_v} 是黏滞摩擦系数。

电动机惯量所产生的力矩可以表示为

$$\boldsymbol{\tau}_J = \boldsymbol{J}_m\ddot{\boldsymbol{\theta}} \quad (25.20)$$

根据式（25.18）~式（25.20），通过整理可以得到

$$\boldsymbol{H}(\boldsymbol{\theta})\ddot{\boldsymbol{\theta}} + \boldsymbol{C}(\theta,\dot{\boldsymbol{\theta}})\dot{\boldsymbol{\theta}} + \boldsymbol{G}(\boldsymbol{\theta}) + \boldsymbol{f}_{ir}(\dot{\boldsymbol{\theta}}) + \boldsymbol{J}_m\ddot{\boldsymbol{\theta}} = \boldsymbol{\tau} \quad (25.21)$$

25.3　智能排爆机器人上的动力学参数辨识

根据本书第 25 章 25.2 节中的分析可知，动力学模型的应用需要动力学参数加持。但动力学参数并不像 D－H 参数一样容易获得，只能依靠相关理论和实际数据开展动力学辨识工作。为了完成动力学参数辨识，首先需要将第 25 章 25.2 节中推导的动力学方程线性化，这部分内容会在后面介绍；其次，消去动力学方程中对力矩没有影响的参数，这部分内容也会在后面介绍；最后，通过设计一组条件数最小的空间轨迹使得机械臂在实际运动中产生较好的辨识效果。

25.3.1　动力学参数的线性化

根据本书第 25 章第 25.2 节的推导，可以得知连杆 i 的动能可以写成

$$\boldsymbol{T}_i = \frac{1}{2}\int_{l_i}\boldsymbol{v}\cdot\boldsymbol{v}\mathrm{d}m = \frac{1}{2}\left[\int_{l_i}\boldsymbol{v}_i\cdot\boldsymbol{v}_i\mathrm{d}m + 2\int_{l_i}\boldsymbol{v}_i\cdot(\boldsymbol{\omega}_i\times\boldsymbol{r})\mathrm{d}m + \int_{l_i}(\boldsymbol{\omega}_i\times\boldsymbol{r})\cdot(\boldsymbol{\omega}_i\times\boldsymbol{r})\mathrm{d}m\right] \quad (25.22)$$

式中，$\boldsymbol{v}$ 表示质点 $\mathrm{d}m$ 的速度；$\boldsymbol{v}_i$ 为连杆 i 固连的坐标系 i 的原点 $\boldsymbol{O}_i$ 的速度；$\boldsymbol{r}$ 为从 $\boldsymbol{O}_i$ 到质点 $\mathrm{d}m$ 的矢径；$\boldsymbol{\omega}_i$ 为连杆 i 的角速度。结合上面对 m_i、$\boldsymbol{r}_{Ci}$、I_i 的定义可得到

$$T_i = \frac{1}{2}(\tilde{v}_i^{\mathrm{T}}\tilde{v}_i m_i + 2\tilde{v}_i^{\mathrm{T}}S(\tilde{\omega}_i)m_i r_{Ci} + \tilde{\omega}_i^{\mathrm{T}}\tilde{I}_i\tilde{\omega}_i) \tag{25.23}$$

可以注意到 m_i、r_{Ci}、I_i 均为常量，则定义 m_i、r_{Ci}、I_i 中的 10 个参数为机械臂连杆 i 的惯性参数，记为：$p^i \triangleq [{}^iI_x, {}^iI_{xy}, {}^iI_{xz}, {}^iI_y, {}^iI_{yz}, {}^iI_z, mx_i, my_i, mz_i, m_i]$。

由于 $\tilde{\omega}_i$ 可以写作 $[\tilde{\omega}_x^i, \tilde{\omega}_y^i, \tilde{\omega}_z^i]^{\mathrm{T}}$，则 $\tilde{I}_i\tilde{\omega}_i$ 有如下的等价变化，可有

$$\tilde{I}_i\tilde{\omega}_i = \begin{bmatrix} \tilde{\omega}_x^i & \tilde{\omega}_y^i & \tilde{\omega}_z^i & 0 & 0 & 0 \\ 0 & \tilde{\omega}_x^i & 0 & \tilde{\omega}_y^i & \tilde{\omega}_z^i & 0 \\ 0 & 0 & \tilde{\omega}_x^i & 0 & \tilde{\omega}_y^i & \tilde{\omega}_z^i \end{bmatrix} \begin{bmatrix} {}^iI_x \\ {}^iI_{xy} \\ {}^iI_{xz} \\ {}^iI_y \\ {}^iI_{yz} \\ {}^iI_z \end{bmatrix} \triangleq K(\tilde{\omega}_i) \begin{bmatrix} {}^iI_x \\ {}^iI_{xy} \\ {}^iI_{xz} \\ {}^iI_y \\ {}^iI_{yz} \\ {}^iI_z \end{bmatrix} \tag{25.24}$$

进而有

$$T_i = \left[\frac{1}{2}\tilde{\omega}_i^{\mathrm{T}}K(\tilde{\omega}_i), \tilde{v}_i^{\mathrm{T}}S(\tilde{\omega}_i), \frac{1}{2}\tilde{v}_i^{\mathrm{T}}\tilde{v}_i\right]p^i \triangleq (\tilde{T}^i)^{\mathrm{T}}p^i \tag{25.25}$$

其中，$k = [k_x, k_y, k_z]^{\mathrm{T}}, S(k) = \begin{bmatrix} 0 & -k_z & k_y \\ k_z & 0 & -k_x \\ -k_y & k_x & 0 \end{bmatrix}$。

于是机械臂的总动能可写成

$$T = \sum_{i=1}^{n} T_i \triangleq [(T^1)^{\mathrm{T}}, \cdots, [(T^n)^{\mathrm{T}}]p \triangleq Tp \tag{25.26}$$

其中，$1 \times 10n$ 的矩阵 $T(\theta, \dot{\theta})$ 与机械臂的惯性参数无关。根据式（25.26）可以说明，机械臂动能是惯性参数的线性函数。

按照势能的定义可得

$$V_i = [0, -g^{\mathrm{T}}\,{}^0R_i, g^{\mathrm{T}}p_i]p^i \triangleq (\tilde{V}^i)^{\mathrm{T}}p^i \tag{25.27}$$

于是机械臂的总势能可以写成

$$V = \sum_{i=1}^{n} V_i \triangleq [(\tilde{V}^1)^{\mathrm{T}}, \cdots, [(\tilde{V}^n)^{\mathrm{T}}]p \triangleq \tilde{V}p \tag{25.28}$$

其中，$1 \times 10n$ 的矩阵 $V(\theta)$ 与机械臂的惯性参数无关。根据式（25.28）可以说明，机械臂势能是惯性参数的线性函数。

此时，根据朗格朗日方程可以得知

$$\tau = \frac{\mathrm{d}}{\mathrm{d}t} \cdot \frac{\partial T}{\partial \dot{\theta}} - \frac{\partial T}{\partial \theta} + \frac{\partial V}{\partial \theta} = \left[\frac{\mathrm{d}}{\mathrm{d}t}@ \frac{\partial \tilde{T}}{\partial \dot{\theta}} - \frac{\partial \tilde{T}}{\partial \theta} + \frac{\partial \tilde{V}}{\partial \theta}\right]p \triangleq Yp \tag{25.29}$$

即

$$H(\theta)\ddot{\theta} + C(\theta, \dot{\theta})\dot{\theta} + G(\theta) = Yp \tag{25.30}$$

根据式（25.26）~式（25.30）可以得知，机械臂动力学是惯性参数的线性函数。另外，通过后面中有关摩擦力的建模可知，摩擦力也是 $\dot{\theta}$ 的线性函数，所以也可以将摩擦力整理进入式（25.30）中。

上述内容表明，动力学方程具有线性性质，下面将基于这一性质将动力学方程进行线性

化。首先由牛顿 - 欧拉方程可得

$$\begin{cases}\tilde{\boldsymbol{\omega}}_i = \boldsymbol{R}_{i-1}^{\mathrm{T}}(\tilde{\boldsymbol{\omega}}_{i-1} + z\dot{\boldsymbol{\theta}}), \tilde{\boldsymbol{\omega}}_0 = \boldsymbol{0} \\ \tilde{\boldsymbol{\varepsilon}}_i = \boldsymbol{R}_{i-1}^{\mathrm{T}}(\tilde{\boldsymbol{\varepsilon}}_{i-1} + \tilde{\boldsymbol{\omega}}_i \times z\dot{\boldsymbol{\theta}} + z\ddot{\boldsymbol{\theta}}), \tilde{\boldsymbol{\varepsilon}}_0 = \boldsymbol{0} \\ \tilde{\boldsymbol{a}}_i = \boldsymbol{R}_{i-1}^{\mathrm{T}}\tilde{\boldsymbol{a}}_{i-1} + \tilde{\boldsymbol{\varepsilon}}_i \times \tilde{\boldsymbol{p}}_i^* + \tilde{\boldsymbol{\omega}}_i \times (\tilde{\boldsymbol{\omega}}_i \times \tilde{\boldsymbol{p}}_i^*), \tilde{\boldsymbol{a}}_0 = -\boldsymbol{g}\end{cases} \tag{25.31}$$

进一步可以得到两个重要的表达式，分别如下：

$$\tilde{\boldsymbol{F}}_i = m_i\tilde{\boldsymbol{a}}_i + \tilde{\boldsymbol{\varepsilon}}_i \times m_i\tilde{\boldsymbol{r}}_{Ci} + \tilde{\boldsymbol{\omega}}_i \times (\tilde{\boldsymbol{\omega}}_i \times m_i\tilde{\boldsymbol{r}}_{Ci}) \tag{25.32}$$

以及

$$\tilde{\boldsymbol{N}}_i^* = \tilde{\boldsymbol{I}}_i\tilde{\boldsymbol{\varepsilon}}_i + \tilde{\boldsymbol{\omega}}_i \times \tilde{\boldsymbol{I}}_i\tilde{\boldsymbol{\omega}}_i + (m_i\tilde{\boldsymbol{p}}_i^* + m_i\tilde{\boldsymbol{r}}_{Ci}) \times \tilde{\boldsymbol{a}}_i + \tilde{\boldsymbol{p}}_i^* \times \{(\tilde{\boldsymbol{\varepsilon}}_i \times m_i\tilde{\boldsymbol{r}}_{Ci}) + [\tilde{\boldsymbol{\omega}}_i \times (\tilde{\boldsymbol{\omega}}_i \times m_i\tilde{\boldsymbol{r}}_{Ci})]\} \tag{25.33}$$

利用式（25.32）、式（25.33）以及式（25.28）可以得到

$$\begin{bmatrix}\tilde{\boldsymbol{F}}_i \\ \tilde{\boldsymbol{N}}_i^*\end{bmatrix} = \begin{bmatrix} 0 & S(\tilde{\boldsymbol{\varepsilon}}_i) + S(\tilde{\boldsymbol{\omega}}_i)(\tilde{\boldsymbol{\omega}}_i) & \tilde{\boldsymbol{a}}_i \\ K(\tilde{\boldsymbol{\varepsilon}}_i) + S(\tilde{\boldsymbol{\omega}}_i)(\tilde{\boldsymbol{\omega}}_i) & S(\tilde{\boldsymbol{p}}_i^*)[S(\tilde{\boldsymbol{\varepsilon}}_i) + S(\tilde{\boldsymbol{\omega}}_i)(\tilde{\boldsymbol{\omega}}_i)] - S(\tilde{\boldsymbol{a}}_i) & S(\tilde{\boldsymbol{p}}_i^*)\tilde{\boldsymbol{a}}_i\end{bmatrix}\boldsymbol{p}^i \triangleq \boldsymbol{A}_i\boldsymbol{p}^i \tag{25.34}$$

令

$$\boldsymbol{U}_{ij} = \begin{cases}\boldsymbol{A}_i, & i = j \\ \boldsymbol{N}_i\boldsymbol{N}_{i+1}\cdots\boldsymbol{N}_{j-1}\boldsymbol{A}_j, & i < j\end{cases} \tag{25.35}$$

其中，

$$\boldsymbol{N}_i = \begin{bmatrix}\boldsymbol{R}_{i+1}, & 0 \\ S(\tilde{\boldsymbol{p}}_i^*)\boldsymbol{R}_{i+1}, & \boldsymbol{R}_{i+1}\end{bmatrix}$$

其后，通过式（25.25）可知

$$\boldsymbol{Y}_{ij} = [0,0,0,0,0,1]\begin{bmatrix}\boldsymbol{R}_{i-1}^{\mathrm{T}} & 0 \\ 0 & \boldsymbol{R}_{i-1}^{\mathrm{T}}\end{bmatrix}\boldsymbol{U}_{ij} \tag{25.36}$$

因此可有

$$\boldsymbol{\tau} = \begin{bmatrix}\boldsymbol{\tau}_1 \\ \vdots \\ \boldsymbol{\tau}_n\end{bmatrix} = \begin{bmatrix}\boldsymbol{Y}_{11} & \boldsymbol{Y}_{12} & \cdots & \boldsymbol{Y}_{1n} \\ & \boldsymbol{Y}_{22} & \cdots & \boldsymbol{Y}_{2n} \\ & & \ddots & \vdots \\ & & & \boldsymbol{Y}_{nn}\end{bmatrix}\begin{bmatrix}\boldsymbol{p}^1 \\ \boldsymbol{p}^2 \\ \vdots \\ \boldsymbol{p}^n\end{bmatrix} = \boldsymbol{Y}\boldsymbol{p} \tag{25.37}$$

连杆 i 的质量分布由连杆 i 的质量 m_i 和连杆 i 对其质心的惯性张量矩阵 $\boldsymbol{I}_{Ci}$ 共同刻画。但是式（25.37）中连杆 i 的质量分布需要使用连杆 i 的质量 m_i 与质心矢径 $\boldsymbol{r}_{Ci}$ 的乘积和连杆 i 对于原点 O_i 的惯性张量矩阵 $\boldsymbol{I}_i$ 来描述。由平行轴定理可得

$$\boldsymbol{I}_i = \boldsymbol{I}_{Ci} + m_i(\boldsymbol{r}_{Ci}^{\mathrm{T}}\boldsymbol{r}_{Ci}E - \boldsymbol{r}_{Ci}^{\mathrm{T}}\boldsymbol{r}_{Ci}) \tag{25.38}$$

综上所述，通过式（25.34）~式（25.37）、式（25.38），获得了线性化的动力学方程，进而可以采用最小二乘法的表达式 $(\boldsymbol{Y}^{\mathrm{T}}\boldsymbol{Y})^{-1}\boldsymbol{Y}^{\mathrm{T}}\boldsymbol{\tau}$ 来求解 $\boldsymbol{p}$。

但是这里依然存在 2 个问题。①由于某些惯性参数对关节力矩并没有影响，这会使得观测矩阵 $\boldsymbol{Y}$ 的某一列全为 0。但如果能够剔除那些不影响动力学特性的惯性参数，就能够对非满秩的观测矩阵 $\boldsymbol{Y}$ 进行线性重组，进而减少待辨识的惯性参数的数量，即有

$$\boldsymbol{Y}\boldsymbol{p} = \boldsymbol{Y}\boldsymbol{C}\boldsymbol{p} = \boldsymbol{Y}\boldsymbol{p}^r \tag{25.39}$$

正如式（25.39）所示，如果可以获取重组矩阵 $\boldsymbol{C}$ ，就能确定列满秩的观测矩阵 $\boldsymbol{Y}$ 以及最小的惯性参数集 $\boldsymbol{p}'$ 。其次，矩阵 $\boldsymbol{Y}$ 条件数的好坏，将直接影响最终辨识的精度。根据上文的分析可知，$\boldsymbol{Y}$ 是一个和 θ、$\dot{\boldsymbol{\theta}}$、$\ddot{\boldsymbol{\theta}}$ 有关的矩阵。如果能求解一组“优秀的”（θ、$\dot{\theta}$、$\ddot{\theta}$），使得 $\boldsymbol{Y}$ 具有较好的条件数，就能够很好地对动力学参数进行辨识。

25.3.2 智能排爆机器人上的惯性参数重组

从20世纪80年代起，国内外众多学者就针对动力学参数的重组问题进行了全面、深入的研究。Kawasaki 等采用一种改进的 D－H 法[193]求解了能够确定机械臂最小惯性参数的递推公式，从而建立了一整套基于最小二乘法的动力学参数辨识方法。在此之前，对于树形结构或者闭链机械臂，标准 D－H 法会产生歧义，因此研究人员迫切需求有新的方法来解决相关问题。1986年，Khalil 和 Kleinfinger 提出了一种改进的 D－H 法[194]，这种方法选取连杆 i 的驱动轴方向为与连杆 i 固连的坐标系的 Z_i 轴，进而克服了 D－H 法中的缺点。

项目组在仔细分析和认真参考其他改进型 D－H 法的基础上，以智能排爆机器人串联式辅机械臂为例，列出改进的 D－H 参数，如表25.1所示。

表25.1 辅机械臂的改进型 D－H 参数

关节	d/m	a/m	α/rad
1	0.113 5	0	0
2	0	0	$\pi/2$
3	0	−0.243 6	0
4	0.092 8	−0.263 2	0
5	0.110 3	0	$\pi/2$
6	0.056 8	0	$-\pi/2$

除去 $i=n$ 和 $i=0$ ，一般情况下存在如表25.2所示对应关系。

表25.2 改进型 D－H 法和标准 D－H 法之间的变换关系

标准 D－H 法	改进型 D－H 法
α_i	α_{i+1}
d_i	d_i
α_i	α_{i+1}
θ_i	θ_i

项目组将采用 Kawasaki 理论来推导智能排爆机器人的最小惯量集合。不同于传统的串联式机械臂，项目组研发的智能排爆机器人的主辅机械臂均布置在65°的斜面上，如图25.1所示，因而对动力学有影响的参数更多。

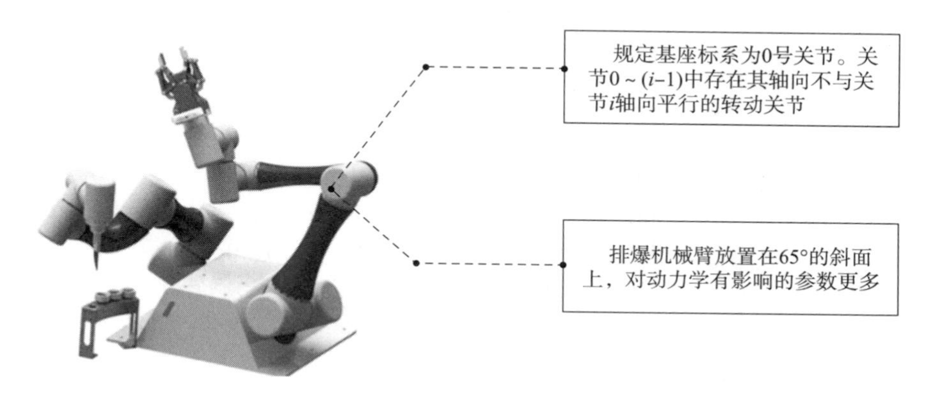

图 25.1　智能排爆机器人主辅机械臂的动力学参数重组

首先约定，基坐标系为 0 号关节。由于项目组研制的智能排爆机器人主辅机械臂采用的均为转动关节，则关节 0 ~ (i - 1) 中存在其轴向不与关节 i 轴向平行的转动关节。通过 Kawasaki 的研究结论得知，i 连杆上可辨识的参数为

$$\begin{cases} {}^{i}\tilde{I}_{xx}^{*} = {}^{i}\tilde{I}_{x} - {}^{i}\tilde{I}_{y} \\ {}^{i}\tilde{I}_{xy} \\ {}^{i}\tilde{I}_{xz} \\ {}^{i}\tilde{I}_{yz} \\ {}^{i}\tilde{I}_{z} \\ mx_{i} \\ my_{i} \end{cases} \tag{25.40}$$

并且可以将连杆 $i-1$ 的参数重组为

$$\begin{cases} {}^{i-1}\tilde{I}_{xx} = {}^{i-1}\tilde{I}_{x} - {}^{i}\tilde{I}_{y} + 2d_{i}mx_{i} + d_{i}^{2}m_{i} \\ {}^{i-1}\tilde{I}_{yy} = {}^{i-1}\tilde{I}_{yy} + \cos^{2}\alpha_{i}({}^{i}\tilde{I}_{y} + 2d_{i}mz_{i}) + m_{i}(d_{i}^{2}\cos^{2}\alpha_{i} + a_{i}^{2}) \\ {}^{i-1}\tilde{I}_{zz} = {}^{i-1}\tilde{I}_{zz} + \sin^{2}\alpha_{i}{}^{i}\tilde{I}_{y} + 2d_{i}\sin^{2}\alpha_{i}mz_{i} + m_{i}(d_{i}^{2}\sin^{2}\alpha_{i} + a_{i}^{2}) \\ {}^{i-1}\tilde{I}_{xy} = {}^{i-1}\tilde{I}_{xy} + a_{i}\sin\alpha_{i}(mz_{i} + d_{i}z_{i}) \\ {}^{i-1}\tilde{I}_{xz} = {}^{i-1}\tilde{I}_{xz} - a_{i}\cos\alpha_{i}(mz_{i} + d_{i}z_{i}) \\ {}^{i-1}\tilde{I}_{yz} = {}^{i-1}\tilde{I}_{yz} + \sin\alpha_{i}\cos\alpha_{i}({}^{i}\tilde{I}_{y} + 2d_{i}mz_{i} + d_{i}^{2}m_{i}) \\ mx_{i-1} = mx_{i-1} + \alpha_{i}m_{i} \\ my_{i-1} = my_{i-1} - \sin\alpha_{i}(mz_{i} + d_{i}m_{i}) \\ mz_{i-1} = mz_{i-1} + \cos\alpha_{i}(mz_{i} + d_{i}m_{i}) \\ m_{i-1} = m_{i-1} + m_{i} \end{cases} \tag{25.41}$$

根据式（25.40）的结论，可以得知，消去 $\boldsymbol{p}^{i}$ 中无法辨识的参数可以通过左乘一组固定的线性变换 $\boldsymbol{c}_{0}$ 来实现，即

$$
\boldsymbol{c}_0 = \begin{bmatrix}
1 & -1 & 0 & 0 & 0 & 0 & 0 & 0 & 0 & 0 \\
0 & 0 & 1 & 0 & 0 & 0 & 0 & 0 & 0 & 0 \\
0 & 0 & 0 & 1 & 0 & 0 & 0 & 0 & 0 & 0 \\
0 & 0 & 0 & 0 & 1 & 0 & 0 & 0 & 0 & 0 \\
0 & 0 & 0 & 0 & 0 & 1 & 0 & 0 & 0 & 0 \\
0 & 0 & 0 & 0 & 0 & 0 & 1 & 0 & 0 & 0 \\
0 & 0 & 0 & 0 & 0 & 0 & 0 & 1 & 0 & 0
\end{bmatrix} \tag{25.42}
$$

根据式（25.41）可知，$\boldsymbol{p}^i$ 向 $\boldsymbol{p}^{i-1}$ 的重组可以通过 $\boldsymbol{c}_i\boldsymbol{p}^i + \boldsymbol{p}^{i-1}$ 来实现。其中 $\boldsymbol{c}_i$ 的表达式如下：

$$
\boldsymbol{c}_i = \begin{bmatrix}
0 & 1 & 0 & 0 & 0 & 0 & 0 & 0 & 2d_i & 2d_i \\
0 & \cos^2\alpha_i & 0 & 0 & 0 & 0 & 0 & 0 & 2d_i\cos^2\alpha_i & d_i^2\cos^2\alpha_i + a_i^2 \\
0 & \sin^2\alpha_i & 0 & 0 & 0 & 0 & 0 & 0 & 2d_i\sin^2\alpha_i & d_i^2\sin^2\alpha_i + a_i^2 \\
0 & 0 & 0 & 0 & 0 & 0 & 0 & 0 & a_i\sin\alpha_i & a_i d_i\sin\alpha_i \\
0 & 0 & 0 & 0 & 0 & 0 & 0 & 0 & -a_i\cos\alpha_i & -a_i d_i\cos\alpha_i \\
0 & \sin\alpha_i\cos\alpha_i & 0 & 0 & 0 & 0 & 0 & 0 & 2d_i\sin\alpha_i\cos\alpha_i & d_i^2\sin\alpha_i\cos\alpha_i \\
0 & 0 & 0 & 0 & 0 & 0 & 0 & 0 & 0 & a_i \\
0 & 0 & 0 & 0 & 0 & 0 & 0 & 0 & -\sin\alpha_i & -d_i\sin\alpha_i \\
0 & 0 & 0 & 0 & 0 & 0 & 0 & 0 & \cos\alpha_i & d_i\cos\alpha_i \\
0 & 0 & 0 & 0 & 0 & 0 & 0 & 0 & 0 & 1
\end{bmatrix} \tag{25.43}
$$

下面将利用式（25.43）和式（25.42）来推导式（25.39）中的 $\boldsymbol{C}$。容易验证，矩阵 $\boldsymbol{C}$ 中的矩阵块 $\boldsymbol{C}_{ij}$ 可以用如下的表达式描述：

$$
\boldsymbol{C}_{ij} = \begin{cases} \boldsymbol{c}_0, & i = j \\ \boldsymbol{c}_0\boldsymbol{c}_i\cdots\boldsymbol{c}_j, & i < j \\ 0, & \text{其它} \end{cases} \tag{25.44}
$$

所以可以求解出系数矩阵 $\boldsymbol{C}$，即有

$$
\boldsymbol{C} = \begin{bmatrix}
\boldsymbol{c}_0 & \boldsymbol{c}_0\boldsymbol{c}_2 & \boldsymbol{c}_0\boldsymbol{c}_2\boldsymbol{c}_3 & \boldsymbol{c}_0\boldsymbol{c}_2\boldsymbol{c}_3\boldsymbol{c}_4 & \boldsymbol{c}_0\boldsymbol{c}_2\boldsymbol{c}_3\boldsymbol{c}_4\boldsymbol{c}_5 & \boldsymbol{c}_0\boldsymbol{c}_2\boldsymbol{c}_3\boldsymbol{c}_4\boldsymbol{c}_5\boldsymbol{c}_6 \\
 & \boldsymbol{c}_0 & \boldsymbol{c}_0\boldsymbol{c}_3 & \boldsymbol{c}_0\boldsymbol{c}_3\boldsymbol{c}_4 & \boldsymbol{c}_0\boldsymbol{c}_3\boldsymbol{c}_4\boldsymbol{c}_5 & \boldsymbol{c}_0\boldsymbol{c}_3\boldsymbol{c}_4\boldsymbol{c}_5\boldsymbol{c}_6 \\
 & & \boldsymbol{c}_0 & \boldsymbol{c}_0\boldsymbol{c}_4 & \boldsymbol{c}_0\boldsymbol{c}_4\boldsymbol{c}_5 & \boldsymbol{c}_0\boldsymbol{c}_4\boldsymbol{c}_5\boldsymbol{c}_6 \\
 & & & \boldsymbol{c}_0 & \boldsymbol{c}_0\boldsymbol{c}_5 & \boldsymbol{c}_0\boldsymbol{c}_5\boldsymbol{c}_6 \\
 & & & & \boldsymbol{c}_0 & \boldsymbol{c}_0\boldsymbol{c}_6 \\
 & & & & & \boldsymbol{c}_0
\end{bmatrix} \tag{25.45}
$$

可以看出 $\boldsymbol{C}$ 为上三角矩阵。

25.3.3 基于坐标轮换法的激励轨迹优化

一组优秀的运行轨迹可以提高辨识精度。从式（25.39）中可知，如果能够事先设计一组运动曲线使得 $\mathrm{cond}(\tilde{Y})$ 较小，则可以优化待辨识参数的精度。1997 年，文献［195］最早提出了最优激励轨迹的概念，其主旨思想是在边界条件下去构造一组使得 $\mathrm{cond}(\tilde{Y})$ 取最小

的傅里叶级数关节曲线。这些年，这套理论一直在学术界和工业界广泛运用。

最优激励轨迹为每个关节构造一条由傅里叶级数组成的运动轨迹，如下所示：

$$q_i(t) = \sum_{l=1}^{N_i} \frac{a_l^i}{w_f l}\sin(w_f lt) - \frac{b_l^i}{w_f l}\cos(w_f lt) + q_{i,0} \tag{25.46}$$

式中，a_l^i、b_l^i、$q_{i,0}$ 为级数的参数；w_f 为激励频率；N 为级数的阶次；t 为执行时间。可以看出，式（25.46）可以保证曲线的连续性，但对于机械臂运动来说还需要满足运动约束，如机械臂关节上的运动带宽参数、机械臂的关节限位、速度、加速度等。综上所述，可以得到约束方程如下：

$$\begin{cases} q_{i,\min} \leqslant q_i(t) \leqslant q_{i,\max} \\ |\dot{q}_i(t)| \leqslant \dot{q}_{i,\max} \\ |\ddot{q}_i(t)| \leqslant \ddot{q}_{i,\max} \\ \dot{q}_i(0) = \dot{q}_i(t_f) = 0 \\ \ddot{q}_i(0) = \ddot{q}_i(t_f) = 0 \end{cases} \tag{25.47}$$

从中可以发现，只需要改变参数 a_l^i、b_l^i、$q_{i,0}$，就能够改变整条曲线，进而使得 $\mathrm{cond}(\tilde{Y})$ 发生变化。综上所述，$\mathrm{mincond}(\tilde{Y})$ 是一个多元函数的优化问题。这一问题的难点在于无法有效地对 $\tilde{Y}$ 中的各个参数求偏导。对于这种情况，坐标轮换 UST（Univariate Search Technique）算法是一个很好的选择。该算法的核心思想是每一个轮次中只优化一个变量，而每当该变量达到本轮次的最优后，就开始优化下一个参数。基于上述思路，项目组设计了一种用于求解激励轨迹的坐标轮换算法，如表 25.3 中算法 25.1 所示。

表 25.3　求解激励轨迹的坐标轮换算法伪代码及实施步骤

算法 25.1：坐标轮换算法伪代码及实施步骤：
1. 随机初始化 n 个参数 $\boldsymbol{\alpha} = [\alpha_1, \cdots, \alpha_n]$
2. **for** 当迭代次数 epic = 1 到 $\mathrm{epic}_{\max}$ 时，则执行 **do**
3. **for** 参数序号从 $i = 1$ 到 n，则执行 **do**
4. $\alpha_i' = \alpha_i + \Delta$ 每次优化 Δ 长度
5. **while** 当 $\mathrm{cond}(\tilde{Y}_{\alpha'})$ 相对 $\mathrm{cond}(\tilde{Y}_{\alpha})$ 的变化超过阈值 ε 时，则执行下列判断 **do**
6. **if** 满足约束式 25.48 时，则 **then**
7. $\Delta = \lambda * (\alpha_i' - \alpha_i)$
8. **if** 当 $\mathrm{cond}(\tilde{Y}_{\alpha'})$ 小于 $\mathrm{cond}(\tilde{Y}_{\alpha})$ 时，则 **then**
9. 将 α'_i 赋值给 α_i
10. 将 $\alpha'_i + \Delta$ 赋值给 α'_i
11. **else** 当 $\mathrm{cond}(\tilde{Y}_{\alpha'})$ 大于 $\mathrm{cond}(\tilde{Y}_{\alpha})$ 时，则 **then**
12. 将 α_i' 赋值给 α_i
13. 将 $\alpha_i - \Delta$ 赋值给 α_i'
14. **end if** 停止 if 循环

续表

15.	**else** 不满足式（25.47）时
16.	跳转到下一个参数进行优化
17.	**end if** 停止 if 循环
18.	**endwhile** 停止 while 循环
19.	**endfor** 停止 for 循环
20.	**endfor** 停止 for 循环

首先，算法会随机初始化 n 个参数 $\boldsymbol{\alpha} = [\alpha_1, \cdots, \alpha_n]$；其次，再通过设置迭代次数 $epic_{\max}$来调节算法的运行时间；最后，逐一地对每个参数进行优化。当 $\mathrm{cond}(\tilde{Y})$ 不发生变化时，则跳转到下一个参数进行优化。实际上，坐标轮换虽然简单，但却是一种极其有效的方法，而且算法 25.1 中的逻辑清晰简单，可以极大地保证算法的收敛性。

25.4　智能排爆机器人上的动力学前馈

在获知了智能排爆机器人主辅机械臂的动力学参数后，就可以依靠本书第 25 章第 25.2 节中所建立的动力学方程来进一步提升机械臂的控制水平。下面首先介绍常见的机械臂控制策略，随后将基于智能排爆机器人的硬件设备进行动力学前馈的设计。

25.4.1　分散控制和集中控制策略

机械臂的控制策略主要分为两大类：①分散式控制策略；②集中控制策略。分散式控制策略是将机械臂系统分为控制器、驱动器和电动机，然后分别对其进行控制。在这种方法中，控制器负责解算机械臂各个关节的位置，驱动器负责控制电动机。但是，这种控制策略在学术上存在很多问题。首先，分散控制策略以独立的关节控制为基础，将关节之间的耦合看作是扰动。其次，机械臂是一个典型的变惯量系统，当机械臂处于不同的姿态下时，机械臂的惯量都会发生变化。这会直接使得驱动器中的控制参数不再适用。

为了解决分散控制策略存在的问题，需要将机械臂放置在非线性多变量系统的背景中进行求解，而这就是集中控制策略。集中控制策略不再由驱动器对电动机进行约束，而是在控制器中直面轨迹跟踪问题。由于这种思路引入了状态空间方程，还要解决非线性、稳定性等问题，因而也就带来了一些麻烦与不足。

经过比较与分析，项目组研发的智能排爆机器人采用了分散控制策略，希望能够在这种成熟的控制架构上，利用动力学参数辨识的结果增加动力学前馈，进一步提高智能排爆机器人主辅机械臂的控制精度。

25.4.2　动力学前馈

当前业界使用的大多数驱动器都能提供基于 PID 三环控制的前馈补偿，例如安川的伺服单元上可以在位置控制的同时进行力矩前馈。一般情况下，力矩前馈的控制流程如图 25.2 所示。动力学前馈需要辨识出所有的机械臂动力学参数，以电流的方式补偿给控制器的电流环。

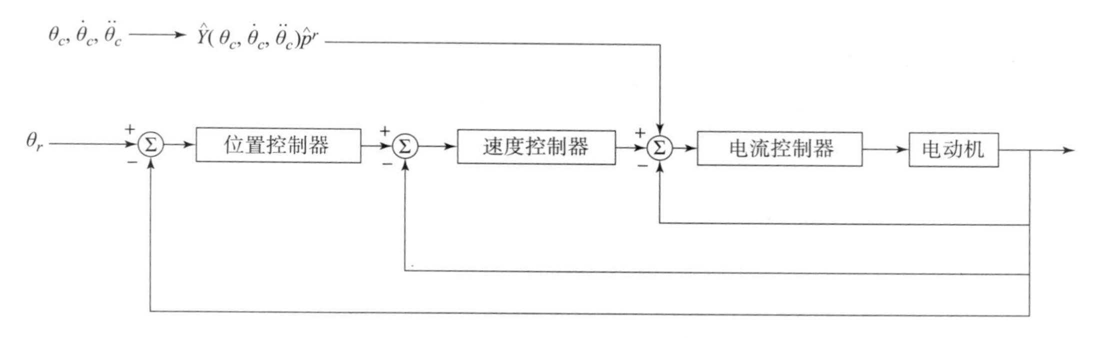

图 25.2　力矩前馈的控制流程

此外，Copley 的驱动器也带有加速度前馈补偿，其控制流程如图 25.3 所示。加速度前馈只需要知道电动机的转动惯量就可以补偿电流环，是动力学前馈的一种简化模式。

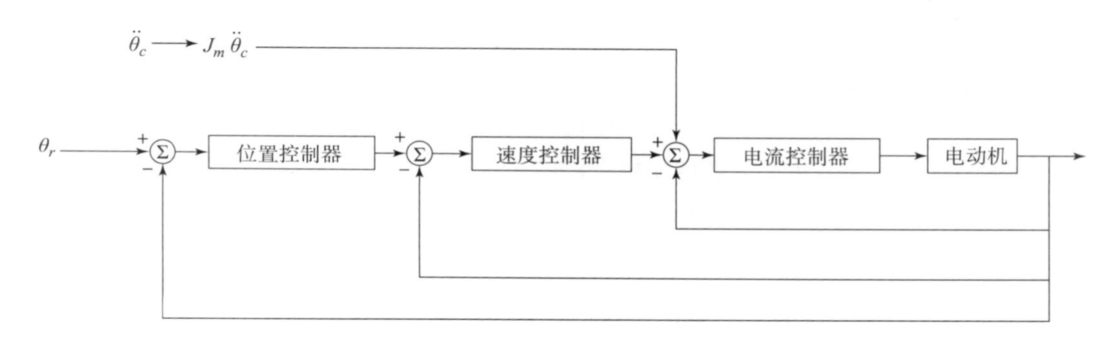

图 25.3　加速度前馈的控制流程

查阅 Kollmorgen 的 RGM 使用手册可知，Pdo 的 0x60B2 通道可以为电动机提供加速度前馈，如表 25.4 所示。所以，基于现有的控制策略以及动力学参数的辨识结果，可以在智能排爆机器人主辅机械臂上加入加速度前馈来进一步提高控制精度。

表 25.4　RGM 手册中加速度前馈的通道

类型	对象	名称	固定	同步管理器	常用模式
RxPdo	0x1702	接收 PDO 7	是	不适用	CST 循环同步扭矩
	0x6040	控制			
	0x6071	目标扭矩			
	0x60B2	扭矩偏移（加速前馈）			
RxPdo	0x1703	接收 PDO 8	是	不适用	紫外线电流控制
RxPdo	0x1704	接收 PD09	是	不适用	CSTCA 循环同步扭矩 + 换向角
	0x6040	控制字			
	0x6071	目标扭矩			

机械臂关节加速度反馈信号中必然会包含大量的噪声，这在一定程度上会影响加速度反

馈信号的质量，进而会影响机械臂控制的精度。由于项目组在控制器中采用了解析的 S 曲线模型，可以计算任意时刻的规划速度和规划加速度，且整个智能排爆机器人的机械臂子系统具有较好的跟踪能力，完全可以将表 25.4 中的当前加速度 $\ddot{\theta}_c$ 用规划的加速度 $\ddot{\theta}_r$ 来替换，于是也就可以圆满地解决加速度反馈信号中包含噪声带来的相关问题了。

25.4 本章小结

本章主要完成了动力学参数辨识和动力学前馈两部分研究工作。

（1）在动力学参数辨识部分的研究中，项目组首先建立了智能排爆机器人串联式六自由度辅机械臂的动力学模型。该动力学模型包括连杆动力学模型和关节动力学模型。其次，将机械臂动力学模型进行了线性化，同时针对辅机械臂的具体情况，完成了动力学参数的重组。最后，基于坐标轮换法设计了一种能够快速收敛的激励轨迹优化方法，进而完成了整个动力学参数辨识的理论研究工作。

（2）在动力学前馈部分的研究中，项目组首先介绍了机械臂控制的两种策略，接着又建立了基于智能排爆机器人串联式六自由度辅机械臂的硬件架构以及参数辨识的相关结果，为机械臂提供了加速度前馈，有效改善了机械臂的控制精度。

本章内容证明了项目组研制的智能排爆机器人串联式六自由度主辅机械臂均具有较好的开放性和通用性，为提升项目组在机器人动力学方面的研究能力奠定了基础。

第 26 章

算法与理论的仿真试验

在动力学参数辨识的研究中，项目组首先建立了智能排爆机器人串联式六自由度辅机械臂的动力学模型，该动力学模型包括连杆动力学模型和关节动力学模型，可为机械臂进行动力学参数辨识提供理论依托。其次，项目组又将机械臂动力学模型进行了线性化，同时针对辅机械臂的具体情况，完成了动力学参数的重组。最后，基于坐标轮换法设计了一种能够快速收敛的激励轨迹优化方法，进而完成了整个动力学参数辨识的理论研究工作。但是上述研究工作的有效性、合理性、适用性如何，还需通过仿真试验加以验证，才能得到可信的凭据。

26.1 算法与理论仿真试验概述

项目组研究工作的主要理论创新之处集中在第 23 章的通用封闭逆解算法和第 24 章的多轴同步理论。本章将开展一些仿真试验来对这些创新算法和理论成果进行验证。

仿真试验的硬件环境：64 位 Windows10 操作系统，Intel Core i7 - 6700，2.6GHz，软件版本为 MATLAB2016a。仿真试验的内容如表 26.1 所示。

表 26.1 第 26 章的仿真试验内容

试验章节	试验对象	对应章节
第 26 章第 26.2 节	通用封闭逆运动学算法	第 23 章第 23.4 节
第 26 章第 26.3 节	多轴点到点理论与算法	第 24 章第 24.3 节、第 24.4 节和第 24.8 节
第 26 章第 26.4 节	单轴多位置点时间最优算法	第 24 章第 24.5 节

如表 26.1 所示，本章所验证的算法在上文中都已经获取了最优性的证明，同时类似的研究在学术界较少，所以并没有安排对比试验。

由于本书第 24 章第 24.6 节中提出的多点同步算法只是求解了近似最优解，所以将在本书第 27 章中安排算法的实物样机试验和性能对比试验。此外，本书第 25 章动力学参数辨识工作的实践性较强，所以相关验证工作也将安排在第 27 章的实物样机验证试验中进行。

26.2 通用封闭逆运动学求解算法的仿真试验

本处项目组的试验对象为本书第 23 章第 23.4 节中提出的通用封闭逆解算法，试验内容是针对该算法的完备性、通用性和连续性的验证，具体含义如表 26.2 所示。

表 26.2 通用封闭逆运动学算法的仿真试验内容

试验章节	试验内容	内容含义
第 26 章第 26.2.1 节	算法完备性	对于任意的输入算法总有输出与之对应
第 26 章第 26.2.2 节	算法通用性	针对不同的输入都能够适用
第 26 章第 26.2.3 节	算法连续性	输入连续变化时，输出也应该连续而不发生跳变

26.2.1 算法的完备性测试

试验内容：通用封闭逆运动学算法的完备性测试。

试验方法：求解不同构型机械臂的逆解问题，分析输出是否正常。

首先选用一个三平行关节的机械臂作为试验对象，其 D－H 参数如表 26.3 所示。

表 26.3 由三平行关节组成的机械臂的 D－H 参数

关节	d/m	a/m	α/rad
1	0.1	0.1	0
2	0.1	－0.2	0
3	0.1	－0.3	0

采用通用封闭逆运动学算法求解该机械臂的过程如下：

（1）使用第 4 个基本问题求解 $\theta_1+\theta_2+\theta_3$。

（2）剩余子链长度为［2，0，0］，故可由第 6 个基本问题求解 $\theta_1,\theta_2,\theta_3$。

现在给定一组关节角 $\boldsymbol{\theta}=[90°,90°,45°]$，经计算得到此时的末端变换矩阵如下：

$$\begin{bmatrix} -0.7071 & 0.7071 & 0 & -0.0121 \\ -0.7071 & -0.7071 & 0 & -0.1121 \\ 0 & 0 & 1 & 0.3 \\ 0 & 0 & 0 & 1 \end{bmatrix}$$

于是运用通用封闭逆运动学算法得到的所有可行解如表 26.4 所示。

表 26.4 两组可行的逆运动学解

关节角	θ_1/(°)	θ_2/(°)	θ_3/(°)
1	90	90	45
2	－36.869 9	－90	－8.130 1

容易验证，这 2 组关节角都是正确的。

现在采用一个四平行关节的机械臂作为试验对象，其 D－H 参数如表 26.5 所示。

表 26.5　由四平行关节组成的机械臂的 D – H 参数

关节角	d/m	a/m	α/rad
1	0.1	0.1	0
2	0.1	-0.2	0
3	0.1	-0.3	0
4	0.1	0.1	0

采用通用封闭逆解算法求解该机械臂的过程如下：

（1）使用第 4 个基本问题求解子链 s_1 的转动角度和 θ_{s_1}。

（2）剩余子链长度为［3，0，0］，这并不在 3 类子问题中，所以无解，算法结束。

事实上，该机械臂的变换矩阵中只存在 3 个有效的方程，而未知数却有 4 个，确实无法求解其逆运动问题。

上述试验通过两个例子来验证算法的完备性。其中第一个例子是一个由三平行关节组成的机械臂，算法经过运算得出了正确的答案。随后采用的是由四平行关节组成的机械臂，由于不在基本问题中而终止了算法。这说明项目组所提算法并不会因为不满足求解条件而进入死循环，而满足求解条件的机械臂则一定会计算出相应结果。

26.2.2　算法的通用性测试

试验内容：通用封闭逆运动学算法的通用性测试。

试验方法：求解不常见构型的机械臂的逆运动学问题。

对于那些能够被三类子问题所描述的串联式机械臂，就都能采用封闭逆运动学算法进行求解，这是算法在通用性上的一种表现。由于在本书前面中 10 个基本问题的描述是确定的，所以可以基于这 10 个基本问题构造出存在逆解但不常见的串联式机械臂，故而在本试验中，项目组将构造 2 个不常见的机械臂作为例子来验证所提算法的通用性。

基于第 4 个和第 5 个基本问题构型为 $z_1 \parallel z_2 \perp z_3 \parallel z_{4,a} \perp z_{5,a,d} \perp z_6$ 的机械臂 Bot_1，其 D – H 参数如表 26.6 所示。

表 26.6　机械臂 Bot_1 的 D – H 参数

关节	d/m	a/m	α/rad
1	0.1	0.35	0
2	0.1	0.3	$\pi/2$
3	0.1	0.5	0
4	0.1	0	$-\pi/2$
5	0	0	$\pi/2$
6	0.1	0.1	0

采用通用封闭逆解运动学法求解该机械臂的过程如下：

（1）由于 $z_1 \parallel z_2 \perp z_3 \parallel z_{4,a} \perp z_{5,a,d}$，因而可以采用第 4 个基本问题来求解 $\theta_1, \theta_2, \theta_3$。

（2）又由于 $z_{4,a} \perp z_{5,a,d} \perp z_6$，故而可以采用第 5 个基本问题来求解 $\theta_4, \theta_5, \theta_6$。

给定一组关节角 $\boldsymbol{\theta} = [90°, 60°, 60°, 60°, 30°, 30°]$，计算出此时的末端变换矩阵如下：

$$\begin{bmatrix} 0.5625 & 0.1752 & 0.8080 & -0.0228 \\ -0.8248 & 0.1875 & 0.5335 & 0.6441 \\ -0.0580 & -0.9665 & 0.2500 & 0.7192 \\ 0 & 0 & 0 & 1 \end{bmatrix}$$

可采用通用封闭逆运动学算法求解所有的可行解，如表 26.7 所示，可证这 4 组解都是正确的。

表 26.7　机械臂 Bot_1 的运动学逆解

序号	θ_1/(°)	θ_2/(°)	θ_3/(°)	θ_4/(°)	θ_5/(°)	θ_6/(°)
1	90.000 0	60.000 0	90.000 0	-120.000 0	-30.000 0	-150.000 0
2	90.000 0	60.000 0	90.000 0	60.000 0	30.000 0	30.000 0
3	116.707 8	7.380 1	90.000 0	-177.472 8	-14.491 9	-89.175 2
4	116.707 8	7.380 1	90.000 0	2.527 2	14.491 9	90.824 8

保持机械臂的构型不变，修改机械臂 a 的正负以及 d 的取值。改变后的 D-H 参数如表 26.8 所示。

表 26.8　修改后的机械臂 Bot_1 的 D-H 参数

关节	d/m	a/m	α/rad
1	0	-0.35	0
2	0	0.3	π/2
3	0	-0.5	0
4	0	0	π/2
5	0	0	π/2
6	0	0.1	0

给定一组关节角 $\boldsymbol{\theta} = [90°, 60°, 60°, 60°, 30°, 30°]$，可计算出此时的末端变换矩阵如下：

$$\begin{bmatrix} 0.5625 & -0.8248 & 0.0580 & -0.2036 \\ 0.1752 & 0.1875 & 0.9665 & -0.1825 \\ -0.8080 & -0.5335 & 0.2500 & 0.4192 \\ 0 & 0 & 0 & 1 \end{bmatrix}$$

求得所有可行解，如表 26.9 所示。

表 26.9　修改后的 Bot_1 的运动学逆解

序号	$\theta_1/(°)$	$\theta_2/(°)$	$\theta_3/(°)$	$\theta_4/(°)$	$\theta_5/(°)$	$\theta_6/(°)$
1	90.000 0	60.000 0	90.000 0	-120.000 0	-30.000 0	-150.000 0
2	90.000 0	60.000 0	90.000 0	60.000 0	30.000 0	30.000 0
3	-14.821 8	-60.000 0	90.000 0	105.240 3	108.001 5	51.752 2
4	-14.821 8	-60.000 0	90.000 0	-74.759 7	108.001 5	-128.247 8

容易验证 4 组解都是正确的。

下面，项目组将基于第 3 个和第 10 个基本问题构造 $z_1 \parallel z_2 \perp z_3 \parallel z_4 \parallel z_5 \parallel z_6$ 的机械臂 Bot_2，其 D－H 参数如表 26.10 所示。

表 26.10　机械臂 Bot_2 的 D－H 参数

关节	d/m	a/m	α/rad
1	0.1	0.35	0
2	0.1	0.3	$-\pi/2$
3	0.1	0.3	$\pi/2$
4	0.1	0.25	0
5	0.1	0.2	0
6	0.1	0.1	0

采用通用封闭逆运动学算法求解该机械臂的过程如下：

（1）基于第 3 个基本问题可以求解三段子链的旋转角度和。

（2）基于第 10 个基本问题可以求解所有的关节角。

给定一组关节角 $\boldsymbol{\theta} = [90°,60°,60°,45°,45°,45°]$，经计算得到此时的末端变换矩阵如下：

$$\begin{bmatrix} -0.0474 & 0.6597 & -0.7500 & -0.9344 \\ -0.7891 & 0.4356 & 0.4330 & 0.2573 \\ 0.6124 & 0.6124 & 0.5000 & -0.0017 \\ 0 & 0 & 0 & 1 \end{bmatrix}$$

采用通用封闭逆运动学算法求解所有的可行解，如表 26.11 所示，容易验证 4 组解都是正确的。

表 26.11　机械臂 Bot_2 的运动学逆解

序号	$\theta_1/(°)$	$\theta_2/(°)$	$\theta_3/(°)$	$\theta_4/(°)$	$\theta_5/(°)$	$\theta_6/(°)$
1	-150.000 0	-60.000 0	60.000 0	-95.109 3	100.723 4	129.385 9
2	-150.000 0	-60.000 0	60.000 0	-9.664 6	-100.723 4	-114.612 0
3	90.000 0	60.000 0	60.000 0	45.000 0	45.000 0	45.000 0
4	90.000 0	60.000 0	60.000 0	84.729 8	-45.000 0	95.270 2

在本组试验中，试验对象为基于基本问题所构造出的 2 种不常见的机械臂。但是按照项目组在本研究中提出的理论，这 2 个机械臂是存在封闭逆解的。在试验中，项目组采用这些算法正确地求解了 2 个机械臂的逆运动学问题。另外，针对第一个机械臂，保持其构型不变，但大幅度地修改了连杆参数，最终也能获得正确结果。结合第一个试验可以看出，项目组提出的算法具有较好的通用性。

26.2.3 算法的连续性测试

试验内容：通用封闭逆运动学算法的连续性测试。

试验方法：给定连续变化的空间轨迹，分析逆解后的机械臂关节曲线是否连续。

本试验将采用工业领域常见的 Puma－560 机械臂作为试验对象。在试验中，令该机械臂按照指定的轨迹进行运动。这里需要考察的是：在求解该机械臂连续的空间轨迹时，经过逆解后的机械臂关节角是否也能保持连续，这是考验机械臂在实际工作中运动性能的重要指标。Puma－560 机械臂的 D－H 参数如表 26.12 所示。

表 26.12　Puma－560 机械臂的 D－H 参数

关节	d/m	a/m	α/rad
1	0	0	π/2
2	0	0.043 18	0
3	0.150 05	0.020 3	－π/2
4	0.043 18	0	π/2
5	0	0	－π/2
6	0	0	0

采用通用封闭逆解算法求解该机械臂的过程如下：

（1）基于第 1 个基本问题可以求解 θ_1。

（2）基于第 2 个基本问题可以求解 θ_2 与 θ_3。

（3）基于第 3 个基本问题可以求解 θ_4、θ_5 与 θ_6。

假定初始位置为 $\boldsymbol{\theta}=[25.5667°,-0.0624°,3.0736°,-25.5975°,87.2840°,1.3005°]$，此时 Puma－560 机械臂的末端变换矩阵如下：

$$\begin{bmatrix} 0 & 0 & -1 & 0.4521 \\ 0 & 1 & 0 & 0.0499 \\ 1 & 0 & 0 & 0.4318 \\ 0 & 0 & 0 & 1 \end{bmatrix}$$

采用通用封闭逆运动学算法求得所有的可行解结果如表 26.13 所示。

表 26.13　Puma－560 机械臂的运动学逆解

序号	θ_1/(°)	θ_2/(°)	θ_3/(°)	θ_4/(°)	θ_5/(°)	θ_6/(°)
1	167.043 4	89.619 9	3.071 1	－78.473 3	166.775 6	101.833 9
2	167.043 4	89.619 9	3.071 1	101.526 7	－166.775 6	－78.166 1
3	167.043 4	－179.937	－177.687 8	－167.036 2	92.312 4	0.534 1
4	167.043 4	－179.937	－177.687 8	12.963 8	－92.312 4	－179.465 9
5	25.565 4	－0.063 0	3.071 1	－25.599 8	87.284 4	1.300 6
6	25.565 4	－0.063 0	3.071 1	154.400 2	－87.284 4	178.699 4
7	25.565 4	90.380 1	－177.687 8	－84.387 5	154.298 9	－83.775 6
8	25.565 4	90.380 1	－177.687 8	95.612 5	－154.298 9	96.224 4

这里，同样采用 Matlab 中 Robotics ToolBox 的逆运动学可行解函数，也可以求出对应的 8 组解，如表 26.14 所示。

表 26.14　采用 Robotics ToolBox 求解的 Puma－560 机械臂运动学逆解

序号	θ_1/(°)	θ_2/(°)	θ_3/(°)	θ_4/(°)	θ_5/(°)	θ_6/(°)
1	167.043 4	89.619 9	3.071 1	－78.473 3	166.775 6	101.833 9
2	167.043 4	89.619 9	3.071 1	101.526 7	－166.775 6	－78.166 1
3	167.043 4	180.062 4	182.309 7	－167.036 2	92.312 4	0.534 1
4	167.043 4	180.062 4	182.309 7	12.963 8	－92.312 4	－179.465 9
5	25.565 4	－0.063 0	3.071 1	－25.599 8	87.284 4	1.300 6
6	25.565 4	－0.063 0	3.071 1	154.400 2	－87.284 4	178.699 4
7	25.565 4	90.380 1	－177.687 8	－84.387 5	154.298 9	－83.775 6
8	25.565 4	90.380 1	－177.687 8	95.612 5	－154.298 9	96.224 4

从表 26.14 可以看到，某些关节角已经超出了 $[-\pi, \pi]$ 的范围，原因在于 Robotics Tool Box 中没有选取统一的反三角函数，导致关节角的输出范围不统一。从这一点上来，项目组提出的算法是具有明显优势的。

下面令 Puma－560 机械臂末端按照以下公式中的螺旋线运动，步长为 0.01，即有

$$\begin{cases} x = 0.3t \\ y = 0.2\cos(2\pi t) - 0.2, t \in [0,1] \\ z = 0.2\sin(2\pi t) \end{cases} \tag{26.1}$$

选取表 26.14 中的第 5 组解，并根据其末端轨迹反解关节角，可以得到连续的关节位置，如图 26.1 所示。

根据所求的关节角，可以得到如图 26.2 所示的运动轨迹。

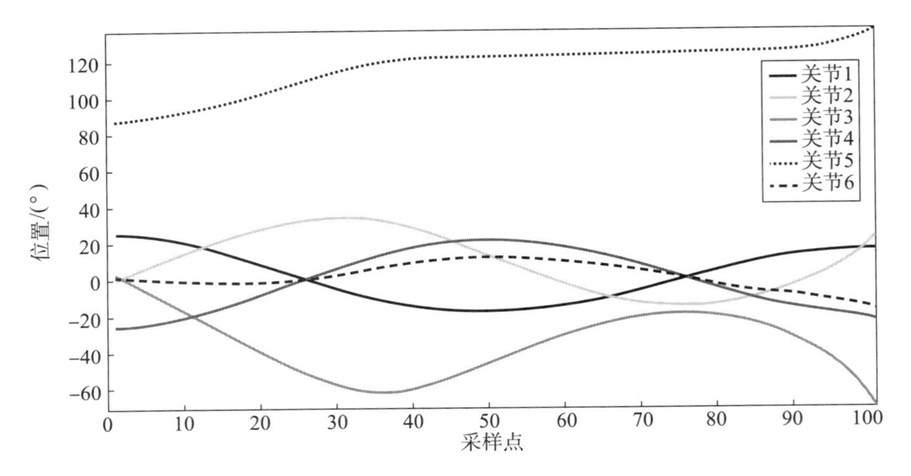

图 26.1　Puma－560 机械臂经逆解后的关节曲线

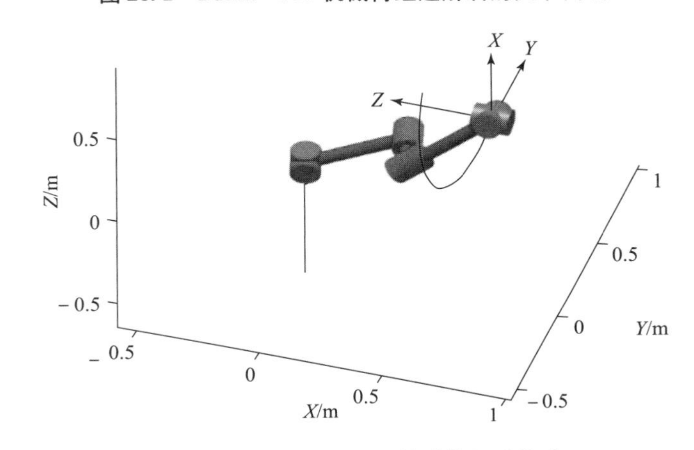

图 26.2　Puma－560 机械臂的运动轨迹

由图 26.1 可以看出，关节曲线连续变化且没有跳变；此外，从图 26.2 中可以看到，机械臂末端轨迹也与规划轨迹一致，这证明了项目组在本研究中提出的通用封闭逆运动学算法可以将空间轨迹正确地映射为连续的机械臂关节轨迹，具有很好的实用效果。

26.3　多轴点到点理论与算法的仿真试验

本节的试验对象为本书第 24 章中提出的单轴点到点运动的时间最优算法、基于时间约束的逆映射、多轴点到点同步的时间最优算法以及位置同步框架，验证内容如表 26.15 所示。

表 26.15　多轴点到点理论与算法的试验内容

试验小节	试验对象	验证内容
第 26.3.1 小节	单轴点到点运动的时间最优算法	验证时间最优性、算法连续性
第 26.3.2 小节	基于时间的逆映射	多种逆映射的自身性质与能耗的对比
第 26.3.3 小节	多轴点到点同步的时间最优算法	在机械臂模型上验证时间最优性和带宽约束
第 26.3.3 小节	位姿同步框架	在机械臂模型上验证同步效果和速度变化

26.3.1　单轴点到点时间最优算法的验证试验

试验内容：单轴点到点运动算法的时间最优性和连续性测试。

试验方法：给定带宽约束改变目标位移量，分析曲线的变化情况。

在 MATLAB 中实现本书第 24 章第 24.3 节中提出的基础映射 f，并且给定带宽参数 $V_m = 20, A_m = 20, J_m = 30$。

给定第 1 组数据 $S_r = 100$，将数据代入映射 f，根据参数可以绘制位移、速度、加速度和 Jerk 曲线，分别如图 26.3（a）~图 26.3（d）所示。

由图 26.3（b）和图 26.3（c）可以看出，由于目标位移足够大，所以曲线上的速度、加速度都达到了最大值；从图 26.3（d）可以看出，输入量也在激活时保持了最大，由此可以说明该曲线就是时间最优的。

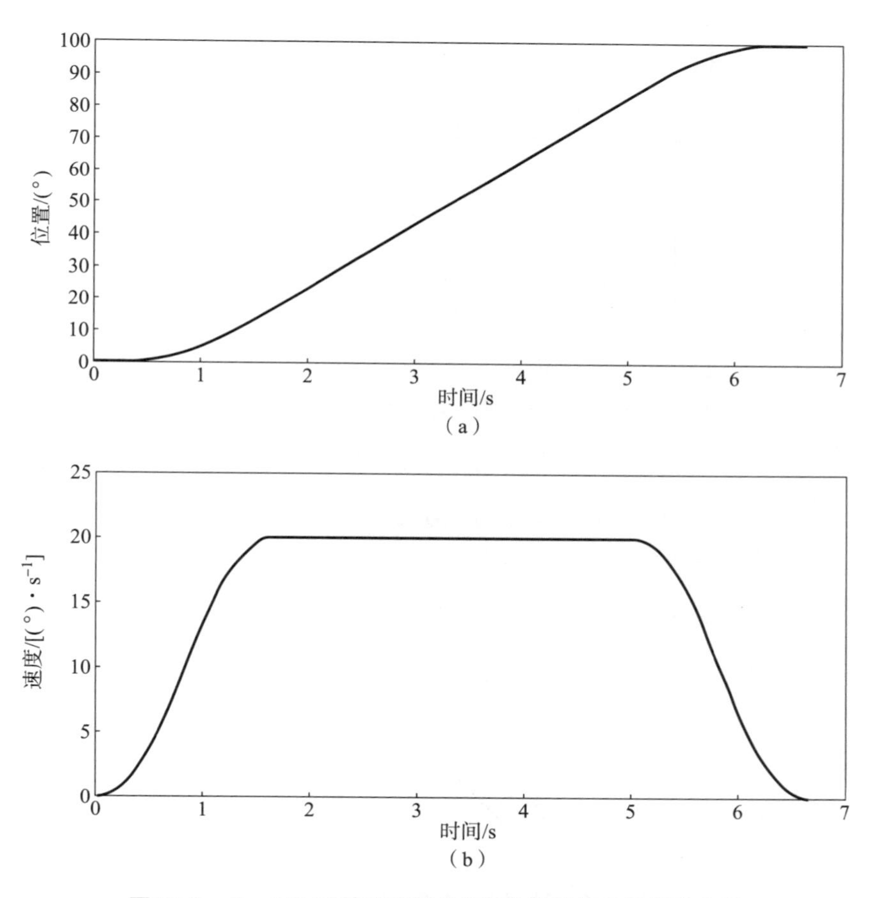

图 26.3　$S_r = 100$ 时基础映射 f 求解的位置与各阶导数曲线

（a）位置曲线；（b）速度曲线

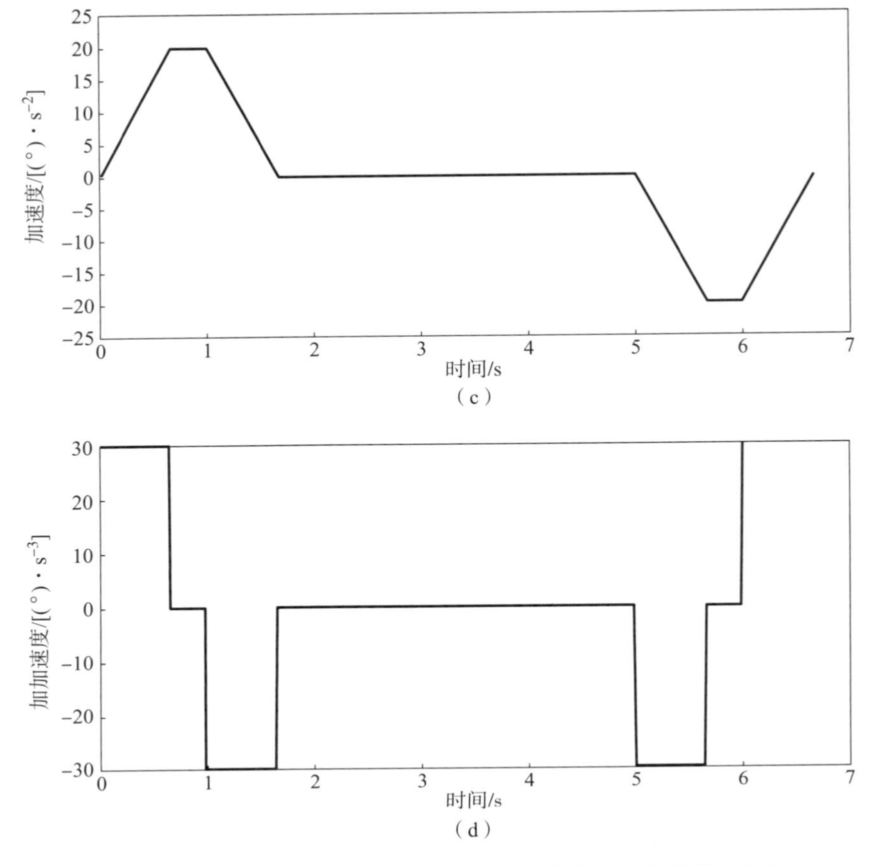

图 26.3　S_r = 100 时基础映射 f 求解的位置与各阶导数曲线（续）

（c）加速度曲线；（d）加加速度曲线

给定第 2 组数据 S_r = 25，由于此时的位移较小，根据映射 f 可以得到如图 26.4（a）~图 26.4（d）所示的各条曲线。

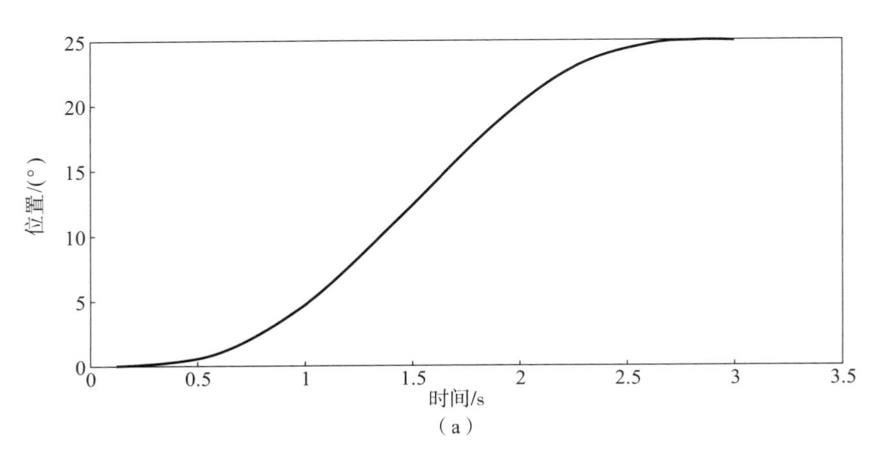

图 26.4　S_r = 25 时基础映射 f 求解的位置与各阶导数曲线

（a）位置曲线

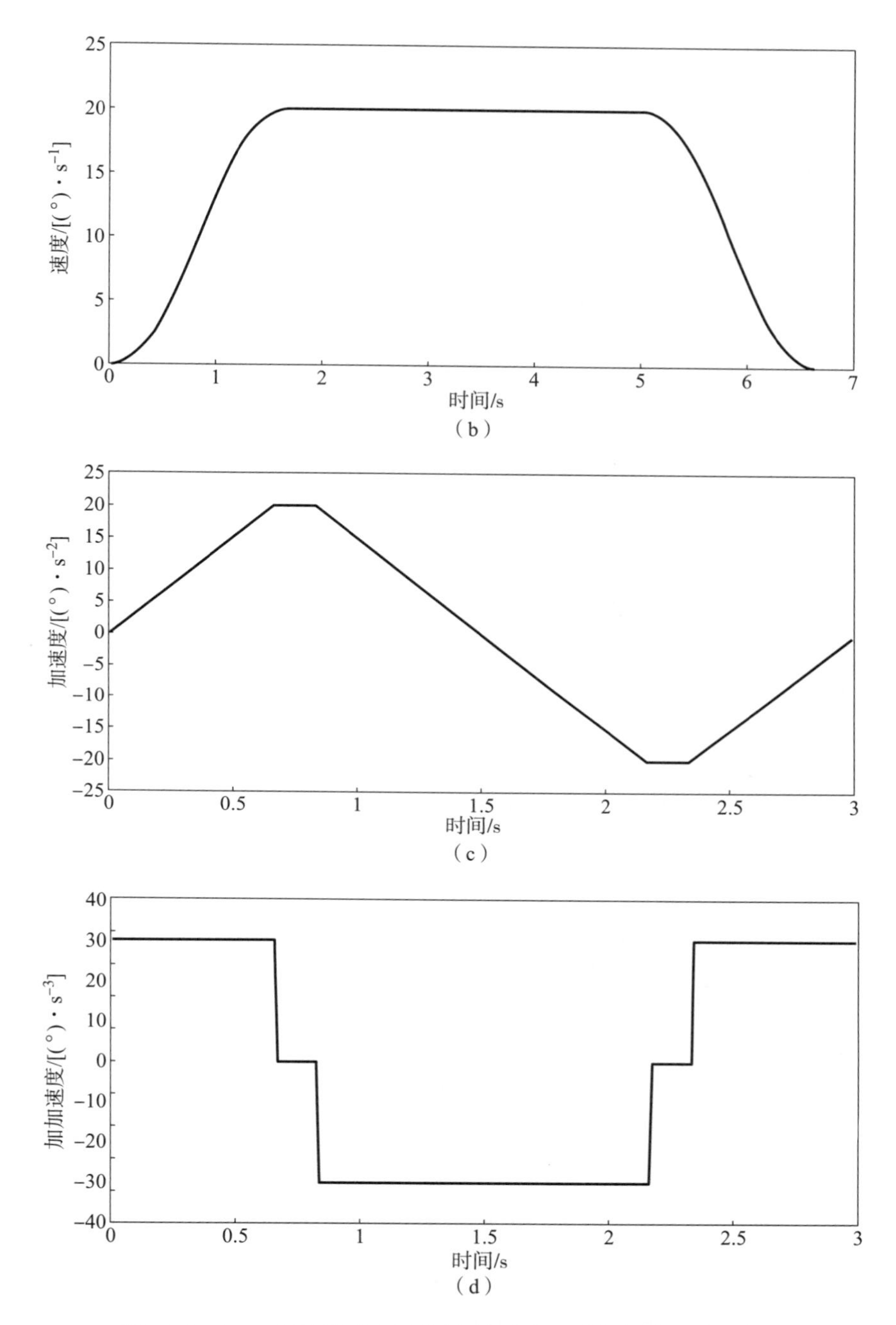

图 26.4　$S_r=25$ 时基础映射 f 求解的位置与各阶导数曲线（续）

（b）速度曲线；（c）加速度曲线；（d）加加速度曲线

通过上面这一组数据可以看出，匀加速的时间减小了。此时的顶点速度小于 V_m，而其他的带宽参数均达到最大，这说明映射 f 可以正确地求解出更小的顶点速度来适应位移的变化。

现在给定第 3 组数据 $S_r=10$，可以得到如图 26.5（a）~ 图 26.5（d）所示的各条曲线。

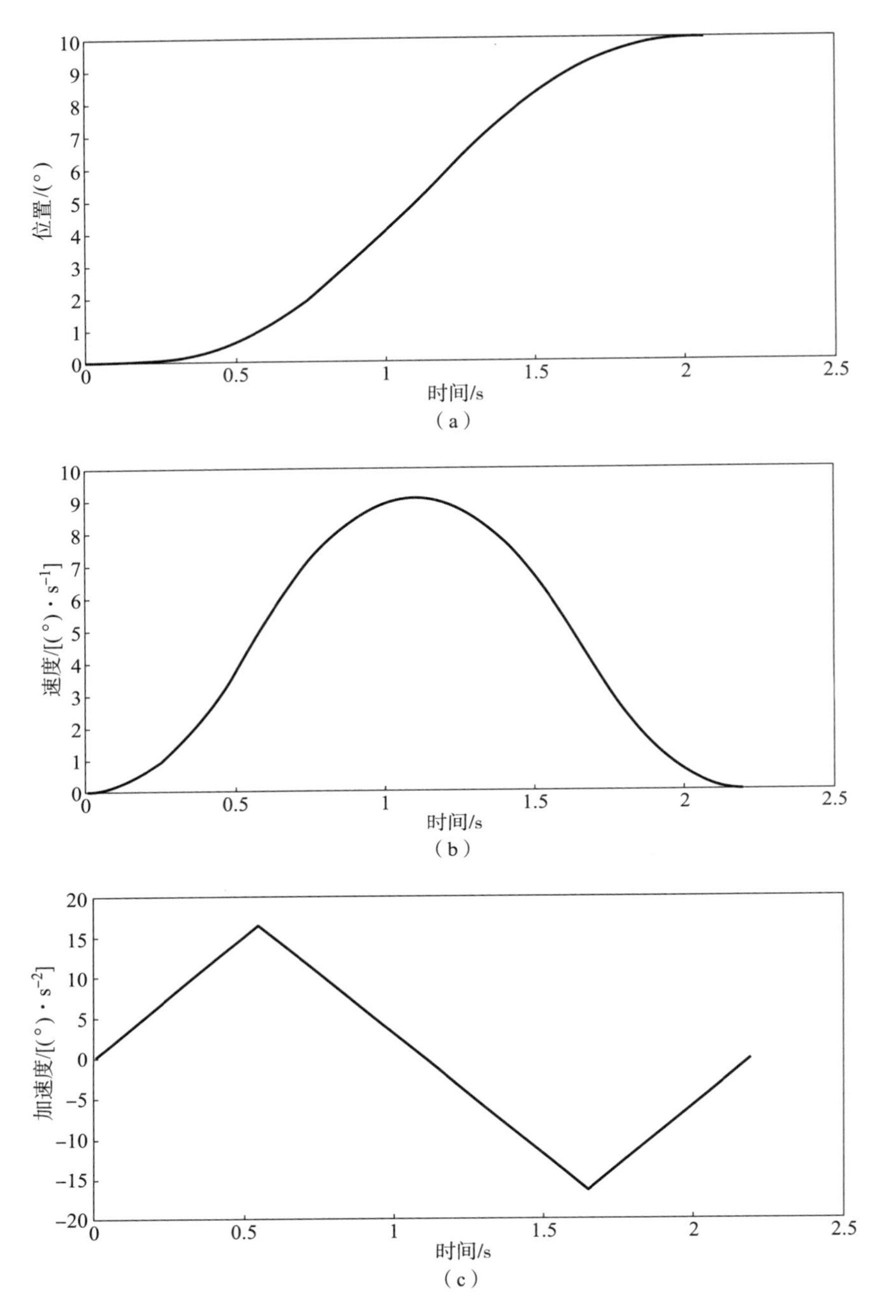

图 26.5　$S_r=10$ 时基础映射 f 求解的位置与各阶导数曲线

(a) 位置曲线；(b) 速度曲线；(c) 加速度曲线

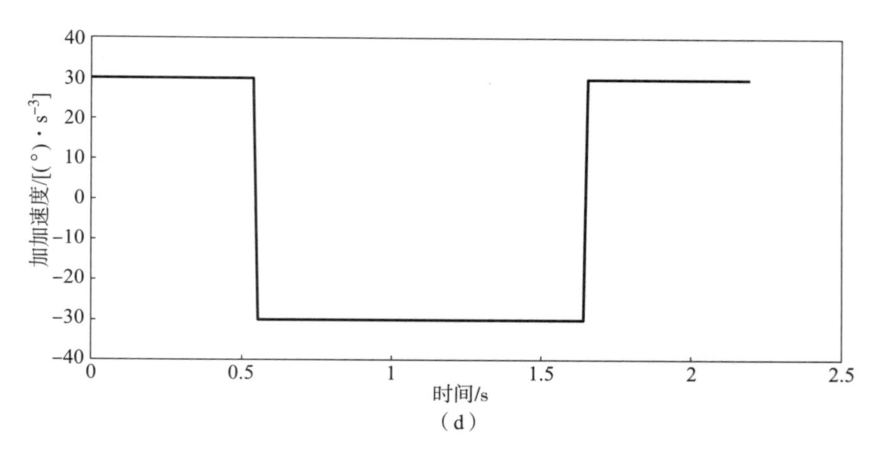

图 26.5　$S_r = 10$ 时基础映射 f 求解的位置与各阶导数曲线（续）

（d）加加速度曲线

从这一组数据可以看出，随着目标位移进一步地减小，加速度已经无须达到带宽最大值，而映射 f 依然可以求解出可行且最优的参数。

最后给定第 4 组数据，令 $S_r = 0$，可以求得

$$\boldsymbol{T} = [0 \quad 0 \quad 0 \quad 0 \quad 0 \quad 0 \quad 0]$$

$$\boldsymbol{U} = [30 \quad 0 \quad -30 \quad 0 \quad -30 \quad 0 \quad 30]$$

当 $S_r = 0$ 时，就意味着执行器并不运动，这在多轴同步问题中是常见的。虽然输入序列含有非零项，但是整个非负的时间序列求和为 0。这也就说明，映射 f 可以正确地求解 $S_r = 0$ 的情况。

本试验通过固定带宽参数，并且不断改变目标位置来观察曲线的变化趋势，最终证实了映射 f 具备连续性和时间最优性，而且映射 f 具有实现简单、运算速度快和运算复杂度低的优势，这对智能排爆机器人串联式主辅机械臂遂行复杂的排爆作业是大有助益的。

26.3.2　基于时间约束逆映射的对比试验

试验内容：基于时间约束逆映射的最优性和连续性测试。

试验方法：给定带宽约束，改变目标位移量，分析曲线的变化情况。

在 MATLAB 中实现项目组在本书第 24 章第 24.4.2 节～第 24.4.4 节中提出的 3 种基于时间约束的逆映射 f_V^{-1}、f_A^{-1}、f_J^{-1}，并且给定带宽参数 $V_m = 20$，$A_m = 20$，$J_m = 30$。

首先来对逆映射 f_V^{-1} 进行测试。根据本书第 26 章第 26.3.1 节中的试验数据，当 $S_r = 100$ 时，可以计算出最短时间 $t_m = 6.6667$。将 $S_r = 100$ 和 $t_r = 7$ 代入 f_V^{-1} 中，可以绘制出如图 26.6（a）～图 26.6（d）所示的各条曲线。

可以看到，此时的加速度和 Jerk 都达到了最大带宽。但是由于时间更加宽松，这使得运动中的顶点速度下降。另外，从图 26.6 可以看出，位置曲线两阶可导、三阶连续。下面将进一步增大 t_r 到 20，以考察可能出现的情况。根据给出的具体数据，绘制出如图 26.7（a）～图 26.7（d）所示的各条曲线。

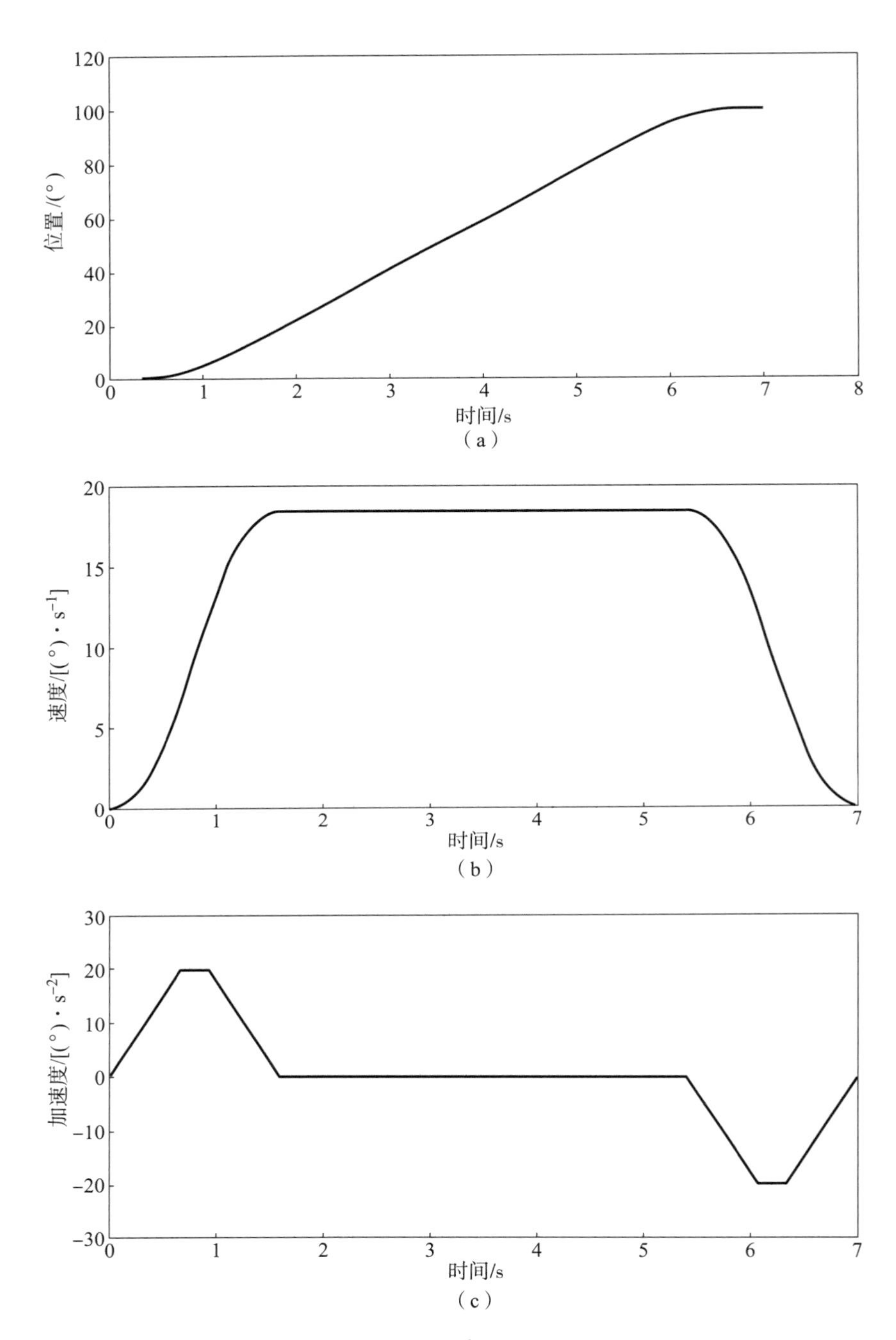

图 26.6　$S_r=100$ 且 $t=7$ 时 f_V^{-1} 求解的位置与各阶导数曲线

（a）位置曲线；（b）速度曲线；（c）加速度曲线

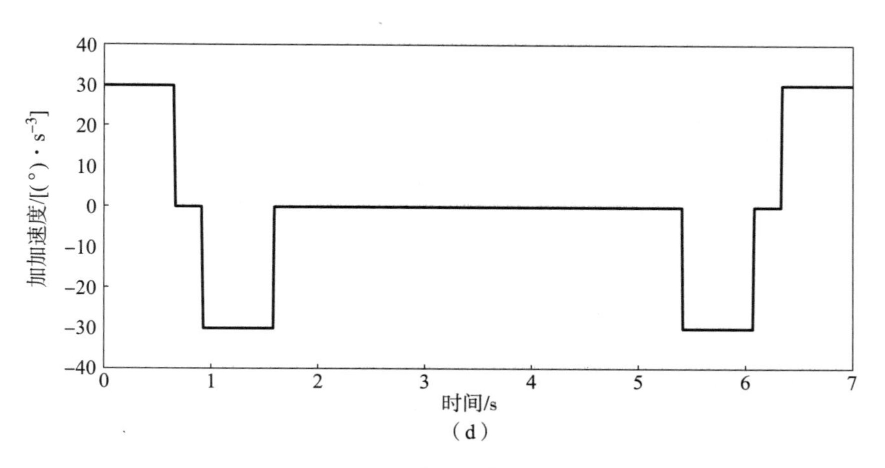

图 26.6　$S_r=100$ 且 $t=7$ 时 f_V^{-1} 求解的位置与各阶导数曲线（续）

（d）加加速度曲线

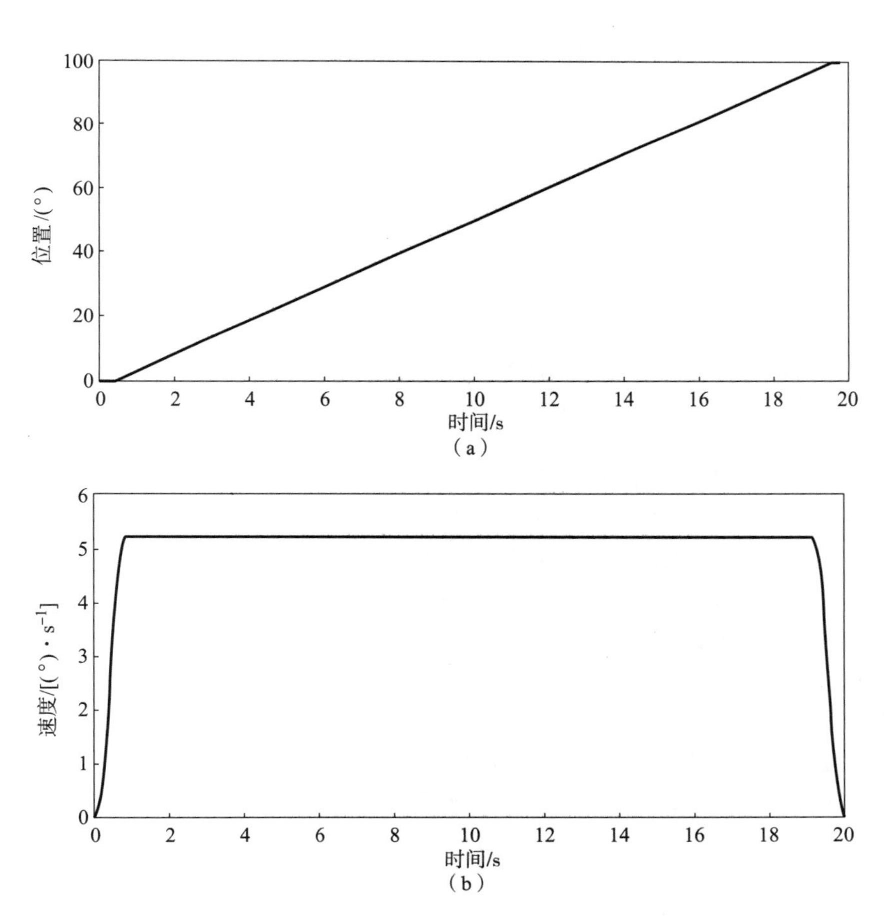

图 26.7　$S_r=100$ 且 $t_r=20$ 时 f_V^{-1} 求解的位置与各阶导数曲线

（a）位置曲线；（b）速度曲线

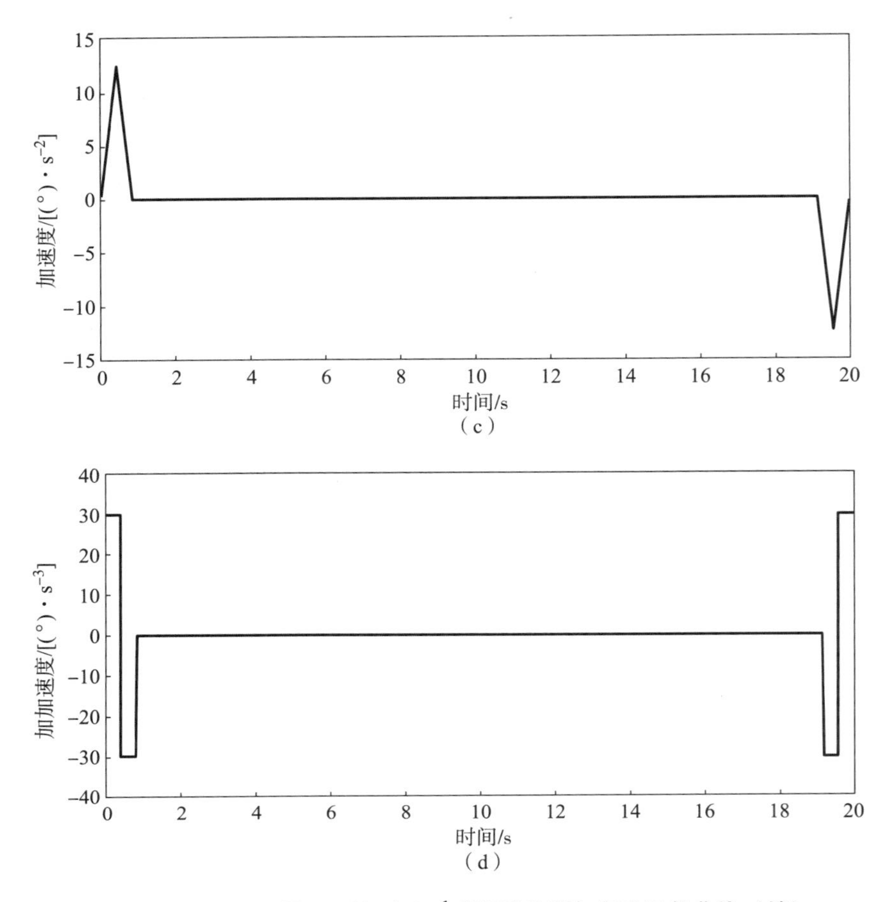

图 26.7　$S_r=100$ 且 $t_r=20$ 时 f_V^{-1} 求解的位置与各阶导数曲线（续）

（c）加速度曲线；（d）加加速度曲线

由图 26.7（a）所示的位置曲线能够明显看出有较长的匀速运动阶段；由图 26.7（b）所示的速度曲线可以看出，系统仅将速度提升到了 5.2176，且此时的速度曲线轮廓接近梯形；由图 26.7（c）所示的加速度曲线可以发现，曲线的加速度也没有提升到最大；而从图 26.7（d）所示的加加速度曲线则可以看到，加加速度依然保持了带宽最大值。

下面对逆映射 f_A^{-1} 进行试验验证。假定此时的 $S_r=100, t_r=7$。通过 f_A^{-1} 求解出对应的运动图形，所得结果如图 26.8（a）~图 26.8（d）所示。

可以看到，此时的速度和加加速度都达到了最大带宽。但是由于时间更加宽松，使得运动中的顶点加速度下降。另外，从图 26.8 可以看出，位置曲线两阶可导、三阶连续。下面将进一步拉长执行时间 t_r 到 20，再通过 f_A^{-1} 求解出对应的运动图形，所得结果如图 26.9（a）~图 26.9（d）所示。

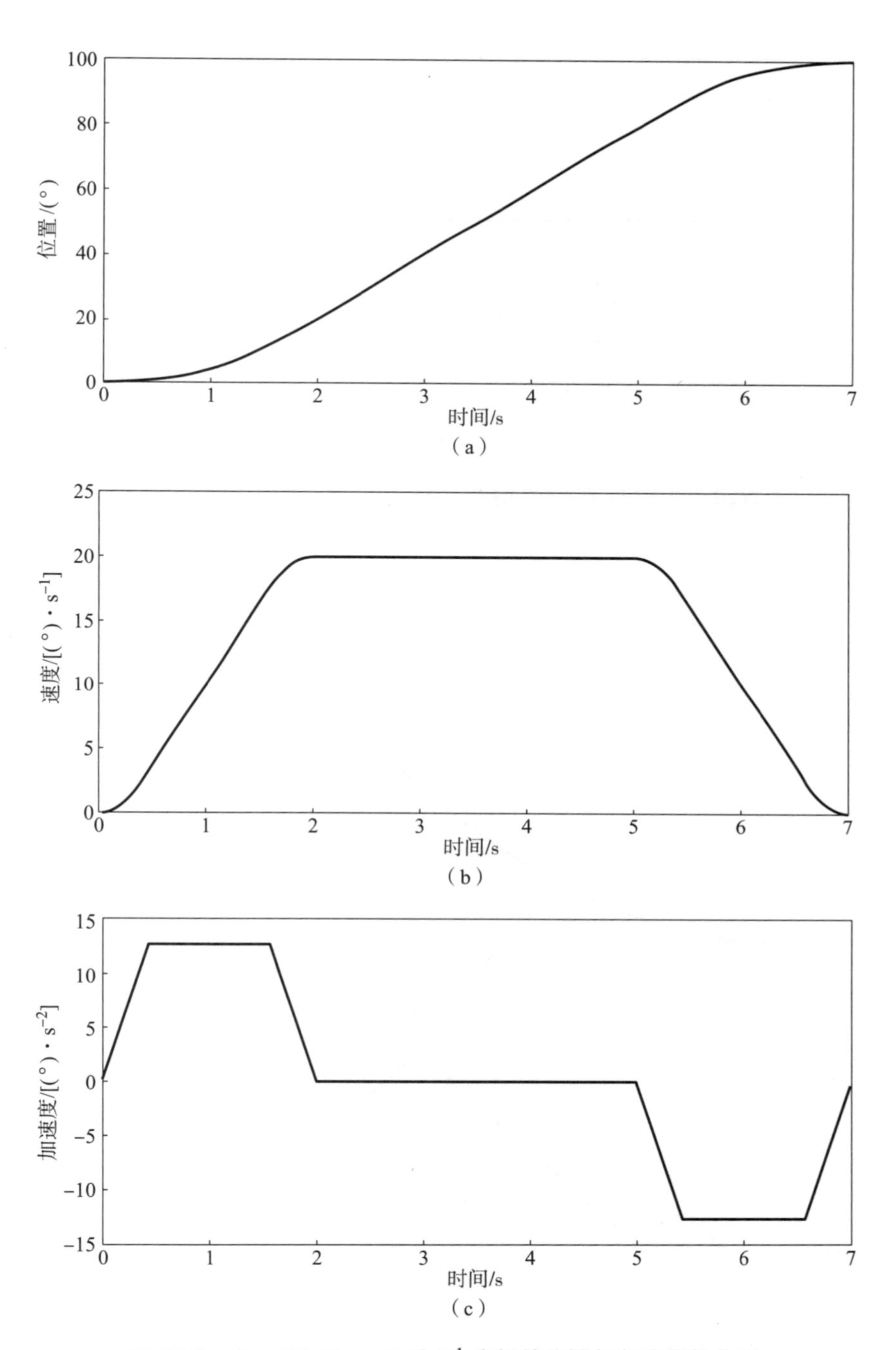

图 26.8　$S_r=100$ 且 $t_r=7$ 时 f_A^{-1} 求解的位置与各阶导数曲线

(a) 位置曲线；(b) 速度曲线；(c) 加速度曲线

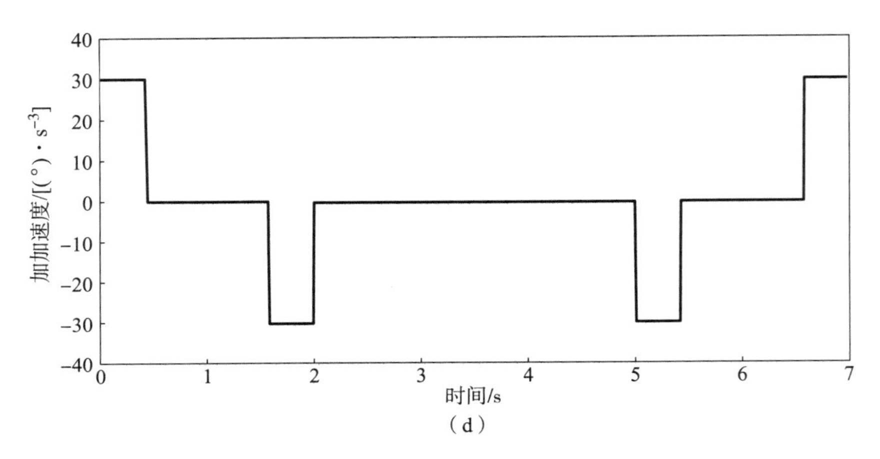

图 26.8　$S_r=100$ 且 $t_r=7$ 时 f_A^{-1} 求解的位置与各阶导数曲线（续）

（d）加加速度曲线

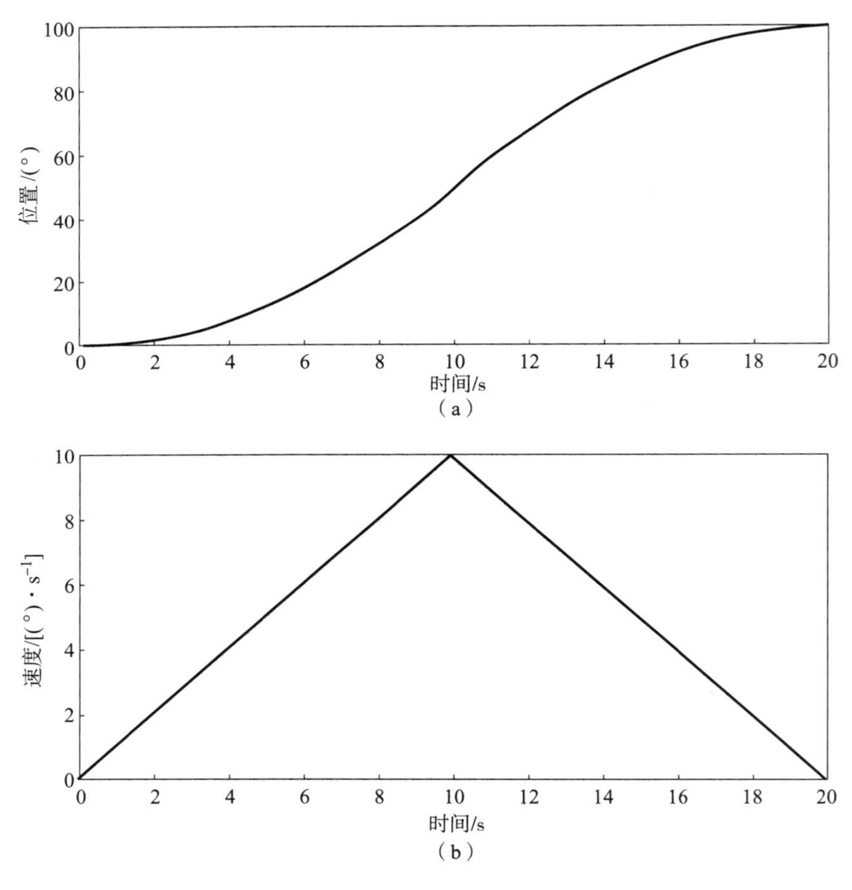

图 26.9　$S_r=100$ 且 $t_r=20$ 时 f_A^{-1} 求解的位置与各阶导数曲线

（a）位置曲线；（b）速度曲线

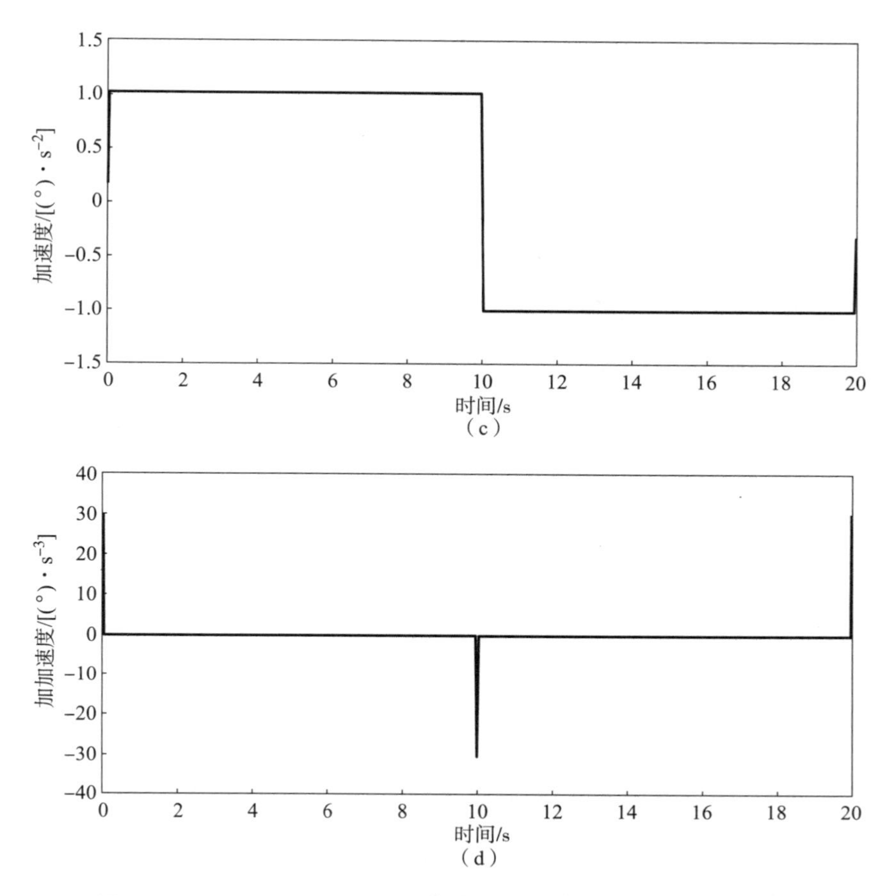

图 26.9　$S_r=100$ 且 $t_r=20$ 时 f_A^{-1} 求解的位置与各阶导数曲线（续）

（c）加速度曲线；（d）加加速度曲线

由图 26.9（a）可以看出，位置曲线非常弯曲，说明执行器在大量时间内呈现变速运动。由图 26.9（b）可以看出，执行器在较长时间内处于匀加速运动阶段。由图 26.9（c）和图 26.9（d）则可以看出，执行器获得了一个较小的加速度后，开始进行大量的匀加速运动。正如前面的分析，图 26.9（b）所示的速度轮廓更加接近于一个三角形。

下面对逆映射 f_J^{-1} 进行试验验证。首先假定 $S_r=100, t_r=7$，通过 f_J^{-1} 求解出对应的运动图形，所得结果分别如图 26.10（a）~图 26.10（c）所示。

由图 26.10（a）可以看出，执行器的启停过程较为平缓。由图 26.10（b）和图 26.10（c）可以看出速度和加速度均达到了最大值。由图 26.10（d）可以看出，由于执行时间增加使得执行器的 Jerk 仅有 20。现在进一步拉长执行时间 t_r 到 20 后，通过 f_J^{-1} 求解出对应的运动图形，所得结果分别如图 26.11（a）~图 26.11（c）所示。

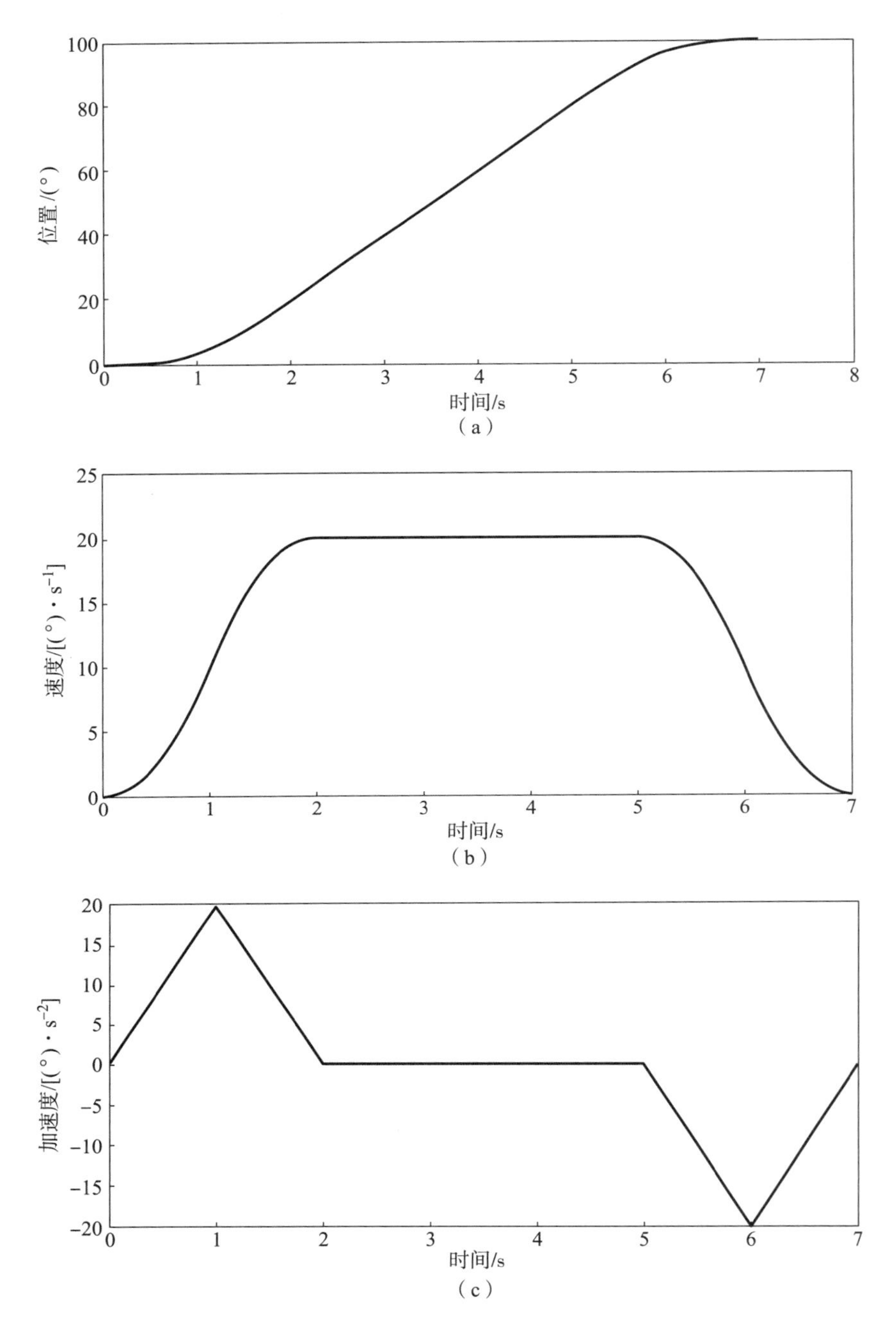

图 26.10　$S_r=100$ 且 $t_r=7$ 时 f_J^{-1} 求解的位置与各阶导数曲线

(a) 位置曲线；(b) 速度曲线；(c) 加速度曲线

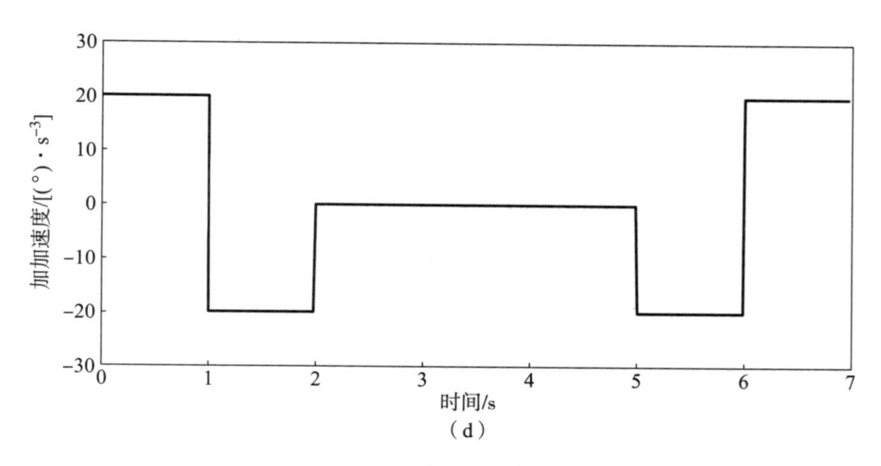

图 26.10　$S_r=100$ 且 $t_r=7$ 时 f_J^{-1} 求解的位置与各阶导数曲线（续）

（d）加加速度曲线

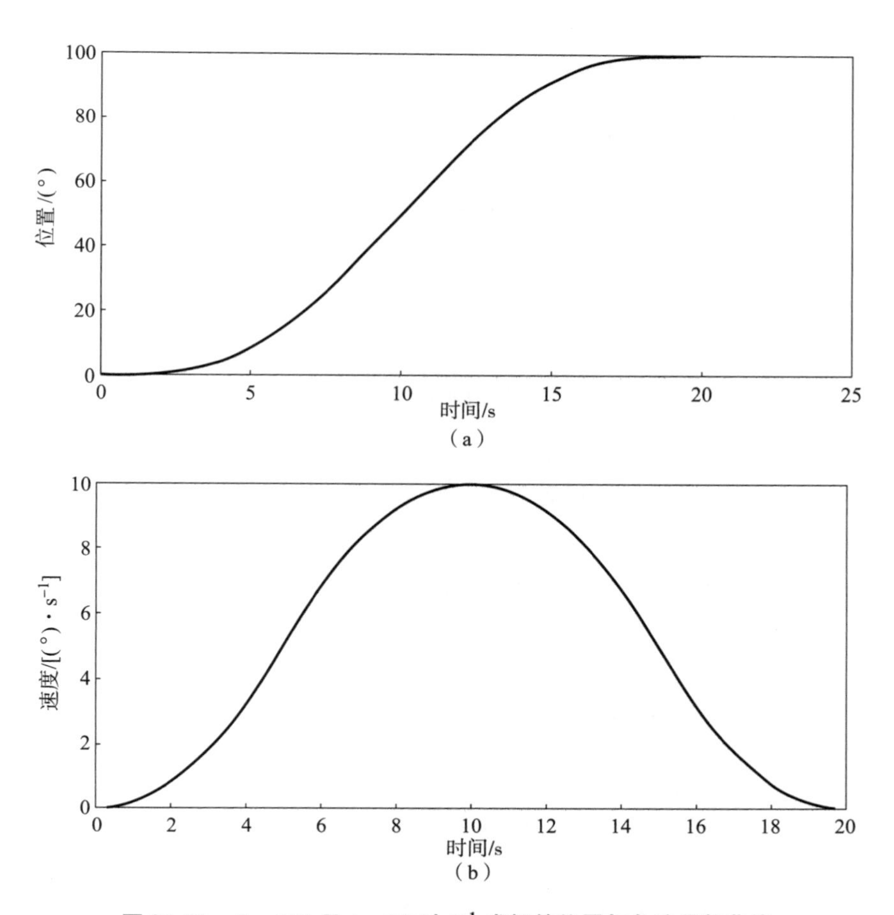

图 26.11　$S_r=100$ 且 $t_r=20$ 时 f_J^{-1} 求解的位置与各阶导数曲线

（a）位置曲线；（b）速度曲线

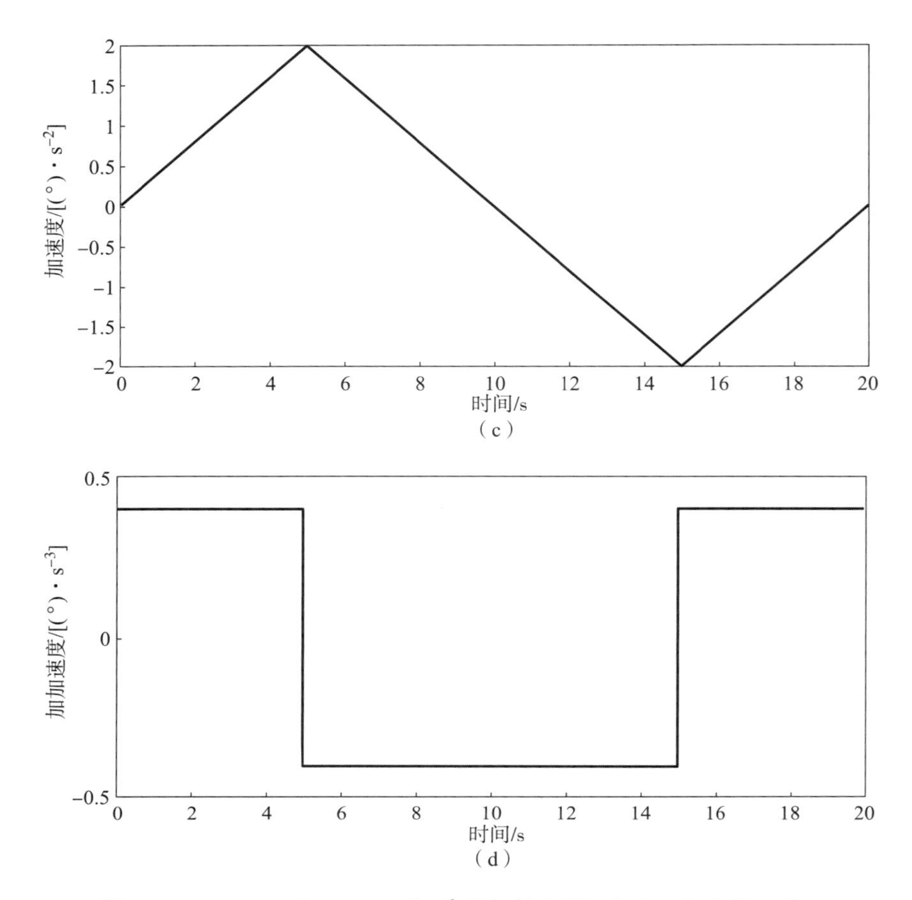

图 26.11　$S_r = 100$ 且 $t_r = 20$ 时 f_J^{-1} 求解的位置与各阶导数曲线（续）

（c）加速度曲线；（d）加加速度曲线

由图 26.11（a）可以看出，此时整个曲线的运动极其平缓。由图 26.11（c）可以看出，执行器的最大加速度只有 2。由图 26.11（d）可以看出，加加速度已经下降到了 0.4，整个运动只包含变速度运动。

最后，针对 $S_r = 100, t_r = 7$ 时的能耗情况进行对比，所得结果如表 26.16 所示。由该表可以看出，f_A^{-1} 的能量指数均为最低。这充分说明，项目组在本书中关于能耗最小的推导是正确的。

表 26.16　$S_r = 100$，$t_r = 7$ 时的能耗对比

能量	$\int_0^T \lvert \boldsymbol{U} \rvert \mathrm{d}t$	$\int_0^T \boldsymbol{U}^2 \mathrm{d}t$	$\sqrt{\int_0^T \boldsymbol{U}^2 \mathrm{d}t}$
f_V^{-1}	80.000	2 400.0	48.989 8
f_A^{-1}	50.712 0	1 521.4	39.004 6
f_J^{-1}	80.000 0	1 600.0	40.000 0

26.3.3　串联式机械臂上的仿真试验

试验内容：多轴点到点时间最优算法在串联式机械臂上的应用。

试验方法：给定带宽，令串联式机械臂在笛卡儿空间和关节空间进行同步规划。

在本试验中采用了智能排爆机器人串联式六自由度辅机械臂为试验模型，并基于 MATLAB 中的 Robotics ToolBox 进行可视化处理。该机械臂的 D - H 参数如表 23.3 所示，基坐标系的偏移量为

$$\begin{bmatrix} 1 & 0 & 0 & 0 \\ 0 & 1 & 0 & 0 \\ 0 & 0 & 1 & 0 \\ 0 & 0 & 0 & 1 \end{bmatrix}$$

下面进行相关试验。

（1）关节空间上的多轴同步试验。关节空间的带宽 $V_{J,m} = 30\ \mathrm{deg/s}$、$A_{J,m} = 40\ \mathrm{deg/s^2}$、$J_{J,m} = 80\ \mathrm{deg/s^3}$。

现在，命令智能排爆机器人的机械臂按照 MOVJ 指令从 P_1 运动到 P_2，其中，

$$\begin{cases} \boldsymbol{P}_1 = [0^\circ \quad -150^\circ \quad 60^\circ \quad -45^\circ \quad -45^\circ \quad 45^\circ] \\ \boldsymbol{P}_2 = [100^\circ \quad -90^\circ \quad -60^\circ \quad -120^\circ \quad 45^\circ \quad 45^\circ] \end{cases}$$

根据 MSBTA 运行结果，可绘制出相应的关节曲线和机械臂运动图形，分别如图 26.12（a）~图 26.12（d）所示。

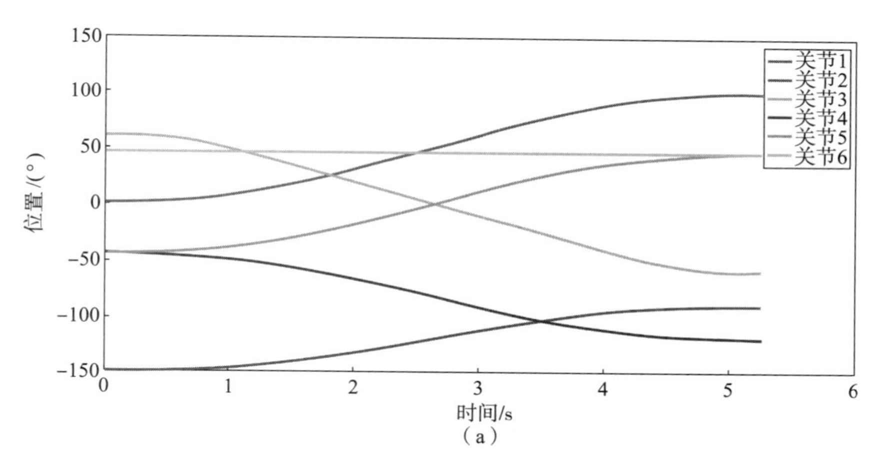

图 26.12　辅机械臂的关节同步曲线（附彩插）

（a）关节位置同步曲线

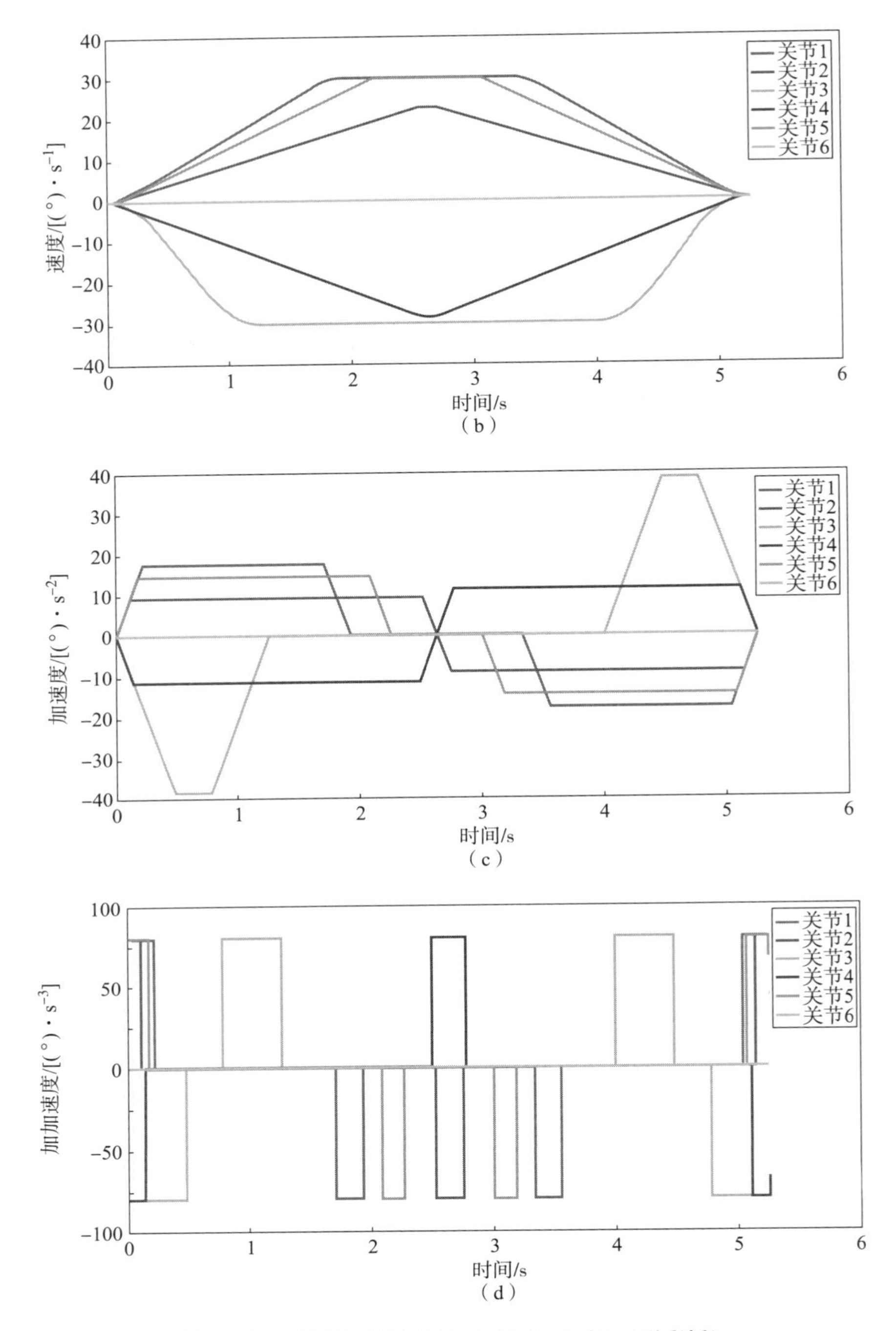

图 26.12　辅机械臂的关节同步曲线（续）（附彩插）

（b）速度同步曲线；（c）加速度同步曲线；（d）加加速度同步曲线

由图 26.12（a）可以看出，关节空间的曲线光滑、连续，同时也准确到达了指定地点。由图 26.12（b）可以看出，辅机械臂的 6 个关节均同步运动，且速度曲线光滑连续。由于在本书第 26 章第 24.7 节中所定义的 MOVJ 采用了 f_A^{-1} 来完成同步，所以从图 26.12（c）可以看出，加速度最大值均小于 $A_{J,m}$。综上所述，项目组在本研究中提出的这套多轴点到点同步算法可以快速地完成辅机械臂在关节空间上的同步规划，同时可以保证其各阶曲线严格遵循运动约束。

（2）笛卡儿空间的位姿同步试验。辅机械臂在笛卡儿空间位置运动的带宽参数：$V_{P,m}=0.15\ \mathrm{m/s}$，$A_{P,m}=0.2\ \mathrm{m/s^2}$，$J_{P,m}=0.3\ \mathrm{m/s^3}$。

辅机械臂在笛卡儿空间姿态运动的带宽参数：$V_{Q,m}=30\ \mathrm{deg/s}$，$A_{Q,m}=40\ \mathrm{deg/s^2}$，$J_{Q,m}=80\ \mathrm{deg/s^3}$。

辅机械臂的初始位置：[−90°　−150°　45°　−90°　−90°　−90°]。

此时通过正运动学求解出的辅机械臂末端变化矩阵为

$$\begin{bmatrix} 0.0000 & 1.0000 & 0.0000 & -0.0928 \\ -0.2588 & 0.0000 & 0.9659 & -0.2528 \\ 0.9659 & 0.0000 & 0.2588 & 0.5710 \\ 0 & 0 & 0 & 1 \end{bmatrix}$$

求解出此时的位姿为

$$\boldsymbol{\xi}_c = [-0.0928 \quad -0.2528 \quad 0.5710 \quad 90.0000° \quad 75.0000° \quad -180.0000°]$$

设定目标位姿为

$$\boldsymbol{\xi}_r = [-0.0928 \quad -0.2528 \quad 0.38 \quad 120.0000° \quad 120.0000° \quad -160.0000°]$$

要求辅机械臂末端按照 MOVL 的指令从 ξ_c 运动到 ξ_r，可以计算出

$$L = 0.1910$$

$$\boldsymbol{Q}_\Delta = [30.0000 \quad -45.0000 \quad 20.0000]$$

将上述数据代入 MSBTA 中可以求得

$$\begin{cases} \boldsymbol{T}_L = [0.5682 \quad 0.2435 \quad 0.5682 \quad 0 \quad 0.5682 \quad 0.2435 \quad 0.5682] \\ \boldsymbol{U}_L = [0.3000 \quad 0 \quad -0.3000 \quad 0 \quad -0.3000 \quad 0 \quad 0.3000] \end{cases}$$

$$\boldsymbol{T}_Q = \begin{bmatrix} 0.2379 & 0.9041 & 0.2379 & 0 & 0.2379 & 0.9041 & 0.2379 \\ 0.4820 & 0.2960 & 0.4820 & 0.2400 & 0.4820 & 0.2960 & 0.4820 \\ 0.1469 & 1.0862 & 0.1469 & 0 & 0.1469 & 1.0862 & 0.1469 \end{bmatrix}$$

$$\boldsymbol{U}_Q = \begin{bmatrix} 80.0000 & 0 & -80.0000 & 0 & -80.0000 & 0 & 80.0000 \\ 80.0000 & 0 & -80.0000 & 0 & -80.0000 & 0 & 80.0000 \\ 80.0000 & 0 & -80.0000 & 0 & -80.0000 & 0 & 80.0000 \end{bmatrix}$$

根据上述结果，可绘制辅机械臂末端位姿的变化，分别如图 26.13、图 26.14 所示。

由图 26.13（a）可以看到，辅机械臂末端姿态正确且平滑地同步到达了指定角度。由图 26.13（b）~图 26.13（d）可以看到，整个规划过程确实遵循了给定的系统带宽。综合图 26.13 和图 26.14 所示的全部信息可以看出，辅机械臂的位置运动和姿态运动均实现了同步。此外根据同步规划求得的位姿可以反解出关节角序列，可绘制成相关曲线，分别如图 26.15（a）~图 26.15（d）所示。

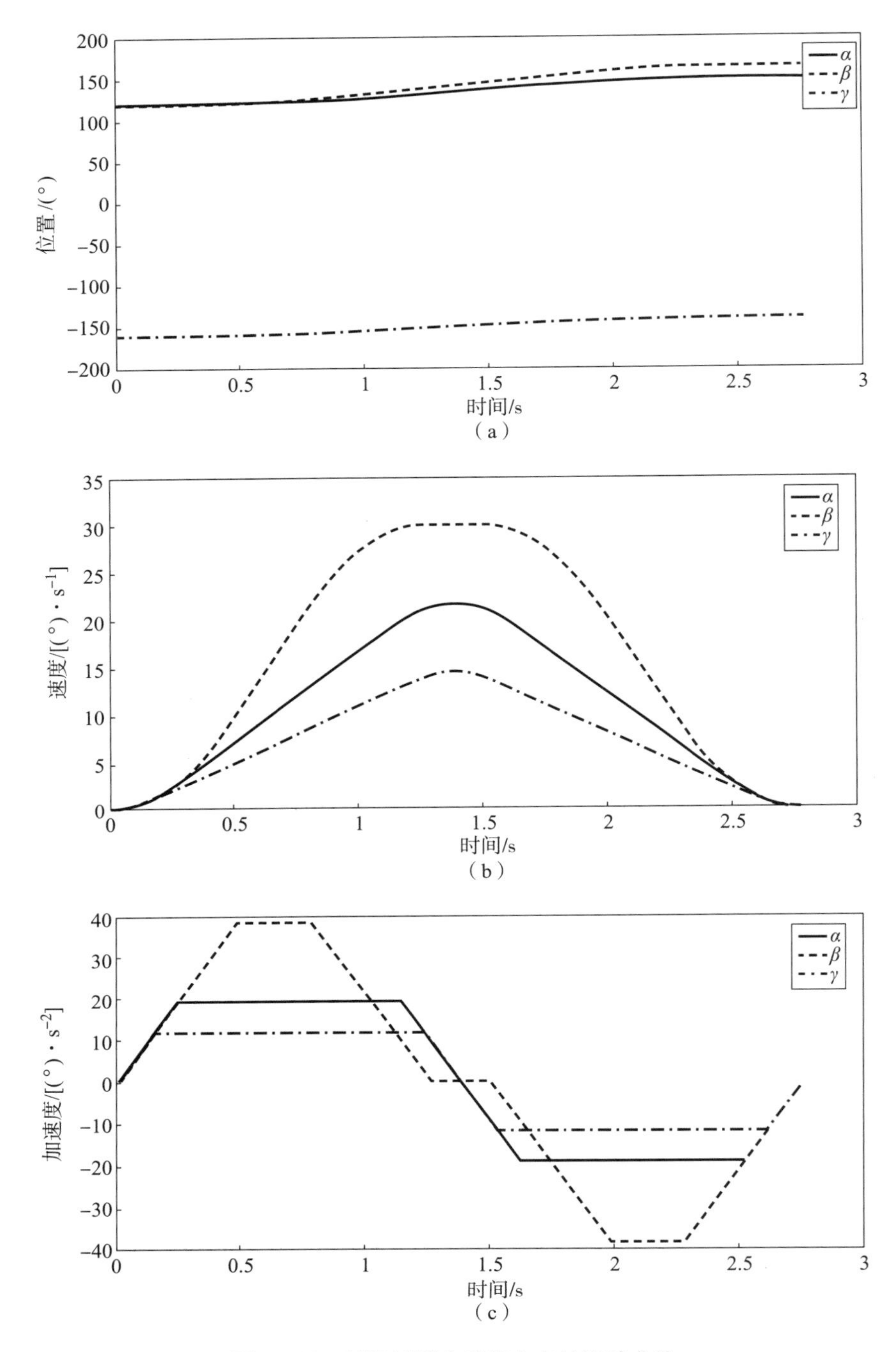

图 26.13　辅机械臂末端姿态角的运动曲线

(a) 位置曲线；(b) 速度曲线；(c) 加速度曲线

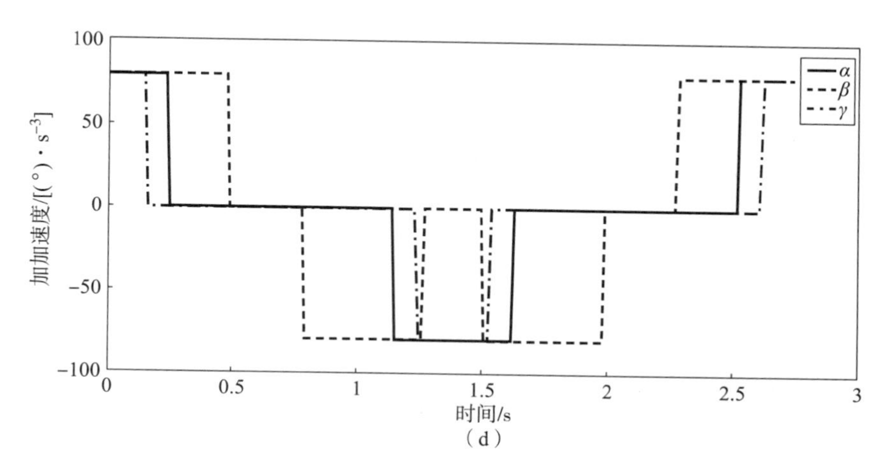

图 26.13　辅机械臂末端姿态角的运动曲线（续）

（d）加加速度曲线

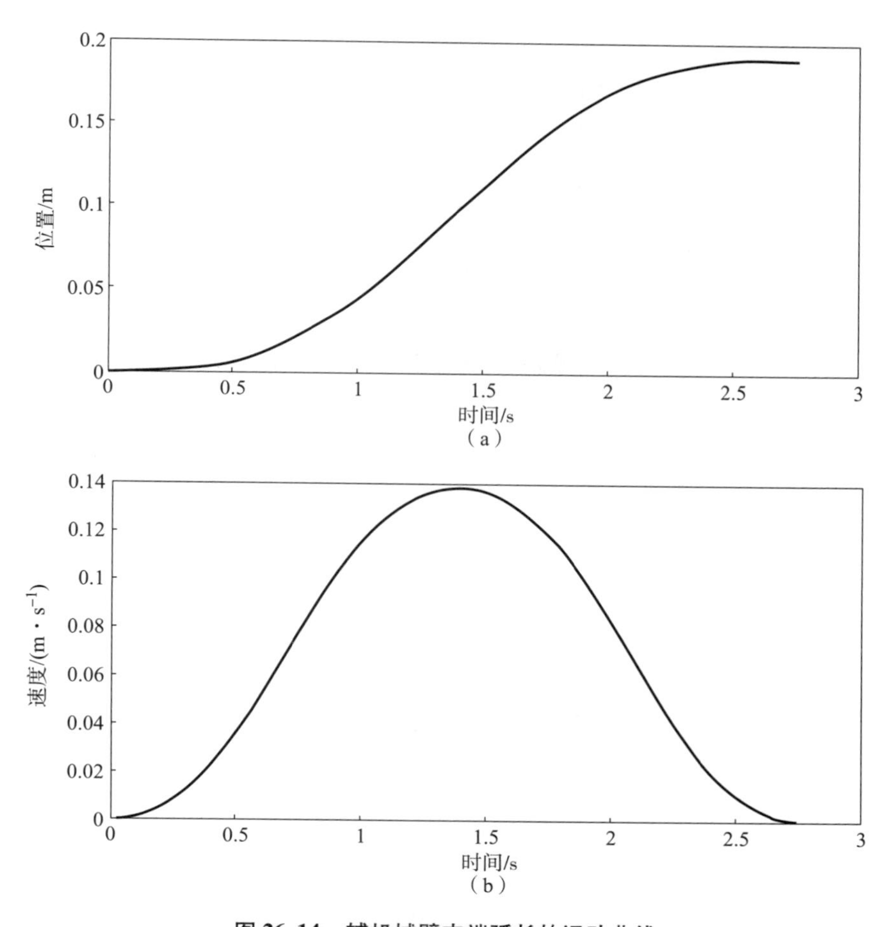

图 26.14　辅机械臂末端弧长的运动曲线

（a）位置曲线；（b）速度曲线

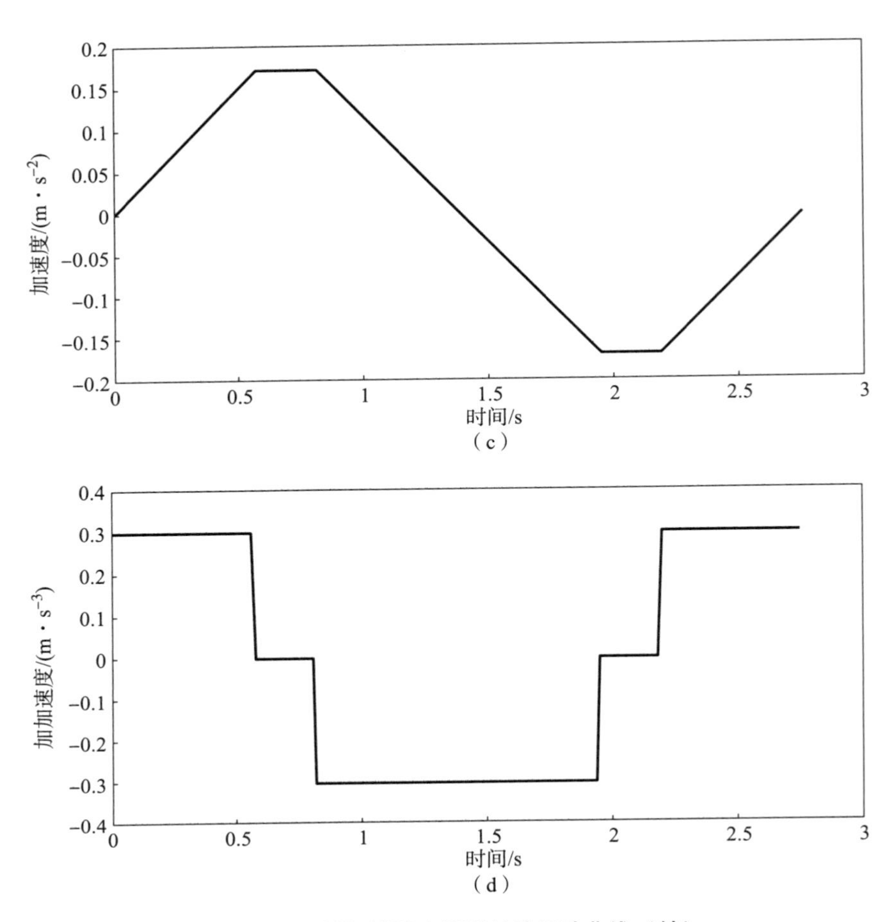

图 26.14　辅机械臂末端弧长的运动曲线（续）

（c）加速度曲线；（d）加加速度曲线

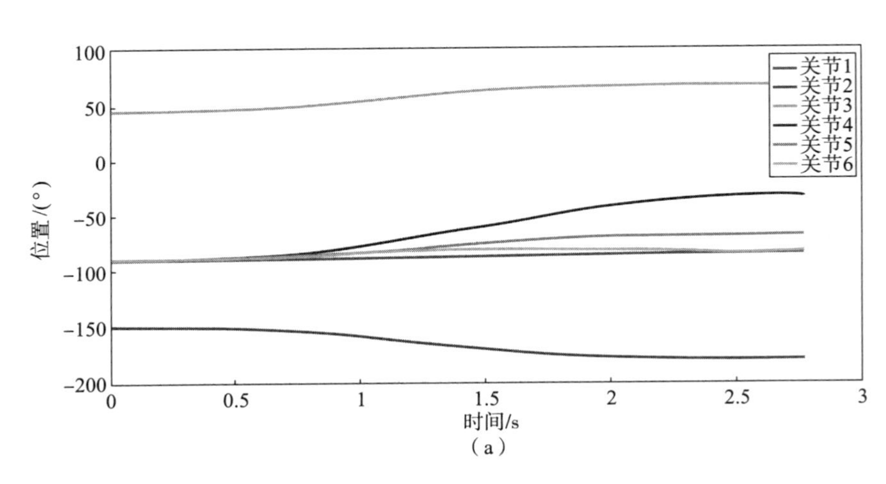

图 26.15　辅机械臂关节空间的运动曲线（附彩插）

（a）位置曲线

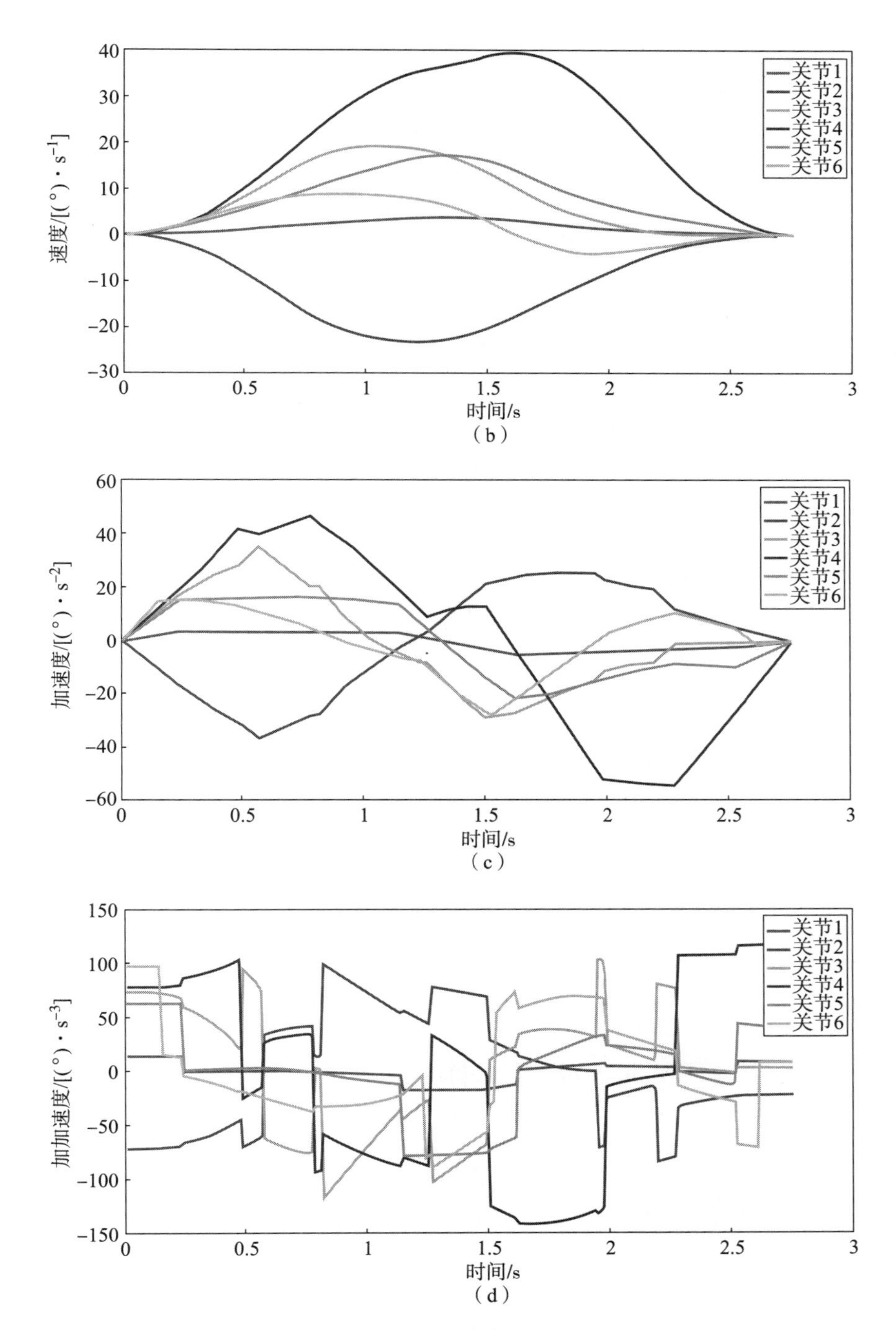

图 26.15 辅机械臂关节空间的运动曲线（续）（附彩插）

（b）速度曲线；（c）加速度曲线；（d）加加速度曲线

从图 26.15 各分图中可以看出，辅机械臂在关节空间的速度和加速度曲线都保持了连续。

综上所述，项目组研究和提出的这套笛卡儿空间的位姿同步框架不依赖迭代可以快速地完成同步规划。另外，辅机械臂末端的线速度与角速度都受到了严格的控制。由于该位姿同步框架保证了机械臂末端轨迹的三阶连续，进而使得机械臂关节空间上的运动轨迹也保持了三阶的连续性，极大地提高了机械臂运动的稳定性，这在排爆处置作业中具有极大的优势。

26.4 单轴多点时间最优算法的仿真试验

试验内容：单轴多点运动算法的时间最优性测试。

试验方法：给定运动带宽，改变点列增减性，分析曲线与数据的变化情况。

系统带宽：$V_m = 10, A_m = 20, J_m = 50$。

给定的第一组数据：$\boldsymbol{P}_1 = [0 \quad 0.1 \quad 20 \quad 40 \quad 60 \quad 100]$。

于是依据上述条件可以绘制出此时的单关节运动图像分别如图 26.16（a）~ 图 26.16（d）所示，其中灰色圈点表示多点运动中的关键点。

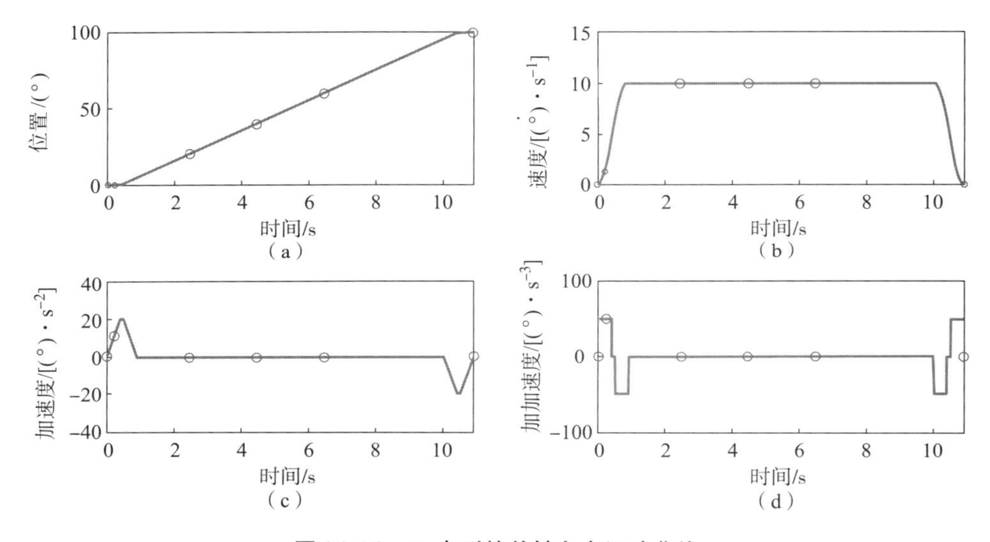

图 26.16 $\boldsymbol{P}_1$ 点列的单轴多点运动曲线

（a）位置曲线；（b）速度曲线；（c）加速度曲线；（d）加加速度曲线

由于点列 $\boldsymbol{P}_1$ 是单调的，根据上面的分析可知，单轴多点运动时间最优算法求解出的曲线应该和单轴点到点时间最优算法的最优解相一致。另外，由图 26.16（a）可以看出，执行器经过了所有的位置点。由图 26.16（b）可以看出，速度平滑且连续，并且没有超出速度最大值。由图 26.16（c）可以看出，加速度曲线连续，也没有超出最大加速度。由图 26.16（d）可以看出，加加速度曲线的输入始终保持了系统最大值，而且具有对称性质，这充分说明加加速度曲线是时间最优的。

给定的第二组数据为

$$\boldsymbol{P}_2 = [0 \quad 1 \quad 5 \quad 3 \quad 0 \quad 6 \quad 20 \quad 0 \quad -10]$$

可以得到如下的运动序列：

$$
\boldsymbol{T}_2 = \begin{bmatrix} 0.3715 & 0 & 0.3715 & 0 & 0.4000 & 0.1450 & 0 \\ 0 & 0.1508 & 0.4000 & 0 & 0.4000 & 0.1508 & 0 \\ 0 & 0.3000 & 0.4000 & 1.1267 & 0.4000 & 0.3000 & 0 \\ 0 & 0.3000 & 0.4000 & 2.1133 & 0.4000 & 0.1000 & 0.4000 \end{bmatrix}
$$

$$
\boldsymbol{U}_2 = \begin{bmatrix} 50 & 0 & -50 & 0 & -50 & 0 & 5 \\ -50 & 0 & 50 & 0 & 50 & 0 & -50 \\ 50 & 0 & -50 & 0 & -50 & 0 & 50 \\ -50 & 0 & 50 & 0 & 50 & 0 & -50 \end{bmatrix}
$$

根据上面的分析可知，P_2 可以被分为 4 个单调的区间，所以求解出的运动序列将有 4 行，最终的结果也印证了这一推导。于是依据上述条件可以绘制出此时的单轴多点运动图像分别如图 26.17（a）~图 26.17（d）所示，其中灰色圈点表示多点运动中的关键点。

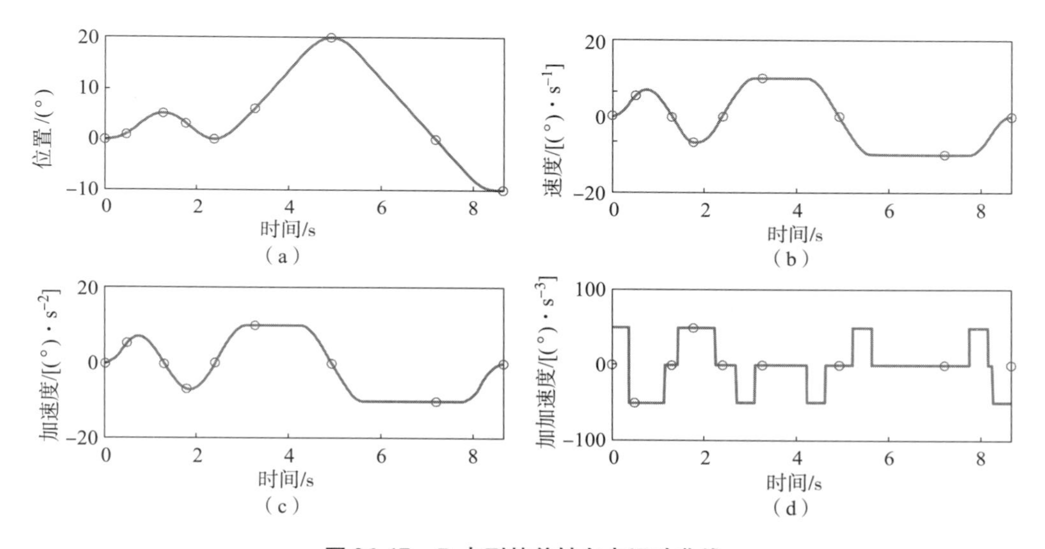

图 26.17　P_2 点列的单轴多点运动曲线

（a）位置曲线；（b）速度曲线；（c）加速度曲线；（d）加加速度曲线

首先由图 26.17（a）可以看出，执行器准确地经过了所有的位置点，这可以说明本书第 24.5 节提出的距离简化是有效且正确的。由图 26.17（b）可以看出，速度曲线连续平滑，没有任何跳变迹象。由图 26.17（c）可以看出，整条加速度曲线是连续的，这说明单轴多点时间最优算法能够有效地对加速度进行匹配和拼接，并且具有较高的数值精度。由图 26.17（b）和图 26.17（c）可以看出，速度曲线随着距离增大而不断增大，而加速度的峰值也从不饱和逐步增大到最大值，这可以说明单轴多点时间最优算法能够根据不同的情况选取不同的运动方程，从而获得正确的解。由图 26.17（d）可以看出，加加速度曲线关于每个区间的中点是对称的，也就说明这条曲线保持了时间最优的性质。

下面进行第 3 组试验。此时的试验数据为

$$
\boldsymbol{P}_3 = [0 \quad 10 \quad 5 \quad 0 \quad 8 \quad 0 \quad 5 \quad 0]
$$

可以得到如下的运动序列：

$$
\boldsymbol{T}_3 = \begin{bmatrix} 0.4 & 0.1 & 0.4000 & 0.1133 & 0.4000 & 0.3000 & 0 \\ 0 & 0.3000 & 0.4000 & 0.1267 & 0.4000 & 0.3000 & 0 \\ 0 & 0.2733 & 0.4000 & 0 & 0.4000 & 0.2733 & 0 \\ 0 & 0.2733 & 0.4000 & 0 & 0.4000 & 0.2733 & 0 \\ 0 & 0.1508 & 0.4000 & 0 & 0.4000 & 0.1508 & 0 \\ 0 & 0.1450 & 0.4000 & 0 & 0.3715 & 0 & 0.3715 \end{bmatrix}
$$

$$
\boldsymbol{U}_3 = \begin{bmatrix} 50 & 0 & -50 & 0 & -50 & 0 & 5 \\ -50 & 0 & 50 & 0 & 50 & 0 & -50 \\ 50 & 0 & -50 & 0 & -50 & 0 & 50 \\ -50 & 0 & 50 & 0 & 50 & 0 & -50 \\ 50 & 0 & -50 & 0 & -50 & 0 & 50 \\ -50 & 0 & 50 & 0 & 50 & 0 & -50 \end{bmatrix}
$$

依据上述条件可以绘制出对应 P_3 的单轴多点运动图像分别如图 26.18（a）~图 26.18（d）所示，其中灰色圈点表示多点运动中的关键点。

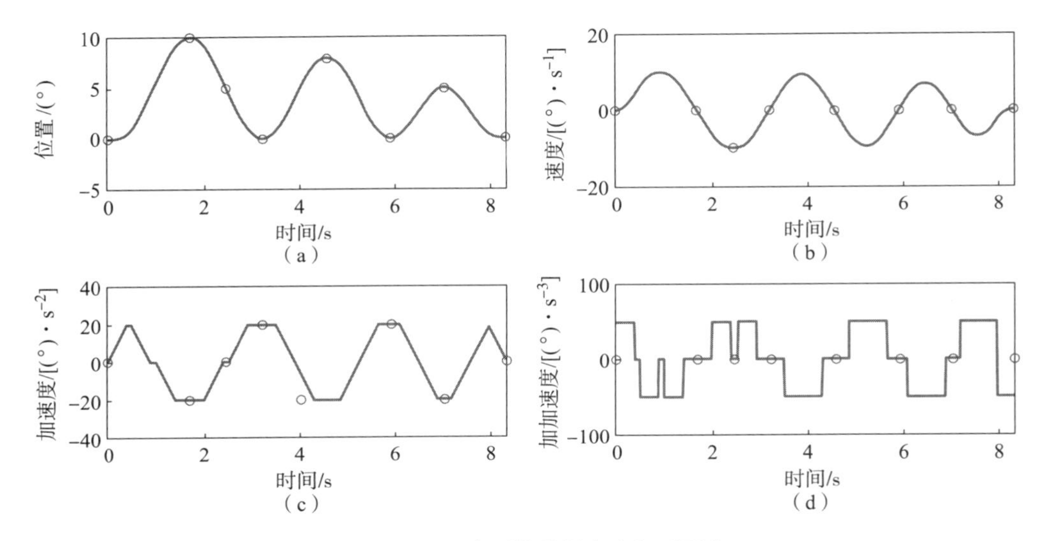

图 26.18 P_3 点列的单轴多点运动图像

（a）位置曲线；（b）速度曲线；（c）加速度曲线；（d）加加速度曲线

这次的数据与之前两组有所不同。通过仔细观察可以发现 $\boldsymbol{P}_3$ 每个区间的距离在逐步减小。由图 26.18 可以看出，执行器经过了所有的位置点，并且位置曲线光滑连续。速度曲线和加速度曲线也保持了光滑的性质。此外，加速度曲线和速度曲线随着区间距离的减小也在不停地减小。与上一个例子不同，当距离不断减小时，根据上面的分析可知就会出现加速度不匹配的情况。从图 26.18（c）可以看出，加速度曲线虽然在不断减小但依然连续，这就充分说明项目组在本研究中采用的回溯机制很好地解决了匹配问题。

26.5　本章小结

本章针对项目组在本书第 23 章、第 24 章提出的理论和算法进行仿真试验，以检测这些理论与算法的完备性、有效性和适用性。首先针对项目组提出的通用封闭逆解算法进行了严格、细致的仿真试验，重点验证该算法的通用性、完备性和连续性；随后又对项目组提出的多轴同步理论进行了多轮次、多状态的仿真试验，重点考察该理论中的各种最优性和映射性质。相关的试验步骤严密，取值科学稳妥，分析严谨周全。各相关试验的结果证明：项目组提出的理论与算法不但科学合理而且简捷高效，有效弥补了业界在相关理论与算法上的不足，为智能排爆机器人成功履行排爆作业功能创造了有利条件。

第 27 章

基于智能排爆机器人物理样机的验证试验

本章将在智能排爆机器人物理样机上，基于实战目的来综合考察项目组在本文中提出的算法和理论。第一个试验将对通用封闭逆解算法的实时性进行验证，并分析试验数据，得出归纳性结论；第二个试验将基于智能排爆机器人换装工具的性能表现来检验多轴点到点同步算法的实时性和连续性；第三个试验将基于串联式六自由度主辅机械臂的避障运动来检验多轴多点同步算法的最优性和连续性，并给出详细的对比试验结果和分析结论；第四个试验将基于智能排爆机器人的“一键入罐”功能来检验机械臂在笛卡儿空间位姿同步框架中的连续性和最优性；第五个试验将检验智能排爆机器人动力学参数辨识的结果；第六个试验将采用激光追踪仪来检验串联式六自由度主辅机械臂的定位精度。以上各个试验能从全方位综合考察智能排爆机器人的实用性能，并最终证实项目组研发的智能排爆机器人已在多项性能指标上赶超了国际先进水平。

27.1 验证试验概述

本书第 22 章 ~ 第 24 章搭建了开放且通用的串联式机械臂运动控制系统，并将该系统应用到了项目组所研发的智能排爆机器人上。本章将在智能排爆机器人物理样机上基于排爆作业的实战目标来综合考察项目组在本研究中提出的理论与算法，以便为智能排爆机器人的实用性、普及化奠定基础。

智能排爆机器人物理样机所用控制器的硬件环境：Beckhoff 的 C – 6920，32 位的 Windows7 操作系统，闭环周期为 2ms。本章相应的验证试验将基于此控制器提供的软件环境进行。表 27.1 列出了本章将进行的验证试验有关内容。

表 27.1　第 27 章的样机试验内容

试验章节	试验对象	对应章节
第 27 章第 27.2 小节	通用逆运动学算法	第 23 章第 23.4 节
第 27 章第 27.3 小节	多轴同步理论	第 24 章
第 27 章第 27.4 小节	动力学参数辨识	第 25 章
第 27 章第 27.5 小节	综合检测精度	第 22 ~ 25 章

27.2 通用封闭逆运动学求解算法的试验

试验内容：采用智能排爆机器人串联式六自由度主机械臂验证封闭逆解算法的高效性与

实时性。

试验方法：验证算法能否在 2ms 的闭环周期下快速求解逆运动学问题。

试验对象为主机械臂，其 D - H 参数如表 23.4 所示。基坐标系的偏移为

$$\begin{bmatrix} 1 & 0 & 0 & 0 \\ 0 & 1 & 0 & 0 \\ 0 & 0 & 1 & 0 \\ 0 & 0 & 0 & 1 \end{bmatrix}$$

通用封闭逆解算法求解该机械臂的过程如下：

（1）基于第一个基本问题可以求解 θ_1。

（2）基于第三个基本问题可以求解 $\theta_2 + \theta_3 + \theta_4$，$\theta_5$ 与 θ_6。

（3）基于第六个基本问题可以求解 θ_4、θ_5 与 θ_6。

已知主机械臂的初始位姿 $\theta = [0°, -60°, 120°, -135°, -45°, 45°]$，如图 27.1 所示。此时通过正运动学计算出该机械臂的末端位姿为

$$\begin{bmatrix} -0.5536 & 0.8124 & 0.1830 & -0.4961 \\ 0.5000 & 0.5000 & -0.7071 & -0.1330 \\ -0.6660 & -0.3000 & -0.6830 & 0.0895 \\ 0 & 0 & 0 & 1 \end{bmatrix}$$

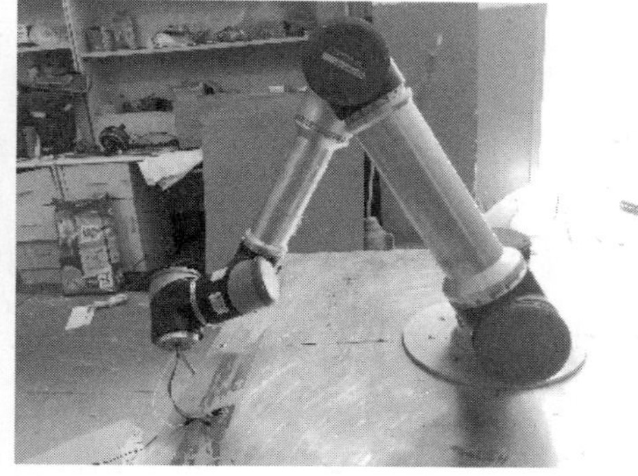

图 27.1　初始位姿下的主机械臂

（a）正向拍摄主机械臂姿态；（b）垂直方向拍摄主机械臂姿态

采用通用封闭逆解算法进行逆解后，可得到 8 组关节角的具体数值，如表 27.2 所示，从中选取第 4 组解以供进一步分析。

表 27.2　主机械臂的 8 组逆运动学求解结果

序号	θ_1/(°)	θ_2/(°)	θ_3/(°)	θ_4/(°)	θ_5/(°)	θ_6/(°)
1	0.000 0	38.314 3	-80.093 6	146.779 3	45.000 0	135.000 0
2	0.000 0	-35.752 5	80.093 6	60.658 8	45.000 0	135.000 0
3	0.000 0	47.617 2	-120.000 0	-2.617 2	45.000 0	-45.000 0
4	0.000 0	-60.000 0	120.000 0	-135.000 0	-45.000 0	-45.000 0
5	-159.234 7	-125.557	-120.893 2	-16.904 3	136.557 0	-15.130 4

续表

序号	$\theta_1/(°)$	$\theta_2/(°)$	$\theta_3/(°)$	$\theta_4/(°)$	$\theta_5/(°)$	$\theta_6/(°)$
6	-159.234 7	126.156 6	120.893 2	-150.404 5	136.557 0	-15.130 4
7	-159.234 7	-140.750	-79.311 0	136.707 1	-136.557 0	164.869 6
8	-159.234 7	145.882 0	79.311 0	51.452 2	-136.557 0	164.869 6

下面将采用本研究第 24 章第 24.8 节中提出的位姿同步框架来对主机械臂进行末端轨迹的规划。取 $\dot{S}_{\max}=0.125\text{m/s}$，$\ddot{S}_{\max}=0.025\ \text{m/s}^2$，$\dddot{S}_{\max}=0.01\text{m/s}^3$，于是可得主机械臂末端轨迹的参数方程为

$$\begin{cases}x = 0.15\cos(2\pi t) - 0.15 \\ y = 0.15\sin(2\pi t), \quad t \in [0,5] \\ z = 0.05t\end{cases} \tag{27.1}$$

现在计算螺旋线的弧长，可有

$$l = \int_0^5 \sqrt{(x')^2 + (y')^2 + (z')^2}\mathrm{d}t = 2.3694\ (\mathrm{m}) \tag{27.2}$$

采用三阶 S 曲线，可以计算得到总的运行时间为 26.455 2 s。进一步将式（27.1）改成关于弧长的参数方程，可有

$$\begin{cases}x = 0.15\cos\left(\dfrac{l}{0.151\ 3}\right) - 0.15 \\ y = 0.15\sin\left(\dfrac{l}{0.151\ 3}\right), \quad l \in [0,l] \\ z = 0.131\ 5\ l\end{cases} \tag{27.3}$$

进而可得笛卡儿空间中的末端曲线对时间的各阶变化如图 27.2 所示。

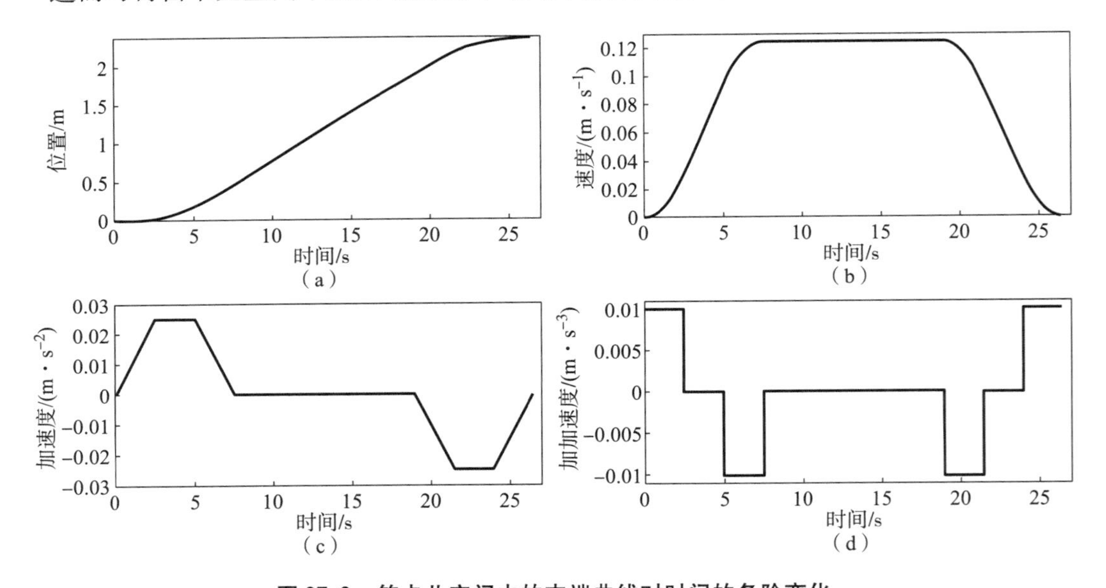

图 27.2　笛卡儿空间中的末端曲线对时间的各阶变化

(a) 位置曲线；(b) 速度曲线；(c) 加速度曲线；(d) 加加速度曲线

运行开始后，机械臂各个关节的规划位置以及位置量的各阶导数曲线分别如图 27.3 ~ 图 27.8 所示。

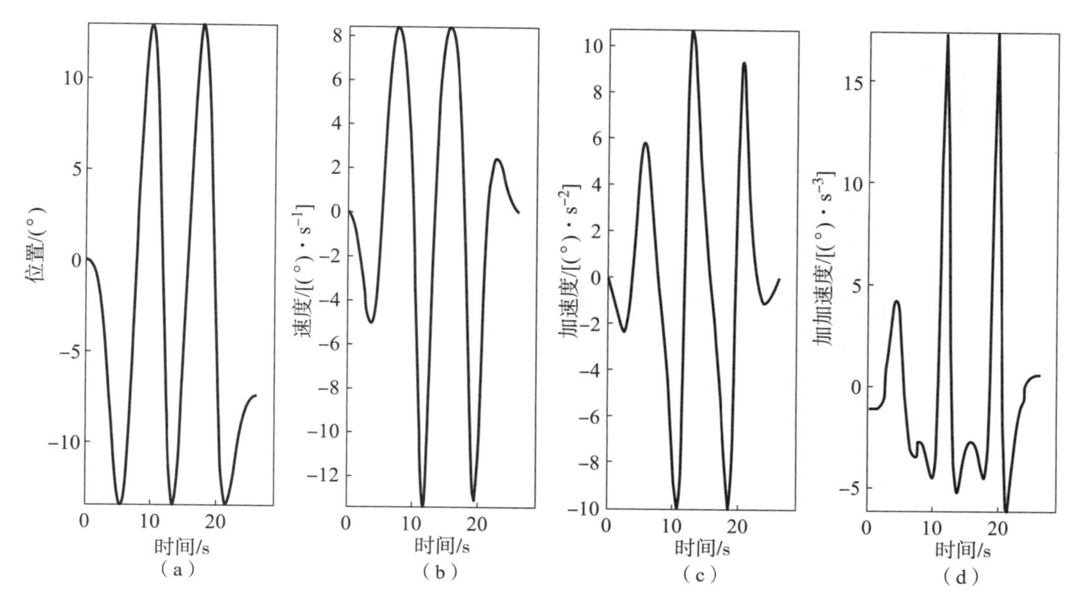

图 27.3　运动学逆解后一关节的各阶曲线

(a) 位置曲线；(b) 速度曲线；(c) 加速度曲线；(d) 加加速度曲线

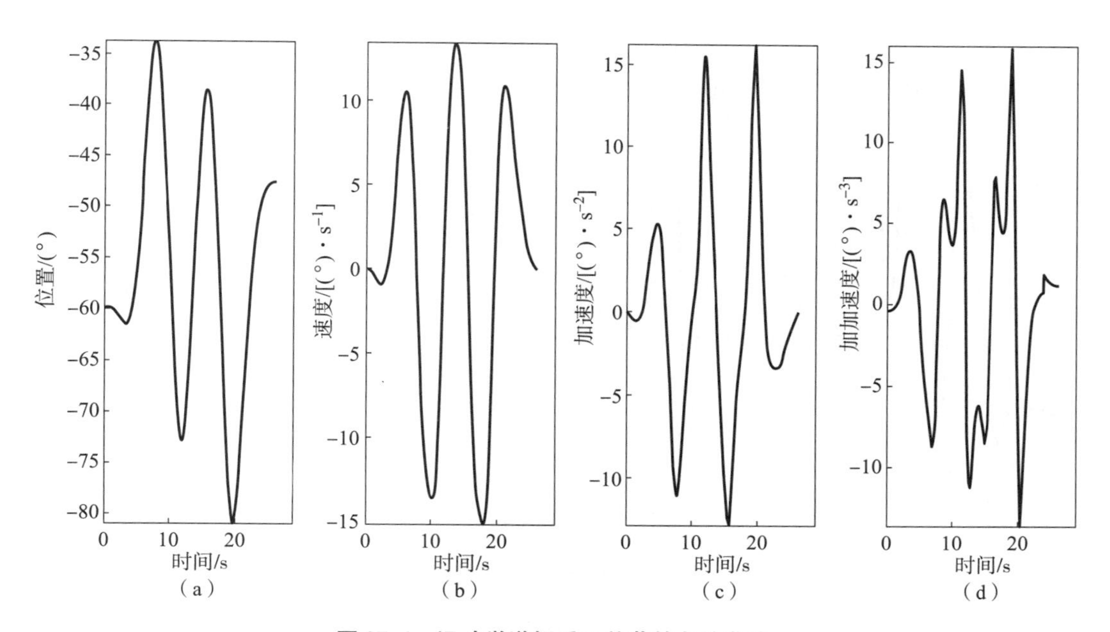

图 27.4　运动学逆解后二关节的各阶曲线

(a) 位置曲线；(b) 速度曲线；(c) 加速度曲线；(d) 加加速度曲线

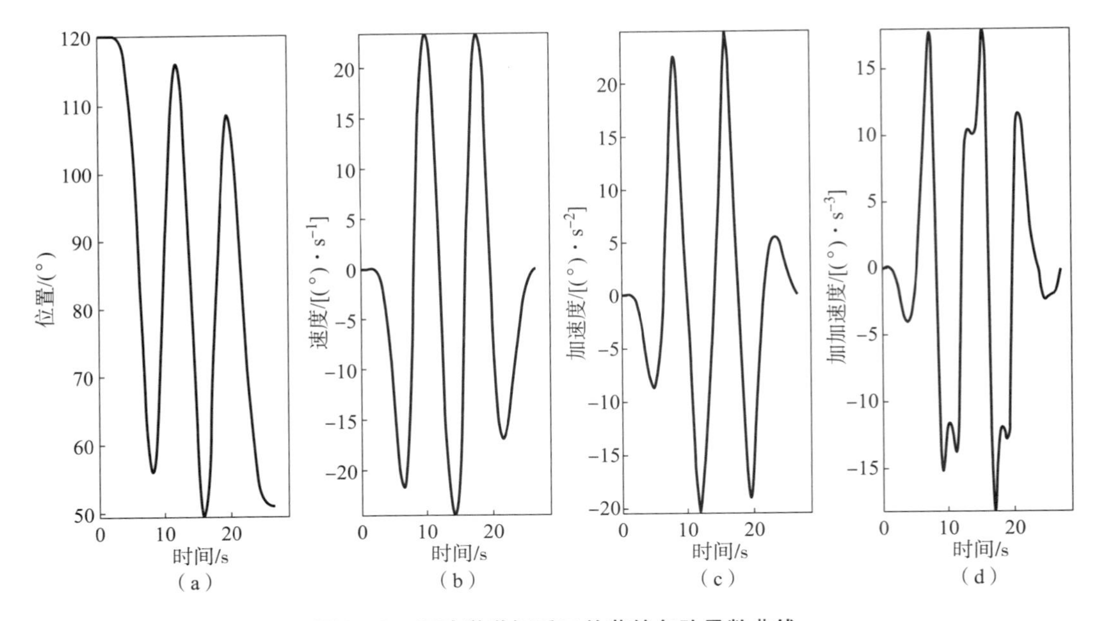

图 27.5　运动学逆解后三关节的各阶导数曲线

(a) 位移曲线；(b) 速度曲线；(c) 加速度曲线；(d) 加加速度曲线

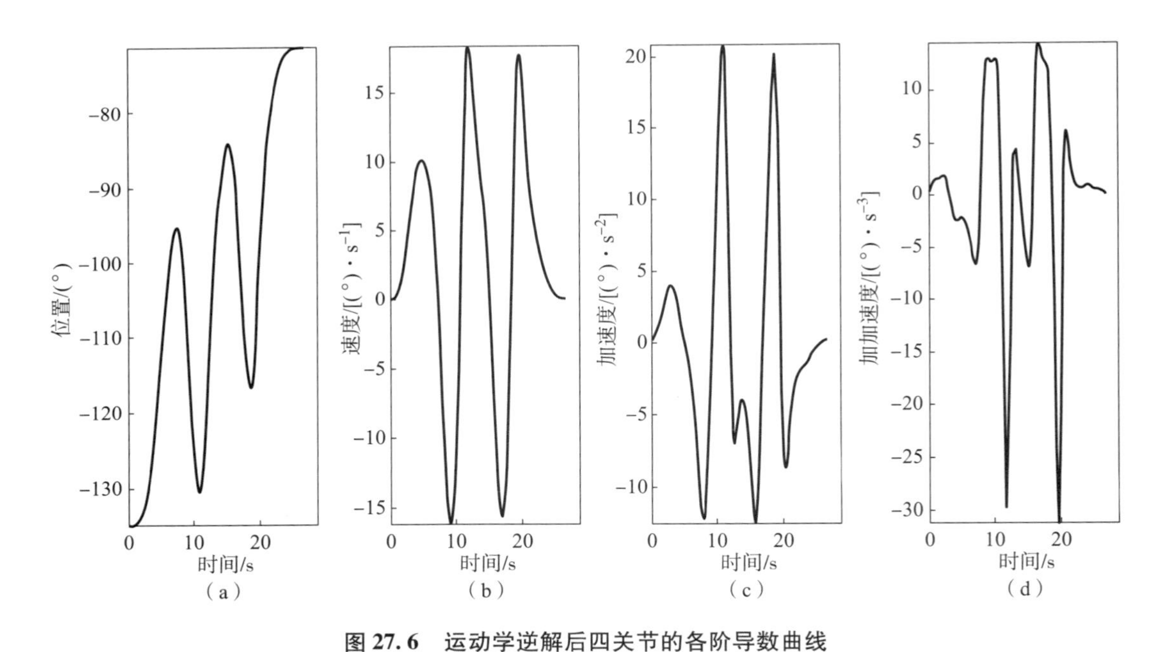

图 27.6　运动学逆解后四关节的各阶导数曲线

(a) 位置曲线；(b) 速度曲线；(c) 加速度曲线；(d) 加加速度曲线

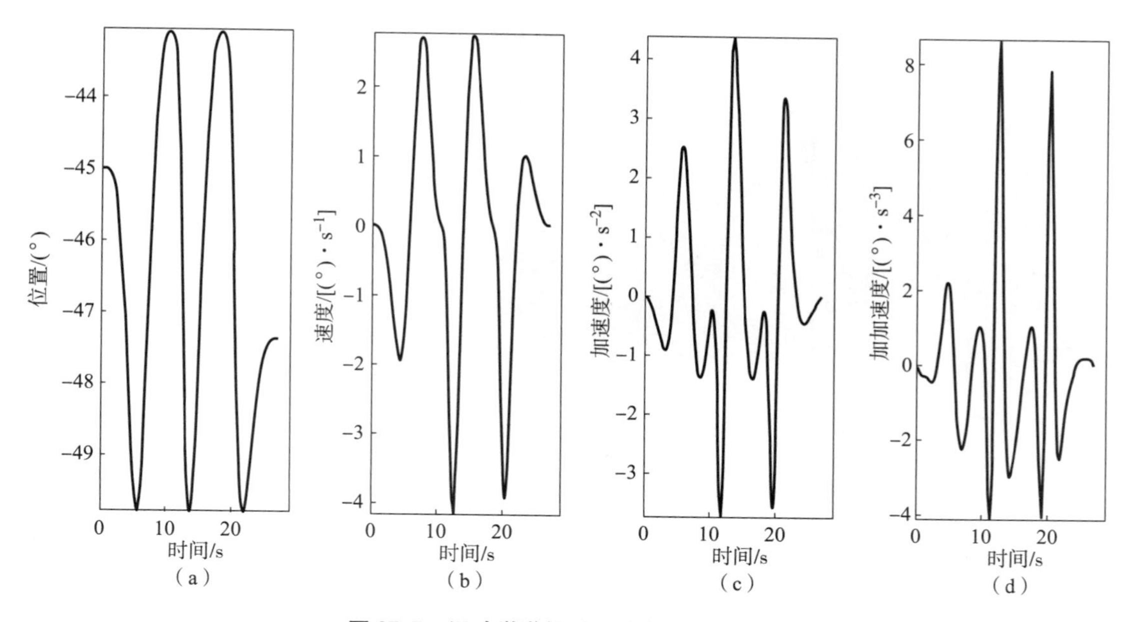

图 27.7　运动学逆解后五关节的各阶曲线

（a）位置曲线；（b）速度曲线；（c）加速度曲线；（d）加加速度曲线

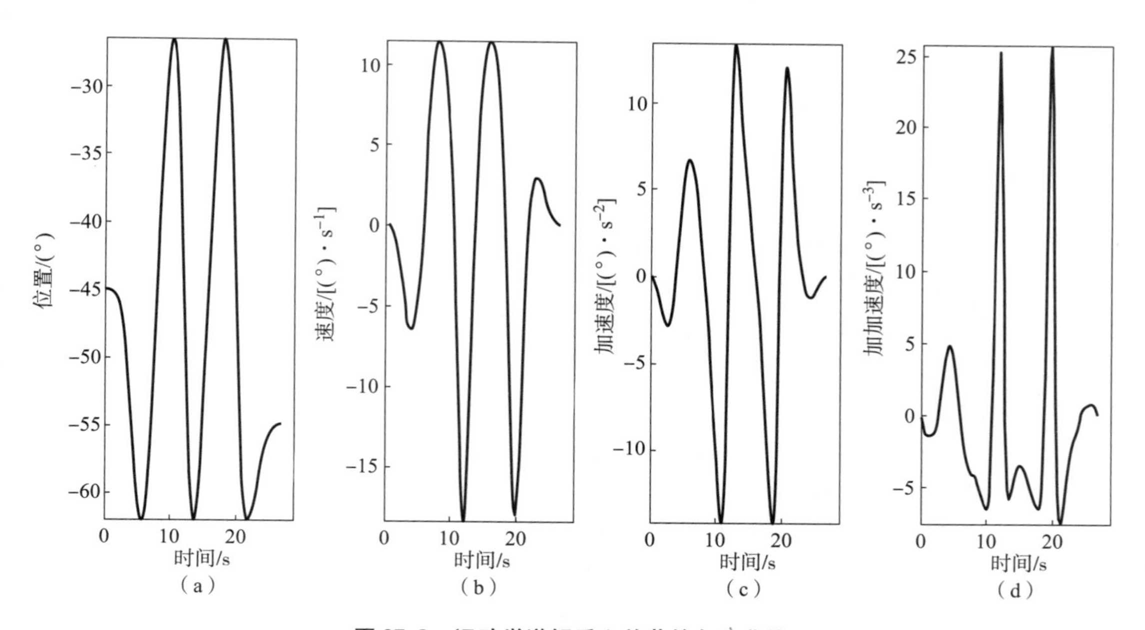

图 27.8　运动学逆解后六关节的各阶曲线

（a）位置曲线；（b）速度曲线；（c）加速度曲线；（d）加加速度曲线

运行结束后主机械臂的位置如图 27.9 所示，主机械臂运行的末端轨迹如图 27.10 所示。通过上述试验，可以得出以下 3 点结论。

（1）本试验选用了 2 ms 的闭环周期，这一闭环周期在工业界也属于较高的水平。在主机械臂的整个运动过程中，控制器没有出现任何异常，整个系统确实可以在 2 ms 之内完成

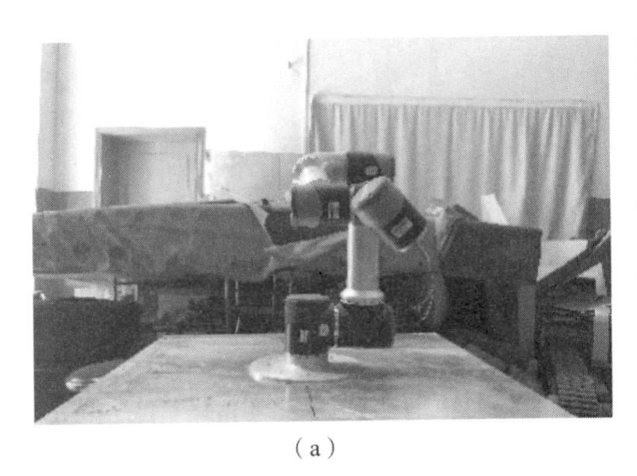

(a)

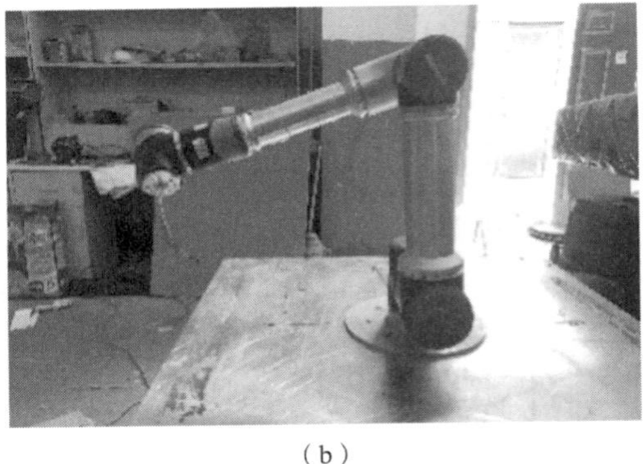

(b)

图 27.9 运动结束后主机械臂的位置

(a) 正向拍摄主机械臂运行结束姿态；(b) 垂直方向拍摄主机械臂运行结束姿态

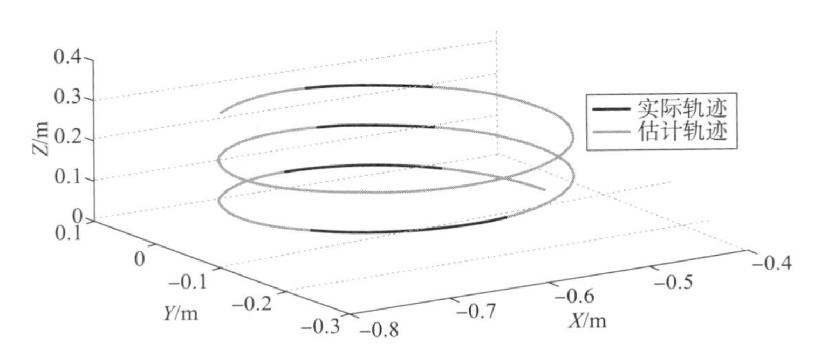

图 27.10 主机械臂末端轨迹

规划和运动学逆解。由于在本书第 23 章第 23.4 节中，项目组已经详细地将逆运动学问题分解为了 10 个基本问题，虽然迭代和树形数据结构会引入额外的时间复杂度，但由于整个运算都有明确的表达式，其运算效率也能够很好地接近封闭解。试验也验证了项目组所提算法确实具有很高的运算效率。

(2) 从图 27.3 ~ 图 27.8 可以看出，所有 6 个关节的位置、速度和加速度曲线都能保证在启动阶段平稳地从 0 初始进行增加。整个运动过程中，都保持了连续与光滑，而且在停止阶段曲线又平稳地降低到 0。

(3) 从图 27.10 可以看出，主机械臂目标轨迹和实际轨迹之间的误差极小，这进一步说明项目组在本研究中提出的通用封闭逆解算法在实际应用场合也能保持较高的运算效率和精度。

27.3 多轴同步理论的样机试验

本节将基于智能排爆机器人的 3 个实战应用需求，对项目组在第 24 章中提出的多轴点到点同步时间最优算法、多轴多点同步时间最优算法以及空间位姿同步框架 3 部分内容进行智能排爆机器人物理样机的试验验证。表 27.3 列出了多轴同步理论实验的相关内容。

表 27.3　多轴同步理论试验相关内容

试验章节	试验对象	验证内容
第 27 章第 27.3.1 小节	多轴点到点同步的时间最优算法	辅机械臂智能换刀应用
第 27 章第 27.3.2 小节	多轴多点同步的时间最优算法	辅机械臂避障测试
第 27 章第 27.3.3 小节	空间位姿同步框架	主机械臂入罐测试

在表 27.3 所列试验中，智能排爆机器人主辅机械臂的带宽参数如表 27.4、表 27.5 所示。

表 27.4　主机械臂的带宽参数

带宽	速度最大值	加速度最大值	加加速度最大值
关节带宽	30°/s	$30°/s^2$	$40°/s^3$
空间线速度	0.3 m/s	$0.3\ m/s^2$	$0.4\ m/s^3$
空间角速度	30°/s	$30°/s^2$	$40°/s^3$

表 27.5　辅机械臂的带宽参数

带宽	速度最大值	加速度最大值	加加速度最大值
关节带宽	20°/s	$20°/s^2$	$30°/s^3$
空间线速度	0.2 m/s	$0.2\ m/s^2$	$0.3\ m/s^3$
空间角速度	20°/s	$20°/s^2$	$30°/s^3$

27.3.1　关节空间多轴点到点同步的换装工具试验

试验内容：基于智能排爆机器人辅机械臂的换装工具试验来验证多轴点到点同步算法。

试验方法：分析辅机械臂是否可以流畅换装工具，运动曲线是否光滑。

项目组为智能排爆机器人设计了一个可快速拆卸的工具换装接头，用其来实现排爆作业工具与机械臂腕部平台的连接，如第 2 章图 2.21 所示。由图 2.21 可知，换刀连接件与辅机械臂第 6 关节相连，且通过其与末端执行器模块相连，而该末端执行器模块可换装不同的排爆处置工具。末端执行器模块的剖视图和俯视图如第 2 章图 2.22 所示。

项目组为智能排爆机器人换装工具功能专门设计了算法逻辑，如图 27.11 所示。智能排爆机器人工具子系统一共配有 4 把不同用途的工具，分别对应索引值的 1 ~ 4。当索引为 0 时，则意味着机械臂末端的换刀连接件不夹持任何工具。换装工具工艺的核心思想在于比对当前工具索引 Cur ToolIndex 和目标工具索引 Ref ToolIndex。

可以看到，如果 Cur ToolIndex ≠ Ref ToolIndex，则正式进入换装工具流程：①从关节空间移动到换装工具的预备位置；②卸载 Cur ToolIndex 对应的工具；③换装 Ref ToolIndex 对应的工具。其中，还会针对 Cur ToolIndex 和 Ref ToolIndex 是否为空跳过一些动作。此外，在换装工具的主逻辑中还有一层子任务 Action Tool Changing 的封装。在 Action Tool Changing 中会根据不同的工具索引和指令来完成相关动作的规划。

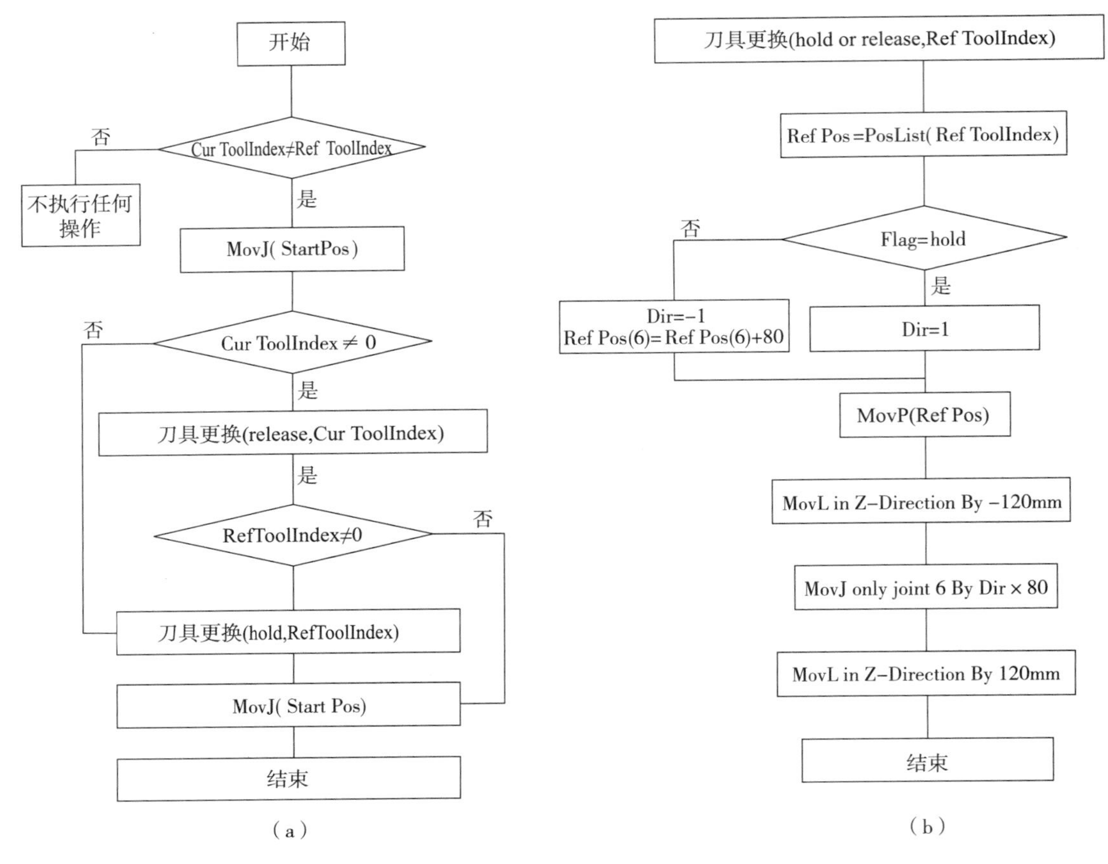

图 27.11　换装工具工艺的上层逻辑

(a) 换装流程；(b) 子任务刀具更换流程

试验场景：智能排爆机器人辅机械臂末端的换装连接件夹持着4 号刀具，并处在位置 $\boldsymbol{\theta}_b$ 上，且 $\boldsymbol{\theta}_b$ = [-80°, -155°,0°, -90°, -90°,0°]，此时需要辅机械臂去更换2 号刀具。根据上面的逻辑架构可以得知，整个换装工具的动作序列如表 27.6 所示。

表 27.6　换装工具动作序列

步骤	指令	目标位置
1	MOVJ	[-37.60°, -41.30°, 38.20°, -30.34°, -134.7°, -70.00°]
2	MOVJ	[23.05°, -34.83°, 19.83°, -29.63°, -146.07°, -195.00°]
3	MOVL	ξ_c + [0, 0, -0.12, 0°, 0°, 0°]
4	MOVJ	θ_c + [0°, 0°, 0°, 0°, 0°, 80°]
5	MOVL	ξ_c + [0, 0, 0.12, 0°, 0°, 0°]
6	MOVJ	[28.82°, -52.20°, 56.91°, -44.03°, -141.77°, -85.00°]
7	MOVL	ξ_c + [0, 0, -0.12, 0°, 0°, 0°]
8	MOVJ	θ_c + [0°, 0°, 0°, 0°, 0°, -80°]

续表

步骤	指令	目标位置
9	MOVL	$\boldsymbol{\xi}_c$ + [0, 0, 0.12, 0°, 0°, 0°]
10	MOVJ	[−37.60°, −41.30°, 38.20°, −30.340°, −134.70°, −70.00°]
11	MOVJ	[−80°, −155°, 0°, −90°, −90°, 0°]

由于整个过程执行步骤较多，本试验在这里只分析第 1 步和第 4 步，并在试验最后给出整个换装工具过程的运行曲线。

首先执行第 1 步，可以计算出同步后的运动序列如下：

$$\boldsymbol{T}=\begin{bmatrix} 0.6482 & 0.3802 & 0.6482 & 4.2046 & 0.6482 & 0.3802 & 0.6482 \\ 0.4772 & 0.9198 & 0.4772 & 3.8094 & 0.4772 & 0.9198 & 0.4772 \\ 0.0914 & 3.5962 & 0.0914 & 0.0000 & 0.0914 & 3.5962 & 0.0914 \\ 0.1448 & 3.4893 & 0.1448 & 0.0000 & 0.1448 & 3.4893 & 0.1448 \\ 0.1073 & 3.5643 & 0.1073 & 0.0000 & 0.1073 & 3.5643 & 0.1073 \\ 0.1711 & 3.4367 & 0.1711 & 0.0000 & 0.1711 & 3.4367 & 0.1711 \end{bmatrix}$$

从控制器中记录辅机械臂的 6 个关节位置点，如图 27. 12 所示。

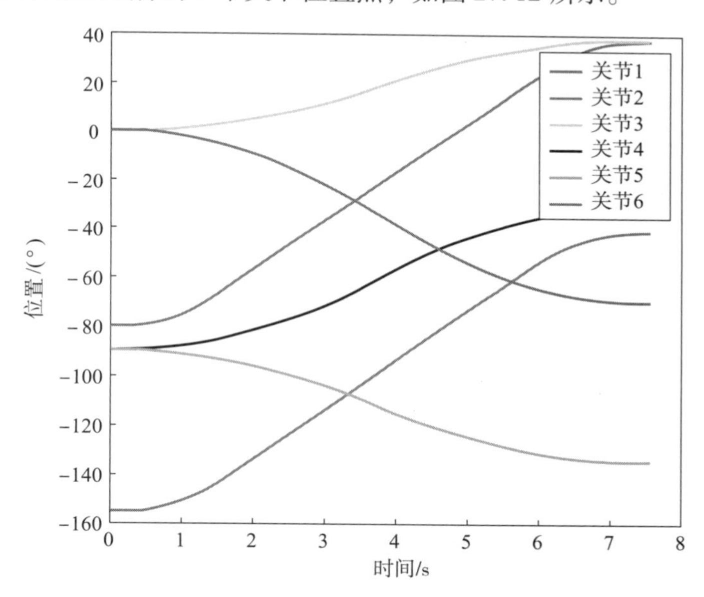

图 27. 12　多轴同步后的关节空间位置曲线（附彩插）

从图 27. 12 中可以看出，所有的关节空间曲线光滑、连续，且精确地到达了指定地点，关节之间保持了运动上的同步。与此同时，由于多轴同步理论的解析性，容易获得规划速度与规划加速度的轨迹曲线，如图 27. 13 所示。

从图 27. 13（a）可以看出，各关节的速度曲线确实都满足了起点与终点的零速度约束。另外，整个运行过程中满足了最大速度带宽的限制。从图 27. 13（b）可以看出，加速度曲线不仅没有超过设定的带宽，还在时间约束下降低了峰值加速度。这与本书第 24 章第 24. 4. 3 小节中的推导完全相符。

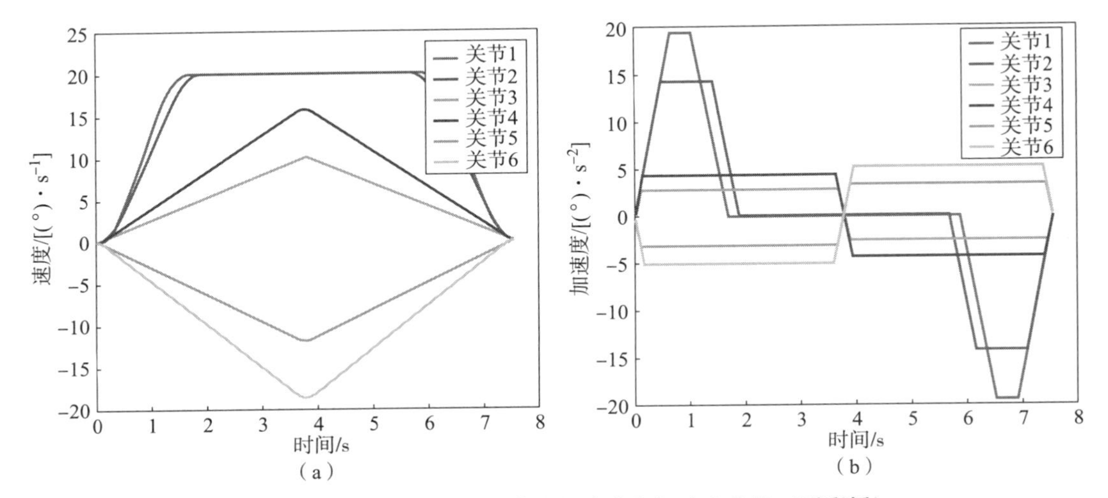

图 27.13　多轴同步后的关节空间速度和加速度曲线（附彩插）

(a) 速度曲线；(b) 加速度曲线

最后对加速度曲线进行差分，可以得到同步运动的加加速度曲线，如图 27.14 所示。由图 27.14 可以看到，各个关节的加加速度都在被激活时保持了最大值。这说明本书第 24 章第 24.2 节、第 24.3 节中的理论是正确的，也就说明这里的运动具有时间最优性。

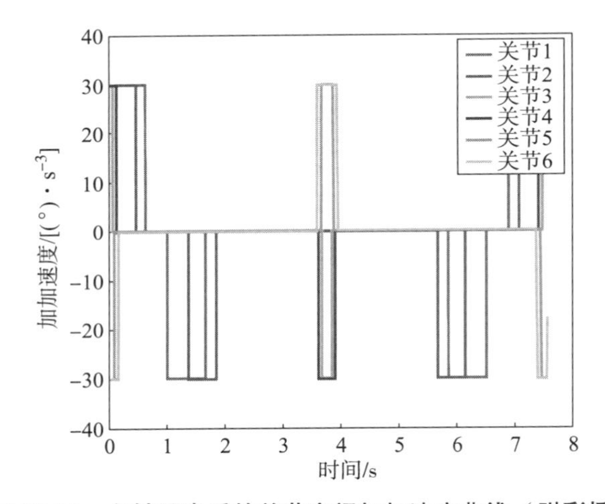

图 27.14　多轴同步后的关节空间加加速度曲线（附彩插）

第 4 步要求智能排爆机器人辅机械臂的第 6 关节正转 80°，而其他关节保持静止，此时可以计算出对应的运动序列为

$$
\boldsymbol{T}=\begin{bmatrix}
0.0000 & 2.8383 & 0.0000 & 0.0000 & 0.0000 & 2.8383 & 0.0000\\
0.0000 & 2.8383 & 0.0000 & 0.0000 & 0.0000 & 2.8383 & 0.0000\\
0.0000 & 2.8383 & 0.0000 & 0.0000 & 0.0000 & 2.8383 & 0.0000\\
0.0000 & 2.8383 & 0.0000 & 0.0000 & 0.0000 & 2.8383 & 0.0000\\
0.0000 & 2.8383 & 0.0000 & 0.0000 & 0.0000 & 2.8383 & 0.0000\\
0.0000 & 2.8383 & 0.0000 & 0.0000 & 0.0000 & 2.8383 & 0.0000\\
0.6482 & 0.3802 & 0.6482 & 2.3233 & 0.6482 & 0.3802 & 0.6482
\end{bmatrix}
$$

和

$$
\boldsymbol{U}=\begin{bmatrix}0&0&0&0&0&0&0\\0&0&0&0&0&0&0\\0&0&0&0&0&0&0\\0&0&0&0&0&0&0\\0&0&0&0&0&0&0\\30&0&-30&0&-30&0&30\end{bmatrix}
$$

从上述结果中不难发现，输入序列 $\boldsymbol{U}$ 中只有第 6 行是有数值输入的，这会使得辅机械臂第 6 关节发生运动而其他关节保持静止。从控制器中得到的关节曲线如图 27.15 所示。

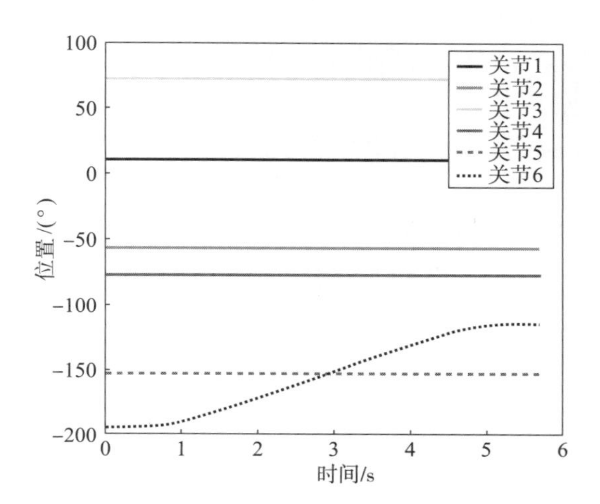

图 27.15 只有辅机械臂第 6 关节转动时的同步位置曲线

由图 27.15 可以看出，只有辅机械臂的第 6 关节发生了运动，而其他关节保持了静止。这说明，项目组在本研究中提出的多轴同步算法是完备的，对于任意的系统输入都能够计算出有效的结果。

辅机械臂换装工具的实际运动过程如图 27.16 所示，从控制器中记录下的整个换装工具过程的关节运动曲线如图 27.17 所示，换装工具连接件在空间的运动轨迹如图 27.18 所示。

(a)

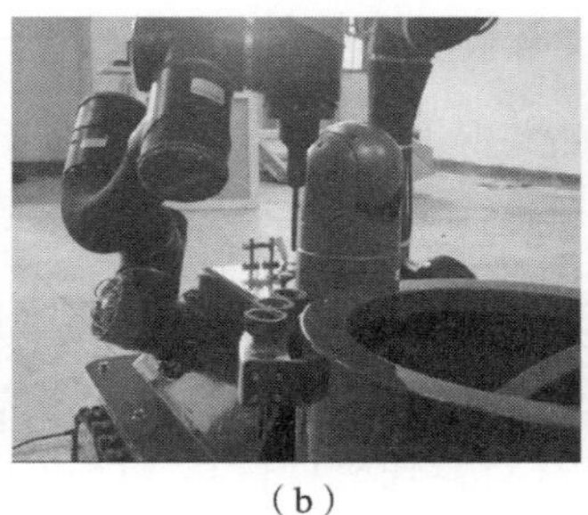

(b)

(c)

图 27.16 辅机械臂换装工具的实际运动过程

(a) 起始位置；(b) 准备换头；(c) 对准换刀孔位

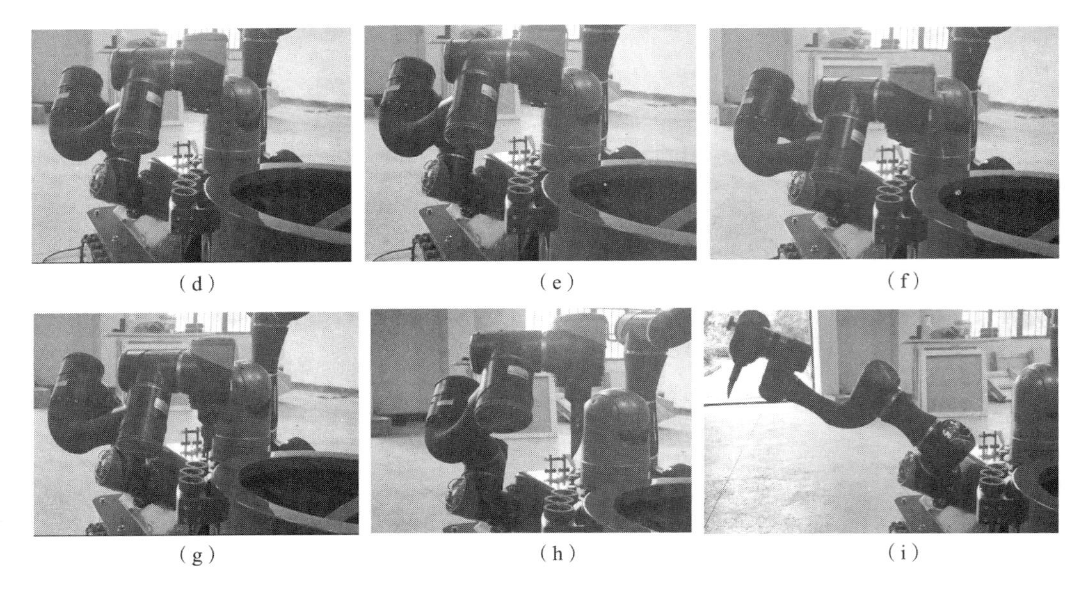

图 27.16　辅机械臂换装工具的实际运动过程（续）

(d) 释放刀具；(e) 移至下一个刀具位；(f) 对准刀具孔位；(g) 更换刀具；(h) 新刀具固定；(i) 刀具换装完毕

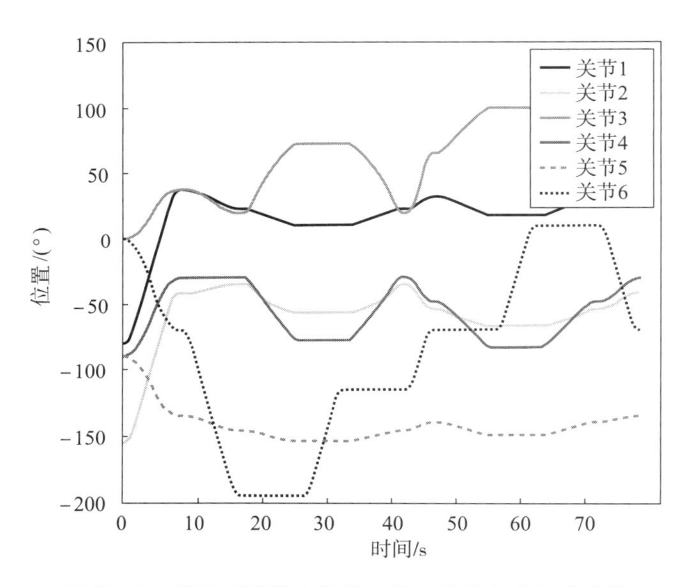

图 27.17　辅机械臂整个换装工具过程的关节运动曲线

综上所述，本试验展示了整个换装工具流程的关节运动曲线和空间曲线，并且截取了其中具有代表性的 2 段运动来进行局部的数据分析，从中可以得出以下结论：

(1) 由图 27.16 和图 27.18 来看，辅机械臂具有较高的重复定位精度，可以非常流畅地完成换装工具的工序动作，这充分说明项目组在本研究中提出的多轴同步算法、逆运动学算法具有较高的精度。

(2) 由图 27.12 和图 27.17 可以看出，多轴同步后的关节曲线十分平整光滑，不仅没有超出带宽约束，还可以满足位置曲线三阶连续。

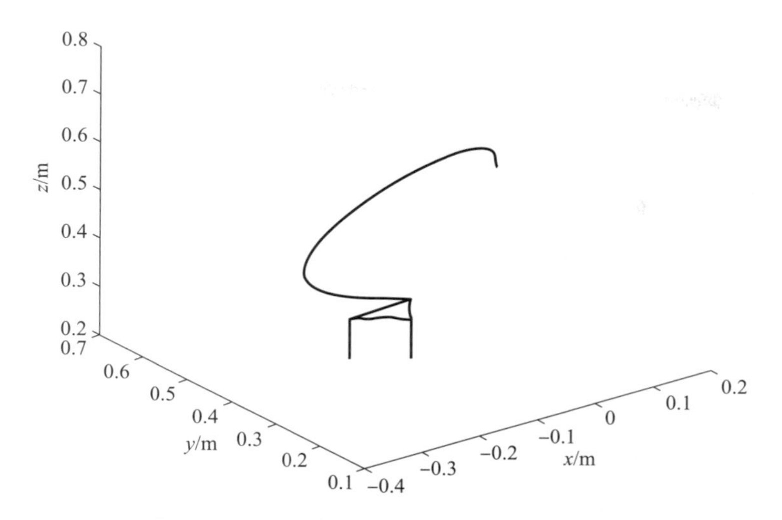

图 27.18　换装工具连接件在空间的运动轨迹

（3）由图 27.17 可以看出，项目组在第 23 章第 23.2 节中提出的变限位检测和广义角运动理论是完全正确的。

27.3.2　关节空间多轴多点同步的避障运动试验

试验内容：通过辅机械臂的避障试验来验证多轴多点同步算法的性质。

试验方法：设立对比组，检验曲线的单调性、连续性和速度利用率。

在文献［132］和文献［151］中设计了一种改进的 R－ERT（Rapidly－Exploring Random Tree）算法来实现机械臂的空间避障。在试验场景中，已知空间中存在障碍物，使用改进的 R－ERT 算法可以获得 10 个不与障碍物碰撞的关键位置点。只要依次经过这些关节空间中的关键点，就能够很好地躲避障碍物。关节空间的 10 个关键点相关信息如表 27.7 所示。

表 27.7　关节空间中 10 个关键点相关信息

序号	θ_1/(°)	θ_2/(°)	θ_3/(°)	θ_4/(°)	θ_5/(°)	θ_6/(°)
1	−90.000 2	−171.887 3	28.647 9	68.754 9	34.377 5	−57.295 8
2	−79.033 8	−164.352 9	20.580 6	59.318 3	22.694 9	−47.102 9
3	−68.749 2	−158.308 2	13.481 7	48.254 5	9.963 7	−38.485 6
4	−60.389 8	−150.189 4	−7.184 9	38.101 7	−2.171 5	−24.047 0
5	−50.282 8	−143.772 3	3.174 2	27.553 5	−14.106 2	−12.089 4
6	−39.998 2	−136.868 2	12.232 6	15.103 2	−27.341 5	1.134 5
7	−29.438 6	−131.379 2	21.921 4	2.910 6	−41.780 1	14.971 4
8	−18.879 0	−125.890 3	31.610 1	−9.276 2	−56.212 9	28.808 3
9	−8.319 3	−120.401 4	41.304 5	−21.468 7	−70.651 4	42.645 2
10	2.864 8	−114.591 6	51.566 2	−34.377 5	−85.943 7	57.295 8

根据表 27.7 中的信息可知，存在 6 个点列，每个点列中有 10 个位置点。要求辅机械臂

的6个关节依次通过各自点列中的所有点，且关节之间的运动保持同步。首先使用本书第24章第24.5节中的单轴多点时间最优算法对每个点列进行单独运算，于是可以得到6组运动序列如下：

$$\boldsymbol{T}=\begin{bmatrix}0.6667 & 0.3333 & 0.6667 & 2.9766 & 0.6667 & 0.3333 & 0.6667\\ 0.6667 & 0.3333 & 0.6667 & 1.1981 & 0.6667 & 0.3333 & 0.6667\\ 0.6667 & 0.3333 & 0.6667 & 2.3440 & 0.6667 & 0.3333 & 0.6667\\ 0.6667 & 0.3333 & 0.6667 & 3.4900 & 0.6667 & 0.3333 & 0.6667\\ 0.6667 & 0.3333 & 0.6667 & 4.3494 & 0.6667 & 0.3333 & 0.6667\\ 0.6667 & 0.3333 & 0.6667 & 4.0629 & 0.6667 & 0.3333 & 0.6667\end{bmatrix}$$

从表27.7中的数据可以看出，所有的点列均为单调的，其位置、速度和加速度随时间变化的曲线如图27.19与图27.20所示。

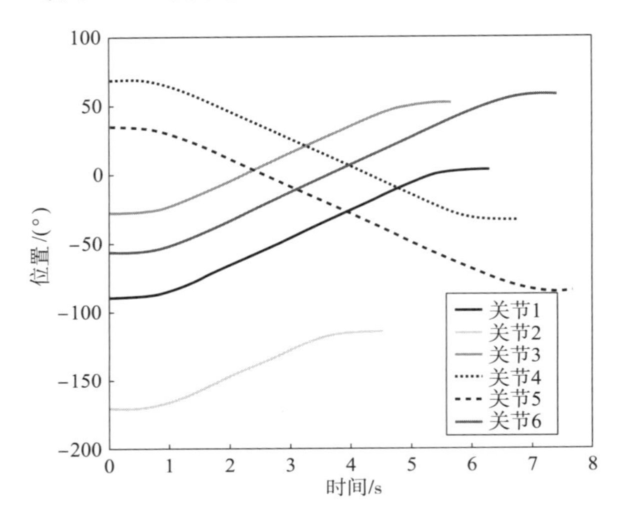

图27.19　每个关节上的多点时间最优位置曲线

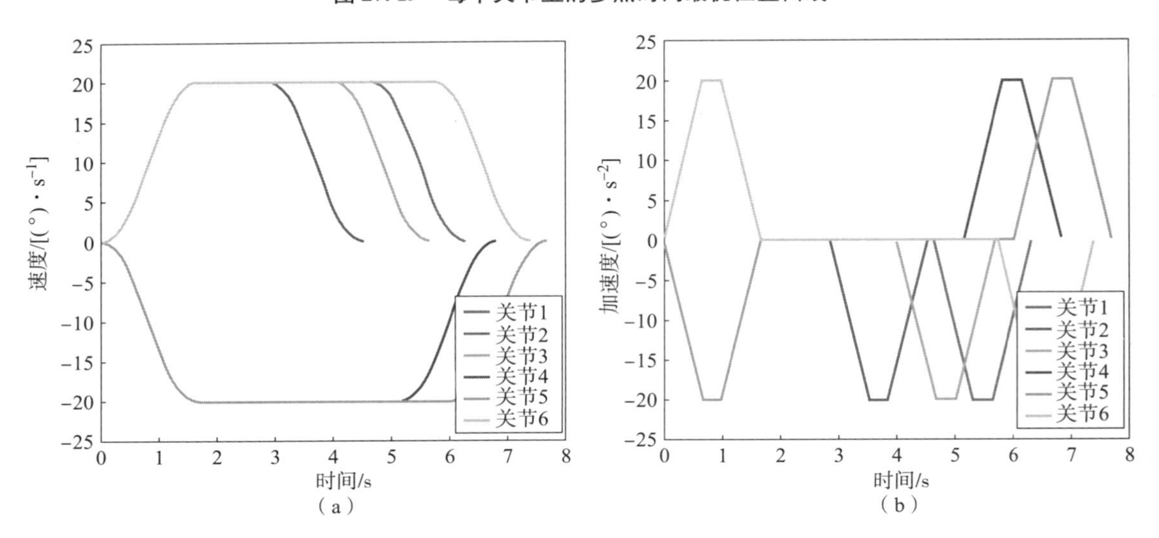

图27.20　每个关节上多点时间最优规划下的速度和加速度曲线（附彩插）

（a）速度曲线；（b）加速度曲线

然后采用本书第 24 章第 24.6 节中的多轴多点时间最优算法对上述每个点列进行单独运算，其相应的位置、速度和加速度随时间变化曲线分别如图 27.21、图 27.22 所示。

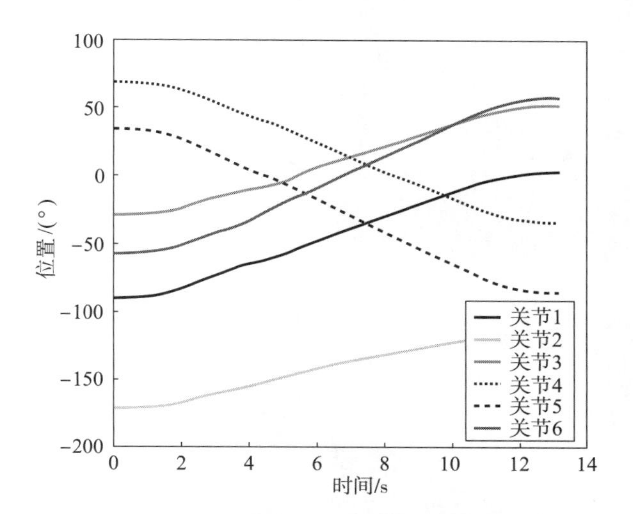

图 27.21　在控制器中记录的多轴多点同步位置

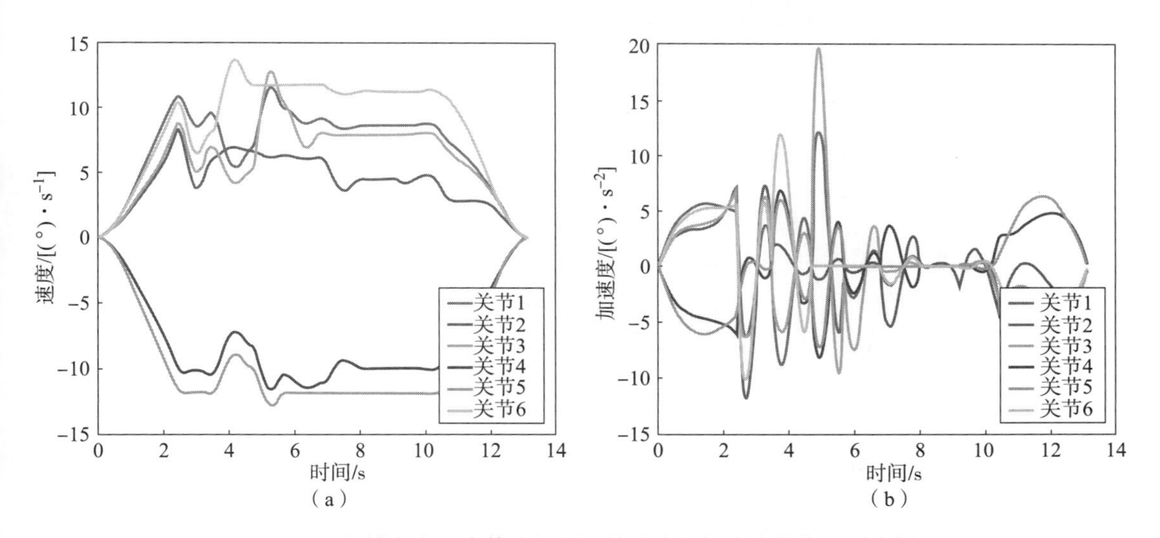

图 27.22　多轴多点同步算法规划下的速度和加速度曲线（附彩插）

（a）速度曲线；（b）加速度曲线

由图 27.21 可以看出，多轴多点同步运动曲线光滑而平整。更加重要的是，多轴多点在保持同步的同时也保持了很好的单调性。采用本书第 24 章第 24.6 节中设计的多项式方法对上述数据进行处理，得到同步曲线，共计运行了 13.1785s。由图 27.22（a）和图 27.22（b）可以看出，采用五次多项式拼接而成的速度、加速度曲线保持了很好的连续性，且均没有超过带宽，这符合本书第 24 章第 24.6 节中的推导结论。

辅机械臂按照项目组提出的多轴多点同步算法规划路径进行运动的情况如图 27.23 所示，辅机械臂在空间的实际运动轨迹如图 27.24 所示。

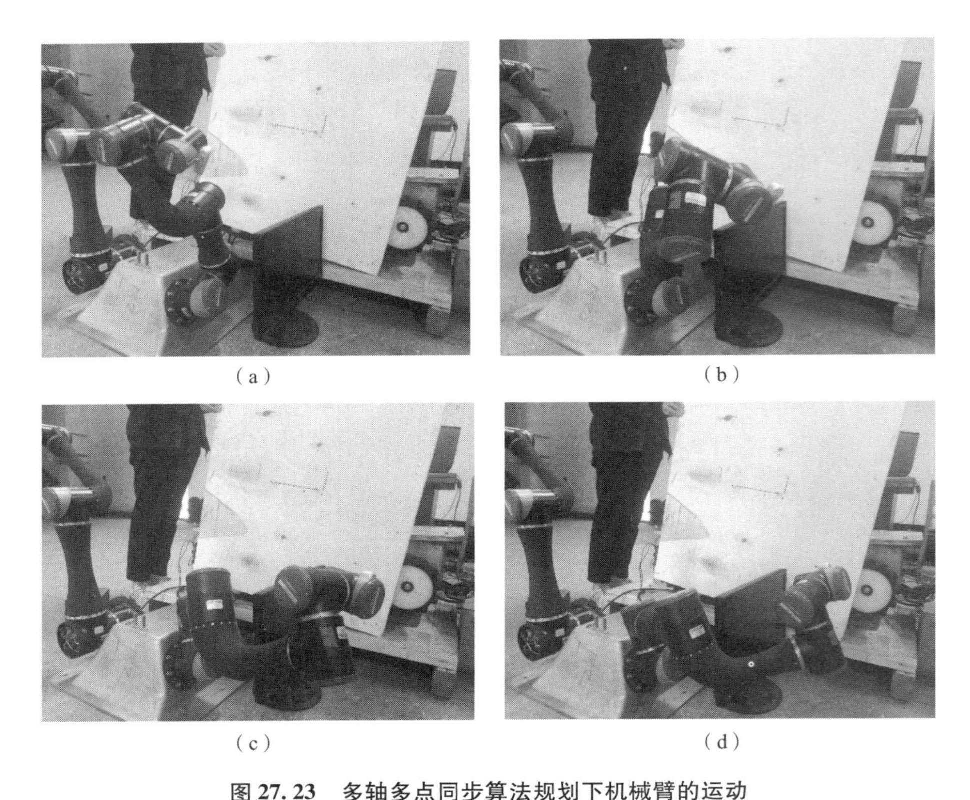

图 27.23　多轴多点同步算法规划下机械臂的运动

（a）机械臂起始位置；（b）机械臂翻越障碍；（c）机械臂翻过障碍；（d）机械臂到达目标位置

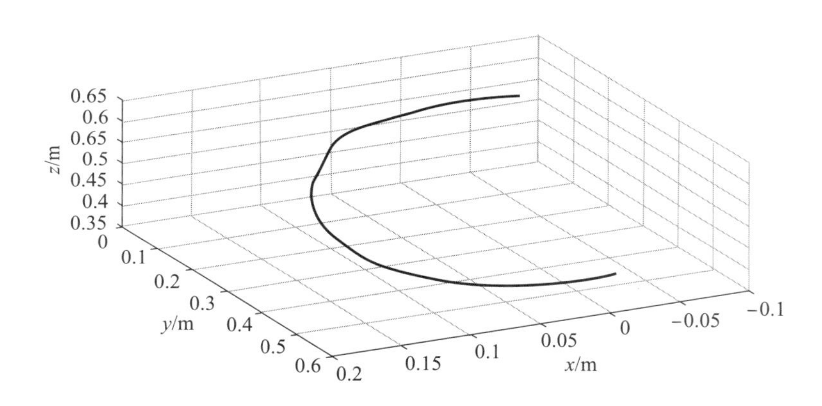

图 27.24　辅机械臂在空间的实际运动轨迹

由于多轴多点同步算法还没有取得最优性的证明，所以项目组特地安排了 2 组对比试验，采用以下的性能指标来判断优劣。

（1）平均速度：速度平均值越低，证明对速度的利用率越高，最优性越好。

（2）最大速度：最大速度越大，证明局部的突变越大，最优性越差。

（3）平均加速度：加速度平均值越低，证明对加速度的利用率越高，最优性越好。

（4）最大加速度：最大加速度越大，证明局部的突变越大，最优性越差。

文献［153］提出了一种多目标粒子群优化算法（Multi－Objective Particle Swarm Optimization，M－OPSO），并将这种算法应用在了机械臂轨迹规划上。在文献［153］作者的帮助下，项目组基于本研究提供的数据，在总运行时间 14.170 4 s 内得到了 M－OPSO 算法优化下的位置、速度和加速度随时间变化的曲线，分别如图 27.25、图 27.26 所示。

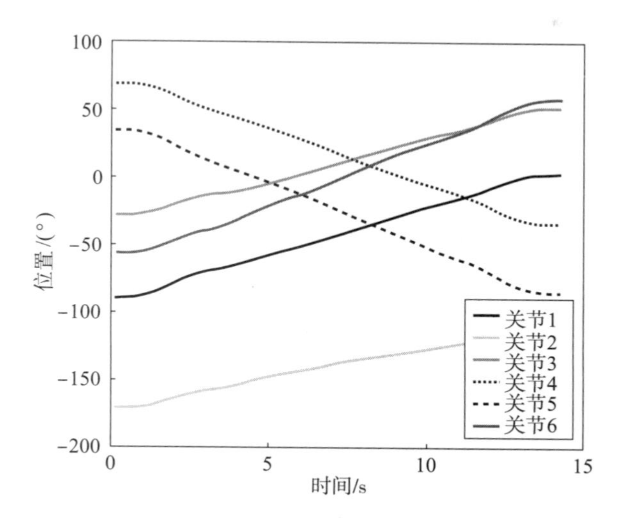

图 27.25　M－OPSO 算法规划的多点同步位置曲线

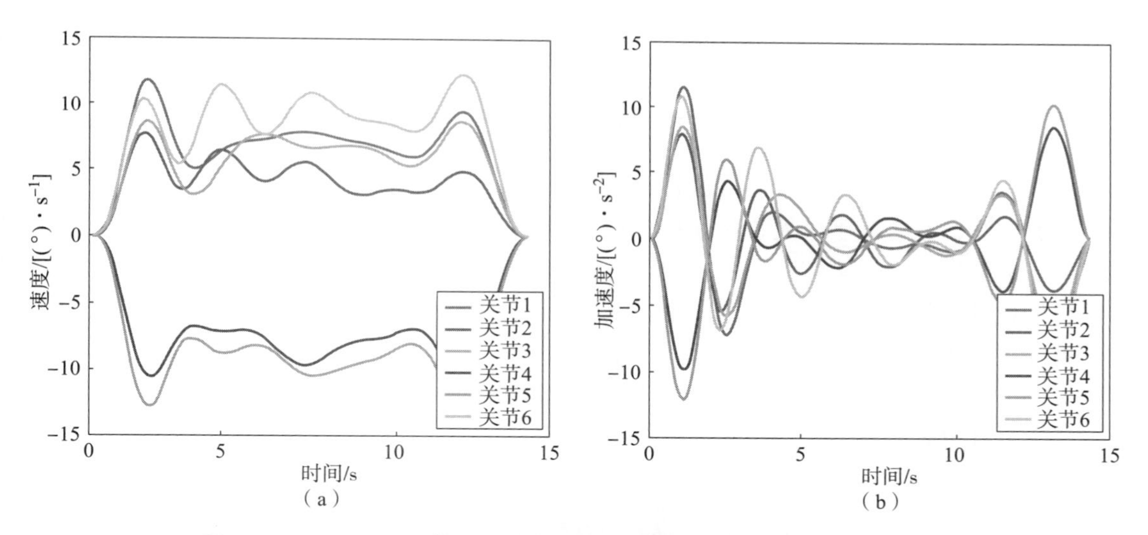

图 27.26　M－OPSO 算法规划的多点同步速度和加速度曲线（附彩插）

（a）速度曲线；（b）加速度曲线

由图 27.25 和图 27.26 可以看出，M－OPSO 算法规划出的曲线连续平滑，而且都保持在最大带宽之内。

表 27.8 展示了多轴多点同步规划算法和 M－OPSO 算法在速度和加速度利用率的对比情况。

表 27.8　2 种算法速度与加速度利用率的对比

序号	1	2	3	4	5	6
$\overline{V}_5$	7.048 0	4.350 5	6.087 9	7.830 9	9.131 8	8.701 0
$\widetilde{V}_5$	11.617 6	8.344 2	12.859 7	11.525 1	12.768 3	13.732 8
$\overline{V}_p$	6.494 1	4.006 7	5.609 4	7.212 1	8.414 1	8.013 4
$\widetilde{V}_p$	11.784 1	7.705 5	8.689 2	10.851 7	12.890 0	12.300 8
$\overline{A}_5$	2.888 6	2.029 7	3.140 8	2.542 8	2.410 6	2.743 8
$\widetilde{A}_5$	12.289 7	11.896 4	19.848 4	8.260 2	7.274 5	11.966 3
$\overline{A}_p$	2.551 0	1.966 3	2.356 0	2.457 3	2.944 4	3.376 7
$\widetilde{A}_p$	11.512 7	7.935 1	7.935 1	9.848 8	12.218 1	10.724 0

在对比试验中，从运行的总时间以及速度和加速度的利用率上来看，多轴多点同步算法和 M－OPSO 算法得到的结果不相上下。但是，M－OPSO 算法的运算时间极长，在 MATLAB 的仿真环境中耗时 100 s 以上才能完成上述优化。而项目组提出的多轴多点同步算法由于存在封闭解，在 MATLAB 环境中仅耗时 2 ms 就可以完成所有的计算。

综上所述，本书在第 24 章第 24.6 节中提出的多轴多点同步算法具备以下几点优势：①该算法可以获取与 M－OPSO 算法相当的最优性；②该算法可以生成连续、光滑且满足各类约束的近似最优曲线；③更为重要的是，该算法的运算效率极高，具备实时规划的能力，这对智能排爆机器人遂行排爆处置作业来说极其重要。

27.3.3　笛卡儿空间中位姿同步的排爆工艺试验

试验内容：采用主机械臂将危险物放入防爆罐以验证位姿同步框架的性能。

试验方法：是否能平稳处置爆炸物，空间速度和关节速度是否光滑连续。

为了能够妥善处置爆炸物，主机械臂会将爆炸物放入智能排爆机器人车载防爆罐中。本试验特别设计了位姿同步的入罐动作来验证本书第 24 章第 24.8 节中提出的位姿同步框架。

首先，利用主机械臂末端的夹持式手爪上抓牢一个长度为 393.2 mm 的物体，要求能够将其无碰撞地放入防爆罐中，如图 27.27 所示，其中黄色矩形框部分为机械臂末端手爪，而红色矩形框部分是机械臂末端手爪夹持的物体。

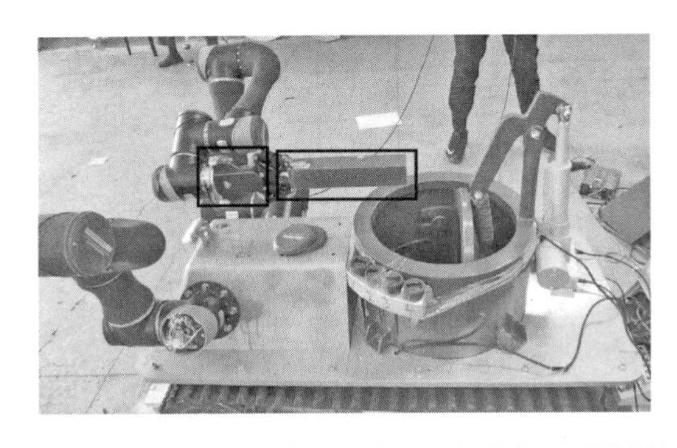

图 27.27　爆炸物入罐的初始位置和状态（附彩插）

经过测量可知主机械臂末端手爪处的工具坐标系为

$$\boldsymbol{T}_{\text{tool}}=\begin{bmatrix}1&0&0&0\\0&1&0&0\\0&0&1&0.3932\\0&0&0&1\end{bmatrix}$$

主机械臂的初始位置为

$\boldsymbol{\theta}_s=[-272.769°, -121.418°, -133.079°, -121.365°, 176.684°, -128.677°]$

此时主机械臂的末端变化矩阵 $\boldsymbol{T}_e$ 为

$$\boldsymbol{T}_e=\begin{bmatrix}-0.0174&0.0006&-0.9998&-0.3700\\0.9991&-0.0378&-0.0174&-0.0200\\-0.0378&-0.9993&0.0000&0.3500\\0&0&0&1\end{bmatrix}$$

采用式（23.2）和式（24.134）求解出无基坐标系偏移的位姿，有

$\tilde{\boldsymbol{\xi}}_c=[-0.3400, 0.2858, 0.0068, -179.5798°, 89.0941°, -22.8390°]$

$\tilde{\boldsymbol{\xi}}_r=[-0.3400, -0.0314, -0.1411, -90.2885°, 115.9656°, -0.1216°]$

计算笛卡儿空间中需要运行的直线距离 L 为

$$L=\sqrt{(\Delta x)^2+(\Delta y)^2+(\Delta z)^2}=0.35\ (\text{m})$$

需要变化的末端位姿 $\boldsymbol{Q}_\Delta$ 为

$$\boldsymbol{Q}_\Delta=[89.2913°, 26.8714°, 22.7174°]$$

根据带宽参数求得

$$\boldsymbol{T}=\begin{bmatrix}0.6482&0.3802&0.6482&15.8237&0.6482&0.3802&0.6482\\0.0006&9.5874&0.0006&0.0000&0.0006&9.5874&0.0006\\0.0002&9.5882&0.0002&0.0000&0.0002&9.5882&0.0002\\0.0001&9.5882&0.0001&0.0000&0.0001&9.5882&0.0001\end{bmatrix}$$

至此，即可根据上述结果绘制出主机械臂位姿的变化曲线，如图 27.28 所示。

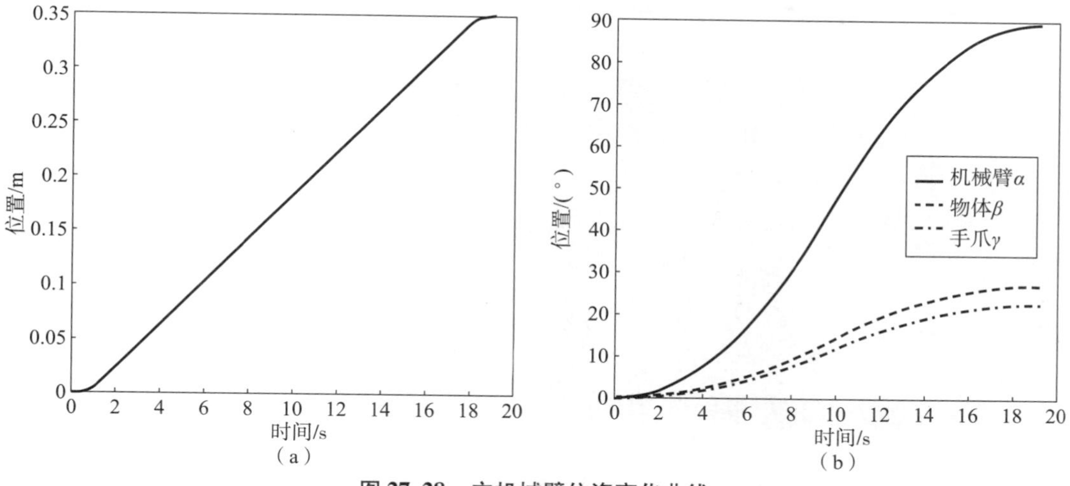

图 27.28　主机械臂位姿变化曲线

（a）位置曲线；（b）机械臂、物体、手爪位置曲线

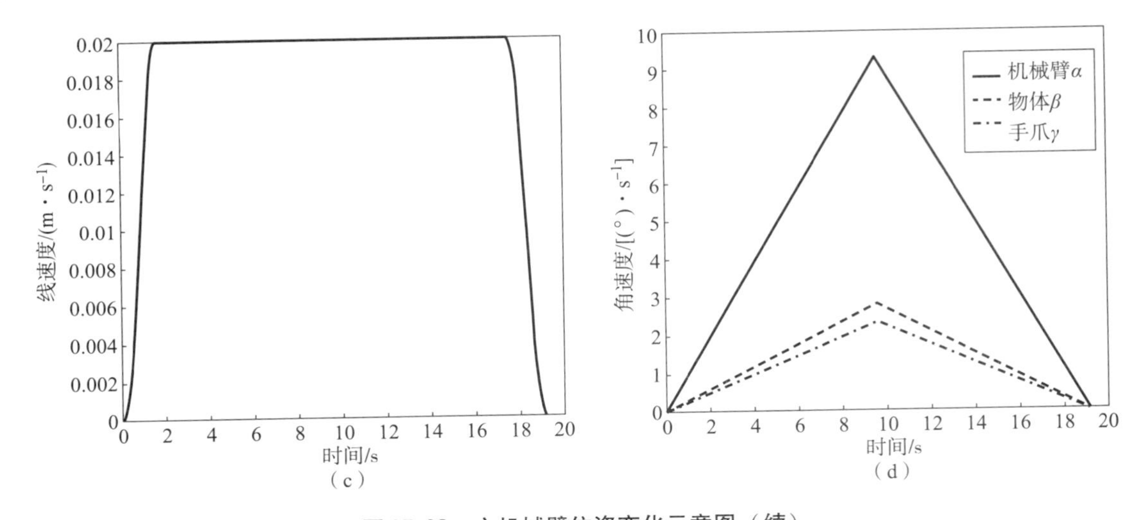

(c)　　　　　　　　　　　　(d)

图 27.28　主机械臂位姿变化示意图（续）

(c) 线速度曲线；(d) 机械臂、物体、手爪角速度曲线

由图 27.28 可以看出，主机械臂的末端线速度和末端姿态角速度是满足带宽约束的。主机械臂在夹持物体入罐过程中的实际运动截图如图 27.29 所示。

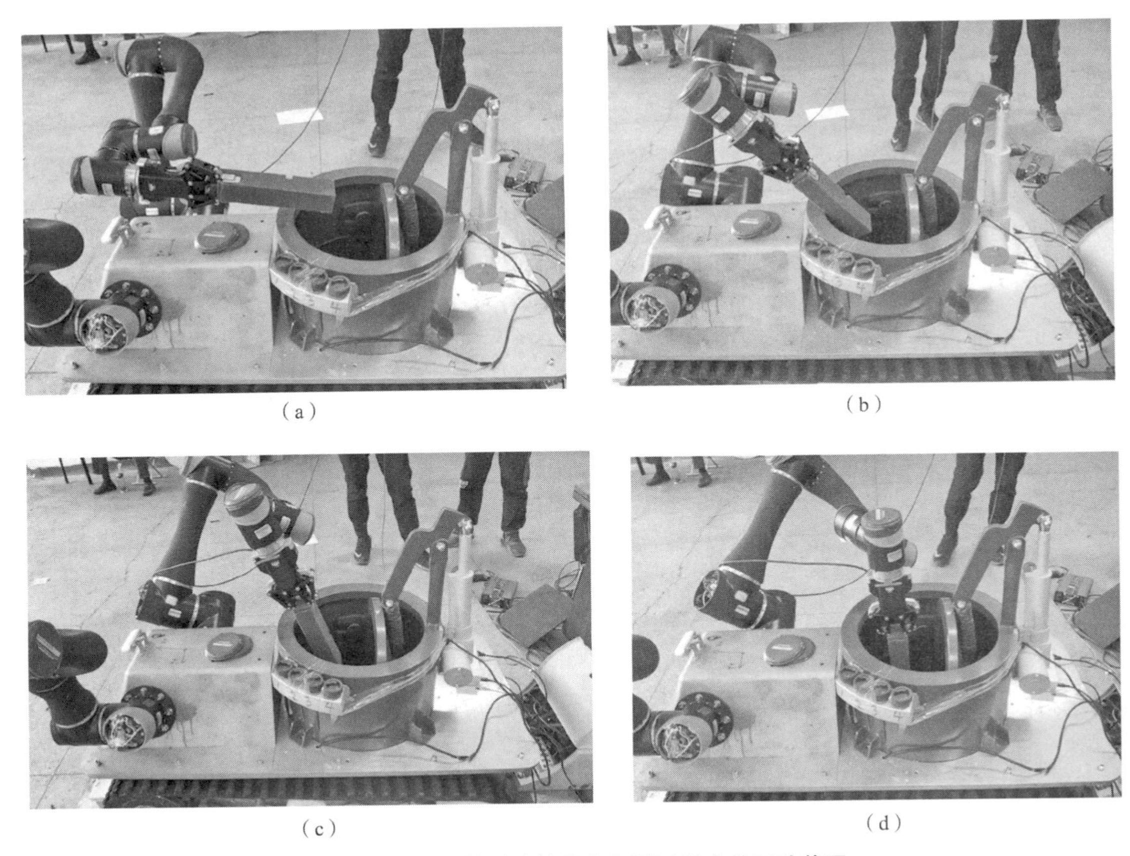

(a)　(b)　(c)　(d)

图 27.29　主机械臂夹持物体入罐过程中的运动截图

(a) 夹爪夹持物体；(b) 夹爪往排爆罐中投放物体；(c) 夹爪持续调整位姿；(d) 物体已整体入罐

从控制器中可以记录主机械臂在关节空间描绘的曲线，如图 27.30（a）所示。通过式（4.134）可以计算主机械臂的规划位置，进而可以得到主机械臂在关节空间的位置、规划速度、加速度和加加速度的运动曲线，分别如图 27.30（a）~图 27.30（d）所示。

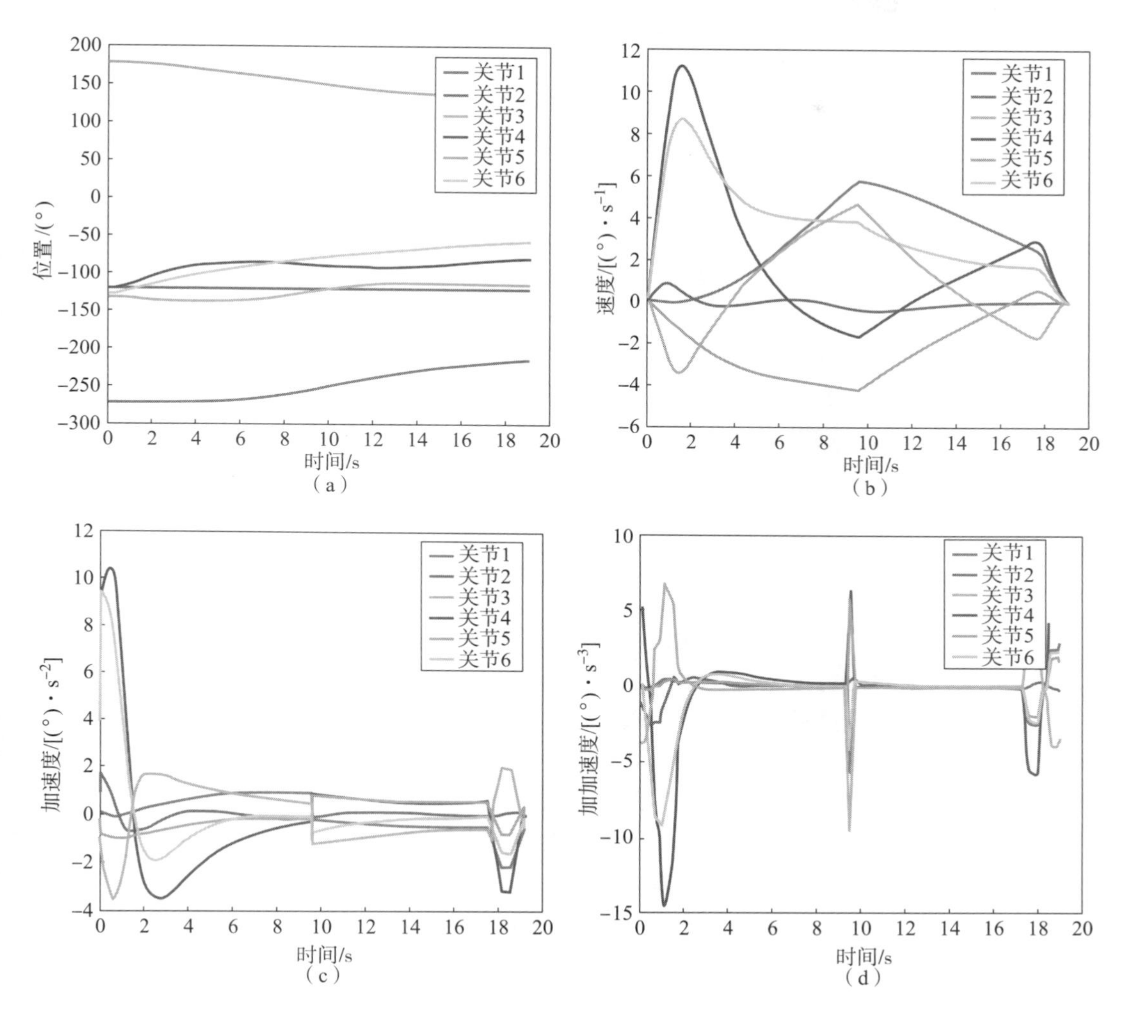

图 27.30　主机械臂在关节空间的运动曲线（附彩插）

（a）位移曲线；（b）规划速度曲线；（c）加速度曲线；（d）加加速度曲线

现在可以回顾一下前述试验及其结果情况，由图 27.28 可以看出，主机械臂完成了姿态角和末端位置的同步，且曲线平滑连续，还保持了对称性。由图 27.29 和图 27.30 可以看出，主机械臂末端完成了直线插补。由图 27.30 可以看出，机械臂在关节空间的位置曲线连续且光滑。由图 27.30（a）可以看到，关节 1 的角度已经超出了 −180°的限制，但曲线依然保持了连续性。这不仅证明本研究提出的逆运动学算法具备了连续性，还可以证明上面提出的象限角到广义角的映射关系是正确且连续的。从图 27.30（b）和图 27.30（c）可以看出，关节空间的规划速度和加速度曲线都保持了连续性，且在起点与终点处都保持了 0 值，这都表明本研究提出的框架和算法能够很好地保证主机械臂的平稳运动。

但在图 27.30（d）中可以看到，加加速度曲线发生了较为巨大的跳变，这是由于末端位姿采用了三阶 S 曲线造成的。文献［154］使用了更加光滑的 15 段 S 曲线来进行空间速度规划，跳变问题就得到了明显地改善。所以，在笛卡儿空间采用更平滑的规划方程可以明显提高关节空间曲线的平滑程度。

采用控制器中记录的关节角度在 MATLAB 中绘制出主机械臂末端的实际运行轨迹，如图 27.31 所示。

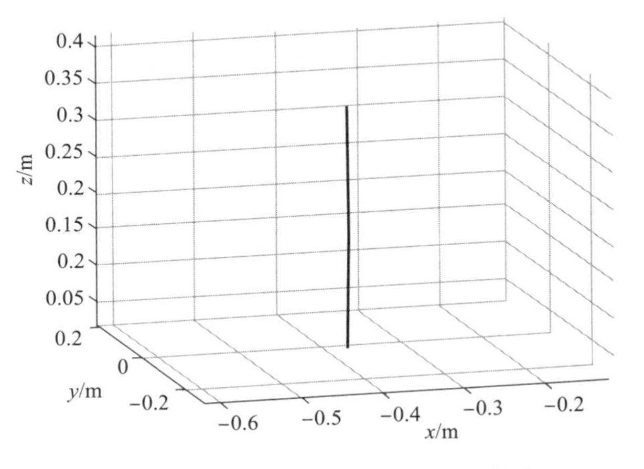

图 27.31　主机械臂末端的实际运行轨迹

由图 27.31 可以看出，主机械臂末端的实际运行轨迹似一条直线，且垂直向下，这表明主机械臂手爪在夹持物体送入防爆罐时动作准确、姿态平稳，效果相当理想。由此可以想象，当智能排爆机器人在排爆处置作业时，凭借这一手“绝活”定能成功完成排爆处置任务。

27.4　动力学参数辨识与验证

试验内容：将动力学参数辨识理论应用在辅机械臂上。

试验方法：采集两组数据，一组用于参数辨识，另一组用于验证试验。

动力学参数的辨识过程需要进行参数重组、优化激励轨迹、采集数据，最后再采用最小二乘法进行参数估计。

根据本书第 25 章第 25.3.3 节中惯性参数重组的内容可知，机械臂的每个关节上有 7 个可以辨识的参数。根据第 25 章第 25.2.3 节中对摩擦力建模内容可知，每个关节上还有 2 个摩擦参数和 1 个惯量参数，所以共计有 60 个待辨识的参数。由式（25.20）可知，$\boldsymbol{f}_{ir}(\dot{\boldsymbol{\theta}})$ 是速度的线性函数，$\boldsymbol{\tau}_J(\ddot{\boldsymbol{\theta}})$ 是关节角速度的线性函数，因此，可以进一步将式（25.17）整理成

$$\boldsymbol{f}_{ir}(\dot{\theta}) = [\operatorname{diag}(\dot{\boldsymbol{\theta}}) \quad \operatorname{diag}(\operatorname{sign}(\dot{\boldsymbol{\theta}})) \quad \operatorname{diag}(\ddot{\boldsymbol{\theta}})]\begin{bmatrix}\boldsymbol{f}_{ir_v}\\ \boldsymbol{f}_{ir_c}\\ \boldsymbol{J}\end{bmatrix} \tag{27.4}$$

将式（25.17）和式（25.39）整理成如下形式：

$$\boldsymbol{\tau} = [\tilde{\boldsymbol{Y}} \quad \operatorname{diag}(\dot{\boldsymbol{\theta}}) \quad \operatorname{diag}(\operatorname{sign}(\dot{\boldsymbol{\theta}})) \quad \operatorname{diag}(\ddot{\boldsymbol{\theta}})]\begin{bmatrix}\boldsymbol{p}^r\\ \boldsymbol{f}_{ir_v}\\ \boldsymbol{f}_{ir_c}\\ \boldsymbol{J}_m\end{bmatrix} \triangleq \hat{\boldsymbol{Y}}(\boldsymbol{\theta},\dot{\boldsymbol{\theta}},\ddot{\boldsymbol{\theta}})\hat{\boldsymbol{p}}^r \tag{27.5}$$

之后，采用算法 25.1 来设计用于辨识参数的激励轨迹。

试验初期项目组采用了 MATLAB 中的有效集算法（Active Set Method，ASM）来进行轨迹优化，但是该算法的收敛性难以令人满意。所以项目组在本书第 25 章第 25.3.3 节中设计

了算法 25.1 来专门解决参数优化的问题。算法 25.1 所需的参数如表 27.9 所示。

表 27.9　算法 25.1 所需参数

参数	数值
级数阶次 N	3
寻优步长 λ	0.001
参数个数	$6\times2\times N$
$\text{epic}_{\max}$	6 000
激励频率 w_f	0.1
执行时间 t	10 s
级数常值 $\boldsymbol{q}_0$	[0°, 90°, 0°, 0°, 0°, 0°]

根据算法 25.1 的优化，算法结束时 $\text{cond}(\tilde{Y}) = 405.719$，因而得到三阶傅里叶级数参数，如表 27.10 所示。

表 27.10　三阶傅里叶级数参数

关节	a_1	a_2	a_3	b_1	b_2	b_3
1	0	0	0	0.548 3	0	-0.548 3
2	-0.000 3	0.001 1	-0.000 6	-0.000 9	0.548 3	-0.547 3
3	-0.000 1	0.000 3	-0.000 2	-0.006 4	-0.541 9	0.548 3
4	-0.037 9	0.079 6	-0.050 7	0	0	0
5	-0.037 9	0.079 6	-0.050 7	0	0	0
6	-0.037 9	0.079 6	-0.050 7	0	0	0

根据表 27.10 的参数可以绘制出关节空间的最优激励轨迹如图 27.32 所示。命令主机械臂执行上述轨迹，从控制器中读取了输出力矩值，如图 27.33 所示，其运动情况则如图 27.34 所示。

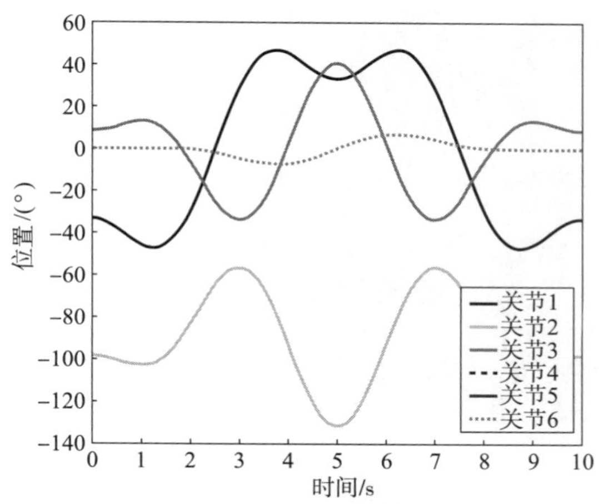

图 27.32　用于辨识参数的最优激励轨迹

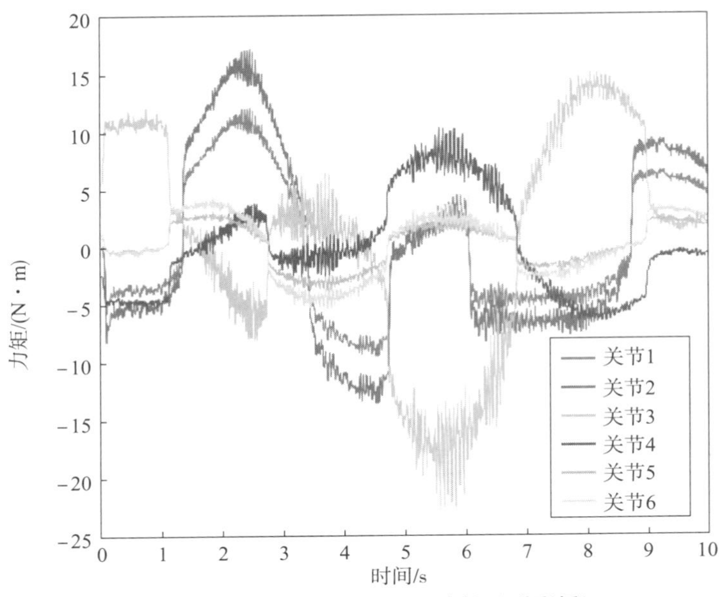

图 27.33　激励轨迹下的力矩读数（附彩插）

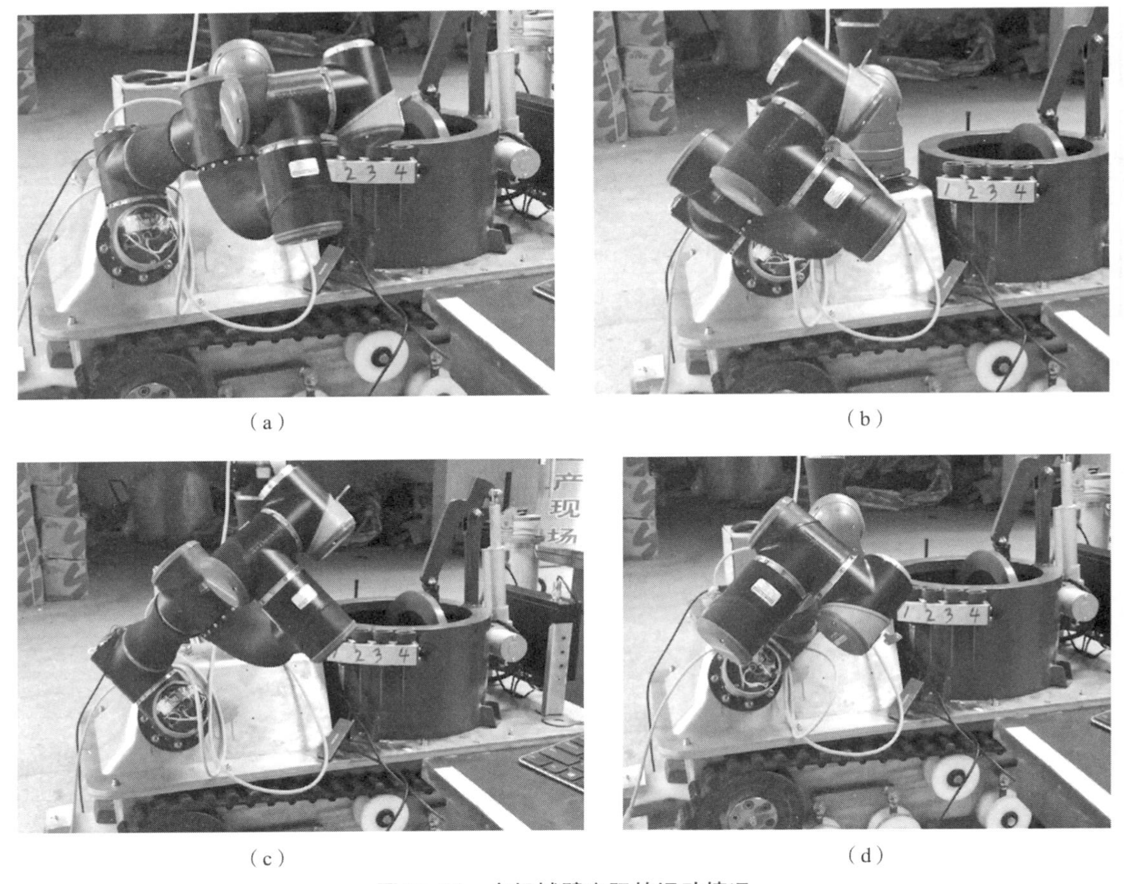

图 27.34　主机械臂实际的运动情况

(a) 主机械臂在轨迹点 1；(b) 主机械臂在轨迹点 2；(c) 主机械臂在轨迹点 3；(d) 主机械臂在轨迹点 4

通过表 27.10 和式（25.46）容易获得激励轨迹的速度和加速度。现在通过控制器中采集的力矩 $\boldsymbol{\tau}$、关节位置 $\boldsymbol{\theta}$、关节速度 $\dot{\boldsymbol{\theta}}$ 和关节加速度 $\ddot{\boldsymbol{\theta}}$ 可以求得 $\hat{\boldsymbol{Y}}(\boldsymbol{\theta},\dot{\boldsymbol{\theta}},\ddot{\boldsymbol{\theta}})$，采用最小二乘法，就可以将 $\hat{p}^r$ 通过如下公式求解：

$$\hat{\boldsymbol{p}}^r = (\hat{\boldsymbol{Y}}^{\mathrm{T}}\hat{\boldsymbol{Y}})^{-1}\hat{\boldsymbol{Y}}^{\mathrm{T}}\boldsymbol{\tau} \tag{27.6}$$

经过求解，得到相关的动力学参数如表 27.11 所示。

表 27.11　相关动力学参数一览表

参数	1	2	3	4	5	6
${}^i\tilde{I}^*_{xx}(\mathrm{kg\cdot m^{-2}})$	0	0.773 467	-0.109 979 8	0.535 43	-0.328 906	-0.941 901
${}^i\tilde{I}_{xy}(\mathrm{kg\cdot m^{-2}})$	0	-0.170 95	-0.153 7	-0.462 42	0.205 21	0.513 7
${}^i\tilde{I}_{xz}(\mathrm{kg\cdot m^{-2}})$	0.154 229 5	0.768 828	0.264 209 3	-0.072 150 4	-0.807 896	-0.194 901
${}^i\tilde{I}_{yz}(\mathrm{kg\cdot m^{-2}})$	0	-1.482 6	-0.147 406 6	-0.127 771 9	-0.190 669	0.309 944
${}^i\tilde{I}_{z}(\mathrm{kg\cdot m^{-2}})$	0	-0.135 1	-0.448 537 0	0.148 875 2	-0.339 056	-0.712 520
$m\,x_i\ (\mathrm{kg\cdot m^{-1}})$	0.296 5	-0.785 5	1.557 4	-0.178 5	-0.362 2	0.242 0
$m\,y_i\ (\mathrm{kg\cdot m^{-1}})$	0	-0.269 9	0.375 8	0.360 0	-0.413 0	0.012 4
$\boldsymbol{f}_{ir_i}\ (\mathrm{N\cdot rad})$	2.185 8	0.249 07	0.688 6	0.480 62	0.116 981	0.846 433
$\boldsymbol{f}_{ir_c}/\mathrm{N}$	2.944 2	-0.611 9	-0.447 8	-0.891 3	0.656 949 3	0.226 533 0
$J/(\mathrm{kg\cdot m^{-2}})$	0.601 245	-0.307 129	0.619 116	-0.351 673 3	-0.922 17	-0.273 929 4

由表 27.11 中的参数以及式（25.20）和式（25.39）可以得到力矩估计值，如图 27.35 所示。

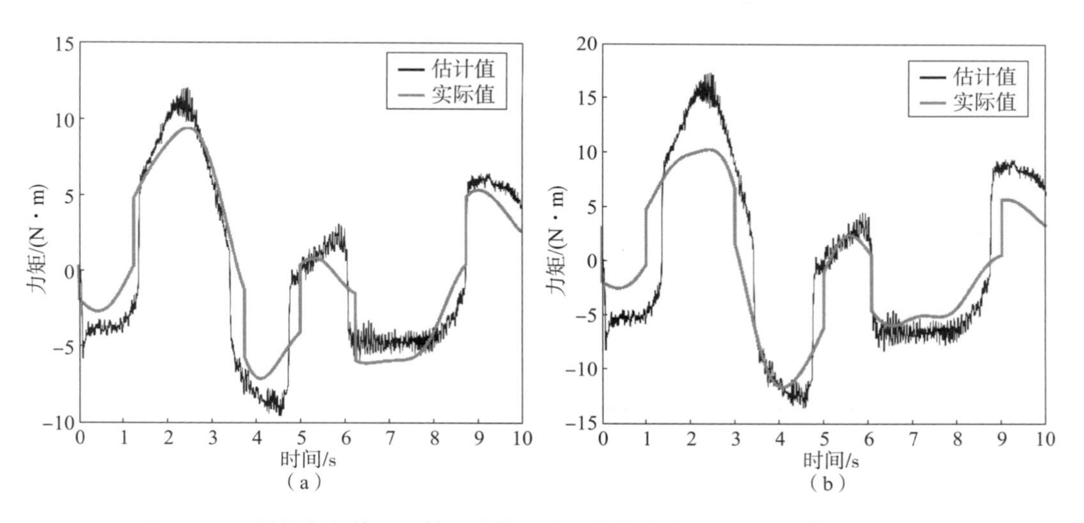

图 27.35　训练集上第一至第六关节上力矩的估计值和实际值（第一组数据）

（a）第一关节力矩的估计值和实际值；（b）第二关节力矩的估计值和实际值

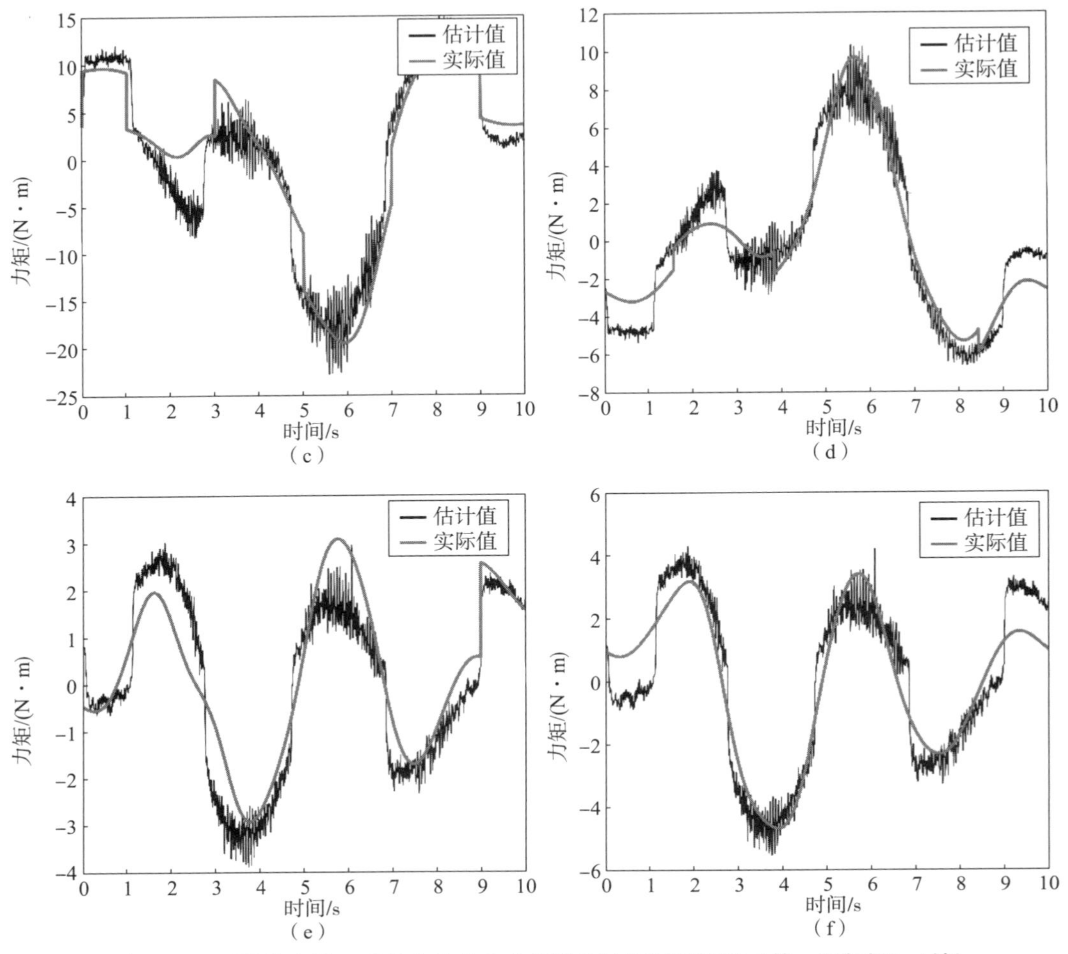

图 27.35 训练集上第一至第六关节上力矩的估计值和实际值（第一组数据）（续）

（c）第三关节的估计力矩值和实际值；（d）第四关节的估计力矩值和实际值；

（e）第五关节的估计力矩值和实际值；（f）第六关节的估计力矩值和实际值

下面，项目组将采用上述动力学参数在辅机械臂上进行运动验证试验。在试验中首先命令辅机械臂在关节空间中运行，从 $\boldsymbol{\theta}_1=[90°, -25°, -90°, -90°, -90°, -90°]$ 运动到 $\boldsymbol{\theta}_2=[-90°, -155°, 90°, 90°, 90°, 90°]$，然后再从 θ_2 运动回 θ_1。从控制器记录的辅机械臂在关节空间的运动曲线如图 27.36 所示。与此同时，控制器记录辅机械臂各个关节的实际力矩，并同估计力矩绘制在图 27.37 上。

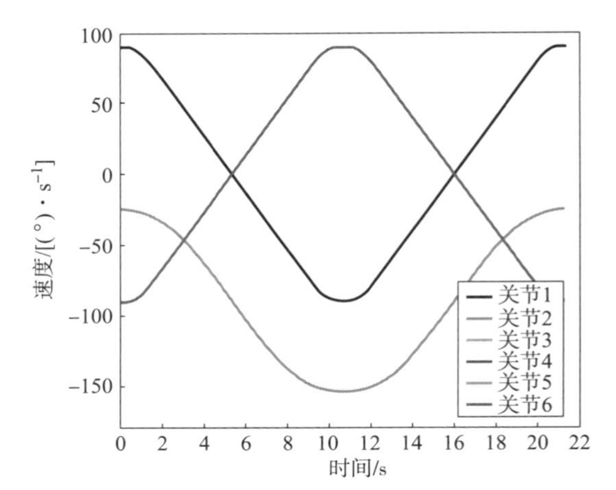

图 27.36 根据测试数据绘出的辅机械臂关节运动曲线

如图 27.37 所展示的力矩估计值的整体趋势与真实值情况相符，这充分说明项目组在本书第 25 章中提出的理论和算法是可行和正确的。

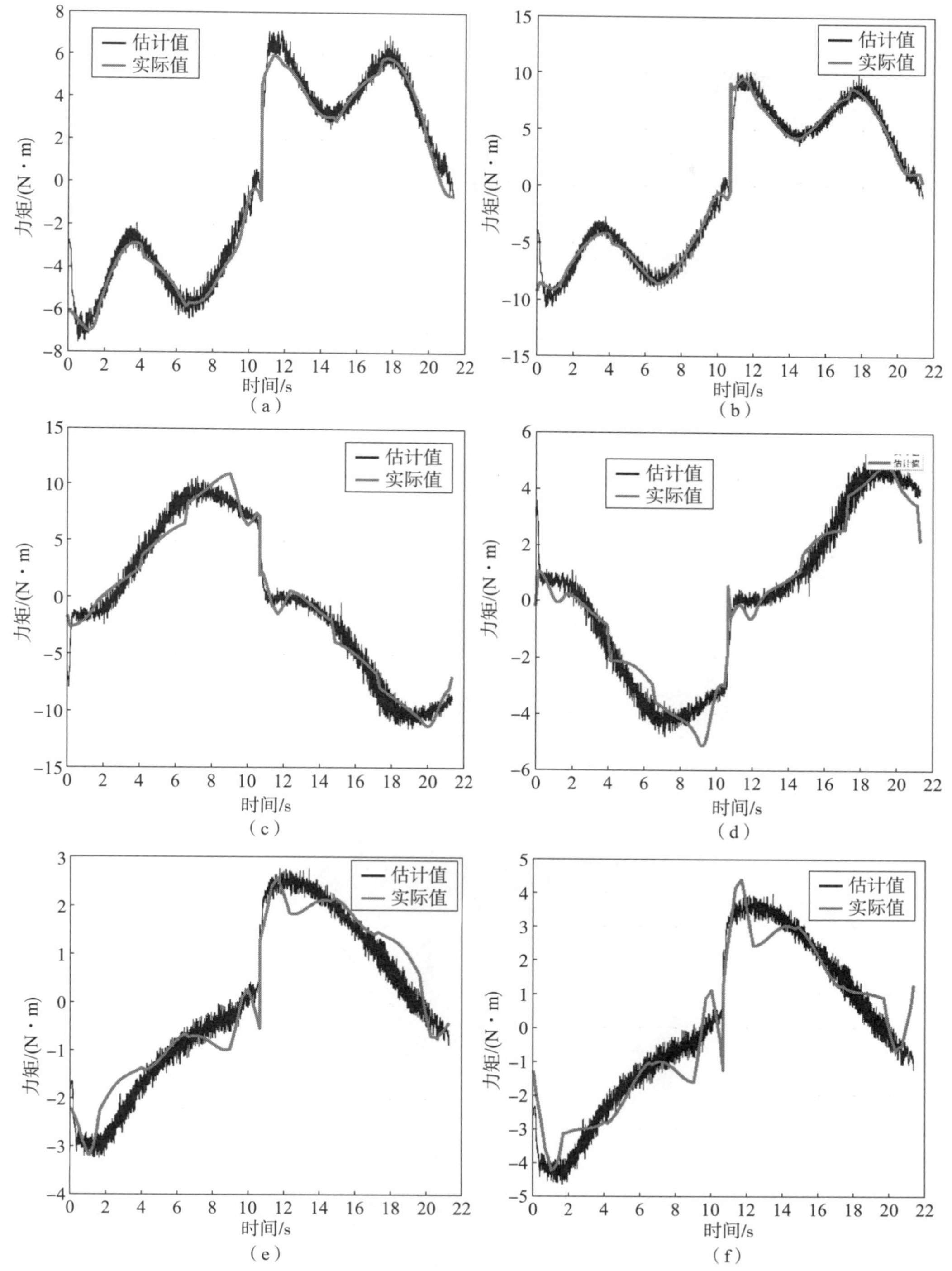

图 27.37　训练集上第一至第六关节上力矩的估计值和实际值（第二组数据）

(a) 第一关节上力矩的估计值和实际值；(b) 第二关节上力矩的估计值和实际值；
(c) 第三关节上力矩的估计值和实际值；(d) 第四关节上力矩的估计值和实际值；
(e) 第五关节上力矩的估计值和实际值；(f) 第六关节上力矩的估计值和实际值

27.5 精度测试试验

试验内容：采用激光追踪仪综合考察智能排爆机器人主辅机械臂的精度。

试验方法：采用误差均方根来衡量智能排爆机器人主辅机械臂定位精度的好坏。

对于串联式多自由度机械臂来说，最为重要的性能指标就是精度。本试验将对智能排爆机器人主辅机械臂的精度进行测试。在机器人技术领域，机械臂精度可以分为重复定位精度（repeatability）和绝对定位精度（accuracy）。重复定位精度是指机械臂重复执行任务的能力；绝对定位精度是指规划值和真实值之间的偏差。

精度测试采用比机械臂精度更高的测量设备作为观测器。项目组在本试验中采用的激光追踪仪型号为 FARO Vantage，激光追踪仪的各项参数如表 27.12 所示，试验场景如图 27.38 所示。

表 27.12　FARO Vantage 的测量参数

参数项目	数值
激光发射	630 ~ 640 nm，0.35 mWmax/cw
水平转角测量范围/(°)	360 无限旋转
垂直转角测量范围/(°)	77.9 ~ 52.1
最大工作范围/m	60
分辨率/μm	0.5
精度（MPE）/μm	16 + 8

图 27.38　FARO Vantage 激光追踪仪和试验场景

经过江苏省常州市计量测试技术研究院的严格检测与仔细计算，最终获得智能排爆机器人主辅机械臂的绝对定位精度和重复定位精度以及国家认证的检测报告，分别如表 27.13、表 27.14 和图 27.39 所示。

表 27.13　智能排爆机器人主机械臂定位精度检测数据

位置及值、均方根	绝对定位精度/mm	重复定位精度/mm
P_5	1.031	0.316
P_4	0.577	0.324
P_3	0.458	0.317
P_2	0.503	0.295
P_1	0.425	0.324
最大值	1.031	0.324
最小值	0.425	0.295
平均值	0.599	0.315
均方根	0.639	0.315

表 27.14　智能排爆机器人辅机械臂定位精度检测数据

位置及值、均方根	绝对定位精度/mm	重复定位精度/mm
P_5	0.169	0.053
P_4	0.149	0.092
P_3	0.127	0.049
P_2	0.117	0.044
P_1	0.052	0.057
最大值	0.169	0.092
最小值	0.052	0.044
平均值	0.123	0.059
均方根	0.129	0.061

由表 27.14 可以看到，辅机械臂的重复定位精度达到了 0.061 mm，这已经达到了工业应用级别水平，在排爆机械臂领域是当前世界范围内的领跑者。上述检测试验的事实充分说明项目组在本研究中设计的系统框架和同步算法，足以保证智能排爆机器人主辅机械臂的精度。至于主机械臂的重复定位精度为 0.315 mm，比辅机械臂的重复定位精度略低。这主要是由于主机械臂各关节间的连杆较长，相比辅机械臂更容易出现弹性形变所致。但主机械臂重复定位精度为 0.315 mm 的水平也已经是傲视群雄了。

常州市计量测试技术研究所

CHANGZHOU INSTITUTE OF MEASUREMENT & TESTING TECHNOLOGY

检 测 报 告

Testing Report

报告编号：20202011266002-001 号

Report No.

委托单位 Customer：三门峡市天康成套设备有限责任公司

计量器具名称 Name of Instrument：智能化排爆机器人

型号/规格 Type /Specification：/

出厂编号 Serial No.：/

制造单位 Manufacturer：/

检测依据 Testing Regulation：GB/T 12642-2013

（证书 / 报告专用章）
Stamp

批 准 人 Authorized by：周骏

核 验 员 Checked by：周骏

检 测 员 Testing by：李峥

检 测 日 期 Date of Tested：2020 年 Year 05 月 Month 17 日 Day

地址：常州市武进区鸣新中路 16 号
Address 16 Mingxin Middle Road,Changzhou,Jiangsu

邮政编码：213164
Post code

电话：4008580800
Tel.

网址：http://www.czjl.net
Website

投诉电话：0519-81002513
Tel.for Complain

传真：0519-81002098
Fax.

防伪码：35c9 0903 a3ee fb65 d132 d03f c53c 1e2d

图 27.39　江苏省常州市计量测试技术研究院出具的检测报告

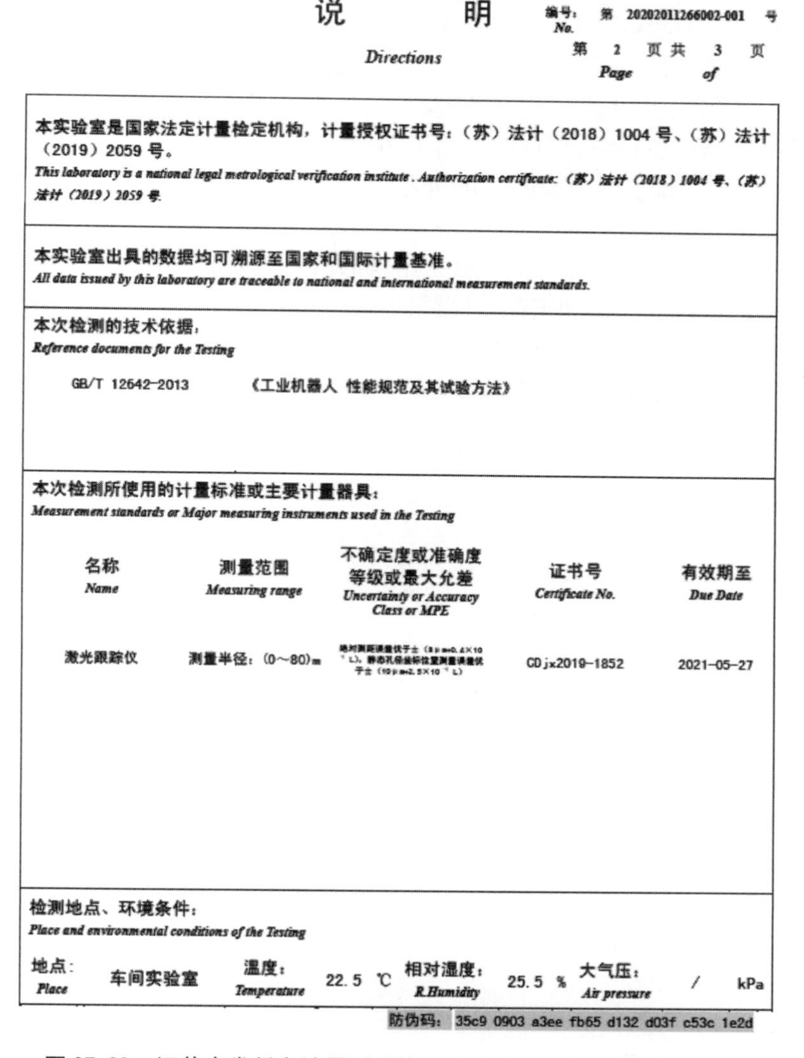

说　　明　　编号：第 20202011266002-001 号 No.

Directions　　第 2 页共 3 页 Page of

本实验室是国家法定计量检定机构，计量授权证书号：（苏）法计（2018）1004 号、（苏）法计（2019）2059 号。
This laboratory is a national legal metrological verification institute. Authorization certificate: （苏）法计（2018）1004 号、（苏）法计（2019）2059 号.

本实验室出具的数据均可溯源至国家和国际计量基准。
All data issued by this laboratory are traceable to national and international measurement standards.

本次检测的技术依据：
Reference documents for the Testing

GB/T 12642-2013　　《工业机器人 性能规范及其试验方法》

本次检测所使用的计量标准或主要计量器具：
Measurement standards or Major measuring instruments used in the Testing

名称 *Name*	测量范围 *Measuring range*	不确定度或准确度等级或最大允差 *Uncertainty or Accuracy Class or MPE*	证书号 *Certificate No.*	有效期至 *Due Date*
激光跟踪仪	测量半径：(0～80)m	绝对测距误差优于±（8μm+0.4×10^{-6}L），静态孔径坐标位置测量误差优于±（10μm+2.5×10^{-6}L）	CDjx2019-1852	2021-05-27

检测地点、环境条件：
Place and environmental conditions of the Testing

地点：*Place*	车间实验室	温度：*Temperature*	22.5 ℃	相对湿度：*R.Humidity*	25.5 %	大气压：*Air pressure*	/ kPa

防伪码：35c9 0903 a3ee fb65 d132 d03f c53c 1e2d

图 27.39　江苏省常州市计量测试技术研究院出具的检测报告（续）

27.6　本章小结

为了更好地检验项目组在本文各章节中所提理论与方法的实用性和有效性，也为了积累更多的研发经验与研制经历，本章在项目组研制的智能排爆机器人物理样机上，基于实用目的综合考察了项目组提出的相关理论和算法。

（1）针对项目组提出的通用封闭逆解算法的实时性要求，进行了试验验证，仔细分析了试验数据，从中得出了归纳性结论。

（2）基于考察智能排爆机器人换装工具性能表现的目的，检验了多轴点到点同步算法的实时性和连续性，证实智能排爆机器人工具子系统具有良好的换装工具性能，能可靠保障机械臂遂行排爆处置作业。

（3）基于考察智能排爆机器人串联式六自由度主辅机械臂避障运动性能的目的，通过试验检验了多轴多点同步算法的最优性和连续性，给出了详细的对比试验结果和分析结论，充分说明主辅机械臂的避障功能十分稳妥。

（4）基于考察智能排爆机器人“一键入罐”功能，通过试验检验了机械臂在笛卡儿空间位姿同步框架中的连续性和最优性，给出了明确的结论。

（5）项目组特地安排了检验智能排爆机器人动力学参数辨识水平的试验，检测结果表明项目组提出的动力学参数辨识理论与方法具有很好的实用效果。

（6）项目组聘请专业检测团队，采用专业级的激光追踪仪检验了串联式六自由度主辅机械臂的定位精度，检测结果表明智能排爆机器人主辅机械臂的重复定位精度达到了工业应用级别水平，是当前世界范围排爆机械臂领域的领跑者，最终证实项目组研发的智能排爆机器人已在多项性能指标赶超国际先进水平。

结　　语

寒暑易替，日月穿梭，经过近三年的联手奋战和刻苦攻关，北京理工大学特种机器人技术创新中心专项研发团队与三门峡市天康成套设备有限责任公司、新疆公安厅特警总队排爆实验中心合作，组成联合攻关项目组，在智能排爆机器人关键技术与实体装备的研发方面取得突破性、阶跃型、实质性进展，开发出了一款国内领先、世界一流的新概念、新机制的智能排爆机器人。该机器人是一款能够自动、自主遂行反恐排爆作业的特种高新科技装备，它的问世使我国排爆机器人的操控精度跃上新台阶，处置能力实现新突破，实用水平得到新发展。伴随着这款机器人的诞生，项目组在诸多基础理论和应用方法上闯出了新路子、摸出了新门道。

针对当前国际机械臂控制体系存在的普遍不足与先天缺陷，项目组从系统架构、系统机制和运动控制机理 3 个方面进行系统研究和深入探索，提出了一种开放、通用的控制体系结构，有效提升了机械臂系统的开放性、通用性和实时性。项目组还对高性能的机械臂运动学算法进行了研究，针对主辅双机械臂系统完成了运动学建模，继而针对业界现有运动学算法在开放性、通用性和实时性上的不足展开了改进探索。在正运动学问题上，项目组基于特殊欧几里得群的性质，彻底改进了底层的数据结构和基础算法，大幅提升矩阵乘和矩阵逆的运算效率。在逆运动学问题上，提出了一套更加严谨的串联式机械臂封闭逆解的存在条件，并在此基础上提出一种通用的封闭逆解算法。该算法无论是在仿真试验中，还是在智能排爆机器人物理样机的验证试验中，都表现出了良好的通用性和完备性，同时还可以满足智能排爆机器人在排爆处置现场遂行排爆作业时的高实时、高精度的需求。

由于智能排爆机器人在排爆作业时需要机械臂各关节实现多轴同步，项目组还对多轴同步相关问题进行了系统研究，提出了一套时间最优的多轴同步理论。该理论首先基于极小值原理建立了时间最优的运动模型，使相应的位置曲线具备了三阶连续性、时间最优性、全局解析性和能耗最低性；运用大量数学定理与推导，获得了多轴同步问题的封闭解，极大地提高了求解效率。随后，项目组又将相关的研究成果应用在了智能排爆机器人的关节空间规划和笛卡儿空间的位姿同步上。在仿真试验和智能排爆机器人物理样机的验证试验中，该理论不仅可以快速、精确地完成同步规划，同时还可以保证机械臂运行平稳、加减速流畅，重复定位精度高达 0.061 mm，取得了令国人振奋、令世人瞩目的成就。

项目组还利用智能排爆机器人开展了机械臂动力学参数辨识的研究工作，不但完成了串联式机械臂连杆和关节的动力学建模，还完成了相关参数的线性化和重组。此后，项目组又基于坐标轮换法设计了一套激励轨迹的优化方法。智能排爆机器人物理样机的相关验证试验结果表明，项目组提出的优化方法能使得轨迹参数快速收敛，最终的辨识结果也十分准确。所有上述研究成果对智能排爆机器人拥有优异性能与先进水平均受益匪浅。

“宝剑锋从磨砺出，梅花香自苦寒来”。不平凡的经历源自不平常的努力，不平凡的成果源自不平淡的创新。正是由于项目组在近 1 000 个日夜的冥思苦想和不懈奋斗，才能将一个个困难踩在脚下，迎来花好月圆的局面。

项目组将这本浸透了作者无数心血的专著奉献给尊敬的读者，既期待广大读者能从中得到些许启发，更期待广大读者能不吝赐教，给项目组提出宝贵意见，使项目组能够百尺竿头更进一步。

参 考 文 献

[1] 冯世娟．合作与竞争：冷战后欧洲安全视角下的美欧关系［D］．济南：山东大学，2006.

[2] 张晓驰．犯罪预备行为的实行化研究［D］．长春：吉林大学．2016.

[3] 马飞．论我国城市反恐机制的完善——以东南沿海地区大中城市为例［D］．武汉：华中师范大学，2016.

[4] 李琳．反恐排爆机器人系统设计与研究［D］．太原：太原理工大学．2018.

[5] 邓伟．履带式排爆机器人的路径规划和轨迹跟踪研究［D］．济南：山东大学，2018.

[6] 亓国栋．应急事件中机器人定位导航技术研究［D］．上海：上海交通大学，2018.

[7] 武凯宾．非结构环境下基于三维相机的移动机器人障碍物检测研究［D］．长沙：湖南大学，2019.

[8] 王凯．反恐防暴机器人结构设计与越障分析研究［D］．青岛：山东科技大学，2017.

[9] 杨雷．排爆机器人五自由度机械臂控制系统设计与研究［D］．天津：河北工业大学，2016.

[10] 佚名．北京中泰恒通新品：双臂排爆机器人［EB/OL］．https：//news. tezhongzhuangbei. com/qydt_date_140722. html. 2019.

[11] 邵永贵．履带式城市排爆机器人运动底盘越障性能研究［D］．徐州：中国矿业大学（江苏），2019.

[12] 杨陶．马鞍型焊缝焊接机器人机构设计与仿真［D］．南昌：南昌大学，2016.

[13] Luqiao Fan，Xifan Yao，Hengnian Qi，Liangzhong Jiang，Wei Wang. An automatic control system for eod robot based on binocular vision position［C］. IEEE International Conference on Robotics & Biomimetics，2008.

[14] Jianxing Yang，Xiaohong Chen，Pei Jiang，Fuqiang Liu，Fan. Zheng，Yuanxi. Sun. Solving the Time-Varying Inverse Kinematics Problem for the Da Vinci Surgical Robot［J］. Applied Sciences，2019，9.

[15] 张辉．非完整性移动机器人体系结构设计与轨迹跟踪控制研究［D］．长沙：湖南大学，2007.

[16] 梁华为．基于无线传感器网络的移动机器人导航方法与系统研究［D］．合肥：中国科学技术大学，2007.

[17] 夏益民．基于传感器信息融合的移动机器人定位与地图创建研究［D］．广州：广东工

业大学，2011.
[18] 徐宽．融合 IMU 信息的双目视觉 SLAM 研究［D］．哈尔滨：哈尔滨工业大学，2018.
[19] 施振宇．基于视觉和 IMU 融合的定位算法研究［D］．南昌：南昌大学．2019.
[20] 李建禹．基于单目视觉与 IMU 结合的 SLAM 技术研究［D］．哈尔滨：哈尔滨工业大学，2018.
[21] 姜珊．基于 RGB－D SLAM 的视觉定位与路径规划方法研究［D］．哈尔滨：哈尔滨工业大学．2017.
[22] 竺海光．基于深度相机的三维 SLAM 算法研究［D］．杭州：浙江工业大学，2018.
[23] 王陈东．低空无人机视频实时处理关键技术研究［D］．武汉：武汉大学，2018.
[24] 朱明君．基于视觉 SLAM 的小行星登陆器定位算法研究［D］．北京：北京工业大学，2019.
[25] 王肖．基于深度相机的室内移动机器人 SLAM 技术研究［D］．大连：大连理工大学，2020.
[26] 余士超．基于 RGB－D 相机的视觉 SLAM 技术研究［D］．南京：南京航空航天大学，2019.
[27] 谷秀青．基于 RGBD-SLAM 的三维物体重建［D］．杭州：浙江大学，2018.
[28] 蒋大为．基于 AR 真实场景的三维模型替换技术研究与实现［D］．沈阳：沈阳理工大学，2019.
[29] 郑仁杰．基于特征和直接法结合的鲁棒视觉 SLAM 方法［D］．杭州：浙江大学，2019.
[30] 周彦，李雅芳，王冬丽，等．视觉同时定位与地图创建综述［J］．现代科技译丛，2018（12）.
[31] 佚名．SLAM 的开源以及在移动端 AR 的适用分析［EB/OL］．https：//blog. csdn. net/Darlingqiang/article/details/78840931. 2017.
[32] 王雷．基于单目视觉与惯导融合的 SLAM 技术研究［DB/OL］．http：//www. doc88. com/p-3367326631439. html. 2019.
[33] 黄源．Visual-Inertial SLAM 算法设计［D］．武汉：华中科技大学，2017.
[34] 何康．服务机器人即时定位与地图构建技术研究［D］．镇江：江苏科技大学．2018.
[35] 张良桥．基于单目相机的视觉 SLAM 算法研究与实现［D］．徐州：中国矿业大学（江苏），2019.
[36] 陈世明，郑丽楠，吴龙龙，等．面向三维空间的移动机器人快速自适应 SLAM 算法［J］．信息与控制，2012（4）：21－26.
[37] 周晓玉．基于图优化的移动机器人 RGB－D 点云地图构建［D］．秦皇岛：燕山大学，2018.
[38] 翁潇文，李迪，柳俊城．基于图优化的二维激光 SLAM 研究［J］．自动化与仪表，2019，34（4）：37－41.
[39] 林志诚，郑松．移动机器人视觉 SLAM 过程中图像匹配及相机位姿求解的研究［J］．机械设计与制造工程，2017（11）：13－18.
[40] 苏泫．基于 IMU 预积分的视觉惯性里程计系统［D］．广州：华南理工大学，2018.
[41] 李建禹．基于单目视觉与 IMU 结合的 SLAM 技术研究［D］．哈尔滨：哈尔滨工业大

学，2018.
[42] 张鹏贤，卢忠建，曹成虎，等．基于双目立体视觉埋弧焊焊缝成形的表征［J］．焊接学报，2012，33（2）：93－96.
[43] 赵晓．基于视觉 SLAM 的 AGV 自主定位与导航系统研究［D］．杭州：浙江工业大学，2018.
[44] 丁理想．基于特征匹配的双鱼眼图像全景拼接方法研究［D］．合肥：合肥工业大学，2017.
[45] 王剑楠．基于 RGB-D 图像的 SLAM 问题关键技术研究［D］．南京：南京航空航天大学，2017.
[46] 高翔、张涛．视觉 SLAM 十四讲［M］．北京：电子工业出版社，2017.
[47] 龚平，刘相滨，周鹏．一种改进的 Harris 角点检测算法［J］．计算机工程与应用，2010（11）：173－175.
[48] 李启东．基于单目视觉的机器人动态障碍物检测与壁障方法研究［D］．长春：吉林大学，2016.
[49] 朱平哲．基于 DCT 与 PSO 的可见光与红外图像融合方法［J］．新疆大学学报（自然科学版），2018，35（4）：78－84.
[50] 李敏．眼底图像血管三维重建方法研究［D］．天津：天津工业大学，2016.
[51] 詹益安．面向非结构化环境的自主移动机器人 SLAM 研究［D］．杭州：浙江工业大学，2018.
[52] 刘振彬．融合单目相机与 IMU 的 SLAM 研究［D］．北京：北京建筑大学，2019.
[53] 莫冲．基于立体视觉与惯导融合的林木定位研究［D］．哈尔滨：东北林业大学，2019.
[54] 华金兴．基于 ROS 的机器人视觉导航系统设计与实现［D］．哈尔滨：哈尔滨工业大学，2019.
[55] 包川．多传感器融合的移动机器人三维地图构建［D］．绵阳：西南科技大学，2019.
[56] 朱东晟．基于 ROS 室内服务机器人控制系统的设计与实现［D］．南京：南京邮电大学，2019.
[57] 晏刚，王力，周俊，等．基于改进型遗传算法的 AUV 路径规划［J］．重庆理工大学学报（自然科学版），2010（5）：81－85.
[58] 曾碧，杨宜民．动态环境下基于蚁群算法的实时路径规划方法［J］．计算机应用研究，2010（3）：860－863.
[59] 孟庆浩，彭商贤．基于 Q－M 图启发式搜索的移动机器人全局路径规划［J］．机器人，1998，20（4）：273－279.
[60] 王辉，朱龙彪，王景良，等．基于 Dijkstra-蚁群算法的泊车系统路径规划研究［J］．工程设计学报，2016，23（5）：489－496.
[61] N. J. 尼尔逊．人工智能原理［M］．北京：科学出版社，1983.
[62] 张建英，赵志萍，刘暾，等．基于人工势场法的机器人路径规划［J］．哈尔滨工业大学学报，2006，38（8）：1306－1309.
[63] 国海涛，朱庆保，徐守江．基于栅格法的机器人路径规划快速搜索随机树算法［J］．

南京师范大学学报（工程技术版），2007（02）：58 -61.

[64] 曹凯，高佳佳，高嵩，等．移动机器人在复杂环境中的在线路径规划［J］. 自动化与仪表，2018，33（9）：32 -36 +67.

[65] 唐文武，施晓东，朱大奎．GIS 中使用改进的 Dijkstra 算法实现最短路径的计算［J］. 中国图象图形学报，2000，5（12）：1019 -1023.

[66] 梁文勇，严碧武，王海涛，等．自动航迹规划在无人机电力巡检中的应用［J］. 电工技术，2019，496（10）：149 -151 +154.

[67] 邱磊，刘辉玲，雷建龙．跳点搜索算法的原理解释及性能分析［J］. 新疆大学学报（自然科学版），2016（33）：80 -87.

[68] Koenig S，Likhachev M，Furcy D. Lifelong Planning A［J］. Artificial intelligence，2004，155（1 -2）：93 -146.

[69] 汤天骄．基于 DSTAR 和神经网络的未知环境移动机器人路径规划方法［D］. 哈尔滨：哈尔滨工业大学，2010.

[70] V Vonásek，Faigl J，T Krajník，et al. RRT-path-A Guided Rapidly Exploring Random Tree［M］. New York：New York University Press，2009.

[71] Kavraki L E，Kolountzakis M N，Latombe J C. Analysis of Probabilistic Roadmaps for Path Planning［J］. Proc. ieee Int. conf. on Robotics & Automation，1996，14（1）：166 -171.

[72] 张祺，杨宜民．基于改进人工势场法的足球机器人避碰控制［J］. 机器人，2002，24（1）：12 -15.

[73] I Martinovi. Path planning of Mobile Robots Using Lattice Planner［J］. Robots，2014（8）：65 -72.

[74] Sato T，Stange D E，Ferrante M，et al. Long-term Expansion of Epithelial Organoids From Human Colon，Adenoma，Adenocarcinoma，and Barrett's Epithelium［J］. Gastroenterology，2011，141（5）：1762 -1772.

[75] 黄琦．履带式无人车辆的路径规划方法研究［D］. 武汉：武汉大学，2018.

[76] 汪建文．一体化校表机器人末端执行系统的研究及其实现［D］. 重庆：重庆大学，2015.

[77] 佚名．电动机 PID 调节［EB/OL］. https：//blog. csdn. net/youshijian99/article/details/80487318. 2018.

[78] 黄晶晶．走廊内移动机器人的运动控制与组合导航技术研究［D］. 南京：南京理工大学，2018.

[79] 孟祥荔．基于 GPS 定位的移动机器人导航系统的研究［D］. 天津：天津理工大学，2007.

[80] 宋文尧，张牙．卡尔曼滤波［M］. 北京：科学出版社，1991.

[81] 潘丽娜．基于扩展卡尔曼滤波的多传感器目标跟踪［J］. 舰船电子工程，2010（12）：71 -72.

[82] 黄梅根，常新峰．一种基于蒙特卡罗法的无线传感器网络移动节点定位算法研究［J］. 传感技术学报，2010，23（4）：562 -566.

[83] 方正，佟国峰，徐心和．基于粒子群优化的粒子滤波定位方法［J］. 控制理论与应用，

2008，25（3）：533－537.

［84］佚名．基于粒子滤波的定位算法——原理、理解与仿真［EB/OL］. https：//blog.csdn. net/xuzhexing/article/details/90729390. 2019.

［85］李想．基于 SLAM 的室内移动机器人导航技术研究［D］．哈尔滨：哈尔滨工业大学，2018.

［86］操风萍，樊啟要．基于自适应蒙特卡罗算法的实时定位研究［J］．计算机工程，2018（9）：28－32.

［87］陈学文，丑武胜，刘静华，等．基于包围盒的碰撞检测算法研究［J］．计算机工程与应用，2005，41（5）：46－50.

［88］郭启全．计算机图形学教程［M］．北京：机械工业出版社，2003.

［89］王志芳．碰撞检测技术的研究及应用［D］．太原：太原科技大学，2012.

［90］陈志．连续体手术机器人感知与路径规划技术分析［J］．电子测试，2019（21）：134－135.

［91］刘敬坤．室内移动机器人的动态路径规划［D］．郑州：郑州大学，2014.

［92］杨涛．基于 Kinect 辅助的服务机器人抓取路径规划研究［D］．杭州：浙江大学，2017.

［93］郭新兴．基于强化学习的路径规划研究［D］．西安：西安电子科技大学，2019.

［94］隋岩．智能移动机器人路径规划方法研究［D］．哈尔滨：哈尔滨工程大学，2009.

［95］汤青慧．基于电子海图的航线规划方法研究［D］．青岛：中国海洋大学，2011.

［96］谢勇平．铁路快捷货物运输节点布局与方案研究［D］．北京：北京交通大学，2019.

［97］张怀．建筑设备巡检机器人路径系统的研究与应用［J］．安装，2019（10）：32－34.

［98］段汝东，侯至群，朱大明．基于 Java 的 Dijkstra 最短路径算法实现［J］．价值工程，2016（21）：208－210.

［99］杨兴，张亚．应用于机器人路径规划的 A-star 算法研究［J］．中国科技博览，2016（20）：218－218.

［100］徐开放．基于 D * Lite 算法的移动机器人路径规划研究［D］．哈尔滨：哈尔滨工业大学．2016.

［101］周兰凤，杨丽娜，方华．基于蚁群算法的滑移预测路径规划研究［J］．华东师范大学学报（自然科学版），2020（12）.

［102］万晓凤，胡伟，方武义，等．基于改进蚁群算法的机器人路径规划研究［J］．计算机工程与应用，2014，50（18）：63－66.

［103］Fox D，Burgard W，Thrun S. The Dynamic Window Approach to Collision Avoidance［J］. IEEE Robotics & Automation Magazine，2002，4（1）：23－33.

［104］Choi B，Kim B，Kim E，et al. A modified dynamic window approach in crowded indoor environment for intelligent transport robot［C］//Control，Automation and Systems（ICCAS），2012 12th International Conference on. IEEE，2012.

［105］Aguero C E，Koenig N，Chen I，et al. Inside the Virtual Robotics Challenge：Simulating Real-Time Robotic Disaster Response［J］. IEEE Transactions on Automation Science & Engineering，2015，12（2）：494－506.

[106] 刘哲铭. 基于激光雷达回环检测的行星车同时定位与构图算法研究 [D]. 哈尔滨: 哈尔滨工业大学, 2019.
[107] 张永妮. 智能机器人避障路径规划算法研究 [J]. 中小企业管理与科技, 2018 (4): 202-203.
[108] 高波, 施家栋, 王建中, 等. 基于SLAM的移动机器人自主返航控制系统设计 [J]. 2017 (6): 123-126.
[109] 张培志, 余卓平, 熊璐. 非结构化道路环境下的无人车运动规划算法研究 [J]. 上海汽车, 2016 (12): 12-18.
[110] 郑凯林, 韩宝玲, 王新达. 基于改进TEB算法的阿克曼机器人运动规划系统 [J]. 科学技术与工程, 2020, 20 (10): 204-210.
[111] 包丽. 面向移动机器人的混合路径规划实现 [D]. 南京: 东南大学, 2019.
[112] C Rösmann, Hoffmann F, Bertram T. Timed-Elastic-Bands for time-optimal point-to-point nonlinear model predictive control [C]//Control Conference. IEEE, 2015.
[113] 栾春雨. 移动式家居服务机器人的自主导航研究及实现 [D]. 哈尔滨: 哈尔滨工业大学, 2019.
[114] 刘承立. 重载搬运机器人控制系统设计及关键技术研究 [D]. 上海: 上海交通大学, 2015.
[115] 李疆. 多轴机器人运动控制系统的研究与开发 [D]. 南京: 南京航空航天大学, 2014.
[116] Denavit J, Hartenberg R S. A Kinematic Notation for Lower-Pair Mechanisms [J]. Trans. of the Asme. journal of Applied Mechanics, 1955.
[117] 朱小蓉. 一类平面两自由度并联机构的性能分析与优选研究 [D]. 镇江: 江苏大学, 2012.
[118] 王琨. 提高串联机械臂运动精度的关键技术研究 [D]. 合肥: 中国科学技术大学, 2013.
[119] 南小海. 6R型工业机器人标定算法与实验研究 [D]. 武汉: 华中科技大学, 2008.
[120] 张文静. 基于位移传感器的工业机器人运动学标定技术研究 [D]. 南京: 南京航空航天大学, 2019.
[121] 王宪伦, 安立雄, 张海洲. 基于运动学参数标定方法的机械臂误差分析与仿真研究 [J]. 机电工程, 2019, 36 (02): 109-116.
[122] 吴丹丹. 数控机床定位误差快速标定装置 [D]. 武汉: 华中科技大学, 2007.
[123] 伍小凯. 轻型柔性机械臂的误差分析与辨识 [D]. 大连: 大连理工大学, 2013.
[124] 齐俊德, 张定华, 李山, 等. 工业机器人绝对定位误差的建模与补偿 [J]. 广州: 华南理工大学学报 (自然科学版), 2016 (11): 122-129.
[125] 孟育博. 压电喷油器压电执行器特性分析与优化设计研究 [D]. 济南: 山东大学, 2018.
[126] 何晓煦. 基于空间相关性的工业机器人运动学标定 [D]. 南京: 南京航空航天大学, 2017.
[127] 程国秀. 基于六自由度机械臂的避障路径规划研究 [D]. 沈阳: 东北大学, 2012.

[128] 王树军. 三维游戏引擎中物理引擎关键技术的研究 [D]. 天津: 天津大学, 2007.
[129] 刘超, 蒋夏军, 施慧彬. 一种快速的双重层次包围盒碰撞检测算法 [J]. 计算机与现代化, 2018 (5): 6-10.
[130] 杨巧艳. 基于 OBB 碰撞检测算法的研究 [D]. 天津: 河北工业大学, 2007.
[131] 靳雁霞, 任超, 李照, 等. 融合智能算法的变形体碰撞检测算法研究 [J]. 计算机工程与应用, 2017 (19): 35-39.
[132] 王新达, 韩宝玲, 陈禹含, 等. 一种多关节机械臂运动过程中的碰撞检测方法 [J]. 科学技术与工程, 2019, 19; (14): 223-228.
[133] 陈友东, 晏亮, 谷平平. 双机器人系统的碰撞检测算法 [J]. 北京航空航天大学学报, 2013, 39 (12): 1644-1648.
[134] 吴长征, 岳义, 韦宝琛, 等. 双臂机器人自碰撞检测及其运动规划 [J]. 上海交通大学学报, 2018, 52 (1): 45-53.
[135] 徐亚之. 冗余机械臂运动避障与路径规划 [D]. 沈阳: 东北大学, 2015.
[136] LaValle S M. Rapidly-exploring random trees: A new tool for path planning [J]. Computer Science Dept. Oct., 1998, 98 (11): 58-68.
[137] 尹斌. 冗余机械臂运动学及避障路径规划研究 [D]. 哈尔滨工业大学, 2014.
[138] Kuffner J J, LaValle S M. RRT-connect: An efficient approach to single-query path planning [C]. In Proceedings 2000 ICRA. Millennium Conference. IEEE International Conference on Robotics and Automation. Symposia Proceedings (Cat. No. 00CH37065), 2000: 995-1001.
[139] LaValle S M. Motion Planning [J]. Robotics and Automation Magazine IEEE, 2011, 18 (2): 108-118.
[140] 张博. 空间机器人自主接管非合作目标的轨迹规划与控制研究 [D]. 哈尔滨: 哈尔滨工业大学, 2017.
[141] 孙振瑶. 大工作空间并联机构构型设计与分析 [D]. 北京: 北京交通大学, 2015.
[142] 李建行. 六自由度模块化机械臂的结构设计与控制算法开发 [D]. 泰安: 山东农业大学, 2018.
[143] 齐凯. 空间六自由度位姿调整平台运动性能研究 [D]. 重庆: 重庆大学, 2016.
[144] 周利坤. 油罐底泥清理系统关键技术研究 [D]. 西安: 西安理工大学, 2016.
[145] 盛蕊. 机器人模块化双臂运动学与协作空间研究 [D]. 淮南: 安徽理工大学, 2019.
[146] 黄贤振. 基于蒙特卡罗法六自由度机械臂工作空间研究 [J]. 装备制造技术, 2016 (10): 43-45.
[147] 徐振邦, 赵智远, 贺帅, 等. 机器人工作空间求解的蒙特卡罗法改进和体积求取 [J]. 光学精密工程, 2018, 26 (11): 94-104.
[148] 印峰, 王耀南, 余洪山. 基于蒙特卡罗法的除冰机器人作业空间边界提取 [J]. 控制理论与应用, 2010, 27 (7): 891-896.
[149] 刘迎春. 冗余度柔性协调操作机器人的运动学和动力学研究 [D]. 北京: 北京工业大学, 2004.
[150] 刘迎春, 余跃庆, 姜春福. 机器人可操作性研究进展 [J]. 机械设计与研究, 2003,

19（4）：34－37.

[151] 张声远．基于足部感知系统双足仿人机器人稳定性方法的研究［D］．青岛：中国海洋大学，2014.

[152] 郭永凤．移动机械臂倾覆稳定性分析与优化［J］．计算机与数字工程，2020（9）.

[153] 周祖德，魏仁选．开放式控制系统的现状［J］．趋势与对策，1999（10）：1090－1093.

[154] James S Albus，Ronald Lumia，J Fiala，Albert J. Wavering. NASREM—The NASA/NBS Standard Reference Model for Telerobot Control System Architecture［C］. 20th International Symposium on Industrial Robots，1989.

[155] Leahy，Petroski. Unified telerobotic architecture project program overview［C］. Intelligent Robots and Systems' 94. 'Advanced Robotic Systems and the Real World，1994.

[156] Miller. Standards and guidelines for intelligent robotic architectures［C］. Proceedings of the Space Programs and Technologies Conference and Exhibit，1993：1303.

[157] David J Miller，R. Charleene Lennox. An object-oriented environment for robot system architectures［C］. 1991：14－23.

[158] Fernandez，Gonzalez. The NEXUS open system for integrating robotic software［J］. Robotics and computer-integrated manufacturing，1999，15：431－440.

[159] 刘松国．六自由度串联机器人运动优化与轨迹跟踪控研究［D］．杭州：浙江大学，2009.

[160] J A Fernandez，J Gonzalez A flexible，efficient and robust framework for integrating software components of a robotic system［C］. Proceedings of 1998 IEEE International Conference on Robotics and Automation，1998：524－529.

[161] S Arimoto，T Naniwa，V Parra-Vega，L L Whitcomb. A Class of Quasi-Natural Potentials for Robot Servo-Loops and its Role in Adaptive and Learning Controls［J］. Intelligent Automation Soft Computing，2013，1（1）：85－98.

[162] 刘曼曼．基于 J2EE 架构 MVC 模式的办公自动化系统的设计与实现［D］．成都：电子科技大学，2012.

[163] 霍伟．机器人动力学与控制［M］．北京：高等教育出版社，2005.

[164] 林用满，管卫华，甘莉莉．六自由度水果采摘机械臂结构设计与试验［J］．中国农机化学报，2019，40（2）：68－77.

[165] B Paden. Kinematics and Control Robot Manipulators［D］. Department of Electrical Engineering and Computer Sciences，Berkeley：University of California，1986.

[166] W Kahan. Lectures on computational aspects of geometry［D］. Department of Electrical Engineering and Computer Sciences，Berkeley：University of California，1983.

[167] Haixia Wang，Xiao Lu，Wei Cui，Zhiguo Zhang，Yuxia Li，Chunyang Sheng. General inverse solution of six-degrees-of freedom serial robots based on the product of exponentials model［J］. Assembly Automation，2018，38（3）：361－367.

[168] Hee Sung An，Tae Won Seo，Jeh Won Lee. Generalized solution for a sub-problem of inverse kinematics based on product of exponential formula［J］. Journal of Mechanical

Science & Technology, 2018, 32 (5): 2299 - 2307.

[169] 方健. 冗余双臂机器人在线运动规划与协调操作方法研究 [D]. 合肥: 中国科学技术大学, 2016.

[170] Richard M Murray, Shankar Sastry, Zexiang Li. A Mathematical Introduction to Robotic Manipulation [M]. New York: CRC Press, Inc, 1994.

[171] Ralph H Castain, Richard P Paul. An On-Line Dynamic Trajectory Generator [J]. The International Journal of Robotics Research, 1984, 3 (1): 68 - 72.

[172] Tondu Bertrand, Bazaz Shafaat Ahmed. The Three-Cubic Method: An Optimal Online Robot Joint Trajectory Generator under Velocity, Acceleration, and Wandering Constraints [J]. The International Journal of Robotics Research, 1999, 18 (9): 893 - 901.

[173] Chongxu Liu, Youdong Chen. Combined S-curve feedrate profiling and input shaping for glass substrate transfer robot vibration suppression [J]. Industrial Robot: An International Journal, 2018, 45 (10): 2017 - 0201.

[174] Huifeng Wu, Danfeng Sun. High precision control in PTP trajectory planning for nonlinear systems using on high-degree polynomial and cuckoo search [J]. Optimal Control Applications and Methods, 2016.

[175] Roque Alfredo Osornio-Rios, René De Jesús Romero-Troncoso, Gilberto Herrera-Ruiz, Rodrigo Casta? eda-Miranda. FPGA implementation of higher degree polynomial acceleration profiles for peak jerk reduction in servomotors [J]. Robotics and Computer Integrated Manufacturing, 2009, 25 (2): 379 - 392.

[176] Saravana Perumaal, Natarajan Jawahar. Synchronized Trigonometric S-Curve Trajectory For Jerk-Bounded Time-Optimal Pick And Place Operation [J]. International of Robotics and Automation, 2012 (27): 151 - 162.

[177] Yi Fang, Jie Hu, Wenhai Liu, Quanquan Shao, Jin Qi, Yinghong Peng. Smooth and time-optimal S-curve trajectory planning for automated robots and machines [J]. Mechanism and Machine Theory, 2019 (137): 127 - 153.

[178] Jianjie Lin, Nikhil Somani, Biao Hu, Markus Rickert, Alois Knoll. An Efficient and Time-Optimal Trajectory Generation Approach for Waypoints Under Kinematic Constraints and Error Bounds [C]. 2018 IEEE/RSJ International Conference on Intelligent Robots and Systems (IROS), 2018.

[179] Affiani Machmudah, Setyamartana Parman, Azman Zainuddin, Sibi Chacko. Polynomial joint angle arm robot motion planning in complex geometrical obstacles [J]. Applied Softtware Computing, 2013, 13 (2): 1099 - 1109.

[180] Xueshan Gao, Yu Mu, Yongzhuo Gao. Optimal trajectory planning for robotic manipulators using improved teaching-learning-based optimization algorithm [J]. Industrial Robot: An International Journal, 2016, 43 (3): 308 - 316.

[181] A. Gasparetto, V. Zanotto. A new method for smooth trajectory planning of robot manipulators [J]. Mechanism Machine Theory, 2007, 42 (4): 455 - 471.

[182] 刘建昌, 苗宇. 基于神经网络补偿的机械臂轨迹控制策略的研究 [J]. 控制与决策,

2005 (20): 732 - 736.

[183] 陈启军，王月娟，陈辉堂. 基于 PD 控制的机器人轨迹跟踪性能研究与比较 [J]. 控制与决策，2003 (1): 53 - 57.

[184] Tae-Yong Kuc, Woong-Gie Han. An adaptive PID learning control of robot manipulators [J]. Automatica, 2000 (36): 717 - 725.

[185] P R Ouyang, W J Zhang, M M Gupta. An adaptive switching learning control method for trajectory tracking of robot manipulators [J]. Mechatronics, 2006 (16): 51 - 61.

[186] 牛玉刚，杨成梧，陈雪如. 基于神经网络的不确定机器人自适应滑模控制 [J]. 控制与决策，2001 (16): 79 - 82.

[187] Rong-Jong Wai. Tracking control based on neural network strategy for robot manipulator [J]. Neurocomputing, 2003 (51): 425 - 445.

[188] M Leahy, G Saridis. Compensation of unmodeled puma manipulator dynamics [C]. IEEE International Conference on Robotics and Automation, 1987.

[189] Konstantinos J Kyriakopoulos, George N Saridis. Minimum jerk path generation [C]. Robotics and Automation, Proceedings, IEEE International Conference on, 1988: 364 - 369.

[190] 周畅. 证明函数零点问题的研究 [J]. 价值工程，2011 (29): 18 - 18.

[191] Xueshan Gao, Mu Yu. Optimal trajectory planning for robotic manipulators using improved teaching-learning-based optimization algorithm [J]. Application, 2016, 43 (3): 308 - 316.

[192] H Kawasaki, K Kanzaki. Minimum Dynamics Parameters of Robot Models [J]. Robot Control, 1991: 33 - 38.

[193] W Khalil, J Kleinfinger. A New Geometric Notation for Open and Closed-Loop Robots [C]. IEEE International Conference on Robotics & Automation, 1986: 1174 - 1179.

[194] Jan Swevers, Chris Ganseman, Dilek Bilgin Tukel, et al. Optimal robot excitation and identification [J]. IEEE Transactions on Robotics and Automation, 1997, 13 (5).

彩　　插

（a）

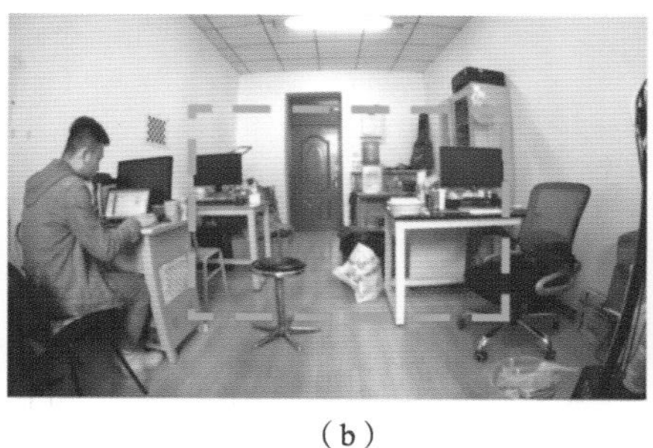

（b）

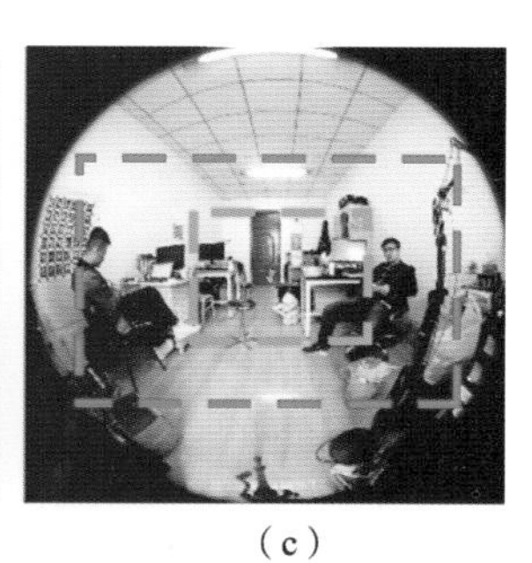

（c）

图 5.2　不同视场角相机成相对比

（a）Realsense D435 相机拍摄，视场角 70°；（b）MYNTEYE 相机拍摄，视场角，120°；
（c）Fisheye 相机拍摄，视场角 180°

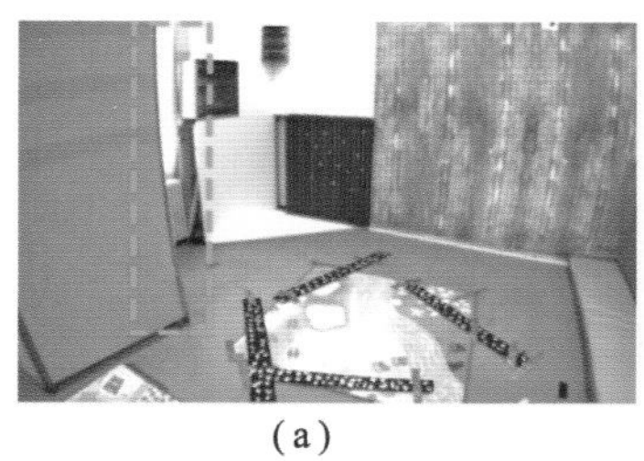

（a）

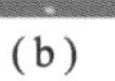

（b）

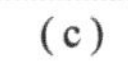

（c）

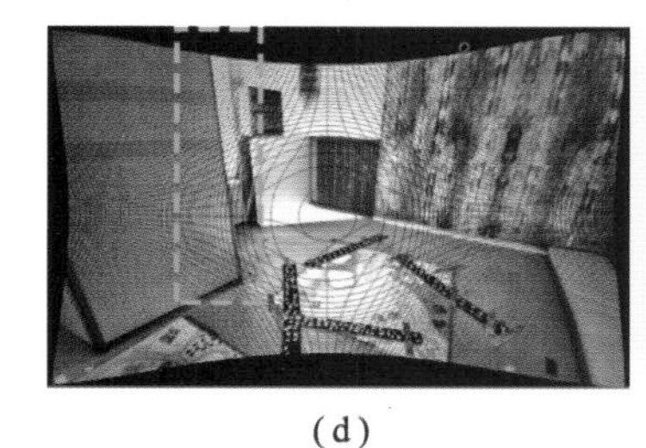

（d）

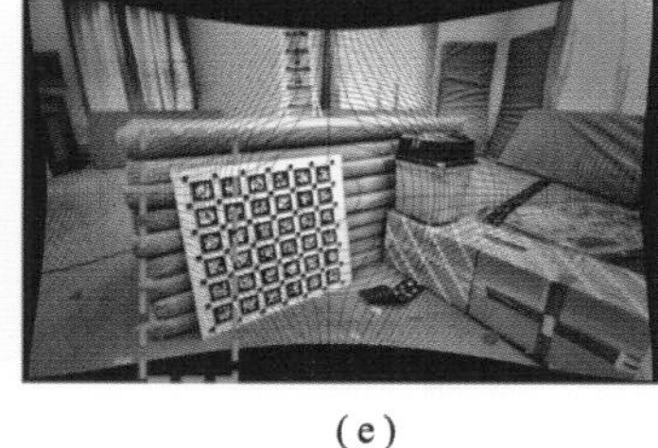

（e）

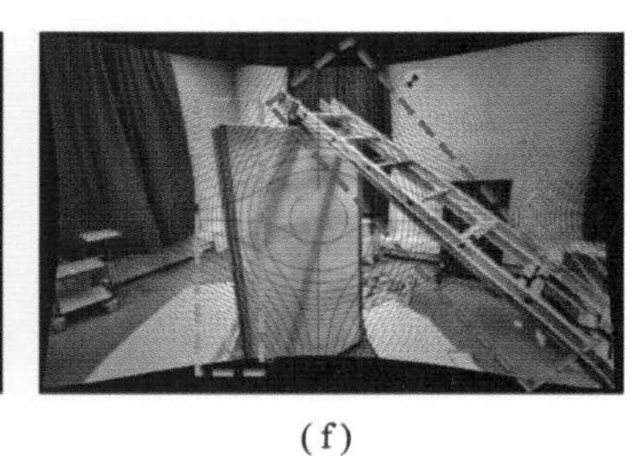

（f）

图 5.10　畸变图像与去畸变图像对比效果

（a）MYNTEYE 相机获取原始图像 1；（b）MYNTEYE 相机获取原始图像 2；
（c）Realsense D435 相机获取原始图像 3；（d）原始图像 1 畸变矫正结果；
（e）原始图像 2 畸变矫正结果；（f）原始图像 3 畸变矫正结果

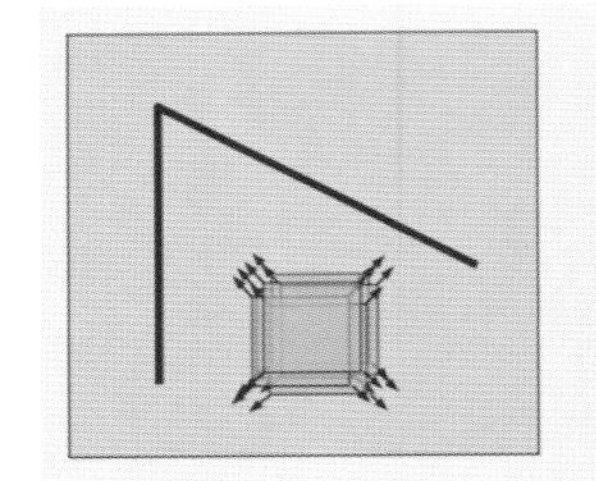
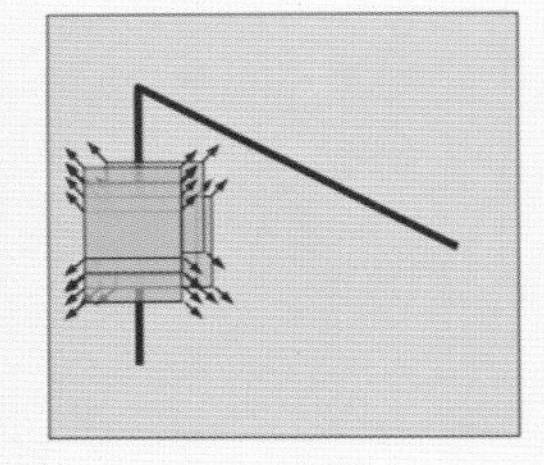
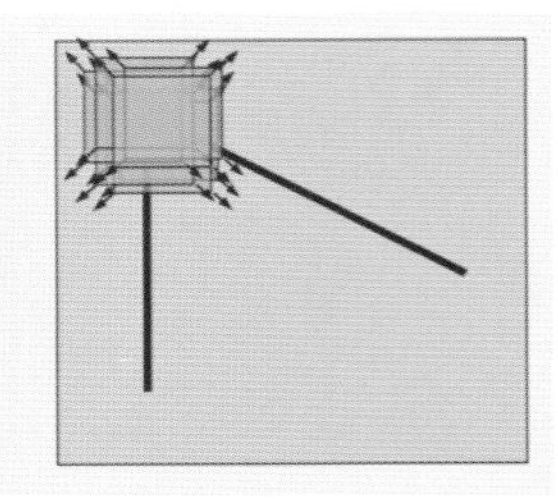

图 5.11　Harris 角点窗口移动示意图

图 5.15　提取 Shi – Tomas 角点

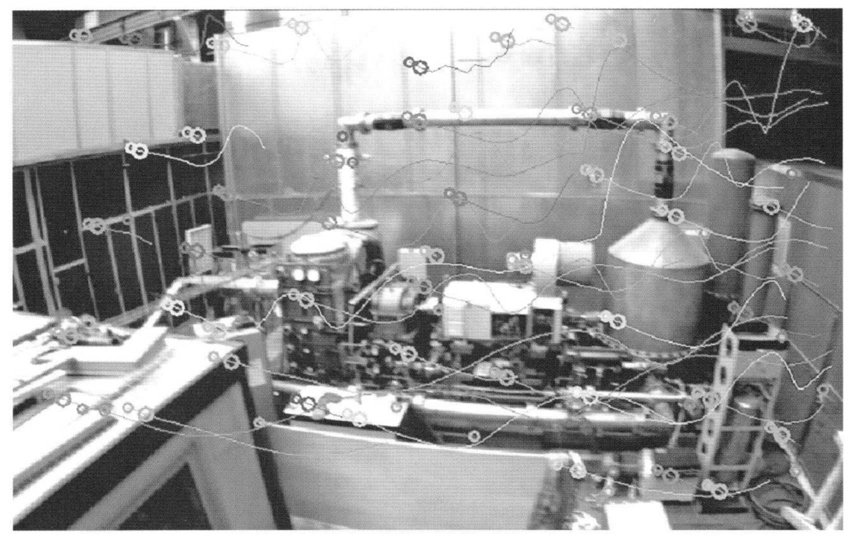

图 5.17　KLT 光流跟踪效果示意

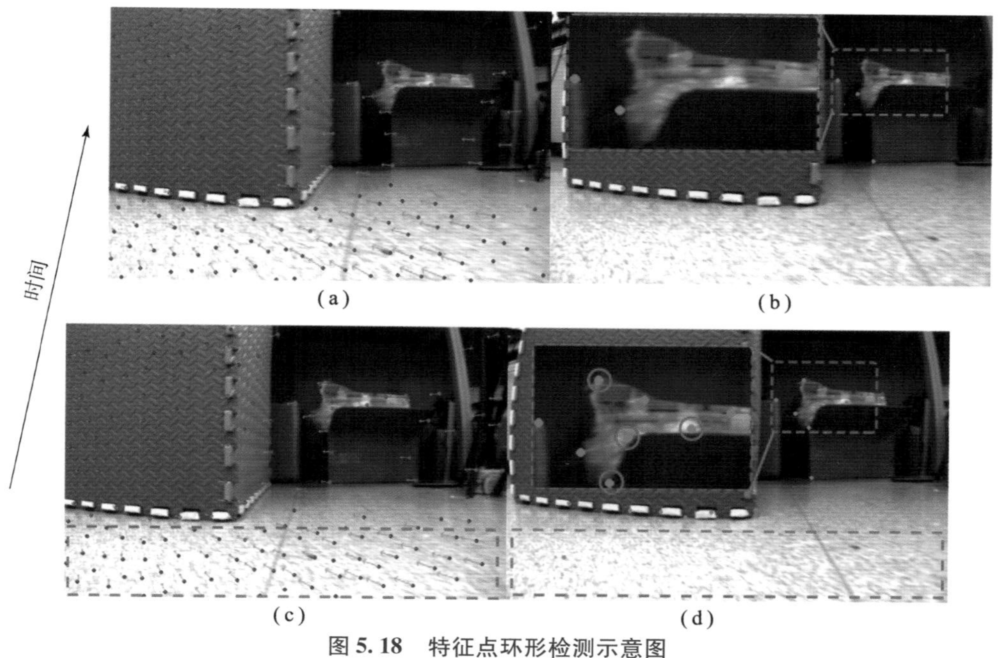

图 5.18　特征点环形检测示意图

(a) 当前帧左目相机采集特征图；(b) 当前帧右目相机特征点过滤后放大示意图；
(c) 上一帧左目相机采集特征图；(d) 上一帧右目相机特征点对比放大示意图

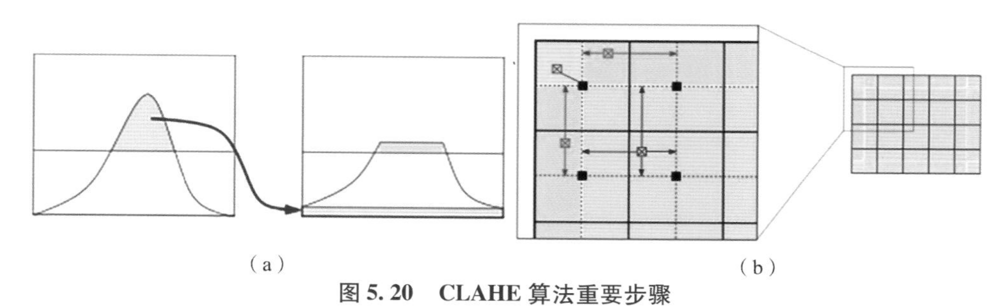

图 5.20　CLAHE 算法重要步骤

(a) 局部直方图裁剪；(b) 图像插值运算

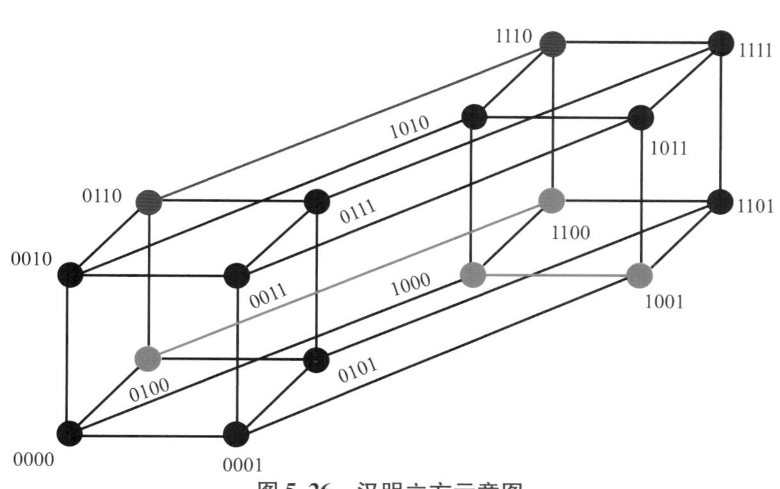

图 5.26　汉明立方示意图

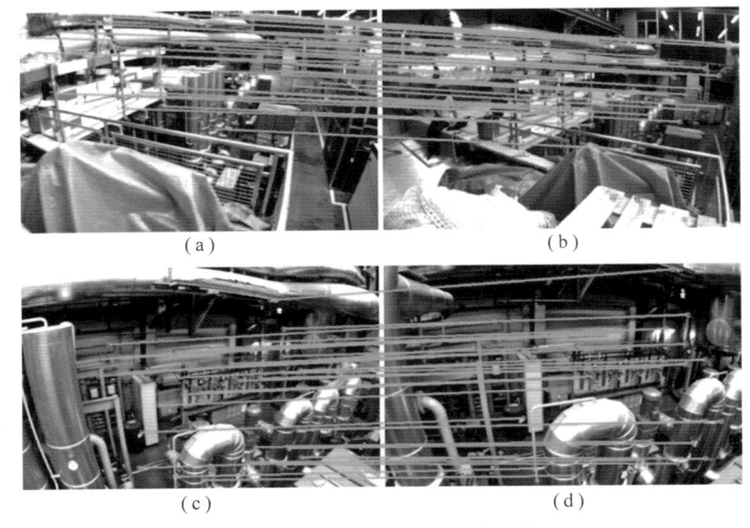

图 5.29　回环检测对应图像特征点匹配

(a) 当前来源；(b) 上一个来自：9；(c) 当前来源；(d) 上一个来自：516

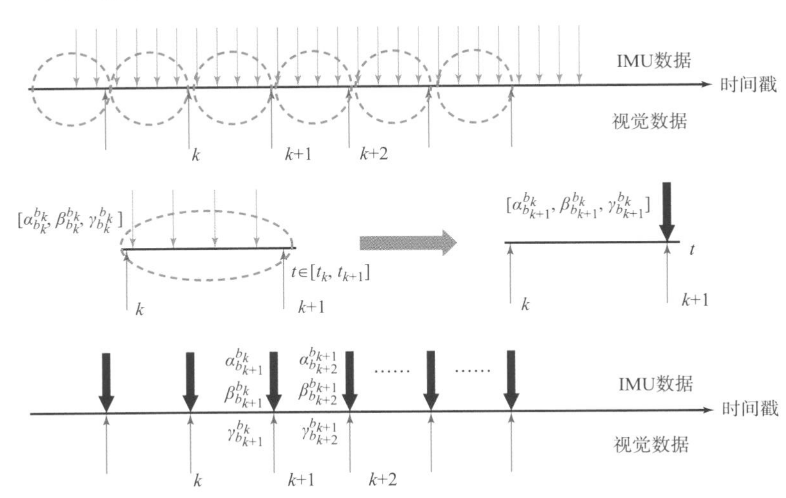

图 6.2　IMU 预积分示意图

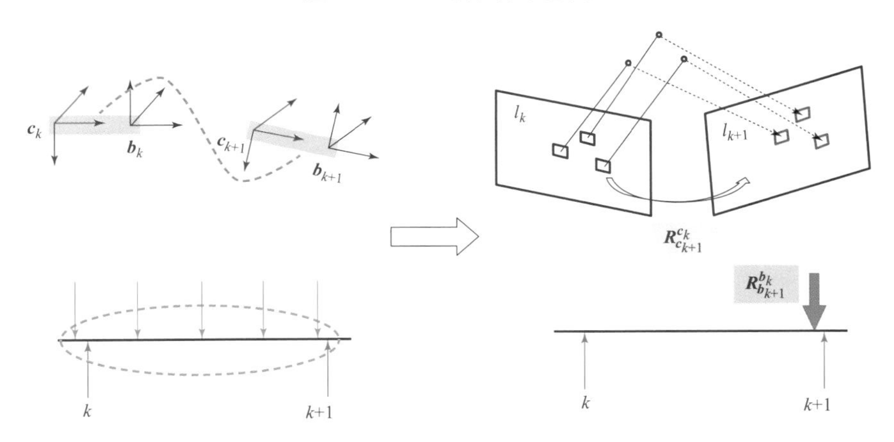

图 7.5　相机与 IMU 旋转标定约束

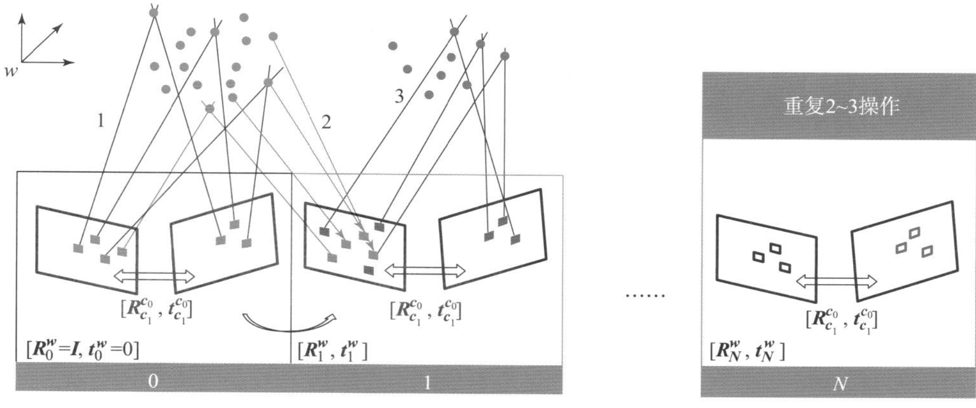

图 7.6　滑动窗口初始化示意图

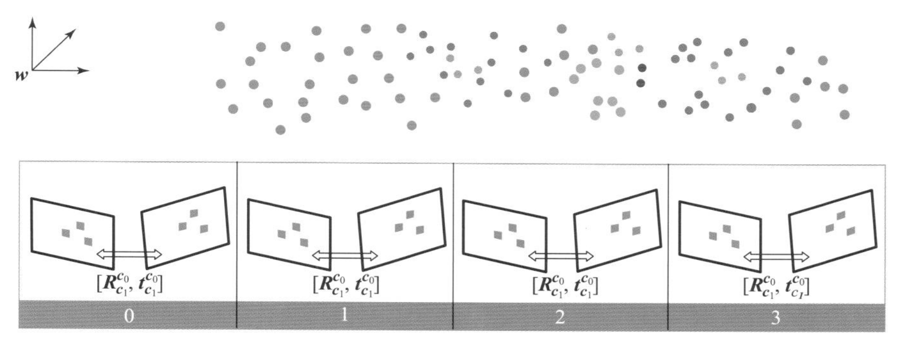

图 7.8　滑动窗口地图点示意图

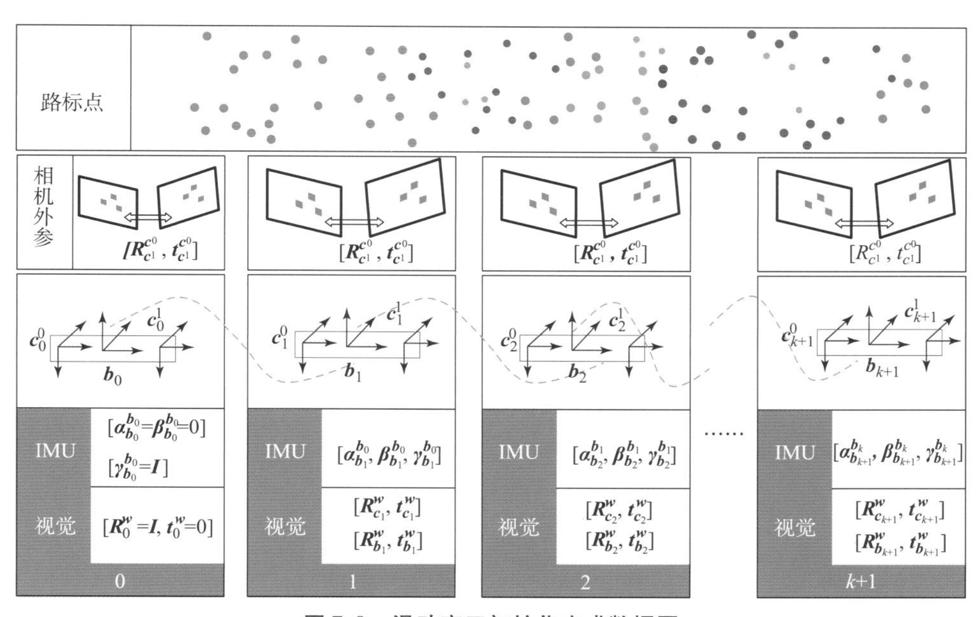

图 7.9　滑动窗口初始化完成数据图

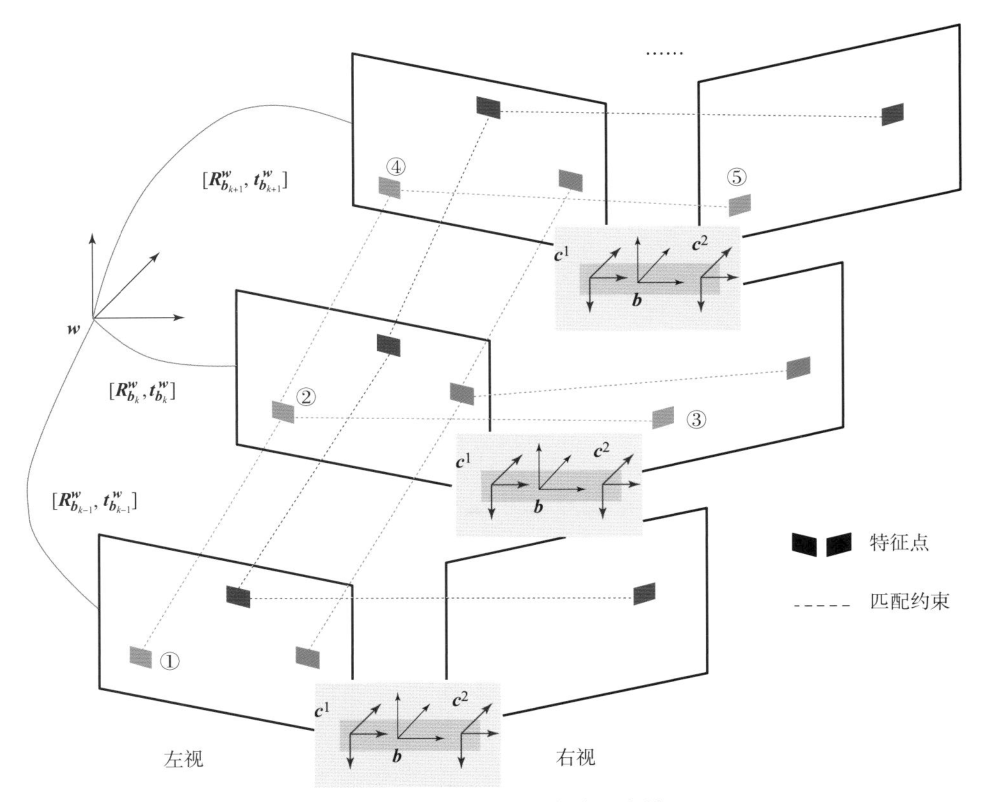

图 7.10　滑动窗口特征点的约束情况

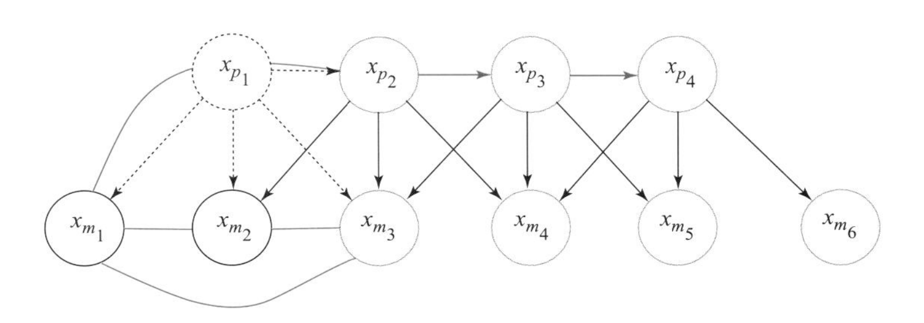

图 7.18　边缘化掉 x_{p_1} 之后的约束关系

	m_2	m_3	m_4	m_5	m_6	p_2	p_3	p_4
m_2	1	1				1		
m_3	1	1				1	1	
m_4			1			1	1	1
m_5				1			1	1
m_6					1			1
p_2	1	1	1			1	1	
p_3		1	1	1		1	1	1
p_4			1	1	1		1	1

图 7.19　边缘化路标点 x_{m_1} 之后的 $\boldsymbol{H}$ 矩阵

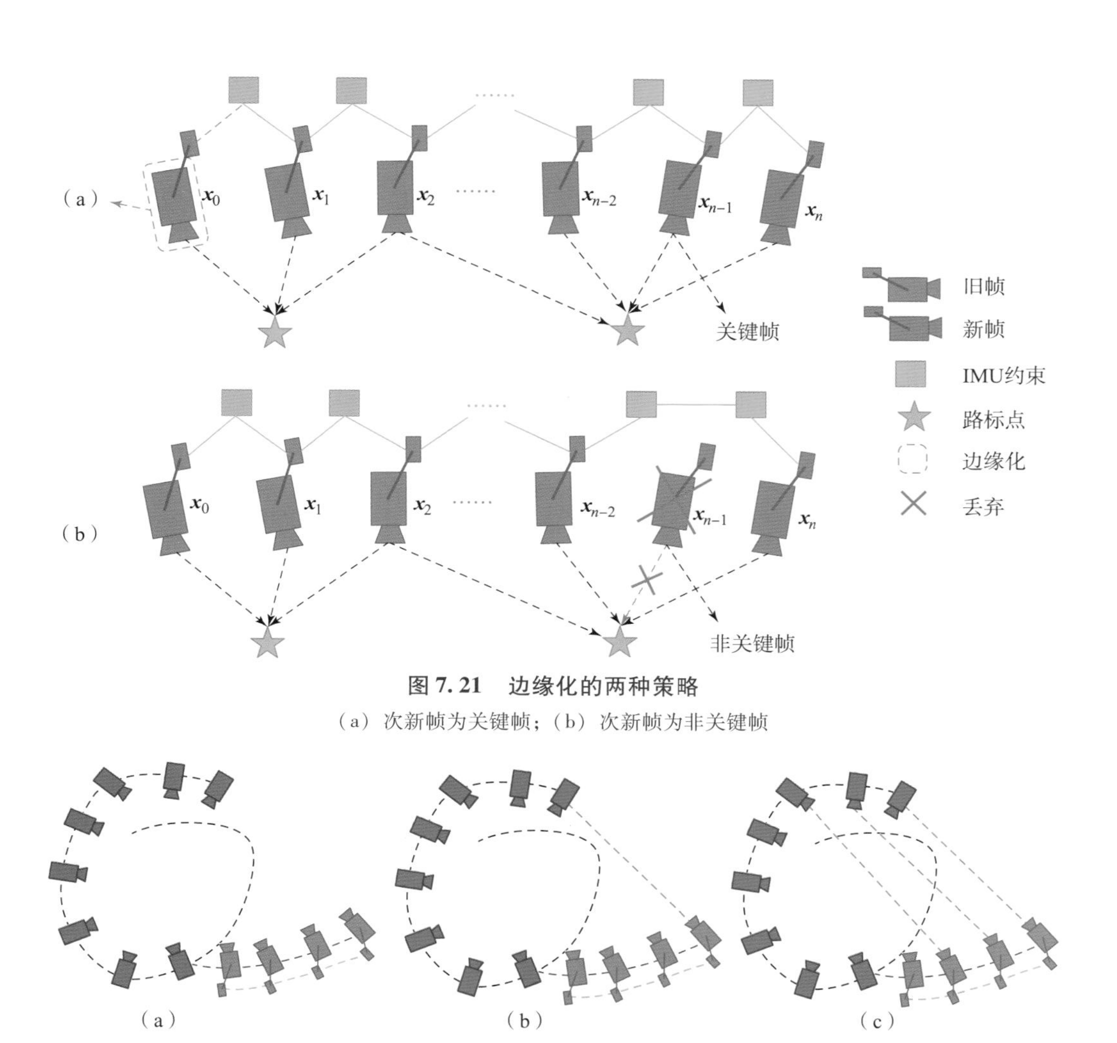

图 7.21　边缘化的两种策略

(a) 次新帧为关键帧；(b) 次新帧为非关键帧

图 7.22　回环检测及回环约束

(a) 滑窗 VIO；(b) 回环检验；(c) 回环多帧约束

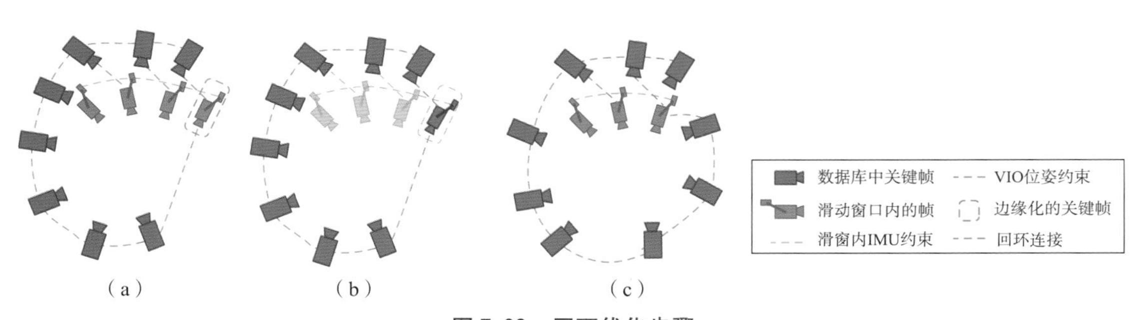

图 7.23　回环优化步骤

(a) 步骤 1：添加关键帧到位姿；(b) 步骤 2：优化位姿；(c) 步骤 3：优化后的约束关系

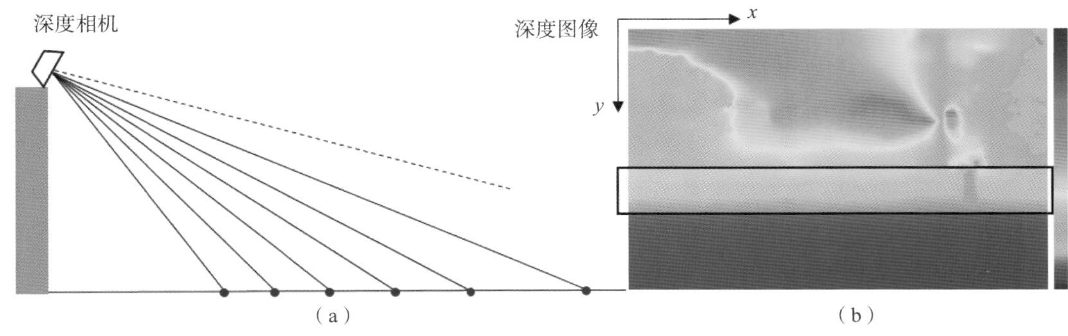

图 7.24　深度相机安装位置及其成像示意图

(a) 深度相机与地面呈一定倾角；(b) 深度图像

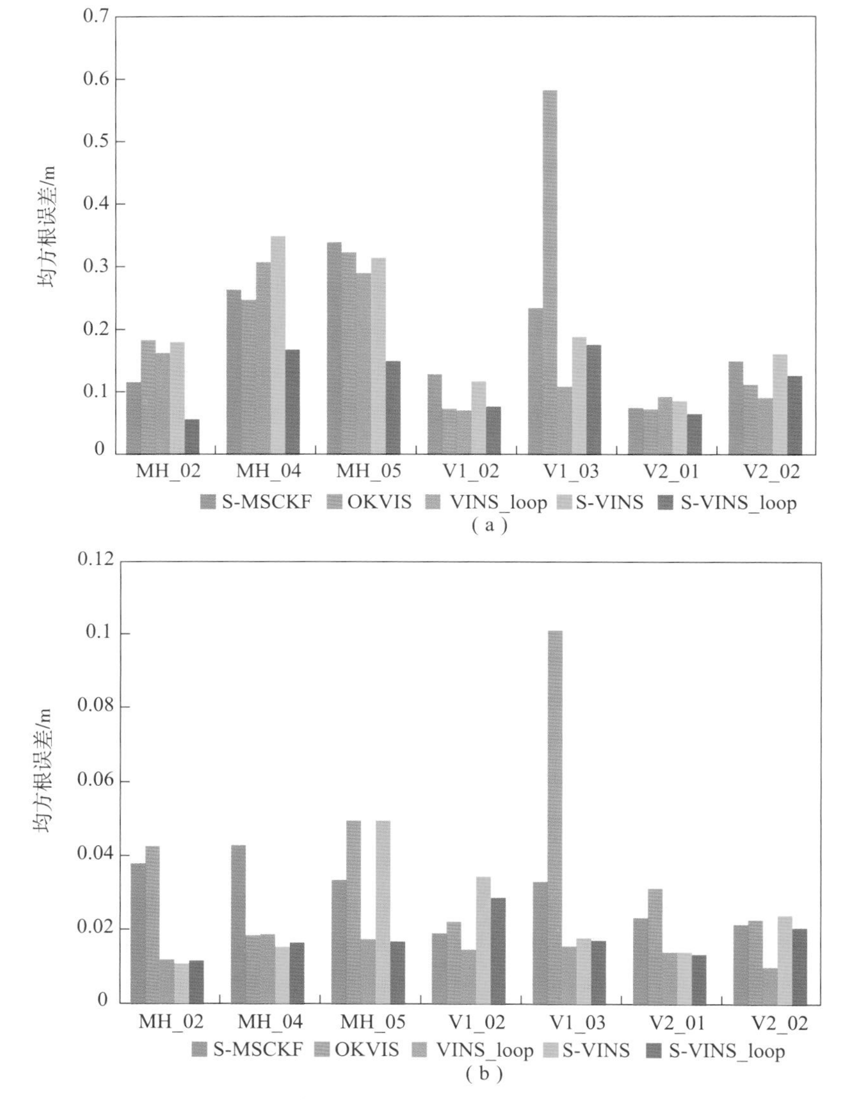

图 8.4　不同算法的相对位置和绝对位置均方根误差

(a) 绝对位置均方根误差；(b) 相对位置均方根误差

(a)

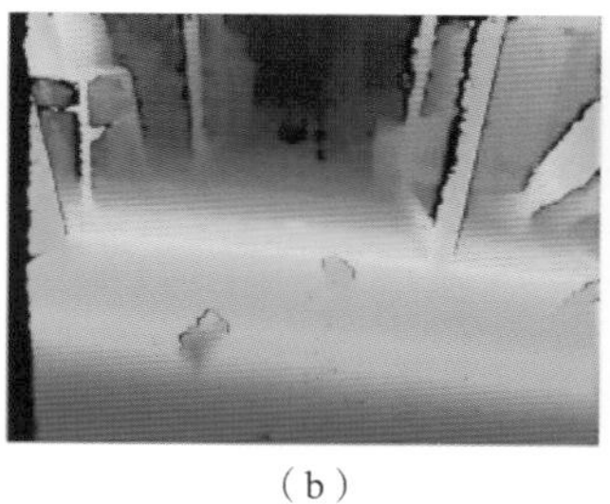

(b)

(c)

图 8.30　Intel Realsense D435 摄像头提供的信息

(a) 彩色图；(b) 深度图；(c) 点云图

(a)

(b)

图 8.31　地面分割以及地平面参数估计

(a) 地面分割；(b) 地面估计

图 8.32　地面轨迹规划图

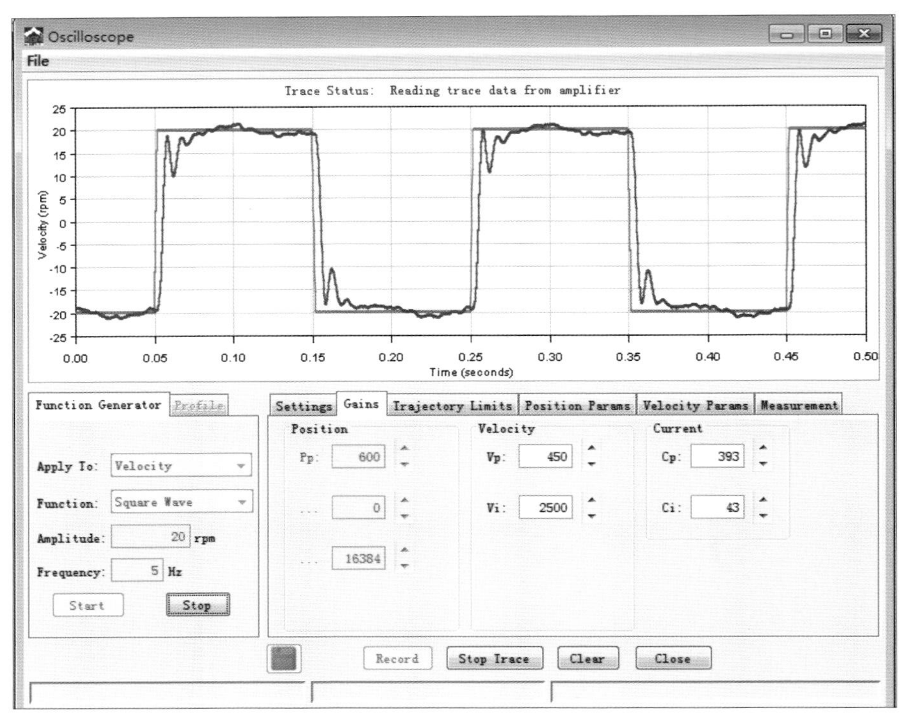

图 9.15　速度环调试结果界面

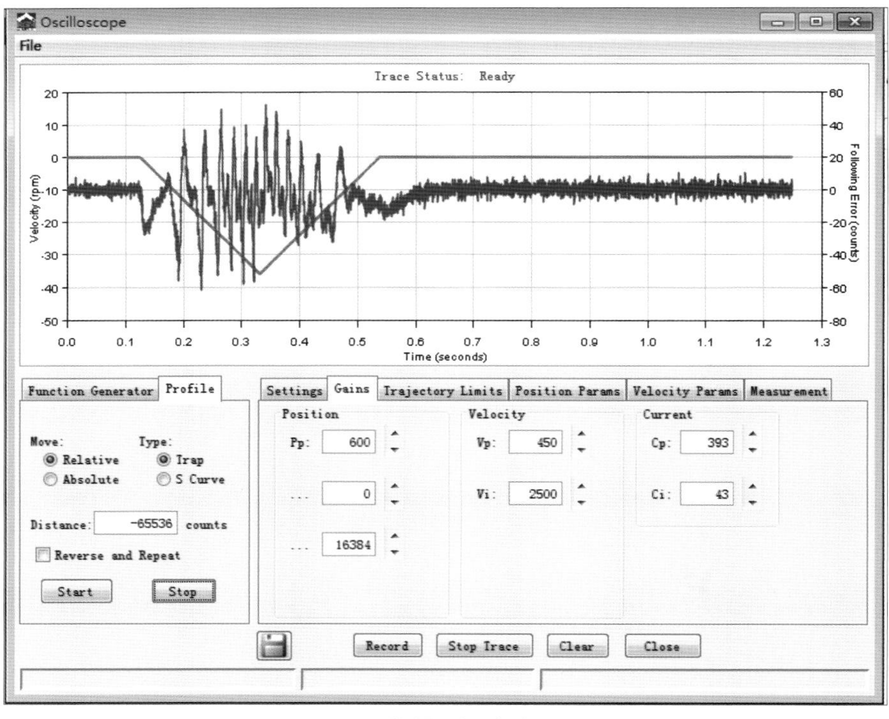

图 9.16　位置环调试结果界面

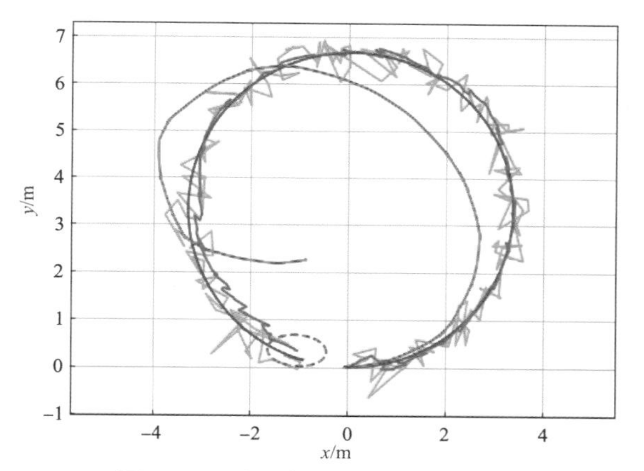

图 10.1　扩展卡尔曼滤波估计智能排爆机器人的位置集合效果

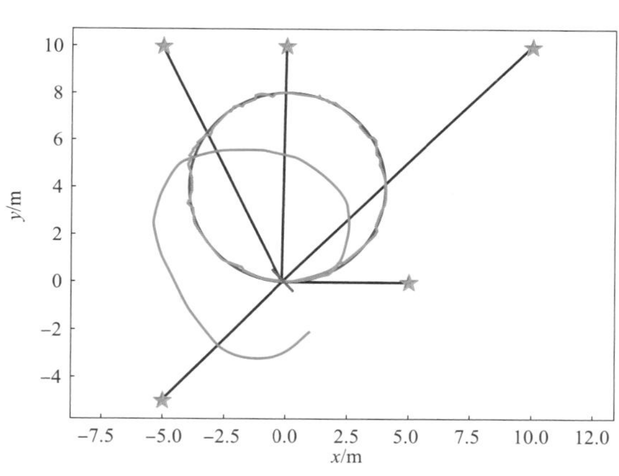

图 10.3　蒙特卡罗机器人定位仿真结果

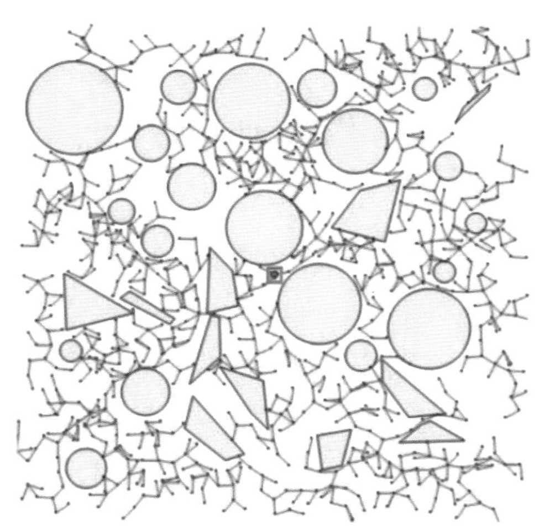

图 11.1　RRT 算法节点的扩展方式

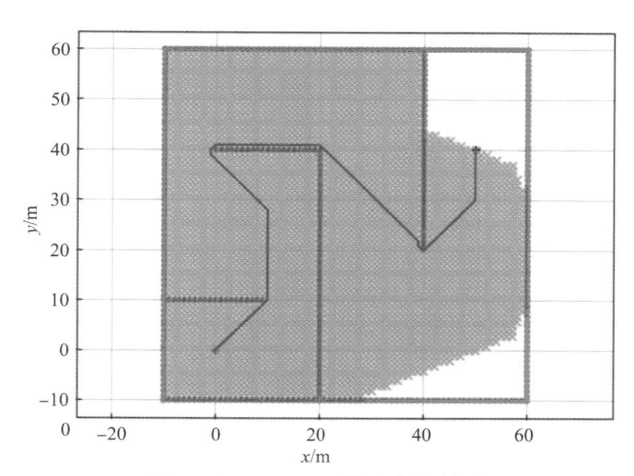

图 11.4　Dijkstra 算法仿真结果

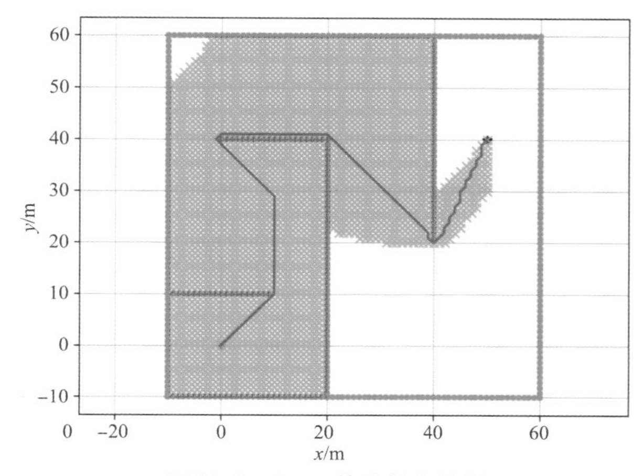

图 11.5　Astar 算法仿真结果

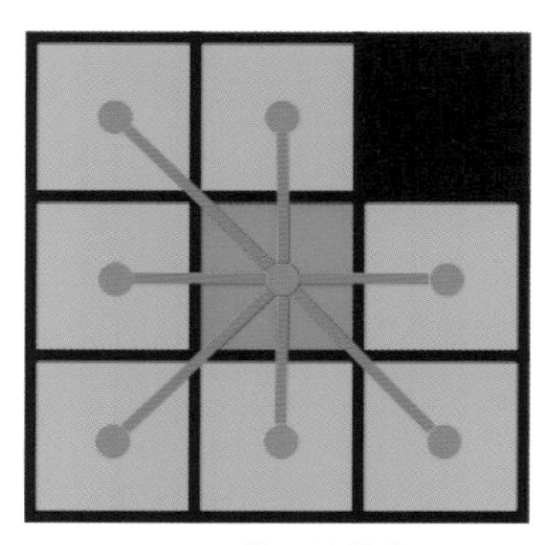

图 11.9　Astar 算法的节点扩展方式

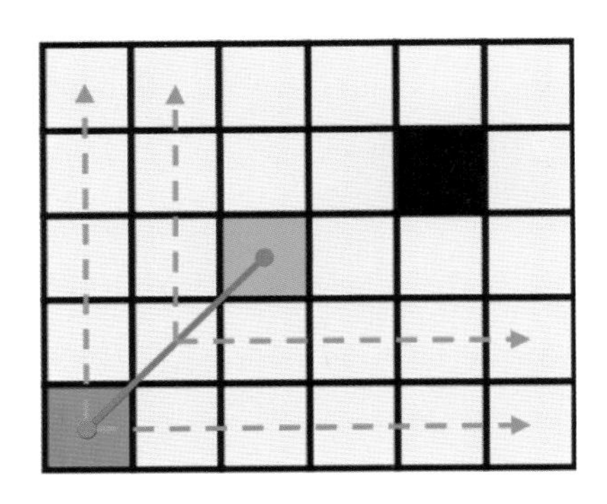

图 11.10　JPS 算法的节点扩展方式

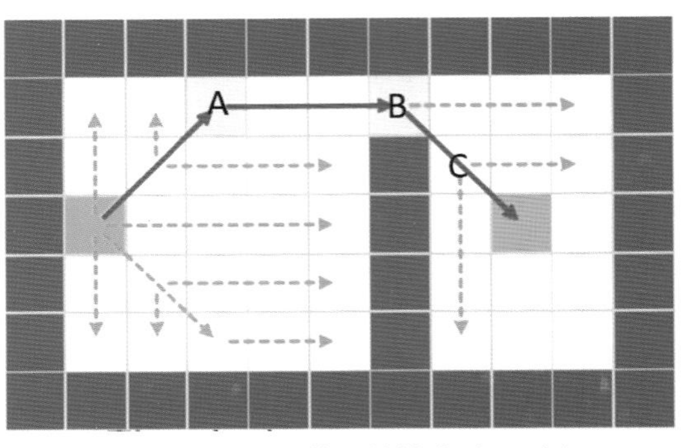

图 11.11　JPS 算法的搜索扩展过程

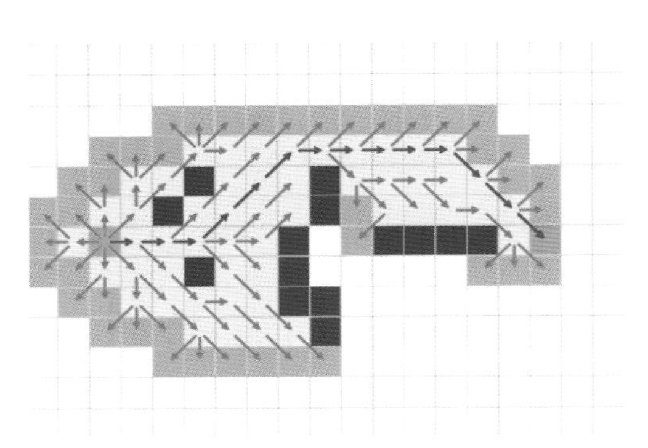

图 11.12　Astar 算法在仿真中的扩展过程

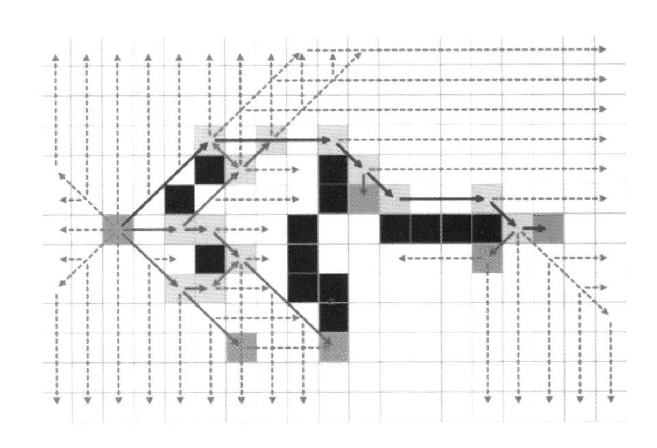

图 11.13　JPS 算法在仿真中的扩展过程

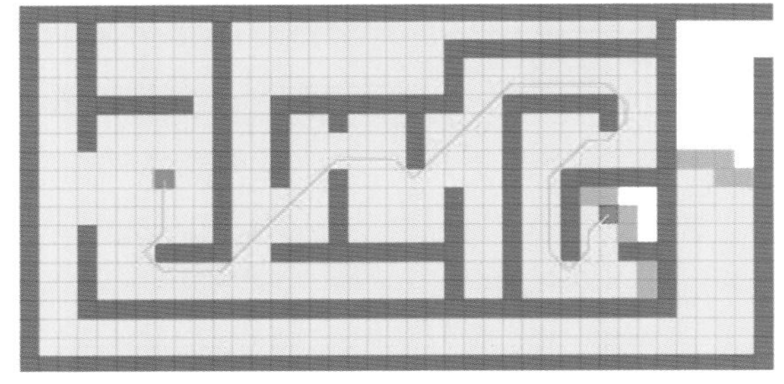

图 11.14　采用 Dijkstra 算法规划的结果

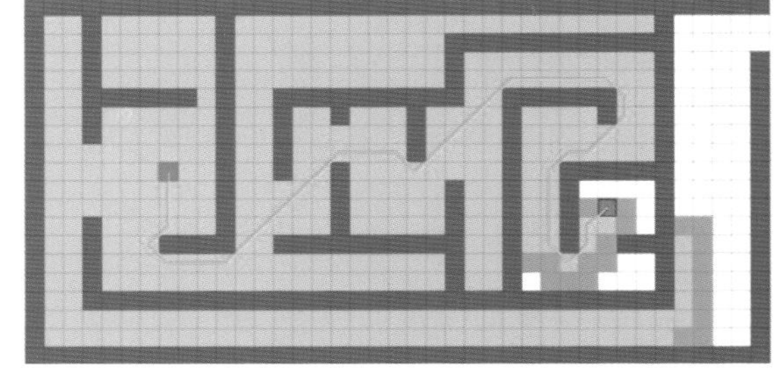

图 11.15　采用 Astar 算法规划的结果

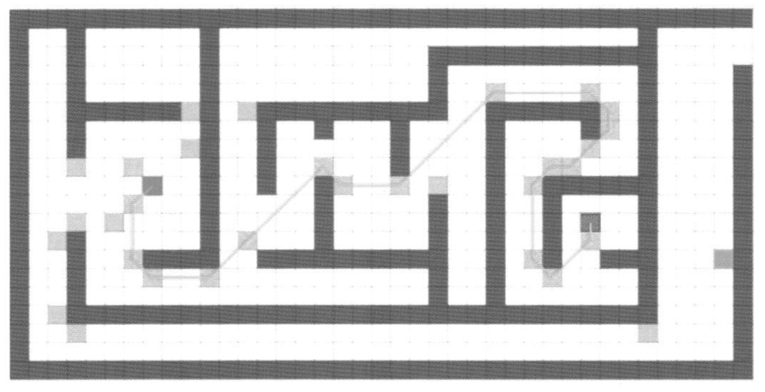

图 11.16　采用 JPS 算法规划的结果

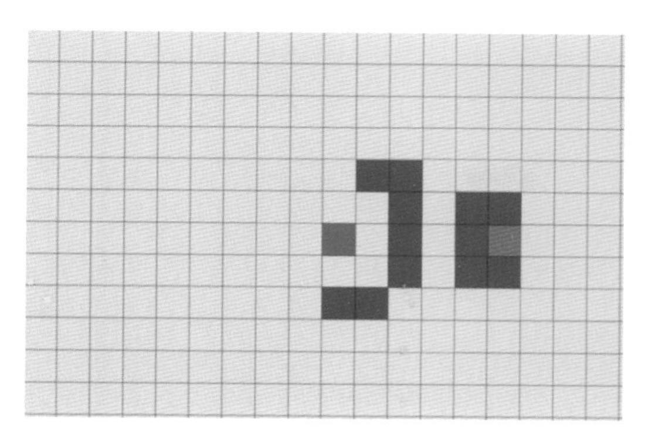

图 11.17　地图空旷

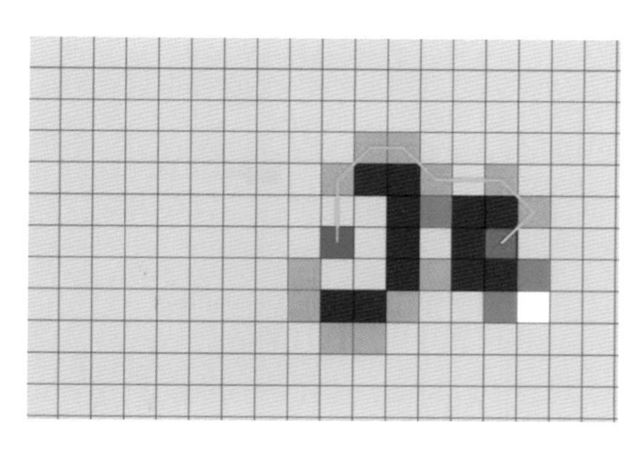

图 11.18　采用 JPS 算法搜索的路径

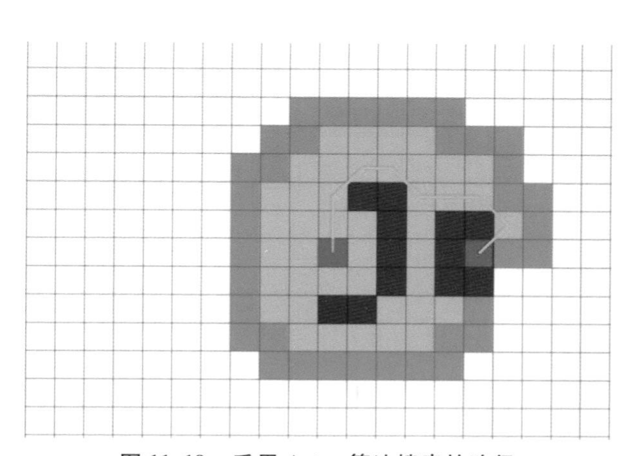

图 11.19　采用 Astar 算法搜索的路径

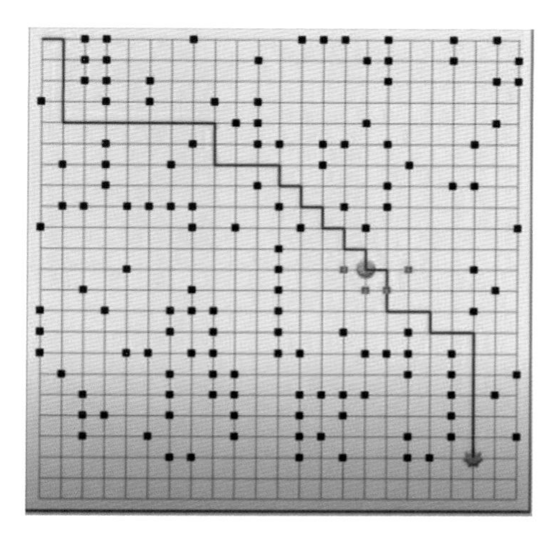

图 11.21　机器人周围出现障碍物（红色方框）

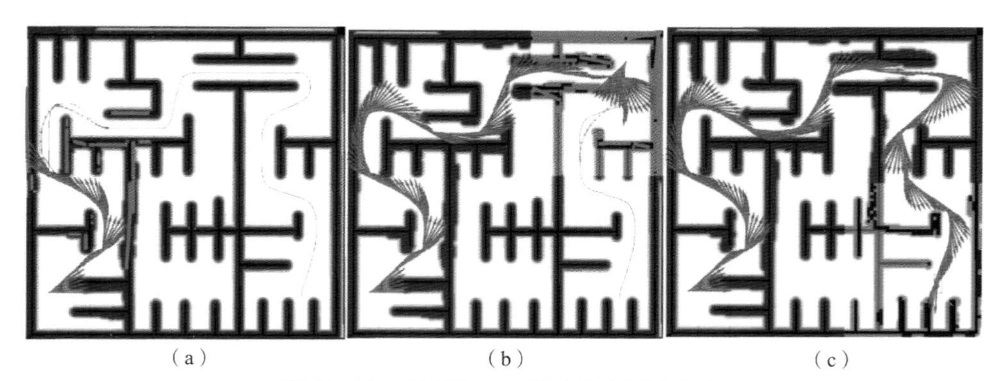

（a）　　（b）　　（c）

图 12.14　改进型 TEB 算法仿真测试结果

（a）规划初始阶段；（b）规划中期阶段；（c）规划结束阶段

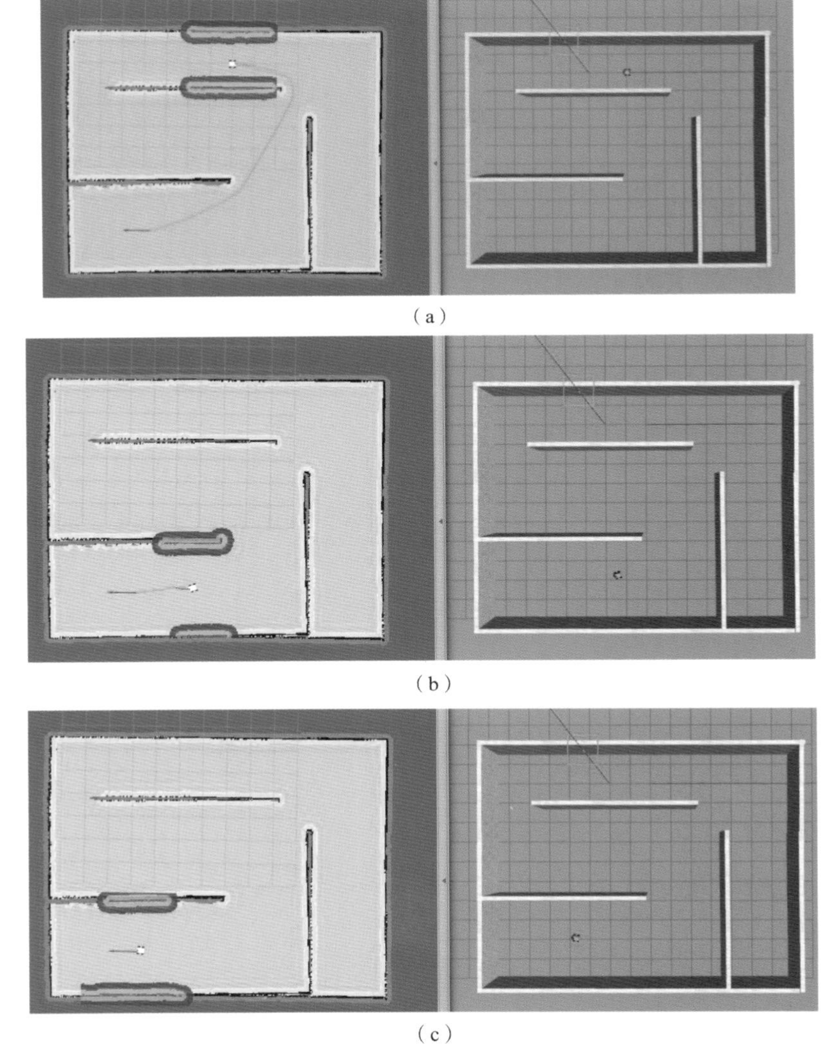

（a）

（b）

（c）

图 12.15　导航系统仿真效果

（a）导航开始时的情形；（b）导航进行中的情形；（c）导航结束时的情形

（a）　　（b）

图 13.5　生成规划的全局路径

（a）生成导航路径点；（b）将路径点拟合成平滑曲线

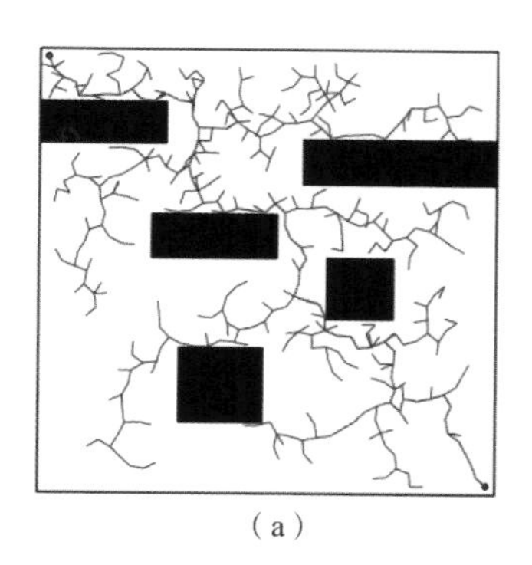

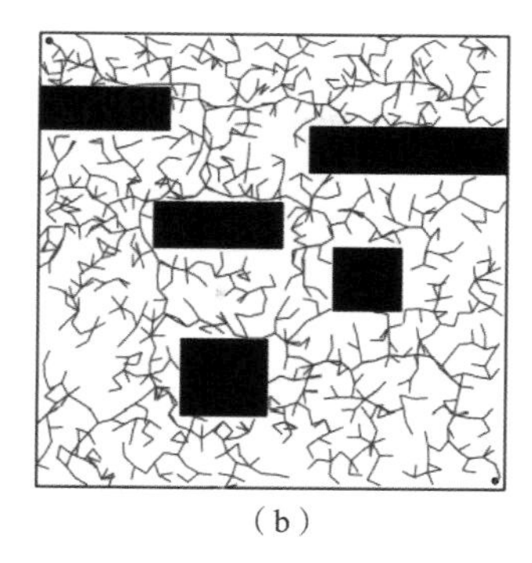

图 18.3　RRT 算法在相同环境中的不同性能

（a）通过少量迭代即可搜索到目的地；（b）通过大量迭代才搜索到目的地

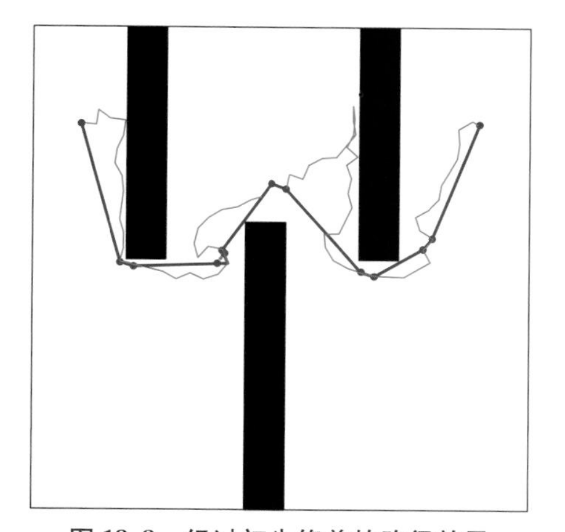

图 18.8　经过初步修剪的路径效果

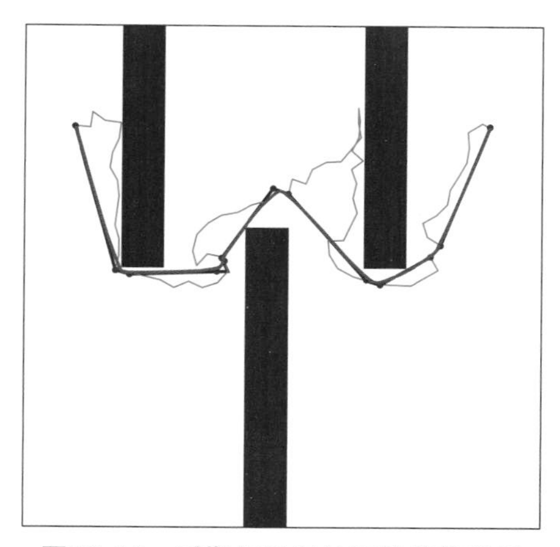

图 18.10　后期经平滑处理的路径效果

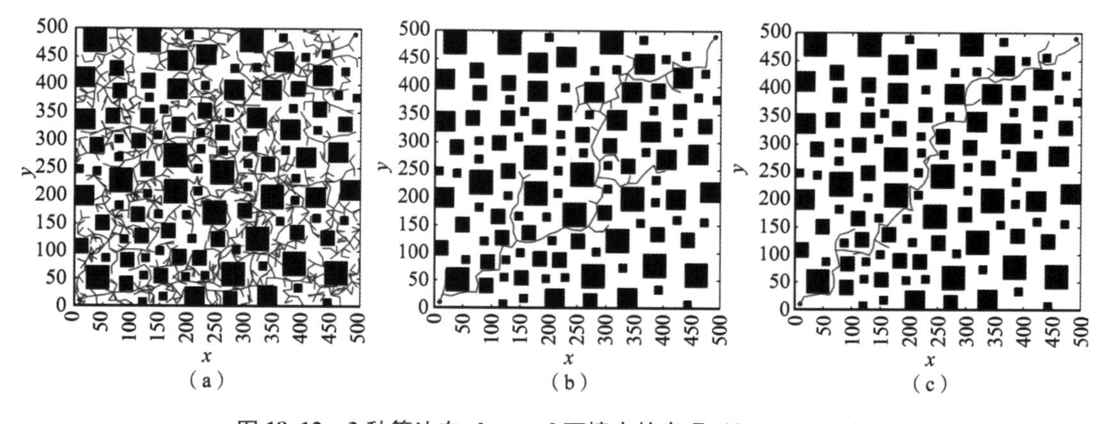

图 18.12　3 种算法在 cluttered 环境中的表现（$k=1$，$c=2$）

（a）Basic – RRT 算法；（b）CSA – RRT 算法；（c）NC – RRT 算法

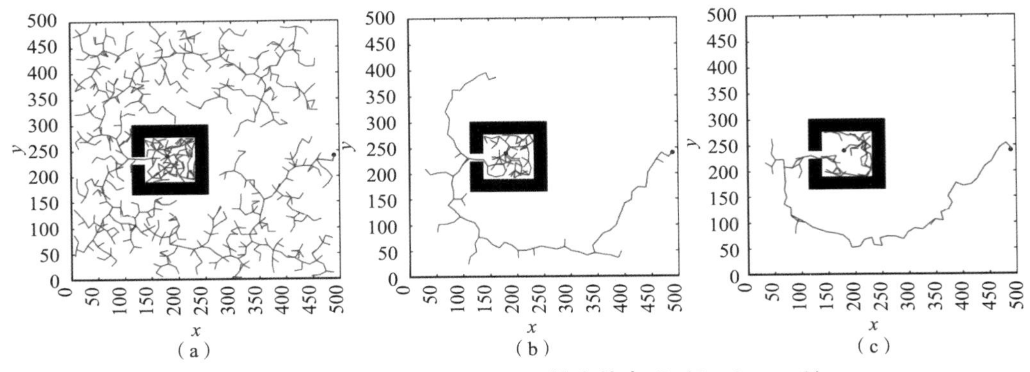

图 18.13　3 种算法在 trapped 环境中的表现（$k=3$，$c=2$）

（a）Basic－RRT 算法；（b）CSA－RRT 算法；（c）NC－RRT 算法

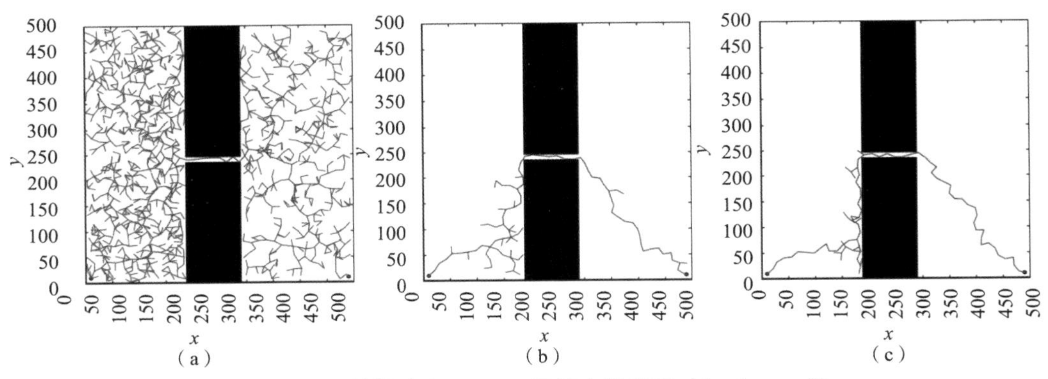

图 18.14　3 种算法在 narrow 环境中的表现（$k=1$，$c=2$）

（a）Basic－RRT 算法；（b）CSA－RRT 算法；（c）NC－RRT 算法

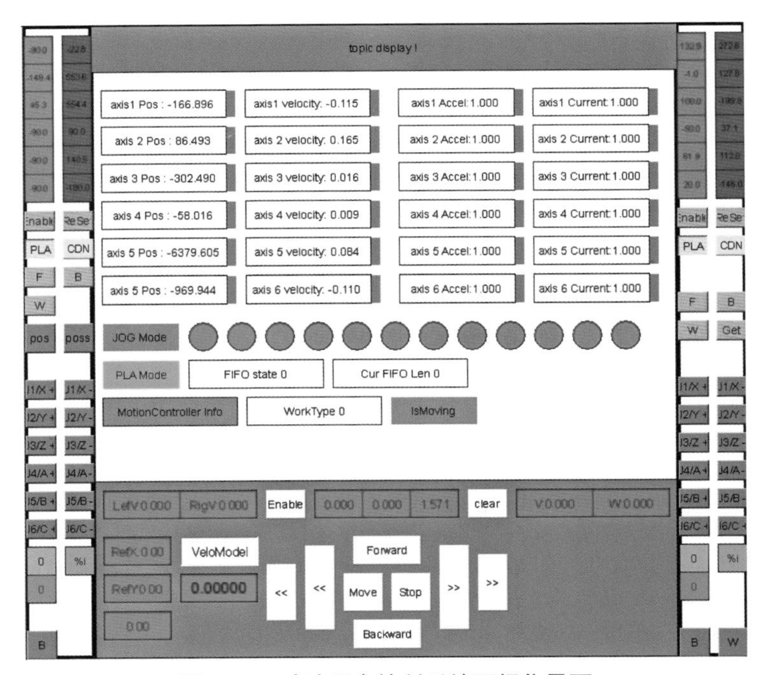

图 19.6　试验平台控制系统可视化界面

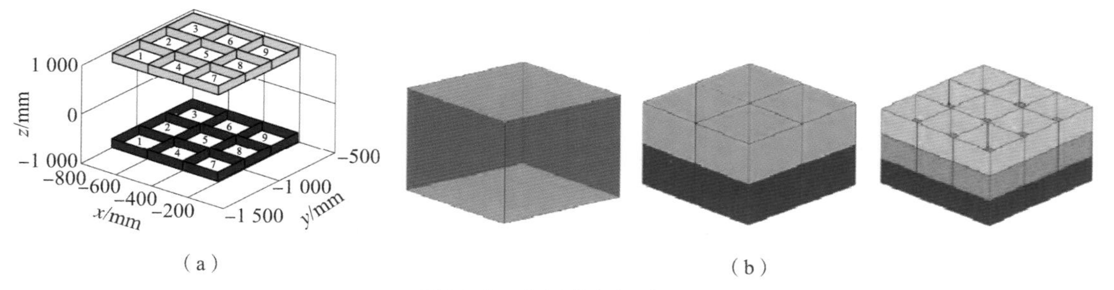

图 20.8　空间体积细分法

（a）网格基本编号；（b）网格基本划分

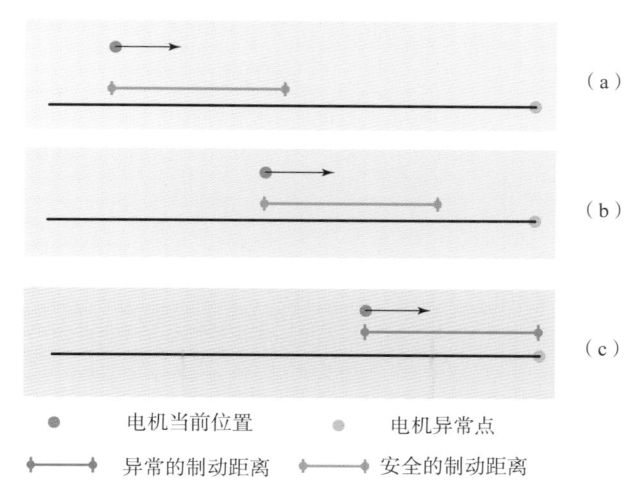

图 22.6　项目组提出的动态规划机制

（a）接受运动指令，生成运动序列；（b）满足约束，输出运动序列；（c）不满足约束，回溯运动序列

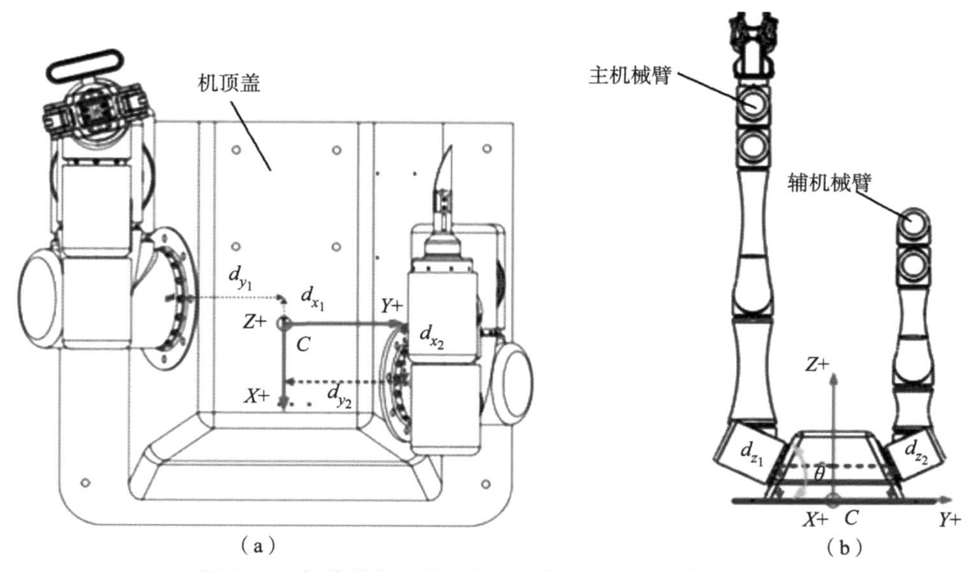

图 23.4　智能排爆机器人机顶盖与主辅机械臂的连接关系

（a）机顶盖；（b）主辅机械臂

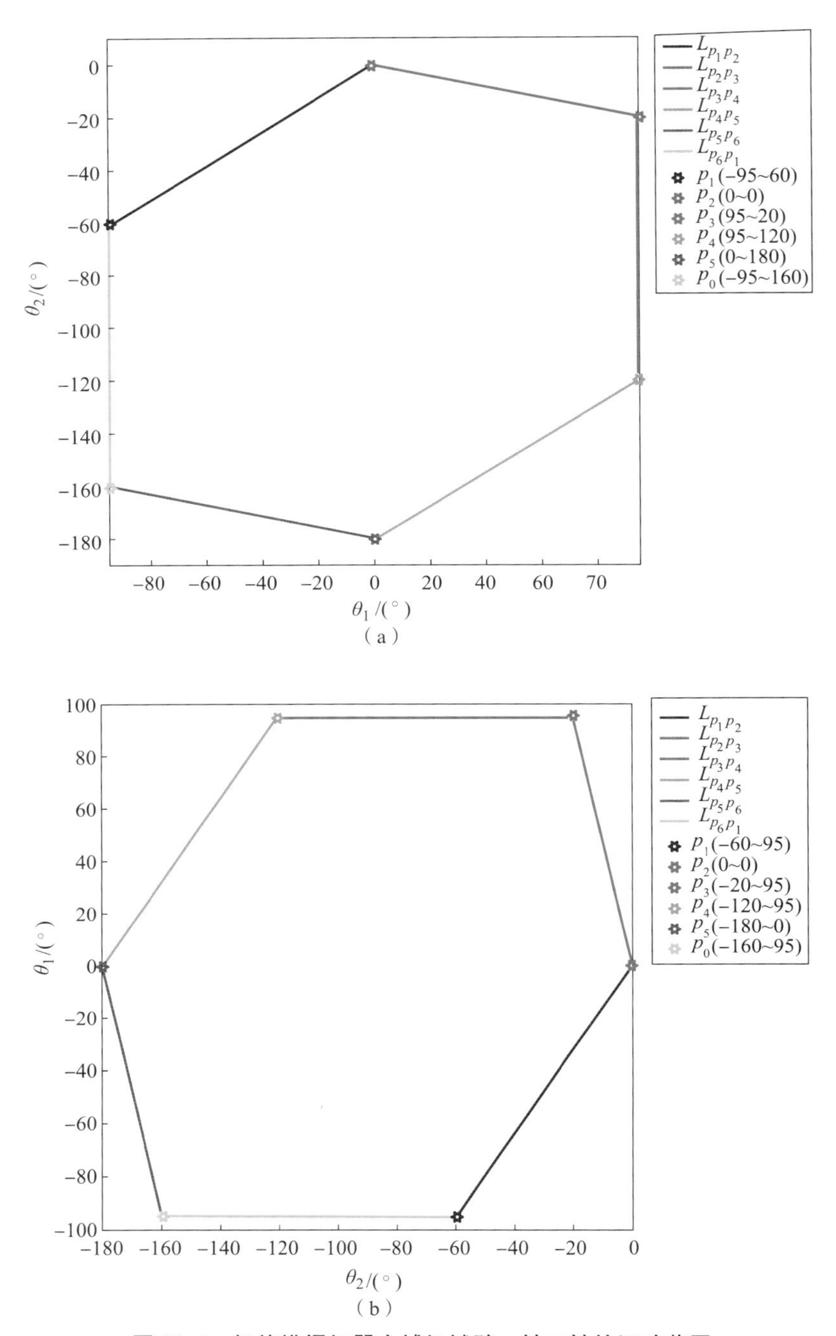

图 23.6 智能排爆机器人辅机械臂一轴二轴的运动范围

（a）$\theta_1\theta_2$ 空间中一轴二轴的运动范围；（b）$\theta_2\theta_1$ 空间中一轴二轴的运动范围

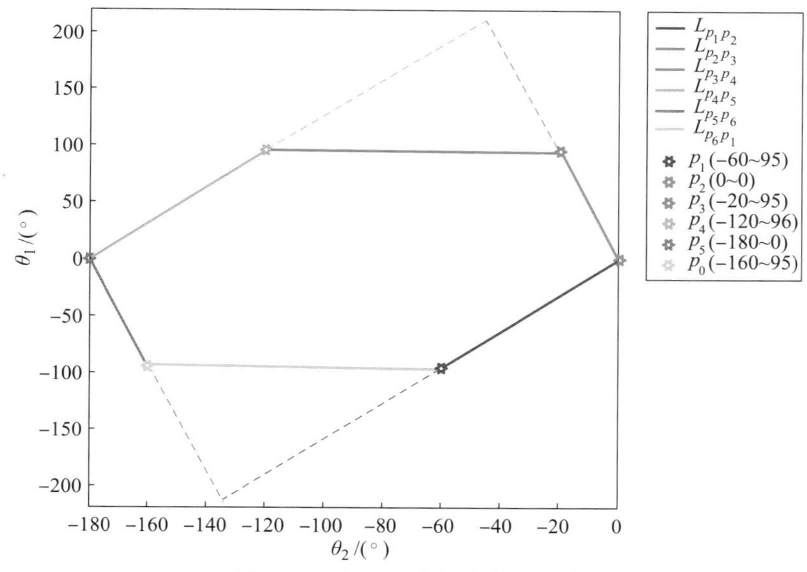

图 23.7　在 $\boldsymbol{\theta}_2\boldsymbol{\theta}_1$ 空间中辅机械臂一轴二轴的运动范围

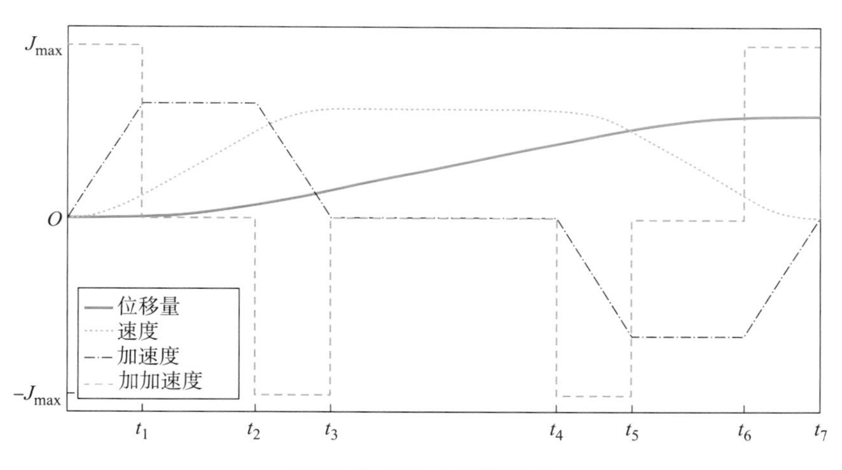

图 24.7　7 段 S 曲线示意

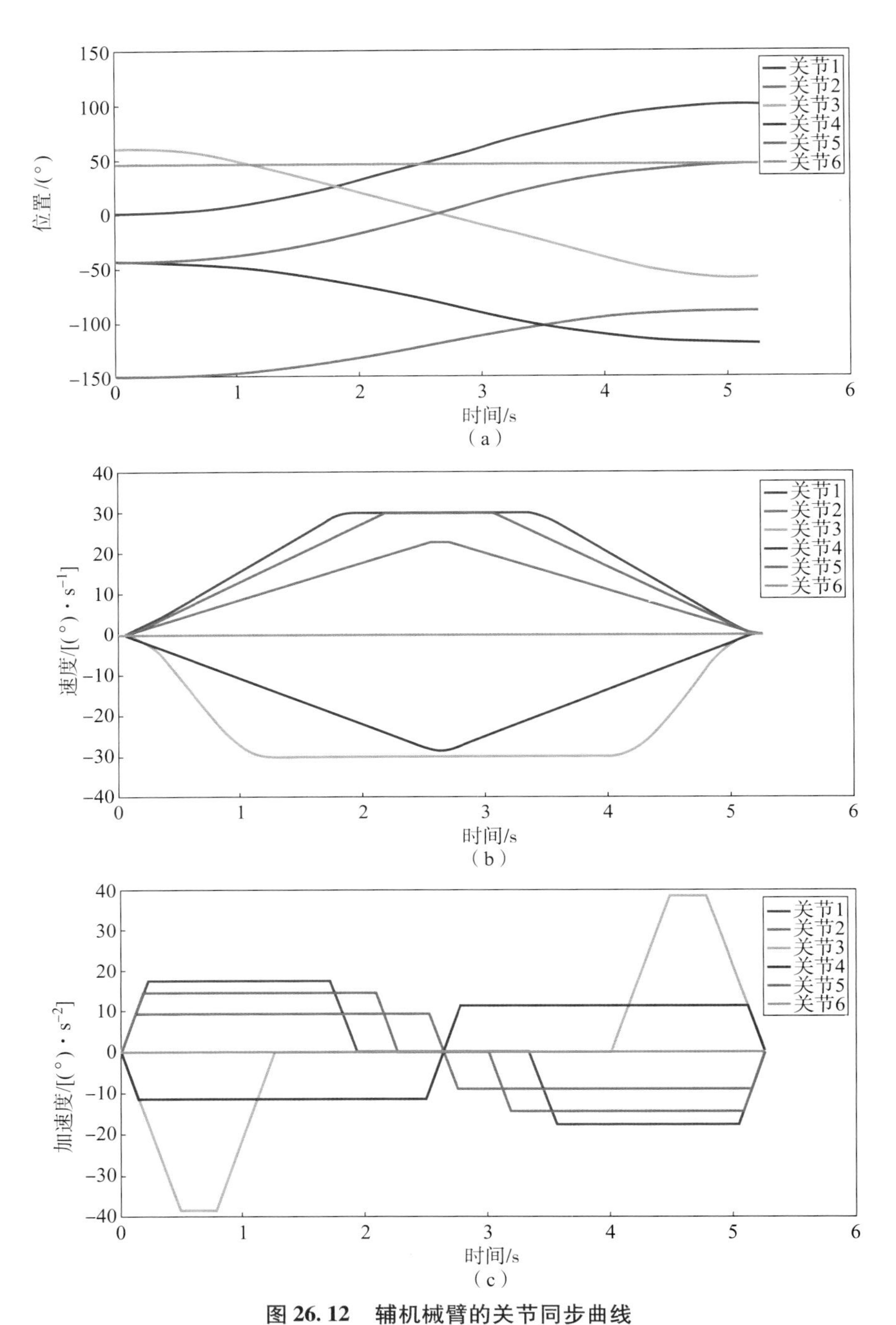

图 26.12　辅机械臂的关节同步曲线

(a) 关节位移同步曲线；(b) 速度同步曲线；(c) 加速度同步曲线

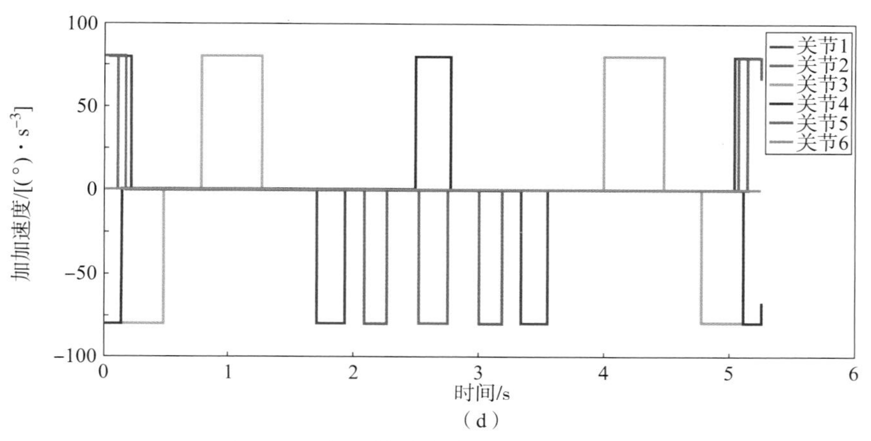

（d）

图 26.12　辅机械臂的关节同步曲线（续）

（d）加加速度同步曲线

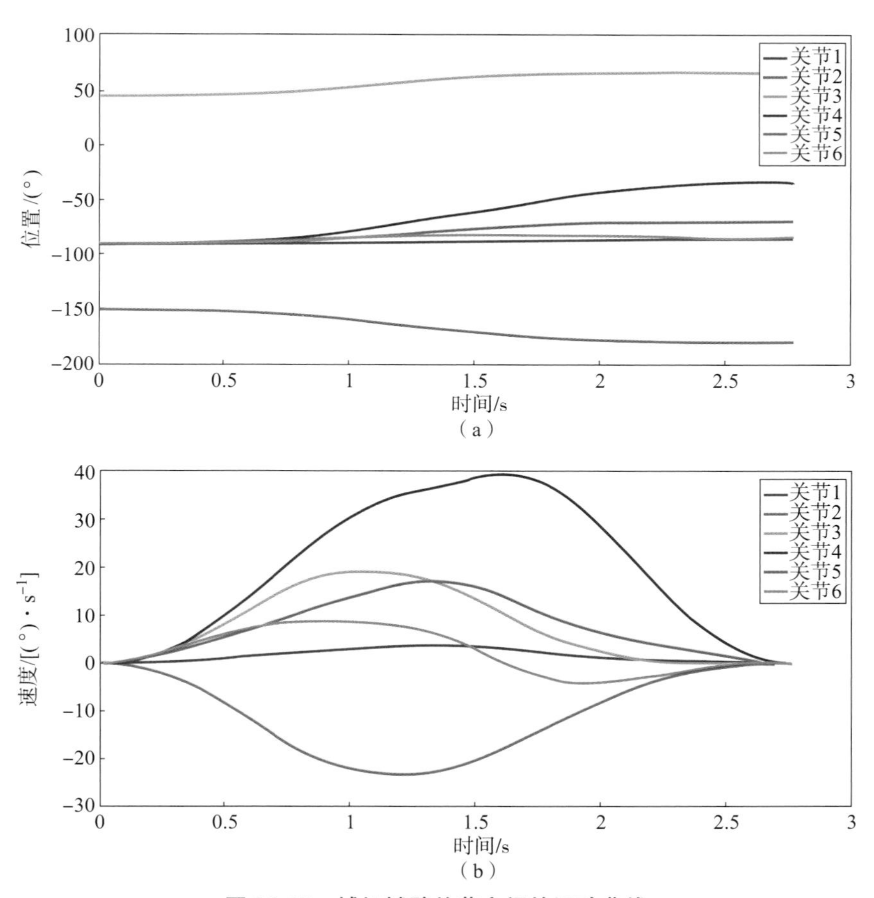

图 26.15　辅机械臂关节空间的运动曲线

（a）位置曲线；（b）速度曲线

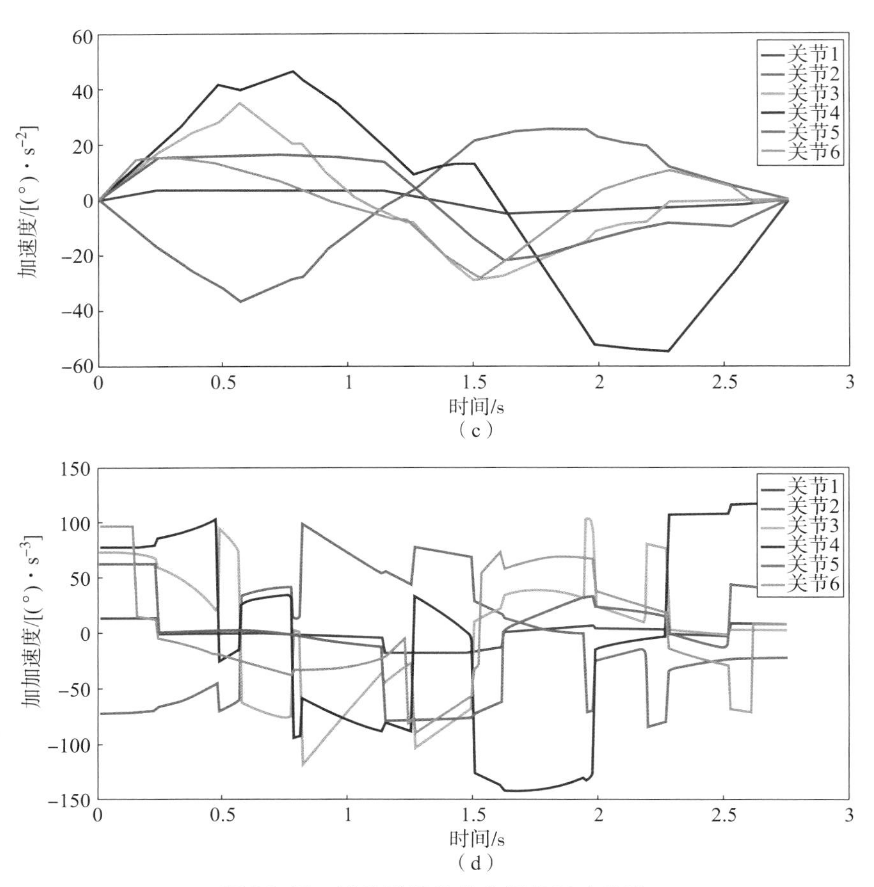

图 26.15　辅机械臂关节空间的运动曲线

（c）加速度曲线；（d）加加速度曲线

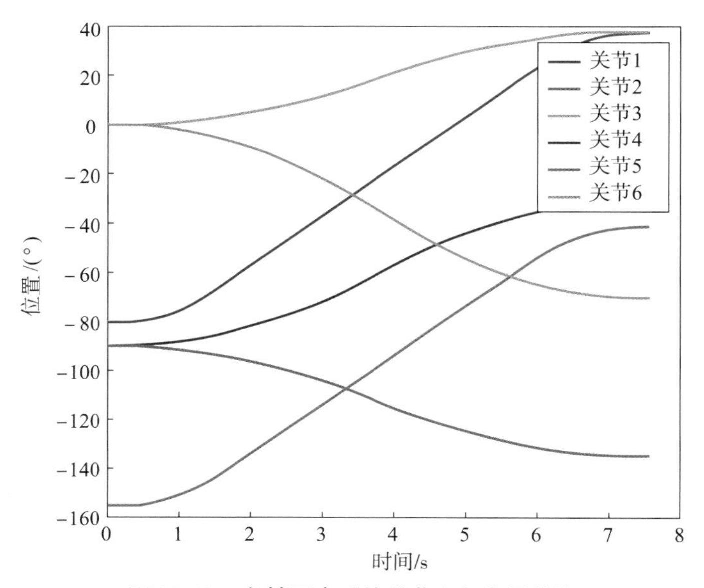

图 27.12　多轴同步后的关节空间位置曲线

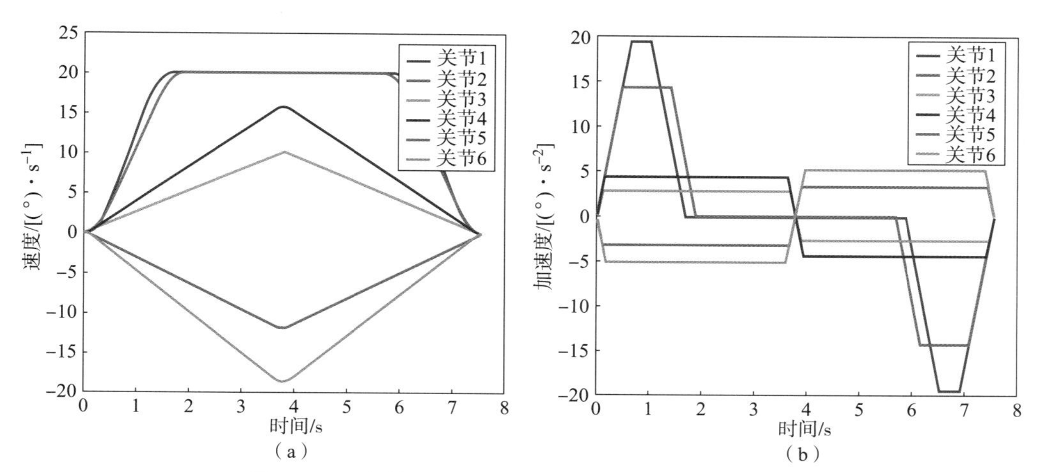

图 27.13　多轴同步后的关节空间速度和加速度曲线

(a) 速度曲线；(b) 加速度曲线

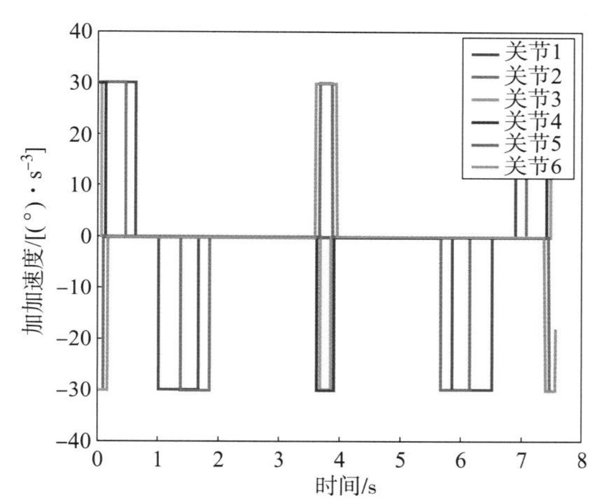

图 27.14　多轴同步后的关节空间加加速度曲线

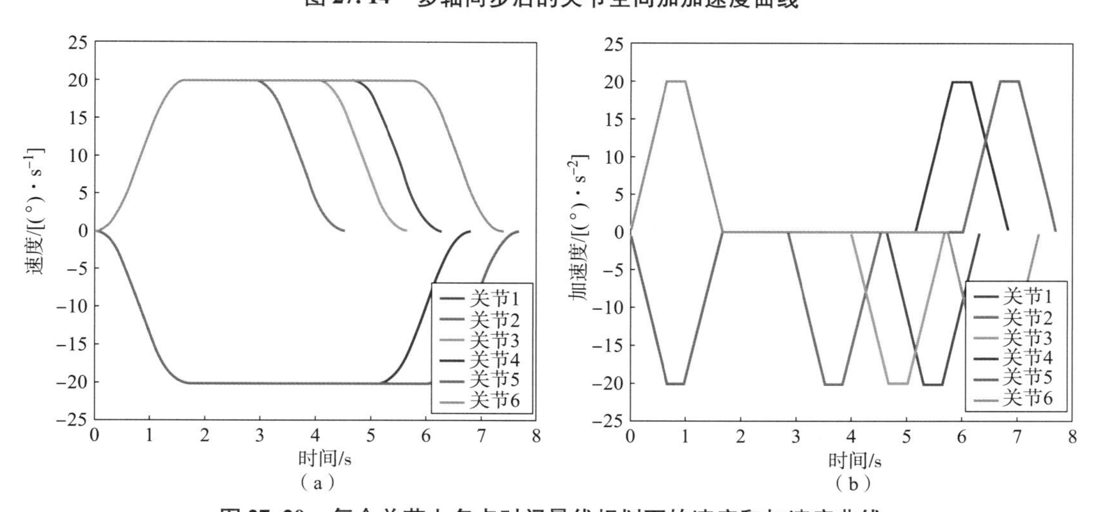

图 27.20　每个关节上多点时间最优规划下的速度和加速度曲线

(a) 速度曲线；(b) 加速度曲线

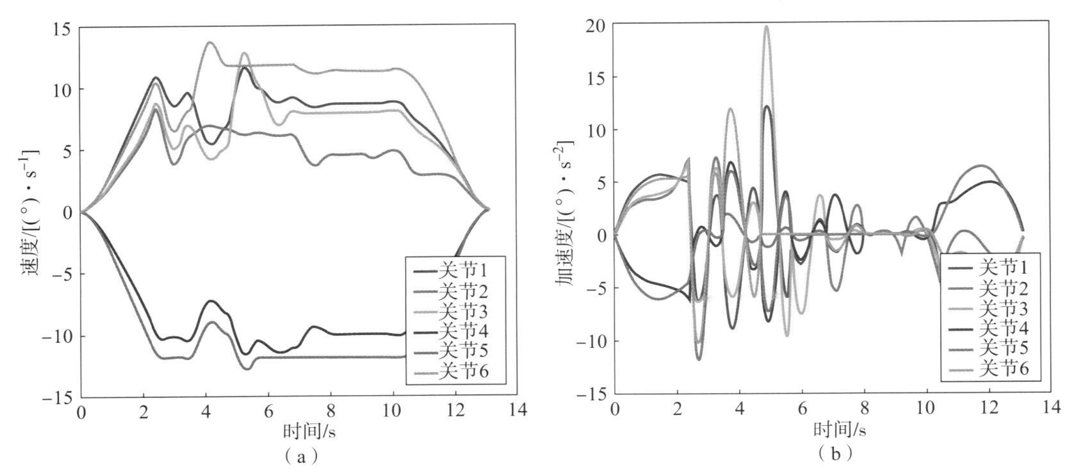

图 27.22　多轴多点同步算法规划下的速度和加速度曲线

（a）速度曲线；（b）加速度曲线

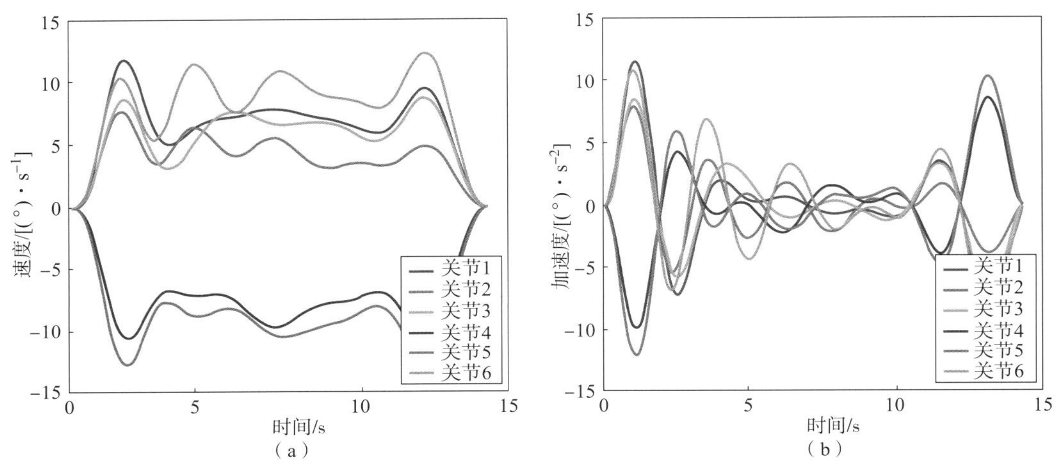

图 27.26　MOPSO 算法规划的多点同步速度和加速度曲线

（a）速度曲线；（b）加速度曲线

图 27.27　爆炸物入罐的初始位置和状态

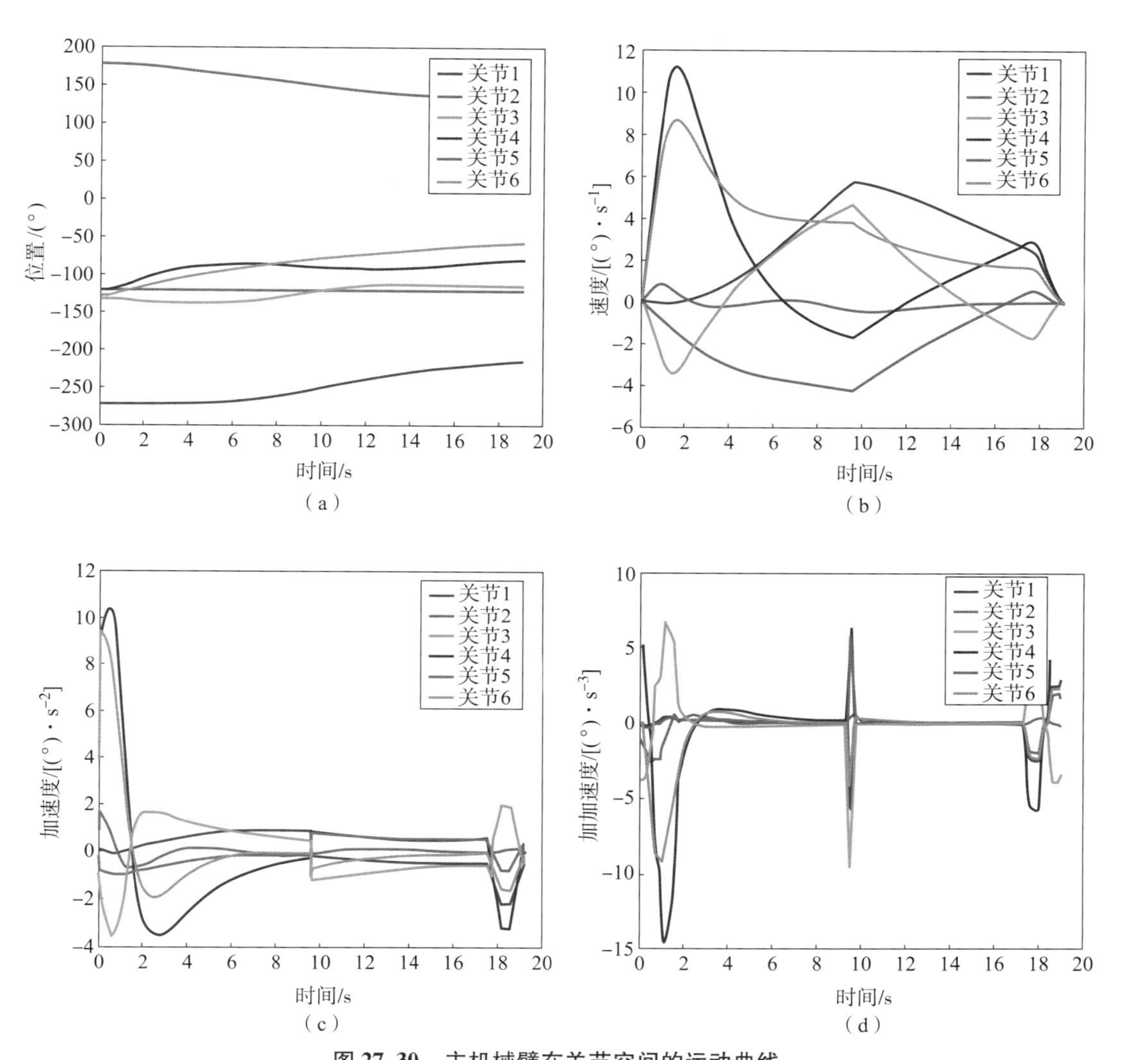

图 27.30　主机械臂在关节空间的运动曲线

（a）位移曲线；（b）规划速度曲线；（c）加速度曲线；（d）加加速度曲线

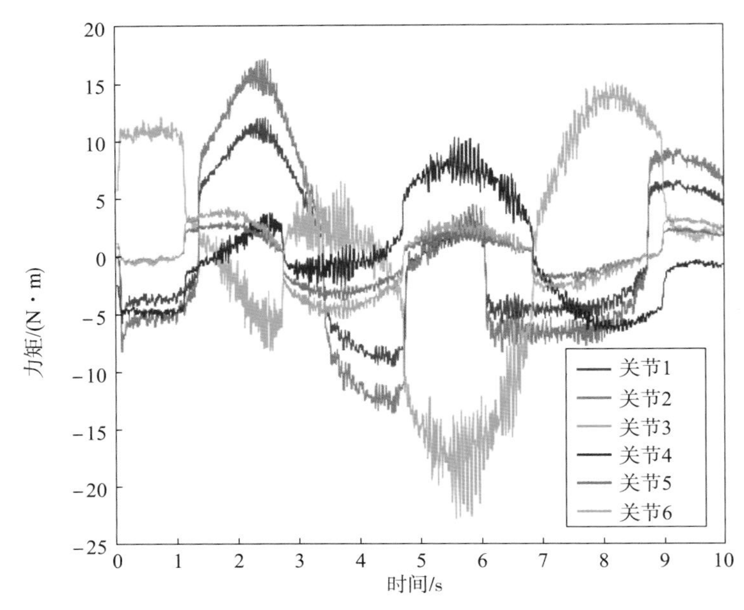

图 27.33　激励轨迹下的力矩读数